中国农业标准经典收藏系列

中国农业行业标准汇编

（2022）

综合分册

标准质量出版分社　编

中 国 农 业 出 版 社
农 村 读 物 出 版 社
北　京

主　　编： 刘　伟

副 主 编： 冀　刚

编写人员（按姓氏笔画排序）：

冯英华　刘　伟　李　辉

杨桂华　胡烨芳　廖　宁

冀　刚

出 版 说 明

近年来，我们陆续出版了多版《中国农业标准经典收藏系列》标准汇编，已将2004—2019年由我社出版的4 600多项标准单行本汇编成册，得到了广大读者的一致好评。无论从阅读方式还是从参考使用上，都给读者带来了很大方便。

为了加大农业标准的宣贯力度，扩大标准汇编本的影响，满足和方便读者的需要，我们在总结以往出版经验的基础上策划了《中国农业行业标准汇编（2022）》。本次汇编对2020年出版的462项农业标准进行了专业细分与组合，根据专业不同分为种植业、畜牧兽医、植保、农机、综合和水产6个分册。

本书收录了绿色食品、转基因、土壤肥料、农产品加工、能源、设施建设及其他方面的农业标准108项，并在书后附有2020年发布的8个标准公告供参考。

特别声明：

1. 汇编本着尊重原著的原则，除明显差错外，对标准中所涉及的有关量、符号、单位和编写体例均未做统一改动。

2. 从印制工艺的角度考虑，原标准中的彩色部分在此只给出黑白图片。

3. 本辑所收录的个别标准，由于专业交叉特性，故同时归于不同分册当中。

本书可供农业生产人员、标准管理干部和科研人员使用，也可供有关农业院校师生参考。

标准质量出版分社

2021年8月

目　录

第三部分　土壤肥料标准

第四部分　农产品加工标准

第五部分　能源、设施建设、其他类标准

附录

第一部分

绿色食品标准

ICS 67.080.20
X 26

中华人民共和国农业行业标准

NY/T 654—2020

代替 NY/T 654—2012

绿色食品　白菜类蔬菜

Green food—*Brassica rapa*

2020-08-26 发布　　　　2021-01-01 实施

中华人民共和国农业农村部　发布

前 言

本标准按照 GB/T 1.1—2009 给出的规则起草。

本标准代替 NY/T 654—2012《绿色食品 白菜类蔬菜》。与 NY/T 654—2012 相比,除编辑性修改外主要技术变化如下:

——结球白菜改为大白菜;

——增加了生产过程;

——将菜薹感官要求中"允许 1 朵～2 朵花蕾开放"改为"允许少量花蕾开放";

——删除感官要求中的"相似品种";

——4.2 中抽样方法执行标准调整为 NY/T 896 和 NY/T 2103;

——修订了卫生指标,删除了三唑磷、氟氯氰菊酯、嘧霉胺、除虫脲;增加了氧乐果、克百威、丙溴磷、哒螨灵、阿维菌素、虫螨腈、烯酰吗啉;修订了限量值和相应的检测方法;

——增加了附录 A。

本标准由农业农村部农产品质量安全监管司提出。

本标准由中国绿色食品发展中心归口。

本标准起草单位:农业农村部蔬菜品质监督检验测试中心(北京)、中国绿色食品发展中心、北京市农业绿色食品办公室、北京本忠盛达蔬菜种植专业合作社、北京茂源广发农业发展有限公司。

本标准主要起草人:钱洪、徐东辉、陈兆云、周绪宝、温雅君、刘中笑、王永生、韩永茂、黄晓冬。

本标准所代替标准的历次版本发布情况为:

——NY/T 654—2002、NY/T 654—2012。

绿色食品　白菜类蔬菜

1　范围

本标准规定了绿色食品白菜类蔬菜的要求、检验规则、标签、包装、运输和储存。

本标准适用于绿色食品白菜类蔬菜，包括大白菜、普通白菜、乌塌菜、紫菜薹、菜薹、薹菜等。各蔬菜的英文名、学名、别名参见附录A。

2　规范性引用文件

下列文件对于本文件的应用是必不可少的。凡是注日期的引用文件，仅注日期的版本适用于本文件。凡是不注日期的引用文件，其最新版本(包括所有的修改单)适用于本文件。

GB 2763　食品安全国家标准　食品中农药最大残留限量

GB 5009.12　食品安全国家标准　食品中铅的测定

GB 5009.15　食品安全国家标准　食品中镉的测定

GB/T 20769　水果和蔬菜中450种农药及相关化学品残留量的测定方法　液相色谱-串联质谱法

GB 23200.113　食品安全国家标准　植物源性食品中208种农药及其代谢物残留量的测定　气相色谱-质谱联用法

JJF 1070　定量包装商品净含量计量检验规则

NY/T 391　绿色食品　产地环境质量

NY/T 393　绿色食品　农药使用准则

NY/T 394　绿色食品　肥料使用准则

NY/T 658　绿色食品　包装通用准则

NY/T 761　蔬菜和水果中有机磷、有机氯、拟除虫菊酯和氨基甲酸酯类农药多残留的测定

NY/T 896　绿色食品　产品抽样准则

NY/T 1055　绿色食品　产品检验规则

NY/T 1056　绿色食品　储藏运输准则

NY/T 1379　蔬菜中334种农药多残留的测定　气相色谱质谱法和液相色谱质谱法

NY/T 1741　蔬菜名称和计算机编码

NY/T 2103　蔬菜抽样技术规范

国家质量监督检验检疫总局令2005年第75号　定量包装商品计量监督管理办法

3　要求

3.1　产地环境

应符合NY/T 391的要求。

3.2　生产过程

生产过程中农药使用应符合NY/T 393的规定，肥料使用应符合NY/T 394的规定。

3.3　感官

应符合表1的规定。

表 1 感官要求

蔬菜	要 求	检验方法
大白菜	同一品种，色泽正常，新鲜，清洁，植株完好，结球较紧实、修整良好；无异味、无异常外来水分；无腐烂、烧心、老帮、焦边、凋萎叶、胀裂、侧芽萌发、抽薹、冻害、病虫害及机械伤	品种特征、色泽、新鲜、清洁、腐烂、冻害、病虫害及机械伤等外观特征，用目测法鉴定 异味用嗅的方法鉴定 烧心、病虫害症状不明显而有怀疑者，应剖开检测
菜薹、紫菜薹	同一品种，新鲜、清洁，表面有光泽；不脱水，无皱缩；无腐烂、发霉；无异味、无异常外来水分；无冷害、冻害、凋萎叶、黄叶、病虫害及机械伤；无白心；薹茎长度较一致，粗细较均匀，茎叶嫩绿，叶形完整；允许少量花蕾开放	
其他白菜类蔬菜	同一品种，色泽正常，新鲜，清洁，完好；无黄叶、受损叶、腐烂；无异味、无异常外来水分。无冷害、冻害、病虫害及机械伤	

3.4 农药残留限量

应符合食品安全国家标准及相关规定，同时符合表 2 的规定。

表 2 农药残留限量

单位为毫克每千克

项目	指标	检验方法
克百威(carbofuran)	≤0.01	GB/T 20769
氧乐果(omethoate)	≤0.01	GB 23200.113
毒死蜱(chlorpyrifos)	≤0.01	GB 23200.113
氟虫腈(fipronil)	≤0.01	GB 23200.113
氯氰菊酯(cypermethrin)	≤1	GB 23200.113
啶虫脒(acetamiprid)	≤0.1	GB/T 20769
吡虫啉(imidacloprid)	≤0.2	GB/T 20769
多菌灵(carbendazim)	≤0.1	GB/T 20769
百菌清(chlorothalonil)	≤0.01	NY/T 761
三唑酮(triadimefon)	≤0.01	GB 23200.113
腐霉利(procymidone)	≤0.2	GB 23200.113
氯氟氰菊酯(cyhalothrin)	≤0.01	GB 23200.113
丙溴磷(profenofos)	≤0.01	GB 23200.113
哒螨灵(pyridaben)	≤0.01	GB 23200.113
阿维菌素(abamectin)	≤0.01	NY/T 1379
虫螨腈(chlorfenapyr)	≤2	NY/T 1379
烯酰吗啉(dimethomorph)	≤0.01	GB/T 20769

3.5 净含量

应符合国家质量监督检验检疫总局令 2005 年第 75 号的要求，检验方法按 JJF 1070 的规定执行。

4 检验规则

申报绿色食品应按照 3.3～3.5 以及附录 B 所确定的项目进行检验。其他要求应符合NY/T 1055的规定。农药残留检测取样部位应符合 GB 2763 的规定。本标准规定的农药残留量检验方法，如有其他国家标准、行业标准以及部文公告的检测方法，且其检出限和定量限能满足限量值要求时，在检测时可采用。

4.1 组批

同产地、同一品种、同时采收的白菜类蔬菜作为一个检验批次。批发市场同产地、同一品种、同规格、同批号的白菜类蔬菜作为一个检验批次。超市相同进货渠道、同一品种、同规格、同批号的白菜类蔬菜作为一个检验批次。

4.2 抽样方法

应按照 NY/T 896 和 NY/T 2103 中的有关规定执行。

5 标签

应符合国家有关法规的要求。

6 包装、运输和储存

6.1 包装

6.1.1 应符合 NY/T 658 的规定。

6.1.2 按产品的品种、规格分别包装,同一件包装内的产品应摆放整齐。

6.1.3 每批产品所用的包装、单位净含量应一致。

6.1.4 包装检验规则

逐件称量抽取的样品,每件的净含量不应低于包装外标签的净含量。

6.2 运输和储存

应符合 NY/T 1056 的规定。

附 录 A
(资料性附录)
绿色食品白菜类蔬菜产品英文名、学名及别名对照表

表 A.1 给出了绿色食品白菜类蔬菜产品英文名、学名及别名对照,供使用本标准时参考。

表 A.1 绿色食品白菜类蔬菜产品英文名、学名及别名对照表

白菜类蔬菜	英文名	学名	别名
大白菜	Chinese cabbage	*Brassica campestris* L. ssp. *pekinensis* (Lour.) Olsson	结球白菜、黄芽菜、包心白菜等
普通白菜	pak-choi	*Brassica campestris* L. ssp. *chinensis* (L.) *Makino* var. *communis* Tsen et Lee	白菜、小白菜、青菜、油菜
乌塌菜	wuta-cai	*Brassica campestris* L. ssp. *chinensis* (L.) *Makino* var. *rosularis* Tsen et Lee	塌菜、黑菜、塌棵菜、塌地崧等
紫菜薹	purple cai-tai	*Brassica campestris* L. ssp. *chinensis* (L.) *Makino* var. *purpurea* Bailey	红菜薹
菜薹	flowering Chinese cabbage	*Brassica campestris* L. ssp. *chinensis* (L.) var. *utilis* Tsen et Lee	菜心、绿菜薹、菜尖、薹心菜
薹菜	tai-cai	*Brassica campestris* L. ssp. *chinensis*. (L.) Makino var. *tai-tsai* Hort	
注:白菜类蔬菜分类参照 NY/T 1741 和《中国蔬菜栽培学》(第二版)。			

附　录　B
（规范性附录）
绿色食品白菜类蔬菜申报检验项目

表B.1规定了除3.3～3.4所列项目外，依据食品安全国家标准和绿色食品白菜类蔬菜生产实际情况，绿色食品申报检验还应检验的项目。

表B.1　污染物项目

单位为毫克每千克

项目	指标	检验方法
铅(以Pb计)	≤0.3	GB 5009.12
镉(以Cd计)	≤0.2	GB 5009.15

ICS 65.080.20
X 26

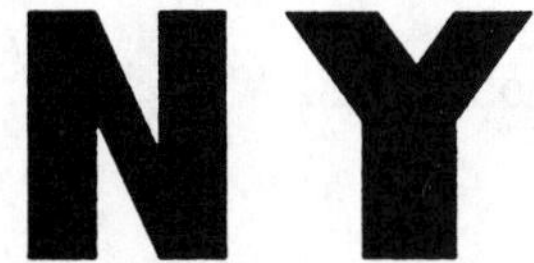

中华人民共和国农业行业标准

NY/T 655—2020
代替 NY/T 655—2012

绿色食品　茄果类蔬菜

Green food—Solanaceous vegetables

2020-08-26 发布　　2021-01-01 实施

中华人民共和国农业农村部　发布

前　　言

本标准按照 GB/T 1.1—2009 给出的规则起草。

本标准代替 NY/T 655—2012《绿色食品　茄果类蔬菜》。与 NY/T 655—2012 相比，除编辑性修改外主要技术变化如下：

——增加了生产过程要求；

——修改了范围和感官要求；

——删除了农药残留限量指标中的乙烯菌核利、腐霉利、氯氰菊酯、百菌清、联苯菊酯、乙酰甲胺磷、敌敌畏、甲萘威、抗蚜威、异菌脲、氟氰戊菊酯、乐果、辛硫磷、溴氰菊酯、氰戊菊酯、多菌灵、吡虫啉，增加了克百威、氟虫腈、氧乐果、水胺硫磷、嘧霉胺、阿维菌素、三唑磷、丙溴磷、苯醚甲环唑、烯酰吗啉、涕灭威、三唑酮、甲基异柳磷、甲氨基阿维菌素苯甲酸盐；

——修改了检验方法；

——删除了对标志的要求；

——增加了附录 A。

本标准由农业农村部农产品质量安全监管司提出。

本标准由中国绿色食品发展中心归口。

本标准起草单位：广东省农业科学院农产品公共监测中心、农业农村部蔬菜水果质量监督检验测试中心（广州）、中国绿色食品发展中心、莱芜市莱城区明利特色蔬菜种植专业合作社、湘潭市仙女蔬菜产销专业合作社。

本标准主要起草人：耿安静、王富华、周绪宝、刘香香、陈智慧、穆建华、廖若昕、徐赛、陈明新、赵启强。

本标准所代替标准的历次版本发布情况为：

——NY/T 655—2002、NY/T 655—2012。

绿色食品　茄果类蔬菜

1　范围

本标准规定了绿色食品茄果类蔬菜的要求、检验规则、标签、包装、运输和储存。

本标准适用于绿色食品茄果类蔬菜，包括番茄、茄子、辣椒、甜椒、酸浆、香瓜茄等。各蔬菜的学名、英文名及别名参见附录A。

2　规范性引用文件

下列文件对于本文件的应用是必不可少的。凡是注日期的引用文件，仅注日期的版本适用于本文件。凡是不注日期的引用文件，其最新版本(包括所有的修改单)适用于本文件。

GB/T 191　包装储运图示标志

GB 5009.12　食品安全国家标准　食品中铅的测定

GB 5009.15　食品安全国家标准　食品中镉的测定

GB 7718　食品安全国家标准　预包装食品标签通则

GB/T 20769　水果和蔬菜中450种农药及相关化学品残留量的测定　液相色谱-串联质谱法

GB 23200.113　食品安全国家标准　植物源性食品中208种农药及其代谢物残留量的测定　气相色谱-质谱联用法

JJF 1070　定量包装商品净含量计量检验规则

NY/T 391　绿色食品　产地环境质量

NY/T 393　绿色食品　农药使用准则

NY/T 394　绿色食品　肥料使用准则

NY/T 658　绿色食品　包装通用准则

NY/T 761　蔬菜和水果中有机磷、有机氯、拟除虫菊酯和氨基甲酸酯类农药多残留的测定

NY/T 1055　绿色食品　产品检验规则

NY/T 1056　绿色食品　储藏运输准则

NY/T 1379　蔬菜中334种农药多残留的测定　气相色谱质谱法和液相色谱质谱法

SB/T 10158　新鲜蔬菜包装与标识

国家质量监督检验检疫总局令2005年第75号　定量包装商品计量监督管理办法

3　要求

3.1　产地环境

应符合NY/T 391的规定。

3.2　生产过程

应分别符合NY/T 393和NY/T 394的规定。

3.3　感官

应符合表1的规定。

表 1　感官要求

项目	要求	检验方法
外观	同一品种或相似品种；具有本品种应有的形状，成熟适度；果腔充实，果坚实，富有弹性；同一包装大小基本整齐一致	品种特征、色泽、新鲜、清洁、腐烂、冻害、病虫害及机械伤等外观特征，用目测法鉴定 异味用嗅的方法鉴定 病虫害症状不明显但疑似者，应用刀剖开目测
色泽	色泽一致，具有本品应有的颜色	
气味	具有本产品应有的风味，无异味	
清洁度	果面新鲜、清洁，无肉眼可见杂质	
缺陷	无病虫害伤、机械损伤、腐烂、揉烂、冷害、冻害、畸形、裂果、空洞果、疤痕、色斑等	

3.4　农药残留限量

农药残留限量应符合食品安全国家标准及相关规定，同时符合表 2 中的规定。

表 2　农药残留限量

单位为毫克每千克

项目	指标	检验方法
克百威(carbofuran)	≤0.01	GB/T 20769
氟虫腈(fipronil)	≤0.01	GB 23200.113
氧乐果(omethoate)	≤0.01	GB 23200.113
水胺硫磷(isocarbophos)	≤0.01	GB 23200.113
毒死蜱(chlorpyrifos)	≤0.01	GB 23200.113
三唑磷(triazophos)	≤0.01	NY/T 761
涕灭威(aldicarb)	≤0.01	NY/T 761
阿维菌素(abamectin)	≤0.01	NY/T 1379
氯氟氰菊酯(cyhalothrin)	≤0.01	GB 23200.113
丙溴磷(profenofos)	≤0.01	GB 23200.113
甲氨基阿维菌素苯甲酸盐(emamectin benzoate)	≤0.01	GB/T 20769
三唑酮(triadimefon)	≤0.01	GB 23200.113
苯醚甲环唑(difenoconazole)	≤0.5(番茄、辣椒) ≤0.01(番茄、辣椒除外)	GB 23200.113
嘧霉胺(pyrimethanil)	≤0.5(番茄) ≤0.01(番茄除外)	GB 23200.113
烯酰吗啉(dimethomorph)	≤1.0(番茄、辣椒) ≤0.01(番茄、辣椒除外)	GB/T 20769

3.5　净含量

应符合国家质量监督检验检疫总局令 2005 年第 75 号要求，检验方法按 JJF 1070 的规定执行。

4　检验规则

申请绿色食品认证的产品应按照 3.3～3.5 以及附录 B 所确定的项目进行检验。其他要求应符合 NY/T 1055 的规定。本标准规定的农药残留量检测方法，如有其他国家标准、行业标准以及部文公告的检测方法，且其检出限和定量限能满足限量值要求时，在检测时可采用。

5　标签

应符合 GB 7718 的规定。

6　包装、运输和储存

6.1　包装

6.1.1　包装应符合 NY/T 658 的规定。

6.1.2 按产品的品种、规格分别包装，同一件包装内的产品应摆放整齐紧密。

6.1.3 每批产品所用的包装、单位净含量应一致。

6.2 运输和储存

6.2.1 应符合 NY/T 1056 的规定。

6.2.2 运输前应进行预冷。运输过程中注意防冻、防雨淋、防晒、通风散热。

6.2.3 储存时应按品种、规格分别储存。储存温度：适宜产品的储存温度。储存的空气相对湿度：番茄保持在 90%；辣椒和茄子保持在 85%～90%。

6.2.4 库内堆码应保持气流均匀流通。

附 录 A
（资料性附录）
茄果类蔬菜学名、英文名及别名对照表

表 A.1 给出了绿色食品茄果类蔬菜学名、英文名及别名对照。

表 A.1 茄果类蔬菜分类及学名、别名对照表

蔬菜名称	学名	英文名	别名
番茄	*Lycopersicon esculentum* Mill.	tomato	蕃柿、西红柿、洋柿子、小西红柿、樱桃西红柿、樱桃番茄、小柿子
茄子	*Solanum melongena* L.	eggplant	矮瓜、吊菜子、落苏、茄瓜
辣椒	*Capsicum annuum* L.	pepper	牛角椒、长辣椒、菜椒
甜椒	*Capsicum annuum* var. *grossum*	sweet pepper	灯笼椒、柿子椒
酸浆	*Physalis alkekengi* L.	husk tomato	姑娘、挂金灯、金灯、锦灯笼、泡泡草
香瓜茄	*Solanum muricatum* Ait	melon pear	人参果

附　录　B
（规范性附录）
绿色食品茄果类蔬菜产品申报检验项目

表 B. 1 规定了除 3. 3～3. 5 所列项目外，依据食品安全国家标准和绿色食品茄果类蔬菜生产实际情况，绿色食品申报检验还应检验的项目。

表 B. 1　污染物和农药残留项目

单位为毫克每千克

项目	指标	检验方法
铅（以 Pb 计）	≤0. 1	GB 5009. 12
镉（以 Cd 计）	≤0. 05	GB 5009. 15
甲基异柳磷（isofenphos-methyl）	≤0. 01	GB 23200. 113

ICS 67.080.20
X 26

中华人民共和国农业行业标准

NY/T 743—2020
代替 NY/T 743—2012

绿色食品　绿叶类蔬菜

Green food—Leaf vegetables

2020-08-26 发布　　2021-01-01 实施

中华人民共和国农业农村部　发布

前　言

本标准按照 GB/T 2.1—2009 给出的规则起草。

本标准代替 NY/T 743—2012《绿色食品　绿叶类蔬菜》，与 NY/T 743—2012 相比，除编辑性修改外主要技术变化如下：

——调整了范围，删除了薰衣草、独行菜、菜用黄麻、藤三七、土人参、根香芹菜、荆芥、迷迭香、鼠尾草、百里香、牛至、香蜂花、香茅、琉璃苣、藿香、芸香等，增加了马齿苋、蕺菜、蒲公英、马兰和蒌蒿；

——增加了生产过程；

——删除感官要求中的“相似品种”；

——4.2 中抽样方法执行标准调整为 NY/T 896 和 NY/T 2103；

——修订了卫生指标，删除了哒螨灵；增加了甲拌磷、氧乐果、克百威、氟虫腈、阿维菌素、虫螨腈、异菌脲、烯酰吗啉；修订了限量值及相应的检测方法；

——增加了附录 A。

本标准由农业农村部农产品质量安全监管司提出。

本标准由中国绿色食品发展中心归口。

本标准起草单位：农业农村部蔬菜品质监督检验测试中心（北京）、中国绿色食品发展中心、北京本忠盛达蔬菜种植专业合作社、北京茂源广发农业发展有限公司。

本标准主要起草人：钱洪、陈兆云、徐东辉、刘中笑、唐伟、王永生、韩永茂、张延国。

本标准所代替标准的历次版本发布情况为：

——NY/T 743—2003、NY/T 743—2012。

绿色食品　绿叶类蔬菜

1　范围

本标准规定了绿色食品绿叶类蔬菜的要求、检验规则、标签、包装、运输和储存。

本标准适用于绿色食品绿叶类蔬菜，包括菠菜、芹菜、落葵、莴苣（包括结球莴苣、莴笋、油麦菜、皱叶莴苣等）、蕹菜、茴香（包括小茴香、球茎茴香）、苋菜、青葙、芫荽、叶菾菜、茼蒿（包括大叶茼蒿、小叶茼蒿、蒿子秆）、荠菜、冬寒菜、番杏、菜苜蓿、紫背天葵、榆钱菠菜、菊苣、鸭儿芹、苦苣、苦荬菜、菊花脑、酸模、珍珠菜、芝麻菜、白花菜、香芹菜、罗勒、薄荷、紫苏、莳萝、马齿苋、蕺菜、蒲公英、马兰、蒌蒿等。各蔬菜的英文名、学名、别名参见附录 A。

2　规范性引用文件

下列文件对于本文件的应用是必不可少的。凡是注日期的引用文件，仅注日期的版本适用于本文件。凡是不注日期的引用文件，其最新版本（包括所有的修改单）适用于本文件。

GB 2763　食品安全国家标准　食品中农药最大残留限量

GB 5009.12　食品安全国家标准　食品中铅的测定

GB 5009.15　食品安全国家标准　食品中镉的测定

GB/T 20769　水果和蔬菜中 450 种农药及相关化学品残留量的测定方法　液相色谱-串联质谱法

GB 23200.113　食品安全国家标准　植物源性食品中 208 种农药及其代谢物残留量的测定　气相色谱-质谱联用法

JJF 1070　定量包装商品净含量计量检验规则

NY/T 391　绿色食品　产地环境质量

NY/T 393　绿色食品　农药使用准则

NY/T 394　绿色食品　肥料使用准则

NY/T 658　绿色食品　包装通用准则

NY/T 761　蔬菜和水果中有机磷、有机氯、拟除虫菊酯和氨基甲酸酯类农药多残留的测定

NY/T 896　绿色食品　产品抽样准则

NY/T 1055　绿色食品　产品检验规则

NY/T 1056　绿色食品　储藏运输准则

NY/T 1379　蔬菜中 334 种农药多残留的测定　气相色谱质谱法和液相色谱质谱法

NY/T 1741　蔬菜名称和计算机编码

NY/T 2103　蔬菜抽样技术规范

国家质量监督检验检疫总局令 2005 年第 75 号　定量包装商品计量监督管理办法

3　要求

3.1　产地环境

应符合 NY/T 391 的要求。

3.2　生产过程

生产过程中农药使用应符合 NY/T 393 的规定，肥料使用应符合 NY/T 394 的规定。

3.3　感官

应符合表 1 的规定。

表 1 感官要求

<table>
<tr><th>蔬菜</th><th>要 求</th><th>检验方法</th></tr>
<tr><td>芹菜</td><td>同一品种，具有该品种特有的外形和颜色特征。新鲜、清洁，整齐，紧实(适用时)，鲜嫩，切口整齐(如有)，无糠心、分蘖、褐茎。无腐烂、异味、冷害、冻害、病虫害及机械伤。无异常外来水分</td><td rowspan="4">品种特征、成熟度、新鲜、清洁、腐烂、畸形、开裂、黄叶、抽薹、冷害、冻害、灼伤、病虫害及机械伤害等外观特征用目测法鉴定
病虫害症状不明显而有怀疑者，应剖开检测
异味用嗅的方法鉴定</td></tr>
<tr><td>菠 菜</td><td>同一品种，清洁，外观鲜嫩，表面有光泽，不脱水，无皱缩；整修完好；颜色浓绿、叶片厚。无抽薹和黄叶，无异常外来水分；无腐烂、异味、灼伤、冷害、冻害、病虫害及机械伤。无异常外来水分</td></tr>
<tr><td>莴 苣</td><td>同一品种，具有该品种固有的色泽，清洁，整修良好，外形完好，成熟度适宜；外观新鲜，不失水，无老叶、黄叶和残叶；茎秆鲜嫩、直，无抽薹、空心、裂口；无现蕾；无腐烂、异味、灼伤、冷害、冻害、病虫害及机械伤。无异常外来水分</td></tr>
<tr><td>其他绿叶类蔬菜</td><td>同一品种，成熟适度，色泽正，新鲜、清洁。无腐烂、畸形、开裂、黄叶、抽薹、异味、灼伤、冷害、冻害、病虫害及机械伤。无异常外来水分</td></tr>
</table>

3.4 农药残留限量

应符合食品安全国家标准及相关规定，同时符合表 2 的规定。

表 2 农药残留限量

单位为毫克每千克

项目	指标	检验方法
克百威(carbofuran)	≤0.01	GB/T 20769
氧乐果(omethoate)	≤0.01	GB 23200.113
毒死蜱(chlorpyrifos)	≤0.01	GB 23200.113
氟虫腈(fipronil)	≤0.01	GB 23200.113
啶虫脒(acetamiprid)	≤0.1	GB/T 20769
吡虫啉(imidacloprid)	≤0.1	GB/T 20769
多菌灵(carbendazim)	≤0.01	GB/T 20769
百菌清(chlorothalonil)	≤0.01	NY/T 761
嘧霉胺(pyrimythanil)	≤0.01	GB 23200.113
苯醚甲环唑(difenoconazole)	≤ 0.1	GB 23200.113
腐霉利(procymidone)	≤ 0.01	GB 23200.113
氯氰菊酯(cypermethrin)	≤1	GB 23200.113
氯氟氰菊酯(cyhalothrin)	≤ 0.01	GB 23200.113
异菌脲(iprodione)	≤ 0.01	GB 23200.113
阿维菌素(abamectin)	≤ 0.01	NY/T 1379
虫螨腈(chlorfenapyr)	≤ 0.01	NY/T 1379
烯酰吗啉(dimethomorph)	≤10	GB/T 20769

3.5 净含量

应符合国家质量监督检验检疫总局令 2005 年第 75 号的要求，检验方法按 JJF 1070 的规定执行。

4 检验规则

申报绿色食品应按照 3.3～3.5 以及附录 B 所确定的项目进行检验。其他要求应符合NY/T 1055的规定。农药残留检测取样部位应符合 GB 2763 的规定。本标准规定的农药残留量检验方法，如有其他国家标准、行业标准以及部文公告的检测方法，且其检出限和定量限能满足限量值要求时，在检测时可采用。

4.1 组批

同产地、同一品种、同时采收的绿叶类蔬菜作为一个检验批次。批发市场同产地、同一品种、同规格、同批号的绿叶类蔬菜作为一个检验批次。超市相同进货渠道、同一品种、同规格、同批号的绿叶类蔬菜作为一个检验批次。

4.2 抽样方法

按照 NY/T 896 和 NY/T 2103 的有关规定执行。

5 标签

应符合国家有关法规的要求。

6 包装、运输和储存

6.1 包装

6.1.1 应符合 NY/T 658 的规定。

6.1.2 按产品的品种、规格分别包装,同一件包装内的产品应摆放整齐。

6.1.3 每批产品所用的包装、单位净含量应一致。

6.1.4 包装检验规则

逐件称量抽取的样品,每件的净含量不应低于包装外标签的净含量。

6.2 运输和储存

应符合 NY/T 1056 的规定。

附 录 A
(资料性附录)
绿色食品绿叶类蔬菜产品英文名、学名及别名对照表

表 A.1 给出了绿色食品绿叶类蔬菜产品英文名、学名及别名对照,供使用本标准时参考。

表 A.1 绿色食品绿叶类蔬菜产品英文名、学名及别名对照表

绿叶类蔬菜	英文名	学名	别名
菠菜	spinach	*Spinacia oleracea* L.	菠稜、波斯草、赤根草、角菜、波斯菜、红根菜
芹菜	celery	*Apium graveolens* L.	芹、旱芹、药芹、野圆荽、塘蒿、苦堇
落葵	malabar spinach	*Basella* sp.	木耳菜、胭脂菜、藤菜、软浆叶
莴苣	lettuce	*Lactuca sativa* L.	生菜、千斤菜,包括茎用莴苣(莴笋)、皱叶莴苣、直立莴苣(也叫长叶莴苣、散叶莴苣,如油麦菜)、结球莴苣等
蕹菜	water spinach	*Ipomoea aquatica* Forsk.	竹叶菜、空心菜、藤菜、藤藤菜、通菜
茴香	fennel	*Foeniculum* Mill	包括意大利茴香、小茴香和球茎茴香
苋菜	edible amaranth	*Amaranthus mangostanus* L.	苋、米苋、赤苋、刺苋
青葙	feather cockscomb	*Celosia argentea* L.	土鸡冠、青箱子、野鸡冠
芫荽	Coriander	*Coriandrum sativum* L.	香菜、胡荽、香荽
叶菾菜	swiss chard	*Beta vulgaris* L. var. *cicla* L.	莙荙菜、厚皮菜、牛皮菜、火焰菜
茼蒿	garland chrysanthemum	*Chrysanthemum* sp.	包括大叶茼蒿(板叶茼蒿、菊花菜、大花茼蒿、大叶蓬蒿)、小叶茼蒿(花叶茼蒿或细叶茼蒿)和蒿子秆
荠菜	shepherd's purse	*Capsella bursa-pastoris* L.	护生草、菱角草、地米菜、扇子草
冬寒菜	curled mallow	*Malva verticillata* L. (syn. *M. crispa* L.)	冬葵、葵菜、滑肠菜、葵、滑菜、冬苋菜、露葵
番杏	New Zealand spinach	*Tetragonia expansa* Murr.	新西兰菠菜、洋菠菜、夏菠菜、毛菠菜
菜苜蓿	california burclover	*Medicago hispida* Gaertn.	草头、黄花苜蓿、南苜蓿、刺苜蓿
紫背天葵	gynura	*Gynura bicolor* DC.	血皮菜、观音苋、红凤菜
榆钱菠菜	garden orach	*Atriplex hortensis* L.	食用滨藜、洋菠菜、山菠菜、法国菠菜、山菠薐草
菊苣	chicory	*Cichorium intybus* L.	欧洲菊苣、吉康菜、法国苣荬菜
鸭儿芹	Japanese hornwort	*Cryptotaenia japonica* Hassk.	鸭脚板、三叶芹、山芹菜、野蜀葵、三蜀芹、水芹菜
苦苣	endive	*Cichorium endivia* L.	花叶生菜、花苣、菊苣菜
苦荬菜	common sowthistle	*Sonchus arvensis* L.	取麻菜、苦苣菜
菊花脑	vegetable chrysanthemum	*Chrysanthemum nankingense* Hand. -Mazt.	路边黄、菊花叶、黄菊仔、菊花菜
酸模	garden sorrel	*Rumex acetosa* L.	山菠菜、野菠菜、酸溜溜
珍珠菜	clethra loosestrife	*Artemisia lactiflora* Wallich ex DC.	野七里香、角菜、白苞菜、珍珠花、野脚艾
芝麻菜	roquette	*Eruca sativa* Mill.	火箭生菜、臭菜
白花菜	african spider herb	*Cleome gynandra* L.	羊角菜、凤蝶菜
香芹菜	parsley	*Petroselinum crispum* (Mill.) Nym. ex A. V. Hill (*P. hortense* Hoffm.)	洋芫荽、旱芹菜、荷兰芹、欧洲没药、欧芹、法国香菜、旱芹菜
罗勒	basil	*Ocimum basilicum* L.	毛罗勒、九层塔、光明子、寒陵香、零陵香
薄荷	mint	*Mentha haplocalyx* Briq.	田野薄荷、蕃荷菜、苏薄荷、仁丹草
紫苏	perilla	*Perilla frutescens* (L.) Britt.	荏、赤苏、白苏、回回苏、香苏、苏叶

表 A.1（续）

绿叶类蔬菜	英文名	学名	别名
莳萝	dill	*Anethum graveolens* L.	土茴香、洋茴香、茴香草
马齿苋	purslane	*Portulaca oleracea* L.	马齿菜、长命菜、五星草、瓜子菜、马蛇子菜
蕺菜	heartleaf houttuynia herb	*Houttuynia cordata* Thumb.	鱼腥草、蕺儿根、侧耳根、狗贴耳、鱼鳞草
蒲公英	dandelion	*Taraxacum mongolicum* Hand. -Mazz.	黄花苗、黄花地丁、婆婆丁、蒲公草
马兰		*Kalimeris indica*（L.）Sch. -Bip.	马兰头、红梗菜、紫菊、田边菊、鸡儿肠、竹节草
蒌蒿	seleng wormood	*Artemisia selengensis* *Turcz*. ex *Bess*.	芦蒿、水蒿
注：绿叶类蔬菜分类参照 NY/T 1741 和《中国蔬菜栽培学》(第二版)。			

附 录 B
（规范性附录）
绿色食品绿叶类蔬菜产品申报检验项目

表 B.1 规定了除 3.3～3.4 所列项目外，依据食品安全国家标准和绿色食品绿叶类蔬菜生产实际情况，绿色食品申报检验还应检验的项目。

表 B.1 农药残留、污染物项目

单位为毫克每千克

检验项目	指标	检验方法
甲拌磷(phorate)	≤0.01	GB 23200.113
铅(以 Pb 计)	≤0.3	GB 5009.12
镉(以 Cd 计)	≤0.2	GB 5009.15

ICS 67.080.20
X 26

中华人民共和国农业行业标准

NY/T 744—2020

代替 NY/T 744—2012

绿色食品　葱蒜类蔬菜

Green food—Alliaceous vegetables

2020-08-26 发布　　2021-01-01 实施

中华人民共和国农业农村部　发布

前　　言

本标准按照 GB/T 1.1—2009 给出的规则起草。

本标准代替 NY/T 744—2012《绿色食品　葱蒜类蔬菜》。与 NY/T 744—2012 相比，除编辑性修改外主要技术变化如下：

——修改了标准的适用范围；

——修改了感官指标；

——修改了卫生指标：删除了敌敌畏、乙酰甲胺磷、三唑磷、溴氰菊酯、氰戊菊酯、百菌清、乐果项目和指标；增加了辛硫磷、二甲戊灵、噻虫嗪、甲拌磷、乙氧氟草醚、六六六、苯醚甲环唑项目和指标；修改了毒死蜱、吡虫啉、氯氰菊酯、腐霉利、氯氟氰菊酯、多菌灵、氟虫腈的指标；

——删除了组批；

——删除了抽样方法；

——增加了附录 A。

本标准由农业农村部农产品质量安全监管司提出。

本标准由中国绿色食品发展中心归口。

本标准起草单位：河南省农业科学院农业质量标准与检测技术研究所、农业农村部农产品质量监督检验测试中心（郑州）、中国绿色食品发展中心、河南省绿色食品发展中心、郑州毛庄绿园实业有限公司、菏泽天鸿果蔬股份有限公司。

本标准主要起草人：贾斌、王铁良、刘进玺、郭洁、王会锋、尚兵、樊恒明、魏亮亮、张志华、张宪、魏红、李淑芳、马莹、赵光华、马芳、刘旭。

本标准所代替标准的历次版本发布情况为：

——NY/T 744—2003、NY/T 744—2012。

绿色食品　葱蒜类蔬菜

1　范围

本标准规定了绿色食品葱蒜类蔬菜的要求、检验规则、标签、包装、运输和储存等。

本标准适用于绿色食品葱蒜类蔬菜，包括韭菜、韭黄、韭薹、韭花、大葱、洋葱、大蒜、蒜苗、蒜薹、薤、韭葱、细香葱、分葱、胡葱、楼葱等。各葱蒜类蔬菜的英文名、学名、别名参见附录A。

2　规范性引用文件

下列文件对于本文件的应用是必不可少的。凡是注日期的引用文件，仅注日期的版本适用于本文件。凡是不注日期的引用文件，其最新版本(包括所有的修改单)适用于本文件。

GB/T 191　包装储运图示标志

GB 5009.12　食品安全国家标准　食品中铅的测定

GB 5009.15　食品安全国家标准　食品中镉的测定

GB 7718　食品安全国家标准　预包装食品标签通则

GB/T 20769　水果和蔬菜中450种农药及相关化学品残留量的测定　液相色谱-串联质谱法

GB 23200.113　食品安全国家标准　植物源性食品中208种农药及其代谢物残留量的测定　气相色谱-质谱联用法

JJF 1070　定量包装商品净含量计量检验规则

NY/T 391　绿色食品　产地环境质量

NY/T 393　绿色食品　农药使用准则

NY/T 394　绿色食品　肥料使用准则

NY/T 658　绿色食品　包装通用准则

NY/T 761　蔬菜和水果中有机磷、有机氯、拟除虫菊酯和氨基甲酸酯类农药多残留的测定

NY/T 1055　绿色食品　产品检验规则

NY/T 1056　绿色食品　储藏运输准则

NY/T 1741　蔬菜名称和计算机编码

SB/T 10158　新鲜蔬菜包装与标识

国家质量监督检验检疫总局令2005年第75号　定量包装商品计量监督管理办法

3　要求

3.1　产地环境

应符合NY/T 391的规定。

3.2　生产过程

生产过程中农药使用应符合NY/T 393的规定，肥料使用应符合NY/T 394的规定。

3.3　感官

应符合表1的规定。

表1　绿色食品葱蒜类蔬菜感官要求

项　目	要　求	检验方法
外观	同一品种，具有本品种应有的形状、色泽和特征，整齐规则，大小均匀，清洁，整齐	外观、成熟度及缺陷等感官项目，用目测的方法鉴定；气味用鼻嗅的方法鉴定；滋味用口尝的方法鉴定
滋味、气味	具有本品种应有的滋味和气味，无异味	

表 1（续）

项　目	要　求	检验方法
成熟度	成熟适度，具有适于市场销售或储存要求的成熟度	外观、成熟度及缺陷等感官项目，用目测的方法鉴定；气味用鼻嗅的方法鉴定；滋味用口尝的方法鉴定
缺陷	无机械伤、霉变、腐烂、虫蚀、病斑点、畸形	

3.4 农药残留限量

农药残留限量应符合食品安全国家标准及相关规定，同时应符合表 2 的规定。

表 2　农药残留限量

单位为毫克每千克

项　目	指　标	检验方法
毒死蜱(chlorpyrifos)	≤0.01	GB 23200.113
吡虫啉(imidacloprid)	≤0.01(韭菜和小葱除外) ≤0.15(小葱)	GB/T 20769
氯氰菊酯(cypermethrin)	≤0.01(洋葱除外)	NY/T 761
腐霉利(procymidone)	≤0.01(韭菜除外)	GB 23200.113
氯氟氰菊酯(cyhalothrin)	≤0.01	GB 23200.113
多菌灵(carbendazim)	≤0.01	GB/T 20769
氟虫腈(fipronil)	≤0.01	GB 23200.113
辛硫磷(phoxim)	不得检出(≤0.02)(大蒜和韭菜除外)	GB/T 20769
二甲戊灵(pendimethalin)	≤0.01(大蒜、韭菜和洋葱除外) ≤0.05(洋葱)	GB 23200.113
噻虫嗪(thiamethoxam)	≤0.01(韭菜除外) ≤0.02(韭菜)	GB/T 20769
甲拌磷(phorate)	≤0.01	GB 23200.113
乙氧氟草醚(oxyfluorfen)	≤0.01(大蒜、青蒜和蒜薹除外)	GB 23200.113
六六六(HCH)	≤0.05	GB 23200.113
苯醚甲环唑(difenoconazole)	≤0.01(大蒜和洋葱除外) ≤0.2(洋葱)	GB 23200.113

3.5 净含量

应符合国家质量监督检验检疫总局令 2005 年第 75 号的要求，检验方法按 JJF 1070 的规定执行。

4 检验规则

申报绿色食品的葱蒜类蔬菜产品应按照 3.3～3.5 以及附录 B 所确定的项目进行检验。其他要求应符合 NY/T 1055 的规定。本标准规定的农药残留量检测方法，如有其他国家标准、行业标准以及部文公告的检测方法，且其检出限和定量限能满足限量值要求时，在检测时可采用。

5 标签

应符合 GB 7718 的规定。

6 包装、运输和储存

6.1　包装应符合 NY/T 658 的规定，包装储运图示标志应符合 GB/T 191 的规定。

6.2　新鲜葱蒜类蔬菜的包装应符合 SB/T 10158 的规定。

6.3　运输和储存应符合 NY/T 1056 的规定。

附 录 A
(资料性附录)
绿色食品葱蒜类蔬菜产品英文名、学名及别名对照表

表 A.1 给出了绿色食品葱蒜类蔬菜产品英文名、学名及别名对照,供使用本标准时参考。

表 A.1 绿色食品葱蒜类蔬菜产品英文名、学名及别名对照表

序号	葱蒜类蔬菜	英文名	学名	别名
1	韭菜	Chinese chives	*Allium tuberosum* Rottl. ex Spr.	韭、草钟乳、起阳草、懒人菜、披菜
2	韭黄	Chinese chives		
3	韭薹	scape of Chinese chives		
4	韭花	flower of Chinese chives		
5	大葱	welsh onion	*Allium fistulosum* L. var. *giganteum* Makino	水葱、青葱、木葱、汉葱、小葱
6	洋葱	onion	*Allium cepa* L.	葱头、圆葱、株葱、冬葱、橹葱
7	大蒜	garlic	*Allium sativum* L.	蒜、胡蒜、蒜子、蒜瓣、蒜头
8	蒜苗	garlic bolt		蒜黄、青蒜
9	蒜薹	scape of garlic		蒜毫
10	薤	scallion	*Allium chinese* G. Don. (ayn. *A. bakeri* Regel.)	藠子、藠头、荞头、菜芝
11	韭葱	leek	*Allium porrum* L.	扁葱、扁叶葱、洋蒜苗、洋大蒜
12	细香葱	chive	*Allium schoenoprasum* L.	四季葱、香葱、细葱、蝦夷葱
13	分葱	bunching onion	*Allium fistulosum* L. var. *caespitosum* Makino	四季葱、菜葱、冬葱、红葱头
14	胡葱	shallot	*Allium ascalonicum* L.	火葱、蒜头葱、瓣子葱、肉葱
15	楼葱	storey onion	*Allium fistulosum* L. var. *viviparum* Makino	龙爪葱、龙角葱
注:葱蒜类蔬菜分类参照 NY/T 1741 和《中国蔬菜栽培学》(第二版)(中国农业科学院蔬菜花卉研究所主编)。				

附　录　B
（规范性附录）
绿色食品葱蒜类蔬菜产品申报检验项目

表 B.1 规定了除 3.3～3.5 所列项目外，按食品安全国家标准和绿色食品葱蒜类蔬菜生产实际情况，绿色食品申报检验还应检验的项目。

表 B.1　污染物、农药残留项目

单位为毫克每千克

项目	指　标	检验方法
铅(lead)(以 Pb 计)	≤0.1	GB 5009.12
镉(cadmium)(以 Cd 计)	≤0.05	GB 5009.15
吡虫啉(imidacloprid)	≤0.5(韭菜)	GB/T 20769
氯氰菊酯(cypermethrin)	≤0.01(洋葱)	NY/T 761
腐霉利(procymidone)	≤0.2(韭菜)	GB 23200.113
辛硫磷(phoxim)	≤0.1(大蒜) ≤0.05(韭菜)	GB/T 20769
二甲戊灵(pendimethalin)	≤0.1(大蒜) ≤0.2(韭菜)	GB 23200.113
乙氧氟草醚(oxyfluorfen)	≤0.05(大蒜) ≤0.1(青蒜和蒜薹)	GB 23200.113
苯醚甲环唑(difenoconazole)	≤0.2(大蒜)	GB 23200.113

ICS 67.080.20
X 26

中华人民共和国农业行业标准

NY/T 745—2020

代替 NY/T 745—2012

绿色食品　根菜类蔬菜

Green food—Root vegetables

2020-08-26 发布　　　　2021-01-01 实施

中华人民共和国农业农村部　发布

前　言

本标准按照 GB/T 1.1—2009 给出的规则起草。

本标准代替 NY/T 745—2012《绿色食品　根菜类蔬菜》，与 NY/T 745—2012 相比，除编辑性修改外主要技术变化如下：

——调整了范围，删除了四季萝卜和桔梗；

——增加了生产过程；

——删除感官要求中的“相似品种”；

——4.2 中抽样方法执行标准调整为 NY/T 896 和 NY/T 2103；

——修订了卫生指标，删除了除虫脲、腐霉利、三唑酮；增加了甲拌磷、虫螨腈、烯酰吗啉；并修订了限量值和相应的检测方法。

——增加了附录 A。

本标准由农业农村部农产品质量安全监管司提出。

本标准由中国绿色食品发展中心归口。

本标准起草单位：农业农村部蔬菜品质监督检验测试中心（北京）、中国绿色食品发展中心、北京市农业绿色食品办公室、北京本忠盛达蔬菜种植专业合作社、北京茂源广发农业发展有限公司。

本标准主要起草人：钱洪、李凌云、陈兆云、徐东辉、刘中笑、周绪宝、王永生、韩永茂、黄晓冬。

本标准所代替标准的历次版本发布情况为：

——NY/T 745—2003、NY/T 745—2012。

绿色食品　根菜类蔬菜

1　范围

本标准规定了绿色食品根菜类蔬菜的要求、检验规则、标签、包装、运输和储存等。

本标准适用于绿色食品根菜类蔬菜，包括萝卜、胡萝卜、芜菁、芜菁甘蓝、美洲防风、根菾菜、婆罗门参、黑婆罗门参、牛蒡、山葵、根芹菜等。各蔬菜的英文名、学名、别名参见附录A。

2　规范性引用文件

下列文件中对于本文件的应用是必不可少的。凡是注日期的引用文件，仅注日期的版本适用于本文件。凡是不注日期的引用文件，其最新版本(包括所有的修改单)适用于本文件。

GB 2763　食品安全国家标准　食品中农药最大残留限量

GB 5009.12　食品安全国家标准　食品中铅的测定

GB 5009.15　食品安全国家标准　食品中镉的测定

GB/T 20769　水果和蔬菜中450种农药及相关化学品残留量的测定方法　液相色谱-串联质谱法

GB 23200.113　食品安全国家标准　植物源性食品中208种农药及其代谢物残留量的测定　气相色谱-质谱联用法

JJF 1070　定量包装商品净含量计量检验规则

NY/T 391　绿色食品　产地环境质量

NY/T 393　绿色食品　农药使用准则

NY/T 394　绿色食品　肥料使用准则

NY/T 658　绿色食品　包装通用准则

NY/T 761　蔬菜和水果中有机磷、有机氯、拟除虫菊酯和氨基甲酸酯类农药多残留的测定

NY/T 896　绿色食品　产品抽样准则

NY/T 1055　绿色食品　产品检验规则

NY/T 1056　绿色食品　储藏运输准则

NY/T 1379　蔬菜中334种农药多残留的测定　气相色谱质谱法和液相色谱质谱法

NY/T 1741　蔬菜名称和计算机编码

NY/T 2103　蔬菜抽样技术规范

国家质量监督检验检疫总局令2005年第75号　定量包装商品计量监督管理办法

3　要求

3.1　产地环境

应符合NY/T 391的要求。

3.2　生产过程

生产过程中农药使用应符合NY/T 393的规定，肥料使用应符合NY/T 394的规定。

3.3　感官

应符合表1的规定。

表 1 感官要求

蔬菜	要 求	检验方法
胡萝卜	同一品种，具有品种固有的特征；新鲜、清洁、成熟适度，色泽均匀、自然鲜亮；根形完整良好，形状均匀，无裂根、分杈、瘤包，无抽薹，无青头。无畸形、腐烂、异味、冻害、病虫害及机械伤。无异常外来水分	品种特征、成熟度、根形、畸形、清洁、腐烂、分叉、冻害、病虫害及机械伤害等外观特征用目测法鉴定 异味用嗅的方法鉴定 糠心、黑心、病虫害症状不明显而有怀疑者，应剖开检测
萝卜	同一品种，具有品种固有的色泽；具有萝卜正常的滋味，肉质鲜嫩，无异味；新鲜，清洁，成熟适度，色泽正、形状正常、表皮光滑；无抽薹，无裂根、歧根，无糠心、黑皮、黑心、粗皮。无畸形、皱缩、腐烂、异味、冻害、病虫害及机械伤。无异常外来水分	
其他根菜类蔬菜	同一品种，具有品种固有的色泽和形状，成熟适度，新鲜，清洁，根形完好。无畸形、腐烂、异味、冻害、病虫害及机械伤。无异常外来水分	

3.4 农药残留限量

应符合食品安全国家标准及相关规定，同时应符合表 2 的规定。

表 2 农药残留限量

单位为毫克每千克

项目	指标	检验方法
毒死蜱(chlorpyrifos)	≤0.01	GB 23200.113
百菌清(chlorothalonil)	≤0.01	NY/T 761
多菌灵(carbendazim)	≤0.01	GB/T 20769
虫螨腈(chlorfenapyr)	≤0.01	NY/T 1379
烯酰吗啉(dimethomorph)	≤0.01	GB/T 20769
氯氰菊酯(cypermethrin)	≤0.01	GB 23200.113
吡虫啉(imidacloprid)	≤0.5	GB/T 20769

3.5 净含量

应符合国家质量监督检验检疫总局令 2005 年第 75 号的要求，检验方法按 JJF 1070 的规定执行。

4 检验规则

申报绿色食品应按照 3.3～3.5 以及附录 B 所确定的项目进行检验。其他要求应符合 NY/T 1055 的规定。农药残留检测取样部位应符合 GB 2763 的规定。本标准规定的农药残留量检验方法，如有其他国家标准、行业标准以及部文公告的检测方法，且其检出限和定量限能满足限量值要求时，在检测时可采用。

4.1 组批

同产地、同一品种、同时采收的根菜类蔬菜作为一个检验批次。批发市场同产地、同一品种、同规格、同批号的根菜类蔬菜作为一个检验批次。超市相同进货渠道、同一品种、同规格、同批号的根菜类蔬菜作为一个检验批次。

4.2 抽样方法

按照 NY/T 896 和 NY/T 2103 的有关规定执行。

5 标签

应符合国家有关法规的要求。

6 包装、运输和储存

6.1 包装

6.1.1 应符合 NY/T 658 的规定。

6.1.2 按产品的品种、规格分别包装，同一件包装内的产品应摆放整齐。

6.1.3 每批产品所用的包装、单位净含量应一致。

6.1.4 **包装检验规则**

逐件称量抽取的样品，每件的净含量不应低于包装外标签的净含量。

6.2 **运输和储存**

应符合 NY/T 1056 的规定。

附 录 A
(资料性附录)
绿色食品根菜类蔬菜产品英文名、学名及别名对照表

表 A.1 给出了绿色食品根菜类蔬菜产品英文名、学名及别名对照,供使用本标准时参考。

表 A.1 绿色食品根菜类蔬菜产品英文名、学名及别名对照表

根菜类蔬菜	英文名	学名	别名
萝卜	radish	*Raphanus sativus* L.	莱菔、芦菔、葖、地苏
胡萝卜	carrot	*Daucus carota* L. var. *sativa* DC.	红萝卜、黄萝卜、番萝卜、丁香萝卜、赤珊瑚、黄根
芜菁	turnip	*Brassica campestris* L. ssp. *rapifera* Matzg	蔓菁、圆根、盘菜、九英菘
芜菁甘蓝	rutabaga	*Brassica napobrassica* Mill.	洋蔓菁、洋大头菜、洋疙瘩、根用甘蓝、瑞典芜菁
美洲防风	american parsnip	*Pastinaca sativa* L.	芹菜萝卜、蒲芹萝卜、欧防风
根菾菜	table beet	*Beta vulgaris* L. var. *rapacea* Koch.	红菜头、紫菜头、火焰菜
婆罗门参	salsify	*Tragopogon porrifolius* L.	西洋牛蒡、西洋白牛蒡
黑婆罗门参	black salsify	*Scorzonera hispanica* L.	鸦葱、菊牛蒡、黑皮牡蛎菜
牛蒡	edible burdock	*Arctium lappa* L.	大力子、蝙蝠刺、东洋萝卜
山葵	wasabi	*Eutrema wasabi* (Siebold) Maxim.	瓦萨比、山姜、泽葵、山萮菜
根芹菜	root celery	*Apium graveolens* L. var. *rapaceum* DC.	根用芹菜、根芹、根用塘蒿、旱芹菜根
注:根菜类蔬菜分类参照 NY/T 1741 和《中国蔬菜栽培学》(第二版)。			

附　录　B
（规范性附录）
绿色食品根菜类蔬菜产品申报检验项目

表 B.1 规定了除表 2 所列项目外，依据食品安全国家标准和绿色食品根菜类蔬菜生产实际情况，绿色食品申报检验还应检验的项目。

表 B.1　污染物、农药残留项目

单位为毫克每千克

项目	指标	检验方法
甲拌磷(phorate)	≤0.01	GB 23200.113
铅(以 Pb 计)	≤0.1	GB 5009.12
镉(以 Cd 计)	≤0.1	GB 5009.15

ICS 67.080.20
X 26

中华人民共和国农业行业标准

NY/T 746—2020

代替 NY/T 746—2012

绿色食品　甘蓝类蔬菜

Green food—*Brassica olercea*

2020-08-26 发布　　2021-01-01 实施

中华人民共和国农业农村部　发布

前　言

本标准按照 GB/T 1.1—2009 给出的规则起草。

本标准代替 NY/T 746—2012《绿色食品　甘蓝类蔬菜》，与 NY/T 746—2012 相比，除编辑性修改外主要技术变化如下：

——增加了生产过程；

——删除感官要求中的"相似品种"；

——4.2 中抽样方法执行标准调整为 NY/T 896 和 NY/T 2103；

——修订了卫生指标，删除了乙酰甲胺磷、三唑磷、五氯硝基苯、百菌清、灭幼脲、除虫脲、三唑酮；增加了毒死蜱、虫螨腈、噻虫嗪、烯酰吗啉；修订了限量值及相应的检测方法。

——增加了附录 A。

本标准由农业农村部农产品质量安全监管司提出。

本标准由中国绿色食品发展中心归口。

本标准起草单位：农业农村部蔬菜品质监督检验测试中心（北京）、中国绿色食品发展中心、北京本忠盛达蔬菜种植专业合作社、北京茂源广发农业发展有限公司。

本标准主要起草人：钱洪、徐东辉、乔春楠、张宪、李凌云、王永生、韩永茂、刘广洋。

本标准所代替标准的历次版本发布情况为：

——NY/T 746—2003、NY/T 746—2012。

绿色食品　甘蓝类蔬菜

1　范围

本标准规定了绿色食品甘蓝类蔬菜的要求、检验规则、标签、包装、运输和储存。

本标准适用于绿色食品甘蓝类蔬菜，包括结球甘蓝、赤球甘蓝、抱子甘蓝、皱叶甘蓝、羽衣甘蓝、花椰菜、青花菜、球茎甘蓝、芥蓝等。各蔬菜的英文名、学名、别名参见附录A。

2　规范性引用文件

下列文件中对于本文件的应用是必不可少的。凡是注日期的引用文件，仅注日期的版本适用于本文件。凡是不注日期的引用文件，其最新版本（包括所有的修改单）适用于本文件。

GB 2763　食品安全国家标准　食品中农药最大残留限量

GB 5009.12　食品安全国家标准　食品中铅的测定

GB 5009.15　食品安全国家标准　食品中镉的测定

GB/T 20769　水果和蔬菜中450种农药及相关化学品残留量的测定方法　液相色谱-串联质谱法

GB 23200.113　食品安全国家标准　植物源性食品中208种农药及其代谢物残留量的测定　气相色谱-质谱联用法

JJF 1070　定量包装商品净含量计量检验规则

NY/T 391　绿色食品　产地环境质量

NY/T 393　绿色食品　农药使用准则

NY/T 394　绿色食品　肥料使用准则

NY/T 658　绿色食品　包装通用准则

NY/T 896　绿色食品　产品抽样准则

NY/T 1055　绿色食品　产品检验规则

NY/T 1056　绿色食品　储藏运输准则

NY/T 1379　蔬菜中334种农药多残留的测定　气相色谱质谱法和液相色谱质谱法

NY/T 1741　蔬菜名称和计算机编码

NY/T 2103　蔬菜抽样技术规范

国家质量监督检验检疫总局令2005年第75号　定量包装商品计量监督管理办法

3　要求

3.1　产地环境

应符合NY/T 391的要求。

3.2　生产过程

生产过程中农药使用应符合NY/T 393的规定，肥料使用应符合NY/T 394的规定。

3.3　感官

应符合表1的规定。

表1　感官要求

蔬菜	要　求	检验方法
结球甘蓝	同一品种，叶球大小整齐，外观一致，结球紧实，整修良好；新鲜，清洁；无裂球、抽薹、烧心；无腐烂、畸形、异味、灼伤、冻害、病虫害及机械伤；无异常外来水分	品种特征、成熟度、新鲜、清洁、腐烂、开裂、冻害、散花、畸形、抽薹、灼伤、病虫害及机械伤害等外观特征用目测法鉴定 病虫害症状不明显而有怀疑者，应剖开检测 异味用嗅的方法鉴定

表 1 （续）

蔬菜	要　求	检验方法
青花菜	同一品种，外观一致；新鲜，清洁，成熟适度；花球圆整，完好；花球紧实，不松散；色泽一致；花蕾细小、紧实，未开放；花茎鲜嫩，分支花茎短；修整良好，主花茎切削平整，无变色，髓部组织致密，不空心；无腐烂、发霉、畸形、异味、开裂、灼伤、冻害、病虫害及机械伤；无异常外来水分	品种特征、成熟度、新鲜、清洁、腐烂、开裂、冻害、散花、畸形、抽薹、灼伤、病虫害及机械伤害等外观特征用目测法鉴定 病虫害症状不明显而有怀疑者，应剖开检测 异味用嗅的方法鉴定
花椰菜	同一品种，具有品种固有的性状，外观一致；新鲜，清洁；花球圆整，完好；各小花球肉质花茎短缩，花球紧实；色泽一致；无腐烂、畸形、异味、开裂、灼伤、冻害、病虫害及机械伤；无异常外来水分	
芥蓝	同一品种，新鲜，清洁；花蕾不开放，花薹长短一致，粗细均匀；薹叶浓绿、圆滑鲜嫩，叶形完整；不脱水，无黄叶和侧薹；无腐烂、异味、灼伤、冻害、病虫害及机械伤	
其他甘蓝类蔬菜	同一品种，成熟适度，色泽正常，新鲜，清洁，完好。无腐烂、畸形、异味、开裂、灼伤、冻害、病虫害及机械伤；无异常外来水分	

3.4 农药残留限量

应符合食品安全国家标准及相关规定，同时符合表 2 的规定。

表 2　农药残留限量

单位为毫克每千克

项目	指标	检验方法
啶虫脒(acetamiprid)	≤0.1	GB/T 20769
吡虫啉(imidacloprid)	≤0.5	GB/T 20769
多菌灵(carbendazim)	≤0.01	GB/T 20769
腐霉利(procymidone)	≤0.01	GB 23200.113
毒死蜱(chlorpyrifos)	≤0.01	GB 23200.113
虫螨腈(chlorfenapyr)	≤1	NY/T 1379
噻虫嗪(thiamethoxam)	≤0.2	GB/T 20769
烯酰吗啉(dimethomorph)	≤1	GB/T 20769
氯氰菊酯(cypermethrin)	≤0.5	GB 23200.113
氯氟氰菊酯(cyhalothrin)	≤0.01	GB 23200.113

3.5 净含量

应符合国家质量监督检验检疫总局令 2005 年第 75 号的要求，检验方法按 JJF 1070 的规定执行。

4 检验规则

申报绿色食品应按照 3.3～3.5 以及附录 B 所确定的项目进行检验。其他要求应符合 NY/T 1055 的规定。农药残留检测取样部位应符合 GB 2763 的规定。本标准规定的农药残留量检验方法，如有其他国家标准、行业标准以及部文公告的检测方法，且其检出限和定量限能满足限量值要求时，在检测时可采用。

4.1 组批

同产地、同一品种、同时采收的甘蓝类蔬菜作为一个检验批次。批发市场同产地、同一品种、同规格、同批号的甘蓝类蔬菜作为一个检验批次。超市相同进货渠道、同一品种、同规格、同批号的甘蓝类蔬菜作为一个检验批次。

4.2 抽样方法

按照 NY/T 896 和 NY/T 2103 的有关规定执行。

5 标签

应符合国家有关法规的要求。

6 包装、运输和储存

6.1 包装

6.1.1 应符合 NY/T 658 的规定。

6.1.2 按产品的品种、规格分别包装,同一件包装内的产品应摆放整齐。

6.1.3 每批产品所用的包装、单位净含量应一致。

6.1.4 包装检验规则

逐件称量抽取的样品,每件的净含量不应低于包装外标签的净含量。

6.2 运输和储存

应符合 NY/T 1056 的规定。

附 录 A
（资料性附录）
绿色食品甘蓝类蔬菜产品英文名、学名及别名对照表

表 A.1 给出了绿色食品甘蓝类蔬菜产品英文名、学名及别名对照，供使用本标准时参考。

表 A.1 绿色食品甘蓝类蔬菜产品英文名、学名及别名对照表

甘蓝类蔬菜	英文名	学名	别名
结球甘蓝	cabbage	*Brassica oleracea* L. var. *capitata* L.	洋甘蓝、卷心菜、包心菜、包菜、圆甘蓝、椰菜、茴子白、莲花白、高丽菜
赤球甘蓝	red cabbage	*Brassica oleracea* L. var. *rubra* DC.	红玉菜、紫甘蓝、红色高丽菜
抱子甘蓝	Brussels sprouts	*Brassica oleracea* L. var. *germmifera* Zenk	芽甘蓝、子持甘蓝
皱叶甘蓝	Savoy cabbage	*Brassica oleracea* L. var. *bullata* DC.	缩叶甘蓝
羽衣甘蓝	kales	*Brassica oleracea* L. var. *acephala* DC.	绿叶甘蓝、叶牡丹、花苞菜
花椰菜	cauliflower	*Brassica oleracea* L. var. *botrytis* L.	花菜、菜花，包括松花菜
青花菜	broccoli	*Brassica oleracea* L. var. *italica* Plenck	绿菜花、意大利花椰菜、木立花椰菜、西兰花、嫩茎花椰菜
球茎甘蓝	kohlrabi	*Brassica oleracea* L. var. *caulorapa* DC.	苤蓝、擘蓝、菘、玉蔓箐、芥蓝头
芥蓝	Chinese kale	*Brassica alboglabra* Bailey	白花芥蓝
注：甘蓝类蔬菜分类参照 NY/T 1741 和《中国蔬菜栽培学》（第二版）。			

附　录　B
（规范性附录）
绿色食品甘蓝类蔬菜产品申报检验项目

表 B.1 规定了除 3.3～3.4 所列项目外，依据食品安全国家标准和绿色食品甘蓝类蔬菜生产实际情况，绿色食品申报检验还应检验的项目。

表 B.1　污染物项目

单位为毫克每千克

项目	指标	检验方法
铅（以 Pb 计）	≤0.3	GB 5009.12
镉（以 Cd 计）	≤0.05	GB 5009.15

ICS 67.080.20
X 26

中华人民共和国农业行业标准

NY/T 747—2020
代替 NY/T 747—2012

绿色食品　瓜类蔬菜

Green food—Gourd vegetables

2020-08-26 发布　　2021-01-01 实施

中华人民共和国农业农村部　发布

前　言

本标准按照 GB/T 1.1—2009 给出的规则起草。

本标准代替 NY/T 747—2012《绿色食品　瓜类蔬菜》，与 NY/T 747—2012 相比，除编辑性修改外主要技术变化如下：

——修改了标准的适用范围，删除了癞苦瓜、飞碟瓜，将普通丝瓜和有棱丝瓜合并为丝瓜；

——增加了生产过程要求；

——增加了部分瓜类蔬菜的感官要求；

——删除了灭蝇胺、异菌脲、乙烯菌核利、乙酰甲胺磷、抗蚜威、三唑磷、乐果、氰戊菊酯，增加了阿维菌素、啶虫脒、氟虫腈、克百威、噻虫嗪、烯酰吗啉、氧乐果，修改了百菌清、溴氰菊酯、氯氰菊酯、三唑酮、甲霜灵、腐霉利、毒死蜱、吡虫啉、氯氟氰菊酯的限量指标；

——修改了检验方法；

——删除了标志的要求；

——修改了运输和储存的部分内容；

——增加了附录 A。

本标准由农业农村部农产品质量安全监管司提出。

本标准由中国绿色食品发展中心归口。

本标准起草单位：广东省农业科学院农产品公共监测中心、中国绿色食品发展中心、农业农村部蔬菜水果质量监督检验测试中心(广州)、山东思远蔬菜专业合作社、徐闻县正茂蔬菜种植有限公司。

本标准主要起草人：廖若昕、张志华、刘雯雯、赵晓丽、王富华、陈岩、耿安静、燕增文、李进权。

本标准所代替标准的历次版本发布情况为：

——NY/T 747—2003、NY/T 747—2012。

绿色食品　瓜类蔬菜

1　范围

本标准规定了绿色食品瓜类蔬菜的要求、检验规则、标签、包装、运输和储存。

本标准适用于绿色食品瓜类蔬菜，包括黄瓜、冬瓜、节瓜、南瓜、笋瓜、西葫芦、越瓜、菜瓜、丝瓜、苦瓜、瓠瓜、蛇瓜、佛手瓜等(学名、英文名及别名参见附录 A)。

2　规范性引用文件

下列文件对于本文件的应用是必不可少的。凡是注日期的引用文件，仅注日期的版本适用于本文件。凡是不注日期的引用文件，其最新版本(包括所有的修改单)适用于本文件。

GB 5009.12　食品安全国家标准　食品中铅的测定

GB 5009.15　食品安全国家标准　食品中镉的测定

GB 7718　食品安全国家标准　预包装食品标签通则

GB/T 20769　水果和蔬菜中 450 种农药及相关化学品残留量的测定　液相色谱-串联质谱法

GB 23200.113　食品安全国家标准　植物源性食品中 208 种农药及其代谢物残留量的测定　气相色谱-质谱联用法

JF 1070　定量包装商品净含量计量检验规则

NY/T 391　绿色食品　产地环境质量

NY/T 393　绿色食品　农药使用准则

NY/T 394　绿色食品　肥料使用准则

NY/T 658　绿色食品　包装通用准则

NY/T 761　蔬菜和水果中有机磷、有机氯、拟除虫菊酯和氨基甲酸酯类农药多残留的测定

NY/T 1055　绿色食品　产品检验规则

NY/T 1056　绿色食品　储藏运输准则

NY/T 1379　蔬菜中 334 种农药多残留的测定　气相色谱质谱法和液相色谱质谱法

NY/T 2790　瓜类蔬菜采后处理与产地储藏技术规范

国家质量监督检验检疫总局令 2005 年第 75 号　定量包装商品计量监督管理办法

3　要求

3.1　产地环境

应符合 NY/T 391 的规定。

3.2　生产过程

生产过程中农药使用应符合 NY/T 393 的规定，肥料使用应符合 NY/T 394 的规定。

3.3　感官

应符合表 1 的规定。

表 1　感官要求

项目	要求	检验方法
黄瓜	同一品种或相似品种；外观新鲜、有光泽，无萎蔫；瓜条充分膨大，瓜条完整，瓜条直；果面清洁、无杂物、无异常外来水分；无异味；无冷害、冻害及机械伤；无病斑、腐烂或变质；无病虫害及其所造成的损伤	品种特征、色泽、新鲜、清洁、腐烂、畸形、开裂、冻害、表面水分、病虫害及机械伤害等外观特征，用目测法鉴定 气味用嗅的方法鉴定 病虫害症状不明显但疑似者，应用刀剖开目测

表 1（续）

项目	要求	检验方法
苦瓜	同一品种或相似品种；外观新鲜，瘤状饱满，具有果实固有色泽，不脱水、无皱缩；果身发育均匀，果形完整，果蒂完好，果柄切口水平、整齐；无裂果；果面清洁、无杂物、无异常外来水分；无异味；无冷害、冻害及机械伤；无病斑、腐烂或变质；无病虫害及其所造成的损伤	品种特征、色泽、新鲜、清洁、腐烂、畸形、开裂、冻害、表面水分、病虫害及机械伤害等外观特征，用目测法鉴定 气味用嗅的方法鉴定 病虫害症状不明显但疑似者，应用刀剖开目测
丝瓜	同一品种或相似品种；外观新鲜，具有果实固有色泽，不脱水、无皱缩；瓜条完整，瓜条匀直，无膨大、细缩部分，无畸形果，无裂果；种子未完全形成，瓜肉中未呈现木质脉经；果面清洁、无杂物、无异常外来水分；无异味；无冷害、冻害及机械伤；无腐烂、发霉或变质；无病虫害及其所造成的损伤	
西葫芦	同一品种或相似品种；外观新鲜，具有果实固有色泽；外观形状完好，果实大小整齐，均匀，外观一致；果面清洁、无杂物；无异味；无冷害、冻害及机械伤；无腐烂、发霉或变质；无病虫害及其所造成的损伤	
南瓜	同一品种或相似品种；外观新鲜，具有果实固有色泽和形状，颜色、大小均匀；瓜体完整，果形正常；无畸形、开裂；发育充分，瓜体充实；肉质紧密，不松软；果面清洁、无杂物；无异味；无冷害、冻害、灼害、机械伤和斑痕；无腐烂、发霉或变质；无病虫害及其所造成的损伤	
冬瓜	同一品种或相似品种；外观新鲜，具有果实固有色泽和形状，颜色、大小均匀；瓜体完整，瓜形端正，发育充分；肉质紧密，不松软；果面清洁、无杂物；无异味；无冷害、冻害、灼害及机械伤；无腐烂或变质；无病虫害及其所造成的损伤	
佛手瓜	同一品种或相似品种；外观新鲜，具有果实固有色泽和形状，颜色、大小均匀；瓜皮光滑鲜亮无刺，瓜形端正；发育充分，瓜皮结实，无“胎萌”现象；肉质脆嫩肥厚；无纤维果肉；无畸形；果面清洁、无杂物、无异常外来水分；无异味；无冷害、冻害、灼害、机械伤和斑痕；无腐烂或变质；无病虫害及其所造成的损伤	
其他瓜类蔬菜	同一品种或相似品种；具有果实固有色泽、形状和风味，成熟适度；果面清洁、无杂物、无异常外来水分；无畸形果、裂果；无异味；无冷害、冻害、灼害及机械伤；无腐烂、发霉或变质；无病虫害及其所造成的损伤	

3.4 农药残留限量

应符合食品安全国家标准及相关规定，同时应符合表 2 的规定。

表 2 农药残留限量

单位为毫克每千克

项目	指标	检验方法
毒死蜱(chlorpyrifos)	≤0.01	GB 23200.113
氟虫腈(fipronil)	≤0.01	GB 23200.113
克百威(carbofuran)	≤0.01	GB/T 20769
氧乐果(omethoate)	≤0.01	GB 23200.113
阿维菌素(abamectin)	≤0.01	NY/T 1379
百菌清(chlorothalonil)	≤0.01	NY/T 761
吡虫啉(imidacloprid)	≤0.5(黄瓜、节瓜) ≤0.01(黄瓜、节瓜除外)	GB/T 20769

表 2（续）

项目	指标	检验方法
啶虫脒(acetamiprid)	≤1(黄瓜) ≤0.2(节瓜) ≤0.01(黄瓜、节瓜除外)	GB/T 20769
多菌灵(carbendazim)	≤0.1(黄瓜) ≤0.01(黄瓜除外)	GB/T 20769
腐霉利(procymidone)	≤2(黄瓜) ≤0.01(黄瓜除外)	GB 23200.113
甲霜灵(metalaxyl)	≤0.01	GB/T 20769
氯氟氰菊酯(cyhalothrin)	≤0.01	GB 23200.113
氯氰菊酯(cypermethrin)	≤0.01	GB 23200.113
噻虫嗪(thiamethoxam)	≤5(黄瓜) ≤0.01(黄瓜除外)	GB/T 20769
三唑酮(triadimefon)	≤0.1(黄瓜) ≤0.01(黄瓜除外)	GB 23200.113
烯酰吗啉(dimethomorph)	≤5(黄瓜) ≤1(苦瓜) ≤0.01(黄瓜、苦瓜除外)	GB/T 20769
溴氰菊酯(deltamethrin)	≤0.01	GB 23200.113

3.5 净含量

应符合国家质量监督检验检疫总局令 2005 第 75 号的要求，检验方法按 JJF 1070 的规定执行。

4 检验规则

申报绿色食品应按照 3.3～3.5 以及附录 B 所确定的项目进行检验。其他要求应符合 NY/T 1055 的规定。本标准规定的农药残留量检测方法，如有其他国家标准、行业标准以及部文公告的检测方法，且其检出限和定量限能满足限量值要求时，在检测时可采用。

5 标签

应符合 GB 7718 的规定。

6 包装、运输和储存

6.1 包装

6.1.1 包装应符合 NY/T 658 的规定。

6.1.2 按产品的品种、规格分别包装，同一件包装内的产品应摆放整齐紧密。

6.1.3 每批产品所用的包装、单位净含量应一致。

6.2 运输和储存

6.2.1 运输和储存应符合 NY/T 1056 的规定。

6.2.2 运输前应根据品种、运输方式、路程等确定是否进行预冷。运输过程中注意防冻、防雨淋、防晒，通风散热。

6.2.3 储存时应按品种、规格分别储存，储存应满足 NY/T 2790 的规定。

附 录 A
（资料性附录）
瓜类蔬菜学名、英文名及别名对照表

表 A.1 给出了绿色食品瓜类蔬菜学名、英文名及别名对照。

表 A.1 瓜类蔬菜学名、英文名及别名对照表

蔬菜名称	学名	英文名	别名
黄瓜	*Cucumis sativus* L.	cucumber	胡瓜、刺瓜、青瓜、吊瓜
冬瓜	*Benincasa hispida* Cogn.	wax gourd	白冬瓜、白瓜、东瓜、濮瓜、水芝、地芝、枕瓜
节瓜	*Benincasa hispida* Cogn. var. *chieh-qua* How.	chiehqua	小冬瓜、北瓜、毛瓜
南瓜	*Cucurbita moschata* Duch.	pumpkin	番瓜、饭瓜、番南瓜、麦瓜、倭瓜、金瓜、中国南瓜
笋瓜	*Cucurbita maxima* Duch. ex Lam.	winter squash	印度南瓜、北瓜、搅瓜、玉瓜
西葫芦	*Cucurbita pepo* L.	summer squash	美洲南瓜、角瓜、白瓜、小瓜、金丝搅瓜、飞碟瓜
越瓜	*Cucumis melo* L. var. *conomon* Makino	oriental pickling melon	菜瓜、稍瓜、生瓜、白瓜
菜瓜	*Cucumis melo* L. var. *flexuosus* Naud.	snake melon	蛇甜瓜、生瓜、羊角瓜
丝瓜	*Luffa cylindrica* Roem.	luffa	天丝瓜、天罗、蛮瓜、布瓜
苦瓜	*Momordica charantia* L.	balsam pear	凉瓜、锦荔枝、君子菜、癞葡萄、癞瓜
瓠瓜	*Lagenaria siceraria*(Molina) Standl.	bottle gourd	扁蒲、葫芦、蒲瓜、棒瓜、瓠子、夜开花
蛇瓜	*Trichosanthes anguina* L.	snake gourd	蛇丝瓜、蛇王瓜、蛇豆
佛手瓜	*Sechium edule* Swartz	chayote	合手瓜、合掌瓜、洋丝瓜、隼人瓜、菜肴梨、洋茄子、安南瓜、寿瓜

附　录　B
（规范性附录）
绿色食品瓜类蔬菜申报检验项目

表 B.1 规定了除 3.3～3.5 所列项目外，依据食品安全国家标准和绿色食品瓜类蔬菜生产实际情况，绿色食品申报检验还应检验的项目。

表 B.1　污染物项目

单位为毫克每千克

项目	指标	检验方法
铅（以 Pb 计）	≤0.1	GB 5009.12
镉（以 Cd 计）	≤0.05	GB 5009.15

ICS 67.080.20
X 26

中华人民共和国农业行业标准

NY/T 748—2020

代替 NY/T 748—2012

绿色食品　豆类蔬菜

Green food—Legume vegetables

2020-08-26 发布　　2021-01-01 实施

中华人民共和国农业农村部　发布

前言

本标准按照 GB/T 1.1—2009 给出的规则起草。

本标准代替 NY/T 748—2012《绿色食品　豆类蔬菜》，与 NY/T 748—2012 相比，除编辑性修改外主要技术变化如下：

——增加了生产过程要求；

——修改了感官要求；

——删除了乙酰甲胺磷、乐果、甲萘威，增加了水胺硫磷、克百威、甲胺磷、氧乐果、氟虫腈、氟氯氰菊酯，修改了三唑磷、多菌灵、毒死蜱、氯氰菊酯、氰戊菊酯、氯氟氰菊酯、敌敌畏、百菌清、溴氰菊酯的限量指标；

——删除了标志的要求；

——修改了运输和储存的部分内容；

——增加了附录 A。

本标准由农业农村部农产品质量安全监管司提出。

本标准由中国绿色食品发展中心归口。

本标准起草单位：广东省农业科学院农产品公共监测中心、中国绿色食品发展中心、农业农村部蔬菜水果质量监督检验测试中心(广州)、兰州介实农产品有限公司、湘潭市仙女蔬菜产销专业合作社。

本标准主要起草人：杨慧、张志华、李丽、徐赛、王富华、陈岩、耿安静、于洋、赵启强。

本标准所代替标准的历次版本发布情况为：

——NY/T 748—2003、NY/T 748—2012。

绿色食品　豆类蔬菜

1　范围

本标准规定了绿色食品豆类蔬菜的要求、检验规则、标签、包装、运输和储存。

本标准适用于绿色食品豆类蔬菜，包括菜豆、多花菜豆、长豇豆、扁豆、莱豆、蚕豆、刀豆、豌豆、食荚豌豆、四棱豆、菜用大豆、黎豆等(学名、英文名及别名参见附录A)。

2　规范性引用文件

下列文件对于本文件的应用是必不可少的。凡是注日期的引用文件，仅注日期的版本适用于本文件。凡是不注日期的引用文件，其最新版本(包括所有的修改单)适用于本文件。

GB 5009.12　食品安全国家标准　食品中铅的测定

GB 5009.15　食品安全国家标准　食品中镉的测定

GB 7718　食品安全国家标准　预包装食品标签通则

GB/T 20769　水果和蔬菜中450种农药及相关化学品残留量的测定　液相色谱-串联质谱法

GB 23200.113　食品安全国家标准　植物源性食品中208种农药及其代谢物残留量的测定　气相色谱-质谱联用法

JJF 1070　定量包装商品净含量计量检验规则

NY/T 391　绿色食品　产地环境质量

NY/T 393　绿色食品　农药使用准则

NY/T 394　绿色食品　肥料使用准则

NY/T 658　绿色食品　包装通用准则

NY/T 761　蔬菜和水果中有机磷、有机氯、拟除虫菊酯和氨基甲酸酯类农药多残留的测定

NY/T 1055　绿色食品　产品检验规则

NY/T 1056　绿色食品　储藏运输准则

NY/T 1202　豆类蔬菜储藏保鲜技术规程

SB/T 10158　新鲜蔬菜包装与标识

国家质量监督检验检疫总局令2005年第75号　定量包装商品计量监督管理办法

3　要求

3.1　产地环境

应符合NY/T 391的规定。

3.2　生产过程

生产过程中农药和肥料使用应分别符合NY/T 393和NY/T 394的规定。

3.3　感官

应符合表1的规定。

表1　感官要求

项目	要求	检验方法
外观	同一品种或相似品种；不含任何可见杂物；外观新鲜、清洁；无失水、皱缩；成熟适度；无异常外来水分；食荚豆类蔬菜要求豆荚鲜嫩，豆荚大小一致、长短均匀；食豆豆类蔬菜籽粒饱满，大小均匀	外观、色泽、缺陷等特征用目测法进行鉴定；气味用嗅觉的方法进行鉴定；缺陷症状不明显而疑似者，应用刀剖开鉴定

表 1（续）

项目	要求	检验方法
色泽	色泽一致，具有本品种应有的颜色	外观、色泽、缺陷等特征用目测法进行鉴定；气味用嗅觉的方法进行鉴定；缺陷症状不明显而疑似者，应用刀剖开鉴定
缺陷	无病虫害伤、机械损伤、腐烂、冷害、冻害、畸形、色斑等	
气味	具有本品种应有的气味，无异味	

3.4 农药残留限量

应符合食品安全国家标准及相关规定，同时符合表 2 的规定。

表 2 农药残留限量

单位为毫克每千克

项目	指标	检验方法
克百威(carbofuran)	≤0.01	GB/T 20769
三唑磷(triazophos)	≤0.01	GB 23200.113
氟虫腈(fipronil)	≤0.01	GB 23200.113
氧乐果(omethoate)	≤0.01	GB 23200.113
甲胺磷(methamidophos)	≤0.01	GB 23200.113
毒死蜱(chlorpyrifos)	≤0.01	GB 23200.113
多菌灵(carbendazim)	≤0.01	GB/T 20769
氯氰菊酯(cypermethrin)	≤0.01	GB 23200.113
百菌清(chlorothalonil)	≤0.01	NY/T 761
敌敌畏(dichlorvos)	≤0.01	GB 23200.113
溴氰菊酯(deltamethrin)	≤0.01	GB 23200.113
氰戊菊酯(fenvalerate)	≤0.01	GB 23200.113
氟氯氰菊酯(cyfluthrin)	≤0.01	GB 23200.113
氯氟氰菊酯(cyhalothrin)	≤0.01	GB 23200.113
水胺硫磷(isocarbophos)	≤0.01	GB 23200.113
三唑酮(triadimefon)	≤0.05(豌豆) ≤0.01(其他豆类)	GB 23200.113

3.5 净含量

应符合国家质量监督检验检疫总局令 2005 第 75 号的要求，检验方法按 JJF 1070 的规定执行。

4 检验规则

申报绿色食品应按照 3.3～3.5 以及附录 B 所确定的项目进行检验。其他要求应符合NY/T 1055的规定。本标准规定的农药残留量检测方法，如有其他国家标准、行业标准以及部文公告的检测方法，且其检出限和定量限能满足限量值要求时，在检测时可采用。

5 标签

应符合 GB 7718 的规定。

6 包装、运输和储存

6.1 包装

6.1.1 应符合 NY/T 658 的规定。

6.1.2 用于包装的容器如泡沫箱、塑料箱、纸箱等，应符合 SB/T 10158 的规定。

6.1.3 按产品的品种、规格分别包装，同一件包装内的产品应摆放整齐紧密。

6.1.4 每批产品所用的包装、单位质量应一致。

6.2 运输和储存

6.2.1 应符合 NY/T 1056 的规定。

6.2.2 运输前应进行预冷。运输过程中注意防冻、防雨淋、防晒、通风、散热。

6.2.3 按品种、规格分别储藏,储存应满足 NY/T 1202 的规定。

6.2.4 储藏和运输环境洁净卫生,不与有毒有害、易污染环境等物质一起储藏和运输。

附 录 A
(资料性附录)
常见豆类蔬菜学名、英文名及别名对照表

表 A.1 给出了绿色食品豆类蔬菜学名、英文名及别名对照。

表 A.1 常见豆类蔬菜学名、英文名及别名对照表

蔬菜名称	学名	英文名	别名
菜豆	*Phaseolus vulgaris* L.	kidney bean	四季豆、芸豆、玉豆、豆角、芸扁豆、京豆、敏豆
多花菜豆	*Phaseolus coccineus* L. (*syn. P. multiflorus Willd.*)	scarlet runner bean	龙爪豆、大白芸豆、荷包豆、红花菜豆
长豇豆	*Vigna unquiculata W.* ssp. *sesquipedalis*(L.)*Verd*	asparagus bean	豆角、长豆角、带豆、筷豆、长荚豇豆
扁豆	*Dolichos lablab* L.	lablab	峨嵋豆、眉豆、沿篱豆、鹊豆、龙爪豆
莱豆	*Phaseolus lunatus* L.	lima bean	利马豆、雪豆、金甲豆、棉豆、荷包豆、白豆、观音豆
蚕豆	*Vicia faba* L.	broad bean	胡豆、罗汉豆、佛豆、寒豆
刀豆	*Canavalia gladiata*(*Jarq*) *DC.*	swordbean	大刀豆、关刀豆、菜刀豆
豌豆	*Pisum sativum* L.	vegetable pea	雪豆、回豆、麦豆、青斑豆、麻豆、青小豆
食荚豌豆	*Pisum sativum* L. var. *macrocarpon Ser.*	sugar pod garden pea	荷兰豆
四棱豆	*Psophocarpus tetragonolobus*(L.)*DC.*	winged bean	翼豆、四稔豆、杨桃豆、四角豆、热带大豆
菜用大豆	*Glycine max*(L.)*Merr.*	soya bean	毛豆、枝豆
黎豆	*Stizolobium capitatum Kuntze*	yokohama bean	狸豆、虎豆、狗爪豆、八升豆、毛毛豆、毛胡豆

附　录　B
(规范性附录)
绿色食品豆类蔬菜申报检验项目

表 B.1 规定了除 3.3～3.5 所列项目外，依据食品安全国家标准和绿色食品豆类蔬菜生产实际情况，绿色食品申报检验还应检验的项目。

表 B.1　污染物和农药残留项目

单位为毫克每千克

项目	限量	检测方法
铅(以 Pb 计)	≤0.2	GB 5009.12
镉(以 Cd 计)	≤0.1	GB 5009.15
辛硫磷(phoxim)	≤0.05	GB/T 20769

ICS 67.080.20
X 26

中华人民共和国农业行业标准

NY/T 750—2020
代替 NY/T 750—2011

绿色食品 热带、亚热带水果

Green food—Tropical and subtropical fruits

2020-08-26 发布 2021-01-01 实施

中华人民共和国农业农村部 发布

前　言

本标准按照 GB/T 1.1—2009 给出的规则起草。

本标准代替 NY/T 750—2011《绿色食品　热带、亚热带水果》。本标准与 NY/T 750—2011 相比，除编辑性修改外，主要技术变化如下：

——修改了感官要求；删除了果柄长度的要求；

——修改了菠萝、荔枝、龙眼、香蕉、芒果、枇杷、番木瓜、毛叶枣、人心果、火龙果、菠萝蜜、番荔枝、青梅的可食率限量，修改了菠萝、橄榄、杨梅、荔枝、龙眼、香蕉、枇杷、番石榴、杨桃、红毛丹、毛叶枣、人心果、莲雾、西番莲、火龙果、菠萝蜜、番荔枝的可溶性固形物限量，修改了菠萝、橄榄、杨梅、荔枝、龙眼、香蕉、芒果、枇杷、杨桃、红毛丹、毛叶枣、人心果、莲雾、山竹、火龙果、菠萝蜜、番荔枝的可滴定酸限量；

——删除了六六六、滴滴涕、乐果、马拉硫磷、二嗪磷、亚胺硫磷、敌百虫、辛硫磷、杀螟硫磷等农药残留项目，增加了咪鲜胺、啶虫脒、灭多威、克百威、氧乐果、甲氰菊酯等农药残留项目；

——删除了氟、无机砷、总汞项目及指标值；

——修改了检验方法。

本标准由农业农村部农产品质量安全监管司提出。

本标准由中国绿色食品发展中心归口。

本标准起草单位：中国热带农业科学院农产品加工研究所、农业农村部食品质量监督检验测试中心（湛江）、中国绿色食品发展中心、海南省绿色食品办公室、海南北纬十八度果业有限公司、高州市华峰果业发展有限公司。

本标准主要起草人：林玲、李涛、马雪、杨春亮 、叶剑芝、王绥大、高晓冬、谭林威、苏子鹏、李琪、齐宁利、杨健荣、罗成、刘丽丽。

本标准所代替标准的历次版本发布情况为：

——NY/T 750—2003、NY/T 750—2011。

绿色食品　热带、亚热带水果

1　范围

本标准规定了绿色食品热带、亚热带水果的术语和定义、要求、检验规则、标签、包装、运输和储存。

本标准适用于绿色食品热带和亚热带水果，包括荔枝、龙眼、香蕉、菠萝、芒果、枇杷、黄皮、番木瓜、番石榴、杨梅、杨桃、橄榄、红毛丹、毛叶枣、莲雾、人心果、西番莲、山竹、火龙果、菠萝蜜、番荔枝和青梅。

2　规范性引用文件

下列文件对于本文件的应用是必不可少的。凡是注日期的引用文件，仅注日期的版本适用于本文件。凡是不注日期的引用文件，其最新版本(包括所有的修改单)适用于本文件。

GB 5009.12　食品安全国家标准　食品中铅的测定

GB 5009.15　食品安全国家标准　食品中镉的测定

GB 5009.34　食品安全国家标准　食品中二氧化硫的测定

GB 7718　食品安全国家标准　预包装食品标签通则

GB/T 12456　食品中总酸的测定

GB/T 20769　水果和蔬菜中450种农药及相关化学品残留量的测定　液相色谱-串联质谱法

GB 23200.8　食品安全国家标准　水果和蔬菜中500种农药及相关化学品残留量的测定　气相色谱-质谱法

NY/T 391　绿色食品　产地环境质量

NY/T 393　绿色食品　农药使用准则

NY/T 394　绿色食品　肥料使用准则

NY/T 515　荔枝

NY/T 658　绿色食品　包装通用准则

NY/T 761　蔬菜和水果中有机磷、有机氯、拟除虫菊酯和氨基甲酸酯类农药多残留的测定

NY/T 1055　绿色食品　产品检验规则

NY/T 1056　绿色食品　储藏运输准则

NY/T 1379　蔬菜中334种农药多残留的测定　气相色谱质谱法和液相色谱质谱法

NY/T 2637　水果和蔬菜可溶性固形物含量的测定　折射仪法

3　术语和定义

NY/T 515中界定的以及下列术语和定义适用于本文件。

3.1

后熟　after ripening

在采收后继续发育完成成熟的过程。

3.2

日灼　sunburn

果树在生长发育期间，由于强烈日光辐射增温所引起的果树器官和组织灼伤。

4　要求

4.1　产地环境

应符合NY/T 391的规定。

4.2 生产过程

生产过程中农药和肥料使用应分别符合 NY/T 393 和 NY/T 394 的规定。

4.3 感官

应符合表 1 的规定。

表 1 感官

项目	要求	检验方法
果实外观	具有本品种成熟时固有的形状和色泽;果实完整,果形端正,新鲜,无裂果、变质、腐烂、可见异物和机械伤	把样品置于洁净的白瓷盘中,置于自然光线下,品种特征、色泽、新鲜度、机械伤、成熟度、病虫害等用目测法进行检验;气味和滋味采用鼻嗅和口尝方法进行检验
病虫害	无果肉褐变、病果、虫果、病斑	
气味和滋味	具有该品种正常的气味和滋味,无异味	
成熟度	发育正常,具有适于鲜食或加工要求的成熟度	

4.4 理化指标

应符合表 2 的规定。

表 2 理化指标

单位为百分号

水果名称	可食率	可溶性固形物	可滴定酸(以柠檬酸计)	检验方法
黄皮	—	≥13	—	可食率:取样果 200 g~500 g(单果重≥400 g 的果实可酌情取 3 个~5 个),称量全果质量,并将果皮、果肉和种子分开,称量果皮加种子的质量。以全果质量减去果皮加种子的质量后的值除以全果质量所得的百分比 可溶性固形物按 NY/T 2637 规定的方法测定;可滴定酸按 GB/T 12456 规定的方法测定
菠萝	≥58	≥12	≤0.9	
橄榄	—	≥11	≤1.2	
杨梅	—	≥10	≤1.2	
荔枝	≥63	≥16	≤0.4	
龙眼	≥62	≥16	≤0.1	
香蕉	≥55	≥21	≤0.6	
芒果	≥57	≥10	≤1.1	
枇杷	≥60	≥9	≤0.8	
番石榴	—	≥10	≤0.3	
番木瓜	≥ 76	≥10	≤0.3	
杨桃	—	≥7.5	≤0.4	
红毛丹	≥40	≥14	≤1.5	
毛叶枣	≥78	≥9	≤0.8	
人心果	≥78	≥18	≤1.0	
莲雾	—	≥6	≤0.3	
西番莲[a]	≥30	≥13	≤4.0	
山竹	≥30	≥13	≤0.6	
火龙果	≥62	≥10	≤0.5	
菠萝蜜	≥41	≥17	≤0.4	
番荔枝	≥52	≥17	≤0.4	
青梅	≥75	≥6.0	≥4.3	

[a] 西番莲可食率为果汁率。

4.5 农药残留限量和食品添加剂限量

农药残留限量除应符合食品安全国家标准及相关规定外,同时符合表 3 的要求。

表 3 农药残留限量

单位为毫克每千克

项目	指标	检验方法
氧乐果(omethoate)	≤0.01	NY/T 1379
敌敌畏(dichlorvos)	≤ 0.01	NY/T 761
倍硫磷(fenthion)	≤0.01	NY/T 1379

表 3（续）

项　　目	指　　标	检验方法
氯氰菊酯(cypermethrin)	≤0.01(橄榄、杨桃、荔枝、龙眼、芒果、番木瓜、毛叶枣、红毛丹)	NY/T 761
多菌灵(carbendazim)	≤ 0.5(荔枝、芒果、菠萝、橄榄、香蕉)	GB/T 20769
百菌清(chlorothalonil)	≤0.01	NY/T 761
溴氰菊酯(deltmethrin)	≤0.01	NY/T 761
氰戊菊酯 (fenvalerate)	≤0.01	NY/T 761
氯氟氰菊酯(cyhalothrin)	≤0.01(荔枝、橄榄、芒果、龙眼、香蕉、枇杷、黄皮、番石榴、杨桃、红毛丹、毛叶枣、莲雾、人心果、火龙果、番荔枝)	NY/T 761
咪鲜胺(prochloraz)	≤0.01	GB/T 20769
灭多威(methomyl)	≤0.01	GB/T 20769
克百威(carbofuran)	≤0.01	GB/T 20769
甲氰菊酯(fenpropathrin)	≤2	NY/T 761
毒死蜱(chlorpyrifos)	≤0.01(荔枝、龙眼)	GB 23200.8
二氧化硫(sulfur dioxide)	≤30(荔枝、龙眼)	GB 5009.34

5　检验规则

申报绿色食品应按照 4.3～4.5 以及附录 A 所确定的项目进行检验。其他要求应符合 NY/T 1055 的规定。本标准规定的农药残留量检测方法，如有其他国家标准、行业标准以及部文公告的检测方法，且其检出限和定量限能满足限量值要求时，在检测时可采用。

6　标签

按 GB 7718 的规定执行。

7　包装、运输和储存

7.1　包装

按 NY/T 658 的规定执行。

7.2　运输和储存

7.2.1　对于香蕉、番木瓜、红毛丹、人心果、芒果、西番莲、番石榴、番荔枝等呼吸跃变型水果，在运输、储存过程中应按同一批次、同一成熟度，每种水果单独运输、储存。

a)　长途运输应控温运输，延长储存期。

b)　储存仓库应注意二氧化碳及乙烯浓度变化情况，及时通风换气，防止因二氧化碳及乙烯催熟呼吸跃变型水果，导致其鲜度下降，储存期降低。

7.2.2　其他非呼吸跃变型水果按 NY/T 1056 的相关规定执行。

附 录 A
(规范性附录)
绿色食品热带、亚热带水果申报检验项目

表 A.1 规定了除 4.3～4.5 所列项目外，依据食品安全国家标准和绿色食品热带、亚热带水果生产实际情况，绿色食品热带、亚热带水果申报检验还应检验的项目。

表 A.1 污染物和农药残留项目

单位为毫克每千克

检验项目	指 标	检验方法
铅(以 Pb 计)	≤0.1	GB 5009.12
镉(以 Cd 计)	≤0.05	GB 5009.15
啶虫脒(acetamiprid)	≤2	GB/T 20769

ICS 67.180.10
B 47

中华人民共和国农业行业标准

NY/T 752—2020
代替 NY/T 752—2012

绿色食品　蜂产品

Green food—Bee product

2020-08-26 发布　　2021-01-01 实施

中华人民共和国农业农村部　发布

前　　言

本标准按照 GB/T 1.1—2009 给出的规则起草。

本标准代替 NY/T 752—2012《绿色食品　蜂产品》。与 NY/T 752—2012 相比，除编辑性修改外主要技术变化如下：

——增加了蜂蜜和蜂王浆中喹诺酮类残留限量指标；

——增加了蜂王浆中硝基咪唑类残留限量指标；

——增加了蜂花粉中总糖、黄酮类化合物、酸度理化指标；

——修订了蜂蜜中淀粉酶活性指标；

——删除了蜂花粉中六六六、滴滴涕残留限量指标；

——删除了附录 A 蜂蜜中锌理化指标；

——修改了蜂花粉中微生物指标；

——更新或替换了一部分检测方法。

本标准由农业农村部农产品质量安全监管司提出。

本标准由中国绿色食品发展中心归口。

本标准起草单位：农业农村部蜂产品质量监督检验测试中心（北京）、中国绿色食品发展中心、武汉市葆春蜂王浆有限责任公司、绿纯（北京）科技有限公司。

本标准主要起草人：陈兰珍、李熠、周金慧、张金振、金玥、黄京平、张宪、朱黎、谢勇、辛金艳。

本标准所代替标准的历次版本发布情况为：

——NY/T 752—2003、NY/T 752—2012。

绿色食品 蜂产品

1 范围

本标准规定了绿色食品蜂产品的分类、要求、检验规则、标签、包装、运输和储存。

本标准适用于绿色食品蜂蜜、蜂王浆(包括蜂王浆冻干粉)、蜂花粉。不适用于巢蜜、蜂胶、蜂蜡及其制品。

2 规范性引用文件

下列文件对于本文件的应用是必不可少的。凡是注日期的引用文件,仅注日期的版本适用于本文件。凡是不注日期的引用文件,其最新版本(包括所有的修改单)适用于本文件。

GB 4789.1 食品安全国家标准 食品微生物学检验 总则

GB 4789.2 食品安全国家标准 食品微生物学检验 菌落总数测定

GB 4789.3 食品安全国家标准 食品微生物学检验 大肠菌群计数

GB 4789.4 食品安全国家标准 食品微生物学检验 沙门氏菌检验

GB 4789.5 食品安全国家标准 食品微生物学检验 志贺氏菌检验

GB 4789.10 食品安全国家标准 食品微生物学检验 金黄色葡萄球菌检验

GB 4789.15 食品安全国家标准 食品微生物学检验 霉菌和酵母计数

GB 5009.3 食品安全国家标准 食品中水分的测定

GB 5009.4 食品安全国家标准 食品中灰分的测定

GB 5009.5 食品安全国家标准 食品中蛋白质的测定

GB 5009.8 食品安全国家标准 食品中果糖、葡萄糖、蔗糖、麦芽糖、乳糖的测定

GB 5009.11 食品安全国家标准 食品中总砷及无机砷的测定

GB 5009.12 食品安全国家标准 食品中铅的测定

GB 5009.15 食品安全国家标准 食品中镉的测定

GB 7718 食品安全国家标准 预包装食品标签通则

GB 9697 蜂王浆

GB/T 18932.1 蜂蜜中碳-4植物糖含量测定方法 稳定碳同位素比率法

GB/T 18932.10 蜂蜜中溴螨酯、4,4′-二溴二苯甲酮残留量的测定方法 气相色谱/质谱法

GB/T 18932.16 蜂蜜中淀粉酶值的测定方法 分光光度法

GB/T 18932.17 蜂蜜中16种磺胺残留量的测定方法 液相色谱-串联质谱法

GB/T 18932.18 蜂蜜中羟甲基糠醛含量的测定方法 液相色谱-紫外检测法

GB/T 18932.19 蜂蜜中氯霉素残留量的测定方法 液相色谱-串联质谱法

GB/T 18932.23 蜂蜜中土霉素、四环素、金霉素、强力霉素残留量的测定方法 液相色谱-串联质谱法

GB/T 18932.24 蜂蜜中呋喃它酮、呋喃西林、呋喃妥因和呋喃唑酮代谢物残留量的测定方法 液相色谱-串联质谱法

GB/T 20573 蜜蜂产品术语

GB/T 20757 蜂蜜中十四种喹诺酮类药物残留量的测定 液相色谱-串联质谱法

GB/T 21167 蜂王浆中硝基呋喃类代谢物残留量的测定 液相色谱-串联质谱法

GB/T 21169 蜂蜜中双甲脒及其代谢物残留量测定 液相色谱法

GB/T 21528 蜜蜂产品生产管理规范

GB/T 21532 蜂王浆冻干粉

GB/T 22945 蜂王浆中链霉素、双氢链霉素和卡那霉素残留量的测定 液相色谱-串联质谱法

GB/T 22947　蜂王浆中十八种磺胺类药物残留量的测定　液相色谱-串联质谱法
GB/T 22995　蜂蜜中链霉素、双氢链霉素和卡那霉素残留量的测定　液相色谱-串联质谱法
GB 23200.100　食品安全国家标准 蜂王浆中多种菊酯类农药残留量的测定　气相色谱法
GB/T 23407　蜂王浆中硝基咪唑类药物及其代谢物残留量的测定　液相色谱-质谱/质谱法
GB/T 23409　蜂王浆中土霉素、四环素、金霉素、强力霉素残留量的测定　液相色谱-质谱/质谱法
GB/T 23410　蜂蜜中硝基咪唑类药物及其代谢物残留量的测定　液相色谱-质谱/质谱法
GB/T 23411　蜂王浆中 17 种喹诺酮类药物残留量的测定　液相色谱-质谱/质谱法
GB/T 23869　花粉中总汞的测定方法
GB 28050　食品安全国家标准　预包装食品营养标签通则
GB/T 30359　蜂花粉
GB 31636　食品安全国家标准　花粉
GH/T 18796　蜂蜜
农业部 781 号公告—7—2006　蜂蜜中氟氯苯氰菊酯残留量的测定　气相色谱法
农业部 781 号公告—9—2006　蜂蜜中氟胺氰菊酯残留量的测定　气相色谱法
JJF 1070　定量包装商品净含量计量检验规则
NY/T 391　绿色食品　产地环境质量
NY/T 393　绿色食品　农药使用准则
NY/T 472　绿色食品　兽药使用准则
NY/T 658　绿色食品　包装通用准则
NY/T 1055　绿色食品　产品检验规则
NY/T 1056　绿色食品　储藏运输准则
SN/T 0852　进出口蜂蜜检验规程
SN/T 2063　进出口蜂王浆中氯霉素残留量的检测方法　液相色谱-串联质谱法
国家质量监督检验检疫总局令 2005 年第 75 号　定量包装商品计量监督管理办法

3　术语和定义

GH/T 18796、GB 9697、GB/T 20573、GB/T 21532 和 GB/T 30359 界定的以及下列术语和定义适用于本文件。

3.1

蜂蜜　honey; bee honey

由工蜂采集植物的花蜜、分泌物或蜜露，与自身分泌物结合后，在巢脾内转化、脱水、储存至成熟的天然甜味物质。

3.2

蜂王浆、蜂皇浆　royal jelly

工蜂咽下腺和上颚腺分泌的，主要用于饲喂蜂王和蜂幼虫的乳白色、淡黄色或浅橙色浆状物质。

3.3

蜂王浆冻干粉、蜂皇浆冻干粉　lyophilized royal jelly powder

通过真空冷冻干燥方法加工制成的脱水蜂王浆粉末。

3.4

蜂花粉　bee pollen

工蜂采集显花植物花蕊中的花粉粒，加入唾液和花蜜混合而成的物质。

4　要求

4.1　产地环境

应符合 NY/T 391 的要求。

4.2 原料生产

应符合 NY/T 393、NY/T 472 的要求。

4.3 生产过程

应符合 GB /T 21528 的要求。

4.4 感官

4.4.1 蜂蜜

蜂蜜感官要求,应符合表 1 的规定。

表 1 蜂蜜感官要求

项　目	要求	检验方法
色泽	依蜜源品种不同,从水白色至深琥珀色或深色	GH/T 18796
气味、滋味	具有蜜源植物的花的气味。单一花种蜂蜜应具有该种蜜源植物的花的气味。无酒味等其他异味;口感甜润或细腻	
状态	常温下呈黏稠流体状,或部分及全部结晶。无发酵状态	
杂质	不得含有蜜蜂肢体、幼虫、蜡屑及肉眼可见杂质(含蜡屑巢蜜除外)	

4.4.2 蜂王浆

蜂王浆感官要求,应符合表 2 的规定。

表 2 蜂王浆感官要求

项　目	要求	检验方法
色泽	乳白色、淡黄色或浅橙色,有光泽;冰冻状态有冰晶的光泽	GB 9697
气味、滋味	解冻状态时,应有类似花蜜或花粉的香味和辛香味;气味纯正,不得有发酵、酸败气味;有明显的酸、涩、辛辣和甜味感,上颚和咽喉有刺激感;咽下或吐出后,咽喉刺激感仍会存留一些时间;冰冻状态时,初品尝有颗粒感,逐渐消失,并出现与解冻状态同样的口感	
状态	常温或解冻后呈黏浆状,具有流动性	
杂质	不应有气泡及肉眼可见杂质	

4.4.3 蜂王浆冻干粉

蜂王浆冻干粉感官要求,应符合表 3 的规定。

表 3 蜂王浆冻干粉感官要求

项　目	要求	检验方法
色泽	乳白色或淡黄色	GB/T 21532
气味、滋味	有蜂王浆香气,气味纯正,不得有发酵、发臭等异味。有明显的酸、涩、辛辣味,回味略甜	
状态	粉末状	
杂质	无肉眼可见杂质	

4.4.4 蜂花粉

蜂花粉感官要求,应符合表 4 的规定。

表 4 蜂花粉感官要求

项　目	要求	检测方法
色泽	单一品种蜂花粉应具有该品种蜂花粉特有的颜色	GB 31636
气味、滋味	具有蜂花粉应有的滋味和气味,无异味	
状态	粉末或不规则的扁圆形团粒(颗粒),无虫蛀,无霉变	
杂质	无正常视力可见外来异物	

4.5 理化指标

4.5.1 蜂蜜

应符合表 5 的规定。

表 5 蜂蜜理化指标

项 目	指 标	检验方法
水分,g/100 g 荔枝蜂蜜、龙眼蜂蜜、柑橘蜂蜜、鹅掌柴蜂蜜、乌桕蜂蜜 其他蜂蜜	 ≤23 ≤20	SN/T 0852
果糖和葡萄糖,g/100 g	≥60	GB 5009.8
蔗糖,g/100 g 桉树蜂蜜、柑橘蜂蜜、荔枝蜂蜜、野桂花蜂蜜和紫花苜蓿蜂蜜 其他蜂蜜	 ≤10 ≤5	GB 5009.8
酸度(1 mol/L 氢氧化钠),mL/kg	≤40	SN/T 0852
羟甲基糠醛(HMF),mg/kg	≤40	GB/T 18932.18
淀粉酶活性,mL/(g·h) 荔枝蜂蜜、龙眼蜂蜜、柑橘蜂蜜、鹅掌柴蜂蜜 其他蜂蜜	 ≥4 ≥8	GB/T 18932.16
碳-4 植物糖,g/100 g	≤7	GB/T 18932.1

4.5.2 蜂王浆及其冻干粉

应符合表 6 的规定。

表 6 蜂王浆及其冻干粉理化指标

项 目	指 标		检验方法
	蜂王浆	蜂王浆冻干粉	
10-羟基-2-癸烯酸,g/100 g	≥1.8	≥5.0	GB 9697
水分,g/100 g	≤67.5	≤3.0	
蛋白质,g/100 g	11~16	≥33	
总糖(以葡萄糖计),g/100 g	≤15	≤45	
灰分,g/100 g	≤1.5	≤4.0	
酸度(1 mol/L 氢氧化钠),mL /100 g	30~53	90~159	
淀粉	不得检出	不得检出	

4.5.3 蜂花粉

应符合表 7 的规定。

表 7 蜂花粉理化指标

项 目	指 标	检验方法
水分,g/100 g	≤6	GB 5009.3
蛋白质,g/100 g	≥15	GB 5009.5
灰分,g/100 g	≤5	GB 5009.4
单一品种蜂花粉率,%	≥90	GB/T 30359
碎花粉率,%	≤3	GB/T 30359
总糖(以还原糖计),g/100 g	15~50	GB/T 30359
黄酮类化合物(以无水芦丁计),mg/100 g	≥400	GB/T 30359
酸度(以 pH 表示)	≥4.4	GB/T 30359

4.6 污染物限量、农药残留限量和兽药残留限量

4.6.1 蜂蜜

污染物、农药残留和兽药残留限量应符合相关食品安全国家标准的规定,同时符合表 8 的规定。

表 8 蜂蜜中污染物、农药残留及兽药残留限量

单位为微克每千克

项 目	指 标	检验方法
总砷（以 As 计）	≤200	GB 5009.11
铅(以 Pb 计)	≤100	GB 5009.12
镉(以 Cd 计)	≤100	GB 5009.15
氟胺氰菊酯(Fluvalinate)	≤50	农业部 781 号公告—9—2006
氟氯苯氰菊酯(Flumethrin)	≤5	农业部 781 号公告—7—2006
溴螨酯(Bromopropylate)	≤100	GB/T 18932.10
双甲脒（Amitraz）	不得检出[a]	GB/T 21169
硝基呋喃类(Nitrofurans)[以 3-氨基-2-噁唑烷基酮(AOZ)，或 5-吗啉甲基-3-氨基-2-噁唑烷基酮(AMOZ)，或 1-氨基-2-内酰脲(AHD)，或氨基脲(SEM)计]	不得检出[b]	GB/T 18932.24
氯霉素(Chloramphenicol)	不得检出(<0.1)	GB/T 18932.19
硝基咪唑类（Nitroimidazoles）	不得检出[c]	GB/T 23410
磺胺类(Sulfonamides)	不得检出[d]	GB/T 18932.17
土霉素/金霉素/四环素（总量）(Oxytetracycline/Chlortetracycline/Tetracycline)	≤300	GB/T 18932.23
链霉素(Streptomycin)	≤20	GB/T 22995
喹诺酮类(Quinolones)	不得检出(<2)	GB/T 20757

[a] 双甲脒检出限为 10 μg/kg，双甲脒代谢物(2,4-二甲基苯胺)检出限为 20 μg/kg。

[b] 3-氨基-2-噁唑烷基酮(AOZ)、5-吗啉甲基-3-氨基-2-噁唑烷基酮(AMOZ)、1-氨基-2-内酰脲(AHD)和氨基脲(SEM)的检出限分别为 0.2 μg/kg、0.2 μg/kg、0.5 μg/kg、0.5 μg/kg。

[c] 甲硝唑(MNZ)、二甲硝咪唑(DMZ)、洛硝哒唑(RNZ)、异丙硝唑(IPZ)的检出限为 1.0 μg/kg，2-羟甲基-1-甲基-5-硝基咪唑(HMMNI)、2-(2-羟异丙基)-1-甲基-5-硝基咪唑(IPZOH)、1-(2-羟乙基)-2-羟甲基-5-硝基咪唑(MNZOH)的检出限为 2.0 μg/kg。

[d] 磺胺甲噻二唑的检出限为 1.0 μg/kg；磺胺醋酰、磺胺嘧啶、磺胺吡啶、磺胺二甲异噁唑、磺胺甲基嘧啶、磺胺氯哒嗪、磺胺-6-甲氧嘧啶、磺胺邻二甲氧嘧啶、磺胺甲基异噁唑的检出限为 2.0 μg/kg；磺胺噻唑、磺胺甲氧哒嗪、磺胺间二甲氧嘧啶为 4.0 μg/kg；磺胺甲氧嘧啶、磺胺二甲嘧啶为 8.0 μg/kg；磺胺苯吡唑为 12.0 μg/kg。

4.6.2 蜂王浆及蜂王浆冻干粉

污染物、农药残留和兽药残留限量应符合相关食品安全国家标准的规定，同时符合表 9 的规定。

表 9 蜂王浆及蜂王浆冻干粉中污染物、农药残留及兽药残留限量

单位为微克每千克

项 目	指 标	检验方法
总砷（以 As 计）	≤200	GB 5009.11
铅(以 Pb 计)	≤200	GB 5009.12
氟胺氰菊酯(Fluvalinate)	≤20	GB 23200.100
硝基呋喃类(Nitrofurans)[以 3-氨基-2-噁唑烷基酮(AOZ)，或 5-甲基吗啉-3-氨基-2-噁唑烷基酮(AMOZ)，或 1-氨基-2-内酰脲(AHD)，或氨基脲(SEM)计]	不得检出(<0.5)	GB/T 21167
氯霉素(Chloramphenicol)	不得检出(<0.3)	SN/T 2063
土霉素/金霉素/四环素（总量）(Oxytetracycline/Chlortetracycline/Tetracycline)	≤300	GB/T 23409
链霉素(Streptomycin)	≤20	GB/T 22945
磺胺类(Sulfonamides)	不得检出(<5.0)	GB/T 22947
硝基咪唑类(Nitroimidazoles)	不得检出[a]	GB/T 23407
喹诺酮类(Quinolones)	不得检出(<2.5)	GB/T 23411

[a] 甲硝唑(MNZ)、二甲硝咪唑(DMZ)、洛硝哒唑(RNZ)、异丙硝唑(IPZ)的检出限为 2.0 μg/kg，2-羟甲基-1-甲基-5-硝基咪唑(HMMNI)、2-(2-羟异丙基)-1-甲基-5-硝基咪唑(IPZOH)的检出限为 5.0 μg/kg。

4.6.3 蜂花粉

污染物、农药残留限量应符合相关食品安全国家标准的规定，同时符合表10的规定。

表10　蜂花粉中污染物、农药残留限量

单位为微克每千克

项　目	指　标	检验方法
总砷（以As计）	≤200	GB 5009.11
铅(以Pb计)	≤500	GB 5009.12
总汞(以Hg计)	≤15	GB/T 23869

4.7 微生物限量

应符合表11～表14的规定。

表11　蜂蜜中微生物限量

项　目	指　标	检验方法[a]
菌落总数，CFU/g	≤1 000	GB 4789.2
大肠菌群，MPN/g	≤0.3	GB 4789.3
霉菌计数，CFU/g	≤200	GB 4789.15
沙门氏菌	0/25 g	GB 4789.4
志贺氏菌	0/25 g	GB 4789.5
金黄色葡萄球菌	0/25 g	GB 4789.10
[a] 样品的分析及处理按GB 4789.1的规定执行。		

表12　蜂王浆中微生物限量

项　目	指　标	检验方法[a]
菌落总数，CFU/g	≤200	GB 4789.2
大肠菌群，MPN/g	≤0.3	GB 4789.3
霉菌和酵母计数，CFU/g	≤50	GB 4789.15
沙门氏菌	0/25 g	GB 4789.4
志贺氏菌	0/25 g	GB 4789.5
金黄色葡萄球菌	0/25 g	GB 4789.10
[a] 样品的分析及处理按GB 4789.1的规定执行。		

表13　蜂王浆冻干粉中微生物限量

项　目	指　标	检验方法[a]
菌落总数，CFU/g	≤1 000	GB 4789.2
大肠菌群，MPN/g	≤0.3	GB 4789.3
霉菌和酵母计数，CFU/g	≤50	GB 4789.15
沙门氏菌	0/25 g	GB 4789.4
志贺氏菌	0/25 g	GB 4789.5
金黄色葡萄球菌	0/25 g	GB 4789.10
[a] 样品的分析及处理按GB 4789.1的规定执行。		

表14　蜂花粉中微生物限量

项　目	指　标	检验方法[a]
沙门氏菌	0/25 g	GB 4789.4
志贺氏菌	0/25 g	GB 4789.5
金黄色葡萄球菌	0/25 g	GB 4789.10
[a] 样品的分析及处理按GB 4789.1的规定执行。		

4.8 净含量

应符合国家质量监督检验检疫总局令2005年第75号的规定，检验方法按JJF 1070的规定执行。

5 检验规则

申请绿色食品应按照4.4～4.8以及附录A所确定的项目进行检验，每批产品交收（出厂）前，都应进行交收（出厂）检验，交收（出厂）检验内容包括包装、标志、净含量、感官、理化指标、微生物。其他要求应符合NY/T 1055的规定。

6 标签

标签应符合GB 7718及GB 28050的规定。

7 包装、运输和储存

7.1 包装应符合NY/T 658的规定。

7.2 运输和储存应符合NY/T 1056的规定。鲜蜂王浆原料及成品应及时生产和冷冻储存。

附　录　A
（规范性附录）
绿色食品　蜂产品申报检验项目

表A.1规定了除4.4～4.8所列项目外，依据食品安全国家标准和绿色食品蜂产品生产实际情况，绿色食品蜂产品申报检验还应检验的项目。

表A.1　蜂花粉微生物项目

项目	采样方案及限量（若非指定，均以/25 g表示）				检验方法
	n	c	m	M	
菌落总数	5	2	10^3 CFU/g	10^4 CFU/g	GB 4789.2
大肠菌群	5	2	4.3 MPN/g	46 MPN/g	GB 4789.3
霉菌	≤2×10^2 CFU/g				GB 4789.15
注1：n为同一批次产品应采集的样品件数；c为最大可允许超出m值的样品数；m为微生物指标可接受水平限量值；M为微生物指标的最高安全限量值。 注2：菌落总数、大肠菌群等采样方案以最新国家标准为准。					

ICS 67.120.30
X 20

中华人民共和国农业行业标准

NY/T 840—2020
代替 NY/T 840—2012

绿色食品 虾

Green food—Shrimp

2020-08-26 发布 2021-01-01 实施

中华人民共和国农业农村部 发布

前　言

本标准按照 GB/T 1.1—2009 给出的规则起草。

本标准代替 NY/T 840—2012《绿色食品　虾》。与 NY/T 840—2012 相比，除编辑性修改外主要技术变化如下：

——适用范围增加了螯虾科；

——修改了感官指标；

——修改了多氯联苯限量；

——增加了亚硫酸盐指标；

——增加了铬指标。

本标准由农业农村部农产品质量安全监管司提出。

本标准由中国绿色食品发展中心归口。

本标准起草单位：中国水产科学研究院黄海水产研究所、中国绿色食品发展中心、山东海城生态科技集团有限公司、蓬莱汇洋食品有限公司、陕西省水产研究所、温州市农业科学研究院、湖北交投莱克现代农业科技有限公司。

本标准主要起草人：朱兰兰、周德庆、唐伟、刘德亭、王轰、杨元昊、苏来金、陈莘莘、赵峰、孙永、刘楠、王珊珊、李娜、马玉洁。

本标准所代替标准的历次版本发布情况为：

——NY/T 840—2004、NY/T 840—2012。

绿色食品　虾

1　范围

本标准规定了绿色食品虾的要求、检验规则、标签、包装、运输与储存。

本标准适用于绿色食品对虾科、长额虾科、褐虾科、长臂虾科和螯虾科的活虾、鲜虾、速冻生虾、速冻熟虾。冻虾的产品形式可以是冻全虾、去头虾、带尾虾和虾仁，不包括虾干制品。

2　规范性引用文件

下列文件对于本文件的应用是必不可少的。凡是注日期的引用文件，仅注日期的版本适用于本文件。凡是不注日期的引用文件，其最新版本(包括所有的修改单)适用于本文件。

GB/T 191　包装储运图示标志

GB 5009.11　食品安全国家标准　食品中总砷及无机砷的测定

GB 5009.12　食品安全国家标准　食品中铅的测定

GB 5009.15　食品安全国家标准　食品中镉的测定

GB 5009.17　食品安全国家标准　食品中总汞及有机汞的测定

GB 5009.34　食品安全国家标准　食品中亚硫酸盐的测定

GB 5009.123　食品安全国家标准　食品中铬的测定

GB 5009.190　食品安全国家标准　食品中指示性多氯联苯含量的测定

GB 5009.228　食品安全国家标准　食品中挥发性盐基氮的测定

GB 5749　生活饮用水卫生标准

GB 7718　食品安全国家标准　预包装食品标签通则

GB/T 19650　动物肌肉中478种农药及相关化学品残留量的测定　气相色谱-质谱法

GB/T 19857　水产品中孔雀石绿和结晶紫残留量的测定

GB/T 20756　可食动物肌肉、肝脏和水产品中氯霉素、甲砜霉素和氟苯尼考残留量的测定　液相色谱-串联质谱法

GB/T 21317　动物源性食品中四环素类兽药残留量检测方法　液相色谱-质谱/质谱法与高效液相色谱法

GB 29705　食品安全国家标准　水产品中氯氰菊酯、氰戊菊酯、溴氰菊酯多残留的测定　气相色谱法

农业部783号公告—1—2006　水产品中硝基呋喃类代谢物残留量的测定　液相色谱-串联质谱法

农业部783号公告—3—2006　水产品中敌百虫残留量的测定　气相色谱法

农业部1077号公告—1—2008　水产品中17种磺胺类及15种喹诺酮类药物残留量的测定　液相色谱-串联质谱法

农业部1077号公告—5—2008　水产品中喹乙醇代谢物残留量的测定　高效液相色谱法

农业部1163号公告—9—2009　水产品中己烯雌酚残留检测　气相色谱-质谱法

JJF 1070　定量包装商品净含量计量检验规则

NY/T 391　绿色食品　产地环境质量

NY/T 392　绿色食品　食品添加剂使用准则

NY/T 471　绿色食品　饲料及饲料添加剂使用准则

NY/T 658　绿色食品　包装通用准则

NY/T 755　绿色食品　渔药使用准则

NY/T 896　绿色食品　产品抽样准则

NY/T 901　绿色食品　香辛料及其制品
NY/T 1055　绿色食品　产品检验规则
NY/T 1056　绿色食品　储藏运输规则
NY/T 1891　绿色食品　海洋捕捞水产品生产管理规范
SC/T 3009　水产品加工质量管理规范
SC/T 3113　冻虾
SC/T 3114　冻螯虾
SC/T 8139　渔船设施卫生基本条件
国家质量监督检验检疫总局令 2005 年第 75 号　定量包装商品计量监督管理办法
中华人民共和国农业部令 2003 年第 31 号　水产养殖质量安全管理规定

3　要求

3.1　产地环境

生长水域应符合 NY/T 391 的规定。

3.2　捕捞

捕捞应符合 NY/T 1891 的规定。

3.3　养殖要求

3.3.1　种质与培育条件

选择健康的亲本,亲本的质量应符合国家或行业有关种质标准的规定,不得使用转基因虾亲本。种苗培育过程中不使用禁用药物;投喂饲料符合 NY/T 471 的规定。种苗出场前,进行检疫消毒。

3.3.2　养殖管理

养殖模式应采用健康养殖、生态养殖方式,符合中华人民共和国农业部令 2003 年第 31 号的规定;渔药使用应符合 NY/T 755 和国家的有关规定。

3.4　加工要求

原料虾应符合绿色食品要求,加工过程的质量管理应符合 SC/T 3009 的规定,食品添加剂的使用应符合 NY/T 392、NY/T 901 的规定。

3.5　感官

3.5.1　活虾

活虾具有本身固有的色泽和光泽,体形正常,无畸形,活动敏捷,无病态。在光线充足、无异味的环境下,按要求逐项检测。

3.5.2　鲜虾

应符合表 1 的规定。

表 1　鲜虾的感官要求

项　目	指　标	检验方法
色泽	1)色泽正常,无红变,甲壳光泽较好 2)尾扇不允许有任何程度变色,自然斑点不限 3)卵黄按不同产期呈现自然色泽,不允许在正常冷藏中变色	在光线充足、无异味的环境中,按 NY/T 896 的规定抽样。将试样倒在白色陶瓷盘或不锈钢工作台上,逐项进行感官检验。气味及水煮实验:在容器中加入 500 mL 饮用水,将水烧开后,取约 100 g 用清水洗净的虾,放入容器中,盖上盖,煮 5 min 后,打开盖,嗅蒸汽气味,再品尝肉质
形态	1)虾体完整,连接膜可有一处破裂,但破裂处虾肉只能有轻微裂口 2)不允许有软壳虾 3)克氏原螯虾不允许有断螯	
气味	气味正常,无异味,具有虾的固有鲜味	

表 1（续）

项　目	指　标	检验方法
肌肉组织	肉质紧密有弹性	
杂质	虾体清洁、未混入任何外来杂质包括触鞭、甲壳、附肢等；克氏原螯虾鳃丝呈白色，无异物，无附着物	
水煮实验	具有虾特有的鲜味，口感肌肉组织紧密有弹性，滋味鲜美	

3.5.3 冻虾

冻虾产品的虾体大小均匀，无干耗、无软化现象；单冻虾产品的个体间应易于分离，冰衣透明光亮；块冻虾的冻块平整不破碎，冰被清洁并均匀盖没虾体。冰衣、冰被用水符合 GB 5749 的规定，冻虾感官应符合 SC/T 3113 中一级品的要求，克氏原螯虾感官应符合 SC/T 3114 的要求，其他产品应满足相应的行业标准的要求。

3.6 理化指标

鲜虾、冻虾及加工品的理化指标应符合表 2 的规定。

表 2　理化指标

项　目	指　标	检验方法
挥发性盐基氮，mg/100 g	≤15（淡水虾） ≤20（海水虾）	GB 5009.228

3.7 污染物限量和渔药残留限量

应符合食品安全国家标准及相关规定，同时符合表 3 的规定。

表 3　污染物限量和渔药残留限量

项　目	指　标	检测方法
铅，mg/kg	≤0.2	GB 5009.12
喹诺酮类药物，mg/kg	不得检出（<0.001）	农业部 1077 号公告—1—2008
磺胺类药物（17 种分别计），μg/kg	不得检出（<1.0）	农业部 1077 号公告—1—2008
土霉素、金霉素、四环素（各组分分别计），mg/kg	不得检出（<0.05）	GB/T 21317

3.8 净含量

应符合国家质量监督检验检疫总局令 2005 年第 75 号的规定，检验方法按 JJF 1070 的规定执行。

4 检验规则

申报绿色食品应按照 3.5～3.8 及附录 A 所确定的项目进行检验。其他要求应符合 NY/T 1055 的规定。

5 标签

预包装产品应符合 GB 7718 的规定。

6 包装、运输和储存

6.1 包装

按 GB/T 191、NY/T 658 的规定执行；活虾应有充氧和保活设施，鲜虾应装于无毒、无味、便于冲洗的容器中，确保虾的鲜度及虾体完好。

6.2 运输和储存

应符合 NY/T 1056 的有关规定。渔船应符合 SC/T 8139 的有关规定。活虾运输要有暂养、保活设施，应做到快装、快运、快卸，用水清洁、卫生；鲜虾用冷藏或保温车船运输，保持虾体温度在 0℃～4℃，所有虾产品的运输工具应清洁卫生，运输中防止日晒、虫害、有害物质的污染和其他损害。

活虾储存中应保证所需氧气充足。

鲜虾应储存于清洁库房，防止虫害和有害物质的污染及其他损害，储存时应保持虾体温度在 0℃～4℃。冻虾应储存在－18℃以下，满足保持良好品质的条件。

附　录　A
(规范性附录)
绿色食品　虾　申报检验项目

表 A.1 规定了除 3.4～3.8 所列项目外,依据食品安全国家标准和绿色食品虾生产实际情况,绿色食品申报检验还应检验的项目。

表 A.1　污染物、食品添加剂、渔药残留限量

项　　目	指　　标	检测方法
甲基汞,mg/kg	≤0.5	GB 5009.17
无机砷[a],mg/kg	≤0.5	GB 5009.11
铬,mg/kg	≤2.0	GB 5009.123
镉,mg/kg	≤0.5	GB 5009.15
多氯联苯[b], mg/kg	≤0.5	GB 5009.190
亚硫酸盐(以 SO_2 计)[c],mg/kg	≤100	GB 5009.34
氯霉素,μg/kg	不得检出(<0.3)	GB/T 20756
硝基呋喃类代谢物,μg/kg	不得检出(<0.25)	农业部 783 号公告—1—2006
己烯雌酚,μg/kg	不得检出(<0.5)	农业部 1163 号公告—9—2009
敌百虫,mg/kg	不得检出(<0.04)	农业部 783 号公告—3—2006
孔雀石绿,μg/kg	不得检出(<0.5)	GB/T 19857
双甲脒,mg/kg	不得检出(<0.037 5)	GB/T 19650
喹乙醇代谢物,μg/kg	不得检出(<4)	农业部 1077 号公告—5—2008
溴氰菊酯,mg/kg	不得检出(<0.000 2)	GB 29705

[a] 对于制定无机砷限量的食品可先测定其总砷,当总砷水平不超过无机砷限量值时,不必测定无机砷;否则,需再测定无机砷。

[b] 以 PCB28、PCB52、PCB101、PCB118、PCB138、PCB153 和 PCB180 的总和计。

[c] 仅适用于鲜虾、冻虾。

ICS 67.080.20
X 26

中华人民共和国农业行业标准

NY/T 1044—2020

代替 NY/T 1044—2007

绿色食品　藕及其制品

Green food—Lotus root and its products

2020-08-26 发布　　　　2021-01-01 实施

中华人民共和国农业农村部　发布

前　言

本标准按照 GB/T 1.1—2009 给出的规则起草。

本标准代替 NY/T 1044—2007《绿色食品　藕及其制品》，与 NY/T 1044—2007 相比，除编辑性修改外，主要技术变化如下：

——增加了术语和定义；

——修改了藕粉的感官要求；

——删除了藕的可溶性糖理化指标，增加了藕粉的水分、灰分、总糖、典型藕淀粉颗粒含量、酸度等理化指标；

——删除了六六六、滴滴涕、乐果、氟的项目，增加了氧乐果、百菌清、敌百虫、氯氰菊酯、溴氰菊酯的项目，将无机砷项目修改为总砷；

——删除了抽样方法和标志的要求；

——修改了菌落总数的限量要求，增加了霉菌的限量要求；

——修改了检验方法；

——修改了运输和储存的部分内容。

本标准由农业农村部农产品质量安全监管司提出。

本标准由中国绿色食品发展中心归口。

本标准起草单位：广东省农业科学院农产品公共监测中心、中国绿色食品发展中心、农业农村部蔬菜水果质量监督检验测试中心（广州）、广昌莲香食品有限公司、湖北省食品质量安全监督检验研究院、江门市新会区大鳌有机农业发展有限公司。

本标准主要起草人：陈岩、穆建华、季天荣、陆莹、杨炜君、王富华、杨慧、朱影、张宪、曾小荣。

本标准所代替标准的历次版本发布情况为：

——NY/T 1044—2006、NY/T 1044—2007。

绿色食品　藕及其制品

1　范围

本标准规定了绿色食品藕及藕粉的术语和定义、要求、检验规则、标签、包装、运输和储存。

本标准适用于绿色食品藕及藕粉，不适用于泡藕带、卤藕和藕罐头。

2　规范性引用文件

下列文件对于本文件的应用是必不可少的。凡是注日期的引用文件，仅注日期的版本适用于本文件。凡是不注日期的引用文件，其最新版本(包括所有的修改单)适用于本文件。

GB 4789.1　食品安全国家标准　食品微生物学检验　总则

GB 4789.2　食品安全国家标准　食品微生物学检验　菌落总数测定

GB 4789.3　食品安全国家标准　食品微生物学检验　大肠菌群计数

GB 4789.4　食品安全国家标准　食品微生物学检验　沙门氏菌检验

GB 4789.10　食品安全国家标准　食品微生物学检验　金黄色葡萄球菌检验

GB 4789.15　食品安全国家标准　食品微生物学检验　霉菌和酵母计数

GB 5009.3　食品安全国家标准　食品中水分的测定

GB 5009.4　食品安全国家标准　食品中灰分的测定

GB 5009.7　食品安全国家标准　食品中还原糖的测定

GB 5009.9　食品安全国家标准　食品中淀粉的测定

GB 5009.11　食品安全国家标准　食品中总砷及无机砷的测定

GB 5009.12　食品安全国家标准　食品中铅的测定

GB 5009.15　食品安全国家标准　食品中镉的测定

GB 5009.17　食品安全国家标准　食品中总汞及有机汞的测定

GB 5009.239　食品安全国家标准　食品酸度的测定

GB 7718　食品安全国家标准　预包装食品标签通则

GB 14881　食品安全国家标准　食品生产通用卫生规范

GB/T 20769　水果和蔬菜中450种农药及相关化学品残留量的测定　液相色谱-串联质谱法

GB 23200.113　食品安全国家标准　植物源性食品中208种农药及其代谢物残留量的测定　气相色谱-质谱联用法

GB/T 25733　藕粉

JJF 1070　定量包装商品净含量计量检验规则

NY/T 391　绿色食品　产地环境质量

NY/T 392　绿色食品　食品添加剂使用准则

NY/T 393　绿色食品　农药使用准则

NY/T 394　绿色食品　肥料使用准则

NY/T 658　绿色食品　包装通用准则

NY/T 761　蔬菜和水果中有机磷、有机氯、拟除虫菊酯和氨基甲酸酯类农药多残留的测定

NY/T 1055　绿色食品　产品检验规则

NY/T 1056　绿色食品　储藏运输准则

国家质量监督检验检疫总局令2005年第75号　定量包装商品计量监督管理办法

3　术语和定义

下列术语和定义适用于本文件。

3.1

藕　lotus rhizome

莲藕

莲科(Nelumbonaceae)莲属(*Nelumbo Adas.*)植物产生的肥嫩根状茎。

3.2

纯藕粉　unmixed lotus rhizome powder

仅以成熟莲藕为原料,经过清洗、粉碎、除渣、沉淀、过滤、干燥等工艺加工制成的藕淀粉产品。

3.3

调制藕粉　modulation lotus root starch(instant lotus rhizome powder)

速溶藕粉

以纯藕粉为主要原料(纯藕粉用量大于50%),添加或不添加白砂糖、麦芽糊精、桂花等辅料,经配料、粉碎、搅拌或制粒干燥等工艺制成的藕制品。

3.4

典型藕淀粉颗粒　typical lotus rhizome starch granule

通过400倍光学显微镜观察,呈现出与其他淀粉颗粒不同的大小、形状、表面轮纹以及偏光十字等自然特征的藕淀粉颗粒。

4　要求

4.1　产地环境

应符合NY/T 391的规定。

4.2　原料要求

4.2.1　藕粉的加工原料应符合相应绿色食品的要求。

4.2.2　加工用水应符合NY/T 391的规定。

4.2.3　食品添加剂应符合NY/T 392的规定。

4.3　生产过程

藕在生产过程中农药和肥料使用应分别符合NY/T 393和NY/T 394的规定,藕粉的生产过程应符合GB 14881的规定。

4.4　感官

4.4.1　藕应符合表1的规定。

表1　藕感官要求

要　求	检验方法
具有本品种应有的形态特征,整齐均匀,顶芽完整,无分支藕,藕节无须根。藕体色泽均匀一致,表面光滑、硬实、无皱缩;藕外表面及藕孔无泥痕及其他污物,无异味;无病虫害、明显机械损伤和斑疮	形态、色泽、新鲜度等外部特征用目测法鉴定,藕孔内泥痕及缺陷纵向剖开后鉴定

4.4.2　藕粉应符合表2的规定。

表2　藕粉感官要求

<table>
<tr><th colspan="2">项目</th><th>要　求</th><th>检验方法</th></tr>
<tr><td rowspan="3">冲调前</td><td>形态</td><td>纯藕粉为粉状、片状或粒状;速溶藕粉为粉状或粒状;干燥、松散、无明显结块</td><td rowspan="4">形态、色泽、杂质等外观特征,用目测法鉴定
气味用嗅的方法鉴定
滋味用品尝的方法鉴定
冲调性取15 g左右藕粉样品,用180 mL凉开水润湿调匀后,再用90℃以上开水快速冲调</td></tr>
<tr><td>色泽</td><td>呈本品特有的颜色,色泽基本均匀一致</td></tr>
<tr><td>杂质</td><td>无正常视力可见外来异物</td></tr>
<tr><td>冲调性</td><td colspan="2">先以凉开水润湿调匀后,再用90℃以上开水冲调,1 min~2 min后溶胀糊化</td></tr>
</table>

表 2（续）

项目		要　求	检验方法
冲调后	形态与色泽	呈黏胶状，晶莹剔透、稠度均匀，色泽均匀呈微褐色或微红色，有光泽	形态、色泽、杂质等外观特征，用目测法鉴定 气味用嗅的方法鉴定 滋味用品尝的方法鉴定 冲调性取 15 g 左右藕粉样品，用 180 mL 凉开水润湿调匀后，再用 90℃以上开水快速冲调
	滋味与气味	具有本品应有的清香、润滑、纯正可口，无异味	

4.5 理化指标

藕粉应符合表 3 的规定。

表 3　藕粉理化指标

项目	指标		检验方法
	纯藕粉	调制藕粉	
水分，%	≤13	≤8	GB 5009.3
灰分，%	≤0.50		GB 5009.4
总糖（以还原糖计），%	—	≤50	GB 5009.7
淀粉（以还原糖计），%	≥75	≥40	GB 5009.9
典型藕淀粉颗粒含量，%	≥50	≥40	GB/T 25733
酸度，°T	≤10		GB 5009.239

4.6 污染物限量和农药残留限量

应符合食品安全国家标准及相关规定，同时还应符合表 4 的规定。

表 4　污染物、农药残留限量

单位为毫克每千克

项目	指标	检验方法
铅（以 Pb 计）	≤0.2（藕粉）	GB 5009.12
镉（以 Cd 计）	≤0.1（藕粉）	GB 5009.15
总汞（以 Hg 计）	≤0.02（藕粉）	GB 5009.17
总砷（以 As 计）	≤0.5（藕粉）	GB 5009.11
氧乐果（omethoate）	≤0.01	GB 23200.113
毒死蜱（chlorpyrifos）	≤0.01	GB 23200.113
百菌清（chlorothalonil）	≤0.01（藕）	NY/T 761
三唑酮（triadimefon）	≤0.01	GB 23200.113
敌百虫（trichlorfon）	≤0.01（藕）	GB 20769
氯氰菊酯（cypermethrin）	≤0.01（藕）	GB 23200.113
溴氰菊酯（deltamethrin）	≤0.01（藕）	GB 23200.113
多菌灵（carbendazim）	≤0.5	GB/T 20769

4.7 微生物限量

藕粉应符合表 5 的规定。

表 5　藕粉微生物项目

项目	采样方案及限量				检验方法
	n	c	m	M	
菌落总数	5	2	5×10^3 CFU/g	10^4 CFU/g	GB 4789.2
样品的采样及处理按 GB 4789.1 的规定执行。					

4.8 净含量

应符合国家质量监督检验检疫总局令 2005 年第 75 号要求，检验方法按 JJF 1070 的规定执行。

5 检验规则

申报绿色食品应按照4.4～4.8以及附录A所确定的项目进行检验。其他要求应符合NY/T 1055的规定。本标准规定的农药残留量检测方法,如有其他国家标准、行业标准以及部文公告的检测方法,且其检出限和定量限能满足限量值要求时,在检测时可采用。

6 标签

应符合GB 7718的规定。

7 包装、运输和储存

7.1 包装

应符合NY/T 658的规定。

7.2 运输和储存

7.2.1 应符合NY/T 1056的规定。

7.2.2 藕运输过程中应采取保温措施,防止温度波动过大,可采用冷藏车运输。储存场所温度宜控制在5℃～10℃,并分批次堆放整理,堆高不宜超过2 m。

7.2.3 藕粉应有防热及防潮措施,宜存放于阴凉、干燥、通风的库房中。环境温度应在30℃以下,产品存在应距墙壁、水管、暖气管等1 m以上,地面应有10 cm以上防潮隔板。

附 录 A
(规范性附录)
绿色食品藕及其制品申报检验项目

表 A.1～A.2 规定了除 4.4～4.8 所列项目外，依据食品安全国家标准和绿色食品藕及其制品生产实际情况，绿色食品申报检验还应检验的项目。

表 A.1 藕污染物项目

单位为毫克每千克

项目	指标	检验方法
铅(以 Pb 计)	≤0.1(藕)	GB 5009.12
镉(以 Cd 计)	≤0.05(藕)	GB 5009.15
总汞(以 Hg 计)	≤0.01(藕)	GB 5009.17
总砷(以 As 计)	≤0.5(藕)	GB 5009.11

表 A.2 藕粉微生物项目

项目	采样方案及限量				检验方法
	n	c	m	M	
大肠菌群	5	1	10 CFU/g	10^2 CFU/g	GB 4789.3
霉菌	5	2	50 CFU/g	10^2 CFU/g	GB 4789.15
沙门氏菌	5	0	0 CFU/g	—	GB 4789.4
金黄色葡萄球菌	5	1	10^2 CFU/g	10^3 CFU/g	GB 4789.10
样品的采样及处理按 GB 4789.1 的规定执行。					

ICS 67.120.30
X 20

中华人民共和国农业行业标准

NY/T 1514—2020
代替 NY/T 1514—2007

绿色食品 海参及制品

Green food—Sea cucumber and its processed products

2020-08-26 发布 2021-01-01 实施

中华人民共和国农业农村部 发布

前　　言

本标准按照 GB/T 1.1—2009 给出的规则起草。

本标准代替 NY/T 1514—2007《绿色食品　海参及制品》。与 NY/T 1514—2007 相比，除编辑性修改外主要技术变化如下：

——修改了标准适用范围，感官中干海参和即食海参的外观、色泽和组织要求，多氯联苯和磺胺类总量指标要求，微生物限量；

——增加了加工海参所用原料和加工用水的要求，生产过程的规定，冻干海参的感官和理化指标要求，理化指标中附盐、水溶性总糖、复水后干重率、含沙量、pH、固形物及其指标要求，污染物指标铬、N-二甲基亚硝胺及其指标要求，以及四环素、金霉素及其指标值；

——删除了海参液及其要求；

本标准由农业农村部农产品质量安全监管司提出。

本标准由中国绿色食品发展中心归口。

本标准起草单位：农业农村部乳品质量监督检验测试中心、中国绿色食品发展中心、山东省绿色食品办公室、山东省乳山市白沙滩镇在礼冷藏厂、山东富瀚海洋科技有限公司、天津市滨海新区东源水产品有限公司。

本标准主要起草人：闫磊、张志华、刘忠、王馨、李卓、戴洋洋、王春天、朱洁、张燕、王佳佳、程艳宇、王紫竹、张金环。

本标准所代替标准的历次版本发布情况为：

——NY/T 1514—2007。

绿色食品　海参及制品

1　范围

本标准规定了绿色食品海参及制品的术语和定义、要求、检验规则、标签、包装、运输和储存。

本标准适用于绿色食品海参及制品，包括活海参、盐渍海参、干海参、冻干海参和即食海参。

2　规范性引用文件

下列文件对于本文件的应用是必不可少的。凡是注日期的引用文件，仅注日期的版本适用于文件。凡是不注日期的引用文件，其最新版本（包括所有的修改单）适用于本文件。

GB/T 191　包装储运图示标志

GB 4789.4　食品安全国家标准　食品微生物学检验　沙门氏菌检验

GB 4789.7　食品安全国家标准　食品微生物学检验　副溶血性弧菌检验

GB 4789.10—2015　食品安全国家标准　食品微生物学检验　金黄色葡萄球菌检验

GB 4789.26　食品安全国家标准　食品微生物学检验　商业无菌检验

GB 5009.3　食品安全国家标准　食品中水分的测定

GB 5009.5　食品安全国家标准　食品中蛋白质的测定

GB 5009.11　食品安全国家标准　食品中总砷及无机砷的测定

GB 5009.12　食品安全国家标准　食品中铅的测定

GB 5009.15　食品安全国家标准　食品中镉的测定

GB 5009.17　食品安全国家标准　食品中总汞及有机汞的测定

GB 5009.26　食品安全国家标准　食品中 N-亚硝胺类化合物的测定

GB 5009.28　食品安全国家标准　食品中苯甲酸、山梨酸和糖精钠的测定

GB 5009.123　食品安全国家标准　食品中铬的测定

GB 5009.190　食品安全国家标准　食品中指示性多氯联苯含量的测定

GB 5009.237　食品安全国家标准　食品 pH 值的测定

GB 7718　食品安全国家标准　预包装食品标签通则

GB/T 10786—2006　罐头食品的检验方法

GB/T 20756　可食动物肌肉、肝脏和水产品中氯霉素、甲砜霉素和氟苯尼考残留量的测定　液相色谱-串联质谱法

GB/T 21317　动物源性食品中四环素类兽药残留量检测方法　液相色谱-质谱/质谱法与高效液相色谱法

GB/T 27304　食品安全管理体系　水产品加工企业要求

GB 28050　食品安全国家标准　预包装食品营养标签通则

GB 31602—2015　食品安全国家标准　干海参

农业部 783 号公告—1—2006　水产品中硝基呋喃类代谢物残留量的测定　液相色谱-串联质谱法

农业部 1077 号公告—1—2008　水产品中 17 种磺胺类及 15 种喹诺酮类药物残留量的测定　液相色谱-串联质谱法

JJF 1070　定量包装商品净含量计量检验规则

NY/T 391　绿色食品　产地环境质量

NY/T 392　绿色食品　食品添加剂使用准则

NY/T 658　绿色食品　包装通用准则

NY/T 1040　绿色食品　食用盐
NY/T 1055　绿色食品　产品检验规则
NY/T 1056　绿色食品　储藏运输准则
SC/T 3011　水产品中盐分的测定
SC/T 3215—2014　盐渍海参
国家质量监督检验检疫总局令2005年第75号　定量包装商品计量监督管理办法

3 术语和定义

下列术语和定义适用于本文件。

3.1

干海参　dried sea cucumber

以刺参等海参为原料，经去内脏、煮制、盐渍（或不盐渍）、脱盐（或不脱盐）、干燥等工序制成的产品或以盐渍海参为原料，经脱盐（或不脱盐）、干燥等工序制成的产品。

[GB 31602—2015，定义2.1]

3.2

复水后干重率　dry weight ratio after rehydration

干海参复水后，再烘干所得到的干物质质量的百分率。

[GB 31602—2015，定义2.2]

3.3

冻干海参　lyophilized sea cucumber

以鲜活海参、冷冻海参、盐渍海参等为原料，经真空冷冻干燥等工序制成的产品。

4 要求

4.1 产地环境

天然捕捞海参应来源于无污染的海域，养殖海参的产地环境应符合NY/T 391的要求。

4.2 原料要求

4.2.1　盐渍海参、干海参和即食海参应使用绿色食品活海参为原料。

4.2.2　食用盐应符合NY/T 1040的要求。

4.2.3　加工用水为生活饮用水或清洁海水，水质应符合NY/T 391的要求。

4.3 生产过程

4.3.1　应符合GB/T 27304的要求。

4.3.2　食品添加剂应符合NY/T 392的要求，禁止使用甲醛。

4.4 感官

应符合表1的规定。

表1　感官要求

项目	要　求					检验方法
	活海参	盐渍海参	干海参	冻干海参	即食海参	
外观	体形完整，肉质肥满，表面无溃烂现象	体形完整，肉质肥满，切口较整齐	体形肥满，刺参棘挺直、整齐、无残缺，个体坚硬，切口整齐，表面无损伤，嘴部基本无石灰质露出	外观完整，海参刺基本无残缺，表面无损伤	体形完整，肉质肥厚，刺挺直，切口整齐，表面无损伤	在光线充足、无异味、清洁卫生环境中，剪开至少3个无涨袋和破损的样品袋，平摊于白搪瓷盘内，目测外观、色泽和组织

表 1（续）

项目	要求					检验方法
	活海参	盐渍海参	干海参	冻干海参	即食海参	
色泽	具有活海参的自然色泽	具有盐渍海参的自然色泽	黑褐色、黑灰色或黄褐色等自然色泽，表面或有白霜，色泽较均匀	黑灰色或灰白色，色泽均匀	黑褐色、黑灰色或灰色，色泽较均匀	
组织	肉质厚实，有弹性	肉质紧密，有弹性	复水后形体肥满，肉质厚实，弹性及韧性好，刺参棘挺直无残缺	复水后形体肥满，肉质厚实，弹性及韧性好，刺参棘挺直无残缺	肉质软硬适中，有弹性，适口性好	
气味与滋味	具有本品固有的气味与滋味，无异味					打开包装嗅气味，即食产品尝滋味
杂质	无肉眼可见泥沙或其他外来杂质					在光线充足、无异味、清洁卫生环境中，剪开至少 3 个无涨袋和破损的样品袋，平摊于白搪瓷盘内，目测杂质

4.5 理化指标

应符合表 2 的规定。

表 2 理化指标

项目	指标				检验方法
	盐渍海参	干海参	冻干海参	即食海参	
水分，g/100 g	≤65	≤12	≤12	≤85	GB 5009.3
盐分(以 NaCl 计)，g/100 g	≤20	≤20	≤1.0	≤10	SC/T 3011
蛋白质，g/100 g	≥12	≥55	≥70	—	GB 5009.5
附盐(以 NaCl 计)，g/100 g	≤3.0	—	—	—	SC/T 3215—2014 中 4.6
水溶性总糖，g/100 g	—	≤3	—	—	GB 31602—2015 中附录 A
复水后干重率，g/100 g	—	≥60	—	—	GB 31602—2015 中附录 A
含沙量，g/100 g	—	≤2	—	—	GB 31602—2015 中附录 A
固形物	—	—	—	与标识相符	GB/T 10786—2006 中 4.2.2.2
pH	—	—	—	6.5～8.5	GB 5009.237

4.6 兽药残留限量和食品添加剂限量

兽药残留和食品添加剂限量应符合食品安全国家标准及相关规定，同时符合表 3 的规定。

表 3 兽药残留及食品添加剂限量

项 目	指 标	检验方法
磺胺类总量，μg/kg	不得检出(<1.0)	农业部 1077 号公告—1—2008
氯霉素，μg/kg	不得检出(<0.1)	GB/T 20756
硝基呋喃代谢物，μg/kg	不得检出(<0.25)	农业部 783 号公告—1—2006
金霉素，mg/kg	不得检出(<0.05)	GB/T 21317
土霉素，mg/kg	不得检出(<0.05)	GB/T 21317
四环素，mg/kg	不得检出(<0.05)	GB/T 21317
苯甲酸及其钠盐(以苯甲酸计)[a]，mg/kg	不得检出(<5)	GB 5009.28
[a] 仅适用于即食海参。		

4.7 净含量

应符合国家质量监督检验检疫总局令 2005 年第 75 号的规定，检验方法按 JJF 1070 的规定执行。

5 检验规则

申报绿色食品应按照4.4～4.7以及附录A所确定的项目进行检验。其他要求应符合NY/T 1055的规定。

6 标签

预包装产品按GB 7718及GB 28050的规定执行。

7 包装、运输和储存

7.1 包装

应符合GB/T 191和NY/T 658的规定。

7.2 运输和储存

应符合NY/T 1056的规定。

附 录 A
(规范性附录)
绿色食品海参及制品申报检验项目

表 A.1 和表 A.2 规定了除 4.4～4.7 所列项目外,依据食品安全国家标准和绿色食品生产实际情况,绿色食品申报检验还应检验的项目。

表 A.1 污染物和食品添加剂项目

单位为毫克每千克

序号	项目	指标	检验方法
1	甲基汞(以 Hg 计)	≤0.5	GB 5009.17
2	无机砷(以 As 计)	≤0.5	GB 5009.11
3	铅(以 Pb 计)	≤0.5	GB 5009.12
4	镉(以 Cd 计)	≤0.5	GB 5009.15
5	铬(以 Cr 计)	≤2.0	GB 5009.123
6	多氯联苯[a]	≤0.5	GB 5009.190
7	N-二甲基亚硝胺	≤0.004	GB 5009.26
8	山梨酸及其钾盐(以山梨酸计)[b]	≤1 000	GB 5009.28

[a] 以 PCB28、PCB52、PCB101、PCB118、PCB138、PCB153 和 PCB180 的总和计。
[b] 仅适用于即食海参。

表 A.2 微生物项目

序号	致病菌	采样方案及限量(若非指定,均以/25 g 表示)				检验方法
		n	c	m	M	
1	沙门氏菌[a]	5	0	0	—	GB 4789.4
2	金黄色葡萄球菌[a]	5	1	100 CFU/g	1 000 CFU/g	GB 4789.10—2015 第二法
3	副溶血性弧菌[a]	5	1	100 MPN/g	1 000 MPN/g	GB 4789.7
4	商业无菌[b]	符合商业无菌				GB 4789.26

注:n 为同一批次产品采集的样品件数;c 为最大可允许超出 m 值的样品数;m 为微生物指标可接受水平的限量值;M 为微生物指标的最高安全限量值。

[a] 仅适用于即食海参。
[b] 仅适用于罐头类即食海参。

ICS 67.120.30
X 20

中华人民共和国农业行业标准

NY/T 1515—2020
代替 NY/T 1515—2007

绿色食品　海蜇制品

Green food—Jellyfish product

2020-08-26 发布　　2021-01-01 实施

中华人民共和国农业农村部　发布

前　　言

本标准按照 GB/T 1.1—2009 给出的规则起草。

本标准代替 NY/T 1515—2007《绿色食品　海蜇及制品》。与 NY/T 1515—2007 相比，除编辑性修改外主要变化如下：

——增加了原料要求中加工海蜇所用原料海蜇要求、海水作为加工用水的要求，增加了生产过程；

——增加了铬、N-二甲基亚硝胺、四环素和金霉素指标要求；

——修改了标准名称，修改了多氯联苯、氯霉素、磺胺类总量、土霉素、苯甲酸和即食海蜇微生物指标要求；

——删除了亚硫酸盐和硼酸指标要求；

——删除了即食海蜇中志贺氏菌指标要求。

本标准由农业农村部农产品质量安全监管司提出。

本标准由中国绿色食品发展中心归口。

本标准起草单位：农业农村部乳品质量监督检验测试中心、中国绿色食品发展中心、天津神育养殖有限公司、天津市滨海新区文全水产养殖专业合作社、辽宁省营口市丰洋水产有限公司。

本标准主要起草人：刘伟娟、张宪、刘忠、何清毅、张传胜、张进、乔春楠、李卓、李维忠、张均媚、赵亚鑫、高文瑞、王春天、朱洁、王强、薛刚、刘亚兵。

本标准所代替标准的历次版本发布情况为：

——NY/T 1515—2007。

绿色食品　海蜇制品

1　范围

本标准规定了绿色食品海蜇制品的要求、检验规则、标签、包装、运输和储存。

本标准适用于绿色食品海蜇制品，包括盐渍海蜇皮、盐渍海蜇头和即食海蜇。

2　规范性引用文件

下列文件对于本文件的应用是必不可少的。凡是注日期的引用文件，仅注日期的版本适用于文件。凡是不注日期的引用文件，其最新版本(包括所有的修改单)适用于本文件。

GB/T 191　包装储运图示标志

GB 2733　食品安全国家标准　鲜、冻动物性水产品

GB 4789.2　食品安全国家标准　食品微生物学检验　菌落总数的测定

GB 4789.3—2016　食品安全国家标准　食品微生物学检验　大肠菌群计数

GB 4789.4　食品安全国家标准　食品微生物学检验　沙门氏菌检验

GB 4789.7　食品安全国家标准　食品微生物学检验　副溶血性弧菌检验

GB 4789.10—2016　食品安全国家标准　食品微生物学检验　金黄色葡萄球菌检验

GB 4789.26　食品安全国家标准　食品微生物学检验　商业无菌

GB 5009.3　食品安全国家标准　食品中水分的测定

GB 5009.11　食品安全国家标准　食品中总砷及无机砷的测定

GB 5009.12　食品安全国家标准　食品中铅的测定

GB 5009.15　食品安全国家标准　食品中镉的测定

GB 5009.17　食品安全国家标准　食品中总汞及有机汞的测定

GB 5009.26　食品安全国家标准　食品中 N-亚硝胺类化合物的测定

GB 5009.28　食品安全国家标准　食品中苯甲酸、山梨酸和糖精钠的测定

GB 5009.123　食品安全国家标准　食品中铬的测定

GB 5009.182　食品安全国家标准　食品中铝的测定

GB 5009.190　食品安全国家标准　食品中指示性多氯联苯含量的测定

GB 7718　食品安全国家标准　预包装食品标签通则

GB/T 20756　可食动物肌肉、肝脏和水产品中氯霉素、甲砜霉素和氟苯尼考残留量的测定　液相色谱-串联质谱法

GB/T 21317　动物源性食品中四环素类兽药残留量检测方法　液相色谱-质谱/质谱法与高效液相色谱法

GB/T 27304　食品安全管理体系　水产品加工企业要求

GB 28050　食品安全国家标准　预包装食品营养标签通则

农业部 783 号公告—1—2006　水产品中硝基呋喃类代谢物残留量的测定　液相色谱-串联质谱法

农业部 1077 号公告—1—2008　水产品中 17 种磺胺类及 15 种喹诺酮类药物残留量的测定　液相色谱-串联质谱法

JJF 1070　定量包装商品净含量计量检验规则

NY/T 391　绿色食品　产地环境质量

NY/T 392　绿色食品　食品添加剂使用准则

NY/T 658　绿色食品　包装通用准则

NY/T 1040　绿色食品　食用盐

NY/T 1055　绿色食品　产品检验规则

NY/T 1056　绿色食品　储藏运输准则

SC/T 3009　水产品加工质量管理规范

SC/T 3011　水产品中盐分的测定

国家质量监督检验检疫总局令 2005 年第 75 号　定量包装商品计量监督管理办法

3　要求

3.1　产地环境

天然捕捞海蜇应来自无污染的海域，养殖海蜇水质应符合 NY/T 391 的要求。

3.2　原料要求

3.2.1　海蜇原料应符合 GB 2733 的规定。

3.2.2　食用盐应符合 NY/T 1040 的要求

3.2.3　加工用水应符合 NY/T 391 的要求。

3.3　加工过程

应符合 GB/T 27304 及 SC/T 3009 的要求，食品添加剂应符合 NY/T 392 的要求。

3.4　感官

应符合表 1 的规定。

表 1　感官要求

项目	要　求			检验方法
	盐渍海蜇皮	盐渍海蜇头	即食海蜇	
外观	基本完整，片张平整，允许有不影响外观的小缺角	只形基本完整，无蜇须	丝状，有光泽，长宽度适宜	打开包装嗅气味，尝滋味 在光线充足、无异味、清洁卫生环境中，剪开至少 3 个无涨袋和破损的样品袋，目测外观、色泽和杂质，用手感知组织形态
气味与滋味	具有海蜇固有的气味与滋味，无异味			
色泽	具有海蜇的自然色泽			
组织	厚实，有韧性			
杂质	无泥沙或其他外来杂质			

3.5　理化指标

应符合表 2 的规定。

表 2　理化指标

单位为克每百克

项目	指　标			检验方法
	盐渍海蜇皮	盐渍海蜇头	即食海蜇	
水分	≤68		≤90	GB 5009.3
盐分(以 NaCl 计)	18～25		≤5	SC/T 3011

3.6　兽药残留限量和食品添加剂限量

应符合食品安全国家标准及相关规定，同时符合表 3 的规定。

表 3　兽药残留限量和食品添加剂限量

项　目	指　标	检验方法
土霉素(oxytetracycline)[a]，μg/kg	不得检出(<50.0)	GB/T 21317
四环素(chlortetracycline)[a]，μg/kg	不得检出(<50.0)	GB/T 21317
金霉素(tetracycline)[a]，μg/kg	不得检出(<50.0)	GB/T 21317
磺胺类总量(sulfonamides)[a]，μg/kg	不得检出(<1.0)	农业部 1077 号公告—1—2008

表 3（续）

项　目	指　标	检验方法
氯霉素(chloramphenicol)[a]，μg/kg	不得检出(<0.1)	GB/T 20756
硝基呋喃代谢物(metabolites nitrofurans residues)[a]，μg/kg	不得检出(<0.25)	农业部 783 号公告—1—2006
苯甲酸及其钠盐[b](以苯甲酸计)，g/kg	不得检出(<0.005)	GB 5009.28
硫酸铝钾及硫酸铝铵(以 Al 计)，mg/kg	不得检出(<30)	GB 5009.182
[a] 适用于人工养殖产品。 [b] 适用于即食海蜇产品。		

3.7 净含量

应符合国家质量监督检验检疫总局令 2005 年第 75 号的规定，检验方法按 JJF 1070 的规定执行。

4 检验规则

申报绿色食品应按照 3.4～3.7 以及附录 A 所确定的项目进行检验。其他要求应符合 NY/T 1055 的规定。

5 标签

预包装产品按 GB 7718 及 GB 28050 的规定执行。储运图示按 GB/T 191 的规定执行。

6 包装、运输和储存

6.1 包装

按 NY/T 658 的规定执行。

6.2 运输和储存

按 NY/T 1056 的规定执行。

附　录　A
（规范性附录）
绿色食品海蜇制品产品申报检验项目

表A.1和表A.2规定了除3.4～3.7所列项目外，依据食品安全国家标准和绿色食品海蜇制品生产实际情况，绿色食品申报检验还应检验的项目。

表A.1　污染物和食品添加剂项目

序号	项目	指标	检验方法
1	甲基汞（以Hg计），mg/kg	≤0.5	GB 5009.17
2	无机砷（以As计），mg/kg	≤0.5	GB 5009.11
3	铅（以Pb计），mg/kg	≤0.5	GB 5009.12
4	镉（以Cd计），mg/kg	≤0.5	GB 5009.15
5	铬（以Cr计），mg/kg	≤2.0	GB 5009.123
6	多氯联苯[a]，mg/kg	≤0.5	GB 5009.190
7	N-二甲基亚硝胺，μg/kg	≤4.0	GB 5009.26
8	山梨酸及其钾盐[b]（以山梨酸计），g/kg	≤1.0	GB 5009.28
[a] 以PCB28、PCB52、PCB101、PCB118、PCB138、PCB153和PCB180的总和计。 [b] 适用于即食海蜇产品。			

表A.2　微生物项目

序号	项目	采样方案及限量（若非指定，均以/25 g表示）				检验方法
		n	c	m	M	
1	菌落总数	5	2	5×10^4 CFU/g	10^5 CFU/g	GB 4789.2
2	大肠菌群	5	2	10 CFU/g	10^2 CFU/g	GB 4789.3—2016 平板计数法
3	沙门氏菌	5	0	0	—	GB 4789.4
4	金黄色葡萄球菌	5	1	100 CFU/g	1 000 CFU/g	GB 4789.10—2016 第二法
5	副溶血性弧菌	5	1	100 MPN/g	1 000 MPN/g	GB 4789.7
微生物项目仅适用于即食海蜇。 罐头产品应符合罐头商业无菌要求，按GB 4789.26规定的方法检验。 **注1**：n为同一批次产品采集的样品件数；c为最大可允许超出m值的样品数；m为微生物指标可接受水平的限量值；M为微生物指标的最高安全限量值。 **注2**：菌落总数、大肠菌群等采样方案以最新国家标准为准。						

ICS 67.120.30
X 20

中华人民共和国农业行业标准

NY/T 1516—2020
代替 NY/T 1516—2007

绿色食品　蛙类及制品

Green food—Frog and its processed products

2020-08-26 发布　　2021-01-01 实施

中华人民共和国农业农村部　发布

前　　言

本标准按照 GB/T 1.1—2009 给出的规则起草。

本标准代替 NY/T 1516—2007《绿色食品　蛙类及制品》。与 NY/T 1516—2007 相比，除编辑性修改外主要技术变化如下：

——修改了适用范围，删除了林蛙油产品类别；

——修改了加工用水执行标准，增加了冷冻制品温度要求；

——修改了感官要求指标，部分修改了检验方法；

——修改“总汞”指标为“甲基汞”指标；

——增加了 N-二甲基亚硝胺、多氯联苯、总铬指标；

——删除了菌落总数、大肠菌群、霉菌和酵母菌、致泻大肠埃希氏菌指标；增加了副溶血性弧菌指标，修改了致病菌的采样方案和限量值，取消了鲜蛙体的微生物指标；

——增加了红霉素和恩诺沙星指标限量要求，修改了土霉素、金霉素指标限量和检验方法，修改了氯霉素、孔雀石绿、磺胺类指标的检验方法和检出限。

——检验规则增加了出厂检验要求。

本标准由农业农村部农产品质量安全监管局提出。

本标准由中国绿色食品发展中心归口。

本标准起草单位：辽宁省分析科学研究院、中国绿色食品发展中心、遂昌山泉石蛙养殖专业合作社、孝感市庄稼汉种养殖专业合作社。

本标准主要起草人：王志嘉、曹璨、王杰、刘征雨、尤海丹、赵海波、田福林、张志华、张宪、胡有恩、喻进强。

本标准所代替标准的历次版本发布情况为：

——NY/T 1516—2007。

绿色食品　蛙类及制品

1　范围

本标准规定了绿色食品蛙类及制品的术语和定义、要求、检验规则、标签、包装、运输和储存。

本标准适用于活蛙(包括牛蛙、虎纹蛙、棘胸蛙、林蛙、美国青蛙等可供人们安全食用的养殖蛙类)、鲜蛙体、干制品、冷冻制品。

2　规范性引用文件

下列文件对于本文件的应用是必不可少的。凡是注日期的引用文件,仅注日期的版本适用于本文件。凡是不注日期的引用文件,其最新版本(包括所有的修改单)适用于本文件。

GB/T 191　包装储运图示标志

GB 4789.1　食品安全国家标准　食品微生物学检验　总则

GB 4789.4　食品安全国家标准　食品微生物学检验　沙门氏菌检验

GB 4789.7　食品安全国家标准　食品微生物学检验　副溶血性弧菌检验

GB 4789.10—2016　食品安全国家标准　食品微生物学检验　金黄色葡萄球菌检验

GB 5009.3　食品安全国家标准　食品中水分的测定

GB 5009.11　食品安全国家标准　食品中总砷及无机砷的测定

GB 5009.12　食品安全国家标准　食品中铅的测定

GB 5009.15　食品安全国家标准　食品中镉的测定

GB 5009.17　食品安全国家标准　食品中总汞及有机汞的测定

GB 5009.26　食品安全国家标准　食品中 N-亚硝胺类化合物的测定

GB 5009.123　食品安全国家标准　食品中铬的测定

GB 5009.190　食品安全国家标准　食品中指示性多氯联苯含量的测定

GB 5009.228　食品安全国家标准　食品中挥发性盐基氮的测定

GB 7718　食品安全国家标准　预包装食品标签通则

GB 14881　食品安全国家标准　食品生产通用卫生规范

GB/T 19857　水产品中孔雀石绿和结晶紫残留量的测定

GB/T 21317　动物源性食品中四环素类兽药残留量检测方法　液相色谱-质谱/质谱法与高效液相色谱法

GB/T 22338　动物源性食品中氯霉素类药物残留量测定

GB 29684　食品安全国家标准　水产品中红霉素残留量的测定　液相色谱-串联质谱法

GB/T 30891　水产品抽样规范

农业部 783 号公告—1—2006　水产品中硝基呋喃类代谢物残留量的测定　液相色谱-串联质谱法

农业部 1077 号公告—1—2008　水产品中 17 种磺胺类及 15 种喹诺酮类药物残留量的测定　液相色谱-串联质谱法

JJF 1070　定量包装商品净含量计量检验规则

NY/T 391—2013　绿色食品　产地环境质量

NY/T 471　绿色食品　饲料及饲料添加剂使用准则

NY/T 658　绿色食品　包装通用准则

NY/T 755　绿色食品　渔药使用准则

NY/T 896　绿色食品　产品抽样准则

NY/T 1055　绿色食品　产品检验规则

NY/T 1056　绿色食品　储藏运输准则

国家质量监督检验检疫总局令2005年第75号　定量包装商品计量监督管理办法

3　术语和定义

下列术语和定义适用于本文件。

3.1

蛙类　frog

可供人们安全食用的蛙类，包括牛蛙、虎纹蛙、棘胸蛙、林蛙、美国青蛙等可供人们安全食用的养殖蛙类的活体和鲜蛙体。

3.2

蛙制品　frog product

以可食用蛙类为主要原料生产的蛙类制品，包括干制品、冷冻制品。

3.2.1

干制品　dried frog product

可食用蛙类整体或分割体进行干燥的初加工蛙类产品。

3.2.2

冷冻制品　frozen frog product

可食用蛙类去皮肤和内脏后，整体或分割体再进行冷冻的初加工蛙类产品。

4　要求

4.1　产地环境

应符合NY/T 391—2013的要求。

4.2　养殖要求

养殖模式应采用健康养殖、生态养殖方式，确定合适的养殖密度；饲料及饲料添加剂的使用应按NY/T 471的规定执行；渔药的使用应按NY/T 755的规定执行。

4.3　生产过程

4.3.1　加工环境应符合GB 14881的规定。

4.3.2　加工用水应符合NY/T 391—2013中6.4的规定。

4.3.3　冷冻制品应在−18℃以下环境中，中心温度12 h内达到−15℃以下。

4.4　感官

应符合表1的规定。

表1　感官要求

项　目	指　标				检验方法
	活蛙	鲜蛙体	干制品	冷冻制品	
外观	体表完整无损，体质健壮，体态均匀无畸形，活泼好动，无病态	体态均匀无畸形，蛙体完整，无破肚，肛门紧收或稍有凸出，无病灶和寄生虫	大小均匀，无病疤、无虫蛀、无霉变	大小均匀，无干耗、无软化	在光线充足、无异味的环境中，按GB/T 30891和NY/T 896的规定抽样，将样品置于白色陶瓷盘或不锈钢工作台上，目测外观、色泽和杂质，鼻闻气味，手测组织。若依此不能判定气味和组织时，可做蒸煮试验，即在容器中加入500 mL饮用水，煮沸，将清水洗净切成3 cm×3 cm大小的样品放入容器中，盖上盖，煮5 min后，打开盖，嗅蒸汽气味，再品尝肉质
色泽	体表有一层透亮黏液，具有本品种蛙固有的色泽和光泽	具有本品种蛙固有的色泽和光泽	具有本品种蛙固有的色泽	具有本种蛙固有的色泽	

表 1 （续）

项　目	指　标				检验方法
	活蛙	鲜蛙体	干制品	冷冻制品	
组织形态	蛙状	蛙状或蛙各食用部分固有形态，无水肿	蛙状或蛙各食用部分固有形态	蛙状或蛙各食用部分固有形态	
气味	无异味	无异味	无异味	无异味	
杂质	—	无杂质	无杂质	无杂质	

4.5 理化指标

应符合表 2 的规定。

表 2　理化指标

项　目	指　标				检验方法
	活蛙	鲜蛙体	干制品	冷冻制品	
挥发性盐基氮，mg/100 g	—	≤15	—	≤15	GB 5009.228
水分，g/100 g	—	—	≤18	—	GB 5009.3

4.6 污染物限量和渔药残留限量

污染物限量、渔药残留限量应符合食品安全国家标准及相关规定，同时符合表 3 的规定。

表 3　污染物及渔药残留限量

项　目	指　标	检验方法
铅（以 Pb 计），mg/kg	≤0.5	GB 5009.12
镉（以 Cd 计），mg/kg	≤0.1	GB 5009.15
磺胺类，μg/kg	不得检出（<1.0）	农业部 1077 号公告—1—2008
土霉素、金霉素，mg/kg	不得检出（<0.05）	GB/T 21317
红霉素，μg/kg	不得检出（<0.5）	GB 29684
恩诺沙星，μg/kg	不得检出（<1.0）	农业部 1077 号公告—1—2008

4.7 净含量

应符合国家质量监督检验检疫总局令 2005 第 75 号的要求，检验方法按 JJF 1070 的规定执行。

5 检验规则

申报绿色食品应按照 4.4～4.6 以及附录 A 所确定的项目进行检验。其他要求应符合 NY/T 1055 的规定。冷冻制品出厂检验项目还应包括挥发性盐基氮和微生物。

6 标签

预包装产品应符合 GB 7718 的规定。

7 包装、运输和储存

7.1 包装

包装及包装材料应符合 NY/T 658 的要求，包装材料上的储运图示应符合 GB/T 191 的规定。

7.2 运输

应按 NY/T 1056 的规定执行。蛙类活体要有保活设施，应做到快装、快运、快卸；鲜蛙体用冷藏或保温车船运输，保持蛙体温度在 0℃～4℃。蛙类冷冻制品应在－18℃以下的环境运输。

7.3 储存

应按 NY/T 1056 的规定执行。蛙类活体应在符合 NY/T 391—2013 规定的水体中暂养。鲜蛙体储存时保持 0℃～4℃。蛙类冷冻制品应储存在－18℃以下的环境。

附 录 A
(规范性附录)
绿色食品蛙类及制品产品申报检验项目

表 A.1 和表 A.2 规定了除 4.4～4.6 所列项目外,依据食品安全国家标准和绿色食品蛙类及制品生产实际情况,绿色食品申报检验还应检验的项目。

表 A.1 污染物及渔药残留项目

检验项目	指 标	检验方法
无机砷(以 As 计),mg/kg	≤0.5	GB 5009.11
甲基汞[a](以 Hg 计),mg/kg	≤0.5	GB 5009.17
总铬(以 Cr 计),mg/kg	≤2.0	GB 5009.123
N-二甲基亚硝胺[b],μg/kg	≤4.0	GB 5009.26
多氯联苯[c],mg/kg	≤0.5	GB 5009.190
氯霉素,μg/kg	不得检出(<0.1)	GB/T 22338
硝基呋喃代谢物,μg/kg	不得检出(<0.25)	农业部 783 号公告—1—2006
孔雀石绿,μg/kg	不得检出(<0.5)	GB/T 19857

[a] 水产动物及制品可先测定总汞,当总汞水平不超过甲基汞限量值时,不必测定甲基汞;否则,需再测定甲基汞。

[b] 仅限于干制品和冷冻制品。

[c] 多氯联苯以 PCB28、PCB52、PCB101、PCB118、PCB138、PCB153 和 PCB180 的总和计。

表 A.2 冷冻制品微生物项目

检验项目	采样方案及限量(若非指定,均以/25 g 表示)				检验方法
	n	c	m	M	
沙门氏菌	5	0	0	—	GB 4789.4
副溶血性弧菌	5	1	100 MPN/g	1 000 MPN/g	GB 4789.7
金黄色葡萄球菌	5	1	100 CFU/g	1 000 CFU/g	GB 4789.10—2016 第二法

注 1:采样方案及处理按 GB 4789.1 的规定执行。

注 2:n 为同一批次产品应采集的样品件数;c 为最大可允许超出 m 值的样品数;m 为微生物指标可接受水平的限量值;M 为微生物指标的最高安全限量值。

ICS 67.120.30
X 20

中华人民共和国农业行业标准

NY/T 1710—2020
代替 NY/T 1710—2009

绿色食品　水产调味品

Green food—Aquatic flavouring

2020-08-26 发布　　2021-01-01 实施

中华人民共和国农业农村部　发布

前　　言

本标准按照 GB/T 1.1—2009 给出的规则起草。

本标准代替 NY/T 1710—2009《绿色食品　水产调味品》。与 NY/T 1710—2009 相比，除编辑性修改外主要技术变化如下：

——修改了感官指标杂质；

——修改了氨基酸态氮的指标值及检验方法；

——增加了理化指标总固形物、糖精钠、环己基氨基磺酸钠(又名甜蜜素)，环己基氨基磺酸钙、L-α-天冬氨酰-N-(2,2,4,4-四甲基-3-硫化三亚甲基)-D-丙氨酰胺(又名阿力甜)、N-二甲基亚硝铵、铬的限量值及检验方法；

——修改了总酸、食盐、总氮、挥发性盐基氮、苯甲酸及其钠盐的检测方法；

——修改了多氯联苯的限量值；

——修改了 3-氯-1,2-丙二醇的限量值；

——删除了志贺氏菌项目；

——修改了菌落总数、大肠菌群、沙门氏菌、副溶血性弧菌、金黄色葡萄球菌限量值及检验方法；

——增加了商业无菌。

本标准由农业农村部农产品质量安全监管司提出。

本标准由中国绿色食品发展中心归口。

本标准起草单位：唐山市畜牧水产品质量监测中心、中国绿色食品发展中心、佛山市海天调味食品股份有限公司、广东美味鲜调味食品有限公司、广东省绿色食品发展中心。

本标准主要起草人：张建民、杜瑞焕、李爱军、刘洋、马雪、张鑫、周鑫、齐彪、项爱丽、段晓然、高素艳、张立田、胡冠华、曹慧慧、王磊、姚彦坡、董李学、曲景君、汤思凝、张谊、阴明杰、张建雄、庞学良、肖琎、李文杰、张振国、丛倩倩、周丽娜。

本标准所代替标准的历次版本发布情况为：

——NY/T 1710—2009。

绿色食品　水产调味品

1　范围

本标准规定了绿色食品水产调味品的术语和定义、要求、检验规则、标签、包装、运输和储存。

本标准适用于绿色食品水产调味品。

2　规范性引用文件

下列文件对于本文件的应用是必不可少的。凡是注日期的引用文件，仅注日期的版本适用于本文件。凡是不注日期的引用文件，其最新版本(包括所有的修改单)适用于本文件。

GB/T 191　包装储运图示标志

GB 4789.2　食品安全国家标准　食品微生物学检验　菌落总数测定

GB 4789.26　食品安全国家标准　食品微生物学检验　商业无菌检验

GB 4789.3—2016　食品安全国家标准　食品微生物学检验　大肠菌群计数

GB 4789.4　食品安全国家标准　食品微生物学检验　沙门氏菌检验

GB 4789.7　食品安全国家标准　食品微生物学检验　副溶血性弧菌检验

GB 4789.10—2016　食品安全国家标准　食品微生物学检验　金黄色葡萄球菌检验

GB 5009.3　食品安全国家标准　食品中水分的测定

GB 5009.5　食品安全国家标准　食品中蛋白质的测定

GB 5009.11　食品安全国家标准　食品中总砷及无机砷的测定

GB 5009.12　食品安全国家标准　食品中铅的测定

GB 5009.15　食品安全国家标准　食品中镉的测定

GB 5009.17　食品安全国家标准　食品中总汞及有机汞的测定

GB 5009.26　食品安全国家标准　食品中 N-亚硝胺类化合物的测定

GB 5009.28　食品安全国家标准　食品中苯甲酸、山梨酸和糖精钠的测定

GB 5009.44　食品安全国家标准　食品中氯化物的测定

GB 5009.97　食品安全国家标准　食品中环己基氨基磺酸钠的测定

GB 5009.123　食品安全国家标准　食品中铬的测定

GB 5009.190　食品安全国家标准　食品中指示性多氯联苯含量的测定

GB 5009.191　食品安全国家标准　食品中氯丙醇及其脂肪酸酯含量的测定

GB 5009.228　食品安全国家标准　食品中挥发性盐基氮的测定

GB 5009.235　食品安全国家标准　食品中氨基酸态氮的测定

GB 5009.263　食品安全国家标准　食品中阿斯巴甜和阿力甜的测定

GB 7718　食品安全国家标准　预包装食品标签通则

GB/T 21999—2008　蚝油

GB 27304　食品安全管理体系　水产品加工企业要求

JJF 1070　定量包装商品净含量计量检验规则

NY/T 391　绿色食品　产地环境质量

NY/T 392　绿色食品　食品添加剂使用准则

NY/T 422　绿色食品　食用糖

NY/T 658　绿色食品　包装通用准则

NY/T 840　绿色食品　虾

NY/T 841　绿色食品　蟹

NY/T 842　绿色食品　鱼
NY/T 901　绿色食品　香辛料及其制品
NY/T 1039　绿色食品　淀粉及淀粉制品
NY/T 1040　绿色食品　食用盐
NY/T 1053　绿色食品　味精
NY/T 1055　绿色食品　产品检验规则
NY/T 1056　绿色食品　储藏运输准则
NY/T 1329　绿色食品　海水贝
SC/T 3009　水产品加工质量管理规范
国家质量监督检验检疫总局令 2005 年第 75 号　定量包装商品计量监督管理方法

3　术语和定义

下列术语和定义适用于本文件。

3.1

水产调味品　aquatic flavourin

以鱼、虾、蟹和贝类等水产品为主要原料，经相应工艺加工制成的调味品，如鱼露、虾酱、虾油和蚝油等。

3.2

蚝油　oyster sauce

利用牡蛎蒸、煮后的汁液进行浓缩或直接用牡蛎肉酶解，再加入食糖、食盐、淀粉或者改性淀粉等原料，辅以其他配料和食品添加剂制成的调味品。

3.3

鱼露　fishgrary

以鱼为原料，在较高的盐分下经酶解制成的鲜味液体调味品。

3.4

虾酱　salted shrimp paste

小型虾类经腌制、发酵制成的糊状食品。

3.5

虾油　shrimp sauce

小型虾类发酵液体的浓缩液或虾酱上层的澄清液。

3.6

海鲜粉调味料　seafood flavouring powder

以海产鱼、海水虾、海水贝、海水蟹类酶解物或其他浓缩抽提物为主原料，以味精、食用盐、香辛料等为辅料，经加工而成具有海鲜味的复合调味料。

4　要求

4.1　加工用水

应符合 NY/T 391 的规定。

4.2　原料要求

虾类应符合 NY/T 840 的规定；鱼类应符合 NY/T 842 的规定；海水贝类应符合 NY/T 1329 的规定；海水蟹类应符合 NY/T 841 的规定。食用糖应符合 NY/T 422 的规定；食用盐应符合 NY/T 1040 的规定；香辛料应符合 NY/T 901 的规定；淀粉应符合 NY/T 1039 的规定。

4.3　食品添加剂

味精应符合 NY/T 1053 的规定；其他食品添加剂应符合 NY/T 392 的规定。

4.4　生产过程

加工过程的卫生要求及加工质量管理应符合 GB 27304 及 SC/T 3009 的规定。

4.5 感官

应符合表 1 的规定。

表 1 感官要求

项目	要求					检验方法
	蚝油	鱼露	虾酱	虾油	海鲜粉调味料	
形态	黏稠适中，细滑均匀，不分层，不结块，无沉淀	澄清透明，允许有少量悬浮和沉淀物	黏稠适中，质地均匀	质地均匀，无沉淀物	颗粒、粉末状，干燥无结块	取至少 3 个包装的样品，各搅拌均匀后适量倒入洁净的直径为 10 cm 的瓷盘或白色搪瓷平盘中，嗅其气味、品尝其滋味及目测形态、色泽及杂质
色泽	棕褐色至红褐色，鲜亮有光泽	橙黄色至棕红色	粉红色或灰白色或紫灰色	黄棕色至棕褐色	白色或淡黄色	
气味与滋味	具有本品应有的气味与滋味，无异味					
杂质	无正常视力可见杂质和霉斑					

4.6 理化指标

应符合表 2 的规定。

表 2 理化指标

项 目	指 标					检验方法
	蚝油	鱼露	虾酱	虾油	海鲜粉调味料	
水分，%	—	—	—	—	≤10.0	GB 5009.3
氨基酸态氮，g/100 g	≥0.3	≥0.90	≥1.1	≥0.85	≥2	GB 5009.235
总固形物，g/100 g	≥21.0	—	—	—	—	GB/T 21999—2008 中 5.5
总酸(以乳酸计)，g/100 g	≤1.2	—	—	—	—	GB/T 21999—2008 中 5.3
总氮，g/100 g	≥0.6	≥1.20	≥1.6	—	≥4.8	GB 5009.5 中分析结果的表述公式取消氮转化为蛋白质的系数 F
食盐(以 NaCl 计)，g/100 g	≤14.0	≤25				GB 5009.44
挥发性盐基氮，mg/100 g	≤50	—	≤150	—	—	GB 5009.228

4.7 污染物限量、食品添加剂限量

污染物、食品添加剂限量应符合食品安全国家标准及相关规定，同时应符合表 3 的规定。

表 3 污染物及食品添加剂限量

项 目	指 标					检验方法
	蚝油	鱼露	虾酱	虾油	海鲜粉调味料	
无机砷，mg/kg	≤0.5	≤0.1	≤0.5		鱼制品≤0.1 其他制品≤0.5	GB 5009.11
铅(以 Pb 计)，mg/kg	≤0.5		≤0.5		鱼制品≤0.5 虾制品≤0.5 贝制品≤1.0	GB 5009.12
镉(以 Cd 计)，mg/kg	≤0.1		≤0.5		鱼制品≤0.1 虾制品≤0.5 贝制品≤1.0	GB 5009.15
3-氯-1,2-丙二醇[a]，mg/kg	不得检出(<0.005)					GB 5009.191
苯甲酸及其钠盐(以苯甲酸计)，g/kg	不得检出(<0.005)					GB 5009.28
糖精钠[a]，g/kg	不得检出(<0.005)					GB 5009.28
环己基氨基磺酸钠(又名甜蜜素)，环己基氨基磺酸钙(以环己基氨基磺酸计)[a]，g/kg	不得检出(<0.010)					GB 5009.97
L-α-天冬氨酰-N-(2,2,4,4-四甲基-3-硫化三亚甲基)-D-丙氨酰胺(又名阿力甜)[a]，mg/kg	不得检出(<5.0)					GB 5009.263

[a] 仅适用于蚝油。

4.8 净含量

应符合国家质量监督检验检疫总局 2005 第 75 号的要求,检验方法应符合 JJF 1070 的规定。

5 检验规则

申报绿色食品应按照 4.3～4.6 以及附录 A 所确定的项目进行检验。其他要求应符合 NY/T 1055 的规定,出厂检验还应包括氨基酸态氮、微生物。

6 标签

应符合 GB 7718 的规定。储运图示应符合 GB/T 191 的规定。

7 包装、运输和储存

7.1 包装

应符合 NY/T 658 的规定。

7.2 运输和储存

应符合 NY/T 1056 的规定。

附　录　A
(规范性附录)
绿色食品水产调味品申报检验项目

表 A.1 和表 A.2 规定了除 4.3～4.6 所列项目外,依据食品安全国家标准和绿色食品水产调味品生产实际情况,绿色食品申报检验还应检验的项目。

表 A.1　污染物及食品添加剂项目

项　　目	指　　标	检验方法
甲基汞(以 Hg 计),mg/kg	≤0.5	GB 5009.17
铬(以 Cr 计),mg/kg	≤2.0	GB 5009.123
多氯联苯[a],mg/kg	≤0.5	GB 5009.190
N-二甲基亚硝铵,μg/kg	≤4.0	GB 5009.26
山梨酸及其钾盐(以山梨酸计),g/kg	≤1.0	GB 5009.28
[a] 以 PCB28、PCB52、PCB101、PCB118、PCB138、PCB153、PCB180 的总和计。		

表 A.2　微生物项目

项　　目	采样方案[a]及限量				检 验 方 法
	n	c	m	M	
菌落总数,CFU/g 或 CFU/mL	5	2	10^4	10^5	GB 4789.2
大肠菌群,CFU/g 或 CFU/mL	5	2	10	10^2	GB 4789.3—2016 平板计数法
沙门氏菌	5	0	0	—	GB 4789.4
副溶血性弧菌	5	1	100 MPN/g(mL)	1 000 MPN/g(mL)	GB 4789.7
金黄色葡萄球菌	5	2	100 CFU/g(mL)	10 000 CFU/g(mL)	GB 4789.10—2016 第二法
金黄色葡萄球菌[a]	5	1	100 CFU/g(mL)	1 000 CFU/g(mL)	GB 4789.10—2016 第二法
罐头包装产品的微生物限量仅为商业无菌,检验方法按照 GB 4789.26 的规定执行。 注:n 为同一批次产品应采集的样品件数;c 为最大可允许超出 m 值的样品数;m 为致病菌指标可接受水平的限量值;M 为致病菌指标的最高安全限量值。					
[a] 仅适用于虾酱。					

ICS 67.080.20
X 26

中华人民共和国农业行业标准

NY/T 1711—2020

代替 NY/T 1711—2009

绿色食品　辣椒制品

Green food—Chilli products

2020-08-26 发布　　2021-01-01 实施

中华人民共和国农业农村部　发布

前　言

本标准按照 GB/T 1.1—2009 给出的规则起草。

本标准代替 NY/T 1711—2009《绿色食品　辣椒制品》，与 NY/T 1711—2009 相比，除编辑性修改外，主要技术变化如下：

——修改了术语和定义；

——修改了感官指标；

——理化指标中修改了水分、氨基酸态氮、酸价和过氧化值的指标，增加了氯化物指标；

——卫生指标中修改了亚硝酸盐、敌敌畏、黄曲霉毒素 B_1、大肠菌群、沙门氏菌和金黄色葡萄球菌的指标，删除了志贺氏菌的指标，增加了三唑酮、氯氟氰菊酯、苏丹红、罗丹明 B、丁基羟基茴香醚(BHA)、二丁基羟基甲苯(BHT)和特丁基对苯二酚(TBHQ)的限量要求。

本标准由农业农村部农产品质量安全监管司提出。

本标准由中国绿色食品发展中心归口。

本标准起草单位：四川省农业科学院农业质量标准与检测技术研究所、农业农村部食品质量监督检验测试中心(成都)、中国绿色食品发展中心、四川省绿色食品发展中心、四川省郫县豆瓣股份有限公司、四川省丹丹郫县豆瓣集团股份有限公司。

本标准主要起草人：杨晓凤、张宪、雷绍荣、闫志农、陈敏、尹全、刘炜、张义蓉、罗晓梅、陈龙飞、黄家全、岳鹏。

本标准所代替标准的历次版本发布情况为：

——NY/T 1711—2009。

绿色食品　辣椒制品

1　范围

本标准规定了绿色食品辣椒制品的术语和定义、要求、检验规则、标签、包装、运输和储存。

本标准适用于绿色食品辣椒制品，不适用于辣椒油。

2　规范性引用文件

下列文件对于本文件的应用是必不可少的。凡是注日期的引用文件，仅注日期的版本适用于本文件。凡是不注日期的引用文件，其最新版本(包括所有的修改单)适用于本文件。

GB/T 191　包装储运图示标志

GB 4789.1　食品安全国家标准　食品微生物学检验　总则

GB 4789.3　食品安全国家标准　食品微生物学检验　大肠菌群计数

GB 4789.4　食品安全国家标准　食品微生物学检验　沙门氏菌检验

GB 4789.10　食品安全国家标准　食品微生物学检验　金黄色葡萄球菌检验

GB 4789.26　食品安全国家标准　食品微生物学检验　商业无菌检验

GB 5009.3　食品安全国家标准　食品中水分的测定

GB 5009.4　食品安全国家标准　食品中灰分的测定

GB 5009.11　食品安全国家标准　食品中总砷及无机砷的测定

GB 5009.12　食品安全国家标准　食品中铅的测定

GB 5009.15　食品安全国家标准　食品中镉的测定

GB 5009.22　食品安全国家标准　食品中黄曲霉毒素 B 族和 G 族的测定

GB 5009.28　食品安全国家标准　食品中苯甲酸、山梨酸和糖精钠的测定

GB 5009.32　食品安全国家标准　食品中 9 种抗氧化剂的测定

GB 5009.33　食品安全国家标准　食品中亚硝酸盐与硝酸盐的测定

GB 5009.44　食品安全国家标准　食品中氯化物的测定

GB 5009.97　食品安全国家标准　食品中环己基氨基磺酸钠的测定

GB/T 5009.126　植物性食品中三唑酮残留量的测定

GB/T 5009.146　植物性食品中有机氯和拟除虫菊酯类农药多种残留量的测定

GB 5009.227　食品安全国家标准　食品中过氧化值的测定

GB 5009.229　食品安全国家标准　食品中酸价的测定

GB 5009.235　食品安全国家标准　食品中氨基酸态氮的测定

GB 7718　食品安全国家标准　预包装食品标签通则

GB/T 12456　食品中总酸的测定

GB 14881　食品安全国家标准　食品生产通用卫生规范

GB/T 19681　食品中苏丹红染料的检测方法　高效液相色谱法

JJF 1070　定量包装商品净含量计量检验规则

NY/T 391　绿色食品　产地环境质量

NY/T 392　绿色食品　食品添加剂使用准则

NY/T 655　绿色食品　茄果类蔬菜

NY/T 658　绿色食品　包装通用准则

NY/T 901　绿色食品　香辛料及其制品

NY/T 1040　绿色食品　食用盐

NY/T 1055 绿色食品 产品检验规则
NY/T 1056 绿色食品 储藏运输准则
SN/T 2324 进出口食品中抑草磷、毒死蜱、甲基毒死蜱等33种有机磷农药残留量的检测方法
SN/T 2430 进出口食品中罗丹明B的检测方法
国家质量监督检验检疫总局令2005年第75号定量包装商品计量监督管理办法

3 术语和定义

下列术语和定义适用于本文件。

3.1

辣椒制品 chilli products

以辣椒为主要原料,添加或不添加辅料,经加工制成的制品,如干辣椒制品、油辣椒制品、发酵辣椒制品和其他辣椒制品。

3.2

干辣椒制品 dried chilli products

以鲜辣椒为主要原料,经干燥、烘焙或炒制等工艺加工制成的制品,如辣椒干、辣椒段(块)、辣椒粉(面)等。

3.3

油辣椒制品 fried chilli products

以鲜辣椒或干辣椒及食用油为主要原料,经加工制成的油和辣椒混合体的制品,如油辣椒、鸡辣椒、肉丝辣椒、豆豉辣椒等。

3.4

发酵辣椒制品 fermented chilli products

以鲜辣椒或干辣椒为主要原料,经破碎、发酵或发酵腌制等工艺加工制成的制品,如剁辣椒、泡椒、辣豆瓣酱、辣椒酱等。

3.5

其他辣椒制品 other chilli products

以鲜辣椒或干辣椒为主要原料,经破碎或不破碎、非发酵等工艺加工制成的制品,如香酥辣椒、糍粑辣椒等。

4 要求

4.1 原料和辅料

4.1.1 辣椒原料应符合NY/T 655的规定,其他食材原料应符合相关绿色食品标准的规定。

4.1.2 食用盐应符合NY/T 1040的规定,香辛料应符合NY/T 901的规定,其他辅料应符合相应国家标准或行业标准的规定。

4.1.3 食品添加剂应符合NY/T 392的规定。

4.2 加工用水

应符合NY/T 391的规定。

4.3 生产过程

应符合GB 14881的规定。

4.4 感官

应符合表1的规定。

表 1 感官要求

项目	要求	检验方法
形态	具有相应产品固有的形态，无霉变和腐烂现象	取约 50 g 样品于洁净、干燥的白瓷盘中，在自然光亮处，用目测法观察其形态、色泽、杂质；用嗅觉及味觉鉴别气味和滋味
色泽	具有相应产品固有的色泽	
气味和滋味	具有相应产品固有的气味和滋味，无异味	
杂质	无肉眼可见的外来异物和杂质	

4.5 理化指标

应符合表 2 的规定。

表 2 理化指标

项目	指标				检验方法
	干辣椒制品	油辣椒制品	发酵辣椒制品	其他辣椒制品	
水分，g/100 g	≤14.0	≤25.0	≤60.0[a]	—	GB 5009.3
总灰分，g/100 g	≤8.0[b]	—	—	—	GB 5009.4
酸不溶灰分，g/100 g	≤2.0[b]	—	—	—	
氯化物(以 NaCl 计)，g/100 g	—	≤15.0	≤22.0	—	GB 5009.44，将公式(3)中的转化系数 0.035 5 更改成 0.058 45
氨基酸态氮(以氮计)，g/100 g	—	—	≥0.18[c]	—	GB 5009.235
总酸(以乳酸计)，g/100 g	—	—	≤2.0	—	GB/T 12456
酸价(以油脂计)(KOH)，mg/g	—	≤5.0	≤5.0[d]	≤5.0[e]	GB 5009.229
过氧化值(以油脂计)，g/100 g	—	≤0.25	≤0.25[d]	≤0.25[e]	GB 5009.227

[a] 仅适用于非腌渍工艺的发酵辣椒制品。
[b] 仅适用于非含油脂的干辣椒制品。
[c] 仅适用于豆瓣类的发酵辣椒制品。
[d] 仅适用于含油脂的发酵辣椒制品。
[e] 仅适用于含油脂的其他辣椒制品。

4.6 污染物限量、农药残留限量、食品添加剂限量、真菌毒素限量和非法添加物限量

应符合食品安全国家标准及相关规定，同时符合表 3 的规定。

表 3 污染物、农药残留、食品添加剂、真菌毒素和非法添加物限量

项目	指标	检验方法
镉(以 Cd 计)，mg/kg	≤0.1	GB 5009.15
铅(以 Pb 计)，mg/kg	≤0.5	GB 5009.12
亚硝酸盐(以 $NaNO_2$ 计)[a]，mg/kg	≤4.0	GB 5009.33
山梨酸及其钾盐(以山梨酸计)，g/kg	≤0.25	GB 5009.28
苯甲酸及其钠盐(以苯甲酸计)，g/kg	不得检出(<0.005)	
糖精钠，g/kg	不得检出(<0.005)	
环己基氨基磺酸钠及环己基氨基磺酸钙(以环己基氨基磺酸计)，g/kg	不得检出(<0.010)	GB 5009.97
黄曲霉毒素 B_1[b]，μg/kg	≤5	GB 5009.22
敌敌畏[c]，mg/kg	不得检出(<0.01)	SN/T 2324
三唑酮[c]，mg/kg	≤0.3	GB/T 5009.126
氯氰菊酯[c]，mg/kg	不得检出(<0.01)	GB/T 5009.146
苏丹红，mg/kg	不得检出(<0.010)	GB/T 19681
罗丹明 B，mg/kg	不得检出(<0.005)	SN/T 2430

[a] 仅适用于腌渍生产工艺的辣椒制品。
[b] 仅适用于含发酵豆类的辣椒制品及发酵辣椒制品。
[c] 仅限于干辣椒制品。

4.7 微生物限量

应符合食品安全国家标准及相关规定,同时符合表4的规定。

表4 微生物限量

项目	指标	检验方法
大肠菌群[a],MPN/g	≤0.3	GB 4789.3
商业无菌[b]	商业无菌	GB 4789.26

[a] 仅限于非罐头加工工艺生产的产品。

[b] 仅限于罐头加工工艺生产的罐装产品。

4.8 净含量

应符合国家质量监督检验检疫总局令2005年第75号的规定,检验方法应符合JJF 1070的规定。

5 检验规则

绿色食品申报检验应按照4.4～4.8以及附录A所确定的项目进行检验。每批产品交收(出厂)前,都应进行交收(出厂)检验,交收(出厂)检验内容应包括包装、标签、净含量、感官、理化指标和大肠菌群。其他要求应符合NY/T 1055的规定。

6 标签

应符合GB 7718的规定。

7 包装、运输和储存

7.1 包装应符合GB/T 191和NY/T 658的规定。

7.2 运输和储存应符合NY/T 1056的规定。

附　录　A
（规范性附录）
绿色食品辣椒制品产品申报检验项目

表 A.1 和表 A.2 规定了除 4.4～4.8 所列项目外，依据食品安全国家标准和绿色食品辣椒制品生产实际情况，绿色食品申报检验时还应检验的项目。

表 A.1　污染物、食品添加剂项目

检验项目	指标	检验方法
总砷(以 As 计)，mg/kg	≤0.5	GB 5009.11
丁基羟基茴香醚(BHA)(以油脂中的含量计)[a]，g/kg	≤0.2	GB 5009.32
二丁基羟基甲苯(BHT)(以油脂中的含量计)[a]，g/kg	≤0.2	
特丁基对苯二酚(TBHQ)(以油脂中的含量计)[a]，g/kg	≤0.2	
[a] 仅适用于含油脂的辣椒制品。		

表 A.2　微生物项目

项目	采样方案及指标(若非指定，均以/25 g 表示)				检验方法
	n	c	m	M	
沙门氏菌[a]	5	0	0 CFU/g	—	GB 4789.4
金黄色葡萄球菌[a]	5	1	100 CFU/g	1 000 CFU/g	GB 4789.10
样品的分析及处理按 GB 4789.1 的规定执行。					
[a] 仅适用于即食辣椒制品。					

第二部分

转基因标准

ICS 65.020.01
B 04

中华人民共和国国家标准

农业农村部公告第323号—1—2020

转基因植物及其产品成分检测 番木瓜内标准基因定性PCR方法

Detection of genetically modified plants and derived products—Target-taxon-specific qualitative PCR method for Papaya

2020-08-04 发布

2020-11-01 实施

中华人民共和国农业农村部 发布

前　　言

本标准按照 GB/T 1.1—2009 给出的规则起草。

请注意本文件的某些内容可能涉及专利。本文件的发布机构不承担识别这些专利的责任。

本标准由中华人民共和国农业农村部提出。

本标准由全国农业转基因生物安全管理标准化技术委员会归口。

本标准起草单位:农业农村部科技发展中心、华南农业大学、中国热带农业科学院。

本标准主要起草人:姜大刚、李夏莹、潘志文、王颢潜、高洁儿、陈伟庭、姚涓、周峰、王声斌、李美英、肖苏生。

转基因植物及其产品成分检测
番木瓜内标准基因定性 PCR 方法

1 范围

本标准规定了番木瓜内标准基因 *Papain*、*Chymopapain* 的定性 PCR 检测方法。

本标准适用于转基因植物及其制品中番木瓜成分的定性 PCR 检测。

2 规范性引用文件

下列文件对于本文件的应用是必不可少的。凡是注日期的引用文件，仅注日期的版本适用于本文件。凡是不注日期的引用文件，其最新版本(包括所有的修改单)适用于本文件。

农业部 1485 号公告—4—2010　转基因植物及其产品成分检测　DNA 提取和纯化

农业部 2031 号公告—19—2013　转基因植物及其产品成分检测　抽样

NY/T 672　转基因植物及其产品检测　通用要求

3 术语和定义

下列术语和定义适用于本文件。

3.1

***Papain* 基因　*Papain* gene**

编码番木瓜蛋白酶的基因，Genbank 登录号为 M15203，在番木瓜基因组中为 2 个拷贝。

3.2

***Chymopapain* 基因　*Chymopapain* gene**

编码番木瓜凝乳蛋白酶的基因，Genbank 登录号为 AY803756，在番木瓜基因组中为 1 个拷贝。

4 原理

根据 *Papain*、*Chymopapain* 基因序列设计特异性引物及探针，对试样进行 PCR 扩增。依据是否扩增获得预期的 DNA 片段或典型扩增曲线，判断样品中是否含有番木瓜成分。

5 试剂和材料

除非另有说明，仅使用分析纯试剂和重蒸馏水。

5.1　琼脂糖。

5.2　10 g/L 溴化乙锭(EB)溶液：称取 1.0 g 溴化乙锭，溶解于 100 mL 水中，避光保存。

警告——溴化乙锭有致癌作用，配制和使用时应戴一次性手套操作并妥善处理废弃物。

注：根据需要可选择其他效果相当的核酸染料代替溴化乙锭作为核酸电泳的染色剂。

5.3　10 mol/L 氢氧化钠(NaOH)溶液：在 160 mL 水中加入 80.0 g 氢氧化钠，溶解后，冷却至室温，再加水定容至 200 mL。

5.4　500 mmol/L 乙二胺四乙酸二钠(EDTA-Na_2)溶液(pH 8.0)：称取 18.6 g 乙二胺四乙酸二钠，加入 70 mL 水中，缓慢滴加氢氧化钠溶液(见 5.3)直至 EDTA-Na_2完全溶解，用氢氧化钠溶液(见 5.3)调 pH 至 8.0，加水定容至 100 mL。在 103.4 kPa(121℃)条件下灭菌 20 min。

5.5　1 mol/L 三羟甲基氨基甲烷-盐酸(Tris-HCl)溶液(pH 8.0)：称取 121.1 g 三羟甲基氨基甲烷溶解于 800 mL 水中，用盐酸调 pH 至 8.0，加水定容至 1 000 mL。在 103.4 kPa(121℃)条件下灭菌 20 min。

5.6　TE 缓冲液(pH 8.0)：分别量取 10 mL 三羟甲基氨基甲烷-盐酸溶液(见 5.5)和 2 mL 乙二胺四乙酸

二钠溶液(见5.4),加水定容至1 000 mL。在103.4 kPa(121℃)条件下灭菌20 min。

5.7 50×TAE缓冲液:称取242.2 g三羟甲基氨基甲烷(Tris),先用500 mL水加热搅拌溶解后,加入100 mL乙二胺四乙酸二钠溶液(见5.4),用冰乙酸调pH至8.0,然后加水定容至1 000 mL。使用时用水稀释成1×TAE。

5.8 加样缓冲液:称取250.0 mg溴酚蓝,加入10 mL水,在室温下溶解12 h;称取250.0 mg二甲基苯腈蓝,加10 mL水溶解;称取50.0 g蔗糖,加30 mL水溶解。混合以上3种溶液,加水定容至100 mL,在4℃下保存。

5.9 DNA分子量标准:可以清楚地区分100 bp~1 000 bp的DNA片段。

5.10 dNTPs混合溶液:将浓度为10 mmol/L的dATP、dTTP、dGTP、dCTP 4种脱氧核糖核苷酸溶液等体积混合。

5.11 *Taq* DNA聚合酶、PCR扩增缓冲液及25 mmol/L氯化镁($MgCl_2$)溶液。

5.12 普通PCR方法引物

5.12.1 *Papain*基因:

PAPAIN-F:5′-GGGCATTCTCAGCTGTTGTA-3′;

PAPAIN-R:5′-CGACAATAACGTTGCACTCC-3′。

预期扩增片段大小为211 bp(参见附录A中的A.1)。

5.12.2 *Chymopapain*基因:

CHY-F:5′-ATCTACAATCTTGCTAACCCTA-3′;

CHY-R:5′-AGTCATCTTGAGAATAACCCAC-3′。

预期扩增片段大小为281 bp(参见A.2)。

5.13 实时荧光PCR方法引物/探针

5.13.1 *Papain*基因:

PAPAIN-QF:5′-TGCTTGACTGCGACAGAC-3′;

PAPAIN-QR:5′-CTTTCTCCCTTGAGCGAC-3′;

PAPAIN-QP:5′-AGCTACGGGTGCAATGGAGGTTACC-3′。

预期扩增片段大小为144 bp(参见A.3)。

注:PAPAIN-QP为*Papain*基因的*Taq*Man探针,其5′端标记荧光报告基团(如FAM、HEX等),3′端标记对应的荧光淬灭基团(如TAMRA、BHQ1等)。

5.13.2 *Chymopapain*基因:

CHY-QF:5′-CCATGCGGATCCTCCCA-3′;

CHY-QR:5′-CATCGTAGCCATTGTAACACTAGCTAA-3′;

CHY-QP:5′-TTCCCTTCATCCATTCCCACTCTTGAGA-3′。

预期扩增片段大小为74 bp(参见A.4)。

注:CHY-QP为*Chymopapain*基因的*Taq*Man探针,其5′端标记荧光报告基团(如FAM、HEX等),3′端标记对应的荧光淬灭基团(如TAMRA、BHQ1等)。

5.14 引物/探针溶液:用TE缓冲液(见5.6)或水分别将上述引物/探针稀释到10 μmol/L。

5.15 石蜡油。

5.16 DNA提取试剂盒。

5.17 定性PCR试剂盒。

5.18 PCR产物回收试剂盒。

5.19 实时荧光PCR试剂盒。

6 主要仪器和设备

6.1 分析天平:感量0.1 g和0.1 mg。

6.2 PCR 扩增仪:升降温速度>1.5℃/s,孔间温度差异<1.0℃。

6.3 实时荧光 PCR 仪。

6.4 电泳槽、电泳仪等电泳装置。

6.5 凝胶成像系统或照相系统。

7 分析步骤

7.1 抽样

按 NY/T 672 和农业部 2031 号公告—19—2013 的规定执行。

7.2 试样制备

按 NY/T 672 和农业部 2031 号公告—19—2013 的规定执行。

7.3 试样预处理

按农业部 1485 号公告—4—2010 的规定执行。

7.4 DNA 模板制备

按农业部 1485 号公告—4—2010 的规定执行。

7.5 PCR 扩增

7.5.1 普通 PCR 方法

7.5.1.1 试样 PCR 扩增

7.5.1.1.1 每个试样 PCR 设置 3 个平行。

7.5.1.1.2 在 PCR 管中按表 1 依次加入反应试剂,混匀,再加 25 μL 石蜡油(有热盖设备的 PCR 仪可不加)。也可采用经验证的、效果相当的定性 PCR 试剂盒配制反应体系。

表 1 普通 PCR 扩增体系

试剂	终浓度	体积
ddH_2O		—
10×PCR 缓冲液	1×	2.5 μL
25 mmol/L 氯化镁溶液	1.5 mmol/L	1.5 μL
dNTPs 混合溶液(各 2.5 mmol/L)	0.2 mmol/L	2.0 μL
10 μmol/L 上游引物	0.3 μmol/L	0.75 μL
10 μmol/L 下游引物	0.3 μmol/L	0.75 μL
Taq DNA 聚合酶	0.025 U/μL	—
25 mg/L DNA 模板	2.0 mg/L	2.0 μL
总体积		25.0 μL

"—"表示体积不确定,如果 PCR 缓冲液中含有氯化镁,则不加氯化镁溶液,根据 *Taq* DNA 聚合酶和 DNA 模板的浓度确定其体积,并相应调整 ddH_2O 的体积,使反应体系总体积达到 25.0 μL。

若采用定性 PCR 试剂盒,则按试剂盒说明书的推荐用量配制反应体系,但上下游引物用量按表 1 执行。

注:*Papain* 基因检测反应体系中,上下游引物分别 PAPAIN-F 和 PAPAIN-R;*Chymopapain* 基因检测反应体系中,上下游引物分别 CHY-F 和 CHY-R。

7.5.1.1.3 将 PCR 管放在离心机上,500 *g*~3 000 *g* 离心 10 s,然后取出 PCR 管,放入 PCR 仪中。

7.5.1.1.4 进行 PCR 扩增。反应程序为:95℃变性 5 min;95℃变性 30 s,60℃退火 30 s,72℃延伸 30 s,共进行 35 次循环;72℃延伸 5 min;10℃保存。

7.5.1.1.5 反应结束后取出 PCR 管,对 PCR 扩增产物进行电泳检测。

7.5.1.2 对照 PCR 扩增

在试样 PCR 扩增的同时,应设置 PCR 阳性对照、PCR 阴性对照和 PCR 空白对照。

以番木瓜基因组 DNA 质量分数为 0.1%~1.0%的植物 DNA 为阳性对照;不含番木瓜基因组 DNA 的 DNA 样品(如鲑鱼精 DNA)作为阴性对照;以水作为空白对照。

除模板外，对照 PCR 扩增与试样 PCR 扩增相同(见 7.5.1.1)。

7.5.1.3 **PCR 产物电泳检测**

按 20 g/L 的质量浓度称量琼脂糖，加入 1× TAE 缓冲液中，加热溶解，配制成琼脂糖溶液。每 100 mL琼脂糖溶液中加入 5 μL EB 溶液或适量的其他核酸染料，混匀，稍适冷却后，将其倒入电泳板上，插上梳板，室温下凝固成凝胶后，放入 1×TAE 缓冲液中，垂直向上轻轻拔去梳板。取 12 μL PCR 产物与 3 μL 加样缓冲液混合后加入凝胶点样孔，同时在其中一个点样孔中加入 DNA 分子量标准，接通电源在 2 V/cm～5 V/cm 条件下电泳检测。

7.5.1.4 **凝胶成像分析**

电泳结束后，取出琼脂糖凝胶，置于凝胶成像仪上成像。根据 DNA 分子量标准估计扩增条带的大小，将电泳结果形成电子文件存档或用照相系统拍照。如需通过序列分析确认 PCR 扩增片段是否为目的 DNA 片段，按照 7.5.1.5 和 7.5.1.6 的规定执行。

7.5.1.5 **PCR 产物回收**

按 PCR 产物回收试剂盒说明书，回收 PCR 扩增的 DNA 片段。

7.5.1.6 **PCR 产物测序验证**

将回收的 PCR 产物克隆测序，与内标准基因特异性序列(参见 A.1 与 A.2)进行比对，确定 PCR 扩增的 DNA 片段是否为目的 DNA 片段。

7.5.2 **实时荧光 PCR 方法**

7.5.2.1 **试样 PCR 扩增**

7.5.2.1.1 每个试样 PCR 设置 3 个平行。

7.5.2.1.2 在 PCR 管中按表 2 依次加入反应试剂，混匀。也可采用经验证的、效果相当的实时荧光 PCR 试剂盒配制反应体系。

表 2 实时荧光 PCR 扩增体系

试剂	终浓度	体积
ddH_2O		—
10×PCR 缓冲液	1×	2.0 μL
25 mmol/L 氯化镁溶液	2.5 mmol/L	2.0 μL
dNTPs 混合溶液(各 2.5 mmol/L)	0.2 mmol/L	1.6 μL
10 μmol/L 上游引物	0.4 μmol/L	0.8 μL
10 μmol/L 下游引物	0.4 μmol/L	0.8 μL
10 μmol/L 探针	0.2 μmol/L	0.4 μL
Taq DNA 聚合酶	0.04 U/μL	—
25 mg/L DNA 模板	2.5 mg/L	2.0 μL
总体积		20.0 μL

"—"表示体积不确定，如果 PCR 缓冲液中含有氯化镁，则不加氯化镁溶液，根据 *Taq* DNA 聚合酶的浓度确定其体积，并相应调整 ddH_2O 的体积，使反应体系总体积达到 20.0 μL。

若采用实时荧光 PCR 试剂盒，则按试剂盒说明书的推荐用量配制反应体系，但上下游引物和探针用量按表 2 执行。

注：*Papain* 基因检测反应体系中，上、下游引物和探针分别 PAPAIN-QF、PAPAIN-QR 和 PAPAIN-QP；*Chymopapain* 基因检测反应体系中，上、下游引物和探针分别 CHY-QF、CHY-QR 和 CHY-QP。

7.5.2.1.3 将 PCR 管放在离心机上，500 *g*～3 000 *g* 离心 10 s，然后取出 PCR 管，放入 PCR 仪中。

7.5.2.1.4 进行实时荧光 PCR 扩增。反应程序为：95℃变性 5 min；95℃变性 15 s，60℃退火延伸 60 s，共进行 45 个循环；在第二阶段的退火延伸(60℃)时段收集荧光信号。

注：可根据仪器要求将反应参数做适当调整。

7.5.2.2 **对照 PCR 扩增**

在试样 PCR 扩增的同时，应设置 PCR 阳性对照、PCR 阴性对照和 PCR 空白对照。

以番木瓜基因组 DNA 质量分数为 0.1%～1.0%的植物 DNA 为阳性对照；以不含番木瓜基因组

DNA 的 DNA 样品(如鲑鱼精 DNA)作为阴性对照;以水作为空白对照。

除模板外,对照 PCR 扩增与试样 PCR 扩增相同(见 7.5.2.1)。

8 结果分析与表述

8.1 普通 PCR 方法

8.1.1 对照检测结果分析

PCR 扩增中,阳性对照内标准基因特异性序列得到扩增,而阴性对照与空白对照没有扩增片段,表明 PCR 检测反应体系正常工作,方可按 8.1.2 进行分析。否则,重新检测。

8.1.2 样品检测结果分析和表述

8.1.2.1 试样内标准基因特异性序列得到扩增,表明样品中检测出番木瓜成分,表述为“样品中检测出番木瓜成分”。

8.1.2.2 试样内标准基因特异性序列未得到扩增,表明样品中未检测出番木瓜成分,表述为“样品中未检测出番木瓜成分”。

8.2 实时荧光 PCR 方法

8.2.1 基线和阈值的设定

实时荧光 PCR 扩增结束后,以 PCR 扩增刚好进入指数期来设置荧光信号阈值,并根据仪器噪声情况进行调整。

8.2.2 对照检测结果分析

PCR 扩增中,阳性对照出现典型扩增曲线,且 *Ct* 值小于或等于 36;阴性对照和空白对照无典型扩增曲线,荧光信号低于设定的阈值,表明 PCR 检测反应体系正常工作,方可按 8.2.3 进行判断。否则,重新检测。

8.2.3 样品检测结果分析和表述

8.2.3.1 内标准基因出现典型扩增曲线,且 *Ct* 值小于或等于 36,表明样品中检测出番木瓜成分,表述为“样品中检测出番木瓜成分”。

8.2.3.2 内标准基因无典型扩增曲线或 *Ct* 值大于 36,表明样品中未检测出番木瓜成分,表述为“样品中未检测出番木瓜成分”。

注:3 个平行的 PCR 扩增结果出现不一致的,应重做 PCR 扩增样品 2 次,最终结果以多数结果为准。

9 检出限

9.1 普通 PCR 方法的检出限为 0.1%(含靶序列样品 DNA/总样品 DNA)。

9.2 实时荧光 PCR 方法的检出限为 0.1%(含靶序列样品 DNA/总样品 DNA)。

注:本标准的检出限是在 PCR 检测反应体系中加入 50 ng DNA 模板进行测算的。

附 录 A
(资料性附录)
番木瓜内标准基因特异性序列

A.1 番木瓜 *Papain* 基因普通 PCR 方法扩增产物核苷酸序列

1 GGGCATTCTC AGCTGTTGTA ACTATAGAGG GAATAATTAA GATTAGAACT GGGAACTTAA
61 ATGAATACTC AGAGCAAGAA CTGCTTGACT GCGACAGACG TAGCTACGGG TGCAATGGAG
121 GTTACCCTTG GAGTGCACTT CAATTAGTGG CTCAATATGG TATTCACTAC AGAAATACTT
181 ACCCATATGA GGGAGTGCAA CGTTATTGTC G

注 1:序列方向为 5′-3′。

注 2:5′端划线部分为普通 PCR 方法 PAPAIN-F 引物序列,3′端划线部分为普通 PCR 方法 PAPAIN-R 引物的反向互补序列。

A.2 番木瓜 *Chymopapain* 基因普通 PCR 方法扩增产物核苷酸序列

1 ATCTACAATC TTGCTAACCC TAAAATGACG GTGCAAGTAG AGTGAATGAC AAGATCTTTT
61 ATTTAGAGAG AAAGAAACTT GATTGAAAAG ACAAGCTAGT ATATAAACCC ATGCGATCCT
121 CCCATTTCCC TTCATCCATT CCCACTCTTG AGAGTTAGCT AGTGTTACAA TGGCTACGAT
181 GAGTTCAATT TCAAAAATTA TTTTCTTGGC AACATGTCTC ATTATTCATA TGGGTTTGTC
241 TTCTGCTGAT TTTTACACCG TGGGTTATTC TCAAGATGAC T

注 1:序列方向为 5′-3′。

注 2:5′端划线部分为普通 PCR 方法 CHY-F 引物序列,3′端划线部分为普通 PCR 方法 CHY-R 引物的反向互补序列。

A.3 番木瓜 *Papain* 基因实时荧光 PCR 方法扩增产物核苷酸序列

1 TGCTTGACTG CGACAGACGT AGCTACGGGT GCAATGGAGG TTACC CTTGG AGTGCACTTC
61 AATTAGTGGC TCAATATGGT ATTCACTACA GAAATACTTA CCCATATGAG GGAGTGCAAC
121 GTTATTGTCG CTCAAGGGAG AAAG

注 1:序列方向为 5′-3′。

注 2:5′端划线部分为实时荧光 PCR 方法 PAPAIN-QF 引物序列,3′端划线部分为实时荧光 PCR 方法 PAPAIN-QR 引物的反向互补序列,方框内为实时荧光 PCR 方法 PAPAIN-QP 探针序列。

A.4 番木瓜 *Chymopapain* 基因实时荧光 PCR 方法扩增产物核苷酸序列

1 CCATGCGGAT CCTCCCAT TT CCCTTCATCC ATTCCCACTC TTGAGA GTTA GCTAGTGTTA
61 CAATGGCTAC GATG

注 1:序列方向为 5′-3′。

注 2:5′端划线部分为实时荧光 PCR 方法 CHY-QF 引物序列,3′端划线部分为实时荧光 PCR 方法 CHY-QR 引物的反向互补序列,方框内为实时荧光 PCR 方法 CHY-QP 探针序列。

ICS 65.020.01
B 04

中华人民共和国国家标准

农业农村部公告第323号—2—2020
代替农业部869号公告—5—2007

转基因植物及其产品成分检测 耐除草剂油菜MS8×RF3及其衍生品种 定性PCR方法

Detection of genetically modified plants and derived products—Qualitative PCR method for herbicide-tolerant rapeseed MS8×RF3 and its derivates

2020-08-04 发布　　2020-11-01 实施

中华人民共和国农业农村部　发布

前　言

本标准按照 GB/T 1.1—2009 给出的规则起草。

本标准代替农业部 869 号公告—5—2007《转基因植物及其产品成分检测　抗除草剂转基因油菜 MS8、RF3 及其衍生品种定性 PCR 方法》。与农业部 869 号公告—5—2007 相比，除编辑性修改外主要变化如下：

——修改了标准名称；

——修改了原理中关于预期扩增产物的表述(见第 4 章，2007 年版的第 4 章)；

——修改了普通 PCR 方法的引物序列，增加了实时荧光 PCR 方法的探针序列，删除了 PTA29 启动子的检测引物序列(见 5.13、5.14，2007 年版的 5.12)；

——修改了普通 PCR 检测反应体系和反应程序，增加了实时荧光 PCR 检测反应体系和程序(见 7.5，2007 年版的 7.5)；

——修改了 PCR 检测实验操作的技术细节(见第 7 章，2007 年版的第 7 章)；

——修改了样品检测结果分析和表述(见第 8 章，2007 年版的第 8 章)；

——增加了检出限(见第 9 章)；

——增加了资料性附录(见附录 A)。

请注意本文件的某些内容可能涉及专利。本文件的发布机构不承担识别这些专利的责任。

本标准由中华人民共和国农业农村部提出。

本标准由全国农业转基因生物安全管理标准化技术委员会归口。

本标准起草单位：农业农村部科技发展中心、中国农业科学院油料作物研究所、农业农村部环境保护科研监测所。

本标准主要起草人：武玉花、宋贵文、吴刚、梁晋刚、李俊、章秋艳、李晓飞、李允静。

转基因植物及其产品成分检测
耐除草剂油菜 MS8×RF3 及其衍生品种定性 PCR 方法

1 范围

本标准规定了转基因耐除草剂油菜 MS8×RF3 转化体特异性普通 PCR 和实时荧光 PCR 两种检测方法。

本标准适用于转基因耐除草剂油菜 MS8×RF3 及其衍生品种，以及制品中 MS8×RF3 转化体成分的定性 PCR 检测。

2 规范性引用文件

下列文件对于本文件的应用是必不可少的。凡是注日期的引用文件，仅注日期的版本适用于本文件。凡是不注日期的引用文件，其最新版本(包括所有的修改单)适用于本文件。

农业部 1485 号公告—4—2010　转基因植物及其产品成分检测　DNA 提取和纯化

农业部 2031 号公告—9—2013　转基因植物及其产品成分检测　油菜内标准基因定性 PCR 方法

农业部 2031 号公告—19—2013　转基因植物及其产品成分检测　抽样

NY/T 672　转基因植物及其产品检测　通用要求

3 术语和定义

农业部 2031 号公告—9—2013 界定的以及下列术语和定义适用于本文件。

3.1

MS8 转化体特异性序列　event-specific sequence of MS8

MS8 的外源插入片段 5′端与油菜基因组的连接区序列，包括油菜基因组序列及转化载体 T-DNA 部分序列。

3.2

RF3 转化体特异性序列　event-specific sequence of RF3

RF3 的外源插入片段 5′端与油菜基因组的连接区序列，包括油菜基因组序列及转化载体 T-DNA 部分序列。

4 原理

根据耐除草剂油菜 MS8、RF3 转化体特异性序列设计特异性引物及探针，对试样进行 PCR 扩增。依据是否扩增获得预期的 DNA 片段或典型扩增曲线，判断样品中是否含有耐除草剂油菜 MS8、RF3 转化体成分。

5 试剂和材料

除非另有说明，仅使用分析纯试剂和重蒸馏水。

5.1　琼脂糖。

5.2　10 g/L 溴化乙锭(EB)溶液：称取 1.0 g 溴化乙锭，溶解于 100 mL 水中，避光保存。

警告——溴化乙锭有致癌作用，配制和使用时应戴一次性手套操作并妥善处理废弃物。

注：根据需要可选择其他效果相当的核酸染料代替溴化乙锭作为核酸电泳的染色剂。

5.3　10 mol/L 氢氧化钠(NaOH)溶液：在 160 mL 水中加入 80.0 g 氢氧化钠，溶解后，冷却至室温，再加水定容至 200 mL。

5.4 500 mmol/L 乙二胺四乙酸二钠(EDTA-Na_2)溶液(pH 8.0):称取 18.6 g 乙二胺四乙酸二钠,加入 70 mL 水中,缓慢滴加氢氧化钠溶液(见 5.3)直至 EDTA-Na_2完全溶解,用氢氧化钠溶液(见 5.3)调 pH 至 8.0,加水定容至 100 mL。在 103.4 kPa(121℃)条件下灭菌 20 min。

5.5 1 mol/L 三羟甲基氨基甲烷-盐酸(Tris- HCl)溶液(pH 8.0):称取 121.1 g 三羟甲基氨基甲烷溶解于 800 mL 水中,用盐酸调 pH 至 8.0,加水定容至 1 000 mL。在 103.4 kPa(121℃)条件下灭菌 20 min。

5.6 TE 缓冲液(pH 8.0):分别量取 10 mL 三羟甲基氨基甲烷-盐酸溶液(见 5.5)和 2 mL 乙二胺四乙酸二钠溶液(见 5.4),加水定容至 1 000 mL。在 103.4 kPa(121℃)条件下灭菌 20 min。

5.7 50×TAE 缓冲液:称取 242.2 g 三羟甲基氨基甲烷(Tris),先用 500 mL 水加热搅拌溶解后,加入 100 mL 乙二胺四乙酸二钠溶液(见 5.4),用冰乙酸调 pH 至 8.0,然后加水定容至 1 000 mL。使用时用水稀释成 1×TAE。

5.8 加样缓冲液:称取 250.0 mg 溴酚蓝,加入 10 mL 水,在室温下溶解 12 h;称取 250.0 mg 二甲基苯腈蓝,加 10 mL 水溶解;称取 50.0 g 蔗糖,加 30 mL 水溶解。混合以上 3 种溶液,加水定容至 100 mL,在 4℃下保存。

5.9 DNA 分子量标准:可以清楚地区分 100 bp~1 000 bp 的 DNA 片段。

5.10 dNTPs 混合溶液:将浓度为 10 mmol/L 的 dATP、dTTP、dGTP、dCTP 4 种脱氧核糖核苷酸溶液等体积混合。

5.11 *Taq* DNA 聚合酶、PCR 扩增缓冲液及 25 mmol/L 氯化镁($MgCl_2$)溶液。

5.12 油菜内标准基因 *CruA* 和 *HMGI/Y* 基因引物(见农业部 2031 号公告—9—2013)

5.12.1 普通 PCR 方法引物

5.12.1.1 *CruA* 基因引物:

CruAF398:5′-GGCCAGGGCTTCCGTGAT-3′;

CruAR547:5′-CTGGTGGCTGGCTAAATCGA-3′。

预期扩增片段大小为 151 bp。

5.12.1.2 *HMGI/Y* 基因引物:

hmg-F:5′-TCCTTCCGTTTCCTCGCC-3′;

hmg-R:5′-TTCCACGCCCTCTCCGCT-3′。

预期扩增片段大小为 206 bp。

5.12.2 实时荧光 PCR 方法引物/探针

5.12.2.1 *CruA* 基因引物:

qCruAF:5′-GGCCAGGGTTTCCGTGAT-3′;

qCruAR:5′-CCGTCGTTGTAGAACCATTGG-3′;

qCruAP:5′-AGTCCTTATGTGCTCCACTTTCTGGTGCA-3′。

预期扩增片段大小为 101 bp。

5.12.2.2 *HMGI/Y* 基因引物:

qhmg-F:5′-GGTCGTCCTCCTAAGGCGAAAG-3′;

qhmg-R:5′-CTTCTTCGGCGGTCGTCCAC-3′;

qhmg-P:5′-CGGAGCCACTCGGTGCCGCAACTT-3′。

预期扩增片段大小为 99 bp。

注:qCruAP 和 qhmg-P 分别为 *CruA* 和 *HMGI/Y* 基因的 *Taq*Man 探针,其 5′端标记荧光报告基团(如 FAM、HEX 等),3′端标记对应的荧光淬灭基团(如 TAMRA、BHQ1 等)。

5.13 MS8 转化体特异性序列引物/探针

MS8-F:5′-CCTTGAGGACGCTTTGATCATATT-3′;

MS8-R:5′-CCTTTTCTTATCGACCATGTACTC-3′;

MS8-P：5′-CCGAGTTCGACGGCCGAGTACTG-3′。

预期扩增片段大小为 124 bp(参见附录 A 中的 A.1)。

注：引物 MS8-F/MS8-R 同时用于 MS8 转化体的普通 PCR 和实时荧光 PCR 检测；MS8-P 为 MS8 转化体的 *Taq*Man 探针，其 5′端标记荧光报告基团(如 FAM、HEX 等)，3′端标记对应的荧光淬灭基团(如 TAMRA、BHQ1 等)。

5.14 **RF3 转化体特异性序列引物/探针**

RF3-F：5′-AGCATTTAGCATGTACCATCAGACA-3′；

RF3-R：5′-CATAAAGGAAGATGGAGACTTGAG-3′；

RF3-P：5′-CGCACGCTTATCGACCATAAGCCCA-3′。

预期扩增片段大小为 139 bp(参见 A.2)。

注：引物 RF3-F/RF3-R 同时用于 RF3 转化体的普通 PCR 和实时荧光 PCR 检测；RF3-P 为 RF3 转化体的 *Taq*Man 探针，其 5′端标记荧光报告基团(如 FAM、HEX 等)，3′端标记对应的荧光淬灭基团(如 TAMRA、BHQ1 等)。

5.15 引物溶液：用 TE 缓冲液(见 5.6)或水分别将上述引物或探针稀释到 10 μmol/L。

5.16 石蜡油。

5.17 DNA 提取试剂盒。

5.18 定性 PCR 试剂盒。

5.19 PCR 产物回收试剂盒。

5.20 实时荧光 PCR 试剂盒。

6 主要仪器和设备

6.1 分析天平：感量 0.1 g 和 0.1 mg。

6.2 PCR 扩增仪：升降温速度＞1.5℃/s，孔间温度差异＜1.0℃。

6.3 实时荧光 PCR 仪。

6.4 电泳槽、电泳仪等电泳装置。

6.5 凝胶成像系统或照相系统。

7 分析步骤

7.1 抽样

按 NY/T 672 和农业部 2031 号公告—19—2013 的规定执行。

7.2 试样制备

按 NY/T 672 和农业部 2031 号公告—19—2013 的规定执行。

7.3 试样预处理

按农业部 1485 号公告—4—2010 的规定执行。

7.4 DNA 模板制备

按农业部 1485 号公告—4—2010 的规定执行。

7.5 PCR 扩增

7.5.1 普通 PCR 方法

7.5.1.1 试样 PCR 扩增

7.5.1.1.1 油菜内标准基因 PCR 扩增

按农业部 2031 号公告—9—2013 中 7.5.1 的规定执行。

7.5.1.1.2 转化体特异性序列 PCR 扩增

7.5.1.1.2.1 每个试样 PCR 设置 3 个平行。

7.5.1.1.2.2 MS8 转化体和 RF3 转化体的普通 PCR 检测反应体系相同。在 PCR 管中按表 1 依次加入反应试剂，混匀，再加 25 μL 石蜡油(有热盖功能的 PCR 仪可不加)。也可采用经验证的、效果相当的定性

PCR 试剂盒配制反应体系。

表 1 普通 PCR 扩增体系

试剂	终浓度	体积
ddH_2O		—
10×PCR 缓冲液	1×	2.5 μL
25 mmol/L 氯化镁溶液	1.5 mmol/L	1.5 μL
dNTPs 混合溶液(各 2.5 mmol/L)	0.2 mmol/L	2.0 μL
10 μmol/L 正向引物	0.4 μmol/L	1.0 μL
10 μmol/L 反向引物	0.4 μmol/L	1.0 μL
Taq DNA 聚合酶	0.025 U/μL	—
25 mg/L DNA 模板	2.0 mg/L	2.0 μL
总体积		25.0 μL
“—”表示体积不确定,如果 PCR 缓冲液中含有氯化镁,则不加氯化镁溶液,根据 *Taq* DNA 聚合酶的浓度确定其体积,并相应调整 ddH_2O 的体积,使反应体系总体积达到 25.0 μL。 若采用定性 PCR 试剂盒,则按试剂盒说明书的推荐用量配制反应体系,但上下游引物用量按表 1 执行。		

7.5.1.1.2.3 将 PCR 管放在离心机上,500 *g*～3 000 *g* 离心 10 s,然后取出 PCR 管,放入 PCR 扩增仪中。

7.5.1.1.2.4 进行 PCR 扩增。反应程序为:95℃变性 5 min;95℃变性 30 s,58℃退火 45 s,72℃延伸 45 s,共进行 35 次循环;72℃延伸 7 min;10℃保存。

7.5.1.1.2.5 反应结束后取出 PCR 管,对 PCR 扩增产物进行电泳检测。

7.5.1.2 对照 PCR 扩增

在试样 PCR 扩增的同时,应设置 PCR 阳性对照、PCR 阴性对照和 PCR 空白对照。

以耐除草剂油菜 MS8、RF3 为阳性对照(耐除草剂油菜 MS8、RF3 的质量分数为 0.1%～1.0%的油菜基因组 DNA,或耐除草剂油菜 MS8、RF3 转化体特异性序列与油菜内标准基因相比的拷贝数分数为 0.1%～1.0%的 DNA 溶液);以非转基因油菜基因组 DNA 作为阴性对照;以水作为空白对照。

除模板外,对照 PCR 扩增与试样 PCR 扩增相同(见 7.5.1.1)。

7.5.1.3 PCR 产物电泳检测

按 20 g/L 的质量浓度称量琼脂糖,加入 1×TAE 缓冲液中,加热溶解,配制成琼脂糖溶液。每 100 mL琼脂糖溶液中加入 5 μL EB 溶液或适量的其他核酸染料,混匀,稍适冷却后,将其倒入电泳板上,插上梳板,室温下凝固成凝胶后,放入 1×TAE 缓冲液中,垂直向上轻轻拔去梳板。取 12 μL PCR 产物与 3 μL 加样缓冲液混合后加入凝胶点样孔,同时在其中一个点样孔中加入 DNA 分子量标准,接通电源在 2 V/cm～5 V/cm 条件下电泳检测。

7.5.1.4 凝胶成像分析

电泳结束后,取出琼脂糖凝胶,置于凝胶成像仪上成像。根据 DNA 分子量标准估计扩增条带的大小,将电泳结果形成电子文件存档或用照相系统拍照。如需通过序列分析确认 PCR 扩增片段是否为目的 DNA 片段,按照 7.5.1.5 和 7.5.1.6 的规定执行。

7.5.1.5 PCR 产物回收

按 PCR 产物回收试剂盒说明书,回收 PCR 扩增的 DNA 片段。

7.5.1.6 PCR 产物测序验证

将回收的 PCR 产物克隆测序,与耐除草剂油菜 MS8、RF3 转化体特异性序列(参见附录 A)进行比对,确定 PCR 扩增的 DNA 片段是否为目的 DNA 片段。

7.5.2 实时荧光 PCR 方法

7.5.2.1 试样 PCR 扩增

7.5.2.1.1 油菜内标准基因 PCR 扩增

按农业部 2031 号公告—9—2013 中 7.5.2 的规定执行。

7.5.2.1.2 **转化体特异性序列 PCR 扩增**

7.5.2.1.2.1 每个试样 PCR 设置 3 个平行。

7.5.2.1.2.2 MS8 转化体和 RF3 转化体的实时荧光 PCR 检测反应体系相同。在 PCR 管中按表 2 依次加入反应试剂，混匀。也可采用经验证的、效果相当的实时荧光 PCR 反应试剂盒配制反应体系。

表 2 实时荧光 PCR 扩增体系

试剂	终浓度	体积
ddH_2O		—
10×PCR 缓冲液	1×	2.0 μL
25 mmol/L 氯化镁溶液	2.5 mmol/L	2.0 μL
dNTPs 混合溶液(各 2.5 mmol/L)	0.25 mmol/L	2.0 μL
10 μmol/L 正向引物	0.4 μmol/L	0.8μL
10 μmol/L 反向引物	0.4 μmol/L	0.8 μL
10 μmol/L 探针	0.2 μmol/L	0.4 μL
Taq DNA 聚合酶	0.025 U/μL	—
25 mg/L DNA 模板	2.5 mg/L	2.0 μL
总体积		20.0 μL
"—"表示体积不确定。如果 PCR 缓冲液中含有氯化镁，则不加氯化镁溶液，根据 *Taq* DNA 聚合酶的浓度确定其体积，并相应调整 ddH_2O 的体积，使反应体系总体积达到 20.0 μL。 若采用实时荧光 PCR 试剂盒，则按试剂盒说明书的推荐用量配制反应体系，但上下游引物用量按表 2 执行。		

7.5.2.1.2.3 将 PCR 管放在离心机上，500 *g*～3 000 *g* 离心 10 s，然后取出 PCR 管，放入实时荧光 PCR 仪中。

7.5.2.1.2.4 进行实时荧光 PCR 扩增。反应程序为 95℃变性 5 min；95℃变性 15 s，60℃退火延伸60 s，共进行 40 个循环；在第二阶段的退火延伸(60℃)时段收集荧光信号。

注：可根据仪器要求将反应参数做适当调整。

7.5.2.2 **对照 PCR 扩增**

在试样 PCR 扩增的同时，应设置 PCR 阳性对照、PCR 阴性对照和 PCR 空白对照。

以耐除草剂油菜 MS8、RF3 为阳性对照（耐除草剂油菜 MS8、RF3 的质量分数为 0.1%～1.0%的油菜基因组 DNA，或耐除草剂油菜 MS8、RF3 转化体特异性序列与油菜内标准基因相比的拷贝数分数为 0.1%～1.0%的 DNA 溶液）；以非转基因油菜基因组 DNA 作为阴性对照；以水作为空白对照。

除模板外，对照 PCR 扩增与试样 PCR 扩增相同(见 7.5.2.1)。

8 结果分析与表述

8.1 普通 PCR 方法

8.1.1 对照检测结果分析

PCR 扩增中，阳性对照油菜内标准基因和耐除草剂油菜 MS8、RF3 转化体特异性序列均得到扩增，而阴性对照仅扩增出油菜内标准基因片段，空白对照没有扩增片段，表明 PCR 反应体系正常工作，方可按 8.1.2 进行判断。否则，重新检测。

8.1.2 样品检测结果分析和表述

8.1.2.1 试样油菜内标准基因片段得到扩增，结果分为以下 4 种情况：

a) 仅耐除草剂油菜 MS8 转化体特异性序列得到了扩增，表明样品中检测出耐除草剂油菜 MS8 转化体成分，表述为"样品中检测出耐除草剂油菜 MS8 转化体成分，检测结果为阳性"。

b) 仅耐除草剂油菜 RF3 转化体特异性序列得到了扩增，表明样品中检测出耐除草剂油菜 RF3 成分，表述为"样品中检测出耐除草剂油菜 RF3 转化体成分，检测结果为阳性"。

c) 耐除草剂油菜 MS8 和 RF3 转化体特异性序列均得到扩增，表明样品中检测出耐除草剂油菜 MS8 和 RF3 转化体成分，表述为"样品中检测出耐除草剂油菜 MS8 和 RF3 转化体成分，检测结果为阳性”。在单个油菜个体(如单株、单粒种子或单个叶片)中同时检测出耐除草剂油菜 MS8 和 RF3 成分,表明试样含杂交油菜 MS8×RF3 成分,表述为“试样中检测出耐除草剂杂交油菜 MS8×RF3 成分,检测结果为阳性”。

d) 耐除草剂油菜 MS8 和 RF3 转化体特异性序列均未得到扩增,表明样品中未检测出耐除草剂油菜 MS8 和 RF3 转化体成分,表述为“样品中未检测出耐除草剂油菜 MS8 和 RF3 转化体成分,检测结果为阴性”。

8.1.2.2 试样油菜内标准基因片段未得到扩增,表明样品中未检出油菜成分,结果表述为“样品中未检测出油菜基因组 DNA 成分,检测结果为阴性”。

8.2 实时荧光 PCR 方法

8.2.1 基线与阈值的设定

实时荧光 PCR 扩增结束后,以 PCR 扩增刚好进入指数期来设置荧光信号阈值,并根据仪器噪声情况进行调整。

8.2.2 对照检测结果分析

PCR 扩增中,阳性对照油菜内标准基因和耐除草剂油菜 MS8、RF3 转化体特异性序列均出现典型扩增曲线,且 *Ct* 值小于或等于 36;阴性对照仅油菜内标准基因出现典型扩增曲线,且 *Ct* 值小于或等于 36;空白对照无典型扩增曲线,荧光信号低于设定的阈值,表明 PCR 检测反应体系正常工作,方可对 8.2.3 进行判断。否则,重新检测。

8.2.3 样品检测结果分析和表述

8.2.3.1 试样油菜内标准基因片段出现典型扩增曲线,且 *Ct* 值小于或等于 36,结果分为以下 4 种情况:

a) 仅耐除草剂油菜 MS8 转化体特异性序列出现典型扩增曲线,且 *Ct* 值小于或等于 36,表明样品中检测出耐除草剂油菜 MS8 转化体成分,表述为“样品中检测出耐除草剂油菜 MS8 转化体成分,检测结果为阳性”。

b) 仅耐除草剂油菜 RF3 转化体特异性序列出现典型扩增曲线,且 *Ct* 值小于或等于 36,表明样品中检测出耐除草剂油菜 RF3 成分,表述为“样品中检测出耐除草剂油菜 RF3 成分,检测结果为阳性”。

c) 耐除草剂油菜 MS8 和 RF3 转化体特异性序列均出现典型扩增曲线且 *Ct* 值小于或等于 36,表明样品中检测出耐除草剂油菜 MS8 和 RF3 转化体成分,表述为“样品中检测出耐除草剂油菜 MS8 和 RF3 转化体成分,检测结果为阳性”。在单个油菜个体(如单株、单粒种子或单个叶片)中同时检测出耐除草剂油菜 MS8 和 RF3 成分,表明试样含杂交油菜 MS8×RF3 成分,表述为“试样中检测出耐除草剂杂交油菜 MS8×RF3 成分,检测结果为阳性”。

d) 耐除草剂油菜 MS8 和 RF3 转化体特异性序列均未出现典型扩增曲线或 *Ct* 值大于 36,表明样品中未检测出耐除草剂油菜 MS8 和 RF3 转化体成分,表述为“样品中未检测出耐除草剂油菜 MS8 和 RF3 转化体成分,检测结果为阴性”。

8.2.3.2 试样油菜内标准基因未出现典型扩增曲线,或 *Ct* 值大于 36,表明样品中未检出油菜成分,表述为“样品中未检测出油菜基因组 DNA 成分,检测结果为阴性”。

注:3 个平行的 PCR 扩增结果出现不一致的,应重做 PCR 扩增样品 2 次,最终以多数结果为准。

9 检出限

9.1 普通 PCR 方法的检出限为 0.1%(含靶序列样品 DNA/总样品 DNA)。

9.2 实时荧光 PCR 方法的检出限为 0.04%(含靶序列样品 DNA/总样品 DNA)。

注:本标准的检出限是在 PCR 检测反应体系中加入 50 ng DNA 模板进行测算的。

附 录 A
（资料性附录）
耐除草剂油菜 MS8、RF3 转化体扩增产物核苷酸序列

A.1 耐除草剂油菜 MS8 转化体扩增产物核苷酸序列

1 CCTTGAGGAC GCTTTGATCA TATTCTATTA ACTACAGTAC GAATATGATT CGACCTTTGC

61 AATTTTCTCT TCCAGTACTC GGCCGTCGAA CTCGGCCGTC GAGTACATGG TCGATAAGAA

121 AAGG

注 1:序列方向为 5′-3′。

注 2:MS8 普通 PCR 方法和实时荧光 PCR 方法用同一对引物，5′端下划线部分为 MS8-F 引物序列，3′端下划线部分为 MS8-R 引物的反向互补序列，方框内部分为实时荧光 PCR 方法 MS8-P 探针的反向互补序列。

注 3:1～102 为油菜基因组序列，103～124 为外源插入片段部分序列。

A.2 耐除草剂油菜 RF3 转化体扩增产物核苷酸序列

1 AGCATTTAGC ATGTACCATC AGACATGCGC ACGCTTATCG ACCATAAGCC CAACAAAGTT

61 ATTGATCAAA AAAAAAAAAC GCCCAACAAA GCTAAACAAA GTCCAAAAAA AACTTCTCAA

121 GTCTCCATCT TCCTTTATG

注 1:序列方向为 5′-3′。

注 2:RF3 普通 PCR 方法和实时荧光 PCR 方法用同一对引物，5′端下划线部分为 RF3-F 引物序列，3′端下划线部分为 RF3-R 引物的反向互补序列，方框内部分为实时荧光 PCR 方法 RF3-P 探针序列。

注 3:1～42 为外源插入片段部分序列，43～139 为油菜基因组序列。

ICS 65.020.01
B 04

中华人民共和国国家标准

农业农村部公告第323号—3—2020

转基因植物及其产品成分检测 耐除草剂玉米CC-2及其衍生品种 定性PCR方法

Detection of genetically modified plants and derived products—Qualitative PCR method for herbicide-tolerant maize CC-2 and its derivates

2020-08-04 发布　　2020-11-01 实施

中华人民共和国农业农村部 发布

前　　言

本标准按照 GB/T 1.1—2009 给出的规则起草。

请注意本文件的某些内容可能涉及专利。本文件的发布机构不承担识别这些专利的责任。

本标准由中华人民共和国农业农村部提出。

本标准由全国农业转基因生物安全管理标准化技术委员会归口。

本标准起草单位：农业农村部科技发展中心、吉林省农业科学院、农业农村部环境保护科研监测所、浙江省农业科学院、天津市农业科学院。

本标准主要起草人：李飞武、李文龙、李葱葱、梁晋刚、龙丽坤、董立明、闫伟、夏蔚、邢珍娟、刘娜、谢彦博、谭喜昌、修伟明、李亮、徐俊锋、王永。

转基因植物及其产品成分检测
耐除草剂玉米 CC-2 及其衍生品种定性 PCR 方法

1 范围

本标准规定了转基因耐除草剂玉米 CC-2 转化体特异性普通 PCR 和实时荧光 PCR 两种检测方法。

本标准适用于转基因耐除草剂玉米 CC-2 及其衍生品种，以及制品中 CC-2 转化体成分的定性 PCR 检测。

2 规范性引用文件

下列文件对于本文件的应用是必不可少的。凡是注日期的引用文件，仅注日期的版本适用于本文件。凡是不注日期的引用文件，其最新版本(包括所有的修改单)适用于本文件。

农业部 1485 号公告—4—2010　转基因植物及其产品成分检测　DNA 提取和纯化

农业部 1861 号公告—3—2012　转基因植物及其产品成分检测　玉米内标准基因定性 PCR 方法

农业部 2031 号公告—19—2013　转基因植物及其产品成分检测　抽样

NY/T 672　转基因植物及其产品检测　通用要求

3 术语和定义

农业部 1861 号公告—3—2012 界定的以及下列术语和定义适用于本文件。

3.1

CC-2 转化体特异性序列　event-specific sequence of CC-2

CC-2 的外源插入片段 5′端与玉米基因组的连接区序列，包括玉米基因组序列及转化载体 T-DNA 部分序列。

4 原理

根据耐除草剂玉米 CC-2 转化体特异性序列设计特异性引物及探针，对试样进行 PCR 扩增。依据是否扩增获得预期的 DNA 片段或典型扩增曲线，判断样品中是否含有耐除草剂玉米 CC-2 转化体成分。

5 试剂和材料

除非另有说明，仅使用分析纯试剂和重蒸馏水。

5.1　琼脂糖。

5.2　10 g/L 溴化乙锭(EB)溶液：称取 1.0 g 溴化乙锭，溶解于 100 mL 水中，避光保存。

警告——溴化乙锭有致癌作用，配制和使用时应戴一次性手套操作并妥善处理废弃物。

注：根据需要可选择其他效果相当的核酸染料代替溴化乙锭作为核酸电泳的染色剂。

5.3　10 mol/L 氢氧化钠(NaOH)溶液：在 160 mL 水中加入 80.0 g 氢氧化钠，溶解后，冷却至室温，再加水定容至 200 mL。

5.4　500 mmol/L 乙二胺四乙酸二钠($EDTA-Na_2$)溶液(pH 8.0)：称取 18.6 g 乙二胺四乙酸二钠，加入 70 mL 水中，缓慢滴加氢氧化钠溶液(见 5.3)直至 $EDTA-Na_2$完全溶解，用氢氧化钠溶液(见 5.3)调 pH 至 8.0，加水定容至 100 mL。在 103.4 kPa(121℃)条件下灭菌 20 min。

5.5　1 mol/L 三羟甲基氨基甲烷-盐酸(Tris-HCl)溶液(pH 8.0)：称取 121.1 g 三羟甲基氨基甲烷溶解于 800 mL 水中，用盐酸调 pH 至 8.0，加水定容至 1 000 mL。在 103.4 kPa(121℃)条件下灭菌 20 min。

5.6　TE 缓冲液(pH 8.0)：分别量取 10 mL 三羟甲基氨基甲烷-盐酸溶液(见 5.5)和 2 mL 乙二胺四乙酸

二钠溶液(见 5.4),加水定容至 1 000 mL。在 103.4 kPa(121℃)条件下灭菌 20 min。

5.7　50×TAE 缓冲液:称取 242.2 g 三羟甲基氨基甲烷(Tris),先用 500 mL 水加热搅拌溶解后,加入 100 mL 乙二胺四乙酸二钠溶液(见 5.4),用冰乙酸调 pH 至 8.0,然后加水定容至 1 000 mL。使用时用水稀释成 1×TAE。

5.8　加样缓冲液:称取 250.0 mg 溴酚蓝,加入 10 mL 水,在室温下溶解 12 h;称取 250.0 mg 二甲基苯腈蓝,加 10 mL 水溶解;称取 50.0 g 蔗糖,加 30 mL 水溶解。混合以上 3 种溶液,加水定容至 100 mL,在 4℃下保存。

5.9　DNA 分子量标准:可以清楚地区分 100 bp～1 000 bp 的 DNA 片段。

5.10　dNTPs 混合溶液:将浓度为 10 mmol/L 的 dATP、dTTP、dGTP、dCTP 4 种脱氧核糖核苷酸溶液等体积混合。

5.11　*Taq* DNA 聚合酶、PCR 扩增缓冲液及 25 mmol/L 氯化镁($MgCl_2$)溶液。

5.12　玉米内标准基因 *zSSIIb* 基因引物(见农业部 1861 号公告—3—2012)

5.12.1　普通 PCR 方法引物:

zSSIIb-1F:5′-CTCCCAATCCTTTGACATCTGC-3′;

zSSIIb-2R:5′-TCGATTTCTCTCTTGGTGACAGG-3′。

预期扩增目的片段大小为 151 bp。

5.12.2　实时荧光 PCR 方法引物/探针:

zSSIIb-3F:5′-CGGTGGATGCTAAGGCTGATG-3′;

zSSIIb-4R:5′-AAAGGGCCAGGTTCATTATCCTC-3′;

zSSIIb-P:5′-FAM-TAAGGAGCACTCGCCGCCGCATCTG-BHQ1-3′。

预期扩增目的片段大小为 88 bp。

5.13　CC-2 转化体特异性序列引物

5.13.1　普通 PCR 方法引物:

CC-2-F:5′-GTTTATGGTTCTCCCCGTGTA-3′;

CC-2-R:5′-TCGGGGGATCTGGATTTTAGT-3′。

预期扩增目的片段大小为 115 bp(参见附录 A)。

5.13.2　实时荧光 PCR 方法引物/探针:

CC-2-QF:5′-GTTTATGGTTCTCCCCGTGTA-3′;

CC-2-QR:5′-TCGGGGGATCTGGATTTTAGT-3′;

CC-2-QP:5′-CACCCTTGTGCAATGGGCCAGATCTA-3′。

预期扩增目的片段大小为 115 bp(参见附录 A)。

注:CC-2-QP 为 CC-2 转化体特异性序列的 *Taq*Man 探针,其 5′端标记荧光报告基团(如 FAM、HEX 等),3′端标记对应的淬灭基团(如 TAMRA、BHQ1 等)。

5.14　引物溶液:用 TE 缓冲液(见 5.6)或水分别将上述引物或探针稀释到 10 μmol/L。

5.15　石蜡油。

5.16　DNA 提取试剂盒。

5.17　定性 PCR 试剂盒。

5.18　PCR 产物回收试剂盒。

5.19　实时荧光 PCR 试剂盒。

6　主要仪器和设备

6.1　分析天平:感量 0.1 g 和 0.1 mg。

6.2　PCR 扩增仪:升降温速度>1.5℃/s,孔间温度差异<1.0℃。

6.3 实时荧光 PCR 仪。

6.4 电泳槽、电泳仪等电泳装置。

6.5 凝胶成像系统或照相系统。

7 分析步骤

7.1 抽样

按 NY/T 672 和农业部 2031 号公告—19—2013 的规定执行。

7.2 试样制备

按 NY/T 672 和农业部 2031 号公告—19—2013 的规定执行。

7.3 试样预处理

按农业部 1485 号公告—4—2010 的规定执行。

7.4 DNA 模板制备

按农业部 1485 号公告—4—2010 的规定执行。

7.5 PCR 扩增

7.5.1 普通 PCR 方法

7.5.1.1 试样 PCR 扩增

7.5.1.1.1 玉米内标准基因 PCR 扩增

按农业部 1861 号公告—3—2012 中 7.5.1 的规定执行。

7.5.1.1.2 转化体特异性序列 PCR 扩增

7.5.1.1.2.1 每个试样 PCR 扩增设置 3 个平行。

7.5.1.1.2.2 在 PCR 管中按表 1 依次加入反应试剂，混匀，再加 25 μL 石蜡油(有热盖功能的 PCR 仪可不加)。也可采用经验证的、效果相当的定性 PCR 试剂盒配制反应体系。

表 1 普通 PCR 扩增体系

试剂	终浓度	体积
ddH_2O		—
10×PCR 缓冲液	1×	2.5 μL
25 mmol/L 氯化镁溶液	1.5 mmol/L	1.5 μL
dNTPs 混合溶液(各 2.5 mmol/L)	0.2 mmol/L	2.0 μL
10 μmol/L CC-2-F	0.2 μmol/L	0.5 μL
10 μmol/L CC-2-R	0.2 μmol/L	0.5 μL
Taq DNA 聚合酶	0.025 U/μL	—
25 mg/L DNA 模板	2.0 mg/L	2.0 μL
总体积		25.0 μL
“—”表示体积不确定，如果 PCR 缓冲液中含有氯化镁，则不加氯化镁溶液，根据 *Taq* DNA 聚合酶的浓度确定其体积，并相应调整 ddH_2O 的体积，使反应体系总体积达到 25.0 μL。 若采用定性 PCR 试剂盒，则按试剂盒说明书的推荐用量配制反应体系，但上下游引物用量按表 1 执行。		

7.5.1.1.2.3 将 PCR 管放在离心机上，500 *g*～3 000 *g* 离心 10 s，然后取出 PCR 管，放入 PCR 仪中。

7.5.1.1.2.4 进行 PCR 扩增。反应程序为：94℃变性 5 min；94℃变性 30 s，58℃退火 30 s，72℃延伸 30 s，共进行 35 次循环；72℃延伸 5 min；10℃保存。

7.5.1.1.2.5 反应结束后取出 PCR 管，对 PCR 扩增产物进行电泳检测。

7.5.1.2 对照 PCR 扩增

在试样 PCR 扩增的同时，应设置 PCR 阳性对照、PCR 阴性对照和 PCR 空白对照。

以耐除草剂玉米 CC-2 为阳性对照(耐除草剂玉米 CC-2 的质量分数为 0.1%～1.0%的玉米基因组 DNA，或耐除草剂玉米 CC-2 转化体特异性序列与玉米内标准基因相比的拷贝数分数为 0.1%～1.0%的

DNA 溶液)；以非转基因玉米基因组 DNA 作为阴性对照；以水作为空白对照。

除模板外，对照 PCR 扩增与试样 PCR 扩增相同(见 7.5.1.1)。

7.5.1.3 **PCR 产物电泳检测**

按 20 g/L 的质量浓度称量琼脂糖，加入 1×TAE 缓冲液中，加热溶解，配制成琼脂糖溶液。每 100 mL琼脂糖溶液中加入 5 μL EB 溶液或适量的其他核酸染料，混匀，稍适冷却后，将其倒入电泳板上，插上梳板，室温下凝固成凝胶后，放入 1×TAE 缓冲液中，垂直向上轻轻拔去梳板。取 12 μL PCR 产物与 3 μL 加样缓冲液混合后加入凝胶点样孔，同时在其中一个点样孔中加入 DNA 分子量标准，接通电源在 2 V/cm～5 V/cm 条件下电泳检测。

7.5.1.4 **凝胶成像分析**

电泳结束后，取出琼脂糖凝胶，置于凝胶成像仪上成像。根据 DNA 分子量标准估计扩增条带的大小，将电泳结果形成电子文件存档或用照相系统拍照。如需通过序列分析确认 PCR 扩增片段是否为目的 DNA 片段，按照 7.5.1.5 和 7.5.1.6 的规定执行。

7.5.1.5 **PCR 产物回收**

按 PCR 产物回收试剂盒说明书，回收 PCR 扩增的 DNA 片段。

7.5.1.6 **PCR 产物测序验证**

将回收的 PCR 产物克隆测序，与耐除草剂玉米 CC-2 转化体特异性序列(参见附录 A)进行比对，确定 PCR 扩增的 DNA 片段是否为目的 DNA 片段。

7.5.2 **实时荧光 PCR 方法**

7.5.2.1 **试样 PCR 扩增**

7.5.2.1.1 **玉米内标准基因 PCR 扩增**

按农业部 1861 号公告—3—2012 中 7.5.2 的规定执行。

7.5.2.1.2 **转化体特异性序列 PCR 扩增**

7.5.2.1.2.1 每个试样 PCR 扩增设置 3 个平行。

7.5.2.1.2.2 在 PCR 管中按表 2 依次加入反应试剂，混匀。也可采用经验证的、效果相当的实时荧光 PCR 试剂盒配制反应体系。

表 2 实时荧光 PCR 扩增体系

试剂	终浓度	体积
ddH_2O		—
10×PCR 缓冲液	1×	2.0 μL
25 mmol/L 氯化镁溶液	2.5 mmol/L	2.0 μL
dNTPs 混合溶液(各 2.5 mmol/L)	0.2 mmol/L	1.6 μL
10 μmol/L CC-2-QF	1.0 μmol/L	2.0 μL
10 μmol/L CC-2-QR	1.0 μmol/L	2.0 μL
10 μmol/L CC-2-QP	0.5 μmol/L	1.0 μL
Taq DNA 聚合酶	0.04 U/μL	—
25 mg/L DNA 模板	5.0 mg/L	4.0 μL
总体积		20.0 μL
"—"表示体积不确定。如果 PCR 缓冲液中含有氯化镁，则不加氯化镁溶液，根据 *Taq* 酶的浓度确定其体积，并相应调整 ddH_2O 的体积，使反应体系总体积达到 20.0 μL。 若采用实时荧光 PCR 试剂盒，则按试剂盒说明书的推荐用量配制反应体系，但上下游引物用量按表 2 执行。		

7.5.2.1.2.3 将 PCR 管放在离心机上，500 *g*～3 000 *g* 离心 10 s，然后取出 PCR 管，放入实时荧光 PCR 仪中。

7.5.2.1.2.4 运行实时荧光 PCR 扩增。反应程序为 95℃变性 5 min；95℃变性 15 s，60℃退火延伸60 s，共进行 40 个循环；在第二阶段的退火延伸(60℃)时段收集荧光信号。

注：不同仪器可根据仪器要求将反应参数做适当调整。

7.5.2.2 **对照 PCR 扩增**

在试样 PCR 扩增的同时,应设置 PCR 阳性对照、PCR 阴性对照和 PCR 空白对照。

以耐除草剂玉米 CC-2 为阳性对照(耐除草剂玉米 CC-2 质量分数为 0.1%~1.0%的玉米基因组 DNA,或耐除草剂玉米 CC-2 转化体特异性序列与玉米内标准基因相比的拷贝数分数为 0.1%~1.0%的 DNA 溶液);以非转基因玉米基因组 DNA 作为阴性对照;以水作为空白对照。

除 DNA 模板外,对照 PCR 扩增的反应体系和程序与试样 PCR 扩增相同(见 7.5.2.1)。

8 结果分析与表述

8.1 普通 PCR 方法

8.1.1 对照检测结果分析

阳性对照 PCR 扩增中,玉米内标准基因和耐除草剂玉米 CC-2 转化体特异性序列均得到扩增,而阴性对照仅扩增出玉米内标准基因片段,空白对照没有扩增片段,表明 PCR 检测反应体系正常工作,方可按 8.1.2 进行判断。否则,重新检测。

8.1.2 样品检测结果分析和表述

8.1.2.1 试样玉米内标准基因和耐除草剂玉米 CC-2 转化体特异性序列均得到扩增,表明样品中检测出耐除草剂玉米 CC-2 转化体成分,表述为"样品中检测出耐除草剂玉米 CC-2 转化体成分,检测结果为阳性"。

8.1.2.2 试样玉米内标准基因片段得到扩增,而耐除草剂玉米 CC-2 转化体特异性序列未得到扩增,表明样品中未检测出耐除草剂玉米 CC-2 转化体成分,表述为"样品中未检测出耐除草剂玉米 CC-2 转化体成分,检测结果为阴性"。

8.1.2.3 试样玉米内标准基因片段未得到扩增,表明样品中未检出玉米成分,结果表述为"样品中未检测出玉米基因组 DNA 成分,检测结果为阴性"。

8.2 实时荧光 PCR 方法

8.2.1 基线与阈值的设定

实时荧光 PCR 反应结束后,以 PCR 扩增刚好进入指数期来设置荧光信号阈值,并根据仪器噪声情况进行调整。

8.2.2 对照检测结果分析

阳性对照 PCR 扩增中,玉米内标准基因和耐除草剂玉米 CC-2 转化体特异性序列均出现典型扩增曲线且 *Ct* 值小于或等于 36;阴性对照仅玉米内标准基因出现典型扩增曲线且 *Ct* 值小于或等于 36;空白对照无典型扩增曲线,荧光信号低于设定的阈值,表明 PCR 检测反应体系正常工作,方可按 8.2.3 进行判断。否则,重新检测。

8.2.3 样品检测结果分析和表述

8.2.3.1 试样玉米内标准基因和耐除草剂玉米 CC-2 转化体特异性序列均出现典型扩增曲线且 *Ct* 值小于或等于 36,表明样品中检测出耐除草剂玉米 CC-2 转化体成分,结果表述为"样品中检测出耐除草剂玉米 CC-2 转化体成分,检测结果为阳性"。

8.2.3.2 试样玉米内标准基因出现典型扩增曲线且 *Ct* 值小于或等于 36,但耐除草剂玉米 CC-2 转化体特异性序列无典型扩增曲线或 *Ct* 值大于 36,表明样品中未检测出耐除草剂玉米 CC-2 转化体成分,结果表述为"样品中未检测出耐除草剂玉米 CC-2 转化体成分,检测结果为阴性"。

8.2.3.3 试样玉米内标准基因未出现典型扩增曲线或 *Ct* 值大于 36,表明样品中未检出玉米成分,表述为"样品中未检测出玉米基因组 DNA 成分,检测结果为阴性"。

注:3 个 PCR 平行扩增结果出现不一致的,应重做 PCR 扩增样品 2 次,最终以多数结果为准。

9 检出限

9.1 普通 PCR 方法的检出限为 0.1%(含靶序列样品 DNA/总样品 DNA)。

注:本标准的检出限是在 PCR 检测反应体系中加入 50 ng DNA 模板进行测算的。

9.2　实时荧光 PCR 方法的检出限为 0.025%(含靶序列样品 DNA/总样品 DNA)。

注:本标准的检出限是在 PCR 检测反应体系中加入 100 ng DNA 模板进行测算的。

附　录　A
（资料性附录）
耐除草剂玉米 CC-2 转化体特异性序列

耐除草剂玉米 CC-2 转化体特异性序列：

1　GTTTATGGTT　CTCCCCGTGT　AATTACTCTC　TCACCCTTGT　GCAATGGGCC

51　AGATCTAGTT　AACACAAGTC　TATTAATACA　AACCAAAATC　CAGTACTAAA

101　ATCCAGATCC　CCCGA

注 1：序列方向为 5′-3′。

注 2：5′端下划线部分为普通 PCR 方法 CC-2-F 和实时荧光 PCR 方法 CC-2-QF 引物序列，3′端下划线部分为普通 PCR 方法 CC-2-R 和实时荧光 PCR 方法 CC-2-QR 引物的反向互补序列，中间双划线部分为实时荧光 PCR 方法 CC-2-QP 探针序列。

注 3：1～79 为玉米基因组序列，80～115 为外源插入片段部分序列。

ICS 65.020.01
B 04

中华人民共和国国家标准

农业农村部公告第323号—4—2020

转基因植物及其产品成分检测 耐除草剂棉花MON88701及其衍生品种 定性PCR方法

Detection of genetically modified plants and derived products—Qualitative PCR method for herbicide-tolerant cotton MON88701 and its derivates

2020-08-04 发布　　2020-11-01 实施

中华人民共和国农业农村部 发布

前　　言

本标准按照 GB/T 1.1—2009 给出的规则起草。

请注意本文件的某些内容可能涉及专利。本文件的发布机构不承担识别这些专利的责任。

本标准由中华人民共和国农业农村部提出。

本标准由全国农业转基因生物安全管理标准化技术委员会归口。

本标准起草单位:农业农村部科技发展中心。

本标准主要起草人:张秀杰、梁晋刚、刘鹏程、李夏莹、李文龙、张旭冬、章秋艳、杨洋、杨云舒、鲍芮雪。

转基因植物及其产品成分检测 耐除草剂棉花 MON88701 及其衍生品种定性 PCR 方法

1 范围

本标准规定了转基因耐除草剂棉花 MON88701 转化体特异性定性 PCR 检测方法。

本标准适用于转基因耐除草剂棉花 MON88701 及其衍生品种，以及制品中 MON88701 转化体成分的定性 PCR 检测。

2 规范性引用文件

下列文件对于本文件的应用是必不可少的。凡是注日期的引用文件，仅注日期的版本适用于本文件。凡是不注日期的引用文件，其最新版本(包括所有的修改单)适用于本文件。

农业部 1485 号公告—4—2010 转基因植物及其产品成分检测 DNA 提取和纯化

农业部 1943 号公告—1—2013 转基因植物及其产品成分检测 棉花内标准基因定性 PCR 方法

农业部 2031 号公告—19—2013 转基因植物及其产品成分检测 抽样

NY/T 672 转基因植物及其产品检测 通用要求

3 术语和定义

农业部 1943 号公告—1—2013 界定的以及下列术语和定义适用于本文件。

3.1

MON88701 转化体特异性序列 event-specific sequence of MON88701

MON88701 的外源插入片段 3′端与棉花基因组的连接区序列，包括转化载体 T-DNA 部分序列及棉花基因组序列。

4 原理

根据耐除草剂棉花 MON88701 转化体特异性序列设计特异性引物，对试样进行 PCR 扩增。依据是否扩增获得预期的特异性 DNA 片段，判断样品中是否含有耐除草剂棉花 MON88701 转化体成分。

5 试剂和材料

除非另有说明，仅使用分析纯试剂和重蒸馏水。

5.1 琼脂糖。

5.2 10 g/L 溴化乙锭(EB)溶液：称取 1.0 g 溴化乙锭，溶解于 100 mL 水中，避光保存。

警告——溴化乙锭有致癌作用，配制和使用时应戴一次性手套操作并妥善处理废弃物。

注：根据需要可选择其他效果相当的核酸染料代替溴化乙锭作为核酸电泳的染色剂。

5.3 10 mol/L 氢氧化钠(NaOH)溶液：在 160 mL 水中加入 80.0 g 氢氧化钠，溶解后，冷却至室温，再加水定容至 200 mL。

5.4 500 mmol/L 乙二胺四乙酸二钠($EDTA-Na_2$)溶液(pH 8.0)：称取 18.6 g 乙二胺四乙酸二钠，加入 70 mL 水中，缓慢滴加氢氧化钠溶液(见 5.3)直至 $EDTA-Na_2$完全溶解，用氢氧化钠溶液(见 5.3)调 pH 至 8.0，加水定容至 100 mL。在 103.4 kPa(121℃)条件下灭菌 20 min。

5.5 1 mol/L 三羟甲基氨基甲烷-盐酸(Tris-HCl)溶液(pH 8.0)：称取 121.1 g 三羟甲基氨基甲烷溶解于 800 mL 水中，用盐酸调 pH 至 8.0，加水定容至 1 000 mL。在 103.4 kPa(121℃)条件下灭菌 20 min。

5.6 TE 缓冲液(pH 8.0)：分别量取 10 mL 三羟甲基氨基甲烷-盐酸溶液(见 5.5)和 2 mL 乙二胺四乙酸

二钠溶液(见 5.4),加水定容至 1 000 mL。在 103.4 kPa(121℃)条件下灭菌 20 min。

5.7 50×TAE 缓冲液:称取 242.2 g 三羟甲基氨基甲烷(Tris),先用 500 mL 水加热搅拌溶解后,加入 100 mL 乙二胺四乙酸二钠溶液(见 5.4),用冰乙酸调 pH 至 8.0,然后加水定容至 1 000 mL。使用时用水稀释成 1×TAE。

5.8 加样缓冲液:称取 250.0 mg 溴酚蓝,加入 10 mL 水,在室温下溶解 12 h;称取 250.0 mg 二甲基苯腈蓝,加 10 mL 水溶解;称取 50.0 g 蔗糖,加 30 mL 水溶解。混合以上 3 种溶液,加水定容至 100 mL,在 4℃下保存。

5.9 DNA 分子量标准:可以清楚地区分 100 bp～1 000 bp 的 DNA 片段。

5.10 dNTPs 混合溶液:将浓度为 10 mmol/L 的 dATP、dTTP、dGTP、dCTP 4 种脱氧核糖核苷酸溶液等体积混合。

5.11 *Taq* DNA 聚合酶、PCR 扩增缓冲液及 25 mmol/L 氯化镁($MgCl_2$)溶液。

5.12 棉花内标准基因 Sad1 基因引物(见农业部 1943 号公告—1—2013)

Sad1-F:5′-TGGCCTCTAATCATTGTTATGATG-3′;

Sad1-R:5′-TTGAGGTGAGTCAGAATGTTGTTC-3′。

预期扩增目标片段大小为 282 bp。

5.13 MON88701 转化体特异性序列引物

MON88701-F:5′-CATACTCATTGCTGATCCATGTAGA-3′;

MON88701-R:5′-GCGAAAGTGTACTTGAATCTATCGA-3′。

预期扩增目标片段大小为 247 bp(参见附录 A)。

5.14 引物溶液:用 TE 缓冲液(见 5.6)或水分别将上述引物稀释到 10 μmol/L。

5.15 石蜡油。

5.16 DNA 提取试剂盒。

5.17 定性 PCR 试剂盒。

5.18 PCR 产物回收试剂盒。

6 主要仪器和设备

6.1 分析天平:感量 0.1 g 和 0.1 mg。

6.2 PCR 扩增仪:升降温速度>1.5℃/s,孔间温度差异<1.0℃。

6.3 电泳槽、电泳仪等电泳装置。

6.4 凝胶成像系统或照相系统。

7 分析步骤

7.1 抽样

按 NY/T 672 和农业部 2031 号公告—19—2013 的规定执行。

7.2 试样制备

按 NY/T 672 和农业部 2031 号公告—19—2013 的规定执行。

7.3 试样预处理

按农业部 1485 号公告—4—2010 的规定执行。

7.4 DNA 模板制备

按农业部 1485 号公告—4—2010 的规定执行。

7.5 PCR 扩增

7.5.1 试样 PCR 扩增

7.5.1.1 棉花内标准基因 PCR 扩增

按农业部 1943 号公告—1—2013 中 7.5.1.1.1 的规定执行。

7.5.1.2 **转化体特异性序列 PCR 扩增**

7.5.1.2.1 每个试样 PCR 扩增设置 3 个平行。

7.5.1.2.2 在 PCR 管中按表 1 依次加入反应试剂，混匀，再加 25 μL 石蜡油（有热盖功能的 PCR 仪可不加）。也可采用经验证的、效果相当的定性 PCR 试剂盒配制反应体系。

表 1 定性 PCR 扩增体系

试剂	终浓度	体积
ddH_2O		—
10×PCR 缓冲液	1×	2.5 μL
25 mmol/L 氯化镁溶液	1.5 mmol/L	1.5 μL
dNTPs 混合溶液（各 2.5 mmol/L）	0.2 mmol/L	2.0 μL
10 μmol/L MON88701-F	0.4 μmol/L	1.0 μL
10 μmol/L MON88701-R	0.4 μmol/L	1.0 μL
Taq DNA 聚合酶	0.025 U/μL	—
25 mg/L DNA 模板	2.0 mg/L	2.0 μL
总体积		25.0 μL

“—”表示体积不确定，如果 PCR 缓冲液中含有氯化镁，则不加氯化镁溶液，根据 *Taq* 酶的浓度确定其体积，并相应调整 ddH_2O 的体积，使反应体系总体积达到 25.0 μL。

若采用定性 PCR 试剂盒，则按试剂盒说明书的推荐用量配制反应体系，但上下游引物用量按表 1 执行。

7.5.1.2.3 将 PCR 管放在离心机上，500 *g*～3 000 *g* 离心 10 s，然后取出 PCR 管，放入 PCR 仪中。

7.5.1.2.4 进行 PCR 扩增。反应程序为：94℃变性 5 min；94℃变性 30 s，56℃退火 30 s，72℃延伸 30 s，共进行 35 次循环；72℃延伸 5 min；10℃保存。

7.5.1.2.5 反应结束后取出 PCR 管，对 PCR 扩增产物进行电泳检测。

7.5.2 **对照 PCR 扩增**

在试样 PCR 扩增的同时，应设置 PCR 阳性对照、PCR 阴性对照和 PCR 空白对照。

以耐除草剂棉花 MON88701 为阳性对照（耐除草剂棉花 MON88701 的质量分数为 0.1%～1.0%的棉花基因组 DNA，或耐除草剂棉花 MON88701 转化体特异性序列与棉花基因组内标准基因相比的拷贝数分数为 0.1%～1.0%的 DNA 溶液）；以非转基因棉花基因组 DNA 作为阴性对照；以水作为空白对照。

除模板外，对照 PCR 扩增与试样 PCR 扩增相同（见 7.5.1）。

7.6 PCR 产物电泳检测

按 20 g/L 的质量浓度称量琼脂糖，加入 1×TAE 缓冲液中，加热溶解，配制成琼脂糖溶液。每 100 mL琼脂糖溶液中加入 5 μL EB 溶液或适量的其他核酸染料，混匀，稍适冷却后，将其倒入电泳板上，插上梳板，室温下凝固成凝胶后，放入 1×TAE 缓冲液中，垂直向上轻轻拔去梳板。取 12 μL PCR 产物与 3 μL 加样缓冲液混合后加入凝胶点样孔，同时在其中一个点样孔中加入 DNA 分子量标准，接通电源在 2 V/cm～5 V/cm 条件下电泳检测。

7.7 凝胶成像分析

电泳结束后，取出琼脂糖凝胶，置于凝胶成像仪上成像。根据 DNA 分子量标准估计扩增条带的大小，将电泳结果形成电子文件存档或用照相系统拍照。如需通过序列分析确认 PCR 扩增片段是否为目的 DNA 片段，按照 7.8 和 7.9 的规定执行。

7.8 PCR 产物回收

按 PCR 产物回收试剂盒说明书，回收 PCR 扩增的 DNA 片段。

7.9 PCR 产物测序验证

将回收的 PCR 产物克隆测序，与耐除草剂棉花 MON88701 转化体特异性序列（参见附录 A）进行比对，确定 PCR 扩增的 DNA 片段是否为目的 DNA 片段。

8 结果分析与表述

8.1 对照检测结果分析

阳性对照 PCR 扩增中，棉花内标准基因和耐除草剂棉花 MON88701 转化体特异性序列均得到扩增，而阴性对照仅扩增出棉花内标准基因片段，空白对照没有扩增片段，表明 PCR 检测反应体系正常工作，方可按 8.2 进行判断。否则，重新检测。

8.2 样品检测结果分析和表述

8.2.1 试样中棉花内标准基因和耐除草剂棉花 MON88701 转化体特异性序列均得到扩增，表明样品中检测出耐除草剂棉花 MON88701 转化体成分，表述为"样品中检测出耐除草剂棉花 MON88701 转化体成分，检测结果为阳性"。

8.2.2 试样中棉花内标准基因片段得到扩增，而耐除草剂棉花 MON88701 转化体特异性序列未得到扩增，表明样品中未检测出耐除草剂棉花 MON88701 转化体成分，表述为"样品中未检测出耐除草剂棉花 MON88701 转化体成分，检测结果为阴性"。

8.2.3 试样中棉花内标准基因片段未得到扩增，表明样品中未检测出棉花成分，表述为"样品中未检测出棉花基因组 DNA 成分，检测结果为阴性"。

注：3 个平行的 PCR 扩增结果出现不一致的，应重做 PCR 扩增样品 2 次，最终以多数结果为准。

9 检出限

本标准方法的检出限为 0.1%（含靶序列样品 DNA/总样品 DNA）。

注：本标准的检出限是在 PCR 检测反应体系中加入 50 ng DNA 模板进行测算的。

附 录 A
(资料性附录)
耐除草剂棉花 MON88701 转化体特异性序列

耐除草剂棉花 MON88701 转化体特异性序列：

1 CATACTCATT GCTGATCCAT GTAGATTTCC CGGACATGAA GCCTTAATTC
51 AATATTGGCT CTAGAACATA ACTTGTTTAA CACTAAATAT AAGTTTATGC
101 CATTGACATA TGTATAATGC ATAACTTTCT ATCTTCACTT GAAAAGAGAG
151 ATTTACTTTC TTCAAAATGT TTGTGTATTA ATTTAGAAGA TTTAAACCAC
201 GAGACTTGAA GATTTTAAGA TATCGATAGA TTCAAGTACA CTTTCGC

注 1：序列方向为 5′-3′。

注 2：5′端下划线部分为 MON88701-F 引物序列，3′端下划线部分为 MON88701-R 引物的反向互补序列。

注 3：1～43 为外源插入片段部分序列，44～247 为棉花基因组序列。

ICS 65.020.01
B 04

中华人民共和国国家标准

农业农村部公告第323号—5—2020

转基因植物及其产品成分检测 抗虫大豆MON87751及其衍生品种 定性PCR方法

Detection of genetically modified plants and derived products—Qualitative PCR method for insect-resistant soybean MON87751 and its derivates

2020-08-04 发布 2020-11-01 实施

中华人民共和国农业农村部 发布

前　言

本标准按照 GB/T 1.1—2009 给出的规则起草。

请注意本文件的某些内容可能涉及专利。本文件的发布机构不承担识别这些专利的责任。

本标准由中华人民共和国农业农村部提出。

本标准由全国农业转基因生物安全管理标准化技术委员会归口。

本标准起草单位:农业农村部科技发展中心。

本标准主要起草人:张秀杰、李夏莹、刘鹏程、梁晋刚、李文龙、王颢潜、张旭冬、章秋艳、杨云舒、杨洋、鲍芮雪。

转基因植物及其产品成分检测
抗虫大豆 MON87751 及其衍生品种定性 PCR 方法

1 范围

本标准规定了转基因抗虫大豆 MON87751 转化体特异性定性 PCR 检测方法。

本标准适用于转基因抗虫大豆 MON87751 及其衍生品种，以及制品中 MON87751 转化体成分的定性 PCR 检测。

2 规范性引用文件

下列文件对于本文件的应用是必不可少的。凡是注日期的引用文件，仅注日期的版本适用于本文件。凡是不注日期的引用文件，其最新版本(包括所有的修改单)适用于本文件。

农业部 1485 号公告—4—2010 转基因植物及其产品成分检测 DNA 提取和纯化

农业部 2031 号公告—8—2013 转基因植物及其产品成分检测 大豆内标准基因定性 PCR 方法

农业部 2031 号公告—19—2013 转基因植物及其产品成分检测 抽样

NY/T 672 转基因植物及其产品检测 通用要求

3 术语和定义

农业部 2031 号公告—8—2013 界定的以及下列术语和定义适用于本文件。

3.1

MON87751 转化体特异性序列 event-specific sequence of MON87751

MON87751 的外源插入片段 5′端与大豆基因组的连接区序列，包括大豆基因组序列及转化载体 T-DNA 部分序列。

4 原理

根据抗虫大豆 MON87751 转化体特异性序列设计特异性引物，对试样进行 PCR 扩增。依据是否扩增获得预期的特异性 DNA 片段，判断样品中是否含有抗虫大豆 MON87751 转化体成分。

5 试剂和材料

除非另有说明，仅使用分析纯试剂和重蒸馏水。

5.1 琼脂糖。

5.2 10 g/L 溴化乙锭(EB)溶液：称取 1.0 g 溴化乙锭，溶解于 100 mL 水中，避光保存。

警告——溴化乙锭有致癌作用，配制和使用时应戴一次性手套操作并妥善处理废弃物。

注：根据需要可选择其他效果相当的核酸染料代替溴化乙锭作为核酸电泳的染色剂。

5.3 10 mol/L 氢氧化钠(NaOH)溶液：在 160 mL 水中加入 80.0 g 氢氧化钠，溶解后，冷却至室温，再加水定容至 200 mL。

5.4 500 mmol/L 乙二胺四乙酸二钠(EDTA-Na_2)溶液(pH 8.0)：称取 18.6 g 乙二胺四乙酸二钠，加入 70 mL 水中，缓慢滴加氢氧化钠溶液(见 5.3)直至 EDTA-Na_2完全溶解，用氢氧化钠溶液(见 5.3)调 pH 至 8.0，加水定容至 100 mL。在 103.4 kPa(121℃)条件下灭菌 20 min。

5.5 1 mol/L 三羟甲基氨基甲烷-盐酸(Tris-HCl)溶液(pH 8.0)：称取 121.1 g 三羟甲基氨基甲烷溶解于 800 mL 水中，用盐酸调 pH 至 8.0，加水定容至 1 000 mL。在 103.4 kPa(121℃)条件下灭菌 20 min。

5.6 TE 缓冲液(pH 8.0)：分别量取 10 mL 三羟甲基氨基甲烷-盐酸溶液(见 5.5)和 2 mL 乙二胺四乙酸

二钠溶液(见 5.4),加水定容至 1 000 mL。在 103.4 kPa(121℃)条件下灭菌 20 min。

5.7　50×TAE 缓冲液:称取 242.2 g 三羟甲基氨基甲烷(Tris),先用 500 mL 水加热搅拌溶解后,加入 100 mL 乙二胺四乙酸二钠溶液(见 5.4),用冰乙酸调 pH 至 8.0,然后加水定容至 1 000 mL。使用时用水稀释成 1×TAE。

5.8　加样缓冲液:称取 250.0 mg 溴酚蓝,加入 10 mL 水,在室温下溶解 12 h;称取 250.0 mg 二甲基苯腈蓝,加 10 mL 水溶解;称取 50.0 g 蔗糖,加 30 mL 水溶解。混合以上 3 种溶液,加水定容至 100 mL,在 4℃下保存。

5.9　DNA 分子量标准:可以清楚地区分 100 bp～1 000 bp 的 DNA 片段。

5.10　dNTPs 混合溶液:将浓度为 10 mmol/L 的 dATP、dTTP、dGTP、dCTP 4 种脱氧核糖核苷酸溶液等体积混合。

5.11　*Taq* DNA 聚合酶、PCR 扩增缓冲液及 25 mmol/L 氯化镁($MgCl_2$)溶液。

5.12　大豆内标准基因 *Lectin* 基因引物(见农业部 2031 号公告—8—2013)

lec-1672F:5′-GGGTGAGGATAGGGTTCTCTG-3′;

lec-1881R:5′-GCGATCGAGTAGTGAGAGTCG-3′。

预期扩增目标片段大小为 210 bp。

5.13　MON87751 转化体特异性序列引物

MON87751-F:5′-TAGAGGAATAGTTAGCGAATGTGAC-3′;

MON87751-R:5′-GACAGACCTCAATTGCGAGC-3′。

预期扩增目标片段大小为 268 bp(参见附录 A)。

5.14　引物溶液:用 TE 缓冲液(见 5.6)或水分别将上述引物稀释到 10 μmol/L。

5.15　石蜡油。

5.16　DNA 提取试剂盒。

5.17　定性 PCR 试剂盒。

5.18　PCR 产物回收试剂盒。

6　主要仪器和设备

6.1　分析天平:感量 0.1 g 和 0.1 mg。

6.2　PCR 扩增仪:升降温速度>1.5℃/s,孔间温度差异<1.0℃。

6.3　电泳槽、电泳仪等电泳装置。

6.4　凝胶成像系统或照相系统。

7　分析步骤

7.1　抽样

按 NY/T 672 和农业部 2031 号公告—19—2013 的规定执行。

7.2　试样制备

按 NY/T 672 和农业部 2031 号公告—19—2013 的规定执行。

7.3　试样预处理

按农业部 1485 号公告—4—2010 的规定执行。

7.4　DNA 模板制备

按农业部 1485 号公告—4—2010 的规定执行。

7.5　PCR 扩增

7.5.1　试样 PCR 扩增

7.5.1.1　大豆内标准基因 PCR 扩增

按农业部 2031 号公告—8—2013 中 7.5.1 的规定执行。

7.5.1.2 **转化体特异性序列 PCR 扩增**

7.5.1.2.1 每个试样 PCR 扩增设置 3 个平行。

7.5.1.2.2 在 PCR 管中按表 1 依次加入反应试剂，混匀，再加 25 μL 石蜡油(有热盖功能的 PCR 仪可不加)。也可采用经验证的、效果相当的定性 PCR 试剂盒配制反应体系。

表 1 定性 PCR 扩增体系

试剂	终浓度	体积
ddH_2O		—
10×PCR 缓冲液	1×	2.5 μL
25 mmol/L 氯化镁溶液	1.5 mmol/L	1.5 μL
dNTPs 混合溶液(各 2.5 mmol/L)	0.2 mmol/L	2.0 μL
10 μmol/L MON87751-F	0.4 μmol/L	1.0 μL
10 μmol/L MON87751-R	0.4 μmol/L	1.0 μL
Taq DNA 聚合酶	0.025 U/μL	—
25 mg/L DNA 模板	2.0 mg/L	2.0 μL
总体积		25.0 μL
“—”表示体积不确定，如果 PCR 缓冲液中含有氯化镁，则不加氯化镁溶液，根据 *Taq* 酶的浓度确定其体积，并相应调整 ddH_2O 的体积，使反应体系总体积达到 25.0 μL。 若采用定性 PCR 试剂盒，则按试剂盒说明书的推荐用量配制反应体系，但上下游引物用量按表 1 执行。		

7.5.1.2.3 将 PCR 管放在离心机上，500 *g*～3 000 *g* 离心 10 s，然后取出 PCR 管，放入 PCR 仪中。

7.5.1.2.4 进行 PCR 扩增。反应程序为：94℃变性 5 min；94℃变性 30 s，58℃退火 30 s，72℃延伸 30 s，共进行 35 次循环；72℃延伸 5 min；10℃保存。

7.5.1.2.5 反应结束后取出 PCR 管，对 PCR 扩增产物进行电泳检测。

7.5.2 对照 PCR 扩增

在试样 PCR 扩增的同时，应设置 PCR 阳性对照、PCR 阴性对照和 PCR 空白对照。

以抗虫大豆 MON87751 为阳性对照(抗虫大豆 MON87751 的质量分数为 0.1%～1.0%的大豆基因组 DNA，或抗虫大豆 MON87751 转化体特异性序列与大豆基因组内标准基因相比的拷贝数分数为 0.1%～1.0%的 DNA 溶液)；以非转基因大豆基因组 DNA 作为阴性对照；以水作为空白对照。

除模板外，对照 PCR 扩增与试样 PCR 扩增相同(见 7.5.1)。

7.6 PCR 产物电泳检测

按 20 g/L 的质量浓度称量琼脂糖，加入 1×TAE 缓冲液中，加热溶解，配制成琼脂糖溶液。每 100 mL琼脂糖溶液中加入 5 μL EB 溶液或适量的其他核酸染料，混匀，稍适冷却后，将其倒入电泳板上，插上梳板，室温下凝固成凝胶后，放入 1×TAE 缓冲液中，垂直向上轻轻拔去梳板。取 12 μL PCR 产物与 3 μL 加样缓冲液混合后加入凝胶点样孔，同时在其中一个点样孔中加入 DNA 分子量标准，接通电源在 2 V/cm～5 V/cm 条件下电泳检测。

7.7 凝胶成像分析

电泳结束后，取出琼脂糖凝胶，置于凝胶成像仪上成像。根据 DNA 分子量标准估计扩增条带的大小，将电泳结果形成电子文件存档或用照相系统拍照。如需通过序列分析确认 PCR 扩增片段是否为目的 DNA 片段，按照 7.8 和 7.9 的规定执行。

7.8 PCR 产物回收

按 PCR 产物回收试剂盒说明书，回收 PCR 扩增的 DNA 片段。

7.9 PCR 产物测序验证

将回收的 PCR 产物克隆测序，与抗虫大豆 MON87751 转化体特异性序列(参见附录 A)进行比对，确定 PCR 扩增的 DNA 片段是否为目的 DNA 片段。

8 结果分析与表述

8.1 对照检测结果分析

阳性对照 PCR 扩增中，大豆内标准基因和抗虫大豆 MON87751 转化体特异性序列均得到扩增，而阴性对照仅扩增出大豆内标准基因片段，空白对照没有扩增片段，表明 PCR 检测反应体系正常工作，方可按 8.2 进行判断。否则，重新检测。

8.2 样品检测结果分析和表述

8.2.1 试样中大豆内标准基因和抗虫大豆 MON87751 转化体特异性序列均得到扩增，表明样品中检测出抗虫大豆 MON87751 转化体成分，表述为“样品中检测出抗虫大豆 MON87751 转化体成分，检测结果为阳性”。

8.2.2 试样中大豆内标准基因片段得到扩增，而抗虫大豆 MON87751 转化体特异性序列未得到扩增，表明样品中未检测出抗虫大豆 MON87751 转化体成分，表述为“样品中未检测出抗虫大豆 MON87751 转化体成分，检测结果为阴性”。

8.2.3 试样中大豆内标准基因片段未得到扩增，表明样品中未检测出大豆成分，表述为“样品中未检测出大豆基因组 DNA 成分，检测结果为阴性”。

注：3 个平行的 PCR 扩增结果出现不一致的，应重做 PCR 扩增样品 2 次，最终以多数结果为准。

9 检出限

本标准方法的检出限为 0.1%（含靶序列样品 DNA/总样品 DNA）。

注：本标准的检出限是在 PCR 检测反应体系中加入 50 ng DNA 模板进行测算的。

附 录 A
(资料性附录)
抗虫大豆 MON87751 转化体特异性序列

抗虫大豆 MON87751 转化体特异性序列：

```
  1 TAGAGGAATA GTTAGCGAAT GTGACTCGAA CATTGCACGA CTCCCATGAC
 51 ACCTGATATG TATATATAGA TCCAGATGAG AGACTCACAC GTACATTTTA
101 CTCATCCCAA TTATAAATAC ATAAACACTA TAGAACACCA CTAAATTGCT
151 CTTTGGAGTT TATTTTGTAG ATATTTCCCC TCACTTTGGA GATCTCCAGT
201 CAGCATCATC ACACCAAAAG TTAGGCCCGA ATAGTTTGAA ATTAGAAAGC
251 TCGCAATTGA GGTCTGTC
```

注 1:序列方向为 5′-3′。

注 2:5′端下划线部分为 MON87751-F 引物序列，3′端下划线部分为 MON87751-R 引物的反向互补序列。

注 3:1～195 为大豆基因组序列，196～268 为外源插入片段部分序列。

ICS 65.020.01
B 04

中华人民共和国国家标准

农业农村部公告第323号—6—2020

转基因植物及其产品成分检测 油菜标准物质原材料繁殖与鉴定技术规范

Detection of genetically modified plants and derived products—Technical specification for reproduction and identification of raw material of rapeseed reference material

2020-08-04 发布　　2020-11-01 实施

中华人民共和国农业农村部　发布

前　言

本标准按照 GB/T 1.1—2009 给出的规则起草。

请注意本文件的某些内容可能涉及专利。本文件的发布机构不承担识别这些专利的责任。

本标准由中华人民共和国农业农村部提出。

本标准由全国农业转基因生物安全管理标准化技术委员会归口。

本标准起草单位:农业农村部科技发展中心、中国农业科学院油料作物研究所。

本标准主要起草人:武玉花、梁晋刚、李俊、章秋艳、李允静、李晓飞、吴刚。

转基因植物及其产品成分检测
油菜标准物质原材料繁殖与鉴定技术规范

1 范围

本标准规定了油菜标准物质原材料繁殖与鉴定的要求、程序和方法。

本标准适用于油菜标准物质原材料的繁殖与鉴定。

2 规范性引用文件

下列文件对于本文件的应用是必不可少的。凡是注日期的引用文件，仅注日期的版本适用于本文件。凡是不注日期的引用文件，其最新版本(包括所有的修改单)适用于本文件。

农业部 1485 号公告—19—2010 转基因植物及其产品成分检测 基体标准物质原材料鉴定方法

3 术语和定义

下列术语和定义适用于本文件。

3.1

油菜标准物质原材料 raw material of rapeseed reference material

用于制备油菜标准物质的初始材料。

注：粉末标准物质原材料主要指转基因油菜及对应的非转基因油菜的种子。基因组 DNA 标准物质原材料主要指转基因油菜及对应的非转基因油菜的叶片等组织。

3.2

CT_0 代油菜标准物质原材料 the CT_0 raw material of rapeseed reference material

研发者提供的转基因来源清晰的油菜种子。

注：由 CT_0 代标准物质原材料自交 1 次获得的种子为 CT_1 代标准物质原材料，由 CT_1 代标准物质原材料自交 1 次获得的种子为 CT_2 代标准物质原材料，依次类推。

4 要求

4.1 油菜标准物质原材料

分子特征信息清晰的转基因油菜，用作转基因油菜遗传转化受体的非转基因油菜。

4.2 安全管理

4.2.1 转基因油菜原材料种植前，应按照农业转基因生物安全管理法律法规的要求进行申报，获得批准后才可种植。

4.2.2 采取空间隔离措施，试验地四周应设置 1 000 m 以上的非芸薹科植物隔离带。

4.2.3 原材料应由专人运输和保管。试验结束后，除需要保留的材料外，剩余试验材料一律灭活。

4.2.4 试验过程中如发生试验材料被盗、被毁等意外事故，应立即报告行政主管部门。

4.2.5 试验结束后，保留试验地边界标记。当年和第二年不再种植油菜，由专人负责监管，及时拔除并销毁转基因油菜自生苗。

4.3 机构与人员

4.3.1 油菜标准物质原材料繁殖与鉴定机构应是具备检测条件和能力的技术检测机构。

4.3.2 油菜标准物质原材料繁殖与鉴定人员应具备转基因生物安全检测和标准物质研制等相关业务知识，并在开展原材料繁殖与鉴定工作前，接受相关技术和业务知识培训。

4.4 记录

记录试验材料的播种期、移栽期、抽薹现蕾期、开花期、成熟期、收获期和主要的田间管理措施，以及与油菜标准物质原材料繁殖和鉴定相关的其他必要信息。

5 油菜标准物质原材料的繁殖与鉴定

5.1 基体标准物质原材料的繁殖与鉴定

5.1.1 选地

在经行政主管部门批准的试验基地内繁殖，繁殖地块应肥力均匀、地势平坦、排灌方便、旱涝保收。繁殖地块种植油菜前大水漫灌，清除前茬油菜的落粒；若不具备大水漫灌的条件，应选择 2 年～3 年内未种过油菜或其他十字花科作物的地块。

5.1.2 播种与田间管理

按当地油菜常规播种时间和播种方式进行播种，根据 CT_0 代种子量选择发芽移栽、点播或条播。

除单株套袋自交外，其他按当地常规栽培管理方式进行田间管理。

5.1.3 转基因原材料的鉴定与收获

5.1.3.1 典型性鉴定

依据农业部 1485 号公告—19—2010 规定的方法和程序，在 CT_0 代转基因油菜的苗期，按单株进行典型性鉴定。

5.1.3.2 去杂

在苗期及时拔除典型性不符合要求的植株，包括杂株和非典型植株。

5.1.3.3 基因型鉴定

选用适宜的转基因油菜基因型鉴定方法，对转基因油菜原材料按单株进行基因型鉴定，鉴定出纯合体单株和杂合体单株。

注：转基因材料基因型鉴定的方法有定性 PCR 方法、数字 PCR 方法、遗传分离方法等，可根据情况自行选择。例如，检测分子特征清晰的转基因材料的基因型可采用定性 PCR 方法，若没有定性 PCR 方法，可采用数字 PCR 方法或遗传分离方法。

5.1.3.4 套袋隔离

在油菜初花期，对符合要求的油菜植株选择主花序套袋、自交授粉，并挂牌，做好唯一性标识。套袋前，要摘除已开放的花朵。终花后去除纸袋，摘袋时要摘除开放的花和未开的花蕾。

5.1.3.5 收获

收获前拔去病株和生长不良植株，待种子充分成熟后收获。

对挂牌标记的单株统一收获、脱粒、清理、装袋，种子包内、外应添加标签，专人负责。

依据农业部 1485 号公告—19—2010 规定的方法和程序，对收获的菜籽进行典型性、纯度和纯合度鉴定。对符合要求的菜籽进行干燥处理，使其水分不高于 10%，低温保存。

若能从 CT_0 代原材料中鉴定出足量的纯合体单株，并收获到足量的纯合菜籽，终止原材料的后续繁殖。

5.1.3.6 CT_1 代原材料的鉴定与收获

若未收获到足量的纯合菜籽，需继续 CT_1 代原材料的繁殖鉴定。按 5.1.3.1～5.1.3.5 进行 CT_1 代原材料的鉴定和收获。

若从 CT_1 代植株上收获到足量的纯合菜籽，终止原材料的后续繁殖鉴定。

若从 CT_1 代植株上未收获到足量的纯合菜籽，继续进行 CT_2 代原材料的繁殖鉴定，直至收获足量的纯合菜籽。

5.1.4 非转基因原材料的鉴定与收获

若研发者提供了足量的非转基因菜籽，可直接抽取子样，用相应转基因油菜的转化体特异性检测方法进行混杂度检测。至少抽取 3 个子样，每个子样至少有3 000粒菜籽。若 3 个子样的检测结果均呈阴性，表明非转基因菜籽的转化体混杂度不高于 0.1%,可直接用作标准物质原材料。

若研发者未提供足量的非转基因菜籽,需进行后续繁殖,直至收获足量的非转基因菜籽,对收获的菜籽进行混杂度检测。

5.2 基因组 DNA 标准物质原材料的繁殖与鉴定

5.2.1 播种与管理

在温室中单粒播种,按当地常规栽培管理方式进行管理。

5.2.2 转基因原材料的鉴定

5.2.2.1 典型性鉴定

依据农业部 1485 号公告—19—2010 规定的方法和程序,在苗期,按单株进行典型性鉴定。

5.2.2.2 去杂

在苗期及时去除杂株和非典型植株。

5.2.2.3 基因型鉴定

选用适宜的转基因油菜基因型鉴定方法,鉴定出纯合单株、杂合单株,挂牌标记。

5.2.2.4 收获

在营养生长的旺盛期,采集转基因油菜叶片(或其他组织),储存在超低温冰箱中,备用。

5.2.3 非转基因原材料的鉴定

采用相应转基因材料的转化体特异性检测方法,按单株进行鉴定,鉴定出检测结果呈阴性的单株。在营养生长的旺盛期,采集非转基因油菜叶片(或其他组织),储存在超低温冰箱中,备用。

6 油菜标准物质原材料的质量标准

6.1 油菜基体标准物质转基因原材料应为纯合菜籽,转化体纯合度应不低于 99%。

6.2 油菜基体标准物质非转基因原材料应为非转基因菜籽,转化体混杂度应不高于 0.1%。

6.3 油菜基因组 DNA 标准物质转基因原材料应为纯合或杂合单株叶片(或其他组织),转化体纯度 100%。

6.4 油菜基因组 DNA 标准物质非转基因原材料应为阴性单株叶片(或其他组织),无转化体混杂。

ICS 65.020.01
B 04

中华人民共和国国家标准

农业农村部公告第323号—7—2020

转基因植物及其产品成分检测 大豆标准物质原材料繁殖与鉴定技术规范

Detection of genetically modified plants and derived products—Technical specification for reproduction and identification of raw material of soybean reference material

2020-08-04 发布　　2020-11-01 实施

中华人民共和国农业农村部　发布

前　言

本标准按照 GB/T 1.1—2009 给出的规则起草。

请注意本文件的某些内容可能涉及专利。本文件的发布机构不承担识别这些专利的责任。

本标准由中华人民共和国农业农村部提出。

本标准由全国农业转基因生物安全管理标准化技术委员会归口。

本标准起草单位:农业农村部科技发展中心、浙江省农业科学院、吉林省农业科学院。

本标准主要起草人:彭城、张秀杰、陈笑芸、张旭冬、汪小福、徐晓丽、魏巍、刘慧、缪青梅、徐俊锋。

转基因植物及其产品成分检测 大豆标准物质原材料繁殖与鉴定技术规范

1 范围

本标准规定了大豆标准物质原材料繁殖与鉴定的要求、程序和方法。

本标准适用于大豆标准物质原材料的繁殖与鉴定。

2 规范性引用文件

下列文件对于本文件的应用是必不可少的。凡是注日期的引用文件，仅注日期的版本适用于本文件。凡是不注日期的引用文件，其最新版本(包括所有的修改单)适用于本文件。

GB 4404.2 粮食作物种子 第 2 部分:豆类

GB 7415 农作物种子储藏

农业部 1485 号公告—19—2010 转基因植物及其产品成分检测 基体标准物质候选物鉴定方法

3 术语和定义

下列术语和定义适用于本文件。

3.1

大豆标准物质原材料 raw material of soybean reference material

用于制备大豆标准物质的材料，如转基因大豆及对应的非转基因大豆的种子、叶片等。

3.2

CT_0 代大豆标准物质原材料 the CT_0 raw material of soybean reference material

获得的转基因来源清晰的大豆种子，在本标准中也称作 CT_0 代原材料。

注：由 CT_0 代标准物质原材料自交 1 次获得的种子为 CT_1 代标准物质原材料，由 CT_1 代标准物质原材料自交 1 次获得的种子为 CT_2 代标准物质原材料，依次类推。

4 要求

4.1 大豆标准物质原材料

分子特征信息清晰的转基因大豆，用作转基因大豆遗传转化受体的非转基因大豆。

4.2 安全管理

4.2.1 转基因大豆原材料种植前，应按照农业转基因生物安全管理法律法规的要求进行申报，获得批准后才可种植。

4.2.2 采取空间隔离措施，试验地四周应设置 100 m 以上的非大豆隔离带。

4.2.3 原材料应由专人运输和保管。试验结束后，除需要保留的材料外，剩余试验材料一律灭活。

4.2.4 试验过程中如发生试验材料被盗、被毁等意外事故，应立即报告行政主管部门。

4.2.5 试验结束后，保留试验地边界标记。当年和第二年不再种植大豆，由专人负责监管，及时拔除并销毁转基因大豆自生苗。

4.3 机构与人员

4.3.1 大豆标准物质原材料繁殖与鉴定机构应是具备检测条件和能力的技术检测机构。

4.3.2 大豆标准物质原材料繁殖与鉴定人员应具备转基因生物安全检测和标准物质研制等相关业务知识，并在开展原材料繁殖与鉴定工作前，接受相关技术和业务知识培训。

4.4 记录

记录试验地前茬作物、土壤类型，试验材料的播种期、开花结荚期、成熟期、收割期和主要的田间管理措施，以及与大豆标准物质原材料繁殖和鉴定相关的其他必要信息。

5 大豆标准物质原材料的繁殖与鉴定

5.1 基体标准物质原材料的繁殖与鉴定

5.1.1 选地

在经行政主管部门批准的试验基地内繁殖，繁殖地块应优先选择地势平坦、肥力均匀、土质良好、排灌方便、不重茬、不易受周围不良环境影响的、稳产保收的试验地。

5.1.2 播种与田间管理

单粒播种，按当地大豆常规播种时间和播种方式进行播种，按当地常规栽培管理方式进行田间管理。

5.1.3 转基因原材料的鉴定与收获

5.1.3.1 典型性鉴定

依据农业部 1485 号公告—19—2010 规定的方法和程序，在幼苗期，按单株进行典型性鉴定。去除典型性不符合要求的植株。

5.1.3.2 去杂

在幼苗期、开花结荚前和收获前及时去除杂株和非典型植株。

5.1.3.3 基因型鉴定

选用适宜的转基因大豆基因型鉴定方法，对转基因大豆原材料按单株进行基因型鉴定，鉴定出纯合体单株和杂合体单株。

注：转基因材料基因型鉴定的方法有定性 PCR 方法、数字 PCR 方法、遗传分离方法等，可根据情况自行选择。例如，检测分子特征清晰的转基因材料的基因型可采用定性 PCR 方法，若没有定性 PCR 方法，可采用数字 PCR 方法或遗传分离方法。

5.1.3.4 收获

收获前拔去病株和生长不良植株，待种子充分成熟后收获。

对挂牌标记的单株统一收获、脱粒、清理、装袋，种子包内、外应添加标签，专人负责。

依据农业部 1485 号公告—19—2010 规定的方法和程序，对收获的种子进行典型性鉴定。

依据 GB 4404.2 和 GB/T 7415 的要求，对典型性符合要求的种子进行适当处理，水分含量不高于 13%，低温 −20℃保存。

若能从 CT_0 代原材料中鉴定出足量的纯合体单株，并收获到足量的纯合种子，终止原材料的后续繁殖。

5.1.3.5 CT_1 代原材料的鉴定与收获

若未收获到足量的纯合大豆种子，需继续 CT_1 代原材料的繁殖鉴定。按 5.1.3.1～5.1.3.4 进行 CT_1 代原材料的鉴定和收获。

若从 CT_1 代植株上收获到足量的纯合种子，终止原材料的后续繁殖鉴定。

若从 CT_1 代植株上未收获到足量的纯合种子，继续进行 CT_2 代原材料的繁殖鉴定，直至收获足量的纯合大豆种子。

5.1.4 非转基因原材料的鉴定与收获

若研发者提供了足量的非转基因大豆种子，可直接抽取子样，用相应转基因大豆的转化体特异性检测方法进行混杂度检测。至少抽取 3 个子样，每个子样至少有3 000粒大豆种子。若 3 个子样的检测结果均呈阴性，表明非转基因大豆的转化体混杂度不高于 0.1%，可直接用作标准物质原材料。

若研发者未提供足量的非转基因大豆种子，需进行后续繁殖，直至收获足量的非转基因种子，对收获的种子进行混杂度鉴定。

5.2 基因组 DNA 标准物质原材料的繁殖与鉴定

5.2.1 播种与管理

在温室中单粒播种，按当地常规栽培管理方式进行管理。

5.2.2 转基因原材料的鉴定

5.2.2.1 典型性鉴定

依据农业部 1485 号公告—19—2010 规定的方法和程序，在苗期，按单株进行典型性鉴定。

5.2.2.2 去杂

在苗期及时去除杂株和非典型植株。

5.2.2.3 基因型鉴定

选用适宜的转基因大豆基因型鉴定方法，鉴定出纯合单株、杂合单株，挂牌标记。

5.2.2.4 收获

在营养生长的旺盛期，采集转基因大豆叶片(或其他组织)，储存在超低温冰箱中，备用。

5.2.3 非转基因原材料的鉴定

采用相应转基因材料的转化体特异性检测方法，按单株进行鉴定，鉴定出检测结果呈阴性的单株。在营养生长的旺盛期，采集非转基因大豆叶片(或其他组织)，储存在超低温冰箱中，备用。

6 大豆标准物质原材料的质量标准

6.1 大豆基体标准物质转基因原材料应为纯合大豆，转化体纯度应不低于 99%。

6.2 大豆基体标准物质非转基因原材料应为非转基因大豆，转化体混杂度应不高于 0.1%。

6.3 大豆基因组 DNA 标准物质转基因原材料应为纯合或杂合单株叶片(或其他组织)，转化体纯度 100%。

6.4 大豆基因组 DNA 标准物质非转基因原材料应为阴性单株叶片(或其他组织)，无转化体混杂。

ICS 65.020.01
B 04

中华人民共和国国家标准

农业农村部公告第323号—8—2020

转基因植物及其产品成分检测 质粒DNA标准物质制备技术规范

Detection of genetically modified plants and derived products—Technical specification for manufacture of plasmid DNA reference material

2020-08-04 发布　　　　2020-11-01 实施

中华人民共和国农业农村部 发布

前　言

本标准按照 GB/T 1.1—2009 给出的规则起草。

请注意本文件的某些内容可能涉及专利。本文件的发布机构不承担识别这些专利的责任。

本标准由中华人民共和国农业农村部提出。

本标准由全国农业转基因生物安全管理标准化技术委员会归口。

本标准起草单位:农业农村部科技发展中心、上海交通大学。

本标准主要起草人:杨立桃、沈平、张大兵、宋贵文、杨卉、郭金超。

转基因植物及其产品成分检测
质粒 DNA 标准物质制备技术规范

1 范围

本标准规定了转基因植物质粒 DNA 标准物质制备的基本技术要求、流程和关键参数。

本标准适用于转基因植物及其产品成分检测、检测方法评价用的质粒 DNA 标准物质的制备。

2 规范性引用文件

下列文件对于本文件的应用是必不可少的。凡是注日期的引用文件,仅注日期的版本适用于本文件。凡是不注日期的引用文件,其最新版本(包括所有的修改单)适用于本文件。

JJF 1186 标准物质认定证书和标签内容编写规则

JJF 1342 标准物质研制(生产)机构通用要求

JJF 1343 标准物质定值的通用原则及统计学原理

农业部 2630 号公告—13—2017 转基因植物及其产品成分检测 质粒 DNA 标准物质定值技术规范

3 术语和定义

下列术语和定义适用于本文件。

3.1

标准物质 reference material, RM

具有足够均匀和稳定的特定特性的物质,其特性适用于测量或标称特性检查中的预期用途。

注 1:标称特性的检查提供标称特性值及其不确定度。该不确定度不是测量不确定度。

注 2:赋予或未赋予量值的标准物质都可用于测量精密度控制。只有赋予量值的标准物质才可用于校准或测量正确度控制。

注 3:"标准物质"既包括具有量的物质,也包括具有标称特性的物质。

3.2

(转基因植物)质粒 DNA 标准物质 plasmid DNA reference material (of genetically modified plant)

含有特定的转基因植物外源基因片段和/或物种内标准基因片段的重组质粒 DNA 制备形成的标准物质。

3.3

(转基因植物)质粒 DNA 标准物质的特性值 property value of a plasmid DNA reference material (of genetically modified plant)

与预期转基因植物及其产品检测用途相关的值,包括质粒 DNA 拷贝数浓度值和/或外源基因片段与内标准基因片段个数的比值。

4 要求

4.1 质粒 DNA 标准物质制备实验室应符合以下要求:

a) 质粒 DNA 标准物质制备实验室必须进行明确分区,分别用于质粒构建、菌种扩繁、质粒 DNA 提取与纯化、质粒 DNA 标准物质分装和保存。

b) 质粒 DNA 标准物质生产实验室环境应符合 JJF 1342 规定的要求。

c) 质粒 DNA 标准物质分析实验室应符合 GB/T 27403 规定的要求。

4.2 质粒 DNA 标准物质制备人员应符合以下要求:

a) 应具备转基因生物及其产品检测和标准物质研制等相关业务知识;

b) 应在开展质粒 DNA 标准物质制备工作前，接受分子克隆等相关专业技术和业务知识培训。

5 质粒 DNA 标准物质制备流程图

质粒 DNA 标准物质制备主要包括重组质粒构建与验证、候选物繁殖、质粒 DNA 标准物质制备分装、均匀性检验、稳定性考察、定值及不确定度评定、包装与储存等，流程见图 1。

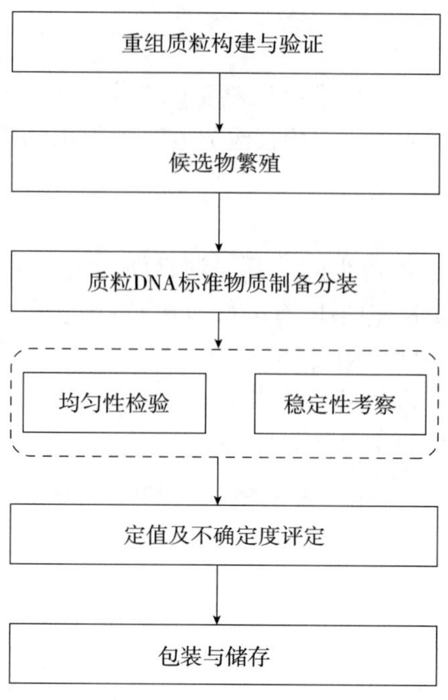

图 1 质粒 DNA 标准物质制备流程

6 重组质粒构建

6.1 首先获得转基因植物外源基因序列和目标物种内标准基因序列。

6.2 根据外源基因序列和目标物种内标准基因序列设计带有酶切位点的引物，利用 PCR 扩增，体外克隆获得目标转基因植物外源基因序列和/或内标准基因序列。

6.3 将目的片段酶切、连接，重组整合进入基础质粒载体，获得含有目标转基因外源基因序列和/或内标准基因序列的重组质粒。

6.4 将构建的重组质粒转化入特定菌种，筛选获得正确整合了目标转基因外源基因序列和/或内标准基因序列的阳性、单一克隆。

6.5 将鉴定正确的单菌落在对应的选择培养基上划线分离，接种到液体培养液中培养。至对数生长期时，收获菌体。最后抽提和纯化获得重组质粒 DNA。

7 重组质粒验证

将纯化获得的重组质粒 DNA 进行 Sanger 测序分析，获得质粒的完整序列，确认和预期构建的重组质粒 DNA 序列的正确性。

重组 DNA 质粒 Sanger 测序分析至少重复 3 次，3 次测序结果完全一致，且和预期 DNA 序列完全相同，表明重组质粒 DNA 的序列是正确的。

8 可替代性测试

以等浓度的重组质粒 DNA 溶液（10 000 copies/μL、1 000 copies/μL、500 copies/μL、100 copies/μL 和 25 copies/μL）和转基因植物基因组 DNA 溶液（10 000 copies/μL、1 000 copies/μL、500 copies/μL、100 copies/μL 和 25 copies/μL）分别作为定量 PCR 扩增模板进行定量 PCR 扩增，绘制定量标准曲线，通

过比较定量标准曲线的斜率、截距和线性决定系数判断重组质粒 DNA 的可替代性。

定量 PCR 反应均需设置阴性对照、阳性对照和空白对照。所有反应重复 3 次，每次反应设置 3 个平行。每次重复单独绘制标准曲线。

绘制的定量标准曲线应满足两个条件方可进行比较，即线性决定系数大于 0.99，标准曲线斜率为 −3.6～−3.1。

对绘制的标准曲线的斜率和截距分别进行差异性统计分析。若无显著性差异，表明重组质粒 DNA 具有良好的可替代性。

9 候选物确认

特异性、灵敏度和可替代性测试均符合要求的重组质粒，可作为质粒 DNA 标准物质制备的候选物。经过菌种活化和培养后，纯化重组质粒 DNA 用于制备质粒 DNA 标准物质。

10 重组质粒扩繁与 DNA 纯化

10.1 重组质粒菌种活化和培养

将重组质粒菌种接种于对应的 1 L～5 L 选择培养液，培养至对数生长期，收获菌体。

10.2 质粒 DNA 提取和纯化

利用碱裂解法或商业化试剂盒法提取和纯化重组质粒 DNA。

将质粒 DNA 用相应的限制性内切酶酶切、纯化获得线性质粒 DNA。

10.3 质粒 DNA 质量评价与浓度测定

10.3.1 利用紫外光吸收法，评价纯化的质粒 DNA 质量。质粒 DNA 溶液的 OD_{260}/OD_{280} 应介于 1.80±0.05 之间，OD_{260}/OD_{230} 数值应大于等于 2.0。

10.3.2 利用荧光定量 PCR 方法评价纯化的重组质粒 DNA 质量。将纯化的质粒 DNA 溶液用合适的稀释缓冲液(如 pH 8.0 的 0.1×TE 溶液、50 ng/μL 的鲑鱼精子 DNA 溶液或 0.1 ng/μL 的空载体质粒 DNA 溶液等)4 倍梯度稀释至10 000 copies/μL、2 500 copies/μL、625 copies/μL 和 156 copies/μL。以梯度稀释的质粒 DNA 溶液为模板，进行内标准基因定量 PCR 扩增，绘制标准曲线。每个浓度梯度重复 3 次，每次设置 3 个平行，取所有重复的平均值绘制定量标准曲线。标准曲线的线性决定系数大于 0.99，标准曲线斜率为−3.6～−3.1 时，表明纯化的重组质粒 DNA 质量良好。

10.3.3 利用荧光染料标记定量法(如 PicoGreen 荧光定量测定法)测定重组质粒 DNA 的浓度。纯化的质粒浓度应不低于 100 ng/μL。

10.3.4 只有当质量和浓度均符合要求时，重组质粒 DNA 方可用于质粒 DNA 标准物质的分装。

10.4 质粒 DNA 质量浓度和拷贝数浓度的换算

利用式(1)可以将质粒 DNA 溶液的浓度由质量浓度换算为质粒 DNA 分子拷贝数浓度。

$$C_1 = (C \times NA \times 10^{-9}) / [(Ma \times 313.21 + Mg \times 329.21 + Mc \times 289.18 + Mt \times 304.19) \times 2] \quad (1)$$

式中：

C_1 ——质粒 DNA 分子拷贝数浓度，拷贝数每微升(copies/μL)；

C ——质粒 DNA 质量浓度，毫克每升(mg/L)；

NA ——阿伏伽德罗常数，数值为 6.02×10^{23}；

Ma ——A 碱基的数量，A 碱基的分子量为 313.21 g/mol；

Mc ——C 碱基的数量，C 碱基的分子量为 289.18 g/mol；

Mg ——G 碱基的数量，G 碱基的分子量为 329.21 g/mol；

Mt ——T 碱基的数量，T 碱基的分子量为 304.19 g/mol。

11 质粒 DNA 标准物质分装保存

根据测定的重组质粒 DNA 浓度，将重组质粒 DNA 溶液用合适的稀释缓冲液(如 pH 8.0 的 0.1×

TE 溶液、50 ng/μL 的鲑鱼精子 DNA 溶液或 0.1 ng/μL 的空载体质粒 DNA 溶液等）稀释至 1×10^7 copies/μL终浓度。

用无 DNA 酶的 2 mL 离心管分装稀释后的质粒 DNA 溶液，每管 500 μL。

按 JJF 1186 标准物质认定证书和标签内容编写规则粘贴“质粒 DNA 标准物质”初级标签，分装的质粒 DNA 标准物质于(－70±2)℃保存。

12 均匀性检验

12.1 基本要求

对质粒 DNA 标准物质的特性量值(质粒 DNA 浓度、外源基因片段与内标准基因片段拷贝数比值)分别进行均匀性评估。

采用不低于定值方法精密度且有足够灵敏度的测量方法进行均匀性检验。在重复性条件下(同一操作者，同一台仪器，同一测量方法)短期内完成。每一最小包装单元内取 3 份试样进行测定，测量顺序应随机化，以避免测量系统在不同时间的变化而干扰对样品均匀性的检验。

12.2 抽样方式和抽样数目

按 JJF 1343 的规定，从分装成最小包装单元的样品中随机抽样，抽样点的分布对该批标准物质要有足够的代表性。

抽取的单元数取决于该批标准物质的总单元数。若记总体单元数为 N，当 $N\leqslant200$ 时，抽取单元数不少于 11 个；当 $200<N\leqslant500$ 时，抽取单元数不少于 15 个；当 $500<N\leqslant1\ 000$时，抽取单元数不少于 25 个；当总体单元数 $N>1\ 000$时，抽取单元数不少于 30 个。

12.3 均匀性检验

采用实时荧光定量 PCR 技术或数字 PCR 技术进行单元内均匀性和单元间均匀性评估。测定每个样品中质粒 DNA 浓度、外源基因片段与内标准基因片段拷贝数比值。

采用方差分析法(F 检验法)对数据进行统计分析。均匀性数据统计分析步骤按 JJF 1343 的规定进行。通过比较组间方差和组内方差，判断各组测量值之间有无系统性差异。如果二者的比值 F 小于统计检验的临界值 F_a，则认为样品是均匀的。若 $F > F_a$，表明单元间方差与单元内方差有显著性差异，样品不均匀，需要重新混匀。

12.4 最小取样量

质粒 DNA 标准物质可将均匀性评估中所使用的样品量规定为该标准物质使用时的最小取样量。质粒 DNA 标准物质的最小取样量通常为 5 μL。

12.5 样品不均匀性引起的标准不确定度

根据均匀性检验中计算的单元间和单元内的方差，按式(2)计算样品不均匀性引起的标准不确定度 u_{bb}。

$$u_{bb}=\sqrt{\frac{1}{n}(s_m^2-s_e^2)} \qquad (2)$$

式中：

u_{bb} ——单元间不均匀性引起的标准不确定度；

n ——单元内重复测定次数；

s_m^2 ——单元间方差；

s_e^2 ——单元内方差。

当均匀性检验的测量方法重复性较差，有可能导致 $s_1^2 < s_2^2$，此时不均匀性产生的单元间标准偏差可按式(3)计算。

$$S_{bb}=u_{bb}=\sqrt{\frac{s_2^2}{n}}\sqrt[4]{\frac{2}{\upsilon_{s_2^2}}} \qquad (3)$$

式中：

S_{bb} ——单元间标准偏差；

n ——单元内重复测定次数；

s_2^2 ——单元内方差；

$\upsilon_{s_2^2}$ —— s_2^2 的自由度。

样品不均匀性引起的相对标准不确定度 $u_{rel(bb)}$ 按式(4)计算。

$$u_{rel(bb)} = \frac{u_{bb}}{\overline{x}} \quad \cdots\cdots\cdots\cdots (4)$$

式中：

$u_{rel(bb)}$ ——相对标准不确定度；

$\overline{x}$ ——均匀性评估样品的平均值。

13 稳定性考察

13.1 基本要求

测定质粒 DNA 标准物质的量值随时间和环境条件(主要是温度)的变化趋势，确定标准物质的储藏温度、运输条件和有效使用期等。

稳定性检验的样品应从最小包装单元中随机抽取。

稳定性检验应尽可能在相同的仪器状态和试验条件下，由同一操作人员完成；并注意尽可能与定值时的试验和操作条件一致。

稳定性评估应选择不低于定值方法精密度和具有足够灵敏度的测量方法进行稳定性评估，可选用数字 PCR 方法或实时荧光定量 PCR 方法。

推荐采用同步稳定性评估方案，在重复性条件下对抽取的样品进行操作和检测。通常认为基因组 DNA 标准物质在(－70±2)℃条件下不发生变化，以(－70±2)℃作为同步稳定性研究的参考温度。

13.2 抽样方式和取样数目

稳定性评估是在均匀性评估之后进行的，在样品判断为均匀的情况下，稳定性测定样品数可适当减少。稳定性评估的样品应从最小包装单元中随机抽取，抽样点的分布对于总体样品应有足够的代表性。

13.3 短期稳定性

短期稳定性评估是考察标准物质在运输条件下的稳定性状况，受温度、湿度、光照、震动等环境因素的影响，其中最主要的影响因素是温度。通过短期稳定性评估，明确标准物质的运输条件。

质粒 DNA 标准物质短期稳定性评估设定周期为 1 个月；设置 4 个抽样时间点，分别是第 0 周、第 1 周、第 2 周、第 4 周；每个时间点设置 4 个储藏温度，分别是 4℃、25℃、37℃和 60℃。每个时间点每个温度随机抽取 3 个单元质粒 DNA 标准物质，放置在规定的环境条件下，到时间后取出并放置在(－70±2)℃超低温冰箱中。样品收集完后，每管取 3 个子样进行同步检测。

13.4 长期稳定性

长期稳定性评估是考察标准物质在储存条件下的稳定性状况，通过长期稳定性评估，明确标准物质的储存条件。

质粒 DNA 标准物质长期稳定性评估设定周期为 6 个月以上；抽样时间点设置采用先密后疏的原则，如时间点可设置为 0 个月、1 个月、3 个月、6 个月、12 个月、24 个月等；每个时间点设置 2 个储存温度，分别是－20℃和 4℃。每个时间点每个温度随机抽取 3 个单元质粒 DNA 标准物质，放置在规定的环境条件下，到时间后取出并放置在(－70±2)℃超低温冰箱中。样品收集完后，每管取 3 个子样进行同步检测。

13.5 稳定性检验

根据实时荧光定量 PCR 技术或数字 PCR 检测结果，计算出每个样品中质粒 DNA 浓度、外源基因片段与内标准基因片段拷贝数比值。

若测量结果在监测时间内有单方向性变化趋势，应通过回归曲线方法进行稳定性评估。基本模型为以时间为 X 轴，以测量值为 Y 轴，拟合出一条直线，描绘测量值与时间的关系。稳定性评估模型可表示为式(5)。

$$Y = \beta_0 + \beta_1 X_1 \quad\cdots\cdots(5)$$

式中：

β_1，β_0——回归系数；

X_1 ——时间，单位为小时(h)；

Y ——标准物质候选物的特性量值。

按 JJF 1343 中规定的数据分析步骤，计算回归系数 β_1 及 β_1 的标准偏差 $s(\beta_1)$。

基于 β_1 的标准偏差 $s(\beta_1)$，用 t 检验判断回归系数 β_1 的显著性。

查 t 分布表，得临界值 $t_{0.95,n-2}$，若 $|\beta_1| < t_{0.95,n-2} \cdot s(\beta_1)$，表明拟合直线斜率不显著，未观测到不稳定性。

若测量结果在监测时间内没有单方向性变化趋势时，可采用方差分析法进行稳定性研究。

13.6 有效期限确定

当稳定性检验结果表明待定量值没有显著性变化，或其变化值在标准值的不确定范围内波动时，以被比较的时间段为标准物质的有效期限。标准物质试用期间应不断积累稳定性检验数据，以便确认延长有效期限的可能性。

13.7 稳定性引起的不确定度

在稳定性变化趋势不明显的情况下，可根据式(6)来推算稳定性引入的标准不确定度 u_s。

$$u_s = s(\beta_1) X_2 \quad\cdots\cdots(6)$$

式中：

u_s ——稳定性标准不确定度；

$s(\beta_1)$——斜率 β_1 的标准偏差；

X_2 ——稳定性检测时间间隔。

根据式(7)计算稳定性引入的相对标准不确定度 $U_{rel(s)}$。

$$U_{rel(s)} = \frac{u_s}{\overline{X}_s} \quad\cdots\cdots(7)$$

式中：

$U_{rel(s)}$——稳定性引入的相对标准不确定度；

$\overline{X}_s$ ——稳定性评估样品的平均值。

13.8 冻融稳定性评估

冻融稳定性评估是考察质粒 DNA 标准物质反复冻融后的稳定性状况。通过冻融稳定性评估，明确标准物质可反复冻融的次数。

随机抽取 5 个单元质粒组 DNA 标准物质进行冻融稳定性评估，设定 0 次冻融、5 次冻融、10 次冻融和 20 次冻融 4 种冻融循环。从超低温冰箱中取出标准物质在 25℃水浴中融化，完全融化后再放回超低温冰箱中冷冻，完成 1 次冻融操作。每间隔 1 周冻融 1 次。完成 1 种冻融循环后，每管移取 20 μL 溶液到新离心管中，保存在(−70±2)℃超低温冰箱中。样品收集完后，进行同步稳定性检测，每个样品检测 3 次。

通过拟合测量值与冻融次数间的回归曲线评估冻融稳定性，方法同 13.5。

当反复冻融后的特性量值与 0 次冻融的量值没有显著性变化时，认为特性量值在该冻融次数内稳定。将该冻融次数作为标准物质可反复冻融的最高次数。

14 定值

14.1 定值策略

质粒 DNA 浓度、外源基因片段与内标准基因片段拷贝数比值是质粒 DNA 标准物质的两个关键特性量值，由多家实验室对特性量值进行联合测量。

14.2 多家联合定值

联合定值实施方案的制订、组织、实施、数据收集及统计处理按农业部 2630 号公告—13—2017 的规定执行。

14.3 不确定度评估

标准物质特性量值的不确定度评估按农业部 2630 号公告—13—2017 的规定执行。

15 定值结果的表示

15.1 定值结果由标准值和不确定度组成，即标准值±不确定度。它表示“真值”在一定置信概率下所处的量值范围。

15.2 质粒 DNA 标准物质有两个量值：质粒 DNA 浓度和外源基因片段与内标准基因片段拷贝数比值。定值结果分别表示为：质粒 DNA 分子浓度±总不确定度和外源基因序列拷贝数/内标准基因序列拷贝数±总不确定度。

15.3 扩展不确定度的有效数字一般不超过两位数，通常采用只进不舍的原则。标准值的有效数字位数根据其最后一位数与总不确定度相应的位数对齐决定。

16 量值的计量学溯源性

质粒 DNA 标准物质有两个量值，均溯源到 SI 单位联合定值采用的测定量值测定方法。

17 包装与储存

标准物质的包装应满足该标准物质特有的用途。按 JJF 1186 的规定，在标准物质的最小包装单元上粘贴标签。

根据短期稳定性评估的结果确定标准物质的运输条件和使用中的注意事项。根据长期稳定性评估结果确定标准物质的储存条件。一般应储存于(−70±2)℃洁净环境中。

ICS 65.020.01
B 04

中华人民共和国国家标准

农业农村部公告第323号—9—2020

转基因植物及其产品成分检测 环介导等温扩增方法制定指南

Detection of genetically modified plants and derived products—Guidelines for establishing loop-mediated isothermal amplification method

2020-08-04 发布　　2020-11-01 实施

中华人民共和国农业农村部 发布

前　　言

本标准按照 GB/T 1.1—2009 给出的规则起草。

请注意本文件的某些内容可能涉及专利。本文件的发布机构不承担识别这些专利的责任。

本标准由中华人民共和国农业农村部提出。

本标准由全国农业转基因生物安全管理标准化技术委员会归口。

本标准起草单位:农业农村部科技发展中心、上海交通大学、中国农业科学院生物技术研究所。

本标准主要起草人:杨立桃、王颢潜、宛煜嵩、章秋艳、张大兵、宋贵文。

转基因植物及其产品成分检测
环介导等温扩增方法制定指南

1 范围

本标准规定了转基因植物及其产品成分检测的环介导等温扩增方法制定的要求和程序。

本标准适用于转基因植物及其产品成分检测的环介导等温扩增方法的制定。

2 规范性引用文件

下列文件对于本文件的应用是必不可少的。凡是注日期的引用文件，仅注日期的版本适用于本文件。凡是不注日期的引用文件，其最新版本(包括所有的修改单)适用于本文件。

农业部 2259 号公告—4—2015 转基因植物及其产品成分检测 定性 PCR 方法制定指南

农业部 2259 号公告—5—2015 转基因植物及其产品成分检测 实时荧光定量 PCR 方法制定指南

NY/T 672 转基因植物及其产品检测 通用要求

3 术语和定义

NY/T 672、农业部 2259 号公告—4—2015、农业部 2259 号公告—5—2015 界定的以及下列术语和定义适用于本文件。

3.1

环介导等温扩增方法 loop-mediated isothermal amplification, LAMP

利用序列特异性引物，在具有链置换活性的 DNA 聚合酶(Bst DNA polymerase)作用下，在最优温度条件下(60℃～65℃)对靶序列进行恒温非线性化扩增的一种方法。

4 要求

4.1 转基因植物环介导等温扩增方法的制定单位应是具备条件和能力的技术机构。

4.2 转基因植物环介导等温扩增方法的制定单位应具备开展转基因生物检测工作所需的仪器设备和环境设施。

4.3 转基因植物环介导等温扩增方法的研制人员应具备转基因生物检测相关业务知识。

5 技术路线

根据拟制定的标准方法的目的，制定标准方法研制的技术路线。技术路线主要包括方法建立和实验室间验证等内容，如图 1 所示。

6 方法建立

6.1 实验材料选择

根据方法扩增的靶序列的类型，如筛选检测方法、基因特异性检测方法、构建特异性检测方法、转化体特异性检测方法等，选择合适的实验材料用于检测方法的建立。实验材料至少应包括：

a) 含有靶序列的转基因植物及其加工产品；

b) 不含靶序列的转基因植物；

c) 不含靶序列的非转基因植物。

6.2 技术参数确定

6.2.1 靶序列选择确认

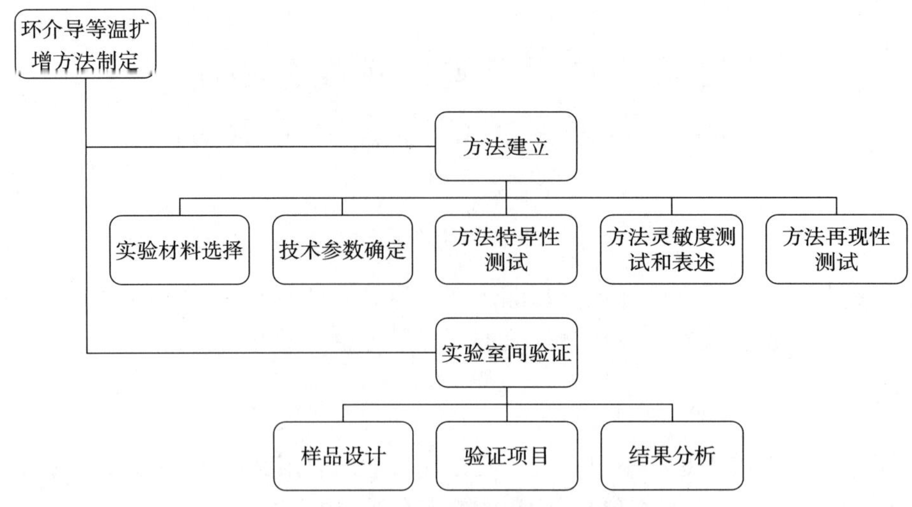

图 1　标准方法研制的技术路线

根据预期拟制定的方法，选择合适的转基因外源插入序列、转化体特异性序列和内标准基因，通过文献检索、测序及序列比对等方式，确定等温扩增的候选靶序列的正确性。

6.2.2　引物设计和筛选

6.2.2.1　环介导等温扩增引物的设计一般由内侧和外侧 2 对引物和/或第 3 对环引物组成。

6.2.2.2　环介导等温扩增的靶序列长度一般为 150 bp～250 bp。

6.2.2.3　环介导等温扩增引物的设计可以用专业软件设计完成。

6.2.2.4　筛选的引物应保证其对靶序列具有严格的特异性扩增和符合要求的检测灵敏度。

6.2.3　反应体系和反应程序确定

6.2.3.1　环介导等温扩增反应体系生化和化学试剂组成相对固定，但各成分之间的比例可以根据靶序列和引物进行优化。

6.2.3.2　环介导等温扩增反应体系中的模板 DNA 质量不宜超过 100 ng，反应体系总体积不宜超过 50 μL。

6.2.3.3　环介导等温扩增反应温度为 60℃～65℃，扩增时间一般为 20 min～60 min。

6.2.3.4　环介导等温扩增反应中，应对引物、甜菜碱、镁离子、Bst DNA 聚合酶等组分含量及反应温度进行实验优化和验证，以确定最适宜的扩增反应体系和反应温度。

6.2.4　扩增结果判断

6.2.4.1　凝胶电泳

环介导等温扩增反应产物可以利用琼脂糖凝胶电泳、毛细管凝胶电泳等电泳技术进行分析。阳性扩增产物典型的琼脂糖凝胶电泳分析结果是梯度条带，阴性结果无条带。

注：环介导等温扩增反应非常灵敏，扩增产物在凝胶电泳分析时，易产生污染。实验操作时，需做好必要的防污染措施。

6.2.4.2　颜色反应

在环介导等温扩增反应体系中加入荧光或化学指示剂，根据扩增反应是否发生颜色反应和颜色变化判断扩增结果。例如，在反应体系中加入 SybrGreen Ⅰ荧光染料时，阳性扩增反应颜色将由橙色变为绿色，阴性扩增反应颜色保持橙色不变。

6.2.4.3　其他方法

根据浑浊度的数值和变化判断阳性和阴性扩增结果等。

6.3　方法特异性测试

根据靶序列类型，选择最合适的、具有代表性的实验材料作为测试样品，确定方法的特异性。

仅有含靶序列的测试样品获得预期的特异性扩增，而其他样品未获得预期特异性扩增，表明方法特异性符合要求。

6.4 方法灵敏度测试和表述

6.4.1 利用含有靶序列的转基因植物或含有靶序列的重组 DNA 分子，制备含有靶序列的绝对量或浓度的系列梯度稀释测试样品，根据测试结果，确定方法的检测灵敏度。

6.4.2 灵敏度测试时，每个测试样品的平行次数不低于 60 次。

6.4.3 检测灵敏度用可检测出的最低靶序列的绝对分子数表示，或含有靶序列的 DNA 量与总 DNA 量的比值表示。

6.5 方法再现性测试

在同一实验室，由不同操作人员，在不同时间段，利用不同的仪器设备，对同一样品进行测试；根据测试的结果考察制定的方法在实验室内的再现性。

7 实验室间验证

7.1 样品设计

7.1.1 实验室间验证样品应该包括阳性对照样品、阴性对照样品、空白对照样品、特异性测试样品和灵敏度测试样品。

7.1.2 阳性对照样品：含有靶序列的转基因植物或其加工产品，或含有靶序列的质粒 DNA 分子。

7.1.3 阴性对照样品：不含靶序列的非转基因植物。

7.1.4 空白对照样品：灭菌水或者片段化的鲑鱼精子 DNA 溶液。

7.1.5 特异性测试样品：不含靶序列的转基因植物、转基因植物加工产品或含有非靶序列的外源基因的 DNA 样品。

7.1.6 灵敏度测试样品：系列不同浓度/拷贝数梯度含有靶序列的转基因植物或转基因植物基因组 DNA 样品。

7.2 验证项目

按照优化建立的方法参数，分别对实验室间验证样品进行检测，验证方法的特异性、灵敏度和再现性。

7.3 结果分析

依据验证单位出具的验证报告，从以下方面对所制定的方法进行综合分析：

a) 特异性分析：只有阳性对照样品和含有靶序列的特异性测试样品检测出预期 DNA 片段及带型，其他样品未检测出预期 DNA 片段及带型，表明方法的特异性符合要求；

b) 灵敏度分析：根据验证单位灵敏度测试样品的结果进行统计分析，确定方法的灵敏度；

c) 再现性分析：根据特异性和灵敏度样品验证结果的符合性和一致情况，分析方法的实验室间再现性。

ICS 65.020.01
B 04

中华人民共和国国家标准

农业农村部公告第323号—10—2020

转基因植物及其产品成分检测 耐除草剂大豆GTS40-3-2及其衍生品种定量PCR方法

Detection of genetically modified plants and derived products—Quantitative PCR method for herbicide-tolerant soybean GTS40-3-2 and its derivates

2020-08-04 发布　　2020-11-01 实施

中华人民共和国农业农村部 发布

前　　言

本标准按照 GB/T 1.1—2009 给出的规则起草。

请注意本文件的某些内容可能涉及专利。本文件的发布机构不承担识别这些专利的责任。

本标准由中华人民共和国农业农村部提出。

本标准由全国农业转基因生物安全管理标准化技术委员会归口。

本标准起草单位:农业农村部科技发展中心、黑龙江省农业科学院农产品质量安全研究所、上海市农业科学院、中国农业科学院生物技术研究所、上海交通大学、天津市农业科学院。

本标准主要起草人:温洪涛、梁晋刚、丁一佳、张旭冬、刘华、杨洋、李亮、关海涛、樊春海、兰青阔、张瑞英。

转基因植物及其产品成分检测 耐除草剂大豆 GTS40-3-2 及其衍生品种定量 PCR 方法

1 范围

本标准规定了转基因耐除草剂大豆 GTS40-3-2 转化体特异性定量 PCR 检测方法。

本标准适用于转基因耐除草剂大豆 GTS40-3-2 及其衍生品种，以及制品中 GTS40-3-2 转化体的定量 PCR 检测。

2 规范性引用文件

下列文件对于本文件的应用是必不可少的。凡是注日期的引用文件，仅注日期的版本适用于本文件。凡是不注日期的引用文件，其最新版本（包括所有的修改单）适用于本文件。

农业部 1485 号公告—4—2010 转基因植物及其产品成分检测 DNA 提取和纯化

农业部 2031 号公告—19—2013 转基因植物及其产品成分检测 抽样

NY/T 672 转基因植物及其产品检测 通用要求

3 术语和定义

下列术语和定义适用于本文件。

3.1

GTS40-3-2 转化体特异性序列 event-specific sequence of GTS40-3-2

GTS40-3-2 的外源插入片段 5′端与大豆基因组的连接区序列，包括大豆基因组序列及转化载体 T-DNA 部分序列。

4 原理

根据耐除草剂大豆 GTS40-3-2 转化体特异性序列和 *Lectin* 内标准基因特异性序列设计引物和 *Taq*Man 荧光探针，对标准样品和试样同时进行实时荧光定量 PCR 扩增。根据标准样品模板拷贝数与 *Ct* 值间的线性关系，分别绘制外源基因和内标准基因的标准曲线。计算试样中 GTS40-3-2 转化体和 *Lectin* 内标准基因的拷贝数及其比值。

5 试剂和材料

除非另有说明，仅使用分析纯试剂和重蒸馏水。

5.1 *Taq*Man 荧光定量 PCR 扩增试剂盒。

5.2 10 mol/L 氢氧化钠（NaOH）溶液：在 160 mL 水中加入 80.0 g 氢氧化钠，溶解后，冷却至室温，再加水定容至 200 mL。

5.3 500 mmol/L 乙二胺四乙酸二钠（EDTA-Na_2）溶液（pH 8.0）：称取 18.6 g 乙二胺四乙酸二钠，加入 70 mL 水中，缓慢滴加氢氧化钠溶液（见 5.2）直至 EDTA-Na_2完全溶解，用氢氧化钠溶液（见 5.2）调 pH 至 8.0，加水定容至 100 mL。在 103.4 kPa（121℃）条件下灭菌 20 min。

5.4 1 mol/L 三羟甲基氨基甲烷-盐酸（Tris-HCl）溶液（pH 8.0）：称取 121.1 g 三羟甲基氨基甲烷溶解于800 mL 水中，用盐酸调 pH 至 8.0，加水定容至 1 000 mL。在 103.4 kPa（121℃）条件下灭菌 20 min。

5.5 TE 缓冲液（pH 8.0）：分别量取 10 mL 三羟甲基氨基甲烷-盐酸溶液（见 5.4）和 2 mL 乙二胺四乙酸二钠溶液（见 5.3），加水定容至 1 000 mL。在 103.4 kPa（121℃）条件下灭菌 20 min。

5.6 引物和探针

5.6.1 *Lectin* 基因

Lectin-F:5′-TGGTGAGCGTTTTGCAGTCT-3′;

Lectin-R:5′-CTGATCCACTAGCAGGAGGTCC-3′;

Lectin-P:5′-TGTTGTGCTGCCAATGTGGCCTG-3′。

预期扩增片段大小为 74 bp(参见附录 A 中的 A.1)。

注:*Lectin-P* 为 *Lectin* 基因的 *Taq*Man 探针,其 5′端标记荧光报告基团(如 FAM、HEX 等),3′端标记对应的荧光淬灭基团(如 TAMRA、BHQ1 等)。

5.6.2 GTS40-3-2 转化体特异性序列

GTS40-3-2-F:5′-TTCATTCAAAATAAGATCATACATACAGGTT-3′;

GTS40-3-2-R:5′-GGCATTTGTAGGAGCCACCTT-3′ ;

GTS40-3-2-P:5′-CCTTTTCCATTTGGG-3′。

预期扩增片段大小为 84 bp(参见 A.2)。

注:GTS40-3-2-P 为 GTS40-3-2 转化体的 *Taq*Man 探针,其 5′端标记荧光报告基团(如 FAM、HEX 等),3′端标记的荧光淬灭基团应选择 MGBNFQ。

5.7 引物和探针溶液

用 TE 缓冲液(见 5.5)或水分别将上述引物和探针稀释到 10 μmol/L。

注:探针需避光保存。

6 主要仪器和设备

6.1 分析天平:感量 0.1 g 和 0.1 mg。

6.2 实时荧光定量 PCR 扩增仪。

6.3 核酸定量仪。

6.4 重蒸馏水发生器或纯水仪。

7 操作步骤

7.1 抽样

按 NY/T 672 和农业部 2031 号公告—19—2013 的规定执行。

7.2 试样制备

按 NY/T 672 和农业部 2031 号公告—19—2013 的规定执行。

7.3 试样预处理

按农业部 1485 号公告—4—2010 的规定执行。

7.4 DNA 模板制备

7.4.1 试样 DNA 模板制备

按农业部 1485 号公告—4—2010 的规定执行。

7.4.2 标准样品 DNA 模板制备

7.4.2.1 标准曲线样品制备

采用相同的标准样品绘制 GTS40-3-2 转化体和 *Lectin* 基因的标准曲线。提取 GTS40-3-2 标准样品基因组 DNA,用 0.1×TE 或水稀释至 1.77×10^4 copies/μL～8.85×10^4 copies/μL(相当于 20 ng/μL～100 ng/μL),作为初始模板。然后再用 0.1×TE 缓冲液梯度稀释初始模板,制备不同浓度的 GTS40-3-2 标准溶液。标准溶液至少涵盖 5 个 GTS40-3-2 浓度梯度,最低浓度等于或小于 20 copies/μL,最高浓度大于或等于 1.77×10^4 copies/μL。

7.4.2.2 定量极限对照样品制备

将 GTS40-3-2 标准样品基因组 DNA 用 0.1×TE 稀释到平均 20 copies/μL,作为定量极限对照样品。

7.4.2.3 检测极限对照样品制备

将 GTS40-3-2 标准样品基因组 DNA 用 0.1×TE 稀释到平均 3 copies/μL，作为检测极限对照样品。

7.4.2.4 阴性对照样品制备

提取非转基因大豆材料的 DNA，作为 GTS40-3-2 转化体检测的阴性对照；提取非大豆材料的 DNA（如鲑鱼精子 DNA），作为 *Lectin* 基因检测的阴性对照。

7.4.2.5 空白对照样品制备

用纯水作为空白对照样品。

7.5 PCR 扩增

7.5.1 同时进行标准样品和试样的 PCR 扩增，每个 PCR 扩增设置 3 次平行。

7.5.2 GTS40-3-2 转化体和 *Lectin* 基因实时荧光定量 PCR 扩增体系均按照表 1 在 PCR 扩增管中依次加入反应试剂，混匀。

7.5.3 将 PCR 管放在离心机上，500 *g*～3 000 *g* 离心 10 s，然后取出 PCR 管，放入实时荧光定量 PCR 仪中。

7.5.4 运行实时荧光定量 PCR 扩增。反应程序为：95℃、10 min，95℃、15 s，60℃、60 s，循环数 45；在第二阶段的退火延伸(60℃)时段收集荧光信号。

注：可根据仪器和试剂要求对反应参数作适当调整。

7.5.5 实时荧光定量 PCR 扩增至少重复 3 次实验。

表 1 实时荧光定量 PCR 扩增体系

试剂	终浓度	体积
*Taq*Man 反应液	1×	—
10 μmol/L GTS40-3-2-F	0.4 μmol/L	1.0 μL
10 μmol/L GTS40-3-2-R	0.4 μmol/L	1.0 μL
10 μmol/L GTS40-3-2-P	0.2 μmol/L	0.5 μL
DNA 模板		2.0 μL
ddH_2O		—
总体积		25.0 μL
根据仪器要求，可对反应体系做适当调整。“—”表示体积不确定。根据 *Taq*Man 反应液的浓度确定其体积，并相应调整 ddH_2O 的体积，使反应体系总体积达到 25.0 μL。		

7.6 数据分析

7.6.1 设定阈值

实时荧光定量 PCR 扩增结束后，以 PCR 刚好进入指数期扩增来设置荧光信号阈值，并根据仪器噪声情况进行调整。

7.6.2 记录 *Ct* 值

设定阈值后，荧光定量 PCR 仪的数据分析软件自动计算每个反应的 *Ct* 值，并记录。

7.6.3 绘制标准曲线

根据标准溶液的扩增 *Ct* 值和初始模板拷贝数的对数间的线性关系，分别绘制 GTS40-3-2 转化体和 *Lectin* 基因的标准曲线。

标准曲线按式(1)计算。

$$y = ax + b \quad \cdots\cdots (1)$$

式中：

y ——测试样品的 *Ct* 值；

a ——标准曲线的斜率；

x ——模板拷贝数以 10 为底数的对数；

b ——标准曲线的截距。

7.6.4 数据可接受的标准

7.6.4.1 GTS40-3-2 转化体和 *Lectin* 基因的阴性对照和空白对照无典型扩增曲线，或 *Ct* 值≥40。

7.6.4.2 GTS40-3-2 转化体和 *Lectin* 基因的检测极限对照有典型扩增曲线，且 *Ct* 值≤38。

7.6.4.3 标准曲线的 R^2≥0.98，标准曲线斜率为－3.6～－3.1。

7.6.4.4 同时满足 7.6.4.1～7.6.4.3 的条件，进行结果计算；否则，重新进行 PCR 扩增。

7.6.5 含量计算

7.6.5.1 试样中模板拷贝数的计算

当 GTS40-3-2 转化体和 *Lectin* 基因的 *Ct* 值小于或等于定量极限对照样品的 *Ct* 值时，按式(2)计算试样中 GTS40-3-2 转化体和 *Lectin* 基因的模板拷贝数。

$$n = 10^{\frac{y-b}{a}} \tag{2}$$

式中：

n——模板拷贝数。

7.6.5.2 试样中 GTS40-3-2 转化体含量的计算

按式(3)计算试样中 GTS40-3-2 转化体的百分含量。

$$C = \frac{n_{GTS}}{n_{Lec}} \times 100 \tag{3}$$

式中：

C ——试样中 GTS40-3-2 的百分含量，单位为百分号(%)；

n_{GTS}——GTS40-3-2 转化体拷贝数；

n_{Lec} ——*Lectin* 基因拷贝数。

7.6.5.3 测量结果不确定度的计算

按式(4)计算测试重复性试验引入的不确定度。

$$U = 2\sqrt{0.0144^2 + (C \times 0.0625)^2} \tag{4}$$

式中：

U ——扩展不确定度；

C ——试样中 GTS40-3-2 的百分含量，单位为百分号(%)。

8 结果分析与表述

8.1 *Lectin* 基因和 GTS40-3-2 转化体均出现典型扩增曲线，且 *Ct* 值均小于或等于定量极限对照样品的 *Ct* 值，表明样品中检出耐除草剂大豆 GTS40-3-2 转化体，表述为"样品中检测出 GTS40-3-2 转化体，GTS40-3-2 转化体含量为 $C \pm U$"。

8.2 *Lectin* 基因和 GTS40-3-2 转化体出现典型扩增曲线，*Lectin* 内标准基因 *Ct* 值小于或等于定量极限对照样品的 *Ct* 值，GTS40-3-2 转化体 *Ct* 值大于定量极限对照样品的 *Ct* 值且小于或等于检测极限对照样品的 *Ct* 值，表明样品中检出耐除草剂大豆 GTS40-3-2 转化体，表述为"样品中检测出 GTS40-3-2 转化体，GTS40-3-2 转化体含量低于定量极限"。

8.3 GTS40-3-2 转化体未出现典型扩增曲线，或 *Ct* 值大于检测极限对照样品的 *Ct* 值，表明样品中耐除草剂大豆 GTS40-3-2 转化体含量低于检测极限，表述为"样品中未检测出 GTS40-3-2 转化体，检测结果为阴性"。

9 检出限

本标准方法的检测极限(LOD)为 6 个拷贝。

本标准方法的定量极限(LOQ)为 40 个拷贝。

附 录 A
(资料性附录)
大豆 *Lectin* 内标基因序列和耐除草剂大豆 GTS40-3-2 转化体特异性序列

A.1 大豆内标 *Lectin* 基因序列

1 CCAGCTTCGC CGCTTCCTTC AACTTCACCT TCTATGCCCC TGACACAAAA

51 AGGCTTGCAG ATGGGCTTGC CTTC

注 1:序列方向为 5′-3′。

注 2:5′端单下划线部分为 *Lectin*-F 引物序列,3′端单下划线部分为 *Lectin*-R 引物的反向互补序列,双划线部分为探针 *Lectin*-P 序列。

A.2 耐除草剂大豆 GTS40-3-2 转化体特异性序列

1 TTCATTCAAA ATAAGATCAT ACATACAGGT TAAAATAAAC ATAGGGAACC

51 CAAATGGAAA AGGAAGGTGG CTCCTACAAA TGCC

注 1:序列方向为 5′-3′。

注 2:5′端单下划线部分为 GTS40-3-2-F 引物序列,3′端单下划线部分为 GTS40-3-2-R 引物的反向互补序列,双划线部分为探针 GTS40-3-2-P 序列。

注 3:1～54 为大豆基因组部分序列,55～84 为外源插入片段部分序列。

ICS 65.020.01
B 04

中华人民共和国国家标准

农业农村部公告第323号—11—2020

转基因植物及其产品成分检测 品质改良苜蓿KK179及其衍生品种 定性PCR方法

Detection of genetically modified plants and derived products—Qualitative PCR method for quality-improved alfalfa KK179 and its derivates

2020-08-04 发布　　2020-11-01 实施

中华人民共和国农业农村部　发布

前　　言

本标准按照 GB/T 1.1—2009 给出的规则起草。

请注意本文件的某些内容可能涉及专利。本文件的发布机构不承担识别这些专利的责任。

本标准由中华人民共和国农业农村部提出。

本标准由全国农业转基因生物安全管理标准化技术委员会归口。

本标准起草单位:农业农村部科技发展中心。

本标准主要起草人:宋贵文、梁晋刚、李夏莹、刘鹏程、张秀杰、杨洋、章秋艳、李文龙、王颢潜、张旭冬。

转基因植物及其产品成分检测
品质改良苜蓿 KK179 及其衍生品种定性 PCR 方法

1 范围

本标准规定了转基因品质改良苜蓿 KK179 转化体特异性定性 PCR 检测方法。

本标准适用于转基因品质改良苜蓿 KK179 及其衍生品种，以及制品中 KK179 转化体成分的定性 PCR 检测。

2 规范性引用文件

下列文件对于本文件的应用是必不可少的。凡是注日期的引用文件，仅注日期的版本适用于本文件。凡是不注日期的引用文件，其最新版本(包括所有的修改单)适用于本文件。

农业部 1485 号公告—4—2010 转基因植物及其产品成分检测 DNA 提取和纯化

农业部 2031 号公告—19—2013 转基因植物及其产品成分检测 抽样

农业部 2122 号公告—6—2014 转基因植物及其产品成分检测 耐除草剂苜蓿 J163 及其衍生品种定性 PCR 方法

NY/T 672 转基因植物及其产品检测 通用要求

3 术语和定义

农业部 2122 号公告—6—2014 界定的以及下列术语和定义适用于本文件。

3.1

KK179 转化体特异性序列 event-specific sequence of KK179

KK179 的外源插入片段 5′端与苜蓿基因组的连接区序列，包括苜蓿基因组序列及转化载体 T-DNA 部分序列。

4 原理

根据品质改良苜蓿 KK179 转化体特异性序列设计特异性引物，对试样进行 PCR 扩增。依据是否扩增获得预期的 DNA 片段，判断样品中是否含有品质改良苜蓿 KK179 转化体成分。

5 试剂和材料

除非另有说明，仅使用分析纯试剂和重蒸馏水。

5.1 琼脂糖。

5.2 10 g/L 溴化乙锭(EB)溶液：称取 1.0 g 溴化乙锭，溶解于 100 mL 水中，避光保存。

警告——溴化乙锭有致癌作用，配制和使用时应戴一次性手套操作并妥善处理废弃物。

注：根据需要可选择其他效果相当的核酸染料代替溴化乙锭作为核酸电泳的染色剂。

5.3 10 mol/L 氢氧化钠(NaOH)溶液：在 160 mL 水中加入 80.0 g 氢氧化钠，溶解后，冷却至室温，再加水定容至 200 mL。

5.4 500 mmol/L 乙二胺四乙酸二钠($EDTA-Na_2$)溶液(pH 8.0)：称取 18.6 g 乙二胺四乙酸二钠，加入 70 mL 水中，缓慢滴加氢氧化钠溶液(见 5.3)直至 $EDTA-Na_2$ 完全溶解，用氢氧化钠溶液(见 5.3)调 pH 至 8.0，加水定容至 100 mL。在 103.4 kPa(121℃)条件下灭菌 20 min。

5.5 1 mol/L 三羟甲基氨基甲烷-盐酸(Tris-HCl)溶液(pH 8.0)：称取 121.1 g 三羟甲基氨基甲烷溶解于 800 mL水中，用盐酸调 pH 至 8.0，加水定容至 1 000 mL。在 103.4 kPa(121℃)条件下灭菌 20 min。

5.6 TE 缓冲液(pH 8.0):分别量取 10 mL 三羟甲基氨基甲烷-盐酸溶液(见 5.5)和 2 mL 乙二胺四乙酸二钠溶液(见 5.4),加水定容至 1 000 mL。在 103.4 kPa(121℃)条件下灭菌 20 min。

5.7 50×TAE 缓冲液:称取 242.2 g 三羟甲基氨基甲烷(Tris),先用 500 mL 水加热搅拌溶解后,加入 100 mL 乙二胺四乙酸二钠溶液(见 5.4),用冰乙酸调 pH 至 8.0,然后加水定容至 1 000 mL。使用时用水稀释成 1×TAE。

5.8 加样缓冲液:称取 250.0 mg 溴酚蓝,加入 10 mL 水,在室温下溶解 12 h;称取 250.0 mg 二甲基苯腈蓝,加 10 mL 水溶解;称取 50.0 g 蔗糖,加 30 mL 水溶解。混合以上 3 种溶液,加水定容至 100 mL,在 4℃下保存。

5.9 DNA 分子量标准:可以清楚地区分 100 bp～1 000 bp 的 DNA 片段。

5.10 dNTPs 混合溶液:将浓度为 10 mmol/L 的 dATP、dTTP、dGTP、dCTP 4 种脱氧核糖核苷酸溶液等体积混合。

5.11 *Taq* DNA 聚合酶、PCR 扩增缓冲液及 25 mmol/L 氯化镁($MgCl_2$)溶液。

5.12 **Mt *Acc* 基因引物(见农业部 2122 号公告—6—2014)**

Acc-F:5′-GATCAGTGAACTTCGCAAAGTAC-3′;

Acc-R:5′-GAGGGATGCTGCTACTTTGATG-3′。

预期扩增目标片段大小为 154 bp。

5.13 **KK179 转化体特异性序列引物**

KK179-F:5′-CCGGACAATTTCCAATGCAAAAAT-3′;

KK179-R:5′-ATTTCCCGGACATGAAGCCAT-3′。

预期扩增目标片段大小为 194 bp(参见附录 A)。

5.14 引物溶液:用 TE 缓冲液(见 5.6)或水分别将上述引物稀释到 10 μmol/L。

5.15 石蜡油。

5.16 DNA 提取试剂盒。

5.17 定性 PCR 试剂盒。

5.18 PCR 产物回收试剂盒。

6 主要仪器和设备

6.1 分析天平:感量 0.1 g 和 0.1 mg。

6.2 PCR 扩增仪:升降温速度>1.5℃/s,孔间温度差异<1.0℃。

6.3 电泳槽、电泳仪等电泳装置。

6.4 凝胶成像系统或照相系统。

7 分析步骤

7.1 抽样

按 NY/T 672 和农业部 2031 号公告—19—2013 的规定执行。

7.2 试样制备

按 NY/T 672 和农业部 2031 号公告—19—2013 的规定执行。

7.3 试样预处理

按农业部 1485 号公告—4—2010 的规定执行。

7.4 DNA 模板制备

按农业部 1485 号公告—4—2010 的规定执行。

7.5 PCR 扩增

7.5.1 试样 PCR 扩增

7.5.1.1 **苜蓿内标准基因 PCR 扩增**

按农业部 2122 号公告—6—2014 中 7.5.1 的规定执行。

7.5.1.2 转化体特异性序列 PCR 扩增

7.5.1.2.1 每个试样 PCR 扩增设置 3 个平行。

7.5.1.2.2 在 PCR 管中按表 1 依次加入反应试剂，混匀，再加 25 μL 石蜡油(有热盖功能的 PCR 仪可不加)。也可采用经验证的、效果相当的定性 PCR 试剂盒配制反应体系。

表 1 定性 PCR 扩增体系

试剂	终浓度	体积
ddH_2O		—
10×PCR 缓冲液	1×	2.5 μL
25 mmol/L 氯化镁溶液	1.5 mmol/L	1.5 μL
dNTPs 混合溶液(各 2.5 mmol/L)	0.2 mmol/L	2.0 μL
10 μmol/L KK179-F	0.2 μmol/L	0.5 μL
10 μmol/L KK179-R	0.2 μmol/L	0.5 μL
Taq DNA 聚合酶	0.025 U/μL	—
25 mg/L DNA 模板	2.0 mg/L	2.0 μL
总体积		25.0 μL
"—"表示体积不确定，如果 PCR 缓冲液中含有氯化镁，则不加氯化镁溶液，根据 *Taq* 酶的浓度确定其体积，并相应调整 ddH_2O 的体积，使反应体系总体积达到 25.0 μL。 若采用定性 PCR 试剂盒，则按试剂盒说明书的推荐用量配制反应体系，但上下游引物用量按表 1 执行。		

7.5.1.2.3 将 PCR 管放在离心机上，500 *g*～3 000 *g* 离心 10 s，然后取出 PCR 管，放入 PCR 仪中。

7.5.1.2.4 进行 PCR 扩增。反应程序为：94℃变性 5 min；94℃变性 30 s，58℃退火 30 s，72℃延伸 30 s，共进行 35 次循环；72℃延伸 7 min；10℃保存。

7.5.1.2.5 反应结束后取出 PCR 管，对 PCR 扩增产物进行电泳检测。

7.5.2 **对照 PCR 扩增**

在试样 PCR 扩增的同时，应设置 PCR 阳性对照、PCR 阴性对照和 PCR 空白对照。

以品质改良苜蓿 KK179 为阳性对照(品质改良苜蓿 KK179 的质量分数为 0.1%～1.0%的苜蓿基因组 DNA，或品质改良苜蓿 KK179 转化体特异性序列与苜蓿基因组内标准基因相比的拷贝数分数为 0.1%～1.0%的 DNA 溶液)；以非转基因苜蓿基因组 DNA 作为阴性对照；以水作为空白对照。

除模板外，对照 PCR 扩增与试样 PCR 扩增相同(见 7.5.1)。

7.6 PCR 产物电泳检测

按 20 g/L 的质量浓度称量琼脂糖，加入 1×TAE 缓冲液中，加热溶解，配制成琼脂糖溶液。每 100 mL 琼脂糖溶液中加入 5 μL EB 溶液或适量的其他核酸染料，混匀，稍适冷却后，将其倒入电泳板上，插上梳板，室温下凝固成凝胶后，放入 1×TAE 缓冲液中，垂直向上轻轻拔去梳板。取 12 μL PCR 产物与 3 μL 加样缓冲液混合后加入凝胶点样孔，同时在其中一个点样孔中加入 DNA 分子量标准，接通电源在 2 V/cm～5 V/cm 条件下电泳检测。

7.7 凝胶成像分析

电泳结束后，取出琼脂糖凝胶，置于凝胶成像仪上成像。根据 DNA 分子量标准估计扩增条带的大小，将电泳结果形成电子文件存档或用照相系统拍照。如需通过序列分析确认 PCR 扩增片段是否为目的 DNA 片段，按照 7.8 和 7.9 的规定执行。

7.8 PCR 产物回收

按 PCR 产物回收试剂盒说明书，回收 PCR 扩增的 DNA 片段。

7.9 PCR 产物测序验证

将回收的 PCR 产物克隆测序，与品质改良苜蓿 KK179 转化体特异性序列(参见附录 A)进行比对，确定 PCR 扩增的 DNA 片段是否为目的 DNA 片段。

8 结果分析与表述

8.1 对照检测结果分析

PCR 扩增中，阳性对照苜蓿内标准基因和品质改良苜蓿 KK179 转化体特异性序列均得到扩增，而阴性对照仅扩增出苜蓿内标准基因片段，空白对照没有扩增片段，表明 PCR 检测反应体系正常工作，方可按 8.2 进行判断。否则，重新检测。

8.2 样品检测结果分析和表述

8.2.1 试样苜蓿内标准基因和品质改良苜蓿 KK179 转化体特异性序列均得到扩增，表明样品中检测出品质改良苜蓿 KK179 转化体成分，表述为"样品中检测出品质改良苜蓿 KK179 转化体成分，检测结果为阳性"。

8.2.2 试样苜蓿内标准基因片段得到扩增，而品质改良苜蓿 KK179 转化体特异性序列未得到扩增，表明样品中未检测出品质改良苜蓿 KK179 转化体成分，表述为"样品中未检测出品质改良苜蓿 KK179 转化体成分，检测结果为阴性"。

8.2.3 试样苜蓿内标准基因片段未得到扩增，表明样品中未检测出苜蓿成分，表述为"样品中未检测出苜蓿基因组 DNA 成分，检测结果为阴性"。

注：3 个平行的 PCR 扩增结果出现不一致的，应重做 PCR 扩增样品 2 次，最终以多数结果为准。

9 检出限

本标准方法的检出限为 0.1%（含靶序列样品 DNA/总样品 DNA）。

注：本标准的检出限是在 PCR 检测反应体系中加入 50 ng DNA 模板进行测算的。

附 录 A
（资料性附录）
品质改良苜蓿 KK179 转化体特异性序列

1 CCGGACAATT TCCAATGCAA AAATTGCTAC TTTTATATGC TTAAACAATG
51 CCCTTAGGGC ACTTGTTAGC ATTTTCCTAA AAATAATAGA TACAGTTGAA
101 ATCGTATTTG AAATTAATTA AGTAGATATT TAAATCGAAT CAAACCACAA
151 TTGATAATAA TCTTCAATTG TAAATGGCTT CATGTCCGGG AAAT

注 1：序列方向为 5′-3′。

注 2：5′端下划线部分为 KK179-F 引物序列，3′端下划线部分为 KK179-R 引物的反向互补序列。

注 3：1～162 为苜蓿基因组序列，163～194 为外源插入片段部分序列。

ICS 65.020.01
B 04

中华人民共和国国家标准

农业农村部公告第323号—12—2020

转基因植物及其产品成分检测 耐除草剂玉米G1105E-823C及其衍生品种定性PCR方法

Detection of genetically modified plants and derived products—Qualitative PCR method for herbicide-tolerant maize G1105E-823C and its derivates

2020-08-04 发布　　2020-11-01 实施

中华人民共和国农业农村部　发布

前　言

本标准按照 GB/T 1.1—2009 给出的规则起草。

请注意本文件的某些内容可能涉及专利。本文件的发布机构不承担识别这些专利的责任。

本标准由中华人民共和国农业农村部提出。

本标准由全国农业转基因生物安全管理标准化技术委员会归口。

本标准起草单位:农业农村部科技发展中心、黑龙江省农业科学院农产品质量安全研究所、中国农业科学院生物技术研究所、天津市农业科学院、农业农村部环境保护科研监测所。

本标准主要起草人:温洪涛、张秀杰、关海涛、梁晋刚、丁一佳、张瑞英、章秋艳、李亮、兰青阔。

转基因植物及其产品成分检测 耐除草剂玉米 G1105E-823C 及其衍生品种定性 PCR 方法

1 范围

本标准规定了转基因耐除草剂玉米 G1105E-823C 转化体特异性普通 PCR 和实时荧光 PCR 两种检测方法。

本标准适用于转基因耐除草剂玉米 G1105E-823C 及其衍生品种，以及制品中 G1105E-823C 转化体成分的定性 PCR 检测。

2 规范性引用文件

下列文件对于本文件的应用是必不可少的。凡是注日期的引用文件，仅注日期的版本适用于本文件。凡是不注日期的引用文件，其最新版本(包括所有的修改单)适用于本文件。

农业部 1485 号公告—4—2010　转基因植物及其产品成分检测　DNA 提取和纯化

农业部 1861 号公告—3—2012　转基因植物及其产品成分检测　玉米内标准基因定性 PCR 方法

农业部 2031 号公告—19—2013　转基因植物及其产品成分检测　抽样

NY/T 672　转基因植物及其产品检测　通用要求

3 术语和定义

农业部 1861 号公告—3—2012 界定的以及下列术语和定义适用于本文件。

3.1

G1105E-823C 转化体特异性序列　event-specific sequence of G1105E-823C

G1105E-823C 的外源插入片段 3′端与玉米基因组的连接区序列，包括转化载体 T-DNA 部分序列和玉米基因组序列。

4 原理

根据耐除草剂玉米 G1105E-823C 转化体特异性序列设计特异性引物及探针，对试样进行 PCR 扩增。依据是否扩增获得预期的 DNA 片段或典型扩增曲线，判断样品中是否含有耐除草剂玉米 G1105E-823C 转化体成分。

5 试剂和材料

除非另有说明，仅使用分析纯试剂和重蒸馏水。

5.1　琼脂糖。

5.2　10 g/L 溴化乙锭(EB)溶液：称取 1.0 g 溴化乙锭，溶解于 100 mL 水中，避光保存。

警告——溴化乙锭有致癌作用，配制和使用时应戴一次性手套操作并妥善处理废弃物。

注：根据需要可选择其他效果相当的核酸染料代替溴化乙锭作为核酸电泳的染色剂。

5.3　10 mol/L 氢氧化钠(NaOH)溶液：在 160 mL 水中加入 80.0 g 氢氧化钠，溶解后，冷却至室温，再加水定容至 200 mL。

5.4　500 mmol/L 乙二胺四乙酸二钠($EDTA-Na_2$)溶液(pH 8.0)：称取 18.6 g 乙二胺四乙酸二钠，加入 70 mL 水中，缓慢滴加氢氧化钠溶液(见 5.3)直至 $EDTA-Na_2$ 完全溶解，用氢氧化钠溶液(见 5.3)调 pH 至 8.0，加水定容至 100 mL。在 103.4 kPa(121℃)条件下灭菌 20 min。

5.5　1 mol/L 三羟甲基氨基甲烷-盐酸(Tris-HCl)溶液(pH 8.0)：称取 121.1 g 三羟甲基氨基甲烷溶解于

800 mL 水中，用盐酸调 pH 至 8.0，加水定容至 1 000 mL。在 103.4 kPa(121℃)条件下灭菌 20 min。

5.6 TE 缓冲液(pH 8.0)：分别量取 10 mL 三羟甲基氨基甲烷-盐酸溶液(见 5.5)和 2 mL 乙二胺四乙酸二钠溶液(见 5.4)，加水定容至 1 000 mL。在 103.4 kPa(121℃)条件下灭菌 20 min。

5.7 50×TAE 缓冲液：称取 242.2 g 三羟甲基氨基甲烷(Tris)，先用 500 mL 水加热搅拌溶解后，加入 100 mL 乙二胺四乙酸二钠溶液(见 5.4)，用冰乙酸调 pH 至 8.0，然后加水定容至 1 000 mL。使用时用水稀释成 1×TAE。

5.8 加样缓冲液：称取 250.0 mg 溴酚蓝，加入 10 mL 水，在室温下溶解 12 h；称取 250.0 mg 二甲基苯腈蓝，加 10 mL 水溶解；称取 50.0 g 蔗糖，加 30 mL 水溶解。混合以上 3 种溶液，加水定容至 100 mL，在 4℃下保存。

5.9 DNA 分子量标准：可以清楚地区分 100 bp～1 000 bp 的 DNA 片段。

5.10 dNTPs 混合溶液：将浓度为 10 mmol/L 的 dATP、dTTP、dGTP、dCTP 4 种脱氧核糖核苷酸溶液等体积混合。

5.11 *Taq* DNA 聚合酶、PCR 扩增缓冲液及 25 mmol/L 氯化镁($MgCl_2$)溶液。

5.12 玉米内标准基因 *zSSIIb* 基因引物(见农业部 1861 号公告—3—2012)

5.12.1 普通 PCR 方法引物

zSSIIb-1F：5′-CTCCCAATCCTTTGACATCTGC-3′；

zSSIIb-2R：5′-TCGATTTCTCTCTTGGTGACAGG -3′。

预期扩增目的片段大小为 151 bp。

5.12.2 实时荧光 PCR 方法引物/探针

zSSIIb-3F：5′-CGGTGGATGCTAAGGCTGATG -3′；

zSSIIb-4R：5′-AAAGGGCCAGGTTCATTATCCTC-3′；

zSSIIb-P：5′-FAM-TAAGGAGCACTCGCCGCCGCATCTG -BHQ1-3′。

预期扩增目的片段大小为 88 bp。

5.13 G1105E-823C 转化体特异性序列引物

5.13.1 普通 PCR 方法引物

G1105E-823C-F：5′-CCGAATTAATTCGGCGTTAATTC-3′；

G1105E-823C-R：5′-AATTGATAGATCCCGACATAAAC-3′。

预期扩增目的片段大小为 203 bp(参见附录 A)。

5.13.2 实时荧光 PCR 方法引物/探针

G1105E-823C-QF：5′-TAAGCGTCAATTTGTTTACACCAC-3′；

G1105E-823C-QR：5′-GATCCCGACATAAACCAAAAAGCAT-3′；

G1105E-823C-P：5′-ACCGTGATAAACTCTTTCGGAAGTTTGGTTGATGGA-3′。

预期扩增目的片段大小为 133 bp(参见附录 A)。

注：G1105E-823C-P 为 G1105E-823C 转化体特异性序列的 *Taq*Man 探针，其 5′端标记荧光报告基团(如 FAM、HEX 等)，3′端标记对应的淬灭基团(如 TAMRA、BHQ1 等)。

5.14 引物溶液：用 TE 缓冲液(见 5.6)或水分别将上述引物或探针稀释到 10 μmol/L。

5.15 石蜡油。

5.16 DNA 提取试剂盒。

5.17 定性 PCR 试剂盒。

5.18 PCR 产物回收试剂盒。

5.19 实时荧光 PCR 试剂盒。

6 主要仪器和设备

6.1 分析天平：感量 0.1 g 和 0.1 mg。

6.2 PCR 扩增仪:升降温速度>1.5℃/s,孔间温度差异<1.0℃。

6.3 实时荧光 PCR 仪。

6.4 电泳槽、电泳仪等电泳装置。

6.5 凝胶成像系统或照相系统。

7 分析步骤

7.1 抽样

按 NY/T 672 和农业部 2031 号公告—19—2013 的规定执行。

7.2 试样制备

按 NY/T 672 和农业部 2031 号公告—19—2013 的规定执行。

7.3 试样预处理

按农业部 1485 号公告—4—2010 的规定执行。

7.4 DNA 模板制备

按农业部 1485 号公告—4—2010 的规定执行。

7.5 PCR 扩增

7.5.1 普通 PCR 方法

7.5.1.1 试样 PCR 扩增

7.5.1.1.1 玉米内标准基因 PCR 扩增

按农业部 1861 号公告—3—2012 中 7.5.1 的规定执行。

7.5.1.1.2 转化体特异性序列 PCR 扩增

7.5.1.1.2.1 每个试样 PCR 扩增设置 3 个平行。

7.5.1.1.2.2 在 PCR 管中按表 1 依次加入反应试剂,混匀,再加 25 μL 石蜡油(有热盖功能的 PCR 仪可不加)。也可采用经验证的、效果相当的定性 PCR 试剂盒配制反应体系。

表 1 普通 PCR 扩增体系

试剂	终浓度	体积
ddH_2O		—
10×PCR 缓冲液	1×	2.5 μL
25 mmol/L 氯化镁溶液	1.5 mmol/L	1.5 μL
dNTPs 混合溶液(各 2.5 mmol/L)	0.2 mmol/L	2.0 μL
10 μmol/L G1105E-823C-F	0.4 μmol/L	1.0 μL
10 μmol/L G1105E-823C-R	0.4 μmol/L	1.0 μL
Taq DNA 聚合酶	0.025 U/μL	—
25 mg/L DNA 模板	2.0 mg/L	2.0 μL
总体积		25.0 μL

"—"表示体积不确定,如果 PCR 缓冲液中含有氯化镁,则不加氯化镁溶液,根据 *Taq* DNA 聚合酶的浓度确定其体积,并相应调整 ddH_2O 的体积,使反应体系总体积达到 25.0 μL。

若采用定性 PCR 试剂盒,则按试剂盒说明书的推荐用量配制反应体系,但上下游引物用量按表 1 执行。

7.5.1.1.2.3 将 PCR 管放在离心机上,500 *g*～3 000 *g* 离心 10 s,然后取出 PCR 管,放入 PCR 仪中。

7.5.1.1.2.4 进行 PCR 扩增。反应程序为:94℃变性 5 min;94℃变性 30 s,58℃退火 30 s,72℃延伸 30 s,共进行 35 次循环;72℃延伸 7 min;10℃保存。

7.5.1.1.2.5 反应结束后取出 PCR 管,对 PCR 扩增产物进行电泳检测。

7.5.1.2 对照 PCR 扩增

在试样 PCR 扩增的同时,应设置 PCR 阳性对照、PCR 阴性对照和 PCR 空白对照。

以耐除草剂玉米 G1105E-823C 为阳性对照(耐除草剂玉米 G1105E-823C 的质量分数为 0.1%～

1.0%的玉米基因组 DNA,或耐除草剂玉米 G1105E-823C 转化体特异性序列与玉米内标准基因相比的拷贝数分数为 0.1%~1.0%的 DNA 溶液);以非转基因玉米基因组 DNA 作为阴性对照;以水作为空白对照。

除模板外,对照 PCR 扩增与试样 PCR 扩增相同(见 7.5.1.1)。

7.5.1.3 **PCR 产物电泳检测**

按 20 g/L 的质量浓度称量琼脂糖,加入 1×TAE 缓冲液中,加热溶解,配制成琼脂糖溶液。每 100 mL琼脂糖溶液中加入 5 μL EB 溶液或适量的其他核酸染料,混匀,稍适冷却后,将其倒入电泳板上,插上梳板,室温下凝固成凝胶后,放入 1×TAE 缓冲液中,垂直向上轻轻拔去梳板。取 12 μL PCR 产物与 3 μL 加样缓冲液混合后加入凝胶点样孔,同时在其中一个点样孔中加入 DNA 分子量标准,接通电源在 2 V/cm~5 V/cm 条件下电泳检测。

7.5.1.4 **凝胶成像分析**

电泳结束后,取出琼脂糖凝胶,置于凝胶成像仪上成像。根据 DNA 分子量标准估计扩增条带的大小,将电泳结果形成电子文件存档或用照相系统拍照。如需通过序列分析确认 PCR 扩增片段是否为目的 DNA 片段,按照 7.5.1.5 和 7.5.1.6 的规定执行。

7.5.1.5 **PCR 产物回收**

按 PCR 产物回收试剂盒说明书,回收 PCR 扩增的 DNA 片段。

7.5.1.6 **PCR 产物测序验证**

将回收的 PCR 产物克隆测序,与耐除草剂玉米 G1105E-823C 转化体特异性序列(参见附录 A)进行比对,确定 PCR 扩增的 DNA 片段是否为目的 DNA 片段。

7.5.2 **实时荧光 PCR 方法**

7.5.2.1 **试样 PCR 扩增**

7.5.2.1.1 **玉米内标准基因 PCR 扩增**

按农业部 1861 号公告—3—2012 中 7.5.2 的规定执行。

7.5.2.1.2 **转化体特异性序列 PCR 扩增**

7.5.2.1.2.1 每个试样 PCR 扩增设置 3 个平行。

7.5.2.1.2.2 在 PCR 管中按表 2 依次加入反应试剂,混匀。也可采用经验证的、效果相当的实时荧光 PCR 试剂盒配制反应体系。

表 2 实时荧光 PCR 扩增体系

试剂	终浓度	体积
ddH_2O		—
10×PCR 缓冲液	1×	2.0 μL
25 mmol/L 氯化镁溶液	2.5 mmol/L	2.0 μL
dNTPs 混合溶液(各 2.5 mmol/L)	0.2 mmol/L	0.4 μL
10 μmol/L G1105E-823C-QF	0.4 μmol/L	0.8 μL
10 μmol/L G1105E-823C-QR	0.4 μmol/L	0.8 μL
10 μmol/L G1105E-823C-P	0.4 μmol/L	0.8 μL
Taq DNA 聚合酶	0.04 U/μL	—
25 mg/L DNA 模板	2.5 mg/L	2.0 μL
总体积		20.0 μL
"—"表示体积不确定。如果 PCR 缓冲液中含有氯化镁,则不加氯化镁溶液,根据 *Taq* 酶的浓度确定其体积,并相应调整 ddH_2O 的体积,使反应体系总体积达到 20.0 μL。 若采用实时荧光 PCR 试剂盒,则按试剂盒说明书的推荐用量配制反应体系,但上下游引物用量按表 2 执行。		

7.5.2.1.2.3 将 PCR 管放在离心机上,500 *g*~3 000 *g* 离心 10 s,然后取出 PCR 管,放入实时荧光 PCR 仪中。

7.5.2.1.2.4 运行实时荧光 PCR 扩增。反应程序为 95℃变性 5 min;95℃变性 15 s,60℃退火延伸60 s,

共进行 40 个循环;在第二阶段的退火延伸(60℃)时段收集荧光信号。

注:不同仪器可根据仪器要求将反应参数作适当调整。

7.5.2.2 对照 PCR 扩增

在试样 PCR 扩增的同时,应设置 PCR 阳性对照、PCR 阴性对照和 PCR 空白对照。

以耐除草剂玉米 G1105E-823C 为阳性对照(耐除草剂玉米 G1105E-823C 质量分数为 0.1%～1.0% 的玉米基因组 DNA,或耐除草剂玉米 G1105E-823C 转化体特异性序列与玉米内标准基因相比的拷贝数分数为 0.1%～1.0%的 DNA 溶液);以非转基因玉米基因组 DNA 作为阴性对照;以水作为空白对照。

除模板外,对照 PCR 扩增与试样 PCR 扩增相同(见 7.5.2.1)。

8 结果分析与表述

8.1 普通 PCR 方法

8.1.1 对照检测结果分析

PCR 扩增中,阳性对照玉米内标准基因和耐除草剂玉米 G1105E-823C 转化体特异性序列均得到扩增,而阴性对照仅扩增出玉米内标准基因片段,空白对照没有扩增片段,表明 PCR 检测反应体系正常工作,方可按 8.1.2 进行判断。否则,重新检测。

8.1.2 样品检测结果分析和表述

8.1.2.1 试样玉米内标准基因和耐除草剂玉米 G1105E-823C 转化体特异性序列均得到扩增,表明样品中检测出耐除草剂玉米 G1105E-823C 转化体成分,表述为"样品中检测出耐除草剂玉米 G1105E-823C 转化体成分,检测结果为阳性"。

8.1.2.2 试样玉米内标准基因片段得到扩增,而耐除草剂玉米 G1105E-823C 转化体特异性序列未得到扩增,表明样品中未检测出耐除草剂玉米 G1105E-823C 转化体成分,表述为"样品中未检测出耐除草剂玉米 G1105E-823C 转化体成分,检测结果为阴性"。

8.1.2.3 试样玉米内标准基因片段未得到扩增,表明样品中未检出玉米成分,结果表述为"样品中未检测出玉米基因组 DNA 成分,检测结果为阴性"。

8.2 实时荧光 PCR 方法

8.2.1 基线与阈值的设定

实时荧光 PCR 扩增结束后,以 PCR 扩增刚好进入指数期来设置荧光信号阈值,并根据仪器噪声情况进行调整。

8.2.2 对照检测结果分析

PCR 扩增中,阳性对照玉米内标准基因和耐除草剂玉米 G1105E-823C 转化体特异性序列均出现典型扩增曲线且 *Ct* 值小于或等于 36;阴性对照仅玉米内标准基因出现典型扩增曲线且 *Ct* 值小于或等于 36;空白对照无典型扩增曲线,荧光信号低于设定的阈值,表明 PCR 检测反应体系正常工作,方可按 8.2.3 进行判断。否则,重新检测。

8.2.3 样品检测结果分析和表述

8.2.3.1 试样玉米内标准基因和耐除草剂玉米 G1105E-823C 转化体特异性序列均出现典型扩增曲线且 *Ct* 值小于或等于 36,表明样品中检测出耐除草剂玉米 G1105E-823C 转化体成分,结果表述为"样品中检测出耐除草剂玉米 G1105E-823C 转化体成分,检测结果为阳性"。

8.2.3.2 试样玉米内标准基因出现典型扩增曲线且 *Ct* 值小于或等于 36,但耐除草剂玉米 G1105E-823C 转化体特异性序列无典型扩增曲线或 *Ct* 值大于 36,表明样品中未检测出耐除草剂玉米 G1105E-823C 转化体成分,结果表述为"样品中未检测出耐除草剂玉米 G1105E-823C 转化体成分,检测结果为阴性"。

8.2.3.3 试样玉米内标准基因未出现典型扩增曲线或 *Ct* 值大于 36,表明样品中未检出玉米成分,表述为"样品中未检测出玉米基因组 DNA 成分,检测结果为阴性"。

注:3 个平行的 PCR 扩增结果出现不一致的,应重做 PCR 扩增样品 2 次,最终以多数结果为准。

9 检出限

9.1 普通 PCR 方法的检出限为 0.1%(含靶序列样品 DNA/总样品 DNA)。

9.2 实时荧光 PCR 方法的检出限为 0.05%(含靶序列样品 DNA/总样品 DNA)。

注:本标准的检出限是在 PCR 检测反应体系中加入 50 ng DNA 模板进行测算的。

附 录 A
(资料性附录)
耐除草剂玉米 G1105E-823C 转化体特异性序列

1 CCGAATTAAT TCGGCGTTAA TTCAGTACAT TAAAAACGTC CGCAATGTGT TATTAAGTTG
61 TCTAAGCGTC AATTTGTTTA CACCACAATA TATCCTGATG TAACCGTGAT AAACTCTTTC
121 GGAAGTTTGG TTGATGGATG ATGTCAATTT TAAATTAGGA CGGAAAGTTT ATGCTTTTTG
181 GTTTATGTCG GGATCTATCA ATT

注 1:序列方向为 5′-3′。

注 2:5′端下划线部分为普通 PCR 方法 G1105E-823C-F 引物序列,3′端下划线部分为普通 PCR 方法 G1105E-823C-R 引物的反向互补序列。5′端阴影部分为实时荧光 PCR 方法 G1105E-823C-QF 引物序列,3′端阴影部分为实时荧光 PCR 方法 G1105E-823C-QR 引物的反向互补序列,中间方框内部为实时荧光 PCR 方法 G1105E-823C-P 探针序列。

注 3:1～97 为玉米基因组序列,98～203 为外源插入片段部分序列。

ICS 65.020.01
B 04

中华人民共和国国家标准

农业农村部公告第 323 号—13—2020

转基因植物及其产品成分检测 *cry1A*基因定性PCR方法

Detection of genetically modified plants and derived products—Qualitative PCR method for *cry1A* gene

2020-08-04 发布　　2020-11-01 实施

中华人民共和国农业农村部 发布

前　　言

本标准按照 GB/T 1.1—2009 给出的规则起草。

请注意本文件的某些内容可能涉及专利。本文件的发布机构不承担识别这些专利的责任。

本标准由中华人民共和国农业农村部提出。

本标准由全国农业转基因生物安全管理标准化技术委员会归口。

本标准起草单位：农业农村部科技发展中心、中国农业科学院生物技术研究所、上海交通大学、安徽省农业科学院、天津市农业科学院、黑龙江省农业科学院。

本标准主要起草人：李亮、宋贵文、刘卫晓、李文龙、宛煜嵩、金芜军、秦瑞英、马卉、樊春海、兰青阔、温洪涛、董美。

转基因植物及其产品成分检测 *cry1A* 基因定性 PCR 方法

1 范围

本标准规定了转 *cry1A* 基因植物中 *cry1A* 基因的定性 PCR 检测方法。

本标准适用于含 *cry1A* 基因的转基因植物及其制品中 *cry1A* 基因成分的定性 PCR 检测。

2 规范性引用文件

下列文件对于本文件的应用是必不可少的。凡是注日期的引用文件，仅注日期的版本适用于本文件。凡是不注日期的引用文件，其最新版本(包括所有的修改单)适用于本文件。

农业部 1485 号公告—4—2010 转基因植物及其产品成分检测 DNA 提取和纯化

农业部 2031 号公告—19—2013 转基因植物及其产品成分检测 抽样

NY/T 672 转基因植物及其产品检测 通用要求

3 术语和定义

下列术语和定义适用于本文件。

3.1

***cry1A* 基因 *cry1A* gene**

来源于苏云金芽孢杆菌的 *cry1A* 类杀虫蛋白基因，本标准是指 *cry1Ab*、*cry1Ac*、*cry1A*.*105* 和 *cry1Ab*/*Ac* 基因，存在于转化体玉米 Bt11、玉米 MON810、玉米 C0030.3.5、玉米 MON89034、玉米 Bt176、玉米双抗 12-5、玉米 Bt506、水稻科丰 6 号、水稻科丰 8 号、水稻 TT51-1、水稻克螟稻、棉花 MON531、棉花 MON15985、棉花 T304-40、大豆 MON87701 和大豆 DAS-81419-2 中。

4 原理

针对上述 *cry1A* 序列设计了含有简并碱基的特异性引物，扩增相应的 *cry1A* 基因序列。依据是否扩增获得预期的 DNA 片段，判断样品中是否含有 *cry1A* 基因成分。

5 试剂和材料

除非另有说明，仅使用分析纯试剂和重蒸馏水。

5.1 琼脂糖。

5.2 10 g/L 溴化乙锭(EB)溶液：称取 1.0 g 溴化乙锭，溶解于 100 mL 水中，避光保存。

警告——溴化乙锭有致癌作用，配制和使用时应戴一次性手套操作并妥善处理废液。

注：根据需要可选择其他效果相当的核酸染料代替溴化乙锭作为核酸电泳的染色剂。

5.3 10 mol/L 氢氧化钠(NaOH)溶液：在 160 mL 水中加入 80.0 g 氢氧化钠，溶解后，冷却至室温，再加水定容至 200 mL。

5.4 500 mmol/L 乙二胺四乙酸二钠($EDTA-Na_2$)溶液(pH 8.0)：称取 18.6 g 乙二胺四乙酸二钠，加入 70 mL 水中，缓慢滴加氢氧化钠溶液(见 5.3)直至 $EDTA-Na_2$ 完全溶解，用氢氧化钠溶液(见 5.3)调 pH 至 8.0，加水定容至 100 mL。在 103.4 kPa(121℃)条件下灭菌 20 min。

5.5 1 mol/L 三羟甲基氨基甲烷-盐酸(Tris-HCl)溶液(pH 8.0)：称取 121.1 g 三羟甲基氨基甲烷溶解于 800 mL 水中，用盐酸调 pH 至 8.0，加水定容至 1 000 mL。在 103.4 kPa(121℃)条件下灭菌 20 min。

5.6 TE 缓冲液(pH 8.0)：分别量取 10 mL 三羟甲基氨基甲烷-盐酸溶液(见 5.5)和 2 mL 乙二胺四乙酸

二钠溶液(见 5.4),加水定容至 1 000 mL。在 103.4 kPa(121℃)条件下灭菌 20 min。

5.7 50×TAE 缓冲液:称取 242.2 g 三羟甲基氨基甲烷(Tris),先用 500 mL 水加热搅拌溶解后,加入 100 mL 乙二胺四乙酸二钠溶液(见 5.4),用冰乙酸调 pH 至 8.0,然后加水定容至 1 000 mL。使用时用水稀释成 1×TAE。

5.8 加样缓冲液:称取 250.0 mg 溴酚蓝,加入 10 mL 水,在室温下溶解 12 h;称取 250.0 mg 二甲基苯腈蓝,加 10 mL 水溶解;称取 50.0 g 蔗糖,加 30 mL 水溶解。混合以上 3 种溶液,加水定容至 100 mL,在 4℃下保存。

5.9 DNA 分子量标准:可以清楚地区分 100 bp~1 000 bp 的 DNA 片段。

5.10 dNTPs 混合溶液:将浓度为 10 mmol/L 的 dATP、dTTP、dGTP、dCTP 4 种脱氧核糖核苷酸溶液等体积混合。

5.11 *Taq* DNA 聚合酶、PCR 扩增缓冲液及 25 mmol/L 氯化镁溶液。

5.12 内标准基因引物

根据样品来源选择合适的内标准基因,确定对应的检测引物。

5.13 *cry1A* 基因引物

cry1A-F:5′-CA**R**TTCAACGACATGAACAGCGC-3′;

cry1A -R:5′-GCTCCAGGCC**V**GTGTTGTACCA-3′ 。

预期扩增片段大小 253 bp。

注:**R** 表示 A 或 G 碱基,**V** 表示 A 或 C 或 G 碱基。

5.14 引物溶液:用 TE 缓冲液(见 5.6)或水分别将上述引物稀释到 10 μmol/L。

5.15 石蜡油。

5.16 DNA 提取试剂盒。

5.17 定性 PCR 试剂盒。

5.18 PCR 产物回收试剂盒。

6 主要仪器和设备

6.1 分析天平:感量 0.1 g 和 0.1 mg。

6.2 PCR 扩增仪:升降温速度>1.5℃/s,孔间温度差异<1.0℃。

6.3 电泳槽、电泳仪等电泳装置。

6.4 凝胶成像系统或照相系统。

7 分析步骤

7.1 抽样

按 NY/T 672 和农业部 2031 号公告—19—2013 的规定执行。

7.2 试样制备

按 NY/T 672 和农业部 2031 号公告—19—2013 的规定执行。

7.3 试样预处理

按农业部 1485 号公告—4—2010 的规定执行。

7.4 DNA 模板制备

按农业部 1485 号公告—4—2010 的规定执行。

7.5 PCR 扩增

7.5.1 试样 PCR 扩增

7.5.1.1 内标准基因 PCR 扩增

7.5.1.1.1 每个试样 PCR 扩增设置 3 个平行。

7.5.1.1.2 根据选择的内标准基因及其 PCR 检测方法对试样进行 PCR 扩增，具体 PCR 扩增条件参考选择的内标准基因检测方法。

7.5.1.2 ***cry1A* 基因 PCR 扩增**

7.5.1.2.1 每个试样 PCR 扩增设置 3 个平行。

7.5.1.2.2 在 PCR 管中按表 1 依次加入反应试剂，混匀，再加 25 μL 石蜡油（有热盖功能的 PCR 仪可不加）。也可采用经验证的、效果相当的定性 PCR 试剂盒配制反应体系。

表 1 定性 PCR 扩增体系

试剂	终浓度	体积
ddH_2O		—
10×PCR 缓冲液	1×	2.5 μL
25 mmol/L 氯化镁溶液	1.5 mmol/L	1.5 μL
dNTPs 混合溶液（各 2.5 mmol/L）	0.2 mmol/L	2.0 μL
10 μmol/L cry1A-F	0.4 μmol/L	1.0 μL
10 μmol/L cry1A-R	0.4 μmol/L	1.0 μL
Taq DNA 聚合酶	0.025 U/μL	—
25 mg/L DNA 模板	2.0 mg/L	2.0 μL
总体积		25.0 μL
"—"表示体积不确定，如果 PCR 缓冲液中含有氯化镁，则不加氯化镁溶液，根据 *Taq* DNA 聚合酶的浓度确定其体积，并相应调整 ddH_2O 的体积，使反应体系总体积达到 25.0 μL。 若采用定性 PCR 试剂盒，则按试剂盒说明书的推荐用量配制反应体系，但上下游引物用量按表 1 执行。		

7.5.1.2.3 将 PCR 管放在离心机上，500 *g*～3 000 *g* 离心 10 s，然后取出 PCR 管，放入 PCR 仪中。

7.5.1.2.4 进行 PCR 扩增。反应程序为：94℃变性 5 min；94℃变性 30 s，64℃退火 30 s，72℃延伸 30 s，共进行 35 次循环；72℃延伸 7 min。

7.5.1.2.5 反应结束后取出 PCR 管，对 PCR 扩增产物进行电泳检测。

7.5.2 **对照 PCR 扩增**

在试样 PCR 扩增的同时，应设置 PCR 阳性对照、PCR 阴性对照和 PCR 空白对照。

以含有 *cry1A* 基因序列的转基因植物基因组 DNA 为阳性对照（转基因含量为 0.1%～1.0%或 *cry1A* 基因序列与内标准基因相比的拷贝数分数为 0.1%～1.0%的 DNA 溶液）；以非转基因植物基因组 DNA 作为阴性对照；以水作为空白对照。

除模板外，对照 PCR 扩增与试样 PCR 扩增相同（见 7.5.1）。

7.6 PCR 产物电泳检测

按 20 g/L 的质量浓度称量琼脂糖，加入 1×TAE 缓冲液中，加热溶解，配制成琼脂糖溶液。每 100 mL琼脂糖溶液中加入 5 μL EB 溶液或适量的其他核酸染料，混匀，稍适冷却后，将其倒入电泳板上，插上梳板，室温下凝固成凝胶后，放入 1×TAE 缓冲液中，垂直向上轻轻拔去梳板。取 12 μL PCR 产物与 3 μL 加样缓冲液混合后加入凝胶点样孔，同时在其中一个点样孔中加入 DNA 分子量标准，接通电源在 2 V/cm～5 V/cm 条件下电泳检测。

7.7 凝胶成像分析

电泳结束后，取出琼脂糖凝胶，置于凝胶成像仪上成像。根据 DNA 分子量标准估计扩增条带的大小，将电泳结果形成电子文件存档或用照相系统拍照。如需通过序列分析确认 PCR 扩增片段是否为目的 DNA 片段，按照 7.8 和 7.9 的规定执行。

7.8 PCR 产物回收

按 PCR 产物回收试剂盒说明书，回收 PCR 扩增的 DNA 片段。

7.9 PCR 产物测序验证

将回收的 PCR 产物克隆测序，与 *cry1A* 基因序列（参见附录 A）进行比对，确定 PCR 扩增的 DNA 片段是否为目的 DNA 片段。

8 结果分析与表述

8.1 对照检测结果分析

PCR 扩增中，阳性对照内标准基因和 *cry1A* 基因特异性序列均得到扩增，而阴性对照仅扩增出内标准基因片段，空白对照没有扩增片段，表明 PCR 检测反应体系正常工作，方可按 8.2 进行判断。否则，重新检测。

8.2 样品检测结果分析和表述

8.2.1 试样内标准基因片段和 *cry1A* 基因特异性序列均得到扩增，表明样品中检测出 *cry1A* 基因成分，表述为“样品中检测出 *cry1A* 基因成分，检测结果为阳性”。

8.2.2 试样内标准基因片段得到扩增，而 *cry1A* 基因特异性序列未得到扩增，表明样品中未检测出 *cry1A* 基因成分，表述为“样品中未检测出 *cry1A* 基因成分，检测结果为阴性”。

8.2.3 试样内标准基因片段未得到扩增，表明样品中未检出对应植物成分，结果表述为“样品中未检测出对应植物基因组 DNA 成分，检测结果为阴性”。

注：3 次 PCR 平行扩增的结果出现不一致的，应重做 PCR 扩增样品 2 次，最终以多数结果为准。

9 检出限

本标准方法的检出限为 0.1%(含靶序列样品 DNA/总样品 DNA)。

注：本标准的检出限是以 PCR 检测反应体系中加入 50 ng DNA 模板进行测算的。

附　录　A
（资料性附录）
cry1A 基因特异性序列

A.1　*cry1A* 基因序列一

适用于转化体玉米 Bt11、大豆 MON87701、水稻科丰 6 号、水稻科丰 8 号、水稻 TT51-1、水稻克螟稻、棉花 MON531、棉花 MON15985、棉花 T304-40 等。

1 CAATTCAACG ACATGAACAG CGCCTTGACC ACAGCTATCC CATTGTTCGC AGTCCAGAAC
61 TACCAAGTTC CTCTCTTGTC CGTGTACGTT CAAGCAGCTA ATCTTCACCT CAGCGTGCTT
121 CGAGACGTTA GCGTGTTTGG GCAAAGGTGG GGATTCGATG CTGCAACCAT CAATAGCCGT
181 TACAACGACC TTACTAGGCT GATTGGAAAC TACACCGACC ACGCTGTTCG TTGGTACAAC
241 ACTGGCTTGG AGC

A.2　*cry1A* 基因序列二

适用于转化体玉米 MON810、玉米 C0030.3.5、玉米 MON89034 等。

1 CAGTTCAACG ACATGAACAG CGCCCTGACC ACCGCCATCC CACTCTTCGC CGTCCAGAAC
61 TACCAAGTCC CGCTCCTGTC CGTGTACGTC CAGGCCGCCA ACCTGCACCT CAGCGTGCTG
121 AGGGACGTCA GCGTGTTTGG CCAGAGGTGG GGCTTCGACG CCGCCACCAT CAACAGCCGC
181 TACAACGACC TCACCAGGCT GATCGGCAAC TACACCGACC ACGCTGTCCG CTGGTACAAC
241 ACTGGCCTGG AGC

A.3　*cry1A* 基因序列三

适用于转化体玉米 Bt176、玉米双抗 12-5 等。

1 CAGTTCAACG ACATGAACAG CGCCCTGACC ACCGCCATCC CCCTGTTCGC CGTGCAGAAC
61 TACCAGGTGC CCCTGCTGAG CGTGTACGTG CAGGCCGCCA ACCTGCACCT GAGCGTGCTG
121 CGCGACGTCA GCGTGTTCGG CCAGCGCTGG GGCTTCGACG CCGCCACCAT CAACAGCCGC
181 TACAACGACC TGACCCGCCT GATCGGCAAC TACACCGACC ACGCCGTGCG CTGGTACAAC
241 ACCGGCCTGG AGC

A.4　*cry1A* 基因序列四

适用于转化体大豆 DAS-81419-2 等。

1 CAATTCAATG ACATGAACAG CGCGCTGACG ACCGCAATTC CGCTCTTCGC CGTTCAGAAT
61 TACCAAGTTC CTCTTTTATC CGTGTACGTG CAGGCTGCCA ACCTGCACTT GTCGGTGCTC
121 CGCGATGTCT CCGTGTTCGG ACAACGGTGG GGCTTTGATG CCGCAACTAT CAATAGTCGT
181 TATAATGATC TGACTAGGCT TATTGGCAAC TATACCGATT ATGCTGTTCG CTGGTACAAC
241 ACGGGTCTCG AAC

A.5　*cry1A* 基因序列五

适用于转化体玉米 Bt506 等。

1 CAGTTCAACG ACATGAACTC CGCCCTTACC ACCGCCATCC CACTGTTCGC CGTGCAGAAC
61 TACCAGGTGC CACTGCTGTC CGTGTACGTG CAGGCCGCCA ACCTTCACCT TTCCGTGCTT
121 AGGGACGTGT CCGTGTTCGG TCAGAGGTGG GGTTTCGACG CCGCCACCAT CAACTCCAGG
181 TACAACGACC TTACCAGGCT TATCGGTAAC TACACCGACT ACGCCGTGAG GTGGTACAAC

241　ACCGGTCTTG　AGA

注 1:序列方向为 5′-3′。

注 2:5′端下划线部分为 *cry1A* F 引物序列,3′端下划线部分为 *cry1A* R 引物的反向互补序列。

注 3:大豆 DAS-81419-2、玉米 Bt506 *cry1A* 基因序列与引物序列存在较大差异,可以适当降低 PCR 扩增程序的退火温度或者选用扩增效率较高的酶。

ICS 65.020.01
B 04

中华人民共和国国家标准

农业农村部公告第323号—14—2020

转基因植物及其产品成分检测 耐除草剂玉米C0010.1.3及其衍生品种 定性PCR方法

Detection of genetically modified plants and derived products—Qualitative PCR method for herbicide-tolerant maize C0010.1.3 and its derivates

2020-08-04 发布　　2020-11-01 实施

中华人民共和国农业农村部　发布

前　　言

本标准按照 GB/T 1.1—2009 给出的规则起草。

请注意本文件的某些内容可能涉及专利。本文件的发布机构不承担识别这些专利的责任。

本标准由中华人民共和国农业农村部提出。

本标准由全国农业转基因生物安全管理标准化技术委员会归口。

本标准起草单位:农业农村部科技发展中心、农业农村部环境保护科研监测所。

本标准主要起草人:修伟明、刘鹏程、杨殿林、章秋艳、沈晓玲、李刚、赵建宁、刘红梅、张贵龙。

转基因植物及其产品成分检测 耐除草剂玉米 C0010.1.3 及其衍生品种定性 PCR 方法

1 范围

本标准规定了转基因耐除草剂玉米 C0010.1.3 转化体特异性定性 PCR 检测方法。

本标准适用于转基因耐除草剂玉米 C0010.1.3 及其衍生品种,以及制品中 C0010.1.3 转化体成分的定性 PCR 检测。

2 规范性引用文件

下列文件对于本文件的应用是必不可少的。凡是注日期的引用文件,仅注日期的版本适用于本文件。凡是不注日期的引用文件,其最新版本(包括所有的修改单)适用于本文件。

农业部 1485 号公告—4—2010 转基因植物及其产品成分检测 DNA 提取和纯化

农业部 1861 号公告—3—2012 转基因植物及其产品成分检测 玉米内标准基因定性 PCR 方法

农业部 2031 号公告—19—2013 转基因植物及其产品成分检测 抽样

NY/T 672 转基因植物及其产品检测 通用要求

3 术语和定义

农业部 1861 号公告—3—2012 界定的以及下列术语和定义适用于本文件。

3.1

C0010.1.3 转化体特异性序列 event-specific sequence of C0010.1.3

C0010.1.3 的外源插入片段 5′端与玉米基因组的连接区序列,包括玉米基因组序列与转化载体 T-DNA 部分序列。

4 原理

根据耐除草剂玉米 C0010.1.3 转化体特异性序列设计特异性引物,对试样进行 PCR 扩增。依据是否扩增获得预期的 DNA 片段,判断样品中是否含有耐除草剂玉米 C0010.1.3 转化体成分。

5 试剂和材料

除非另有说明,仅使用分析纯试剂和重蒸馏水。

5.1 琼脂糖。

5.2 10 g/L 溴化乙锭(EB)溶液:称取 1.0 g 溴化乙锭(EB),溶解于 100 mL 水中,避光保存。

警告——溴化乙锭有致癌作用,配制和使用时应戴一次性手套操作并妥善处理废弃物。

注:根据需要可选择其他效果相当的核酸染料代替溴化乙锭作为核酸电泳的染色剂。

5.3 10 mol/L 氢氧化钠(NaOH)溶液:在 160 mL 水中加入 80.0 g 氢氧化钠,溶解后,冷却至室温,再加水定容至 200 mL。

5.4 500 mmol/L 乙二胺四乙酸二钠($EDTA\text{-}Na_2$)溶液(pH 8.0):称取 18.6 g 乙二胺四乙酸二钠,加入 70 mL 水中,缓慢滴加氢氧化钠溶液(见 5.3)直至 $EDTA\text{-}Na_2$完全溶解,用氢氧化钠溶液(见 5.3)调 pH 至 8.0,加水定容至 100 mL。在 103.4 kPa(121℃)条件下灭菌 20 min。

5.5 1 mol/L 三羟甲基氨基甲烷-盐酸(Tris-HCl)溶液(pH 8.0):称取 121.1 g 三羟甲基氨基甲烷溶解于 800 mL水中,用盐酸调 pH 至 8.0,加水定容至 1 000 mL。在 103.4 kPa(121℃)条件下灭菌 20 min。

5.6 TE 缓冲液(pH 8.0):分别量取 10 mL 三羟甲基氨基甲烷-盐酸溶液(见 5.5)和 2 mL 乙二胺四乙酸

二钠溶液(见 5.4)溶液,加水定容至 1 000 mL。在 103.4 kPa(121℃)条件下灭菌 20 min。

5.7 50×TAE 缓冲液:称取 242.2 g 三羟甲基氨基甲烷(Tris),先用 500 mL 水加热搅拌溶解后,加入 100 mL 乙二胺四乙酸二钠溶液(见 5.4),用冰乙酸调 pH 至 8.0,然后加水定容至 1 000 mL。使用时用水稀释成 1×TAE。

5.8 加样缓冲液:称取 250.0 mg 溴酚蓝,加入 10 mL 水,在室温下溶解 12 h;称取 250.0 mg 二甲基苯腈蓝,加 10 mL 水溶解;称取 50.0 g 蔗糖,加 30 mL 水溶解。混合以上 3 种溶液,加水定容至 100 mL,在 4℃下保存。

5.9 DNA 分子量标准:可以清楚地区分 100 bp~1 000 bp 的 DNA 片段。

5.10 dNTPs 混合溶液:将浓度为 10 mmol/L 的 dATP、dTTP、dGTP、dCTP 4 种脱氧核糖核苷酸溶液等体积混合。

5.11 *Taq* DNA 聚合酶、PCR 扩增缓冲液及 25 mmol/L 氯化镁($MgCl_2$)溶液。

5.12 玉米内标准基因 *zSSIIb* 基因引物(见农业部 1861 号公告—3—2012)

zSSIIb-1F:5′-CTCCCAATCCTTTGACATCTGC-3′;

zSSIIb-2R:5′-TCGATTTCTCTCTTGGTGACAGG-3′。

预期扩增片段大小为 151 bp。

5.13 C0010.1.3 转化体特异性序列引物

C0010.1.3-F:5′-CTCTATAGTAAATGGGTTCGC-3′;

C0010.1.3-R:5′-CGCAAACTAGGATAAATTATCGC-3′。

预期扩增片段大小为 198 bp(参见附录 A)。

5.14 引物溶液:用 TE 缓冲液(见 5.6)或水分别将上述引物稀释到 10 μmol/L。

5.15 石蜡油。

5.16 DNA 提取试剂盒。

5.17 定性 PCR 试剂盒。

5.18 PCR 产物回收试剂盒。

6 主要仪器和设备

6.1 分析天平:感量 0.1 g 和 0.1 mg。

6.2 PCR 扩增仪:升降温速度>1.5℃/s,孔间温度差异<1.0℃。

6.3 电泳槽、电泳仪等电泳装置。

6.4 凝胶成像系统或照相系统。

7 分析步骤

7.1 抽样

按 NY/T 672 和农业部 2031 号公告—19—2013 的规定执行。

7.2 试样制备

按 NY/T 672 和农业部 2031 号公告—19—2013 的规定执行。

7.3 试样预处理

按农业部 1485 号公告—4—2010 的规定执行。

7.4 DNA 模板制备

按农业部 1485 号公告—4—2010 的规定执行。

7.5 PCR 扩增

7.5.1 试样 PCR 扩增

7.5.1.1 玉米内标准基因 PCR 扩增

按农业部 1861 号公告—3—2012 中的 7.5.1.1.1 规定执行。

7.5.1.2 转化体特异性序列 PCR 扩增

7.5.1.2.1 每个试样 PCR 设置 3 个平行。

7.5.1.2.2 在 PCR 管中按表 1 依次加入反应试剂，混匀，再加 25 μL 石蜡油(有热盖功能的 PCR 仪可不加)。也可采用经验证的、效果相当的定性 PCR 试剂盒配制反应体系。

表 1 定性 PCR 扩增体系

试剂	终浓度	体积
ddH_2O		—
10×PCR 缓冲液	1×	2.5 μL
25 mmol/L 氯化镁溶液	1.5 mmol/L	1.5 μL
dNTPs 混合溶液(各 2.5 mmol/L)	0.2 mmol/L	2.0 μL
10 μmol/L C0010.1.3-F	0.6 μmol/L	1.5 μL
10 μmol/L C0010.1.3-R	0.6 μmol/L	1.5 μL
Taq DNA 聚合酶	0.025 U/μL	—
25 mg/L DNA 模板	2.0 mg/L	2.0 μL
总体积		25.0 μL
"—"表示体积不确定，如果 PCR 缓冲液中含有氯化镁，则不加氯化镁溶液，根据 *Taq* DNA 聚合酶的浓度确定其体积，并相应调整 ddH_2O 的体积，使反应体系总体积达到 25.0 μL。 若采用定性 PCR 试剂盒，则按试剂盒说明书的推荐用量配制反应体系，但上下游引物用量按表 1 执行。		

7.5.1.2.3 将 PCR 管放在离心机上，500 *g*～3 000 *g* 离心 10 s，然后取出 PCR 管，放入 PCR 仪中。

7.5.1.2.4 进行 PCR 扩增。反应程序为：94℃变性 5 min；94℃变性 30 s，58℃退火 30 s，72℃延伸 30 s，共进行 35 次循环；72℃延伸 5 min；10℃保存。

7.5.1.2.5 反应结束后取出 PCR 管，对 PCR 产物进行电泳检测。

7.5.2 对照 PCR 扩增

在试样 PCR 扩增的同时，应设置 PCR 阳性对照、PCR 阴性对照和 PCR 空白对照。

以耐除草剂玉米 C0010.1.3 为阳性对照（耐除草剂玉米 C0010.1.3 的质量分数为 0.1%～1.0%的玉米基因组 DNA，或耐除草剂玉米 C0010.1.3 转化体特异性序列与玉米基因组内标准基因相比的拷贝数分数为 0.1%～1.0%的 DNA 溶液)；以非转基因玉米基因组 DNA 作为阴性对照；以水作为空白对照。

除模板外，对照 PCR 扩增与试样 PCR 扩增相同(见 7.5.1)。

7.6 PCR 产物电泳检测

按 20 g/L 的质量浓度称量琼脂糖，加入 1×TAE 缓冲液中，加热溶解，配制成琼脂糖溶液。每 100 mL琼脂糖溶液中加入 5 μL EB 溶液或适量的其他核酸染料，混匀，稍适冷却后，将其倒入电泳板上，插上梳板，室温下凝固成凝胶后，放入 1×TAE 缓冲液中，垂直向上轻轻拔去梳板。取 12 μL PCR 产物与 3 μL 加样缓冲液混合后加入凝胶点样孔，同时在其中一个点样孔中加入 DNA 分子量标准，接通电源在 2 V/cm～5 V/cm 条件下电泳检测。

7.7 凝胶成像分析

电泳结束后，取出琼脂糖凝胶，置于凝胶成像仪上成像。根据 DNA 分子量标准估计扩增条带的大小，将电泳结果形成电子文件存档或用照相系统拍照。如需通过序列分析确认 PCR 扩增片段是否为目的 DNA 片段，按照 7.8 和 7.9 的规定执行。

7.8 PCR 产物回收

按 PCR 产物回收试剂盒说明书，回收 PCR 扩增的 DNA 片段。

7.9 PCR 产物测序验证

将回收的 PCR 产物克隆测序，与耐除草剂玉米 C0010.1.3 转化体特异性序列(参见附录 A)进行比对，确定 PCR 扩增的 DNA 片段是否为目的 DNA 片段。

8 结果分析与表述

8.1 对照检测结果分析

PCR 扩增中，阳性对照玉米内标准基因和耐除草剂玉米 C0010.1.3 转化体特异性序列均得到扩增，而阴性对照仅扩增出玉米内标准基因片段，空白对照没有扩增片段，表明 PCR 反应体系正常工作，方可按 8.2 进行判断。否则，重新检测。

8.2 样品检测结果分析和表述

8.2.1 试样玉米内标准基因和耐除草剂玉米 C0010.1.3 转化体特异性序列均得到扩增，表明样品中检测出耐除草剂玉米 C0010.1.3 转化体成分，表述为“样品中检测出耐除草剂玉米 C0010.1.3 转化体成分，检测结果为阳性”。

8.2.2 试样玉米内标准基因片段得到扩增，而耐除草剂玉米 C0010.1.3 转化体特异性序列未得到扩增，表明样品中未检测出耐除草剂玉米 C0010.1.3 转化体成分，表述为“样品中未检测出耐除草剂玉米 C0010.1.3 转化体成分，检测结果为阴性”。

8.2.3 试样玉米内标准基因片段未得到扩增，表明样品中未检测出玉米成分，表述为“样品中未检测出玉米基因组 DNA 成分，检测结果为阴性”。

注：3 个平行的 PCR 扩增结果应一致，出现不一致的，应重做 PCR 扩增样品 2 次，最终结果以多数结果为准。

9 检出限

本标准方法的检出限为 0.1%(含靶序列样品 DNA /总样品 DNA)。

注：本标准的检出限是以 PCR 检测反应体系中加入 50 ng DNA 模板进行测算的。

附 录 A
（资料性附录）
耐除草剂玉米 C0010.1.3 转化体特异性序列

1 CTCTATAGTA AATGGGTTCG CAGTCTAGCC TATTTACTTA TTGATGGCAC TAGCCTCACG
61 GTGTTGGCTG ACGAGGCCGC TTCCAGGCAG CTACGCTCTC ACCGGCACTG ACTGATTAGG
121 TTTAAACGGG ACCGGGACCA CGGGATCCGA TCTAGTAACA TAGATGACAC CGCGCGCGAT
181 AATTTATCCT AGTTTGCG

注 1：序列方向为 5′-3′。

注 2：5′端下划线部分为 C0010.1.3-F 引物序列，3′端下划线部分为 C0010.1.3-R 引物的反向互补序列。

注 3：1 bp～25 bp 为玉米基因组序列，26 bp～198 bp 为外源插入片段部分序列。

ICS 65.020.01
B 04

中华人民共和国国家标准

农业农村部公告第323号—15—2020

转基因植物及其产品成分检测 耐除草剂玉米C0010.3.1及其衍生品种 定性PCR方法

Detection of genetically modified plants and derived products—Qualitative PCR method for herbicide-tolerant maize C0010.3.1 and its derivates

2020-08-04 发布　　　　2020-11-01 实施

中华人民共和国农业农村部 发布

前　言

本标准按照 GB/T 1.1—2009 给出的规则起草。

请注意本文件的某些内容可能涉及专利。本文件的发布机构不承担识别这些专利的责任。

本标准由中华人民共和国农业农村部提出。

本标准由全国农业转基因生物安全管理标准化技术委员会归口。

本标准起草单位:农业农村部科技发展中心、中国农业科学院植物保护研究所。

本标准主要起草人:谢家建、沈平、彭于发、王颢潜、田风龙、李云河、王诚、陈秀萍、韩兰芝、黄春蒙、汤波。

转基因植物及其产品成分检测 耐除草剂玉米 C0010.3.1 及其衍生品种定性 PCR 方法

1 范围

本标准规定了转基因耐除草剂玉米 C0010.3.1 转化体特异性普通 PCR 和实时荧光 PCR 两种检测方法。

本标准适用于转基因耐除草剂玉米 C0010.3.1 及其衍生品种，以及制品中 C0010.3.1 转化体成分的定性 PCR 检测。

2 规范性引用文件

下列文件对于本文件的应用是必不可少的。凡是注日期的引用文件，仅注日期的版本适用于本文件。凡是不注日期的引用文件，其最新版本(包括所有的修改单)适用于本文件。

农业部 1485 号公告—4—2010 转基因植物及其产品成分检测 DNA 提取和纯化

农业部 1861 号公告—3—2012 转基因植物及其产品成分检测 玉米内标准基因定性 PCR 方法

农业部 2031 号公告—19—2013 转基因植物及其产品成分检测 抽样

NY/T 672 转基因植物及其产品检测 通用要求

3 术语和定义

农业部 1861 号公告—3—2012 界定的以及下列术语和定义适用于本文件。

3.1

C0010.3.1 转化体特异性序列 event-specific sequence of C0010.3.1

C0010.3.1 的外源插入片段 5′端与玉米基因组的连接区序列，包括玉米基因组序列及转化载体 T-DNA部分序列。

4 原理

根据耐除草剂玉米 C0010.3.1 转化体特异性序列设计特异性引物及探针，对试样进行 PCR 扩增。依据是否扩增获得预期的 DNA 片段或典型扩增曲线，判断样品中是否含有耐除草剂玉米 C0010.3.1 转化体成分。

5 试剂和材料

除非另有说明，仅使用分析纯试剂和重蒸馏水。

5.1 琼脂糖。

5.2 10 g/L 溴化乙锭(EB)溶液：称取 1.0 g 溴化乙锭，溶解于 100 mL 水中，避光保存。

警告——溴化乙锭有致癌作用，配制和使用时应戴一次性手套操作并妥善处理废液。

注：根据需要可选择其他效果相当的核酸染料代替溴化乙锭作为核酸电泳的染色剂。

5.3 10 mol/L 氢氧化钠(NaOH)溶液：在 160 mL 水中加入 80.0 g 氢氧化钠，溶解后，冷却至室温，再加水定容至 200 mL。

5.4 500 mmol/L 乙二胺四乙酸二钠($EDTA-Na_2$)溶液(pH 8.0)：称取 18.6 g 乙二胺四乙酸二钠，加入 70 mL 水中，缓慢滴加氢氧化钠溶液(见 5.3)直至 $EDTA-Na_2$完全溶解，用氢氧化钠溶液(见 5.3)调 pH 至 8.0，加水定容至 100 mL。在 103.4 kPa(121℃)条件下灭菌 20 min。

5.5 1 mol/L 三羟甲基氨基甲烷-盐酸(Tris-HCl)溶液(pH 8.0)：称取 121.1 g 三羟甲基氨基甲烷溶解于

800 mL 水中,用盐酸调 pH 至 8.0,加水定容至 1 000 mL。在 103.4 kPa(121℃)条件下灭菌 20 min。

5.6 TE 缓冲液(pH 8.0):分别量取 10 mL 三羟甲基氨基甲烷-盐酸溶液(见 5.5)和 2 mL 乙二胺四乙酸二钠溶液(见 5.4),加水定容至 1 000 mL。在 103.4 kPa(121℃)条件下灭菌 20 min。

5.7 50×TAE 缓冲液:称取 242.2 g 三羟甲基氨基甲烷(Tris),先用 500 mL 水加热搅拌溶解后,加入 100 mL 乙二胺四乙酸二钠溶液(见 5.4),用冰乙酸调 pH 至 8.0,然后加水定容至 1 000 mL。使用时用水稀释成 1×TAE。

5.8 加样缓冲液:称取 250.0 mg 溴酚蓝,加入 10 mL 水,在室温下溶解 12 h;称取 250.0 mg 二甲基苯腈蓝,加 10 mL 水溶解;称取 50.0 g 蔗糖,加 30 mL 水溶解。混合以上 3 种溶液,加水定容至 100 mL,在 4℃下保存。

5.9 DNA 分子量标准:可以清楚地区分 100 bp~1 000 bp 的 DNA 片段。

5.10 dNTPs 混合溶液:将浓度为 10 mmol/L 的 dATP、dTTP、dGTP、dCTP 4 种脱氧核糖核苷酸溶液等体积混合。

5.11 *Taq* DNA 聚合酶、PCR 扩增缓冲液及 25 mmol/L 氯化镁溶液。

5.12 玉米内标准基因 *zSSIIb* 基因引物(见农业部 1861 号公告—3—2012)

5.12.1 普通 PCR 方法引物

zSSIIb-1F:5′-CTCCCAATCCTTTGACATCTGC-3′;

zSSIIb-2R:5′-TCGATTTCTCTCTTGGTGACAGG-3′。

预期扩增片段大小为 151 bp。

5.12.2 实时荧光 PCR 方法引物/探针

zSSIIb-3F:5′-CGGTGGATGCTAAGGCTGATG -3′;

zSSIIb-4R:5′-AAAGGGCCAGGTTCATTATCCTC-3′;

zSSIIb-P:5′-FAM-TAAGGAGCACTCGCCGCCGCATCTG-BHQ1-3′。

预期扩增片段大小为 88 bp。

5.13 C0010.3.1 转化体特异性序列引物

5.13.1 普通 PCR 方法引物

C0010.3.1-F:5′-CGTCAACTTAACTTGAGTGC-3′;

C0010.3.1-R:5′-TCAGTCTAACACCGCAAT-3′。

预期扩增片段大小为 292 bp(参见附录 A)。

5.13.2 实时荧光 PCR 方法引物/探针

C0010.3.1-QF:5′-AGTCATTATGTCATGGCAA-3′;

C0010.3.1-QR:5′-TCAGTCTAACACCGCAAT-3′;

C0010.3.1-QP:5′-CAATTTGTTCACGACTGGCTA-3′。

预期扩增片段大小为 93 bp(参见附录 A)。

注:C0010.3.1-QP 为 C0010.3.1 转化体特异性序列的 *Taq*man 探针,其 5′端标记荧光报告基团(如 FAM、HEX 等),3′端标记对应的淬灭基团(如 TAMRA、BHQ1 等)。

5.14 引物溶液:用 TE 缓冲液(见 5.6)或水分别将上述引物稀释到 10 μmol/L。

5.15 石蜡油。

5.16 DNA 提取试剂盒。

5.17 定性 PCR 试剂盒。

5.18 PCR 产物回收试剂盒。

5.19 实时荧光 PCR 试剂盒。

6 主要仪器和设备

6.1 分析天平:感量 0.1 g 和 0.1 mg。

6.2 PCR 扩增仪：升降温速度＞1.5℃/s，孔间温度差异＜1.0℃。

6.3 实时荧光 PCR 仪。

6.4 电泳槽、电泳仪等电泳装置。

6.5 凝胶成像系统或照相系统。

7 分析步骤

7.1 抽样

按 NY/T 672 和农业部 2031 号公告—19—2013 的规定执行。

7.2 试样制备

按 NY/T 672 和农业部 2031 号公告—19—2013 的规定执行。

7.3 试样预处理

按农业部 1485 号公告—4—2010 的规定执行。

7.4 DNA 模板制备

按农业部 1485 号公告—4—2010 的规定执行。

7.5 PCR 扩增

7.5.1 普通 PCR 方法

7.5.1.1 试样 PCR 扩增

7.5.1.1.1 玉米内标准基因 PCR 扩增

按农业部 1861 号公告—3—2012 中 7.5.1 的规定执行。

7.5.1.1.2 转化体特异性序列 PCR 扩增

7.5.1.1.2.1 每个试样 PCR 扩增设置 3 次平行。

7.5.1.1.2.2 在 PCR 管中按表 1 依次加入反应试剂，混匀，再加 25 μL 石蜡油(有热盖功能的 PCR 仪可不加)。也可采用经验证的、效果相当的定性 PCR 试剂盒配制反应体系。

表 1 普通 PCR 扩增体系

试剂	终浓度	体积
ddH_2O		—
10×PCR 缓冲液	1×	2.5 μL
25 mmol/L 氯化镁溶液	1.5 mmol/L	1.5 μL
dNTPs 混合溶液(各 2.5 mmol/L)	0.2 mmol/L	2.0 μL
10 μmol/L C0010.3.1-F	0.6 μmol/L	1.5 μL
10 μmol/L C0010.3.1-R	0.6 μmol/L	1.5 μL
Taq DNA 聚合酶	0.025 U/μL	—
50 mg/L DNA 模板	4.0 mg/L	2.0 μL
总体积		25.0 μL
“—”表示体积不确定，如果 PCR 缓冲液中含有氯化镁，则不加氯化镁溶液，根据 *Taq* DNA 聚合酶的浓度确定其体积，并相应调整 ddH_2O 的体积，使反应体系总体积达到 25.0 μL。 若采用定性 PCR 试剂盒，则按试剂盒的推荐用量配制反应体系，但上下游引物用量按表 1 执行。		

7.5.1.1.2.3 将 PCR 管放在离心机上，500 *g*～3 000 *g* 离心 10 s，然后取出 PCR 管，放入 PCR 仪中。

7.5.1.1.2.4 进行 PCR 扩增。反应程序为：94℃变性 5 min；94℃变性 30 s，56℃退火 30 s，72℃延伸 30 s，共进行 35 次循环；72℃延伸 7 min；10℃保存。

7.5.1.1.2.5 反应结束后取出 PCR 管，对 PCR 扩增产物进行电泳检测。

7.5.1.2 对照 PCR 扩增

在试样 PCR 扩增的同时，应设置 PCR 阳性对照、PCR 阴性对照和 PCR 空白对照。

以耐除草剂玉米 C0010.3.1 为阳性对照(耐除草剂玉米 C0010.3.1 的质量分数为 0.1%～1.0%的玉

米基因组 DNA，或耐除草剂玉米 C0010.3.1 转化体特异性序列与玉米基因组内标准基因相比的拷贝数分数为 0.1%～1.0%的 DNA 溶液)；以非转基因玉米基因组 DNA 作为阴性对照；以水作为空白对照。

除模板外，对照 PCR 扩增与试样 PCR 扩增相同(见 7.5.1.1)。

7.5.1.3 **PCR 产物电泳检测**

按 20 g/L 的质量浓度称量琼脂糖，加入 1×TAE 缓冲液中，加热溶解，配制成琼脂糖溶液。每 100 mL琼脂糖溶液中加入 5 μL EB 溶液或适量的其他核酸染料，混匀，稍适冷却后，将其倒入电泳板上，插上梳板，室温下凝固成凝胶后，放入 1×TAE 缓冲液中，垂直向上轻轻拔去梳板。取 12 μL PCR 产物与 3 μL 加样缓冲液混合后加入凝胶点样孔，同时在其中一个点样孔中加入 DNA 分子量标准，接通电源在 2 V/cm～5 V/cm 条件下电泳检测。

7.5.1.4 **凝胶成像分析**

电泳结束后，取出琼脂糖凝胶，置于凝胶成像仪上成像。根据 DNA 分子量标准估计扩增条带的大小，将电泳结果形成电子文件存档或用照相系统拍照。如需通过序列分析确认 PCR 扩增片段是否为目的 DNA 片段，按照 7.5.1.5 和 7.5.1.6 的规定执行。

7.5.1.5 **PCR 产物回收**

按 PCR 产物回收试剂盒说明书，回收 PCR 扩增的 DNA 片段。

7.5.1.6 **PCR 产物测序验证**

将回收的 PCR 产物克隆测序，与耐除草剂玉米 C0010.3.1 转化体特异性序列(参见附录 A)进行比对，确定 PCR 扩增的 DNA 片段是否为目的 DNA 片段。

7.5.2 **实时荧光 PCR 方法**

7.5.2.1 **试样 PCR 扩增**

7.5.2.1.1 **玉米内标准基因 PCR 扩增**

按农业部 1861 号公告—3—2012 中 7.5.2 的规定执行。

7.5.2.1.2 **转化体特异性序列 PCR 扩增**

7.5.2.1.2.1 每个试样 PCR 扩增设置 3 次平行。

7.5.2.1.2.2 在 PCR 管中按表 2 依次加入反应试剂，混匀。也可采用经验证的、效果相当的实时荧光 PCR 试剂盒配制反应体系。

表 2 实时荧光 PCR 扩增体系

试剂	终浓度	体积
ddH_2O		—
10×PCR 缓冲液	1×	2.0 μL
25 mmol/L 氯化镁溶液	2.5 mmol/L	2.0 μL
10 mmol/L dNTPs	0.2 mmol/L	0.4 μL
10 μmol/L C0010.3.1-QF	1.0 μmol/L	2.0 μL
10 μmol/L C0010.3.1-QR	1.0 μmol/L	2.0 μL
10 μmol/L C0010.3.1-QP	0.5 μmol/L	1.0 μL
Taq DNA 聚合酶	0.04 U/μL	—
50 mg/L DNA 模板	5.0 mg/L	2.0 μL
总体积		20.0 μL
"—"表示体积不确定。如果 PCR 缓冲液中含有氯化镁，则不加氯化镁溶液，根据 *Taq* 酶的浓度确定其体积，并相应调整 ddH_2O 的体积，使反应体系总体积达到 20.0 μL。 若采用实时荧光 PCR 试剂盒，则按试剂盒的推荐用量配制反应体系，但引物和探针用量按表 2 执行。		

7.5.2.1.2.3 将 PCR 管放在离心机上，500 *g*～3 000 *g* 离心 10 s，然后取出 PCR 管，放入实时荧光 PCR 仪中。

7.5.2.1.2.4 进行实时荧光 PCR 扩增。反应程序为 95℃变性 2 min；95℃变性 5 s，60℃退火延伸 34 s，共进行 40 个循环；在第二阶段的退火延伸(60℃)时段收集荧光信号。

注：不同仪器可根据仪器要求将反应参数进行适当调整。

7.5.2.2 对照PCR扩增

在试样PCR扩增的同时，应设置PCR阳性对照、PCR阴性对照和PCR空白对照。

以耐除草剂玉米C0010.3.1为阳性对照（耐除草剂玉米C0010.3.1的质量分数为0.1%～1.0%的玉米基因组DNA，或耐除草剂玉米C0010.3.1转化体特异性序列与玉米基因组内标准基因相比的拷贝数分数为0.1%～1.0%的DNA溶液）；以非转基因玉米基因组DNA作为阴性对照；以水作为空白对照。

除模板外，对照PCR扩增与试样PCR扩增相同（见7.5.2.1）。

8 结果分析与表述

8.1 普通PCR方法

8.1.1 对照检测结果分析

PCR扩增中，阳性对照玉米内标准基因和耐除草剂玉米C0010.3.1转化体特异性序列均得到扩增，而阴性对照仅扩增出玉米内标准基因片段，空白对照没有扩增片段，表明PCR检测反应体系正常工作，方可按8.1.2进行判断。否则，重新检测。

8.1.2 样品检测结果分析和表述

8.1.2.1 试样玉米内标准基因和耐除草剂玉米C0010.3.1转化体特异性序列均得到扩增，表明样品中检测出耐除草剂玉米C0010.3.1转化体成分，表述为"样品中检测出耐除草剂玉米C0010.3.1转化体成分，检测结果为阳性"。

8.1.2.2 试样玉米内标准基因片段得到扩增，而耐除草剂玉米C0010.3.1转化体特异性序列未得到扩增，表明样品中未检测出耐除草剂玉米C0010.3.1转化体成分，表述为"样品中未检测出耐除草剂玉米C0010.3.1转化体成分，检测结果为阴性"。

8.1.2.3 试样玉米内标准基因片段未得到扩增，表明样品中未检出玉米成分，结果表述为"样品中未检测出玉米基因组DNA成分，检测结果为阴性"。

8.2 实时荧光PCR方法

8.2.1 基线与阈值的设定

实时荧光PCR扩增结束后，以PCR扩增刚好进入指数期扩增来设置荧光信号阈值，并根据仪器噪声情况进行调整。

8.2.2 对照检测结果分析

PCR扩增中，阳性对照的玉米内标准基因和耐除草剂玉米C0010.3.1转化体特异性序列均出现典型扩增曲线，且*Ct*值小于或等于36；阴性对照仅玉米内标准基因出现典型扩增曲线，且*Ct*值小于或等于36；空白对照无典型扩增曲线，荧光信号低于设定的阈值，表明PCR检测反应体系正常工作，方可对8.2.3进行判断。否则，重新检测。

8.2.3 样品检测结果分析和表述

8.2.3.1 试样玉米内标准基因和耐除草剂玉米C0010.3.1转化体特异性序列均出现典型扩增曲线且*Ct*值小于或等于36，表明样品中检测出耐除草剂玉米C0010.3.1转化体成分，表述为"样品中检测出耐除草剂玉米C0010.3.1转化体成分，检测结果为阳性"。

8.2.3.2 试样玉米内标准基因出现典型扩增曲线且*Ct*值小于或等于36，而耐除草剂玉米C0010.3.1转化体特异性序列无典型扩增曲线或*Ct*值大于36，表明样品中未检测出耐除草剂玉米C0010.3.1转化体成分，表述为"样品中未检测出耐除草剂玉米C0010.3.1转化体成分，检测结果为阴性"。

8.2.3.3 试样玉米内标准基因未出现典型扩增曲线或*Ct*值大于36，表明样品中未检出玉米成分，结果表述为"样品中未检测出玉米基因组DNA成分，检测结果为阴性"。

注：3个平行的PCR扩增结果出现不一致的，应重做PCR扩增样品2次，最终以多数结果为准。

9 检出限

9.1 普通 PCR 方法的检出限为 0.1%(含靶序列样品 DNA/总样品 DNA)。

9.2 实时荧光 PCR 方法的检出限为 0.025%(含靶序列样品 DNA/总样品 DNA)。

注:本标准的检出限是在 PCR 检测反应体系中加入 100 ng DNA 模板进行测算的。

附 录 A
(资料性附录)
耐除草剂玉米 C0010.3.1 转化体特异性序列

1 CGTCAACTTA ACTTGAGTGC TCACATTTTC CTAGATTTAA TTCAGATTTG AAGGTTTCAT
61 TAAGAACAGC AAAGGCTCTA GAGGTACTCA GACCAAAGTT AACATATATA ATTTGGCAAA
121 AATATTTGAA CTGAATGGAA TTCATACTTT TAATAATATG GATCGATACA ATTTACTCCC
181 TCCGTCCTAA AATAGAAGTA GTCATTATGT CATGGCAATT TATAGGTTAA TAGCCAGTCG
241 TGAACAAATT GACGCTTAGA CAACTTAATA ACACATTGCG GTGTTAGACT GA

注 1:序列方向为 5′-3′。

注 2:5′端单下划线部分为普通 PCR 方法 C0010.3.1-F 引物序列,5′端双下划线部分为实时荧光 PCR 方法 C0010.3.1-QF 引物序列,3′端单下划线部分为普通 PCR 方法 C0010.3.1-R 引物和实时荧光 PCR 方法 C0010.3.1-QR 引物的反向互补序列,方框内部分为实时荧光 PCR 方法 C0010.3.1-QP 探针的反向互补序列。

注 3:1～232 为玉米基因组序列,233～292 为外源插入片段部分序列。

ICS 65.020.01
B 04

中华人民共和国国家标准

农业农村部公告第323号—16—2020

转基因植物及其产品成分检测 抗虫耐除草剂玉米GH5112E-117C及其衍生品种定性PCR方法

Detection of genetically modified plants and derived products—Qualitative PCR method for insect-resistant and herbicide-tolerant maize GH5112E-117C and its derivates

2020-08-04 发布　　　　2020-11-01 实施

中华人民共和国农业农村部 发布

前　言

本标准按照 GB/T 1.1—2009 给出的规则起草。

请注意本文件的某些内容可能涉及专利。本文件的发布机构不承担识别这些专利的责任。

本标准由中华人民共和国农业农村部提出。

本标准由全国农业转基因生物安全管理标准化技术委员会归口。

本标准起草单位:农业农村部科技发展中心、吉林省农业科学院、农业农村部环境保护科研监测所。

本标准主要起草人:李飞武、宋贵文、李葱葱、章秋艳、龙丽坤、董立明、闫伟、邢珍娟、刘娜、夏蔚、谢彦博、谭喜昌。

转基因植物及其产品成分检测 抗虫耐除草剂玉米 GH5112E-117C 及其衍生品种定性 PCR 方法

1 范围

本标准规定了转基因抗虫耐除草剂玉米 GH5112E-117C 转化体特异性定性 PCR 检测方法。

本标准适用于转基因抗虫耐除草剂玉米 GH5112E-117C 及其衍生品种，以及制品中 GH5112E-117C 转化体成分的定性 PCR 检测。

2 规范性引用文件

下列文件对于本文件的应用是必不可少的。凡是注日期的引用文件，仅注日期的版本适用于本文件。凡是不注日期的引用文件，其最新版本（包括所有的修改单）适用于本文件。

农业部 1485 号公告—4—2010 转基因植物及其产品成分检测 DNA 提取和纯化

农业部 1861 号公告—3—2012 转基因植物及其产品成分检测 玉米内标准基因定性 PCR 方法

农业部 2031 号公告—19—2013 转基因植物及其产品成分检测 抽样

NY/T 672 转基因植物及其产品检测 通用要求

3 术语和定义

农业部 1861 号公告—3—2012 界定的以及下列术语和定义适用于本文件。

3.1

GH5112E-117C 转化体特异性序列 event-specific sequence of GH5112E-117C

GH5112E-117C 的外源插入片段 5′端与玉米基因组的连接区序列，包括玉米基因组序列及转化载体 T-DNA 部分序列。

4 原理

根据抗虫耐除草剂玉米 GH5112E-117C 转化体特异性序列设计特异性引物，对试样进行 PCR 扩增。依据是否扩增获得预期的 DNA 片段，判断样品中是否含有抗虫耐除草剂玉米 GH5112E-117C 转化体成分。

5 试剂和材料

除非另有说明，仅使用分析纯试剂和重蒸馏水。

5.1 琼脂糖。

5.2 10 g/L 溴化乙锭（EB）溶液：称取 1.0 g 溴化乙锭，溶解于 100 mL 水中，避光保存。

警告——溴化乙锭有致癌作用，配制和使用时应戴一次性手套操作并妥善处理废弃物。

注：根据需要可选择其他效果相当的核酸染料代替溴化乙锭作为核酸电泳的染色剂。

5.3 10 mol/L 氢氧化钠（NaOH）溶液：在 160 mL 水中加入 80.0 g 氢氧化钠，溶解后，冷却至室温，再加水定容至 200 mL。

5.4 500 mmol/L 乙二胺四乙酸二钠（$EDTA\text{-}Na_2$）溶液（pH 8.0）：称取 18.6 g 乙二胺四乙酸二钠，加入 70 mL 水中，缓慢滴加氢氧化钠溶液（见 5.3）直至 $EDTA\text{-}Na_2$完全溶解，用氢氧化钠溶液（见 5.3）调 pH 至 8.0，加水定容至 100 mL。在 103.4 kPa（121℃）条件下灭菌 20 min。

5.5 1 mol/L 三羟甲基氨基甲烷-盐酸（Tris-HCl）溶液（pH 8.0）：称取 121.1 g 三羟甲基氨基甲烷溶解于 800 mL 水中，用盐酸调 pH 至 8.0，加水定容至 1 000 mL。在 103.4 kPa（121℃）条件下灭菌 20 min。

5.6 TE 缓冲液(pH 8.0):分别量取 10 mL 三羟甲基氨基甲烷-盐酸溶液(见 5.5)和 2 mL 乙二胺四乙酸二钠溶液(见 5.4),加水定容至 1 000 mL。在 103.4 kPa(121℃)条件下灭菌 20 min。

5.7 50×TAE 缓冲液:称取 242.2 g 三羟甲基氨基甲烷(Tris),先用 500 mL 水加热搅拌溶解后,加入 100 mL 乙二胺四乙酸二钠溶液(见 5.4),用冰乙酸调 pH 至 8.0,然后加水定容至 1 000 mL。使用时用水稀释成 1×TAE。

5.8 加样缓冲液:称取 250.0 mg 溴酚蓝,加入 10 mL 水,在室温下溶解 12 h;称取 250.0 mg 二甲基苯腈蓝,加 10 mL 水溶解;称取 50.0 g 蔗糖,加 30 mL 水溶解。混合以上 3 种溶液,加水定容至 100 mL,在 4℃下保存。

5.9 DNA 分子量标准:可以清楚地区分 100 bp～1 000 bp 的 DNA 片段。

5.10 dNTPs 混合溶液:将浓度为 10 mmol/L 的 dATP、dTTP、dGTP、dCTP 4 种脱氧核糖核苷酸溶液等体积混合。

5.11 *Taq* DNA 聚合酶、PCR 扩增缓冲液及 25 mmol/L 氯化镁($MgCl_2$)溶液。

5.12 玉米内标准基因 *zSSIIb* 基因引物(见农业部 1861 号公告—3—2012)

zSSIIb-1F:5′-CTCCCAATCCTTTGACATCTGC-3′;

zSSIIb-2R:5′-TCGATTTCTCTCTTGGTGACAGG-3′。

预期扩增片段大小为 151 bp。

5.13 GH5112E-117C 转化体特异性序列引物

GH5112E-117C-F:5′-ACCAGCACCAGGTCCGAGTTGAGA-3′;

GH5112E-117C-R:5′-CCCAGGTACATTAAAAACGTCCGC-3′。

预期扩增片段大小为 179 bp(参见附录 A)。

5.14 引物溶液:用 TE 缓冲液(见 5.6)或水分别将上述引物稀释到 10 μmol/L。

5.15 石蜡油。

5.16 植物 DNA 提取试剂盒。

5.17 定性 PCR 扩增试剂盒。

5.18 PCR 产物回收试剂盒。

6 主要仪器和设备

6.1 分析天平:感量 0.1 g 和 0.1 mg。

6.2 PCR 扩增仪:升降温速度>1.5℃/s,孔间温度差异<1.0℃。

6.3 电泳槽、电泳仪等电泳装置。

6.4 凝胶成像系统或照相系统。

7 分析步骤

7.1 抽样

按 NY/T 672 和农业部 2031 号公告—19—2013 的规定执行。

7.2 试样制备

按 NY/T 672 和农业部 2031 号公告—19—2013 的规定执行。

7.3 试样预处理

按农业部 1485 号公告—4—2010 规定执行。

7.4 DNA 模板制备

按农业部 1485 号公告—4—2010 规定执行。

7.5 PCR 扩增

7.5.1 试样 PCR 扩增

7.5.1.1 玉米内标准基因 PCR 扩增

按农业部 1861 号公告—3—2012 中的 7.5.1 规定执行。

7.5.1.2 转化体特异性序列 PCR 扩增

7.5.1.2.1 每个试样 PCR 扩增设置 3 个平行。

7.5.1.2.2 在 PCR 管中按表 1 依次加入反应试剂，混匀，再加 25 μL 石蜡油(有热盖功能的 PCR 仪可不加)。也可采用经验证的、效果相当的定性 PCR 试剂盒配制反应体系。

表 1 定性 PCR 扩增体系

试剂	终浓度	体积
ddH_2O		—
10×PCR 缓冲液	1×	2.5 μL
25 mmol/L 氯化镁溶液	1.5 mmol/L	1.5 μL
dNTPs 混合溶液(各 2.5 mmol/L)	0.2 mmol/L	2.0 μL
10 μmol/L GH5112E-117C-F	0.2 μmol/L	0.5 μL
10 μmol/L GH5112E-117C-R	0.2 μmol/L	0.5 μL
Taq DNA 聚合酶	0.025 U/μL	—
25 mg/L DNA 模板	2.0 mg/L	2.0 μL
总体积		25.0 μL
"—"表示体积不确定，如果 PCR 缓冲液中含有氯化镁，则不加氯化镁溶液，根据 *Taq* 酶的浓度确定其体积，并相应调整 ddH_2O 的体积，使反应体系总体积达到 25.0 μL。 若采用定性 PCR 试剂盒，则按试剂盒说明书的推荐用量配制反应体系，但上下游引物用量按表 1 执行。		

7.5.1.2.3 将 PCR 管放在离心机上，500 *g*～3 000 *g* 离心 10 s，然后取出 PCR 管，放入 PCR 仪中。

7.5.1.2.4 进行 PCR 扩增。反应程序为：94℃变性 5 min；94℃变性 30 s，58℃退火 30 s，72℃延伸 30 s，共进行 35 次循环；72℃延伸 5 min；10℃保存。

7.5.1.2.5 反应结束后取出 PCR 管，对 PCR 扩增产物进行电泳检测。

7.5.2 对照 PCR 扩增

在试样 PCR 扩增的同时，应设置 PCR 阳性对照、PCR 阴性对照和 PCR 空白对照。

以抗虫耐除草剂玉米 GH5112E-117C 为阳性对照(抗虫耐除草剂玉米 GH5112E-117C 的质量分数为 0.1%～1.0%的玉米基因组 DNA，或抗虫耐除草剂玉米 GH5112E-117C 转化体特异性序列与玉米基因组内标准基因相比的拷贝数分数为 0.1%～1.0%的 DNA 溶液)；以非转基因玉米基因组 DNA 作为阴性对照；以水作为空白对照。

除模板外，对照 PCR 扩增与试样 PCR 扩增相同(见 7.5.1)。

7.6 PCR 产物电泳检测

按 20 g/L 的质量浓度称量琼脂糖，加入 1×TAE 缓冲液中，加热溶解，配制成琼脂糖溶液。每 100 mL琼脂糖溶液中加入 5 μL EB 溶液或适量的其他核酸染料，混匀，稍适冷却后，将其倒入电泳板上，插上梳板，室温下凝固成凝胶后，放入 1×TAE 缓冲液中，垂直向上轻轻拔去梳板。取 8 μL PCR 产物与 2 μL加样缓冲液混合后加入凝胶点样孔，同时在其中一个点样孔中加入 DNA 分子量标准，接通电源在 2 V/cm～5 V/cm 条件下电泳检测。

7.7 凝胶成像分析

电泳结束后，取出琼脂糖凝胶，置于凝胶成像仪上成像。根据 DNA 分子量标准估计扩增条带的大小，将电泳结果形成电子文件存档或用照相系统拍照。如需通过序列分析确认 PCR 扩增片段是否为目的 DNA 片段，按照 7.8 和 7.9 的规定执行。

7.8 PCR 产物回收

按 PCR 产物回收试剂盒说明书，回收 PCR 扩增的 DNA 片段。

7.9 PCR 产物测序验证

将回收的 PCR 产物克隆测序，与抗虫耐除草剂玉米 GH5112E-117C 转化体特异性序列(参见附录 A)

进行比对,确定 PCR 扩增的 DNA 片段是否为目的 DNA 片段。

8 结果分析与表述

8.1 对照检测结果分析

PCR 扩增中,阳性对照玉米内标准基因和抗虫耐除草剂玉米 GH5112E-117C 转化体特异性序列均得到扩增,而阴性对照仅扩增出玉米内标准基因片段,空白对照没有扩增片段,表明 PCR 检测反应体系正常工作,方可按 8.2 进行判断。否则,重新检测。

8.2 样品检测结果分析和表述

8.2.1 试样玉米内标准基因和抗虫耐除草剂玉米 GH5112E-117C 转化体特异性序列均得到扩增,表明样品中检测出抗虫耐除草剂玉米 GH5112E-117C 转化体成分,表述为"样品中检测出抗虫耐除草剂玉米 GH5112E-117C 转化体成分,检测结果为阳性"。

8.2.2 试样玉米内标准基因片段得到扩增,而抗虫耐除草剂玉米 GH5112E-117C 转化体特异性序列未得到扩增,表明样品中未检测出抗虫耐除草剂玉米 GH5112E-117C 转化体成分,表述为"样品中未检测出抗虫耐除草剂玉米 GH5112E-117C 转化体成分,检测结果为阴性"。

8.2.3 试样玉米内标准基因片段未得到扩增,表明样品中未检测出玉米成分,表述为"样品中未检测出玉米基因组 DNA 成分,检测结果为阴性"。

注:3 个平行的 PCR 扩增结果出现不一致的,应重做 PCR 扩增样品 2 次,最终以多数结果为准。

9 检出限

本标准方法的检出限为 0.1%(含靶序列样品 DNA/总样品 DNA)。

注:本标准的检出限是以 PCR 检测反应体系中加入 50 ng DNA 模板进行测算的。

附 录 A
(资料性附录)
抗虫耐除草剂玉米 GH5112E-117C 转化体特异性序列

1 ACCAGCACCA GGTCCGAGTT GAGATCGAGT CCCTCTTTGA CGGGACCGAC
51 TTCTCGGAGC CGCTGACCCG TGCCAGGTTT GAGGAGCTGA ACAACGATCT
101 GTTCCGCAAA TTGTGGTGTA AACAAATTGA CGCTTAGACA ACTTAATAAC
151 ACATTGCGGA CGTTTTTAAT GTACCTGGG

注 1:序列方向为 5′-3′。

注 2:5′端下划线部分为 GH5112E-117C-F 引物序列,3′端下划线部分为 GH5112E-117C-R 引物的反向互补序列。

注 3:1～109 为玉米基因组序列,110～179 为外源插入片段部分序列。

ICS 65.020.01
B 04

中华人民共和国国家标准

农业农村部公告第323号—17—2020

转基因植物及其产品成分检测 抗虫耐除草剂玉米C0030.2.4及其衍生品种定性PCR方法

Detection of genetically modified plants and derived products—Qualitative PCR method for insect-resistant and herbicide-tolerant maize C0030.2.4 and its derivates

2020-08-04 发布 2020-11-01 实施

中华人民共和国农业农村部 发布

前　　言

本标准按照 GB/T 1.1—2009 给出的规则起草。

请注意本文件的某些内容可能涉及专利。本文件的发布机构不承担识别这些专利的责任。

本标准由中华人民共和国农业农村部提出。

本标准由全国农业转基因生物安全管理标准化技术委员会归口。

本标准起草单位:农业农村部科技发展中心、浙江省农业科学院。

本标准主要起草人:陈笑芸、沈平、汪小福、王颢潜、徐俊锋、徐晓丽、彭城、魏巍、缪青梅。

转基因植物及其产品成分检测
抗虫耐除草剂玉米 C0030.2.4 及其衍生品种定性 PCR 方法

1 范围

本标准规定了转基因抗虫耐除草剂玉米 C0030.2.4 转化体特异性普通 PCR 和实时荧光 PCR 两种检测方法。

本标准适用于转基因抗虫耐除草剂玉米 C0030.2.4 及其衍生品种，以及制品中 C0030.2.4 转化体成分的定性 PCR 检测。

2 规范性引用文件

下列文件对于本文件的应用是必不可少的。凡是注日期的引用文件，仅注日期的版本适用于本文件。凡是不注日期的引用文件，其最新版本（包括所有的修改单）适用于本文件。

农业部 1485 号公告—4—2010　转基因植物及其产品成分检测　DNA 提取和纯化

农业部 1861 号公告—3—2012　转基因植物及其产品成分检测　玉米内标准基因定性 PCR 方法

农业部 2031 号公告—19—2013　转基因植物及其产品成分检测　抽样

NY/T 672 转基因植物及其产品检测　通用要求

3 术语和定义

农业部 1861 号公告—3—2012 界定的以及下列术语和定义适用于本文件。

3.1

C0030.2.4 转化体特异性序列　event-specific sequence of C0030.2.4

C0030.2.4 的外源插入片段 5′端与玉米基因组的连接区序列以及外源插入片段 3′端与玉米基因组的连接区序列，包括玉米基因组序列及转化载体 T-DNA 部分序列。

4 原理

根据抗虫耐除草剂玉米 C0030.2.4 转化体特异性序列设计特异性引物及探针，对试样进行 PCR 扩增。依据是否扩增获得预期的 DNA 片段或典型扩增曲线，判断样品中是否含有抗虫耐除草剂玉米 C0030.2.4 转化体成分。

5 试剂和材料

除非另有说明，仅使用分析纯试剂和重蒸馏水。

5.1 琼脂糖。

5.2 10 g/L 溴化乙锭（EB）溶液：称取 1.0 g 溴化乙锭，溶解于 100 mL 水中，避光保存。

警告——溴化乙锭有致癌作用，配制和使用时应戴一次性手套操作并妥善处理废弃物。

注：根据需要可选择其他效果相当的核酸染料代替溴化乙锭作为核酸电泳的染色剂。

5.3 10 mol/L 氢氧化钠（NaOH）溶液：在 160 mL 水中加入 80.0 g 氢氧化钠，溶解后，冷却至室温，再加水定容至 200 mL。

5.4 500 mmol/L 乙二胺四乙酸二钠（EDTA-Na_2）溶液（pH 8.0）：称取 18.6 g 乙二胺四乙酸二钠，加入 70 mL 水中，缓慢滴加氢氧化钠溶液（见 5.3）直至 EDTA-Na_2完全溶解，用氢氧化钠溶液（见 5.3）调 pH 至 8.0，加水定容至 100 mL。在 103.4 kPa（121℃）条件下灭菌 20 min。

5.5 1 mol/L 三羟甲基氨基甲烷-盐酸（Tris-HCl）溶液（pH 8.0）：称取 121.1 g 三羟甲基氨基甲烷溶解于

800 mL 水中，用盐酸调 pH 至 8.0，加水定容至 1 000 mL。在 103.4 kPa(121℃)条件下灭菌 20 min。

5.6 TE 缓冲液(pH 8.0)：分别量取 10 mL 三羟甲基氨基甲烷-盐酸溶液(见 5.5)和 2 mL 乙二胺四乙酸二钠溶液(见 5.4)溶液，加水定容至 1 000 mL。在 103.4 kPa(121℃)条件下灭菌 20 min。

5.7 50×TAE 缓冲液：称取 242.2 g 三羟甲基氨基甲烷(Tris)，先用 500 mL 水加热搅拌溶解后，加入 100 mL 乙二胺四乙酸二钠溶液(见 5.4)，用冰乙酸调 pH 至 8.0，然后加水定容至 1 000 mL。使用时用水稀释成 1×TAE。

5.8 加样缓冲液：称取 250.0 mg 溴酚蓝，加入 10 mL 水，在室温下溶解 12 h；称取 250.0 mg 二甲基苯腈蓝，加 10 mL 水溶解；称取 50.0 g 蔗糖，加 30 mL 水溶解。混合以上 3 种溶液，加水定容至 100 mL，在 4℃下保存。

5.9 DNA 分子量标准：可以清楚地区分 100 bp～1 000 bp 的 DNA 片段。

5.10 dNTPs 混合溶液：将浓度为 10 mmol/L 的 dATP、dTTP、dGTP、dCTP 4 种脱氧核糖核苷酸溶液等体积混合。

5.11 *Taq* DNA 聚合酶、PCR 扩增缓冲液及 25 mmol/L 氯化镁($MgCl_2$)溶液。

5.12 玉米内标准基因 *zSSIIb* 基因引物(见农业部 1861 号公告—3—2012)

5.12.1 普通 PCR 方法引物

zSSIIb-1F：5′-CTCCCAATCCTTTGACATCTGC-3′；

zSSIIb-2R：5′-TCGATTTCTCTCTTGGTGACAGG-3′。

预期扩增片段大小为 151 bp。

5.12.2 实时荧光 PCR 方法引物/探针

zSSIIb-3F：5′-CGGTGGATGCTAAGGCTGATG-3′；

zSSIIb-4R：5′-AAAGGGCCAGGTTCATTATCCTC-3′；

zSSIIb-P：5′-FAM-TAAGGAGCACTCGCCGCCGCATCTG-BHQ1-3′。

预期扩增片段大小为 88 bp。

5.13 C0030.2.4 转化体特异性序列引物

5.13.1 普通 PCR 方法引物

C0030.2.4-F：5′-CGTGAGGCTAGTGCCATCAATAAGT-3′；

C0030.2.4-R：5′-TTCGCAACGTAAAGTGCCAGGAAGA-3′。

预期扩增片段大小为 205 bp(参见附录 A 中的 A.1)。

5.13.2 实时荧光 PCR 方法引物/探针

C0030.2.4-QF：5′-GCGTCAATTTGTTTACACCACAATA-3′；

C0030.2.4-QR：5′-GGTACGCCAACAAAGAAGAAA-3′；

C0030.2.4-P：5′-TATCCTTAGCACGCACATCTTCCTGTGT-3′。

预期扩增片段大小为 110 bp(参见 A.2)。

注：C0030.2.4-P 为 C0030.2.4 转化体的 *Taq*Man 探针，其 5′ 端标记荧光报告基团(如 FAM、HEX 等)，3′ 端标记对应的荧光淬灭基团(如 TAMRA、BHQ1 等)。

5.14 引物溶液：用 TE 缓冲液(见 5.6)或水分别将上述引物稀释到 10 μmol/L。

5.15 石蜡油。

5.16 DNA 提取试剂盒。

5.17 定性 PCR 试剂盒。

5.18 PCR 产物回收试剂盒。

5.19 实时荧光 PCR 试剂盒。

6 主要仪器和设备

6.1 分析天平：感量 0.1 g 和 0.1 mg。

6.2 PCR 扩增仪:升降温速度>1.5℃/s,孔间温度差异<1.0℃。

6.3 实时荧光 PCR 仪。

6.4 电泳槽、电泳仪等电泳装置。

6.5 凝胶成像系统或照相系统。

7 分析步骤

7.1 抽样

按 NY/T 672 和农业部 2031 号公告—19—2013 的规定执行。

7.2 试样制备

按 NY/T 672 和农业部 2031 号公告—19—2013 的规定执行。

7.3 试样预处理

按农业部 1485 号公告—4—2010 的规定执行。

7.4 DNA 模板制备

按农业部 1485 号公告—4—2010 的规定执行。

7.5 PCR 扩增

7.5.1 普通 PCR 方法

7.5.1.1 试样 PCR 扩增

7.5.1.1.1 玉米内标准基因 PCR 扩增

按农业部 1861 号公告—3—2012 中的 7.5.1 规定执行。

7.5.1.1.2 转化体特异性序列 PCR 扩增

7.5.1.1.2.1 每个试样 PCR 扩增设置 3 个平行。

7.5.1.1.2.2 在 PCR 管中按表 1 依次加入反应试剂,混匀,再加 25 μL 石蜡油(有热盖功能的 PCR 仪可不加)。也可采用经验证的、效果相当的定性 PCR 试剂盒配制反应体系。

表 1 普通 PCR 扩增体系

试剂	终浓度	体积
ddH_2O		—
10×PCR 缓冲液	1×	2.5 μL
25 mmol/L 氯化镁溶液	1.5 mmol/L	1.5 μL
dNTPs 混合溶液(各 2.5 mmol/L)	0.25 mmol/L	2.5 μL
10 μmol/LC0030.2.4-F	0.3 μmol/L	0.75 μL
10 μmol/L C0030.2.4-R	0.3 μmol/L	0.75 μL
Taq DNA 聚合酶	0.025 U/μL	—
50 mg/L DNA 模板	4.0 mg/L	2.0 μL
总体积		25.0 μL
"—"表示体积不确定,如果 PCR 缓冲液中含有氯化镁,则不加氯化镁溶液,根据 *Taq* DNA 聚合酶的浓度确定其体积,并相应调整 ddH_2O 的体积,使反应体系总体积达到 25.0 μL。 若采用定性 PCR 试剂盒,则按试剂盒的推荐用量配制反应体系,但上下游引物用量按表 1 执行。		

7.5.1.1.2.3 将 PCR 管放在离心机上,500 *g* ~ 3 000 *g* 离心 10 s,然后取出 PCR 管,放入 PCR 仪中。

7.5.1.1.2.4 进行 PCR 扩增。反应程序为:95℃变性 5 min;95℃变性 30 s,58℃退火 45 s,72℃延伸 45 s,共进行 35 次循环;72℃延伸 7 min;10℃保存。

7.5.1.1.2.5 反应结束后取出 PCR 管,对 PCR 扩增产物进行电泳检测。

7.5.1.2 对照 PCR 扩增

在试样 PCR 扩增的同时,应设置 PCR 阳性对照、PCR 阴性对照和 PCR 空白对照。

以抗虫耐除草剂玉米 C0030.2.4 为阳性对照(抗虫耐除草剂玉米 C0030.2.4 的质量分数为 0.1%~

1.0%的玉米基因组 DNA,或抗虫耐除草剂玉米 C0030.2.4 转化体特异性序列与玉米基因组内标准基因相比的拷贝数分数为 0.1%~1.0%的 DNA 溶液);以非转基因玉米基因组 DNA 作为阴性对照;以水作为空白对照。

除模板外,对照 PCR 扩增与试样 PCR 扩增相同(见 7.5.1.1)。

7.5.1.3 PCR 产物电泳检测

按 20 g/L 的质量浓度称量琼脂糖,加入 1×TAE 缓冲液中,加热溶解,配制成琼脂糖溶液。每 100 mL琼脂糖溶液中加入 5 μL EB 溶液或适量的其他核酸染料,混匀,稍适冷却后,将其倒入电泳板上,插上梳板,室温下凝固成凝胶后,放入 1×TAE 缓冲液中,垂直向上轻轻拔去梳板。取 12 μL PCR 产物与 3 μL 加样缓冲液混合后加入凝胶点样孔,同时在其中一个点样孔中加入 DNA 分子量标准,接通电源在 2 V/cm~5 V/cm 条件下电泳检测。

7.5.1.4 凝胶成像分析

电泳结束后,取出琼脂糖凝胶,置于凝胶成像仪上成像。根据 DNA 分子量标准估计扩增条带的大小,将电泳结果形成电子文件存档或用照相系统拍照。如需通过序列分析确认 PCR 扩增片段是否为目的 DNA 片段,按照 7.5.1.5 和 7.5.1.6 的规定执行。

7.5.1.5 PCR 产物回收

按 PCR 产物回收试剂盒说明书,回收 PCR 扩增的 DNA 片段。

7.5.1.6 PCR 产物测序验证

将回收的 PCR 产物克隆测序,与抗虫耐除草剂玉米 C0030.2.4 转化体特异性序列(参见 A.1)进行比对,确定 PCR 扩增的 DNA 片段是否为目的 DNA 片段。

7.5.2 实时荧光 PCR 方法

7.5.2.1 试样 PCR 扩增

7.5.2.1.1 玉米内标准基因 PCR 扩增

按农业部 1861 号公告—3—2012 中的 7.5.2 规定执行。

7.5.2.1.2 转化体特异性序列 PCR 扩增

7.5.2.1.2.1 每个试样 PCR 扩增设置 3 个平行。

7.5.2.1.2.2 在 PCR 管中按表 2 依次加入反应试剂,混匀。也可采用经验证的、效果相当的实时荧光 PCR 试剂盒配制反应体系。

表 2 实时荧光 PCR 扩增体系

试剂	终浓度	体积
ddH_2O		—
10×PCR 缓冲液	1×	2.5 μL
25 mmol/L 氯化镁溶液	1.5 mmol/L	1.5 μL
dNTPs 混合溶液(各 2.5 mmol/L)	0.25 mmol/L	2.5 μL
10 μmol/L C0030.2.4-QF	0.4 μmol/L	1.0 μL
10 μmol/L C0030.2.4-QR	0.4 μmol/L	1.0 μL
10 μmol/L C0030.2.4-P	0.2 μmol/L	0.5 μL
Taq DNA 聚合酶	0.025 U/μL	—
50 mg/L DNA 模板	4.0 mg/L	2.0 μL
总体积		25.0 μL
"—"表示体积不确定,如果 PCR 缓冲液中含有氯化镁,则不加氯化镁溶液,根据 *Taq* DNA 聚合酶的浓度确定其体积,并相应调整 ddH_2O 的体积,使反应体系总体积达到 25.0 μL。 若采用实时荧光 PCR 试剂盒,则按试剂盒的推荐用量配制反应体系,但引物和探针用量按表 2 执行。		

7.5.2.1.2.3 将 PCR 管放在离心机上,500 *g*~3 000 *g* 离心 10 s,然后取出 PCR 管,放入实时荧光 PCR 仪中。

7.5.2.1.2.4 运行实时荧光 PCR 扩增。反应程序为 95℃变性 10 min;95℃变性 15 s,60℃退火延伸

60 s,共进行 40 个循环;在第二阶段的退火延伸(60℃)时段收集荧光信号。

注:不同仪器可根据仪器要求将反应参数进行适当调整。

7.5.2.2 对照 PCR 扩增

在试样 PCR 扩增的同时,应设置 PCR 阳性对照、PCR 阴性对照和 PCR 空白对照。

以抗虫耐除草剂玉米 C0030.2.4 为阳性对照(抗虫耐除草剂玉米 C0030.2.4 的质量分数为 0.1%~1.0%的玉米基因组 DNA,或抗虫耐除草剂玉米 C0030.2.4 转化体特异性序列与玉米基因组内标准基因相比的拷贝数分数为 0.1%~1.0%的 DNA 溶液);以非转基因玉米基因组 DNA 作为阴性对照;以水作为空白对照。

除模板外,对照 PCR 扩增与试样 PCR 扩增相同(见 7.5.2.1)。

8 结果分析与表述

8.1 普通 PCR 方法

8.1.1 对照检测结果分析

PCR 扩增中,阳性对照玉米内标准基因和抗虫耐除草剂玉米 C0030.2.4 转化体特异性序列均得到扩增,而阴性对照仅扩增出玉米内标准基因片段,空白对照没有扩增片段,表明 PCR 检测反应体系正常工作,方可按 8.1.2 进行判断。否则,重新检测。

8.1.2 样品检测结果分析和表述

8.1.2.1 试样玉米内标准基因和抗虫耐除草剂玉米 C0030.2.4 转化体特异性序列均得到扩增,表明样品中检测出抗虫耐除草剂玉米 C0030.2.4 转化体成分,结果表述为"样品中检测出抗虫耐除草剂玉米 C0030.2.4 转化体成分,检测结果为阳性"。

8.1.2.2 试样玉米内标准基因片段得到扩增,而抗虫耐除草剂玉米 C0030.2.4 转化体特异性序列未得到扩增,表明样品中未检测出抗虫耐除草剂玉米 C0030.2.4 转化体成分,结果表述为"样品中未检测出抗虫耐除草剂玉米 C0030.2.4 转化体成分,检测结果为阴性"。

8.1.2.3 试样玉米内标准基因片段未得到扩增,表明样品中未检出玉米成分,结果表述为"样品中未检测出玉米基因组 DNA 成分,检测结果为阴性"。

8.2 实时荧光 PCR 方法

8.2.1 基线与阈值的设定

实时荧光 PCR 扩增结束后,以 PCR 扩增刚好进入指数期扩增来设置荧光信号阈值,并根据仪器噪声情况进行调整。

8.2.2 对照检测结果分析

PCR 扩增中,阳性对照的玉米内标准基因和抗虫耐除草剂玉米 C0030.2.4 转化体特异性序列均出现典型扩增曲线,且 *Ct* 值小于或等于 36;阴性对照仅玉米内标准基因出现典型扩增曲线,且 *Ct* 值小于或等于 36;空白对照无典型扩增曲线,荧光信号低于设定的阈值,表明 PCR 检测反应体系正常工作,方可对 8.2.3 进行判断。否则,重新检测。

8.2.3 样品检测结果分析和表述

8.2.3.1 试样玉米内标准基因和抗虫耐除草剂玉米 C0030.2.4 转化体特异性序列均出现典型扩增曲线且 *Ct* 值小于或等于 36,表明样品中检测出抗虫耐除草剂玉米 C0030.2.4 转化体成分,表述为"样品中检测出抗虫耐除草剂玉米 C0030.2.4 转化体成分,检测结果为阳性"。

8.2.3.2 试样玉米内标准基因出现典型扩增曲线且 *Ct* 值小于或等于 36,而抗虫耐除草剂玉米 C0030.2.4 转化体特异性序列无典型扩增曲线或 *Ct* 值大于 36,表明样品中未检测出抗虫耐除草剂玉米 C0030.2.4 转化体成分,表述为"样品中未检测出抗虫耐除草剂玉米 C0030.2.4 转化体成分,检测结果为阴性"。

8.2.3.3 试样玉米内标准基因未出现典型扩增曲线或 *Ct* 值大于 36,表明样品中未检出玉米成分,结果表述为"样品中未检测出玉米基因组 DNA 成分,检测结果为阴性"。

注:3 个平行的 PCR 扩增结果出现不一致的,应重做 PCR 扩增样品 2 次,最终以多数结果为准。

9 检出限

9.1 普通 PCR 方法的检出限为 0.1%(含靶序列样品 DNA/总样品 DNA)。

9.2 实时荧光 PCR 方法的检出限为 0.05%(含靶序列样品 DNA/总样品 DNA)。

注:本标准的检出限是在 PCR 检测反应体系中加入 100 ng DNA 模板进行测算的。

附 录 A
(资料性附录)
抗虫耐除草剂玉米 C0030.2.4 转化体特异性序列

A.1 抗虫耐除草剂玉米 C0030.2.4 转化体普通 PCR 方法扩增产物核苷酸序列

1 CGTGAGGCTA GTGCCATCAA TAAGTTATCA GTCTAACGGT CCCGTTTAAA CTACGTCTCG
61 TGGTGCATGG GCCCAGTTTG CTCCGGTCCT TATAAAAGTA TGCACAGCAC TATAGCTCAG
121 GACTTAAAAA ACTTTTTTTA TATATCATGC TATAACCAAA GGTGGTTCCA ACAAGCTCCG
181 TCTTCCTGGC ACTTTACGTT GCGAA

注 1:序列方向为 5′-3′。

注 2:5′端单下划线部分为普通 PCR 方法 C0030.2.4-F 引物序列,3′端单下划线部分为普通 PCR 方法 C0030.2.4-R 引物的反向互补序列。

注 3:1~68 为外源插入片段部分序列,69~205 为玉米基因组序列。

A.2 抗虫耐除草剂玉米 C0030.2.4 转化体实时荧光 PCR 方法扩增产物核苷酸序列

1 GGTACGCCAA CAAAGAAGAA AAAAACACAG GAAGATGTGC GTGCTAAGGA TAAGATAGTC
61 ACTTCTGTCC GAGTCACCTA GGATATATTG TGGTGTAAAC AAATTGACGC

注 1:序列方向为 5′-3′。

注 2:5′端双下划线部分为实时荧光 PCR 方法 C0030.2.4-QR 引物序列,3′端双下划线部分为实时荧光 PCR 方法 C0030.2.4-QF 引物的反向互补序列,方框内部分为实时荧光 PCR 方法 C0030.2.4-P 探针的反向互补序列。

注 3:1~81 为玉米基因组序列,82~110 为外源插入片段部分序列。

ICS 65.020.01
B 04

中华人民共和国国家标准

农业农村部公告第323号—18—2020

转基因植物及其产品成分检测 抗虫耐除草剂玉米C0030.2.5及其衍生品种定性PCR方法

Detection of genetically modified plants and derived products—Qualitative PCR method for insect-resistant and herbicide-tolerant maize C0030.2.5 and its derivates

2020-08-04 发布　　2020-11-01 实施

中华人民共和国农业农村部　发布

前　言

本标准按照 GB/T 1.1—2009 给出的规则起草。

请注意本文件的某些内容可能涉及专利。本文件的发布机构不承担识别这些专利的责任。

本标准由中华人民共和国农业农村部提出。

本标准由全国农业转基因生物安全管理标准化技术委员会归口。

本标准起草单位:农业农村部科技发展中心、浙江省农业科学院。

本标准主要起草人:徐晓丽、沈平、汪小福、徐俊锋、章秋艳、魏巍、陈笑芸、彭城、缪青梅。

转基因植物及其产品成分检测 抗虫耐除草剂玉米 C0030.2.5 及其衍生品种定性 PCR 方法

1 范围

本标准规定了转基因抗虫耐除草剂玉米 C0030.2.5 转化体特异性普通 PCR 和实时荧光 PCR 两种检测方法。

本标准适用于转基因抗虫耐除草剂玉米 C0030.2.5 及其衍生品种，以及制品中 C0030.2.5 转化体成分的定性 PCR 检测。

2 规范性引用文件

下列文件对于本文件的应用是必不可少的。凡是注日期的引用文件，仅注日期的版本适用于本文件。凡是不注日期的引用文件，其最新版本(包括所有的修改单)适用于本文件。

农业部 1485 号公告—4—2010　转基因植物及其产品成分检测　DNA 提取和纯化

农业部 1861 号公告—3—2012　转基因植物及其产品成分检测　玉米内标准基因定性 PCR 方法

农业部 2031 号公告—19—2013　转基因植物及其产品成分检测　抽样

NY/T 672 转基因植物及其产品检测　通用要求

3 术语和定义

农业部 1861 号公告—3—2012 界定的以及下列术语和定义适用于本文件。

3.1

C0030.2.5 转化体特异性序列　event-specific sequence of C0030.2.5

C0030.2.5 的外源插入片段 5′端与玉米基因组的连接区序列，包括玉米基因组序列与转化载体 T-DNA 部分序列。

4 原理

根据抗虫耐除草剂玉米 C0030.2.5 转化体特异性序列设计特异性引物及探针，对试样进行 PCR 扩增。依据是否扩增获得预期的 DNA 片段或典型扩增曲线，判断样品中是否含有抗虫耐除草剂玉米 C0030.2.5 转化体成分。

5 试剂和材料

除非另有说明，仅使用分析纯试剂和重蒸馏水。

5.1 琼脂糖。

5.2 10 g/L 溴化乙锭(EB)溶液：称取 1.0 g 溴化乙锭，溶解于 100 mL 水中，避光保存。

警告——溴化乙锭有致癌作用，配制和使用时应戴一次性手套操作并妥善处理废液。

注：根据需要可选择其他效果相当的核酸染料代替溴化乙锭作为核酸电泳的染色剂。

5.3 10 mol/L 氢氧化钠(NaOH)溶液：在 160 mL 水中加入 80.0 g 氢氧化钠，溶解后，冷却至室温，再加水定容至 200 mL。

5.4 500 mmol/L 乙二胺四乙酸二钠($EDTA\text{-}Na_2$)溶液(pH 8.0)：称取 18.6 g 乙二胺四乙酸二钠，加入 70 mL 水中，缓慢滴加氢氧化钠溶液(见 5.3)直至 $EDTA\text{-}Na_2$ 完全溶解，用氢氧化钠溶液(见 5.3)调 pH 至 8.0，加水定容至 100 mL。在 103.4 kPa(121℃)条件下灭菌 20 min。

5.5 1 mol/L 三羟甲基氨基甲烷-盐酸(Tris-HCl)溶液(pH 8.0)：称取 121.1 g 三羟甲基氨基甲烷溶解于

800 mL 水中,用盐酸调 pH 至 8.0,加水定容至 1 000 mL。在 103.4 kPa(121℃)条件下灭菌 20 min。

5.6 TE 缓冲液(pH8.0):分别量取 10 mL 三羟甲基氨基甲烷-盐酸溶液(见 5.5)和 2 mL 乙二胺四乙酸二钠溶液(见 5.4)溶液,加水定容至 1 000 mL。在 103.4 kPa(121℃)条件下灭菌 20 min。

5.7 50×TAE 缓冲液:称取 242.2 g 三羟甲基氨基甲烷(Tris),先用 500 mL 水加热搅拌溶解后,加入 100 mL 乙二胺四乙酸二钠溶液(见 5.4),用冰乙酸调 pH 至 8.0,然后加水定容至 1 000 mL。使用时用水稀释成 1×TAE。

5.8 加样缓冲液:称取 250.0 mg 溴酚蓝,加入 10 mL 水,在室温下溶解 12 h;称取 250.0 mg 二甲基苯腈蓝,加 10 mL 水溶解;称取 50.0 g 蔗糖,加 30 mL 水溶解。混合以上 3 种溶液,加水定容至 100 mL,在 4℃下保存。

5.9 DNA 分子量标准:可以清楚地区分 100 bp~1 000 bp 的 DNA 片段。

5.10 dNTPs 混合溶液:将浓度为 10 mmol/L 的 dATP、dTTP、dGTP、dCTP 4 种脱氧核糖核苷酸溶液等体积混合。

5.11 *Taq* DNA 聚合酶、PCR 扩增缓冲液及 25 mmol/L 氯化镁($MgCl_2$)溶液。

5.12 玉米内标准基因 *zSSIIb* 基因引物(见农业部 1861 号公告—3—2012)

5.12.1 普通 PCR 方法引物

zSSIIb-1F:5′-CTCCCAATCCTTTGACATCTGC-3′;

zSSIIb-2R:5′-TCGATTTCTCTCTTGGTGACAGG-3′。

预期扩增片段大小为 151 bp。

5.12.2 实时荧光 PCR 方法引物/探针

zSSIIb-3F:5′-CGGTGGATGCTAAGGCTGATG-3′;

zSSIIb-4R:5′-AAAGGGCCAGGTTCATTATCCTC-3′;

zSSIIb-P:5′-FAM-TAAGGAGCACTCGCCGCCGCATCTG-BHQ1-3′。

预期扩增片段大小为 88 bp。

5.13 C0030.2.5 转化体特异性序列引物

5.13.1 普通 PCR 方法引物

C0030.2.5-F:5′-CCAGTCCTGATTATCAGTCATT-3′;

C0030.2.5-R:5′-TAAAAACGTCCGCAATGTGTTATTA-3′。

预期扩增片段大小为 296 bp(参见附录 A)。

5.13.2 实时荧光 PCR 方法引物/探针

C0030.2.5-QF: 5′-GTCATTCCAATAGATTAGTCTCATATCTCT-3′;

C0030.2.5-QR: 5′-CGGTCCCGTTTAAACTATCAG-3′;

C0030.2.5-P:5′-CTGTCATTCTCATTGTGGTGTCATTTTCAA-3′。

预期扩增片段大小为 112 bp(参见附录 A)。

注:C0030.2.5-P 为 C0030.2.5 转化体的 *Taq*Man 探针,其 5′端标记荧光报告基团(如 FAM、HEX 等),3′端标记对应的荧光淬灭基团(如 TAMRA、BHQ1 等)。

5.14 引物溶液:用 TE 缓冲液(见 5.6)或水分别将上述引物稀释到 10 μmol/L。

5.15 石蜡油。

5.16 DNA 提取试剂盒。

5.17 定性 PCR 试剂盒。

5.18 PCR 产物回收试剂盒。

5.19 实时荧光 PCR 试剂盒。

6 主要仪器和设备

6.1 分析天平:感量 0.1 g 和 0.1 mg。

6.2　PCR 扩增仪：升降温速度>1.5℃/s，孔间温度差异<1.0℃。

6.3　实时荧光 PCR 仪。

6.4　电泳槽、电泳仪等电泳装置。

6.5　凝胶成像系统或照相系统。

7　分析步骤

7.1　抽样

按 NY/T 672—2003 和农业部 2031 号公告—19—2013 的规定执行。

7.2　试样制备

按 NY/T 672—2003 和农业部 2031 号公告—19—2013 的规定执行。

7.3　试样预处理

按农业部 1485 号公告—4—2010 的规定执行。

7.4　DNA 模板制备

按农业部 1485 号公告—4—2010 的规定执行。

7.5　PCR 扩增

7.5.1　普通 PCR 方法

7.5.1.1　试样 PCR 扩增

7.5.1.1.1　玉米内标准基因 PCR 扩增

按农业部 1861 号公告—3—2012 中的 7.5.1 规定执行。

7.5.1.1.2　转化体特异性序列 PCR 扩增

7.5.1.1.2.1　每个试样 PCR 设置 3 个平行。

7.5.1.1.2.2　在 PCR 管中按表 1 依次加入反应试剂，混匀，再加 25 μL 石蜡油（有热盖功能的 PCR 仪可不加）。也可采用经验证的、效果相当的定性 PCR 试剂盒配制反应体系。

表 1　普通 PCR 扩增体系

试剂	终浓度	体积
ddH_2O		—
10×PCR 缓冲液	1×	2.5 μL
25 mmol/L 氯化镁溶液	1.5 mmol/L	1.5 μL
dNTPs 混合溶液（各 2.5 mmol/L）	0.25 mmol/L	2.5 μL
10 μmol/L C0030.2.5-F	0.4 μmol/L	1.0 μL
10 μmol/L C0030.2.5-R	0.4 μmol/L	1.0 μL
Taq DNA 聚合酶	0.025 U/μL	—
50 mg/L DNA 模板	4.0 mg/L	2.0 μL
总体积		25.0 μL
"—"表示体积不确定，如果 PCR 缓冲液中含有氯化镁，则不加氯化镁溶液，根据 *Taq* DNA 聚合酶的浓度确定其体积，并相应调整 ddH_2O 的体积，使反应体系总体积达到 25.0 μL。 若采用定性 PCR 试剂盒，则按试剂盒的推荐用量配制反应体系，但上下游引物用量按表 1 执行。		

7.5.1.1.2.3　将 PCR 管放在离心机上，500 *g*～3 000 *g* 离心 10 s，然后取出 PCR 管，放入 PCR 仪中。

7.5.1.1.2.4　进行 PCR 扩增。反应程序为：95℃变性 5 min；95℃变性 30 s，58℃退火 45 s，72℃延伸 45 s，共进行 35 次循环；72℃延伸 7 min；10℃保存。

7.5.1.1.2.5　反应结束后取出 PCR 管，对 PCR 扩增产物进行电泳检测。

7.5.1.2　对照 PCR 扩增

在试样 PCR 扩增的同时，应设置 PCR 阳性对照、PCR 阴性对照和 PCR 空白对照。

以抗虫耐除草剂玉米 C0030.2.5 为阳性对照（抗虫耐除草剂玉米 C0030.2.5 的质量分数为 0.1%～

1.0%的玉米基因组 DNA，或抗虫耐除草剂玉米 C0030.2.5 转化体特异性序列与玉米基因组内标准基因相比的拷贝数分数为 0.1%～1.0%的 DNA 溶液）；以非转基因玉米基因组 DNA 作为阴性对照；以水作为空白对照。

除模板外，对照 PCR 扩增与试样 PCR 扩增相同(见 7.5.1.1)。

7.5.1.3 PCR 产物电泳检测

按 20 g/L 的质量浓度称量琼脂糖，加入 1×TAE 缓冲液中，加热溶解，配制成琼脂糖溶液。每 100 mL琼脂糖溶液中加入 5 μL EB 溶液或适量的其他核酸染料，混匀，稍适冷却后，将其倒入电泳板上，插上梳板，室温下凝固成凝胶后，放入 1×TAE 缓冲液中，垂直向上轻轻拔去梳板。取 12 μL PCR 产物与 3 μL 加样缓冲液混合后加入凝胶点样孔，同时在其中一个点样孔中加入 DNA 分子量标准，接通电源在 2 V/cm～5 V/cm 条件下电泳检测。

7.5.1.4 凝胶成像分析

电泳结束后，取出琼脂糖凝胶，置于凝胶成像仪上成像。根据 DNA 分子量标准估计扩增条带的大小，将电泳结果形成电子文件存档或用照相系统拍照。如需通过序列分析确认 PCR 扩增片段是否为目的 DNA 片段，按照 7.5.1.5 和 7.5.1.6 的规定执行。

7.5.1.5 PCR 产物回收

按 PCR 产物回收试剂盒说明书，回收 PCR 扩增的 DNA 片段。

7.5.1.6 PCR 产物测序验证

将回收的 PCR 产物克隆测序，与抗虫耐除草剂玉米 C0030.2.5 转化体特异性序列(参见附录 A)进行比对，确定 PCR 扩增的 DNA 片段是否为目的 DNA 片段。

7.5.2 实时荧光 PCR 方法

7.5.2.1 试样 PCR 扩增

7.5.2.1.1 玉米内标准基因 PCR 扩增

按农业部 1861 号公告—3—2012 中的 7.5.2 规定执行。

7.5.2.1.2 转化体特异性序列 PCR 扩增

7.5.2.1.2.1 每个试样 PCR 扩增设置 3 个平行。

7.5.2.1.2.2 在 PCR 管中按表 2 依次加入反应试剂，混匀。也可采用经验证的、效果相当的实时荧光 PCR 试剂盒配制反应体系。

表 2 实时荧光 PCR 扩增体系

试剂	终浓度	体积
ddH_2O		—
10×PCR 缓冲液	1×	2.5 μL
25 mmol/L 氯化镁溶液	1.5 mmol/L	1.5 μL
dNTPs 混合溶液(各 2.5 mmol/L)	0.25 mmol/L	2.5 μL
C0030.2.5-QF	0.4 μmol/L	1.0 μL
C0030.2.5-QR	0.4 μmol/L	1.0 μL
C0030.2.5-P	0.2 μmol/L	0.5 μL
Taq DNA 聚合酶	0.025 U/μL	—
50 mg/L DNA 模板	4.0 mg/L	2.0 μL
总体积		25.0 μL
"—"表示体积不确定，如果 PCR 缓冲液中含有氯化镁，则不加氯化镁溶液，根据 *Taq* DNA 聚合酶的浓度确定其体积，并相应调整 ddH_2O 的体积，使反应体系总体积达到 25.0 μL。 若采用实时荧光 PCR 试剂盒，则按试剂盒的推荐用量配制反应体系，但引物和探针用量按表 2 执行。		

7.5.2.1.2.3 将 PCR 管放在离心机上，500 *g*～3 000 *g* 离心 10 s，然后取出 PCR 管，放入实时荧光 PCR 仪中。

7.5.2.1.2.4 运行实时荧光 PCR 扩增。反应程序为 95℃变性 10 min；95℃变性 15 s，60℃退火延伸

60 s，共进行 40 个循环；在第二阶段的退火延伸(60℃)时段收集荧光信号。

注：不同仪器可根据仪器要求将反应参数进行适当调整。

7.5.2.2 对照 PCR 扩增

在试样 PCR 扩增的同时，应设置 PCR 阳性对照、PCR 阴性对照和 PCR 空白对照。

以抗虫耐除草剂玉米 C0030.2.5 为阳性对照(抗虫耐除草剂玉米 C0030.2.5 的质量分数为 0.1%～1.0%的玉米基因组 DNA，或抗虫耐除草剂玉米 C0030.2.5 转化体特异性序列与玉米基因组内标准基因相比的拷贝数分数为 0.1%～1.0%的 DNA 溶液)；以非转基因玉米基因组 DNA 作为阴性对照；以水作为空白对照。

除模板外，对照 PCR 扩增与试样 PCR 扩增相同(见 7.5.2.1)。

8 结果分析与表述

8.1 普通 PCR 方法

8.1.1 对照检测结果分析

PCR 扩增中，阳性对照玉米内标准基因和抗虫耐除草剂玉米 C0030.2.5 转化体特异性序列均得到扩增，而阴性对照仅扩增出玉米内标准基因片段，空白对照没有扩增片段，表明 PCR 检测反应体系正常工作，方可按 8.1.2 进行判断。否则，重新检测。

8.1.2 样品检测结果分析和表述

8.1.2.1 试样玉米内标准基因和抗虫耐除草剂玉米 C0030.2.5 转化体特异性序列均得到扩增，表明样品中检测出抗虫耐除草剂玉米 C0030.2.5 转化体成分，结果表述为“样品中检测出抗虫耐除草剂玉米 C0030.2.5 转化体成分，检测结果为阳性”。

8.1.2.2 试样玉米内标准基因片段得到扩增，而抗虫耐除草剂玉米 C0030.2.5 转化体特异性序列未得到扩增，表明样品中未检测出抗虫耐除草剂玉米 C0030.2.5 转化体成分，结果表述为“样品中未检测出抗虫耐除草剂玉米 C0030.2.5 转化体成分，检测结果为阴性”。

8.1.2.3 试样玉米内标准基因片段未得到扩增，表明样品中未检出玉米成分，结果表述为“样品中未检测出玉米基因组 DNA 成分，检测结果为阴性”。

8.2 实时荧光 PCR 方法

8.2.1 基线与阈值的设定

实时荧光 PCR 扩增结束后，以 PCR 扩增刚好进入指数期扩增来设置荧光信号阈值，并根据仪器噪声情况进行调整。

8.2.2 对照检测结果分析

PCR 扩增中，阳性对照玉米内标准基因和抗虫耐除草剂玉米 C0030.2.5 转化体特异性序列均出现典型扩增曲线，且 Ct 值小于或等于 36；阴性对照仅玉米内标准基因出现典型扩增曲线，且 Ct 值小于或等于 36；空白对照无典型扩增曲线，荧光信号低于设定的阈值，表明 PCR 检测反应体系正常工作，方可对 8.2.3 进行判断。否则，重新检测。

8.2.3 样品检测结果分析和表述

8.2.3.1 试样玉米内标准基因和抗虫耐除草剂玉米 C0030.2.5 转化体特异性序列均出现典型扩增曲线且 Ct 值小于或等于 36，表明样品中检测出抗虫耐除草剂玉米 C0030.2.5 转化体成分，结果表述为“样品中检测出抗虫耐除草剂玉米 C0030.2.5 转化体成分，检测结果为阳性”。

8.2.3.2 试样玉米内标准基因出现典型扩增曲线且 Ct 值小于或等于 36，而抗虫耐除草剂玉米 C0030.2.5 转化体特异性序列无典型扩增曲线或 Ct 值大于 36，表明样品中未检测出抗虫耐除草剂玉米 C0030.2.5 转化体成分，结果表述为“样品中未检测出抗虫耐除草剂玉米 C0030.2.5 转化体成分，检测结果为阴性”。

8.2.3.3 试样玉米内标准基因未出现典型扩增曲线或 Ct 值大于 36，表明样品中未检出玉米成分，结果表述为“样品中未检测出玉米基因组 DNA 成分，检测结果为阴性”。

注:3 个平行的 PCR 扩增结果出现不一致的,应重做 PCR 扩增样品 2 次,最终以多数结果为准。

9 检出限

9.1 普通 PCR 方法的检出限为 0.1%(含靶序列样品 DNA/总样品 DNA)。

9.2 实时荧光 PCR 方法的检出限为 0.05%(含靶序列样品 DNA/总样品 DNA)。

注:本标准的检出限是在 PCR 检测反应体系中加入 100 ng DNA 模板进行测算的。

附　录　A
（资料性附录）
抗虫耐除草剂玉米 C0030.2.5 转化体特异性序列

1	CCAGTCCTGA	TTATCAGTCA	TTCCAATAGA	TTAGTCTCAT	ATCTCTACTA	TTTATTAAGG
61	CAGTAAGGGG	TAGGCTGTCA	TTCTCATTGT	GGTGTCATTT	TCAAACACTG	ATAGTTTAAA
121	CGGGACCGTT	AGACTGATAA	CTTATTGATG	GCACTAGCCT	CACGGTGTTG	GCTGACGAGG
181	CCGCTTCCAG	GCAGCTACGC	TCTCACCGGC	ACTGACTGAT	TAGGTTTAAA	CGGGACCGGG
241	ACCACGGGAT	CCAATTGACG	CTTAGACAAC	TTAATAACAC	ATTGCGGACG	TTTTTA

注 1：序列方向为 5′-3′。

注 2：5′端单下划线部分为普通 PCR 方法 C0030.2.5-F 引物序列，双下划线部分为实时荧光 PCR 方法 C0030.2.5-QF 引物序列；3′端单下划线部分为普通 PCR 方法 C0030.2.5-R 引物的反向互补序列，双下划线部分为实时荧光 PCR 方法 C0030.2.5-QR 引物的反向互补序列，方框内部分为实时荧光 PCR 方法 C0030.2.5-P 探针序列。

注 3：1～84 为玉米基因组序列，85～296 为外源插入片段序列。

ICS 65.020.01
B 04

中华人民共和国国家标准

农业农村部公告第323号—19—2020

转基因植物及其产品成分检测 抗环斑病毒番木瓜YK16-0-1及其衍生品种 定性PCR方法

Detection of genetically modified plants and derived products—Qualitative PCR method for ringspot virus resistant papaya YK16-0-1 and its derivates

2020-08-04 发布　　2020-11-01 实施

中华人民共和国农业农村部　发布

前　言

本标准按照 GB/T 1.1—2009 给出的规则起草。

请注意本文件的某些内容可能涉及专利。本文件的发布机构不承担识别这些专利的责任。

本标准由中华人民共和国农业农村部提出。

本标准由全国农业转基因生物安全管理标准化技术委员会归口。

本标准起草单位:农业农村部科技发展中心、中国热带农业科学院热带生物技术研究所、大连市食品检验所、华南农业大学。

本标准主要起草人:李美英、张秀杰、郭安平、刘彦泓、梁晋刚、戴学东、贺萍萍、章秋艳、刘岑杰、夏启玉、夏元凤、杨小亮、赵辉、肖苏生、张雨良、姜大刚、潘志文。

转基因植物及其产品成分检测
抗环斑病毒番木瓜 YK16-0-1 及其衍生品种定性 PCR 方法

1 范围

本标准规定了转基因抗环斑病毒番木瓜 YK16-0-1 转化体特异性普通 PCR 和实时荧光 PCR 两种检测方法。

本标准适用于转基因抗环斑病毒番木瓜 YK16-0-1 及其衍生品种，以及制品中 YK16-0-1 转化体成分的定性 PCR 检测。

2 规范性引用文件

下列文件对于本文件的应用是必不可少的。凡是注日期的引用文件，仅注日期的版本适用于本文件。凡是不注日期的引用文件，其最新版本(包括所有的修改单)适用于本文件。

农业部 1485 号公告—4—2010 转基因植物及其产品成分检测 DNA 提取和纯化

农业部 2031 号公告—19—2013 转基因植物及其产品成分检测 抽样

农业农村部公告第 323 号—1—2020 转基因植物及其产品成分检测 番木瓜内标准基因定性 PCR 方法

NY/T 672 转基因植物及其产品检测 通用要求

3 术语和定义

农业农村部公告第 323 号—1—2020 界定的以及下列术语和定义适用于本文件。

3.1

YK16-0-1 转化体特异性序列 event-specific sequence of YK16-0-1

YK16-0-1 的外源插入片段 5′端与番木瓜基因组的连接区序列，包括番木瓜基因组序列及转化载体 T-DNA 部分序列。

4 原理

根据抗环斑病毒番木瓜 YK16-0-1 转化体特异性序列设计特异性引物及探针，对试样进行 PCR 扩增。依据是否扩增获得预期的 DNA 片段或典型扩增曲线，判断样品中是否含有抗环斑病毒番木瓜 YK16-0-1 转化体成分。

5 试剂和材料

除非另有说明，仅使用分析纯试剂和重蒸馏水。

5.1 琼脂糖。

5.2 10 g/L 溴化乙锭(EB)溶液：称取 1.0 g 溴化乙锭，溶解于 100 mL 水中，避光保存。

警告——溴化乙锭有致癌作用，配制和使用时应戴一次性手套操作并妥善处理废弃物。

注：根据需要可选择其他效果相当的核酸染料代替溴化乙锭作为核酸电泳的染色剂。

5.3 10 mol/L 氢氧化钠(NaOH)溶液：在 160 mL 水中加入 80.0 g 氢氧化钠，溶解后，冷却至室温，再加水定容至 200 mL。

5.4 500 mmol/L 乙二胺四乙酸二钠($EDTA\text{-}Na_2$)溶液(pH 8.0)：称取 18.6 g 乙二胺四乙酸二钠，加入 70 mL 水中，缓慢滴加氢氧化钠溶液(见 5.3)直至 $EDTA\text{-}Na_2$ 完全溶解，用氢氧化钠溶液(见 5.3)调 pH 至 8.0，加水定容至 100 mL。在 103.4 kPa(121℃)条件下灭菌 20 min。

5.5 1 mol/L 三羟甲基氨基甲烷-盐酸(Tris-HCl)溶液(pH 8.0)：称取 121.1 g 三羟甲基氨基甲烷溶解于

800 mL 水中，用盐酸调 pH 至 8.0，加水定容至 1 000 mL。在 103.4 kPa(121℃)条件下灭菌 20 min。

5.6 TE 缓冲液(pH 8.0)：分别量取 10 mL 三羟甲基氨基甲烷-盐酸溶液(见 5.5)和 2 mL 乙二胺四乙酸二钠溶液(见 5.4)，加水定容至 1 000 mL。在 103.4 kPa(121℃)条件下灭菌 20 min。

5.7 50×TAE 缓冲液：称取 242.2 g 三羟甲基氨基甲烷(Tris)，先用 500 mL 水加热搅拌溶解后，加入 100 mL 乙二胺四乙酸二钠溶液(见 5.4)，用冰乙酸调 pH 至 8.0，然后加水定容至 1 000 mL。使用时用水稀释成 1×TAE。

5.8 加样缓冲液：称取 250.0 mg 溴酚蓝，加入 10 mL 水，在室温下溶解 12 h；称取 250.0 mg 二甲基苯腈蓝，加 10 mL 水溶解；称取 50.0 g 蔗糖，加 30 mL 水溶解。混合以上 3 种溶液，加水定容至 100 mL，在 4℃下保存。

5.9 DNA 分子量标准：可以清楚地区分 100 bp～1 000 bp 的 DNA 片段。

5.10 dNTPs 混合溶液：将浓度为 10 mmol/L 的 dATP、dTTP、dGTP、dCTP 4 种脱氧核糖核苷酸溶液等体积混合。

5.11 *Taq* DNA 聚合酶、PCR 扩增缓冲液及 25 mmol/L 氯化镁($MgCl_2$)溶液。

5.12 番木瓜内标准基因引物(见农业农村部公告第323号—1—2020)

5.12.1 普通 PCR 方法引物

PAPAIN-F：5′-GGGCATTCTCAGCTGTTGTA-3′；

PAPAIN-R：5′-CGACAATAACGTTGCACTCC-3′。

预期扩增片段大小为 211 bp。

CHY-F：5′-ATCTACAATCTTGCTAACCCTA-3′；

CHY-R：5′-AGTCATCTTGAGAATAACCCAC-3′。

预期扩增片段大小为 281 bp。

5.12.2 实时荧光 PCR 方法引物/探针

PAPAIN-QF：5′-TGCTTGACTGCGACAGAC-3′；

PAPAIN-QR：5′-CTTTCTCCCTTGAGCGAC-3′；

PAPAIN-QP：5′-AGCTACGGGTGCAATGGAGGTTACC-3′。

预期扩增片段大小为 144 bp。

CHY-QF：5′-CCATGCGGATCCTCCCA-3′；

CHY-QR：5′-CATCGTAGCCATTGTAACACTAGCTAA-3′；

CHY-QP：5′-TTCCCTTCATCCATTCCCACTCTTGAGA-3′。

预期扩增片段大小为 74 bp。

5.13 YK16-0-1 转化体特异性序列引物

5.13.1 普通 PCR 方法引物

YK16-0-1-F：5′-GGTATCACCCCAGTCTTAGTTTG-3′；

YK16-0-1-R：5′-CTTCAACGTTGCGGTTCTGT-3′。

预期扩增片段大小为 250 bp(参见附录 A)。

5.13.2 实时荧光 PCR 方法引物/探针

YK16-0-1-QF：5′-CCAGTCTTAGTTTGATAGTTTA-3′；

YK16-0-1-QR：5′-GACTCCCTTAATTCTCCG-3′；

YK16-0-1-P：5′-TGTCGTTTCCCGCCTTCAGTTTA-3′。

预期扩增片段大小为 168 bp(参见附录 A)。

注：YK16-0-1-P 为 YK16-0-1 转化体的 *Taq*Man 探针，其 5′端标记荧光报告基团(如 FAM、HEX 等)，3′端标记对应的荧光淬灭基团(如 TAMRA、BHQ1 等)。

5.14 引物溶液：用 TE 缓冲液(见 5.6)或水分别将上述引物或探针稀释到 10 μmol/L。

5.15 石蜡油。

5.16 DNA 提取试剂盒。

5.17 定性 PCR 试剂盒。

5.18 PCR 产物回收试剂盒。

5.19 实时荧光 PCR 试剂盒。

6 主要仪器和设备

6.1 分析天平：感量 0.1 g 和 0.1 mg。

6.2 PCR 扩增仪：升降温速度>1.5℃/s，孔间温度差异<1.0℃。

6.3 实时荧光 PCR 仪。

6.4 电泳槽、电泳仪等电泳装置。

6.5 凝胶成像系统或照相系统。

7 分析步骤

7.1 抽样

按 NY/T 672 和农业部 2031 号公告—19—2013 的规定执行。

7.2 试样制备

按 NY/T 672 和农业部 2031 号公告—19—2013 的规定执行。

7.3 试样预处理

按农业部 1485 号公告—4—2010 的规定执行。

7.4 DNA 模板制备

按农业部 1485 号公告—4—2010 的规定执行。

7.5 PCR 扩增

7.5.1 普通 PCR 方法

7.5.1.1 试样 PCR 扩增

7.5.1.1.1 番木瓜内标准基因 PCR 扩增

按农业农村部公告第 323 号—1—2020 中 7.5.1 的规定执行。

7.5.1.1.2 转化体特异性序列 PCR 扩增

7.5.1.1.2.1 每个试样 PCR 扩增设置 3 个平行。

7.5.1.1.2.2 在 PCR 管中按表 1 依次加入反应试剂，混匀，再加 25 μL 石蜡油(有热盖功能的 PCR 仪可不加)。也可采用经验证的、效果相当的定性 PCR 试剂盒配制反应体系。

表 1 普通 PCR 扩增体系

试剂	终浓度	体积
ddH_2O		—
10×PCR 缓冲液	1×	2.5 μL
25 mmol/L 氯化镁溶液	1.5 mmol/L	1.5 μL
dNTPs 混合溶液(各 2.5 mmol/L)	0.2 mmol/L	2.0 μL
10 μmol/L YK16-0-1F	0.3 μmol/L	0.75 μL
10 μmol/L YK16-0-1R	0.3 μmol/L	0.75 μL
Taq DNA 聚合酶	0.025 U/μL	—
25 mg/L DNA 模板	2.0 mg/L	2.0 μL
总体积		25.0 μL

“—”表示体积不确定，如果 PCR 缓冲液中含有氯化镁，则不加氯化镁溶液，根据 *Taq* DNA 聚合酶的浓度确定其体积，并相应调整 ddH_2O 的体积，使反应体系总体积达到 25.0 μL。

若采用定性 PCR 试剂盒，则按试剂盒说明书的推荐用量配制反应体系，但上下游引物用量按表 1 执行。

7.5.1.1.2.3　将 PCR 管放在离心机上，500 *g*～3 000 *g* 离心 10 s，然后取出 PCR 管，放入 PCR 仪中。

7.5.1.1.2.4　进行 PCR 扩增。反应程序为：95℃变性 5 min；95℃变性 30 s，60℃退火 30 s，72℃延伸 30 s，共进行 35 次循环；72℃延伸 7 min；10℃保存。

7.5.1.1.2.5　反应结束后取出 PCR 管，对 PCR 扩增产物进行电泳检测。

7.5.1.2　对照 PCR 扩增

在试样 PCR 扩增的同时，应设置 PCR 阳性对照、PCR 阴性对照和 PCR 空白对照。

以抗环斑病毒番木瓜 YK16-0-1 为阳性对照(抗环斑病毒番木瓜 YK16-0-1 的质量分数为 0.1%～1.0% 的番木瓜基因组 DNA，或抗环斑病毒番木瓜 YK16-0-1 转化体特异性序列与番木瓜基因组内标准基因相比的拷贝数分数为 0.1%～1.0% 的 DNA 溶液)；以非转基因番木瓜基因组 DNA 作为阴性对照；以水作为空白对照。

除模板外，对照 PCR 扩增与试样 PCR 扩增相同(见 7.5.1.1)。

7.5.1.3　PCR 产物电泳检测

按 20 g/L 的质量浓度称量琼脂糖，加入 1×TAE 缓冲液中，加热溶解，配制成琼脂糖溶液。每 100 mL琼脂糖溶液中加入 5 μL EB 溶液或适量的其他核酸染料，混匀，稍适冷却后，将其倒入电泳板上，插上梳板，室温下凝固成凝胶后，放入 1×TAE 缓冲液中，垂直向上轻轻拔去梳板。取 12 μL PCR 产物与 3 μL 加样缓冲液混合后加入凝胶点样孔，同时在其中一个点样孔中加入 DNA 分子量标准，接通电源在 2 V/cm～5 V/cm 条件下电泳检测。

7.5.1.4　凝胶成像分析

电泳结束后，取出琼脂糖凝胶，置于凝胶成像仪上成像。根据 DNA 分子量标准估计扩增条带的大小，将电泳结果形成电子文件存档或用照相系统拍照。如需通过序列分析确认 PCR 扩增片段是否为目的 DNA 片段，按照 7.5.1.5 和 7.5.1.6 的规定执行。

7.5.1.5　PCR 产物回收

按 PCR 产物回收试剂盒说明书，回收 PCR 扩增的 DNA 片段。

7.5.1.6　PCR 产物测序验证

将回收的 PCR 产物克隆测序，与抗环斑病毒番木瓜 YK16-0-1 转化体特异性序列(参见附录 A)进行比对，确定 PCR 扩增的 DNA 片段是否为目的 DNA 片段。

7.5.2　实时荧光 PCR 方法

7.5.2.1　试样 PCR 扩增

7.5.2.1.1　番木瓜内标准基因 PCR 扩增

按农业农村部公告第 323 号—1—2020 中 7.5.2 的规定执行。

7.5.2.1.2　转化体特异性序列 PCR 扩增

7.5.2.1.2.1　每个试样 PCR 设置 3 个平行。

7.5.2.1.2.2　在 PCR 管中按表 2 依次加入反应试剂，混匀。也可采用经验证的、效果相当的实时荧光 PCR 反应试剂盒配制反应体系。

表 2　实时荧光 PCR 扩增体系

试剂	终浓度	体积
ddH_2O		—
10×PCR 缓冲液	1×	2.0 μL
25 mmol/L 氯化镁溶液	2.5 mmol/L	2.0 μL
dNTPs 混合溶液(各 2.5 mmol/L)	0.2 mmol/L	1.6 μL
10 μmol/L YK16-0-1-QF	0.3 μmol/L	0.6 μL
10 μmol/L YK16-0-1-QR	0.3 μmol/L	0.6 μL
10 μmol/L YK16-0-1-P	0.2 μmol/L	0.4 μL

表 2（续）

试剂	终浓度	体积
Taq DNA 聚合酶	0.04 U/μL	—
25 mg/L DNA 模板	5.0 mg/L	4.0 μL
总体积		20.0 μL
“—”表示体积不确定。如果 PCR 缓冲液中含有氯化镁，则不加氯化镁溶液，根据 *Taq* DNA 聚合酶的浓度确定其体积，并相应调整 ddH_2O 的体积，使反应体系总体积达到 20.0 μL。 若采用实时荧光 PCR 试剂盒，则按试剂盒说明书的推荐用量配制反应体系，但上下游引物用量按表 2 执行。		

7.5.2.1.2.3 将 PCR 管放在离心机上，500 *g*～3 000 *g* 离心 10 s，然后取出 PCR 管，放入 PCR 仪中。

7.5.2.1.2.4 进行实时荧光 PCR 扩增。反应程序为 95℃变性 5 min；95℃变性 15 s，60℃退火延伸60 s，循环数 45；在第二阶段的退火延伸(60℃)时段收集荧光信号。

注：可根据仪器要求将反应参数进行适当调整。

7.5.2.2 对照 PCR 扩增

在试样 PCR 扩增的同时，应设置 PCR 阳性对照、PCR 阴性对照和 PCR 空白对照。

以抗环斑病毒番木瓜 YK16-0-1 为阳性对照(抗环斑病毒番木瓜 YK16-0-1 的质量分数为 0.1%～1.0% 的番木瓜基因组 DNA，或抗环斑病毒番木瓜 YK16-0-1 转化体特异性序列与番木瓜基因组内标准基因相比的拷贝数分数为 0.1%～1.0% 的 DNA 溶液)；以非转基因番木瓜基因组 DNA 作为阴性对照；以水作为空白对照。

除模板外，对照 PCR 扩增与试样 PCR 扩增相同(见 7.5.2.1)。

8 结果分析与表述

8.1 普通 PCR 方法

8.1.1 对照检测结果分析

PCR 扩增中，阳性对照番木瓜内标准基因和抗环斑病毒番木瓜 YK16-0-1 转化体特异性序列均得到扩增，而阴性对照仅扩增出番木瓜内标准基因片段，空白对照没有扩增片段，表明 PCR 反应体系正常工作，方可按 8.1.2 进行判断。否则，重新检测。

8.1.2 样品检测结果分析和表述

8.1.2.1 试样番木瓜内标准基因和抗环斑病毒番木瓜 YK16-0-1 转化体特异性序列均得到扩增，表明样品中检测出抗环斑病毒番木瓜 YK16-0-1 转化体成分，表述为“样品中检测出抗环斑病毒番木瓜 YK16-0-1 转化体成分，检测结果为阳性”。

8.1.2.2 试样番木瓜内标准基因片段得到扩增，而抗环斑病毒番木瓜 YK16-0-1 转化体特异性序列未得到扩增，表明样品中未检测出抗环斑病毒番木瓜 YK16-0-1 转化体成分，表述为“样品中未检测出抗环斑病毒番木瓜 YK16-0-1 转化体成分，检测结果为阴性”。

8.1.2.3 试样番木瓜内标准基因片段未得到扩增，表明样品中未检出番木瓜成分，结果表述为“样品中未检测出番木瓜基因组 DNA 成分，检测结果为阴性”。

8.2 实时荧光 PCR 方法

8.2.1 基线与阈值的设定

实时荧光 PCR 扩增结束后，以 PCR 扩增刚好进入指数期扩增来设置荧光信号阈值，并根据仪器噪声情况进行调整。

8.2.2 对照检测结果分析

PCR 扩增中，阳性对照番木瓜内标准基因和抗环斑病毒番木瓜 YK16-0-1 转化体特异性序列均出现典型扩增曲线且 *Ct* 值小于或等于 36；阴性对照仅番木瓜内标准基因出现典型扩增曲线且 *Ct* 值小于或等于 36；空白对照无典型扩增曲线，荧光信号低于设定的阈值，表明 PCR 检测反应体系正常工作，方可对 8.2.3 进行判断。否则，重新检测。

8.2.3 样品检测结果分析和表述

8.2.3.1 试样番木瓜内标准基因和抗环斑病毒番木瓜 YK16-0-1 转化体特异性序列均出现典型扩增曲线且 *Ct* 值小于或等于 36，表明样品中检测出抗环斑病毒番木瓜 YK16-0-1 转化体成分，表述为"样品中检测出抗环斑病毒番木瓜 YK16-0-1 转化体成分，检测结果为阳性"。

8.2.3.2 试样番木瓜内标准基因出现典型扩增曲线且 *Ct* 值小于或等于 36，而抗环斑病毒番木瓜 YK16-0-1 转化体特异性序列无典型扩增曲线或 *Ct* 值大于 36，表明样品中未检测出抗环斑病毒番木瓜 YK16-0-1 转化体成分，表述为"样品中未检测出抗环斑病毒番木瓜 YK16-0-1 转化体成分，检测结果为阴性"。

8.2.3.3 试样番木瓜内标准基因未出现典型扩增曲线或 *Ct* 值大于 36，表明样品中未检出番木瓜成分，表述为"样品中未检测出番木瓜基因组 DNA 成分，检测结果为阴性"。

注：3 个平行的 PCR 扩增结果出现不一致的，应重做 PCR 扩增样品 2 次，最终以多数结果为准。

9 检出限

9.1 普通 PCR 方法的检出限为 0.1%（含靶序列样品 DNA/总样品 DNA）。

注：本标准的检出限是在 PCR 检测反应体系中加入 50 ng DNA 模板进行测算的。

9.2 实时荧光 PCR 方法的检出限为 0.05%（含靶序列样品 DNA/总样品 DNA）。

注：本标准的检出限是在 PCR 检测反应体系中加入 100 ng DNA 模板进行测算的。

附 录 A
(资料性附录)
抗环斑病毒番木瓜 YK16-0-1 转化体特异性序列

```
1    GGTATCACCC CAGTCTTAGT TTGATAGTTT ATTATTCTGA TTTTGTTTGT TAAAATTTCT
61   CATTTTCTTT GGATATCTGC CTATTTTGAA ATTTGGATAC TATCTCATTC AACACTGATA
121  GTTTAAACTG AAGGCGGGAA ACGACAATCT GATCATGAGC GGAGAATTAA GGGAGTCACG
181  TTATGACCCC CGCCGATGAC GCGGGACAAG CCGTTTTACG TTTGGAACTG ACAGAACCGC
241  AACGTTGAAG
```

注 1:序列方向为 5′-3′。

注 2:5′端下划线和画框部分分别为普通 PCR 方法 YK16-0-1-F 和实时荧光 PCR 方法 YK16-0-1-QF 引物序列,3′端下划线和画框部分分别为普通 PCR 方法 YK16-0-1-R 和实时荧光 PCR 方法 YK16-0-1-QR 引物的反向互补序列;双下划线部分为实时荧光 PCR 方法 YK16-0-1-P 探针的反向互补序列。

注 3:1～110 为番木瓜基因组序列,111～250 为外源插入片段部分序列。

ICS 65.020.01
B 04

中 华 人 民 共 和 国 国 家 标 准

农业农村部公告第323号—20—2020

转基因植物及其产品成分检测 耐除草剂大豆ZH10-6及其衍生品种 定性PCR方法

Detection of genetically modified plants and derived products—Qualitative PCR method for herbicide-tolerant soybean ZH10-6 and its derivates

2020-08-04 发布　　　　2020-11-01 实施

中华人民共和国农业农村部 发布

前言

本标准按照 GB/T 1.1—2009 给出的规则起草。

请注意本文件的某些内容可能涉及专利。本文件的发布机构不承担识别这些专利的责任。

本标准由中华人民共和国农业农村部提出。

本标准由全国农业转基因生物安全管理标准化技术委员会归口。

本标准起草单位:农业农村部科技发展中心、山西省农业科学院棉花研究所。

本标准主要起草人:李朋波、张秀杰、刘培磊、李文龙、许琦、潘转霞、朱永红、吴翠翠、张安红、夏芝、武林琳、王咪、侯保国、杨六六、曹彩荣、王炜。

转基因植物及其产品成分检测 耐除草剂大豆 ZH10-6 及其衍生品种定性 PCR 方法

1 范围

本标准规定了转基因耐除草剂大豆 ZH10-6 转化体特异性定性 PCR 检测方法。

本标准适用于转基因耐除草剂大豆 ZH10-6 及其衍生品种，以及制品中 ZH10-6 转化体成分的定性 PCR 检测。

2 规范性引用文件

下列文件对于本文件的应用是必不可少的。凡是注日期的引用文件，仅注日期的版本适用于本文件。凡是不注日期的引用文件，其最新版本(包括所有的修改单)适用于本文件。

农业部 1485 号公告—4—2010　转基因植物及其产品成分检测　DNA 提取和纯化

农业部 2031 号公告—8—2013　转基因植物及其产品成分检测　大豆内标准基因定性 PCR 方法

农业部 2031 号公告—19—2013　转基因植物及其产品成分检测　抽样

NY/T 672　转基因植物及其产品检测　通用要求

3 术语和定义

农业部 2031 号公告—8—2013 界定的以及下列术语和定义适用于本文件。

3.1

ZH10-6 转化体特异性序列　event-specific sequence of ZH10-6

ZH10-6 的外源插入片段 3′端与大豆基因组的连接区序列，包括转化载体 T-DNA 部分序列及大豆基因组序列。

4 原理

根据耐除草剂大豆 ZH10-6 转化体特异性序列设计特异性引物，对试样进行 PCR 扩增。依据是否扩增获得预期的 DNA 片段，判断样品中是否含有耐除草剂大豆 ZH10-6 转化体成分。

5 试剂和材料

除非另有说明，仅使用分析纯试剂和重蒸馏水。

5.1 琼脂糖。

5.2 10 g/L 溴化乙锭(EB)溶液：称取 1.0 g 溴化乙锭，溶解于 100 mL 水中，避光保存。

警告——溴化乙锭有致癌作用，配制和使用时应戴一次性手套操作并妥善处理废液。

注：根据需要可选择其他效果相当的核酸染料代替溴化乙锭作为核酸电泳的染色剂。

5.3 10 mol/L 氢氧化钠(NaOH)溶液：在 160 mL 水中加入 80.0 g 氢氧化钠，溶解后，冷却至室温，再加水定容至 200 mL。

5.4 500 mmol/L 乙二胺四乙酸二钠(EDTA-Na_2)溶液(pH 8.0)：称取 18.6 g 乙二胺四乙酸二钠，加入 70 mL 水中，缓慢滴加氢氧化钠溶液(见 5.3)直至 EDTA-Na_2完全溶解，用氢氧化钠溶液(见 5.3)调 pH 至 8.0，加水定容至 100 mL。在 103.4 kPa(121℃)条件下灭菌 20 min。

5.5 1 mol/L 三羟甲基氨基甲烷-盐酸(Tris -HCl)溶液(pH 8.0)：称取 121.1 g 三羟甲基氨基甲烷溶解于 800 mL 水中，用盐酸调 pH 至 8.0，加水定容至 1 000 mL。在 103.4 kPa(121℃)条件下灭菌 20 min。

5.6 TE 缓冲液(pH 8.0)：分别量取 10 mL 三羟甲基氨基甲烷-盐酸溶液(见 5.5)和 2 mL 乙二胺四乙酸

二钠溶液(见 5.4),加水定容至 1 000 mL。在 103.4 kPa(121℃)条件下灭菌 20 min。

5.7 50×TAE 缓冲液:称取 242.2 g 三羟甲基氨基甲烷(Tris),先用 500 mL 水加热搅拌溶解后,加入 100 mL 乙二胺四乙酸二钠溶液(见 5.4),用冰乙酸调 pH 至 8.0,然后加水定容至 1 000 mL。使用时用水稀释成 1×TAE。

5.8 加样缓冲液:称取 250.0 mg 溴酚蓝,加入 10 mL 水,在室温下溶解 12 h;称取 250.0 mg 二甲基苯腈蓝,加 10 mL 水溶解;称取 50.0 g 蔗糖,加 30 mL 水溶解。混合以上 3 种溶液,加水定容至 100 mL,在 4℃下保存。

5.9 DNA 分子量标准:可以清楚地区分 100 bp~1 000 bp 的 DNA 片段。

5.10 dNTPs 混合溶液:将浓度为 10 mmol/L 的 dATP、dTTP、dGTP、dCTP 4 种脱氧核糖核苷酸溶液等体积混合。

5.11 *Taq* DNA 聚合酶、PCR 扩增缓冲液及 25 mmol/L 氯化镁溶液。

5.12 大豆内标准基因 *Lectin* 基因引物(见农业部 2031 号公告—8—2013)

Lec-F:5′-GGGTGAGGATAGGGTTCTCTG-3′;

Lec-R:5′-GCGATCGAGTAGTGAGAGTCG-3′。

预期扩增片段大小为 210 bp。

5.13 ZH10-6 转化体特异性序列引物

ZH10-6-F:5′-ATCGCCCTTCCCAACAGTT-3′;

ZH10-6-R:5′-TGTGAAATGTGAACGCCGC-3′。

预期扩增片段大小为 246 bp(参见附录 A)。

5.14 引物溶液:用 TE 缓冲液(见 5.6)或水分别将上述引物稀释到 10 μmol/L。

5.15 石蜡油。

5.16 DNA 提取试剂盒。

5.17 定性 PCR 试剂盒。

5.18 PCR 产物回收试剂盒。

6 主要仪器和设备

6.1 分析天平:感量 0.1 g 和 0.1 mg。

6.2 PCR 扩增仪:升降温速度>1.5℃/s,孔间温度差异<1.0℃。

6.3 电泳槽、电泳仪等电泳装置。

6.4 凝胶成像系统或照相系统。

7 分析步骤

7.1 抽样

按 NY/T 672 和农业部 2031 号公告—19—2013 的规定执行。

7.2 试样制备

按 NY/T 672 和农业部 2031 号公告—19—2013 的规定执行。

7.3 试样预处理

按农业部 1485 号公告—4—2010 的规定执行。

7.4 DNA 模板制备

按农业部 1485 号公告—4—2010 的规定执行。

7.5 PCR 扩增

7.5.1 试样 PCR 扩增

7.5.1.1 大豆内标准基因 PCR 扩增

按农业部 2031 号公告—8—2013 中 7.5.1.1.1 的规定执行。

7.5.1.2 **转化体特异性序列 PCR 扩增**

7.5.1.2.1 每个试样 PCR 设置 3 次平行。

7.5.1.2.2 在 PCR 管中按表 1 依次加入反应试剂，混匀，再加 25 μL 石蜡油（有热盖功能的 PCR 仪可不加）。也可采用经验证的、效果相当的定性 PCR 试剂盒配制反应体系。

表 1 定性 PCR 扩增体系

试剂	终浓度	体积
ddH_2O		—
10×PCR 缓冲液	1×	2.5 μL
25 mmol/L 氯化镁溶液	1.5 mmol/L	1.5 μL
dNTPs 混合溶液（各 2.5 mmol/L）	0.2 mmol/L	2.0 μL
10 μmol/L ZH10-6-F	0.4 μmol/L	1.0 μL
10 μmol/L ZH10-6-R	0.4 μmol/L	1.0 μL
Taq DNA 聚合酶	0.025 U/μL	—
25 mg/L DNA 模板	2.0 mg/L	2.0 μL
总体积		25.0 μL
"—"表示体积不确定，如果 PCR 缓冲液中含有氯化镁，则不加氯化镁溶液，根据 *Taq* DNA 聚合酶的浓度确定其体积，并相应调整 ddH_2O 的体积，使反应体系总体积达到 25.0 μL。 若采用定性 PCR 试剂盒，则按试剂盒说明书的推荐用量配制反应体系，但上下游引物用量按表 1 执行。		

7.5.1.2.3 将 PCR 管放在离心机上，500 *g*～3 000 *g* 离心 10 s，然后取出 PCR 管，放入 PCR 仪中。

7.5.1.2.4 进行 PCR 扩增。反应程序为：94℃变性 5 min；94℃变性 30 s，58℃退火 30 s，72℃延伸 30 s，共进行 35 次循环；72℃延伸 5 min；10℃保存。

7.5.1.2.5 反应结束后取出 PCR 管，对 PCR 扩增产物进行电泳检测。

7.5.2 **对照 PCR 扩增**

在试样 PCR 扩增的同时，应设置 PCR 阳性对照、PCR 阴性对照和 PCR 空白对照。

以耐除草剂大豆 ZH10-6 为阳性对照（耐除草剂大豆 ZH10-6 的质量分数为 0.1%～1.0%的大豆基因组 DNA，或耐除草剂大豆 ZH10-6 转化体特异性序列与大豆基因组内标准基因相比的拷贝数分数为 0.1%～1.0%的 DNA 溶液）；以非转基因大豆基因组 DNA 作为阴性对照；以水作为空白对照。

除模板外，对照 PCR 扩增与试样 PCR 扩增相同（见 7.5.1）。

7.6 PCR 产物电泳检测

按 20 g/L 的质量浓度称量琼脂糖，加入 1×TAE 缓冲液中，加热溶解，配制成琼脂糖溶液。每 100 mL琼脂糖溶液中加入 5 μL EB 溶液或适量的其他核酸染料，混匀，稍适冷却后，将其倒入电泳板上，插上梳板，室温下凝固成凝胶后，放入 1×TAE 缓冲液中，垂直向上轻轻拔去梳板。取 12 μL PCR 产物与 3 μL 加样缓冲液混合后加入凝胶点样孔，同时在其中一个点样孔中加入 DNA 分子量标准，接通电源在 2 V/cm～5 V/cm 条件下电泳检测。

7.7 凝胶成像分析

电泳结束后，取出琼脂糖凝胶，置于凝胶成像仪上成像。根据 DNA 分子量标准估计扩增条带的大小，将电泳结果形成电子文件存档或用照相系统拍照。如需通过序列分析确认 PCR 扩增片段是否为目的 DNA 片段，按照 7.8 和 7.9 的规定执行。

7.8 PCR 产物回收

按 PCR 产物回收试剂盒说明书，回收 PCR 扩增的 DNA 片段。

7.9 PCR 产物测序验证

将回收的 PCR 产物克隆测序，与耐除草剂大豆 ZH10-6 转化体特异性序列（参见附录 A）进行比对，确定 PCR 扩增的 DNA 片段是否为预期 DNA 片段。

8 结果分析与表述

8.1 对照检测结果分析

PCR 扩增中，阳性对照大豆内标准基因和耐除草剂大豆 ZH10-6 转化体特异性序列均得到扩增，而阴性对照仅扩增出大豆内标准基因片段，空白对照没有扩增片段，表明 PCR 检测反应体系正常工作，方可按 8.2 进行判断。否则，重新检测。

8.2 样品检测结果分析和表述

8.2.1 试样中大豆内标准基因和耐除草剂大豆 ZH10-6 转化体特异性序列均得到扩增，表明样品中检测出耐除草剂大豆 ZH10-6 转化体成分，表述为“样品中检测出耐除草剂大豆 ZH10-6 转化体成分，检测结果为阳性”。

8.2.2 试样中大豆内标准基因片段得到扩增，而耐除草剂大豆 ZH10-6 转化体特异性序列未得到扩增，表明样品中未检测出耐除草剂大豆 ZH10-6 转化体成分，表述为“样品中未检测出耐除草剂大豆 ZH10-6 转化体成分，检测结果为阴性”。

8.2.3 试样中大豆内标准基因片段未得到扩增，表明样品中未检测出大豆成分，结果表述为“样品中未检测出大豆基因组 DNA 成分，检测结果为阴性”。

注：3 个平行的 PCR 扩增结果出现不一致的，应重做 PCR 扩增样品 2 次，最终以多数结果为准。

9 检出限

本标准方法的检出限为 0.1%（含靶序列样品 DNA/总样品 DNA）。

注：本标准的检出限是在 PCR 检测反应体系中加入 50 ng DNA 模板进行测算的。

附 录 A
（资料性附录）
耐除草剂大豆 ZH10-6 转化体特异性序列

1 ATCGCCCTTC CCAACAGTTG CGCAGCCTGA ATGGCGAATG CTAGAGCAGC TTGAGCTTGG
61 ATCAGATTGT CGTTTCCCGC CTTCAGTTTA AACTATCAGT GTTTGACAGG ATATATTGGC
121 GGGTAAACCT AAGAGAAAAG AGCGTTTAT AGTATGATTCA TTGTCAAATG CAAAAATTCA
181 AAGGCTTTTA CCTAAAACAT CTCAGCACAT CGCTCTAGCC TCTAGTGGCG GCGTTCACAT
241 TTCACA

注 1:序列方向为 5′-3′。

注 2:5′端下划线部分为 ZH10-6-F 引物的序列,3′端下划线部分为 ZH10-6-R 引物的反向互补序列。

注 3:1～149 为外源插入片段部分序列,150～246 为大豆基因组序列。

ICS 65.020.01
B 04

中华人民共和国国家标准

农业农村部公告第323号—21—2020

转基因植物及其产品成分检测 数字PCR方法制定指南

Detection of genetically modified plants and derived products—Technical guidelines for development of digital PCR methods

2020-08-04 发布 2020-11-01 实施

中华人民共和国农业农村部 发布

前　　言

本标准按照 GB/T 1.1—2009 给出的规则起草。

请注意本文件的某些内容可能涉及专利。本文件的发布机构不承担识别这些专利的责任。

本标准由中华人民共和国农业农村部提出。

本标准由全国农业转基因生物安全管理标准化技术委员会归口。

本标准起草单位:农业农村部科技发展中心、天津市农业科学院。

本标准主要起草人:兰青阔、宋贵文、赵新、李夏莹、陈锐、沈晓玲、李葱葱、李亮、温洪涛、王永。

转基因植物及其产品成分检测
数字 PCR 方法制定指南

1 范围

本标准规定了转基因植物及其产品数字 PCR 检测方法的建立与确认的总体要求。

本标准适用于转基因植物及其产品成分检测的数字 PCR 检测方法的建立与确认。

2 规范性引用文件

下列文件对于本文件的应用是必不可少的。凡是注日期的引用文件，仅注日期的版本适用于本文件。凡是不注日期的引用文件，其最新版本(包括所有的修改单)适合于本文件。

农业部 2259 号公告—4—2015 定性 PCR 方法制定指南

农业部 2259 号公告—5—2015 实时荧光定量 PCR 方法制定指南

3 术语和定义

农业部 2259 号公告—4—2015 和农业部 2259 号公告—5—2015 界定的以及下列术语和定义适用于本文件。

3.1

数字 PCR digital PCR

将原始 PCR 反应体系进行分割，进而对所有小的反应体系进行扩增，通过阳性率和泊松分布计算获得样品中靶序列拷贝数或拷贝数浓度。

注：现阶段数字 PCR 包括芯片式及微滴式两种。

3.2

微反应体系 tiny reaction partition

将 DNA 模板、引物/荧光探针、DNA 聚合酶及其缓冲液等 PCR 反应体系充分混匀后，通过乳化、芯片等方式分配至体积相同且相互物理隔离的油包水液滴或其他微孔、微室中所形成的小体积荧光 PCR 反应体系。

3.3

正确度 trueness

多次测试的均值与采纳的标准值之间的接近程度。

4 实验室资质

进行转基因生物数字 PCR 检测方法的建立与确认的实验室，一般应满足以下要求：

a) 具备资质认定和/或实验室认可的条件及证明；
b) 从事过转基因植物成分定量测量的工作；
c) 参加过权威部门组织的转基因植物定量测量能力验证或计量比对，并且测量结果在可控范围内。

5 技术要求

5.1 方法的建立

数字 PCR 方法的建立应包括如下步骤：

a) 检测引物和探针的设计与筛选：依据靶序列设计引物和探针，通过试验对其进行比较分析，筛选出具有严格特异性和灵敏度的引物和探针组合；
b) PCR 反应体系和反应程序优化：通过试验确定适合的反应体系(最适模板量、引物、探针浓度等)

及反应程序(退火温度、循环数等),能有效区分阳性信号和阴性信号;采用多重 PCR 检测方法的,应提供与单重 PCR 检测方法的对比结果;

c) 方法特异性测试:通过试验验证检测方法的特异性,特异性测试样品至少应包括 3 类:
 1) 含有靶序列的转基因植物材料;
 2) 不含有靶序列的转基因植物材料;
 3) 不含靶序列的非转基因植物材料。

d) 线性动态范围测试:依据技术平台,选择合理的拷贝数浓度测试范围,确定方法的线性动态范围、定量限。测试浓度点数一般不少于 5 个,至少 3 次重复,每次试验至少设置 3 个平行;

e) 方法适用性测试:选择合适的加工品类型,测试方法的适用性。

5.2 实验室内方法验证

对建立的数字 PCR 方法,在实验室内进行确认时,应达到以下要求:

a) 线性度:线性动态范围的线性度以线性回归曲线的决定系数 R^2 表示,均值一般应≥0.98;

b) 精密度:线性动态范围内的精密度用重复性相对标准偏差 RSD_r 表示,一般应≤25%;

c) 正确度:在整个线性动态范围内,正确度偏差不超过标准值的 25%;

d) 定量限:线性动态范围内,符合精密度条件的最低拷贝数浓度;

e) 再现性:由两个不同操作人员,在两个不同时间段,对包含不同质量分数的同批样品(至少包括阳性样品、阴性样品和定量限样品)进行测试。测试结果与预期偏差 RSD 一般应≤25%,表明方法再现性符合要求。否则,重新进行相关测试。

5.3 实验室间方法确认

经实验室内方法确认符合要求后,组织多家实验室对检测方法的特异性、灵敏度和再现性进行实验室间确认,需符合以下要求:

a) 样品设计:实验室间方法确认样品应包括阳性对照样品、阴性对照样品、特异性测试样品和灵敏度测试样品;

b) 特异性测试样品应包括:
 1) 含有靶序列的转基因植物材料;
 2) 不含有靶序列的转基因植物材料;
 3) 不含靶序列的非转基因植物材料。

c) 灵敏度测试样品应包括:定量限样品;

d) 不少于 6 个实验室提供有效数据,且至少重复 3 次试验,每次试验至少设置 3 个平行;

e) 线性动态范围的线性度、正确度符合 5.2 的要求;

f) 实验室间的再现性相对标准偏差精密度 RSD_R 一般应≤35%;

g) 确认报告按照农业部 2259 号公告—4—2015 中 5.2 的规定执行。

ICS 65.020.01
B 04

中华人民共和国国家标准

农业农村部公告第323号—22—2020

转基因植物及其产品成分检测 水稻标准物质原材料繁殖与鉴定技术规范

Detection of genetically modified plants and derived products—Technical specification for reproduction and identification of raw material of rice reference material

2020-08-04 发布　　2020-11-01 实施

中华人民共和国农业农村部　发布

前　　言

本标准按照 GB/T 1.1—2009 给出的规则起草。

请注意本文件的某些内容可能涉及专利。本文件的发布机构不承担识别这些专利的责任。

本标准由中华人民共和国农业农村部提出。

本标准由全国农业转基因生物安全管理标准化技术委员会归口。

本标准起草单位:农业农村部科技发展中心、安徽省农业科学院水稻研究所、浙江省农业科学院。

本标准主要起草人:马卉、沈平、汪秀峰、李夏莹、许学、倪金龙、李莉、倪大虎、徐俊锋、李浩、陈笑芸、李娟、杨剑波。

转基因植物及其产品成分检测 水稻标准物质原材料繁殖与鉴定技术规范

1 范围

本标准规定了水稻标准物质原材料繁殖与鉴定的要求、程序和方法。

本标准适用于水稻标准物质原材料的繁殖与鉴定。

2 规范性引用文件

下列文件对于本文件的应用是必不可少的。凡是注日期的引用文件,仅注日期的版本适用于本文件。凡是不注日期的引用文件,其最新版本(包括所有的修改单)适用于本文件。

农业部 1485 号公告—19—2010 转基因植物及其产品成分检测 基体标准物质候选物鉴定方法

3 术语和定义

下列术语和定义适用于本文件。

3.1

水稻标准物质原材料 raw material of rice reference material

用于制备水稻标准物质的初始材料。

注:粉末标准物质原材料主要指转基因水稻及对应的非转基因水稻的种子。

基因组 DNA 标准物质原材料主要指转基因水稻及对应的非转基因水稻的叶片等组织。

3.2

CT0 代水稻标准物质原材料 the CT0 raw material of rice reference material

研发者提供的转基因来源清晰的水稻种子。

注:由 CT0 代标准物质原材料自交 1 次获得的种子为 CT1 代标准物质原材料;由 CT1 代标准物质原材料自交 1 次获得的种子为 CT2 代标准物质原材料;依次类推。

4 要求

4.1 水稻标准物质原材料

分子特征信息清晰的转基因水稻,用作转基因水稻遗传转化受体的非转基因水稻。

4.2 安全管理

4.2.1 转基因水稻原材料种植前,应按照农业转基因生物安全管理法律法规的要求进行申报,获得批准后才可种植。

4.2.2 采取空间隔离措施,试验地四周应设置 100 m 以上的非水稻隔离带。若试验区周边有水稻制种田,隔离距离为 200 m 以上。

4.2.3 原材料应由专人运输和保管。试验结束后,除需要保留的材料外,剩余试验材料一律灭活。

4.2.4 试验过程中如发生试验材料被盗、被毁等意外事故,应立即报告行政主管部门。

4.2.5 试验结束后,保留试验地边界标记。当年和第二年不再种植水稻,由专人负责监管,及时拔除并销毁转基因水稻自生苗。

4.3 机构与人员

4.3.1 水稻标准物质原材料繁殖与鉴定机构应是具备检测条件和能力的技术检测机构。

4.3.2 水稻标准物质原材料繁殖与鉴定人员应具备转基因生物安全检测和标准物质研制等相关业务知识,并在开展原材料繁殖与鉴定工作前,接受相关技术和业务知识培训。

4.4 记录

记录试验地前茬作物、土壤类型，试验材料的播种期、移栽期、抽穗期、成熟期、收割期和主要的田间管理措施，以及与水稻标准物质原材料繁殖和鉴定相关的其他必要信息。

5 水稻标准物质原材料的繁殖与鉴定

5.1 基体标准物质原材料的繁殖与鉴定

5.1.1 选地

在经行政主管部门批准的试验基地内繁殖，繁殖地块应优先选择地势平坦、肥力均匀、土质良好、排灌方便、不易受周围不良环境影响的、稳产保收的试验地。繁殖地块前两茬应未种植过水稻。

5.1.2 播种与田间管理

单粒播种，按当地水稻常规播种时间和播种方式进行播种。

除单株套袋自交外，其他按当地常规栽培管理方式进行田间管理。

5.1.3 转基因原材料的鉴定与收获

5.1.3.1 典型性鉴定

依据农业部 1485 号公告—19—2010 规定的方法和程序，在抽穗前，按单株进行典型性鉴定。去除典型性不符合要求的植株。

5.1.3.2 去杂

在苗期及时拔除典型性不符合要求的植株，包括杂株和非典型植株。

5.1.3.3 基因型鉴定

选用适宜的转基因水稻基因型鉴定方法，对转基因水稻原材料按单株进行基因型鉴定，鉴定出纯合体单株和杂合体单株，挂牌标记。

注：转基因材料基因型鉴定的方法有定性 PCR 方法、数字 PCR 方法、遗传分离方法等，可根据情况自行选择，如检测分子特征清晰的转基因材料的基因型可采用定性 PCR 方法。若没有定性 PCR 方法，可采用数字 PCR 方法或遗传分离方法。

5.1.3.4 套袋隔离

对符合要求的纯合体植株在自交授粉前进行人工自交授粉、单株套袋隔离并挂牌，做好唯一性标识。授粉过程中，应采取措施避免植株间的花粉交叉污染。

5.1.3.5 收获

收获前拔去病株和生长不良植株，待种子充分成熟后收获。

对挂牌标记的单株统一收获、脱粒、清理、装袋，种子包内、外应添加标签，专人负责。

依据农业部 1485 号公告—19—2010 规定的方法和程序，对收获的水稻种子进行典型性鉴定。对典型性符合要求的种子进行适当处理，籼稻水分不高于 13%，粳稻水分不高于 14.5%，低温保存。

若能从 CT0 代原材料中鉴定出足量的纯合体单株，并收获到足量的纯合种子，终止原材料的后续繁殖。

5.1.3.6 CT1 代原材料的鉴定与收获

若未收获到足量的纯合水稻种子，需继续 CT1 代原材料的繁殖鉴定。

按 5.1.3.1～5.1.3.5 进行 CT1 代原材料的鉴定和收获。

若从 CT1 代植株上收获到足量的纯合种子，终止原材料的后续繁殖鉴定。

若从 CT1 代植株上未收获到足量的纯合种子，继续进行 CT2 代原材料的繁殖鉴定，直至收获足量的纯合种子。

5.1.4 非转基因原材料的鉴定与收获

若研发者提供了足量的非转基因水稻种子，可直接抽取子样，用相应转基因水稻的转化体特异性检测方法进行混杂度检测。至少抽取 3 个子样，每个子样至少有3 000粒水稻种子。若 3 个子样的检测结果均呈阴性，表明非转基因水稻的转化体混杂度不高于 0.1%，可直接用作标准物质原材料。

若研发者未提供足量的非转基因水稻种子，需进行后续繁殖，直至收获足量的非转基因水稻种子，对收获的水稻进行混杂度鉴定。

5.2 基因组 DNA 标准物质原材料的繁殖与鉴定

5.2.1 播种与管理

在温室中单粒播种，按当地常规栽培管理方式进行管理。

5.2.2 转基因原材料的鉴定

5.2.2.1 典型性鉴定

依据农业部 1485 号公告—19—2010 规定的方法和程序，在苗期，按单株进行典型性鉴定。

5.2.2.2 去杂

在苗期及时去除杂株和非典型植株。

5.2.2.3 基因型鉴定

选用适宜的转基因水稻基因型鉴定方法，鉴定出纯合单株、杂合单株，挂牌标记。

5.2.2.4 收获

在营养生长的旺盛期，采集转基因水稻叶片(或其他组织)，储存在超低温冰箱中，备用。

5.2.3 非转基因原材料的鉴定

采用相应转基因材料的转化体特异性检测方法，按单株进行鉴定，鉴定出检测结果呈阴性的单株。在营养生长的旺盛期，采集非转基因水稻叶片(或其他组织)，储存在超低温冰箱中，备用。

6 水稻标准物质原材料的质量标准

6.1 水稻基体标准物质转基因原材料应为纯合水稻，转化体纯合度应不低于 99%。

6.2 水稻基体标准物质非转基因原材料应为非转基因水稻，转化体混杂度应不高于 0.1%。

6.3 水稻基因组 DNA 标准物质转基因原材料应为纯合或杂合单株叶片(或其他组织)，转化体纯度 100%。

6.4 水稻基因组 DNA 标准物质非转基因原材料应为阴性单株叶片(或其他组织)，无转化体混杂。

ICS 65.020.01
B 04

中华人民共和国国家标准

农业农村部公告第323号—23—2020

转基因动物试验安全控制措施 第1部分：畜禽

Safety control measures for the testing of genetically modified animals—Part 1: Livestock

2020-08-04 发布　　　　2020-11-01 实施

中华人民共和国农业农村部　发布

前　言

《转基因动物试验安全控制措施》拟分为如下部分：

——第1部分：畜禽；

…………

本部分为《转基因动物试验安全控制措施》的第1部分。

本部分按照GB/T 1.1—2009给出的规则起草。

本部分由中华人民共和国农业农村部提出。

本部分由全国农业转基因生物安全管理标准化技术委员会归口。

本部分起草单位：农业农村部科技发展中心、中国农业科学院北京畜牧兽医研究所。

本部分主要起草人：徐琳杰、宋贵文、敖红、李文龙、孙卓婧、李鹭、刘志国、吴季荣、王修亮、汪启明、宋贤鹏、牟玉莲、李奎、章秋艳。

转基因动物试验安全控制措施
第 1 部分:畜禽

1 范围

本部分规定了转基因畜禽试验安全控制措施的基本要求。

本部分适用于安全等级Ⅰ、Ⅱ的转基因畜禽中间试验、环境释放和生产性试验。

2 规范性引用文件

下列文件对于本文件的应用是必不可少的。凡是注日期的引用文件,仅注日期的版本适用于本文件。凡是不注日期的引用文件,其最新版本(包括所有的修改单)适用于本文件。

GB 14925—2010 实验动物 环境与设施

农业转基因生物安全评价管理办法

农医发〔2017〕25 号 病死及病害动物无害化处理技术规范

3 术语和定义

下列术语和定义适用于本文件。

3.1

转基因畜禽 genetically modified livestock

利用基因工程技术改变基因组构成,用于农业生产或者农产品加工的畜禽。本标准所指畜禽,为列入国务院畜牧兽医行政主管部门公布的畜禽遗传资源目录的动物。

3.2

畜禽产品 livestock product

畜禽及其奶、蛋、肉、毛、绒、内脏等未经加工或者经初加工的产品。本标准中畜禽产品不包括畜禽活体。

3.3

畜禽遗传材料 livestock genetic material

畜禽的卵子(蛋)、胚胎、精液、基因物质等遗传材料。

3.4

转基因畜禽材料 genetically modified livestock material

转基因畜禽试验中的转基因畜禽、转基因畜禽产品和转基因畜禽遗传材料。

3.5

操作规程 operating practice

为达到法规要求,保持转基因畜禽试验安全控制措施的一致性和有效性,试验单位制定的工作程序。

3.6

意外释放 accidental release

转基因畜禽材料未经批准而释放到自然环境或人类和动物的食物链中。

4 转基因畜禽试验点管理

4.1 试验条件

4.1.1 试验点所属的母体组织应建立农业转基因生物安全管理责任制,设立农业转基因生物安全小组,健全从法人到责任部门再到责任人的全过程管理体系,包括组织管理框架、各机构的职能任务、各岗位的职责、考核管理办法及相关管理制度等。

4.1.2 试验点选址及建设应符合国家和地方的规划、环境保护和建设主管部门的规定和要求。

4.1.3 试验点的规模应符合《农业转基因生物安全评价管理办法》中农业转基因生物各阶段安全性评价的试验要求。

4.1.4 试验点设施条件应符合《农业转基因生物安全评价管理办法》的要求，并具备法律、行政法规和国务院畜牧兽医行政主管部门规定的防疫条件。一般应具备：

a) 有效控制人员和物品出入及防止转基因畜禽材料意外释放的围墙等设施；

b) 有效控制畜禽出入的饲养栏；

c) 24 h 监控的设施和措施；

d) 兽医诊断室、消毒室、解剖室、饲料存放场所、储存区等附属设施；

e) 专用的操作工具，非专用工具应有清洁设施；

f) 供水、排水和排污的专用设施；

g) 排泄物和废弃物的专用处理设施；

h) 畜禽材料的无害化处理、灭活或销毁的设施或措施。

4.1.5 试验点应根据试验对象、规模和研究内容等，配备试验人员。试验人员一般不少于 3 人，应具备与岗位职责相适应的法律法规知识、专业知识和操作能力。

4.1.6 应按比例绘制转基因畜禽试验点的示意图，描述其位置、地形。示意图应包括试验点的方位(GPS 定位)、试验面积等。

4.2 运行管理

4.2.1 应对试验点及其重要附属设施进行标识。标识应包括试验动物名称、安全负责人的姓名和联系方式等。

4.2.2 机械设备和工具在进入试验点前和离开试验点时应进行清洁、消毒，清洁消毒后不得存在畜禽材料。清洁消毒一般在转基因畜禽试验点进行。清洁消毒过程发现的畜禽材料按 7.2 的规定处理。

4.2.3 应采取适当的措施控制人畜出入转基因畜禽试验点。人员在进入和离开试验点时，应进行消毒，应确保在没有授权的情况下不携带转基因畜禽材料。人员和物品的出入应有授权程序、登记要求、登记表等。

4.2.4 应对拟开展的试验进行审查，确保试验按照相关管理部门批复要求开展。审查制度应包括审查程序、审查办法、资料要求、审查意见、审查记录等。

4.2.5 应对转基因畜禽试验人员进行培训，确保他们了解自己的职责和安全控制措施要求。

4.2.6 应确定各责任部门和人员的职责与工作流程。各工作流程应有专门的责任人。

4.2.7 应建立转基因畜禽试验的操作规程，保证安全控制措施持续有效地实施，确保转基因畜禽材料不进入自然环境、食物链和饲料链。

4.2.8 应建立转基因畜禽试验的应急预案，明确转基因畜禽材料意外释放的补救措施。补救措施一般包括：

a) 标记转基因畜禽材料的意外释放地点，并对该地点进行监控；

b) 回收意外释放的转基因畜禽材料，必要时按照 7.2 的规定销毁；

c) 行政管理部门要求或认可的补救措施。

4.2.9 应建立转基因畜禽登记制度。转基因畜禽必须进行转基因标识，可使用耳标、电子标签、脚环以及其他承载畜禽信息的标识物，标识应包括转基因材料名称等。转基因畜禽的品种、数量、标识情况、来源和进出试验点日期应进行登记。

4.2.10 应建立转基因畜禽材料销毁制度。转基因畜禽材料销毁制度应包括销毁审批程序、销毁方式、销毁记录等。

4.2.11 应定期检查转基因畜禽试验的安全控制措施并保存检查记录，确保管理规定和操作规程的落实。

4.2.12　应实施转基因畜禽试验档案管理。档案内容至少包括：农业转基因生物安全小组和试验人员组成与变动、各项管理制度、试验项目和审查记录、转基因畜禽材料引入与转出协议、安全检查记录、培训记录、转基因畜禽登记档案、转基因畜禽材料销毁记录以及转基因畜禽试验操作记录等。

5　转基因畜禽材料运输

5.1　转基因畜禽运输

5.1.1　转基因畜禽运输前必须按照 4.2.9 的规定进行转基因标识。

5.1.2　运输转基因畜禽的笼具结构应符合 GB 14925—2010 中运输笼具的要求，并符合以下条件：

a)　运输笼具必须足够坚固，能防止畜禽破坏、逃逸或接触外界，并能经受正常运输；

b)　运输笼具必须在每次使用前进行清洗和消毒；

c)　可移动的畜禽运输笼具应在显著位置标明运输转基因畜禽的名称、联系人、联系方式等。

5.1.3　运输转基因畜禽的工具在每次运输畜禽前后均应进行消毒。

5.1.4　应保存转基因畜禽的运输记录，包括运输方式、发货人、收货人、运货人、转基因畜禽名称和编号、数量、日期等。

5.2　转基因畜禽遗传材料和转基因畜禽产品运输

5.2.1　转基因畜禽遗传材料和转基因畜禽产品应包装在封闭的容器内进行运输，可根据材料类型、数量和运输方式选择适宜的包装容器。包装容器应防水、防漏、抗撕扯，如塑料袋、金属罐等。

5.2.2　在运输前应对装有转基因畜禽遗传材料或转基因畜禽产品的包装容器标识，标识应包括转基因畜禽的名称、材料和产品类型、联系人、联系方式、含有转基因畜禽材料的说明以及不可食用的提醒等。

5.2.3　包装容器在转基因畜禽遗传材料或转基因畜禽产品放置前和取出后应进行清洁，清洁后的包装容器应通过肉眼观察不到任何畜禽材料，清洁过程发现的畜禽材料应按 7.2 的规定处理。一次性包装容器可通过高压灭菌、焚烧、深埋以及化学方法等处理。

5.2.4　应保存转基因畜禽遗传材料和转基因畜禽产品的运输记录，包括运输方式、发货人、收货人、运货人、包装容器、转基因畜禽名称和编号、材料类型和数量、日期等。

6　转基因畜禽材料储存

6.1　转基因畜禽遗传材料储存

6.1.1　转基因畜禽遗传材料应储存在封闭的储存工具中，如储藏柜、冰箱、液氮罐等。储存工具可以关闭并锁上。转基因畜禽遗传材料和其他畜禽遗传材料的储存工具应分开，一个储存工具中可放置多种转基因畜禽遗传材料，所有转基因畜禽遗传材料应包装在封闭的容器中。储存工具应由专人负责，并定期检查。

6.1.2　转基因畜禽遗传材料的储存工具应有清晰的标识。标识应包括负责人、联系方式及转基因畜禽名称、编号、材料类型和数量(或体积)、日期等。

6.1.3　转基因畜禽遗传材料在进入储存工具前或储存结束后，应清洁该储存工具。清洁后应通过肉眼观察不到任何畜禽遗传材料。清洁方法主要为清扫、清洗等。清洁过程发现的畜禽遗传材料按 7.2 的规定处理。

6.1.4　相关人员经批准或授权后方可使用储存工具，使用储存工具的人员应当登记，并记录工作内容。

6.1.5　应保存转基因畜禽遗传材料的储存记录和出入库记录，记录应符合以下条件：

a)　储存记录应包括交接人、储存区域、转基因畜禽名称和编号、材料类型和数量、材料位置、日期等；

b)　出入库记录应包括转基因畜禽名称和编号、材料类型、入库数量、出库数量、出库用途、交接人、日期等。

6.2　转基因畜禽产品储存

6.2.1　转基因畜禽产品应储存在封闭的储存区中，如储藏室、储藏柜、冰箱等。储存区的门和窗可以关闭并锁上。转基因畜禽产品和其他畜禽产品的储存区应分开，一个储存区可放置多种转基因畜禽产品，所有产品应包装在封闭的容器中。

6.2.2 转基因畜禽产品的储存区应有清晰的标识。标识应包括负责人、联系方式及转基因畜禽名称、材料类型和数量(或体积)、日期等。

6.2.3 转基因畜禽产品在进入储存区前或储存结束后,应清洁该储存区。清洁后应通过肉眼观察不到任何转基因畜禽产品。清洁方法主要为清扫、清洗等。清洁过程发现的畜禽产品按7.2的规定处理。

6.2.4 相关人员经批准或授权后方可进入储存区,进入储存区的人员应当登记,并记录工作内容。

6.2.5 应保存转基因畜禽产品的储存记录和出入库记录,记录应符合以下条件:

a) 储存记录应包括交接人、储存区域、转基因畜禽名称和编号、产品类型和数量、产品位置、日期等;
b) 出入库记录应包括转基因畜禽名称和编号、产品类型、入库数量、出库数量、产品去向、交接人、日期等。

7 转基因畜禽材料处理

7.1 试验后的转基因畜禽材料应及时销毁,不得进入食品、饲料或其他产品供应链。

7.2 转基因畜禽材料销毁后应不具有活性细胞,可采取如下方法销毁:

a) 焚烧;
b) 高压、蒸汽或干热灭活;
c) 高温;
d) 深埋;
e) 国家农业转基因生物安全委员会认可的其他方法。

7.3 销毁适用对象和技工工艺,按照农医发〔2017〕25号有关规定实施。

7.4 应保存转基因畜禽材料的销毁记录,包括转基因畜禽名称、材料来源、材料类型和数量、销毁方式、销毁审批人、销毁人(2人及2人以上)等。

7.5 混杂有转基因畜禽材料的畜禽材料以及有基因漂移风险的非转基因畜禽处理方式与转基因畜禽材料处理方式相同。

8 转基因畜禽试验的结束后检查

8.1 转基因畜禽试验终止后,应立即对试验点进行检查。若发现转基因畜禽材料,应按7.2规定的方法进行处理。

8.2 对畜栏和地面等进行彻底消毒和处理。

8.3 应保存结束后检查记录,包括检查时间、检查方法、检查记录、处理措施、检查人等。

ICS 65.020.01
B 04

中华人民共和国国家标准

农业农村部公告第323号—24—2020

转基因生物良好实验室操作规范 第3部分:食用安全检测

Good laboratory practice for genetically modified organisms—Part 3:Food safety detection

2020-08-04 发布　　2020-11-01 实施

中华人民共和国农业农村部 发布

前　　言

《转基因生物良好实验室操作规范》拟分为如下部分：

——第 1 部分：分子特征检测；

——第 2 部分：环境安全检测；

——第 3 部分：食用安全检测；

…………

本部分为《转基因生物良好实验室操作规范》的第 3 部分。

本部分按照 GB/T 1.1—2009 给出的规则起草。

本部分等效采用经济合作与发展组织（OECD）良好实验室操作规范（GLP）原则和符合性监督系列文件。

请注意本文件的某些内容可能涉及专利。本文件的发布机构不承担识别这些专利的责任。

本部分由中华人民共和国农业农村部提出。

本部分由全国农业转基因生物安全管理标准化技术委员会归口。

本部分起草单位：农业农村部科技发展中心、浙江省农业科学院、中国农业大学、吉林省农业科学院。

本部分主要起草人：徐俊锋、宋贵文、胡秀卿、梁晋刚、杨华、陈笑芸、沈晓玲、李飞武、李文龙、蔡磊明、许文涛、汪小福、俞瑞鲜、李葱葱、贺晓云、龙丽坤。

转基因生物良好实验室操作规范
第 3 部分:食用安全检测

1 范围

本部分规定了农业转基因生物食用安全检测实验室应遵从的良好实验室操作规范。

本部分适用于为向转基因生物安全管理部门提供转基因生物食用安全检测数据而开展的试验。

2 术语和定义

下列术语和定义适用于本文件。

2.1

试验项目 study

为获得转基因生物食用安全检测数据而进行的一项或一组试验。

2.2

良好实验室操作规范 good laboratory practice

有关试验项目的设计、实施、审查、记录、归档和报告等的组织程序和试验条件的质量管理体系。

2.3

试验机构 test facility

开展试验项目所必需的人员、试验场所和操作设施的总和。对在多个试验场所进行的试验项目,试验机构包括试验项目负责人所在的试验场所和所有其他各个试验场所,这些试验场所可单独或整体作为试验机构。

2.4

试验机构管理者 test facility management

对试验机构的组织和职能具有管理权的人员。

2.5

试验场所 test site

开展一个试验项目的某一阶段或多个阶段的试验地点。

2.6

试验场所管理者 test site management

在一项试验中,负责某一试验场所并能确保在该场所进行的试验各阶段都按照良好实验室操作规范实施的管理人员。

2.7

委托方 sponsor

委托、出资及申报试验项目人员。

2.8

试验项目负责人 study director

对试验项目的实施和管理全面负责的人员。

2.9

主要研究者 principal investigator

在多场所试验中,代表试验项目负责人专门负责该委托试验中某一试验阶段的试验人员。

2.10

质量保证 quality assurance

为确保试验机构遵循良好实验室操作规范而建立的、独立于试验项目执行的体系，包括组织、制度和人员。

2.11

标准操作规程　standard operating procedure

描述如何进行试验操作或相关活动的文件化规程。

2.12

主计划表　master schedule

反映试验机构的试验进行情况、工作量及时间安排的信息总汇。

2.13

短期试验　short-term study

采用常规技术，在短时间内进行的试验项目。

2.14

试验计划书　study plan

规定试验目的和试验设计以及包括所有修订记录的文本文件。

2.15

试验计划书修订　study plan amendment

试验项目启动后对试验计划书提出的任何有计划的改动。

2.16

试验计划书偏离　study plan deviation

试验项目启动后对试验计划书不因主观意识而发生的变动。

2.17

试验体系　test system

用于试验的生物（一般包括试验生物及其特定生存条件）、化学、物理的或者三者组合的任何一个体系。

2.18

原始数据　raw data

在试验中记载研究工作的原始记录和有关的文书材料，或经核实的复印件。包括：观察记录、试验记录、照片、底片、色谱图、微缩胶卷片、磁性载体、计算机打印资料、自动化仪器记录材料、标准物质保管记录以及其他公认的在有效期限内可安全存储信息的介质。

2.19

计算机化系统　computerised system

由硬件、软件以及与其操作环境的接口构成并由经过培训的人员实施的系统。其中，硬件由系统的物理部件构成，包括计算机本身和相应的外部设备。软件则为一个或一组控制计算机化系统操作的程序。

2.20

样本　specimen

来源于试验体系的用于鉴定、分析和保存的任何材料。

2.21

试验开始时间　experimental starting date

第一次采集试验数据的日期。

2.22

试验完成时间　experimental completion date

最后一次采集试验数据的日期。

2.23

试验项目启动时间　study initiation date

试验项目负责人签署试验计划书的日期。

2.24

试验项目完成时间　study completion date

试验项目负责人签署最终报告的日期。

2.25

供试物　test item

试验项目中需要测试的物质。

2.26

对照物　control item

在试验中与供试物进行比较而提供基值的物质。

2.27

批次　batch

来源于同一生产周期、可视为具有均一特性的供试物或对照物。

2.28

试验报告　reporting of study result

试验报告是把试验的目的、方法、过程、结果等记录下来，经过整理，写成的书面汇报。

2.29

档案　record

试验机构各项活动中直接形成的各种形式的具有保存价值的原始记录。

3　组织和人员

3.1　试验机构

试验机构应是独立的专职机构，有机构法人证明或法人单位授权证明，能够独立、客观、公正地从事试验活动，并承担相应的法律责任。

3.2　试验机构管理者的职责

3.2.1　试验机构管理者应确保其机构遵从本规范。

3.2.2　试验机构管理者的基本职责至少应包括：

a）确保有一份确认试验机构按照良好实验室操作规范要求履行管理者职责的声明。

b）确保人员数量和素质与所承担的工作相适应，并配备相应的试验设施、设备和材料，能够保证试验项目及时、正常进行。

c）确保建立和保存技术人员档案，包括资格证书、学历证明、培训记录、技术业绩、工作经历和工作职责等。

d）确保每个工作人员能胜任本职工作，必要时需进行岗位培训。

e）确保制定适当的、可行的标准操作规程并得到批准和执行。

f）确保设立配备有指定人员的质量保证部门，任命相关人员，并保证遵从良好实验室操作规范履行其职责。

g）确保每项试验项目启动前，任命具有相应资历、训练有素、经验丰富的人员担当试验项目负责人。试验机构管理者应制订政策性文件，详细规定试验项目负责人的选择、任命和更换程序。试验期间更换试验项目负责人应备有相应程序并备有证明文件。

h）确保在多场所试验中，根据需要任命具有相应资历、训练有素、经验丰富的人员担当主要研究者，监督指导被委派的某一试验阶段的研究工作。试验期间更换主要研究者需有相应程序，并备有证明文件。

i）确保试验项目负责人书面批准试验计划书。

j）确保质量保证人员能获取试验项目负责人批准的试验计划书。

k）确保保存所有的标准操作规程历史卷宗。

l） 确保专人负责档案及试验材料的管理。

m） 确保主计划表的维护管理。

n） 确保试验机构的条件供应满足相应试验要求。

o） 确保多场所试验中试验项目负责人、主要研究者、质量保证人员和试验人员之间的信息交流畅通。

p） 确保建立相应程序，使计算机数据处理系统满足预定目标的需要，并保证遵从良好实验室操作规范进行系统验证、运转和维护。

q） 在多场所试验时，试验场所管理者对受委托的试验阶段应承担上述 3.2.2 中除 g）、h）、i）和 j）以外的各项职责。

3.3 试验项目负责人的职责

3.3.1 试验项目负责人是试验项目管理的核心，对试验项目的实施负全部责任。对试验项目进行的全过程和最终试验报告负责，确保试验遵守良好实验室操作规范。

3.3.2 试验项目负责人的职责至少应包括：

a） 在试验项目正式启动前，试验项目负责人应确保试验计划书得到质量保证人员的审查，确认其是否包含良好实验室操作规范要求的所有信息；确保满足委托方的技术要求；确认试验机构管理者已承诺具有足够的资源进行试验，供试物、对照物等均能满足试验要求。

b） 批准试验计划书及其修改页，签字并注明日期。

c） 确保及时向质量保证人员提交试验计划和修改页的副本，在试验过程中根据需要与质量保证人员进行有效沟通。

d） 确保试验人员可随时获取试验计划及其修改页，以及相关的标准操作规程。

e） 确保多场所试验的试验计划书和最终报告中，明确规定了主要研究者的职责，详细说明了相关试验机构及各试验场所在项目实施过程中的任务和功能。

f） 确保试验项目按照试验计划书指定的标准操作规程实施。

g） 确保能够及时了解偏离试验计划书的情况，并对所出现的问题进行记录。应就偏离试验计划书对试验质量和完整性的影响进行评估并记录，必要时采取适当的纠正措施。注明试验过程中偏离标准操作规程的情况。

h） 确保完整记录试验产生的全部原始数据。

i） 确保试验中使用经过验证的计算机处理系统。

j） 在最终报告中签字，承诺试验报告完整、真实、准确地反映了试验过程和试验结果，签署日期，并说明遵从良好实验室操作规范的程度，对任何偏离试验计划书的情况予以说明。

k） 确保试验完成（包括试验终止）后，试验计划书、最终报告、原始数据和相关材料的及时归档。最终试验报告中应说明所有的供试物、样本、原始数据、试验计划书、最终报告和其他的有关文件、材料的保存地点。

l） 若有委托试验，试验项目负责人（和质量保证人员）应了解合同试验机构的良好实验室操作规范遵从情况。如果某个合同机构不遵从良好实验室操作规范，试验项目负责人应在最终报告中说明。

3.4 主要研究者的职责

3.4.1 负责试验项目负责人委托的试验某一阶段的工作，对其所承担的试验工作遵从良好实验室操作规范负责。主要研究者与试验项目负责人应保持良好的沟通和交流。

3.4.2 应签订书面文件，承诺依据试验计划书和本规范要求实施所承担的指定试验。

3.4.3 应及时了解试验场所中偏离试验计划书或试验标准操作规程的情况，并及时向试验项目负责人书面报告。

3.4.4 应向试验项目负责人提交编写最终报告的分报告。在分报告中，应有主要研究者就所承担的试验部分遵从良好实验室操作规范的书面保证。

3.4.5 应保证根据试验计划书的要求，向试验项目负责人提交或存档其承担试验部分的所有资料和试验样本;如果存档,应向试验项目负责人通报,说明资料和样本的存档场所及存档时间。试验期间,如果没有试验项目负责人的事先书面同意,主要研究者无权处置任何试验样本。试验结束后,主要研究者负责处理生物活性样本和有毒试剂。

3.5 试验人员的职责

3.5.1 应掌握与其承担试验部分相关的良好实验室操作规范的要求。

3.5.2 应了解试验计划书的内容和其承担的试验内容相关的标准操作规程,并按其要求进行试验。

3.5.3 应及时、准确地记录原始数据,并对其质量负责。

3.5.4 应书面记录试验中的任何偏离,并及时和直接向试验项目负责人或主要研究者报告。

3.5.5 应采取健康保护措施,降低对自身的危害,以保证试验的完整性。

4 质量保证

4.1 概要

4.1.1 试验机构应有描述质量保证的文件,以保证所承担的试验遵循本规范。

4.1.2 试验机构管理者应任命一名或多名熟悉试验程序和本规范的人员负责开展质量保证的工作(以下简称质量保证人员),质量保证人员直接对试验机构管理者负责。

4.1.3 质量保证人员不得参与所负责质量保证的试验。

4.2 质量保证人员的任职资格

4.2.1 质量保证人员应有足够的专业技能和资历以及必要的培训经历。对质量保证人员的培训并对其工作能力进行评价应有记录,培训记录应随时更新并存档。

4.2.2 质量保证人员应理解要检查的试验项目的基本内容,应深刻理解本规范。

4.3 质量保证人员的职责

4.3.1 质量保证人员的职责至少应包括:

a) 审核标准操作规程,判断其是否符合本规范要求。

b) 持有全部已被批准的试验计划书和在用的标准操作规程的副本,并及时得到最新的主计划表。

c) 审核试验计划书是否包含良好实验室操作规范所要求的内容,并将审核情况形成书面文件。

d) 实施检查,以确定所有的试验项目是否按照本规范实施,检查试验人员是否可方便得到、熟悉并遵守试验计划书和相关的标准操作规程。检查记录应存档。

质量保证的标准操作规程明确的检查方式有 3 种:

1) 针对试验项目的检查:针对给定的试验项目日程,对确认的试验关键时期进行的检查。

2) 针对试验机构的检查:不针对具体的试验项目,而是针对试验机构的设施和日常活动(技术支持、计算机系统、培训、环境监测、仪器维护和检定等)进行的检查。

3) 针对操作过程的检查:不针对具体的试验项目,而是针对实验室中重复进行的过程和步骤所进行的检查。当实验室的某个过程的重复频率非常高时,可进行针对操作过程的检查。对经常开展的标准化的短期试验,不需对每个试验项目都实施检查,针对过程的检查可能就覆盖了一个试验项目类型。根据这种试验的数量、频率以及试验的复杂性,在质量保证标准操作规程中应规定检查频率,并规定这种针对过程的检查是常规的。

e) 检查最终报告,质量保证人员应确认最终报告是否详细、正确地记录了试验方法、试验步骤和观察结果,试验结果是否能够正确、完整地反映试验的原始数据。对最终报告内容的任何增加和修改都应经过质量保证人员的审核。

f) 以书面形式及时向试验机构管理者、试验项目负责人、主要研究者以及各个相关管理者(如果适用)通报检查结果。

4.3.2 质量保证声明

4.3.2.1 最终报告中应包含一份质量保证声明,说明对试验进行检查的方式、日期及检查的阶段,以及将检查结果通报给试验机构管理者、试验项目负责人和主要研究者的日期。

若根据质量保证检查计划未进行针对试验项目的检查，应在声明中详细说明所做的其他类型方式的检查。

4.3.2.2 在签署质量保证声明之前，质量保证人员应确认在审核中提出的所有问题在最终报告中都有反馈、所采取的纠正措施都已完成、最终报告无需修改和进一步审核。

4.4 质量保证与非良好实验室操作规范试验

某些试验机构可能在同一试验场所区域内进行两类试验，即以向管理机构提交报告为目的的试验和不以此为目的的其他试验(如科研试验等)。若后者不按良好实验室操作规范进行操作，则可能会对良好实验室操作规范的试验项目产生负面影响。

质量保证人员应持有良好实验室操作规范试验项目和非良好实验室操作规范试验项目的主计划表，对工作量、可应用的设施以及可能的干扰因素进行客观评估。当一个非良好实验室操作规范试验开始后，不得再改为良好实验室操作规范试验项目。如果原定的试验项目在试验当中改为非良好实验室操作规范试验，也应详细注明。

4.5 质量保证与多场所试验

4.5.1 多场所试验中，应对质量保证工作进行周密计划和组织，以保证试验的过程遵从良好实验室操作规范。

4.5.2 在多场所试验中，质量保证人员的职责主要包括：

a) 试验机构质量保证人员应与各场所质量保证人员保持联系，确保质量保证检查涵盖整个试验过程。各场所试验开始之前，应首先确认质量保证人员的工作职责。

b) 各试验场所的质量保证人员应了解试验计划书中所承担的有关试验部分的职责，并且应持有批准的试验计划书及其修改页的复印件。

c) 试验场所质量保证人员应根据场所标准操作规程检查计划书中其承担的试验部分，以书面形式及时地分别向主要研究者、场所管理者、试验项目负责人、试验机构管理者及机构质量保证部门报告检查结果，并就场所的质量保证工作提交书面声明。

d) 质量保证负责人应依据试验计划书，对最终报告遵从良好实验室操作规范的情况进行检查，其检查内容包括是否接受主要研究者的试验结果及各场所的质量保证声明。

4.6 小型试验机构的质量保证

对安排专职质量保证人员困难的小型的试验机构，试验机构管理者应至少安排一个固定人员兼职负责质量保证工作，但该人员不能参与其所负责质量保证的试验。

5 试验设施

5.1 试验机构应配备足够的符合转基因生物管理要求的试验设施条件，要求结构和布局合理，保持清洁卫生，防止交叉污染，符合相应试验级别的要求，尽量减少影响试验有效性的干扰因素。应配备相应的环境调控设施，环境条件及调控应符合试验要求。

5.2 具备设计合理、能根据需要调控温湿度、配置适当的动物饲养设施，能根据需要调控温湿度、空气洁净度、通风照明等环境条件。试验动物设施应与所使用的试验动物级别相符，动物饲养设施主要包括以下几方面：

5.2.1 不同种属动物或不同试验系统的饲养和管理设施。

5.2.2 动物的检疫和患病动物的隔离治疗设施。

5.2.3 收集、暂存、转移和处置试验废弃物的设施。

5.2.4 清洗消毒设施。

5.2.5 供试物和对照物含有挥发性、放射性以及生物危害性等物质时，应设置相应的设施。

5.3 具备饲料、垫料、笼具及其他动物用品的存放设施。各类设施的配置应合理，防止与试验系统相互污染。易腐烂变质的动物用品应有适当的保管措施。

5.4　当试验方法、标准和程序有要求，或对试验结果有影响时，应监测、控制和记录环境条件，确保试验设施内外环境的粉尘、电磁干扰、辐射、湿度、噪声、供电、温度、声级和震级等不影响试验结果。

5.5　应对影响试验质量的区域的进入和使用加以控制。

5.6　应采取保护人身健康与安全的防护措施。

5.7　试验体系应在适当的房间或地点存放，并建立适当保护措施，以确保其不受污染或变质。

5.8　为避免污染和混杂，供试物和对照物的接收、储存和前处理应单独设立房间或区域。

5.9　供试物的储存房间和区域应与放置试验体系的房间或区域分开。建立相应的保护措施，确保其性状、含量和稳定性不发生改变。

5.10　根据工作需要设立相应的实验室；使用有生物危害性的动物、微生物、放射性等材料应设立专门的试验室。

5.11　应配备档案设施。档案设施应具有足够的空间，能够安全保管试验计划书、原始记录、最终报告以及技术人员档案、仪器设备相关记录等资料。档案设施的设计和环境条件应满足所存资料长期保存的要求。

5.12　在不影响试验项目完整性的情况下对废弃物进行处理。处理设施和程序应遵守有关废弃物的收集、储存和处理程序的相关规定。

6　仪器、材料和试剂

6.1　应配备满足试验以及环境要求的仪器设备。各类仪器，包括用于数据生成、储存和检索的计算机数据处理系统，以及控制与试验有关的环境条件的设备等，都应确保将其妥善安置于足够空间。

6.2　应按程序对仪器设备进行管理。

6.2.1　应具有仪器设备的使用、维护、校准、管理、检定程序，以及异常情况发生时应采取的措施。

6.2.2　应指定专人对仪器设备进行负责。

6.2.3　仪器设备检查、维护、使用、检定都应备有证明文件。当仪器设备发生故障时，应备有维修记录，明确说明故障种类、原因、处理措施及处理结果。

6.3　仪器设备应有表明其功能状态的明显标识。

6.4　保存仪器设备档案

内容包括：

a）仪器设备名称、型号。

b）实验室唯一性编号。

c）制造厂商名称。

d）仪器接收日期、状态和启用日期。

e）使用说明书。

f）仪器安装、调试、验收记录。

g）检定/校准日期和结果（证书）以及下次检定/校准日期。

h）故障、损坏、维修及报废记录。

i）使用记录。

6.5　用于试验的仪器设备和试验材料不应对试验样品有不良影响。

6.6　试剂和溶液的管理

6.6.1　试剂应标明名称、等级、批号、数量、有效期及储存条件；有效期可根据有关书面资料或分析结果予以延长。

6.6.2　溶液应有配制程序及记录。标签应标明溶液名称、浓度、配制人、配制日期、有效期及储存条件，不得使用变质或过期的试剂或溶液。

7 试验体系

7.1 物理/化学试验体系

7.1.1 测定毒理学指标的仪器都应妥善安置,并要设计合理,有足够的容量。

7.1.2 要确保理化试验体系的完整性。

7.2 生物试验体系

7.2.1 应建立和维持良好的环境条件,以保证生物试验体系的保存、管理、处理和饲喂满足试验质量的要求。

7.2.2 新引进的动植物试验体系在健康状况评价完成之前应先检疫。如果出现任何不正常的死亡或发病现象,不能用于试验,并按符合动物福利的要求予以处置。试验开始时,应保证试验体系处于良好状态,避免因疾病或不良状况影响试验。在试验期间,试验体系出现患病或受伤现象,为保证试验的完整性,则应及时进行隔离和治疗,试验前和试验期间所有疾病的诊断和治疗都应记录。

在短期生物学试验中,可不进行动植物试验体系的隔离。试验机构的标准操作规程应规定健康状况评价系统(即群体的系谱和供应商提供的信息、观察和血清检查)和随后采取的措施。

7.2.3 应保存试验体系的来源、引进日期和引进时状况的记录。有必要明确转基因的性状,并监测其在适当条件下的表达水平。

7.2.4 生物试验体系在第一次给药或处理前都应设置一定的试验环境适应期。

7.2.5 试验体系饲育和处理的笼具与容器上应清楚地标识能够明确识别试验体系的主要信息。试验期间从笼具和容器上取出的单个试验体系也尽量标识。

7.2.6 试验体系饲育和处理的容器应定期清洗和消毒。任何接触试验体系的材料均不应含有污染物,或其水平不得高于可能干扰试验结果的程度。按照饲育管理规范的要求,定期更换动物垫料,施用杀虫剂应及时记录。

7.2.7 当试剂盒用作试验时,必需的记录包括相应批号的试剂盒对阳性、阴性、空白对照物测试的历史记录,并可作为延长使用期限的依据。

8 供试物和对照物

8.1 接收、处理、取样和储藏

8.1.1 应保管供试物和对照物的性状描述、接收时间、有效期、接收数量和试验已用量的记录。

8.1.2 应建立供试物等材料的处理、取样和储存的程序,以尽量保证其均匀性和稳定性,排除其他物质的污染或混淆。

8.1.3 储存容器应标有明确的识别信息、有效期和特殊储藏要求。

8.2 特征描述

8.2.1 各种供试物和对照物都应有明确的标识(受体信息、供体信息、植入 DNA 的信息、基因修改的类型和目的等)。

8.2.2 对每个试验项目,应根据试验性质的要求,了解每批供试物和对照物的性状,以满足食用安全检测试验的需求(如受体、供体、外源基因、载体构建及序列等)。

8.2.3 如果委托方提供供试物,试验机构应与委托方之间建立一种合作机制,以核实用于试验的供试物的性状。

8.2.4 对所有试验应了解供试物和对照物在储存与试验条件下的稳定性。

8.2.5 除短期试验以外,所有试验的每批供试物均应保留用于分析的样品。

9 标准操作规程

9.1 试验机构应有经试验机构管理者批准的标准操作规程,以保证试验过程的规范及试验数据的准确完整。

9.2 应保证标准操作规程现行有效、方便使用。标准操作规程的修订，应经质量保证部门的确认，试验机构管理者书面批准后生效。公开出版的教科书、分析方法、论文和手册都可作为标准操作规程的补充材料。

9.3 试验中有关偏离标准操作规程的情况应有书面记录，并应由试验项目负责人或主要研究者确认。

9.4 应制定标准操作规程的编写和修订程序。

9.5 标准操作规程应经质量保证人员的审核签字和试验机构管理者书面批准后生效。失效的标准操作规程除一份存档之外应及时销毁。

9.6 标准操作规程的制定、修订、生效日期及分发、销毁情况应记录并归档。

9.7 应保存标准操作规程的所有版本。

9.8 标准操作规程至少应包括的内容：

a) 供试物和对照物的接收、识别、标签、处置、取样和储存。

b) 仪器设备的使用、维护、校准和检定。

c) 实验室环境控制。

d) 计算机系统确认、操作、维护、安全、变更管理和备份。

e) 索引系统及计算机数据系统的使用。

f) 易耗品的采购、验收、使用、保存和管理。

g) 实验室样品制备、保存和管理。

h) 标准溶液的配制、标定、校验、标识、保存和管理。

i) 试验方法的验证与建立。

j) 试验体系准备、观察、标本采集、形态学评估、测定、检验、分析和试验后的处理。

k) 原始数据的采集与处理。

l) 废弃物的处理。

m) 最终报告的编写、审核和批准。

n) 试验计划书的制定。

o) 人员培训、考核、聘任及健康检查。

p) 质量保证程序。质量保证人员实施质量保证检查的计划、安排、实施、记录和报告的工作程序。

q) 工作人员履历、仪器设备文件、原始记录、最终报告等技术文件的档案管理。

10 试验计划书和试验的实施

10.1 试验计划书

10.1.1 每个试验项目启动之前，都应有书面的试验计划书。试验计划书应经质量保证人员按本规范的要求对其进行审核，由试验项目负责人签字批准，并注明日期。必要时，试验计划书还应得到试验机构管理者和委托方的认可。

10.1.2 试验计划书的更改应经质量保证人员审核、试验项目负责人批准，必要时应经委托方认可。变更的内容、理由及日期，应与原试验计划书一起归档保存。

10.1.3 试验项目负责人或主要研究者应及时说明、解释和通告偏离试验计划书的情况，签名并注明日期，与原始数据一并保存。

10.1.4 对于短期试验，可使用一份通用的试验计划书再辅以一个与每个具体试验相关的附件作为补充。通用试验计划书包括计划书要求的主要信息，并可提前经试验机构管理者和执行试验的试验项目负责人及质量保证部门的批准。针对此类计划书的试验补充（如供试物的详细信息、试验的起止日期）经试验项目负责人签名，并注明日期。这个补充应尽快递交给试验机构管理者和质量保证人员。

10.1.5 每项多场所试验只能有一个试验计划书，说明如何将多场所产生的试验数据提供给试验项目负责人，说明不同场所的试验数据、供试物和对照物及样本等拟保存地点。对于在多个国家中进行的试验，必要时，试验计划书应有一种以上的文字译本，应声明哪一种语言版本为原文版本，被翻译的试验计划书应与原文版本一致。

10.2 试验计划书基本内容

至少应包括以下基本内容：

a) 试验项目名称、试验编号及试验目的；

b) 供试物及对照物的名称、代号、批号、生物学特征、来源等；

c) 试验委托方、经办人和试验机构、涉及的试验场所的名称和地址；

d) 试验项目负责人的姓名和地址；

e) 主要研究者的姓名和地址，试验项目负责人指定的主要研究者所负责的试验阶段和责任；

f) 试验项目负责人、试验机构管理者(必要时)、委托方(必要时)批准试验计划书的签名和日期；

g) 拟采用的试验方法，根据试验目的，可参考国家标准、行业标准、其他公认的国际组织试验准则和方法；

h) 预计的试验开始和完成日期；

i) 选择试验体系的理由；

j) 试验体系的特征；

k) 试验设计的详细资料，包括试验项目的时间进程表、方法、材料和条件的描述，需进行的测量、观察、检查和分析的类型和次数，以及拟采用的统计方法；

l) 应保存的记录清单；

m) 资料及标本的存档地点。

10.3 试验实施

10.3.1 每个试验项目都应设定唯一的编号，涉及该试验的所有试验样品、记录、文件均须标明此编号，通过编号可追溯试验样品和试验过程。

10.3.2 试验项目负责人全面负责项目的运行管理。参加试验人员应严格按照试验计划书及标准操作规程进行工作，试验中若出现异常或预想不到的现象，应及时报告主要研究者或试验项目负责人并详细记录。在试验进行过程中如有人员变化应按程序进行更换。

10.3.3 试验中生成的所有数据应直接、及时、准确地记录，字迹清楚且不易消除，签名并注明日期。

10.3.4 记录数据需修改时，应保持原记录清晰可辨，注明修改理由及修改日期，并由修改者签名。

10.3.5 直接输入计算机的数据应由负责数据输入者在数据输入时确认。计算机系统应能够保留全部核查记录的系统以显示全部修改数据的痕迹，而不覆盖原始数据。修改数据的人员应对所有修改的数据标明日期并签章。数据修改时应输入改变的理由。

11 试验报告

11.1 概述

11.1.1 每个试验项目均应有一份最终的试验报告。

11.1.2 对于多场所试验，与试验有关的主要研究者应在报告上签字，并注明日期。

11.1.3 试验项目负责人应在最终报告上签字并注明日期，声明其承担数据真实性、完整性、准确性的责任。同时，应说明遵循良好实验室操作规范的程度。

11.1.4 最终报告的改正或补充应以报告修订的形式进行。修订应明确说明改正或补充的理由，最后应有试验项目负责人的签字并注明日期。

11.1.5 若最终报告需要按委托方要求在格式上进行重排时，不应构成对最终报告的修正、增加或增补。

11.2 最终报告

至少应包括的基本内容：

a) 试验项目、供试物和对照物的基本内容：

   1) 试验项目的名称及编号；

   2) 供试物名称、编码、生物学特性和来源等；

3) 对照物名称、纯度及来源;
4) 供试物性状(如纯度、稳定性、质量等级等)。

b) 委托方和试验机构的情况:
1) 委托方名称和地址;
2) 所有涉及的试验机构和试验场所的名称和地址;
3) 试验项目负责人的姓名和地址;
4) 主要研究者姓名和地址及其所承担的试验部分(若有);
5) 参与试验项目工作的其他人员姓名。

c) 试验开始时间和试验完成时间。

d) 质量保证声明:质量保证声明应列出质量保证检查方式及其检查日期,包括检查试验阶段和向试验机构管理者、试验项目负责人及主要研究者报告检查结果的日期。

e) 试验与方法的描述:
1) 所用的试验方法与材料;
2) 实验室环境条件控制;
3) 实验室样品制备;
4) 试验体系的准备、建立、观察、标本采集;
5) 试验样品的检测与分析频率及方法;
6) 分析处理数据的统计学方法,以及数据处理软件;
7) 参考文献。

f) 试验结果:
1) 摘要;
2) 试验计划书所要求的所有信息和数据;
3) 试验结果,包括相关的统计计算;
4) 对试验结果的讨论和评价,必要时做出结论。

g) 归档:归档的资料包括试验计划书、供试物、对照物、样本、原始数据和最终报告等。应注明保存场所。

12 档案和试验材料的保管

12.1 下列资料应按照规定的保存期限归档保管:

a) 每个试验项目的试验计划书、偏离记录、原始数据和最终报告;
b) 质量保证部门所有的检查记录,以及主计划表;
c) 工作人员的技术档案,包括资格、培训情况、经历和工作职责等记录;
d) 仪器设备档案以及维护、检定和使用的记录;
e) 计算机系统的有效确认文件;
f) 标准操作规程的所有原件;
g) 环境监测记录。

12.2 供试物、对照物和样本等试验材料按规定进行保管。应考虑保留可以长期保存的试验体系,尤其是那些非常有限或较难获得的试验体系,以便于试验体系特征的确认和可能的试验重建。如果在规定的保存期限结束之前将其处理,应提供正当理由并备有证明文件。

12.3 档案材料应按顺序摆放和保存,便于查询。任何对存档材料的处理都应有书面记录。

12.4 只有试验机构管理者授权的人员才能进入档案室,借阅应填写相应的记录。

12.5 如果试验机构或合同档案室破产,且没有合法的继承人,则这些档案应转移至相应试验委托方档案室。

ICS 65.020.01
B 04

中华人民共和国国家标准

农业农村部公告第323号—25—2020

转基因植物及其产品环境安全检测 耐除草剂苜蓿 第1部分:除草剂耐受性

Evaluation of environmental impact of genetically modified plants and their derived products—Herbicide-tolerant alfalfa— Part 1: Evaluation of the tolerance to herbicides

2020-08-04 发布 2020-11-01 实施

中华人民共和国农业农村部 发布

前　　言

《转基因植物及其产品环境安全检测　耐除草剂苜蓿》拟分为如下部分：

——第 1 部分：除草剂耐受性；

…………

本部分为《转基因植物及其产品环境安全检测　耐除草剂苜蓿》的第 1 部分。

本部分按照 GB/T 1.1—2009 给出的规则起草。

请注意本文件的某些内容可能涉及专利。本文件的发布机构不承担识别这些专利的责任。

本部分由中华人民共和国农业农村部提出。

本部分由全国农业转基因生物安全管理标准化技术委员会归口。

本部分起草单位：农业农村部科技发展中心、中国农业科学院北京畜牧兽医研究所。

本部分主要起草人：李聪、李文龙、郑兴卫、仪登霞、王颢潜。

转基因植物及其产品环境安全检测　耐除草剂苜蓿 第 1 部分:除草剂耐受性

1　范围

本部分规定了转基因耐除草剂苜蓿对目标除草剂的耐受性的检测方法。

本部分适用于转基因耐除草剂苜蓿对目标除草剂的耐受性水平的检测。

2　规范性引用文件

下列文件对于本文件的应用是必不可少的。凡是注日期的引用文件,仅注日期的版本适用于本文件。凡是不注日期的引用文件,其最新版本(包括所有的修改单)适用于本文件。

GB 6141　豆科草种子质量分级

3　术语和定义

下列术语和定义适用于本文件。

3.1

苜蓿　alfalfa

学名为 *Medicago sativa* L. 的紫花苜蓿,不包含苜蓿属其他物种。

3.2

转基因耐除草剂苜蓿　genetically modified herbicides-tolerant alfalfa

通过基因工程技术将耐除草剂基因导入苜蓿基因组而培育出的耐除草剂苜蓿品种(品系)。

3.3

目标除草剂　target herbicide

转基因苜蓿中耐除草剂基因针对的除草剂表达的目的蛋白所耐受的除草剂。

3.4

推荐剂量中量　mid rate of recommended dose

为农药登记推荐的最大剂量与最小剂量的平均值。

3.5

自生苗　volunteer alfalfa

遗落苜蓿田的苜蓿种子发芽长出的植株。

4　要求

4.1　试验材料

转基因耐除草剂苜蓿品种(品系)和对应的受体苜蓿品种(品系)。

上述材料的质量应达到 GB 6141 中不低于二级苜蓿种子的要求。

4.2　资料记录

4.2.1　试验地名称与位置

记录试验地的名称、地址、经纬度或全球地理定位系统(GPS)地标。绘制小区示意图。

4.2.2　土壤资料

记录试验地土壤类型、土壤肥力、pH、排灌情况、土壤覆盖物等内容。描述试验地近 3 年种植情况。

4.2.3　试验地周围生态类型

4.2.3.1　自然生态类型

记录与农业生态类型地区的距离及周边植被情况。

4.2.3.2 农业生态类型

记录试验地周围的主要栽培作物及其他植被情况，以及当地苜蓿田常见病、虫、草害名称及危害情况。

4.2.4 气象资料

记录试验期间的降水(类型、降水量，以 mm 表示)和温度(日均温度、最高温度和最低温度，以℃表示)资料；并记录影响试验结果的极端恶劣气候因素，如严重或长期的旱、涝、冰雹等。

4.3 试验安全控制措施

4.3.1 隔离条件

试验地四周 1 000 m 内不应种植苜蓿及其他可交配近缘种。

4.3.2 隔离措施

种植非豆科作物或空地作为隔离带。试验地应设围栏或相应隔离设施。

4.3.3 试验过程的安全管理

试验地设专人管理。试验过程中如发生试验材料被盗、被毁等意外事故，应立即报告行政主管部门和当地公安部门，依法查处。

4.3.4 试验后的材料处理

试验结束后，除需要保留的材料外，剩余的试验材料一律焚毁。需保留的转基因苜蓿材料应单收、单储，由专人运输和保管。

4.3.5 试验结束后试验地的监管

保留试验地边界标记。当年和第二年不再种苜蓿及可交配近缘种，由专人负责监管，及时拔除并销毁转基因苜蓿自生苗。

5 试验方法

5.1 试验设计与处理

设置目标除草剂推荐剂量中量、2 倍中量、4 倍中量及清水对照 4 个处理。随机区组设计，不少于 3 次重复，种于田间(或温室、网室的苗床中)，小区面积 10 m^2，小区间设 0.5 m 的隔离带。每小区均匀播种 2 000粒苜蓿种子，常规栽培管理，待苜蓿长出 3 片～5 片羽状复叶时，按设计剂量喷施目标除草剂。

5.2 调查和记录

分别在喷施目标除草剂后 1 周、2 周和 4 周调查与记录苜蓿成活数，施药后 2 周和 4 周调查与记录苜蓿株高(选取最高的 10 株)和药害症状(选取药害症状最轻的 10 株)。药害症状分级见附录 A。

5.3 结果分析

分别按式(1)、式(2)计算苜蓿苗的成苗率和受害率。采用方差分析方法，比较供试转基因苜蓿与对应非转基因苜蓿在成苗率、株高和受害率等方面的差异。

$$P = \frac{N}{(H + N)} \times 100 \quad \cdots\cdots (1)$$

式中：

P ——苜蓿成苗率，单位为百分号(%)；

N ——苜蓿成苗数；

H ——苜蓿药害苗数。

结果保留 1 位小数。

$$X = \frac{\sum (N \times S)}{T \times M} \times 100 \quad \cdots\cdots (2)$$

式中：

X ——受害率，单位为百分号(%)；

N ——某药害级别的受害株数；

S ——药害的级别值；
T ——观察总株数；
M ——最高药害级别的值。

结果保留 1 位小数。

5.4 结果表述

检测结果表述为“检测样品×××对目标除草剂×××的成苗率、株高和受害率与对应非转基因苜蓿×××差异显著(或不显著),并就转基因苜蓿对不同剂量目标除草剂的耐受水平进行具体描述”。

附　录　A
（规范性附录）
除草剂药害症状的分级标准

除草剂药害症状的分级标准见表 A.1。

表 A.1　除草剂药害症状的分级标准

药害级别	症状描述
0 级	无药害，与清水对照生长一致
1 级	微见药害症状，局部颜色变化（包括新叶轻微失绿），药害斑点占叶面积≤10％
2 级	轻度抑制生长或失绿，药害斑点占叶面积 10％～25％
3 级	植株矮化或叶畸形或药害斑点占叶面积 25％～50％
4 级	植株明显矮化或叶严重畸形或叶枯斑占叶面积达 50％～75％
5 级	药害极重，植株死亡或药害斑占叶面积＞75％

ICS 65.020.01
B 04

中华人民共和国国家标准

农业农村部公告第323号—26—2020

转基因生物及其产品食用安全检测 外源蛋白质大鼠28 d经口毒性试验

Food safety detection of genetically modified organisms and derived products—28-day oral toxicity test of foreign proteins in rats

2020-08-04 发布　　2020-11-01 实施

中华人民共和国农业农村部　发布

前　言

本标准按照 GB/T 1.1—2009 给出的规则起草。

请注意本文件的某些内容可能涉及专利。本文件的发布机构不承担识别这些专利的责任。

本标准由中华人民共和国农业农村部提出。

本标准由全国农业转基因生物安全管理标准化技术委员会归口。

本标准起草单位:农业农村部科技发展中心、中国农业大学、天津市疾病预防控制中心。

本标准主要起草人:黄昆仑、李夏莹、钱智勇、张秀杰、贺晓云、车会莲、许文涛、罗云波。

转基因生物及其产品食用安全检测 外源蛋白质大鼠 28 d 经口毒性试验

1 范围

本标准规定了转基因生物外源蛋白质 28 d 经口毒性试验的基本试验方法、数据处理和结果判定。

本标准适用于评价转基因生物外源蛋白质的重复经口暴露毒性作用。

2 规范性引用文件

下列文件对于本文件的应用是必不可少的。凡是注日期的引用文件，仅注日期的版本适用于本文件。凡是不注日期的引用文件，其最新版本(包括所有的修改单)适用于本文件。

GB 5749　生活饮用水卫生标准

GB 14922.2　实验动物　微生物学等级及监测

GB 14924.3　实验动物　配合饲料营养成分

GB 14925　实验动物环境及设施

3 术语和定义

下列术语和定义适用于本文件。

3.1

28 d 经口毒性　28-day oral toxicity

实验动物连续 28 d 经口给予受试物后引起的健康损害效应。

3.2

未观察到有害作用剂量　no observed adverse effect level, NOAEL

通过动物试验，以现有的技术手段和检测指标未观察到与受试物有关的毒性作用的最大暴露剂量。

3.3

最小观察到有害作用剂量　lowest observed adverse effect level, LOAEL

在规定的条件下，受试物引起实验动物组织形态、功能、生长发育等有害效应的最小作用剂量。

3.4

靶器官　target organ

受试物直接发挥毒作用的器官或组织。

3.5

外源蛋白质　foreign protein

从转基因生物中提取的通过基因工程技术转入生物中的外源基因所表达的蛋白质产物，或者将转基因植物中的外源基因转入微生物中所表达的与植物中的外源蛋白质具有实质等同性的蛋白质产物。

3.6

对照蛋白质　control protein

与受试蛋白质等同或同源的天然来源的蛋白质，具有高度同源的氨基酸序列及相似的生物学功能。

4 原理

确定在 28 d 内连续经口给予外源蛋白质后引起的毒性效应，了解外源蛋白质毒性效应的剂量-反应关系和靶器官，确定 28 d 经口最小观察到有害作用剂量(LOAEL)或未观察到有害作用剂量(NOAEL)，初步判断受试蛋白质经口暴露的毒性及作用特点。

5 试剂

5.1 主要试剂

甲醛、二甲苯、乙醇、苏木素、伊红、石蜡、血球分析仪稀释剂、生化分析试剂、凝血分析试剂、尿液分析试剂等。

5.2 溶媒

根据外源蛋白质的特点可以选择水、羧甲基纤维素等溶媒。如果选用其他溶媒,需说明理由。

6 主要仪器

电子天平、代谢笼、生物显微镜、检眼镜、生化分析仪、血细胞分析仪、血凝分析仪、尿液分析仪、离心机、石蜡切片机等。

7 实验动物

7.1 动物选择

实验动物的选择应符合 GB 14922.2 的有关规定,选用雌、雄两种性别的大鼠,4 周龄～6 周龄。试验开始时,每个性别动物体重差异不超过平均体重的±20%。

7.2 动物准备

试验开始前,在实验动物房给予常规基础饲料喂养 3 d～5 d,以适应环境并进行检疫观察。

7.3 动物饲养

7.3.1 实验动物饲养条件应符合 GB 14925 的要求,饮用水应符合 GB 5749 的要求,饲料应符合 GB 14924.3 的要求。试验期间,动物自由饮水和摄食。

7.3.2 根据实验动物的空间要求确定每笼动物只数,每笼动物数一般不超过 2 只。

7.3.3 试验期间每组动物非试验因素死亡率应小于 10%,濒死动物应尽可能进行血液、生化指标检测、大体解剖以及组织病理学检查,每组生物标本损失率应小于 10%。

8 操作步骤

8.1 动物分组

8.1.1 试验设受试蛋白质组和溶媒对照组。

8.1.2 如果可以获得等同或同源的天然来源的蛋白质,推荐采用与同等剂量的天然来源对照蛋白质作为对照蛋白质。

示例:评价转基因植物表达的人乳铁蛋白的安全性时,可以采用人源的乳铁蛋白作为天然来源对照蛋白。

8.1.3 试验动物随机分配至各组,每组至少 20 只大鼠,雌雄各半。

8.2 剂量设计

8.2.1 主要依据人体暴露量进行剂量设计,高剂量组应至少达到人体可能暴露量的 300 倍。通常情况下设 2 个剂量组,组间距为 2 倍～4 倍。应尽可能包含人体可能暴露量的 100 倍。

8.2.2 如为灌胃法,应结合受试蛋白质溶解情况和动物最大灌胃体积予以考虑。

8.2.3 如添加到饲料中,应替代标准饲料中的蛋白质成分,配制后进行饲料成分测定,保持饲料能量、营养素的平衡,并符合 GB 14924.3 的要求。

8.3 受试蛋白质的处理

8.3.1 受试蛋白质应溶解或悬浮于适宜的溶媒中。

8.3.2 首选溶媒为水,配置成溶液。也可使用羧甲基纤维素等配成混悬液或糊状物等。

8.3.3 受试蛋白质应新鲜配制,有资料表明其溶液或混悬液储存稳定者除外。

8.3.4 对照蛋白质与受试蛋白质采用同样的溶媒,使用前配置成与受试蛋白质相同的浓度。

8.4 受试蛋白质的给予

8.4.1 受试蛋白质经口灌胃给予或添加到饲料中，连续给予 28 d。如为灌胃给予，每日在同一时段灌胃，每周称量体重 2 次，根据体重调整灌胃体积。

8.4.2 灌胃体积一般不超过每千克体重 10 mL，如为水溶液时，最大灌胃体积不超过每千克体重 20 mL，各组灌胃体积一致。

8.5 指标检测

8.5.1 一般临床观察

试验期间至少每天观察一次实验动物的一般临床表现，并记录动物出现的中毒症状、程度、持续时间和死亡情况。观察内容包括被毛、皮肤、眼、黏膜、分泌物、排泄物、呼吸系统、神经系统、自主活动（流泪、竖毛、瞳孔大小、异常呼吸）和行为表现（步态、姿势、对刺激的反应、有无强直性或阵挛性活动、刻板反应、反常行为等）。对异常动物应进行隔离，濒死和死亡动物应及时解剖。

8.5.2 眼部检查

试验前和试验结束时，对所有实验动物进行眼部（角膜、虹膜、球结膜）检查。

8.5.3 体重和摄食量

每周记录动物体重、摄食量，计算食物利用率；试验结束时，计算动物体重增长量、总摄食量、总食物利用率。

8.5.4 尿液检查

试验结束后，用代谢笼收集尿液，进行尿液常规检查。检测指标包括尿蛋白、相对密度、pH、葡萄糖和潜血等。必要时，可进行尿沉渣镜检、细胞分析等。

8.5.5 血液学检查

试验结束后，空腹采血，取抗凝血用于血液学检查。推荐检测指标：白细胞计数及分类（至少三分类）、红细胞计数、血红蛋白浓度、血小板计数、红细胞压积、凝血酶原时间（PT）、活化部分凝血活酶时间（APTT）等。必要时，加测网织红细胞、骨髓涂片细胞学检查。

8.5.6 血生化检查

试验结束后，空腹采血，取非抗凝血，分离血清，用于血生化检查。测定指标应包括电解质平衡，糖、脂和蛋白质代谢，肝（细胞、胆管）、肾功能等方面。检测指标应包括：丙氨酸氨基转移酶（ALT）、天冬氨酸氨基转移酶（AST）、谷氨酰转肽酶（GGT）、碱性磷酸酶（AKP）、尿素（Urea）、肌酐（Cr）、血糖（Glu）、总蛋白（TP）、白蛋白（Alb）、总胆固醇（TC）、甘油三酯（TG）、钠、钾、氯。必要时可检测钙、磷、尿酸（UA）、胆碱酯酶、山梨醇脱氢酶、总胆汁酸（TBA）、高铁血红蛋白、激素等指标。

8.5.7 大体解剖和组织病理学检查

8.5.7.1 大体解剖

试验结束后，对所有动物进行解剖，肉眼观察各脏器异常表现，包括体表、颅、胸、腹腔及其脏器。称量心脏、胸腺、肝、脾、肾、肾上腺、睾丸/卵巢的重量，计算相对重量（脏器重量/体重）。

8.5.7.2 组织病理学检查

可先对最高剂量组和对照组动物进行以下脏器组织病理学检查，发现病变后再对较低剂量组相应器官及组织进行检查。检查脏器应包括脑、甲状腺、胸腺、心脏、肝、脾、肾、肾上腺、胃、十二指肠、空肠、回肠、结肠、直肠、胰、肠系膜淋巴结、睾丸/卵巢、膀胱。必要时，可增加相关组织器官检查。对肉眼可见的病变或可疑病变组织进行病理组织学检查，出具组织病理学检查报告，病变组织给出病理组织学照片。

8.5.8 其他指标

根据受试蛋白质可能的毒性特点，增加其他检测指标，如神经毒性、免疫毒性、内分泌干扰作用等相关指标。

9 结果分析与表述

9.1 数据处理

9.1.1 将所有数据和结果以表格形式进行总结。列出各组试验开始时的动物数、试验期间动物死亡数及死亡时间、出现毒性反应的动物数,列出所见的毒性反应,包括出现毒效应的时间、程度及持续时间。

9.1.2 对动物体重、摄食量、食物利用率、血液学指标、血生化指标、尿液指标、脏器重量和脏体比值、病理检查等结果以适当的方法进行统计学分析。

9.1.3 计量资料采用方差分析,进行试验组与对照组之间均数比较;分类资料采用 Fisher 精确分布检验、卡方检验、秩和检验;等级资料采用 Ridit 分析、秩和检验等。

9.2 结果判定

9.2.1 根据受试蛋白质组和对照组动物在临床观察、生长发育情况、血液学检查、血生化检查、尿液检查、大体解剖、脏器重量和脏体比值、病理组织学检查等各项结果的差异,初步判断受试蛋白质是否具有毒作用及毒性作用的特点、程度、靶器官、剂量-反应关系、剂量-效应关系。

9.2.2 与溶媒对照组和对照蛋白组比较,综合分析得出 28 d 经口毒性最小观察到有害作用剂量(LOAEL)或未观察到有害作用剂量(NOAEL),初步判断受试蛋白质毒性及作用特点。

ICS 65.020.01
B 04

中华人民共和国国家标准

农业农村部公告第323号—27—2020
代替 NY/T 1102—2006

转基因植物及其产品食用安全检测 大鼠90 d喂养试验

Food safety detection of genetically modified plant and derived products—90-day feeding test in rats

2020-08-04 发布 2020-11-01 实施

中华人民共和国农业农村部 发布

前　言

本标准按照 GB/T 1.1—2009 给出的规则起草。

本标准代替 NY/T 1102—2006《转基因植物及其产品食用安全检测　大鼠 90 d 喂养试验》。与 NY/T 1102—2006 相比,除编辑性修改外主要技术变化如下:

——修改了范围(见第 1 章,2006 版的第 1 章);

——修改并增加了规范性引用文件(见第 2 章,2006 版的第 2 章);

——修改了术语和定义,删除 3.3“传统对照物”术语,增加了“非转基因对照物”术语(见第 3 章,2006 版的第 3 章);

——增加了原理(见第 4 章);

——增加了试剂(见第 5 章);

——增加了仪器(见第 6 章);

——修改了实验动物选择,将“出生后 6 周～8 周的大鼠”修改为“大鼠周龄推荐不超过 6 周,体重推荐 50 g～100 g”;另外,增加了动物数的要求(见第 7 章 7.2.1,2006 版的第 4 章 4.2);

——增加了动物饲养(见第 7 章 7.2.2);

——增加了常规基础饲料选择(见第 7 章 7.3);

——修改了动物分组,将转基因植物和非转基因对照物的低、中、高 3 个剂量组改为低、高 2 个剂量组(见第 8 章 8.1,2006 版的第 5 章 5.1);

——明确了给予受试物的时间(见第 8 章 8.2.1);

——增加了对低剂量组的要求(见第 8 章 8.2.2,2006 版的第 5 章 5.2);

——修改“一般指标”为“一般临床观察”,删除 30 d 动物生长曲线,并对一般临床观察内容进行细化(见第 9 章 9.1,2006 版的第 6 章 6.1);

——增加了眼部检查(见第 9 章 9.3);

——对血液学指标和血液生化学指标检测内容进行调整,删除中期血液学指标和血液生化学指标检测。(见第 9 章 9.4 和 9.5,2006 版的 6.2 和 6.3);

——增加了尿液检查(见第 9 章 9.6);

——增加了病理学检查中脏器称重和组织病理学检查内容,并明确先对转基因高剂量组、非转基因对照物高剂量组及常规基础饲料对照组进行组织病理学检查,若发现可能与受试物相关的病变,再对低剂量组相应器官及组织进行检查(见第 9 章 9.7,2006 版的第 6 章 6.4);

——数据处理:对数据处理进行了详细描述,并明确了以常规基础饲料对照组数据作为参考数据,对转基因植物组和非转基因对照组数据进行统计分析(见第 10 章,2006 版的第 7 章);

——修改了结果判定(见第 11 章,2006 版的第 8 章)。

本标准由中华人民共和国农业农村部提出。

本标准由全国农业转基因生物安全管理标准化技术委员会归口。

本标准起草单位:农业农村部科技发展中心、中国疾病预防控制中心营养与健康所、国家食品安全风险评估中心。

本标准主要起草人:杨晓光、刘鹏程、卓勤、章秋艳、李岩、贾旭东、毛宏梅、刘珊、胡贻椿、石丽丽。

本标准所代替标准的历次版本发布情况为:

——NY/T 1102—2006。

转基因植物及其产品食用安全检测
大鼠 90 d 喂养试验

1 范围

本标准规定了大鼠 90 d 喂养试验的基本试验方法和技术要求。

本标准适用于评价转基因植物及其产品的亚慢性毒性作用。

2 规范性引用文件

下列文件对于本文件的应用是必不可少的。凡是注日期的引用文件，仅注日期的版本适用于本文件。凡是不注日期的引用文件，其最新版本(包括所有的修改单)适用于本文件。

GB 5749 生活饮用水卫生标准

GB 14924.3 实验动物 配合饲料营养成分

GB 14925 实验动物 环境及设施

3 术语和定义

下列术语和定义适用于本文件。

3.1

转基因植物 genetically modified plant

利用基因工程技术改变基因组构成，用于农业生产或者农产品加工的植物。

3.2

转基因植物产品 products derived from genetically modified plant

转基因植物的直接加工产品和含有转基因植物的产品。

3.3

非转基因对照物 non genetically modified lines counterpart

有传统食用安全历史，并与转基因植物具有相似基因背景的非转基因植物，包括受体植物及其他相关植物。

4 原理

确定在 90 d 内连续经口给予大鼠转基因植物及其产品，了解转基因植物及其产品与非转基因对照组的安全性是否一致。

5 试剂

甲醛、二甲苯、乙醇、苏木素、伊红、石蜡、血球分析仪稀释剂、生化分析试剂、凝血分析试剂、尿液分析试剂等。

6 主要仪器

电子天平、生物显微镜、检眼镜、生化分析仪、血细胞分析仪、血凝分析仪、尿液分析仪、离心机、石蜡切片机等。

7 试验条件和方法

7.1 试验材料

转基因植物及其产品、非转基因对照物。

7.2 实验动物

7.2.1 动物选择

一般选用雌、雄 2 种性别大鼠，大鼠周龄推荐不超过 6 周，体重推荐 50 g～100 g。每组动物数不少于 20 只，雌雄各半。试验开始前给予常规基础饲料进行环境适应和检疫观察 3 d～5 d，试验开始时，同性别动物之间体重的差异不应超过平均体重的±20%。

7.2.2 动物饲养

实验动物饲养条件应符合 GB 14925、饮用水应符合 GB 5749、饲料应符合 GB 14924.3 的有关规定。试验期间动物自由饮水、摄食，动物根据需要单笼饲养或按组分性别分笼群养，每笼动物数应满足实验动物所需居所最小空间的要求（一般不超过 2 只）。

7.3 常规基础饲料选择

通常选择以日粮全价配合饲料或纯化饲料为基础进行饲料配制。

日粮全价配合饲料：以谷类、豆类及其他食物产品为配方的饲料。

纯化饲料：将每一种营养物质以单纯的纯化成分精确添加而成的饲料，包括玉米淀粉、蔗糖、酪蛋白、豆油、纤维素等。

8 试验设计原则

8.1 实验动物分组

设转基因植物（转基因植物产品）组、非转基因对照物组和常规基础饲料对照组。转基因植物（转基因植物产品）组和非转基因对照物组一般设低、高 2 个剂量组，每组至少 20 只动物，雌、雄各半。

8.2 剂量设计

8.2.1 转基因植物及其产品、非转基因对照物以掺入饲料的方式连续给予 90 d，转基因植物及其产品与非转基因对照物在饲料中的比例应一致。

8.2.2 在营养平衡的基础上，应以饲料中最大掺入量作为高剂量组，低剂量组的剂量不宜低于人体预期摄入量。

8.2.3 以大鼠常规基础饲料配方为框架设计饲料配方，饲料中蛋白质、脂肪、碳水化合物、维生素和矿物质等营养素应满足动物生长需要，并经过检测分析符合 GB 14924.3 的要求。

8.2.4 应考虑转基因植物及其产品的品种和特性及其在人群膳食组成中所占的比例等因素。

9 测定指标

9.1 一般临床观察

实验期间每天至少进行一次动物临床表现的一般观察。观察内容包括被毛、皮肤、眼、黏膜、分泌物、排泄物、呼吸系统、神经系统、自主活动（如流泪、竖毛反应、瞳孔大小、异常呼吸）及行为表现（如步态、姿势、对处理的反应、有无强直性或痉挛活动、刻板反应、反常行为等）。如实验动物出现毒性反应，需及时记录相应的体征、程度和持续时间及死亡情况。对体质虚弱的动物应隔离，濒死和死亡动物应及时解剖。

9.2 体重和摄食量

每周记录体重、摄食量，计算食物利用率；试验结束时，计算动物体重增长量、总摄食量、总食物利用率。

9.3 眼部检查

在试验前和试验末期，至少对转基因植物（转基因植物产品）高剂量组、非转基因对照物高剂量组和常规基础饲料对照组大鼠进行眼部检查（角膜、晶状体、球结膜、虹膜），若发现高剂量组动物有眼部变化，则应对所有动物进行检查。

9.4 血液学指标

在试验末期进行血液学指标测定，检查指标包括白细胞计数及分类、红细胞计数、血红蛋白浓度、红细胞压积、血小板计数、凝血酶原时间(PT)、活化部分凝血活酶时间(APTT)等。必要时,测定网织红细胞、骨髓涂片细胞学检查。

9.5 血液生化学指标

试验末期大鼠空腹采血进行血液生化指标测定,包括丙氨酸氨基转移酶(ALT)、天冬氨酸氨基转移酶(AST)、碱性磷酸酶(ALP)、尿素(Urea)、肌酐(Cr)、血糖(Glu)、白蛋白(Alb)、总蛋白(TP)、总胆固醇(TC)、甘油三酯(TG)、钾、钠、氯指标。必要时,可检测钙、磷、尿酸、总胆汁酸、胆碱酯酶、山梨醇脱氢酶、高铁血红蛋白、激素等指标。

9.6 尿液检查

试验最后一周进行尿液常规检查,包括外观、尿蛋白、密度、pH、葡萄糖和潜血等。

9.7 病理学检查

9.7.1 大体解剖和脏器称重

试验结束,对所有动物进行大体检查,包括体表、颅腔、胸腔、腹腔及其脏器,并称量脑、心脏、胸腺、肾上腺、肝、肾、脾、睾丸、附睾、子宫和卵巢的绝对重量,计算相对重量[脏/体比值和(或)脏/脑比值]。

9.7.2 组织病理学

对转基因植物(转基因植物产品)高剂量组、非转基因对照物高剂量组及常规基础饲料对照组进行以下脏器组织病理学检查,若发现与受试物相关病变,再对低剂量组相应器官及组织进行检查。检查脏器包括脑、垂体、甲状腺、胸腺、肺、心脏、肝、脾、肾、肾上腺、胃、十二指肠、空肠、回肠、结肠、盲肠、直肠、胰、肠系膜淋巴结、卵巢、子宫、睾丸、附睾、前列腺、膀胱等。必要时,可加测脊髓(颈、胸、腰)、食道、唾液腺、颈淋巴结、气管、动脉、精囊腺和凝固腺、子宫颈、阴道、乳腺、骨和骨髓、坐骨神经和肌肉、皮肤和眼球等组织器官。对肉眼可见的病变或可疑病变组织进行病理组织学检查,出具组织病理学检查报告,病变组织给出病理组织学照片。

9.8 其他指标

必要时,测定免疫等其他相关指标。

10 数据处理

应将所有数据和结果以表格形式进行总结。对计量资料给出均数、标准差和动物数。对动物体重、摄食量、食物利用率、血液学检查、血生化检查、尿液检查、脏器重量、脏/体比值和(或)脏/脑比值、病理检查等结果应以适当的方法进行统计学分析。一般情况,计量资料采用方差分析,以常规基础饲料对照组数据作为参考数据,对转基因植物(转基因植物产品)组和非转基因对照物组进行比较;分类资料采用Fisher精确分布检验、卡方检验、秩和检验等;等级资料采用Radit分析、秩和检验等。

11 结果评价

分析大鼠90 d喂养试验中,转基因植物(转基因植物产品)组、非转基因对照物组和常规基础饲料对照组的试验结果,在排除营养不平衡等因素对结果影响的基础上,综合判断转基因植物及其产品与非转基因对照物的安全性是否一致。

ICS 65.020.01
B 04

中华人民共和国国家标准

农业农村部公告第323号—28—2020

转基因生物及其产品食用安全检测 抗营养因子　马铃薯中龙葵碱检测方法 液相色谱质谱法

Food safety detection of genetically modified organisms and derived products—Determination of anti-nutrient solanine in potato—Liquid chromatography-mass spectrometry

2020-08-04 发布　　2020-11-01 实施

中华人民共和国农业农村部　发布

前　言

本标准按照 GB/T 1.1—2009 给出的规则起草。

请注意本文件的某些内容可能涉及专利。本文件的发布机构不承担识别这些专利的责任。

本标准由中华人民共和国农业农村部提出。

本标准由全国农业转基因生物安全管理标准化技术委员会归口。

本标准起草单位:农业农村部科技发展中心、中国农业大学。

本标准主要起草人:黄昆仑、张秀杰、马丽艳、李夏莹、张春娇、贺晓云、罗云波。

转基因生物及其产品食用安全检测
抗营养因子　马铃薯中龙葵碱检测方法
液相色谱质谱法

1　范围

本标准规定了马铃薯及其制品中 α-茄碱和 α-卡茄碱液相色谱-串联质谱检测方法。

本标准适用于转基因及非转基因马铃薯及其制品中 α-茄碱和 α-卡茄碱含量的测定。

2　规范性引用文件

下列文件对于本文件的应用是必不可少的。凡是注日期的引用文件，仅注日期的版本适用于本文件。凡是不注日期的引用文件，其最新版本(包括所有的修改单)适用于本文件。

GB/T 6682　分析实验室用水规格和试验方法

3　原理

马铃薯及其制品中的 α-茄碱和 α-卡茄碱，用乙酸水溶液匀浆提取，提取液经稀释或固相萃取柱净化后，用高效液相色谱-串联质谱仪测定，外标法定量。

4　试剂和材料

除非另有说明，仅使用分析纯试剂；水为符合 GB/T 6682 规定的一级水。

4.1　试剂

4.1.1　甲醇(CH_3OH，CAS 号：67-56-1)：色谱纯。

4.1.2　乙腈(CH_3CN，CAS 号：75-05-8)：色谱纯。

4.1.3　无水乙醇(C_2H_6O，CAS 号：64-17-5)：色谱纯。

4.1.4　甲酸(CH_2O_2，CAS 号：64-18-6)：色谱纯。

4.1.5　冰乙酸($C_2H_4O_2$，CAS 号：64-19-7)：分析纯。

4.1.6　甲酸铵(CH_5NO_2，CAS 号：540-69-2)：分析纯。

4.2　溶液配制

4.2.1　乙醇溶液(90%乙醇溶液)：量取 100 mL 水，转入 1 000 mL 容量瓶中，用乙醇定容，混匀后备用。

4.2.2　提取溶剂(10%乙酸水溶液)：量取 100 mL 冰乙酸，转入 1 000 mL 容量瓶中，用水定容，混匀后备用。

4.2.3　淋洗液(15%甲醇溶液)：量取 150 mL 甲醇，转入 1 000 mL 容量瓶中，用水定容，混匀后备用。

4.2.4　洗脱液：吸取 10 mL 甲酸，转入 1 000 mL 容量瓶中，用 90%乙醇溶液(4.2.1)定容，混匀后备用。

4.2.5　流动相 A：称取 0.315 g 甲酸铵，用少量水溶解后转入 1 000 mL 容量瓶中，加入 1 mL 甲酸，用水定容，混匀后过 0.22 μm 滤膜备用。

4.3　标准品

4.3.1　α-茄碱($C_{45}H_{73}NO_{15}$，CAS 号：20562-02-1)：纯度≥99%。

4.3.2　α-卡茄碱($C_{45}H_{73}NO_{14}$，CAS 号：20562-03-2)：纯度≥99%。

4.4　标准溶液配制

4.4.1　α-茄碱标准储备液(1.00 mg/mL)：准确称取 α-茄碱标准品 10.0 mg，加甲醇溶解并定容至 10 mL，在−18℃以下密封保存，有效期 1 年。

4.4.2　α-卡茄碱标准储备液(1.00 mg/mL)：准确称取 α-卡茄碱标准品 10.0 mg，加甲醇溶解并定容至

10 mL，在−18℃以下密封保存，有效期 1 年。

4.4.3 α-茄碱和 α-卡茄碱混合标准中间液（100 μg/mL）：准确吸取 1.00 mg/mL α-茄碱标准储备液、α-卡茄碱标准储备液各 1.00 mL 于同一容量瓶中，加甲醇定容至 10 mL，配成混合标准中间液。在−18℃以下密封保存，有效期 6 个月。

4.5 材料

4.5.1 固相萃取柱：C_{18}柱（500 mg/6 mL）或等效柱。

4.5.2 有机相微孔滤膜：孔径 0.22 μm。

4.5.3 水相微孔滤膜：孔径 0.22 μm。

5 主要仪器和设备

5.1 液相色谱-串联质谱仪：配有电喷雾离子源。

5.2 电子天平：感量 0.001 g 和 0.000 1 g。

5.3 高速匀浆机：≥12 000 r/min。

5.4 离心机：≥10 000 r/min。

5.5 组织捣碎机。

5.6 样品粉碎机。

5.7 旋转蒸发仪：带有温度控制。

5.8 固相萃取装置。

5.9 抽滤装置。

5.10 布氏漏斗。

6 试样制备

6.1 试样制备

新鲜的马铃薯样品沿纵轴剖开成两半，截成四等份，每份取出部分样品将其切碎，充分混匀，用四分法取样或直接放入组织捣碎机中捣碎成匀浆，装入洁净的容器内，密封并标明标记。马铃薯干样粉碎后过 40 目样品筛，混匀后装入洁净的容器内，密封并标明标记。

6.2 试样保存

试样应密封冷藏保存，如果不进行立即检测，需−18℃以下冷冻保存。

7 分析步骤

7.1 提取

7.1.1 马铃薯鲜样

称取 5 g 试样（精确至 0.001 g）于 200 mL 高脚烧杯中，加入 50 mL 提取溶剂（见 4.2.2），匀浆提取 3 min，将提取液抽滤，用 20 mL 提取溶剂（见 4.2.2）洗涤烧杯和布氏漏斗，提取液转移至 100 mL 容量瓶中，定容，混匀。吸取 2 mL 提取液于 10 mL 容量瓶中，用初始流动相定容至 10 mL，混匀，过 0.22 μm 水相微孔滤膜，待测定。

7.1.2 马铃薯粉

称取 1 g 试样（精确至 0.001 g）于 200 mL 高脚烧杯中，先加入 10 mL 提取溶剂（见 4.2.2）浸泡 30 min，再加入 40 mL 提取溶剂（见 4.2.2）匀浆提取 3 min，转移至 100 mL 容量瓶中，用 20 mL 提取溶剂（见 4.2.2）多次洗涤烧杯，合并提取液于容量瓶中，定容，混匀。量取 30 mL 提取液于 50 mL 离心管中，10 000 r/min 离心 5 min，上清液待净化。

7.2 净化

将固相萃取柱连接到固相萃取装置中，先用 5 mL 甲醇、5 mL 10%乙酸水溶液预活化，准确吸取上清液 5 mL 加到活化后的固相萃取柱中，用 5 mL 淋洗液淋洗(见 4.2.3)，抽干，用 5 mL 洗脱液(见 4.2.4)洗脱。吸取 1 mL 洗脱液于 10 mL 容量瓶中，用初始流动相定容，混匀，过 0.22 μm 有机微孔滤膜，待测定。

7.3 测定

7.3.1 高效液相色谱参考条件

a) 色谱柱：C_{18}，100 mm×3.0 mm(内径)，2.7 μm，或相当者；

b) 色谱柱温度：30℃；

c) 进样量：3 μL；

d) 流速：0.30 mL/min；

e) 流动相及梯度洗脱条件，流动相 A 见 4.2.5，流动相 B 为乙腈，梯度洗脱条件见表 1。

表 1 流动相及梯度洗脱条件

时间，min	流动相 A，%	流动相 B，%
0.0	72	28
2.0	72	28
5.0	65	35
7.0	65	35
7.1	72	28
18.0	72	28

7.3.2 质谱参考条件

a) 离子源：电喷雾离子源(ESI)；

b) 扫描方式：正离子扫描；

c) 检测方式：多反应监测(MRM)；

d) 毛细管电源：3.5 kV；喷嘴电源：500 V；脱溶剂气体温度：350℃；脱溶剂气体流量：10 L/min；鞘气温度：300℃；鞘气流速：11 L/min；

e) 监测离子对：α-茄碱和 α-卡茄碱的质谱参考条件见表 2。

表 2 α-茄碱和 α-卡茄碱的质谱参考条件

化合物名称	保留时间 min	母离子 *m/z*	子离子 *m/z*	碰撞电压 V	碰撞能量 eV
α-茄碱	5.65	868.5	706.3	180	80
			398.1*	180	85
α-卡茄碱	5.99	852.1	706.5	180	70
			398.4*	180	95
* 为定量离子。					

7.3.3 标准工作曲线

准确吸取一定体积的混合标准中间液，逐级稀释，配制成浓度为 0.010 μg/mL、0.025 μg/mL、0.050 μg/mL、0.10 μg/mL、0.25 μg/mL、0.50 μg/mL 和 1.00 μg/mL 的混合标准工作液。仪器最佳工作条件下，用系列标准工作液由低到高浓度依次进行检测，以标准工作液浓度为横坐标、以定量离子的峰面积为纵坐标，绘制标准曲线(参见附录 A)。

7.3.4 定性测定

在相同试验条件下，试样溶液中目标化合物色谱峰的保留时间与相应标准色谱峰的保留时间相比较，变化范围应在 2.5%之内，而且对同一化合物，样品中目标化合物的 2 个子离子的相对丰度比与浓度相当的标准溶液相比，其允许偏差不超过表 3 规定的范围。

表 3　定性确证时相对离子丰度的最大允许偏差

单位为百分号

相对离子丰度	>50	20～50(含)	10～20(含)	≤10
允许的相对偏差	±20	±25	±30	±50

7.3.5　试样溶液的测定

取试样溶液和标准工作液上机分析，得到 α-茄碱和 α-卡茄碱色谱峰面积，由标准曲线得到试样溶液中 α-茄碱和 α-卡茄碱的浓度。试样溶液中待测物的响应值应在定量测定线性范围内。超过线性范围时，应根据测定浓度进行适当倍数稀释后再进行分析。

8　结果计算

试样中 α-茄碱和 α-卡茄碱的含量按式(1)计算。

$$X = \frac{c \times V \times 1000}{m \times 1000} \times f \quad \cdots\cdots (1)$$

式中：

X　——样品中 α-茄碱或 α-卡茄碱的含量，单位为毫克每千克(mg/kg)；

c　——待测试样液中 α-茄碱或 α-卡茄碱的浓度，单位为微克每毫升(μg/mL)；

V　——试样提取液的定容体积，单位为毫升(mL)；

m　——样品的质量，单位为克(g)；

f　——稀释倍数；

1 000 ——单位换算系数。

计算结果以重复性条件下获得的 2 次独立测定结果的算术平均值表示，结果保留小数点后 2 位。

9　精密度

在重复性条件下获得的 2 次独立测定结果的绝对差值不得超过算术平均值的 15%。

10　其他

本方法马铃薯鲜样中 α-茄碱的检出限为 0.007 mg/kg，定量限为 0.02 mg/kg；α-卡茄碱的检出限为 0.004 mg/kg，定量限为 0.01 mg/kg；马铃薯粉中 α-茄碱的检出限为 0.09 mg/kg，定量限为 0.25 mg/kg；α-卡茄碱的检出限为 0.05 mg/kg，定量限为 0.14 mg/kg。

附　录　A
（资料性附录）
标准物质多反应监测（MRM）色谱图

标准物质多反应监测（MRM）色谱图见图 A. 1。

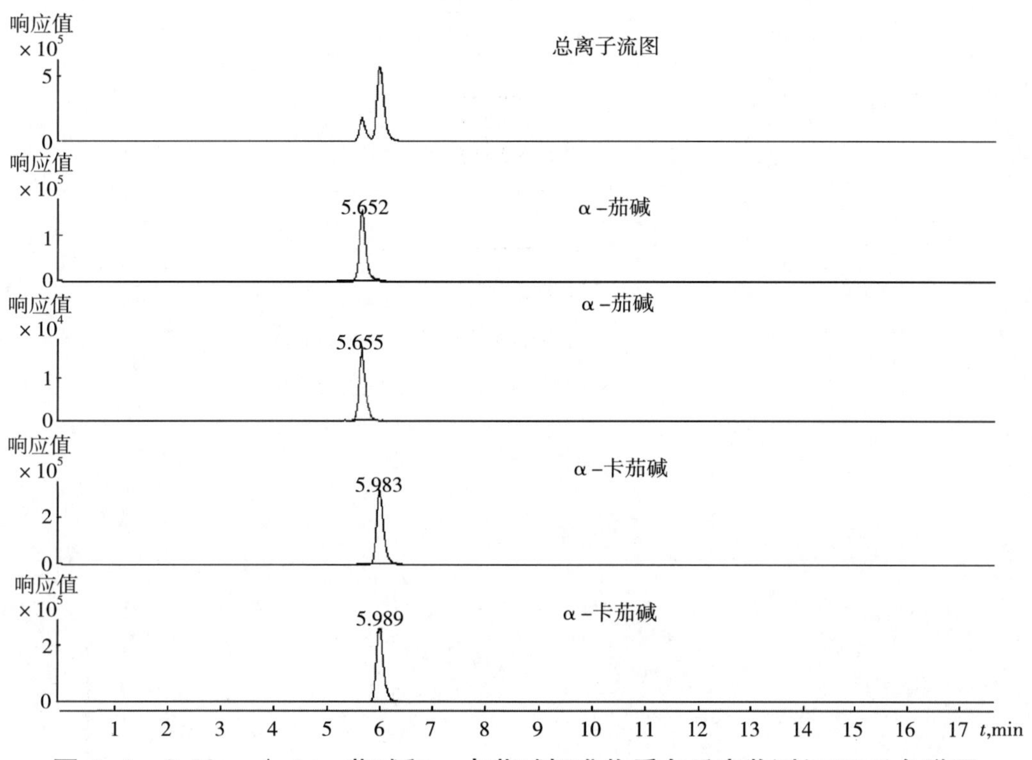

图 A. 1　0. 10 μg/mL α-茄碱和 α-卡茄碱标准物质多反应监测（MRM）色谱图

ICS 65.020.01
B 04

中华人民共和国国家标准

农业农村部公告第 323 号—29—2020

转基因生物及其产品食用安全检测 抗营养因子　番木瓜中异硫氰酸苄酯和草酸的测定

Food safety detection of genetically modified organisms and derived products—The analytical method for anti-nutrient Benzyl isothiocyanate and oxalic acid in papaya

2020-08-04 发布　　2020-11-01 实施

中华人民共和国农业农村部　发布

前　言

本标准按照 GB/T 1.1—2009 给出的规则起草。

请注意本文件的某些内容可能涉及专利。本文件的发布机构不承担识别这些专利的责任。

本标准由中华人民共和国农业农村部提出。

本标准由全国农业转基因生物安全管理标准化技术委员会归口。

本标准起草单位:农业农村部科技发展中心、中国农业大学。

本标准主要起草人:黄昆仑、刘鹏程、马丽艳、李夏莹、贺晓云、周昉、许文涛、罗云波、曾晓漫、张春娇。

转基因生物及其产品食用安全检测 抗营养因子　番木瓜中异硫氰酸苄酯和草酸的测定

1　范围

本标准规定了番木瓜中异硫氰酸苄酯的气相色谱-质谱测定方法和番木瓜中草酸的高效液相色谱测定方法。

本标准适用于番木瓜中异硫氰酸苄酯和草酸含量的测定。

2　规范性引用文件

下列文件对于本文件的应用是必不可少的。凡是注日期的引用文件，仅注日期的版本适用于本文件。凡是不注日期的引用文件，其最新版本(包括所有的修改单)适用于本文件。

GB/T 6682　分析实验室用水规格和试验方法

3　异硫氰酸苄酯的测定(气相色谱-质谱法)

3.1　原理

试样用水匀浆处理后，匀浆液中的异硫氰酸苄酯经三氯甲烷萃取，用气相色谱-质谱联用仪测定，外标法定量。

3.2　试剂和材料

除另有规定外，仅使用分析纯试剂；水为符合 GB/T 6682 规定的一级水。

3.2.1　试剂

3.2.1.1　三氯甲烷($CHCl_3$，CAS 号：67-66-3)。

3.2.1.2　正己烷(C_6H_{12}，CAS 号：110-54-3)。

3.2.2　标准品

异硫氰酸苄酯(C_8H_7NS，CAS 号：622-78-6)：纯度≥99%。

3.2.3　标准溶液配制

3.2.3.1　异硫氰酸苄酯标准储备液(1.00 mg/mL)：准确称取异硫氰酸苄酯标准品 10.0 mg，加正己烷溶解并定容至 10 mL，配成浓度为 1.00 mg/mL 标准储备液，在－18℃下密封保存，有效期 1 年。

3.2.3.2　异硫氰酸苄酯标准中间液(100 μg/mL)：准确吸取 1.00 mg/mL 异硫氰酸苄酯标准储备液 1.00 mL 于 10 mL 容量瓶中，加正己烷定容至刻度，配成浓度为 100 μg/mL 标准中间液。在－18℃下密封保存，有效期 6 个月。

3.2.4　材料

有机相微孔滤膜：孔径 0.22 μm。

3.3　主要仪器和设备

3.3.1　气相色谱-质谱联用仪：配电化学离子源(EI)。

3.3.2　电子天平：感量 0.01 g 和 0.000 1 g。

3.3.3　组织捣碎机。

3.3.4　涡旋混合器。

3.3.5　高速匀浆机：转速不小于 10 000 r/min。

3.3.6　离心机：转速不小于 10 000 r/min。

3.4　试样制备

3.4.1 试样制备

木瓜样品去蒂、皮、籽等，取可食部分，沿纵轴剖开成两半，截成四等份，每份取出部分样品将其切碎，充分混匀，用四分法取样或直接放入组织捣碎机中捣碎成匀浆，装入洁净的容器内，密封并标明标记。

3.4.2 试样保存

试样应密封冷藏保存，如果不进行立即检测，需－18℃以下冷冻保存。

3.5 分析步骤

3.5.1 提取

准确称取 20 g 试样(精确至 0.01 g)于 100 mL 烧杯中，加入 20 mL 水，匀浆 2 min。

称取匀浆后的样品 5 g(精确至 0.01 g)于 50 mL 离心管中，准确吸取 5 mL 三氯甲烷，加入离心管中，涡旋萃取 2 min，6 000 r/min 离心 5 min。吸取下层溶液 2 mL，过 0.22 μm 微孔滤膜，滤液待测定。

3.5.2 测定

3.5.2.1 仪器参考条件

a) 色谱柱：毛细管色谱柱 HP-5，30 m × 0.25 mm，0.25 μm，或相当者；

b) 升温程序：120℃保持 1 min，以 5℃/min 到 160℃，再以 20℃/min 到 280℃，保持 5 min；

c) 进样口温度：250℃；

d) 色谱-质谱接口温度：280℃；

e) 载气：氦气，纯度≥99.999%，流速 1.0 mL/min；

f) 进样量：1 μL；

g) 进样方式：分流进样，分流比 5∶1；

h) 电离方式：EI；

i) 离子源温度：230℃；

j) 四级杆温度：150℃；

k) 检测方式：选择离子监测方式(SIM)；

l) 选择监测离子(m/z)：定量离子 91；定性离子 149、65、51；

m) 溶剂延迟时间：3.5 min。

3.5.2.2 标准工作曲线

准确吸取一定体积的标准中间液，逐级稀释，配制成浓度为 0.10 μg/mL、0.20 μg/mL、0.50 μg/mL、1.00 μg/mL、2.00 μg/mL、5.00 μg/mL 和 10.00 μg/mL 的标准工作液。

仪器最佳工作条件下，用系列标准工作液由低到高浓度依次进行检测，以标准工作液浓度为横坐标、以定量离子的峰面积为纵坐标，绘制标准曲线(参见附录 A 中的 A.1)。

3.5.2.3 定性测定

在相同试验条件下，试样溶液与标准工作溶液的选择离子色谱图中，目标化合物色谱峰的保留时间与相应标准色谱峰的保留时间相比较，变化范围应在 2.5%之内；并且在扣除背景后的样品质谱图中，所选择离子的丰度比与标准品对应离子的丰度比，应在允许范围内(允许范围见表 1)。在 3.5.2.1 的条件下，异硫氰酸苄酯的监测离子(m/z)丰度比为 149∶91∶65∶51＝24∶100∶12∶4；根据定量离子 m/z 91 对其进行外标法定量。

表 1 定性确证时相对离子丰度的最大允许偏差

单位为百分号

相对离子丰度	＞50	20～50(含)	10 ～ 20(含)	≤10
允许的相对偏差	±20	±25	±30	±50

3.5.2.4 试样溶液的测定

取试样溶液和标准工作液上机分析，得到色谱峰面积，做单点或多点校准，用外标法定量。试样溶液中待测物的响应值应在定量测定线性范围内。超过线性范围时，应根据测定浓度进行适当倍数稀释后再进行分析。

3.6 结果计算

试样中异硫氰酸苄酯的含量按式(1)计算。

$$X=\frac{c\times V\times 1000}{m\times 1000}\times 2\times f \quad \cdots\cdots (1)$$

式中：

X ——样品中异硫氰酸苄酯的含量，单位为毫克每千克(mg/kg)；

c ——待测试样溶液中异硫氰酸苄酯的浓度，单位为微克每毫升(μg/mL)；

V ——三氯甲烷提取液的体积，单位为毫升(mL)；

m ——称取试样的质量，单位为克(g)；

2 ——样品匀浆处理的稀释倍数；

f ——提取液的稀释倍数；

1 000——单位换算系数。

计算结果以重复性条件下获得的 2 次独立测定结果的算术平均值表示，结果保留小数点后 2 位。

3.7 精密度

在重复性条件下获得的 2 次独立测定结果的绝对差值不得超过算术平均值的 15%。

3.8 其他

本方法的检出限为 0.015 mg/kg，定量限为 0.05 mg/kg。

4 草酸的测定(高效液相色谱法)

4.1 原理

试样中草酸用磷酸溶液提取后，经强阴离子交换固相萃取柱净化，反相色谱柱分离，用高效液相色谱仪测定，以保留时间定性，外标法定量。

4.2 试剂和材料

除非另有说明，仅使用分析纯试剂；水为 GB/T 6682 规定的一级水。

4.2.1 试剂

4.2.1.1 甲醇(CH_3OH，CAS 号：67-56-1)：色谱纯。

4.2.1.2 磷酸(H_3PO_4，CAS 号：7664-38-2)。

4.2.1.3 氢氧化钠(NaOH，CAS 号：1310-73-2)。

4.2.1.4 辛醇($C_8H_{18}O$，CAS 号：111-87-5)。

4.2.2 溶液配制

4.2.2.1 磷酸溶液(0.2%)：吸取磷酸 2 mL 于 1 000 mL 容量瓶中，用水定容，混匀后备用。

4.2.2.2 磷酸-甲醇溶液(2%)：吸取磷酸 2 mL 于 100 mL 容量瓶中，用甲醇定容至 100 mL，混匀后备用。

4.2.2.3 氢氧化钠溶液(1 mol/L)：称取 4 g 氢氧化钠于 100 mL 烧杯中，用水溶解并稀释至 100 mL，混匀。

4.2.3 标准品

草酸(COOHCOOH，CAS 号：144-62-7)：纯度≥99%。

4.2.4 标准溶液配制

4.2.4.1 草酸标准储备液(1.00 mg/mL)：准确称取草酸标准品 100.0 mg，加水溶解并定容至 100 mL，在 4℃冰箱中密封保存，有效期 6 个月。

4.2.4.2 草酸标准中间液(100 μg/mL)：准确吸取 1.00 mL 草酸标准储备液于 10 mL 容量瓶中，用磷酸溶液(4.2.2.1)定容至刻度，配成浓度 100 μg/mL 的标准中间液，在 4℃冰箱中密封保存，有效期 3 个月。

4.2.5 **材料**

4.2.5.1 固相萃取柱:强阴离子交换柱(SAX)500 mg/6 mL。

4.2.5.2 水相微孔滤膜:0.22 μm。

4.3 主要仪器和设备

4.3.1 高效液相色谱仪:配有紫外检测器或二极管阵列检测器。

4.3.2 电子天平:感量为0.01 g和0.000 1 g。

4.3.3 高速匀浆机:转速不小于10 000 r/min。

4.3.4 离心机:转速不小于10 000 r/min。

4.3.5 涡旋振荡器。

4.3.6 旋转蒸发仪:带有温度控制。

4.3.7 固相萃取装置。

4.3.8 pH计。

4.4 试样制备

同3.4。

4.5 分析步骤

4.5.1 **提取**

称取10 g试样(精确至0.01 g)于200 mL高脚烧杯中,加入70 mL磷酸溶液(4.2.2.1),3滴~4滴辛醇,8 000 r/min匀浆提取2 min,将提取液全部转入100 mL容量瓶中,用少量磷酸溶液(4.2.2.1)清洗烧杯,合并到容量瓶中,用磷酸溶液(4.2.2.1)定容,摇匀,取25 mL于50 mL离心管中,9 000 r/min离心5 min,上清液待净化。

4.5.2 **净化**

准确移取5 mL上清液,用1 mol/L氢氧化钠溶液调pH至6.0~6.5。将SAX固相萃取柱连接到固相萃取装置中,用5 mL甲醇、5 mL水活化后,将调好pH的上清液全部转移至固相萃取柱中,控制流速在1 mL/min~2 mL/min,弃去流出液。用5 mL水淋洗净化柱,再用8 mL磷酸-甲醇溶液(4.2.2.2)洗脱,控制流速在1 mL/min~2 mL/min,收集洗脱液于100 mL鸡心瓶中,在45℃下减压蒸发至近干,用磷酸溶液(4.2.2.1)溶解残渣,转入5 mL容量瓶中定容,混匀后过0.22 μm滤膜,待测定。

4.5.3 **仪器参考条件**

a) 色谱柱:C_{18}色谱柱,柱长250 mm,内径4.6 mm,粒径5 μm,或相当者;

b) 色谱柱温度:30℃;

c) 检测波长:210 nm;

d) 进样量:20 μL;

e) 流速:0.7 mL/min;

f) 流动相:0.2%磷酸水溶液与甲醇,流动相洗脱程序(见表2)。

表2 流动相洗脱程序

时间,min	0.2%磷酸水溶液,%	甲醇,%
0	99	1
8	99	1
9	20	80
14	20	80
15	99	1
30	99	1

4.5.4 **标准工作曲线**

准确吸取一定体积的标准中间液,配制成浓度分别为0.50 μg/mL、1.00 μg/mL、2.00 μg/mL、5.00

μg/mL、10.00 μg/mL、20.00 μg/mL 和 50.00 μg/mL 的标准工作液，现用现配。仪器最佳工作条件下，用系列标准工作液由低到高浓度依次进行检测，以标准工作液的浓度为横坐标、以色谱峰高或峰面积为纵坐标，绘制标准曲线(参见 A.2)。

4.5.5 试样溶液的测定

取试样溶液和标准工作溶液依次注入高效液相色谱仪中，保留时间定性。试样溶液中待测物的响应值应在定量测定线性范围内。超过线性范围时，应根据测定浓度进行适当倍数稀释后再进行分析。

4.6 结果计算

试样中草酸的含量按式(2)计算。

$$X' = \frac{c' \times V' \times 1000}{m' \times 1000} \times f' \quad \cdots\cdots (2)$$

式中：

X' ——试样中草酸的含量，单位为毫克每千克(mg/kg)；

c' ——待测试样液中草酸的浓度，单位为微克每毫升(μg/mL)；

V' ——试样提取液的定容体积，单位为毫升(mL)

m' ——样品的质量，单位为克(g)；

f' ——稀释倍数；

1 000 ——单位换算系数。

计算结果以重复性条件下获得的 2 次独立测定结果的算术平均值表示，结果保留小数点后 2 位。

4.7 精密度

在重复性条件下获得的 2 次独立测定结果的绝对差值不得超过算术平均值的 15%。

4.8 其他

本方法的检出限为 0.30 mg/kg，定量限为 1.0 mg/kg。

附 录 A
(资料性附录)
标 准 物 质 谱 图

A.1 异硫氰酸苄酯标准物质选择离子色谱图

见图 A.1。

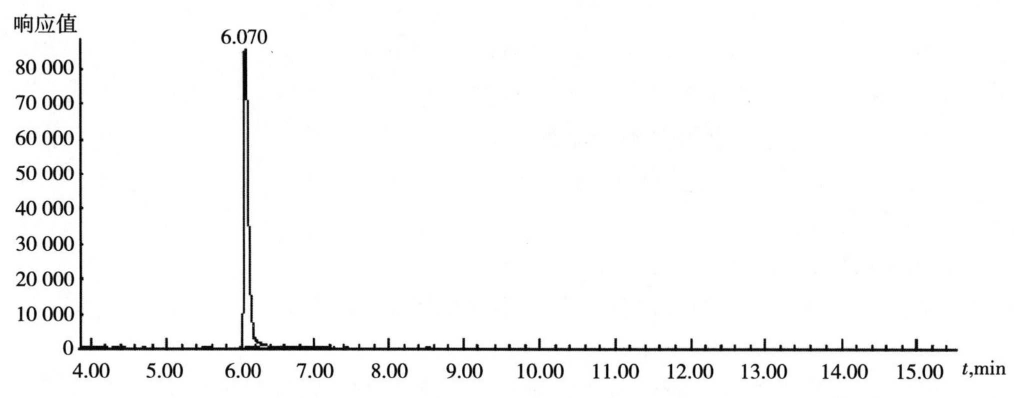

图 A.1 1.00 μg/mL 异硫氰酸苄酯标准物质选择离子色谱图

A.2 草酸标准物质液相色谱图

见图 A.2。

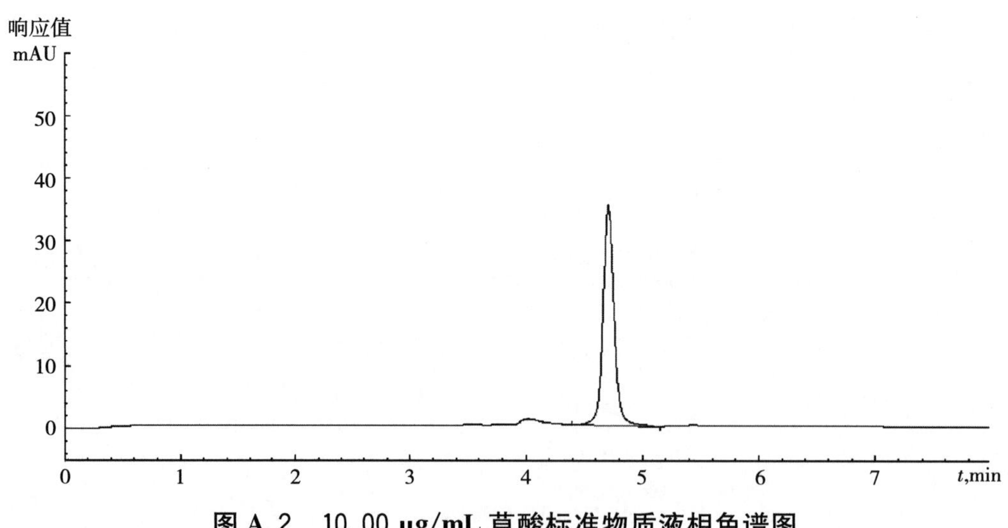

图 A.2 10.00 μg/mL 草酸标准物质液相色谱图

第三部分

土壤肥料标准

ICS 65.080
G 21

中华人民共和国农业行业标准

NY/T 1107—2020
代替 NY 1107—2010

大量元素水溶肥料

Water-soluble macronutrient fertilizers

2020-07-27 发布　　2020-11-01 实施

中华人民共和国农业农村部　发布

前言

本标准按照 GB/T 1.1—2009 给出的规则起草。

本标准代替 NY 1107—2010《大量元素水溶肥料》。与 NY 1107—2010 相比，除编辑性修改外主要变化如下：

——由强制性标准改为推荐性标准。

——增加外观内容要求“液体无明显沉淀和杂质。固体分粉状和颗粒，无明显机械杂质”。

——删除原产品类型大量元素水溶肥料（中量元素型）和大量元素水溶肥料（微量元素型）划分。

——删除中量元素型技术指标和微量元素型技术指标。

——大量元素水溶肥料液体产品的大量元素含量修改为≥400 g/L。

——修改水不溶物含量指标为≤1.0%或≤10 g/L。

——删除 pH 在 3.0～9.0 的技术指标。

——增加氯离子含量的技术指标要求。

——技术指标中增加缩二脲含量限量为≤0.9%。

——增加内容：固体大量元素水溶肥料产品若为颗粒形状，需测定粒度指标，并在产品包装上标识注明。

——试验方法增加内容：粒度测定按 NY/T 3036 的规定执行。

——试验方法增加内容：缩二脲含量的测定按 NY/T 2670—2020 附录 A 的规定执行，以高效液相色谱法为仲裁方法。规定了称样量内容。

——试验方法：水分含量的测定按 GB/T 8576 或 GB/T 8577 的规定执行。删除了“GB/T 8577 为仲裁方法”。

——产品包装标签载明项增加了技术指标要求、限量指标要求、使用说明和注意事项。

——修改最大检验批量为 500 t。

——删除硫元素含量的标明值。

——标识内容要求增加。

——中量元素和微量元素种类和含量可在产品包装上标识注明。

本标准由农业农村部种植业管理司提出并归口。

本标准起草单位：全国农业技术推广服务中心、国家化肥质量监督检验中心（北京）、中国农业科学院农业资源与农业区划研究所、农业农村部肥料质量监督检验测试中心（成都）、江西省土壤肥料技术推广站、山东省土壤肥料总站、中国氮肥工业协会。

本标准主要起草人：田有国、汪洪、闫湘、黄耀蓉、邵华、刘延生、高力、孙蓟锋、刘蜜、孟远夺、赵英杰、史凯丽、辛宇、孔令娥、吴军华、高祥照。

本标准所代替标准的历次版本发布情况为：

——NY 1107—2006、NY 1107—2010。

大量元素水溶肥料

1 范围

本标准规定了大量元素水溶肥料的要求、试验方法、检验规则、标识、包装、运输和储存。

本标准适用于中华人民共和国境内生产和销售的，以大量元素氮、磷、钾为主要成分的液体或固体水溶肥料，可以添加适量中量元素或微量元素。

本标准不适用于已有强制性或推荐性的国家或行业标准的肥料产品，如复混肥料(复合肥料)以及仅由化学方法制成的固体肥料。

2 规范性引用文件

下列文件对于本文件的应用是必不可少的。凡是注日期的引用文件，仅注日期的版本适用于本文件。凡是不注日期的引用文件，其最新版本(包括所有的修改单)适用于本文件。

GB 190 危险货物包装标志

GB/T 191 包装储运图示标志

GB/T 6679 固体化工产品采样通则

GB/T 6680 液体化工产品采样通则

GB/T 8170 数值修约规则与极限数值的表示和判定

GB/T 8569 固体化学肥料包装

GB/T 8576 复混肥料中游离水含量的测定 真空烘箱法

GB/T 8577 复混肥料中游离水含量的测定 卡尔·费休法

GB 18382 肥料标识内容和要求

NY/T 887 液体肥料 密度的测定

NY/T 1108 液体肥料 包装技术要求

NY 1110 水溶肥料 汞、砷、镉、铅、铬的限量要求

NY/T 1117 水溶肥料 钙、镁、硫、氯含量的测定

NY/T 1972 水溶肥料 钠、硒、硅含量的测定

NY/T 1973 水溶肥料 水不溶物含量和 pH 的测定

NY/T 1974 水溶肥料 铜、铁、锰、锌、硼、钼含量的测定

NY/T 1977 水溶肥料 总氮、磷、钾含量的测定

NY/T 1978 肥料 汞、砷、铅、镉、铬含量的测定

NY/T 1979 肥料和土壤调理剂 标签及标明值判定要求

NY/T 2670—2020 尿素硝酸铵溶液及使用规程

NY/T 3036 肥料和土壤调理剂 水分含量、粒度、细度的测定

定量包装商品计量监督管理办法

3 术语和定义

下列术语和定义适用于本文件。

3.1

水溶肥料 water-soluble fertilizers

经水溶解或稀释，用于灌溉施肥、叶面施肥、无土栽培、浸种蘸根等用途的液体或固体肥料。

4 要求

4.1 外观：均匀的液体或固体。液体无明显沉淀和杂质。固体分粉状和颗粒，无明显机械杂质。

4.2 大量元素水溶肥料固体和液体产品技术指标应符合表1的要求，同时应符合包装标识的标明值。

表1 大量元素水溶肥料的要求

项目		固体产品	液体产品
大量元素含量[a]		≥50.0%	≥400 g/L
水不溶物含量		≤1.0%	≤10 g/L
水分(H_2O)含量		≤3.0%	/
缩二脲含量		≤0.9%	
氯离子含量[b]	未标“含氯”的产品	≤3.0%	≤30 g/L
	标识“含氯(低氯)”的产品	≤15.0%	≤150 g/L
	标识“含氯(中氯)”的产品	≤30.0%	≤300 g/L

[a] 大量元素含量指总N、P_2O_5、K_2O含量之和，产品应至少包含其中2种大量元素。单一大量元素含量不低于4.0%或40 g/L。各单一大量元素测定值与标明值负偏差的绝对值应不大于1.5%或15 g/L。

[b] 氯离子含量大于30.0%或300 g/L的产品，应在包装袋上标明“含氯(高氯)”，标识“含氯(高氯)”的产品，氯离子含量可不做检验和判定。

4.3 大量元素水溶肥料中汞、砷、镉、铅、铬限量指标应符合NY 1110的要求。

4.4 产品中若添加中量元素养分，须在包装标识注明产品中所含单一中量元素含量、中量元素总含量。

——中量元素含量指钙、镁元素含量之和，产品应至少包含其中一种中量元素。

——单一中量元素含量不低于0.1%或1 g/L。

——单一中量元素含量低于0.1%或1 g/L不计入中量元素含量总含量。

——当单一中量元素标明值不大于2.0%或20 g/L时，各元素测定值与标明值负相对偏差的绝对值应不大于40%；当单一中量元素标明值大于2.0%或20 g/L时，各元素测定值与标明值负偏差的绝对值应不大于1.0%或10 g/L。

4.5 产品中若添加微量元素养分，须在包装标识注明产品中所含单一微量元素含量、微量元素总含量。

——微量元素含量指铜、铁、锰、锌、硼、钼元素含量之和，产品应至少包含其中一种微量元素。

——单一微量元素含量不低于0.05%或0.5 g/L。钼元素含量不高于0.5%或5 g/L。

——单一微量元素含量低于0.05%或0.5 g/L不计入微量元素含量总含量。

——当单一微量元素标明值不大于2.0%或20 g/L时，各元素测定值与其标明值正负相对偏差的绝对值应不大于40%；当单一微量元素标明值大于2.0%或20 g/L时，各元素测定值与其标明值正负偏差的绝对值应不大于1.0%或10 g/L。

4.6 固体大量元素水溶肥料产品若为颗粒形状，粒度（1.00 mm～4.75 mm或3.35 mm～5.60 mm）应≥90%；特殊形状或更大颗粒(粉状除外)产品的粒度可由供需双方协议确定。

5 试验方法

5.1 外观

目视法测定。

5.2 总氮含量的测定

按NY/T 1977的规定执行。

5.3 磷含量的测定

按NY/T 1977的规定执行。

5.4 钾含量的测定

按NY/T 1977的规定执行。

5.5 钙含量的测定

按NY/T 1117的规定执行。

5.6 镁含量的测定

按 NY/T 1117 的规定执行。

5.7 硫含量的测定

按 NY/T 1117 的规定执行。

5.8 铜含量的测定

按 NY/T 1974 的规定执行。

5.9 铁含量的测定

按 NY/T 1974 的规定执行。

5.10 锰含量的测定

按 NY/T 1974 的规定执行。

5.11 锌含量的测定

按 NY/T 1974 的规定执行。

5.12 硼含量的测定

按 NY/T 1974 的规定执行。

5.13 钼含量的测定

按 NY/T 1974 的规定执行。

5.14 氯离子含量的测定

按 NY/T 1117 的规定执行。

5.15 钠含量的测定

按 NY/T 1972 的规定执行。

5.16 pH 的测定

按 NY/T 1973 的规定执行。

5.17 水不溶物含量的测定

按 NY/T 1973 的规定执行。

5.18 水分含量的测定

按 GB/T 8576 或 GB/T 8577 的规定执行。

5.19 粒度的测定

按 NY/T 3036 的规定执行。

5.20 液体肥料密度的测定

按 NY/T 887 的规定执行。结果用于液体产品质量浓度的换算。

5.21 汞含量的测定

按 NY/T 1978 的规定执行。

5.22 砷含量的测定

按 NY/T 1978 的规定执行。

5.23 镉含量的测定

按 NY/T 1978 的规定执行。

5.24 铅含量的测定

按 NY/T 1978 的规定执行。

5.25 铬含量的测定

按 NY/T 1978 的规定执行。

5.26 缩二脲含量的测定

按 NY/T 2670—2020 附录 A 的规定执行，以高效液相色谱法为仲裁方法。称取 0.2 g～2 g(精确至 0.001 g)试样用于测定。

6 检验规则

6.1 企业应该对产品进行检验。生产企业应保证所有的销售产品均符合本标准的要求。每批产品应附有质量证明书,其内容按标识规定执行。

6.2 产品按批检验,以一次配料为一批,最大批量为 500 t。

6.3 固体或散装产品采样按 GB/T 6679 的规定执行。液体产品采样按 GB/T 6680 的规定执行。

6.4 将所采样品置于洁净、干燥的容器中,迅速混匀。取固体样品 1 000 g 或液体样品 1 000 mL,分别分装于 2 个洁净、干燥的容器瓶中,密封并贴上标签,注明生产企业名称、批号或生产日期、采样日期、采样人姓名等。其中一瓶用于产品质量分析,另一瓶应保存至少 2 个月,以备复验。

6.5 固体样品经多次缩分后,取出约 100 g,将其迅速研磨至全部通过 0.50 mm 孔径筛(如样品潮湿,可通过 1.00 mm 的筛子),混合均匀,置于洁净、干燥的容器中,用于成分测定分析。颗粒形状固体产品应另缩分出足够样品供粒度测定用。

6.6 液体样品经多次摇动后,迅速取出约 100 mL,置于洁净、干燥的容器中,用于测定。

6.7 生产企业进行出厂检验时,如果检验结果有一项或一项以上指标不符合本标准要求,应重新自加倍采样批中采样进行复验。复验结果有一项或一项以上指标不符合本标准要求,则整批产品不应被验收合格。

6.8 产品质量合格判定,采用 GB/T 8170 中"修约值比较法"。

7 标识

7.1 产品包装标签至少应载明:产品通用名称、肥料登记证号、执行标准号、剂型、技术指标要求、限量指标要求、使用说明、注意事项、包装规格、批号或生产日期、商标、企业名称、生产地址、联系方式等。

7.2 应注明大量元素含量之和的最低标明值和各单一大量元素含量的标明值。

7.3 产品中若添加中量元素养分,必须在包装容器上标识注明产品中所含中量元素含量之和的最低标明值以及各单一中量元素含量的标明值。

7.4 产品中若添加微量元素养分,必须在包装容器上标识注明产品中所含微量元素含量之和的最低标明值及各单一微量元素含量的标明值。

7.5 氯离子含量大于 3.0%或 30 g/L 的产品,按照条款 4.2 的表 1 要求,应明确标识注明"含氯(低氯)"、"含氯(中氯)"或"含氯(高氯)"。

7.6 应注明钠元素含量的标明值。

——当钠元素标明值为"钠(Na)≤3.0%或 30 g/L"时,其测定值应不大于 3.0%或 30 g/L。

——当钠元素标明值大于 3.0%或 30 g/L 时,其测定值与标明值正负偏差的绝对值应不大于 1.5%或 15 g/L。

7.7 应注明 pH 的标明值。pH 测定值与标明值正负偏差的绝对值不大于 1.0。当 pH 的标明值小于 3.0 或者大于 9.0 时,需标识警示和专门使用说明。

7.8 颗粒状固体产品粒度的最低标明值。粒度的测定值应符合其最低标明值要求。

7.9 产品不得含有国家明令禁止的添加物或添加成分。

7.10 若加入或标示含有其他添加物,生产者应有足够的证据,证明添加物安全有效。应标明添加物的名称和含量,不得将添加物的含量与养分相加。

7.11 产品外包装上使用说明应包括但不限于以下内容:警示语(如"氯离子或钠离子含量较高、含缩二脲,使用不当会对作物造成伤害"等)、注意事项、使用方法、适宜作物或适宜土壤(区域)及不适宜作物或不适宜土壤(区域)、建议使用量等。

7.12 其余应符合 GB 18382 和 NY/T 1979 的要求。

8 包装、运输和储存

8.1 固体产品最小销售包装每袋(瓶)净含量应不低于 100 g;若进行分量包装,应标明其净含量;其余按 GB/T 8569 的规定执行。液体产品包装按 NY/T 1108 的规定执行。净含量按《定量包装商品计量监督管理办法》的规定执行。

8.2 在销售包装容器中的物料应混合均匀,不应附加其他成分小包装物料。

8.3 产品运输和储存过程中应防潮、防晒、防破裂,警示说明按 GB 190 和 GB/T 191 的规定执行。

ICS 65.080
B 10

中华人民共和国农业行业标准

NY/T 2268—2020
代替 NY 2268—2012

农业用改性硝酸铵及使用规程

Modified ammonium nitrate and code of agricultural practice

2020-07-27 发布 2020-11-01 实施

中华人民共和国农业农村部 发布

前　言

本标准按照 GB/T 1.1—2009 给出的规则起草。

本标准代替 NY 2268—2012《农业用改性硝酸铵》。与 NY 2268—2012 相比，除编辑性修改外主要变化如下：

——将强制性标准改为推荐性标准；

——将标准名称改为农业用改性硝酸铵及使用规程(Modified ammonium nitrate and code of agricultural practice)；

——增加了农业用改性硝酸铵使用的基本要求、施用量、施用方法和注意事项等使用规程部分；

——删除了附录 A 总氮含量的测定，增加了作物施氮量推荐方法、氮的施用技术参数和植物营养特性、钙的施用技术参数和植物营养特性、镁的施用技术参数和植物营养特性等附录部分。

本标准由农业农村部种植业管理司提出并归口。

本标准起草单位：中国农业科学院农业资源与农业区划研究所、中国农学会、中国植物营养与肥料学会、土壤肥料产业联盟。

本标准主要起草人：孙蓟锋、刘红芳、林茵、保万魁、侯晓娜、王旭。

本标准所代替标准的历次版本发布情况为：

——NY 2268—2012。

农业用改性硝酸铵及使用规程

1 范围

本标准规定了农业用改性硝酸铵的要求、试验方法、检验规则、标识、包装、运输、储存和使用规程。

本标准适用于中华人民共和国境内生产和(或)销售的,在硝酸铵生产过程中添加碳酸钙、碳酸镁等原料成分,并将浓缩的熔融混合物经造粒而成的非全水溶固体肥料。

2 规范性引用文件

下列文件对于本文件的应用是必不可少的。凡是注日期的引用文件,仅注日期的版本适用于本文件。凡是不注日期的引用文件,其最新版本(包括所有的修改单)适用于本文件。

GB 190 危险货物包装标志

GB/T 191 包装储运图示标志

GB/T 6679 固体化工产品采样通则

GB/T 8170 数值修约规则与极限数值的表示和判定

GB/T 8569 固体化学肥料包装

JJF 1070 定量包装商品净含量计量检验规则

NY/T 1116 肥料 硝态氮、铵态氮、酰胺态氮含量的测定

NY/T 1973 水溶肥料 水不溶物含量和 pH 的测定

NY/T 1978 肥料 汞、砷、镉、铅、铬含量的测定

NY/T 1979 肥料和土壤调理剂 标签及标明值判定要求

NY/T 1980 肥料和土壤调理剂 急性经口毒性试验及评价要求

NY/T 2272 土壤调理剂 钙、镁、硅含量的测定

NY/T 2542 肥料 总氮含量的测定

NY/T 2544 肥料效果试验和评价通用要求

NY/T 3036 肥料和土壤调理剂 水分含量、粒度、细度的测定

NY/T 3504 肥料增效剂 硝化抑制剂及使用规程

WJ 9050 农用硝酸铵抗爆性能试验方法及判定

产品质量仲裁检验和产品质量鉴定管理办法

3 术语和定义

下列术语和定义适用于本文件。

3.1

养分管理 4R 原则 4R nutrient stewardship

选择适用的养分原料(right source)、采用合理的养分用量(right rate)、在恰当的施用时间(right time)施用在适当的位置(right place)。

3.2

测土配方推荐施氮法 nitrogen recommendation by soil testing and formula fertilization

以土壤肥力水平、作物需肥规律和肥料田间试验效应等土壤-作物-肥料技术参数为基础,根据土壤测试结果推荐作物施氮量的方法。

3.3

养分系统推荐施氮法 nitrogen recommendation by soil nutrient systematic approach

根据土壤有机质含量、土壤速效氮含量、土壤质地系数及作物目标产量推荐作物施氮量的方法。

注：土壤有机质含量、土壤速效氮（铵态氮和硝态氮）含量测定采用土壤养分系统研究法，即采用联合浸提剂对土壤有机质、铵态氮、硝态氮、磷、钾、钙、镁、硫、硼、铜、锰、锌、铁等速效养分，以及交换性酸及 pH 进行快速测定的方法。

3.4

目标产量推荐施氮法　nitrogen recommendation by crop target yield

根据作物施氮系数和目标产量推导出施氮量的方法，适用于华北平原和长江中下游平原种植小麦、玉米和水稻施氮量的推荐。

4　要求

4.1　外观

白色或灰白色、均匀颗粒状固体。

4.2　指标要求

产品技术指标应符合表 1 的要求。水不溶物含量为检验项目。

表 1

项目	指标
总氮(N)含量，%	≥26.0
硝态氮(N)含量，%	≤13.5
钙(Ca)+镁(Mg)含量[a]，%	≥5.0
pH(1∶250 倍稀释)	6.0～8.5
水分(H_2O)含量，%	≤2.0
粒度(1.00 mm ～ 4.75 mm)，%	≥90
[a] 钙、镁含量可仅为其中一种成分含量或为两种成分含量之和。含量不低于 0.5%的单一中量元素均应计入钙镁含量之和。	

4.3　限量要求

汞、砷、镉、铅、铬元素限量应符合表 2 的要求。

表 2

单位为毫克每千克

项目	指标
汞(Hg)(以元素计)	≤5
砷(As)(以元素计)	≤5
镉(Cd)(以元素计)	≤5
铅(Pb)(以元素计)	≤25
铬(Cr)(以元素计)	≤25

4.4　抗爆试验要求

抗爆试验应符合 WJ 9050 的要求。

4.5　毒性试验要求

毒性试验应符合 NY/T 1980 的要求。

5　试验方法

5.1　外观

目视法测定。

5.2　总氮含量的测定

按 NY/T 2542 的规定执行。

5.3　硝态氮含量的测定

按 NY/T 1116 的规定执行。

5.4 钙含量的测定

按 NY/T 2272 的规定执行。

5.5 镁含量的测定

按 NY/T 2272 的规定执行。

5.6 pH 的测定

按 NY/T 1973 的规定执行。

5.7 水不溶物含量的测定

按 NY/T 1973 的规定执行。

5.8 水分含量的测定

按 NY/T 3036 的规定执行。

5.9 粒度的测定

按 NY/T 3036 的规定执行。

5.10 汞含量的测定

按 NY/T 1978 的规定执行。

5.11 砷含量的测定

按 NY/T 1978 的规定执行。

5.12 镉含量的测定

按 NY/T 1978 的规定执行。

5.13 铅含量的测定

按 NY/T 1978 的规定执行。

5.14 铬含量的测定

按 NY/T 1978 的规定执行。

5.15 抗爆试验

按 WJ 9050 的规定执行。

5.16 毒性试验

按 NY/T 1980 的规定执行。

6 检验规则

6.1 产品应由企业质量监督部门进行检验，生产企业应保证所有的销售产品均符合技术要求。每批产品应附有质量证明书，其内容按标识规定执行。

6.2 产品按批检验，以一次配料为一批，最大批量为 500 t。

6.3 产品采样按 GB/T 6679 的规定执行。

6.4 将所采样品置于洁净、干燥的容器中，迅速混匀。取样品 2 kg(抗爆试验取样品 20 kg)，分装于 2 个洁净、干燥容器中，密封并贴上标签，注明生产企业名称、产品名称、批号或生产日期、采样日期、采样人姓名。其中一部分用于产品质量分析，另一部分应保存至少 2 个月，以备复验。

6.5 按照产品试验要求进行试样的制备和储存。

6.6 生产企业应进行出厂检验。如果检验结果有一项或一项以上指标不符合技术要求，应重新自加倍采样批中采样进行复验。复验结果有一项或一项以上指标不符合技术要求，则整批产品不应被验收合格。

6.7 产品质量合格判定，采用 GB/T 8170 中“修约值比较法”。

6.8 用户有权按本标准规定的检验规则和检验方法对所收到的产品进行核验。

6.9 当供需双方对产品质量发生异议需仲裁时，应按《产品质量仲裁检验和产品质量鉴定管理办法》的规定执行。

7 标识

7.1 产品质量证明书应载明：

——企业名称、生产地址、联系方式、行政审批证号、产品通用名称、执行标准号、剂型、包装规格、批号或生产日期。

——总氮含量的最低标明值；硝态氮含量的最高标明值；钙含量和/或镁含量的最低标明值；pH 的标明值或标明值范围；水不溶物含量的最高标明值；水分含量的最高标明值；粒度的最低标明值；汞、砷、镉、铅、铬元素含量的最高标明值。

7.2 产品包装标签应载明：

——总氮含量的最低标明值。总氮测定值应符合其标明值要求。

——硝态氮含量的最高标明值。硝态氮测定值应符合其标明值要求。

——钙含量的最低标明值。钙测定值应符合其标明值要求。

——镁含量的最低标明值。镁测定值应符合其标明值要求。

——pH 的标明值或标明值范围。pH 测定值应符合其标明值或标明值范围要求。

——水不溶物含量的最高标明值。水不溶物测定值应符合其标明值要求。

——水分含量的最高标明值。水分测定值应符合其标明值要求。

——粒度的最低标明值。粒度测定值应符合其标明值要求。

——汞、砷、镉、铅、铬元素含量的最高标明值。汞、砷、镉、铅、铬元素测定值应符合其标明值要求。

7.3 其余按 NY/T 1979 的规定执行。

8 包装、运输和储存

8.1 产品销售包装应按 GB/T 8569 的规定执行。净含量按 JJF 1070 的规定执行。

8.2 产品运输和储存过程中应防潮、防晒、防破裂，警示说明按 GB 190 和 GB/T 191 的规定执行。

9 使用规程

9.1 适用范围

农业用改性硝酸铵是一种既含有硝态氮，又含有铵态氮的氮肥，此外还含有少量钙、镁元素，适合施用于多种土壤和作物，尤其适宜在旱地和旱地作物上施用。

9.2 基本要求

9.2.1 推荐方或种植者应按照养分管理 4R 原则，明确农业用改性硝酸铵使用以及与其他肥料配施的技术要求，必要时，应按 NY/T 2544 的规定进行效果试验。

9.2.2 推荐方或种植者应综合考虑作物种类及目标产量、肥料种类和用量、土壤养分状况、灌溉设施条件、农事操作实际等，选择最佳农业用改性硝酸铵使用量和方法，以期达到提高氮肥的利用效果、减少氮肥使用量的目的。

9.2.3 农业用改性硝酸铵适宜与适量的硝化抑制剂配合施用。

9.3 施用量

9.3.1 作物施氮量可采用测土配方推荐施氮法、养分系统推荐施氮法及目标产量推荐施氮法 3 种推荐方法。

——测土配方推荐施氮法应以土壤肥力水平、作物需肥规律和肥料田间试验效应等土壤-作物-肥料技术参数为基础，根据土壤测试结果进行作物施氮量推荐(见附录 A 中的 A.2)。

——养分系统推荐施氮法采用土壤养分系统研究法测试土壤有机质含量和土壤速效氮(铵态氮和硝态氮)含量，根据作物目标产量和土壤有机质水平确定氮素基础推荐用量，再根据土壤速效氮含量的氮素推荐调整系数和土壤质地系数进行调整，以确定作物推荐施氮量(见 A.3)。

——目标产量推荐施氮法根据施氮系数、目标产量和推荐施氮量公式推导出施氮量，适用于华北平原和长江中下游平原种植小麦、玉米和水稻施氮量的推荐(见 A.4)。

注:施氮系数为每百千克作物收获物的需氮量。

9.3.2 农业用改性硝酸铵的推荐施用量以施纯氮(N)量计,同时还施入其他氮肥时,其推荐施氮量应扣除施入的其他来源氮量。氮的施用技术参数和植物营养特性参见附录 B。

9.3.3 推荐施氮量的实际上限应充分考虑种植区域的气候-土壤条件、作物需氮特点、投入的有机/无机氮量以及灌溉条件和管理措施等因素进行科学调整。

9.3.4 土壤供钙水平及不同作物需钙特性等资料可参见附录 C。不同农业用改性硝酸铵中钙含量有所差异,应综合考虑所含氮和钙的含量,根据土壤养分状况和种植作物种类,确定农业用改性硝酸铵的施用量。

9.3.5 土壤供镁水平及不同作物需镁特性等资料可参见附录 D。不同农业用改性硝酸铵中镁含量有所差异,应综合考虑所含氮和镁的含量,根据土壤养分状况和种植作物种类,确定农业用改性硝酸铵的施用量。

9.4 施用方法

9.4.1 农业用改性硝酸铵适宜于播期作基肥施用,尤其适宜于作物营养生长旺盛期、营养生长与生殖生长转换期(即作物生理上的最大效率期和生理敏感期)作追肥施用。

9.4.2 农业用改性硝酸铵适宜在旱地和旱地作物上施用,可采用沟施、穴施、撒施或机械施肥等多种方式,施用后应覆土。

9.4.3 农业用改性硝酸铵适宜与硝化抑制剂按比例混合施用,通常情况下,加入硝化抑制剂时,施氮量可酌情减量。硝化抑制剂及使用规程按 NY/T 3504 的规定执行。

9.4.4 农业用改性硝酸铵所含钙、镁元素含量有限,若作物出现钙镁元素缺乏症状,应根据具体情况迅速补施相应的单质元素肥料。

9.5 注意事项

9.5.1 采用喷滴灌等方式施肥时,应注意农业用改性硝酸铵为非全水溶性肥料。

9.5.2 农业用改性硝酸铵在水田及大水条件下施用,易造成氮素的“反硝化”损失。

9.5.3 农业用改性硝酸铵易吸湿,应储存在干燥的地方。

9.5.4 农业用改性硝酸铵在运输、储存和使用中,应注意远离火源,避免与易燃物、氧化剂等接触。

9.5.5 在水域周边和水源保护区应控制施氮量,大田作物和果树推荐施氮量以不超过 250 kg/hm^2 为宜,蔬菜推荐施氮量以不超过 300 kg/hm^2 为宜,其他作物推荐施氮量以不超过 150 kg/hm^2 为宜。

注:欧盟《硝酸盐指令》(91/676/EEC)限制年施氮量不超过 170 kg/hm^2。

9.5.6 种植者应谨慎阅读使用说明书中可能对人、畜、生态环境等造成影响的条款,避免可能产生的不良后果。

附 录 A
（规范性附录）
作物施氮量推荐方法

A.1 范围

本附录规定了测土配方推荐施氮法、养分系统推荐施氮法及目标产量推荐施氮法等作物氮营养的推荐施肥方法。

A.2 测土配方推荐施氮法

A.2.1 测土配方推荐施氮法以土壤肥力水平、作物需肥规律和肥料田间试验效应等技术参数为基础，形成不同区域、不同作物的科学施肥配方数据，再根据种植地块土壤测试结果推荐作物施氮量。采用测土配方推荐施氮法可同时进行磷、钾等养分施用量的推荐。

A.2.2 科学施肥配方数据采用"3414"试验方案肥料效应田间试验得出，再根据试验结果建立所在区域土壤的肥料效应函数，获得该区域试验作物的最佳施氮（磷、钾）量。

注："3414"试验方案是指氮、磷、钾3个因素、4个水平、14个处理，其中4个水平包括0水平（不施肥）、2水平（当地推荐施肥）、1水平（2水平的50%）、3水平（2水平的150%）。

A.2.3 进行施肥配方的设计时，应先确定氮（磷、钾）的养分用量，然后确定相应的含氮（磷、钾）肥料组合。

A.2.4 进行施肥配方的校验时，应针对所种植的区域土壤和作物情况，做施肥配方验证试验，根据验证结果调整施肥配方。

A.2.5 农业农村部（http://www.moa.gov.cn/）发布我国主要作物科学施肥指导意见，可根据所在区域、所种植作物确定施氮（磷、钾）量及施肥配方。

A.2.6 进行具体区域和作物种植时，应优先参考近期发布的所在区域和作物的科学施肥配方方案。必要时，应进行土壤分析测试，并向具有资质能力的技术服务机构进行咨询。

A.2.7 土壤氮含量测试应采用常规分析方法在播种前进行，施氮量推荐应对土壤全氮、水解性氮、铵态氮、硝态氮等项目进行测定。

A.3 养分系统推荐施氮法

A.3.1 养分系统推荐法适用于多种作物营养成分的推荐，本部分为施氮量推荐。

A.3.2 采用土壤养分系统研究法测试土壤有机质含量和土壤速效氮（铵态氮和硝态氮）含量，根据作物目标产量和土壤有机质水平确定氮素基础推荐用量，再根据土壤速效氮含量的氮素推荐调整系数和土壤质地系数进行调整，以确定作物推荐施氮量。

A.3.3 种植者可根据作物目标产量、不同土壤有机质和土壤速效氮含量、土壤质地系数来确定推荐施氮量。

A.3.3.1 首先根据作物不同目标产量和不同土壤有机质含量，选择确定相对应的氮素基础推荐用量。不同作物的不同目标产量、不同土壤有机质含量与推荐施氮量的对应关系，通常由积累的田间试验大数据获得，可由专业技术部门提供。

A.3.3.2 再选择确定土壤速效氮含量条件下所对应的调整系数。表A.1为不同作物土壤速效氮含量与调整系数对照表。

表 A.1

土壤速效氮(AN)含量,mg/L	AN<20	20≤AN<35	35≤AN<50	50≤AN<100	AN>100
调整系数,%	+20	+10	0	−10	−20

A.3.3.3 最后根据土壤质地系数,即黏土系数为 0.9,壤土系数为 1,沙土系数为 1.2,确定出推荐施氮量。

A.3.4 以小麦为例计算推荐施氮量。

A.3.4.1 首先选择确定相对应的氮素基础推荐用量。表 A.2 列出小麦不同目标产量和不同土壤有机质含量水平条件下的氮素基础推荐用量。

表 A.2

单位为千克每公顷

土壤有机质(OM)含量,g/kg	小麦目标产量,kg/hm²			
	<4 500	4 500~6 000	6 000~7 500	>7 500
OM<10	135	165	195	225
10≤OM<20	90	135	150	195
20≤OM<30	60	105	120	150
OM>30	0	60	75	105

A.3.4.2 再根据表 A.1 选择确定土壤速效氮含量条件下所对应的调整系数。

A.3.4.3 最后根据土壤质地系数确定出不同参数条件下的小麦推荐施氮量。

——黏土的有机质含量为 15 g/kg,速效氮含量为 30 mg/L,小麦目标产量为 5 000 kg/hm²,其推荐施氮量为 135×(1+10%)×0.9,即产量为 5 000 kg/hm² 的小麦推荐施氮量为 134 kg/hm²。

——壤土的有机质含量为 12 g/kg,速效氮含量为 65 mg/L,小麦目标产量为 7 000 kg/hm²,其推荐施氮量为 150×(1−10%)×1,即产量为 7 000 kg/hm² 的小麦推荐施氮量为 135 kg/hm²。

——沙土的有机质含量为 9 g/kg,速效氮含量为 15 mg/L,小麦目标产量为 4 600 kg/hm²,其推荐施氮量为 165×(1+20%)×1.2,即产量为 4 600 kg/hm² 的小麦推荐施氮量为 238 kg/hm²。

A.3.5 种植者可向具有资质能力的技术服务机构提供种植作物的目标产量、土壤测试结果等信息,或委托其测试土壤有机质和速效氮含量,并出具推荐施氮量方案。

A.4 目标产量推荐施氮法

A.4.1 目标产量推荐法适用于华北平原和长江中下游平原种植小麦、玉米和水稻施氮量的推荐。

A.4.2 首先根据前三季作物的平均产量确定适宜的目标产量。

A.4.3 选择相应的施氮系数,小麦、玉米和水稻施氮系数分别为 2.8、2.3 和 2.4。

A.4.4 再按式(A.1)计算得出推荐施氮量 N_{fert},单位以 kg/hm² 表示:

$$N_{fert} \approx Y/100 \times N_{100} \qquad (A.1)$$

式中:

Y ——目标产量,单位为千克每公顷(kg/hm²);

N_{100}——施氮系数。

A.4.5 表 A.3 为小麦、玉米和水稻不同目标产量的推荐施氮量。

表 A.3

单位为千克每公顷

目标产量	小麦施氮量(N)	玉米施氮量(N)	水稻施氮量(N)
4 000	112	92	96
5 000	140	115	120
6 000	168	138	144

表 A.3（续）

目标产量	小麦施氮量(N)	玉米施氮量(N)	水稻施氮量(N)
7 000	196	161	168
8 000	224	184	192
9 000	252	207	216
10 000	280	230	240
11 000	/	253	/
12 000	/	276	/
13 000	/	299	/
14 000	/	322	/
15 000	/	345	/

附　录　B
（资料性附录）
氮的施用技术参数和植物营养特性

B.1　范围

本附录给出了氮肥的种类和施用要点、植物需氮特点、土壤供氮水平等“肥料-植物-土壤”相互关联的技术参数，以及植物中氮的营养特性、缺素和过量症状等技术资料。

B.2　氮肥及施用要点

B.2.1　氮肥种类与性质

氮肥分为铵态氮肥、硝态氮肥、酰胺态氮肥等。主要氮肥的相关特性见表 B.1。

表 B.1

名称	主要成分	氮(N)含量,%	主要性质
尿素	$CO(NH_2)_2$	46	固体、中性，易溶于水，吸湿性小
UAN 氮溶液	$CO(NH_2)_2$ 和 NH_4NO_3	28～32	液体、中性
液氨	NH_3	82	液体、碱性
氨水	$NH_3 \cdot nH_2O$	12～17	液体、碱性，腐蚀性强，极易挥发
碳酸氢铵	NH_4HCO_3	17	固体、碱性，易溶于水，易挥发
硫酸铵	$(NH_4)_2SO_4$	20～21	固体、酸性，易溶于水
氯化铵	NH_4Cl	22～25	固体、酸性，不易结块，易溶于水
农业用改性硝酸铵	NH_4NO_3	26	固体，非全水溶
农业用硝酸铵钙	$5Ca(NO_3)_2 \cdot NH_4NO_3 \cdot 10H_2O$	15	固体，易溶于水
硝酸钙	$Ca(NO_3)_2$	13～15	固体、碱性，易溶于水，吸湿性强，易结块

B.2.2　施用要点

B.2.2.1　氮肥的合理施用应综合考虑土壤供氮水平、植物需氮特性、肥料性质、施肥技术等因素。

B.2.2.2　铵态氮肥宜与硝化抑制剂配合施用，酰胺态氮肥除与硝化抑制剂配合施用外，还可与脲酶抑制剂配合施用。硝态氮肥可作追肥，不宜在水田施用，多雨地区和雨季应适当浅施。

B.2.2.3　尿素适宜于各种作物和土壤，可作基肥和追肥，不宜直接作种肥，要深施覆土。作基肥时，粮食作物施用量以 150 kg/hm^2～225 kg/hm^{2}为宜；作追肥时，粮食作物施用量以 120 kg/hm^2～195 kg/hm^{2}为宜。叶面喷施尿素，缩二脲含量不超过 0.5%，每次用量 7.5 kg/hm^2～22.5 kg/hm^2，每隔 7 d～10 d 喷一次，通常喷 2 次～3 次，以清晨或傍晚喷施为宜。

B.2.2.4　铵态氮肥作基肥时，深施 6 cm～10 cm 并覆土；作追肥时，采用穴施、沟施覆土或结合喷滴灌施用，不宜与强碱性草木灰、石灰等混合施用。

B.2.2.5　UAN 氮溶液适宜各种作物和土壤，尤其适宜结合水肥一体化技术，配合脲酶抑制剂或硝化抑制剂作追肥，不宜在多雨季节使用。

B.2.2.6　液氨宜于秋、冬季作基肥，施用量以 60 kg/hm^2～90 kg/hm^{2}为宜，利用专用施肥机，在高压下将液氨注入 15 cm 以下的土层。

B.2.2.7　氨水不宜作种肥，应深施覆土，深度以 10 cm 为宜。作追肥时，先将氨水加水稀释至 50 倍～100 倍，在清晨或傍晚气温较低时浇灌，也可随灌溉水施入。

B.2.2.8　碳酸氢铵不宜作种肥，宜在低温季节（低于 20℃）或一天中气温较低的早晚施用。

B. 2. 2. 9 硫酸铵可作基肥、追肥，尤其适宜作种肥，拌种的硫酸铵用量为 35 kg/hm^2～75 kg/hm^2。若长期施用，宜配合施用石灰，但应分开施用。

B. 2. 2. 10 氯化铵不宜作种肥，不宜施用于甘薯、马铃薯、甜菜、甘蔗、烟草、葡萄、柑橘、茶树、亚麻等忌氯作物上。作基肥时，应于播种前(或插秧前)7 d～10 d 施用。作追肥时，应避开幼苗对氯的敏感期。若长期施用，宜配合施用石灰，但应分开施用。

B. 2. 2. 11 农业用改性硝酸铵适宜在旱地和旱地作物上施用，不宜在水田施用，可采用沟施、穴施、撒施或机械施肥等多种方式，施用后应覆土。

B. 2. 2. 12 农业用硝酸铵钙可采用沟施、穴施、撒施、叶面喷施或机械施肥等多种方式，适宜于滴灌、喷灌、冲施等水肥一体化技术施肥，也适宜于无土栽培。不宜与含硫肥料混合施用，在中性、碱性土壤上不宜与含磷肥料混合施用；在水田中，宜少量多次施用；有浇水条件下，宜在浇水后施用。

B. 2. 2. 13 硝酸钙适宜在缺钙的旱地土壤、酸性土壤和盐渍土壤上施用，不宜与磷肥混合施用，不宜在多雨地区和稻田施用，可作追肥，施用量以 300 kg/hm^2～450 kg/hm^2 为宜。

B. 3 植物需氮特点

B. 3. 1 植物吸收利用的氮素主要是铵态氮和硝态氮，旱地中硝态氮是植物的主要氮源。

B. 3. 2 不同植物对不同形态氮的反应不同。水稻是典型的喜铵态氮作物，薯类作物对铵态氮有较强的忍耐能力。烟草对硝态氮的反应较好，小麦对硝态氮利用能力较强。

B. 3. 3 不同 pH 条件下，植物对不同形态氮的吸收不同。生理酸性条件下，植物对铵态氮吸收效果不好。

B. 4 土壤供氮水平

B. 4. 1 土壤全氮包括有机态氮和无机态氮，其中有机态氮占土壤全氮的 95%左右，其含量和分布与有机质密切相关。矿质土壤全氮含量 0.01%～5%，有机土壤全氮含量为 1%以上。土壤供氮强度决定于土壤有机态氮的矿化速率和矿化数量，并与气候条件、土壤类型和母质颗粒组成等因素有关。

B. 4. 2 土壤氮素对植物的供应量以及植物对土壤氮素的依赖程度，与植物种类、生育期长短、积温和土壤的理化性质等有关。

B. 4. 3 土壤全氮和碱解氮分级与丰缺度见表 B. 2。

表 B. 2

分级	丰缺度	全氮(TN),g/kg	碱解氮(AN),mg/kg
一级	丰	TN≥2	AN≥150
二级	稍丰	1.5≤TN<2	120≤AN<150
三级	中等	1.0≤TN<1.5	90≤AN<120
四级	稍缺	0.75≤TN<1.0	60≤AN<90
五级	缺	0.5≤TN<0.75	30≤AN<60
六级	极缺	TN<0.5	AN<30
注：碱解氮测定采用碱解扩散法。			

B. 4. 4 我国土壤全氮平均值及变化范围统计见表 B. 3。

表 B. 3

单位为克每千克

区域土壤全氮含量	省(自治区、直辖市)	土壤全氮平均值	土壤全氮含量范围(5%～95%)
东北区土壤全氮平均值：1.986 范围(5%～95%)：0.820～3.540	辽宁省	1.118	0.560～1.862
	吉林省	/	/
	黑龙江省	2.125	1.000～3.598

表 B.3（续）

<table>
<tr><th>区域土壤全氮含量</th><th>省(自治区、直辖市)</th><th>土壤全氮平均值</th><th>土壤全氮含量范围
(5%～95%)</th></tr>
<tr><td rowspan="5">华南区土壤全氮平均值:1.570
范围(5%～95%):0.700～2.633</td><td>广西壮族自治区</td><td>1.784</td><td>0.921～2.800</td></tr>
<tr><td>广东省</td><td>1.321</td><td>0.680～2.050</td></tr>
<tr><td>海南省</td><td>0.962</td><td>0.380～1.670</td></tr>
<tr><td>湖北省</td><td>1.297</td><td>0.480～2.100</td></tr>
<tr><td>湖南省</td><td>1.836</td><td>0.700～3.020</td></tr>
<tr><td rowspan="5">西南区土壤全氮平均值:1.562
范围(5%～95%):0.636～2.880</td><td>四川省</td><td>1.310</td><td>0.580～2.353</td></tr>
<tr><td>重庆市</td><td>1.196</td><td>0.603～1.840</td></tr>
<tr><td>云南省</td><td>1.837</td><td>0.750～3.460</td></tr>
<tr><td>贵州省</td><td>1.958</td><td>0.991～3.220</td></tr>
<tr><td>西藏自治区</td><td>1.644</td><td>0.630～3.397</td></tr>
<tr><td rowspan="7">华东区土壤全氮平均值:1.332
范围(5%～95%):0.760～2.207</td><td>山东省</td><td>0.914</td><td>0.440～1.500</td></tr>
<tr><td>上海市</td><td>1.597</td><td>0.950～2.330</td></tr>
<tr><td>江苏省</td><td>1.291</td><td>0.790～1.959</td></tr>
<tr><td>浙江省</td><td>1.822</td><td>0.947～2.900</td></tr>
<tr><td>江西省</td><td>1.398</td><td>1.010～1.812</td></tr>
<tr><td>安徽省</td><td>1.264</td><td>0.730～2.070</td></tr>
<tr><td>福建省</td><td>1.337</td><td>0.670～2.090</td></tr>
<tr><td rowspan="6">华北区土壤全氮平均值:1.024
范围(5%～95%):0.490～1.960</td><td>北京市</td><td>0.952</td><td>0.550～1.410</td></tr>
<tr><td>天津市</td><td>1.104</td><td>0.710～1.588</td></tr>
<tr><td>河北省</td><td>0.927</td><td>0.482～1.390</td></tr>
<tr><td>河南省</td><td>0.955</td><td>0.650～1.310</td></tr>
<tr><td>山西省</td><td>0.795</td><td>0.346～1.350</td></tr>
<tr><td>内蒙古自治区</td><td>1.317</td><td>0.380～3.406</td></tr>
<tr><td rowspan="5">西北区土壤全氮平均值:0.903
范围(5%～95%):0.419～1.591</td><td>陕西省</td><td>0.879</td><td>0.400～1.550</td></tr>
<tr><td>甘肃省</td><td>0.869</td><td>0.490～1.400</td></tr>
<tr><td>宁夏回族自治区</td><td>0.871</td><td>0.340～1.490</td></tr>
<tr><td>青海省</td><td>1.446</td><td>0.670～2.570</td></tr>
<tr><td>新疆维吾尔自治区</td><td>0.785</td><td>0.310～1.433</td></tr>
<tr><td colspan="4">注:表 B.3 为全国科学施肥网 http://kxsf.soilbd.com/测土配方施肥数据(2005—2014 年,不含我国港澳台数据)。</td></tr>
</table>

B.5 氮的营养特性与缺素症状、过量症状

B.5.1 氮的植物营养特性

氮是植物必需营养元素,也被称为"生命元素",是限制植物生长和形成产量的首要因素,通常植物含氮量占植物干重的 0.3%～5.0%。

B.5.2 氮的缺素症状

B.5.2.1 植物缺氮时,叶片出现淡绿色或黄色,植株生长缓慢。

B.5.2.2 苗期植株矮小、瘦弱,叶片薄而小,小麦、水稻等禾本科作物分蘖少,茎秆细长;大豆、花生等双子叶作物分枝少。

B.5.2.3 生长后期,植株下部叶片先退绿黄化,然后逐渐向上部叶片扩展,小麦、水稻等禾本科作物穗短小、穗粒数少、籽粒不饱满。

B.5.3 氮的过量症状

氮供应过量使作物贪青晚熟;使植株柔软,易受机械损伤和病菌侵袭;影响作物的品质。

——叶菜类蔬菜氮供应过量时,会降低其储存和运输的品质。

——谷类作物氮供应过量时,叶片肥大、茎秆柔弱,易倒伏。

——棉花氮供应过量时，株型高大，徒长，蕾铃稀少且易脱落，霜后花比例增加。

——甜菜氮供应过量时，块根产糖率下降。

——大麻等纤维作物氮供应过量时，纤维产量减少，纤维拉力降低。

附　录　C
（资料性附录）
钙的施用技术参数和植物营养特性

C.1　范围

本附录给出了钙肥的种类和施用要点、植物需钙特点、土壤供钙水平等"肥料-植物-土壤"相互关联的技术参数，以及植物中钙的营养特性、缺素症状等技术资料。

C.2　钙肥及施用要点

C.2.1　钙肥种类与性质

钙肥主要有生石灰、熟石灰、碳酸钙和其他含钙肥料。主要钙肥的相关特性见表C.1。

表C.1

名称	主要成分	钙(CaO)含量，%	主要性质
生石灰	CaO	96～99	碱性，溶于水
熟石灰	$Ca(OH)_2$	70	碱性，微溶于水
碳酸钙	$CaCO_3$	55	中性，不溶于水
硝酸钙	$Ca(NO_3)_2$	27	溶于水
石膏	$CaSO_4 \cdot 2H_2O$	31	微溶于水
过磷酸钙(普钙)	$Ca(H_2PO_4)_2 \cdot H_2O, CaSO_4$	25～29	大部分溶于水
重过磷酸钙(重钙)	$Ca(H_2PO_4)_2 \cdot H_2O$	17～20	微酸性，溶于水
农业用硝酸铵钙	$5Ca(NO_3)_2 \cdot NH_4NO_3 \cdot 10H_2O$	15	易溶于水
钙镁磷肥	$Ca_3(PO_4)_3 \cdot CaSiO_3$	31	碱性，不溶于水
磷矿粉	$Ca_5(PO_4)_3F$	28～49	难溶于水

C.2.2　施用要点

C.2.2.1　钙肥的合理施用应综合考虑土壤供钙水平、植物需钙特点、肥料性质、施肥技术等因素。

C.2.2.2　用作改良土壤时，在酸性土壤或保护地栽培下的酸化土壤，需施用生理碱性钙肥，如石灰，用量以750 kg/hm^2～1 500 kg/hm^2为宜；碱性土壤上应施用生理酸性钙肥，如石膏，用量以1 500 kg/hm^2～3 000 kg/hm^2为宜。

C.2.2.3　石灰多用作基肥和追肥，不能作种肥。撒施力求均匀，防止局部土壤过碱或未施到位。

——土壤酸性强，活性铝、铁、锰的浓度高，质地黏重，耕作层厚时石灰可适当多施。

——旱地上石灰应在犁地时施用，水田可在绿肥压青、稻草还田时结合用作基肥。

——石灰不能与铵态氮肥、腐熟的有机肥和水溶性磷肥混合施用，以免引起氮的损失和磷的退化导致肥效降低。

C.2.2.4　硝酸钙、熟石灰等宜采用根外追肥方式施用。通常用0.1%～0.5%浓度溶液，每隔7 d左右喷施一次，连续3次～4次，可防治番茄、白菜干心病。

C.2.2.5　农业用硝酸铵钙可采用沟施、穴施、撒施、叶面喷施或机械施肥等多种方式，适宜于滴灌、喷灌、冲施等水肥一体化技术施肥，也适宜于无土栽培。不宜与含硫肥料混合施用，在中性、碱性土壤上不宜与含磷肥料混合施用；在水田中，宜少量多次施用；有浇水条件下，宜在浇水后施用。

C.3　植物需钙特点

C.3.1　需钙较多的植物

紫苜蓿、芦笋、菜豆、豌豆、大豆、向日葵、花生、番茄、芹菜、大白菜、花椰菜等需钙量较多。烟草、结球甘蓝、玉米、大麦、小麦、甜菜、马铃薯、苹果等需钙量中等。谷类作物、桃树、菠萝等需钙较少。

C.3.2 植物需钙特点

C.3.2.1 植物对钙的需求量因植物种类和遗传特性的不同有很大差异。

C.3.2.2 不同植物对土壤酸碱度的适应性和钙质营养的要求不同。主要作物最适宜的土壤 pH 范围见表 C.2。茶树、菠萝等少数植物喜欢酸性环境,不需施用碱性钙肥。水稻、甘薯、烟草等耐酸中等,要施用碱性钙肥。大麦等耐酸较差,要重视施用碱性钙肥。

表 C.2

对酸性敏感的作物 pH 6.0～8.0		适应中等酸性反应的作物 pH 6.0～6.7		适应酸性反应的作物 pH 5.0～6.0	
作物	pH	作物	pH	作物	pH
紫苜蓿	7.0～8.0	甘蔗	6.2～7.0	花生	5.6～6.0
大豆	7.0～8.0	蚕豆	6.2～7.0	水稻	5.5～6.5
大麦	6.8～7.5	甜菜	6.0～7.0	茶树	5.2～5.6
小麦	6.7～7.6	豌豆	6.0～7.0	马铃薯	5.0～6.0
玉米	6.0～8.0	油菜	5.8～6.7	亚麻	5.0～6.0
棉花	6.0～8.0	/	/	西瓜	5.0～6.0
/	/	/	/	烟草	5.0～5.6
/	/	/	/	荞麦	5.0

C.4 土壤供钙水平

C.4.1 土壤碳酸钙分级与丰缺度见表 C.3。

表 C.3

分级	丰缺度	碳酸钙($CaCO_3$)含量,%
一级	极缺	<0.25
二级	缺	0.25～1.0
三级	稍缺	1.0～3.0
四级	中等	3.0～5.0
五级	稍丰	5.0～15
六级	丰	>15
注:$CaCO_3$ 含量分级中,交叉级向下靠,如三级的下限可划归二级。		

C.4.2 在不含碳酸钙的土壤中,CaO 含量通常不超过 2%,红壤、黄壤中的 CaO 含量更少,钙成为限制植物生长的主要因子;棕漠钙土、灰漠钙土 $CaCO_3$ 含量通常为 10%～25%,黄土性土壤 $CaCO_3$ 含量为 10%左右。

C.4.3 大多数土壤的含钙量较高,表土平均含钙量达 1.37%。大多数土壤溶液中钙的含量约为 0.01 mol/L,正常条件下能够满足大部分植物的需要。

C.4.4 通常认为,在土壤交换性钙的含量>1 μmol/100 g 时,植物不会缺钙。在北方富含钙的石灰性土壤上,作物会发生生理性缺钙。

C.5 钙的营养特性与缺素症状

C.5.1 钙的植物营养特性

钙是植物必需营养元素,与氮、磷、钾一起被称为“肥料的四要素”。钙是植物结构组分元素,在植物体内是不能移动和再度被利用的。钙能够增加植物对环境胁迫的抗逆能力,提高作物品质、延长储存期。植物体内钙的含量通常为 0.1%～5.0%。

C.5.2 钙的缺素症状

植物缺钙时生长受阻，植株矮小，组织柔软。植株顶芽、侧芽、根尖等分生组织易腐烂死亡，幼叶卷曲畸形，叶缘逐渐变黄并坏死。

——禾谷类作物缺钙时幼叶卷曲、干枯，功能叶的叶尖及叶缘黄萎；植株未老先衰，结实少，秕粒多。

——豆科作物缺钙新叶不伸展，老叶出现灰白色斑点；叶脉棕色，叶柄柔软下垂。

——甘蓝、白菜、莴苣等缺钙，易出现叶焦病。

——番茄、辣椒、西瓜等缺钙，易出现脐腐病。

——苹果缺钙果实出现下陷斑点，先见于果实顶端，果实组织变软、干枯，有苦味，俗称苦痘病；还会引起苹果水心病，即果肉组织呈半透明水渍状。

——梨缺钙极易早衰，果皮出现枯斑，果心发黄，甚至果肉坏死，果实品质低劣。

附 录 D
(资料性附录)
镁的施用技术参数和植物营养特性

D.1 范围

本附录给出了镁肥的种类和施用要点、植物需镁特点、土壤供镁水平等“肥料-植物-土壤”相互关联的技术参数,以及植物中镁的营养特性和缺素症状等技术资料。

D.2 镁肥及施用要点

D.2.1 镁肥种类与性质

镁肥根据其溶解性可分为水溶性镁肥、非水溶性和缓溶性镁肥。水溶性镁肥包括硫酸镁、氯化镁、碳酸镁、硝酸镁、氧化镁、硫酸钾镁(以盐湖卤水或海盐苦卤为原料)等,非水溶性镁肥包括白云石、光卤石,缓溶性镁肥包括硫酸钾镁(以钾镁矾矿为原料)等。主要镁肥的相关特性见表 D.1。

表 D.1

名称	主要成分	镁(MgO)含量,%	主要性质
硫酸镁	$MgSO_4 \cdot 7H_2O$	13~16	酸性,溶于水
氯化镁	$MgCl_2$	43	酸性,溶于水
碳酸镁	$MgCO_3$	29	中性,溶于水
硝酸镁	$Mg(NO_3)_2 \cdot 6H_2O$	18	酸性,溶于水
氧化镁	MgO	55	碱性,溶于水
硫酸钾镁	$K_2SO_4 \cdot m(MgSO_4) \cdot nH_2O$	5~8	生理酸性,易溶(或缓溶)于水
白云石	$CaCO_3 \cdot MgCO_3$	22	碱性,微溶于水
光卤石	$KCl \cdot MgCl_2 \cdot 6H_2O$	14	中性,微溶于水

D.2.2 施用要点

D.2.2.1 镁肥的合理施用应综合考虑土壤供镁水平、植物需镁特性、肥料性质、施肥技术等因素。

D.2.2.2 不同镁肥酸碱性不同,对土壤酸度的影响不同。酸性土壤上施用白云石、碳酸镁等效果较好,碱性或中性土壤上施用氯化镁或硫酸镁效果较好。

D.2.2.3 缓溶性镁肥宜作基肥,用量视作物种类和土壤缺镁程度而定。以 Mg 计,通常用量为 15.0 kg/hm^2~22.5 kg/hm^2。

D.2.2.4 水溶性镁肥宜作追肥。硫酸镁作追肥时,溶液浓度以 1%~2%为宜,每隔 7 d~10 d 喷施一次,连续 2 次~3 次即可。

D.2.2.5 镁肥可与有机肥料、磷肥或硝态氮肥配合施用,有利于提高镁肥利用效果。

D.2.2.6 镁肥施用时应注意氮肥的选择,施用硝态氮肥能促进植物吸收镁,而施用铵态氮肥则容易诱导缺镁。

D.2.2.7 镁肥施用应严格控制用量,过多施用会引起其他营养元素的比例失调。

D.3 植物需镁特点

D.3.1 需镁较多的植物

烟草、花生、紫云英、马铃薯、甜菜、果树、棉花、桑树、茶树、大豆等植物需镁较多。

D.3.2　植物需镁特点

D.3.2.1　植物对镁的吸收量平均为 10 kg/hm^2～25 kg/hm^2。

D.3.2.2　通常情况下，当叶片含镁量大于 0.4%时，镁是充足的。

D.3.2.3　块根作物对镁的吸收量通常是禾谷类作物的 2 倍，甜菜、马铃薯、水果和设施栽培作物特别容易缺镁。

D.4　土壤供镁水平

D.4.1　通常情况下，土壤交换性镁的含量低于 60 mg/kg 时，植物可能缺镁。

D.4.2　土壤交换性镁饱和度也是衡量土壤供镁能力的指标，数值依植物对镁的需求而异。牧草通常要求土壤交换性镁含量在 12%～15%，大多数植物为 6%～10%，豆科作物不低于 6%，通常作物不能低于 4%。

D.4.3　以下情况土壤易发生缺镁现象，应注意施用镁肥。

——沙质土壤、酸性土壤及钾离子(K^+)和铵根离子(NH_4^+)含量较高的土壤。

——钾肥施用量过大(土壤交换性 K/Mg 比值大于 0.5)。

——石灰施用量过大(土壤交换性 Ca/Mg 比值大于 20)。

D.5　镁的营养特性与缺素症状

D.5.1　镁的植物营养特性

镁是植物必需营养元素，是植物叶绿素和酶的重要组成，具有促进植物光合作用、提高作物品质等作用。通常植物含镁量占植物干重的 0.05%～0.7%。

D.5.2　镁的缺素症状

植物缺镁首先表现在老叶脉间失绿，但叶脉仍呈绿色，形成清晰的绿色网状脉纹，以后失绿部分由淡绿色转变为黄色、青铜色或红色。植株矮小，生长缓慢。

——禾谷类作物缺镁时，早期叶片脉间褪绿出现黄绿相间的条纹花叶，严重时呈淡黄色或黄白色。

——豆科作物缺镁时，植物体内碳水化合物向根部供应受抑，影响结瘤、固氮。

——蔬菜作物缺镁时，通常为下部叶片出现黄化。

参 考 文 献

[1]NY/T 2911—2016 测土配方施肥技术规程
[2]陆景陵．植物营养学:上册[M]. 北京:中国农业大学出版社,2003.
[3]胡霭堂,周立祥．植物营养学:下册[M]. 北京:中国农业大学出版社,2003.
[4]金继运,白由路,杨俐苹,等．高效土壤养分测试技术与设备[M]. 北京:中国农业出版社,2006.
[5]杨俐苹,白由路．土壤测试实验室数据自动采集处理与推荐施肥系统[J]. 中国土壤与肥料,2008(4):65-68、72.
[6]巨晓棠．理论施氮量的改进及验证——兼论确定作物氮肥推荐量的方法[J]. 土壤学报,2015,52(2):249-261.
[7]巨晓棠,谷保静．我国农田氮肥施用现状、问题及趋势[J]. 植物营养与肥料学报,2014,20(4):783-795.
[8]涂仕华．常用肥料使用手册[M]. 成都:四川科学技术出版社,2011.
[9]全国土壤普查办公室．中国土壤[M]. 北京:中国农业出版社,1998.
[10]全国土壤普查办公室．中国土壤普查技术[M]. 北京:农业出版社,1992.

ICS 65.080
B 10

中华人民共和国农业行业标准

NY/T 2269—2020
代替 NY 2269—2012

农业用硝酸铵钙及使用规程

Calcium ammonium nitrate and code of agricultural practice

2020-07-27 发布 2020-11-01 实施

中华人民共和国农业农村部 发布

前　言

本标准按照 GB/T 1.1—2009 给出的规则起草。

本标准代替 NY 2269—2012《农业用硝酸铵钙》。与 NY 2269—2012 相比，除编辑性修改外主要变化如下：

——将强制性标准改为推荐性标准；

——将标准名称改为农业用硝酸铵钙及使用规程（Calcium ammonium nitrate and code of agricultural practice）；

——增加了农业用硝酸铵钙使用的基本要求、施用量、施用方法和注意事项等使用规程部分；

——删除了附录 A 总氮含量的测定，增加了作物施氮量推荐方法、氮的施用技术参数和植物营养特性、钙的施用技术参数和植物营养特性等附录部分。

本标准由农业农村部种植业管理司提出并归口。

本标准起草单位：中国农业科学院农业资源与农业区划研究所、中国农学会、中国植物营养与肥料学会、土壤肥料产业联盟。

本标准主要起草人：保万魁、刘红芳、侯晓娜、孙蓟锋、林茵、王旭。

本标准所代替标准的历次版本发布情况为：

——NY 2269—2012。

农业用硝酸铵钙及使用规程

1 范围

本标准规定了农业用硝酸铵钙的要求、试验方法、检验规则、标识、包装、运输、储存和使用规程。

本标准适用于中华人民共和国境内生产和(或)销售的,以硝酸、液氨、石灰石为主要原料经化合后,或以磷矿石生产硝酸磷肥的副产物四水硝酸钙与氨经化合后,造粒加工而成的固体水溶肥料,主要成分化学式为 $5Ca(NO_3)_2 \cdot NH_4NO_3 \cdot 10H_2O$。

2 规范性引用文件

下列文件对于本文件的应用是必不可少的。凡是注日期的引用文件,仅注日期的版本适用于本文件。凡是不注日期的引用文件,其最新版本(包括所有的修改单)适用于本文件。

GB 190 危险货物包装标志

GB/T 191 包装储运图示标志

GB/T 6679 固体化工产品采样通则

GB/T 8170 数值修约规则与极限数值的表示和判定

GB/T 8569 固体化学肥料包装

JJF 1070 定量包装商品净含量计量检验规则

NY 1110 水溶肥料 汞、砷、镉、铅、铬的限量要求

NY/T 1116 肥料 硝态氮、铵态氮、酰胺态氮含量的测定

NY/T 1117 水溶肥料 钙、镁、硫、氯含量的测定

NY/T 1973 水溶肥料 水不溶物含量和 pH 的测定

NY/T 1978 肥料 汞、砷、镉、铅、铬含量的测定

NY/T 1979 肥料和土壤调理剂 标签及标明值判定要求

NY/T 1980 肥料和土壤调理剂 急性经口毒性试验及评价要求

NY/T 2542 肥料 总氮含量的测定

NY/T 2544 肥料效果试验和评价通用要求

NY/T 3036 肥料和土壤调理剂 水分含量、粒度、细度的测定

NY/T 3504 肥料增效剂 硝化抑制剂及使用规程

WJ 9050 农用硝酸铵抗爆性能试验方法及判定

产品质量仲裁检验和产品质量鉴定管理办法

3 术语和定义

下列术语和定义适用于本文件。

3.1

养分管理 4R 原则 4R nutrient stewardship

选择适用的养分原料(right source)、采用合理的养分用量(right rate)、在恰当的施用时间(right time)施用在适当的位置(right place)。

3.2

测土配方推荐施氮法 nitrogen recommendation by soil testing and formula fertilization

以土壤肥力水平、作物需肥规律和肥料田间试验效应等土壤-作物-肥料技术参数为基础,根据土壤测试结果推荐作物施氮量的方法。

3.3

养分系统推荐施氮法　nitrogen recommendation by soil nutrient systematic approach

根据土壤有机质含量、土壤速效氮含量、土壤质地系数及作物目标产量推荐作物施氮量的方法。

注：土壤有机质含量、土壤速效氮（铵态氮和硝态氮）含量测定采用土壤养分系统研究法，即采用联合浸提剂对土壤有机质、铵态氮、硝态氮、磷、钾、钙、镁、硫、硼、铜、锰、锌、铁等速效养分，以及交换性酸及 pH 进行快速测定的方法。

3.4

目标产量推荐施氮法　nitrogen recommendation by crop target yield

根据作物施氮系数和目标产量推导出施氮量的方法，适用于华北平原和长江中下游平原种植小麦、玉米和水稻施氮量的推荐。

4　要求

4.1　外观

白色或灰白色、均匀颗粒状固体。

4.2　指标要求

产品技术指标应符合表 1 的要求。

表 1

项　目	指　标
总氮(N)含量，%	≥15.0
硝态氮(N)含量，%	≥14.0
钙(Ca)含量，%	≥18.0
pH(1∶250 倍稀释)	5.5～8.5
水不溶物含量，%	≤0.5
水分(H_2O)含量，%	≤3.0
粒度(1.00 mm ～ 4.75 mm)，%	≥90

4.3　限量要求

汞、砷、镉、铅、铬限量应符合 NY 1110 的要求。

4.4　抗爆试验要求

抗爆试验应符合 WJ 9050 的要求。

4.5　毒性试验要求

毒性试验应符合 NY/T 1980 的要求。

5　试验方法

5.1　外观

目视法测定。

5.2　总氮含量的测定

按 NY/T 2542 的规定执行。

5.3　硝态氮含量的测定

按 NY/T 1116 的规定执行。

5.4　钙含量的测定

按 NY/T 1117 的规定执行。

5.5　pH 的测定

按 NY/T 1973 的规定执行。

5.6　水不溶物含量的测定

按 NY/T 1973 的规定执行。

5.7 **水分含量的测定**

按 NY/T 3036 的规定执行。

5.8 **粒度的测定**

按 NY/T 3036 的规定执行。

5.9 **汞含量的测定**

按 NY/T 1978 的规定执行。

5.10 **砷含量的测定**

按 NY/T 1978 的规定执行。

5.11 **镉含量的测定**

按 NY/T 1978 的规定执行。

5.12 **铅含量的测定**

按 NY/T 1978 的规定执行。

5.13 **铬含量的测定**

按 NY/T 1978 的规定执行。

5.14 **抗爆试验**

按 WJ 9050 的规定执行。

5.15 **毒性试验**

按 NY/T 1980 的规定执行。

6 检验规则

6.1 产品应由企业质量监督部门进行检验,生产企业应保证所有的销售产品均符合技术要求。每批产品应附有质量证明书,其内容按标识规定执行。

6.2 产品按批检验,以一次配料为一批,最大批量为 500 t。

6.3 产品采样按 GB/T 6679 的规定执行。

6.4 将所采样品置于洁净、干燥的容器中,迅速混匀。取样品 2 kg(抗爆试验取样品 20 kg),分装于 2 个洁净、干燥容器中,密封并贴上标签,注明生产企业名称、产品名称、批号或生产日期、采样日期、采样人姓名。其中一部分用于产品质量分析,另一部分应保存至少 2 个月,以备复验。

6.5 按照产品试验要求进行试样的制备和储存。

6.6 生产企业应进行出厂检验。如果检验结果有一项或一项以上指标不符合技术要求,应重新自加倍采样批中采样进行复验。复验结果有一项或一项以上指标不符合技术要求,则整批产品不应被验收合格。

6.7 产品质量合格判定,采用 GB/T 8170 中"修约值比较法"。

6.8 用户有权按本标准规定的检验规则和检验方法对所收到的产品进行核验。

6.9 当供需双方对产品质量发生异议需仲裁时,应按《产品质量仲裁检验和产品质量鉴定管理办法》的规定执行。

7 标识

7.1 产品质量证明书应载明:

——企业名称、生产地址、联系方式、行政审批证号、产品通用名称、执行标准号、剂型、包装规格、批号或生产日期。

——总氮含量的最低标明值;硝态氮含量的最低标明值;钙含量的最低标明值;pH 的标明值或标明值范围;水不溶物含量的最高标明值;水分含量的最高标明值;粒度的最低标明值;汞、砷、镉、铅、铬元素含量的最高标明值。

7.2 产品包装标签应载明:

——总氮含量的最低标明值。总氮测定值应符合其标明值要求。

——硝态氮含量的最低标明值。硝态氮测定值应符合其标明值要求。

——钙含量的最低标明值。钙测定值应符合其标明值要求。

——pH 的标明值或标明值范围。pH 测定值应符合其标明值或标明值范围要求。

——水不溶物含量的最高标明值。水不溶物测定值应符合其标明值要求。

——水分含量的最高标明值。水分测定值应符合其标明值要求。

——粒度的最低标明值。粒度测定值应符合其标明值要求。

——汞、砷、镉、铅、铬元素含量的最高标明值。汞、砷、镉、铅、铬元素测定值应符合其标明值要求。

7.3 其余按 NY/T 1979 的规定执行。

8 包装、运输和储存

8.1 产品销售包装应按 GB/T 8569 的规定执行。净含量按 JJF 1070 的规定执行。

8.2 产品运输和储存过程中应防潮、防晒、防破裂,警示说明按 GB 190 和 GB/T 191 的规定执行。

9 使用规程

9.1 适用范围

农业用硝酸铵钙含有钙、氮(硝态氮、铵态氮),且水溶性好,适用于各种土壤,尤其适用于酸性土壤和盐碱地;适宜用于多种作物,尤其适宜用于果树、蔬菜和花卉等。

9.2 基本要求

9.2.1 推荐方或种植者应按照养分管理 4R 原则,明确农业用硝酸铵钙使用以及与其他肥料配施的技术要求,必要时,应按 NY/T 2544 的规定进行效果试验。

9.2.2 推荐方或种植者应综合考虑作物种类及目标产量、肥料种类和用量、土壤养分状况、灌溉设施条件、农事操作实际等,选择最佳农业用硝酸铵钙使用量和方法,以期达到提高肥料的利用效果、减少肥料使用量的目的。

9.2.3 农业用硝酸铵钙适宜与适量的硝化抑制剂配合施用。

9.3 施用量

9.3.1 作物施氮量可采用测土配方推荐施氮法、养分系统推荐施氮法及目标产量推荐施氮法 3 种推荐方法。

——测土配方推荐施氮法应以土壤肥力水平、作物需肥规律和肥料田间试验效应等土壤-作物-肥料技术参数为基础,根据土壤测试结果进行作物施氮量推荐(见附录 A 中的 A.2)。

——养分系统推荐施氮法采用土壤养分系统研究法测试土壤有机质含量和土壤速效氮(铵态氮和硝态氮)含量,根据作物目标产量和土壤有机质水平确定氮素基础推荐用量,再根据土壤速效氮含量的氮素推荐调整系数和土壤质地系数进行调整,以确定作物推荐施氮量(见 A.3)。

——目标产量推荐施氮法根据施氮系数、目标产量和推荐施氮量公式推导出施氮量,适用于华北平原和长江中下游平原种植小麦、玉米和水稻施氮量的推荐(见 A.4)。

注:施氮系数为百千克作物收获物的需氮量。

9.3.2 农业用硝酸铵钙的推荐施用量以施纯氮(N)量计,同时还施入其他氮肥时,农业用硝酸铵钙推荐施氮量应扣除施入的其他来源氮量。氮的施用技术参数和植物营养特性参见附录 B。

9.3.3 推荐施氮量的实际上限应充分考虑种植区域的气候-土壤条件、作物需氮特点、投入的有机/无机氮量以及灌溉条件和管理措施等因素进行科学调整。

9.3.4 土壤供钙水平及不同作物需钙特性等资料可参见附录 C。根据土壤钙养分状况和种植作物种类,农业用硝酸铵钙施用量应做调整。

9.3.5 柑橘、香蕉、核果叶面喷施农业用硝酸铵钙浓度为 0.1%~1.0%,喷 4 次~7 次。

9.3.6 草莓叶面喷施农业用硝酸铵钙浓度为0.1%~0.4%，喷2次~3次。

9.3.7 蔬菜、水果叶面喷施农业用硝酸铵钙浓度为0.1%~1.0%，每10 d~14 d喷施一次，喷3次~5次。

9.4 施用方法

9.4.1 农业用硝酸铵钙适宜在作物根系生长量大、茎叶快速生长和幼果等时期施用。

9.4.2 农业用硝酸铵钙可采用沟施、穴施、撒施、叶面喷施或机械施肥等多种方式，适宜于滴灌、喷灌、冲施等水肥一体化技术施肥，也适宜于无土栽培。

9.4.3 农业用硝酸铵钙适宜与硝化抑制剂按比例混合施用，通常情况下，加入硝化抑制剂时，施氮量可酌情减量。硝化抑制剂及使用规程按NY/T 3504的规定执行。

9.5 注意事项

9.5.1 农业用硝酸铵钙不宜与含硫肥料混合施用，在中性、碱性土壤上不宜与含磷肥料混合施用。

9.5.2 农业用硝酸铵钙在水田中宜少量多次施用；有浇水条件下，宜在浇水后施用。

9.5.3 农业用硝酸铵钙具有吸湿性，应储存在干燥的地方。

9.5.4 在水域周边和水源保护区应控制施氮量，大田作物和果树推荐施氮量以不超过250 kg/hm^2为宜，蔬菜推荐施氮量以不超过300 kg/hm^2为宜，其他作物推荐施氮量以不超过150 kg/hm^2为宜。

注：欧盟《硝酸盐指令》(91/676/EEC)限制年施氮量不超过170 kg/hm^2。

9.5.5 种植者应谨慎阅读使用说明书中可能对人、畜、生态环境等造成影响的条款，避免可能产生的不良后果。

附　录　A
(规范性附录)
作物施氮量推荐方法

A.1　范围

本附录规定了测土配方推荐施氮法、养分系统推荐施氮法及目标产量推荐施氮法等作物氮营养的推荐施肥方法。

A.2　测土配方推荐施氮法

A.2.1　测土配方推荐施氮法以土壤肥力水平、作物需肥规律和肥料田间试验效应等技术参数为基础，形成不同区域、不同作物的科学施肥配方数据，再根据种植地块土壤测试结果推荐作物施氮量。采用测土配方推荐施氮法可同时进行磷、钾等养分施用量的推荐。

A.2.2　科学施肥配方数据采用"3414"试验方案肥料效应田间试验得出，再根据试验结果建立所在区域土壤的肥料效应函数，获得该区域试验作物的最佳施氮(磷、钾)量。

注："3414"试验方案是指氮、磷、钾3个因素、4个水平、14个处理，其中4个水平包括0水平(不施肥)、2水平(当地推荐施肥)、1水平(2水平的50%)、3水平(2水平的150%)。

A.2.3　进行施肥配方的设计时，应先确定氮(磷、钾)的养分用量，然后确定相应的含氮(磷、钾)肥料组合。

A.2.4　进行施肥配方的校验时，应针对所种植的区域土壤和作物情况，做施肥配方验证试验，根据验证结果调整施肥配方。

A.2.5　农业农村部(http://www.moa.gov.cn/)发布我国主要作物科学施肥指导意见，可根据所在区域、所种植作物确定施氮(磷、钾)量及施肥配方。

A.2.6　进行具体区域和作物种植时，应优先参考近期发布的所在区域和作物的科学施肥配方方案。必要时，应进行土壤分析测试，并向具有资质能力的技术服务机构进行咨询。

A.2.7　土壤氮含量测试应采用常规分析方法在播种前进行，施氮量推荐应对土壤全氮、水解性氮、铵态氮、硝态氮等项目进行测定。

A.3　养分系统推荐施氮法

A.3.1　养分系统推荐法适用于多种作物营养成分的推荐，本部分为施氮量推荐。

A.3.2　采用土壤养分系统研究法测试土壤有机质含量和土壤速效氮(铵态氮和硝态氮)含量，根据作物目标产量和土壤有机质水平确定氮素基础推荐用量，再根据土壤速效氮含量的氮素推荐调整系数和土壤质地系数进行调整，以确定作物推荐施氮量。

A.3.3　种植者可根据作物目标产量、不同土壤有机质和土壤速效氮含量、土壤质地系数来确定推荐施氮量。

A.3.3.1　首先根据作物不同目标产量和不同土壤有机质含量，选择确定相对应的氮素基础推荐用量。不同作物的不同目标产量、不同土壤有机质含量与推荐施氮量的对应关系，通常由积累的田间试验大数据获得，可由专业技术部门提供。

A.3.3.2　再选择确定土壤速效氮含量条件下所对应的调整系数。表A.1为不同作物土壤速效氮含量与调整系数对照表。

表 A.1

土壤速效氮(AN)含量,mg/L	AN<20	20≤AN<35	35≤AN<50	50≤AN<100	AN>100
调整系数,%	+20	+10	0	−10	−20

A.3.3.3 最后根据土壤质地系数,即黏土系数为0.9,壤土系数为1,沙土系数为1.2,确定出推荐施氮量。

A.3.4 以小麦为例计算推荐施氮量。

A.3.4.1 首先选择确定相对应的氮素基础推荐用量。表A.2列出小麦不同目标产量和不同土壤有机质含量水平条件下的氮素基础推荐用量。

表 A.2

单位为千克每公顷

土壤有机质(OM)含量,g/kg	小麦目标产量,kg/hm^2			
	<4 500	4 500~6 000	6 000~7 500	>7 500
OM<10	135	165	195	225
10≤OM<20	90	135	150	195
20≤OM<30	60	105	120	150
OM>30	0	60	75	105

A.3.4.2 再根据表A.1选择确定土壤速效氮含量条件下所对应的调整系数。

A.3.4.3 最后根据土壤质地系数确定出不同参数条件下的小麦推荐施氮量。

——黏土的有机质含量为15 g/kg,速效氮含量为30 mg/L,小麦目标产量为5 000 kg/hm^2,其推荐施氮量为135×(1+10%)×0.9,即产量为5 000 kg/hm^2的小麦推荐施氮量为134 kg/hm^2。

——壤土的有机质含量为12 g/kg,速效氮含量为65 mg/L,小麦目标产量为7 000 kg/hm^2,其推荐施氮量为150×(1−10%)×1,即产量为7 000 kg/hm^2的小麦推荐施氮量为135 kg/hm^2。

——沙土的有机质含量为9 g/kg,速效氮含量为15 mg/L,小麦目标产量为4 600 kg/hm^2,其推荐施氮量为165×(1+20%)×1.2,即产量为4 600 kg/hm^2的小麦推荐施氮量为238 kg/hm^2。

A.3.5 种植者可向具有资质能力的技术服务机构提供种植作物的目标产量、土壤测试结果等信息,或委托其测试土壤有机质和速效氮含量,并出具推荐施氮量方案。

A.4 目标产量推荐施氮法

A.4.1 目标产量推荐法适用于华北平原和长江中下游平原种植小麦、玉米和水稻施氮量的推荐。

A.4.2 首先根据前三季作物的平均产量确定适宜的目标产量。

A.4.3 选择相应的施氮系数,小麦、玉米和水稻施氮系数分别为2.8、2.3和2.4。

A.4.4 再按式(A.1)计算得出推荐施氮量 N_{fert},单位以 kg/hm^2 表示:

$$N_{fert} \approx Y/100 \times N_{100} \quad \text{(A.1)}$$

式中:

Y ——目标产量,单位为千克每公顷(kg/hm^2);

N_{100}——施氮系数。

A.4.5 表A.3为小麦、玉米和水稻不同目标产量的推荐施氮量。

表 A.3

单位为千克每公顷

目标产量	小麦施氮量(N)	玉米施氮量(N)	水稻施氮量(N)
4 000	112	92	96
5 000	140	115	120
6 000	168	138	144
7 000	196	161	168

表 A.3（续）

目标产量	小麦施氮量(N)	玉米施氮量(N)	水稻施氮量(N)
8 000	224	184	192
9 000	252	207	216
10 000	280	230	240
11 000	/	253	/
12 000	/	276	/
13 000	/	299	/
14 000	/	322	/
15 000	/	345	/

附 录 B
(资料性附录)
氮的施用技术参数和植物营养特性

B.1 范围

本附录给出了氮肥的种类和施用要点、植物需氮特点、土壤供氮水平等"肥料-植物-土壤"相互关联的技术参数,以及植物中氮的营养特性、缺素和过量症状等技术资料。

B.2 氮肥及施用要点

B.2.1 氮肥种类与性质

氮肥分为铵态氮肥、硝态氮肥、酰胺态氮肥等。主要氮肥的相关特性见表B.1。

表B.1

名称	主要成分	氮(N)含量,%	主要性质
尿素	$CO(NH_2)_2$	46	固体、中性,易溶于水,吸湿性小
UAN氮溶液	$CO(NH_2)_2$和NH_4NO_3	28~32	液体、中性
液氨	NH_3	82	液体、碱性
氨水	$NH_3 \cdot nH_2O$	12~17	液体、碱性,腐蚀性强,极易挥发
碳酸氢铵	NH_4HCO_3	17	固体、碱性,易溶于水,易挥发
硫酸铵	$(NH_4)_2SO_4$	20~21	固体、酸性,易溶于水
氯化铵	NH_4Cl	22~25	固体、酸性,不易结块,易溶于水
农业用改性硝酸铵	NH_4NO_3	26	固体,非全水溶
农业用硝酸铵钙	$5Ca(NO_3)_2 \cdot NH_4NO_3 \cdot 10H_2O$	15	固体,易溶于水
硝酸钙	$Ca(NO_3)_2$	13~15	固体、碱性,易溶于水,吸湿性强,易结块

B.2.2 施用要点

B.2.2.1 氮肥的合理施用应综合考虑土壤供氮水平、植物需氮特性、肥料性质、施肥技术等因素。

B.2.2.2 铵态氮肥宜与硝化抑制剂配合施用,酰胺态氮肥除与硝化抑制剂配合施用外,还可与脲酶抑制剂配合施用。硝态氮肥可作追肥,不宜在水田施用,多雨地区和雨季应适当浅施。

B.2.2.3 尿素适宜于各种作物和土壤,可作基肥和追肥,不宜直接作种肥,要深施覆土。作基肥时,粮食作物施用量以150 kg/hm^2~225 kg/hm^{2}为宜;作追肥时,粮食作物施用量以120 kg/hm^2~195 kg/hm^{2}为宜。叶面喷施尿素,缩二脲含量不超过0.5%,每次用量7.5 kg/hm^2~22.5 kg/hm^2,每隔7 d~10 d喷一次,通常喷2次~3次,以清晨或傍晚喷施为宜。

B.2.2.4 铵态氮肥作基肥时,深施6 cm~10 cm并覆土;作追肥时,采用穴施、沟施覆土或结合喷滴灌施用,不宜与强碱性草木灰、石灰等混合施用。

B.2.2.5 UAN氮溶液适宜各种作物和土壤,尤其适宜结合水肥一体化技术,配合脲酶抑制剂或硝化抑制剂作追肥,不宜在多雨季节使用。

B.2.2.6 液氨宜于秋、冬季作基肥,施用量以60 kg/hm^2~90 kg/hm^{2}为宜,利用专用施肥机,在高压下将液氨注入15 cm以下的土层。

B.2.2.7 氨水不宜作种肥,应深施覆土,深度以10 cm为宜。作追肥时,先将氨水加水稀释至50倍~100倍,在清晨或傍晚气温较低时浇灌,也可随灌溉水施入。

B.2.2.8 碳酸氢铵不宜作种肥,宜在低温季节(低于20℃)或一天中气温较低的早晚施用。

B.2.2.9　硫酸铵可作基肥、追肥，尤其适宜作种肥，拌种的硫酸铵用量为 35 kg/hm^2～75 kg/hm^2。若长期施用，宜配合施用石灰，但应分开施用。

B.2.2.10　氯化铵不宜作种肥，不宜施用于甘薯、马铃薯、甜菜、甘蔗、烟草、葡萄、柑橘、茶树、亚麻等忌氯作物上。作基肥时，应于播种前(或插秧前)7 d～10 d 施用。作追肥时，应避开幼苗对氯的敏感期。若长期施用，宜配合施用石灰，但应分开施用。

B.2.2.11　农业用改性硝酸铵适宜在旱地和旱地作物上施用，不宜在水田施用，可采用沟施、穴施、撒施或机械施肥等多种方式，施用后应覆土。

B.2.2.12　农业用硝酸铵钙可采用沟施、穴施、撒施、叶面喷施或机械施肥等多种方式，适宜于滴灌、喷灌、冲施等水肥一体化技术施肥，也适宜于无土栽培。不宜与含硫肥料混合施用，在中性、碱性土壤上不宜与含磷肥料混合施用；在水田中宜少量多次施用；有浇水条件下，宜在浇水后施用。

B.2.2.13　硝酸钙适宜在缺钙的旱地土壤、酸性土壤和盐渍土壤上施用，不宜与磷肥混合施用，不宜在多雨地区和稻田施用，可作追肥，施用量以 300 kg/hm^2～450 kg/hm^2 为宜。

B.3　植物需氮特点

B.3.1　植物吸收利用的氮素主要是铵态氮和硝态氮，旱地中硝态氮是植物的主要氮源。

B.3.2　不同植物对不同形态氮的反应不同。水稻是典型的喜铵态氮作物，薯类作物对铵态氮有较强的忍耐能力。烟草对硝态氮的反应较好，小麦对硝态氮利用能力较强。

B.3.3　不同 pH 条件下，植物对不同形态氮的吸收不同。生理酸性条件下，植物对铵态氮吸收效果不好。

B.4　土壤供氮水平

B.4.1　土壤全氮包括有机态氮和无机态氮，其中有机态氮占土壤全氮的 95%左右，其含量和分布与有机质密切相关。矿质土壤全氮含量 0.01%～5%，有机土壤全氮含量为 1%以上。土壤供氮强度决定于土壤有机态氮的矿化速率和矿化数量，并与气候条件、土壤类型和母质颗粒组成等因素有关。

B.4.2　土壤氮素对植物的供应量以及植物对土壤氮素的依赖程度，与植物种类、生育期长短、积温和土壤的理化性质等有关。

B.4.3　土壤全氮和碱解氮分级与丰缺度见表 B.2。

表 B.2

分级	丰缺度	全氮(TN)，g/kg	碱解氮(AN)，mg/kg
一级	丰	TN≥2	AN≥150
二级	稍丰	1.5≤TN<2	120≤AN<150
三级	中等	1.0≤TN<1.5	90≤AN<120
四级	稍缺	0.75≤TN<1.0	60≤AN<90
五级	缺	0.5≤TN<0.75	30≤AN<60
六级	极缺	TN<0.5	AN<30
注：碱解氮测定采用碱解扩散法。			

B.4.4　我国土壤全氮平均值及变化范围统计见表 B.3。

表 B.3

单位为克每千克

区域土壤全氮含量	省(自治区、直辖市)	土壤全氮平均值	土壤全氮含量范围(5%～95%)
东北区土壤全氮平均值：1.986 范围(5%～95%)：0.820～3.540	辽宁省	1.118	0.560～1.862
	吉林省	/	/
	黑龙江省	2.125	1.000～3.598

表 B.3（续）

区域土壤全氮含量	省(自治区、直辖市)	土壤全氮平均值	土壤全氮含量范围(5%～95%)
华南区土壤全氮平均值:1.570 范围(5%～95%):0.700～2.633	广西壮族自治区	1.784	0.921～2.800
	广东省	1.321	0.680～2.050
	海南省	0.962	0.380～1.670
	湖北省	1.297	0.480～2.100
	湖南省	1.836	0.700～3.020
西南区土壤全氮平均值:1.562 范围(5%～95%):0.636～2.880	四川省	1.310	0.580～2.353
	重庆市	1.196	0.603～1.840
	云南省	1.837	0.750～3.460
	贵州省	1.958	0.991～3.220
	西藏自治区	1.644	0.630～3.397
华东区土壤全氮平均值:1.332 范围(5%～95%):0.760～2.207	山东省	0.914	0.440～1.500
	上海市	1.597	0.950～2.330
	江苏省	1.291	0.790～1.959
	浙江省	1.822	0.947～2.900
	江西省	1.398	1.010～1.812
	安徽省	1.264	0.730～2.070
	福建省	1.337	0.670～2.090
华北区土壤全氮平均值:1.024 范围(5%～95%):0.490～1.960	北京市	0.952	0.550～1.410
	天津市	1.104	0.710～1.588
	河北省	0.927	0.482～1.390
	河南省	0.955	0.650～1.310
	山西省	0.795	0.346～1.350
	内蒙古自治区	1.317	0.380～3.406
西北区土壤全氮平均值:0.903 范围(5%～95%):0.419～1.591	陕西省	0.879	0.400～1.550
	甘肃省	0.869	0.490～1.400
	宁夏回族自治区	0.871	0.340～1.490
	青海省	1.446	0.670～2.570
	新疆维吾尔自治区	0.785	0.310～1.433
注:表B.3为全国科学施肥网 http://kxsf.soilbd.com/测土配方施肥数据(2005—2014年,不含我国港澳台数据)。			

B.5 氮的营养特性与缺素症状、过量症状

B.5.1 氮的植物营养特性

氮是植物必需营养元素,也被称为"生命元素",是限制植物生长和形成产量的首要因素,通常植物含氮量占植物干重的0.3%～5.0%。

B.5.2 氮的缺素症状

B.5.2.1 植物缺氮时,叶片出现淡绿色或黄色,植株生长缓慢。

B.5.2.2 苗期植株矮小、瘦弱,叶片薄而小,小麦、水稻等禾本科作物分蘖少,茎秆细长;大豆、花生等双子叶作物分枝少。

B.5.2.3 生长后期,植株下部叶片先退绿黄化,然后逐渐向上部叶片扩展,小麦、水稻等禾本科作物穗短小、穗粒数少、籽粒不饱满。

B.5.3 氮的过量症状

氮供应过量使作物贪青晚熟;使植株柔软,易受机械损伤和病菌侵袭;影响作物的品质。

——叶菜类蔬菜氮供应过量时，会降低其储存和运输的品质。
——谷类作物氮供应过量时，叶片肥大、茎秆柔弱，易倒伏。
——棉花氮供应过量时，株型高大，徒长，蕾铃稀少且易脱落，霜后花比例增加。
——甜菜氮供应过量时，块根产糖率下降。
——大麻等纤维作物氮供应过量时，纤维产量减少，纤维拉力降低。

附　录　C
（资料性附录）
钙的施用技术参数和植物营养特性

C.1　范围

本附录给出了钙肥的种类和施用要点、植物需钙特点、土壤供钙水平等“肥料-植物-土壤”相互关联的技术参数，以及植物中钙的营养特性、缺素症状等技术资料。

C.2　钙肥及施用要点

C.2.1　钙肥种类与性质

钙肥主要有生石灰、熟石灰、碳酸钙和其他含钙肥料。主要钙肥的相关特性见表C.1。

表C.1

名称	主要成分	钙(CaO)含量，%	主要性质
生石灰	CaO	96～99	碱性，溶于水
熟石灰	$Ca(OH)_2$	70	碱性，微溶于水
碳酸钙	$CaCO_3$	55	中性，不溶于水
硝酸钙	$Ca(NO_3)_2$	27	溶于水
石膏	$CaSO_4 \cdot 2H_2O$	31	微溶于水
过磷酸钙(普钙)	$Ca(H_2PO_4)_2 \cdot H_2O, CaSO_4$	25～29	大部分溶于水
重过磷酸钙(重钙)	$Ca(H_2PO_4)_2 \cdot H_2O$	17～20	微酸性，溶于水
农业用硝酸铵钙	$5Ca(NO_3)_2 \cdot NH_4NO_3 \cdot 10H_2O$	15	易溶于水
钙镁磷肥	$Ca_3(PO_4)_3 \cdot CaSiO_3$	31	碱性，不溶于水
磷矿粉	$Ca_5(PO_4)_3F$	28～49	难溶于水

C.2.2　施用要点

C.2.2.1　钙肥的合理施用应综合考虑土壤供钙水平、植物需钙特点、肥料性质、施肥技术等因素。

C.2.2.2　用作改良土壤时，在酸性土壤或保护地栽培下的酸化土壤，需施用生理碱性钙肥，如石灰，用量以750 kg/hm^2～1 500 kg/hm^2为宜；碱性土壤上应施用生理酸性钙肥，如石膏，用量以1 500 kg/hm^2～3 000 kg/hm^2为宜。

C.2.2.3　石灰多用作基肥和追肥，不能作种肥。撒施力求均匀，防止局部土壤过碱或未施到位。

——土壤酸性强，活性铝、铁、锰的浓度高，质地黏重，耕作层厚时石灰可适当多施。

——旱地上石灰应在犁地时施用，水田可在绿肥压青、稻草还田时结合用作基肥。

——石灰不能和铵态氮肥、腐熟的有机肥和水溶性磷肥混合施用，以免引起氮的损失和磷的退化导致肥效降低。

C.2.2.4　硝酸钙、熟石灰等宜采用根外追肥方式施用。通常用0.1%～0.5%浓度溶液，每隔7 d左右喷施一次，连续3次～4次，可防治番茄、白菜干心病。

C.2.2.5　农业用硝酸铵钙可采用沟施、穴施、撒施、叶面喷施或机械施肥等多种方式，适宜于滴灌、喷灌、冲施等水肥一体化技术施肥，也适宜于无土栽培。不宜与含硫肥料混合施用，在中性、碱性土壤上不宜与含磷肥料混合施用；在水田中宜少量多次施用；有浇水条件下，宜在浇水后施用。

C.3　植物需钙特点

C.3.1　需钙较多的植物

紫苜蓿、芦笋、菜豆、豌豆、大豆、向日葵、花生、番茄、芹菜、大白菜、花椰菜等需钙量较多。烟草、结球甘蓝、玉米、大麦、小麦、甜菜、马铃薯、苹果等需钙量中等。谷类作物、桃树、菠萝等需钙较少。

C.3.2 植物需钙特点

C.3.2.1 植物对钙的需求量因植物种类和遗传特性的不同有很大差异。

C.3.2.2 不同植物对土壤酸碱度的适应性和钙质营养的要求不同。主要作物最适宜的土壤 pH 范围见表 C.2。茶树、菠萝等少数植物喜欢酸性环境，不需施用碱性钙肥。水稻、甘薯、烟草等耐酸中等，要施用碱性钙肥。大麦等耐酸较差，要重视施用碱性钙肥。

表 C.2

对酸性敏感的作物 pH 6.0～8.0		适应中等酸性反应的作物 pH 6.0～6.7		适应酸性反应的作物 pH 5.0～6.0	
作物	pH	作物	pH	作物	pH
紫苜蓿	7.0～8.0	甘蔗	6.2～7.0	花生	5.6～6.0
大豆	7.0～8.0	蚕豆	6.2～7.0	水稻	5.5～6.5
大麦	6.8～7.5	甜菜	6.0～7.0	茶树	5.2～5.6
小麦	6.7～7.6	豌豆	6.0～7.0	马铃薯	5.0～6.0
玉米	6.0～8.0	油菜	5.8～6.7	亚麻	5.0～6.0
棉花	6.0～8.0	/	/	西瓜	5.0～6.0
/	/	/	/	烟草	5.0～5.6
/	/	/	/	荞麦	5.0

C.4 土壤供钙水平

C.4.1 土壤碳酸钙分级与丰缺度见表 C.3。

表 C.3

分级	丰缺度	碳酸钙($CaCO_3$)含量，%
一级	极缺	<0.25
二级	缺	0.25～1.0
三级	稍缺	1.0～3.0
四级	中等	3.0～5.0
五级	稍丰	5.0～15
六级	丰	>15
注：$CaCO_3$ 含量分级中，交叉级向下靠，如三级的下限可划归二级。		

C.4.2 在不含碳酸钙的土壤中，CaO 含量通常不超过 2%，红壤、黄壤中的 CaO 含量更少，钙成为限制植物生长的主要因子；棕漠钙土、灰漠钙土 $CaCO_3$ 含量通常为 10%～25%，黄土性土壤 $CaCO_3$ 含量为 10%左右。

C.4.3 大多数土壤的含钙量较高，表土平均含钙量达 1.37%。大多数土壤溶液中钙的含量约为 0.01 mol/L，正常条件下能够满足大部分植物的需要。

C.4.4 通常认为，在土壤交换性钙的含量>1 μmol/100 g 时，植物不会缺钙。在北方富含钙的石灰性土壤上，作物会发生生理性缺钙。

C.5 钙的营养特性与缺素症状

C.5.1 钙的植物营养特性

钙是植物必需营养元素，与氮、磷、钾一起被称为“肥料的四要素”。钙是植物结构组分元素，在植物体内是不能移动和再度被利用的。钙能够增加植物对环境胁迫的抗逆能力，提高作物品质、延长储存期。植物体内钙的含量通常为 0.1%～5.0%。

C.5.2　钙的缺素症状

植物缺钙时生长受阻，植株矮小，组织柔软。植株顶芽、侧芽、根尖等分生组织易腐烂死亡，幼叶卷曲畸形，叶缘逐渐变黄并坏死。

——禾谷类作物缺钙时幼叶卷曲、干枯，功能叶的叶尖及叶缘黄萎；植株未老先衰，结实少，秕粒多。

——豆科作物缺钙新叶不伸展，老叶出现灰白色斑点；叶脉棕色，叶柄柔软下垂。

——甘蓝、白菜、莴苣等缺钙，易出现叶焦病。

——番茄、辣椒、西瓜等缺钙，易出现脐腐病。

——苹果缺钙果实出现下陷斑点，先见于果实顶端，果实组织变软、干枯，有苦味，俗称苦痘病；还会引起苹果水心病，即果肉组织呈半透明水渍状。

——梨缺钙极易早衰，果皮出现枯斑，果心发黄，甚至果肉坏死，果实品质低劣。

参 考 文 献

[1]NY/T 2911—2016　测土配方施肥技术规程
[2]陆景陵．植物营养学:上册[M]．北京:中国农业大学出版社,2003.
[3]胡霭堂,周立祥．植物营养学:下册[M]．北京:中国农业大学出版社,2003.
[4]金继运,白由路,杨俐苹,等．高效土壤养分测试技术与设备[M]．北京:中国农业出版社,2006.
[5]杨俐苹,白由路．土壤测试实验室数据自动采集处理与推荐施肥系统[J]．中国土壤与肥料,2008(4):65-68、72.
[6]巨晓棠．理论施氮量的改进及验证——兼论确定作物氮肥推荐量的方法[J]．土壤学报,2015,52(2):249-261.
[7]巨晓棠,谷保静．我国农田氮肥施用现状、问题及趋势[J]．植物营养与肥料学报,2014,20(4):783-795.
[8]涂仕华．常用肥料使用手册[M]．成都:四川科学技术出版社,2011.
[9]全国土壤普查办公室．中国土壤[M]．北京:中国农业出版社,1998.
[10]全国土壤普查办公室．中国土壤普查技术[M]．北京:农业出版社,1992.

ICS 65.080
B 10

中华人民共和国农业行业标准

NY/T 2670—2020
代替 NY 2670—2015

尿素硝酸铵溶液及使用规程

Urea ammonium nitrate solution and code of agricultural practice

2020-07-27 发布　　2020-11-01 实施

中华人民共和国农业农村部　发布

前　言

本标准按照 GB/T 1.1—2009 给出的规则起草。

本标准代替 NY 2670—2015《尿素硝酸铵溶液》。与 NY 2670—2015 相比,除编辑性修改外主要变化如下:

——将强制性标准改为推荐性标准;

——将标准名称改为尿素硝酸铵溶液及使用规程(Urea ammonium nitrate solution and code of agricultural practice);

——将指标要求中 pH 由 5.5～7.0 改为 5.5～7.5;

——增加了尿素硝酸铵溶液使用的基本要求、施用量、施用方法和注意事项等使用规程部分;

——增加了作物施氮量推荐方法、氮的施用技术参数和植物营养特性等附录部分。

本标准由农业农村部种植业管理司提出并归口。

本标准起草单位:中国农业科学院农业资源与农业区划研究所、中国氮肥工业协会、中国农学会、中国植物营养与肥料学会、土壤肥料产业联盟。

本标准主要起草人:刘红芳、王旭、侯晓娜、王立庆、保万魁、孙蓟锋、刘蜜、何文华、林茵。

本标准所代替标准的历次版本发布情况为:

——NY 2670—2015。

尿素硝酸铵溶液及使用规程

1 范围

本标准规定了尿素硝酸铵溶液的要求、试验方法、检验规则、标识、包装、运输、储存和使用规程。

本标准适用于中华人民共和国境内生产和(或)销售的,原料以合成氨与硝酸中和形成的硝酸铵溶液按比例与尿素溶液混配而成的液体水溶肥料。

2 规范性引用文件

下列文件对于本文件的应用是必不可少的。凡是注日期的引用文件,仅注日期的版本适用于本文件。凡是不注日期的引用文件,其最新版本(包括所有的修改单)适用于本文件。

GB 190 危险货物包装标志

GB/T 191 包装储运图示标志

GB/T 6680 液体化工产品采样通则

GB/T 8170 数值修约规则与极限数值的表示和判定

JJF 1070 定量包装商品净含量计量检验规则

NY/T 1108 液体肥料 包装技术要求

NY/T 1116 肥料 硝态氮、铵态氮、酰胺态氮含量的测定

NY/T 1973 水溶肥料 水不溶物含量和 pH 的测定

NY/T 1978 肥料 汞、砷、镉、铅、铬含量的测定

NY/T 1979 肥料和土壤调理剂 标签及标明值判定要求

NY/T 1980 肥料和土壤调理剂 急性经口毒性试验及评价要求

NY/T 2542 肥料 总氮含量的测定

NY/T 2544 肥料效果试验和评价通用要求

NY/T 3504 肥料增效剂 硝化抑制剂及使用规程

NY/T 3505 肥料增效剂 脲酶抑制剂及使用规程

产品质量仲裁检验和产品质量鉴定管理办法

3 术语和定义

下列术语和定义适用于本文件。

3.1

尿素硝酸铵溶液 urea ammonium nitrate solution

简称 UAN 氮溶液(UAN nitrogen solution),指原料以合成氨与硝酸中和形成的硝酸铵溶液按比例与尿素溶液混配而成的液体水溶肥料,含有酰胺态氮、铵态氮和硝态氮 3 种形态的氮。

3.2

养分管理 4R 原则 4R nutrient stewardship

选择适用的养分原料(right source)、采用合理的养分用量(right rate)、在恰当的施用时间(right time)施用在适当的位置(right place)。

3.3

测土配方推荐施氮法 nitrogen recommendation by soil testing and formula fertilization

以土壤肥力水平、作物需肥规律和肥料田间试验效应等土壤-作物-肥料技术参数为基础,根据土壤测试结果推荐作物施氮量的方法。

3.4

养分系统推荐施氮法　nitrogen recommendation by soil nutrient systematic approach

根据土壤有机质含量、土壤速效氮含量、土壤质地系数及作物目标产量推荐作物施氮量的方法。

注：土壤有机质含量、土壤速效氮(铵态氮和硝态氮)含量测定采用土壤养分系统研究法，即采用联合浸提剂对土壤有机质、铵态氮、硝态氮、磷、钾、钙、镁、硫、硼、铜、锰、锌、铁等速效养分，以及交换性酸及 pH 进行快速测定的方法。

3.5

目标产量推荐施氮法　nitrogen recommendation by crop target yield

根据作物施氮系数和目标产量推导出施氮量的方法，适用于华北平原和长江中下游平原种植小麦、玉米和水稻施氮量的推荐。

4 要求

4.1 外观

无色、均质液体。

4.2 指标要求

产品技术指标应符合表 1 的要求。

表 1

项　目	指　标
总氮(N)含量，%	≥28.0
酰胺态氮(N)含量，%	≥14.0
铵态氮(N)含量，%	≥7.0
硝态氮(N)含量，%	≥7.0
缩二脲含量，%	≤0.5
pH(1∶250 倍稀释)	5.5～7.5
水不溶物含量，%	≤0.5

4.3 限量要求

汞、砷、镉、铅、铬元素限量应符合表 2 的要求。

表 2

单位为毫克每千克

项　目	指　标
汞(Hg)(以元素计)	≤5
砷(As)(以元素计)	≤5
镉(Cd)(以元素计)	≤5
铅(Pb)(以元素计)	≤25
铬(Cr)(以元素计)	≤25

4.4 毒性试验要求

毒性试验应符合 NY/T 1980 的要求。

5 试验方法

5.1 外观

目视法测定。

5.2 总氮含量的测定

按 NY/T 2542 的规定执行。

5.3 酰胺态氮含量的测定

按 NY/T 1116 的规定执行。

5.4 铵态氮含量的测定

按 NY/T 1116 的规定执行。

5.5 硝态氮含量的测定

按 NY/T 1116 的规定执行。

5.6 缩二脲含量的测定

按附录 A 的规定执行。

5.7 pH 的测定

按 NY/T 1973 的规定执行。

5.8 水不溶物含量的测定

按 NY/T 1973 的规定执行。

5.9 汞含量的测定

按 NY/T 1978 的规定执行。

5.10 砷含量的测定

按 NY/T 1978 的规定执行。

5.11 镉含量的测定

按 NY/T 1978 的规定执行。

5.12 铅含量的测定

按 NY/T 1978 的规定执行。

5.13 铬含量的测定

按 NY/T 1978 的规定执行。

5.14 毒性试验

按 NY/T 1980 的规定执行。

6 检验规则

6.1 产品应由企业质量监督部门进行检验，生产企业应保证所有的销售产品均符合技术要求。每批产品应附有质量证明书，其内容按标识规定执行。

6.2 产品按批检验，以一次配料为一批，最大批量为 500 t。

6.3 产品采样按 GB/T 6680 的规定执行。

6.4 将所采样品置于洁净、干燥的容器中，迅速混匀。取样品 1 L，分装于 2 个洁净、干燥容器中，密封并贴上标签，注明生产企业名称、产品名称、批号或生产日期、采样日期、采样人姓名。其中一部分用于产品质量分析，另一部分应保存至少 2 个月，以备复验。

6.5 按照产品试验要求进行试样的制备和储存。

6.6 生产企业应进行出厂检验。如果检验结果有一项或一项以上指标不符合技术要求，应重新自加倍采样批中采样进行复验。复验结果有一项或一项以上指标不符合技术要求，则整批产品不应被验收合格。

6.7 产品质量合格判定，采用 GB/T 8170 中“修约值比较法”。

6.8 用户有权按本标准规定的检验规则和检验方法对所收到的产品进行核验。

6.9 当供需双方对产品质量发生异议需仲裁时，应按《产品质量仲裁检验和产品质量鉴定管理办法》的规定执行。

7 标识

7.1 产品质量证明书应载明：

——企业名称、生产地址、联系方式、行政审批证号、产品通用名称、执行标准号、剂型、包装规格、批号或生产日期。

——总氮含量的最低标明值；酰胺态氮含量的最低标明值；铵态氮含量的最低标明值；硝态氮含量的最低标明值；pH 的标明值或标明值范围；缩二脲、水不溶物含量的最高标明值；汞、砷、镉、铅、铬元素含量的最高标明值。

7.2 产品包装标签应载明：

——总氮含量的最低标明值。总氮测定值应符合其标明值要求。

——酰胺态氮含量的最低标明值。酰胺态氮测定值应符合其标明值要求。

——铵态氮含量的最低标明值。铵态氮测定值应符合其标明值要求。

——硝态氮含量的最低标明值。硝态氮测定值应符合其标明值要求。

——pH 的标明值或标明值范围。pH 测定值应符合其标明值或标明值范围要求。

——缩二脲含量的最高标明值。缩二脲测定值应符合其标明值要求。

——水不溶物含量的最高标明值。水不溶物测定值应符合其标明值要求。

——汞、砷、镉、铅、铬元素含量的最高标明值。汞、砷、镉、铅、铬元素测定值应符合其标明值要求。

7.3 其余按 NY/T 1979 的规定执行。

8 包装、运输和储存

8.1 最小销售包装限量应不小于 5 L，其余按 NY/T 1108 的规定执行。当用户对包装有特殊要求时，供需合同应明确相关要求。净含量按 JJF 1070 的规定执行。

8.2 产品运输和储存过程中应防冻（符合盐析温度要求）、防晒、防泄漏，警示说明按 GB 190 和 GB/T 191 的规定执行。

注：通常情况下，总氮 28%含量的盐析温度为－18℃，30%含量的盐析温度为－10℃，32%含量的盐析温度为－2℃。必要时，标明盐析温度。

9 使用规程

9.1 适用范围

尿素硝酸铵溶液作为新型液体氮肥，含有酰胺态氮、铵态氮和硝态氮 3 种形态的氮，偏中性，适用于各种土壤和作物，尤其适用于具备滴灌、喷灌等灌溉设施的种植区域。

9.2 基本要求

9.2.1 推荐方或种植者应按照养分管理 4R 原则，明确尿素硝酸铵溶液使用以及与其他肥料配施的技术要求，必要时，应按 NY/T 2544 的规定进行效果试验。

9.2.2 推荐方或种植者应综合考虑作物种类及目标产量、肥料种类和用量、土壤养分状况、灌溉设施条件、农事操作实际等，选择最佳尿素硝酸铵溶液使用量和方法，以期达到提高氮肥的利用效果、减少氮肥使用量的目的。

9.2.3 为提高尿素硝酸铵溶液的氮素利用率，宜与适量的脲酶抑制剂和（或）硝化抑制剂配合施用。

9.3 施用量

9.3.1 作物施氮量可采用测土配方推荐施氮法、养分系统推荐施氮法及目标产量推荐施氮法 3 种推荐方法。

——测土配方推荐施氮法应以土壤肥力水平、作物需肥规律和肥料田间试验效应等土壤-作物-肥料技术参数为基础，根据土壤测试结果进行作物施氮量推荐（见附录 B 中的 B.2）。

——养分系统推荐施氮法采用土壤养分系统研究法测试土壤有机质含量和土壤速效氮（铵态氮和硝态氮）含量，根据作物目标产量和土壤有机质水平确定氮素基础推荐用量，再根据土壤速效氮含量的氮素推荐调整系数和土壤质地系数进行调整，以确定作物推荐施氮量（见附录 B.3）。

——目标产量推荐施氮法根据施氮系数、目标产量和推荐施氮量公式推导出施氮量，适用于华北平原和长江中下游平原种植小麦、玉米和水稻施氮量的推荐（见附录 B.4）。

注：施氮系数为百千克作物收获物的需氮量。

9.3.2 尿素硝酸铵溶液的推荐施用量以施纯氮(N)量计,同时还施入尿素等其他氮肥时,尿素硝酸铵溶液推荐施氮量应扣除施入的其他来源氮量。氮的施用技术参数和植物营养特性参见附录C。

9.3.3 推荐施氮量的实际上限应充分考虑种植区域的气候-土壤条件、作物需氮特点、投入的有机/无机氮量以及灌溉条件和管理措施等因素进行科学调整。

9.4 施用方法

9.4.1 尿素硝酸铵溶液宜在作物营养生长旺期、营养生长与生殖生长转换期等最大效率期和敏感期施用。如小麦宜在拔节期、孕穗期施用,玉米宜在拔节期、灌浆期施用,水稻宜在分蘖期、拔节期、抽穗期施用。

9.4.2 尿素硝酸铵溶液宜结合水肥一体化技术作追肥使用,宜与水溶磷钾、中量元素、微量元素肥料,以及脲酶抑制剂或硝化抑制剂按比例与水混合。脲酶抑制剂及使用规程按NY/T 3505的规定执行,硝化抑制剂及使用规程按NY/T 3504的规定执行。

注:通常情况下加入脲酶抑制剂或硝化抑制剂时,施氮量可酌情减量。

9.4.3 具有滴灌、喷灌或机械施肥等设备的,尿素硝酸铵溶液可采用随水滴灌、喷灌或机械注射等方法;不具备滴灌、喷灌或机械施肥等设备的,尿素硝酸铵溶液可采用人工施肥方式均匀施用。

9.5 注意事项

9.5.1 尿素硝酸铵溶液不宜同时与酸性、碱性较强的肥料或农药混配。必要时,应与生产方明确使用方法后再混配。

9.5.2 种植者应妥善储存尿素硝酸铵溶液与其他物料混合溶液,最好现配现用。不适于长时间、低温或高温储存的,应提供必要的场所,使用前应确认是否有效。

9.5.3 尿素硝酸铵溶液用于灌溉施肥时应符合作物氮营养需求,不宜过多或过少。

9.5.4 尿素硝酸铵溶液不宜在多雨季节使用,尤其是下雨前后。

9.5.5 在水域周边和水源保护区应控制施氮量,大田作物和果树推荐施氮量以不超过250 kg/hm^2为宜,蔬菜推荐施氮量以不超过300 kg/hm^2为宜,其他作物推荐施氮量以不超过150 kg/hm^2为宜。

注:欧盟《硝酸盐指令》(91/676/EEC)限制年施氮量不超过170 kg/hm^2。

9.5.6 种植者应谨慎阅读使用说明书中可能对人、畜、生态环境等造成影响的条款,避免可能产生的不良后果。

附　录　A
（规范性附录）
尿素硝酸铵溶液　缩二脲含量的测定

A.1　范围

本附录规定了尿素硝酸铵溶液中缩二脲含量测定的高效液相色谱法和分光光度法等试验方法。

A.2　规范性引用文件

下列文件对于本文件的应用是必不可少的。凡是注日期的引用文件，仅注日期的版本适用于本文件。凡是不注日期的引用文件，其最新版本（包括所有的修改单）适用于本文件。

HG/T 3696　无机化工产品　化学分析用标准溶液、制剂及制品的制备

A.3　高效液相色谱法

A.3.1　原理

试样经水溶解后，用高效液相色谱仪进行分离并用紫外检测器采用标准曲线外标法定量测定试样中缩二脲含量。

A.3.2　试剂和材料

所用试剂、水和溶液的配制，在未注明规格和配制方法时，均应符合 HG/T 3696 和液相色谱仪厂商的规定。

A.3.2.1　甲醇：色谱纯。

A.3.2.2　缩二脲标准溶液：ρ(BIU)＝1 mg/mL。

A.3.3　仪器

A.3.3.1　通常实验室仪器。

A.3.3.2　高效液相色谱仪：配紫外检测器。

A.3.3.3　微孔滤膜（孔径 0.45 μm）及过滤器、注射器。

A.3.4　分析步骤

A.3.4.1　试样的制备

样品经多次摇动后，迅速取出约 100 mL，置于洁净、干燥容器中。

A.3.4.2　试样溶液的制备

称取 1 g～2 g 试样（精确至 0.001 g），置于 100 mL 容量瓶中，用水溶解并定容。

A.3.4.3　仪器参考条件

——色谱柱：XSelect HSS T3，5 μm，4.6 mm×150 mm，或相当者；

——流动相：甲醇＋水＝ 5＋95；

——流速：1.0 mL/min；

——柱温：室温；

——进样量：10 μL；

——检测波长：200 nm。

A.3.4.4　标准曲线的绘制

分别吸取缩二脲标准溶液（A.3.2.2）1.00 mL、2.00 mL、5.00 mL、8.00 mL、10.00 mL 于 5 个 100 mL 容量瓶中，用水定容，混匀。此标准系列溶液缩二脲的质量浓度分别为 10.0 μg/mL、20.0 μg/mL、

50.0 μg/mL、80.0 μg/mL、100.0 μg/mL。过微孔滤膜(A.3.3.3)后，按浓度由低到高的顺序上机测定，以标准系列溶液缩二脲的质量浓度(μg/mL)为横坐标、以相应的峰面积为纵坐标，绘制标准曲线。

A.3.4.5 试样溶液的测定

将试样溶液过微孔滤膜(A.3.3.3)后，在与测定标准系列溶液相同条件下进行测定，在标准曲线上查出相应缩二脲的质量浓度(μg/mL)。

A.3.5 分析结果的表述

缩二脲含量以质量分数 ω 计，数值以百分率表示，按式(A.1)计算。

$$\omega = \frac{\rho V}{m \times 10^6} \times 100\% \quad \cdots\cdots (A.1)$$

式中：

ρ ——由标准曲线查出的试样溶液中缩二脲的质量浓度，单位为微克每毫升(μg/mL)；

V ——试样溶液总体积，单位为毫升(mL)；

m ——试料的质量，单位为克(g)；

10^6 ——将克换算成微克的系数，以微克每克(μg/g)表示。

取平行测定结果的算术平均值为测定结果，结果保留到小数点后 2 位。

A.3.6 允许差

平行测定结果的相对相差不大于 10%。

A.4 分光光度法

A.4.1 原理

将试样在碱性条件下 75℃的恒温水浴中用甲醇除氨，然后用盐酸溶液将试样溶液调至中性，其中的缩二脲在硫酸铜、酒石酸钾钠的碱性溶液中生成紫红色配合物，在波长 550 nm 处测定吸光度，通过标准曲线求得试样中缩二脲含量。

A.4.2 试剂和材料

所用试剂、水和溶液的配制，在未注明规格和配制方法时，均应符合 HG/T 3696 的要求。

A.4.2.1 无水甲醇。

A.4.2.2 氢氧化钠溶液：$\rho(NaOH)=400$ g/L。

A.4.2.3 盐酸溶液：1+1。

A.4.2.4 酒石酸钾钠碱性溶液：$\rho(NaKC_4H_4O_6 \cdot 4H_2O)=50$ g/L。称取 50 g 酒石酸钾钠($NaKC_4H_4O_6 \cdot 4H_2O$)溶解于水中，加入 40 g 氢氧化钠，溶解后放置至室温，稀释至 1 L(不宜储存在磨口塞的玻璃瓶中)。

A.4.2.5 硫酸铜溶液：$\rho(CuSO_4 \cdot 5H_2O)=15$ g/L。

A.4.2.6 缩二脲标准溶液：ρ(BIU)=2 g/L。

A.4.3 仪器

A.4.3.1 通常实验室仪器。

A.4.3.2 恒温水浴，可控温(30±5)℃及 75℃。

A.4.3.3 分光光度计：配有 3 cm 的比色皿。

A.4.4 分析步骤

A.4.4.1 试样的制备

样品经多次摇动后，迅速取出约 100 mL，置于洁净、干燥容器中。

A.4.4.2 试样溶液的制备

称取 5 g～10 g 试样(精确至 0.001 g)，置于 300 mL 烧杯中，用水稀释至约 100 mL，加入氢氧化钠溶液(A.4.2.2)7 mL 将溶液调至碱性，往溶液中加入 50 mL 无水甲醇(A.4.2.1)，在通风橱内于 75℃恒温水浴(A.4.3.2)中蒸发至溶液少于 50 mL。放置至室温，用盐酸溶液(A.4.2.3)调至中性，全部转移至

100 mL 容量瓶中，控制试样溶液总体积为约 50 mL。

A.4.4.3 标准曲线的绘制

A.4.4.3.1 分别吸取缩二脲标准溶液（A.4.2.6）0 mL、2.50 mL、5.00mL、10.0 mL、15.0 mL、20.0 mL、25.0 mL、30.0 mL 于 8 个 100 mL 容量瓶中，加水至约 50 mL，然后依次加入 20.0 mL 酒石酸钾钠碱性溶液（A.4.2.4）和 20.0 mL 硫酸铜溶液（A.4.2.5），摇匀，用水定容。此标准系列溶液含缩二脲 0 mg、5.00 mg、10.0 mg、20.0 mg、30.0 mg、40.0 mg、50.0 mg、60.0 mg。

A.4.4.3.2 将容量瓶浸入(30±5)℃恒温水浴（A.4.3.2）中 20 min，不时摇动。在 30 min 内，在分光光度计（A.4.3.3）550 nm 波长处用 3 cm 比色皿进行比色，以 0 mg 的标准溶液调零，读取吸光度。以标准系列溶液中缩二脲的质量(mg)为横坐标、以相应的吸光度为纵坐标，绘制标准曲线。

A.4.4.4 试样溶液的测定

将试样溶液在与标准系列溶液同样条件下显色、比色，以空白试验溶液调零，读取吸光度。在标准曲线上查出相应缩二脲的质量(mg)。

A.4.4.5 空白试验

除不加试样外，其他步骤同试样溶液。

A.4.5 分析结果的表述

缩二脲含量以质量分数 ω 计，数值以百分率表示，按式（A.2）计算。

$$\omega = \frac{m_1}{m \times 10^3} \times 100\% \qquad \text{(A.2)}$$

式中：

m_1 ——由标准曲线查出的试样溶液中缩二脲的质量，单位为毫克(mg)；

m ——试料的质量，单位为克(g)；

10^3 ——将克换算成毫克的系数，单位为毫克每克(mg/g)。

取平行测定结果的算术平均值为测定结果，结果保留到小数点后 2 位。

A.4.6 允许差

平行测定结果的绝对差值不大于 0.05%。

附　录　B
（规范性附录）
作物施氮量推荐方法

B.1　范围

本附录规定了测土配方推荐施氮法、养分系统推荐施氮法及目标产量推荐施氮法等作物氮营养的推荐施肥方法。

B.2　测土配方推荐施氮法

B.2.1　测土配方推荐施氮法以土壤肥力水平、作物需肥规律和肥料田间试验效应等技术参数为基础，形成不同区域、不同作物的科学施肥配方数据，再根据种植地块土壤测试结果推荐作物施氮量。采用测土配方推荐施氮法可同时进行磷、钾等养分施用量的推荐。

B.2.2　科学施肥配方数据采用"3414"试验方案肥料效应田间试验得出，再根据试验结果建立所在区域土壤的肥料效应函数，获得该区域试验作物的最佳施氮（磷、钾）量。

注："3414"试验方案是指氮、磷、钾 3 个因素、4 个水平、14 个处理，其中 4 个水平包括 0 水平（不施肥）、2 水平（当地推荐施肥）、1 水平（2 水平的 50%）、3 水平（2 水平的 150%）。

B.2.3　进行施肥配方的设计时，应先确定氮（磷、钾）的养分用量，然后确定相应的含氮（磷、钾）肥料组合。

B.2.4　进行施肥配方的校验时，应针对所种植的区域土壤和作物情况，做施肥配方验证试验，根据验证结果调整施肥配方。

B.2.5　农业农村部（http://www.moa.gov.cn/）发布我国主要作物科学施肥指导意见，可根据所在区域、所种植作物确定施氮（磷、钾）量及施肥配方。

B.2.6　进行具体区域和作物种植时，应优先参考近期发布的所在区域和作物的科学施肥配方方案。必要时，应进行土壤分析测试，并向具有资质能力的技术服务机构进行咨询。

B.2.7　土壤氮含量测试应采用常规分析方法在播种前进行，施氮量推荐应对土壤全氮、水解性氮、铵态氮、硝态氮等项目进行测定。

B.3　养分系统推荐施氮法

B.3.1　养分系统推荐法适用于多种作物营养成分的推荐，本部分为施氮量推荐。

B.3.2　采用土壤养分系统研究法测试土壤有机质含量和土壤速效氮（铵态氮和硝态氮）含量，根据作物目标产量和土壤有机质水平确定氮素基础推荐用量，再根据土壤速效氮含量的氮素推荐调整系数和土壤质地系数进行调整，以确定作物推荐施氮量。

B.3.3　种植者可根据作物目标产量、不同土壤有机质和土壤速效氮含量、土壤质地系数来确定推荐施氮量。

B.3.3.1　首先根据作物不同目标产量和不同土壤有机质含量，选择确定相对应的氮素基础推荐用量。不同作物的不同目标产量、不同土壤有机质含量与推荐施氮量的对应关系，通常由积累的田间试验大数据获得，可由专业技术部门提供。

B.3.3.2　再选择确定土壤速效氮含量条件下所对应的调整系数。表 B.1 为不同作物土壤速效氮含量与调整系数对照表。

表 B.1

土壤速效氮(AN)含量,mg/L	AN<20	20≤AN<35	35≤AN<50	50≤AN<100	AN>100
调整系数,%	+20	+10	0	−10	−20

B.3.3.3 最后根据土壤质地系数,即黏土系数为0.9,壤土系数为1,沙土系数为1.2,确定出推荐施氮量。

B.3.4 以小麦为例计算推荐施氮量。

B.3.4.1 首先选择确定相对应的氮素基础推荐用量。表B.2列出小麦不同目标产量和不同土壤有机质含量水平条件下的氮素基础推荐用量。

表 B.2

单位为千克每公顷

土壤有机质(OM)含量,g/kg	小麦目标产量,kg/hm^2			
	<4 500	4 500~6 000	6 000~7 500	>7 500
OM<10	135	165	195	225
10≤OM<20	90	135	150	195
20≤OM<30	60	105	120	150
OM>30	0	60	75	105

B.3.4.2 再根据表B.1选择确定土壤速效氮含量条件下所对应的调整系数。

B.3.4.3 最后根据土壤质地系数确定出不同参数条件下的小麦推荐施氮量。

——黏土的有机质含量为15 g/kg,速效氮含量为30 mg/L,小麦目标产量为5 000 kg/hm^2,其推荐施氮量为135×(1+10%)×0.9,即产量为5 000 kg/hm^2的小麦推荐施氮量为134 kg/hm^2。

——壤土的有机质含量为12 g/kg,速效氮含量为65 mg/L,小麦目标产量为7 000 kg/hm^2,其推荐施氮量为150×(1−10%)×1,即产量为7 000 kg/hm^2的小麦推荐施氮量为135 kg/hm^2。

——沙土的有机质含量为9 g/kg,速效氮含量为15 mg/L,小麦目标产量为4 600 kg/hm^2,其推荐施氮量为165×(1+20%)×1.2,即产量为4 600 kg/hm^2的小麦推荐施氮量为238 kg/hm^2。

B.3.5 种植者可向具有资质能力的技术服务机构提供种植作物的目标产量、土壤测试结果等信息,或委托其测试土壤有机质和速效氮含量,并出具推荐施氮量方案。

B.4 目标产量推荐施氮法

B.4.1 目标产量推荐法适用于华北平原和长江中下游平原种植小麦、玉米和水稻施氮量的推荐。

B.4.2 首先根据前三季作物的平均产量确定适宜的目标产量。

B.4.3 选择相应的施氮系数,小麦、玉米和水稻施氮系数分别为2.8、2.3和2.4。

B.4.4 再按式(B.1)计算得出推荐施氮量 N_{fert},单位以kg/hm^2表示。

$$N_{fert} \approx Y/100 \times N_{100} \quad \text{(B.1)}$$

式中:

Y ——目标产量,单位为千克每公顷(kg/hm^2);

N_{100}——施氮系数。

B.4.5 表B.3为小麦、玉米和水稻不同目标产量的推荐施氮量。

表 B.3

单位为千克每公顷

目标产量	小麦施氮量(N)	玉米施氮量(N)	水稻施氮量(N)
4 000	112	92	96
5 000	140	115	120
6 000	168	138	144

表 B.3（续）

目标产量	小麦施氮量(N)	玉米施氮量(N)	水稻施氮量(N)
7 000	196	161	168
8 000	224	184	192
9 000	252	207	216
10 000	280	230	240
11 000	/	253	/
12 000	/	276	/
13 000	/	299	/
14 000	/	322	/
15 000	/	345	/

附 录 C
(资料性附录)
氮的施用技术参数和植物营养特性

C.1 范围

本附录给出了氮肥的种类和施用要点、植物需氮特点、土壤供氮水平等“肥料-植物-土壤”相互关联的技术参数,以及植物中氮的营养特性、缺素和过量症状等技术资料。

C.2 氮肥及施用要点

C.2.1 氮肥种类与性质

氮肥分为铵态氮肥、硝态氮肥、酰胺态氮肥等。主要氮肥的相关特性见表 C.1。

表 C.1

名称	主要成分	氮(N)含量,%	主要性质
尿素	$CO(NH_2)_2$	46	固体、中性,易溶于水,吸湿性小
尿素硝酸铵溶液	$CO(NH_2)_2$ 和 NH_4NO_3	28~32	液体、中性
液氨	NH_3	82	液体、碱性
氨水	$NH_3 \cdot nH_2O$	12~17	液体、碱性,腐蚀性强,极易挥发
碳酸氢铵	NH_4HCO_3	17	固体、碱性,易溶于水,易挥发
硫酸铵	$(NH_4)_2SO_4$	20~21	固体、酸性,易溶于水
氯化铵	NH_4Cl	22~25	固体、酸性,不易结块,易溶于水
农业用改性硝酸铵	NH_4NO_3	26	固体,非全水溶
农业用硝酸铵钙	$5Ca(NO_3)_2 \cdot NH_4NO_3 \cdot 10H_2O$	15	固体,易溶于水
硝酸钙	$Ca(NO_3)_2$	13~15	固体、碱性,易溶于水,吸湿性强,易结块

C.2.2 施用要点

C.2.2.1 氮肥的合理施用应综合考虑土壤供氮水平、植物需氮特性、肥料性质、施肥技术等因素。

C.2.2.2 铵态氮肥宜与硝化抑制剂配合施用,酰胺态氮肥除与硝化抑制剂配合施用外,还可与脲酶抑制剂配合施用。硝态氮肥可作追肥,不宜在水田施用,多雨地区和雨季应适当浅施。

C.2.2.3 尿素适宜于各种作物和土壤,可作基肥和追肥,不宜直接作种肥,要深施覆土。作基肥时,粮食作物施用量以 150 kg/hm^2~225 kg/hm^2 为宜;作追肥时,粮食作物施用量以 120 kg/hm^2~195 kg/hm^2 为宜。叶面喷施尿素,缩二脲含量不超过 0.5%,每次用量 7.5 kg/hm^2~22.5 kg/hm^2,每隔 7 d~10 d 喷一次,通常喷 2 次~3 次,以清晨或傍晚喷施为宜。

C.2.2.4 铵态氮肥作基肥时,深施 6 cm~10 cm 并覆土;作追肥时,采用穴施、沟施覆土或结合喷滴灌施用,不宜与强碱性草木灰、石灰等混合施用。

C.2.2.5 尿素硝酸铵溶液适宜各种作物和土壤,尤其适宜结合水肥一体化技术,配合脲酶抑制剂或硝化抑制剂作追肥,不宜在多雨季节使用。

C.2.2.6 液氨宜于秋、冬季作基肥,施用量以 60 kg/hm^2~90 kg/hm^2 为宜,利用专用施肥机,在高压下将液氨注入 15 cm 以下的土层。

C.2.2.7 氨水不宜作种肥,应深施覆土,深度以 10 cm 为宜。作追肥时,先将氨水加水稀释至 50 倍~100 倍,在清晨或傍晚气温较低时浇灌,也可随灌溉水施入。

C.2.2.8 碳酸氢铵不宜作种肥，宜在低温季节(低于20℃)或一天中气温较低的早晚施用。

C.2.2.9 硫酸铵可作基肥、追肥，尤其适宜作种肥，拌种的硫酸铵用量为 35 kg/hm^2～75 kg/hm^2。若长期施用，宜配合施用石灰，但应分开施用。

C.2.2.10 氯化铵不宜作种肥，不宜施用于甘薯、马铃薯、甜菜、甘蔗、烟草、葡萄、柑橘、茶树、亚麻等忌氯作物上。作基肥时，应于播种前(或插秧前)7 d～10 d 施用。作追肥时，应避开幼苗对氯的敏感期。若长期施用，宜配合施用石灰，但应分开施用。

C.2.2.11 农业用改性硝酸铵适宜在旱地和旱地作物上施用，不宜在水田施用，可采用沟施、穴施、撒施或机械施肥等多种方式，施用后应覆土。

C.2.2.12 农业用硝酸铵钙可采用沟施、穴施、撒施、叶面喷施或机械施肥等多种方式，适宜于滴灌、喷灌、冲施等水肥一体化技术施肥，也适宜于无土栽培。不宜与含硫肥料混合施用，在中性、碱性土壤上不宜与含磷肥料混合施用；在水田中宜少量多次施用；有浇水条件下，宜在浇水后施用。

C.2.2.13 硝酸钙适宜在缺钙的旱地土壤、酸性土壤和盐渍土壤上施用，不宜与磷肥混合施用，不宜在多雨地区和稻田施用，可作追肥，施用量以 300 kg/hm^2～450 kg/hm^2 为宜。

C.3 植物需氮特点

C.3.1 植物吸收利用的氮素主要是铵态氮和硝态氮，旱地中硝态氮是植物的主要氮源。

C.3.2 不同植物对不同形态氮的反应不同。水稻是典型的喜铵态氮作物，薯类作物对铵态氮有较强的忍耐能力。烟草对硝态氮的反应较好，小麦对硝态氮利用能力较强。

C.3.3 不同 pH 条件下，植物对不同形态氮的吸收不同。生理酸性条件下，植物对铵态氮吸收效果不好。

C.4 土壤供氮水平

C.4.1 土壤全氮包括有机态氮和无机态氮，其中有机态氮占土壤全氮的95%左右，其含量和分布与有机质密切相关。矿质土壤全氮含量为0.01%～5%，有机土壤全氮含量为1%以上。土壤供氮强度决定于土壤有机态氮的矿化速率和矿化数量，并与气候条件、土壤类型和母质颗粒组成等因素有关。

C.4.2 土壤氮素对植物的供应量以及植物对土壤氮素的依赖程度，与植物种类、生育期长短、积温和土壤的理化性质等有关。

C.4.3 土壤全氮和碱解氮分级与丰缺度见表 C.2。

表 C.2

分级	丰缺度	全氮(TN)，g/kg	碱解氮(AN)，mg/kg
一级	丰	TN≥2	AN≥150
二级	稍丰	1.5≤TN<2	120≤AN<150
三级	中等	1.0≤TN<1.5	90≤AN<120
四级	稍缺	0.75≤TN<1.0	60≤AN<90
五级	缺	0.5≤TN<0.75	30≤AN<60
六级	极缺	TN<0.5	AN<30
注：碱解氮测定采用碱解扩散法。			

C.4.4 我国土壤全氮平均值及变化范围统计见表 C.3。

表 C.3

单位为克每千克

区域土壤全氮含量	省(自治区、直辖市)	土壤全氮平均值	土壤全氮含量范围(5%～95%)
东北区土壤全氮平均值：1.986 范围(5%～95%)：0.820～3.540	辽宁省	1.118	0.560～1.862
	吉林省	/	/
	黑龙江省	2.125	1.000～3.598

表 C.3（续）

区域土壤全氮含量	省(自治区、直辖市)	土壤全氮平均值	土壤全氮含量范围(5%～95%)
华南区土壤全氮平均值:1.570 范围(5%～95%):0.700～2.633	广西壮族自治区	1.784	0.921～2.800
	广东省	1.321	0.680～2.050
	海南省	0.962	0.380～1.670
	湖北省	1.297	0.480～2.100
	湖南省	1.836	0.700～3.020
西南区土壤全氮平均值:1.562 范围(5%～95%):0.636～2.880	四川省	1.310	0.580～2.353
	重庆市	1.196	0.603～1.840
	云南省	1.837	0.750～3.460
	贵州省	1.958	0.991～3.220
	西藏自治区	1.644	0.630～3.397
华东区土壤全氮平均值:1.332 范围(5%～95%):0.760～2.207	山东省	0.914	0.440～1.500
	上海市	1.597	0.950～2.330
	江苏省	1.291	0.790～1.959
	浙江省	1.822	0.947～2.900
	江西省	1.398	1.010～1.812
	安徽省	1.264	0.730～2.070
	福建省	1.337	0.670～2.090
华北区土壤全氮平均值:1.024 范围(5%～95%):0.490～1.960	北京市	0.952	0.550～1.410
	天津市	1.104	0.710～1.588
	河北省	0.927	0.482～1.390
	河南省	0.955	0.650～1.310
	山西省	0.795	0.346～1.350
	内蒙古自治区	1.317	0.380～3.406
西北区土壤全氮平均值:0.903 范围(5%～95%):0.419～1.591	陕西省	0.879	0.400～1.550
	甘肃省	0.869	0.490～1.400
	宁夏回族自治区	0.871	0.340～1.490
	青海省	1.446	0.670～2.570
	新疆维吾尔自治区	0.785	0.310～1.433
注:表 C.3 为全国科学施肥网 http://kxsf.soilbd.com/测土配方施肥数据(2005—2014 年,不含我国港澳台数据)。			

C.5 氮的营养特性与缺素症状、过量症状

C.5.1 氮的植物营养特性

氮是植物必需营养元素,也被称为“生命元素”,是限制植物生长和形成产量的首要因素,通常植物含氮量占植物干重的 0.3%～5.0%。

C.5.2 氮的缺素症状

C.5.2.1 植物缺氮时,叶片出现淡绿色或黄色,植株生长缓慢。

C.5.2.2 苗期植株矮小、瘦弱,叶片薄而小,小麦、水稻等禾本科作物分蘖少,茎秆细长;大豆、花生等双子叶作物分枝少。

C.5.2.3 生长后期,植株下部叶片先退绿黄化,然后逐渐向上部叶片扩展,小麦、水稻等禾本科作物穗短小、穗粒数少、籽粒不饱满。

C.5.3 氮的过量症状

氮供应过量使作物贪青晚熟;使植株柔软,易受机械损伤和病菌侵袭;影响作物的品质。

——叶菜类蔬菜氮供应过量时,会降低其储存和运输的品质。

——谷类作物氮供应过量时,叶片肥大、茎秆柔弱,易倒伏。

——棉花氮供应过量时,株型高大,徒长,蕾铃稀少且易脱落,霜后花比例增加。

——甜菜氮供应过量时,块根产糖率下降。

——大麻等纤维作物氮供应过量时,纤维产量减少,纤维拉力降低。

参 考 文 献

[1]NY/T 2911—2016 测土配方施肥技术规程
[2]陆景陵．植物营养学:上册[M]．北京:中国农业大学出版社,2003.
[3]胡霭堂,周立祥．植物营养学:下册[M]．北京:中国农业大学出版社,2003.
[4]金继运,白由路,杨俐苹,等．高效土壤养分测试技术与设备[M]．北京:中国农业出版社,2006.
[5]杨俐苹,白由路．土壤测试实验室数据自动采集处理与推荐施肥系统[J]．中国土壤与肥料,2008(4):65-68、72.
[6]巨晓棠．理论施氮量的改进及验证——兼论确定作物氮肥推荐量的方法[J]．土壤学报,2015,52(2):249-261.
[7]巨晓棠,谷保静．我国农田氮肥施用现状、问题及趋势[J]．植物营养与肥料学报,2014,20(4):783-795.
[8]涂仕华．常用肥料使用手册[M]．成都:四川科学技术出版社,2011.
[9]全国土壤普查办公室．中国土壤[M]．北京:中国农业出版社,1998.
[10]全国土壤普查办公室．中国土壤普查技术[M]．北京:农业出版社,1992.

ICS 65.080
B 10

中华人民共和国农业行业标准

NY/T 3552—2020

大量元素水溶肥料田间试验技术规范

Technical specification for field experiment of water-soluble fertilizers

2020-03-20 发布　　2020-07-01 实施

中华人民共和国农业农村部　发布

前　言

本标准按照 GB/T 1.1—2009 给出的规则起草。

本标准由农业农村部种植业管理司提出并归口。

本标准起草单位：全国农业技术推广服务中心、中国农业科学院农业资源与农业区划研究所。

本标准主要起草人：辛景树、徐洋、李燕婷、赵秉强、沈欣、袁亮、傅国海、周璇。

大量元素水溶肥料田间试验技术规范

1 范围

本标准规定了大量元素水溶肥料田间试验的试验设计、试验实施、数据分析与效果评价、试验报告等技术要求。

本标准适用于大量元素水溶肥料田间试验。

2 规范性引用文件

下列文件对于本文件的应用是必不可少的。凡是注日期的引用文件，仅注日期的版本适用于本文件。凡是不注日期的引用文件，其最新版本(包括所有的修订版)适用于本文件。

NY/T 1121.1 土壤检测 第1部分：土壤样品的采集、处理和储存

3 术语和定义

下列术语和定义适用于本文件。

3.1

大量元素水溶肥料 water-soluble fertilizer

以大量元素氮、磷、钾为主要成分，添加适量中量元素、微量元素的液体或固体水溶肥料。

3.2

常规施肥 conventional fertilization

亦称习惯施肥，指当地有代表性的农户前3年平均施肥量(主要指氮、磷、钾肥)、施肥品种、施肥方法和施肥时期。

3.3

肥料效应 fertilizer effect

肥料对作物产量、品质以及土壤性状的作用效果，通常以肥料单位养分的施用量所能获得的作物增产量、品质提升、效益增值以及土壤物理、化学和生物性状的改善表示。

3.4

施肥纯收益 net income of fertilization

在当地条件下，施肥增加产值与施肥成本的差值。

3.5

施肥产出与投入比 output/input ratio of fertilization

施肥增加产值与施肥成本的比值，简称产投比。

4 试验设计

4.1 供试作物

选择当地主栽或主推作物品种。对果树、茶树等多年生植物，应选择树龄、树势和产量相对一致的植株进行试验。

4.2 肥料养分测定

按照相关标准规定的方法测定供试肥料及常规施肥所用肥料有效成分含量，确保有效成分及含量与标明值相符。

4.3 试验周期

1个生长季或1个生长周期。其中，果树、茶树等为2年。

4.4 试验地选择

所选地块应形状整齐、肥力均匀、具有代表性,避开居民区、道路、堆肥场所、树木遮阴、土传病害严重和其他人为活动的影响。同时满足大量元素水溶肥料施用的水源、设施设备等必要条件。

4.5 土壤理化性状测定

试验前按照 NY/T 1121.1 的规定采集供试地块土样,按照相关标准测定土壤有机质、全氮、有效磷、速效钾及 pH 等理化性质。

4.6 施肥方法与试验处理

4.6.1 冲施

至少设 3 个处理。处理 1 为常规施肥。处理 2 为供试肥料作追肥冲施,基肥施用与常规施肥一致。处理 3 为清水对照,清水灌溉与供试肥料冲施时间、水源、水质和灌水量相同,基肥施用与常规施肥一致。

4.6.2 叶面喷施

至少设 3 个处理。处理 1 为常规施肥。处理 2 为供试肥料作追肥喷施,喷施以外的施肥与常规施肥一致。处理 3 为清水对照,清水喷施与供试肥料喷施时间、水源、水质和喷水量相同,喷施以外的施肥与常规施肥一致。

4.6.3 滴灌施肥

至少设 3 个处理。处理 1 为常规施肥。处理 2 为供试肥料作追肥滴灌,基肥施用与常规施肥一致。处理 3 为清水对照,清水滴灌与供试肥料滴灌时间、水源、水质和滴水量相同,基肥施用与常规施肥一致。

4.7 试验小区

小区形状一般为长方形。面积较大时,长宽比以(3～5)∶1 为宜。面积较小时,长宽比以(2～3)∶1 为宜。各区组小区面积一致。区组内各小区坡度、坡向一致,沿等高线平行布设。试验设置 3 次～5 次重复。随机区组排列。

4.7.1 水稻、小麦、谷子等密植作物,小区面积应为 20 m^2～40 m^2。玉米、高粱、棉花等作物,小区面积应为 30 m^2～50 m^2。

4.7.2 露地蔬菜作物,小区面积不小于 20 m^2。设施蔬菜作物,小区面积不小于 15 m^2。蔬菜至少 5 行或 3 畦以上。

4.7.3 果树类,应选择土壤肥力差异小的地块,以及树龄、株型和产量相对一致的单株成年果树进行试验。每个小区不少于 4 株或 40 m^2。茶树小区面积为 20 m^2～40 m^2。

5 试验实施

5.1 肥料施用

按照试验设计实施。

5.2 田间管理

各小区除试验设计要求的水肥管理措施外,其他田间管理措施应一致。

5.3 观察记载

田间试验观察记载内容参见附录 A。

5.4 收获与计产

各小区单独收获、计产。

对多次收获的作物,应分次计产、计价,最后累计总产量、总产值。

6 数据分析与效果评价

6.1 数据分析

对试验结果进行方差分析(F 检验)。采用 LSR、LSD 等检验方法进行多重比较。

6.2 效果评价

根据供试肥料的施用效果和特性进行评价。

通常包括:施肥对作物生物学性状、产量、品质和土壤性状以及经济效益的影响等,其中,经济效益包括施肥纯收益、产投比等。还可根据肥料特性和应用目标,选择其他效果评价,如节肥、省工以及对生态环境和作物抗逆性影响等。

7 试验报告

参见附录 B。

附　录　A
（资料性附录）
大量元素水溶肥料田间试验观察记载要求

A.1　大量元素水溶肥料田间试验基础信息表

见表A.1。

表A.1　大量元素水溶肥料田间试验基础信息表

<table>
<tr><td>试验起止时间</td><td colspan="4">年　月　日至　年　月　日</td></tr>
<tr><td rowspan="5">试验地基本情况</td><td>地点</td><td colspan="3">省(自治区、直辖市)　县(区)　乡(镇)　村　农户</td></tr>
<tr><td>地形</td><td></td><td>土壤类型</td><td></td></tr>
<tr><td>土壤质地</td><td></td><td>肥力水平</td><td></td></tr>
<tr><td>前茬作物名称</td><td></td><td>前茬作物产量</td><td></td></tr>
<tr><td>灌排水情况</td><td colspan="3"></td></tr>
<tr><td rowspan="3">试验地土壤
理化性状</td><td>有机质,g/kg</td><td></td><td>全氮,g/kg</td><td></td></tr>
<tr><td>有效磷,mg/kg</td><td></td><td>速效钾,mg/kg</td><td></td></tr>
<tr><td>pH</td><td></td><td></td><td></td></tr>
</table>

A.2　供试肥料和作物

A.2.1　供试肥料(大量元素水溶肥料)有效成分含量,常规施肥所用肥料有效成分含量。

A.2.2　作物名称及品种。

A.3　试验方案设计

A.3.1　供试肥料施用方式、肥料用量、试验处理、重复次数,小区长(m)、小区宽(m)、小区面积(m^2)、小区排列图示等。

A.3.2　小区面积:长(m)× 宽(m) =　　m^2

A.3.3　小区排列:(图示)

A.4　田间管理与调查

播种、移栽期,播种量,树龄,施肥时间和数量(基肥、追肥),灌溉时间和数量,土壤墒情、生物学性状、产量构成因素,试验环境条件、有效降水及灾害天气,病虫害防治等其他农事活动以及所用工时等。

A.5　收获计产

各小区单独收获、计产及需要的品质分析。

A.6　试验过程照片

每个试验点均需留存试验布置,试验前、试验中、收获计产时作物长势及田间作业情况的照片等影像记录。

附　录　B
（资料性附录）
大量元素水溶肥料田间试验报告撰写提纲

B.1　试验来源和目的

B.2　试验时间和地点

B.3　材料与方法

B.3.1　供试土壤
B.3.2　供试肥料
B.3.3　供试作物
B.3.4　试验设计
B.3.5　试验实施
B.3.6　数据处理方法

B.4　结果与分析

B.4.1　不同处理对作物生物学性状的影响
B.4.2　不同处理对作物产量的影响
B.4.3　不同处理的经济效益分析
B.4.4　其他

B.5　试验结论

B.6　试验主持人、试验报告完成时间、试验承担单位

ICS 65.080
G 21

中华人民共和国农业行业标准

NY/T 3618—2020

生物炭基有机肥料

Biochar-based organic fertilizer

2020-03-20 发布　　2020-07-01 实施

中华人民共和国农业农村部 发布

前　　言

本标准按照 GB/T 1.1—2009 给出的规则起草。

本标准由农业农村部种植业管理司提出并归口。

本标准起草单位:沈阳农业大学、辽宁省绿色农业技术中心、河南农业大学、辽宁金和福农业科技股份有限公司、贵州省烟草公司毕节市公司、河南惠农土质保育研发有限公司、云南威鑫农业科技股份有限公司、时科生物(上海)有限公司、安徽德博生态环境治理有限公司、辽宁东北丰专用肥有限公司、辽宁恒润农业有限公司、福建龙创农业科技有限公司、沈阳隆泰生物工程有限公司。

本标准主要起草人:孟军、黄玉威、韩晓日、陈温福、史国宏、兰宇、张伟明、鄂洋、刘赛男、程效义、赫天一、刘遵奇、于立宏、任天宝、施鹏、刘金、陈雪、袁占军、蔡志远、蒲加兴、张守军、刘强、朱晓琳、王元圆、施凯。

生物炭基有机肥料

1 范围

本标准规定了生物炭基有机肥料的术语和定义、要求、实验方法、检验规则、包装、标识、运输和储存。

本标准适用于中华人民共和国境内生产和销售的生物炭基有机肥料。

2 规范性引用文件

下列文件对于本文件的应用是必不可少的。凡是注日期的引用文件，仅注日期的版本适用于本文件。凡是不注日期的引用文件，其最新版本(包括所有的修改单)适用于本文件。

GB/T 6682 分析实验室用水规格和实验方法

GB/T 8170 数值修约规则与极限数值的表示和判定

GB 8569 固体化学肥料包装

GB/T 8576 复混肥料中游离水含量的测定 真空烘箱法

GB 18382 肥料标识 内容和要求

GB/T 19524.1 肥料中粪大肠菌群的测定

GB/T 19524.2 肥料中蛔虫卵死亡率的测定

GB/T 23349 肥料中砷、镉、铅、铬、汞生态指标

GB/T 28731 固体生物质燃料工业分析方法

HG/T 2843 化肥产品 化学分析常用标准滴定溶液、标准溶液、试剂溶液和指示剂溶液

NY 525 有机肥料

NY/T 3041—2016 生物炭基肥料

3 术语和定义

NY/T 3041—2016 界定的以及下列术语和定义适用于本文件。

3.1

生物炭基有机肥料 biochar-based organic fertilizer

生物炭与来源于植物和(或)动物的有机物料混合发酵腐熟，或与来源于植物和(或)动物的经过发酵腐熟的含碳有机物料混合制成的肥料。

4 要求

4.1 外观

黑色或黑灰色，颗粒、条状、片状、柱状或粉末状产品，均匀，无恶臭，无肉眼可见机械杂质。特殊形状产品由供需双方协议商定。

4.2 技术指标

生物炭基有机肥料的各项技术指标应符合表 1 的要求。

表 1

项 目	指 标	
	Ⅰ型	Ⅱ型
生物炭的质量分数(以固定碳含量计)，%	≥10.0	≥5.0
碳的质量分数(以烘干基计)，%	≥25.0	≥20.0
总养分($N+P_2O_5+K_2O$)的质量分数(以烘干基计)，%	≥5.0	
水分(鲜样)的质量分数，%	≤30.0	

表 1 （续）

项　目	指　标	
	Ⅰ型	Ⅱ型
酸碱度(pH)	6.0～10.0	
粪大肠菌群数，个/g	≤100	
蛔虫卵死亡率，%	≥95	
总砷(As)(以烘干基计)，mg/kg	≤15	
总汞(Hg)(以烘干基计)，mg/kg	≤2	
总铅(Pb)(以烘干基计)，mg/kg	≤50	
总镉(Cd)(以烘干基计)，mg/kg	≤3	
总铬(Cr)(以烘干基计)，mg/kg	≤150	

5 实验方法

本标准中所用水应符合 GB/T 6682 中三级水的规定。所用试剂、溶液，在未注明规格和配制方法时，均应按 HG/T 2843 的规定执行。

5.1 外观

感官法测定。

5.2 生物炭的质量分数测定

按照 GB/T 28731 中“固定碳的计算”的规定执行。

5.3 碳的质量分数测定

按照 NY/T 3041—2016 中附录 A 元素分析仪法直接测定生物炭基有机肥料中碳的质量分数执行。

5.4 总氮含量测定

按照 NY 525 中“总氮含量测定”的规定执行。

5.5 磷含量测定

按照 NY 525 中“磷含量测定”的规定执行。

5.6 钾含量测定

按照 NY 525 中“钾含量测定”的规定执行。

5.7 水分含量测定(真空烘箱法)

按照 GB/T 8576 的规定执行。

5.8 酸碱度的测定(pH 计法)

按照 NY 525 中“酸碱度的测定(pH 计法)”的规定执行。

5.9 粪大肠菌群数测定

按照 GB/T 19524.1 的规定执行。

5.10 蛔虫卵死亡率测定

按照 GB/T 19524.2 的规定执行。

5.11 砷、汞、铅、镉、铬含量测定

按照 GB/T 23349 的规定执行。

6 检验规则

6.1 检验类别及检验项目

产品检验包括出厂检验和型式检验，表 1 中砷、汞、铅、镉、铬含量，蛔虫卵死亡率和粪大肠菌群数为型式检验项目，其余为出厂检验项目。型式检验项目在下列情况时，应进行测定：

a) 正式生产时，原料、工艺及设备发生变化；

b) 正式生产时，定期或积累到一定量后，应周期性进行一次检验；

c) 国家质量监督机构提出型式检验的要求时。

产品中生物炭的定性鉴别在国家质量监督机构提出要求或需要仲裁时进行，按照附录 A 的规定执行。

6.2 组批

产品按批检验，以 1 d 或 2 d 的产量为一批，最大批量为 500 t。

6.3 采样方案

按照 NY 525 中“采样”的规定执行。

6.4 样品缩分和试样制备

6.4.1 样品缩分

将采取的样品迅速混匀，用缩分器或四分法将样品缩分至约 1 000 g，分装于 3 个洁净、干燥的 500 mL 具有磨口塞的玻璃瓶或塑料瓶中，密封并贴上标签，注明生产企业名称、产品名称、产品类别、批号或生产日期、取样日期和取样人姓名。其中，一瓶用于鲜样水分测定，一瓶风干后用于产品质量分析，一瓶保存至少 2 个月，以备查用。

6.4.2 样品的制备

将 6.4.1 中一瓶风干后的缩分样品，经多次缩分后取出约 100 g 样品，迅速研磨至全部通过 0.50 mm 孔径筛(如样品潮湿或很难粉碎，可研磨至全部通过 1.00 mm 孔径筛)，混匀，收集到干燥瓶中，作成分分析用。

6.5 结果判定

6.5.1 本标准中产品质量指标合格判定，采用 GB/T 8170 中的“修约值比较法”。

6.5.2 检验项目的检验结果全部符合本标准要求时，判该批产品合格。

6.5.3 出厂检验时，如果检验结果中有一项指标不符合本标准要求时，应重新自 2 倍量的包装袋中采取样品进行检验，重新检验结果中，即使有一项指标不符合本标准要求，判该批产品不合格。

6.5.4 每批检验合格的出厂产品应附有质量证明书，其内容包括：企业名称、产品名称、批号、产品净含量、生物炭的质量分数、碳的质量分数、养分含量、水分含量、酸碱度、生产日期和本文件编号。

7 包装、标识、运输和储存

7.1 产品用塑料编织袋内衬聚乙烯薄膜袋或涂膜聚丙烯编织袋包装，在符合 GB 8569 中规定的条件下宜使用经济实用型包装。产品每袋净含量(50±0.5)kg、(40±0.4)kg、(25±0.25)kg、(10±0.1) kg，平均每袋净含量分别不应低于 50.0 kg、40.0 kg、25.0 kg、10.0 kg。当用户对每袋净含量有特殊要求时，可由供需双方协商解决，以双方合同规定为准。

7.2 在标明的每袋净含量范围内的产品中有添加物时，应与原物料混合均匀，不得以小包装形式放入包装袋中。

7.3 应在产品包装容器正面标明产品类别(如Ⅰ型、Ⅱ型)。

7.4 包装容器上应标明生物炭质量分数、碳的质量分数、养分含量和酸碱度(pH)。

7.5 其余标识应符合 GB 18382 的规定。

7.6 产品应储存于阴凉干燥处，在运输过程中应防雨、防潮、防晒、防破裂。

附　录　A
（规范性附录）
生物炭基有机肥料中生物炭的定性鉴别

A.1　方法提要

根据微观结构特征定性鉴别生物炭。

A.2　试剂和材料

A.2.1　导电胶。

A.2.2　硫酸（ρ=1.84 g/mL）。

A.2.3　30%过氧化氢。

A.3　仪器、设备

常用实验室仪器设备及以下仪器设备：

a）　G3砂芯漏斗：容积为30 mL。

b）　抽滤设备。

c）　电热恒温干燥箱：温度可调至（105±2）℃。

d）　扫描电子显微镜。

A.4　实验条件

A.4.1　图像方式：二次电子图像。

A.4.2　二次电子图像分辨率：优于20 nm。

A.4.3　放大倍数：30倍～10 000倍。

A.5　样品处理

A.5.1　样品预处理

称取过1.00 mm孔径筛的风干样品0.5 g（精确至0.000 1 g），置于开氏烧瓶底部，用少量水冲洗沾附在瓶壁上的试样，加入5 mL硫酸和1.5 mL过氧化氢，小心摇匀，瓶口放一弯颈小漏斗，放置过夜。在可调电炉上缓慢升温至硫酸冒烟，取下，稍冷加15滴过氧化氢，轻轻摇动开氏烧瓶，加热10 min，取下，稍冷后再加5滴～10滴过氧化氢并分次消煮。从可调电炉升温开始计时，加热4 h，取下开氏烧瓶，冷却至室温。缓慢向开氏烧瓶中加入100 mL水，摇匀后分次移入砂芯漏斗中，用尽量少的水将开氏烧瓶中残留的残渣全部移入砂芯漏斗中，将抽滤后的砂芯漏斗置于（105±2）℃电热恒温干燥箱中，待温度达到105℃后，干燥2 h，取出备用。

A.5.2　取样

将样品均匀平铺在实验台上，用镊子在不同部位等量镊取不少于20个点，混合均匀并平分成2份试样，一份用于观察微观结构特征，另一份保存至少2个月，以备查用。

A.5.3　移样

将导电胶贴在样品座上，用剪刀剪去多余导电胶。在A.5.2代表样品中取少量代表试样，均匀洒落在贴有导电胶的样品座上，用洗耳球吹去未粘牢的试样。

A.5.4 测试

将贴有试样的样品座放入仪器的样品室内，使用扫描电子显微镜观察试样的二次电子图像。在显示屏上观察时，先在较低的放大倍数下确定所观测样品位置，然后切换至较高的放大倍数，获取清晰的图像并保存。

A.6 生物炭的鉴别

参照生物炭残渣图谱（图 A.1），如在扫描电子显微镜图像中观察到规律性聚集存在的植物细胞分室结构，则判定该样品含有生物炭。

炭化温度	玉米秸秆炭残渣	水稻秸秆炭残渣	稻壳炭残渣
400℃	—		
500℃			
600℃			
700℃			

注：—表示经过 4 h 消煮后，玉米秸秆炭溶解到消煮液中，消煮液颜色较深，无残渣。

图 A.1 代表性生物炭残渣图谱

参照生物炭类似物残渣图谱（图 A.2），如在扫描电子显微镜图像中观察到表面粗糙、孔隙度较低的离散颗粒状结构，则判定该样品含有生物炭类似物，不属于生物炭基有机肥料范畴。

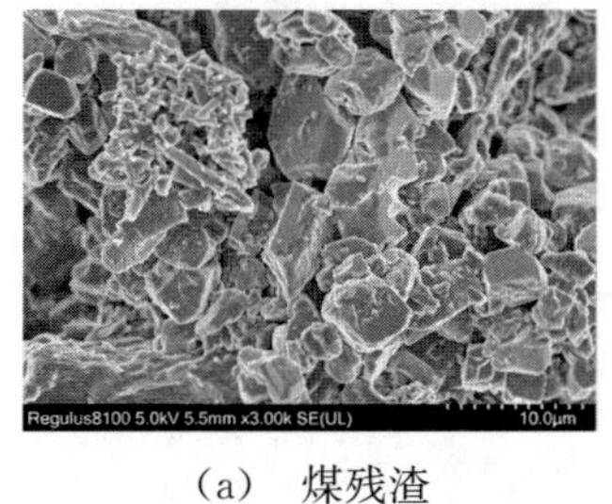

（a） 煤残渣

（b） 煤渣残渣

（c） 腐植酸残渣

图 A.2 生物炭类似物残渣图谱

ICS 65.080
B 10

中华人民共和国农业行业标准

NY/T 3620—2020

农业用硫酸钾镁及使用规程

Potassium magnesium of sulphate and code of agricultural practice

2020-07-27 发布　　　　2020-11-01 实施

中华人民共和国农业农村部　发布

前　言

本标准按照 GB/T 1.1—2009 给出的规则起草。

本标准由农业农村部种植业管理司提出并归口。

本标准起草单位：中国农业科学院农业资源与农业区划研究所、中国农学会、中国植物营养与肥料学会、土壤肥料产业联盟。

本标准主要起草人：刘红芳、王旭、保万魁、林茵、侯晓娜。

农业用硫酸钾镁及使用规程

1 范围

本标准规定了农业用硫酸钾镁的要求、试验方法、检验规则、标识、包装、运输、储存和使用规程。

本标准适用于中华人民共和国境内生产和(或)销售的,以盐湖卤水、海盐苦卤或钾镁矾矿为原料加工而成的固体肥料。

本标准不适用于以含钾与含镁化合物掺混而成的产品。

2 规范性引用文件

下列文件对于本文件的应用是必不可少的。凡是注日期的引用文件,仅注日期的版本适用于本文件。凡是不注日期的引用文件,其最新版本(包括所有的修改单)适用于本文件。

GB 190 危险货物包装标志

GB/T 191 包装储运图示标志

GB/T 6679 固体化工产品采样通则

GB/T 8170 数值修约规则与极限数值的表示和判定

GB/T 8569 固体化学肥料包装

JJF 1070 定量包装商品净含量计量检验规则

NY/T 1117 水溶肥料 钙、镁、硫、氯含量的测定

NY/T 1972 水溶肥料 钠、硒、硅含量的测定

NY/T 1973 水溶肥料 水不溶物含量和 pH 的测定

NY/T 1977 水溶肥料 总氮、磷、钾含量的测定

NY/T 1978 肥料 汞、砷、镉、铅、铬含量的测定

NY/T 1979 肥料和土壤调理剂 标签和标明值判定要求

NY/T 1980 肥料和土壤调理剂 急性经口毒性试验及评价要求

NY/T 2272 土壤调理剂 钙、镁、硅含量的测定

NY/T 2273 土壤调理剂 磷、钾含量的测定

NY/T 2544 肥料效果试验和评价通用要求

NY/T 3036 肥料和土壤调理剂 水分含量、粒度、细度的测定

产品质量仲裁检验和产品质量鉴定管理办法

3 术语和定义

下列术语和定义适用于本文件。

3.1

硫酸钾镁 potassium magnesium of sulphate

以盐湖卤水、钾镁矾矿或海盐苦卤为主要原料,经加工而成的含有钾、镁和硫的化合物。

3.2

盐湖卤水 salt lake brine

由含钾、镁、硼、钠、锂、碘、铷、铯等组分形成的水盐体系,分为硫酸盐型卤水、氯化物型卤水、碳酸盐型卤水和硝酸盐型卤水等,其中硫酸盐型卤水为生产硫酸钾和硫酸钾镁的主要原料。

注:全球典型的硫酸盐型盐湖卤水分布于美国大盐湖、智利阿塔卡玛盐湖、新疆罗布泊盐湖以及青海的东(西)台吉乃尔盐湖等区域。

3.3

海盐苦卤 sea salt bittern

海水制盐副产物，含有高浓度的硫、钾、镁、溴、硼、锂、锶等组分，是提取钾盐等化工产品的重要资源。

注：我国海盐产量为全球之首，苦卤年产量近 2 000 万 m^3。

3.4

钾镁矾矿 K-Mg-S deposit

矿床的主要矿物为无水钾镁矾、软钾镁矾和(或)钾镁矾等含有钾镁的硫酸盐矿物。

注：无水钾镁矾[Langbeinite，化学式 $K_2Mg_2(SO_4)_3$]、软钾镁矾[Picromerite，化学式 $K_2Mg(SO_4)_2 \cdot 6H_2O$]和钾镁矾[Leonite，化学式 $K_2Mg(SO_4)_2 \cdot 4H_2O$]矿床均形成于二叠纪时期，主要分布在德国萨克森的 Stassfurt、美国新墨西哥州的 Carlsbad 等地。

3.5

养分管理 4R 原则 4R nutrient stewardship

选择适用的养分原料(right source)、采用合理的养分用量(right rate)、在恰当的施用时间(right time)施用在适当的位置(right place)。

4 要求

4.1 外观

均匀粉状晶体或颗粒，无机械杂质。

4.2 指标要求

4.2.1 采用盐湖卤水或海盐苦卤生产的农业用硫酸钾镁

产品技术指标应符合表 1 的要求。

表 1

项　目	指　标
钾(K_2O)含量，%	≥21.0
镁(Mg)含量，%	≥5.0
硫(S)含量，%	≥14.0
氯(Cl)含量，%	≤3.0
钠(Na)含量，%	≤1.0
pH(1∶250 倍稀释)	6.0～10.0
水不溶物含量，%	≤3.0
水分(H_2O)含量，%	≤3.0
粒度[a](1.00 mm～4.75 mm)，%	≥90
[a] 粉状晶体产品无粒度要求。	

4.2.2 采用钾镁矾矿生产的农业用硫酸钾镁

产品技术指标应符合表 2 的要求。

表 2

项　目	指　标
钾(K_2O)含量，%	≥21.0
镁(Mg)含量，%	≥3.0
硫(S)含量，%	≥18.0
氯(Cl)含量，%	≤3.0
钠(Na)含量，%	≤1.0
pH(1∶250 倍稀释)	5.0～8.0
水不溶物含量(加水静置 24 h)，%	≤3.0

表 2（续）

项　目	指　标
水分(H_2O)含量，%	≤3.0
粒度[a](1.00 mm～4.75 mm)，%	≥90
[a] 粉状晶体产品无粒度要求。	

4.3 限量要求

汞、砷、镉、铅、铬元素限量应符合表 3 的要求。

表 3

单位为毫克每千克

项　目	指　标
汞(Hg)(以元素计)	≤5
砷(As)(以元素计)	≤5
镉(Cd)(以元素计)	≤5
铅(Pb)(以元素计)	≤50
铬(Cr)(以元素计)	≤25

4.4 毒性试验要求

毒性试验应符合 NY/T 1980 的要求。

5 试验方法

5.1 外观

目视法测定。

5.2 钾含量的测定

5.2.1 采用盐湖卤水或海盐苦卤生产的农业用硫酸钾镁中钾含量的测定按 NY/T 1977 的规定执行。

5.2.2 采用钾镁矾矿生产的农业用硫酸钾镁中钾含量的测定前处理按 NY/T 2273 的规定执行，其余按 NY/T 1977 的规定执行。

5.3 镁含量的测定

5.3.1 采用盐湖卤水或海盐苦卤生产的农业用硫酸钾镁中镁含量的测定按 NY/T 1117 的规定执行。

5.3.2 采用钾镁矾矿生产的农业用硫酸钾镁中镁含量的测定前处理按 NY/T 2272 的规定执行，其余按 NY/T 1117 的规定执行。

5.4 硫含量的测定

5.4.1 采用盐湖卤水或海盐苦卤生产的农业用硫酸钾镁中硫含量的测定按 NY/T 1117 的规定执行。

5.4.2 采用钾镁矾矿生产的农业用硫酸钾镁中硫含量的测定前处理按 NY/T 2272 的规定执行，其余按 NY/T 1117 的规定执行。

5.5 氯含量的测定

按 NY/T 1117 的规定执行。

5.6 钠含量的测定

按 NY/T 1972 的规定执行。

5.7 pH 的测定

按 NY/T 1973 的规定执行。

5.8 水不溶物含量的测定

5.8.1 采用盐湖卤水或海盐苦卤生产的农业用硫酸钾镁中水不溶物含量的测定按 NY/T 1973 的规定执行。

5.8.2 采用钾镁矾矿生产的农业用硫酸钾镁中水不溶物含量的测定，除前处理搅拌后需静置 24 h 外，其余按 NY/T 1973 的规定执行。

5.9 水分的测定

按 NY/T 3036 的规定执行。

5.10 粒度的测定

按 NY/T 3036 的规定执行。

5.11 汞含量的测定

按 NY/T 1978 的规定执行。

5.12 砷含量的测定

按 NY/T 1978 的规定执行。

5.13 镉含量的测定

按 NY/T 1978 的规定执行。

5.14 铅含量的测定

按 NY/T 1978 的规定执行。

5.15 铬含量的测定

按 NY/T 1978 的规定执行。

5.16 毒性试验

按 NY/T 1980 的规定执行。

6 检验规则

6.1 产品应由企业质量监督部门进行检验,生产企业应保证所有的销售产品均符合技术要求。每批产品应附有质量证明书,其内容按标识规定执行。

6.2 产品按批检验,以一次配料为一批,最大批量为 1 500 t。

6.3 产品采样按 GB/T 6679 的规定执行。

6.4 将所采样品置于洁净、干燥的容器中,迅速混匀。取固体粉剂样品 1 kg、颗粒样品 2 kg,分装于 2 个洁净、干燥容器中,密封并贴上标签,注明生产企业名称、产品名称、批号或生产日期、采样日期、采样人姓名。其中一部分用于产品质量分析,另一部分应保存至少 2 个月,以备复验。

6.5 按照产品试验要求进行试样的制备和储存。

6.6 生产企业应进行出厂检验。如果检验结果有一项或一项以上指标不符合技术要求,应重新自加倍采样批中采样进行复验。复验结果有一项或一项以上指标不符合技术要求,则整批产品不应被验收合格。

6.7 产品质量合格判定,采用 GB/T 8170 中"修约值比较法"。

6.8 用户有权按本标准规定的检验规则和检验方法对所收到的产品进行核验。

6.9 当供需双方对产品质量发生异议需仲裁时,应按《产品质量仲裁检验和产品质量鉴定管理办法》的规定执行。

7 标识

7.1 产品质量证明书应载明:

——企业名称、生产地址、联系方式、行政审批证号、产品通用名称、执行标准号、主要原料名称、剂型、包装规格、批号或生产日期。

——钾含量的最低标明值;镁含量的最低标明值;硫含量的最低标明值;氯含量的最高标明值;钠含量的最高标明值;pH 的标明值或标明值范围;水不溶物含量的最高标明值;水分含量的最高标明值;粒度的最低标明值;汞、砷、镉、铅、铬元素含量的最高标明值。

7.2 产品包装标签应载明:

——钾含量的最低标明值。钾测定值应符合其标明值要求。

——镁含量的最低标明值。镁测定值应符合其标明值要求。
——硫含量的最低标明值。硫测定值应符合其标明值要求。
——氯含量的最高标明值。氯测定值应符合其标明值要求。
——钠含量的最高标明值。钠测定值应符合其标明值要求。
——pH 的标明值或标明值范围。pH 测定值应符合其标明值或标明值范围要求。
——水不溶物含量的最高标明值。水不溶物测定值应符合其标明值要求。
——水分含量的最高标明值。水分测定值应符合其标明值要求。
——粒度的最低标明值。粒度测定值应符合其标明值要求。
——汞、砷、镉、铅、铬元素含量的最高标明值。汞、砷、镉、铅、铬元素测定值应符合其标明值要求。
——主要原料名称。

7.3 其余按 NY/T 1979 的规定执行。

8 包装、运输和储存

8.1 产品销售包装应按 GB/T 8569 的规定执行。净含量按 JJF 1070 的规定执行。

8.2 产品运输和储存过程中应防潮、防晒、防破裂,警示说明按 GB 190 和 GB/T 191 的规定执行。

9 使用规程

9.1 适用范围

9.1.1 农业用硫酸钾镁含有一定量钾、镁、硫及少量的氯元素,适合多种土壤类型、多种作物的营养需求,尤其适用于土壤钾、镁、硫元素相对缺乏的地区。

9.1.2 采用盐湖卤水或海盐苦卤生产的农业用硫酸钾镁,具有良好的水溶性,特别适宜用于具有滴灌或喷灌等设施的种植区,其粒状产品也适用于机械施肥。

9.1.3 采用钾镁矾矿生产的农业用硫酸钾镁,具有一定的缓溶性,更适宜用于机械施肥,也可用于灌溉施肥。

注:缓溶性是指采用钾镁矾矿生产的农业用硫酸钾镁,在一定时间内溶解。

9.2 基本要求

9.2.1 推荐方或种植者应按照养分管理 4R 原则,明确农业用硫酸钾镁使用以及与其他物料配施的技术要求,必要时,应按 NY/T 2544 的规定进行效果试验。

9.2.2 推荐方或种植者应综合考虑作物种类、肥料种类和用量、土壤养分状况、灌溉设施条件、环境敏感程度、农事操作实际及农业用硫酸钾镁的技术特性等,选择最佳使用量和方法,以期达到既不影响土壤生态,又能提高养分利用效果的目的。

9.3 施用量

9.3.1 农业用硫酸钾镁通常推荐施用量为 300 kg/hm^2～600 kg/hm^2。

9.3.2 土壤供钾水平及不同作物需钾特性等资料参见附录 A。土壤供钾水平和作物不同,农业用硫酸钾镁施用量应做调整。

——在土壤供钾等级较低的地区(如广东、广西、海南、福建、浙江等)应多施,供钾等级较高时(土壤速效钾含量高于 125 mg/kg)应少施或不施。
——在棉花、油菜、玉米等需钾量较高的作物上应多施,在甘蔗、柑橘等需钾量较低的作物上应少施。

9.3.3 土壤供镁水平及不同作物需镁特性等资料参见附录 B。根据土壤镁养分状况和种植作物种类,农业用硫酸钾镁施用量应做调整。

——在土壤供镁水平较低时(土壤交换性镁低于 60 mg/kg)应多施,供镁水平较高时应少施或不施。
——在需镁量较高的作物上应多施,需镁量较低的作物应少施。

9.3.4 土壤供硫水平及不同作物需硫特性等资料参见附录 C。根据土壤硫养分状况和种植作物种类,农业用硫酸钾镁施用量应做调整。

——在土壤供硫等级较低时(土壤有效硫含量低于16 mg/kg)应多施,供硫水平较高时应少施或不施。

——在需硫量较高的作物上应多施,需硫量较低的作物应少施。

9.3.5 农业用硫酸钾镁含有少量的氯。通常需严格控制施氯时,应考虑种植作物的需氯特性。不同作物的需氯特性等资料参见附录D。

9.4 施用方法

9.4.1 农业用硫酸钾镁适宜在一年生作物种植前、多年生作物春、秋两季用于基施,并适宜在作物生长的中后期用于追施。

9.4.2 农业用硫酸钾镁可直接用作沟施、穴施、耕层施。其施入深度可根据种植作物而有所不同,通常以15 cm左右为宜。

9.4.3 在具有滴灌或喷灌设施的灌溉施肥区域,采用盐湖卤水或海盐苦卤生产的农业用硫酸钾镁可结合灌溉施用,少量多次;采用钾镁矾矿生产的农业用硫酸钾镁进行灌溉施肥时应确保充分溶解。在没有滴灌或喷灌设施的区域,可根据作物生长需要,随水均匀浇施或冲施。

9.4.4 进行喷施时,农业用硫酸钾镁稀释浓度宜为0.3%~0.6%,不同作物喷施次数不同,通常以7 d~10 d喷施一次为宜。

9.4.5 农业用硫酸钾镁适宜与有机肥及氮、磷肥混配施用。

9.5 注意事项

9.5.1 农业用硫酸钾镁生产原料和工艺不同,水溶特性不同,采用盐湖卤水或海盐苦卤生产的农业用硫酸钾镁溶解迅速,采用钾镁矾矿生产的农业用硫酸钾镁溶解缓慢,使用时应注意两者水溶特性的差异。

9.5.2 农业用硫酸钾镁属于生理酸性肥料,较长时间使用时,应避免导致土壤酸化。

9.5.3 农业用硫酸钾镁不宜同时与碱性较强的其他肥料或农药混配。必要时,应与有关生产方明确使用方法后再混配。

9.5.4 种植者应谨慎阅读使用说明书中可能对人、畜、生态环境等造成影响的条款,避免可能产生的不良后果。

附 录 A
(资料性附录)
钢的施用技术参数和植物营养特性

A.1 范围

本附录给出了钾肥的种类和施用要点、植物需钾特点、土壤供钾水平等“肥料-植物-土壤”相互关联的技术参数，以及植物中钾的营养特性和缺素症状等技术资料。

A.2 钾肥及施用要点

A.2.1 钾肥种类与性质

常用的钾肥有氯化钾、硫酸钾、硫酸钾镁等，工农业副产品如草木灰、窑灰钾肥、秸秆等也含有较多钾。主要钾肥的相关特性见表 A.1。

表 A.1

名称	主要成分	钾(K_2O)含量，%	主要性质
氯化钾	KCl	50～60	生理酸性，溶于水，速效
硫酸钾	K_2SO_4	50～54	生理酸性，溶于水，速效
硫酸钾镁	$K_2SO_4 \cdot m(MgSO_4) \cdot nH_2O$	21～24	生理酸性，易溶(或缓溶)于水
草木灰	/	5～8	碱性，90%以上溶于水
窑灰钾肥	/	2～24	碱性

A.2.2 施用要点

A.2.2.1 钾肥的合理施用应综合考虑土壤供钾水平、植物需钾特性、肥料性质、施肥技术等因素。

A.2.2.2 氯化钾可作基肥和追肥。适宜用于碱性土壤和酸性土壤，应与碱性肥料和有机肥料配合施用。大田作物通常用量为 150 kg/hm² 左右，少数对氯敏感的植物不宜施用氯化钾。

A.2.2.3 硫酸钾可作基肥、追肥、种肥和根外追肥。适宜用于碱性土壤和酸性土壤，应与碱性肥料和有机肥料配合施用。通常基肥用量 150 kg/hm² 左右，种肥用量以 22.5 kg/hm²～37.5 kg/hm² 为宜，根外追肥的浓度为 2%～3%。

A.2.2.4 硫酸钾镁可作基肥或追肥，适宜用于多种作物和土壤。通常用量为 300 kg/hm²～600 kg/hm²，可沟施、穴施、耕层施，也可结合灌溉施用、随水浇施或冲施。

A.2.2.5 草木灰可作基肥、追肥、种肥和根外追肥。适宜用于多种作物和土壤。作基肥时通常用量为 750 kg/hm²～1 500 kg/hm²，作种肥时在作物播种后撒盖在上面，作追肥时可撒施于叶面，根外追肥时可用 1%的草木灰浸出液。草木灰不可与铵态氮肥混合施用。

A.2.2.6 窑灰钾肥作为水泥工业的副产物，主要是铝酸钾和硅铝酸钾，以及少量未分解的钾长石、黑云母等含钾矿物，碱性。可作基肥和追肥，不可用作种肥。适宜用于酸性土壤。不可与铵态氮肥、腐熟的有机肥料和水溶性磷肥混合施用。

A.3 植物需钾特点

A.3.1 需钾较多的植物

玉米、水稻等大田作物，马铃薯、甘薯等薯类作物，棉花等纤维作物，以及甘蔗、甜菜等糖料作物均需钾较多。

A.3.2 植物需钾特点

不同植物对钾的要求不同，对施钾反应不一。通常情况下生长速度快、光合作用效率高、有机物合成数量大的植物对钾营养要求高。主要作物每 100 kg 产量中的钾(K_2O)含量见表 A.2。

表 A.2

单位为千克

作　　物	钾(K_2O)含量	作　　物	钾(K_2O)含量
棉花(皮棉)	11～15	大豆(籽粒)	2.0～4.0
芝麻(籽粒)	9.0	葡萄(果实)	1.7
大麻(皮)	8.0～9.0	甜菜(块茎)	1.6～2.4
春玉米(籽粒)	5.0～6.0	苹果(果实)	1.4
油菜(籽粒)	4.7～6.6	菠萝(果实)	1.4
黄麻(皮)	4.6	桃(果实)	1.3
麻(皮)	4.0	甘薯(块根)	1.2
烟草(鲜叶)	3.8	桑叶(鲜叶)	1.0～1.1
香蕉(果实)	3.7	茶叶(鲜叶)	0.8～1.0
马铃薯(块茎)	2.2～2.4	紫云英(鲜草)	0.8～1.0
水稻(稻谷)	2.1～3.3	柑橘(果实)	0.6
小麦(籽粒)	2.0～4.0	甘蔗(茎)	0.3

A.4　土壤供钾水平

A.4.1　土壤中速效钾的含量和非交换性钾释放速率及数量可反映土壤的供钾水平。

A.4.2　土壤供钾水平、速效钾含量与当季作物钾肥肥效的关系见表 A.3。

表 A.3

单位为毫克每千克

土壤供钾水平	土壤速效钾(K_2O)含量	施钾反应
极低	<33	施钾反应极明显
低	33～67	施钾反应一般有效
中	67～125	一定条件下钾肥有效，肥效大小因作物、其他肥料配合、耕作制度和缓效钾量等而异
高	125～170	施钾反应一般无效
极高	>170	一般不需要施钾

A.4.3　我国土壤速效钾平均值及变化范围统计见表 A.4。

表 A.4

单位为毫克每千克

区域土壤速效钾含量	省(自治区、直辖市)	土壤速效钾平均值	土壤速效钾含量范围(5%～95%)
东北区土壤速效钾平均值：148.9 范围(5%～95%)：68.0～270.0	辽宁省	84.1	43.0～117.0
	吉林省	119.5	60.0～197.0
	黑龙江省	169.0	80.0～293.0
华南区土壤速效钾平均值：90.1 范围(5%～95%)：32.0～185.0	广西壮族自治区	70.8	32.0～137.0
	广东省	72.8	24.0～161.0
	海南省	45.5	16.0～102.0
	湖北省	103.6	42.0～195.0
	湖南省	96.8	37.0～202.0
西南区土壤速效钾平均值：108.9 范围(5%～95%)：40.0～233.0	四川省	89.7	37.0～174.0
	重庆市	89.1	43.0～160.0
	云南省	136.1	37.0～320.0
	贵州省	134.3	50.0～266.0
	西藏自治区	112.1	40.0～281.0

表 A.4（续）

区域土壤速效钾含量	省(自治区、直辖市)	土壤速效钾平均值	土壤速效钾含量范围(5%～95%)
华东区土壤速效钾平均值:102.5 范围(5%～95%):38.0～202.0	山东省	124.9	50.0～250.0
	上海市	128.0	69.0～256.0
	江苏省	112.1	56.0～197.0
	浙江省	86.8	37.0～165.0
	江西省	77.7	58.0～100.0
	安徽省	108.6	34.0～228.0
	福建省	73.4	37.0～145.0
华北区土壤速效钾平均值:127.7 范围(5%～95%):62.0～224.0	北京市	121.3	70.0～199.0
	天津市	194.8	89.0～362.0
	河北省	122.4	63.0～209.0
	河南省	120.6	61.0～203.0
	山西省	134.0	61.0～238.0
	内蒙古自治区	144.6	72.0～260.0
西北区土壤速效钾平均值:161.5 范围(5%～95%):71.0～300.0	陕西省	146.6	67.0～260.0
	甘肃省	150.1	89.0～209.0
	宁夏回族自治区	162.2	67.0～311.0
	青海省	188.9	80.0～353.0
	新疆维吾尔自治区	186.5	70.0～363.0
注:表 A.4 为全国科学施肥网 http://kxsf.soilbd.com/测土配方施肥数据(2005—2014 年,不含我国港澳台数据)。			

A.5 钾的营养特性与缺素症状

A.5.1 钾的植物营养特性

钾是植物必需营养元素，也被称为“品质元素”和“抗逆元素”，具有提高作物产量、改善作物品质和增强作物抗逆性的作用。通常植物含钾量占植物干重的 0.3%～5.0%。

A.5.2 钾的缺素症状

植物缺钾时，根系生长明显停滞，细根和根毛生长很差，易出现根腐病。植株易倒伏，高温、干旱季节易出现萎蔫。

——大豆缺钾时，典型症状是结荚成熟后，植株仍保持绿色。

——蔬菜作物缺钾时，通常表现为生育后期老叶边缘失绿，出现黄、白色斑，变褐、焦枯、似灼烧状，并逐渐向上叶扩展，老叶依次脱落。

——果树轻度缺钾时仅表现果形稍小，其他症状不明显，对品质影响不大。严重时叶片皱缩，呈蓝绿色，边缘发黄，新生枝伸长不良，全株生长衰弱。

附　录　B
（资料性附录）
镁的施用技术参数和植物营养特性

B.1　范围

本附录给出了镁肥的种类和施用要点、植物需镁特点、土壤供镁水平等“肥料-植物-土壤”相互关联的技术参数，以及植物中镁的营养特性和缺素症状等技术资料。

B.2　镁肥及施用要点

B.2.1　镁肥种类与性质

镁肥根据其溶解性可分为水溶性镁肥、非水溶性和缓溶性镁肥。水溶性镁肥包括硫酸镁、氯化镁、碳酸镁、硝酸镁、氧化镁、硫酸钾镁（以盐湖卤水或海盐苦卤为原料）等，非水溶溶性镁肥包括白云石、光卤石，缓溶性镁肥包括硫酸钾镁（以钾镁矾矿为原料）等。主要镁肥的相关特性见表 B.1。

表 B.1

名称	主要成分	镁（MgO）含量，%	主要性质
硫酸镁	$MgSO_4 \cdot 7H_2O$	13～16	酸性，溶于水
氯化镁	$MgCl_2$	43	酸性，溶于水
碳酸镁	$MgCO_3$	29	中性，溶于水
硝酸镁	$Mg(NO_3)_2 \cdot 6H_2O$	18	酸性，溶于水
氧化镁	MgO	55	碱性，溶于水
硫酸钾镁	$K_2SO_4 \cdot m(MgSO_4) \cdot nH_2O$	5～8	生理酸性，易溶（或缓溶）于水
白云石	$CaCO_3 \cdot MgCO_3$	22	碱性，微溶于水
光卤石	$KCl \cdot MgCl_2 \cdot 6H_2O$	14	中性，微溶于水

B.2.2　施用要点

B.2.2.1　镁肥的合理施用应综合考虑土壤供镁水平、植物需镁特性、肥料性质、施肥技术等因素。

B.2.2.2　不同镁肥酸碱性不同，对土壤酸度的影响不同。酸性土壤上施用白云石、碳酸镁等效果较好，碱性或中性土壤上施用氯化镁或硫酸镁效果较好。

B.2.2.3　缓溶性镁肥宜作基肥，用量视作物种类和土壤缺镁程度而定。以 Mg 计，通常用量为 15.0 kg/hm^2～22.5 kg/hm^2。

B.2.2.4　水溶性镁肥宜作追肥。硫酸镁作追肥时，溶液浓度以 1%～2%为宜，每隔 7 d～10 d 喷施一次，连续 2 次～3 次即可。

B.2.2.5　镁肥可与有机肥料、磷肥或硝态氮肥配合施用，有利于提高镁肥利用效果。

B.2.2.6　镁肥施用时应注意氮肥的选择，施用硝态氮肥能促进植物吸收镁，而施用铵态氮肥则容易诱导缺镁。

B.2.2.7　镁肥施用应严格控制用量，过多施用会引起其他营养元素的比例失调。

B.3　植物需镁特点

B.3.1　需镁较多的植物

烟草、花生、紫云英、马铃薯、甜菜、果树、棉花、桑树、茶树、大豆等植物需镁较多。

B.3.2 植物需镁特点

B.3.2.1 植物对镁的吸收量平均为 10 kg/hm^2～25 kg/hm^2。

B.3.2.2 通常情况下，当叶片含镁量大于 0.4%时，镁是充足的。

B.3.2.3 块根作物对镁的吸收量通常是禾谷类作物的 2 倍，甜菜、马铃薯、水果和设施栽培作物特别容易缺镁。

B.4 土壤供镁水平

B.4.1 通常情况下，土壤交换性镁的含量低于 60 mg/kg 时，植物可能缺镁。

B.4.2 土壤交换性镁饱和度也是衡量土壤供镁能力的指标，数值依植物对镁的需求而异。牧草通常要求土壤交换性镁含量在 12%～15%，大多数植物为 6%～10%，豆科作物不低于 6%，通常作物不能低于 4%。

B.4.3 以下情况土壤易发生缺镁现象，应注意施用镁肥。

——沙质土壤、酸性土壤及钾离子(K^+)和铵根离子(NH_4^+)含量较高的土壤。

——钾肥施用量过大(土壤交换性 K/Mg 比值大于 0.5)。

——石灰施用量过大(土壤交换性 Ca/Mg 比值大于 20)。

B.5 镁的营养特性与缺素症状

B.5.1 镁的植物营养特性

镁是植物必需营养元素，是植物叶绿素和酶的重要组成，具有促进植物光合作用、提高作物品质等作用。通常植物含镁量占植物干重的 0.05%～0.7%。

B.5.2 镁的缺素症状

植物缺镁首先表现在老叶脉间失绿，但叶脉仍呈绿色，形成清晰的绿色网状脉纹，以后失绿部分由淡绿色转变为黄色、青铜色或红色。植株矮小，生长缓慢。

——禾谷类作物缺镁时，早期叶片脉间褪绿出现黄绿相间的条纹花叶，严重时呈淡黄色或黄白色。

——豆科作物缺镁时，植物体内碳水化合物向根部供应受抑，影响结瘤、固氮。

——蔬菜作物缺镁时，通常为下部叶片出现黄化。

附 录 C
(资料性附录)
硫的施用技术参数和植物营养特性

C.1 范围

本附录给出了硫肥的种类和施用要点、植物需硫特点、土壤供硫水平等"肥料-植物-土壤"相互关联的技术参数,以及植物中硫的营养特性和缺素症状等技术资料。

C.2 硫肥及施用要点

C.2.1 硫肥种类与性质

硫肥种类较多,大多是氮、磷、钾及其他肥料的副成分,硫黄、石膏被专作硫肥施用。主要硫肥的相关特性见表C.1。

表C.1

名称	主要成分	硫(S)含量,%	主要性质
硫酸铵	$(NH_4)_2SO_4$	24	溶于水,速效
硫酸钾	K_2SO_4	18	溶于水,速效
硫酸钾镁	$K_2SO_4 \cdot m(MgSO_4) \cdot nH_2O$	14~18	中性或碱性,易溶(或缓溶)于水
硫酸镁	$MgSO_4$	13	溶于水,速效
硫酸亚铁	$FeSO_4 \cdot 7H_2O$	12	溶于水,速效
过磷酸钙(普钙)	$Ca(H_2PO_4)_2 \cdot H_2O, CaSO_4$	14	部分溶于水
硫黄	S	95~99	难溶于水,迟效
石膏	$CaSO_4 \cdot 2H_2O$	19	微溶于水,缓效

C.2.2 施用要点

C.2.2.1 硫肥的合理施用应综合考虑土壤供硫水平、降水和灌溉水中硫含量、植物需硫特点、肥料性质、施肥技术等因素。

C.2.2.2 硫黄用量通常为30 kg/hm²~45 kg/hm²。硫黄在转化为硫酸盐形式后才能被作物吸收,在寒冷季节或干旱土壤上施用硫黄不能迅速氧化,肥效慢,应尽早施用。

C.2.2.3 石膏可作基肥、追肥和种肥。旱地作基肥时,可将石膏粉碎撒施于土表,再翻耕耙匀。石膏通常旱地用量为225 kg/hm²~375 kg/hm²,水田用量为75 kg/hm²~150 kg/hm²,用作种肥或蘸秧根时用量为30 kg/hm²~45 kg/hm²。

C.2.2.4 石膏用于盐碱地改良时,应与灌排工程相结合。不同盐碱地改良应采用不同措施。

——重碱地施用石膏应采取全层施用法,在雨前或灌水前将石膏均匀施于地面,并耕翻入土,使之与土混匀,通过雨水或灌溉水,冲洗排碱。

——花碱地碱斑面积在15%以下的,可将石膏直接施于碱斑上。

——洼碱地宜在春、秋季节平整地,然后耕地,再将石膏均匀施在犁垡上,通过耙地,使之与土混匀,再进行播种。

C.3 植物需硫特点

C.3.1 需硫较多的植物

结球甘蓝、花椰菜、萝卜等十字花科作物,葱、蒜、韭菜等百合科作物需要大量的硫。豆科作物及棉花、烟草等需硫量中等。禾本科作物需硫较少。

C.3.2 植物需硫特点

植株中含硫量的临界值见表C.2,处于临界值以下的,应施用硫肥。

表C.2

植物	全硫		硫酸盐硫	
	临界值,%	分析部位	临界值,%	分析部位
混合牧草	0.26	全株	0.032	全株(多年生黑麦草)
紫苜蓿	0.22	全株	0.050~0.070	全株
紫苜蓿(温室)	/	/	0.015	第一片完全叶
棉花(盛蕾期)	0.20	叶与叶柄	/	/
棉花(初蕾期)	0.15	全株	/	/
水稻(分蘖期)	0.16	叶片	/	/
椰子	0.16	全株	0.015	9~14叶片
糖甜菜	/	/	0.025	叶片
禾本科牧草	/	/	0.020	/
油菜	/	/	0.020	地上部
咖啡	/	/	0.020	叶片
苹果、梨、桃	/	/	0.010	叶片

C.4 土壤供硫水平

C.4.1 通常情况下,土壤有效硫含量小于16 mg/kg时,植物易缺硫。

C.4.2 我国缺少有效硫的土壤包括以下3种:

——全硫和有效硫含量皆低,由质地较粗的花岗岩、砂岩和河流冲积物等母质发育的质地较轻的土壤。

——全硫含量并不低,但由于低温和长期淹水的环境,影响土壤硫的有效性,使土壤有效硫含量低的丘陵、山区的冷浸田。

——山区和边远地区,施用化肥较少或只施氮肥,长期或近期未使用含硫肥料。

C.4.3 降水和灌溉水中的硫可补充土壤有效硫的不足,植物不易缺硫。

——工矿企业和生活燃料排放出的废气含有数量不等的二氧化硫,每年随降雨带至土壤的硫(S)大于10 kg/hm^2的情况下。

——在水田和有灌溉条件的地区,若灌溉水含硫较多的情况下。

——沿海地区每年从雨水带入土壤中的硫(S)达9.8 kg/hm^2情况下。

C.5 硫的营养特性与缺素症状

C.5.1 硫的植物营养特性

硫是植物必需营养元素,是蛋白质、酶和生理活性物质的重要组成,具有提高作物产量、改善作物品质和提高作物耐寒及抗旱能力的作用。通常植物含硫量占植物干重的0.1%~0.5%。

C.5.2 硫的缺素症状

植物缺硫症状在外观上与缺氮相似,但发生部位不同。缺硫症状通常表现为幼叶先变黄色,新叶失绿黄化,茎秆细弱,根细长而不分枝,开花结果时间延长,果实减少。

——豆科作物对缺硫敏感。苜蓿缺硫时,叶呈淡黄绿色,小叶比正常叶更直立,茎变红,分枝少。大豆缺硫时,新叶呈淡黄绿色,缺硫严重时,整株黄化,植株矮小。

——油菜缺硫时,叶片出现紫红色斑块,叶片向上卷曲,叶背面、叶脉和茎等变红或出现紫色,植株矮小,花而不实。

——小麦缺硫时,新叶脉间黄化,但老叶仍保持绿色。

——玉米早期缺硫时,新叶和上部叶片脉间黄化。后期继续缺硫时,叶缘变红,然后扩展到整个叶面,茎基部也变红。

——水稻秧苗缺硫时根系明显伸长,拔秧后容易凋萎,移栽后返青慢。如继续缺硫,叶尖干枯,叶片上出现褐色斑点,分蘖减少,抽穗不整齐,生育期推迟,空壳率增加,千粒重下降。

附 录 D
（资料性附录）
氯的施用技术参数和植物营养特性

D.1 范围

本附录给出了含氯肥料的种类和施用要点、植物需氯特点等"肥料-植物-土壤"相互关联的技术参数，以及植物中氯的营养特性、缺素和中毒症状等技术资料。

D.2 含氯肥料及施用要点

D.2.1 含氯肥料种类与性质

主要含氯肥料的相关特性见表 D.1。

表 D.1

名称	主要成分	氯(Cl)含量，%	主要性质
氯化铵	NH_4Cl	66	白色结晶，溶于水
氯化钙	$CaCl_2$	65	白色粉末，溶于水
氯化镁	$MgCl_2$	74	白色结晶，溶于水
氯化钾	KCl	47	白色或淡黄色结晶，溶于水
氯化钠	NaCl	60	白色，溶于水

D.2.2 施用要点

D.2.2.1 含氯肥料的合理施用应综合考虑降水和灌溉水中氯含量、植物需氯特点、肥料性质、施肥技术等因素。

D.2.2.2 含氯肥料应优先用于耐氯能力强的作物和含氯量低的土壤或年降雨量在 500 mm 以上的地区。

D.2.2.3 含氯肥料宜深施覆土，集中施用。不宜作种肥施于种子同一位置，以免影响作物出苗和生长。

D.2.2.4 含氯肥料宜提早施用，在土壤含氯量低的地区，耐氯能力强的作物也可提前施入，使雨水或灌溉水淋失一部分氯离子，避免氯过多对作物产量和品质造成不利影响。

D.3 植物需氯特点

D.3.1 植物需氯特点

D.3.1.1 植物对氯的需求量通常为 100 mg/kg～1 000 mg/kg。即使土壤供氯不足，植物还可从雨水、灌溉水、大气中得到补充。

D.3.1.2 大多数植物中含氯高达 2 000 mg/kg～20 000 mg/kg，因此大田生产条件下通常很少发生植物缺氯。

D.3.2 植物耐氯能力

甜菜、水稻、高粱、小麦、大麦、玉米、黑麦草、茄子、豌豆等植物耐氯能力强。大豆、蚕豆、油菜、番茄、柑橘、葡萄、茶、苎麻、葱、萝卜等植物耐氯中等。苜蓿、紫云英、四季豆、马铃薯、甘薯、烟草等植物不耐氯。

D.4 氯的营养特性与缺素症状、中毒症状

D.4.1 氯的植物营养特性

氯是植物必需营养元素，是钾的伴随离子。在微量元素中，植物对氯的需要量最多，具有促进作物生长、增强作物抗旱能力和抑制病害发生的作用。

D.4.2 氯的缺素症状

植物缺氯时根细短，侧根少，尖端凋萎，叶片失绿，叶面积减少，严重时组织坏死，由局部遍及全叶，不能正常结实。

——番茄缺氯时，叶片尖端首先萎蔫，之后叶片失绿，进而呈青铜色，逐渐由局部遍及全叶而坏死，根系生长不正常。

——莴苣、甘蓝和苜蓿缺氯，叶片萎蔫，侧根粗短呈棒状，幼叶叶缘上卷成杯状、失绿，尖端进一步坏死。

——棉花缺氯叶片凋萎，叶色暗绿，严重时叶缘干枯、卷曲，幼叶发病比老叶重。

——甜菜缺氯叶片生长缓慢，叶面积变小，脉间失绿，开始时与缺锰症状相似。

——甘蔗缺氯根长较短，侧根较多。

——大麦缺氯叶片呈卷筒形，与缺铜症状相似。

——玉米缺氯易感染茎腐病，病株易倒伏，影响产量和品质。

——大豆缺氯易患碎死病。

D.4.3 氯的中毒症状

植物氯中毒的症状为生长停滞、叶片黄化，叶缘似烧伤，早熟性发黄及叶片脱落。

——小麦、大麦、玉米等氯中毒时，叶片无异常特征，但分蘖受抑。

——水稻氯中毒时，叶片黄化并枯萎，但与缺氮叶片均匀发黄不同，开始时叶尖黄化而叶片其余部分仍保持深绿。

——柑橘氯中毒时，典型症状为叶片呈青铜色，易发生异常落叶，叶柄不脱落。

——油菜、小白菜氯中毒时，于二叶期后出现症状，叶片变小、变形，脉间失绿，叶尖叶缘先后枯焦，并向内弯曲。

——马铃薯氯中毒时，主茎萎缩、变粗，叶片褪淡黄化，叶缘卷曲有焦枯，影响马铃薯产量及淀粉含量。

——烟草氯中毒主要影响其品质，氯过量使烟叶糖/氮比升高，影响烟丝的吸味和燃烧性。

参 考 文 献

[1]陆景陵．植物营养学：上册[M]．北京：中国农业大学出版社，2003.
[2]胡霭堂，周立祥．植物营养学：下册[M]．北京：中国农业大学出版社，2003.
[3]涂仕华．常用肥料使用手册[M]．成都：四川科学技术出版社，2011.
[4]邹松，方霖，沈善强，等．国内外典型硫酸盐型盐湖卤水资源现状及提钾工艺综述[J]．矿产保护与利用，2017(5)：113-118.
[5]郭如新．硫酸钾镁肥研发现状与发展前景[J]．硫磷设计与粉体工程，2009(5)：15-21.

ICS 65.080
G 21

中华人民共和国农业行业标准

NY/T 3672—2020

生物炭检测方法通则

General rule for test methods of biochar

2020-07-27 发布　　2020-11-01 实施

中华人民共和国农业农村部　发布

前　言

本标准按照 GB/T 1.1—2009 给出的规则起草。

本标准由农业农村部科技教育司提出并归口。

本标准起草单位：农业农村部规划设计研究院、中国农业科学院农业环境与可持续发展研究所、合肥天焱绿色能源开发有限公司。

本标准主要起草人员：赵立欣、孟海波、霍丽丽、李丽洁、姚宗路、丛宏斌、马腾、胡二峰、袁艳文、贾吉秀、王冠、刘勇、赵凯。

生物炭检测方法通则

1 范围

本标准规定了生物炭的测定项目、测定方法、结果表述、试验记录、试验报告等内容。

本标准适用于以农业、林业剩余物为原料制备的生物炭。

2 规范性引用文件

下列文件对于本文件的应用是必不可少的。凡是注日期的引用文件,仅注日期的版本适用于本文件。凡是不注日期的引用文件,其最新版本(包括所有的修改单)适用于本文件。

GB/T 218 煤中碳酸盐二氧化碳含量的测定方法

GB/T 4632 煤的最高内在水分测定方法

GB/T 7702.2 煤质颗粒活性炭试验方法 粒度的测定

GB/T 7702.4 煤质颗粒活性炭试验方法 装填密度的测定

GB/T 7702.6 煤质颗粒活性炭试验方法 亚甲蓝吸附值的测定

GB/T 7702.7 煤质颗粒活性炭试验方法 碘吸附值的测定

GB/T 7702.8 煤质颗粒活性炭试验方法 苯酚吸附值的测定

GB/T 7702.9 煤质颗粒活性炭试验方法 着火点的测定

GB/T 7702.13 煤质颗粒活性炭试验方法 四氯化碳吸附率的测定

GB/T 7702.16 煤质颗粒活性炭试验方法 pH 值的测定

GB/T 7702.18 煤质颗粒活性炭试验方法 焦糖脱色率的测定

GB/T 7702.19 煤质颗粒活性炭试验方法 四氯化碳脱附率的测定

GB/T 7702.20 煤质颗粒活性炭试验方法 孔容积和比表面积的测定

GB/T 8170 数值修约规则与极限数值的表示和判定

GB/T 8381.8 饲料中多氯联苯的测定 气相色谱法

GB/T 28643 饲料中二噁英及二噁英类多氯联苯的测定同位素稀释-高分辨气相色谱/高分辨质谱法

GB/T 28732 固体生物质燃料全硫测定方法

GB/T 28734 固体生物质燃料中碳氢测定方法

GB/T 30726 固体生物质燃料灰熔融性的测定方法

GB/T 30727 固体生物质燃料发热量测定方法

GB/T 30728 固体生物质燃料氮的测定方法

GB/T 32952 肥料中多环芳烃含量的测定 气相色谱-质谱法

LY/T 1616 活性炭水萃取液电导率测定方法

NY/T 1879 生物质固体成型燃料采样方法

NY/T 1880 生物质固体成型燃料样品制备方法

NY/T 1881.2 生物质固体成型燃料试验方法 第2部分:全水分

NY/T 1881.3 生物质固体成型燃料试验方法 第3部分:一般分析样品水分

NY/T 1881.4 生物质固体成型燃料试验方法 第4部分:挥发分

NY/T 1881.5 生物质固体成型燃料试验方法 第5部分:灰分

DIN EN ISO 17294-2 水质 感应耦合等离子体质谱法(ICP-MS)的应用 第2部分:62种元素的测定[Water quality Application of inductively coupled plasma mass spectrometry (ICP-MS) Part 2: Determination of 62 elements]

3 术语和定义

下列术语和定义适用于本文件。

3.1

生物炭 biochar

以农业、林业剩余物等生物质为原料,在一定气氛(无氧、限氧、饱和水蒸气等)与压力(常压或高压)条件下,受热分解所生成的固态产物。

3.2

总碳 total carbon

生物炭中碳元素的总含量,包括有机碳和无机碳。

3.3

有机碳 organic carbon

生物炭中含有的与有机质有关的碳。

3.4

碳酸盐二氧化碳 carbonate carbon dioxide

生物炭中的碳酸盐受热分解释放的二氧化碳,表征生物炭中以碳酸盐矿物质形式存在的无机碳。

4 样品

4.1 采集与制备

生物炭样品采集应符合 NY/T 1879 的规定,样品制备应符合 NY/T 1880 的规定。

4.2 保存

样品应放置在密封的塑料容器内保存。

5 测定

5.1 测定项目与测定方法

生物炭的测定项目选择由送样方与检测方共同商定,各个测定项目的测定方法应按表 1 的规定执行。

表 1 测定项目与测定方法

<table>
<tr><th>序号</th><th colspan="2">测定项目</th><th>符号</th><th>测定方法</th></tr>
<tr><td>1</td><td colspan="2">全水分</td><td>M_{ar}</td><td>NY/T 1881.2</td></tr>
<tr><td>2</td><td colspan="2">有机碳</td><td>C_{org}</td><td>参见附录 A</td></tr>
<tr><td>3</td><td colspan="2">碳酸盐二氧化碳</td><td>η_{CO_2}</td><td>GB/T 218</td></tr>
<tr><td>4</td><td colspan="2">粒度</td><td>L_i</td><td>GB/T 7702.2</td></tr>
<tr><td>5</td><td colspan="2">pH</td><td>pH</td><td>GB/T 7702.16</td></tr>
<tr><td>6</td><td colspan="2">电导率</td><td>Ω</td><td>LY/T 1616</td></tr>
<tr><td>7</td><td colspan="2">堆积密度</td><td>ρ_z</td><td>GB/T 7702.4</td></tr>
<tr><td>8</td><td colspan="2">比表面积</td><td>SA</td><td rowspan="4">GB/T 7702.20</td></tr>
<tr><td rowspan="3">9</td><td rowspan="3">孔容积</td><td>微孔容积</td><td>V_{mi}</td></tr>
<tr><td>中孔容积</td><td>V_t</td></tr>
<tr><td>大孔容积</td><td>V_m</td></tr>
<tr><td>10</td><td colspan="2">持水性</td><td>MHC</td><td>GB/T 4632</td></tr>
<tr><td>11</td><td colspan="2">总碳</td><td>C</td><td>GB/T 28734</td></tr>
<tr><td>12</td><td colspan="2">氢</td><td>H</td><td>GB/T 28734</td></tr>
<tr><td>13</td><td colspan="2">总氮</td><td>N</td><td>GB/T 30728</td></tr>
<tr><td>14</td><td colspan="2">硫</td><td>S</td><td>GB/T 28732</td></tr>
<tr><td>15</td><td colspan="2">氧</td><td>O</td><td>差减法,即 $O_d=100-C_d-H_d-N_d-S_d-A_d-Cl_d$</td></tr>
</table>

表 1（续）

序号	测定项目		符号	测定方法
16	全磷、全钾、钠、钙、镁、铁		P、K、Na、Ca、Mg、Fe	DIN EN ISO 17294-2
17	工业分析	一般样品水分	M_{ad}	NY/T 1881.3
18		挥发分	V	NY/T 1881.4
19		灰分	A	NY/T 1881.5
20	发热量	高位发热量	Q_{gr}	GB/T 30727
		低位发热量	$Q_{net,v}$	
21	灰熔融点	变形温度	DT	GB/T 30726
		软化温度	ST	
		半球温度	HT	
		流动温度	FT	
22	着火点		T_i	GB/T 7702.9
23	多环芳烃		PAHs	GB/T 32952
24	多氯联苯		PCB	GB/T 8381.8
25	二噁英		PCDD	GB/T 28643
26	铅、镉、铜、镍、汞、锌、铬、硼、锰、砷、钴、钼、氯		Pb、Cd、Cu、Ni、Hg、Zn、Cr、B、Mn、As、Co、Mo、Cl	DIN EN ISO 17294-2
27	吸附特性	亚甲蓝吸附值	E_M	GB/T 7702.6
28		碘吸附值	E_I	GB/T 7702.7
29		苯酚吸附值	E_P	GB/T 7702.8
30		四氯化碳吸附率	ε_{ct}	GB/T 7702.13
31		四氯化碳脱附率	Ω_{ct}	GB/T 7702.19
32		焦糖脱色率	Ω_{car}	GB/T 7702.18

5.2 测定次数

每个测定项目对同一样品进行 2 次测定。2 次测定的差值如不超过重复性限 T，则取其算术平均值作为最后结果；否则，需进行第三次测定。如 3 次测定的极差不超过重复性限 $1.2T$，则取 3 次测定值的算术平均值作为最后结果；否则，需进行第四次测定。如 4 次测定的极差不超过重复性限 $1.3T$，则取 4 次测定值的算术平均值作为最后结果；如果极差大于 $1.3T$，而其中 3 个测定值的极差不大于 $1.2T$，则取此 3 次测定值的算术平均值作为最后结果。如上述条件均未达到，则应舍弃全部测定结果，并检查试验仪器与操作，然后重新进行试验。

6 结果表述

6.1 基的符号

ar——收到基。

ad——空气干燥基。

d——干燥基。

daf——干燥无灰基。

6.2 基的换算

表 2 不同基准之间的换算公式

已知基	基准换算			
	空气干燥基 ad	收到基 ar	干燥基 d	干燥无灰基 daf
空气干燥基 ad		$\frac{100-M_{ar}}{100-M_{ad}}$	$\frac{100}{100-M_{ad}}$	$\frac{100}{100-(M_{ad}+A_{ad})}$
收到基 ar	$\frac{100-M_{ad}}{100-M_{ar}}$		$\frac{100}{100-M_{ar}}$	$\frac{100}{100-(M_{ar}+A_{ar})}$

表 2（续）

已知基	基准换算			
	空气干燥基 ad	收到基 ar	干燥基 d	干燥无灰基 daf
干燥基 d	$\frac{100-M_{ad}}{100}$	$\frac{100-M_{ar}}{100}$		$\frac{100}{100-A_d}$
干燥无灰基 daf	$\frac{100-(M_{ad}+A_{ad})}{100}$	$\frac{100-(M_{ar}+A_{ar})}{100}$	$\frac{100-A_d}{100}$	

6.3 数据与修约

测定项目的报告值有效位数应按表 3 的规定执行，数据修约应符合 GB/T 8170 的规定。

表 3 报告值的有效位数

序号	测定项目		符号	单位	报告值
1	全水分		M_{ar}	%	小数点后 1 位
2	有机碳		C_{org}	%	小数点后 2 位
3	碳酸盐二氧化碳		η_{CO_2}	%	小数点后 2 位
4	粒度		L_i	%	个位
5	pH		pH	/	小数点后 1 位
6	电导率		EC	μS/cm	个位
7	堆积密度		ρ_z	g/L	个位
8	比表面积		SA	m^2/g	个位
9	孔容积	微孔容积	V_{mi}	cm^3/g	小数点后 2 位
		中孔容积	V_t		
		大孔容积	V_m		
10	持水性		MHC	%	小数点后 1 位
11	总碳		C	%	小数点后 2 位
12	氢		H		
13	总氮		N		
14	硫		S		
15	氧		O		
16	工业分析	一般样品水分	M_{ad}	%	小数点后 1 位
17		挥发分	V		
18		灰分	A		
19	发热量	高位发热量	Q_{gr}	MJ/kg	小数点后 2 位
		低位发热量	$Q_{net,v}$		
20	灰熔融点	变形温度	DT	℃	个位
		软化温度	ST		
		半球温度	HT		
		流动温度	FT		
21	着火点		T_i	℃	个位
22	多环芳烃		PAHs	mg/kg	小数点后 2 位
23	多氯联苯		PCB	pg/g	个位
24	二噁英		PCDD		
25	吸附特性	亚甲蓝吸附值	E_M	mg/g	个位
26		碘吸附值	E_I		
27		苯酚吸附值	E_P		
28		四氯化碳吸附率	ε_{ct}	%	个位
29		四氯化碳脱附率	Ω_{ct}		
30		焦糖脱色率	Ω_{car}		

7 试验记录与试验报告

试验报告应按规定的格式、术语、符号与法定计量单位填写，并应至少包括以下内容：

a) 报告名称、页数及总页数；

b) 试样名称、试样量、接收时间、试样编号、试样描述及试验日期；

c) 测定项目、测定方法、试验结果及基准；

d) 试验中的异常现象与异常观测值；

e) 关于“本报告只对收到样品负责”的声明；

f) 其他需要的信息。

试验报告格式参见附录 B。

附 录 A
（资料性附录）
生物炭中有机碳仪器测定法

A.1 范围

本附录规定了生物炭中有机碳的仪器测定法。

本附录适用于生物炭中有机碳的测定。

A.2 原理

用稀盐酸去除生物炭样品中的无机碳后，在高温氧气流中燃烧，使有机碳转化成二氧化碳，经红外检测器检测并给出有机碳的含量。

A.3 仪器与设备

A.3.1 碳硫测定仪或碳测定仪。

A.3.2 瓷坩埚：碳硫分析专用，使用前应置于马弗炉中，在 900℃～1 000℃灼烧 2 h。

A.3.3 分析天平：感量为 0.000 1 g。

A.3.4 马弗炉。

A.3.5 可控温电热板或水浴锅。

A.3.6 烘箱。

A.3.7 真空泵。

A.3.8 抽滤器。

A.3.9 坩埚架。

A.4 试剂与材料

A.4.1 盐酸溶液：用分析纯盐酸按 HCl∶H_2O=1∶7(V/V)。

A.4.2 无水高氯酸镁（分析纯）。

A.4.3 碱石棉。

A.4.4 玻璃纤维。

A.4.5 脱硫专用棉。

A.4.6 铂硅胶。

A.4.7 铁屑助熔剂：ω(C)＜0.002％，ω(S)＜0.002％。

A.4.8 钨粒助熔剂：ω(C)＜0.001％，ω(S)＜0.000 5％，粒径 0.35 mm～0.83 mm。

A.4.9 各种碳含量的仪器标定专用标样。

A.4.10 氧气：纯度不低于 99.9％。

A.4.11 压缩空气或氮气（无油、无水）。

A.5 分析步骤

A.5.1 碎样

将样品磨碎至粒径小于 0.2 mm，磨碎好的样品质量不应少于 10 g。

A.5.2 称样

根据样品类型称取 0.01 g ～1.00 g 试样，精确至 0.000 1 g。

A.5.3 溶样

在盛有试样的容器中缓慢加入过量的盐酸溶液，放在水浴锅或电热板上，温度控制在 60℃～80℃，溶样 2 h 以上，至反应完全为止。溶样过程中试样不得溅出。

A.5.4 洗样

将酸处理过的试样置于抽滤器上的瓷坩埚里，用蒸馏水洗至中性。

A.5.5 烘样

将盛有试样的瓷坩埚放入 60℃～80℃的烘箱内，烘干待用。

A.5.6 测定

A.5.6.1 检查各吸收剂的效能。

A.5.6.2 开机稳定：稳定时间按仪器说明书进行。

A.5.6.3 通气：接通氧气及动力气，按仪器要求调整压力。

A.5.6.4 系统检查：待仪器稳定后，按仪器说明书进行。

A.5.6.5 仪器标定：根据样品类型对选定的通道选用高、中、低 3 种碳含量合适的仪器标定专用标样进行测定，测定结果应达到仪器标定专用标样不确定度的要求，否则应调整校正系数重新进行标定。

A.5.6.6 空白试验：取一经酸处理的瓷坩埚加入铁屑助熔剂约 1 g、钨粒助熔剂约 1 g，测量结果碳含量（质量分数）不应大于 0.01%。

A.5.6.7 样品测定：在烘干的盛有试样的瓷坩埚（A.5.5）中加入铁屑助熔剂约 1 g、钨粒助熔剂约 1 g，输入试样质量，上机测定。每测定 20 个试样应清刷燃烧管一次，并插入仪器标定专用标样检测仪器。如果检测结果超出仪器标定专用标样的不确定度，应按 A.5.6.5 重新标定仪器。

A.5.7 关机

按仪器操作说明书要求进行。

A.6 测定精度

每批样品测定应有 10%的平行样，2 次或 2 次以上测定结果（以质量分数百分比表示）的重复性与再现性应符合以下规定：

a） 本方法在正常与正确的操作情况下，由同一操作人员，在同一实验室内，使用同一仪器，并在短期内，对相同试样所做 2 个单次测试结果之间的差值超过重复性，平均 20 次中不多于 1 次。

b） 本方法在正常与正确的操作情况下，由 2 名操作人员，在不同实验室内，对相同试样所做 2 个单次测试结果之间的差值超过再现性，平均 20 次中不多于 1 次。

附　录　B
（资料性附录）
试验报告参考样式

试验报告参考样式见表 B. 1。

表 B. 1　试验报告参考样式

<table>
<tr><td colspan="8">__________________试验报告
共　　页第　　页</td></tr>
<tr><td>试样名称：</td><td></td><td>试样量：</td><td></td><td colspan="2">接收时间：</td><td colspan="2"></td></tr>
<tr><td>试样编号：</td><td></td><td>试样描述：</td><td></td><td colspan="2">试验日期：</td><td colspan="2"></td></tr>
<tr><td>送样单位：</td><td></td><td>检测单位：</td><td></td><td colspan="2"></td><td colspan="2"></td></tr>
<tr><td>序号</td><td>测定项目</td><td>测定方法</td><td>试验结果</td><td>单位</td><td>基准</td><td colspan="2">备注</td></tr>
<tr><td></td><td></td><td></td><td></td><td></td><td></td><td colspan="2"></td></tr>
<tr><td></td><td></td><td></td><td></td><td></td><td></td><td colspan="2"></td></tr>
<tr><td></td><td></td><td></td><td></td><td></td><td></td><td colspan="2"></td></tr>
<tr><td></td><td></td><td></td><td></td><td></td><td></td><td colspan="2"></td></tr>
<tr><td></td><td></td><td></td><td></td><td></td><td></td><td colspan="2"></td></tr>
<tr><td colspan="8">本报告只对收到样品负责</td></tr>
<tr><td>送样人
（签字）</td><td></td><td>检验人
（签字）</td><td></td><td colspan="2">审核人
（签字）</td><td colspan="2"></td></tr>
<tr><td>签发日期</td><td></td><td>签发日期</td><td></td><td colspan="2">签发日期</td><td colspan="2"></td></tr>
</table>

ICS 65.020.01
B 10

中华人民共和国农业行业标准

NY/T 3678—2020

土壤田间持水量的测定　围框淹灌仪器法

Determination of field capacity using soil moisture-monitoring instruments installed in flooded plot

2020-08-26 发布　　2021-01-01 实施

中华人民共和国农业农村部　发布

前　　言

本标准按照 GB/T 1.1—2009 给出的规则起草。

本标准由农业农村部种植业管理司提出并归口。

本标准起草单位：全国农业技术推广服务中心、河北省农林科学院旱作农业研究所、中国农业大学、北京农业信息技术研究中心、北京市农业技术推广站。

本标准主要起草人：钟永红、吴勇、张赓、陈广锋、杜森、李科江、李子忠、张钟莉莉、孟范玉、郑春莲、岳焕芳。

土壤田间持水量的测定　围框淹灌仪器法

1　范围

本标准规定了在围框淹灌条件下利用土壤墒情自动监测设备测定土壤田间持水量的方法。

本标准适用于野外测定田间持水量，不适用于地下水位浅、排水性差的地块及渗透性差的土壤。

2　规范性引用文件

下列文件对于本文件的应用是必不可少的。凡是注日期的引用文件，仅注日期的版本适用于本文件。凡是不注日期的引用文件，其最新版本（包括所有的修改单）适用于本文件。

GB/T 28418　土壤水分（墒情）监测仪器基本技术条件

NY/T 3180　土壤墒情监测数据采集规范

3　术语和定义

下列术语和定义适用于本文件。

3.1

土壤田间持水量　field capacity

土壤毛管悬着水达到最大值时的土壤含水量。

3.2

毛管悬着水　capillary suspended water

凭借毛细管力保持在土壤毛管中的水分。

3.3

重力水　gravitational water

受重力的作用，沿非毛细管孔隙下渗的水分。

4　原理

选择有代表性地块，通过灌水或降水使土壤充分饱和，在无蒸发的条件下，自然渗漏排除重力水，一定时间内土壤水分达到平衡时，毛管悬着水达到最大值时的土壤含水量，即为土壤田间持水量。本方法利用土壤墒情自动监测设备，在围框淹灌条件下使土壤达到过饱和，实时测定土壤含水量变化，确定土壤田间持水量。

5　试剂或材料

5.1　木框、塑料框或其他材质框架，1 m×1 m，框高约 25 cm。

5.2　干草、秸秆或其他垫料。

5.3　塑料薄膜。

6　仪器设备

土壤墒情自动监测设备基本技术条件符合 GB/T 28418 的要求，分辨率≤0.1%。

7　试验步骤

7.1　地块选择

选择代表性强、空旷平坦的地块，平整地面，避免灌水或降水积聚于低洼处而影响水分均匀下渗。

7.2 土壤墒情自动监测设备安装

安装土壤墒情自动监测设备时应尽量少扰动土壤,传感器应与土壤紧密接触,压紧压实。安装完成后应对设备数据采集、存储和发送等功能进行测试,确保设备运行正常。墒情数据采集方法按照 NY/T 3180 的规定执行。

7.3 筑埂

以土壤墒情自动监测设备埋设探头的位置为中心,四周筑起一道正方形(2 m ×2 m)土埂(从埂外取土筑埂),埂高约 30 cm,埂底宽约 30 cm。以传感器埋设位置为中心放入正方形木框,木框入土深度约 20 cm,放入木框时注意不要损坏数据传输线。框内面积 1 m^2,为测试区。若无木框,可再筑一内埂替代,埂内面积仍为 1 m^2。木框或内埂外的部分为保护区,防止测试区内的水外流。

7.4 灌水量

灌水量要确保测试区 1 m 深土体达到过饱和,用土壤墒情自动监测设备测定 1 m 深土体各层的含水量,按式(1)计算灌水量。

$$Q = 2 \times (\theta_2 - \theta_1) \times 4/100 \quad \cdots\cdots (1)$$

式中:

Q ——灌水量,单位为立方米(m^3);

θ_2 ——田间持水量,单位为百分号(%),用质量分数表示,一般沙土和沙壤土取 22%,轻壤土和中壤土取 28%,重壤土和黏土取 35%;

θ_1 ——灌水前土壤含水量,单位为百分号(%),用质量分数表示。

灌水量也可采用经验值,一般沙土 1.4 m^3,壤土和黏土 1.8 m^3。

7.5 灌水

灌水前在测试区和保护区地面铺放一薄层干草、秸秆或其他垫料,避免灌水时冲击土壤,破坏表土结构。灌水时先灌保护区,迅速建立 5 cm 厚的水层,然后向测试区灌水,同样建立 5 cm 厚的水层。保护区灌 3/4 的水量,测试区灌 1/4 的水量,直至用完计算的总灌水量。

7.6 覆盖

灌水完成后,在测试区和保护区再覆盖一层干草或秸秆,在草层或秸秆上覆盖塑料薄膜,避免土壤水分蒸发和雨水渗入,一直保持到田间持水量测定结束。

7.7 测定

保持土壤墒情自动监测设备正常工作,每小时测定一次各层土壤体积含水量,冬季土壤封冻时不宜测定。

8 田间持水量的计算

从灌水前一天开始提取连续数据,将同一层次土壤含水量数据进行 4 h 数据的滑动平均。在退水过程中,当同一层次滑动平均土壤含水量的变化曲线达到拐点,即当前时间点和前第 4 个时间点变化幅度不超过 0.4%($|\theta_{t,i} - \theta_{t-4,i}| \leq 0.4\%$)时,当前时间点和前 3 个时间点所测土层 4 h 平均土壤含水量($\theta'_{I,t}$)即为该层土壤的田间持水量(θ_{FC})。

$$\theta'_{t,i} = (\theta_{t,i} + \theta_{t-1,i} + \theta_{t-2,i} + \theta_{t-3,i})/4 \quad \cdots\cdots (2)$$

$\theta'_{t,i}$——当前时间点和前 3 个时间点所测土层 4 h 平均土壤含水量,单位为百分号(%),用体积分数表示,保留小数点后 1 位;

$\theta_{t,i}$ ——当前时间点所测土层土壤含水量,单位为百分号(%),用体积分数表示,保留小数点后 1 位;

t ——当前时间点。

9 精密度

同一位置前后测定值相对相差不大于 5%。

ICS 65.020.01
B 10

中华人民共和国农业行业标准

NY/T 3694—2020

东北黑土区旱地肥沃耕层构建技术规程

Technical code of practice for constructing fertile cultivated layer of upland in black soil region in northeast China

2020-08-26 发布 2021-01-01 实施

中华人民共和国农业农村部 发布

前　　言

本标准按照 GB/T 1.1—2009 给出的规则起草。

本标准由农业农村部种植业管理司提出并归口。

本标准起草单位:农业农村部耕地质量监测保护中心、中国科学院东北地理与农业生态研究所。

本标准主要起草人:韩晓增、杨帆、邹文秀、陆欣春、陈旭、严君、崔勇、杨宁、陈守伦、徐志强。

东北黑土区旱地肥沃耕层构建技术规程

1 范围

本标准规定了耕地肥沃耕层的术语和定义、指标、构建技术。

本标准适用于中国东北区黑土、黑钙土、草甸土、白浆土、棕壤、暗棕壤6个土壤类型的旱地。

2 规范性引用文件

下列文件对于本文件的应用是必不可少的。凡是注日期的引用文件，仅注日期的版本适用于本文件。凡是不注日期的引用文件，其最新版本(包括所有的修改单)适用于本文件。

JB/T 6279 圆盘耙

JB/T 6678 秸秆粉碎还田机

JB/T 10295 深松整地联合作业机

NY/T 496 肥料合理使用准则 通则

NY/T 645 玉米收获机 质量评价技术规范

NY/T 1121.6 土壤有机质的测定

NY/T 3442 畜禽粪便堆肥技术规程

3 术语和定义

下列术语和定义适用于本文件。

3.1

肥沃耕层 fertile cultivated layer

采用机械耕作方法形成的，具有持续高效保水供水能力、保肥供肥能力、厚度达到30 cm～35 cm的耕层。

3.2

肥沃耕层构建 fertile cultivated layer construction

采用深翻和深混等机械作业方法，将0 cm～35 cm土层旋转60°～120°，同时将秸秆或(和)有机肥深混于厚度0 cm～35 cm土层之中，使土层达到肥沃耕层指标的耕作方法。

3.3

土壤有机质 soil organic matter

土壤中形成的和外加入的所有动植物残体不同阶段的各种分解产物和合成产物的总称，包括高度腐解的腐殖物质、解剖结构尚可辨认的有机残体和各种微生物。

3.4

螺旋式犁壁犁 winding moldboard plow

犁壁为螺旋型的铧犁，具有使土层旋转60°～120°功能的犁壁犁。

4 肥沃耕层指标

松嫩平原中东部、三江平原和大兴安岭山地丘陵区土壤有机质≥30 g/kg，松嫩平原西部和辽河平原土壤有机质≥20 g/kg，耕层厚度30 cm以上，土壤饱和持水量为175 mm～210 mm，pH为5.5～7.5，有效磷≥30 mg/kg，速效钾≥150 mg/kg。

5 肥沃耕层构建技术

5.1 玉米秸秆全量一次性深混还田构建肥沃耕层技术

5.1.1 秸秆粉碎

玉米收获期适时采用机械收获，收获质量应符合 NY/T 645 的要求。利用秸秆粉碎机械进一步将玉米秸秆及根茬破碎，使秸秆均匀地抛撒在田面上。秸秆粉碎的标准应符合 JB/T 6678 的要求。

5.1.2 构建肥沃耕层

利用螺旋式犁壁犁进行土层翻转作业，土层翻转 60°～120°，作业深度为（32.5±2.5）cm，使平铺在田块上的秸秆翻转进入 0 cm～35 cm 土层。

5.1.3 整地

利用圆盘耙对地块进行秸秆深混和碎土平整作业，地表平整度、土壤膨松度、土壤扰动系数等指标应符合 JB/T 10295 的要求。然后起垄作业或平作作业、镇压，使土壤达到待播种状态。圆盘耙应符合 JB/T 6279 的要求。

5.2 有机肥深混还田构建肥沃耕层技术

5.2.1 抛撒有机肥

秋季收获后施用按 NY/T 3442 的规定堆制的有机肥，按照 NY/T 1121.6 的规定测定土壤有机质含量，根据土壤有机质含量和 NY/T 496 的规定，确定合适的有机肥施用量，施用量为 22.5 m^3/hm^2以上，利用有机肥抛撒机，将有机肥均匀抛撒在田面上。

5.2.2 构建肥沃耕层

利用螺旋式犁壁犁进行土层翻转作业，土层翻转 60°～120°，作业深度为（32.5±2.5）cm，使平铺在田块上的有机肥翻转进入 0 cm～35 cm 土层。

5.2.3 整地

利用圆盘耙对地块进行有机肥深混和碎土平整作业，地表平整度、土壤膨松度、土壤扰动系数等指标应符合 JB/T 10295 的要求。然后起垄或平作作业、镇压，使土壤达到待播种状态。圆盘耙应符合 JB/T 6279 的要求。

5.3 秸秆配施有机肥深混还田构建肥沃耕层技术

5.3.1 秸秆配施有机肥

玉米收获期适时采用机械收获，收获质量应符合 NY/T 645 的要求。在已粉碎的秸秆上抛撒有机肥，有机肥应符合 NY/T 3442 的要求，有机肥的施用量为 15 m^3/hm^2以上。

5.3.2 构建肥沃耕层

利用螺旋式犁壁犁将田面上的秸秆和有机肥深混进入 0 cm～35 cm 土层。

5.3.3 整地

利用圆盘耙对地块进行有机肥和秸秆深混及碎土平整作业，地表平整度、土壤膨松度、土壤扰动系数等指标应符合 JB/T 10295 的要求。然后起垄或平作作业、镇压，使土壤达到待播种状态。圆盘耙应符合 JB/T 6279 的要求。

6 注意事项

6.1 黑土层≥30 cm 的旱地土壤，宜采用玉米秸秆全量一次性深混还田技术，以达到扩容耕层，构建肥沃耕层的目的。

6.2 黑土层＜30 cm 的旱地土壤、肥力较低、物理性质较差的耕作土壤，宜采用秸秆配施有机肥深混还田构建肥沃耕层技术和有机肥深混还田构建肥沃耕层技术，以补充因熟土层和新土层混合后导致的土壤肥力下降。

6.3 白浆土，在采用秸秆配施有机肥深混还田构建肥沃耕层技术的同时，应适当施用石灰调节土壤酸度，适当增施磷肥，以达到一次性改造白浆土白浆层的目的。

6.4 位于缓坡区的旱地肥沃耕层构建应同时采取水土保持措施。

6.5 肥沃耕层构建机械作业时间宜在秋季作物收获后至土壤封冻前，土壤含水量为 20%左右实施。

ICS 65.020.01
B 10

中华人民共和国农业行业标准

NY/T 3701—2020

耕地质量长期定位监测点布设规范

Specification for long-term monitoring site of cultivated land quality

2020-08-26 发布　　2021-01-01 实施

中华人民共和国农业农村部　发布

前　　言

本标准按照 GB/T 1.1—2009 给出的规则起草。

本标准由农业农村部种植业管理司提出并归口。

本标准起草单位：农业农村部耕地质量监测保护中心、中国农业大学、中国农业科学院农业资源与农业区划研究所、黑龙江省农科院土壤肥料与环境资源研究所、浙江省耕地质量与肥料管理局、江苏省耕地质量与农业环境保护站、浙江托普云农科技股份有限公司、北京天创金农科技有限公司。

本标准主要起草人：马常宝、曲潇琳、薛彦东、任意、王红叶、王慧颖、于子坤、张会民、周宝库、陈一定、王绪奎、张骏达、钱鹏、刘明。

耕地质量长期定位监测点布设规范

1 范围

本标准规定了耕地质量长期定位监测点术语和定义、布设原则、任务和功能、规划与设计、建设内容、主要技术及经济指标等方面的内容。

本标准适用于耕地质量长期定位监测点的新建或改建，可作为耕地质量长期定位监测点建设规划、可行性研究报告和设计等文件编制的依据，可用于相关项目的评估、立项、实施、检查和验收。

2 规范性引用文件

下列文件对于本文件的应用是必不可少的。凡是注日期的引用文件，仅注日期的版本适用于本文件。凡是不注日期的引用文件，其最新版本(包括所有的修改单)适用于本文件。

GB/T 17296 中国土壤分类与代码

GB/T 33469 耕地质量等级

NY/T 1119 耕地质量监测技术规程

3 术语和定义

下列术语和定义适用于本文件。

3.1

耕地质量 cultivated land quality

由耕地地力、土壤健康状况和田间基础设施构成的满足农产品持续产出和质量安全的能力。

3.2

耕地质量长期定位监测 long-term monitoring of cultivated land quality

在固定田块上，通过多年连续定点调查、田间试验、样品采集与分析化验等方式，监测耕地地力、土壤健康状况和田间基础设施等因子动态变化的过程。

3.3

耕地质量长期定位监测点 long-term monitoring site of cultivated land quality

为进行长期耕地质量监测而设置的观测、试验和取样的固定地块及附属设施设备等，简称耕地质量监测点。

4 布设原则

4.1 农业农村部组织布设国家级耕地质量监测点；省级及以下农业农村部门组织布设本区域耕地质量监测点。

4.2 根据耕地面积、土壤类型、耕地质量水平和种植制度等，选择具有代表性和典型性的区域布设监测点。

4.3 具有必要的水、电、交通和通信等外部协作条件。

4.4 应符合相关行业发展规划或重大项目规划。

4.5 应遵循国家现行的有关法律法规和标准。

5 任务和功能

5.1 开展监测点功能区建设、设施设备的日常维护和运行。

5.2 开展自动监测、田间调查、样品采集与分析化验，动态监测耕地质量变化情况。

5.3 开展耕地培肥改良效果监测与展示。

5.4 开展耕地质量监测数据与信息的汇总、分析和报送。

6 规划与设计

6.1 选址条件

6.1.1 监测点优先设在永久基本农田保护区、粮食生产功能区、重要农产品生产保护区等有代表性的地块上。

6.1.2 监测点优先选择相对集中连片、田面平整、具备灌排条件、田间道路符合农机具操作要求的地块，其他要求按照 NY/T 1119 的规定执行。

6.1.3 监测点优先选在种植大户、家庭农场、农业专业合作社、农业龙头企业等新型经营主体长期承包经营的地块。

6.2 功能区布设

6.2.1 根据监测点级别设置功能区，田间建设布局见附录 A。

6.2.2 国家级耕地质量监测点设置自动监测、耕地质量监测和培肥改良试验监测 3 个功能区，建设面积共 500 m^2～1 000 m^2。

6.2.3 省级及以下耕地质量监测点至少设置耕地质量监测和培肥改良试验监测 2 个功能区，建设面积原则上不小于 500 m^2；也可参照国家级耕地质量监测点设置 3 个功能区。

7 建设内容

7.1 监测点功能区建设

7.1.1 监测点功能区以及小区田间隔离设施，采用浇注水泥板或砖混结构等材质，具有防冻、防裂功能；水田隔离设施地上部分高出最高淹水位 0.1 m，地下部分 0.5 m 以上，厚度 0.1 m 以上；旱地隔离设施地上部分 0.2 m，地下部分 0.5 m 以上或至基岩，厚度 0.1 m 以上。根据实际需要设置灌排设施。

7.1.2 自动监测功能区主要开展农田气象要素、土壤参数及作物长势自动监测。监测设备底座采用架空木质或相近材质结构建设，高出地面 0.3 m 以上；功能区四周围栏采用不锈钢材质，面积不小于 33 m^2，栏高不低于 1.5 m。国家级耕地质量监测点田间工程建设，具体见附录 A.3。

7.1.3 耕地质量监测功能区开展反映耕地地力、土壤健康状况和田间基础设施等内容的动态变化监测，设置 3 个区，即长期不施肥区、当年不施肥区、常规施肥区。小区设置及用地面积按照 NY/T 1119 的规定执行。

7.1.4 培肥改良试验监测功能区开展培肥改良、轮作休耕等技术模式试验及综合治理试验，监测培肥改良效果。用地面积按照 NY/T 1119 的规定执行。

7.2 监测设施配备

7.2.1 国家级耕地质量监测点标识牌、展示牌设施建设按照规定样式与材质制作，具体参见附录 B。省级及以下耕地质量监测点标识牌、展示牌设施参照国家级耕地质量监测点建设。

7.2.2 根据监测点级别配置相应的仪器设备。国家级耕地质量监测点配置自动监测、物联网监测、样品采集等仪器设备，省级及以下耕地质量监测点配置样品采集、相关参数监测仪器设备。详见附录 C。

7.2.3 监测点应设置必要的电力、通信、网络设施。

8 主要技术及经济指标

8.1 项目投资

监测点建设投资包括监测功能区田间建设投资和设施设备投资两部分。监测功能区田间建设投资估算，以编制期市场价格为测算依据，项目区工程及材料价格与本标准估算不一致时，按照当地实际价格进行调整。国家级、省级及以下耕地质量监测点仪器设备参考投资标准参见附录 D，设备投资以政府采购价为准。

8.2 建设工期

项目建设工期通常为2个～3个月，可安排在秋季收获之后或春播之前。

附 录 A
（规范性附录）
耕地质量监测点布局示意图

国家级耕地质量监测点布局示意图见图 A.1，省级及以下耕地质量监测点布局示意图见图 A.2，国家级耕地质量监测点田间工程示意图见图 A.3。

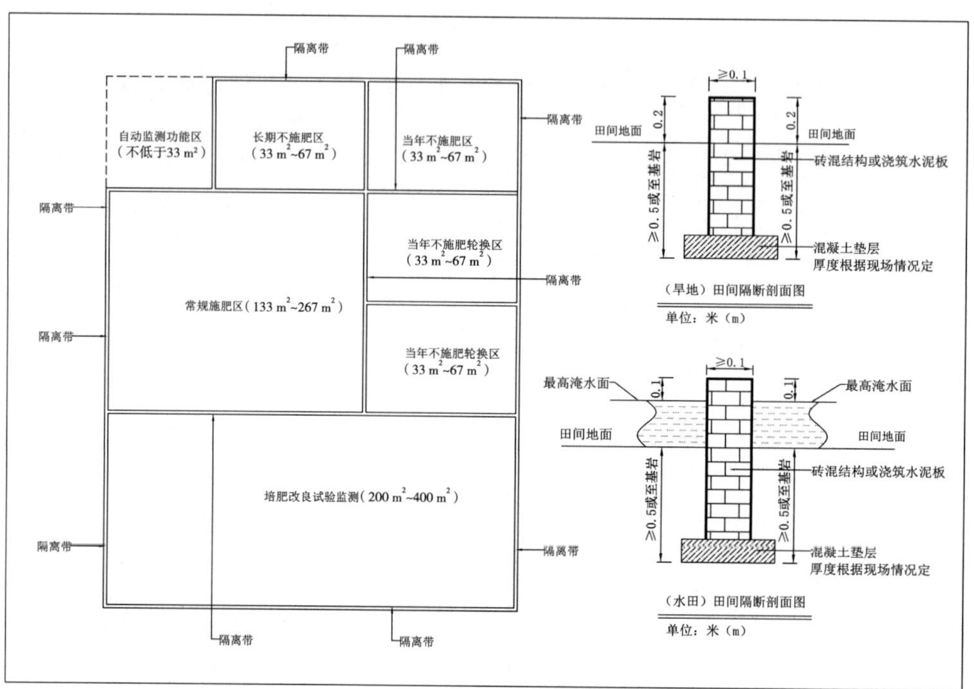

图 A.1 国家级耕地质量监测点布局示意图

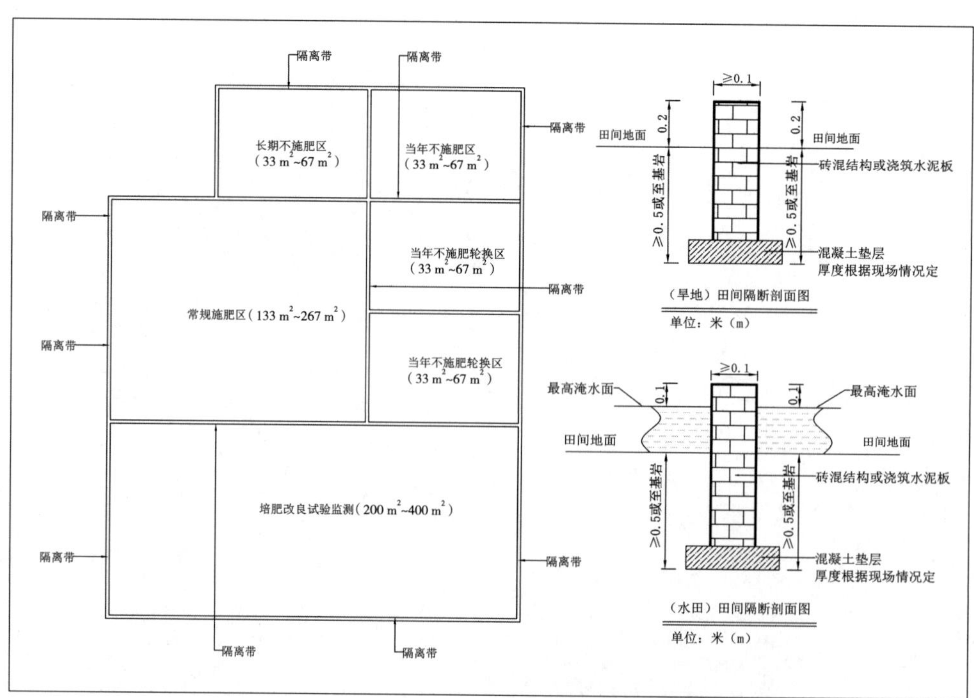

图 A.2 省级及以下耕地质量监测点布局示意图

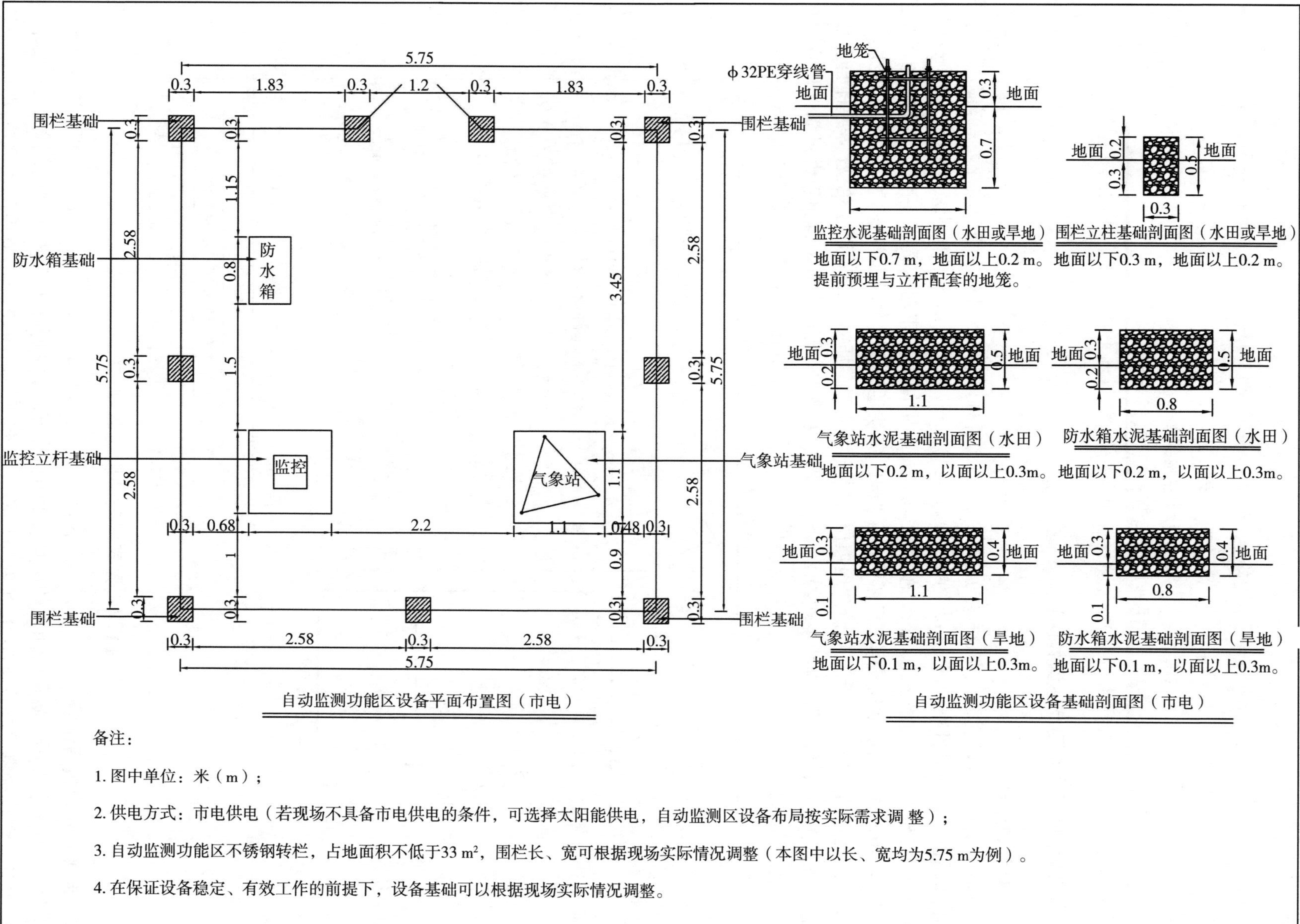

图A.3　国家级耕地质量监测点田间工程示意图

附　录　B
（资料性附录）
耕地质量监测标识牌、展示牌

B.1　国家级耕地质量监测点标识牌（样式）

B.1.1　规格尺寸说明

在耕地质量监测点设立标识牌（样式见图 B.1）。标识牌材质为大理石或相似材质石材，最小尺寸限制：标识牌高 1 500 mm（其中 500 mm 埋在地下），宽 800 mm，厚 250 mm。“国家级耕地质量监测点”字样在上方居中，位置距上边缘 62.5 mm，左边缘 160 mm，字体为方正粗宋简体，字号 120，颜色为红色（RGB：255，0，0）。“中国耕地质量监测”标识位于“国家级耕地质量监测点”字样下方 20 mm，距左边缘 300 mm。监测点信息“编号”“建点年份”“地理位置”“土壤类型”“质量等级”“设立单位”等字样自上而下等间距（15 mm）排列；“编号”字样距上边缘 260 mm，距左边缘 150 mm。字体为方正大黑简体，字号 50，颜色为黑色（RGB：0，0，0）。

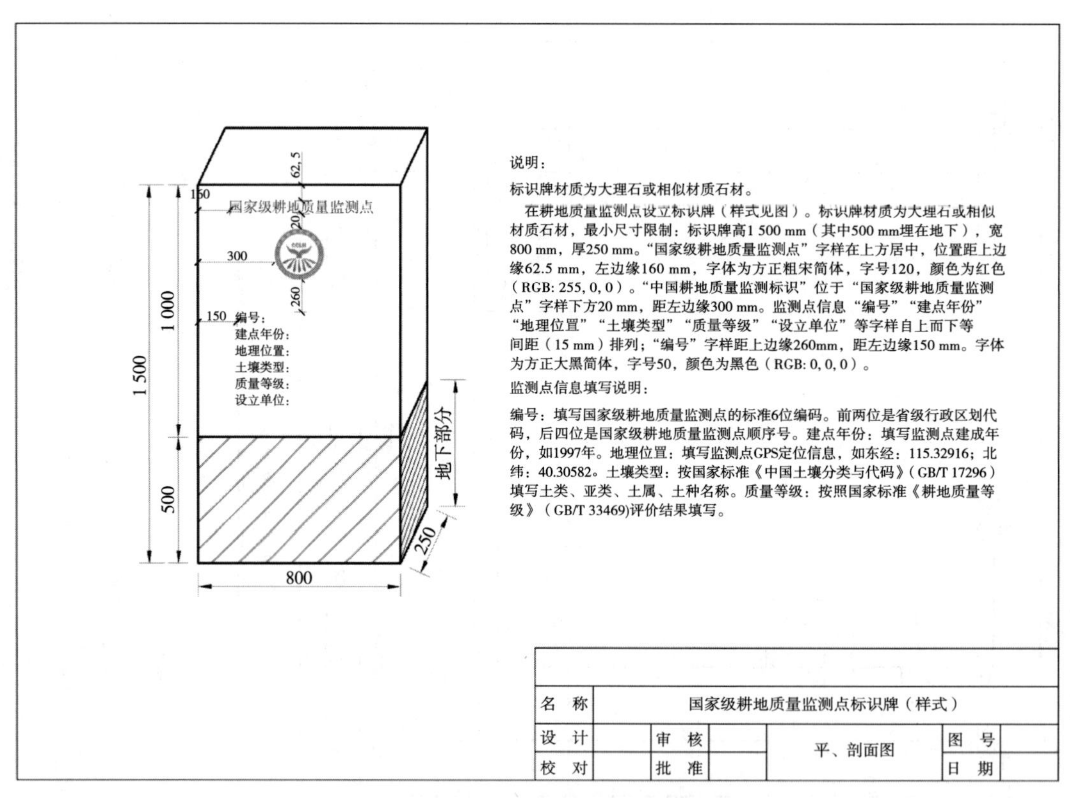
62,5
160
国家级耕地质量监测点
20
300
260
150
编号：
建点年份：
地理位置：
土壤类型：
质量等级：
设立单位：
1 500
1 000
500
地下部分
250
800
说明：
标识牌材质为大理石或相似材质石材。
在耕地质量监测点设立标识牌（样式见图）。标识牌材质为大理石或相似材质石材，最小尺寸限制：标识牌高1 500 mm（其中500 mm埋在地下），宽800 mm，厚250 mm。“国家级耕地质量监测点”字样在上方居中，位置距上边缘62.5 mm，左边缘160 mm，字体为方正粗宋简体，字号120，颜色为红色（RGB: 255, 0, 0）。“中国耕地质量监测标识”位于“国家级耕地质量监测点”字样下方20 mm，距左边缘300 mm。监测点信息“编号”“建点年份”“地理位置”“土壤类型”“质量等级”“设立单位”等字样自上而下等间距（15 mm）排列；“编号”字样距上边缘260mm，距左边缘150 mm。字体为方正大黑简体，字号50，颜色为黑色（RGB: 0, 0, 0）。
监测点信息填写说明：
编号：填写国家级耕地质量监测点的标准6位编码。前两位是省级行政区划代码，后四位是国家级耕地质量监测点顺序号。建点年份：填写监测点建成年份，如1997年。地理位置：填写监测点GPS定位信息，如东经：115.32916；北纬：40.30582。土壤类型：按国家标准《中国土壤分类与代码》（GB/T 17296）填写土类、亚类、土属、土种名称。质量等级：按照国家标准《耕地质量等级》（GB/T 33469)评价结果填写。
名　称
国家级耕地质量监测点标识牌（样式）
设　计
审　核
平、剖面图
图　号
校　对
批　准
日　期

图 B.1　国家级耕地质量监测点标识牌

B.1.2　监测点信息填写说明

编号：填写国家级耕地质量监测点的标准 6 位编码。前 2 位是省级行政区划代码，后 4 位是国家级耕地质量监测点顺序号。建点年份：填写监测点建成年份，如 1997 年。地理位置：填写监测点 GPS 定位信息，如东经：115.32916；北纬：40.30582。土壤类型：按《中国土壤分类与代码》（GB/T 17296）填写土类、亚类、土属、土种名称。质量等级：按照《耕地质量等级》（GB/T 33469）评价结果填写，见图 B.1。

B.2 国家级耕地质量监测点展示牌(样式)

见图 B.2。

<table>
<tr><td colspan="2" align="center">国家级耕地质量监测点展示牌</td></tr>
<tr><td>(监测点基本情况):国家级监测点(编号)行政区域位置(××县××乡(镇)××村),耕地土壤状况(××土类、××亚类、××土属、××土种,土壤结构、理化性状等基本情况,耕地质量等级状况,存在的主要问题等),典型种植制度(主要种植××作物,典型××种植模式,实施××主推技术等)。</td><td>监测功能区设置示意图
(自动监测功能区、耕地质量监测功能区、培肥改良试验监测功能区具体实施区域要明确标注)</td></tr>
<tr><td>实施单位:
工作负责人:
技术负责人:</td><td align="right">农业农村部××司
农业农村部耕地质量监测保护中心
××省农业农村厅(或委员会)
××县农业农村局(或委员会)
××年××月</td></tr>
</table>

图 B.2 国家级耕地质量监测点展示牌

附 录 C
（规范性附录）
耕地质量监测点田间建设内容、功能参数和要求

耕地质量监测点田间建设内容、功能参数和要求见表C.1。

表C.1 耕地质量监测点田间建设内容、功能参数和要求

名称	数量	单位	主要功能和相关参数	备注
土壤样品采集处理设备	1	套	2把不锈钢土钻、2把取土铲、2把剖面刀、50个环刀、100个铝盒、1套团聚体筛分设备及原状土储运盒	
土壤贯穿阻力仪(紧实度仪)	1	套	测量范围:0 MPa～10 MPa	
土壤多参数自动监测设备	1	套	1. 土壤温度范围:－40℃～85℃,误差±0.3℃ 2. 土壤体积含水量:0%～100%,相对误差±3% 3. 土壤电导率,测量范围0 dS/m～5 dS/m 4. 监测深度0 cm～20 cm、20 cm～40 cm、40 cm～60 cm、60 cm～80 cm	国家级耕地质量监测点配备
移动式作物生长监测设备	1	套	具备监测覆盖度、叶面积指数(LAI)、叶绿素(SPAD值)、归一化植被指数(NDVI)等功能	国家级耕地质量监测点配备
物联网(物联网系统、农田气象要素观测仪、手持式土壤墒情速测仪及视频监控支撑系统)	1	套	物联网系统:200万以上像素8寸红外,200 m红外照射距离,焦距:6 mm～186 mm,30倍以上光学变倍 农田气象要素观测仪:1. 空气温湿度:温度测量范围 －40℃～70℃,相对湿度测量范围0%～100%。2. 风速:测量范围:0 m/s～30 m/s。3. 风向:测量范围0°～360°。以上3项指标精度参照国家气象有关标准。4. 雨量。5. 大气压力。6. 光照传感器。以上3项指标测量范围、精度参照国家气象有关标准 手持式土壤墒情速测仪:1. 土壤体积含水量:0%～100%,相对误差±3%;2. 监测深度0 cm～10 cm、10 cm～20 cm 视频监控支撑系统:1. 长4 m～6 m,直径160 mm整体镀锌管监控立杆,0.8 m～1 m长横臂1个,各地可根据实际情况调整;2. 抗风力:45 kg/mh;3. 1 m×1 m基础混凝土浇灌,钢结构预埋件;4. 配备避雷针、接地体等视频、控制信号防雷设施,用于监控视频信号设备点对点的协击保护	国家级耕地质量监测点配备
数据存储设备	1	台	主机,4个2 TB硬盘	国家级耕地质量监测点配备
围栏	1	套	不锈钢围栏,占地面积不低于33 m^2,高度1.5 m以上	国家级耕地质量监测点配备

表 C.1（续）

名称	数量	单位	主要功能和相关参数	备注
防雷器＋接地设备	1	个	配备视频、控制信号防雷设施，用于监控视频信号设备点对点的协击保护；配备避雷针、接地体等	
供电系统	1	套	优先选择市电；使用太阳能供电的，要求阴雨天可连续使用达 10 d～15 d	国家级耕地质量监测点配备
通信网络	1	套	优先使用有线网络或 4G 及以上无线网络	国家级耕地质量监测点配备

附　录　D
（资料性附录）
耕地质量监测点设施设备参考投资标准

耕地质量监测点设施设备参考投资标准见表 D.1 和表 D.2。

表 D.1　国家级耕地质量监测点设施设备参考投资标准

建设内容	数量	单位	单价，万元	合计，万元	备注
耕地质量监测标识牌、展示牌	1	套	1.0	1.0	
隔离区设置（含田间整治）	1	套	6.0	6.0	
土壤样品采集设备	1	套	2.0	2.0	
土壤贯穿阻力仪（紧实度仪）	1	套	1.0	1.0	
土壤多参数自动监测设备	1	套	2.0	2.0	
物联网（物联网系统、农田气象要素观测仪、手持式土壤墒情速测仪及视频监控支撑系统）	1	套	13.5	13.5	
移动式作物生长监测设备	1	套	2	2	
数据存储设备	1	台	0.4	0.4	
围栏	1	套	1	1	
防雷器＋接地设备	1	个	0.4	0.4	
供电系统	1	套	0.5	0.5	使用市电
通信网络	1	套	0.2	0.2	每年 0.2 万元
合计	—	—	—	30.0	

表 D.2　省级及以下耕地质量监测点设施设备参考投资标准

建设内容	数量	单位	单价，万元	合计，万元	备注
耕地质量监测标识牌、展示牌	1	套	1.0	1.0	
隔离区设置（含田间整治）	1	套	6.0	6.0	
土壤样品采集设备	1	套	2.0	2.0	
土壤贯穿阻力仪（紧实度仪）	1	套	1.0	1.0	
合计	—	—	—	10.0	

ICS 65.020.01
B 10

中华人民共和国农业行业标准

NY/T 3702—2020

耕地质量信息分类与编码

Classification and coding of cultivated land quality information

2020-08-26 发布　　2021-01-01 实施

中华人民共和国农业农村部　发布

前　言

本标准按照 GB/T 1.1—2019 给出的规则起草。

本标准由农业农村部种植业管理司提出并归口。

本标准起草单位:农业农村部耕地质量监测保护中心、扬州市耕地质量保护站、北京农业信息技术研究中心、浙江托普云农科技股份有限公司、北京华志信科技股份有限公司、北京兴农丰华科技有限公司、河南省现代农业大数据应用产业技术研究院有限公司。

本标准主要起草人:闫东浩、李文西、陈守伦、龚鑫鑫、崔萌、刘玉、朱旭华、朱洪臣、张俊青、张鹰、王慧颖、任艳敏、毛伟、杭天文。

耕地质量信息分类与编码

1 范围

本标准规定了耕地质量信息分类、信息编码、信息类目与代码。

本标准适用于耕地质量调查、监测、评价、建设、保护及信息化管理工作。

2 规范性引用文件

下列文件对于本文件的应用是必不可少的。凡是标注日期的引用文件,仅注日期的版本适用于本文件。凡是不注日期的引用文件,其最新版本(包括所有的修改单)适用于本文件。

GB/T 2260 中华人民共和国行政区划代码

GB/T 7027 信息分类和编码的基本原则与方法

GB/T 17296 中国土壤分类与代码

GB/T 33469—2016 耕地质量等级

NY/T 1119—2019 耕地质量监测技术规程

3 术语和定义

GB/T 33469、NY/T 1119 界定的以及下列术语和定义适用于本文件。

3.1

耕地 cultivated land

用于农作物种植的土地。

[GB/T 33469—2016,定义 3.1]

3.2

耕地质量 cultivated land quality

由耕地地力、土壤健康状况和田间基础设施构成的满足农产品持续产出和质量安全的能力。

[NY/T 1119—2019,定义 3.2]

3.3

耕地地力 cultivated land productivity

在当前管理水平下,由土壤立地条件、自然属性等相关要素构成的耕地生产能力。

[GB/T 33469—2016,定义 3.2]

3.4

土壤健康状况 soil health condition

土壤作为一个动态生命系统具有的维持其功能的持续能力,用清洁程度、生物多样性表示。

注:清洁程度反映了土壤受重金属、农药和农膜残留等有毒有害物质影响的程度;生物多样性反映了土壤生命力丰富程度。

[GB/T 33469—2016,定义 3.3]

3.5

耕地质量信息 cultivated land quality information

土壤立地条件、自然属性、健康状况、农田建设管理等与耕地质量有关的数据、原始记录等,及其相关动态变化信息,表达形式包括:文字、数字、符号、图形、图像、影像等。

4 耕地质量信息分类

4.1 分类原则

4.1.1 **科学性**

按照耕地质量信息属性及其存在的逻辑关系，并考虑耕地质量信息的用途和管理特点进行分类。

4.1.2 **兼容性**

分类体系与国家标准、行业标准已有分类体系相衔接。

4.1.3 **实用性**

分类体系类目设置满足实际需要、可操作。

4.1.4 **可扩展性**

在保持分类体系不变的前提下，在类目和代码结构上留出扩充空间，可根据工作需要扩充。

4.2 分类方法

4.2.1 本标准中的基本分类方法遵循 GB/T 7027 的规定和要求，采用线分类法为主、面分类法为补充的混合分类方法。

4.2.2 耕地质量信息划分为三级类目，一级类目以立地条件、土壤自然属性、土壤健康状况、农田建设管理构成。二级类目以气候、地形地貌、水文、土壤物理性状等 13 个构成。三级类目包括常年有效积温、太阳辐射总量、常年无霜期等。

5 耕地质量信息编码

5.1 编码原则

5.1.1 **唯一性**

在一个分类体系中，每一个耕地质量信息类目仅有一个代码，一个代码仅表示一个耕地质量信息类目。

5.1.2 **合理性**

代码结构与分类体系相适应。

5.1.3 **可扩充性**

代码应留有适当的后备容量，以便适应不断扩充的需要。

5.1.4 **简明性**

代码结构简明，长度短，以节省机器存储空间和降低代码的出错率。

5.2 编码方法

5.2.1 编码基本方法遵循 GB/T 7027 的规定和要求，采用分层编码的方法。层间采用层次码，层内采用顺序码。

5.2.2 层次码针对类目层级，采用固定递增格式，代码自左至右表示的层级由高至低，代码的左端为最高位层级代码，右端为最低层级代码。顺序码针对每类层级内部，采用递增的数字进行编码。

5.3 代码组成

类目代码用阿拉伯数字表示，每层代码均采用 2 位阿拉伯数字表示，即 01～99。一级类目代码由第一层代码组成，二级及以下类目代码由上级类目代码加本层代码组成。代码结构如图 1 所示：

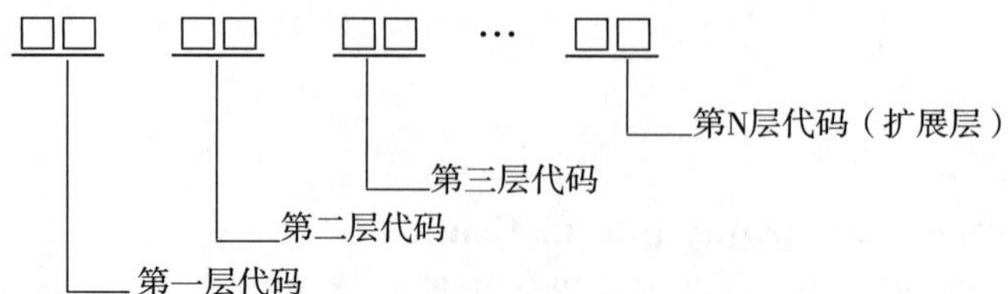

图 1 分类体系代码结构

6 耕地质量信息类目与代码

耕地质量信息分类代码与类目名称见附录 A。

附　录　A
（规范性附录）
耕地质量信息分类代码与类目名称

耕地质量信息分类代码与类目名称见表 A.1。

表 A.1　耕地质量信息分类代码与类目名称

代码	类目名称	备注
01	立地条件	
0101	气候	
010101	常年有效积温	单位：℃
010102	太阳辐射总量	单位：W/m^2
010103	常年无霜期	单位：d
010104	干燥度	地区水分收支与热量平衡的比值(NY/T 1634)
0102	地形地貌	
010201	地貌类型	指大地貌类型，如山地、丘陵、平原等(GB/T 33469)
010202	地形部位	指中小地貌单元，如山间盆地、丘陵上部等(GB/T 33469)
010203	海拔高度	单位：m
010204	田面坡度	单位：℃
010205	坡向	地表坡面所对的方向(NY/T 1634)
0103	水文	
010301	潜水埋深	单位：m
010302	常年降水量	单位：mm
02	土壤自然属性	
0201	成土母质	分为残积母质和运积母质(NY/T 1119)
0202	土壤类型	土类、亚类、土属、土种等名称(按照 GB/T 17296 的规定)
0203	土壤物理性状	
020301	土壤质地(机械组成)	沙土类、壤土类、黏土类等(NY/T 1119)
020302	质地构型	分为薄层型、松散型、夹层型、上紧下松型等类型(GB/T 33469)
020303	有效土层厚度	单位：cm
020304	耕层厚度	单位：cm
020305	土壤颜色	土壤剖面在自然状态的颜色(NY/T 1119)
020306	土壤结构	指土壤碎块形状及大小(NY/T 1119)
020307	土壤容重	单位：g/cm^3
020308	土壤紧实度	单位：MPa
020309	水稳性大团聚体含量	单位：%
020310	土壤含水量	单位：%
020311	土壤温度	单位：℃
020312	障碍因素	分为沙化、盐碱、侵蚀、潜育化等(GB/T 33469)
020313	障碍层类型	分为砂姜层、白浆层、黏盘层、铁盘层等(NY/T 1119)
020314	障碍层深度	单位：cm
020315	障碍层厚度	单位：cm
0204	土壤化学性状	
020401	阳离子交换量	单位：cmol/kg
020402	土壤电导率	单位：dS/m
020403	pH	土壤酸碱度指标
020404	土壤含盐量	单位：g/kg
020405	土壤盐渍化程度	分为轻度、中度、重度和无(GB/T 33469)
020406	土壤盐化类型	如氯化物盐、硫酸盐、碳酸盐等(GB/T 33469)

表 A.1（续）

代码	类目名称	备注
020407	还原性物质总量	单位:cmol/kg
03	土壤健康状况	
0301	清洁程度	清洁、尚清洁、轻度污染、中度污染、重度污染(GB/T 33469)
0302	土壤重金属含量	
030201	全铬	单位:mg/kg
030202	全镉	单位:mg/kg
030203	全铅	单位:mg/kg
030204	全汞	单位:mg/kg
030205	全砷	单位:mg/kg
030206	全铜	单位:mg/kg
030207	全锌	单位:mg/kg
030208	全镍	单位:mg/kg
0303	土壤生物多样性	分为丰富、一般、不丰富(GB/T 33469)
030301	土壤微生物生物量碳	单位:mg/kg
030302	土壤微生物生物量氮	单位:mg/kg
04	农田建设管理	
0401	农田坐落	
040101	农业分区	9个一级农业区,38个二级农业区(《中国综合农业区划》)
040102	行政区划	按照GB/T 2260的规定
0402	农田养分	
040201	土壤养分状况	分为养分贫瘠、潜在缺乏、最佳水平和养分过量(GB/T 33469)
040202	有机质	单位:g/kg
040203	全氮	单位:g/kg
040204	全磷	单位:g/kg
040205	全钾	单位:g/kg
040206	有效磷	单位:mg/kg
040207	速效钾	单位:mg/kg
040208	缓效钾	单位:mg/kg
040209	交换性钙	单位:cmol/kg
040210	交换性镁	单位:cmol/kg
040211	有效硫	单位:mg/kg
040212	有效硅	单位:mg/kg
040213	有效铁	单位:mg/kg
040214	有效锰	单位:mg/kg
040215	有效铜	单位:mg/kg
040216	有效锌	单位:mg/kg
040217	有效硼	单位:mg/kg
040218	有效钼	单位:mg/kg
0403	农田基础设施	
040301	灌溉能力	分为充分满足、满足、基本满足、不满足(GB/T 33469)
040302	灌溉水源类型	分为地表水、地下水、地表水+地下水、无(NY/T 1119)
040303	灌溉设施	分为井灌、渠灌或集雨设施(NY/T 1119)
040304	灌溉方式	分为漫灌、渠灌、畦灌、喷灌、滴灌、管灌(NY/T 1119)
040305	排水能力	分为充分满足、满足、基本满足和不满足(GB/T 33469)
040306	排水方式	分为排水沟、暗管排水、强排(NY/T 1119)
040307	农田林网化率	分为高、中、低(GB/T 33469)
0404	农田耕作	
040401	常年耕作制度	前茬、当茬、下茬作物
040402	熟制	分为一年一熟、一年二熟、一年三熟等(NY/T 1119)
040403	耕地利用类型	分为水田、水浇地、旱地、果园、茶园、橡胶园和其他园地
040404	耕作情况	指耕、耙、中耕及除草等田间管理(NY/T 1119)

表 A.1（续）

代码	类目名称	备注
040405	灌水量	单位：m^3/hm^2
040406	化肥常年施肥量(N 折纯)	单位：kg/hm^2
040407	化肥常年施肥量(P_2O_5 折纯)	单位：kg/hm^2
040408	化肥常年施肥量(K_2O 折纯)	单位：kg/hm^2
040409	有机肥常年施肥量(N 折纯)	单位：kg/hm^2
040410	有机肥常年施肥量(P_2O_5 折纯)	单位：kg/hm^2
040411	有机肥常年施肥量(K_2O 折纯)	单位：kg/hm^2
0405	耕地质量评价	
040501	耕地质量等级	分为 10 级(GB/T 33469)
040502	耕地质量适宜性	分为优势区、适宜区、较适宜区等
0406	耕地质量建设	
040601	高标准农田建设	高标准农田建设项目
040602	肥力提升	分为轮作休耕、秸秆还田、增施有机肥、种植绿肥和深松整地、测土配方施肥等
040603	污染修复	分为土壤重金属污染修复、化肥农药减量控污和白色(残膜)污染防控等
040604	综合治理	分为东北黑土退化、南方土壤酸化(包括潜育化)和北方土壤盐渍化等

参 考 文 献

[1]NY/T 1634　耕地地力调查与质量评价技术规范.
[2]全国农业区划委员会,1981. 中国综合农业区划[M]. 北京:农业出版社.
[3]周健民,沈仁芳,等,2013. 土壤学大辞典[M]. 北京:科学出版社.

ICS 65.020.01
B 05

中华人民共和国农业行业标准

NY/T 3704—2020

果园有机肥施用技术指南

Technical guidelines for organic manure application in orchard

2020-08-26 发布

2021-01-01 实施

中华人民共和国农业农村部 发布

前　言

本标准按照 GB/T 1.1—2009 给出的规则起草。

本标准由农业农村部种植业管理司提出并归口。

本标准起草单位:全国农业技术推广服务中心、山东农业大学。

本标准主要起草人:姜远茂、傅国海、辛景树、葛顺峰、朱占玲、徐洋、沈欣、周璇、姜娟、马荣辉、高飞、吴远帆、王帅、李亚周。

果园有机肥施用技术指南

1 范围

本标准规定了果园有机肥种类及质量要求、施用原则、施用技术要求和南方果园绿肥种植及利用方式。

本标准适用于苹果、柑橘、梨、桃、樱桃等果园，其他果园可参考执行。

2 规范性引用文件

下列文件对于本文件的应用是必不可少的。凡是注日期的引用文件，仅注日期的版本适用于本文件。凡是不注日期的引用文件，其最新版本(包括所有的修订版)适用于本文件。

GB/T 25246 畜禽粪便还田技术规范

NY 525 有机肥料

NY 884 生物有机肥

NY/T 3442 畜禽粪便堆肥技术规范

3 术语和定义

下列术语和定义适用于本文件。

3.1

有机肥 organic manure

主要来源于植物残体和(或)动物粪便经过发酵腐熟的含高有机质物料，其功能是改善土壤肥力、提供植物营养、提高作物品质。

3.2

树势 growth vigor

树体生长强弱的状态，通常以树冠外围新梢长度和数量表示。

3.3

幼龄期 vegetative stage

果树从苗木定植到开花结果之前所经历的生长发育阶段。

3.4

初果期 initial bearing stage

从开始结果到大量结果(盛果期)前的生长发育阶段。

3.5

盛果期 full bearing stage

果树从开始大量结果到衰老前的生长发育阶段。

3.6

环状沟施肥 circular trench fertilization

在树冠滴水线附近挖环状沟进行施肥的方法。

3.7

条沟施肥 strip ditch fertilization

在果园行间或株间开条沟施肥的方法。

3.8

放射沟施肥 radiation ditch fertilization

距离树干一定距离向树冠滴水线外沿开放射沟施肥的方法。

3.9

穴状施肥 hole fertilization

在树冠滴水线附近挖穴进行施肥的方法。

4 有机肥种类及质量要求

4.1 有机肥种类

4.1.1 农家肥

4.1.1.1 堆肥

以作物秸秆、落叶、青草等植物残体和人畜粪便等为原料，按比例混合或与少量泥土混合进行好氧发酵腐熟而成的肥料。

4.1.1.2 沤肥

所用原料与堆肥基本相同，在淹水等厌氧条件下发酵腐熟而成的肥料。

4.1.1.3 厩肥

以牛粪、猪粪、羊粪、鸡粪、马粪等畜禽粪便尿与秸秆等垫料堆沤发酵腐熟而成的肥料。

4.1.1.4 饼肥

油料种子经榨油后剩下的残渣，经堆沤发酵腐熟而成的肥料。

4.1.1.5 沼渣和沼液

畜禽粪便等有机废弃物在厌氧条件下经微生物发酵制取沼气后的残留物，由沼渣和沼液两部分组成。

4.1.1.6 绿肥

在果园行间种植的豆科、禾本科、十字花科等作物，采用就地翻压或地表覆盖等方式施入果园的绿色植物体。

4.1.2 商品有机肥

4.1.2.1 普通商品有机肥

以畜禽粪便、农作物秸秆、动植物残体等来源于动植物的有机废弃物为原料，经无害化处理和工厂化生产的有机肥料。

4.1.2.2 生物有机肥

特定功能微生物经工业化生产增殖后与主要以动植物残体(如畜禽粪便、农作物秸秆等)为来源并经无害化处理、腐熟的有机肥料复合而成的一类兼具微生物肥和有机肥效应的肥料。

4.2 有机肥质量要求

农家肥要求充分发酵，质量指标应符合 GB/T 25246 和 NY/T 3442 的技术要求；普通商品有机肥应符合 NY 525 的技术要求；生物有机肥应符合 NY 884 的技术要求。

5 施用原则

5.1 因树施用

根据品种、树龄、树势和产量确定有机肥用量。需肥量少的品种少施，树龄小、树势强、产量低的果园可少施；需肥量大的品种多施，树龄大、树势弱、产量高的果园应多施。

5.2 因土壤施用

有机质含量较低的土壤应多施用有机肥。质地黏重的土壤透气性较差，可施用碳氮比较低、矿化速度较快的有机肥；质地较轻的土壤透气性好，可施用碳氮比较高、矿化分解速度较慢的有机肥。

5.3 因气候施用

在气温低、降雨少的地区，可施用碳氮比较低、矿化分解速度较快的有机肥；在温暖湿润的地区，宜施用碳氮比较高、矿化分解速度较慢的有机肥。

5.4 有机无机相结合

有机肥养分含量低，释放缓慢，而采取与化学肥料配合施用的方法。

5.5 长期施用

充分挖掘有机肥资源，坚持长期施用，维持和提高土壤肥力。

5.6 安全施用

确保施用的有机肥中不含对果树、畜禽和人体有害的病原菌、寄生虫卵、杂草种子等，应严格控制重金属、抗生素、农药残留等有毒有害物质含量。

6 施用技术要求

6.1 施用时期

6.1.1 基肥

宜在秋冬季与化肥结合施用，最佳施肥时期为 9 月中旬至 10 月中旬。

6.1.2 追肥

宜在花前、幼果期和果实膨大期施用。

6.2 施用方法

基肥可采用环状沟施、条沟施、放射沟施和穴施(图 1)，以及地表覆盖等方式进行局部集中施用。追肥可采用条沟施、放射沟施或管道施等方式进行。

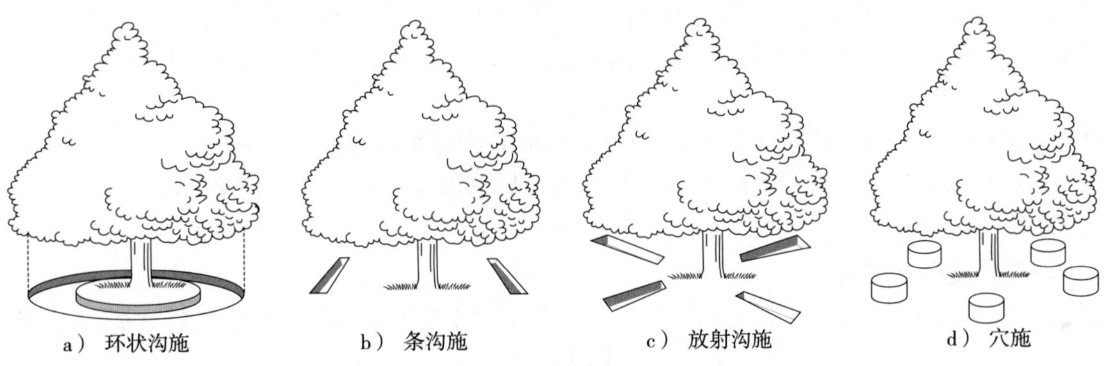

图 1 有机肥施用方式

6.2.1 环状沟施

在树冠滴水线处挖宽 30 cm～40 cm，深 30 cm～40 cm 的环状沟，有机肥与土掺匀后回填，适用于乔砧幼龄期和初果期果园。

6.2.2 条沟施

在果树行间或株间树冠滴水线处开条沟，条沟规格和施用方式同环状沟，适用于矮砧密植果园和乔砧盛果期果园。

6.2.3 放射沟施

从距树体主干 50 cm 处开始到树冠滴水线处挖放射沟，靠近树干内膛的沟约 20 cm 宽、20 cm 深，靠近树冠边缘的沟约 40 cm 宽、40 cm 深，依树冠大小每株树挖 4 个～6 个放射沟，有机肥与土掺匀后回填，适用于乔砧盛果期果园。

6.2.4 穴施

在树冠滴水线处挖直径和深度为 30 cm～40 cm 的穴，有机肥与土掺匀后回填。依树冠大小确定施肥穴数量，每年变换位置，适用于乔砧盛果期果园。

6.2.5 地表覆盖

以作物秸秆或木屑等为原料发酵的体积较大的有机肥，可从距树干 20 cm 处至树冠滴水线处进行地表覆盖，覆盖厚度为 10 cm～15 cm。有机肥数量充足时，可选择树冠下全部覆盖；有机肥数量不足时，可选择树冠 1/4 或 1/2 区域进行局部覆盖，每年变换覆盖区域。

6.2.6 管道施

借助管道灌溉系统，将沼液稀释至安全浓度随水施入，适用于所有果园。

6.3 施用数量

6.3.1 基肥

有机肥推荐用量按照每生产 1 kg 果实施入 1 kg～1.5 kg 农家肥的原则确定，具体用量根据果园土壤有机质状况适当调整。当土壤有机质含量超过 20 g/kg 时，建议适当减少施用量；当土壤有机质含量低于 10 g/kg 时，建议适当增加施用量。

6.3.2 追肥

商品有机肥，尤其是生物有机肥等作为追肥施用时，可在追施化肥的同时适量施用。

7 南方果园绿肥

7.1 绿肥种类

果园优先推荐种植豆科绿肥，如光叶苕子、毛叶苕子、箭筈豌豆、白三叶草、山黧豆等；其次推荐黑麦草、二月兰等禾本科和十字花科绿肥。

7.2 播种量及播期

不同绿肥种类种植播量和播期参见附录 A。

7.3 播种及管理

光叶苕子、毛叶苕子、箭筈豌豆在杂草少的果园可以不旋耕、不除草，在降雨后土壤湿润的情况下均匀撒播于距离树干 0.5 m 以外的行间(或全园撒播)，在杂草生长茂密的果园播前可采用机械或人工割草后撒播。

三叶草、紫云英、二月兰、黑麦草等绿肥种子小，播前需清除杂草、旋耕平整土地，沙土与种子按照 2：1 的比例混匀后均匀撒播。三叶草、紫云英、二月兰播种后的前 2 个月应加强除草管理。

7.4 利用方式

7.4.1 刈割覆盖或翻压还园

在绿肥盛花期或旺长期(冬绿肥为翌年 3 月～4 月)，将绿肥刈割后覆盖于果树树盘及行间、或者结合果园施肥将绿肥翻压于施肥沟或行间，翻压深度以 15 cm～30 cm 为宜。

7.4.2 自然枯萎覆盖

前期让绿肥自然生长，开花结实后、自然枯死覆盖于行间，种子落地后，成为下一季绿肥新的种源。

附 录 A
(资料性附录)
适宜南方果园种植的主要绿肥种植技术和特性

适宜南方果园种植的主要绿肥种植技术和特性见表 A. 1。

表 A. 1 适宜南方果园种植的主要绿肥种植技术和特性

绿肥种类	种植技术和特性
光叶苕子 毛叶苕子	播期:9 月中下旬至 10 月上旬 播量:2 kg/667 m^2左右 播种方法:杂草少的果园在土壤湿润时行间撒播,杂草茂密的果园播前采用机械或人工割草后、于土壤墒情好时行间撒播,不用接种根瘤菌,种植轻简 具有耐瘠薄、耐旱、耐寒特性;分枝能力强、地表覆盖率高、产量高、鲜草产量和养分含量高,抑制杂草能力强 养分含量:N(31±4.2)g/kg,P_2O_5(8.5±2.9)g/kg,K_2O(20±9.3)g/kg
箭筈豌豆	播期:9 月中下旬至 10 月上旬播种 播量:3 kg/667 m^2～4 kg/667 m^2 播种方法:杂草少的果园在土壤湿润时行间撒播,杂草茂密的果园播前采用机械或人工割草后、于土壤墒情好时行间撒播、鲜草产量和养分含量高,种植轻简 具有耐瘠薄、耐旱、耐寒特性;分枝能力强、地表覆盖率高、产量高 养分含量:N(30±3.4)g/kg,P_2O_5(7.8±1.3)g/kg,K_2O(15±6.0)g/kg
山黧豆	播期:9 月上中旬播种 播量:3 kg/667 m^2～4 kg/667 m^2 播种方法:杂草少的果园在土壤湿润时行间撒播,杂草茂密的果园播前采用机械或人工割草后、于土壤墒情好时行间撒播、鲜草产量和养分含量高,种植轻简 具有耐瘠薄、耐旱、耐寒特性;地表覆盖率高、产量高 养分含量:N(33±1.9)g/kg,P_2O_5(8.3±1.1)g/kg,K_2O(34±2.0)g/kg
白三叶草	播期:周年均可种植,最适宜播期 9 月中下旬至 10 月上旬 播量:1.5 kg/667 m^2 播种方法:播前需要清除杂草、旋耕平整土地。在未种植过三叶草的果园,播前需接种根瘤菌,均匀撒播于平整湿润的果园行间,在播种后的前 2 个月需要除草管理 三叶草为多年生绿肥品种,一次播种后可以覆盖生长 3 年～5 年,适宜种植在土层较厚的果园 养分含量:N(37±5.2)g/kg,P_2O_5(7.9±1.2)g/kg,K_2O(38±1.3)g/kg
紫云英	播期:9 月上中旬 播量:1.5 kg/667 m^2 播种方法:播前清除杂草、旋耕平整土地。适宜种植在水肥条件好的平地果园,未种植过紫云英的果园务必用紫云英专用根瘤菌进行拌种,然后均匀撒播于平整后果园行间。播后第 1 个月加强除草管理 具有生长快速、观赏性好,可以在观光果园作为景观绿肥种植的特点 养分含量:N(29±4.8)g/kg,P_2O_5(7.2±1.9)g/kg,K_2O(32±8.6)g/kg
黑麦草	播期:可以秋播和春播,最适宜播期 9 月中下旬至 10 月上旬 播量:1.5 kg/667 m^2～2 kg/667 m^2 播种方法:播前需要清除杂草、旋耕平整土地。均匀撒播于土壤湿润时平整的果园行间 具有对土壤要求比较严格,喜肥不耐瘠,略能耐酸 养分含量:N(28±7.0)g/kg,P_2O_5(5.5±2.4)g/kg,K_2O(20±3.4)g/kg

表 A.1（续）

绿肥种类	种植技术和特性
二月兰	播期:9 月中旬 播量:1.5 kg/667 m^2～2 kg/667 m^2 播种方法:播前清除杂草、旋耕平整土地。均匀撒播于平整的果园行间。播后第 1 个月加强除草管理 具有花期长、观赏性好,集菜用、肥用、观赏于一体,在水肥条件好的果园生长好 养分含量:N(25±6.6)g/kg,P_2O_5(8.5±1.9)g/kg,K_2O(39±1.7)g/kg

ICS 65.020.01
B 10

中华人民共和国农业行业标准

NY/T 3787—2020

土壤中四环素类、氟喹诺酮类、磺胺类、大环内酯类和氯霉素类抗生素含量同步检测方法　高效液相色谱法

Simultaneous determination of tetracyclines, fluoroquinolones, sulfonamides, macrolides and chloramphenicols in soil by HPLC method

2020-11-12 发布　　　　2021-04-01 实施

中华人民共和国农业农村部　发布

前　言

本标准按照 GB/T 1.1—2009 给出的规则起草。

本标准由农业农村部种植业管理司提出并归口。

本标准起草单位：中国农业科学院农业资源与农业区划研究所、农业农村部农业耕地质量监测保护中心、北京农学院、中国农业科学院蜜蜂研究所、中国农业大学、中国标准化研究院。

本标准主要起草人：李兆君、冯瑶、李艳丽、陈守伦、魏朝俊、薛晓峰、徐彦军、赵林萍、杨丽。

土壤中四环素类、氟喹诺酮类、磺胺类、大环内酯类和氯霉素类抗生素含量同步检测方法　高效液相色谱法

1　范围

本标准规定了土壤中四环素类(土霉素、金霉素)、氟喹诺酮类(环丙沙星、恩诺沙星、诺氟沙星)、磺胺类(磺胺噻唑、磺胺间甲氧嘧啶、磺胺甲恶唑、磺胺二甲嘧啶)、大环内酯类(泰乐菌素)和氯霉素类(氯霉素)共5类11种抗生素含量的高效液相色谱检测方法。

本标准适用于土壤中四环素类(土霉素、金霉素)、氟喹诺酮类(环丙沙星、恩诺沙星、诺氟沙星)、磺胺类(磺胺噻唑、磺胺间甲氧嘧啶、磺胺甲恶唑、磺胺二甲嘧啶)、大环内酯类(泰乐菌素)和氯霉素类(氯霉素)共5类11种抗生素含量的检测。

2　规范性引用文件

下列文件对于本文件的应用是必不可少的。凡是注日期的引用文件,仅注日期的版本适用于本文件。凡是不注日期的引用文件,其最新版本(包括所有的修改单)适用于本文件。

GB/T 6682　分析实验室用水规格和试验方法

GB/T 36197　土壤质量　土壤采样技术指南

3　原理

试样中11种抗生素经Na_2EDTA-McIlvaine缓冲液、有机混合提取剂依次提取,固相萃取柱净化处理后进样,高效液相色谱-紫外检测器测定,外标峰面积法定量。

4　试剂和材料

除另有说明外,本标准所用试剂均为分析纯,实验用水应符合GB/T 6682中一级水的规格。

4.1　甲醇:色谱纯。

4.2　乙腈:色谱纯。

4.3　丙酮:色谱纯。

4.4　甲酸:色谱纯。

4.5　乙二胺四乙酸二钠($Na_2EDTA \cdot 2H_2O$)。

4.6　柠檬酸($C_6H_8O_7 \cdot H_2O$)。

4.7　无水磷酸氢二钠(Na_2HPO_4)。

4.8　柠檬酸溶液:0.1 mol/L。称取21.01 g柠檬酸(4.6),用水溶解,定容至1 000 mL,摇匀。

4.9　磷酸氢二钠溶液:0.2 mol/L。称取28.41 g无水磷酸氢二钠(4.7),用水溶解,定容至1 000 mL,摇匀。

4.10　磷酸氢二钠-柠檬酸(McIlvaine)缓冲液:将1 000 mL 0.1 mol/L柠檬酸溶液(4.8)与625 mL 0.2 mol/L磷酸氢二钠溶液(4.9)混合并摇匀。必要时,用1 mol/L氢氧化钠溶液或1 mol/L盐酸溶液调节pH=4.0±0.1。

4.11　Na_2EDTA-McIlvaine缓冲液:0.1 mol/L。称取60.5 g乙二胺四乙酸二钠(4.5),使其溶解于1 625 mL McIlvaine缓冲液(4.10)中,摇匀。

4.12　有机混合提取剂:量取40 mL甲醇(4.1)、40 mL乙腈(4.2)、20 mL丙酮(4.3)混合并摇匀。必要时,用1 mol/L氢氧化钠溶液或1 mol/L盐酸溶液调节pH=4.0±0.1。

4.13 25%甲醇水溶液:量取 25 mL 甲醇(4.1)与 75 mL 水混合并摇匀。

4.14 65%甲醇水溶液:量取 65 mL 甲醇(4.1)与 35 mL 水混合并摇匀。

4.15 0.1%甲酸水溶液:准确吸取 1 mL 甲酸(4.4)于 1 000 mL 容量瓶中,用水溶解并定容至刻度,摇匀。

4.16 乙腈-甲酸溶液(1∶4):量取 200 mL 乙腈(4.2)与 800 mL 甲酸水溶液(4.15)混合并摇匀。

4.17 Oasis HLB 固相萃取柱或相当者:500 mg/6 mL。使用前,依次通过 5 mL 甲醇(4.1)及 10 mL 水预处理,保持柱体湿润。

4.18 标准物质:土霉素、金霉素、磺胺二甲嘧啶、磺胺甲恶唑、磺胺噻唑、磺胺间甲氧嘧啶、环丙沙星、诺氟沙星、恩诺沙星、泰乐菌素、氯霉素的药物名称、英文名称、CAS 号、分子式、纯度参见附录 A 中的表 A.1。

4.19 标准储备溶液:准确称取按其纯度折算为 100%质量的土霉素、金霉素、磺胺二甲嘧啶、磺胺甲恶唑、磺胺噻唑、磺胺间甲氧嘧啶、环丙沙星、诺氟沙星、恩诺沙星、泰乐菌素、氯霉素各 10.0 mg,环丙沙星、诺氟沙星、恩诺沙星分别用 0.03 mol/L 氢氧化钠溶液溶解并定容至 10 mL,其余标准品用甲醇溶解并定容至 10 mL,配制成浓度为 1.0 mg/mL 的单标储备液,于 4℃储存于棕色瓶中,有效期为 1 个月。

4.20 混合标准工作溶液:根据需要,用甲醇(4.1)将标准储备溶液(4.19)配制为适当浓度的混合标准工作溶液。混合标准工作溶液应现用现配。

5 仪器及设备

5.1 高效液相色谱仪:配紫外检测器。

5.2 真空冷冻干燥机。

5.3 分析天平:感量 0.01 mg,0.001 g。

5.4 pH 计:测量精度±0.02。

5.5 涡旋混合器。

5.6 超声波清洗机。

5.7 低温高速离心机:转速不低于 8 000 r/min。

5.8 固相萃取装置。

5.9 旋转蒸发仪。

6 分析步骤

6.1 样品采集与制备

土壤样品取样方法应符合 GB/T 36197 中的规定,所有土壤样品用洁净棕色瓶密闭保存,用干冰冷藏保存并运输至实验室,储存于−20℃。将采集回的样品冷冻干燥,研磨过 2 mm 筛,装入洁净的样品瓶中,密封,并标明标记,常温避光保存,备用。制样操作过程中应防止样品受到污染后残留物含量发生变化。

6.2 提取

称取冻干土样(1.00±0.01) g,置于 50 mL 聚乙烯离心管中,加入 10 mL Na_2EDTA-McIlvaine 缓冲液(4.11),涡旋混匀 30 s(室温)。于 4℃下,超声 15 min,8 000 r/min 条件下离心 10 min,吸取上清液至另一洁净的离心管中,残渣再加入 10 mL 的 Na_2EDTA-McIlvaine 缓冲液,重复以上步骤提取一次。提取 2 次后的残渣再用 10 mL 有机混合提取剂(4.12)提取 2 次,每次提取剂用量 5 mL,步骤同上。合并 4 次上清液,过 0.45 μm 有机相微孔滤膜,将过滤后液体在旋转蒸发仪(70 r/min,40℃)上浓缩至 3 mL～5 mL,用于净化。

6.3 净化

将浓缩后的提取液以 1 mL/min 的流速过固相萃取柱(4.17),提取液完全流出后,用 5 mL 25%甲醇水溶液(4.13)淋洗,弃去全部流出液,并真空抽干 5 min,最后用 10 mL 65%甲醇水溶液(4.14)洗脱,收集洗脱液于旋转蒸发仪上蒸至干燥,吸取 1 mL 乙腈-甲酸溶液(1∶4)(4.16)定容,过 0.22 μm 有机相微孔滤膜过滤,供液相色谱-紫外检测器测定。

6.4 仪器参考条件

6.4.1 色谱柱:T3 色谱柱,150 mm × 4.6 mm,3 μm 或相当者。

6.4.2 流动相:A:0.1%甲酸水溶液(4.15),B:乙腈(4.2)梯度洗脱条件见附录 B 的表 B.1。

6.4.3 流速:1.0 mL/min。

6.4.4 检测波长:274 nm。

6.4.5 柱温:40℃。

6.4.6 进样量:10 μL。

6.5 标准工作曲线绘制

分别移取一系列浓度为 0.1 mg/L、0.5 mg/L、1.0 mg/L、5.0 mg/L、10.0 mg/L 和 50.0 mg/L 的抗生素标准工作液。按仪器参考条件(6.4)进行测定,记录色谱峰面积,以色谱峰的峰面积为纵坐标,以抗生素溶液浓度为横坐标,分别对 11 种抗生素浓度在线性范围内作图,绘制标准工作曲线。

11 种抗生素的标准物质高效液相色谱图参见附录 C 中的图 C.1。

6.6 试样测定

将试样溶液按照仪器参考条件(6.4)进行测定,记录色谱峰面积,由色谱峰的峰面积从标准曲线上求出相应的浓度。样品溶液中的被测物响应值均应在仪器测定的线性范围之内,否则应重新调整浓度后测定。

注:当测定结果低于仪器测定的线性范围,可调整称样量;当测定结果高于仪器测定的线性范围,则应稀释后再进样测定。

6.7 平行试验

按以上步骤,对同一试样进行平行试验测定。

6.8 空白试验

除不加试样外,均按上述步骤同时进行。

7 结果计算

按式(1)计算目标抗生素含量。

$$X_i = \frac{(C_i - C_0) \times V}{m} \quad \cdots\cdots (1)$$

式中:

X_i ——样品中被测目标抗生素的质量浓度,单位为毫克每千克(mg/kg);

C_0 ——空白试验中被测目标抗生素的质量浓度,单位为毫克每升(mg/L);

C_i ——标准曲线查得目标抗生素的质量浓度,单位为毫克每升(mg/L);

V ——样品溶液定容总体积,单位为毫升(mL);

m ——样品质量(干基),单位为克(g)。

8 方法检出限与定量限

测得各样品的峰高与噪声(基线峰高),以 3 倍信噪比计算检出限(LOD),10 倍信噪比计算定量限(LOQ)。检出限与定量限参见附录 D 中的表 D.1。

9 回收率与精密度

在添加浓度 5 mg/kg、10 mg/kg 和 50 mg/kg 时,回收率分别介于 62.7%~90.4%、72.4%~97.1%和 74.1%~99.2%,相对标准偏差低于 10%。回收率与精密度参见附录 E 中的表 E.1。

10 允许差

在重复性条件下获得的 2 次独立测定结果的绝对差值不应超过算术平均值的 10%。

附　录　A
（资料性附录）
11 种抗生素的药物名称、英文名称、CAS 号、分子式、纯度

11 种抗生素的药物名称、英文名称、CAS 号、分子式、纯度见表 A.1。

表 A.1　11 种抗生素的药物名称、英文名称、CAS 号、分子式、纯度

药物名称	英文名称	CAS 号	分子式	纯度，%
土霉素	Oxytetracycline	2058-46-0	$C_{22}H_{25}ClN_2O_9$	≥96.0
金霉素	Chlortetracycline	64-73-3	$C_{21}H_{21}ClN_2O_8$	≥93.0
诺氟沙星	Norfloxacin	70458-96-7	$C_{19}H_{24}FN_3O_6$	≥97.2
环丙沙星	Ciprofloxacin	93107-08-5 86483-48-9	$C_{17}H_{19}ClFN_3O_3$	≥92.3
恩诺沙星	Enrofloxacin	93106-60-6	$C_{19}H_{22}FN_3O_3$	≥99.5
磺胺噻唑	Sulfathiazole	72-14-0	$C_9H_9N_3O_2S_2$	≥99.0
磺胺二甲嘧啶	Sulfamethazine	57-68-1	$C_{12}H_{14}N_4O_2S$	≥99.0
磺胺间甲氧嘧啶	Sulfamonomethoxine	1220-83-3	$C_{11}H_{12}N_4O_3S$	≥93.0
磺胺甲恶唑	Sulfamethoxazole	723-46-6	$C_{10}H_{11}N_3O_3S$	≥99.0
氯霉素	Chloramphenicol	56-75-7	$C_{11}H_{12}Cl_2N_2O_5$	≥98.6
泰乐菌素	Tylosin	74610-55-2	$C_{49}H_{81}NO_{23}$	≥96.0

附　录　B
（规范性附录）
梯度洗脱条件

梯度洗脱条件见表 B.1。

表 B.1　梯度洗脱条件

时间，min	A，%	B，%
0	90	10
20	80	20
24	80	20
25	40	60
31	40	60
32	90	10
35	90	10

附　录　C
（资料性附录）
11 种抗生素的标准物质高效液相色谱图

11 种抗生素的标准物质高效液相色谱图见图 C. 1。

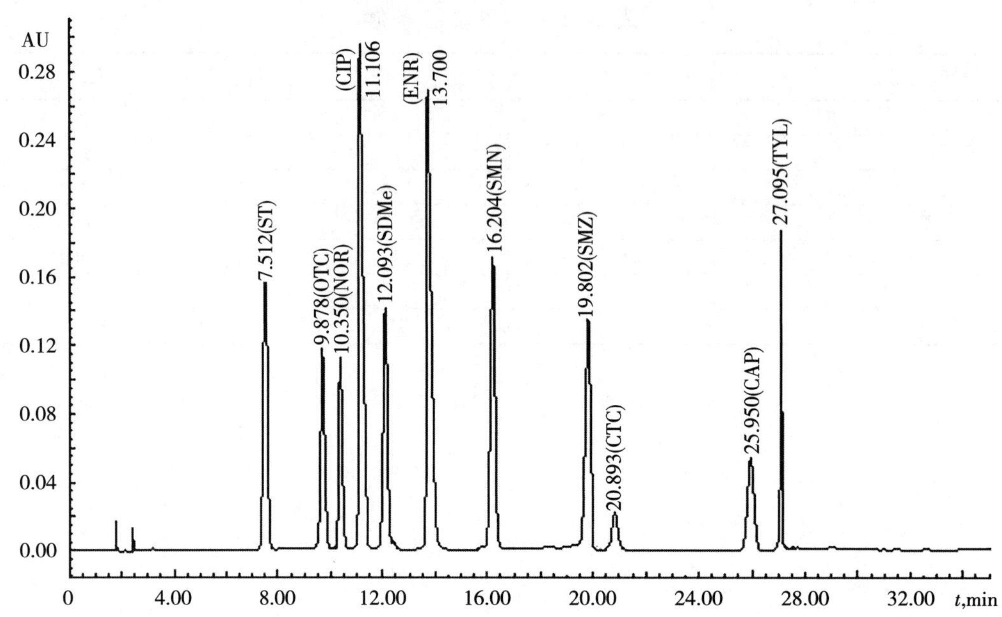

说明：

ST——磺胺噻唑(7.512 min)；

OTC——土霉素(9.878 min)；

NOR——诺氟沙星(10.350 min)；

CIP——环丙沙星(11.106 min)；

SDMe——磺胺二甲嘧啶(12.093 min)；

ENR——恩诺沙星 (13.700 min)；

SMN——磺胺间甲氧嘧啶(16.204 min)；

SMZ——磺胺甲恶唑 (19.802 min)；

CTC——金霉素(20.893 min)；

CAP——氯霉素(25.950 min)；

TYL——泰乐菌素(27.095 min)。

图 C. 1　11 种抗生素的标准物质高效液相色谱图

附 录 D
(资料性附录)
方法的检出限和定量限

方法的检出限和定量限见表D.1。

表D.1 方法的检出限和定量限

化合物	检出限,μg/kg	定量限,μg/kg
土霉素	0.3	1.0
金霉素	0.4	1.3
诺氟沙星	0.4	1.4
环丙沙星	0.3	0.8
恩诺沙星	1.9	5.9
磺胺噻唑	1.0	3.1
磺胺二甲嘧啶	0.6	1.9
磺胺间甲氧嘧啶	0.1	0.3
磺胺甲恶唑	0.9	2.8
氯霉素	0.2	0.5
泰乐菌素	1.7	5.0

附 录 E
(资料性附录)
方法的回收率和精密度

方法的回收率和精密度见表 E.1。

表 E.1 方法的回收率和精密度

化合物	5 mg/kg		10 mg/kg		50 mg/kg	
	回收率,%	相对标准偏差,%	回收率,%	相对标准偏差,%	回收率,%	相对标准偏差,%
土霉素	76.4	1.7	92.6	2.5	90.6	2.8
金霉素	73.1	3.6	72.4	1.8	77.0	5.4
诺氟沙星	81.4	3.2	83.8	1.6	91.2	3.8
环丙沙星	73.0	5.1	76.8	2.3	74.1	5.7
恩诺沙星	90.2	4.1	80.4	1.7	84.4	5.0
磺胺噻唑	75.4	4.1	76.5	3.0	81.7	3.2
磺胺二甲嘧啶	71.6	0.8	74.4	1.1	74.2	3.7
磺胺间甲氧嘧啶	62.7	3.5	85.8	0.9	71.0	4.8
磺胺甲恶唑	69.3	5.6	77.3	10.0	79.1	6.2
氯霉素	90.4	4.6	97.1	5.7	99.2	6.7
泰乐菌素	83.6	4.4	96.7	5.5	98.2	5.9

ICS 65.020.01
B 10

中华人民共和国农业行业标准

NY/T 3788—2020

农田土壤中汞的测定 催化热解-原子荧光法

Determination of mercury in farmland soil—Catalytic pyrolysis atomic fluorescence spectrometry

2020-11-12 发布　　2021-04-01 实施

中华人民共和国农业农村部 发布

前　言

本标准按照 GB/T 1.1—2009 和 GB/T 20001.4—2015 给出的规则起草。

本标准由农业资源环境标准化技术委员会提出并归口。

本标准起草单位：中国农业科学院农业质量标准与检测技术研究所、农业农村部环境保护科研监测所、农业农村部农业生态与资源保护总站、北京市农业环境监测站、广东省农业科学院农产品公共监测中心、北京农业质量标准与检测技术研究中心、河北省农林科学院农业资源环境研究所。

本标准主要起草人：毛雪飞、刘霁欣、刘潇威、郑顺安、穆莉、戴礼洪、欧阳喜辉、刁佳林、李玲、王旭、倪润祥、郝聪、钱永忠、王富华、韩平、王凌、刘腾鹏、邢培哲、吕照慧、王春慧。

农田土壤中汞的测定　催化热解-原子荧光法

1　范围

本标准规定了农田土壤中汞含量测定的催化热解-原子荧光法。

本标准适用于农田土壤中汞含量的测定。

当取样量为 50 mg 时，本标准方法的检出限为 0.3 μg/kg，定量限为 1.0 μg/kg。

2　规范性引用文件

下列文件对于本文件的应用是必不可少的。凡是注日期的引用文件，仅注日期的版本适用于本文件。凡是不注日期的引用文件，其最新版本（包括所有的修改单）适用于本文件。

GB/T 6682　分析实验室用水规格和试验方法

HJ 613　土壤　干物质和水分的测定　重量法

HJ/T 166　土壤环境监测技术规范

NY/T 395　农田土壤环境质量监测技术规范

3　原理

农田土壤样品中的汞经电热蒸发及催化热解后，被还原成汞原子，用汞齐富集后再释放进入原子荧光光谱仪，以 253.7 nm 波长汞灯激发检测汞的原子荧光信号，外标法定量。

4　试剂或材料

除非另有说明，所用试剂均为优级纯。实验室用水为符合 GB/T 6682 规定的一级水。

4.1　重铬酸钾（$K_2Cr_2O_7$）。

4.2　硝酸（HNO_3）。

4.3　氯化汞（$HgCl_2$）：在干燥器中充分干燥。

4.4　固定液：将 0.5 g 重铬酸钾（4.1）溶于 950 mL 水中，再加 50 mL 硝酸（4.2），摇匀。

4.5　汞标准储备液（100 mg/L）：称取 0.135 4 g 氯化汞（4.3），用适量固定液（4.4）溶解后，再用固定液（4.4）定容至 1 000 mL，摇匀，4℃冷藏；或使用经国家认证并授予证书的标准物质。

4.6　汞标准使用液（1.00 mg/L）：准确吸取 1.0 mL 汞标准储备液（4.5），用固定液（4.4）定容至 100 mL，摇匀，4℃冷藏。

4.7　助燃气：氧气（纯度为 99.99%，$V:V$），或经净化后的空气。

4.8　载气：氩气或氩氢混合气（体积比为 9∶1 的氩气和氢气混合气，纯度均为 99.99%，$V:V$）。

4.9　石英砂：75 μm～150 μm（200 目～100 目），置于马弗炉中 850℃灼烧 2 h，冷却后装入具塞磨口玻璃瓶中密封保存。

5　仪器设备

5.1　直接进样测汞仪：主要由催化热解金汞齐直接进样系统和检测器两部分构成。催化热解金汞齐直接进样系统具有电热蒸发器、催化热解炉和金汞齐装置，配备进样舟；原子荧光光谱仪作为检测器，配备汞空心阴极灯。

5.2　分析天平：感量为 0.01 mg。

5.3　马弗炉：配有温控装置，使炉温保持在（850±25）℃。

6 样品

6.1 样品采集和保存

农田土壤样品按照 NY/T 395 和 HJ/T 166 的相关要求采集和保存。新鲜土壤样品采集后，置于玻璃瓶中 4℃以下冷藏保存，保存时间为 28 d。

6.2 试样的制备

按照 HJ/T 166，将采集的样品在实验室风干或低温烘干(40℃以下)，然后破碎，全部过孔径0.15 mm (100 目)筛，保存备用。

注：如需测定土壤样品的干物质含量，可按照 HJ 613 的规定执行。

7 分析步骤

7.1 测试条件

按照仪器说明书的要求调试好直接进样测汞仪的运行条件，其中催化热解金汞齐直接进样系统的运行条件参见附录 A。

7.2 工作曲线绘制

准确吸取汞标准使用液(4.6)，用固定液(4.4)逐级稀释成汞标准系列溶液，进样 50 μL 时汞的质量浓度分别为 0 mg/L、0.01 mg/L、0.05 mg/L、0.20 mg/L、0.50 mg/L、1.00 mg/L(对应汞的质量分别为 0 ng、0.50 ng、2.50 ng、10.0 ng、25.0 ng、50.0 ng)。由低浓度到高浓度顺次对汞标准系列溶液进行测定，以各标准系列溶液中汞的质量(ng)为横坐标，以其原子荧光信号值为纵坐标，绘制汞标准曲线，其线性回归系数(R^2)≥0.995。

7.3 测定

在进样舟中准确称取 50 mg～100 mg(精确至 0.1 mg)农田土壤试样(6.2)，按照 7.1 的要求进行测定，获得相应的原子荧光信号值，从标准曲线上计算汞的质量。若测定结果超出标准曲线范围上限，应减少进样量，或者重新制定线性范围更宽的标准曲线再进行测定。同时使用石英砂(4.9)做空白试验。

注 1：在保证样品代表性的情况下，取样量可根据样品含量适当增加或减少，过 0.15 mm 孔径筛土壤试样的最小进样量可低至 20 mg。

注 2：每次实验前需对所用的进样舟进行空白测定，进样舟的空白值应低于方法检出限，推荐使用仪器自带的高温净化程序。

8 试验数据处理

8.1 结果计算

试样中汞的含量 c，单位为微克每千克(μg/kg)，按式(1)计算。

$$c = \frac{m_1 - m_0}{m \times w_{dm}} \qquad (1)$$

式中：

c ——试样中汞的含量，单位为微克每千克(μg/kg)；

m_1 ——根据标准曲线计算出试样中汞的质量，单位为纳克(ng)；

m_0 ——石英砂空白中汞的质量，单位为纳克(ng)；

m ——称取试样的质量，单位为克(g)；

w_{dm} ——样品干物质含量，单位为百分号(%)。

8.2 结果表示

当测定结果<10.0 μg/kg 时，保留到小数点后 1 位；≥10.0 μg/kg 时，保留 3 位有效数字。

9 精密度

当样品汞含量≤10.0 μg/kg 时，在重复性条件下获得的 2 次独立测定结果的绝对差值不得超过算术平均值的 30%；当样品汞含量在 10.0 μg/kg～100 μg/kg 时，在重复性条件下获得的 2 次独立测定结果的绝对差值不得超过算术平均值的 25%；当样品汞含量在>100 μg/kg 时，在重复性条件下获得的 2 次独立测定结果的绝对差值不得超过算术平均值的 20%。

10 注意事项

10.1 应避免在汞污染的环境中操作。

10.2 实验过程中仪器排放的含汞废气可使用碘溶液、硫酸、二氧化锰溶液或高锰酸钾溶液吸收，吸收液须及时更换。

附　录　A
（资料性附录）
催化热解金汞齐直接进样系统参考条件

催化热解金汞齐直接进样系统参考条件见表A.1。

表A.1　催化热解金汞齐直接进样系统参考条件

步骤/条件	仪器参数	指标值	仪器参数	指标值
1	干燥温度	100℃～200℃	干燥时间	30 s～60 s
2	氧化分解温度	400℃～650℃	氧化分解时间	60 s～120 s
3	催化热解温度	500℃～700℃	—	—
4	汞齐分解温度	600℃～900℃	汞齐分解时间	10 s～30 s
5	助燃气流速(空气)[a]	300 mL/min～400 mL/min	载气流速[b]	600 mL/min～900 mL/min
[a] 样品蒸发、完全分解、催化热解、金汞齐捕获过程在空气或等效氧气条件下完成。 [b] 汞齐分解过程在氩氢混合气载气条件下完成。				

ICS 65.020.01
B 10

中华人民共和国农业行业标准

NY/T 3789—2020

农田灌溉水中汞的测定 催化热解-原子荧光法

Determination of mercury in irrigation water for farmland—Catalytic pyrosis atomic fluorescence spectrometry

2020-11-12 发布　　2021-04-01 实施

中华人民共和国农业农村部　发布

前　言

本标准按照 GB/T 1.1—2009 和 GB/T 20001.4—2015 给出的规则起草。

本标准由农业资源环境标准化技术委员会提出并归口。

本标准起草单位：中国农业科学院农业质量标准与检测技术研究所、农业农村部农业生态与资源保护总站、农业农村部环境保护科研监测所、北京市农业环境监测站、广东省农业科学院农产品公共监测中心、北京农业质量标准与检测技术研究中心、河北省农林科学院农业资源环境研究所。

本标准主要起草人：毛雪飞、刘霁欣、钱永忠、郑顺安、刘潇威、王旭、戴礼洪、穆莉、欧阳喜辉、习佳林、李玲、郝聪、倪润祥、王富华、李思琦、刘腾鹏、王春慧、韩平、王凌、吕照慧。

农田灌溉水中汞的测定　催化热解-原子荧光法

1　范围

本标准规定了农田灌溉水中汞含量测定的催化热解-原子荧光法。

本标准适用于农田灌溉水中汞含量的测定。

当取样量为 100 μL 时，本标准方法的检出限为 0.03 μg/L，定量限为 0.1 μg/L。

2　规范性引用文件

下列文件对于本文件的应用是必不可少的。凡是注日期的引用文件，仅注日期的版本适用于本文件。凡是不注日期的引用文件，其最新版本(包括所有的修改单)适用于本文件。

GB/T 6682　分析实验室用水规格和试验方法

HJ/T 91　地表水和污水监测技术规范

HJ/T 164　地下水环境监测技术规范

HJ 493　水质　样品的保存和管理技术规定

HJ 494　水质　采样技术指导

3　原理

灌溉水样品中的汞经干燥、氧化分解及催化热解后，被还原成汞原子，用汞齐富集后再释放进入原子荧光光谱仪，以 253.7 nm 波长汞灯激发检测汞的原子荧光信号，外标法定量。

4　试剂或材料

除非另有说明，所用试剂均为优级纯。实验室用水为符合 GB/T 6682 规定的一级水。

4.1　重铬酸钾($K_2Cr_2O_7$)。

4.2　硝酸(HNO_3)。

4.3　盐酸(HCl)。

4.4　氯化汞($HgCl_2$)：在干燥器中充分干燥。

4.5　固定液：将 0.5 g 重铬酸钾(4.1)溶于 950 mL 水中，再加 50 mL 硝酸(4.2)，摇匀。

4.6　汞标准储备液(100 mg/L)：称取 0.135 4 g 氯化汞(4.4)，用适量固定液(4.5)溶解后，再用固定液(4.5)定容至 1 000 mL，摇匀，4℃冷藏；或使用经国家认证并授予证书的标准物质。

4.7　汞标准中间液(1.00 mg/L)：准确吸取 1.0 mL 汞标准储备液(4.6)，用固定液(4.5)定容至 100 mL，摇匀，4℃冷藏。

4.8　汞标准使用液(10.0 μg/L)：准确吸取 1.0 mL 汞标准中间液(4.7)，用固定液(4.5)定容至 100 mL，摇匀。临用现配。

4.9　助燃气：氧气(纯度为 99.99%，$V:V$)，或经净化后的空气。

4.10　载气：氩气或氩氢混合气(体积比为 9∶1 的氩气和氢气混合气，纯度均为 99.99%，$V:V$)。

5　仪器设备

5.1　直接进样测汞仪：主要由催化热解金汞齐直接进样系统和检测器两部分构成。催化热解金汞齐直接进样系统具有电热蒸发器、催化热解炉和金汞齐装置，配备进样舟；原子荧光光谱仪作为检测器，配备汞空心阴极灯。

5.2　分析天平：感量为0.01 mg。

6　样品

6.1　样品采集

样品采集按照HJ 494、HJ/T 91或HJ/T 164的相关规定执行。

6.2　样品保存

按照HJ 493的相关规定，采样后应立即以每升水样中加入10 mL盐酸(4.3)的比例对水样中的汞进行固定。在室温阴凉处放置，可保存14 d。

7　分析步骤

7.1　测试条件

按照仪器说明书的要求调试好直接进样测汞仪的运行条件，其中催化热解金汞齐直接进样系统的运行条件参见附录A。

7.2　工作曲线绘制

准确吸取汞标准使用液(4.8)，用固定液(4.5)逐级稀释成汞标准系列溶液，汞质量浓度分别为0 μg/L、0.10 μg/L、0.50 μg/L、1.00 μg/L、2.00 μg/L、5.00 μg/L。由低浓度到高浓度顺次吸取100 μL汞标准系列溶液，按照7.1的要求进行测定，以各标准系列溶液中汞的质量(ng)为横坐标(依次为0 ng、0.01 ng、0.05 ng、0.10 ng、0.20 ng、0.50 ng)，以其原子荧光信号值为纵坐标，绘制汞标准曲线，其线性相关系数(r)≥0.995。

7.3　测定

在进样舟中准确吸取不少于100 μL试样，按照7.1的要求进行测定，获得相应的原子荧光信号值，从标准曲线上计算汞的含量。若测定结果超出标准曲线范围上限，应减少进样量或对试样进行稀释，或者重新制定线性范围更宽的标准曲线再进行测定。同时做试剂空白试验。

注：每次实验前需对所用的进样舟进行空白测定，进样舟的空白值应低于方法检出限，推荐使用仪器自带的高温净化程序。

8　试验数据处理

8.1　结果计算

试样中汞的质量浓度ρ，单位为微克每升(μg/L)，按式(1)计算。

$$\rho=(\rho_1-\rho_0)\times f\times\frac{V_1+V_2}{V_1} \quad (1)$$

式中：

ρ ——试样中汞的质量浓度，单位为微克每升(μg/L)；

ρ_1 ——根据标准曲线计算出试样中汞的质量浓度，单位为微克每升(μg/L)；

ρ_0 ——根据标准曲线计算出试剂空白中汞的质量浓度，单位为微克每升(μg/L)；

f ——试样的稀释倍数；

V_1 ——采样体积，单位为毫升(mL)；

V_2 ——采样时向水样中加入盐酸的体积，单位为毫升(mL)。

8.2　结果表示

当汞的测定结果<1.00 μg/L时，保留到小数点后2位；当测定结果≥1.00 μg/L时，保留3位有效数字。

9　精密度

每20个样品或每批次(少于20个样品/批)应分析一个平行样，平行样的精密度要求如下：当试样中汞含量≤1.00 μg/L时，在重复性条件下获得的2次独立测定结果的绝对差值不得超过算术平均值的30%；当样品汞含量在1.00 μg/L～5.00 μg/L时，在重复性条件下获得的2次独立测定结果的绝对差值不得超过算术平均值的20%；当样品汞含量在>5.00 μg/L时，在重复性条件下获得的2次独立测定结果的绝对差值不得超过算术平均值的15%。

10 注意事项

10.1 应避免在汞污染的环境中操作。

10.2 实验过程中仪器排放的含汞废气可使用碘溶液、硫酸、二氧化锰溶液或高锰酸钾溶液吸收，吸收液须及时更换。

附　录　A
（资料性附录）
催化热解金汞齐直接进样系统参考条件

催化热解金汞齐直接进样系统参考条件见表A.1。

表A.1　催化热解金汞齐直接进样系统参考条件[a]

步骤/条件	仪器参数	指标值	仪器参数	指标值
1	干燥温度	100℃～200℃	干燥时间	30 s～60 s
2	氧化分解温度	400℃～650℃	氧化分解时间	60 s～120 s
3	催化热解温度[a]	500℃～700℃	—	—
4	汞齐分解温度[a]	600℃～900℃	汞齐分解时间	10 s～30 s
5	助燃气流速(空气)[b]	300 mL/min～400 mL/min	载气流速[c]	600 mL/min～900 mL/min

[a] 应在催化热解和汞齐装置之间有除水组件，保障气路畅通。

[b] 样品蒸发、完全分解、催化热解、金汞齐捕获过程在空气或等效氧气条件下完成。

[c] 汞齐分解过程在氩气或氩氢混合气载气条件下完成。

第四部分

农产品加工标准

ICS 67.080.20
B 31

中华人民共和国农业行业标准

NY/T 1202—2020
代替 NY/T 1202—2006

豆类蔬菜储藏保鲜技术规程

Technical code of practice for legume vegetables storage

2020-07-27 发布　　2020-11-01 实施

中华人民共和国农业农村部　发布

前　　言

本标准按照 GB/T 1.1—2009 给出的规则起草。

本标准代替 NY/T 1202—2006《豆类蔬菜储藏保鲜技术规程》。与 NY/T 1202—2006 相比，除编辑性修改外主要技术变化如下：

——修订了标准规范性引用文件引导语和引用文件、采收质量要求、储藏前库房准备、预冷和包装、入库和堆码、储藏的部分技术要求。

——增加了储藏条件中的气体成分，对部分产品储藏温度和相对湿度做了调整。

本标准由农业农村部种植业管理司提出并归口。

本标准起草单位：广东省农业科学院农产品公共监测中心、广东省农业科学院蔬菜研究所。

本标准主要起草人：邓义才、王富华、叶倩、曹健、杜应琼、杨慧、骆冲、徐爱平。

本标准所代替标准的历次版本发布情况为：

——NY/T 1202—2006。

豆类蔬菜储藏保鲜技术规程

1 范围

本标准规定了豆类蔬菜储藏保鲜的采收和质量要求、储藏前库房准备、预冷、包装、入库、堆码、储藏、出库及运输等技术要求。

本标准适用于菜豆、豇豆、豌豆和毛豆等新鲜豆类蔬菜的储藏保鲜。

2 规范性引用文件

下列文件对于本文件的应用是必不可少的。凡是注日期的引用文件，仅注日期的版本适用于本文件。凡是不注日期的引用文件，其最新版本(包括所有的修改单)适用于本文件。

GB 2762 食品安全国家标准 食品中污染物限量

GB 2763 食品安全国家标准 食品中农药最大残留限量

GB/T 4456 包装用聚乙烯吹塑薄膜

GB/T 6543 运输包装用单瓦楞纸箱和双瓦楞纸箱

NY/T 1655 蔬菜包装标识通用准则

SB/T 10158 新鲜蔬菜包装与标识

3 采收和质量要求

3.1 采收要求

采摘时间宜选择当天气温较低时进行，露地避开雨天和露水未干时段，采摘时宜选择生长发育正常的豆荚。在采收装运中要尽量减少豆荚损伤，尤其是豆荚尖端。

3.2 质量要求

3.2.1 产品质量安全指标应符合 GB 2762 和 GB 2763 的规定。

3.2.2 豆荚应外形完好、新鲜、无褐斑、无病虫害及其他损伤。

3.2.3 采收成熟度符合商品成熟要求。

4 储藏前库房准备

4.1 库房消毒

产品入库前，应对库房和用具进行清洁与消毒，消毒方法可按照 NY/T 2000 的规定执行，库房消毒后应及时进行通风换气。

4.2 库房降温

产品入库前 1 d～2 d，应将库房温度预先降至或略低于产品储藏要求的温度。

5 预冷和包装

5.1 预冷

豆类蔬菜采收后应立即、快速预冷，宜在采收后 12 h 内将产品温度预冷至储藏温度。可采用强制通风预冷库或真空预冷库预冷，预冷温度设置与储藏温度一致。

5.2 包装

5.2.1 可采用塑料周转箱、发泡塑料箱或瓦楞纸箱等容器包装。

5.2.1.1 采用塑料周转箱包装时，可在豆荚装箱码垛后再外罩一层塑料薄膜帐；用发泡塑料箱包装时，可在预冷后将豆荚直接装箱。

5.2.1.2 用瓦楞纸箱包装时，宜在箱内先内衬塑料薄膜保鲜袋，再将充分预冷后的豆荚装入袋中，在表层豆荚上放一层包装纸，平折或松扎袋口，盖上箱盖。

5.2.2 同一包装箱内为同一产地、品种和等级的产品。包装用的瓦楞纸箱应符合 GB/T 6543 的规定，内衬塑料薄膜应符合 GB/T 4456 的规定。产品包装的标志应符合 NY/T 1655 或 SB/T 10158 的有关规定。

6 入库和堆码

6.1 入库

豆类蔬菜经预冷和包装后应及时入库冷藏；不同储藏温度要求的豆类蔬菜应分开放置在不同库房中储藏。

6.2 堆码

堆码方式可根据实际情况合理安排，货垛排列方式、走向应与库内空气环流方向一致，以保持库内温湿度均衡。

7 储藏

7.1 储藏条件

几种主要豆类蔬菜适宜的储藏条件见表 1。

表 1 豆类蔬菜适宜储藏条件

名 称	储藏温度，℃	相对湿度，%	氧气含量，%	二氧化碳含量，%
菜 豆	7～9	90～95	4～6	1～2
豇 豆	7～9	85～90	2～5	2～5
豌 豆 （食荚豌豆）	1～3	85～90	3～5	1～3
毛 豆	0～2	85～90	4～6	3～6
注：表中气体含量条件适宜于气调储藏要求。				

7.2 储期管理

7.2.1 温度和湿度控制

7.2.1.1 储藏期间要保持库温和库内相对湿度的稳定。温度波动不宜超过±1℃，防止豆荚表面结露。

7.2.1.2 应定时检测和记录库内温度和相对湿度。

7.2.2 通风换气

7.2.2.1 储藏期间库房应保持空气循环流通，并适时更换新鲜空气；一周内至少应对库房通风换气一次，换气时间宜选择外界气温与储藏温度比较接近时进行。

7.2.2.2 采用塑料薄膜保鲜袋自发气调包装时，储藏期间应定期检测和记录包装袋内氧气和二氧化碳含量变化，包装袋内氧气含量低于适宜值或二氧化碳含量高于适宜值时应及时开袋换气，防止包装袋内二氧化碳积累过多对产品造成伤害。

7.2.3 质量检查

储藏期间要定期抽样，检查产品有无褐斑、腐烂等品质劣变情况的发生并及时记录，发现问题立即处理。

7.3 储藏期限

在适宜储藏条件下，豆类蔬菜储藏期一般为 10 d～30 d。

8 出库

储后出库的豆荚要求色泽、风味正常，未纤维化（食荚豆类）和老化，无褐斑和腐烂。

9 运输

9.1 运输过程中的温度、相对湿度和通风换气等要求与储藏条件基本一致。长途运输宜采用机械制冷控温方式,无机械冷藏设施运输时应采取保温措施。

9.2 装卸时,应轻搬轻放,严防机械损伤,不得使用有损包装的工具;同时装卸过程中要注意防淋防晒、防热防寒,必要时应采取相应的防护措施。

ICS 67.080.20
B 31

中华人民共和国农业行业标准

NY/T 1203—2020
代替 NY/T 1203—2006

茄果类蔬菜储藏保鲜技术规程

Technical code of practice for solanaceous fruits storage

2020-07-27 发布 2020-11-01 实施

中华人民共和国农业农村部 发布

前　言

本标准按照 GB/T 1.1—2009 给出的规则起草。

本标准代替 NY/T 1203—2006《茄果类蔬菜储藏保鲜技术规程》。与 NY/T 1203—2006 相比，除编辑性修改外主要技术变化如下：

——修订了标准规范性引用文件引导语和引用文件、采收质量要求、储藏前库房准备、预冷、包装、入库、堆码、储藏和运输的部分技术要求。

——增加了储藏条件中的气体成分，对部分产品储藏温度和相对湿度做了调整。

本标准由农业农村部种植业管理司提出并归口。

本标准起草单位：广东省农业科学院农产品公共监测中心、广东省农业科学院蔬菜研究所。

本标准主要起草人：邓义才、王富华、叶倩、黎振兴、杜应琼、骆冲、杨慧。

本标准所代替标准的历次版本发布情况为：

——NY/T 1203—2006。

茄果类蔬菜储藏保鲜技术规程

1 范围

本标准规定了茄果类蔬菜储藏保鲜的采收和质量要求、储藏前库房准备、预冷、包装、入库、堆码、储藏、出库及运输等技术要求。

本标准适用于辣椒、甜椒、茄子、番茄等新鲜茄果类蔬菜的储藏保鲜。

2 规范性引用文件

下列文件对于本文件的应用是必不可少的。凡是注日期的引用文件，仅注日期的版本适用于本文件。凡是不注日期的引用文件，其最新版本(包括所有的修改单)适用于本文件。

GB 2762 食品安全国家标准 食品中污染物限量

GB 2763 食品安全国家标准 食品中农药最大残留限量

GB/T 4456 包装用聚乙烯吹塑薄膜

GB/T 6543 运输包装用单瓦楞纸箱和双瓦楞纸箱

NY/T 1655 蔬菜包装标识通用准则

NY/T 2000 水果气调库储藏 通则

SB/T 10158 新鲜蔬菜包装与标识

3 采收和质量要求

3.1 采收要求

采收前不宜灌水，露地遇雨天应推迟采收；采摘时间宜选择当天气温较低、无水滴时进行；储藏用果宜选择植株中、上部着生的果实采收；采摘时宜用剪刀等专用采收工具连果柄一起剪下，储藏时保留萼片和一段果柄。

3.2 质量要求

3.2.1 产品质量安全指标应符合 GB 2762 和 GB 2763 的规定。

3.2.2 果实新鲜、外形完好、无病虫害、无生理及机械损伤，具有该品种固有的形状和色泽。

3.2.3 采收成熟度见表 1。

表 1 储藏保鲜用茄果类蔬菜采收成熟度

名 称	采收成熟度
辣椒和甜椒	果实已充分膨大、颜色深绿或成熟色泽、果面光亮、果肉坚挺时采收
茄子	果皮已着色均匀、光亮平滑、符合商品成熟要求
番茄	用于中长期储藏保鲜的果实应在绿熟期至变色期采收，用于短期储藏保鲜的果实可选择在红熟前期至红熟中期采收
樱桃番茄	果皮已转色、果实未软化时采收

4 储藏前库房准备

4.1 库房消毒

产品入库前，应对库房和用具进行清洁与消毒，消毒方法可按照 NY/T 2000 的规定执行，库房消毒后应及时进行通风换气。

4.2 库房降温

产品入库前 1 d～2 d，应将库房温度预先降至或略低于产品储藏要求的温度。

5 预冷和包装

5.1 预冷

5.1.1 采后要及时预冷，无机械制冷设施的可利用外界气温较低时通风预冷；有机械制冷设施的可放入预冷库或恒温冷库进行预冷。

5.1.2 宜在采后 24 h 内将产品温度预冷至储藏温度。番茄果实采后宜在 12 h 内将产品温度预冷至储藏温度。

5.2 包装

5.2.1 可采用塑料周转箱、发泡塑料箱或瓦楞纸箱等容器包装。

5.2.1.1 采用塑料周转箱包装时，箱体内壁上下及四周应内衬包装纸，装箱后应避免箱内果实裸露可见；采用发泡塑料箱包装时，可在预冷后直接装箱。主要用于短期储藏。

5.2.1.2 采用瓦楞纸箱包装时，箱内先内衬塑料薄膜保鲜袋，再将充分预冷后的果实装入袋中，在表层果实上放一层包装纸或吸水纸，袋口平折或松扎，盖上箱盖。主要用于机械制冷条件下的中长期储藏。

5.2.2 同一包装箱内为同一产地、品种和等级的产品。包装用的瓦楞纸箱应符合 GB/T 6543 的规定，内衬塑料薄膜应符合 GB/T 4456 的规定。产品包装的标志应符合 NY/T 1655 或 SB/T 10158 的有关规定。

6 入库和堆码

6.1 入库

非机械制冷储藏应在早晚温度较低时将包装产品分期分批入库，入库量每批次不宜超过库容量的 20%，等待温度稳定后再入第二批次；机械冷藏宜在产品预冷至储藏温度后再入库。

6.2 堆码

6.2.1 非机械制冷储藏可选用散堆或码垛堆放等方式，机械冷藏可选用码垛堆放或货架堆放等方式。

6.2.2 堆码的方式应符合库体设计要求，保持库内空气流通良好、温湿度均衡及管理方便为宜，垛与垛之间、垛与墙壁之间至少应留出 20 cm 以上的风道。

7 储藏

7.1 储藏条件

茄果类蔬菜适宜的储藏条件见表 2。

表 2 茄果类蔬菜适宜储藏条件

名 称	储藏温度，℃	相对湿度，%	氧气含量，%	二氧化碳含量，%
辣 椒	7～9	90～95	2～8	1～3
甜 椒	9～11	90～95	3～6	1～3
茄 子	10～13	85～90	2～5	2～5
番 茄	10～13(变色期果) 2～4(红熟期果)	85～90	2～5	2～5
樱桃番茄	2～5	85～95	2～5	2～5
注：表中气体含量条件适宜于气调储藏要求。				

7.2 储期管理

7.2.1 温度和湿度控制

7.2.1.1 整个储藏期间要保持库内温度和相对湿度的稳定，辣椒和甜椒储藏过程中要防止果实表面结露。

7.2.1.2 储藏期间应定时检测与记录库内温度和相对湿度。

7.2.1.3 当环境空气湿度低于储藏要求的相对湿度时，应人工加湿，加湿方法可采用库内喷水雾、堆垛表面覆盖湿毛巾被或塑料薄膜帐等；当环境空气湿度高于储藏要求的相对湿度时，可使用吸湿剂或除湿机降湿。

7.2.2 通风换气

7.2.2.1 储藏库应安装通风装置，储藏期间保持库内空气循环流通，并适时更换新鲜空气，一周内至少应对库房通风换气一次。

7.2.2.2 对非制冷储藏，当产品温度偏高时可利用夜间或早上外界气温较低时进行通风换气，当产品温度偏低时可利用中午外界气温较高时进行通风换气；对机械冷藏，选择外界气温与储藏温度比较接近的时间进行换气。

7.2.2.3 采用塑料薄膜保鲜袋自发气调包装时，储藏期间应定期检测和记录包装袋内氧气和二氧化碳含量变化，当包装袋内氧气含量低于适宜值和二氧化碳含量高于适宜值时应及时开袋换气。

7.2.3 质量检查

储藏期间应定期抽样，检查果实病害、冷害、转色、失水和腐烂等情况发生并及时记录，发现问题立即处理。

7.3 储藏期限

短期储藏期一般为 7 d～15 d，中长期储藏期一般为 20 d～35 d。

8 出库

8.1 储后出库的产品要求具有本品种的色泽、风味，满足商品要求。

8.2 出库后的产品应缓慢升温，以防果实结露劣变；出库后产品应轻搬、轻放、轻拿，避免果实损伤。

9 运输

9.1 运输过程中的温度、相对湿度和通风换气等要求与储藏条件基本一致。

9.2 装卸时，应轻搬轻放，严防机械损伤，不得使用有损包装的工具；同时装卸过程中要注意防淋防晒、防热防寒，必要时应采取相应的防护措施。

ICS 83.040.10
B 72

中华人民共和国农业行业标准

NY/T 1404—2020
代替 NY/T 1404—2007

天然橡胶初加工企业安全技术规范

Safety technical specification for primary processing enterprises of natural rubber

2020-11-12 发布　　　　2021-04-01 实施

中华人民共和国农业农村部　发布

前　言

本标准按 GB/T 1.1—2009 给出的规则起草。

本标准代替 NY 1404—2007《天然橡胶初加工企业安全技术规范》。与 NY 1404—2007 相比，除编辑性修改外，主要技术变化如下：

——由强制性农业行业标准改为推荐性农业行业标准；

——增加了引用标准 GB 8978(见 3.5.2)、GB 13271(见 3.5.7)、GB/T 13869(见 3.2.2)、GB 18597(见 3.5.6)、GB 50016(见 3.1.14)、GB 50054(见 3.2.1)、GB 50057—2010(见 3.1.12)、GB 50084(见 3.1.14)、GB/T 50087(见 3.1.15)、DL/T 692(见 3.2.14)、NY/T 1220.1(见 3.5.3)、NY/T 1220.2(见 3.5.3)、NY/T 1813(见 5.1)、NY/T 2185(见 4.1)、NY/T 3009(见 4.1)、TSG 08(见 3.3.1 和 3.5.7)；

——删去引用标准 GB 16179(见 2007 年版的 3.1.17)；

——删去引用标准 NY 687(见 2007 年版的 3.4.2)；

——修改了化工原料及产品仓库的规定(见 3.1.6,2007 年版的 3.1.6)；

——将"非生产人员未经许可，不应擅自进入生产车间"修改为："工厂应设置消防通道、行车通道和人员通道。非生产人员未经许可，不应擅自进入生产车间"(见 3.1.7,2007 年版的 3.1.7)；

——修改了易燃易爆物品管理的规定(见 3.1.8,2007 年版的 3.1.8)；

——增加了"电焊、电割、气焊、气割等特种作业人员和铲车、叉车驾驶员应经过岗位培训和考核，取得相应从业资格证方可从事相关工作。同时，工厂的铲车、叉车应严格按国家安监部门要求进行检测，并获得使用许可"(见 3.1.9)；

——增加了"天然生胶的产品仓库，应符合 GB 50016 的设计要求，按 GB 50084 的要求安装自动喷水灭火装置"(见 3.1.14)；

——增加了"厂区的噪声应符合 GB/T 50087 的要求"(见 3.1.15)；

——增加了"有限空间的作业，应严格遵守《工贸企业有限空间作业安全管理与监督暂行规定》"(见 3.1.16)；

——增加了"用电安全"(见 3.2)；

——将"应由持有合法有效证件的专业人员进行电器及线路的安装、维修及保养"修改为"工厂应配备专职电工，电工应持有国家认可的高压、低压电操作上岗资格证书才能在相对应的岗位上岗，应由电工进行电器及线路的安装、维修及保养"(见 3.2.3,2007 年版的 3.1.15)；

——增加了"工厂的用电设备的安装应符合 GB/T 13869 的要求"(见 3.2.2)；

——增加了"用电设备的安装、修理应有电工参与"(见 3.2.4)；

——增加了 3.2.7～3.2.23；

——增加了"起重设备、锅炉、压力容器等特种设备的安装、使用和检修，应符合国家现行的《特种设备安全监察条例》有关规定"(见 3.3.1)；

——删除了 2007 年版的 3.2.2、3.2.7、3.2.14；

——"设有电动机的设备的带传动、链传动、齿轮传动及轴传动等外露的运动组件应有防护装置，防护装置应具备足够不变形的强度和刚度，防护装置的网孔应保证人体任何部位不会触及运动部件，并符合 GB 8196 的要求"修改为"电动设备外露的传动组件防护应符合 GB 8196 的要求"(见 3.3.4,2007 年版的 3.2.4)；

——将"设备运转时出现异常响声、发热、震动或其他变化时，应停机检查，排除事故隐患后才能继续开机。严禁机器运转时排除故障、擦洗机器、消除杂质。"修改为"设备运转时出现异常响声、发热、震动或其他变化时，应停机检查，排除隐患后才能继续开机"（见 3.3.9,2007 年版的

3.2.10)；

——增加了“设备运转中有可能松脱的零件、部件应有防松装置。往复运动的零件应有限位的保险装置”(见3.3.13)；

——增加了“在易发生危险的部位应设有安全标志或涂有安全色”(见3.3.14)；

——“实验室内各种化学试剂应分类存放，各类溶剂应编写标签”修改为：“试验室内的仪器设备、材料、工具等物品应保持清洁，摆放整齐，布局合理。易燃易爆物品应远离电源和热源。试验室内不应存放与试验室工作无关的任何物品，废旧物品应及时清理，避免无序堆放，并留有足够的安全通道”(见3.4.3,2007年版的3.3.3)；

——修改了试验室工作人员的相关规定(见3.4.9、3.4.10,2007年版的3.3.2、3.3.11)；

——删除了2007年版的3.3.8、3.3.9；

——删除了2007年版的3.5.3；

——增加了3.5.3、3.5.4、3.5.5、3.5.6、3.5.7；

——第4章和第5章的悬置段改为“4.1 总则”和“5.1 总则”(见第4章、第5章,2007年版的第4章、第5章)；

——增加了“胶乳混合池、稀酸溶液池应合理设置防护设施”(见4.2.7)；

——增加了“凝固所用的凝固剂，属于危险化学品、易制毒化学品的，其申购、装卸、运输、储存、使用和处置，应严格遵守《危险化学品安全管理条例》《易制毒化学品管理条例》”(见4.2.11)；

——合并了2007年版4.2.6、4.2.7为4.3.6，内容修改为“设备运转时，不应用手捞取洗涤池中杂物，也不应将手伸进设备中拾取杂物或推动胶团”(见4.3.6,2007年版的4.2.6、4.2.7)；

——增加了“胶料卸车时，不应在吊起的干燥车箱下操作，应将干燥车可靠锁定”(见4.4.5)；

——增加了“压包机的液压管应安装防脱落装置”(见4.4.6)；

——增加了“液氨的申购、装卸、储存、使用和处置等环节，应严格遵守《危险化学品安全管理条例》”(见5.4.3)；

——修改了条的编号顺序(见3.1.13、3.2.1、3.2.5、3.2.6、3.3、3.3.2、3.3.7、3.3.8、3.3.10、3.3.11、3.3.12、5.4.4,2007年版的3.1.17、3.1.13、3.1.14、3.1.16、3.2、3.2.1、3.2.8、3.2.9、3.2.11、3.2.12、3.2.13、5.3.3)。

请注意本文件的某些内容可能涉及专利。本文件的发布机构不承担识别这些专利的责任。

本标准由农业农村部农垦局提出。

本标准由农业农村部热带作物及制品标准化技术委员会归口。

本标准由中国热带农业科学院农产品加工研究所负责起草，海南中橡科技有限公司、云南农垦集团有限责任公司、西双版纳中化橡胶有限公司、广东省广垦橡胶集团有限公司、海南天然橡胶产业集团金橡有限公司参加起草。

本标准主要起草人：张北龙、袁瑞全、陈旭国、杨学富、黎燕飞、卢光、刘培铭、吴奇哲。

本标准所代替标准的历次版本发布情况为：

——NY 1404—2007。

天然橡胶初加工企业安全技术规范

1 范围

本标准规定了天然橡胶初加工企业安全生产的技术规范。

本标准适用于天然橡胶初加工企业安全生产的管理。

2 规范性引用文件

下列文件对于本文件的应用是必不可少的。凡是注日期的引用文件，仅注日期的版本适用于本文件。凡是不注日期的引用文件，其最新版本（包括所有的修改单）适用于本文件。

GB 2894 安全标志及其使用导则

GB 5226.1 机械电气安全 机械电气设备 第1部分：通用技术条件

GB/T 8082 天然生胶 技术分级（TSR）橡胶 包装、标志、储存和运输

GB 8196 机械安全 防护装置 固定式和活动式防护装置设计与制造一般要求

GB 8978 污水综合排放标准

GB 13271 锅炉大气污染物排放标准

GB/T 13869 用电安全导则

GB 15603 常用化学危险品储存通则

GB/T 16754 机械安全 急停 设计原则

GB 18597 危险废物储存污染控制标准

GB 50016 建筑设计防火规范

GB 50054 低压配电设计规范

GB 50057 建筑防雷设计规范

GB 50084 自动喷水灭火系统设计规范

GB/T 50087 工业企业噪声控制设计规范

DL/T 692 电力行业紧急救护技术规范

NY/T 385 天然生胶 浅色标准橡胶生产技术规程

NY/T 734 天然生胶 通用标准橡胶生产工艺规程

NY/T 735 天然生胶 子午线轮胎橡胶加工技术规程

NY/T 924 浓缩天然胶乳 氨保存离心胶乳加工技术规程

NY/T 925 天然生胶 技术分级橡胶全乳胶（SCR WF）生产技术规程

NY/T 928 天然生胶 恒粘橡胶生产工艺规程

NY/T 1813 浓缩天然胶乳 氨保存离心低蛋白质胶乳生产技术规范

NY/T 2185 天然生胶 胶清橡胶加工技术规程

NY/T 3009 天然生胶 航空轮胎橡胶加工技术规范

NY/T 1220.1 沼气工程技术规范 第1部分：工艺设计

NY/T 1220.2 沼气工程技术规范 第2部分：供气设计

TSG 08 特种设备使用管理规则通用安全规范

3 通用安全规范

3.1 厂区安全

3.1.1 厂区应保持清洁卫生，绿化良好，安装醒目的安全说明和安全标识。

3.1.2 厂区道路应平坦，供排水管和沟渠应通畅，有明沟且大于100 mm×200 mm时应铺设盖板。

3.1.3 厂区厕所应有冲水、洗手装置,并应经常清洗、消毒,保持卫生清洁。

3.1.4 厂房内应空气流通,采光良好。空气流通差的作业区应设有排风装置,高温作业区应设有降温装置。

3.1.5 厂房内的原材料、半成品、产品及其他物品的堆放应整齐有序,方便搬运操作,车间内应留有足够货物进出通道和符合消防安全规定的安全通道。

3.1.6 化工原料及产品仓库应分开,产品仓库应设有防潮、防水、防火装置,化工原料仓库尤其危险化学药品仓库应设有必要的通风设施,做好醒目的化学药品或危险化学药品标识,配备化学品安全资料及应急沙池、灭火器、消防栓等,可能发生反应的化学药品应隔离储放,并有相应的防护措施。

3.1.7 工厂应设置消防通道、行车通道和人员通道。非生产人员未经许可,不应擅自进入生产车间。

3.1.8 不应携带易燃易爆物品进入工厂,不应在油库、仓库、储存易燃易爆物品等场所吸烟、生火或进行电焊、电割、气焊、气割作业。若油库、仓库等易燃易爆环境确实需要动火作业的,应依法依规取得许可,并采取隔离、看守等措施,做好应急准备。

3.1.9 电焊、电割、气焊、气割等特种作业人员和铲车、叉车驾驶员应经过岗位培训和考核,取得相应从业资格证方可从事相关工作。同时,工厂的铲车、叉车应严格按国家安监部门要求进行检测,并获得使用许可。

3.1.10 厂内应根据不同设施、设备的防火、防爆要求,设置足够的有针对性的灭火、防爆器材。定期对消防器材进行检查,及时维修、更换过期或失效的消防器材。

3.1.11 建立消防监督机制,制订消防应急预案,分期分批对员工进行消防知识培训,并开展消防应急演练。

3.1.12 厂区内应设有足够的防雷设施,防雷设施的设置应符合 GB 50057 的第三类防雷建筑物的要求,并执行《防雷减灾管理办法》。

3.1.13 产品仓库、油库、废水处理池、供配电装置等危险区域应设有安全警示标志及防护设施,警示标志应符合 GB 2894 的规定。

3.1.14 天然生胶的产品仓库,应符合 GB 50016 的设计要求,按 GB 50084 的要求安装自动喷水灭火装置。

3.1.15 厂区的噪声应符合 GB/T 50087 的要求。

3.1.16 有限空间的作业,应严格遵守《工贸企业有限空间作业安全管理与监督暂行规定》。

3.2 用电安全

3.2.1 厂区供电设施配置应符合 GB 50054 的规定,提供足够的用电容量。

3.2.2 工厂的用电设施的安装应符合 GB/T 13869 的要求。

3.2.3 工厂应配备专职电工,电工应持有国家认可的高压、低压电操作上岗资格证书才能在相对应的岗位上岗,应由电工进行电器及线路的安装、维修及保养。

3.2.4 用电设备的安装、修理应有电工参与。

3.2.5 定期检查供电线路、电器及保护装置,及时排除安全隐患。

3.2.6 所有的照明灯应固定悬挂,高度应不低于 2.5 m。

3.2.7 不应使用挂钩线、破股线、地爬线和绝缘不合格的导线接电。

3.2.8 不应攀爬、跨越电力设施的保护围墙或遮栏。

3.2.9 不应往电力线、变压器上扔东西。

3.2.10 不应在电力线上挂置物品。晒衣线(绳)与电力线应保持 1.25 m 以上的水平距离。

3.2.11 不应在通信线、广播线和电力线同杆架设。通信线、广播线、电力线进户时应明显分开。

3.2.12 不应在高压电力线路底下盖房子、栽树及其他危害电力安全的行为。

3.2.13 发现电力线断落时,不应靠近。应离开导线的落地点 8 m 以外,并看守现场,立即告知专业人员处理。

3.2.14 发现有人触电，应尽快断开电源，并按 DL/T 692 的规定进行救护。

3.2.15 跨房的低压电力线与房顶的垂直距离应保持 2.5 m 及以上，对建筑物的水平距离应保持1.25 m 及以上。

3.2.16 擦拭灯头、开关、电器时，应断开电源开关后进行。更换灯泡时，应站在干燥木凳等绝缘物上。

3.2.17 用电设备出现异常，应先断开电源开关，再尽快告知专业人员处理。

3.2.18 用电设备的外壳、手柄开关、机械防护有破损或失灵等有碍安全的情况时，应及时修理，未经修复不应使用。

3.2.19 电动闸门的上下限位开关应灵敏，确保使用中不出现偏差。手动与电动的切换装置也应可靠。手动时，应由连锁装置开关切断电源。

3.2.20 新购置和长时间停用的用电设备，使用前应检查绝缘情况。

3.2.21 用电负荷不应超过导线的允许载流量，发现导线有过热的情况，应立即停止用电，并报告电工检查处理。

3.2.22 熔断器的熔体等各种过流保护器、漏电保护装置，应按规程规定装配，保持其动作可靠。

3.2.23 发生电气火灾时，应先断开电源再行灭火，不能切断电源时应使用专用灭火器。

3.3 设备的安装、保养和维修安全

3.3.1 起重设备、锅炉、压力容器等特种设备的安装、使用和检修，应符合 TSG 08 和《特种设备安全监察条例》的有关规定。

3.3.2 机器及电器的设置应符合生产工艺的安全要求，确保操作人员的安全，方便安全生产操作及维修保养。

3.3.3 设备的安装应按照设备安装说明书的要求执行，吊装绳索应满足额定负荷的强度要求，吊装过程操作人员应远离吊装机器的下方。

3.3.4 电动设备外露的传动组件防护应符合 GB 8196 的要求。

3.3.5 每台设备应设置单独开关，大型或高速运转的设备、易造成人身伤害的设备(压薄机、绉片机等)还应在操作位置设置紧急停车装置，紧急停车装置应符合 GB/T 16754 的要求。

3.3.6 所有的电控装置及电动机应有可靠的接地措施，并符合 GB 5226.1 规定。

3.3.7 定期检查机器设备零部件的损耗、各连接处的紧固、润滑油的消耗状况，及时处理相应出现的不良情况。

3.3.8 设备的润滑保养应根据不同设备的使用情况定期进行，不应在机器运转时加注润滑油。

3.3.9 设备运转时出现异常响声、发热、震动或其他变化时，应停机检查，排除隐患后才能继续开机。

3.3.10 离心机应定期探伤、动平衡检测。

3.3.11 采购化工原材料时，应注意盛装化工原材料设备的安全因素。

3.3.12 维修设备前，应切断电源，设立有效的警示标志。

3.3.13 设备运转中有可能松脱的零件、部件应有防松装置。往复运动的零件应有限位的保险装置。

3.3.14 在易发生危险的部位应设有安全标志或涂有安全色。

3.4 试验室安全

3.4.1 试验室各岗位应建立相应岗位操作规程。

3.4.2 试验人员应经过专业培训，熟悉各检验项目的检验方法、操作技能，经考核获得上岗证才能上岗。

3.4.3 试验室内的仪器设备、材料、工具等物品应保持清洁、摆放整齐、布局合理。易燃易爆物品应远离电源和热源。试验室内不应存放与试验室工作无关的任何物品，废旧物品应及时清理，避免无序堆放，并留有足够的安全通道。

3.4.4 有毒、有害、易燃、易爆等危险化学药品应专柜或专门地点存放，由专人妥善保管，储存应符合 GB

15603 的规定。

3.4.5 试验室内应配备专门的劳保用品：口罩、手套、防护眼镜、防护服、橡胶鞋等用具。

3.4.6 试验人员配制酸、碱等各类溶液时，应戴好防护用具，严格按照操作规程进行操作。

3.4.7 应按使用说明书要求及操作规程使用仪器设备。

3.4.8 所有试验应做好原始记录。

3.4.9 应建立有毒、有害药品的台账。危险化学品、易制毒化学品的申购、装卸、运输、储存、使用和处置等环节，应严格遵守《危险化学品安全管理条例》《易制毒化学品管理条例》。

3.4.10 所有试验室人员应熟悉各种不同消防器具的使用方法，并定期进行应急演练。试验室人员应做到三懂：懂得本岗位的火灾危险性，懂得预防火灾措施，懂得灭火方法；同时，做到三会：会报警、会使用消防器材、会扑灭初级火灾。

3.5 环境保护安全

3.5.1 天然橡胶初加工企业应有相应的废水处理设施，在废水排放口设置永久性标志和废水监测装置，并在当地环保部门备案。

3.5.2 生产过程排出的废水应经处理并符合 GB 8978 的规定才能排放。

3.5.3 废水处理设施若进行沼气利用，沼气的设施应符合 NY/T 1220.1、NY/T 1220.2 的要求。

3.5.4 废水处理构筑物应按照有关规定设置防护安全措施。

3.5.5 在人员进入密闭的废水处理构筑物检修前，应进行不小于 1 h 的强制通风。经过仪器检测，确定符合安全条件时，人员方可进入。

3.5.6 危险废物应实现最少化，尤其注意溶剂的回收和重复利用。对于难处理的废物应及时收集并从工作区域转移，按 GB 18597 的要求存放并做好记录台账。剧毒、严重腐蚀和含有重金属的废物、废液应交付有资质的化学废物处置公司处置。

3.5.7 使用锅炉作为热源的天然橡胶初加工企业，锅炉的使用必须严格遵守 TSG 08 和《特种设备安全监察条例》的要求，锅炉烟囱排放的废气应符合 GB 13271 的规定。

4 天然生胶安全生产规范

4.1 总则

天然生胶安全生产除执行 NY/T 385、NY/T 734、NY/T 735、NY/T 925、NY/T 928、NY/T 2185、NY/T 3009 的规定外，还应遵守 4.2、4.3 和 4.4 的规定。

4.2 运输、凝固岗位安全

4.2.1 运胶车车厢不应人胶混载。行车前，胶乳罐顶盖及出口应关紧，车厢后板应扣好。

4.2.2 清洗胶乳罐前，应将上灌口及卸胶阀打开，然后喷洒清水冲洗，确认氨气排尽后方可进入罐内清除凝胶块。进入罐内时，罐外应有人协助、守护。

4.2.3 按操作规程启动沉降器，在离心沉降器转鼓完全停稳后方可拆洗收集罩及转鼓。使用完毕，应及时切断离心沉降器的电源。

4.2.4 凝固工段应配备护目镜、口罩、橡胶手套、橡胶围裙、橡胶水鞋等防护用具。

4.2.5 配制酸溶液时，操作人员应戴好防护用具，严格按照操作规程进行操作，避免正面对着酸罐口，防止酸伤人。若用硫酸做凝固剂，应将硫酸缓慢倒入水中，不应将水倒入硫酸，避免酸液沸腾和飞溅。

4.2.6 泄漏地面的酸溶液应及时用水冲洗。

4.2.7 胶乳混合池、稀酸溶液池应合理设置防护设施。

4.2.8 不应在混合池边伏身用手捞取池中杂物。

4.2.9 建立凝固工段的台账。

4.2.10 凝固完毕，应清洗干净工具、混合池，将混合池周围地面的积水清除干净。

4.2.11 凝固所用的凝固剂，属于危险化学品、易制毒化学品的，其申购、装卸、运输、储存、使用和处置，应严格遵守《危险化学品安全管理条例》《易制毒化学品管理条例》。

4.3 造粒岗位安全

4.3.1 应严格按照操作规程启动造粒生产线上的设备，非正常停机时机器不应带负荷启动。

4.3.2 压薄机运转时，不应站在压薄机前的凝固槽上拉胶喂料。倒片时，不应踩踏、拖拉胶片。

4.3.3 绉片机运转时，不应直接用手将打滑胶块压进滚筒。

4.3.4 输送带运转时，不应伸手拿取夹在滚筒与输送带间的胶块。

4.3.5 采用洗涤法洗涤胶料时，不应将手伸进运转的洗涤箱中拾取杂物或推动胶团。

4.3.6 设备运转时，不应用手捞取洗涤池中杂物，也不应将手伸进设备中拾取杂物或推动胶团。

4.3.7 不应在设备的喷淋装置下洗手、洗物。

4.3.8 造粒完毕应清洗干净设备、设施，然后将车间地面积水清除。

4.3.9 工作人员离岗前应将设备的总开关关闭。

4.4 干燥、包装、储存岗位安全

4.4.1 应按操作程序进行燃炉点火，点火时操作人员不应正面对炉口。

4.4.2 燃煤干燥点火前应检查炉膛内的耐火材料是否脱落，煤炉加热管是否破裂，发现问题应立即停止使用，修复清理后方可重新使用。

4.4.3 应严格控制升温及产品的正常出车时间，并建立干燥温度及进出车记录制度。

4.4.4 非正常停机时，应迅速关闭油路、气路，并继续抽风。再次点火前，应抽风 1 min～2 min。

4.4.5 胶料卸车时，不应在吊起的干燥车箱下操作，应将干燥车可靠锁定。

4.4.6 压包机的液压管应安装防脱落装置。

4.4.7 应严格按操作程序启动、运行橡胶压包机，压头应对准压包箱才可向下压包。

4.4.8 压包过程中，不应将手伸入压头与压包箱之间拔胶或加胶。

4.4.9 装袋、封袋过程应认真、小心操作，防止将锥子、缝针等物件封入袋中。

4.4.10 胶包入库堆叠应整齐、稳固，并符合 GB/T 8082 的规定。

5 浓缩天然胶乳生产安全技术规范

5.1 总则

浓缩天然胶乳安全生产除执行 NY/T 924、NY/T 1813 的规定外，还应遵守 5.2、5.3、5.4 的规定。

5.2 运输、澄清岗位安全

5.2.1 浓缩天然胶乳生产的运输岗位安全要求按 4.2.1、4.2.2 的规定执行。

5.2.2 澄清罐的进料口应备盖，不卸胶乳时应盖好盖子。

5.2.3 给胶乳补加氨时，氨罐出口开关应向上。

5.2.4 鲜胶乳补氨前，应检查加氨管道是否畅通或泄漏，加氨开关是否灵敏。加氨完毕，立即从澄清罐取出加氨管，清洗干净。

5.2.5 清洗澄清罐前，应打开盖口，启动鼓风机或抽风机驱除氨气，确定罐内没有氨味后，清洗人员方可进入罐内清洗。作业时应设置警示标志、防护栏。

5.2.6 澄清罐清洗工作应有 2 人在场，下罐前应系好安全带，打开照明灯，利用扶梯清洗内壁时，应有人固定扶梯。

5.3 离心车间岗位安全

5.3.1 应按操作程序启动、停止、拆洗、装合离心机。

5.3.2 启动前应检查各管道、开关、流槽及其他用具是否连接好，刹车装置是否放开，不应同时启动多台离心机。

5.3.3 离心机尚未完全停稳前，不应进行拆机清洗。

5.3.4 拆卸离心机时，应按顺序摆放各部件，不应用铁器敲、撬难拆部件；清洗时，不应用铁器刮除杂质；装合时，应按拆卸的反顺序进行，检查连接环的符号是否正对顶盖符号，转鼓是否能自由转动，收集罩、调节斗的出口是否正确。

5.3.5 清洗完离心机转鼓后，及时将工作场所地面积水清扫干净。

5.4 浓缩胶乳积聚岗位安全

5.4.1 浓缩胶乳的补氨操作应按 5.2.3、5.2.4 的规定执行。配制月桂酸铵溶液时，操作人员应戴好口罩、橡胶手套、防护眼镜、防护服、橡胶鞋等安全用具。

5.4.2 浓缩胶乳积聚罐的进料口应盖好，必要时上锁。

5.4.3 液氨的申购、装卸、储存、使用和处置等环节，应严格遵守《危险化学品安全管理条例》。

5.4.4 浓缩胶乳积聚罐的清洗应按 5.2.5、5.2.6 的要求执行。

5.5 胶清车间岗位安全

胶清车间岗位的安全操作按第 4 章的规定执行。

ICS 67.080.10
B 31

中华人民共和国农业行业标准

NY/T 3548—2020

水果中黄酮醇的测定 液相色谱-质谱联用法

Determination of flavonols in fruits—LC-MS-MS

2020-03-20 发布　　　　2020-07-01 实施

中华人民共和国农业农村部　发布

前 言

本标准按照 GB/T 1.1—2009 给出的规则起草。

本标准由农业农村部种植业管理司提出。

本标准由全国果品标准化技术委员会(SAC/TC 501)归口。

本标准起草单位:中国农业科学院果树研究所、青岛农业大学、农业农村部果品及苗木质量监督检验测试中心(兴城)。

本标准主要起草人:聂继云、李静、张海平、张建一、闫震、李银萍。

水果中黄酮醇的测定　液相色谱-质谱联用法

1　范围

本标准规定了水果中黄酮醇含量测定的高效液相色谱-质谱联用法的原理、试剂和材料、仪器、试样的制备、分析步骤、结果计算、精密度和色谱图。

本标准适用于水果中槲皮素、山奈酚、异鼠李素、杨梅素、丁香亭、落叶松亭6种黄酮醇的含量测定。

本标准黄酮醇的线性范围为0.2 mg/L～20 mg/L，杨梅素和异鼠李素的检出限为0.05 mg/kg，定量限为0.20 mg/kg；落叶松亭和山奈酚的检出限为0.10 mg/kg，定量限为0.50 mg/kg；槲皮素的检出限为0.15 mg/kg，定量限为0.50 mg/kg；丁香亭的检出限为0.20 mg/kg，定量限为1.00 mg/kg。

2　规范性引用文件

下列文件对于本文件的应用是必不可少的。凡是注日期的引用文件，仅注日期的版本适用于本文件。凡是不注日期的引用文件，其最新版本(包括所有的修改单)适用于本文件。

GB/T 6682　分析实验室用水规格和试验方法

3　原理

水果中的黄酮醇糖苷经甲醇提取和硫酸水解后得到黄酮醇，经固相萃取小柱净化，高效液相色谱柱分离，三重四级杆串联质谱检测，外标法定量。

4　试剂和材料

除非另有说明，本标准方法所用试剂均为分析纯，水为GB/T 6682规定的一级水。

4.1　试剂

4.1.1　硫酸(H_2SO_4，CAS号：7664-93-9)：优级纯。

4.1.2　甲酸(CH_2O_2，CAS号：64-18-6)：色谱纯。

4.1.3　甲醇(CH_4O，CAS号：67-56-1)：色谱纯。

4.1.4　乙腈(C_2H_3N，CAS号：75-05-8)：色谱纯。

4.1.5　2%硫酸溶液：吸取20.00 mL硫酸，移入盛有约800 mL水的容量瓶中，冷却后定容至1 000.0 mL。

4.1.6　提取剂：甲醇＋水＝80＋20(V＋V)，取800 mL甲醇(4.1.3)和200 mL水混匀。

4.1.7　流动相A：水＋甲酸＝995＋5(V＋V)，取995 mL水和5 mL甲酸(4.1.2)混匀。

4.2　标准品

6种黄酮醇标准品：纯度≥98%，相关信息见附录A。

4.3　标准溶液配制

4.3.1　黄酮醇标准储备液：分别称取槲皮素、山奈酚、异鼠李素、杨梅素、丁香亭和落叶松亭标准品20.00 mg，用甲醇(4.1.3)溶解并定容至50 mL，配制成400 mg/L的标准储备液，－20℃保存，可使用12个月。

4.3.2　黄酮醇混合标准溶液：根据需要，准确吸取一定量的各黄酮醇标准储备液，用甲醇(4.1.3)稀释成适当浓度的混合标准溶液，现用现配。

4.4　材料

4.4.1　有机相微孔滤膜：0.22 μm。

4.4.2　固相萃取小柱：反相C_{18}固相萃取小柱，200 mg/6 mL，或性能相当者。

5 仪器

5.1 液相色谱仪:配有三重四级杆质谱检测器。

5.2 电子天平:感量为 0.01 g 和 0.000 1 g。

5.3 离心机:9 000 r/min 以上。

5.4 油浴锅:带磁力搅拌,温度可调节。

5.5 超声波清洗器。

5.6 旋转蒸发仪。

6 试样的制备

取可食部分,切碎混匀,制成匀浆。

7 分析步骤

7.1 提取

称取 10.00 g 试样于 50 mL 棕色离心管中,加入约 30 mL 提取剂(4.1.6),混匀,室温下超声萃取 20 min,9 000 r/min离心 5 min,上清液转入 50.0 mL 棕色容量瓶中,残渣再用约 10 mL 提取剂(4.1.6)按上述步骤重复提取一次,合并 2 次提取液,用提取剂(4.1.6)定容至 50.0 mL。

7.2 黄酮醇糖苷的制备

7.2.1 吸取 20.00 mL 样品提取液(7.1)于 250 mL 旋转蒸发瓶中,40℃下减压蒸发至近干,加入 5 mL 水,摇匀。

7.2.2 依次用 5 mL 甲醇(4.1.3)和约 5 mL 水预淋洗、活化固相萃取小柱(4.4.2)。

7.2.3 将 7.2.1 的溶液倒入活化好的固相萃取小柱(7.2.2),缓慢抽滤(滤液呈滴状流出),弃去滤液。再用 5 mL 水分 2 次清洗旋转瓶,转入固相萃取小柱中,抽滤,弃去滤液。

7.2.4 用 10 mL 甲醇(4.1.3)分 2 次清洗旋转瓶,转入固相萃取小柱中,收集滤液于 250 mL 旋转瓶中,蒸干备用。

7.3 黄酮醇的制备及净化

7.3.1 在收集有提取物(7.2.4)的旋转瓶中加入 20.0 mL 2%硫酸溶液(4.1.5),并将其放入到 150℃的油浴锅(5.4)中,加热回流 20 min 后取下冷却。

7.3.2 依次用 5 mL 甲醇(4.1.3)和约 5 mL 水预淋洗、活化固相萃取小柱(4.4.2)。

7.3.3 将 7.3.1 的溶液倒入固相萃取小柱中,缓慢抽滤(滤液呈滴状流出),弃去滤液。用 10.00 mL 水分 2 次清洗旋转瓶,转入固相萃取小柱中,抽滤,弃去滤液。

7.3.4 用 20 mL 甲醇(4.1.3)分 4 次清洗旋转瓶,转入固相萃取小柱中,收集并合并滤液于旋转瓶中,40℃下减压蒸发近干,用甲醇(4.1.3)定容至 4.00 mL,混匀,过滤膜(4.4.1),待测。

7.4 试剂空白试验

除不加入样品外,其他过程与样品处理相同。

7.5 测定

7.5.1 液相色谱-串联质谱参考条件

色谱柱:反相 C_{18} 色谱柱,柱长 150 mm,内径 2.1 mm,颗粒度 1.8 μm,或性能类似色谱柱,并连接相同填料保护柱。

流速:0.3 mL/min。

流动相:A 相为 0.5%甲酸,B 相为乙腈,流动相梯度洗脱程序见表 1。

表 1 流动相梯度洗脱程序

时间,min	流动相 A,%	流动相 B,%
0.00	100	0
1.00	80	20
2.00	70	30
8.00	55	48
8.20	20	80
9.20	20	80
9.50	100	0
15.00	100	0

柱温:40℃。

进样量:2 μL。

电离源模式:电喷雾离子化。

电离源极性:正离子模式。

雾化气:氮气。

碰撞气(高纯氩气)流速:0.13 mL/min。

离子源温度:150℃。

脱溶剂气温度:500℃。

脱溶剂气流量:800 L/h。

监测离子对、碰撞气能量和源内破碎电压参见附录 B。

7.5.2 定性测定

在相同试验条件下进行样品测定时,样品检出的色谱峰的保留时间与标准样品相一致,扣除背景后的样品质谱图中所选离子均出现,而且所选的离子丰度比与标准样品的离子丰度比相一致(表 2),则可判断为该成分检出。试剂空白不应有对被测组分有干扰的物质检出。

表 2 质谱选择离子丰度允许偏差

单位为百分号

相对丰度	>50	>20~50	>10~20	≤10
允许偏差	≤±20	≤±25	≤±30	≤±50

7.5.3 定量测定

标准采用外标-校准曲线法定量测定。保证所测样品中组分的响应值均在仪器的线性范围内。

8 结果计算

样品中待测组分的含量以质量分数计,以毫克每千克(mg/kg)表示,结果按式(1)计算。

$$X = \frac{\rho \times V \times V_0}{m \times V_1} \qquad (1)$$

式中:

X ——试样中待测组分的含量,单位为毫克每千克(mg/kg);

ρ ——标准曲线计算出试样提取溶液中各组分的浓度,单位为毫克每升(mg/L);

V ——试样提取液定容体积,单位为毫升(mL);

V_0 ——净化后用于仪器测定的定容体积,单位为毫升(mL);

V_1 ——吸取用于制备黄酮醇的样品溶液体积,单位为毫升(mL);

m ——所取试样的量,单位为克(g)。

计算结果保留到小数点后 2 位。

9 精密度

在重复性条件下获得的 2 次独立测试结果的绝对差值不得超过算术平均值的 10%。

在再现性条件下获得的 2 次独立测试结果的绝对差值不得超过算术平均值的 15%。

10 色谱图

各目标化合物的多反应监测(MRM)色谱图参见图 C.1。

附　录　A
（规范性附录）
各目标化合物的标准物质基本信息

各目标化合物的标准物质基本信息见表 A.1。

表 A.1　各目标化合物的标准物质基本信息

名称	CAS 号	英文	分子式	相对分子量
杨梅素	529-44-2	Myricetin	$C_{15}H_{10}O_8$	318.25
槲皮素	117-39-5	Quercetin	$C_{15}H_{10}O_7$	302.24
落叶松亭	53472-37-0	Laricitrin	$C_{16}H_{12}O_8$	332.27
丁香亭	4423-37-4	Syringetin	$C_{17}H_{14}O_8$	346.29
山奈酚	520-18-3	Kaempferol	$C_{15}H_{10}O_6$	286.25
异鼠李素	480-19-3	Isorhamnetin	$C_{16}H_{12}O_7$	316.28

附 录 B
(资料性附录)
各目标化合物的质谱分析参数

各目标化合物的质谱分析参数见表B.1。

表B.1 各目标化合物的质谱分析参数

化合物	保留时间,min	母离子,*m/z*	子离子,*m/z*	锥孔电压,V	碰撞能量,eV
杨梅素	4.48	319.1	153.1*,217.1	45	35,30
槲皮素	5.76	303.1	153.1*,137.1	45	35,30
落叶松亭	5.79	333.1	153.1*,219.1	45	35,40
山奈酚	7.29	287.1	153.1*,121.1	45	35,32
丁香亭	7.44	347.1	153.1*,287.1	45	35,28
异鼠李素	7.62	317.1	153.1*,229.1	45	35,30
注:* 定量离子;用正离子采集模式。					

附 录 C
（资料性附录）
各目标化合物的多反应监测(MRM)色谱图

各目标化合物的多反应监测(MRM)色谱图见图 C.1。

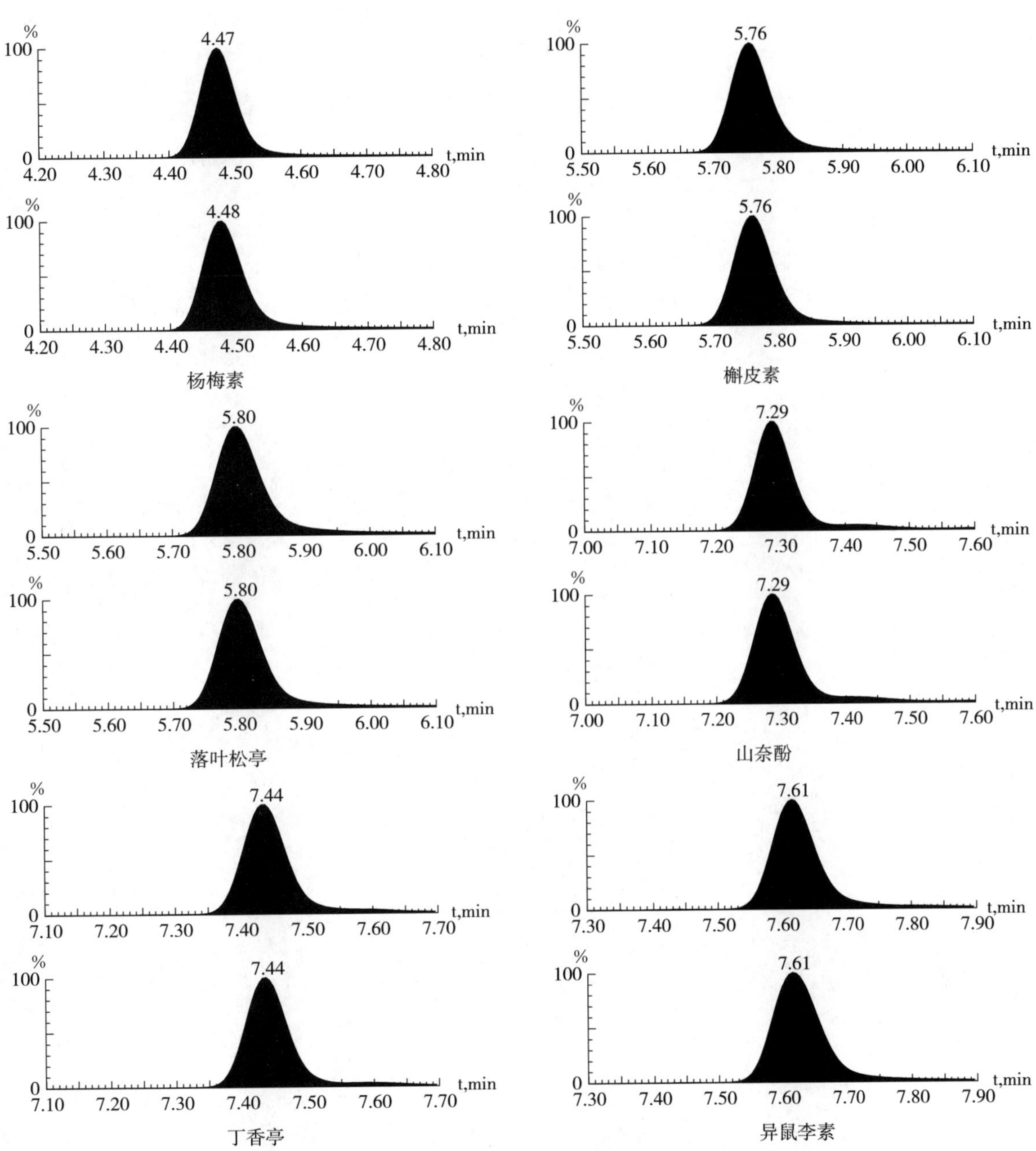

图 C.1 各目标化合物的多反应监测(MRM)色谱图

ICS 67.060
B 20

中华人民共和国农业行业标准

NY/T 3556—2020

粮谷中硒代半胱氨酸和硒代蛋氨酸的测定　液相色谱-电感耦合等离子体质谱法

Determination of selenocysteine and selenomethionine in cereals—Liquid chromatography-inductively coupled plasma mass spectrometry

2020-03-20 发布　　2020-07-01 实施

中华人民共和国农业农村部　发布

前　言

本标准按照 GB/T 1.1—2009 给出的规则起草。

本标准由农业农村部种植业管理司提出并归口。

本标准起草单位：中国水稻研究所、中国农业科学院农业质量标准与检测技术研究所、中国科学院沈阳应用生态研究所、国家农业检测基准实验室（重金属）。

本标准主要起草人：曹赵云、毛雪飞、王世成、牟仁祥、贾垚、刘雯欣、许萍、李波、章林平、李金秋、王莹、王颜红、陈铭学、朱智伟。

粮谷中硒代半胱氨酸和硒代蛋氨酸的测定 液相色谱-电感耦合等离子体质谱法

1 范围

本标准规定了粮谷中硒代半胱氨酸和硒代蛋氨酸的液相色谱-电感耦合等离子体质谱测定法的原理，规定了其试剂和材料、仪器和设备、试样制备、分析步骤、结果计算和精密度。

本标准适用于稻米、小麦、玉米、高粱、小米中硒代半胱氨酸和硒代蛋氨酸含量的测定。

本标准中硒代半胱氨酸和硒代蛋氨酸的方法定量限均为 0.005 mg/kg。

2 规范性引用文件

下列文件对于本文件的应用是必不可少的。凡是注日期的引用文件，仅注日期的版本适用于本文件。凡是不注日期的引用文件，其最新版本(包括所有的修改单)适用于本文件。

GB/T 6682　分析实验室用水规格和试验方法

3 原理

试样中硒代半胱氨酸和硒代蛋氨酸用蛋白酶水解提取，经反相离子对液相色谱分离，电感耦合等离子体质谱仪测定，外标法定量。

4 试剂和材料

以下所用试剂，除特殊注明外，均为优级纯试剂；水为符合 GB/T 6682 规定的一级水。

4.1　盐酸(HCl)。

4.2　三羟甲基氨基甲烷[$NH_2C(CH_2OH)_3$]。

4.3　乙酸铵(CH_3COONH_4)。

4.4　四丁基氢氧化铵($C_{16}H_{37}NO$，1 mol/L)。

4.5　乙酸(CH_3COOH)：色谱纯。

4.6　甲醇(CH_3OH)：色谱纯。

4.7　蛋白酶(protease XIV 型)：酶活力≥3.5 U/mg(在 pH 7.5 和 37℃条件下，每分钟水解酪蛋白产生不少于 3.5 μmol 酪氨酸)。

4.8　三羟甲基氨基甲烷-盐酸(Tris-HCl)缓冲液(30 mmol/L，pH 7.5)：称取 1.817 g 三羟甲基氨基甲烷(4.2)溶于约 450 mL 水中，用盐酸(4.1)调节 pH 至 7.5，加水稀释至 500 mL，摇匀，备用。

4.9　流动相(15 mmol/L 乙酸铵，0.2 mmol/L 四丁基氢氧化铵，5%甲醇，pH 5.5)：称取 1.156 g 乙酸铵(4.3)溶于 900 mL 水中，加入 0.2 mL 四丁基氢氧化铵(4.4)，用乙酸(4.5)调节 pH 至 5.5，加入 50 mL 甲醇(4.6)，加水稀释至1 000 mL，摇匀，于水浴中超声脱气 10 min，备用。

4.10　标准品

4.10.1　硒代半胱氨酸($C_3H_7NO_2Se$，CAS 号：10236-58-5)，纯度≥95%。

4.10.2　硒代蛋氨酸($C_5H_{11}NO_2Se$，CAS 号：9001-05-2)，纯度≥98%。

4.11　标准溶液

4.11.1　硒代半胱氨酸标准储备液(1 000 mg/L，按 Se 计)：称取 21.2 mg 硒代半胱氨酸标准品(4.10.1)，用水溶解并定容至 10 mL。0℃～4℃避光保存，有效期 3 个月。

4.11.2　硒代蛋氨酸标准储备液(1 000 mg/L，按 Se 计)：称取 24.8 mg 硒代氨基酸标准品(4.10.2)，用水溶解并定容至 10 mL。0℃～4℃避光保存，有效期 3 个月。

4.11.3　混合标准储备液(10.0 mg/L)：分别准确吸取 1.0 mL 硒代半胱氨酸标准储备液(4.11.1)和硒代蛋氨酸标准储备液(4.11.2)于 100 mL 容量瓶中，加水稀释并定容至刻度。0℃～4℃避光保存，有效期 1 个月。

4.11.4　混合标准使用液：用流动相(4.9)将混合标准储备液(4.11.3)逐级稀释成浓度为 0.10 μg/L、0.50 μg/L、1.0 μg/L、2.0 μg/L、5.0 μg/L 和 10 μg/L 的混合标准使用液，现用现配。

4.11.5　液氩或氩气：纯度≥99.99%。

4.11.6　氢气：纯度≥99.999%。

5　仪器和设备

5.1　液相色谱电感耦合等离子体质谱仪：配碰撞反应池。

5.2　分析天平：感量为 0.1 mg 和 0.01 g。

5.3　谷物粉碎机。

5.4　恒温振荡器：振荡转速≥300 r/min。

5.5　超声波清洗器。

5.6　离心机：转速≥5 000 r/min。

5.7　涡旋混合器。

6　试样制备

取代表性粮谷样品，用谷物粉碎机(5.3)粉碎，过 425 μm 孔径的圆孔筛，混匀，装入洁净的盛样袋内，备用。

7　分析步骤

7.1　试样提取

称取试样 1 g(精确至 0.01 g)于 50 mL 离心管中，加入 10 mL Tris-HCl 缓冲液(4.8)，室温下于超声水浴中超声 30 min。取出，加入 25 mg 蛋白酶(4.7)，混匀，置于(37±2)℃恒温振荡器中(转速 300 r/min)振荡酶解 20 h，取出，于 5 000 r/min 下离心 10 min。吸取 2 mL 上清液至 10 mL 容量瓶中，加流动相(4.9)稀释至刻度，混匀，过 0.22 μm 滤膜，待测。

7.2　测定

7.2.1　液相色谱电感耦合等离子体质谱参考条件

7.2.1.1　液相色谱条件

a)　色谱柱：反相 C_{18} 色谱柱(4.6 mm×250 mm，5 μm)，或相当者；

b)　流动相(pH 5.5)：含 15 mmol/L 乙酸铵、0.2 mmol/L 四丁基氢氧化铵、5%甲醇；

c)　流动相流速：1.0 mL/min；

d)　柱温：30℃；

e)　进样量：50 μL。

7.2.1.2　电感耦合等离子体质谱条件

a)　雾化器：同心雾化器；

b)　雾化室温度：2℃；

c)　炬管内径：2.5 mm；

d)　采样锥/截取锥(Ni)孔径：1.0/0.4 mm；

e)　采样深度：6.4 mm；

f)　采集质量数：78；

g) 高频等离子体发射功率:1 550 W;
h) 载气流量:1.02 L/min;
i) 载气补偿气流量:0.11 L/min;
j) 稀释气流量:0.34 L/min;
k) 等离子体气体流量:15 L/min;
l) 氢气流量:3.5 mL/min;
m) 蠕动泵转速:0.3 r/s;
n) 积分时间:1.0 s。

7.2.2 标准曲线

取混合标准使用液(4.11.4),按浓度由低到高依次进样测定,以各硒形态色谱峰面积和浓度作图,绘制标准曲线。混合标准溶液的色谱图参见附录 A。

7.2.3 试样溶液测定

取试样溶液进样测定,根据标准溶液的色谱保留时间定性,从标准曲线得到的样液中硒代半胱氨酸和硒代蛋氨酸浓度。试样溶液中 2 种硒形态的响应值均应在标准曲线线性范围内;当试液超出线性范围时,应用流动相(4.9)进行适当稀释后进样测定。标准溶液的色谱图参见附录 A。

7.3 空白试验

除不加试样外,按 7.1 和 7.2 步骤,随同试样进行空白试验。

8 结果计算

试样中硒代半胱氨酸和硒代蛋氨酸含量(以 Se 计)用质量分数 ω_i 计,单位以毫克每千克(mg/kg)表示,按式(1)计算。

$$\omega_i = \frac{(c_i - c_o) \times V}{m \times 1000} \quad \cdots\cdots (1)$$

式中:

ω_i ——试样中硒代半胱氨酸和硒代蛋氨酸含量,单位为毫克每千克(mg/kg);
c_i ——样液中硒代半胱氨酸和硒代蛋氨酸浓度,单位为微克每升(μg/L);
c_o ——空白试液中硒代半胱氨酸和硒代蛋氨酸浓度,单位为微克每升(μg/L);
V ——试液最终定容体积,单位为毫升(mL);
m ——试样溶液所代表试样的质量,单位为克(g);
1 000——换算系数。

计算结果结果保留 2 位有效数字。

9 精密度

在重复性条件下获得的 2 次独立测试结果的绝对差值不得超过算术平均值的 20%。

附　录　A
（资料性附录）
硒混合标准溶液色谱图

硒混合标准溶液色谱图见图 A.1。

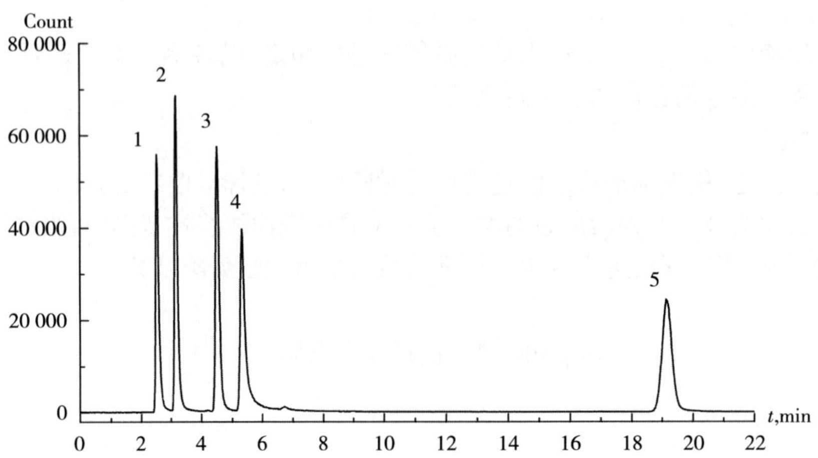

说明：

1——硒代半胱氨酸；

2——硒-甲基硒代半胱氨酸；

3——硒代蛋氨酸；

4——亚硒酸根；

5——硒酸根。

图 A.1　硒混合标准溶液色谱图

ICS 67
B 20

中华人民共和国农业行业标准

NY/T 3565—2020

植物源食品中有机锡残留量的检测方法 气相色谱-质谱法

Determination of cyhexatin, triphenyltin hydroxide, fenbutatin oxide residues in plant-derived foods— Gas chromatography-mass spectrometry

2020-03-20 发布　　2020-07-01 实施

中华人民共和国农业农村部　发布

前　言

本标准按照 GB/T 1.1—2009 给出的规则起草。

本标准由农业农村部种植业管理司提出并归口。

本标准起草单位:农业农村部稻米及制品质量监督检验测试中心、中国水稻研究所。

本标准主要起草人:马有宁、杨欢、牟仁祥、曹赵云、章林平、陈铭学、朱智伟。

植物源食品中有机锡残留量的检测方法 气相色谱-质谱法

1 范围

本标准规定了植物源食品中三环锡、三苯基氢氧化锡、苯丁锡 3 种有机锡农药残留量的气相色谱-三重四极杆质谱联用检测方法的原理、试剂和材料、仪器和设备、试样剂量、分析步骤、结果计算、精密度。

本标准适用于水果、蔬菜、茶叶、坚果和谷物中 3 种有机锡农药残留量的定量测定,其他食品科可参照执行。

本标准在茶叶、坚果和谷物中 3 种有机锡的方法定量限分别为 25 μg/kg;在蔬菜和水果中 3 种有机锡的方法定量限为 5 μg/kg。

2 规范性引用文件

下列文件对于本文件的应用是必不可少的。凡是注日期的引用文件,仅注日期的版本适用于本文件。凡是不注日期的引用文件,其最新版本(包括所有的修改单)适用于本文件。

GB/T 6682 分析实验室用水规格和试验方法

GB 2763—2019 食品安全国家标准 食品中农药最大残留限量

GB/T 8855 新鲜水果和蔬菜 取样方法

3 原理

试样用乙腈(含 0.2%甲酸)提取,与四乙基硼化钠衍生,经弗罗里硅土固相萃取柱净化,用气相色谱-三重四极杆质谱联用检测和确证,外标法定量。

4 试剂和材料

除非另有说明,在分析中仅使用分析纯试剂,水为符合 GB/T 6682 规定的要求。

4.1 试剂

4.1.1 甲醇(CH_3OH,CAS 号:67-56-1):色谱纯。

4.1.2 正己烷(C_6H_{14},CAS 号:110-54-3)。

4.1.3 氯化钠(NaCl,CAS 号:7647-14-5):于(140±2)℃干燥 4 h,冷却,储于干燥器中备用。

4.1.4 无水硫酸镁($MgSO_4$,CAS 号:7487-88-9)。

4.2 溶液配制

4.2.1 丙酮+正己烷(1+9,体积比):量取 100 mL 丙酮加入 900 mL 正己烷中,混匀。

4.2.2 丙酮+甲苯(3+7,体积比):量取 30 mL 丙酮加 70 mL 甲苯中,混匀。

4.2.3 2%四乙基硼化钠水溶液($C_8H_{20}BNa$):称取 2.0 g 四乙基硼化钠,用水溶解稀释至 100 mL,混匀。

4.2.4 乙酸-乙酸钠缓冲液(pH=5.0):称取 26.24 g 乙酸钠,并吸取 10.3 mL 乙酸,用水溶解稀释至 500 mL,混匀。

4.2.5 0.2%甲酸-乙腈溶液:吸取 2 mL 甲酸,加乙腈定容至 1 000 mL,混匀。

4.3 标准品

4.3.1 三环锡标准品($C_{18}H_{34}OSn$,CAS 号:13121-70-5):纯度≥95%。

4.3.2 三苯基氢氧化锡标准品($C_{18}H_{16}OSn$,CAS 号:76-87-9):纯度≥95%。

4.3.3 苯丁锡标准品($C_{60}H_{78}OSn_2$,CAS 号:13356-08-6):纯度≥95%。

4.4 标准溶液配制

4.4.1 标准储备液:称取 10 mg(精确至 0.1 mg)各标准品(4.3.1、4.3.2、4.3.3),用丙酮+甲苯溶液(4.2.2)溶解并定容至 10 mL,配成浓度为 1 000 mg/L 的标准储备溶液,避光−18℃保存,有效期 1 年。

4.4.2 混合标准储备液:分别吸取 1 000 mg/L 的农药标准储备溶液 (4.4.1)1 mL,于 10 mL 容量瓶中用甲醇(4.1.1)稀释至刻度,配制成三环锡、三苯基氢氧化锡和苯丁锡浓度为 100 mg/L 的混合标准工作溶液,−18℃避光保存,有效期 1 年。

4.4.3 混合标准工作溶液:用甲醇(4.1.1)将混合标准储备液(4.4.2)稀释成浓度为 5.0 μg/L、10 μg/L、50 μg/L、100 μg/L 和 200 μg/L 的混合标准工作液,现用现配。

4.5 固相萃取小柱:弗罗里硅土,填充物 1 000 mg,容积 6 mL,或相当者。

5 仪器和设备

5.1 气相色谱-三重四极杆质谱联用仪,配电子轰击离子源(EI)。

5.2 分析天平:感量 0.01 g 和 0.000 1 g。

5.3 组织捣碎仪。

5.4 谷物粉碎机。

5.5 高速均质器:转速不低于 15 000 r/min。

5.6 涡旋振荡器。

5.7 氮吹浓缩仪。

5.8 超声波清洗器。

5.9 离心机:转速不低于 5 000 r/min。

6 试样制备

6.1 水果和蔬菜

样品取样部位按 GB 2763—2019 附录 A 的规定执行。取样量按照 GB/T 8855 的规定执行。对于个体较小的样品,取样后全部处理;对于个体较大的基本均匀样品,可在对称轴或对称面上分割或切成小块后处理;对于细长、扁平或组分含量在各部分有差异的样品,可在不同部位切取小片或截成小段后处理;处理后的样品将其切碎,充分混匀,用四分法取样或直接放入组织捣碎机中捣碎成匀浆,放入聚乙烯瓶中于−18℃保存。

6.2 茶叶、坚果和谷物

样品取样部位按 GB 2763—2019 附录 A 的规定执行。谷物、茶叶、坚果样品各 500 g,用谷物粉碎机粉碎后使其全部可通过 425 μm 的标准网筛,放入聚乙烯瓶中−18℃保存。

7 分析步骤

7.1 提取

7.1.1 茶叶、坚果、谷物

称取 5 g 试样(精确至 0.01 g)于 150 mL 具塞离心管中,加入 20 mL 水,轻摇使样品与水充分混匀,放置 30 min。加 25 mL 0.2%甲酸-乙腈溶液(4.2.5),置于高速均质器中匀浆 2 min,分别加入 10 g 无水硫酸镁和 1 g 氯化钠,匀浆 1 min 后,以 4 200 r/min 的转速离心 5 min。

7.1.2 蔬菜、水果等

称取 25 g 试样(精确至 0.01 g)于 150 mL 具塞离心管中,加入 25 mL 0.2%甲酸-乙腈溶液(4.2.5),置于高速均质器中匀浆 2 min,分别加入 10 g 无水硫酸镁和 1 g 氯化钠,匀浆 1 min 后,以 4 200 r/min 的转速离心 5 min。

7.2 衍生

移取 7.1.1 或 7.1.2 1 mL 上清液于 15 mL 具塞离心管中，置于已调至 50℃的氮吹浓缩仪中，缓慢吹近干后，加入 1.0 mL 甲醇溶解残渣。依次加入 5 mL 乙酸-乙酸钠缓冲液(4.2.4)，2 mL 2%四乙基硼化钠水溶液(4.2.3)，迅速盖紧盖子，涡旋混匀后超声衍生 15 min。加入 1 mL 正己烷，涡旋混匀，以 4 200 r/min的转速离心 3 min。

7.3 净化

移取上层有机相 0.5 mL 于 5 mL 刻度管中，用正己烷溶解加至 2 mL 刻度。将弗罗里硅土柱依次用 5 mL 正己烷、5 mL 丙酮＋正己烷(4.2.1)预洗条件化，弃去预洗液。当溶剂液面到达柱吸附层表面时，立即加入定溶液，并用 5 mL 丙酮＋正己烷(4.2.1)洗涤刻度管后过柱，并收集洗脱液于另一个 10 mL 刻度管中，于 50℃条件下氮气缓慢吹干，加入 0.5 mL 正己烷振荡溶解残渣，待测。

7.4 混合标准溶液的制备

移取系列浓度的混合标准工作液(4.4.3)1 mL 于 15 mL 离心管中，按 7.2 和 7.3 的方法进行衍生化和净化。

7.5 气相色谱-质谱条件

7.5.1 色谱柱：DB-5MS 毛细管柱(30 m×0.25 mm，0.25 μm)或相当者。

7.5.2 色谱柱温度：初始温度 60℃，以 40℃/min 升至 180℃，再以 20℃/min 升至 280℃，保持 10 min。

7.5.3 进样口温度：250℃。

7.5.4 色谱-质谱接口温度：280℃。

7.5.5 进样量：1 μL。

7.5.6 载气：氦气，纯度≥99.999%，流速 1 mL/min。

7.5.7 进样方式：不分流进样，2 min 后打开分流阀和隔垫吹阀。

7.5.8 电离方式：EI 源。

7.5.9 电离能量：70 eV。

7.5.10 测定方式：多反应监测方式(MRM)。

7.5.11 溶剂延迟：6 min。

7.5.12 监测离子：见表 1。

表 1 GC-MS/MS 分析有机锡衍生物的保留时间、监测离子对和碰撞能量

有机锡衍生物	保留时间 min	母离子 的质荷比 m/z	定量离子		定性离子	
			质荷比 m/z	碰撞能量 eV	质荷比 m/z	碰撞能量 eV
三环己基乙基锡	8.52	315.1	232.9	5	151.0	20
三苯基乙基锡	8.46	351.0	196.9	20	119.7	30
三(2-甲基-2-苯基丙基)乙基锡	16.26	415.1	275.0	20	303.0	20

7.6 标准曲线

取 3 种有机锡混合标准溶液(7.4)，按浓度由低到高依次进样测定，以各有机锡农药色谱峰面积和浓度作图，得到标准曲线。

7.7 定性测定

在相同试验条件下，对标准溶液及样液均按 7.5 中的条件进行测定。在进行样品测定时，若检出物质保留时间与标准溶液保留时间的偏差不超过标准溶液保留时间的±2.5%；且在扣除背景后的样品谱图中，所选择离子全部出现，同时所选择离子的丰度比与标准品对应离子的丰度比在允许范围内(所选范围见表 2)，则可判定样品中存在相应的有机锡农药。

表 2 定性测定时相对离子丰度的最大允许误差

单位为百分号

相对离子丰度	>50	>20～50	>10～20	≤10
允许的相对偏差	±20	±25	±30	±50

7.8 定量测定

取试样溶液进样测定，从标准曲线得到样液中有机锡农药浓度。试样溶液中各有机锡农药的响应值应均在标准曲线线性范围内；如果超出线性范围，应用正己烷进行适当稀释后进样测定。三环锡、三苯基氢氧化锡和苯丁锡衍生产物三环己基乙基锡、三苯基乙基锡和三(2-甲基-2-苯基丙基)乙基锡的选择离子监测色谱图参见附录 A。

8 结果计算

试样中有机锡农药的含量(X)以质量分数表示(μg/kg)，按式(1)计算(上下各乘以 1 000)。

$$X = \frac{c \times V \times 1000}{m \times 1000} \quad \cdots\cdots (1)$$

式中：

V ——提取液定容体积，单位为毫升(mL)；

c ——样液中有机锡质量浓度，单位为微克每升(μg/L)；

m ——试样溶液所代表试样的质量，单位为克(g)；

1 000——换算系数。

平行测定结果用算术平均值表示，结果保留 3 位有效数字。

9 精密度

在重复性条件下，获得的 2 次独立测试结果的绝对差值与其算术平均值的比值(百分号)，应符合附录 B 的要求。

在再现性条件下，获得的 2 次独立测试结果的绝对差值与其算术平均值的比值(百分号)，应符合附录 C 的要求。

附 录 A
(资料性附录)
3 种有机锡衍生物的提取离子色谱图

A.1 三环锡衍生产物三环己基乙基锡(5 μg/L)的提取离子色谱图

见图 A.1。

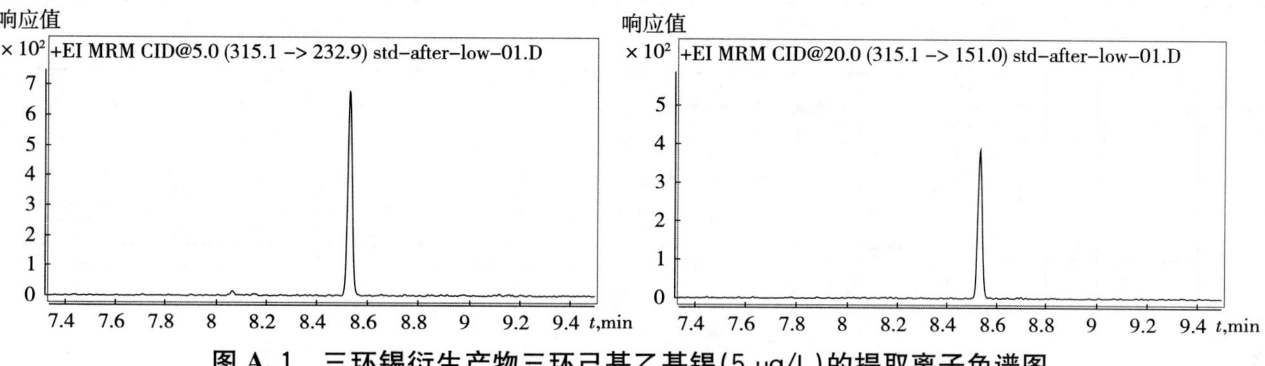

图 A.1 三环锡衍生产物三环己基乙基锡(5 μg/L)的提取离子色谱图

A.2 三苯基氢氧化锡衍生产物三苯基乙基锡(5 μg/L)的提取离子色谱图

见图 A.2。

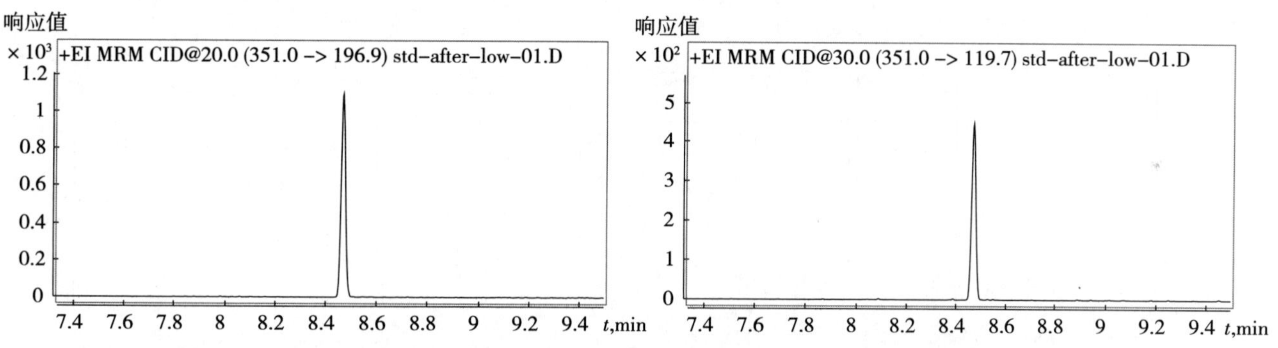

图 A.2 三苯基氢氧化锡衍生产物三苯基乙基锡(5 μg/L)的提取离子色谱图

A.3 苯丁锡衍生产物三(2-甲基-2-苯基丙基)乙基锡(5 μg/L)的提取离子色谱图

见图 A.3。

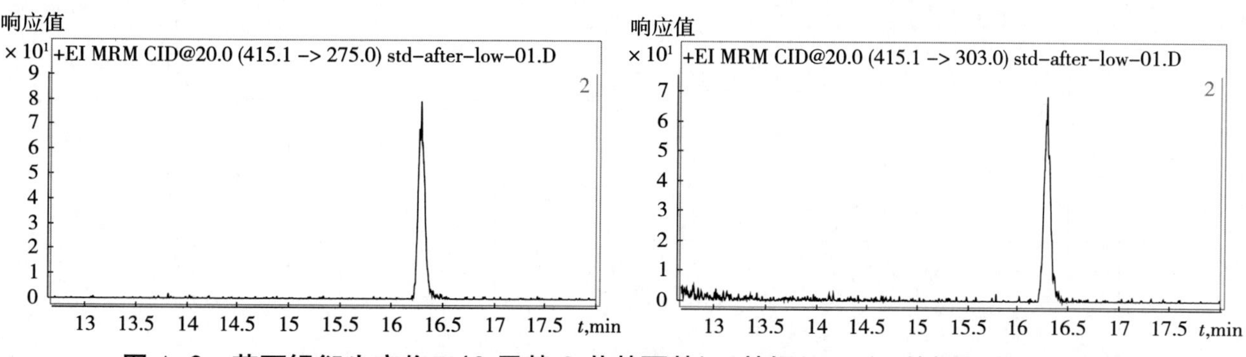

图 A.3 苯丁锡衍生产物三(2-甲基-2-苯基丙基)乙基锡(5 μg/L)的提取离子色谱图

附　录　B
（规范性附录）
实验室内重复性要求

实验室内重复性要求见表 B.1。

表 B.1　实验室内重复性要求

被测组分含量（P） μg/kg	精密度 %
$P \leqslant 1$	36
$1 < P \leqslant 10$	32
$10 < P \leqslant 100$	22
$100 < P \leqslant 1\ 000$	18
$P > 1\ 000$	14

附　录　C
（规范性附录）
实验室间再现性要求

实验室间再现性要求见表 C.1。

表 C.1　实验室间再现性要求

被测组分含量(P) μg/kg	精密度 %
P≤1	54
1＜P≤10	46
10＜P≤100	34
100＜P≤1 000	19
P＞1 000	14

ICS 67
B 20

中华人民共和国农业行业标准

NY/T 3566—2020

粮食作物中脂肪酸含量的测定 气相色谱法

Determination of fatty acids in grain crops—Gas chromatography

2020-03-20 发布　　2020-07-01 实施

中华人民共和国农业农村部 发布

前　言

本标准按照 GB/T 1.1—2009 给出的规则起草。

本标准由农业农村部种植业管理司提出并归口。

本标准起草单位:中国水稻研究所、农业农村部稻米及制品质量监督检验测试中心。

本标准主要起草人:方长云、孙成效、胡贤巧、朱智伟、于永红、章林平、邵雅芳、段彬伍。

粮食作物中脂肪酸含量的测定　气相色谱法

1　范围

本标准规定了粮食作物中脂肪酸含量的气相色谱检测方法。

本标准适用于稻米、小麦、玉米、豆类、薯类和小米等粮食作物中脂肪酸含量的测定。

本标准各脂肪酸的定量限均为 0.002 g/100 g。

2　规范性引用文件

下列文件对本文件的引用是必不可少的。凡是注日期的引用文件，仅注日期的版本适用于本文件。凡是不注日期的引用文件，其最新版本（包括所有的修改单）适用于本文件。

GB/T 6682　分析实验室用水规格和试验方法

3　原理

乙酰氯与甲醇反应得到的盐酸-甲醇使试样中的脂肪和游离脂肪酸甲酯化，用甲苯提取后，经气相色谱仪分离检测，外标法定量。

4　试剂

除非另有说明，在分析中仅使用分析纯的试剂和符合 GB/T 6682 规定的一级水。

4.1　试剂

4.1.1　甲醇（CH_3OH）：色谱纯。

4.1.2　甲苯（C_7H_8）：色谱纯。

4.1.3　乙酰氯（C_3H_3ClO）。

4.1.4　无水碳酸钠（Na_2CO_3）。

4.2　试剂配制

4.2.1　乙酰氯甲醇溶液（10%，体积比）：量取 80 mL 甲醇于 200 mL 烧杯中，准确吸取 10.0 mL 乙酰氯逐滴缓慢加入，不断搅拌，冷却后转移，并用甲醇定容至 100 mL 容量瓶中，临用时现配。

警告：乙酰氯具有刺激性和腐蚀性，在配制乙酰氯甲醇溶液时应不断搅拌以防止喷溅，注意防护，建议在通风橱中操作。

4.2.2　0.5 mol/L 碳酸钠溶液：称取 5.3 g 碳酸钠，用水溶解，并稀释定容至 100 mL。

4.3　标准品

4.3.1　各脂肪酸甘油三酯标准品：纯度≥99%。

4.3.2　单个脂肪酸甘油三酯标准工作液：根据样品中脂肪酸含量称取适量单个脂肪酸甘油三酯置于 10 mL容量瓶中，用甲苯定容，分别得到不同脂肪酸甘油三酯的单标溶液，储存于－20℃以下冰箱，有效期 6 个月。

5　仪器

5.1　气相色谱仪，带有氢火焰离子检测器（FID）。

5.2　天平，感量为 0.01 mg。

5.3　离心机，转速≥5 000 r/min。

5.4　水浴锅。

5.5　氮吹仪。

5.6 冷冻干燥机。

5.7 谷物粉碎机。

5.8 匀浆机。

5.9 螺口玻璃管 15 mL。

5.10 具塞离心管 50 mL。

5.11 0.45 μm 滤膜，有机相。

6 分析步骤

6.1 试样制备

6.1.1 薯类试样

将薯类试样用干净纱布轻轻擦去样本表面的附着物，或用清水清洗干净并用滤纸吸干水分，切碎，用四分法取样或直接放入匀浆机中捣成匀浆，经冷冻干燥后，用谷物粉碎机粉碎，过 0.42 mm 试验筛，混匀，放入聚乙烯瓶中－20℃～－16℃条件下保存，备用。

6.1.2 其他试样

稻米等其他试样：除去可见杂质，混匀缩分至约 50 g，谷物粉碎机粉碎，过 0.42 mm 试验筛，混匀，放入聚乙烯瓶中－20℃～－16℃条件下保存，备用。

6.2 试液制备

称取干试样 0.5 g（精确至 0.001 g）于 15 mL 螺口玻璃管中，加入 5.0 mL 甲苯（4.1.2），再加入 6.0 mL 的乙酰氯甲醇溶液（4.2.1），充氮气后，旋紧螺旋盖，振荡混合后置于 80℃水浴 2 h，其间每隔 20 min 取出振摇 10 s，取出冷却至室温。将试液转移至 50 mL 离心管中，分别用 3.0 mL 碳酸钠溶液（4.2.2）清洗玻璃管 3 次，合并碳酸钠溶液于 50 mL 离心管中，摇匀，以 5 000 r/min 离心 10 min，取适量上清液，过 0.45 μm微孔滤膜后，待测。

6.3 标准测定液制备

准确吸取脂肪酸甘油三酯标准工作液 0.5 mL（4.3.2）于 15 mL 螺口玻璃管中，加入 4.5 mL 甲苯，其他操作步骤同 6.2。各脂肪酸甘油三酯转化为脂肪酸的系数见附录 A。

6.4 测定

6.4.1 气相色谱参考条件

a) 色谱柱：HP-88 毛细管柱 100 m×250 μm×0.2 μm，或性能相当的柱子；
b) 载气及流速：氮气，纯度≥99.999%，流速为 1.0 mL/min；
c) 分流比：10∶1；
d) 进样量：1.0 μL；
e) 进样口温度：250℃；
f) 检测器：FID，温度 250℃；
g) 柱温箱升温程序见表 1。

表 1 柱温箱升温程序

阶段	升温速度，℃/min	下一温度，℃	保持时间，min
初始		120	0
第一阶	30	170	2
第二阶	6	200	2
第三阶	20	220	0
第四阶	2	230	5
第五阶	1	232	2
第六阶	3	240	5

6.4.2 测定

分别准确吸取 1.0 μL 脂肪酸甘油三酯标准测定液及样品待测液注入色谱仪，进行测定，以色谱峰面积定量。

7 结果表示

试样中各脂肪酸含量计算均以质量分数 ω 计，单位以克每百克(g/100 g)表示，按式(1)计算。

$$\omega = \frac{A_i \times m_{si} \times F_j}{A_{si} \times m \times 20} \times 1000 \quad \cdots\cdots (1)$$

式中：

ω ——试样中各脂肪酸的含量，单位为克每百克(g/100 g)；

A_i ——试样测定液中某个脂肪酸的峰面积；

m_{si} ——标准工作液中某个脂肪酸甘油三酯的质量，单位为克(g)；

F_j ——各脂肪酸甘油三酯转换为脂肪酸的换算系数；

A_{si} ——标准测定液各脂肪酸甲酯的峰面积；

m ——试样的质量，单位为克(g)；

1/20——测定液中各脂肪酸甘油三酯含量稀释的倍数。

以重复条件下获得的 2 次平行测定结果的算术平均值表示，计算结果保留小数点后 3 位。

8 精密度

当样品含量<0.1 g/100 g 时，在重复性条件下获得的 2 次独立测定结果的绝对差值不大于这 2 个测定值的算术平均值的 20%。

当样品含量≥0.1 g/100 g 时，在重复性条件下获得的 2 次独立测试结果的绝对差值不大于这 2 个测定值的算术平均值的 10%。

附　录　A
（规范性附录）
各脂肪酸甘油三酯转化成脂肪酸的转换系数

各脂肪酸甘油三酯转化成脂肪酸的转换系数见表 A.1。

表 A.1　各脂肪酸甘油三酯转化成脂肪酸的转换系数

序号	脂肪酸名称	F_j 转换系数	序号	脂肪酸名称	F_j 转换系数
1	$C_{8:0}$辛酸	0.919 2	19	$C_{20:0}$花生酸	0.960 9
2	$C_{10:0}$葵酸	0.931 4	20	$C_{18:3n6}$ γ-亚麻酸	0.955 9
3	$C_{11:0}$十一碳酸	0.936 3	21	$C_{20:1}$二十碳一烯酸	0.960 8
4	$C_{12:0}$月桂酸	0.940 5	22	$C_{18:3n3}$ α-亚麻酸	0.956 0
5	$C_{13:0}$十三碳酸	0.944 2	23	$C_{21:0}$二十一碳酸	0.962 8
6	$C_{14:0}$肉豆蔻酸	0.947 3	24	$C_{20:2}$二十碳二烯酸	0.960 5
7	$C_{14:1n5}$肉豆蔻油酸	0.947 0	25	$C_{22:0}$二十二碳酸	0.964 2
8	$C_{15:0}$十五碳酸	0.950 2	26	$C_{20:3n6}$二十碳三烯酸	0.959 8
9	$C_{15:1n5}$十五碳一烯酸	0.949 9	27	$C_{22:1n9}$芥酸	0.963 9
10	$C_{16:0}$棕榈酸	0.952 9	28	$C_{20:3n3}$二十碳三烯酸	0.959 8
11	$C_{16:1n7}$棕榈油酸	0.952 5	29	$C_{20:4n6}$花生四烯酸	0.959 7
12	$C_{17:0}$十七碳酸	0.955 2	30	$C_{23:0}$二十三碳酸	0.965 8
13	$C_{17:1n7}$十七碳一烯酸	0.954 9	31	$C_{22:2}$二十二碳二烯酸	0.963 8
14	$C_{18:0}$硬脂酸	0.957 3	32	$C_{24:0}$二十四碳酸	1.000 2
15	$C_{18:1n9t}$反式油酸	0.957 0	33	$C_{20:5n3}$二十碳五烯酸	0.959 2
16	$C_{18:1n9c}$油酸	0.957 1	34	$C_{24:1}$二十四碳一烯酸	0.966 6
17	$C_{18:2n6c}$亚油酸	0.956 8	35	$C_{22:6n3}$二十二碳六烯酸	0.962 4
18	$C_{18:2n6t}$反式亚油酸	0.956 8			

注：F_j——脂肪酸甘油三酯转化成脂肪酸的转换系数。

附 录 B
(资料性附录)
35 种脂肪酸甲酯标准溶液参考色谱图

35 种脂肪酸甲酯标准溶液参考色谱图见图 B.1。

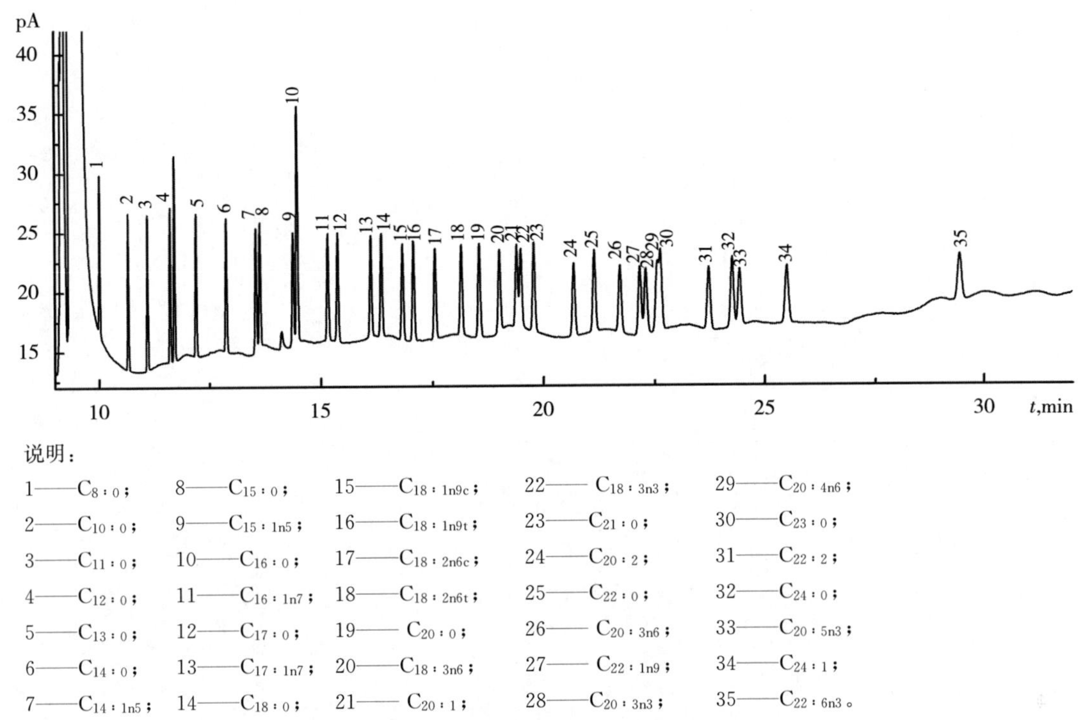

图 B.1　35 种脂肪酸甲酯标准溶液参考色谱图

ICS 67
B 23

中华人民共和国农业行业标准

NY/T 3569—2020

山药、芋头储藏保鲜技术规程

Technical code of practice for storage of yams and taro

2020-03-20 发布　　　　2020-07-01 实施

中华人民共和国农业农村部　发布

前　　言

本标准按照 GB/T 1.1—2009 给出的规则起草。

本标准由农业农村部种业管理司提出并归口。

本标准起草单位：山东省农业科学院农业质量标准与检测技术研究所、山东省轻工农副原料研究所。

本标准主要起草人：聂燕、张红、张丙春、滕葳、刘宾、王文正、陈子雷、刘少军、李慧冬、岳晖。

山药、芋头储藏保鲜技术规程

1 范围

本标准规定了山药、芋头储藏保鲜的采收要求、质量要求、储藏设施要求、预处理、分级与包装、堆码、储藏、出库(窖)与运输。

本标准适用于山药、芋头的储藏保鲜。

2 规范性引用文件

下列文件对于本文件的应用是必不可少的。凡是注日期的引用文件,仅注日期的版本适用于本文件。凡是不注日期的引用文件,其最新版本(包括所有的修改单)适用于本文件。

GB 2760　食品安全国家标准　食品添加剂使用标准
GB 2762　食品安全国家标准　食品中污染物限量
GB 2763　食品安全国家标准　食品中农药最大残留限量
GB 4806.7　食品安全国家标准　食品接触用塑料材料及制品
GB/T 5737　食品塑料周转箱
GB/T 6543　运输包装用单瓦楞纸箱和双瓦楞纸箱
GB 7718　食品安全国家标准　预包装食品标签通则
GB/T 8946　塑料编织袋
GB/T 24904　粮食包装　麻袋
NY/T 1065　山药等级规格
NY/T 2789　薯类储藏技术规范
QB/T 3810　塑料网眼袋
SB/T 10158　新鲜蔬菜包装与标识

3 采收要求

3.1 山药一般在8月上中旬至12月中旬,陆续采收。冬前不采收的山药,应在地表覆土10 cm～15 cm防冻越冬,年后采收上市。宜在晴天上午采收。采收时,应轻拿轻放,尽可能减少机械伤。

3.2 芋头应在芋叶发黄凋萎及须根枯萎时采收。采收前1周左右,应停止浇水,保持土壤干松;采前割去地上部分叶柄,伤口愈合后晴天采收。采收时,应整株挖起,除去残叶和须根。采收后,可在田间晾干表面水分。

4 质量要求

4.1 山药应选择耐储藏品种,并符合NY/T 1065的要求。

4.2 芋头应:

——球茎完整,无裂痕;

——无腐烂、冻害、黑心;

——无病虫害及机械伤;

——无外来水分。

4.3 山药和芋头中污染物及农药残留应符合GB 2760、GB 2762、GB 2763的有关规定。

5 储藏设施要求

5.1 可使用自然通风库(窖)、强制通风库(窖)和恒温库等设施储藏。

5.2 设施内配置必要的控温、控湿、消毒、照明、传送、分级、监控等设备和保温设施等。

5.3 应预先检查库(窖)的安全性、牢固性、密封性、保温性,通风管道情况,风机、照明、监测、传送、制冷等设备运行情况。

5.4 储藏前一个月应清除库(窖)内杂物,彻底清扫库(窖)内环境卫生。储藏前 1 周～2 周,应充分通风换气。

5.5 气候比较潮湿、地下水位较高的地区,应打开库(窖)门窗通风散湿,并在库(窖)地面、墙壁摆放不少于 5 cm 厚的消毒秸秆,或在库(窖)地面均匀铺放清洁干燥的砖块、干木板(条)等架空,防潮湿、利通气;有条件的可以在库(窖)安装除湿设备。气候比较干燥的地区,储藏前 2 周～3 周,使用加湿器或在库(窖)地面和墙壁喷撒洁净水,控制相对湿度 85%以上。

5.6 应经常检查库(窖)有无鼠洞、库(窖)周围排水情况、库(窖)结构安全性及通风系统畅通情况;应经常维护库(窖)内照明、风机、温湿度控制及监测设备和辅助设备等,确保设施、设备正常运行。

6 预处理

6.1 未去茎叶山药采收后,直接入库。去茎叶山药采收后,断口蘸石灰水杀菌后入库。

6.2 芋头采收后晾晒 1 d～2 d 储藏。

7 分级与包装

7.1 山药应按 NY/T 1065 的规定进行分级;芋头应按产品大小和质量分级,相同等级集中堆放。

7.2 山药、芋头应采用符合 GB/T 8946 规定的透气编织袋、符合 QB/T 3810 规定的网眼袋、符合 GB/T 24904 规定的麻袋、符合 GB/T 5737 规定的塑料周转箱、符合 GB/T 4806.7 规定的塑料袋、符合的 GB 6543规定的纸箱、带通气孔的木条箱、防潮防腐蚀的金属筐等包装。

7.3 包装材料应分别符合国家相关安全卫生标准要求,产品的包装与标志应符合 SB/T 10158 和 GB 7718的有关规定。

8 堆码

按 NY/T 2789 的规定执行。

9 储藏

9.1 储藏方式

9.1.1 一般用简易恒温库、地窖或冷库储藏山药。具体要求:

——简易恒温库储藏时,库内壁铺 20 cm 保温层、设通风口。山药分级堆垛存放,一层湿土一层山药,垛高不应超过 2 m。从上往下喷水浸湿山药后储藏。

——地窖储藏时,以一层土一层山药的方式堆放鲜食和加工山药,种山药放入网袋码放储藏。

——冷库储藏时,冷库地面铺一层砖块。码放时,山药头在外、尾(细的嘴子端)朝里,其他同简易恒温储藏。

9.1.2 一般用伏窖、地窖或冷库储藏芋头。具体要求:

——伏窖地上堆藏时,应根据场地大小堆成宽 3 m～5 m、长 5 m～6 m、高 0.8 m 左右的垛堆;刚收获带部分泥土的芋头墩(不掰芋艿),根部朝上依次堆放成拱形。

——地窖储藏时,一般挖 2 m～2.3 m 宽、1 m～1.2 m 深,窖长不限。刚收获带部分泥土的芋头墩(不掰芋艿),根部朝上依次堆放成拱形,堆放高度一般为 80 cm,不应超过 1 m,顶层芋头离地面 50 cm。

——冷库储藏时,入库前应根据芋头单粒重和需求进行分级和包装。保鲜袋包装,20 kg/袋,放于托盘上,通常每托盘堆放 1 000 kg。纸箱包装,10 kg/箱或 12 kg/箱～13 kg/箱,放于货架上。塑料周转箱,20 kg/箱,摞 6 箱～8 箱。

9.2 储藏条件

9.2.1 山药储藏时：

——简易恒温库储藏温度一般为 4℃～12℃。

——地窖储藏温度为 5℃～8℃。

——冷库储藏温度为 4℃～6℃；堆垛内外温差不超过 2℃；相对湿度 80%～85%。

9.2.2 芋头储藏时：

——伏窖储藏温度为 5℃～15℃。

——地窖适宜温度为 7℃～13℃。

——冷库储藏温度为 7℃～10℃；堆垛内外温差不超过 2℃；相对湿度控制在 85%～90%。

9.3 储藏管理

9.3.1 山药储藏期间管理：

——简易恒温库温度若高于 12℃，应喷水降温，并定期检查山药完好度。

——地窖应重点检查温湿度和山药外观，通风调节窖内温度，每 10 d～15 d 洒水一次。

——冷库应定期检查温湿度，每月洒水一次，每 10 d 左右通风一次，每次 2 d～3 d，排除有害气体。

9.3.2 芋头储藏期间管理：

——窖藏芋头入窖后，应在芋头上立即覆土 15 cm～20 cm，并覆盖一层塑料膜，然后再覆盖一层干作物秸秆；当地表结冻时，再覆盖 20 cm～30 cm 干土，并覆盖多层作物秸秆。

——无作物秸秆覆盖的窖，严冬前应将挖出的土全部培在窖上部，使其形成龟背形；大雪后应扫除窖上积雪。

——冷库应定期通风。

9.3.3 山药、芋头储藏期间应检查记录产品外观、色泽和气味，及时去除腐烂产品，控制病害的发生。

9.3.4 山药、芋头储藏期间若发生热窖，应及时降温散热。

10 出库(窖)与运输

10.1 应选择晴天出库，遵循先进先出的原则。

10.2 出窖时，应避免机械损伤；控制好温度，以避免冷、热造成的损失。

10.3 运输过程应轻装、轻卸，防止挤压和剧烈震动。

ICS 67.080.20
B 31

中华人民共和国农业行业标准

NY/T 3570—2020

多年生蔬菜储藏保鲜技术规程

Technical code of practice for storage of perennial vegetables

2020-03-20 发布　　　　2020-07-01 实施

中华人民共和国农业农村部　发布

前　言

本标准按照 GB/T 1.1—2009 给出的规则起草。

本标准由农业农村部种植业管理司提出并归口。

本标准起草单位：山东省农业科学院农业质量标准与检测技术研究所、山东省农业科学院特色经济作物研究中心、甘肃省农业科学院农业质量标准与检测技术研究所。

本标准主要起草人：张红、张树秋、聂燕、张丙春、李瑞琴、孟庆华、赵善仓、郭长英、陈子雷。

多年生蔬菜储藏保鲜技术规程

1 范围

本标准规定了多年生蔬菜储藏保鲜的采收和质量要求、储藏设施、预冷、分级与包装、堆码、储藏、出库及运输等技术要求。

本标准适用于芦笋、黄秋葵、食用百合、香椿的储藏保鲜。

2 规范性引用文件

下列文件对于本文件的应用是必不可少的。凡是注日期的引用文件，仅注日期的版本适用于本文件。凡是不注日期的引用文件，其最新版本(包括所有的修改单)适用于本文件。

GB 2760 食品安全国家标准 食品添加剂使用标准

GB 2762 食品安全国家标准 食品中污染物限量

GB 2763 食品安全国家标准 食品中农药最大残留限量

GB 4806.7 食品安全国家标准 食品接触用塑料材料及制品

GB/T 5737 食品塑料周转箱

GB/T 6543 运输包装用单瓦楞纸箱和双瓦楞纸箱

GB 7718 食品安全国家标准 预包装食品标签通则

GB/T 9829 水果和蔬菜 冷库中物理条件 定义和测量

GB/T 16870 芦笋 储藏指南

GB/T 21302 包装用复合膜、袋通则

GB/T 29372 食用农产品保鲜储藏管理规范

GB/T 30134 冷库管理规范

NY/T 760 芦笋

NY/T 1585 芦笋等级规格

NY/T 3270 黄秋葵等级规格

SB/T 10158 新鲜蔬菜包装与标识

3 采收要求

3.1 芦笋应按 GB/T 16870 的规定进行采收。

3.2 黄秋葵应在花凋谢 2 d～4 d 后采收嫩果，宜清晨采收。食用百合采收前 10 d 内停止浇水，应在其地上茎叶自然枯萎后进行采收，选择晴天采收。香椿应在第一茬芽长 10 cm～15 cm 时进行采收，第一茬采收后 10 d～20 d 内可再次采摘，应在晴天日出前用掰芽法采收。

3.3 黄秋葵采收时应用剪刀剪齐果柄，以防扭伤果柄。食用百合采收时应轻拿轻放，避免机械伤。香椿采收时，将萌发的嫩芽从基部整个掰下，同时去除芽基部的老梗，置阴凉处。

3.4 食用百合采收后剪去其茎秆和须根，去除多余泥土和机械伤及虫咬鳞茎后，装入周转箱避光及时运往预冷库。

4 质量要求

4.1 **芦笋**应符合 NY/T 760 的要求。

4.2 **黄秋葵**应：

a) 具有本品种特征，颜色鲜艳、着色均匀、果面覆有细密白色绒毛；

b) 果型完整、色泽一致,无畸形;
c) 果实硬韧、鲜嫩,果梗基部切口整齐洁净;
d) 无杂质、害虫、异味及外来水分;
e) 无损伤,无高温或低温损害,无腐烂变质现象。

4.3 **食用百合**应:
a) 具有本产品的特征及特有风味,洁白有光泽;
b) 球茎完整,无松动散瓣,鳞片肥厚饱满、新鲜;
c) 无明显斑痕,无异味,无机械伤;
d) 产品肉质根部不应带多余泥土,肉质须根长度不应超过 1 cm。

4.4 **香椿**应:
a) 具有本产品特有的色、香、味和组织形态特征;
b) 枝叶肥壮质嫩、叶片肉厚、叶面油亮,叶柄基部未木质化、易掐断;
c) 叶片无明显斑痕及机械伤。

4.5 芦笋、黄秋葵、食用百合和香椿中**添加剂、污染物**及**农药残留**应符合 GB 2760、GB 2762、GB 2763 的有关规定。

5 储藏设施要求

5.1 可使用自然通风库(窖)、强制通风库(窖)和恒温库等设施储藏。

5.2 应预先检查库(窖)的安全性、牢固性、密封性、保温性,通风管道情况,风机、照明、监测、传送、制冷等设备运行情况。

5.3 储藏前一个月应清除库(窖)内杂物,彻底清扫库(窖)内环境卫生。

5.4 应按 GB/T 29372 的规定对储藏设施进行清洁与消毒。

5.5 气候比较潮湿、地下水位较高的地区,应打开库(窖)门窗通风散湿,并在库(窖)地面、墙壁摆放不少于 5 cm 厚的消毒秸秆,或在库(窖)地面均匀铺放清洁干燥的砖块、干木板(条)等架空,防潮湿、利通气;有条件的可以在库(窖)安装除湿设备。气候比较干燥的地区,储藏前 1 周～2 周,使用加湿器或在库(窖)地面和墙壁喷撒洁净水,控制相对湿度 85%以上。

6 预冷

6.1 采收后应及时预冷。

6.1.1 若无机械制冷设施,可在外界气温较低时,选择避光、阴凉、通风良好的室内或室外荫蔽处通风降温。

6.1.2 若不具备预冷车间,可直接入恒温冷藏库预冷。预冷车间可依据设备情况选用压差预冷、冷水预冷和冷库预冷。

6.2 采收后应在 24 h 内达到预冷目标温度:
a) 芦笋宜冷水预冷、冷库预冷和压差预冷,预冷目标温度为 3℃～5℃;
b) 黄秋葵宜冷水预冷、冷库预冷,预冷目标温度为 8℃～11℃。冷库预冷前应适量补水,补水量为嫩果原料质量的 4%～5%;
c) 食用百合宜采用通风降温、冷库预冷,预冷目标温度为－1℃～2℃;
d) 香椿宜冷库预冷,预冷目标温度为 8℃～10℃。

7 分级与包装

7.1 **分级**
a) 芦笋按 NY/T 1585 的规定进行分级;
b) 黄秋葵按 NY/T 3270 的规定进行分级;

c） 食用百合不需分级储藏，出库加工前分级；

d） 香椿根据用户需求按品种、粗细、长短和颜色分级。

7.2 包装

a） 根据需要直接将芦笋装入纸箱或塑料箱、或成捆后装箱、或用塑料袋预包装后装箱，包装过程应确保笋尖完好，每件包装质量不应超过 20 kg；

b） 黄秋葵装入保鲜袋或塑料盒后，再装入纸箱或泡沫箱；

c） 食用百合装入周转箱，质量不应超过 25 kg；

d） 香椿成捆，每捆 0.25 kg～0.5 kg，装入塑料袋或纸箱。

7.3 包装用复合薄膜袋应符合 GB/T 21302 的规定，塑料袋应符合 GB 4806.7 的规定，纸箱应符合的 GB/T 6543 的规定，周转箱应符合 GB/T 5737 的规定。产品的包装与标志应符合 SB/T 10158 和 GB 7718 的有关规定。

8 堆码

8.1 冷库可选用货架或托盘堆放。不同等级规格的包装箱应分别集中码放于货架或托盘上。托盘码垛时，每行 2 箱～3 箱，垂直垛叠交叉码放不超过 4 层，行间留 1 箱空间。码垛应层排稳固，货垛走向、排列方式应与库内空气环流方向一致。箱与箱间应留 5 cm 空隙，包装箱和墙壁之间应留 30 cm 的风道。包装箱堆码高度应低于冷风出口 50 cm 以上。

8.2 应按不同品种、不同规格分类堆码。

9 储藏

9.1 储藏条件

a） 芦笋储藏温度为 1℃～2℃，相对湿度为 90%～95%；

b） 黄秋葵储藏温度为 7℃～10℃，相对湿度为 85%～95%；

c） 食用百合储藏温度为－4℃～－2℃，相对湿度为 85%～90%；

d） 香椿储藏温度为 7℃～9℃，相对湿度为 80%～85%。

9.2 储藏管理

9.2.1 按 GB/T 30134 的要求管理储藏库。

9.2.2 库内至少设 3 个代表性温湿度监测点，按 GB/T 9829 的规定定期测量和记录。

9.2.3 定期对库房通风换气。应选择库内外温差最小时换气，库外湿度过大时不宜换气。黄秋葵可喷水增加湿度；食用百合在储藏期间不宜翻动或移动。检查记录产品外观、色泽和气味，及时清除腐烂产品。

9.3 储藏期限

芦笋根据不同品种和质量，储藏期应为 10 d～20 d；黄秋葵储藏期应为 9 d～11 d；食用百合储藏期应为 5 个～6 个月；香椿储藏期应为 6 d～8 d。

10 出库与运输

10.1 应选择晴天出库，遵循先进先出的原则。

10.2 出库蔬菜应新鲜，具本品种正常色泽、风味。

10.3 出库待加工食用百合，逐渐升温至 3℃～5℃，去根和外皮后真空包装；或取瓣清洗干净、沥干表层后真空包装，包装应符合 SB/T 10158 的要求。

10.4 应选用冷藏车进行冷链运输，装运过程中应避免机械损伤，运输过程应控温，防止温度大幅度波动造成损失。

ICS 67.120.10
X 10

中华人民共和国农业行业标准

NY/T 3607—2020

农产品中生氰糖苷的测定 液相色谱-串联质谱法

Determination of cyanogenic glycosides in agricultural products—Liquid chromatography with tandem-mass spectrometry method

2020-03-20 发布 2020-07-01 实施

中华人民共和国农业农村部 发布

前　言

本标准按照 GB/T 1.1—2009 和 GB/T 20001.4—2015 给出的规则起草。

本标准由农业农村部乡村产业发展司提出。

本标准由农业农村部农产品加工标准化技术委员会归口。

本标准起草单位：浙江大学、农业农村部农产品贮藏保鲜质量安全风险评估实验室(杭州)、中国热带农业科学院热带作物品种资源研究所。

本标准主要起草人：陆柏益、钟永恒、吴筱丹、黄伟素、李士敏、李开绵、张振文、徐涛、王蒙蒙。

农产品中生氰糖苷的测定 液相色谱-串联质谱法

1 范围

本标准规定了农产品中生氰糖苷的测定方法的原理、试剂和材料、仪器和设备、试样制备、分析步骤、结果计算、精密度等。

本标准适用于木薯、亚麻籽、苦杏仁、竹笋、高粱等含氰化物农产品中8种生氰糖苷类化合物含量的测定。

2 规范性引用文件

下列文件对于本文件的应用是必不可少的。凡是注日期的引用文件,仅注日期的版本适用于本文件。凡是不注日期的引用文件,其最新版本(包括所有的修改单)适用于本文件。

GB/T 6682 分析实验室用水规格和试验方法

3 原理

试样中生氰糖苷,经80%甲醇水溶液提取,固相萃取柱净化,液相色谱-串联质谱测定,外标法定量。

4 试剂和材料

以下所用的试剂,除另有说明外均为分析纯试剂,水为符合GB/T 6682规定的一级水。

4.1 甲醇(CH_3OH,CAS号:67-56-1):色谱纯。

4.2 乙腈(CH3CN,CAS号:75-05-8):色谱纯。

4.3 甲酸(HCOOH,CAS号:64-18-6):色谱纯。

4.4 甲酸水溶液(0.1%):准确吸取1.00 mL甲酸(4.3),用水定容至1 L。

4.5 甲醇水溶液(80 + 20):量取80 mL甲醇(4.1),加20 mL水,混匀。

4.6 甲醇水溶液(10 + 90):量取10 mL甲醇(4.1),加90 mL水,混匀。

4.7 甲醇乙腈溶液(30 + 70):量取30 mL甲醇(4.1),加70 mL乙腈,混匀。

4.8 8种生氰糖苷标准品:纯度≥95%,见附录A。

4.9 固相萃取柱:N-乙烯吡咯烷酮和二乙烯基苯共聚物填料柱(200 mg/6 mL),或其他等效柱。使用前用2 mL甲醇和2 mL水活化。

4.10 微孔滤膜:13 mm × 0.22 μm。

4.11 生氰糖苷标准溶液配制

4.11.1 标准储备溶液(100 mg/L):准确称取生氰糖苷标准品1 mg(精确至0.01 mg),用甲醇(4.1)溶解,转移至10 mL棕色容量瓶中,用甲醇(4.1)定容,配成浓度为100 mg/L标准储备溶液,于−18℃保存,保存期2个月。

4.11.2 标准中间工作溶液(1 mg/L):分别移取100 μL的8种生氰糖苷标准储备溶液(4.11.1)于10 mL棕色容量瓶中,用甲醇(4.1)定容,得1 mg/L标准中间工作溶液,现用现配。

5 仪器和设备

5.1 液相色谱-串联质谱仪:配电喷雾离子源。

5.2 分析天平:感量0.1 mg和0.01 mg。

5.3 分析研磨机。

5.4 涡旋振荡器。

5.5 离心机:带有 15 mL 转子,转速≥5 000 r/min。

5.6 真空过柱装置。

5.7 超声波清洗器:功率≥500 W。

5.8 氮吹仪。

6 试样制备

新鲜样品用水洗净表面附着的杂物,用吸水纸水分擦干,取可食部,切碎,放入研磨杯中,加入液氮冷冻后用研磨机粉碎至颗粒均匀;固体干样品取可食部,粉碎后过 0.20 mm 筛。样品制备后连续完成7.1～7.2 的全部过程。

7 分析步骤

7.1 提取

称取 1 g 试样(精确到 0.1 mg)于 15 mL 离心管中,加入 3 mL 甲醇水溶液(4.5),涡旋振荡 15 s,超声提取 15 min(500 W),立即于 4 200 r/min 离心 10 min,取全部上清液;往残渣中再次加入 3 mL 甲醇水溶液,按上述条件提取、离心,合并 2 次提取液于 10 mL 容量瓶中,加水至刻度线,混匀,待净化。

7.2 净化

将活化好的固相萃取柱(4.9)连接到真空过柱装置(5.6),将 7.1 中制备的粗提液转移至萃取柱中,待样液全部流过柱子后,弃去流出液。用 2 mL 水淋洗柱子并彻底抽干,弃去淋洗液。用 3 mL 甲醇乙腈溶液(4.7)洗脱柱子,分次洗脱,每次 1 mL,流速 1 mL/min,收集全部洗脱液。洗脱液氮气吹干(40℃)后,用 1 mL 甲醇水溶液(4.6)复溶。过 0.22 μm 滤膜,供液相色谱-串联质谱测定。

7.3 测定

7.3.1 色谱参考条件

a) 色谱柱:UPLC C_{18}(50 mm×2.1 mm, 1.8 μm)色谱柱,或同等性能的色谱柱;

b) 流动相及洗脱条件见表 1;

表 1 流动相及梯度洗脱参考条件

时间 min	流动相 A(0.1%甲酸水溶液) %	流动相 B(乙腈) %
0.0	98	2
0.5	98	2
3.0	93	7
7.5	60	40
8.0	10	90
10.0	10	90
13.0	98	2

c) 流速:0.2 mL/min;

d) 柱温:30℃;

e) 进样量:10 μL。

7.3.2 质谱参考条件

a) 离子源:电喷雾离子源;

b) 扫描方式:正离子扫描模式;

c) 干燥气温度:325℃;

d) 干燥气流量:5 L/min;

e) 鞘气温度:350℃;

f) 鞘气流速：11 L/min；

g) 雾化气压力：45 MPa；

h) 毛细管电压：3 500 V；

i) 检测方式：多反应监测模式；

j) 监测离子对、碰撞能量参见附录 B。

7.3.3 试样溶液的测定

用液相色谱-串联质谱联用仪测定样品和混合标准工作溶液。以色谱峰面积按外标法定量。在上述色质谱条件下，8 种生氰糖苷（100 μg/L）特征离子质量色谱图参见附录 C。

7.3.4 定性确证

用液相色谱-串联质谱联用仪测定样品和混合标准工作溶液。在相同实验条件下，待测物在样品中的保留时间与在标准工作溶液中的保留时间偏差在± 2.5％以内，并且色谱图中各组分定性离子对的相对丰度，与浓度接近的标准工作液中相应定性离子对的相对丰度相比，偏差不超过表 2 规定的范围，则可判断为样品中存在对应的待测物。

表 2 定性测定时相对离子丰度的最大允许偏差

单位为百分号

相对离子丰度	＞50	＞20～50	＞10～20	≤10
允许的相对偏差	±20	±25	±30	±50

8 结果计算

试样中生氰糖苷含量的测定结果按式（1）计算。

$$\omega = \frac{\rho \times V}{1000 \times m} \times f \quad \cdots\cdots (1)$$

式中：

ω ——试样中生氰糖苷类化合物的含量，单位为微克每克（μg/g）；

ρ ——由标准曲线求得试样溶液中生氰糖苷类化合物的浓度，单位为微克每升（μg/L）；

V ——样品溶液定容体积，单位为毫升（mL）；

m ——试样质量，单位为克（g）；

f ——稀释倍数。

计算结果以重复性条件下获得的 2 次独立测定结果的算术平均值表示，结果保留至小数点后两位。

9 精密度

在重复性条件下获得的 2 次独立的测试结果的绝对差值不大于这 2 个测定值的算术平均值的 20％。

10 其他

本方法木薯中亚麻苦苷、百脉根苷的检出限分别为 5.0 μg/kg、1.0 μg/kg，定量限分别为 20.0 μg/kg、5.0 μg/kg，亚麻籽中 β-龙胆二糖丙酮氰醇和 β-龙胆二糖甲乙酮氰醇的检出限为 5.0 μg/kg，定量限为 20.0 μg/kg，竹笋中紫杉氰苷的检出限为 5.0 μg/kg，定量限为 20.0 μg/kg，高粱中蜀黍苷的检出限为 2.5 μg/kg，定量限为 10.0 μg/kg，苦杏仁中苦杏仁苷、黑野樱苷的检出限分别为 2.0 μg/kg、25.0 μg/kg，定量限分别为 10.0 μg/kg、100.0 μg/kg。

附 录 A
（规范性附录）
8 种生氰糖苷中英文名称、CAS 号、分子式、相对分子量和方法检出限

8 种生氰糖苷中英文名称、CAS 号、分子式、相对分子量和方法检出限见表 A.1。

表 A.1 8 种生氰糖苷中英文名称、CAS 号、分子式、相对分子量和方法检出限

序号	中文名称	英文名称	CAS 号	分子式	相对分子量
1	亚麻苦苷	Linamarin	554-35-8	$C_{10}H_{17}NO_6$	247.247
2	β-龙胆二糖丙酮氰醇	Linustatin	72229-40-4	$C_{16}H_{27}NO_{11}$	409.388
3	百脉根苷	Lotaustralin	534-67-8	$C_{11}H_{19}NO_6$	261.274
4	β-龙胆二糖甲乙酮氰醇	Neolinustatin	72229-42-6	$C_{17}H_{29}NO_{11}$	423.415
5	紫杉氰苷	Taxiphyllin	21401-21-8	$C_{14}H_{17}NO_7$	311.29
6	蜀黍苷	Dhurrin	499-20-7	$C_{14}H_{17}NO_7$	311.29
7	苦杏仁苷	Amygdalin	29883-15-6	$C_{20}H_{27}NO_{11}$	457.432
8	黑野樱苷	Prunasin	99-18-3	$C_{14}H_{17}NO_6$	295.291

附 录 B
(资料性附录)
8 种生氰糖苷(100 μg/L)的保留时间、监测离子对、碰撞能量和裂解电压

8 种生氰糖苷(100 μg/L)的保留时间、监测离子对、碰撞能量和裂解电压见表 B.1。

表 B.1　8 种生氰糖苷(100 μg/L)的保留时间、监测离子对、碰撞能量和裂解电压

序号	名称	保留时间 min	定量离子对 *m/z*	定性离子对 *m/z*	碰撞能量 eV	裂解电压 V
1	亚麻苦苷 (Linamarin)	1.670	270.0/243.2	270.0/185.1	13	100
				270.0/243.2	13	100
2	β-龙胆二糖丙酮氰醇 (Linustatin)	2.097	432.2/405.1	432.2/347.1	28	121
				432.2/405.1	28	121
3	百脉根苷 (Lotaustralin)	3.340	284.1/257.1	284.1/185.1	12	70
				284.1/257.1	12	101
4	β-龙胆二糖甲乙酮氰醇 (Neolinustatin)	3.366	446.2/419.1	446.2/347.1	28	116
				446.2/419.1	24	116
5	紫杉氰苷 (Taxiphyllin)	3.471	334.1/185.1	334.1/145.0	8	150
				334.1/185.1	10	150
6	蜀黍苷 (Dhurrin)	3.635	334.1/185.1	334.1/145.0	8	150
				334.1/185.1	10	150
7	苦杏仁苷 (Amygdalin)	4.824	480.2/347.1	480.2/374.1	24	126
				480.2/347.1	28	126
8	黑野樱苷 (Prunasin)	5.221	318.0/185.1	318.0/185.1	10	135
				318.0/79.0	30	135

附 录 C
（资料性附录）
8 种生氰糖苷（100 μg/L）特征离子质量色谱图

8 种生氰糖苷（100 μg/L）特征离子质量色谱图见图 C.1。

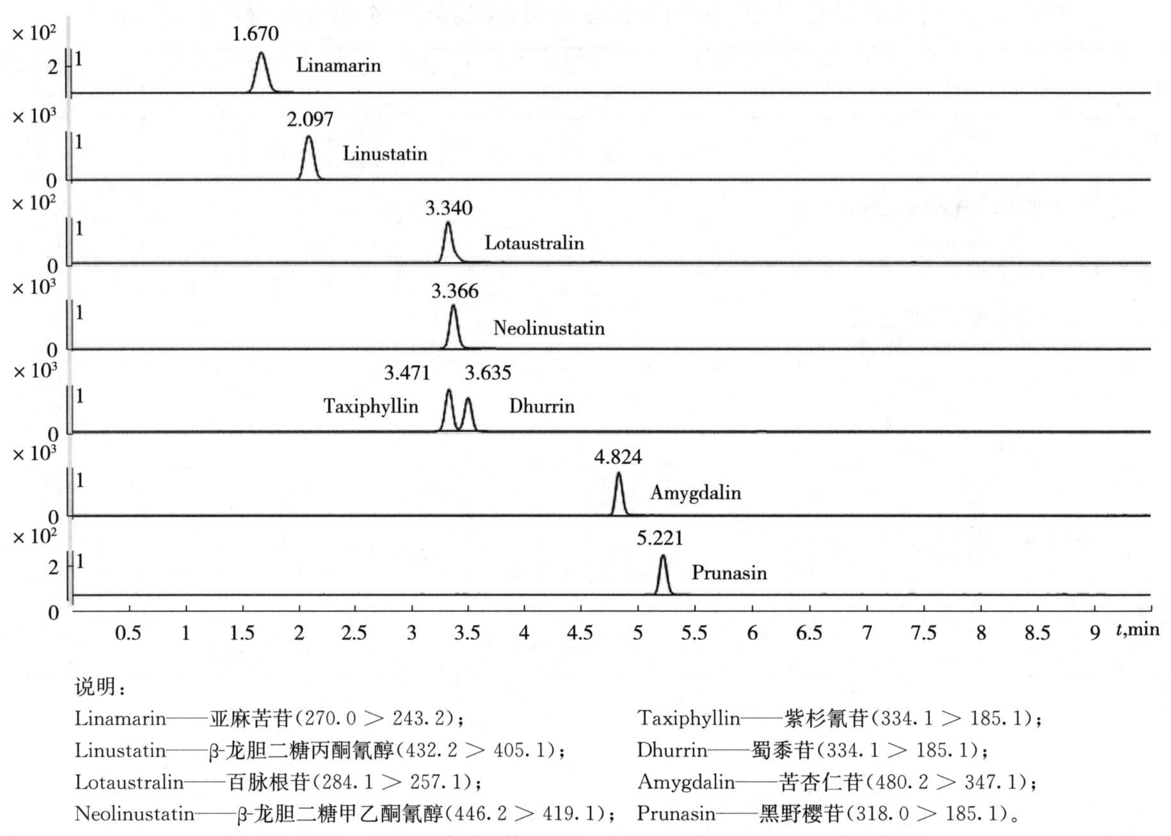

说明：

Linamarin——亚麻苦苷（270.0 > 243.2）；
Linustatin——β-龙胆二糖丙酮氰醇（432.2 > 405.1）；
Lotaustralin——百脉根苷（284.1 > 257.1）；
Neolinustatin——β-龙胆二糖甲乙酮氰醇（446.2 > 419.1）；
Taxiphyllin——紫杉氰苷（334.1 > 185.1）；
Dhurrin——蜀黍苷（334.1 > 185.1）；
Amygdalin——苦杏仁苷（480.2 > 347.1）；
Prunasin——黑野樱苷（318.0 > 185.1）。

图 C.1 8 种生氰糖苷（100 μg/L）特征离子质量色谱图

ICS 67.120.01
X 22

中华人民共和国农业行业标准

NY/T 3609—2020

食用血粉

Edible blood powder

2020-03-20 发布　　2020-07-01 实施

中华人民共和国农业农村部　发布

前　　言

本标准按照 GB/T 1.1—2009 给出的规则起草。

本标准由农业农村部乡村产业发展司提出。

本标准由农业农村部农产品加工标准化技术委员会归口。

本标准起草单位：中国农业科学院农产品加工研究所、南京农业大学、合肥工业大学、上海杰隆生物制品股份有限公司、江苏雨润肉食品有限公司、天津恩彼蛋白质有限公司、索纳克（中国）生物科技有限公司。

本标准主要起草人：张德权、侯成立、李春保、蔡克周、成国祥、王振宇、李欣、陈丽、潘腾、陈从贵、徐宝才、陈石良、杨久亮、郑晓春、惠腾。

食用血粉

1 范围

本标准规定了食用血粉的术语和定义、技术要求、检验规则、标志、标签、包装、运输及储存的要求。

本标准适用于食用血粉。

2 规范性引用文件

下列文件对于本文件的应用是必不可少的。凡是注日期的引用文件，仅注日期的版本适用于本文件。凡是不注日期的引用文件，其最新版本(包括所有的修改单)适用于本文件。

GB/T 191 包装储运图示标志

GB 2760 食品安全国家标准 食品添加剂使用标准

GB 5009.3 食品安全国家标准 食品中水分的测定

GB 5009.4 食品安全国家标准 食品中灰分的测定

GB 5009.5 食品安全国家标准 食品中蛋白质的测定

GB 5009.228 食品安全国家标准 食品中挥发性盐基氮的测定

GB 5749 生活饮用水卫生标准

GB 7718 食品安全国家标准 预包装食品标签通则

GB 14881 食品安全国家标准 食品生产通用卫生规范

JJF 1070 定量包装商品净含量计量检验规则

国家质量监督检验检疫总局令 2005 年第 75 号 定量包装商品计量监督规定

3 术语和定义

下列术语和定义适用于本文件。

3.1

食用血粉 edible blood powder

以单一品种畜禽血液为原料，经分离或不分离、干燥等工艺制成的粉末状产品。

3.2

血浆粉 plasma powder

新鲜抗凝畜禽血液经离心分离得到上层血浆，经过滤、干燥加工而成的粉末状产品。

3.3

血球粉 blood cell powder

新鲜抗凝畜禽血液经离心分离出上层血浆后，取下层血细胞，经干燥加工而成的粉末状产品。

3.4

全血粉 whole blood powder

以新鲜畜禽血液为原料，经干燥加工而成的粉末状产品。

4 技术要求

4.1 原辅料要求

4.1.1 畜禽血液应来源于经检验检疫合格的健康畜禽的新鲜血液。

4.1.2 加工用水应符合 GB 5749 的规定。

4.1.3 加工助剂和添加剂应符合 GB 2760 的规定，辅料和配料应达到食品级。

4.2 生产加工过程要求

厂房与车间、设施与设备、卫生管理、食品安全控制等应符合 GB 14881 的相关规定。

4.3 感官要求

应符合表 1 的规定。

表 1 食用血粉感官要求

项目	要求			检验方法
	全血粉	血浆粉	血球粉	
状态	粉状,无结块现象,粒径分布均匀			目测、嗅闻
色泽	暗红色或砖红色,有光泽	浅黄色至白色	暗红色或砖红色,有光泽	
气味	有畜禽血液特有的腥味,无腐败变质异味			
杂质	无肉眼可见外来杂质			

4.4 理化指标

应符合表 2 的规定。

表 2 食用血粉理化指标

项目	指标			检验方法
	全血粉	血浆粉	血球粉	
水分含量,%	≤8.0	≤8.0	≤8.0	GB 5009.3
蛋白质,%	≥70.0	≥70.0	≥75.0	GB 5009.5
灰分,%	≤8.0	≤15.0	≤5	GB 5009.4
挥发性盐基氮,mg/100 g	≤35.0	≤35.0	≤35.0	GB 5009.228

4.5 净含量要求

应符国家质量监督检验检疫总局令 2005 年第 75 号的规定,检验方法应按照 JJF 1070 的规定执行。

4.6 安全指标

应符合食品安全国家相关标准规定。

5 检验规则

5.1 组批

以单一畜禽品种血液原料、同一工艺条件、同一生产线、同一日生产的包装完好的同一类产品为一个批次。

5.2 抽样

5.2.1 随机抽取同一批次产品,应先从整批中随机抽取若干个包装单位,然后从抽出的包装单位中抽取样品。

5.2.2 整批产品中抽取包装单位的数量,根据式(1)计算。

$$A=\sqrt{N/2} \qquad (1)$$

式中:

A——应抽取的包装单位数,单位为个;

N——批量的总包装单位数,单位为个。

计算结果取整数。

5.2.3 样品的抽取应采用清洁、干燥的取样工具,每个包装等量取样,抽样总量应不少于 1 kg。将抽取的样品迅速混匀,平均分装于 2 个洁净、干燥的容器中,密封,注明产品名称、批号、取样时间、取样人姓名等,一份供检测用,一份封存备查。

5.3 出厂检验

感官、理化、净含量、安全指标符合本标准4.3～4.6的规定要求后方可出厂。

5.4 型式检验

本标准4.3～4.6规定的所有项目为型式检验项目。企业正常生产时每半年进行一次型式检验。有下列情况之一时，应进行型式检验：

a) 生产工艺及设备有重大变更时；

b) 所用原料有重大变化时；

c) 停产3个月以上，恢复生产时；

d) 出厂检验结果与上次型式检验有较大差异时；

e) 国家市场监督管理机构或主管部门提出型式检验要求时。

5.5 判定规则

以本标准的有关试验方法和要求为依据。如果检验结果中有指标不符合本标准要求时，应重新自同批产品中抽取2倍量样品进行复检，复检结果仍有不合格项时，则判定该批产品不合格。

6 标志、标签、包装、运输及储存

6.1 产品标志应符合GB/T 191的规定，标签应符合GB 7718的规定。

6.2 包装材料应符合相关食品卫生要求，包装容器应密闭，防潮湿、防污染。

6.3 产品在运输过程中不应与有毒、有害、有异味、易挥发、有污染的物品混装混运。应有防潮措施，避免日晒和雨淋。

6.4 产品应储存在通风、干燥、清洁的仓库内，严禁与有毒、有害、有异味的物品混储。

ICS 65.020.01
B 04

中华人民共和国农业行业标准

NY/T 3631—2020

茶叶中可可碱和茶碱含量的测定 高效液相色谱法

Determination of theobromine and theophylline in tea—High performance-liquid chromatography

2020-07-27 发布　　2020-11-01 实施

中华人民共和国农业农村部 发布

前　言

本标准按照 GB/T 1.1—2009 给出的规则起草。

本标准由农业农村部种植业管理司提出并归口。

本标准起草单位:中国农业科学院茶叶研究所、农业农村部茶叶质量监督检验测试中心。

本标准主要起草人:刘新、蒋迎、周苏娟、汪庆华、马桂岑、陈利燕、张颖彬。

茶叶中可可碱和茶碱含量的测定　高效液相色谱法

1　范围

本标准规定了茶叶中可可碱、茶碱含量的高效液相色谱测定法。

本标准适用于茶叶中可可碱、茶碱含量的测定。

本方法可可碱的定量限为 3.2 mg/kg,茶碱的定量限为 4.4 mg/kg。

2　规范性引用文件

下列文件对于本文件的应用是必不可少的。凡是注日期的引用文件,仅注日期的版本适用于本文件。凡是不注日期的引用文件,其最新版本(包括所有的修改单)适用于本文件。

GB/T 6682　分析实验室用水规格和试验方法

GB/T 8303　茶　磨碎试样的制备及其干物质含量测定

3　原理

茶叶试样中的可可碱和茶碱用 70℃热水提取,经净化,过滤定容,C_{18}反相液相色谱柱梯度洗脱分离,271 nm 波长处测定,外标法定量。

4　试剂和材料

除非另有说明,本方法使用试剂为分析纯。水应符合 GB/T 6682 中一级水的要求。

4.1　乙腈(C_2H_3N,CAS:75-05-8):色谱纯。

4.2　甲醇(CH_4O,CAS:67-56-1):色谱纯。

4.3　甲酸(CH_2O_2,CAS:64-18-6)。

4.4　氢氧化钠(NaOH,CAS:1310-73-2)。

4.5　重质氧化镁(MgO,CAS:1309-48-4):分析纯氧化镁经 900℃灼烧 30 min 即为重质氧化镁,储存于干燥器中。

4.6　可可碱($C_7H_8N_4O_2$,CAS:83-67-0):纯度≥98%。

4.7　茶碱($C_7H_8N_4O_2$,CAS:58-55-9):纯度≥98%。

4.8　液相流动相 B:取 5 mL 甲酸(4.3)用水定容至 1 L。

4.9　标准储备溶液(1 000 mg/L):分别称取可可碱(4.6)0.1 g(精确至 0.000 1 g)、茶碱(4.7)0.1 g(精确至 0.000 1 g),用甲醇(4.2)分别定容至 100 mL(其中可可碱标准物质可先用少量 2 g/L 的 NaOH 溶液溶解)。配制好的 1 000 mg/L 的标准储备液储存于−18℃冰箱,储存期 6 个月。

4.10　混合标准工作液:分别准确移取 10 μL、20 μL、50 μL、100 μL、250 μL、500 μL、1 000 μL 可可碱和 1 μL、2 μL、5 μL、10 μL、20 μL、50 μL、100 μL 茶碱的标准储备溶液(4.9)用水或初始流动相稀释并定容至 10 mL,得到一系列标准工作液(质量浓度分别为可可碱 1 mg/L、2 mg/L、5 mg/L、10 mg/L、25 mg/L、50 mg/L、100 mg/L,和茶碱 0.1 mg/L、0.2 mg/L、0.5 mg/L、1 mg/L、2 mg/L、5 mg/L、10 mg/L),0℃～5℃保存,保存期 1 个月。

4.11　微孔滤膜:孔径 0.45 μm,水相。

5　仪器设备

5.1　高效液相色谱仪:配备紫外或二极管阵列检测器。

5.2　分析天平:感量 0.000 1 g 和 0.001 g。

5.3 恒温水浴锅:控温精度±1℃。

5.4 离心机:≥4 000 r/min。

5.5 离心管:容量 50 mL。

5.6 容量瓶:容量 25 mL。

6 试样制备

茶叶样品按 GB/T 8303 规定制备并测定干物质含量。

7 分析步骤

7.1 提取

称取 0.5 g(精确至 0.000 1 g)茶叶试样于 50 mL 离心管(5.5)中,加入 1.0 g 重质氧化镁(MgO)。加入 15 mL 70℃水后,置于 70℃水浴中,期间不时振荡以保证料液充分接触,浸提 10 min,冷却至室温,4 000 r/min 离心 10 min,上清液转移至 25 mL 容量瓶中。残渣再加入 10 mL 70℃水,重复浸提操作一次。合并两次提取的上清液,冷却至室温,用水定容至 25 mL。提取液经 0.45 μm 水系滤膜过滤,供高效液相色谱检测。

7.2 测定

7.2.1 仪器参考条件

a) 色谱分析柱:C_{18}反相色谱柱,4.6 mm×250 mm,5 μm。

b) 色谱柱温度:40℃。

c) 检测波长:271 nm。

d) 进样体积:20 μL。

e) 流动相:乙腈(4.1)和流动相 B(4.8),流速及梯度洗脱条件见表 1。

f) 流速:1 mL/min。

表 1 梯度洗脱条件

时间,min	流动相,%	
	乙腈	流动相 B
0	6.5	93.5
12	13	87
12.1	25	75
20	25	75
20.1	6.5	93.5
30	6.5	93.5

7.2.2 标准曲线的绘制

将系列混合标准工作液注入高效液相色谱仪,按 7.2.1 进行色谱分析,以峰面积为纵坐标、浓度为横坐标作标准曲线,得到线性回归方程。标准溶液色谱图参见附录 A 的图 A.1。

7.2.3 按照保留时间进行定性,待测样液中可可碱和茶碱的响应值应在标准曲线范围内,超过线性范围则应稀释后再进样分析,外标法定量。

8 结果计算

茶叶试样中可可碱或茶碱按式(1)计算。

$$X=\frac{c\times V}{m\times w} \quad (1)$$

式中:

X——试样中可可碱或茶碱的含量,单位为毫克每千克(mg/kg);

c——进样液中可可碱或茶碱的浓度，按照外标法，从标准曲线中求得浓度，单位为毫克每升(mg/L)；

m——茶叶试样称样质量，单位为克(g)；

w——茶叶试样的干物质含量(质量分数)，单位为百分号(%)；

V——试样提取体积，单位为毫升(mL)。

测定结果以 2 次测定的算术平均值表示，测定结果小数点后位数的保留与方法检出限一致，最多保留 3 位有效数字。

9 精密度

在重复性条件下获得的两次独立的测试结果的绝对差值不大于这两个测定值的算术平均值的 10%。

在再现性条件下获得的两次独立的测试结果的绝对差值不大于这两个测定值的算术平均值的 15%。

附　录　A
（资料性附录）
可可碱和茶碱的液相色谱图

可可碱、茶碱标准溶液的液相色谱（λ=271 nm）见图 A.1。

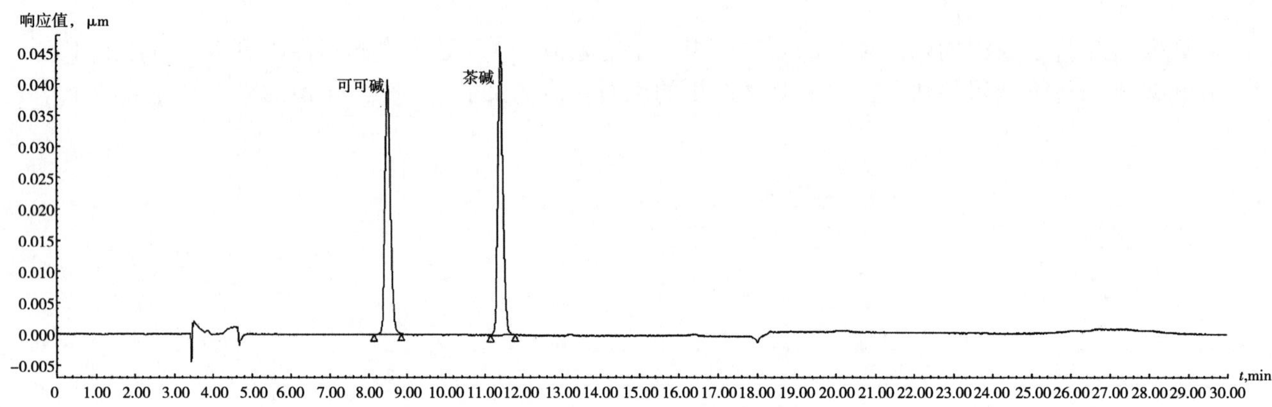

图 A.1　可可碱、茶碱标准溶液的液相色谱图

ICS 65.020.01
B 04

中华人民共和国农业行业标准

NY/T 3673—2020

植物油料中角鲨烯含量的测定

Determination of squalene in oilseeds

2020-08-26 发布　　　　2021-01-01 实施

中华人民共和国农业农村部　发布

前　　言

本标准按照 GB/T 1.1—2009 给出的规则起草。

本标准由农业农村部种植业管理司提出并归口。

本标准起草单位：中国农业科学院油料作物研究所、农业农村部油料产品质量安全风险评估实验室（武汉）、农业农村部油料及制品质量监督检验测试中心。

本标准主要起草人：王秀嫔、吕春玲、印南日、汪雪芳、李培武。

植物油料中角鲨烯含量的测定

1 范围

本标准规定了油料中角鲨烯含量测定的气相色谱-质谱法和气相色谱法。

本标准适用于油料(油菜籽、大豆、花生、芝麻等)中角鲨烯含量的测定

2 规范性引用文件

下列文件对于本文件的应用是必不可少的。凡是注日期的引用文件,仅注日期的版本适用于本文件。凡是不注日期的引用文件,其最新版本(包括所有的修改单)适用于本文件。

GB/T 5491 粮食、油料检验 扦样、分样法

GB/T 6682 分析实验室用水规格和试验方法

第一法 气相色谱-质谱法

3 原理

样品经过氢氧化钾-乙醇溶液皂化后,其中角鲨烯用正己烷提取,采用气相色谱-质谱法测定,外标法定量。

4 试剂与材料

除另有说明,所有试剂均为分析纯,水为 GB/T 6682 规定的一级水。

4.1 正己烷[$CH_3(CH_2)_4CH_3$]:色谱纯。

4.2 无水硫酸钠(Na_2SO_4)。

4.3 乙醇(C_2H_5OH):色谱纯。

4.4 氢氧化钾(KOH)。

4.5 角鲨烯标准品:纯度 ≥ 98.0%。

4.6 角鲨烯标准储备液(1 mg/mL):准确称取 0.010 0 g 角鲨烯标准品(4.5)于 10 mL 棕色容量瓶(5.7)中,用正己烷定容至刻度,混匀备用,4℃条件下保存 3 个月。

4.7 角鲨烯标准中间液(100 μg/mL):准确吸取 1.00 mL 角鲨烯标准储备液(4.6)于 10 mL 棕色容量瓶(5.7)中,用正己烷定容至刻度,混匀备用。

4.8 角鲨烯标准工作溶液:分别吸取适量角鲨烯标准中间液(4.7),用正己烷稀释,使标准工作溶液浓度分别为 0.5 μg/mL、1.0 μg/mL、2.0 μg/mL、5.0 μg/mL、10.0 μg/mL、20.0 μg/mL。

4.9 氢氧化钾-乙醇溶液(2 mol/L):准确称取(112±0.1)g 氢氧化钾,加入 200 mL 的乙醇(4.3)进行溶解,然后用乙醇(4.3)稀释定容至 1 000 mL。

5 仪器和设备

5.1 气相色谱-质谱仪:配有电子轰击电离源(EI)。

5.2 分析天平:感量±0.1 mg。

5.3 涡旋混合器。

5.4 低温冰箱:温度可低至 −20℃。

5.5 离心机:带有 10 mL 转头,并能获得对应转速 4 500 r/min 的相对离心力。

5.6 微孔滤膜：0.22 μm，有机系。

5.7 棕色容量瓶：10 mL 和 1 000 mL。

5.8 离心管：10 mL。

5.9 尖底玻璃试管：10 mL。

5.10 氮吹仪。

6 试样制备与保存

6.1 试样制备

油料样品按照 GB/T 5491 的规定进行扦样和分样后，取样品约 200 g，去除杂质，经粉碎机粉碎，过 30 目筛，置于密闭容器内。

6.2 保存

试样于干燥器中保存。

7 分析步骤

7.1 称样

称取 0.2 g(精确至 0.000 1 g)试样至 10 mL 离心管(5.8)中。

7.2 角鲨烯的提取

于装有试样的离心管中加入 2 mL 氢氧化钾-乙醇溶液(4.9)，超声皂化 30 min(在 75℃条件下)后；取出离心管，冷却至室温；加入 2 mL 水，1 mL 正己烷(4.1)提取，离心管至涡旋混合器(5.3)中混匀3 min，充分提取；4 500 r/min 离心 3 min，若出现乳化现象，加入 1 滴乙醇(4.3)破乳，4 500 r/min 再次离心 3 min，转移上清液至尖底玻璃试管(5.9)中。再用 1 mL 正己烷(4.1)重复此提取操作 3 次，并将 4 次提取上清液合并至尖底玻璃试管(5.9)中，置于涡旋混合器中混匀，然后用氮吹仪(5.10)吹干溶剂，再立即加入 1 mL 正己烷(4.1)复溶，4 500 r/min 离心 3 min(在 10℃条件下)，取 500 μL 待进样。如果样液中角鲨烯浓度超过标准工作曲线线性范围，需将样液用正己烷稀释一定的倍数，使其浓度在线性范围之内。

7.3 气相色谱-质谱测定

7.3.1 气相色谱参考条件

色谱柱：HP-5 MS(30 m×0.25 mm×0.25 μm)色谱柱，或等效色谱柱。

进样口温度：300℃。

升温程序：200℃保持 1 min，以 25℃/min 升温至 300℃，保持 5 min。

载气：高纯度氦气，纯度 99.999%。

进样方式：分流，分流比 50∶1。

进样体积：1.0 μL。

载气流速：1.0 mL/min。

7.3.2 质谱参考条件

质谱仪：质谱检测器(配置电子轰击离子源)。

离子源：电子轰击离子源(EI)。

GC-MS 接口温度：300℃。

离子源温度：230℃。

进样口温度：300℃。

EI 离子源：70 eV。

检测方式：选择离子监测(SIM)模式：定性离子为 m/z 69、81、95、137，定量离子为 m/z 69。

7.3.3 定性测定

在相同试验条件下，待测物在样品中的保留时间与标准工作溶液中的保留时间偏差在±0.25%之内，并且色谱图中各组分定性离子对的相对丰度，与浓度接近标准工作液中相应定性离子的相对丰度进行比较，若偏差不超过表1规定的范围，则可判断为样品中存在对应的待测物。

表1　定性测定时相对离子丰度的最大允许误差

单位为百分号

相对离子丰度	＞50	20～50(含)	10～20(含)	≤10
允许的相对偏差	±20	±25	±30	±50

7.3.4　定量测定

取标准工作液与试样交替进样，采用多点校准，外标法定量。角鲨烯选择监控模式(SIM)下所得色谱图参见附录A。

8　结果计算

样品中角鲨烯含量按式(1)计算。

$$W=\frac{V\times c\times f}{m} \quad \cdots\cdots (1)$$

式中：

W ——试样中角鲨烯的含量，单位为毫克每千克(mg/kg)；

V ——试样提取液体积，单位为毫升(mL)；

c ——试样提取液中角鲨烯的质量浓度，单位为微克每毫升(μg/mL)；

m ——样品称样量，单位为克(g)；

f ——稀释倍数。

测定结果取其2次测定的算术平均值，计算结果保留3位有效数字。

9　精密度

重现性：在相同条件下，获得2次独立测定结果的绝对差值不超过2次测定结果算术平均值的10%。

第二法　气相色谱法

10　原理

样品经过氢氧化钾-乙醇溶液皂化后，其中角鲨烯用正己烷提取，采用气相色谱法测定，外标法定量。

11　试剂与材料

除另有说明，所有试剂均为分析纯，水为GB/T 6682规定的一级水。

角鲨烯标准工作溶液：分别吸取适量角鲨烯标准储备液(4.6)，用正己烷稀释，使标准工作溶液浓度分别为10 μg/mL、20 μg/mL、50 μg/mL、100 μg/mL、200 μg/mL和400 μg/mL。

12　仪器和设备

12.1　气相色谱仪：配FID检测器。

其他仪器和设备同第5章。

13　试样制备与保存

13.1　试样制备

同6.1。

13.2　保存

同6.2。

14 分析步骤

14.1 称样

同 7.1。

14.2 角鲨烯的提取

同 7.2。

14.3 气相色谱测定

14.3.1 气相色谱参考条件

色谱柱:DP-5(30 m×0.32 mm×0.25 μm)色谱柱,或等效色谱柱。

进样口温度:320℃。

升温程序:100℃保持 1 min,以 40℃/min 的速率从 100℃升温到 290℃,保持 20 min,然后以 20℃/min 的速率升温到 320℃,保持 10 min。

载气:高纯氮气(纯度 99.999%),恒压:16 psi,分流比 1∶12。

FID 检测器:温度 320℃,氢气流速 32 mL/min,空气流速 200 mL/min,尾吹气流速 24 mL/min。

进样量:1.0 μL。

14.3.2 定性测定

在同一色谱柱上测得样品溶液中角鲨烯保留时间(RT)与标准溶液中角鲨烯保留时间(RT)相比较,如果样品溶液中角鲨烯的保留时间与标准溶液中角鲨烯的保留时间±0.25%之内的可被定性识别。

14.3.3 定量测定

取标准工作液与试样交替进样,采用多点校准,外标法定量。角鲨烯气相色谱图参见附录 B。

15 结果计算

同第 8 章。

16 精密度

重现性:同 9.1。

附 录 A
(资料性附录)
角鲨烯选择监控模式(SIM)下特征谱图

角鲨烯选择监控模式(SIM)下所得色谱图见图 A.1。角鲨烯选择监控模式(SIM)下所得质谱图见图 A.2。

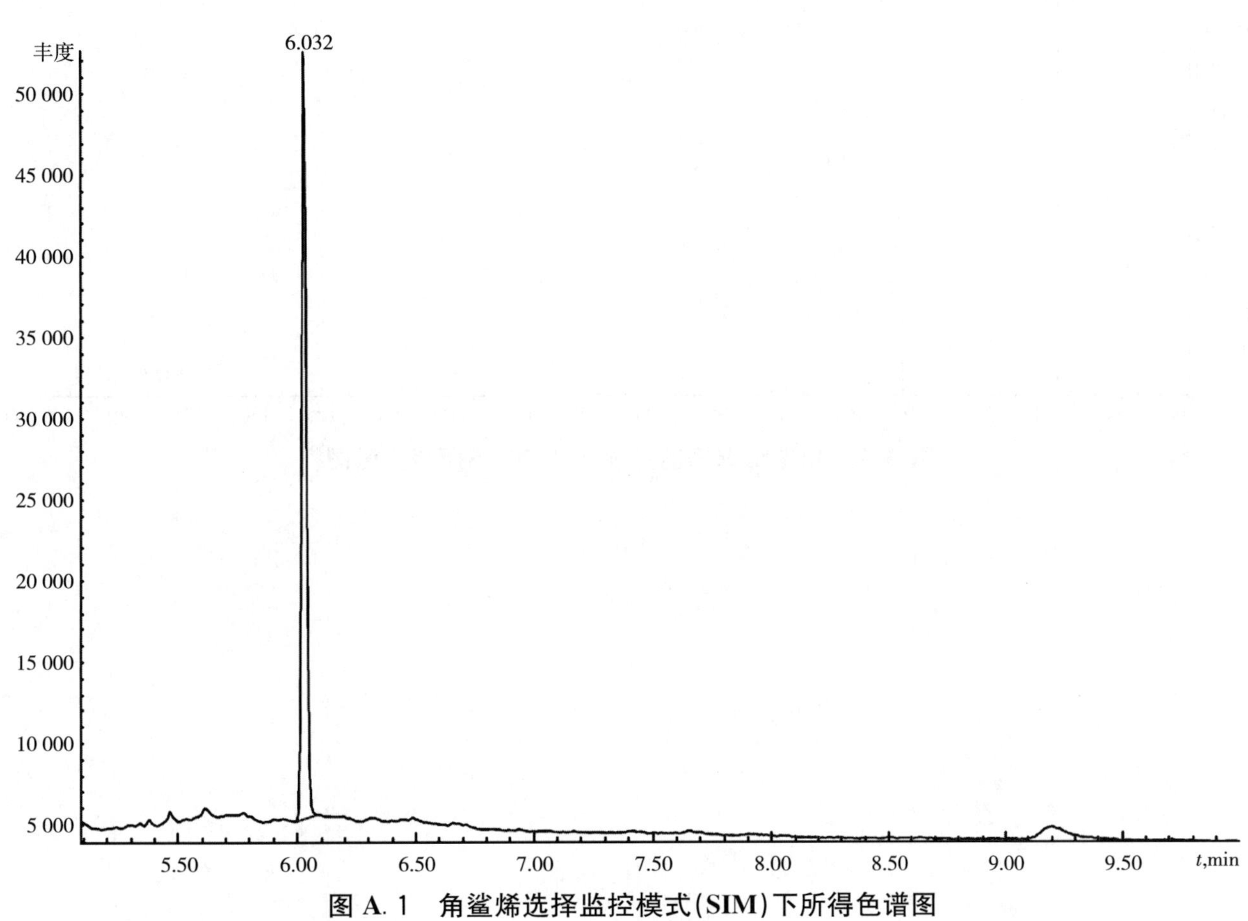

图 A.1 角鲨烯选择监控模式(SIM)下所得色谱图

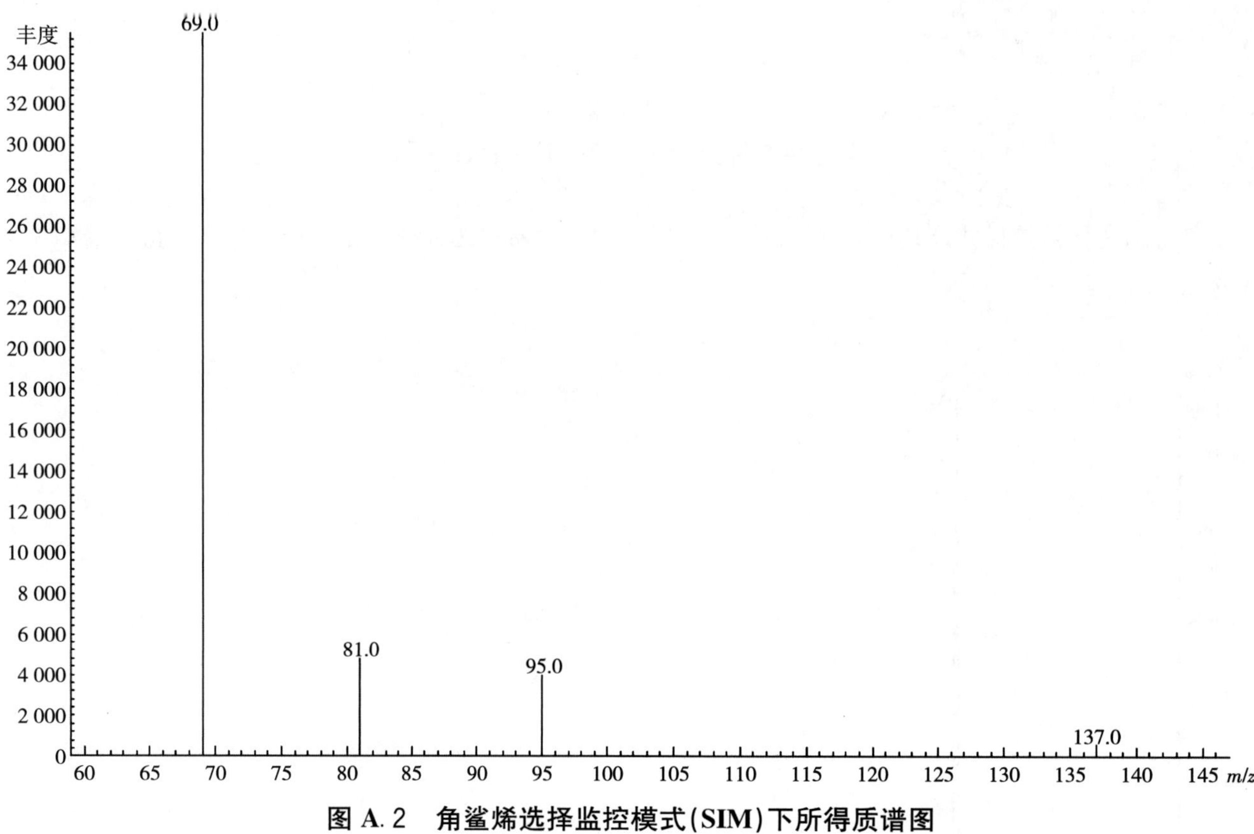

图 A.2　角鲨烯选择监控模式(SIM)下所得质谱图

附　录　B
（资料性附录）
角鲨烯气相色谱图

角鲨烯气相色谱图见图 B.1。

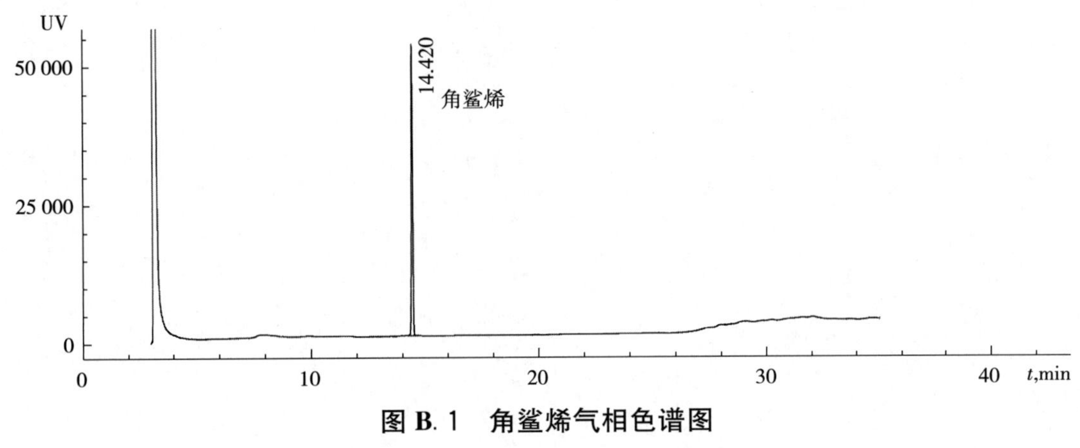

图 B.1　角鲨烯气相色谱图

ICS 65.020.01
B 04

中华人民共和国农业行业标准

NY/T 3674—2020

油菜薹中莱菔硫烷含量的测定 液相色谱-串联质谱法

Determination of sulforphane in *Brassica napus*—Liquid chromatography-tandem mass spectrometry

2020-08-26 发布　　2021-01-01 实施

中华人民共和国农业农村部 发布

前　　言

本标准按照 GB/T 1.1—2009 给出的规则起草。

本标准由农业农村部种植业管理司提出并归口。

本标准起草单位：中国农业科学院油料作物研究所、农业农村部油料产品质量安全风险评估实验室（武汉）、农业农村部油料及制品质量监督检验测试中心。

本标准主要起草人：马飞、喻理、胡小风、白艺珍、张良晓、王督、张文、李培武。

油菜薹中莱菔硫烷含量的测定　液相色谱-串联质谱法

1　范围

本标准规定了油菜薹中莱菔硫烷含量的液相色谱-串联质谱测定方法。

本标准适用于油菜薹中莱菔硫烷含量的测定。

本标准方法莱菔硫烷的检出限为 0.3 μg/kg,定量限为 1.0 μg/kg。

2　规范性引用文件

下列文件对于本文件的应用是必不可少的。凡是注日期的引用文件,仅注日期的版本适用于本文件。凡是不注日期的引用文件,其最新版本(包括所有的修改单)适用于本文件。

GB/T 6682　分析实验室用水规格和试验方法

3　方法原理

试样中的莱菔硫烷经二氯甲烷-乙酸乙酯溶剂提取,固相吸附剂分散净化后,采用液相色谱-串联质谱法测定,外标法定量。

4　试剂与材料

除另有说明,所有试剂均为分析纯,水为 GB/T 6682 规定的一级水。

4.1　试剂

4.1.1　甲醇(CH_3OH,CAS 号:67-56-1):色谱纯。

4.1.2　二氯甲烷(CH_2Cl_2,CAS 号:75-09-2):色谱纯。

4.1.3　乙酸乙酯($C_4H_8O_2$,CAS 号:141-78-6):色谱纯。

4.1.4　氯化钠(NaCl,CAS 号:7647-14-5)。

4.1.5　无水硫酸镁 ($MgSO_4$,CAS 号:7487-88-9)。

4.1.6　莱菔硫烷标准品($C_6H_{11}NOS_2$,CAS 号:142825-10-3):纯度≥98.0%。

4.1.7　十八烷基键合硅胶(C_{18}):40 μm。

4.2　溶液配制

4.2.1　二氯甲烷+乙酸乙酯混合液(50∶50,V∶V):移取 50 mL 二氯甲烷(4.1.2)加入 50 mL 乙酸乙酯(4.1.3)中,混匀。

4.2.2　0.01 mol/L 甲酸铵-甲醇溶液:取甲酸铵 0.63 g,加甲醇(4.1.1)900 mL,超声 10 min 溶解,加甲醇稀释至 1 000 mL。

4.3　莱菔硫烷标准溶液配制

4.3.1　莱菔硫烷标准储备溶液:精密称取 10.0 mg 莱菔硫烷标准品(4.1.6),用甲醇(4.1.1)溶解,并完全转移至 10 mL 棕色容量瓶中,定容至刻度,配制成浓度为 1.0 mg/mL 的标准储备溶液,−20℃以下避光保存,有效期 2 个月。

4.3.2　莱菔硫烷标准工作溶液:分别吸取一定量的标准储备溶液(4.3.1),用甲醇(4.1.1)稀释成浓度分别为 1.0 μg/L、5 μg/L、10 μg/L、20 μg/L、50 μg/L、100 μg/L、200 μg/L 和 500 μg/L 的标准工作溶液。现用现配。

5　仪器和设备

5.1　液相色谱串联质谱仪:配有电喷雾离子源(ESI)。

5.2 分析天平：感量 0.000 1 g 和 0.01 g。

5.3 组织捣碎机。

5.4 涡旋振荡器。

5.5 水浴锅。

5.6 氮吹仪。

5.7 超声波萃取仪。

5.8 低温冰箱：温度为−20℃以下。

5.9 离心机：转速为(6 000±50)r/min。

5.10 微孔滤膜：0.22 μm，有机系。

6 取样与试样保存

6.1 取样

取油菜薹整棵，去根后全部处理；取后的样品将其切碎，充分混匀，用四分法取样或直接放入组织捣碎机中捣碎成匀浆，然后立即连续完成分析过程。

6.2 保存

−20℃以下保存，3 个月内进行分析检测。

7 分析步骤

7.1 称样

称取 0.50 g(精确至 0.01 g)试样至 50 mL 离心管中。

7.2 提取

将 10 mL 水加入离心管，涡旋 1 min，置于 45℃水浴 2 h，然后加入 200 mg 氯化钠(4.1.4)，5 mL 二氯甲烷＋乙酸乙酯混合液(4.2.1)，涡旋 1 min，超声提取 10 min 后，取出离心管，6 000 r/min 离心 5 min，转移下清液至 10 mL 刻度试管中。残渣加 5 mL 二氯甲烷＋乙酸乙酯混合液(4.2.1)重复提取 1 次，合并提取溶液，待净化。

7.3 净化

吸取 5 mL 提取液置于 10 mL 离心管中，再加入 80 mg 无水硫酸镁(4.1.5)和 15 mg C_{18}(4.1.7)，涡旋 5 min，然后 4 500 r/min 离心 5 min，取上清液氮吹至近干，1 mL 甲醇复溶，过 0.22 μm 滤膜，待测定。

7.4 液相色谱串联质谱测定

7.4.1 液相色谱参考条件

a) 色谱柱：C_{18}色谱柱(100 mm×2.1 mm，1.7 μm)，或相当者；

b) 流动相：A 为水，B 为 0.01 mol/L 甲酸铵甲醇溶液(4.2.2)；

c) 流速：0.20 mL/min；

d) 柱温：40℃；

e) 进样量：10 μL。

流动相梯度洗脱程序见表 1。

表 1 流动相梯度洗脱程序

时间，min	A，%	B，%
0.00	60	40
2.50	55	45
3.00	50	50
3.50	5	95
4.00	55	45
8.00	60	40

7.4.2 **质谱参考条件**

a) 质谱仪：串联质谱检测器（配置电喷雾离子源）；

b) 离子源：电喷雾离子源（ESI）；

c) 电离电压：3 000 V；

d) 离子源温度：300℃；

e) 离子传输毛细管温度：275℃；

f) 扫描方式：正离子扫描；

g) 检测方式：选择离子监测（SRM）；

h) 定性离子对、定量离子对和碰撞能量见表 2。

表 2 莱菔硫烷定量离子和定性离子参考质谱条件

化合物	定量离子对	碰撞能量，eV	定性离子对	碰撞能量，eV
莱菔硫烷	178.05/114.10	13	178.05/72.10	20

7.4.3 **定性测定**

在相同试验条件下，待测物在样品中的保留时间与标准工作溶液中的保留时间偏差在±2.5%之内，并且色谱图中各组分定性离子对的相对丰度，与浓度接近标准工作液中相应定性离子对的相对丰度进行比较，若偏差不超过表 3 规定的范围，则可判断为样品中存在对应的待测物。

表 3 定性测定时相对离子丰度的最大允许误差

单位为百分号

相对离子丰度	>50	20～50（含）	10～20（含）	≤10
允许的相对偏差	±20	±25	±30	±50

7.4.4 **定量测定**

取莱菔硫烷的标准工作液与试样交替进样，采用单点或多点校准，外标法定量。当样品的上机液浓度超过线性范围时，需根据测定浓度，稀释后进行重新测定。莱菔硫烷标准溶液的选择离子检测（SRM）色谱图参见附录 A。

8 结果计算

样品中莱菔硫烷含量按式（1）计算。

$$W = V \times \frac{c \times V_1}{m \times V_2} \qquad (1)$$

式中：

W ——样品中莱菔硫烷的含量，单位为微克每千克（μg/kg）；

V ——提取液体积，单位为毫升（mL）；

c ——样液中莱菔硫烷的质量浓度，单位为纳克每毫升（ng/mL）；

V_1 ——样液最终定容体积，单位为毫升（mL）；

m ——试样的质量，单位为克（g）；

V_2 ——用于净化的提取液体积，单位为毫升（mL）。

测定结果用 2 次平行测定的算术平均值表示，结果保留 2 位有效数字。

9 精密度

在重现性条件下获得 2 次独立测定结果的绝对差值不超过算术平均值的 20%。

附　录　A
（资料性附录）
莱菔硫烷标准溶液的选择离子检测(SRM)色谱图

莱菔硫烷标准溶液的选择离子检测(SRM)色谱图见图 A.1。

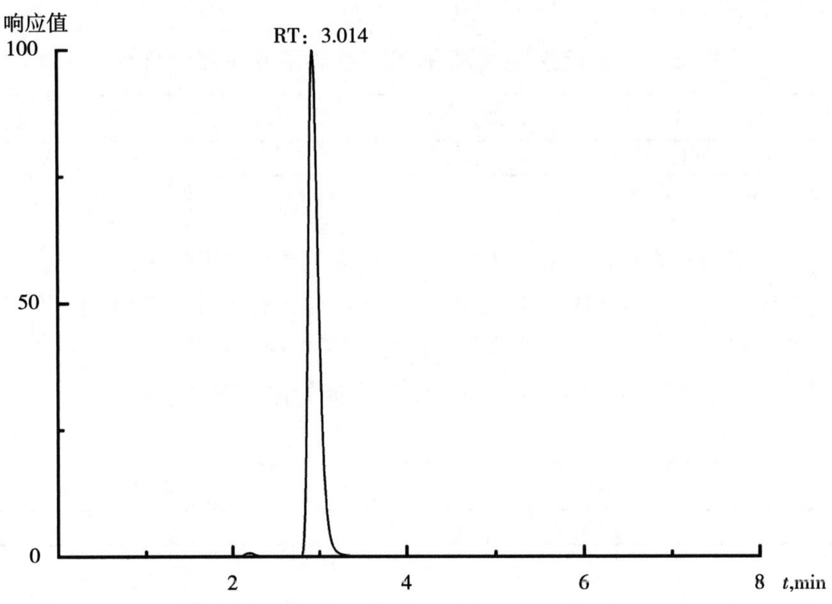

图 A.1　莱菔硫烷标准溶液的选择离子检测(SRM)色谱图

ICS 65.020.01
B 04

中华人民共和国农业行业标准

NY/T 3675—2020

红茶中茶红素和茶褐素含量的测定 分光光度法

Determination of thearubigin and theabrownine in black tea—Spectrophotometry

2020-08-26 发布　　2021-01-01 实施

中华人民共和国农业农村部 发布

前　言

本标准按照GB/T 1.1—2009给出的规则起草。

本标准由农业农村部种植业管理司提出并归口。

本标准起草单位:中国农业科学院茶叶研究所、农业农村部茶叶质量监督检验测试中心、农业农村部茶叶质量安全控制重点实验室。

本标准主要起草人:刘新、蒋迎、周苏娟、马桂岑、陈利燕、于良子、金寿珍、张颖彬、王国庆。

红茶中茶红素和茶褐素含量的测定　分光光度法

1　范围

本标准规定了红茶中茶红素和茶褐素含量测定的分光光度法。

本标准适用于红茶中茶红素和茶褐素含量的测定。

本标准茶红素的定量限为 0.4%,茶褐素的定量限为 0.6%。

2　规范性引用文件

下列文件对于本文件的应用是必不可少的。凡是注日期的引用文件,仅注日期的版本适用于本文件。凡是不注日期的引用文件,其最新版本(包括所有的修改单)适用于本文件。

GB/T 6682　分析实验室用水规格和试验方法

GB/T 8303　茶　磨碎试样的制备及其干物质含量测定

3　原理

试样中茶红素和茶褐素经沸水提取后,再分别用正丁醇、乙酸乙酯和碳酸氢钠溶液进行液液萃取得到测试液,于 380 nm 处测定吸光度,根据罗勃兹(Roberts)经验系数计算茶红素和茶褐素含量。

4　试剂或材料

4.1　除非另有说明,本方法使用试剂为分析纯。水应符合 GB/T 6682 中三级水的要求。

4.2　正丁醇($C_4H_{10}O$,CAS 号:71-36-3)。

4.3　乙酸乙酯($C_4H_8O_2$,CAS 号:141-78-6)。

4.4　95%乙醇(C_2H_6O,CAS 号:64-17-5)。

4.5　碳酸氢钠溶液:ρ=25 g/L。

4.6　饱和草酸溶液:室温下,加一定体积的水于烧杯中,然后往其中加入草酸并不断搅拌直至有草酸固体残留在烧杯中不能再溶解为止。

5　仪器设备

5.1　分光光度计:配置 1 cm 比色皿。

5.2　天平:感量 0.001 g。

5.3　水浴锅。

5.4　多管涡旋仪:≥2 500 r/min。

5.5　离心机:≥4 500 r/min。

5.6　一般实验室常用仪器和设备。

6　样品制备

按 GB/T 8303 的规定进行试样制备和干物质含量的测定。

7　试验步骤

7.1　提取液制备

称取约 0.4 g(精确至 0.001 g)样品(6)于 50 mL 离心管中。加入 20 mL 沸水后,置于沸水浴中浸提 5 min,期间不时振摇以保证料液充分接触。取出离心管稍加冷却后,于 4 500 r/min 下离心 10 min,上清液转移至 50 mL 容量瓶中。在残渣中分别再次加入 20 mL 和 10 mL 沸水，重复上述提取操作各 1 次，将上清液合并转移至同一 50 mL 容量瓶中，冷却至室温后，定容至刻度。此为提取液。

7.2 比色液 A 制备

准确吸取 2 mL 提取液(7.1)，置于 25 mL 容量瓶，分别加入 2 mL 饱和草酸溶液(4.6)和 6 mL 水，用 95%乙醇(4.4)定容至刻度，记为比色液 A。

7.3 比色液 B 制备

准确吸取 10 mL 提取液(7.1)，置于 50 mL 离心管，加入正丁醇(4.2)10 mL，2 500 r/min 连续式涡旋 10 min，4 500 r/min 离心 10 min。转移至 30 mL 分液漏斗，静置分层后将下层(水层)放至小烧杯中，准确吸取 2 mL，置于 25 mL 容量瓶，加入 2 mL 饱和草酸溶液(4.6)和 6 mL 水，用 95%乙醇(4.4)定容至刻度，记为比色液 B。

7.4 比色液 C 制备

准确吸取 15 mL 提取液(7.1)，置于 50 mL 离心管，加入乙酸乙酯(4.3)15 mL，2 500 r/min 连续式涡旋 10 min，4 500 r/min 离心 10 min。取上层(乙酸乙酯层)6 mL，置于 15 mL 离心管，加入 25 g/L 碳酸氢钠溶液(4.5)6 mL，充分振摇 30 s，4 500 r/min 离心 5 min，取上层(乙酸乙酯层)4 mL，置于 25 mL 容量瓶，用 95%乙醇(4.4)定容至刻度，记为比色液 C。

7.5 测定

以 95%乙醇(4.4)为参比，用 1 cm 比色皿，于 380 nm 处分别测定比色液 A(7.2)、比色液 B(7.3)、比色液 C(7.4)的吸光度值 E_A、E_B、E_C。

8 试验数据处理

试样中茶红素和茶褐素含量分别按式(1)和式(2)计算。

$$X_{TB}=\frac{16.944\times E_B}{100\times m\times w} \qquad (1)$$

$$X_{TR}=\frac{16.944\times\left(E_A-\frac{E_C}{2}-E_B\right)}{100\times m\times w} \qquad (2)$$

式中：

X_{TB} ——茶褐素的含量，单位为百分号(%)；

X_{TR} ——茶红素的含量，单位为百分号(%)；

E_A ——比色液 A 吸光度值；

E_B ——比色液 B 吸光度值；

E_C ——比色液 C 吸光度值；

m ——称样质量，单位为克(g)；

w ——干物质含量(质量分数)，单位为百分号(%)；

16.944 ——罗勃兹(Roberts)经验系数。

测定结果以 2 次测定的算术平均值表示，测定结果小数点后位数的保留与方法检出限一致，最多保留 3 位有效数字。

9 精密度

在重复性条件下获得的 2 次独立的测试结果的绝对差值不大于这 2 个测定值的算术平均值的 15%。

在再现性条件下获得的 2 次独立的测试结果的绝对差值不大于这 2 个测定值的算术平均值的 20%。

10 注意事项

本方法茶红素和茶褐素的线形含量范围分别为0.4%～15.0%和0.6%～20.0%。当含量超出范围，则可酌情减少称样量或加大提取液定容体积。

ICS 11.120.01
B 38

中华人民共和国农业行业标准

NY/T 3676—2020

灵芝中总三萜含量的测定 分光光度法

Determination of total triterpene in ganoderma—Spectrophotometric method

2020-08-26 发布　　2021-01-01 实施

中华人民共和国农业农村部 发布

前　　言

本标准按照 GB /T 1.1—2009 的规则起草。

本标准由农业农村部种植业管理司提出并归口。

本标准起草单位:农业农村部食用菌产品质量监督检验测试中心(上海)、上海市农业科学院农产品质量标准与检测技术研究所。

本标准主要起草人:周昌艳、刘海燕、蔡祥、金晓芬、李亚莉、邵毅、赵晓燕。

灵芝中总三萜含量的测定 分光光度法

1 范围

本标准规定了灵芝中总三萜含量的分光光度测定方法。

本标准适用于灵芝子实体、切片以及超细粉等灵芝产品总三萜含量的测定，测定范围为0.06%～10%。

按照样品0.5 g称样量，加50 mL提取液，提取液的移取量为2.5 mL进行测定计算，该方法的检出限(LOD)为0.02%，定量限(LOQ)为0.06%。

2 规范性引用文件

下列文件对于本文件的应用是必不可少的。凡是注日期的引用文件，仅注日期的版本适用于本文件。凡是不注日期的引用文件，其最新版本(包括所有的修改单)适用于本文件。

GB/T 6682　分析实验室用水规格和试验方法

3 原理

灵芝中三萜类化合物在酸性条件下与香草醛反应生成蓝紫色产物，在550 nm波长下有最大吸收，吸光度值与总三萜含量呈正比。

4 试剂

除非另有说明，本方法所用试剂均为分析纯，水为GB/T 6682规定的三级水。

4.1　无水乙醇(C_2H_5OH)。

4.2　高氯酸($HClO_4$)。

4.3　冰醋酸(CH_3COOH)。

4.4　甲醇(CH_3OH)。

4.5　5%香草醛-冰醋酸溶液：称取香草醛5 g，加入约70 mL冰醋酸溶解，溶解后加冰醋酸定容至100 mL。

4.6　齐墩果酸标准品：CAS号508-02-1，纯度≥99%。

4.7　齐墩果酸标准储备溶液：准确称取105℃干燥至恒重的齐墩果酸标准品20 mg (精确至0.1 mg)，用甲醇(4.4)溶解并定容至100 mL。该标准液中齐墩果酸的质量浓度为200 μg/mL，4℃冰箱密封保存，有效期1个月。

5 仪器和设备

5.1　分析天平：感量为0.1 mg。

5.2　分光光度计：配1 cm比色皿，波长550 nm。

5.3　水浴锅：温度控制范围在60℃～100℃。

5.4　超声波提取仪：500 W。

5.5　离心机：8 000 r/min。

5.6　样品粉碎机。

5.7　0.425 mm标准网筛。

6 分析步骤

6.1 样品制备

取不少于 200 g 具代表性样品,用样品粉碎机(5.6)粉碎(灵芝超细粉样品无须粉碎),过 0.425 mm 标准网筛(5.7),将样品装于密封容器中,0℃～20℃保存备用。

6.2 样品提取

称取样品 0.5 g(精确至 0.000 1 g)至 250 mL 具塞锥形瓶中,准确加入无水乙醇(4.1)50 mL,盖紧塞子,摇匀,置于超声波提取仪(5.4)中超声提取 1 h,其间经常摇动,提取后混合均匀,取适当体积于 8 000 r/min的离心机(5.5)中离心 10 min,取上清液作为样品提取液备用。

6.3 测定

6.3.1 标准曲线

准确移取齐墩果酸标准储备溶液(4.7)0 mL、0.1 mL、0.2 mL、0.3 mL、0.4 mL 和 0.5 mL,置于 10 mL试管中,标准品质量分别为 0 μg、20 μg、40 μg、60 μg、80 μg、100 μg。将试管置于温度为 90℃～100℃的水浴锅中挥干溶剂,加入 5%香草醛-冰醋酸溶液(4.5) 0.1 mL、高氯酸(4.2) 0.8 mL,混匀后于 60℃水浴中保温显色 20 min。取出后迅速置于冰水浴中冷却 3 min～5 min,终止显色反应,再加入 5.0 mL 冰醋酸(4.3),混匀后,室温放置 10 min,立即用 1 cm 比色皿,以 0 管调节零点,于波长 550 nm 处测定吸光度。以齐墩果酸标准品的质量为纵坐标、相应的吸光度为横坐标,绘制标准曲线。

6.3.2 样品测定

准确移取适量体积样品提取液于 10 mL 试管中(不同含量样品其提取液移取量的参考值参见附录 A),置于温度为 90℃～100℃的水浴锅中挥干溶剂,以下操作步骤同 6.3.1,同时做试剂空白,并根据样品提取液的吸光度计算总三萜含量。若样品中总三萜含量测定值超出标准曲线范围,应适当稀释或增加移取体积后再次测定。

7 试验数据处理

样品中总三萜(以齐墩果酸计)的含量按式(1)计算。

$$x=\frac{m_1\times V_1\times f}{m_2\times V_2\times 10^6}\times 100 \qquad (1)$$

式中:

x ——样品中总三萜的含量,单位为百分号(%);

m_1——从标准曲线上查的样品反应液的总三萜的量(以齐墩果酸计),单位为微克(μg);

V_1——提取时准确加入的无水乙醇体积,单位为毫升(mL);

f ——样品溶液稀释倍数;

m_2——样品的质量,单位为克(g);

V_2——比色测定时移取的样品提取液的体积,单位为毫升(mL)。

10^6——克换算为毫克的换算系数。

总三萜的测定结果以 2 次测定结果的算数平均值表示,测定结果小数点后位数的保留与方法检出限一致,最多保留 3 位有效数字。

8 重复性

在重复性条件下获得 2 次独立测试结果的绝对差值不得超过算术平均值的 10%。

附　录　A
(资料性附录)
样品中总三萜含量与提取液建议移取体积对应关系

样品中总三萜含量与提取液建议移取体积对应关系见表A.1。

表A.1　样品中总三萜含量与提取液建议移取体积对应关系

样品总三萜含量,%	提取液移取量,mL
≥3.0	≤0.2
1.5～3.0	0.3～0.2
0.5～1.5	0.6～0.3
0.25～0.5	2.0～0.6
0.06～0.25	2.5～2.0
注:样品中总三萜含量超过3%且2次独立测试结果未达标准重复性要求时,建议将样品提取液稀释合适倍数后再测定。	

ICS 65.020.01
B 04

中华人民共和国农业行业标准

NY/T 3679—2020

高油酸花生筛查技术规程 近红外法

Technical code of practice for screening high oleic acid peanut—Near infrared method

2020-08-26 发布 2021-01-01 实施

中华人民共和国农业农村部 发布

前　言

本标准按照 GB/T 1.1—2009 给出的规则起草。

本标准由农业农村部种植业管理司提出并归口。

本标准起草单位:中国农业科学院油料作物研究所、农业农村部油料产品质量安全风险评估实验室(武汉)、农业农村部油料及制品质量监督检验测试中心。

本标准主要起草人:王督、张良晓、白艺珍、姜俊、喻理、汪雪芳、张文、李培武。

高油酸花生筛查技术规程　近红外法

1 范围

本标准规定了高油酸花生的近红外法筛查的技术规程。

本标准适用于高油酸花生收获、储藏、运输、加工及销售过程中的筛查。

本标准不适用于仲裁检验。

2 规范性引用文件

下列文件对于本文件的应用是必不可少的。凡是注日期的引用文件，仅注日期的版本适用于本文件。凡是不注日期的引用文件，其最新版本(包括所有的修改单)适用于本文件。

GB 5009.168　食品安全国家标准　食品中脂肪酸的测定

GB/T 5491　粮食、油料检验　扦样、分样法

GB/T 24895　粮油检验　近红外分析定标模型验证和网络管理与维护通用规则

NY/T 3250　高油酸花生

3 术语和定义

下列术语和定义适用于本文件。

3.1

高油酸花生　high oleic acid peanut

油酸含量占脂肪酸总量75%以上的花生。

3.2

高油酸花生原料　high oleic acid peanut ingredient

用于食用或油用的油酸含量占脂肪酸总量73%以上的花生。

3.3

定标模型　calibration model

利用化学计量学方法建立的样品近红外光谱与油酸化学值之间关系的数学模型。

3.4

样品集　sample set

具有代表性的、基本覆盖范围的样品集合。

3.5

验证样品　check sample

用于验证近红外主机测定结果的准确性和重复性的样品集。

3.6

定标模型验证　calibration model validation

使用验证样品验证定标模型准确性和重复性的过程。

4 原理

利用花生油酸分子中C-H、O-H等化学键的泛频振动或转动对近红外光的吸收特性，以漫反射或透射方式获得在近红外区的吸收光谱或透射光谱，利用化学计量学方法建立花生中油酸的近红外光谱与其含量之间的相关关系模型，从而计算未知花生中油酸的含量。

5 抽样

5.1 抽样工具

应根据花生样品特点准备相应的扦样工具，包装容器应清洁、干燥、无污染，不会对样品造成污染。

5.2 抽样方法

5.2.1 花生果样品

扦样后按 GB/T 5491 中的四分法分样，分取所需试样，样品量应大于 1.5 kg/样，去掉花生果壳，备用。

5.2.2 花生仁样品

扦样后按 GB/T 5491 中的四分法分样，分取所需试样，样品量应大于 1.0 kg/样，备用。

6 仪器设备

6.1 近红外分析仪：符合 GB/T 24895 的要求，样品盘应具备旋转功能。

6.2 软件：具有近红外光谱数据的收集、存储、定标和分析等功能。

7 测定

7.1 测定前准备

7.1.1 除去样品中的杂质和破碎粒。

7.1.2 样品水分含量应符合 NY/T 3250 的要求。

7.1.3 工作环境：温度 15℃～30℃，相对湿度≤80%。

7.2 定标模型建立

定标模型样品集光谱采集应与采用 GB 5009.168 测定油酸含量同期进行，每个样品重复装样 3 次。测定后的样品与原待测样品混匀，再次取样进行测定，每次重复扫描 2 次。取 6 次扫描的平均光谱用于建立定标模型，定标建模样品含量应均匀分布，覆盖不同品种、不同类型等，样品数一般不少于 200 个。采用化学计量学回归分析方法建立高油酸定标模型，使用验证样品进行定标模型验证。

7.3 定标模型校准升级

定期采集代表性样品光谱，将光谱加入定标模型的样品光谱库中；同时，采用 GB 5009.168 测定油酸含量，用定标模型已有的化学计量学方法进行重新计算和验证，即可校准升级定标模型。

7.4 样品测定

按近红外分析仪要求的方式和数量加入样品，避免光透过样品，于近红外分析仪测定，记录测定数据。待测样品按 7.2 中光谱采集方法执行，结果计算时将样品近红外光谱的吸光度值代入定标模型，即可得到相应的样品测定值，当样品测定值在定标模型范围内时，样品的测定值被采纳；当样品测定值超出定标模型范围时，该样品被定为疑似异常样品。

7.5 异常样品的确认和处理

样品油酸含量超出定标模型范围的样品认定为疑似异常样品，应进行第二次近红外测定予以确认，并可用于定标模型校准升级。

8 筛查结果处理和判定

取 2 次数据的平均值为测定结果，测定结果保留小数点后 1 位，结果判定按 NY/T 3250 的规定执行。

9 准确性和精密度

9.1 定标模型准确性

验证样品集测定含量扣除系统偏差后的近红外测定值与其标准值之间的标准差应不大于10%。

9.2 精密度

在重现性条件下获得2次独立测定结果的绝对差值不超过算术平均值的8%。

ICS 65.120
B 46

中华人民共和国农业行业标准

NY/T 3804—2020

油脂类饲料原料中不皂化物的测定 正己烷提取法

Determination of unsaponifiable matter in fats and oils for feed materials—Method using n-hexane extraction

(ISO 18609: 2000, Animal and vegetable fats and oils—Determination of unsaponifiable matter—Method using hexane extraction, MOD)

2020-11-12 发布　　2021-04-01 实施

中华人民共和国农业农村部　发布

前　　言

本标准按照 GB/T 1.1—2009 和 GB/T 20000.2—2009 给出的规则起草。

本标准使用重新起草法修改采用 ISO 18609:2000《动植物油脂不皂化物测定　己烷提取法》。

本标准与 ISO 18609:2000 相比在结构上有较大调整，附录 A 中列出了本标准与 ISO 18609:2000 章条编号对照一览表。

本标准与 ISO 18609:2000 的技术性差异及其原因如下：

——修改了 ISO 标准中前言部分的内容；

——关于规范性引用文件，本标准作了具有技术性差异的调整，以适应我国的技术条件，调整的情况集中反映在第 2 章“规范性引用文件”中，具体调整如下：

- 用等同采用的 GB/T 15687 代替了 ISO 661；
- 增加引用了 GB/T 601 和 GB/T 6682。

——将不皂化物提取溶剂修改为正己烷；

——在本标准第 5 章中，增加了氢氧化钾-乙醇标准溶液的配制和标定要求；

——删除了抽样的内容(见 ISO 18609:2000 的第 7 章)；

——在本标准 8.1 中，增加了皂化终点的要求和皂化后回流装置的清洗步骤，以保证试样皂化完全，提高可操作性；

——在本标准 8.7 中，修改了空白试验残留物限量的要求；

——在本标准第 10 章中，增加了精密度要求，精密度反映了结果的离散程度，也是分析结果的可靠性依据；

——删除了试验报告的内容(见 ISO 18609:2000 的第 12 章)。

本标准还作了下列编辑性修改：

——将“本国际标准”修改为“本标准”；

——根据我国饲料行业实际，将标准名修改为《油脂类饲料原料中不皂化物的测定　正己烷提取法》；

——修改了 ISO 标准的适用范围的表述方式；

——删除了参考文献；

——增加了资料性附录 A，以附录形式提供了本标准与国际标准编排结构变化对照一览表。

请注意本文件的某些内容可能涉及专利。本文件的发布机构不承担识别这些专利的责任。

本标准由农业农村部畜牧兽医局提出。

本标准由全国饲料工业标准化技术委员会(SAC/TC 76)归口。

本标准起草单位：四川威尔检测技术股份有限公司、通威股份有限公司。

本标准主要起草人：宋涛、张凤枰、卢加文、李灿英。

油脂类饲料原料中不皂化物的测定　正己烷提取法

1　范围

本标准规定了油脂类饲料原料中不皂化物的测定方法。

本标准适用于油脂类饲料原料中不皂化物的测定。

警告:与 ISO 3596 方法相比,本方法的测定结果系统性偏低。

2　规范性引用文件

下列文件对于本文件的应用是必不可少的。凡是注日期的引用文件,仅注日期的版本适用于本文件。凡是不注日期的引用文件,其最新版本(包括所有的修改单)适用于本文件。

GB/T 601　化学试剂　标准滴定溶液的制备

GB/T 6682　分析实验室用水规格和试验方法

GB/T 15687　动植物油脂　试样的制备

3　术语和定义

下列术语和定义适用于本文件。

3.1

不皂化物　unsaponifiable matter

试样经氢氧化钾皂化、正己烷萃取后,溶解于正己烷中并且在规定条件下不挥发的所有剩余物。

注:不皂化物包括自然界中的脂类物质,如甾醇、高级烃和醇类、脂肪族和萜烯醇类,以及经正己烷提取、在 103℃时不挥发的所有外来有机物(如矿物油)。

4　原理

试样与氢氧化钾乙醇溶液在煮沸回流条件下进行皂化,用正己烷从皂化液中提取不皂化物,蒸发溶剂,并对残留物干燥后称重。

5　试剂或材料

除非另有规定,仅使用分析纯试剂。

警告:正己烷对上呼吸道有刺激性,操作时需戴口罩;正己烷是高挥发可燃试剂,进入烘箱干燥前,确保其挥发干。

5.1　水:GB/T 6682,三级。

5.2　正己烷:溴价低于 1,且不得含有蒸发残渣。

5.3　95%乙醇。

5.4　乙醇。

5.5　氯化钠。

5.6　乙醇-水溶液(10+90):量取 10 mL 乙醇(5.4),用水稀释至 100 mL,混匀。

5.7　酚酞指示剂(10 g/L):称取 1 g 酚酞,用 95%乙醇(5.3)溶解并稀释至 100 mL,混匀。

5.8　氢氧化钾-乙醇溶液:称取 60 g 氢氧化钾溶于 50 mL 水中,充分混匀,然后用 95%乙醇(5.3)稀释至 1 000 mL,混匀。此溶液呈无色或浅黄色。

5.9　氢氧化钾-乙醇标准溶液[c(KOH)=0.1 mol/L]:称取约 500 g 氢氧化钾,置于烧杯中,加约 420 mL 水溶解,冷却,移入聚乙烯容器中,放置。用塑料管量取 7 mL 上层清液,用 95%乙醇(5.3)稀释至

1 000 mL,密闭避光放置 2 d～4 d 至溶液清亮后,用塑料管虹吸上层清液至另一聚乙烯容器中(避光保存或用深色聚乙烯容器),按照 GB/T 601 标定。

5.10 乙醇溶液:取 500 mL 乙醇(5.4),使用前滴加 3 滴～4 滴酚酞指示剂(5.7),预先用 0.1 mol/L 氢氧化钾-乙醇标准溶液(5.9)中和至酚酞指示剂呈粉红色。

5.11 玻璃珠。

6 仪器设备

6.1 分析天平:感量 0.01 g 和 0.000 1 g。

6.2 圆底烧瓶:带标准磨口的 250 mL 圆底烧瓶。

6.3 回流冷凝管:具有与 250 mL 圆底烧瓶(6.2)配套的磨口。

6.4 分液漏斗:250 mL,具有聚四氟乙烯旋塞和瓶塞。

6.5 恒温水浴。

6.6 电热恒温干燥箱:温度能保持在(103±2)℃。

6.7 旋转蒸发仪。

7 样品

按照 GB/T 15687 制备试样,取 200 mL,混合均匀,装入密闭容器中,备用。

8 试验步骤

8.1 皂化

平行做 2 份试验。准确称取约 5 g(精确至 0.01 g)试样于 250 mL 圆底烧瓶中(6.2),加入 50 mL 氢氧化钾-乙醇溶液(5.8)、6 粒～8 粒玻璃珠,连接回流冷凝管(6.3),煮沸回流 1 h,停止加热。如溶液不透明,则需继续回流至溶液透明为止。于回流冷凝管顶部加入 2 mL 95%乙醇(5.3)、50 mL 水冲洗冷凝管,旋转摇匀。

8.2 不皂化物的提取

冷却后,将皂化液全部转移到 250 mL 分液漏斗(6.4)中,用 50 mL 正己烷(5.2)分 3 次洗涤烧瓶和玻璃珠,洗涤液并入分液漏斗中。盖好分液漏斗旋塞,用力振荡 1 min,倒转分液漏斗,小心打开旋塞,间歇地释放内压。静置分层后,将下层皂化液放入第二只分液漏斗中。如果形成乳化液,可加入适量乙醇(5.4)或氢氧化钾-乙醇溶液(5.8)或 2 g～3 g 氯化钠(5.5)破乳。用相同方法,50 mL 正己烷(5.2)对皂化液重复提取 2 次。3 次正己烷提取液收集到同一分液漏斗中。

8.3 正己烷提取物的洗涤

向不皂化物提取液中加入 25 mL 乙醇-水溶液(5.6),盖好分液漏斗旋塞,剧烈振荡,洗涤提取液,弃去乙醇-水溶液层,每次弃去洗涤液后,保持分液漏斗中剩余约 2 mL 洗涤液,重复 3 次。将分液漏斗沿其轴线旋转,静置 5 min,使剩余的乙醇-水溶液相进一步分离,弃去,在最后弃去的乙醇-水溶液洗涤液中加入 1 滴酚酞指示剂(5.7),如果溶液呈粉红色时,继续用乙醇-水溶液(5.6)洗涤,直至溶液不出现粉红色时为止。

8.4 蒸发溶剂

通过分液漏斗上口小心把正己烷提取液转移到预先经(103±2)℃干燥至恒重并准确称量至 0.1 mg 的 250 mL 圆底烧瓶(6.2)中,用旋转蒸发仪蒸发、回收溶剂。

8.5 残留物的干燥和测定

将圆底烧瓶水平放置在(103±2)℃烘箱中,干燥残留物 15 min。取出圆底烧瓶,立即放置于干燥器中冷却 30 min,称量,结果精确至 0.1 mg。重复干燥,直至 2 次称量的质量差不超过 1.5 mg。如果连续 3 次干燥后还不能恒重,则不皂化物可能被污染,需重新进行测定。

8.6 游离脂肪酸校正

将称量后的圆底烧瓶中加入 4 mL 正己烷(5.2),溶解不皂化物,再加入 20 mL 乙醇溶液(5.10),混匀,用 0.1 mol/L 氢氧化钾-乙醇标准溶液(5.9)滴定至粉红色终点。记录氢氧化钾-乙醇标准溶液的消耗量,以油酸计算游离脂肪酸的含量,并以此校正残留物的质量。

8.7 空白试验

不加试样,按上述步骤进行空白试验,如残留物超过 2.6 mg,需检查测定过程和试剂,重新进行测定。

9 试验数据处理

试样中不皂化物的含量 w 以质量分数计,数值以质量分数(%)表示,按式(1)计算。

$$w = \frac{m_1 - m_2 - m_3}{m} \times 100 \qquad (1)$$

式中:

m_1——残留物的质量,单位为克(g);

m_2——游离脂肪酸的质量,单位为克(g);

m_3——空白的残留物质量,单位为克(g);

m ——试样的质量,单位为克(g)。

按式(2)计算校准残留物质量以得到的游离脂肪酸含量。

$$m_2 = 0.28 \times V \times c \qquad (2)$$

式中:

V ——滴定消耗的氢氧化钾-乙醇标准溶液体积,单位为毫升(mL);

c ——氢氧化钾-乙醇标准溶液浓度,单位为摩尔每升(mol/L);

0.28——油酸分子量/1000。

测定结果以平行测定的算术平均值表示,表示至小数点后 2 位。

10 精密度

在重复性条件下,应符合下述规定:

当不皂化物含量≤1.00%时,2 次独立测定结果与其算术平均值的绝对差值不大于该算术平均值 15%;当不皂化物含量>1.00%时,2 次独立测定结果与其算术平均值的绝对差值不大于该算术平均值 10%。

附录 B 汇总了本方法精密度的实验室间测试情况。从这些测试中得到的值可能不适用于其他浓度范围和测试对象。

附　录　A
（资料性附录）
本标准与 ISO 18609:2000 相比的结构变化情况

本标准与 ISO 18609:2000 相比在结构上有调整，具体章条号对照情况见表 A.1。

表 A.1　本标准与 ISO 18609:2000 的章条号对照情况

本标准章条编号	ISO 18609:2000 章条编号
1	1
2	2
3	3
4	4
5	5
6	6
—	7
7	8
8.1	9.7,9.1,9.2
8.2	9.3
8.3	9.4
8.4	9.5
8.5	9.6.1
8.6	9.6.2
8.7	9.8
9	10
10	11
—	12
附录 A	—
附录 B	附录 A

附　录　B
（资料性附录）
实验室间测试结果

B.1　参与者

来自 6 个不同国家（法国、德国、匈牙利、马来西亚、荷兰、英国）的 14 家实验室参与了由法国油脂技术中心研究所组织的这项合作研究。

B.2　样品

提供了 3 种样品：

样品 A：葵花籽原油；样品 B：棕榈原油；样品 C：粗制牛油。

B.3　结果

表 B.1、表 B.2、表 B.3 分别为各实验室样品 A、样品 B、样品 C 的测定结果，表 B.4 列出了各样品的统计分析结果。

依据科克伦检验和狄克逊检验法，6 号实验室和 9 号实验室的测定结果从样品 A 的结果中剔除；依据狄克逊检验法，11 号实验室的测定结果结果从样品 C 的结果中剔除；没有实验室的测定结果从样品 B 的结果中剔除。

3 种实验样品的不皂化物含量的均值范围为 0.15%～0.58%（质量分数）。

重复性限值为 0.06%（质量分数），重复性变异系数为 3.6%～10.5%。

再现性限值为 0.18%（质量分数），重复性变异系数为 9%～36%。

表 B.1　样品 A：葵花籽原油

实验室	结果 1 %（质量分数）	结果 2 %（质量分数）
1	0.56	0.58
2	0.541	0.545
3	0.51	0.52
4	0.62	0.58
5	0.57	0.63
6	0.78	0.61
7	0.54	0.51
8	0.64	0.62
9	0.89	0.89
10	0.54	0.57
11	0.62	0.64
12	0.60	0.63
13	0.68	0.68
14	0.56	0.52
注：依据科克伦检验，6 号实验室的测定结果被剔除（5%），依据狄克逊检验法 9 号实验室的测定结果被剔除（5%）。		

表 B.2　样品 B:棕榈原油

实验室	结果 1 %(质量分数)	结果 2 %(质量分数)
1	0.35	0.33
2	0.262 5	0.248 5
3	0.37	0.32
4	0.30	0.30
5	0.35	0.42
6	0.44	0.45
7	0.35	0.30
8	0.35	0.35
9	0.18	0.18
10	0.25	0.32
11	0.51	0.48
12	0.24	0.26
13	0.34	0.32
14	0.38	0.34

表 B.3　样品 C:粗制牛油

实验室	结果 1 %(质量分数)	结果 2 %(质量分数)
1	0.16	0.18
2	0.133 7	0.106
3	0.18	0.17
4	0.15	0.14
5	0.22	0.23
6	0.09	0.12
7	0.09	0.11
8	0.20	0.21
9	0.04	0.03
10	0.13	0.18
11	0.40	0.41
12	0.13	0.14
13	0.23	0.22
14	0.16	0.19
注:依据狄克逊检验法 11 号实验室的测定结果被剔除(5%)。		

表 B.4　合作研究结果的统计分析

项　目	样品 A: 葵花籽原油	样品 B: 棕榈原油	样品 C: 粗制牛油
实验室数量	14	14	14
剔除无效结果后的实验室数量	12	14	13
平均值,%(质量分数)	0.58	0.33	0.15
重复性标准差(s_r),%	0.02	0.03	0.02
重复性变异系数,%	3.64	7.81	10.49
再现性标准差(s_R),%	0.05	0.08	0.05
再现性变异系数,%	8.99	24.63	36.32
重复性限值(r),%	0.06	0.07	0.04
再现性限值(R),%	0.15	0.23	0.16

ICS 83.040.10
B 72

中华人民共和国农业行业标准

NY/T 3806—2020

天然生胶、浓缩天然胶乳及其制品中镁含量的测定　原子吸收光谱法

Raw natural rubber, natural rubber latex concentrate and products made from natural rubber—Determination of magnesium content by atomic absorption spectrometry

(ISO 6101—6:2018,Rubber—Determination of metal content by atomic absorption spectrometry—Part 6:Determination of magnesium content,MOD)

2020-11-12 发布　　2021-04-01 实施

中华人民共和国农业农村部　发布

前　言

本标准按照 GB/T 1.1—2009 给出的规则起草。

本标准采用重新起草法修改采用 ISO 6101—6:2018《橡胶　原子吸收光谱法测定金属含量　第 6 部分:镁含量的测定》(英文版)。

本标准与 ISO 6101—6:2018 的技术差异及其原因如下:

——标准名称由“橡胶　使用原子吸收光谱法测定金属含量　第 6 部分:镁含量的测定”修改为“天然生胶、浓缩天然胶乳及其制品　镁含量的测定　原子吸收光谱法”。

——关于规范性文件,本标准做了具有技术差异的调整,以适应我国的技术条件,调整的情况集中反映在第 2 章“规范性引用文件”中,具体调整如下:

- 用修改采用国际标准的 GB/T 4498.1 代替了 ISO 247-1;
- 用修改采用国际标准的 GB/T 8290 代替了 ISO 123;
- 用修改采用国际标准的 GB/T 8298 代替了 ISO 124;
- 用非等效采用国际标准的 GB/T 12806 代替了 ISO 1042;
- 用 GB/T 12807 代替了 ISO 835;
- 用 GB/T 12808 代替了 ISO 648;
- 用等同采用国际标准的 GB/T 15340 代替了 ISO 1795;
- 用 HG/T 3115、JC/T 651 和 QB/T 1991 代替了 ISO 1772。

——将对实验室用水的要求改为直接引用标准 GB/T 6682(见第 2 章、第 4 章,ISO 6101—6:2018 的第 5 章),以统一要求和方便使用。

——删除了第 3 章“术语与定义”(见 ISO 6101—6:2018 的第 3 章),因为 ISO 6101—6:2018 的第 3 章中只是列出 ISO 与 IEC 关于术语的数据库地址,并无具体的术语和定义,且天然生胶、浓缩天然胶乳、天然橡胶制品均为橡胶行业通用术语。

——将 ISO 6101—6:2018 中的 8.1.3、8.1.2 分别调整为 7.1.2、7.1.3,调整了段落排序(见 7.1)。

——将 ISO 6101—6:2018 的 8.4.1 中“按 8.2 中规定步骤,在波长为 285.2 nm 处对制备的试液(8.2.2)进行光谱测定”修改为“按 7.3.2 中规定步骤对制备的试液(7.2.2)进行光谱测定”(见 7.4.1),更正了试验步骤且使表达更加简明。

请注意本文件的某些内容可能涉及专利。本文件的发布机构不承担识别这些专利的责任。

本标准由农业农村部农垦局提出。

本标准由农业农村部热带作物及制品标准化技术委员会归口。

本标准起草单位:农业农村部食品质量监督检验测试中心(湛江)、中国热带农业科学院农产品加工研究所。

本标准主要起草人:潘晓威、叶剑芝、杨春亮、苏子鹏、李培。

天然生胶、浓缩天然胶乳及其制品中镁含量的测定 原子吸收光谱法

警示1:使用本标准的人员应熟悉正规实验室操作规程。本标准无意涉及因使用本标准可能出现的所有安全问题。使用者有责任采取适当的安全和健康措施,并保证符合国家的有关法规规定。

警示2:本标准规定的某些试验步骤可能涉及使用或产生会构成当地环境污染风险的物质或废物。应参考有关安全处理和使用后处置的适当文件。

1 范围

本标准规定了用原子吸收光谱法测定天然生胶、浓缩天然胶乳及其制品中镁含量的原理、试剂、仪器、取样、试验步骤、精密度、试验报告。

本标准适用于天然生胶、浓缩天然胶乳及其制品中镁含量的测定。

2 规范性引用文件

下列文件对于本文件的应用是必不可少的。凡是注日期的引用文件,仅注日期的版本适用于本文件。凡是不注日期的引用文件,其最新版本(包括所有的修改单)适用于本文件。

GB/T 4498.1 橡胶 灰分的测定 第1部分:马弗炉法(GB/T 4498.1—2013,ISO 247:2006,MOD)

GB/T 6682 分析实验室用水规格和试验方法

GB/T 8290 浓缩天然胶乳 取样(GB/T 8290—2008,ISO 123:2001,MOD)

GB/T 8298 胶乳 总固体含量的测定(GB/T 8298—2017,ISO 124:2014,MOD)

GB/T 12806 实验室玻璃仪器 单标线容量瓶(GB/T 12806—2011,ISO 1042:1998,NEQ)

GB/T 12807 实验室玻璃仪器 分度吸量管

GB/T 12808 实验室玻璃仪器 单标线吸量管

GB/T 15340 天然、合成生胶取样及其制样方法(GB/T 15340—2008,ISO 1795:2000,IDT)

HG/T 3115 硼硅酸盐玻璃3.3的性能

JC/T 651 石英玻璃器皿 坩埚

QB/T 1991 化学瓷坩埚

3 原理

根据GB/T 4498.1的规定,天然生胶试样在(550±25)℃下进行灰化,炭黑含量高的橡胶制品在(950±25)℃下进行灰化。将灰分溶解在稀硝酸中,以镁空心-阴极灯作为光源,在285.2 nm的波长下测定试液的吸光度,计算试样中镁的含量。

4 试剂

在分析过程中,除非另有规定,仅使用确认的分析纯试剂和GB/T 6682规定的二级水。

4.1 **浓硝酸:**ρ=1.41 g/mL,质量分数为65%~70%。

4.2 **稀硝酸:**质量分数为1.6%。精确移取11.5 mL浓硝酸(4.1),加入1 000 mL单标线容量瓶(5.4)中,然后用水定容并充分摇匀。

4.3 **镁标准储备液:**1 L含1 g镁。直接购买镁标准溶液,或者按以下方法制备:

将纯度为99%(质量分数)的金属镁研磨成粉,称取约1 g,精确至0.1 mg,置于250 mL的锥形瓶(5.13)中,然后加入100 mL稀硝酸(4.2)和10 mL浓硝酸(4.1)的混合溶液溶解,再转移至1 000 mL的

容量瓶(5.4)中,用稀硝酸(4.2)定容,充分摇匀备用。

1 mL 的镁标准储备液含 1 000 μg 镁。

4.4 镁标准溶液:1 mL 含 10 μg 镁。小心移取 10 mL 镁标准储备液(4.3)加入 1 000 mL 单标线容量瓶(5.4)中,再加入稀硝酸(4.2)至刻度并充分混合。最好现配现用。

5 仪器

5.1 原子吸收光谱仪,配备使用乙炔和压缩空气的燃烧器及能发射所需波长辐射的镁空心阴极灯。建议使用高亮度灯。或者,也可以使用电热原子化装置(石墨炉)。

应按照仪器的使用说明书操作。

5.2 天平,感量 0.1 mg。

5.3 马弗炉,温度能保持在(550±25)℃或(950±25)℃。

5.4 单标线容量瓶,带有玻璃塞,容量为 50 mL、100 mL 和 1 000 mL,符合 GB/T 12806 中 A 级的要求。

5.5 单标线吸量管,容量为 0.5 mL、1 mL、5 mL、10 mL、20 mL 和 50 mL,符合 GB/T 12808 中 A 级的要求。

5.6 分度吸量管,容量 1 mL,符合 GB/T 12807 中 A 级的要求。

5.7 蒸汽浴。

5.8 硼硅酸盐玻璃棒,用于搅拌。

5.9 坩埚,标称容量 50 mL～150 mL(视试样大小而定),石英、陶瓷或硼硅酸盐玻璃材质,分别符合 HG/T 3115、JC/T 651 或 QB/T 1991 的要求。

5.10 无灰滤纸。

5.11 电热板或者砂浴。

5.12 表面皿,用于盖坩埚。

5.13 锥形瓶,容量为 250 mL。

6 取样

取样方法如下:

a) 天然生胶按照 GB/T 15340 规定的方法进行取样;

b) 天然胶乳按照 GB/T 8290 规定的方法进行取样;

c) 天然橡胶制品选取整批中的代表性样品。

7 试验步骤

警示:在执行本标准规定的试验步骤时,应遵守所有公认的健康和安全预防措施。

7.1 试样的制备

7.1.1 称取 5 g～10 g 磨碎或剪碎的天然生胶、5 g～10 g 的浓缩天然胶乳薄膜、1 g～5 g 磨碎或剪碎的天然橡胶制品分别置于合适的坩埚(5.9)中,均精确至 0.1 mg。试样的称样量可根据样品中镁含量的预估值来选择。

7.1.2 对于天然生胶,应按 GB/T 15340 的规定从试验样品中选取试样。

7.1.3 对于浓缩天然胶乳,将约含 10 g 总固体的已充分混合的浓缩天然胶乳倒在玻璃板上制成薄膜,然后按 GB/T 8298 的规定干燥至恒重,并切成小块。

7.2 试液的制备

7.2.1 试样的灰化(破坏有机物质)

将坩埚放置于马弗炉(5.3)中,按照 GB/T 4498.1 的规定,天然生胶、浓缩天然胶乳薄膜样品的灰化温度保持在(550±25)℃,天然橡胶制品的灰化温度保持在(950±25)℃。灰化完成后,让坩埚冷却至室温。

若灰分因少量炭黑的存在而呈黑色，则用分度吸量管(5.6)吸取 1 mL 浓硝酸(4.1)加入灰分中，在电热板或者砂浴(5.11)上蒸干，再置于马弗炉中灰化 10 min～15 min。

7.2.2 无机残留物的溶解

将 10 mL 稀硝酸(4.2)加入已冷却的残余物中。盖上表面皿(5.12)并在蒸汽浴上加热至少 30 min 后，再让其冷却至室温。将坩埚中的混合溶液过滤(5.10)到 50 mL 的容量瓶(5.4)，使用稀硝酸(4.2)冲洗坩埚并稀释至刻度。按照 7.4 进行测定。

7.3 校准曲线的绘制

7.3.1 标准校准溶液的制备

按表 1 中所示体积，用单标线吸量管(5.5)移取镁标准溶液(4.4)，分别加入 5 个 100 mL 容量瓶(5.4)中，然后用稀硝酸(4.2)稀释至刻度，充分摇匀。

标准校准溶液现配现用。

7.3.2 光谱测定

应充分预热原子吸收光谱仪，以确保仪器稳定。将镁空心阴极灯适当定位，然后根据仪器的特性调整波长为 285.2 nm、设定灵敏度和狭缝孔径。根据仪器的使用说明书调节空气和乙炔的压力及流速，以获得与所用之特定光谱仪相符的清蓝光焰，无其他光焰的氧化焰。

依次吸取校准溶液(7.3.1)至火焰中，并测量其吸光度，每个溶液测定两次，取平均读数。应注意保持整个过程中吸液速率一致。也应确保最少有一个校准溶液的镁含量等于或低于所测橡胶试样的镁含量。

每次测定后，吸水清洗燃烧器。

7.3.3 校准曲线绘制

以 1 mL 校准溶液所含镁的质量(以 μg 表示)为横坐标，以空白溶液校正后的镁标准溶液的吸光度为纵坐标作图，即得标准曲线。通过视觉判断或使用最小二乘拟合法计算将各数据点作成最佳直线。

7.4 测定

7.4.1 光谱测定

按 7.3.2 中规定试验步骤对制备的试液(7.2.2)进行光谱测定。

表 1 标准校准溶液

镁标准溶液的体积，mL	1 mL 标准溶液所含有的镁质量，μg
50.0	5
20.0	2
10.0	1
5.0	0.5
0.0	0

7.4.2 稀释

如果试液的吸光度大于镁含量最高的校准溶液的吸光度，则按照以下步骤稀释。

精确移取适量 V(mL)试液到 100 mL 的容量瓶(5.4)中，使镁浓度在标准曲线覆盖的范围内。用稀硝酸(4.2)稀释至刻度，然后充分混合。重复吸光度测定。

在某些情况下，可以使用标准加入法(参见附录 A)。

7.4.3 空白测定

在测定的同时进行空白试验，使用稀硝酸(4.2)作为空白溶液，不加试样。

7.4.4 测定次数

使用取自已经均匀化的同一试样，进行双份试验。

7.5 结果表示

直接从 7.3.3 中绘制的标准曲线中读取试液镁的质量浓度。

试样的镁含量(X),由式(1)给出,以质量分数(%)表示。

$$X=\frac{\rho(\mathrm{Mg})_{\mathrm{t}}-\rho(\mathrm{Mg})_{\mathrm{b}}}{m\times 200}\times f \qquad (1)$$

式中:

$\rho(\mathrm{Mg})_{\mathrm{t}}$——从标准曲线读出的试液镁浓度,单位为微克每毫升(μg/mL);

$\rho(\mathrm{Mg})_{\mathrm{b}}$——从标准曲线读出空白溶液的镁浓度,单位为微克每毫升(μg/mL);

m ——试样质量,单位为克(g);

f ——稀释因子,需要时(见 7.4.2),由式(2)给出:

$$f=\frac{100}{V} \qquad (2)$$

式中:

V——7.4.2 中所取试液的体积,单位为毫升(mL)。

试样的镁含量(w)也可通过式(3)计算而得出,单位为毫克每千克(mg/kg)。

$$w=\frac{[\rho(\mathrm{Mg})_{\mathrm{t}}-\rho(\mathrm{Mg})_{\mathrm{b}}]\times 50}{m}\times f \qquad (3)$$

试验结果以两次测定结果的平均值表示。当镁含量以百分数表示时,修约至两位小数,当以 mg/kg 表示时,修约至整数。

试样的镁含量如果大于或等于 0.1 %,以百分数表示;如果小于 0.1 %,以 mg/kg 表示。

8 精密度

参见附录 B。

9 试验报告

试验报告应包括以下信息:

a) 本标准的编号;

b) 完整地识别所测样品所需的全部细节;

c) 取样方法;

d) 使用的光谱仪型号;

e) 试验结果和单位;

f) 在试验期间出现的任何异常现象;

g) 未包括在本标准或规范性引用文件中的任何操作,以及可能影响结果的任何事件。

附　录　A
（规范性附录）
标准加入法

标准加入法用于含有未知浓度的样品、难以用空白重复的样品和或须降低检测限值时。

标准加入法可以在任何关于原子吸收的标准教科书中找到，通常在原子吸收光谱仪附带的用户手册也会描述。

以下示例说明了该方法：

取 4 份相同体积的试液(7.2)，其中 3 份加入不同体积已知浓度的镁标准溶液。4 份试液均稀释到相同体积。使用落在校准曲线直线部分的浓度。

测定按上述方法得到的 4 份溶液的吸光度。

以溶液的浓度(单位为 μg/mL)为 X 轴、吸光度为 Y 轴作图。

延长直线到与 X 轴相交(吸光度为 0)时，在与 X 轴相交点处读取试液的镁浓度，计算试样的镁含量。

图 A.1 给出了一个例子。

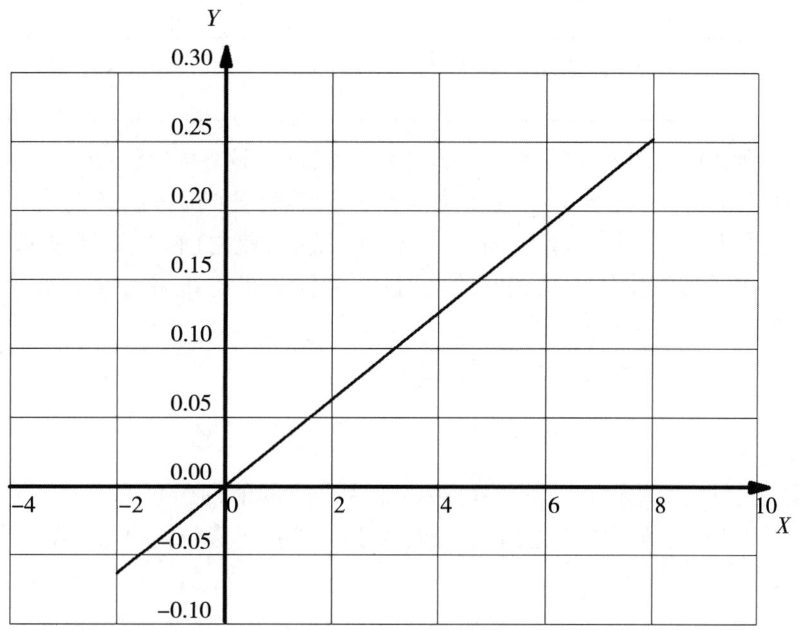

说明：

X——溶液中镁的浓度(单位为 μg/mL)；

Y——吸光度。

图 A.1　使用标准加入法获得的图表示例

附 录 B
(规范性附录)
精密度

B.1 总则

本试验方法的精密度根据 ISO/TR 9272[1]确定。术语和其他统计学详情可参考该文件。

表 B.1 列出了精密度数据。这些精密度参数不宜作为任何一类材料的接收/拒收试验之依据,除非有证明文件说明这些精密度参数适用于这些特定材料以及本测试方法的具体试验方案。精密度以基于 95 %的置信水平所确定的重复性 r 和再现性 R 之值表示。

表 B.1 浓缩天然胶乳中镁含量测定的精密度数据

平均值 mg/kg	实验室内		实验室间	
	S_r	r	S_R	R
17	0.14	0.40	5.32	15.0

注:S_r表示实验室内标准差;r 表示重复性(以测定单位表示);S_R 表示实验室间标准差;R 表示再现性(以测定单位表示)。

表 B.1 中的结果为平均值,用于评估本试验方法的精密度。这些数值是由 2016 年开展的一项实验室间试验方案(ITP)所确定的。8 个实验室对由高氨浓缩天然胶乳(HA)制备的同一个样品进行重复分析。在整批胶乳进一步取样并分别装入两个标为 A 和 B 的样品瓶之前,先将其过滤,然后充分搅拌使其均匀化。这样,样品 A 和样品 B 本质上是相同的,并按相同样品进行统计计算。要求每个参加的实验室按给出的日期,用这两个样品进行测定。

根据本 ITP 所用的取样方法确定了 1 型精密度。

B.2 重复性

本试验方法的重复性 r(以测定单位表示)已被确定为合适的值列于表 B.1 中。在正常的试验操作步骤下,同一实验室所获得的两个单独的试验结果之差大于表列的 r 值(对于任何给定的水平),宜视为来自不同(非同一的)样品群。

B.3 再现性

本试验方法的再现性 R(以测定单位表示)已被确定为合适的值列于 B.1 中。在正常的试验条件下,获得的两个单独试验结果之差大于表列的 R 值(对于任何给定的水平),宜视为来自不同(非同一的)样品群。

B.4 偏倚

在试验方法术语中,偏倚是指试验结果平均值与受测性能的参照值(即真值)之差。

本试验方法不存在参照值,因为受测性能的参照值只能通过本试验方法确定,所以不能确定本特定试验方法的偏倚。

有关使用精密度结果的程序,请参见 ISO 19983[2]。

参 考 文 献

[1]ISO/TR 9272,*Rubber and rubber products—Determination of precision for test method standards*
[2]ISO 19983,*Rubber—Determination of precision for test methods*

ICS 67.120.01
X 18

中华人民共和国农业行业标准

NY/T 3817—2020

农产品质量安全追溯操作规程 蛋与蛋制品

Code of practice for quality and safety traceability of agricultural products—Egg and its processed products

2020-11-12 发布 2021-04-01 实施

中华人民共和国农业农村部 发布

前　言

本标准按照 GB/T 1.1—2009 给出的规则起草。

本标准由中华人民共和国农业农村部提出并归口。

本标准起草单位：中国农垦经济发展中心、中国热带农业科学院南亚热带作物研究所、农业农村部乳品质量监督检验测试中心。

本标准主要起草人：韩学军、张明、张宗城、薛刚、陈杨。

农产品质量安全追溯操作规程　蛋与蛋制品

1　范围

本标准规定了蛋与蛋制品质量安全追溯的术语和定义、要求、追溯码编码、追溯精度、信息采集、信息管理、追溯标识、体系运行自查和质量安全问题处置。

本标准适用于蛋与蛋制品质量安全追溯操作和管理。

2　规范性引用文件

下列文件对于本文件的应用是必不可少的。凡是注日期的引用文件，仅注日期的版本适用于本文件。凡是不注日期的引用文件，其最新版本(包括所有的修改单)适用于本文件。

GB 2749　食品安全国家标准　蛋与蛋制品

NY/T 1761　农产品质量安全追溯操作规程　通则

3　术语和定义

GB 2749 和 NY/T 1761 确立的术语和定义适用于本文件。

4　要求

4.1　追溯目标

建立追溯体系的蛋与蛋制品可通过追溯码追溯到其饲养、加工、流通等环节的质量安全相关信息及责任主体。

4.2　机构和人员

建立追溯体系的生产经营主体应指定机构或人员负责追溯工作的组织、实施、管理，且保持相对稳定。

4.3　设备和软件

建立追溯体系的生产经营主体应配备必要的信息采集、输出、读写等专用设备及相关软件。

4.4　管理制度

建立追溯体系的生产经营主体应制定并组织实施追溯工作管理、追溯信息管理及产品质量控制方案等相关制度。

5　追溯码编码

按 NY/T 1761 的规定执行。二维码内容可由生产经营主体自定义。

6　追溯精度

6.1　鲜蛋

追溯精度宜确定为栋舍或批次。当追溯精度不能确定为栋舍或批次时，可根据生产实际确定为生产者(或生产者组)。

6.2　蛋制品

追溯精度宜以批次为追溯精度。

——同一批次鲜蛋加工生产出若干批次产品时，以鲜蛋批次为追溯精度；

——若干批次鲜蛋加工生产出一个批次产品时，以加工批次为追溯精度。

7　信息采集

7.1　信息采集要求

信息采集应真实、及时、规范。信息应以表格形式记录，表格中不留空项，空项应填“—”；上、下栏信息内容相同时不应填“··”，应填“同上”或具体内容；更改方法不用涂改，应用杠改。上、下环节之间应具有唯一性对接信息。

示例：兽药使用表中列入通用名、生产企业、产品批次号（或生产日期），能与兽药购入表唯一性对接。

7.2 信息采集点设置

应在饲料制造或采购、蛋禽养殖、鲜蛋收购、鲜蛋加工、产品检验、产品包装、产品储运、产品销售等环节设置信息采集点。

7.3 信息采集内容

7.3.1 饲料制造或采购

7.3.1.1 自制饲料

应采集饲料原料和饲料添加剂的通用名、来源、批次号、用量等信息。生产经营主体种植的饲料原料还应采集农药来源、通用名、生产企业、产品批次号（或生产日期）、稀释倍数、施用量、施用方式、使用频率和日期、安全间隔期等施用信息。

7.3.1.2 外购饲料

应采集饲料来源、饲料添加剂来源、通用名、生产企业、生产许可证号、批准文号、产品批次号（或生产日期）、购入日期、保管人等信息。

7.3.2 兽药采购

应采集兽药来源、通用名、生产企业、生产许可证号、批准文号（进口兽药为注册证号）、产品批次号（或生产日期）、休药期、购入日期等信息。

注：疫苗、消毒剂、诊断制品属于兽药，但不记录休药期。

7.3.3 蛋禽养殖

养殖环节除收集包括养殖栋舍或生产者（或生产者组）编号、养殖数量、养殖起止日期、责任人等基本信息外，还应收集以下信息：

——饲料施用信息。名称、产品批次号（或生产日期）、投饲量、施用日期（或施用起止日期）、施用人等。

——兽药使用信息。通用名、产品批次号（或生产日期）、使用量、使用方式、使用日期、休药期、不良反应、使用人等。

——无害化处理信息。病死害蛋禽的无害化处理方式、数量、时间、责任人等。

——其他。养殖用水检验、蛋禽检疫等信息。

7.3.4 鲜蛋收购

鲜蛋来源及批次、收购数量、收购日期、责任人、收购批次等。

7.3.5 鲜蛋加工

加工环节除收集鲜蛋收购批次、鲜蛋检验、加工数量、加工方式及参数、加工批次、责任人等信息外，还应收集以下信息：

——辅料使用信息。食品添加剂应记录来源、购入日期、通用名、生产企业、生产许可证号、批准文号、产品批次号（或生产日期）、使用量、使用时间、责任人等；其他辅料应记录来源、名称、使用量、使用时间、责任人等。

——其他信息。加工用水来源及水质检验信息，清洗、灭菌、喷码等过程与质量安全相关的信息。

7.3.6 产品检验

追溯码、产品标准、检验结果、责任人等。

7.3.7 产品包装

追溯码、包装形式、规格、标签打印日期、标签使用量、责任人等。

7.3.8 产品储运

追溯码、数量、储存温度、储存起止日期、运输车船号、责任人等。

7.3.9 产品销售

追溯码、销售日期、销售量、采购商、责任人等。

8 信息管理

8.1 信息审核及传输

上一环节追溯信息审核无误后，及时传输给下一环节。

8.2 信息存储

纸质记录及其他形式的记录应及时归档，并采取相应的安全措施备份保存。所有信息档案应在生产周期结束后至少保存 2 年。

8.3 信息查询

建立追溯体系的生产经营主体应建立或纳入相应的追溯信息公共查询平台，信息应至少包括生产者、产品、产地、批次(或生产日期)、产品标准、检验结果等内容。

9 追溯标识

按 NY/T 1761 规定执行。

10 体系运行自查

按 NY/T 1761 规定执行。

11 质量安全问题处置

按 NY/T 1761 规定执行。召回产品应按相关规定处理，召回及处置应有记录。

ICS 67.100.01
X 16

中华人民共和国农业行业标准

NY/T 3818—2020

农产品质量安全追溯操作规程 乳与乳制品

Code of practice for quality and safety traceability of agricultural products—Raw milk and its processed products

2020-11-12 发布 2021-04-01 实施

中华人民共和国农业农村部 发布

前　言

本标准按照 GB/T 1.1—2009 给出的规则起草。

本标准由中华人民共和国农业农村部提出并归口。

本标准起草单位：中国农垦经济发展中心、农业农村部食品质量监督检验测试中心（石河子）、农业农村部乳品质量监督检验测试中心。

本标准主要起草人：韩学军、罗小玲、孙丽新、罗瑞峰、李琴、张宗城、薛刚、郑楠、李松励。

农产品质量安全追溯操作规程　乳与乳制品

1　范围

本标准规定了乳与乳制品质量安全追溯术语和定义、要求、追溯码编码、追溯精度、信息采集、信息管理、追溯标识、体系运行自查和质量安全问题处置。

本标准适用于乳与乳制品质量安全追溯操作和管理。

2　规范性引用文件

下列文件对于本文件的应用是必不可少的。凡是注日期的引用文件，仅注日期的版本适用于本文件。凡是不注日期的引用文件，其最新版本（包括所有的修改单）适用于本文件。

NY/T 1761　农产品质量安全追溯操作规程　通则

3　术语和定义

NY/T 1761 界定的术语和定义适用于本文件。

4　要求

4.1　追溯目标

建立追溯体系的乳与乳制品应可通过追溯码查询其生产、加工、流通环节的追溯信息，实现产品质量安全相关信息可追溯。

4.2　机构和人员

建立追溯体系的乳与乳制品生产经营主体应指定机构或人员负责追溯工作的组织、实施、管理，追溯工作人员应经培训合格。

4.3　设备和软件

建立追溯体系的乳与乳制品生产经营主体应配置必要的信息采集、输出、读写等专用设备及相关软件。

4.4　管理制度

建立追溯体系的乳与乳制品生产经营主体应制定并组织实施产品质量追溯工作规范、质量追溯信息系统运行及设备使用维护制度、产品质量安全应急预案、产品质量控制方案等相关制度。

5　追溯码编码

按 NY/T 1761 的规定执行。

6　追溯精度

6.1　生乳

以生乳储奶罐（或奶罐车）或批次作为追溯精度。当追溯精度不能确定时，可根据具体实践确定为生产者（或生产者组）。

6.2　乳制品

6.2.1　当收购生乳的一个奶仓加工生产出若干批次产品时，以奶仓为追溯精度。

6.2.2　当收购生乳的若干个奶仓加工生产出一个批次产品时，以加工批次为追溯精度。

6.2.3　当追溯精度不能确定为奶仓或加工批次时，可根据具体实践确定为生产者（或生产者组）。

7 信息采集

7.1 信息采集点设置

宜在生产、收购、加工、投入品购入、投入品使用、检验(自行检验或委托检验)、包装、储运、销售等环节设立信息采集点。

7.2 信息采集要求

信息采集应真实、及时、规范。信息应以表格形式记录,表格中不留空项,空项应填“—”;上下栏信息内容相同时不应用“··”,应填“同上”或具体内容;更改方法不用涂改,应用杠改。下一环节的信息中具有与上一环节信息的唯一性对接的信息,以实施可追溯。

示例:兽药使用表中列入通用名、生产企业、产品批次号/生产日期,能与兽药购入表唯一性对接。

7.3 信息采集内容

7.3.1 基本信息

应包括如下信息内容:

——养殖:养殖圈舍编号、养殖数量、养殖起止日期、责任人等;

——挤奶:挤奶厅(站)编号、挤奶时间、生乳数量、生乳冷却方式、冷却温度、责任人等;

——生乳储存运输:储奶罐编号、容量、储存温度、储运起止时间;奶罐车或其他运输工具编号、容量、运输时奶罐温度、责任人;

——加工:原辅料来源及检验、杀灭菌温度及时间、原辅料数量、灌装时间、产品批次、责任人等;

——乳制品储存运输:成品库编号、储存温度、储存起止日期、运输车船编号、责任人等;

——产品检验:追溯码、产品标准、检验结果、责任人等;

——产品销售:追溯码、售货日期、售货量、运货方式、车牌号、收货人名称/代码、责任人等;

——标签打印使用:追溯码、打印日期、打印量、使用量、销毁量、销毁方式、责任人等。

7.3.2 投入品信息

投入品信息宜包括以下内容:

——饲料:饲料原料来源、饲料添加剂来源、通用名、生产企业、生产许可证号、批准文号、产品批次号/生产日期、购入日期、保管人等投饲量、施用方法、施用日期/施用起止日期等;

——兽药:通用名、生产企业、生产许可证号、批准文号/进口兽药为注册证号、产品批次号/生产日期、剂型、有效成分及含量、购入日期、领用人、稀释倍数、使用量、使用方式、使用频率和日期、休药期、不良反应等;

注:疫苗、消毒剂、诊断制品属于兽药,但不记录休药期。

——农药:通用名、生产企业、生产许可证号、登记证号、产品批次号/生产日期、剂型、有效成分及含量、购入日期、领用人、稀释倍数、使用量、使用方式、使用频率和日期、安全间隔期等,如用于饲料和水体的杀虫剂、杀菌剂或除草剂;

——食品添加剂:通用名、生产企业、生产许可证号、批准文号、产品批次号/生产日期、使用量等;

——清洗剂:名称、浓度、清洗程序。

8 信息管理

8.1 信息审核和录入

信息审核无误后,方可录入。

8.2 信息存储

按 NY/T 1761 的规定执行。

8.3 信息传输

上一环节操作结束时应及时将信息传输给下一环节。

8.4 信息查询

建立追溯体系的乳与乳制品生产经营主体应建立或纳入相应的追溯信息公共查询平台，信息应至少包括生产者、产品、产地、批次、产品标准等内容。

9 追溯标识

按 NY/T 1761 的规定执行。

10 体系运行自查

按 NY/T 1761 的规定执行。

11 质量安全问题处置

按 NY/T 1761 的规定执行。召回产品应按相关规定处理，召回及处置应有记录。

ICS 67.080.01
X 26

中华人民共和国农业行业标准

NY/T 3819—2020

农产品质量安全追溯操作规程 食用菌

Code of practice for quality and safety traceability of agricultural products—Edible mushroom

2020-11-12 发布 2021-04-01 实施

中华人民共和国农业农村部 发布

前　言

本标准按照 GB/T 1.1—2009 给出的规则起草。

本标准由中华人民共和国农业农村部提出并归口。

本标准起草单位：中国农垦经济发展中心、上海市农产品质量安全中心、农业农村部食品质量监督检验测试中心（上海）。

本标准主要起草人：韩学军、张维谊、韩奕奕、丰东升、陈美莲、杨晓君、朱春燕、王霞、马颖清、陈杨、许冠堂、陈曙、王敏。

农产品质量安全追溯操作规程　食用菌

1　范围

本标准规定了食用菌质量安全追溯术语和定义、要求、追溯码编码、追溯精度、信息采集、信息管理、追溯标识、体系运行自查和质量安全问题处置。

本标准适用于人工栽培的食用菌鲜品及其初级加工品的质量安全追溯操作和管理。

本标准不适用于野生食用菌、食用菌罐头、腌制食用菌、水煮食用菌、食用菌熟食制品、即食食用菌、食药用菌等产品的质量安全追溯操作和管理。

2　规范性引用文件

下列文件对于本文件的应用是必不可少的。凡是注日期的引用文件，仅注日期的版本适用于本文件。凡是不注日期的引用文件，其最新版本（包括所有的修改单）适用于本文件。

GB 7096　食品安全国家标准　食用菌及其制品

GB/T 12728　食用菌术语

NY/T 749　绿色食品　食用菌

NY/T 1761　农产品质量安全追溯操作规程　通则

3　术语和定义

GB 7096、GB/T 12728、NY/T 749 、NY/T 1761 界定的以及下列术语和定义适用于本文件。

3.1

食用菌　edible mushroom

可食用的大型真菌。子实体多数为担子菌，如双孢蘑菇、香菇、平菇、草菇、金针菇、真姬菇、木耳、牛肝菌等。

3.2

食用菌鲜品　fresh edible mushroom

经过挑选或预冷、冷冻和包装的新鲜食用菌产品。

3.3

食用菌初级加工品　primary processed edible mushroom products

以食用菌鲜品为主要原料，通过清洗、挑选、切割、预冷、干燥、粉碎、分级、包装等简单加工处理制成的食用菌产品，包括食用菌干品和食用菌粉。

3.3.1

食用菌干品　dried edible mushroom

以食用菌鲜品为原料，经自然晾晒、热风干燥，冷冻干燥等工艺加工而成的食用菌脱水产品，以及再经压缩成型、切片、粉碎等工艺加工而成的食用菌产品，如压缩食用菌、食用菌干片、食用菌颗粒等。

3.3.2

食用菌粉　edible mushroom powder

以食用菌干品为原料，经研磨、粉碎等工艺加工而成的粉状食用菌产品。

3.4

栽培　cultivation

人工培育食用菌子实体的过程。

3.5

主料　mainsubstrate

以满足食用菌生长发育所需要的碳源为主要目的的原料。多为木质纤维素类的农林副产品,如木屑、玉米芯、棉籽壳、麦秸、稻草等。

3.6

辅料　supplement

以满足食用菌生长发育所需要的有机氮源为主要目的的原料。多为较主料含氮量高的糠、麸、饼肥、鸡粪、大豆粉、玉米粉等。

4　要求

4.1　追溯目标

建立追溯体系的食用菌产品可通过追溯码或生产记录查询到其生产、加工、流通等各环节的质量安全相关信息及责任主体,实现可追溯。

4.2　机构和人员

建立追溯体系的食用菌生产经营主体应有机构或人员负责追溯工作的组织、实施、管理,人员应经相关培训且保持相对稳定。

4.3　设备和软件

建立信息化追溯体系的食用菌生产经营主体应配备必要的信息采集、传输、读写、标签打印等专用设备及相关软件。

4.4　管理制度

建立追溯体系的食用菌生产经营主体应制定追溯工作规范及产品质量安全控制等相关制度,并组织实施。

5　追溯码编码

按 NY/T 1761 的规定执行。

6　追溯精度

6.1　食用菌鲜品

追溯精度宜确定为产品批次。当追溯精度不能确定为产品批次时,可根据生产实际确定为栽培场所菇房(棚)或生产者(组)。

6.2　食用菌初级加工品

追溯精度宜确定为加工原料批次。

7　信息采集

7.1　信息采集要求

信息采集应真实、及时、规范。信息应以表格形式记录,表格中不应留空项,空项应填“—”;上下栏信息内容相同时不应用省略号“……”,应填“同上”或具体内容;更改方法应采用杠改方式。下一环节的信息中应具有与上一环节信息的唯一性对接的信息,以实现可追溯。

示例:农药使用表中列入通用名、生产企业、产品批次号(或生产日期),能与农药购入记录唯一性对接。

7.2　信息采集点设置

应在食用菌产品生产、加工、检验、包装、储运、销售等环节设置信息采集点。

7.3　信息采集内容

信息采集内容应包括环节信息(名称或代码)、责任信息(信息采集的地点、时间和责任人)及要素信息。要素信息包含但不限于以下内容。

7.3.1　生产环节

7.3.1.1　菌种制备信息:应采集菌种名称、来源、等级等信息。

7.3.1.2　原材料信息:应采集栽培基质(主料、辅料)名称、来源、比例等信息。

7.3.1.3　栽培管理信息:应采集栽培数量、起止日期、菌包培养(时间、条件)、基质发酵、发菌、出菇管理等信息。

7.3.1.4　投入品管理信息:应采集栽培食用菌所用农药、清洗消毒剂等投入品的购入、使用信息,包括通用名、生产企业、生产许可证号、产品批次号(或生产日期)、采购人、购入日期、有效期、剂型、混配配方、稀释倍数、使用方式、使用量、使用频率和日期、安全间隔期、使用人等信息。

7.3.1.5　环境条件信息:应采集温度、湿度、光照、通风等信息。

7.3.1.6　采收信息:应采集采收时间、地点、采收人等信息。

7.3.1.7　其他信息:包括栽培方式、用水水质、栽培基质(pH、检测)等信息。

7.3.2　加工环节

7.3.2.1　原料

应采集原料食用菌名称、品种、来源、数量、地点、日期、运输车船号、储存温度、湿度、储存起止日期、检验、产品批次,以干品为原料的还应采集处理方式、添加辅料等信息。

7.3.2.2　加工

a)　加工信息:设备名称、加工方式、关键加工参数(如时间、温度、湿度、辐照等);

b)　添加剂信息:包括通用名、生产企业、生产许可证号、批准文号、产品批次号(或生产日期)、使用时间、用量等;

c)　其他信息:包括食用菌加工用水(深井水及城镇自来水除外)、清洁方式等。

7.3.3　检验环节

应采集追溯码或产品批次号、产品标准、检验结果等信息。

7.3.4　包装环节

应采集追溯码或产品批次号、包装形式、包装材料、产品规格、标签使用记录(追溯码或产品批次号、日期、数量)等信息。

7.3.5　储运环节

应采集追溯码或产品批次号、数量、储存温度、湿度、储存起止日期、运输车船号等信息。

7.3.6　销售环节

应采集追溯码或产品批次号、销售日期、销售量、经销(采购)商、运输车船号等信息。

8　信息管理

8.1　信息审核和录入

信息审核无误后方可录入。

8.2　信息存储

纸质记录及其他形式的记录应由责任人签字确认并及时归档,且采取相应的安全措施备份保存。所有记录和凭证保存期限不得少于产品保质期满后 6 个月;没有明确保质期的,保存期限不得少于 2 年。

8.3　信息传输

上一环节操作结束时应及时将信息传输给下一环节。

8.4　信息查询

食用菌生产经营主体的产品追溯信息应可查询。建立信息化追溯体系的应纳入相应的追溯信息公共查询平台,查询信息应至少包括生产者、产品、产地或加工厂、批次(或生产日期)、产品标准、检验结果等内容。

9　追溯标识

按 NY/T 1761 的规定执行。

10 体系运行自查

按 NY/T 1761 的规定执行。

11 质量安全问题处置

按 NY/T 1761 的规定执行。召回产品应按相关规定处理，召回及处置应有记录。

第五部分

能源、设施建设、其他类标准

ICS 65.020.01
B 00

中华人民共和国农业行业标准

NY/T 3612—2020

序批式厌氧干发酵沼气工程设计规范

Criteria for design of sequencing batch dry anaerobic digestion biogas plant

2020-03-20 发布　　　　2020-07-01 实施

中华人民共和国农业农村部　发布

前　言

本标准按 GB/T 1.1—2009 给出的规则起草。

本标准由农业农村部计划财务司提出并归口。

本标准起草单位:农业农村部规划设计研究院。

本标准主要起草人:赵立欣、冯晶、罗娟、于佳动、霍丽丽、黄开明。

序批式厌氧干发酵沼气工程设计规范

1 范围

本标准规定了序批式厌氧干发酵沼气工程选址、总体布置、工艺、建筑、电气、给排水、消防与安全等设计内容。

本标准适用于以农作物秸秆、畜禽粪便等农业废弃物为原料的序批式厌氧干发酵沼气工程设计;以工业有机废弃物或有机垃圾等为原料的沼气工程可以参考。

2 规范性引用文件

下列文件对于本文件的应用是必不可少的。凡是注日期的引用文件,仅注日期的版本适用于本文件。凡是不注日期的引用文件,其最新版本(包括所有的修改单)适用于本文件。

GB/T 4942.1　旋转电机整体结构的防护等级(IP代码)分级

GB 7231　工业管道的基本识别色、识别符号和安全标识

GB 14554　恶臭污染物排放标准

GB 50014　室外排水设计规范

GB 50016　建筑设计防火规范

GB 50019　工业建筑供暖通风与空气调节设计规范

GB 50052　供配电系统设计规范

GB 50057　建筑物防雷设计规范

GB 50058　爆炸危险环境电力装置设计规范

GB/T 50087　工业企业噪声控制设计规范

GB 50343　建筑物电子信息系统防雷技术规范

GB 50974　消防给水及消火栓系统技术规范

GB/T 51063—2014　大中型沼气工程技术规范

CJJ/T 146　城镇燃气报警控制系统技术规程

NY/T 667　沼气工程规模分类

NY/T 1220.1　沼气工程技术规范　第1部分:工艺设计

NY/T 1220.6　沼气工程技术规范　第6部分:安全使用

NY/T 2065　沼肥施用技术规范

NY/T 2142　秸秆沼气工程工艺设计规范

NY/T 2854　沼气工程发酵装置

3 术语和定义

GB/T 51063—2014、NY/T 667、NY/T 2142、NY/T 2854中界定的以及下列术语和定义适用于本文件。

3.1

厌氧干发酵　dry anaerobic digestion

初始进料干物质浓度大于20%的厌氧发酵过程。

3.2

序批式厌氧干发酵　sequencing batch dry anaerobic digestion

多个厌氧干发酵反应器并联按时间顺序间歇式运行。

3.3

发酵周期　digestion period

单一序批式厌氧干发酵反应器进料结束至出料开始的时间。

3.4

启动间隔　start interval time

依次启动两个厌氧干发酵反应器所间隔的时间。

3.5

消化液　leachate

厌氧干发酵反应器内从堆放的物料间流出的液体。

3.6

接种罐　inoculum storage reactor

用以收集储存消化液，并富集培养厌氧微生物产生接种液的反应器。

3.7

返混比　recycle ratio

厌氧干发酵反应器单次进料中沼渣与新鲜物料的干物质质量比。

4　选址与总体布置

4.1　选址

应符合 GB/T 51063—2014 的要求。

4.2　总体布置

4.2.1　沼气工程总体布置应符合 GB/T 51063—2014、NY/T 1220.1 的相关规定。

4.2.2　原料堆场、混料场、沼渣堆场宜紧邻厌氧反应器，呈直线排列，以便于进出料操作。原料堆场、混料场、沼渣堆场规模应满足单个反应器进出料量的要求。

4.2.3　沼气工程的各种管线应立体布局，避免迂回曲折和相互干扰，消化液回用和沼气收集、输送管线的布置应尽量减少管道弯头。不同用途的管线应按照 GB 7231 的要求标识。

5　工艺设计

5.1　一般规定

5.1.1　工艺设计应符合有机废弃物综合利用、提高沼气产量、减少沼液排放、环境保护、能源节约和职业卫生的要求。

5.1.2　工艺设计应符合 GB/T 51063—2014 和 NY/T 1220.1 的相关规定。

5.2　工艺流程

5.2.1　设计内容包括设计要求、设计原则、工艺流程、工艺设计、工艺参数选择、设备选型、结构设计、建筑设计、各专项设计、非标设计等。

5.2.2　工艺流程包括原料储存、前处理、原料混配、进料、厌氧发酵、消化液收集与喷淋、气体置换、出料、沼气净化、储存、输配与利用、沼渣与沼液利用等。

5.2.3　工艺设计图包括工艺流程图、工艺平面图、设备布置图，以及给排水、供配电、监测控制布置图等。

5.2.4　工艺参数包括物料干物质浓度、返混比、发酵温度、发酵周期、启动间隔、喷淋频率和喷淋量、厌氧反应器容积等。

5.2.5　工艺配套设备包括厌氧发酵机械设备、载运设备、电力设备、自控设备、监测设备、供暖设备、给排水设备、消防设备、环保设备、安全报警设备等。

5.3　原料储存

5.3.1　秸秆原料的储存宜选用青贮、黄贮等形式；秸秆储存设施的容积应根据原料特性、收获次数、消耗量等因素确定，保证原料储存要求按照 NY/T 2142 的规定执行。

5.3.2　畜禽粪便等易腐原料采用随到随用原则，应选用封闭式储存池储存，以满足环保防疫要求。

5.3.3 原料进厂后应经称量后按类别存储,并执行原料的储存记录制度。

5.4 原料前处理

5.4.1 宜采用秸秆与畜禽粪便等的混合原料,保证堆积物料具有一定的空隙;秸秆原料长度宜小于5 cm,畜禽粪便等原料应进行分选,去除大块沙石等;混合原料 C/N 宜为 20～35。

5.4.2 宜采用上一批次充分发酵后产生的沼渣作为接种物,接种物与原料充分混合后向反应器内填料,返混比宜大于 20%。

5.5 进出料

5.5.1 进料:沼气工程宜采用铲车、物料传送带等机械设备进料,应避免物料运输过程中的散落。

5.5.2 出料:单个厌氧反应器日产气量低于累积产气量的 1%时,充入 CO_2、N_2等气体,待厌氧反应器内气体中 CH_4浓度低于 1%、H_2S 浓度低于 20 mg/L 后,打开反应器强制通风大于 3 h 后出料。

5.6 厌氧发酵

5.6.1 沼气工程的设计规模应根据原料的种类、性质、供应量、产品需求等因素综合确定。

5.6.2 为保持序批式厌氧干发酵沼气工程稳定输出沼气,应建设不少于 3 个厌氧反应器,并按照厌氧反应器启动间隔启动进料和出料。每个反应器内混合原料的发酵周期宜为 30 d～45 d,单一物料的发酵周期参照附录 A 的规定执行。

5.6.3 厌氧反应器单体规模宜大于 200 m^3,应根据原料日处理量或产生量、厌氧反应器启动间隔综合确定。厌氧反应器的宽和高应满足进料机具作业需求。厌氧反应器内物料堆体高度宜不小于反应器高度的65%。

5.6.4 启动间隔应根据厌氧反应器数量、反应器容积和发酵周期确定。

5.6.5 单个厌氧反应器进料结束后,关闭密封门,并气密封测试。密封门承受压力应不低于 3 000 Pa,反应器内正常产气气压宜为 800 Pa～1 500 Pa。

5.6.6 密封反应器后,对混合物料按照工艺参数进行增温、喷淋,启动厌氧发酵。当稳定输出的沼气甲烷含量不低于 35%,可判定启动成功。

5.6.7 厌氧干发酵宜采用中温发酵,温度日变化不超过 2℃。

5.6.8 厌氧反应器内应设置喷淋管道和消化液收集池,配套过滤器、喷淋泵、喷淋头等设备,保证均匀无死角喷淋。

5.6.9 厌氧反应器内消化液喷淋频率和喷淋量应根据混合原料特性、物料高度、接种量、发酵周期、发酵温度等综合确定。喷淋频率每天宜不少于 3 次。

5.6.10 沼气工程应设置接种罐用以储存消化液,并对消化液进一步发酵。接种罐总有效容积应根据消化液的日产量和储存时间确定,按式(1)计算。

$$V=q\times t \qquad (1)$$

式中:

V——接种罐总有效容积,单位为立方米(m^3);

q——消化液日产量,单位为立方米每天(m^3/d);

t——消化液储存时间,单位为天(d)。

5.6.11 厌氧反应器内应设置通气与排气系统,用于通入二氧化碳或氮气等惰性气体,排出反应器内存留的空气和厌氧发酵结束后存留的沼气。排出的沼气应通过火炬点燃处理。

5.7 沼气净化与储存

应符合 GB/T 51063—2014 中 4.4、4.5 的规定。

5.8 沼渣与沼液利用

5.8.1 沼渣、沼液储存应符合 NY/T 1220.1 的相关规定。

5.8.2 沼渣、沼液的还田利用应符合 NY/T 2065 的相关规定。

6 建筑设计

6.1 一般规定

6.1.1 建筑设计应按照沼气工程的总体布置、工艺设计合理布局，综合考虑生产规模、场地、材料及使用具体条件等，开展多方案比选。贯彻适用、安全、经济、规整的方针，布局设计应美观、大方、流畅。

6.1.2 当建(构)筑物的性质、功能接近时，可根据实际需求采用组合式设计。

6.1.3 沼气工程建(构)筑物抗震重要性分类为 GB 50016 规定的丙类建筑。

6.1.4 沼气工程建(构)筑物设计寿命不低于 25 年，带电机设备在正常维护和保养条件下报废期限不低于 5 年。

6.2 生产及附属生产建筑

6.2.1 工程应建设原料堆场、混料场、厌氧反应器、渗滤筛网、消化液收集池、接种罐、储气柜、沼气净化间、沼渣堆场、沼液储存池、惰性气体储气装置等建(构)筑物。主体建筑材料应选取环保材料，砖混或钢混材料应符合 GB/T 51063—2014、NY/T 2854 的相关规定。

6.2.2 原料堆场、混料场、沼渣堆场应有防雷、防火、防渗、除臭、防蚊蝇和防野猫野狗等设施，标高应高于周边地面。青(黄)贮池(窖)结构应牢固，需设有排水设施。

6.2.3 厌氧反应器、接种罐宜进行增温、保温、防腐设计，增温宜使用加热盘管，并进行防腐处理；保温宜使用聚氨酯发泡材料；喷淋设施宜采用不锈钢材料制成；厌氧反应器内不同位置应配有温度、pH 等传感器，并做好防腐、防漏气措施；进出料门应满足进出料和密封要求，并具有足够的强度；反应器底面宜具有一定坡度，方便消化液的收集；消化液收集池连接厌氧反应器，并用渗滤筛网隔开，宜建在地下，并做好防渗、密封措施。

6.2.4 储气柜与惰性气体储气装置建设需满足防腐、密封和防寒的要求。

6.2.5 增压机房、生产监控设施、锅炉房、管线等配套建筑工程和附属设施应符合 GB/T 51063—2014 的相关规定。

6.2.6 沼气工程应配有控制室，对喷淋系统进行自动控制，并对每个厌氧反应器气压、不同区域的发酵温度、pH 以及产气量等数据进行实时监测。

6.2.7 沼气工程内宜配有相对独立的机电维修间和库房，并满足防火、防雷要求。

7 电气

7.1 负荷和电源

7.1.1 沼气工程生产电力负荷属 GB 50052 规定的三级负荷，有条件时宜专用回路供电；日产沼气 10^4 m^3 以上的沼气工程应定为 GB 50052 规定的二级负荷，宜设置备用电源。

7.1.2 供电电源应由当地电网供给(自己发电的工程除外)，应符合 GB 50052 的相关规定和地方有关法规；对不能停电的设备，当不能满足要求时，应设置备用发电设备。

7.1.3 沼气工程的供电电源应满足正常生产和消防的要求，电力装置设计应符合 GB 50058 的相关规定。

7.2 动力配电

7.2.1 沼气工程配电系统应满足生产需要，并应留有富余量。电能质量应满足设备和装置起动和正常运行的要求。

7.2.2 电机、电器防护等级应符合 GB/T 4942.1 分级中 IP5X 的相关规定。

7.2.3 沼气工程应装设三相和单相插座，间距不宜大于 20 m。插座宜采用独立回路配电，宜装设剩余电流(漏电)保护，并具有防爆功能。

7.3 照明

7.3.1 沼气工程照明应有人工照明、应急照明和值班照明。消防设施和生产监控区应有备用照明。

7.3.2 沼气工程内具有爆炸危险的沼气净化间、锅炉房、增压机房等建(构)筑物的照明灯应为防爆灯，电源开关应设置在室外。

7.3.3 沼气工程照明电源宜由低压配电屏专线供电，照明系统宜采用与动力相同的接地保护系统。

7.4 防雷与接地

7.4.1 火炬应按第一类防雷建筑设计，厌氧反应器、接种罐、储气柜和发电机房应按第二类防雷建筑设防。防雷设计应符合 GB 50057 的相关规定。

7.4.2 控制室等电子信息系统的防雷设计应符合 GB 50343 的相关规定。

7.4.3 沼气工程应采用等电位联结系统。等电位作用区外的场所宜采取措施防止雷击。

8 给排水

8.1 给水

8.1.1 沼气工程消防给水应形成环状管网。向环状管网输水的干管不应少于 2 条，其中 1 条发生故障，其余输水干管应能满足其全部用水量的需要。

8.1.2 沼气工程的给水管应按照防结露计算，并应采取相应的防结露措施。

8.2 排水

8.2.1 沼气工程场区排水系统应采用雨污分流。排水应符合 GB 50014 的相关规定。

8.2.2 沼气工程内道路应有良好的排水系统。

8.2.3 沼气工程场区排出的生产污水应泵送到接种罐进行回用处理。生活污水宜经过处理后用于厂区绿化等用水。

9 采暖通风

9.1 沼气工程内各房间采暖设计应依据当地气候条件、生产工艺特点和运行管理需要等因素确定，室内温度应满足生产要求，并应符合 GB 50019 的相关规定。

9.2 采暖、通风相关措施应符合 GB/T 51063—2014 的相关规定。

10 消防与安全

10.1 消防

10.1.1 沼气工程内建(构)筑物间的防火间距、消防设施设置应符合 GB 50016 的相关规定。

10.1.2 沼气工程占地面积大于 3 000 m^2 时，宜设置环形消防车道。消防车道应符合 GB 50016 的相关规定。

10.1.3 沼气工程内供水管网的水量和压力不能满足消防要求时，需设置消防水池。消防水池设计应符合 GB 50974 的相关规定。

10.1.4 原料堆场、厌氧反应器、消化液收集池、接种罐、储气柜、沼气净化间、锅炉房、增压机房等爆炸危险环境应设置消防器材。寒冷地区应设置地下式消火栓，其他地区宜设置地上式消火栓。消防应符合 GB 50974 的相关规定。

10.1.5 沼气工程内应设有防静电设施，不得有铁器直接摩擦或碰撞出火花。

10.2 安全

10.2.1 生产设备、管道的设计、制造、安装应符合 NY/T 1220.6 的相关规定。

10.2.2 沼气工程内具有爆炸危险的沼气净化间、锅炉房、增压机房等建(构)筑物及厌氧反应器、接种罐、储气柜所在区域应设置甲烷浓度报警器，沼气净化间、锅炉房、增压机房等建(构)筑物内应设置事故排风机。当检测甲烷浓度达到空气浓度的 1%时，甲烷浓度报警器报警，事故排风机应能自动开启。甲烷浓度报警器及其报警装置的选用和安装应符合 CJJ/T 146 的相关规定。

11 环保与节能

11.1 环保

11.1.1 沼气工程运行应控制噪声，噪声应不高于 85 dB(A)。对易产生噪声的设备应进行隔声设计、消声设计、吸声设计，并应符合 GB/T 50087 的相关规定。

11.1.2 对易产生恶臭污染物及臭气的生产环节应设置污染物、臭气吸附净化装置，并应符合 GB 14554 的相关规定。

11.2 节能

11.2.1 建筑设计应遵循被动节能措施优先的原则，充分利用天然采光、自然通风，结合围护结构保温隔热和遮阳措施，降低建筑的用能需求。

11.2.2 厂区宜充分利用余热、废热、可再生能源或热泵作为热源。

11.2.3 设备宜选用技术先进、成熟、可靠，损耗低、能效高、经济合理的节能产品。

附　录　A
(资料性附录)
农业废弃物序批式厌氧干发酵沼气工程发酵周期

农作物秸秆、畜禽粪便等农业废弃物在中温、高温发酵条件下,发酵周期宜按照表 A.1 综合评定。

表 A.1　农业废弃物序批式厌氧干发酵沼气工程发酵周期

原料	温度范围,℃	发酵周期,d
农作物秸秆	35～45	40～60
	50～60	30～50
牛粪	35～45	30～45
	50～60	25～35
猪粪	35～45	20～30
	50～60	20～25
鸡粪	35～45	25～35
	50～60	20～30

ICS 65.020.01
B 04

中华人民共和国农业行业标准

NY/T 3613—2020

农业外来入侵物种监测评估中心建设规范

Construction criterion for monitoring & assessing center of agricultural invasive alien species

2020-03-20 发布　　2020-07-01 实施

中华人民共和国农业农村部　发布

前　　言

本标准按照 GB/T 1.1—2009 和 NY/T 2081—2011 给出的规则起草。

本标准由农业农村部计划财务司提出。

本标准由农业农村部工程建设服务中心归口管理。

本标准起草单位:中国农业科学院农业环境与可持续发展研究所、农业农村部农业生态与资源保护总站。

本标准主要起草人:张国良、付卫东、王忠辉、孙玉芳、宋振、张宏斌、张瑞海。

农业外来入侵物种监测评估中心建设规范

1 范围

本标准规定了农业外来入侵物种监测评估中心的建设规模与项目构成、选址与建设条件、工艺与设备、规划布局、建筑工程与公共设施、农业防疫隔离设施、环境保护和经济技术指标。

本标准适用于农业外来入侵物种监测评估中心建设项目建议书、可行性研究报告和初步设计编制与评估,也可为政府主管部门项目审批、项目监管工作提供参考。

2 规范性引用文件

下列文件对于本文件的应用是必不可少的。凡是注日期的引用文件,仅注日期的版本适用于本文件。凡是不注日期的引用文件,其最新版本(包括所有的修改单)适用于本文件。

GB 18484 危险废物焚烧污染控制标准

GB 19489 实验室 生物安全通用要求

GB 50346 生物安全实验室建筑技术规范

JGJ 91 科学实验室建筑设计规范

SN/T 4494 检验检疫实验室病原微生物风险评估指南

NY/T 1850 外来昆虫引入风险评估技术规范

NY/T 1851 外来草本植物引入风险评估技术规范

NY/T 2081 农业工程项目建设标准编制规范

NY/T 2132 温室灌溉系统设计规范

NY 5027 无公害食品 畜禽饮用水水质

发改投资〔2014〕2674 号 党政机关办公用房建设标准

3 术语和定义

下列术语和定义适用于本文件。

3.1

农业外来入侵物种 agricultural invasive alien species

已经引入或进入境内,并因繁殖、逃逸、外泄、扩散等原因,对农业自然生态、人体健康、农业生产建设或农田生物多样性造成侵害的外来物种。

3.2

监测 monitoring

对外来物种的生长发育进行实时观察、测试,并采取的在线测试手段。

3.3

评估 assessing

采用监测、测试和分析对外来物种生态性进行风险性评价。

3.4

环境因素 environmental factor

天然的和经过人工改造的自然因素,包括大气、水、土地、矿藏、森林、草原、野生动物、自然古迹、人文遗迹、自然保护区、风景名胜区、城市和乡村等。

3.5

环境敏感区域 environmental sensitive area

由《建设项目环境影响评价分类管理名录》规定的，依法设立的自然、文化保护地，以及对制约建设项目某类污染因子或生态影响因子特别敏感的区域。

3.6

专业设备　specialty equipment

农业外来入侵物种监测评估中心内具备监测、评估性能的设备。

3.7

缓冲间　buffer room

设置在被污染概率不同区域间的密闭室。可设置机械通风系统，门具有互锁功能，不能同时处于开启状态。

3.8

活毒废水　bio-contaminated waste water

被有害生物因子污染的废水。

3.9

气密门　gas tight door

一种密闭门，具有一体化的门扇和门框，采用机械压紧装置或充气密封圈等方法密闭缝隙。

4　总则

4.1　建设目的

从源头控制农业外来物种入侵，完善对农业外来入侵物种早期监测预警，有效遏制扩散蔓延，保护生物资源，减少对生物多样性的胁迫，构建风险评估体系，提升对农业外来入侵物种控制能力。

4.2　功能与任务

a) 对拟引进和潜在的农业外来物种，从生态学生物学特性、传入（扩散）途径、适生区域、危险程度等方面开展监测评估；
b) 对拟引进和潜在的农业外来危险物种的监测评估，向主管部门提供潜在外来物种的危害性风险分析评估报告；
c) 对已有农业外来入侵物种开展动态监测，实时掌握发生趋势和早期预警；
d) 根据对已有农业外来入侵物种的动态监测数据，向主管部门提供发展动态趋势报告；
e) 构建农业外来物种档案和信息系统，为农业外来物种的风险管理提供准确、可靠的监测数据和评价资料；
f) 协助区域主管部门，做好农业外来入侵物种的科普和宣传工作。

5　建设规模与项目构成

5.1　建设规模

农业外来入侵物种监测评估中心分国家级和省（市）级 2 种，建设规模参照附录 A 中的表 A.1 确定。

5.2　项目构成

建设项目内容构成应参照表 A.2 确定。

6　选址与建设条件

6.1　选址原则

6.1.1　选址应符合国家相关法律、法规，符合当地城乡建设用地规划、土地利用规划和环境保护的要求。

6.1.2　选址应符合科学实验的要求，不宜建设在环境敏感区域内；距离居民区、工厂企业 3 000 m 以上；距离主要交通要道 1 000 m 以上。

6.2　建设条件

6.2.1　选址应根据当地常年主导风向，位于居民区及公共建筑群的下风处或侧风向处。

6.2.2 选址应满足供电、交通、通信、气象、水文地质、工程地质建设条件，并充分考虑当地环境因素。

6.2.3 选址应有满足植物生长条件的水源，水质应符合 NY 5027 的要求。

7 工艺与设备

7.1 工艺流程

7.1.1 农业外来入侵物处监测评估中心的功能流程参见附录 B 的图 B.1。

7.1.2 对外来入侵昆虫的潜在危害性评估应符合 NY/T 1850 的规定。

7.1.3 对外来入侵草本植物的潜在危害性评估应符合 NY/T 1851 的规定。

7.1.4 对外来有害病原微生物风险评估应符合 SN/T 4494 的规定。

7.2 仪器设备

7.2.1 仪器设备配备应与其功能和能力相适应，在同等性能情况下，以优先选择国产仪器设备为宜。

7.2.2 仪器设备可分为办公仪器设备、监测仪器设备、实验室专用仪器设备、实验室辅助设备，仪器配备参照附录 C 中的表 C.1～表 C.4。

7.2.3 其他未列出的仪器设备、辅助设备根据有关规定和实际情况确定。

8 规划布局

按功能划分为办公区、监测区和实验区，3 个区域应使用生物围栏隔离，保持相对独立，应有专用连接通道连接。功能分区可参照附录 D 中的表 D.1 确定。

8.1 办公区

办公区应包括办公室、培训室、资料室、安全监控室等，办公区规划布局应满足下列条件：

a) 办公室应满足日常办公需求，面积设计应符合发改投资〔2014〕2674 号的规定；

b) 培训室应满足中心人员培训、展览展示及人员接待要求；

c) 标本室用于农业外来入侵物种的标本保存和标本展示；

d) 资料室用于试验数据、试验报告、文献资料、专业图书等的存档、存放；

e) 安全监控室用于对电气设备、专用设备、中心安全的监控。

8.2 监测区

监测区宜包括隔离网室、检疫温室、育苗温室、微生物培养室、野外观测圃。监测区规划布局应满足下列条件：

a) 监测区应建在南面、向阳、土地平整的区域；

b) 隔离网室用于栽培适合本地生长的植物及监测；

c) 检疫温室用于栽培待评估物种和接种病原微生物的植物，以及对外来物种监测；

d) 育苗温室用于病原微生物寄主植物及昆虫饲养植物育苗；

e) 微生物培养室用于病原微生物培养及监测；

f) 野外观测圃周边应无建筑遮挡、通风，用于对昆虫种群、病原孢子、小气候环境的监测。

8.3 实验区

实验区应包括植物分析实验室、昆虫分析实验室、病原微生物实验室、公共仪器室、冷藏间、标本间、缓冲间、淋浴间、更衣间、消毒间、开箱间、焚烧间、废液处理间等。实验室区规划布局应满足下列条件：

a) 植物分析实验室、昆虫分析实验室、微生物操作实验室、公共仪器室的规划布局应符合 GB 19489、GB 50346 对生物安全实验室 BSL-2 的规划布局要求；

b) 植物分析实验室用于植物类试验操作，昆虫分析实验室用于昆虫类试验操作，病原微生物实验室用于微生物分离、培养、分析、检测等实验，公共仪器室用于公共实验仪器设备存放和操作；

c) 冷藏间用于样品及试剂保存，缓冲间用于不同区域间的污染防护，淋浴间包括普通淋雨和化学淋浴，更衣间用于更换实验服等，消毒间用于实验器具消毒，开箱间用于样品开箱；

d) 焚烧间用于废弃样品处理，宜设在下风口处；
e) 废液处理间用于活毒废水处理，宜设在最低处。

9 建筑工程与公共设施

9.1 建筑工程

9.1.1 建筑结构

9.1.1.1 建筑的主体结构宜采用混凝土结构和砌体结构体系。

9.1.1.2 监测区温室为玻璃日光温室；后墙和山墙为保温墙体，厚度以 0.6 m～1.0 m 为宜；前拱架为钢骨架；温室脊高 2.6 m～4.5 m，跨度以 4.0 m～6.0 m 为宜。

9.1.1.3 监测区网室骨架宜为钢骨架。

9.1.2 建筑要求

9.1.2.1 **实验区**

中心实验区建筑要求应遵循下列原则：

a) 实验室建筑设计应符合 JGJ 91 的规定；
b) 实验室建筑设计应符合 GB 19489、GB 50346 对生物安全实验室 BSL-2 的技术参数和设施要求，生物安全实验室 BSL-2 实验室建筑设施要求见附录 E；
c) 各实验室之间应保持独立，并应采取隔离措施；
d) 实验室的入口处应设置缓冲间、更衣室或更衣柜，缓冲间内应设置紫外消毒灭菌装置；
e) 实验区不宜直接与其他公共区域相邻；实验区与监测区之间宜设置样品通道，便于取样调查；
f) 实验室与相邻区域及相邻房间之间宜根据需要设置传递窗，传递窗两门应互锁，并设置消毒灭菌装置；
g) 当传递不能灭活的样本出防护区时，应采用具有熏蒸消毒功能的传递窗或药液传递箱；
h) 实验室的防护区应设置安全通道和紧急出口，并有明显标志；
i) 实验区焚烧间设置应符合 GB 18484 的规定；
j) 焚烧间和污液处理设备间应设缓冲间。

9.1.2.2 **监测区隔离网室和检疫温室**

9.1.2.2.1 隔离网室纱网网孔尺寸 $w \leqslant 1.25$ mm。

9.1.2.2.2 检疫温室应为日光玻璃温室；温室内环境应为密闭环境，温度、湿度等环境参数可根据作物生长需要调控；温室内应具备补光措施；温室天窗纱网网孔尺寸 $w \leqslant 1.25$ mm。

9.1.2.3 **场区工程**

包括道路、停车场、围墙、门卫室、卫生间、路灯、绿化和场区综合管网等。

9.2 公共设施

9.2.1 给水

9.2.1.1 应设置断流水箱，水箱容积宜按 1 d 用水量确定。

9.2.1.2 监测区检疫温室、隔离网室、育苗温室的栽培给水灌溉装置应根据 NY/T 2132 确定。

9.2.2 气体供应

9.2.2.1 专用气体应由高压气瓶供给。

9.2.2.2 充气式气密门压缩空气供应系统的压缩机应有备用，供气压力和稳定性应符合气密门供气要求。

9.2.3 配电

9.2.3.1 用电负荷不应低于二级，电力供应应满足所以用电要求，并应有冗余。

9.2.3.2 特别重要负荷（生物安全柜、培养箱、冰箱等）应设置不间断电源和自备发电设备等应急电源，不间断电源应确保自备发电设备启动前的电力供应。

9.2.3.3 应在安全的位置设置专用配电箱。

9.2.4 照明

9.2.4.1 实验室核心区光照度应不低于 300 lx，其他区域光照度应不低于 200 lx。

9.2.4.2 实验区室内照明灯具宜采用吸顶式密闭洁净灯，并宜具有防水功能。

9.2.4.3 应设置不少于 30 min 的应急照明系统。

9.2.5 采暖、通风、空调系统

9.2.5.1 主要实验室内温、湿度控制的应符合 GB 50346 对生物安全实验室 BSL-2 技术指标要求，温度宜为 18℃～27℃、湿度宜为 30%～70%。

9.2.5.2 昆虫分析实验室应在负压条件下通风，通风口应设置过滤网，网孔尺寸 $w \leqslant 1.25$ mm。

9.2.6 消防

9.2.6.1 建筑的耐火等级不应低于二级。

9.2.6.2 疏散出口应有消防疏散指示标志和消防应急照明设施。

9.2.6.3 各功能区应设置火灾自动报警装置。

10 农业防疫隔离实施

10.1 农业外来入侵物种监测评估中心与外围环境应具有隔离措施。

10.2 隔离缓冲区

10.2.1 与外界应设 10 m～30 m 的缓冲区，应在缓冲区外建设围墙与外界环境隔离，围墙高度 1.7 m～1.9 m。

10.2.2 隔离围墙外围宜建环形隔离水道，环形隔离宽度为 2.0 m～5.0 m，深度为 0.5 m～1.0 m。

10.2.3 隔离环形水道外围应建铁丝网围栏，围栏高度为 1.8 m～2.0 m，每隔 50m 设置安全警示标牌。

10.3 防疫消毒

10.3.1 进出大门口应设置消毒池，消毒池规格 5.0 m×3.0 m×0.1 m(长×宽×深)，进出两端有适当坡度，便于车辆通行。

10.3.2 车辆进、出前须用高压水枪冲洗。

11 环境保护

11.1 废水

11.1.1 实验区废水(包括废物)应采取过滤及消毒灭菌处理，并应对消毒灭菌效果进行监测，以确保达到排放标准。

11.1.2 应对办公区和实验室辅助区排发的污水进行适当处理，并应监测，以确保排发到市政管网之间达到排发标准。

11.2 废弃物

实验区焚烧室、废液处理间的废弃物排发处理应符合 GB 18484 的规定。

11.3 噪声

实验室内噪声应控制在 60 dB 以内。

12 经济技术指标

12.1 项目建设投资

12.1.1 项目建设投资应包括基础建设投资和设备仪器投资。

12.1.2 基础建设投资估算指标以建设工程质量保证年限标准和建设规模为基础，以编制期市场价格为测算依据。

12.1.3 项目区工程及材料价格与本标准估算不一致时，按当地实际价格调整。

12.1.4 设备仪器投资以政府采购价为准。监测评估中心建设投资可按附录F中的表F.1确定。

12.2 项目建设工期

项目建设工期应按建筑工程、进口或国产设备购置安装工期确定，宜为12个月～18个月。

12.3 人员设置

12.3.1 应有足够的具备相应技术能力的人力资源，应针对农业外来入侵物种监测、评估具体工作设置管理、技术等岗位。

12.3.2 工作人员应具备有关的生物安全知识，特别是掌握在对农业外来入侵物种监测、评估过程中有害生物逃逸、扩散的知识。

12.3.3 技术人员应具有相关学科的专业背景，掌握一定的专业技术，有实践经验，能熟练地掌握相应农业外来入侵物种监测、评估的方法和标准，并经过考核合格。

12.3.4 技术负责人应具备高级技术职称或同等能力，从事外来入侵物种研究工作5年及以上。

12.3.5 综合管理部门负责人应具备高级技术职称或同等能力，熟悉监测、评估业务，具有一定的组织协调能力。

12.3.6 技术人员和管理人员，省(市)级以6人～10人为宜，国家级以8人～15人为宜。

附 录 A
(资料性附录)
农业外来入侵物种监测评估中心设施建设规模与项目构成

A.1 农业外来入侵物种监测评估中心建设规模应参照表 A.1 确定。

表 A.1 中心建设规模

单位为平方米

中心建设级别	办公区	实验区	监测区	合计
国家级	218～365	355～496	600～1 100	1 173～1 961
省(市)级	154～268	251～377	380～680	785～1 325

A.2 农业外来入侵物种监测评估中心建设项目构成应参照表 A.2 确定。

表 A.2 中心建设项目构成

中心建设级别	办公区	实验区	监测区	公用配套设施	场地工程
主要建设项目构成	办公室、培训室,资料室及配电室土建、装修工程	各实验室及实验室辅助设施土建、装修工程	网室、检疫温室,育苗温室等建设工程	中心给水、排水、供电、供热、通风、制冷、消防、通信等工程	包括道路、停车场、围墙、门卫室、卫生间、路灯、绿化和场区综合管网等

附 录 B
(资料性附录)
农业外来入侵物种监测评估中心的功能工艺流程

农业外来入侵物种监测评估中心的功能工艺流程见图 B.1。

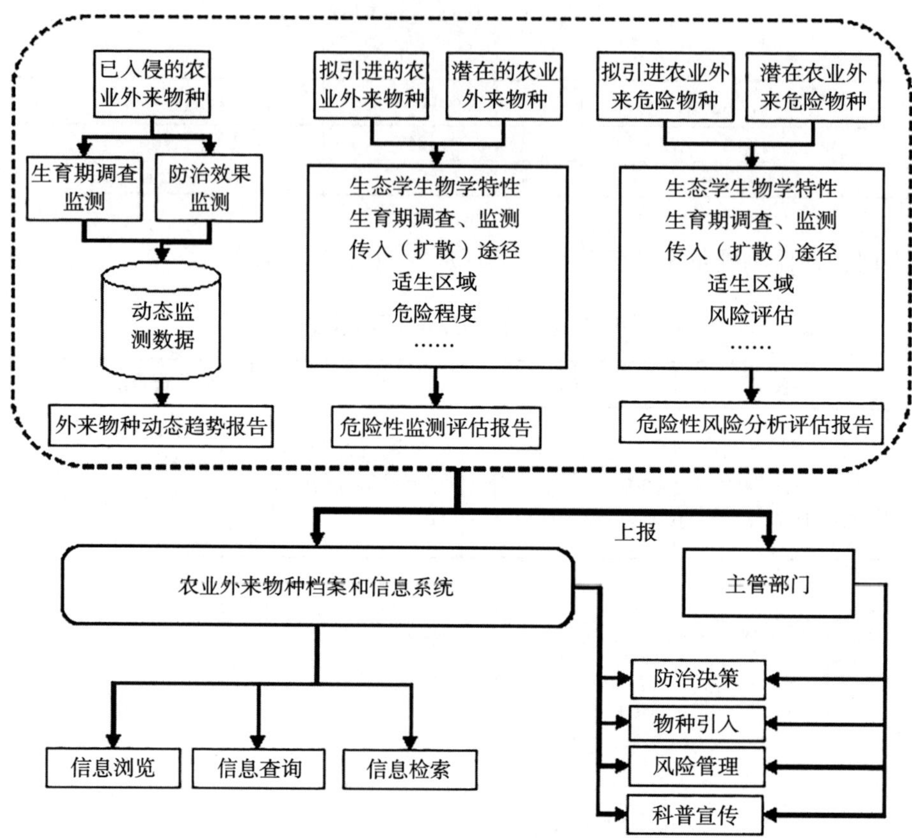

图 B.1 农业外来入侵物种监测评估中心的功能工艺流程

附　录　C
(资料性附录)
农业外来入侵物种监测评估中心设备仪器

C.1　农业外来入侵物种监测评估中心办公设备仪器

见表 C.1。

表 C.1　农业外来入侵物种监测评估中心办公设备仪器

序号	仪器设备名称	计量单位	数量	是否必需	备 注
1	办公桌、椅	套		是	人均一套
2	培训桌、椅	套		否	人均一套
3	台式计算机	台		是	人均一台
4	资料文件柜	组	若干	是	数量根据需求,防水、防潮
5	彩色激光打印机	台	2	是	A3 辐面
6	复印机	台	1	是	A3 辐面
7	投影仪	台	1	是	用于培训和学术交流
8	激光多功能一体机	台	1～2	是	A3 辐面
9	激光打印机	台	1～3	是	A4 辐面
10	中心安全监测设备	套	1	是	根据规模确定

C.2　农业外来入侵物种监测评估中心监测设备仪器

见表 C.2。

表 C.2　农业外来入侵物种监测评估中心监测设备仪器

序号	仪器设备名称	计量单位	最小数量	是否必需	备 注
1	数码照相机	台	2～3	是	单反相机,像素 2 000 以上(含)
2	数字摄像机	台	2～3	是	
3	双机备份专用计算机	台	2	是	监测、试验数据的备份、存储
4	手持经纬仪	台	2～5	是	精度 15 m
5	对讲机	台	2～4	是	通信距离≥5 km
6	取样工具	套	2～4	是	生物、土壤、水体等取样工具
7	便携式土壤水分速测仪	台	2	是	测土壤水分
8	便携式 pH 速测仪	台	2	是	测水体、土壤 pH
9	昆虫测报灯	台	1	是	用于监测害虫种群
10	孢子捕捉仪	台	1	是	用于监测病原孢子
11	温室环境监测控制系统	套	1	是	常规温室环境监测设备;监测点根据温室隔离小间确定
12	小型气象观测仪	套	1	是	常规气象要素观测设备
13	入侵物种视频、图像监测系统	套	1	是	常规视频、图像监测

C.3　农业外来入侵物种监测评估中心实验室专用设备

见表 C.3。

表 C.3　农业外来入侵物种监测评估中心实验室专用设备

名 称	是否必需	最小数量	名 称	是否必需	最小数量
生物安全柜	是	1	紫外分光光度计	是	1
洗眼装置	是	1	电泳设备	是	1
−80℃超低温冰箱	是	1	凝胶成像系统	是	1
−20℃低温冰柜	是	1	PCR 仪	是	1
普通冰箱	是	3	酶标仪	是	1
相差显微镜(带照相)	是	1	纯水仪	是	1
倒置显微镜	是	1	超净工作台	是	1
普通生物显微镜	是	2	定时光照培养架	是	5
高倍体视显微镜(带照相)	否	1	臭氧消毒器	是	1
体视显微镜	是	3	1/10 000 电子天平	是	1
放大镜	是	10	1/1 000 电子天平	是	1
低速离心机	是	2	1/100 电子天平	是	1
水浴循环	是	1	干热灭菌器	是	2
恒温水浴摇床	是	1	高压灭菌器	是	1
控温空气浴摇床	是	1	微波炉	是	1
恒温培养箱	是	2	pH 计	是	1
光照培养箱	是	4	磁力搅拌器	是	2
生化培养箱	是	2	涡旋混合仪	是	2
人工气候箱	是	4	超声波清洗器	是	1
微量移液器	是	3	高速粉碎器	是	1
组织切片机	是	1	线虫分离器	是	2
高速冷冻离心机	是	1	抽湿机	是	1
干燥器	是	10			

C.4　农业外来入侵物种监测评估中心实验室辅助设备

见表 C.4。

表 C.4　农业外来入侵物种监测评估中心实验室辅助设备

名 称	是否必需	最小数量	名 称	是否必需	最小数量
实验用具及易耗品	是	若干	通风橱	是	1
专用药品柜	是	3	定时器	是	2
特殊药品存放柜	是	1	养虫设备	是	2
标本柜	是	若干	线虫分离器	是	2
标本盒、标本瓶	是	若干	标本制作工具	是	若干
液氮罐	是	1	工具箱	否	3
样品保存柜	是	若干	空调	是	8
防护服	是	根据人员数量	UPS 电源	是	5～8
发电机	是	1			

附 录 D
(资料性附录)
农业外来入侵物种监测评估中心功能分区

农业外来入侵物种监测评估中心功能分区及面积应参照表 D.1 确定。

表 D.1 功能分区及面积

单位为平方米

分区	建筑	国家级	省(市)级	主要技术指标
办公区	办公室	60~120	50~80	平均 8 m^2/人
	培训室	60~80	40~60	
	标本室	40~80	30~60	
	资料室	40~60	20~50	
	安全监控室	10~15	8~10	
	配电室	8~10	6~8	
合计		218~365	154~268	
监测区	隔离网室	200~400	120~240	隔成 20 m^2/间,纱网网孔尺寸 $w \leqslant$ 1.25 mm
	检疫温室	200~400	120~240	隔成 20 m^2/间,密闭,能控温、控湿
	育苗温室	60~120	40~80	隔成 20 m^2/间,密闭,能控温、控湿
	微生物培养室	80~120	40~80	隔成 20 m^2/间,密闭,能控温、控湿
	观测圃	60	60	
合计		600~1 100	380~680	
实验区	植物分析实验室	60~80	40~60	
	昆虫分析实验室	60~80	40~60	
	微生物实验室	60~80	40~60	
	公共仪器室	60~80	40~60	
	冷藏间	15~24	12~18	
	缓冲间	12~18	12~18	
	负压间	12~15	8~12	
	淋浴间	12~18	8~12	
	更衣间	8~12	6~10	
	消毒间	8~12	6~10	
	开箱间	8~12	6~10	
	库房	20~30	15~20	
	焚烧间	10~15	8~12	
	废液处理间	10~20	10~15	
合计		355~496	251~377	

附 录 E
(资料性附录)
生物安全实验室 BSL-1、BSL-2 实验室设施和设备要求

E.1 BSL-1 实验室设施和设备要求

E.1.1 实验室的门应有可视窗并可锁闭,门锁及门的开启方向应不妨碍室内人员逃生。

E.1.2 应设洗手池,宜设置在靠近实验室的出口处。

E.1.3 在实验室门口处应设存衣或挂衣装置,可将个人服装与实验室工作服分开放置。

E.1.4 实验室的墙壁、天花板和地面应易清洁,不渗水、耐化学品和消毒剂的腐蚀。地面应平整、防滑,不应铺设地毯。

E.1.5 实验室台柜和座椅等应稳固,边角应圆滑。

E.1.6 实验室台柜等其摆放便于清洁,实验室台面应防水、耐腐蚀、耐热和坚固。

E.1.7 实验室应有足够的空间和台柜摆放实验室设备和物品。

E.1.8 应根据工作性质和流程合理摆放实验室设备、台柜、物品等,避免相互干扰、交叉污染,并应不妨碍逃生和急救。

E.1.9 实验室可以利用自然通风。如果采用机械通风,应避免交叉污染。

E.1.10 如果有可开启的窗户,应安装可防蚊虫的纱窗。

E.1.11 实验室内应避免不必要的反光和强光。

E.1.12 若操作刺激或腐蚀性物质,应在 30 m 内设洗眼装置,必要时应设紧急喷淋装置。

E.1.13 若操作有毒、刺激性、放射性挥发物质,应在风险评估的基础上,配备适当的负压排风柜。

E.1.14 若使用高毒性、放射性等物质,应配备相应的安全设施、设备和个体防护装备,应符合国家、地方的相关规定和要求。

E.1.15 若使用高压气体和可燃气体,应有安全措施,应符合国家和地方的相关规定。

E.1.16 应设应急照明装置。

E.1.17 应有足够的电力供应。

E.1.18 应有足够的固定电源插座,避免多台设备使用共同电源插座。应有可靠的接地系统,应在关键节点安装漏电保护装置和监测报警装置。

E.1.19 供水和排水管道系统应不渗漏,下水应有防回流设计。

E.1.20 应配备适用的应急器材,如消防器材、意外事故处理器材、急救器材等。

E.1.21 应配备适用的通信设备。

E.1.22 必要时,应配备适当的消毒灭菌设备。

E.2 BSL-2 实验室设施和设备要求

E.2.1 适用时,应符合 BSL-1 实验室的要求。

E.2.2 实验室主入口的门、放置生物安全柜实验间的门应可自动关闭;实验室主入口的门应有进入控制措施。

E.2.3 实验室工作区域应有存放备用物品的条件。

E.2.4 应在实验室工作区配备洗眼装置。

E.2.5 应在实验室或其所在地建筑内配备高压蒸汽灭菌器或其他适当的消毒灭菌设备,所配备的消毒

灭菌设备应以风险评估为依据。

E. 2.6　应在操作病原微生物样本的实验间内配备生物安全柜。

E. 2.7　应按产品的设计要求安装和使用生物安全柜，如果生物安全柜的排内在室内循环，室内应具备通风换气的条件；如使用需要管道排风的生物安全柜，应通过独立于建筑物其他通风系统的管道排出。

E. 2.8　应有可靠的电力供应。必要时，重要设备（如培养箱、生物安全柜、冰箱等）并没有配置备用电源。

附 录 F
（资料性附录）
农业外来入侵物种监测评估中心建设投资估算

农业外来入侵物种监测评估中心建设投资估算见表 F.1。

表 F.1 农业外来入侵物种监测评估中心建设投资估算

项目名称		投资估算		备注
		省(市)级	国家级	
土地平整		2 500 元/hm^2～3 000 元/hm^2	2 500 元/hm^2～3 000 元/hm^2	
基础建设	办公区	3 500 元/m^2～5 000 元/m^2	3 500 元/m^2～5 000 元/m^2	包括建筑和装修等
	监测区隔离网室	300 元/m^2～500 元/m^2	300 元/m^2～500 元/m^2	
	监测区温室	400 元/m^2～600 元/m^2	400 元/m^2～600 元/m^2	
	实验区实验室及附属设施	3 500 元/m^2～5 000 元/m^2	3 500 元/m^2～5 000 元/m^2	包括建筑、装修等
	给排水、采暖、电气、消防设施等	15.0 万元～25.0 万元	20.0 万元～30.0 万元	
仪器设备	办公仪器设备	5.0 万元～10.0 万元	8.0 万元～15.0 万元	
	监测仪器设备	15.0 万元～20.0 万元	15.0 万元～20.0 万元	
	实验室专用仪器设备	50.0 万元～120.0 万元	80.0 万元～150.0 万元	
场地工程	围墙	150 元/m～200 元/m	150 元/m～200 元/m	
	围栏	50 元/m～80 元/m	50 元/m～80 元/m	
	环型隔离水道	150 元/m～300 元/m	150 元/m～300 元/m	
	门卫室、卫生间	2 000 元/m^2～2 500 元/m^2	2 000 元/m^2～2 500 元/m^2	
	道路	100 元/m^2～150 元/m^2	100 元/m^2～150 元/m^2	
	停车位	100 元/m^2～150 元/m^2	100 元/m^2～150 元/m^2	
	绿化	30 元/m^2～50 元/m^2	30 元/m^2～50 元/m^2	
其他	工程建设其他费用	360 元/m^2～600 元/m^2	360 元/m^2～600 元/m^2	前期调研、勘察设计费、建设单位管理费、监理费、招投标代理费等

ICS 65.020.01
B 00

中华人民共和国农业行业标准

NY/T 3614—2020

能源化利用秸秆收储站建设规范

Straw storage station construction criterion for energy utilization

2020-03-20 发布　　　　2020-07-01 实施

中华人民共和国农业农村部　发布

前　言

本标准按照 GB/T 1.1—2019 给出的规则起草。

本标准由农业农村部计划财务司提出。

本标准由农业农村部工程建设服务中心归口。

本标准起草单位:农业农村部规划设计研究院、合肥天焱绿色能源开发有限公司。

本标准主要起草人:赵立欣、孟海波、霍丽丽、姚宗路、袁艳文、任雅薇、李丽洁、冯晶、丛宏斌、罗娟、刘勇、赵凯、马仁贵、盛杰。

能源化利用秸秆收储站建设规范

1 范围

本标准规定了能源化利用秸秆收储站的建设要求、选址与总体布局、设施与设备、消防与电气、节能与环境保护、劳动安全卫生运行管理、主要技术经济指标。

本标准适用于打捆处理的干燥秸秆或自然风干秸秆，收储规模 1 000 t 以上的秸秆收储站，也可供其他能源化利用方式的秸秆收储站参考。

2 规范性引用文件

下列文件对于本文件的应用是必不可少的。凡是注日期的引用文件，仅注日期的版本适用于本文件。凡是不注日期的引用文件，其最新版本(包括所有的修改单)适用于本文件。

GBZ 1　工业企业设计卫生标准

GB 12801　生产过程安全卫生要求总则

GB/T 28731　固体生物质燃料工业分析方法

GB/T 28733　固体生物质燃料全水分测定方法

GB/T 30727　固体生物质燃料发热量测定方法

GB 50016　建筑设计防火规范

GB 50022　厂矿道路设计规范

GB 50052　供配电系统设计规范

GB/T 50087　工业企业噪声控制设计规范

3 术语和定义

下列术语和定义适用于本文件。

3.1

干燥秸秆　dry straw

水分含量小于 12%的秸秆。

3.2

自然风干秸秆　natural drying straw

自然风干条件下，水分含量在 12%～30%范围内的秸秆。

4 建设要求

4.1　收储站规模根据供应区域、秸秆需求量、储存周期、秸秆收获季节波动性来确定。

4.2　收储站规模划分应按照秸秆收储能力确定。新建收储站，按 150 kg/m³ 的堆积密度、堆高5 m时，推荐用地面积应符合表 1 的规定。

表 1　规模与用地面积

类型	设计存储量(N)，t	用地面积(S)，m²	收集半径(R)，km
大型	5 000≤N<10 000	14 000≤S<25 000	<20
中型	2 000≤N<5 000	7 000≤S<14 000	<15
小型	1 000≤N<2 000	4 000≤S<7 000	<10
注：存储量大于 10 000 t 的秸秆收储站应根据收集半径分区设置多级收储站。			

4.3 秸秆收储站项目构成可包括下列内容：

a) 生产与辅助设施包括进出站、堆料场、堆料棚、打捆间、监控间、机电维修间、备件储存间等；

b) 管理生活设施包括办公、住宿、停车等。

5 选址与总体布置

5.1 选址

5.1.1 应符合国家政策、当地城乡建设规划要求，充分考虑秸秆资源的分布及收储运条件，满足收储和生产条件。

5.1.2 与易燃易爆物品生产工厂，与仓库、高压输电线路、铁路、公路等的距离，应符合 GB 50016 的可燃材料堆场的防火间距的规定。

5.1.3 应优先选取便于利用已有公路、水路、铁路等交通设施，供水、供电等公共设施比较完备的区域。

5.1.4 应远离居民区，并应处于居民区全年最大频率风向的下风向或侧风向。

5.1.5 应有与生产规模相匹配的可利用面积和适宜地形，并应满足厂区总体合理布局要求。

5.1.6 应有利于生态环境保护，便于废弃物处理。

5.2 总体布置

5.2.1 总平面布置应符合下列规定：

a) 总体布局依据其规模与功能确定，总平面布置应流程合理、布置紧凑，达到人流、物流合理顺畅，便于转运作业；

b) 对于分期建设的大型收储站，总体布局及平面布置应为后续建设留有发展余地；

c) 应利用地形、地貌等自然条件进行布置，竖向设计应根据原有地形确定。

5.2.2 厂区分区与厂区道路应符合下列规定：

a) 厂区分区按功能，宜划分为或不限于装卸作业区、存储区、生活办公区；

b) 厂区出入口设置应根据城乡道路规划和人货分流要求确定，出入口不少于 2 个；

c) 厂区道路应满足站内各功能区最大规格秸秆运输车辆荷载和通行要求；

d) 站内主要通道宽度不应小于 4 m，大型运输车站内主要通道宽度应适当加大，厂区主要路面和作业区域宜硬化，道路荷载等级应符合 GB 50022 的规定；

e) 道路转弯半径与作业场地面积应按各功能区内通行的最大规格车型确定；

f) 厂内宜设置车辆环形通道，站内各类车辆行车路线宜避免交叉。因条件限制必须交叉时，应采取交通安全管理措施。

6 设施与设备

6.1 进出站

6.1.1 秸秆收储站应设置进出站，应有秸秆计量和质检设备。

6.1.2 运输车辆进出站应在出入口处设置地磅设施，并应有良好的通视条件，与进口厂界距离不应小于一辆最大运输车长度。

6.1.3 大中型收储站秸秆进出站质检宜配置专用检测室，使用面积应满足仪器、设备、设施布局和检验化验工作需要。应配有动力电源、给排水系统、排风措施及良好照明。宜配置天平、干燥箱、马弗炉、氧弹热量计等检测设备。

6.2 堆料场

6.2.1 堆料场设计宜采取分区条垛堆垛形式。堆垛行与当地常年主导风向平行，堆垛宽度宜为4 m～6 m，长度可根据场地调整，每垛占地面积宜小于 500 m^2，堆垛行宜设 2 m～3 m 的通风消防通道。

6.2.2 堆料场地面应有良好的防潮性能，宜为硬化地面，应避免碎石、铁屑、沙土等杂质混入并具有良好的排水设施。

6.2.3 堆料场应设置运输通道,宜采用硬化地面,不积水、不起尘。

6.2.4 大中型秸秆收储站堆料场周围应设置围栏,不同种类秸秆宜分类分区存储,并标示种类名称。

6.3 堆料棚

6.3.1 大中型秸秆收储站、多雨潮湿地区宜设置堆料棚,宜用敞开式或半敞开式,拱形或双坡屋顶。多风地区宜采用前敞式或半密闭式设施形式。

6.3.2 现场装配宜采用轻钢结构,耐火等级二级。

6.3.3 堆料棚地面应有良好的防潮性能,宜采用混凝土地面,地面应高于室外自然地坪 300 mm。

6.3.4 堆料棚周围应设有排水沟,沟宽宜为 300 mm～400 mm,深宜为 400 mm～600 mm,纵向坡度宜为 1.5%。排水沟表面应铺设沟盖板。

6.3.5 堆料棚宜采用自然通风,如设置通风系统,气流组织宜为下进风、上排风。

6.4 辅助设施

6.4.1 大中型秸秆收储站宜设置监控间,并配套监控设施。

6.4.2 值班采暖应根据当地气候条件,室温按 5℃确定。

6.4.3 秸秆收储站宜配置独立的机电维修间和备件储存间。

6.4.4 大中型秸秆收储站可配套建设打捆间、办公、住宿、停车等辅助设施。

6.5 配套设备

6.5.1 收储站应根据规模配置相应的打捆机、抓草机、运输车等打捆及运输转运设备。

6.5.2 收储站机械设备及配套车辆应按日有效运行时间和高峰期秸秆量确定,应与收储规模相匹配,应保障收储站转运能力并留有调整余地。

7 消防与电气

7.1 消防

7.1.1 秸秆收储站内应设置消防安全系统。消防总平面布置中,主要建(构)筑物的耐火等级、防火分区、防火间距、消防通道设计等应符合 GB 50016 中火灾危险性分类为丙类的工业、仓储建设项目的规定,耐火等级不应低于二级。

7.1.2 堆料场和堆料棚区域应配备消防水源和室外消火栓等;消防车到达堆料场的时间超过 10 min 时,应设置临时高压给水系统或自备消防车。

7.1.3 消防给水应设独立水源,并应有消防蓄水池、消防加压泵等设施。消防蓄水池容量应满足在火灾延续时间内室内、室外消防用水量总和。火灾延续时间应按 3 h 计算。

7.1.4 室外消火栓布置,间距不应超过 120 m。每一个着火点同时到达的水枪水柱不应少于 3 支。

7.1.5 秸秆收储站内应设置消防疏散指示标志和火灾自动报警系统,并应设置避雷接地设施,且应保证设施性能良好,定期检测。

7.1.6 秸秆收储站周围 50 m 内严禁烟火,且不宜存放任何易燃性物质,并应设置严禁烟火标示。

7.2 电气

7.2.1 供电负荷分级应符合 GB 50052 的有关规定,宜为三级负荷。

7.2.2 大中型秸秆收储站应有人工照明、应急照明和值班照明,消防泵房和存储监控区应有备用照明。

7.2.3 站内照明应选用高效、便于维护的防尘防爆灯具。

8 节能与环境保护

8.1 节能

8.1.1 节能设计应符合国家和行业有关能源管理和节能标准。

8.1.2 设备应选用高效节能产品,不得选用国家已明令淘汰产品。

8.1.3 收储站运行期能耗种类、数量及能耗指标应符合现行国家标准规定。

8.2 环境保护

8.2.1 环境保护配套设施必须与收储站主体设施同时设计、同时施工、同时投入使用。

8.2.2 关键位置通风、降尘措施应根据秸秆转运单位工艺设计确定。

8.2.3 噪声控制应符合 GB/T 50087 的有关规定。

9 劳动安全卫生

9.1 收储站安全应符合 GB 12801 的有关规定。

9.2 收储站内应设明显的交通管制指示、烟火管制提示等安全标志。

9.3 劳动卫生应符合 GBZ 1 的有关规定。

9.4 站内应无安全隐患，危险生产设备、设施应有明显的危险警示区域或标志。

9.5 站内环境应整洁卫生，生活垃圾收集设施应采用密闭式存放。

10 运行管理

10.1 进出站要求

10.1.1 秸秆收储站应建立秸秆检验管理制度，应包括人员资质与职责、样品抽取与检验、检验结果判定、检验报告编制与审核、检验仪器管理等内容。

10.1.2 检验仪器设备应处于良好状态，应建立检验仪器设备操作规范和使用记录。

10.1.3 质检应包括或不限于水分、发热量、灰分等指标测定，以及感官检验。

10.1.4 水分测定应按 GB/T 28733 的规定执行。

10.1.5 发热量测定应按 GB/T 30727 的规定执行。

10.1.6 灰分测定应按 GBT 28731 的规定执行。

10.1.7 感官检验应包括评定外观颜色是否异常，检查是否含有杂质，是否有霉变、腐烂、发热、异味等现象。

10.1.8 进出站秸秆严禁人为增加水分及其他物质。

10.2 运输要求

10.2.1 秸秆运输应根据车辆装载要求，控制高度和装载量，运输过程应有防雨、防尘措施。

10.2.2 秸秆收储站应制订运输方案、防火防爆等事故应急预案，并应配备应急设施。

10.2.3 运输车辆应配备运送路线图等，应在车辆前部、后部、车厢两侧设置安全标志。进入储存场地时，对易产生火花部位应加装防护装置，排气管应配备防火帽。

10.2.4 严禁转运车辆在存储秸秆区域加油、保养和维修等作业。

10.3 堆垛存储

10.3.1 堆垛宜采用机械作业，秸秆码放应底层宜架空，宜高于地面 10 cm。

10.3.2 堆垛存储应码放整齐，并应稳定。应确保运输通道便于转运设备作业，应保证排水设施正常，并设置防火设施设备。露天堆垛，顶部应有防雨设施。

10.4 安全防控

10.4.1 堆垛场地应设置消火栓等防火设施，防火设施与最远堆垛距离宜小于 30 m。

10.4.2 秸秆应按先进先出原则使用，对长期存储已不符合技术要求的秸秆应出站并妥善处置。

10.4.3 堆垛秸秆应定期测定垛体内部温度。当堆垛垛体温度高于 80℃持续 30 min 或垛体湿度超过 80%持续 1 h 时，应立即拆垛晾晒；当秸秆温度与湿度恢复正常，可重新堆垛。储存期超过 6 个月的堆垛秸秆，应实时监测垛体温度和湿度。

11 主要技术经济指标

11.1 工程投资估算宜按表 2 确定。

表 2 工程投资估算

项目规模	总投资,万元
大型	180～320
中型	100～180
小型	60～100

11.2 建设工期定额宜按表 3 确定。

表 3 建设工期定额

项目规模	工期,月
大型	6～9
中型	5～7
小型	4～5

11.3 劳动定员指标宜按表 4 确定。

表 4 劳动定员指标

项目规模	劳动定员,人
大型	10～16
中型	6～10
小型	4～6

ICS 65.020.01
B 00

中华人民共和国农业行业标准

NY/T 3615—2020

种蜂场建设规范

Construction criterion for honeybee breeding apiary

2020-03-20 发布　　　　2020-07-01 实施

中华人民共和国农业农村部　发布

前　言

本标准按照 GB/T 1.1—2009 给出的规则起草。

本标准由农业农村部计划财务司提出并归口。

本标准起草单位:中国农业科学院蜜蜂研究所。

本标准起草人:周军、刁青云、刘建平、姚军、刘婷婷、冯浩然、李芸、谢文闻、杨磊。

种蜂场建设规范

1 范围

本标准规定了蜜蜂种蜂场建设规模与项目构成、选址与建场条件、生产与配套设备、规划布局、生产建筑与辅助设施、卫生与防疫、主要技术经济指标。

本标准适用于新建及改建、扩建的蜜蜂种蜂场建设。

2 规范性引用文件

下列文件对于本文件的应用是必不可少的。凡是注日期的引用文件,仅注日期的版本适用于本文件。凡是不注日期的引用文件,其最新版本(包括所有的修改单)适用于本文件。

GB 3095—2012 环境空气质量标准

GB 5749—2006 生活饮用水卫生标准

GB 15618—1995 土壤环境质量标准

GB 50015—2017 建筑给水排水设计规范

GB 50016—2014 建筑设计防火规范

GB 50039—2010 农村防火规范

GB 50223—2015 抗震设防烈度分类标准

GB 50836—2013 1000kV 高压电器(GIS、HGIS、隔离开关、避雷器)施工及验收规范

3 术语和定义

下列术语和定义适用于本文件。

3.1

种蜂场 breeding apiary

从事蜜蜂品种的培育、选育和生产经营并依法取得种畜禽生产经营许可证的蜂场。

3.2 **隔离交尾区 mating isolation zone**

为防止蜂种混杂而建立的供处女王婚飞与种用雄蜂交尾的区域。

4 建设规模与项目构成

4.1 建设规模

4.1.1 种蜂场每个品种的保种群数量达到100 群以上。

4.1.2 种蜂场占地面积不低于 1 200 m^2。

4.2 项目构成

4.2.1 种蜂场主要由生产区和辅助设施、配套及管理设施组成。

4.2.2 生产区内主要包括饲养场、人工授精室、形态鉴定室、疫病检查室、蜂具消毒室。

4.2.3 辅助设施包括档案室、标本室、仓库、越冬室或越夏室。

4.2.4 配套及管理设施包括工作人员的生活设施、种蜂场办公设施等。

5 选址与建场条件

5.1 场址应选择在蜜粉源条件良好,5 km 范围内有 2 个以上主要蜜源的地方,无有毒蜜粉源植物。

5.2 场址应选择地势高燥、平坦、背风向阳、排水良好、小气候适宜、交通便利、水电供应稳定的场所。在丘陵山地建场应尽量选择阳坡。

5.3 所选场址附近要有便于蜜蜂采集的良好水源，取用方便，但要远离大面积水库或湖泊。

5.4 所选场址应满足建设工程需要的水文地质和工程地质条件，应远离通信电子设备和高压线。

5.5 种蜂场场界应远离铁路、厂矿、机关、学校、畜牧场和居民区，距离居民居住区不少于 2 km。

5.6 种蜂场周围 3 km 内无大型蜂场、蜂蜜加工厂、以蜜糖为生产原料的食品厂、化工厂、农药厂，以及经常喷洒农药的作物田、菜地、果园等。半径山区 12 km、平原区 16 km 内无饲养其他蜜蜂品种蜂场。

5.7 隔离交尾区要求建在距饲养场 0.5 km 外，应避开蜂群主要蜂路覆盖区。隔离交尾区在半径山区 12 km、平原区 16 km 范围内没有饲养其他品种的蜜蜂。病群隔离区要求在 20 km 外。

5.8 以下地段或地区不得建场：环境污染严重、畜禽疫病常发区及山谷洼地等易受洪涝威胁的地段。

6 生产与配套设备

6.1 生产设备包括培养箱、超低温冰箱、蜂箱、隔王板、饲喂器、脱粉器、集胶器、王台条、移虫针、分蜜机、巢础等。

6.2 卫生防疫设备包括培养箱、冰箱、离心机、纯水系统、紫外灯、消毒锅、干热灭菌器等。培养箱要求恒温恒湿。

6.3 测定设备包括人工授精仪、生物显微镜、形态测定系统、体视显微镜等。体视显微镜要求工作距离 100 mm。

6.4 其他设备包括实验台、钢瓶等。

7 规划布局

7.1 按使用功能要求，场区划分为生产区、管理区、隔离交尾区。各功能区之间应界限分明，联系方便。

7.2 种蜂场与外界应有专门道路相连通。

8 生产建筑与辅助设施

8.1 种蜂场各类用房及设施总建筑面积一般在 450 m^2～690 m^2。其中，人工授精室等生产性建筑用房 75 m^2～100 m^2，辅助生产设施 130 m^2～210 m^2，蜂群摆放场地面积 200 m^2～300 m^2，生活及管理用房 45 m^2～80 m^2。

8.2 种蜂场各类建筑设施一般为普通民用工程，其设计、施工及通用工程作法依照相关国家或行业技术标准和规范、规程进行即可。

9 卫生与防疫

9.1 种蜂场应具有蜂具消毒室。

9.2 种蜂场应具有紫外灯、消毒锅、干热灭菌器等蜂具消毒的设备。

9.3 种蜂场应具有喷枪等蜂场清洁工具，具备生石灰等消毒药物。

9.4 种蜂场必须保持清洁卫生，及时清理蜂尸、杂物。将清扫物深埋或焚烧，并在蜂场地面撒生石灰消毒。

9.5 种蜂场要求无杂草，土地平整，场地干净。可以种植蜜源植物，不宜种植有毒和有飞絮的植物。

10 主要技术经济指标

10.1 项目建设投资

10.1.1 总投资及构成

种蜂场建设投资包括土建工程投资、仪器设备购置费、工程建设其他费和预备费 4 部分组成。总投资估算指标见表 1。

表 1　项目总投资估算表

<table>
<tr><th>序号</th><th>项目名称</th><th>项目主要内容</th><th>面积
m²</th><th>估算单价
元/m²</th><th>估算总价
万元</th><th>备注</th></tr>
<tr><td rowspan="4">1</td><td rowspan="4">土建工程投资</td><td>人工授精室等生产用房建筑安装工程</td><td>75～100</td><td>1 000～1 500</td><td>8～15</td><td></td></tr>
<tr><td>辅助生产用房建筑安装工程</td><td>130～210</td><td>1 800～2 200</td><td>23～46</td><td></td></tr>
<tr><td>生活管理设施</td><td>45～80</td><td>1 500～2 200</td><td>7～18</td><td></td></tr>
<tr><td>场区工程</td><td>200～300</td><td>800～1 200</td><td>16～36</td><td></td></tr>
<tr><td>2</td><td>仪器设备购置费</td><td>详见第 6 章</td><td></td><td></td><td>26～37</td><td></td></tr>
<tr><td>3</td><td>工程建设其他费</td><td>前期调研、可行性报告编制、勘探设计费、建设单位管理费、监理费、招投标代理费以及各地方的规费等</td><td colspan="2">按不超过 1、2 项投资之和的 7%～8%估算</td><td>5.7～12</td><td></td></tr>
<tr><td>4</td><td>预备费</td><td>用于建设工程中不可预见的投资</td><td colspan="2">按不超过 1、2、3 项投资之和的 5%估算</td><td>4.3～8</td><td></td></tr>
<tr><td>5</td><td colspan="2">总投资</td><td colspan="3">90 万元～172 万元</td><td></td></tr>
</table>

10.1.2　仪器设备购置费

种蜂场仪器设备可参照表 2 进行配置，其购置费见表 2。

表 2　仪器设备购置费估算表

序号	仪器设备类型	购置费，万元
1	生产设备	5～10
2	卫生防疫设备	11～13
3	品质测定设备	8～10
4	其他设备	2～4
5	总计	26～37

10.2　项目建设工期

项目建设工期可根据建筑工程和设备购置安装所需时间确定。在确保工程质量的前提下，应力求缩短工期，通常不超过 12 个月。

10.3　劳动定员

10.3.1　种蜂场劳动定员不低于 4 人。条件较好、管理水平较高的地区，应适当减少劳动定员。生产人员应进行岗前培训。

10.3.2　种蜂场应配备专业技术人员。通常专业技术人员不少于 3 人，其中至少 1 人为熟悉本专业的本科以上或中级职称人员；专业技术人员中其中 1 人必须掌握人工授精技术，1 人必须掌握疫病防疫技术。

ICS 65.020.01
B 00

中华人民共和国农业行业标准

NY/T 3616—2020

水产养殖场建设规范

Construction criterion for aquafarms

2020-03-20 发布　　　　2020-07-01 实施

中华人民共和国农业农村部　发布

前　言

本标准按照 GB/T 1.1—2009 给出的规则起草。

本标准由农业农村部计划财务司提出并归口。

本标准主编单位:山东省渔业技术推广站。

本标准参编单位:中国海洋大学、山东省水产设计院、通威股份有限公司、山东海益宝水产股份有限公司。

本标准主要起草人:赵厚钧、田传远、倪乐海、徐涛、刘朋、董济军、丁瑞胜、于明超、黄树庆、丛杭军、范立强、潘秀莲。

水产养殖场建设规范

1 范围

本标准规定了陆地水产养殖场建设规模与项目构成、选址与建设条件、工艺与设备、建设用地与规划布局、池塘及配套设施、防病防灾与环境保护设施和主要技术经济指标。

本标准适用于陆地水产养殖场的新建、改(扩)建项目建设规划、项目建议书、可行性研究报告及初步设计等文件的编制;也可作为项目评估、监督检查及政府投资主管部门项目管理参考。

2 规范性引用文件

下列文件对于本文件的应用是必不可少的。凡是注日期的引用文件,仅注日期的版本适用于本文件。凡是不注日期的引用文件,其最新版本(包括所有的修改单)适用于本文件。

GB 11607 渔业水质标准

GB/T 13869 用电安全导则

GB/T 20014.13 良好农业规范 水产养殖基础控制点与符合性规范

NY 5361 无公害农产品 淡水养殖产地环境条件

NY 5362 无公害食品 海水养殖产地环境条件

SC/T 9101 淡水池塘养殖水排放要求

SC/T 9103 海水养殖水排放要求

SL 265 水闸设计规范

3 术语和定义

下列术语和定义适用于本文件。

3.1

水产养殖场 aquafarm

建于陆地的,利用海水、淡水或半咸水进行水生经济动植物养殖活动,且具备满足生产经营管理需要的办公及生活场所的生产单位。生产方式包括池塘养殖、工厂化养殖等。

3.2

池塘边坡 side slope of pond

池塘堤坝面向池塘一侧的具有一定坡度的坡面。其边坡用坡面的垂直距离与其对应的水平距离之比来表示。

3.3

设计标高 designed elevation

在工程设计时以设计洪水位或设计高水位为基准点,建筑物相对于此基准点的相对标高值。

4 建设规模与项目构成

4.1 建设规模

4.1.1 划分依据

建设规模应按生产能力折合成占地面积或投资规模来划分。

4.1.2 海水养殖场

面积不小于 133.3 hm^2 为大型养殖场,面积小于 133.3 hm^2 为中小型养殖场。

4.1.3 淡水养殖场

面积不小于 66.7 hm^2 为大型养殖场，面积小于 66.7 hm^2 为中小型养殖场。

4.1.4 工厂化养殖场

投资不小于 3 000 万元为大型工厂化养殖场，投资小于 3 000 万元为中小型工厂化养殖场。

4.2 项目构成

4.2.1 生产设施

4.2.1.1 生产系统

应包括车间、培养池、池塘、增氧设备、投饲设备、渔具等。

4.2.1.2 饵料系统

应包括饵料培育车间、饵料培育池、饵料存储设施等。

4.2.1.3 进排水系统

应包括原水处理池、高位水池、进排水渠道或管道等。

4.2.2 配套设施

应包括水处理系统、水质监测系统、增氧系统、热力系统、电力系统、通信系统、仓储系统、交通系统等。

4.2.3 管理及生活服务设施

应包括办公用房(含办公室、档案室、实验室、培训室等)、食堂、宿舍、门卫值班室、大门、院墙、厕所及其与生产区之间的隔离带等。

5 选址与建设条件

5.1 场址要求

5.1.1 选址应远离饮用水水源地保护区和居民集中居住区，养殖区域及周边应无对养殖环境构成威胁的污染源，应具有建造适宜规模养殖场的地形条件且水源充足、交通便利、水电配套。

5.1.2 淡水养殖场址环境应符合 NY 5361 的规定，海水养殖场址环境应符合 NY 5362 的规定，同时应符合当地产业发展和土地利用等相关规划。

5.2 水源要求

水产养殖场水源应充足、引水便利，水质应符合 GB 11607 的规定，盐度满足拟养殖对象的生理要求。

5.3 底质要求

应无工业废弃物和生活垃圾，无异色、异味。土壤质地宜为黏土、壤土或沙壤土。

5.4 场地设计标高要求

5.4.1 淡水养殖场

淡水养殖场场址选在临近江河湖泊时，场地最低设计标高应高于设计水位 5 m。投资 500 万元及以上的淡水养殖场洪水重现期应达到 25 年，投资 500 万元以下的淡水养殖场洪水重现期应达到 15 年。

5.4.2 海水养殖场

海水养殖场场址选在沿海地段或受潮汐影响明显的河口地段时，场地最低设计标高应高于设计水位 1 m。若无掩护海岸，应考虑波浪超高，设计水位应采用高潮累积频率 10%的潮位。

6 工艺与设备

6.1 原则

水产养殖场工艺与设备，应遵循安全、高效、节能、低碳、环保的原则确定。

6.2 生产设备

6.2.1 增氧设备

应包括增氧机、充气机、气泵、纳米管充氧设施等。

6.2.2 控温控光设备

应包括燃气(电)锅炉、太阳能、电加热系统、土壤(水)源热泵系统、制冷系统、控光设备等。

6.2.3 饲料加工及投喂设备

应包括饲料加工机械、自动投饵机等。

6.2.4 生产工具

应包括水泵、网具、渔船、运输车辆、起重设备等。

6.2.5 水质检测设备

应包括便携式水质监测仪器、在线监控系统等。

6.2.6 水生动物疾病诊疗设备

应包括显微镜、解剖镜等。

6.3 隔离防疫设施

生产区入口处应设置隔离区、更衣消毒设备、车辆消毒池等。

7 建设用地与规划布局

7.1 建设用地

水产养殖场建设用地应遵循节约用地的原则,不应使用基本农田建设。

7.2 规划布局

7.2.1 布局形式

7.2.1.1 水产养殖场应布局合理、分区科学,标识明确并符合养殖对象生物习性,且不应对其造成应激或污染。养殖场内应分设养殖区、办公区、生活区,养殖区与办公区、生活区应有效隔离。办公区内应包括办公室、实验室、档案室等功能区划;养殖区内应包括养殖池、养殖排放水处理区、废弃物处理区、仓库等功能区划。

7.2.1.2 养殖池塘布局应根据场地地形确定。

7.2.2 占地比例

养殖池塘面积宜占养殖场总面积的65%～75%。

7.2.3 道路

养殖场主干道宽度应不低于6 m且硬化,支干道宽度不低于3.5 m,并配置必要的照明设施。

7.2.4 配套建筑

7.2.4.1 办公区

办公区内应设置管理、技术、财务、接待、值班、培训等功能的办公室。

7.2.4.2 仓储区

仓储区应包括工器具仓库、饲料仓库、药品仓库、化学品仓库、冷库等。物品储存与管理应符合GB/T 20014.13的规定。

7.2.4.3 生活区

生活区应包括职工宿舍、食堂、洗漱间等。

7.2.4.4 档案室

应设档案室,将与生产相关的记录、文件、资料等归档保存。

7.2.4.5 实验室

实验室应备有必要的水质检测仪器和水生动物疾病诊疗仪器与药物,并配备专业技术人员。

8 池塘及配套设施

8.1 池塘

8.1.1 形状、朝向

池塘形状宜为长方形,朝向选择宜东西向长、南北向短,长宽比以(2～4):1为宜,池塘四角以圆弧角为宜。

8.1.2 面积

养殖池塘的面积应根据养殖需要和下列要素确定：

a) 地貌特征；
b) 池塘类型，包括亲体培育池、育苗池、养成池、越冬池等；
c) 养殖品种；
d) 养殖模式；
e) 生产管理；
f) 池塘进排水量；
g) 进排水时间。

8.1.3 深度

淡水鱼类成鱼池深度以 2.5 m～4.0 m 为宜，鱼种池以 2.0 m～3.0 m 为宜；淡水虾蟹养殖池塘深度以 2.0 m～2.5 m 为宜。海水池塘深度以 2.0 m～3.0 m 为宜。具体的池深设计，可根据当地的环境条件和养殖品种的生态习性而定。

8.1.4 塘底

塘底应平坦，且有向排水口倾斜的坡度，坡度以 1∶(200～500)为宜。

8.1.5 塘埂

池塘塘埂的顶宽应满足生产、交通等需要，宽度以 1.5 m～4.5 m 为宜。

8.1.6 池塘边坡

池塘边坡应按土质、池深和护坡方式确定。坡比宜取 1∶(1.5～3)。若采用混凝土、石砌等护坡，坡比宜取 1∶(1～1.5)。必要时，可根据养殖品种、养殖技术的要求设环沟和晒背场及草场。

8.2 配套设施

8.2.1 进排水设施

8.2.1.1 进排水渠道

进排水渠道宜与池塘交替排列，即一侧进水另一侧排水。进排水渠道宜采用明渠结构，也可采用管道结构；采用暗管进排水时，应设置检查井，寒冷地区应将管道埋于冻土层以下。养殖场的进水口应远离排水口。

8.2.1.2 池塘进排水口设置

池塘进排水口应独立设置，进水口应高于池塘最高水位，排水口的位置应低于池底深度。进排水口末端应设置防养殖生物逃逸或敌害生物进入的隔网或网栏。进排水闸设置应符合 SL 265 的规定。

8.2.2 电力配套设施

8.2.2.1 供配电设施应按生产需求确定，配电负荷按每 667 m^2 0.5 kW～1 kW 配备。输电线路架设应符合供电部门要求。池塘用电应符合 GB/T 13869 的规定。

8.2.2.2 电力基础设施薄弱时，水产养殖场应配备满足应急需要的发电设备。

8.2.3 饲料投喂设备

需要投喂的养殖种类，应根据池塘面积和养殖需要配备投饵机，每个池塘应不低于 1 台。

8.2.4 增氧设备

增氧设备配置和类型应根据池塘面积和养殖要求设置，投饵区溶氧应采取安全措施。

8.2.5 控温控光设备

工厂化养殖场池塘应覆盖车间或大棚，并配置相应的温度调控设施和光照调控设施。

8.2.6 底质改良设备

应根据养殖需要配备清淤机、底质改良机械等设备。

8.2.7 捕捞、运输设备

池塘捕捞设备和运输设备应根据养殖生产需要配备。

9 防病防灾与环境保护设施

9.1 病害防治防疫设施

9.1.1 水产养殖场应设置化验室，定期检测养殖水质情况，定期发布监测结果，对可能出现的疫情进行预报。

9.1.2 生产车间应有消毒防疫设施，应配置更衣消毒室、脚踏消毒池、车辆消毒池等。

9.1.3 引进品种的养殖场应设置免疫隔离区，供排水系统应完全独立，并有相应的进出水过滤消毒处理措施，器具均应独立使用，不得与养殖区混用。

9.1.4 应有独立的废弃物无害化处理区及处理设施，可配套焚烧炉处理患病死亡的养殖生物。

9.1.5 饵料存储室和废弃物集中存放处应有防鼠等小型动物进入的设施。

9.1.6 水产养殖场应设有抵抗自然灾害的预警设施和应急预案。

9.2 防灾减灾设施

9.2.1 规划建设养殖场时，还应考虑洪涝、台风等灾害因素的影响，进排水渠道、池塘塘埂、房屋等建筑物应采取排涝、防台风等措施。

9.2.2 北方地区在规划建设水产养殖场时，应防止寒冷、冰雪等对养殖设施的破坏，渠道、护坡、路基等应采取防寒防冻措施。南方地区在规划建设养殖场时，应考虑夏季高温气候对养殖设施的影响。

9.3 环境保护设施

9.3.1 水产养殖场建设应符合国家有关环境保护的规定，采取有效措施消除或减少污染因素。

9.3.2 新建养殖场应有绿化规划，绿化覆盖率应符合国家有关规定及当地规划的要求。

9.4 养殖尾水处理设施

养殖区应设置养殖尾水处理池，或配置相应处理能力的废水处理设备，养殖尾水应经处理达标后排放或回收重复循环使用。淡水养殖尾水排放应符合 SC/T 9101 的规定，海水养殖尾水排放应符合 SC/T 9103 的规定。

10 主要技术经济指标

10.1 投资构成

工程投资估算及分项目投资比例按表 1 控制。

表 1 工程投资构成比例

名 称	规模分类	总投资 万元	建筑工程 %	设备及安装工程 %	其他 %	预备费 %
淡水养殖场	大型	300～1 000	60～70	15～30	6～10	3～5
	中小型	100～300	60～70	15～30	6～10	3～5
海水养殖场	大型	600～2 000	65～75	15～25	6～10	3～5
	中小型	100～600	65～75	15～25	6～10	3～5
工厂化养殖场	大型	3 000～10 000	65～75	20～30	6～10	3～5
	中小型	500～3 000	65～75	20～30	6～10	3～5

10.2 材料消耗

主要建筑材料消耗量按表 2 控制。

表 2 主要材料消耗量表

名称	钢材 kg/m^2	水泥 kg/m^2	木材 m^3/m^2
轻钢结构	30～45	20～30	0.01
砖混结构	25～35	150～200	0.01～0.02
其他附属建筑	30～40	150～200	0.01～0.02

10.3 建设工期

水产养殖场建设工期按表 3 控制。

表 3 水产养殖场建设工期

名称	建设工期,月
中小型养殖场	6～18
大型养殖场	18～24

ICS 65.020.01
B 00

中华人民共和国农业行业标准

NY/T 3617—2020

牧区牲畜暖棚建设规范

Construction criterion of cattle shed in pasturing area

2020-03-20 发布

2020-07-01 实施

中华人民共和国农业农村部 发布

前　言

本标准按照 GB/T 1.1—2009 给出的规则起草。

本标准由农业农村部计划财务司提出并归口。

本标准主编单位:甘肃省畜牧业产业管理局。

本标准参编单位:甘肃省农业建设项目管理站、甘南藏族自治州畜牧兽医研究所、天祝县畜牧技术推广站。

本标准主要起草人:赵希智、陈励芳、朱旭鑫、杨东贵、常贺荣、梁育林、牛小莹、王致晶、张海明、汪绘纹、格桂花、才让闹日。

牧区牲畜暖棚建设规范

1 范围

本标准规定了牧区牲畜暖棚的术语和定义、建筑规模与项目组成、选址与建设条件、工艺与设备、建设用地与规划布局、建筑工程与附属设施、隔离防疫设施、节能节水与环境保护、主要技术及经济指标等内容。

本标准适用于牧区牛用和羊用暖棚的建设。

2 规范性引用文件

下列文件对于本文件的应用是不可少的。凡是注日期的引用文件，仅注日期的版本适用于本文件。凡是不注日期的引用文件，其最新版本(包括所有的修改单)适用于本文件。

HJ/T 81 畜禽养殖业污染防治技术规范

NY 5027 无公害食品 畜禽饮用水水质

3 术语和定义

下列术语和定义适用于本文件。

3.1

牲畜暖棚 cattle shed

采用砖混、砖木、石木、钢筋混凝土或轻型钢结构，节能、保温型围护材料，四面有墙、屋面全部覆盖，通风换气依赖于门窗或通风管道，用于牧区牲畜越冬和提高抗灾能力建造的养殖设施。

3.2

补饲场 feeding area

暖棚外供牛、羊补饲的区域。

3.3

草料房 fodder house

储藏牛羊饲草料的设施。

3.4

安全填埋井 safe landfill well

处理病死畜及无害化处理的设施。

4 建设规模与项目构成

4.1 建设规模应根据存栏基础母畜数确定。

4.2 不同规模牲畜暖棚设施面积可按表1确定。

表1 不同规模牲畜暖棚设施面积

单位为平方米

设施名称	牛,头/栋			羊,只/栋		
	24～35	36～50	51～65	60～80	81～110	111～160
暖棚	100～150	151～210	211～270	100～130	131～180	181～270
补饲场	200～300	301～420	421～540	200～260	261～360	361～540
草料房	18～26	27～38	39～50	14～19	20～27	28～38
安全填埋井	1.0	1.0	1.0	1.0	1.0	1.0

5 选址与建设条件

棚址应选在地势较高、背风向阳、平坦干燥、水源充足、排水良好的地方，并方便草料运送和放牧管理。

6 工艺与设备

6.1 牲畜暖棚饲养工艺流程

棚内消毒、干燥→牲畜入棚→待产母畜分栏→产犊(羔)→补饲草料→出牧→清粪→通风干燥。

6.2 设备

牧区牲畜暖棚设备配置可按表2确定。

表2 牲畜暖棚设备配置

序号	设备名称	主要技术参数	数量，台套
1	背负式机动喷雾器	容积30 L，射程10 m	1
2	高压消毒锅	煤电两用，容积18 L	1
3	手推草料车与清粪车	1.0 m×0.6 m×0.75 m	2
4	农用三轮拖拉机	7Y-750	1
5	保定栏	钢制	1

7 建设用地与规划布局

7.1 建设用地

建设用地应根据存栏基础母畜计算，牛用暖棚建筑面积宜为每头4.0 m^2～4.5 m^2，羊用暖棚建筑面积宜为每只1.5 m^2～1.8 m^2。补饲场面积不少于暖棚建筑面积的2倍。

7.2 规划布局

7.2.1 暖棚朝向应兼顾通风与采光，单列式暖棚宜坐北向南，双列式暖棚宜南北走向、东西坐向。暖棚长轴线偏西偏东不宜超过10°，纵向轴线与当地常年主导风向宜呈30°～60°。

7.2.2 单列式暖棚补饲场应设在暖棚南侧。

8 建筑工程与附属设施

8.1 暖棚

8.1.1 暖棚应根据气候条件确定，屋顶可采用单坡式、双坡式、不等坡式。

8.1.2 单坡屋顶的暖棚跨度宜为6 m；双坡式、不等坡式屋顶的暖棚跨度宜为9 m。暖棚长度可根据地形地势、建筑结构和材料、饲养规模确定，不宜超过30 m。

8.1.3 单坡式或不等坡式屋顶的牛用暖棚，前墙高宜为2.0 m，后墙高宜为2.5 m，棚脊高宜为3 m；双坡式牛用暖棚脊高宜为3.3 m～3.5 m，前后墙高宜为2.2 m～2.3 m。单坡式或不等坡式屋顶的羊暖棚，前墙高宜为1.8 m，后墙高宜为2.3 m，棚脊高宜为2.8 m～3.0 m；双坡式羊用暖棚脊高宜为3.0 m～3.3 m，前后墙高宜为2.0 m。地面标高应高于舍外补饲场0.3 m～0.35 m。

8.1.4 暖棚内设置待产母畜隔离栏。

8.1.5 建筑

8.1.5.1 基础

暖棚基础宜采用刚性基础，基础埋深应在冻土层深度以下。特殊地区可按当地习惯确定。

8.1.5.2 结构

牧区牲畜暖棚应因地制宜，可采用砖混、砖木、石木、轻型钢和钢筋混凝土结构等。

8.1.5.3 墙体

暖棚墙体可选择当地建筑材料，可用砖、毛石以及复合材料等，墙体厚度应为37 cm～50 cm。暖棚内墙下部应设防止水气渗入墙体的墙围。

8.1.5.4 屋面

屋面覆盖材料可采用彩钢复合保温板或黏土瓦等,采光部分可采用 PE 阳光板、中空塑料板等。暖棚屋顶每 20 m^2～25 m^2 应设直径 40 cm 的换气孔,并应设置防雨帽或无动力换气窗。

8.1.5.5 门窗

通往补饲场的门一般设在中部。暖棚门高宜为 1.6 m～2.0 m ,宽宜为 1.8 m～2.0 m,超过 200 m^2 的暖棚设置 2 个门。暖棚设置窗户时,窗口总面积按窗地比为 1∶(10～15)设置较为适宜。窗台高度距地面宜为 1.0 m～1.2 m。材质可采用木质、不锈钢和塑钢等。

8.1.5.6 饲槽

饲槽可建在棚内和补饲场内。可采用固定式凹型统槽砖混结构。牛用饲槽前后沿高宜为 60 cm,槽宽宜为 80 cm,槽内深宜为 35 cm～40 cm,槽内宽宜为 50 cm;羊用饲槽前后沿高宜为 40 cm～45 cm,宽宜为 50 cm～60 cm,槽内深宜为 20 cm～25 cm,槽内宽宜为 25 cm～30 cm。

8.1.5.7 地面

暖棚地面宜采用自然土壤或三合土,遇不良基土时应换土或加固。

8.1.5.8 补饲场

补饲场围栏可采用砖墙或砖木、石木、钢管等材料。地面宜采用自然土壤或三合土,宜设 1.5%～2.5%的排水坡度。四周设置排水沟。

8.2 草料房

草料房宜采用轻型钢或混合结构。建筑面积应按基础母畜计算,牛宜为 0.70 m^2/头～0.80 m^2/头;羊宜为 0.23 m^2/只～0.25 m^2/只。草料房高度 3.0 m,干草打捆密度宜按 150 kg/m^3 计算。

8.3 给水

暖棚应有稳定水源,饮用水温度应保持在 0℃以上。有条件的地方,可采取加温或保温措施。饮用水水质及卫生控制措施应符合 NY 5027 的规定。

8.4 保温、通风

8.4.1 暖棚内可设置火墙或火炕保温设施。冬季产仔母畜棚内温度不宜低于 10℃,湿度不宜高于 75%。湿度降低可采用通风、铺设垫料、减少用水、及时清理粪便等措施。

8.4.2 暖棚宜采用自然通风。

8.5 使用年限

暖棚属易于替换的结构构件,结构使用年限宜为 10 年～15 年。

8.6 防火

草料房应设在牲畜暖棚侧风向,并保持 20 m 以上的距离,配备必要的防火设备及工具。

8.7 抗风雪

暖棚不应低于当地民用建筑抗风雪强度设计要求。

8.8 建(构)筑物主要技术指标

主要建筑物面积可按表 1 确定。

9 隔离防疫设施

9.1 防疫设施应按当地动物防疫部门的要求设置。

9.2 应建安全填埋井,井口面积不超过 1 m^2,并加盖,深度不低于 2 m。

9.3 病死畜、胎盘、死胎等的处理与处置应符合 HJ/T 81 的规定。

9.4 应配置专用防疫消毒设备,包括喷雾器、消毒锅、诊断仪、注射器、保定栏等。

10 节能节水与环境保护

10.1 新建牲畜暖棚应进行环境评估,并应采取防止环境污染措施。

10.2 暖棚应定期清理粪便,粪便应进行堆积发酵处理。

10.3 对废弃兽药、疫苗、兽药瓶、包装盒(袋)等应进行集中处理。

11 主要技术及经济指标

建筑面积 100 m^2 的牲畜暖棚,投资估算指标可按表 3、表 4 确定。

表 3 牛暖棚投资估算指标

序号	项目	工程量	单位	投资指标,元/(m^2、m^3、套或辆)		单项投资额,万元		备 注
				牧区	高寒牧区	牧区	高寒牧区	
一	建筑安装工程					24.00~28.00	38.30~42.60	
1	牛暖棚	100	m^2	1 500~1 800	2 700~3 000	15.00~18.00	27.00~30.00	
2	补饲场	200	m^2	350~380	420~450	7.00~7.60	8.40~9.00	
3	草料房	18	m^2	1 000~1 200	1 500~1 800	1.80~2.16	2.7~3.24	
4	安全填埋井	2	m^3	800~1 000	1 400~1 600	0.16~0.20	0.28~0.32	
二	仪器设备	6				2.72~3.01	3.65~3.96	
1	防疫设备	1	套	2 000~2 200	2 600~3 000	0.20~0.22	0.26~0.30	
2	草料与清粪车	2	辆	1 000~1 200	1 600~1 800	0.20~0.24	0.32~0.36	
3	农用三轮拖拉机	1	辆	20 000~22 000	26 000~28 000	2.00~2.20	2.60~2.80	
4	保定栏	1	套	3 200~3 500	4 700~5 000	0.32~0.35	0.47~0.50	
三	工程建设其他费					2.40~2.80	3.83~4.30	土建工程的 10%
四	预备费					1.45~1.70	2.30~2.54	前三项的 5%
五	合计					30.50~35.50	48.00~53.00	

表 4 羊暖棚投资估算指标

序号	项目	工程量	单位	投资指标,元/(m^2、m^3、套或辆)		单项投资额,万元		备 注
				牧区	高寒牧区	牧区	高寒牧区	
一	建筑安装工程					20.56~24.48	34.78~38.84	
1	羊暖棚	100	m^2	1 200~1 500	2 400~2 700	12.00~15.00	24.00~27.00	
2	补饲场	200	m^2	350~380	420~450	7.00~7.60	8.40~9.00	
3	草料房	14	m^2	1 000~1 200	1 500~1 800	1.80~2.16	2.7~3.24	
4	安全填埋井	2	m^3	800~1 000	1 400~1 600	0.16~0.20	0.28~0.32	
二	仪器设备	6				2.70~2.99	3.63~3.94	
1	防疫设备	1	套	2 000~2 200	2 600~3 000	0.20~0.22	0.26~0.30	
2	草料与清粪车	2	辆	1 000~1 200	1 600~1 800	0.20~0.24	0.32~0.36	
3	农用三轮拖拉机	1	辆	20 000~22 000	26 000~28 000	2.00~2.20	2.60~2.80	
4	保定栏	1	套	3 000~3 300	4 500~4 800	0.30~0.33	0.45~0.48	
三	工程建设其他费					2.10~2.50	3.50~3.90	土建工程的 10%
四	预备费					1.30~1.50	2.10~2.30	前三项的 5%
五	合计					26.50~31.50	44.00~49.00	
注:暖棚投资估算指标以 2016 年市场价格为基础测算。								

ICS 65.020.01
B 09

中华人民共和国农业行业标准

NY/T 3665—2020

农业环境损害鉴定调查技术规范

Technical specification for investigation of agricultural environmental damage identification

2020-07-27 发布　　　　2020-11-01 实施

中华人民共和国农业农村部　发布

前　　言

为了贯彻执行《中华人民共和国农业法》《中华人民共和国环境保护法》《中华人民共和国土壤污染防治法》，指导地方各级农业农村部门开展农业环境污染事故调查处理、农用地土壤污染责任人认定、生态环境损害赔偿等工作，特制定本标准。

本标准按照 GB/T 1.1—2009 给出的规则起草。

本标准由农业农村部科技教育司提出并归口。

本标准起草单位：农业农村部环境保护科研监测所、农业生态环境及农产品质量安全司法鉴定中心。

本标准主要起草人：王伟、张国良、米长虹、王璐、刘岩、王荫荫、强沥文、董如茵、赵晋宇。

农业环境损害鉴定调查技术规范

1 范围

本标准规定了术语和定义、调查原则、调查范围和调查方法、调查程序、排除性调查、环境损害调查、质量控制、报告书编制等内容。

本标准适用于环境污染、生态破坏导致的农业生物损害、农用地土壤等环境要素损害以及农业生态系统损害的鉴定调查;不适用于核与辐射所致的农业环境损害鉴定调查。

2 规范性引用文件

下列文件对于本文件的应用是必不可少的。凡是注日期的引用文件,仅注日期的版本适用于本文件。凡是不注日期的引用文件,其最新版本(包括所有的修改单)适用于本文件。

HJ/T 20　工业固体废物采样制样技术规范

HJ/T 55　大气污染物无组织排放监测技术导则

HJ/T 91　地表水和污水监测技术规范

HJ/T 397　固定源废气监测技术规范

HJ 589　突发环境事件应急监测技术规范

NY/T 395　农田土壤环境质量监测技术规范

NY/T 396　农用水源环境质量监测技术规范

NY/T 397　农区环境空气质量监测技术规范

NY/T 398　农、畜、水产品污染监测技术规范

3 术语和定义

下列术语和定义适用于本文件。

3.1

农业环境损害　agro-environmental damage

因环境污染、生态破坏造成农用地土壤、农业用水、农区大气等环境要素和农业生物的不利改变,及上述要素构成的农业生态系统功能的退化。

3.2

农业环境损害鉴定调查　investigation of agro-environmental damage identification

采用科学、系统的调查方法,搜集与农业环境损害事件相关的信息和数据,进行分析判断,确定受损对象,获取农业环境损害原因、范围、程度等的过程。

3.3

受鉴对象　evaluated subjects

暴露于致害物质或致害行为下的农业生物、农业环境要素和农业生态系统。

3.4

受鉴对象调查　evaluated subjects investigation

采用科学、系统的调查方法,搜集受鉴对象的信息和数据,确定受鉴对象的种类、分布、受损症状,判断受损原因等的一系列活动。

3.5

对照区　contrast area

在农业环境损害鉴定调查中,选定的与受鉴区域进行对比分析的未受致害因素影响的区域。

4 调查原则

4.1 合法性

调查工作应遵守国家和地方有关法律、法规和技术规范。

4.2 时效性

调查工作应在损害发生后及时开展,并在法定期限内完成。

4.3 全面性

调查工作应确保调查数据和材料能够全面反映事实状况,满足鉴定要求。

5 调查范围和调查方法

5.1 调查范围

农业环境损害鉴定调查应涵盖受鉴区域内的农业生物、农业环境要素以及农业生态系统。时间范围以致害行为发生时间为起点,持续到调查日为止;空间范围为受致害因素影响的农业生产区域和相关区域。

5.2 调查方法

5.2.1 资料收集法

通过查阅相关历史档案或文献资料,获取受鉴区域环境质量、生物数量、农业生态系统服务功能状况等表征指标的方法。

运用资料收集法时,应保证资料的时效性与可靠性,引用资料必须建立在现场校验的基础上。

5.2.2 人员访谈法

采取座谈走访、问卷调查、面谈或电话交流等方式,对受鉴区域及周边区域的知情人或当事人、利害关系人等进行访谈,了解农业环境损害发生过程的方法。

5.2.3 观察法

采用肉眼观察,查看受鉴区域分布、污染条块界限、受鉴对象受害症状轻重走势、受鉴区域与对照区的环境差异,以及受鉴对象的异常表现等的方法。

5.2.4 摄录法

利用相机、摄像机等拍照摄录设备,完整地收录农业环境受损现场的方法。

5.2.5 环境监测法

通过物理、化学、生化、生态学等环境监测手段,利用仪器设备开展样品采集、分析检测,确定受鉴区域和受鉴对象中污染物含量及其分布的方法。

5.2.6 专家咨询法

通过咨询有关专家,利用专家的经验和知识解决调查中专业问题的方法。

适用于受鉴对象稀有、受损类型多样,受损原因复杂,通过常规方法难以获取农业环境损害相关信息的情形。

5.2.7 遥感调查法

依靠测量测绘手段,以地理信息系统和全球定位系统为基础,经过计算机处理获取所需信息的调查方法。

适用于受鉴区域范围较大,通过人力踏勘较为困难或难以完成评价的情形。

遥感调查过程中应辅助现场勘查工作。

5.2.8 情景模拟法

在农业环境受损现场或相似环境中,通过单因子或多因子地改变和控制受鉴对象所处环境,模拟受鉴对象受损过程的试验方法。

适用于无法仅通过观察、资料收集、实践经验等方式判定因果关系的情形。

5.2.9 生物调查法

通过标志重捕法、样方样带法等，获取调查区域内动植物数量、现状与分布的统计学方法。

6 调查程序

农业环境损害鉴定调查分为排除性调查和环境损害调查两个阶段，排除性调查主要对农业环境损害事实进行初步分析和原因认定，确定损害是否由非污染、非生态破坏因素所致，决定是否需要进入环境损害调查阶段。环境损害调查主要围绕环境污染、生态破坏两方面开展详细调查。

排除性调查和环境损害调查均应制订调查方案，调查工作结束后分别编制调查报告书，编制内容及格式见附录A、附录B。农业环境损害鉴定调查的工作程序见图1。

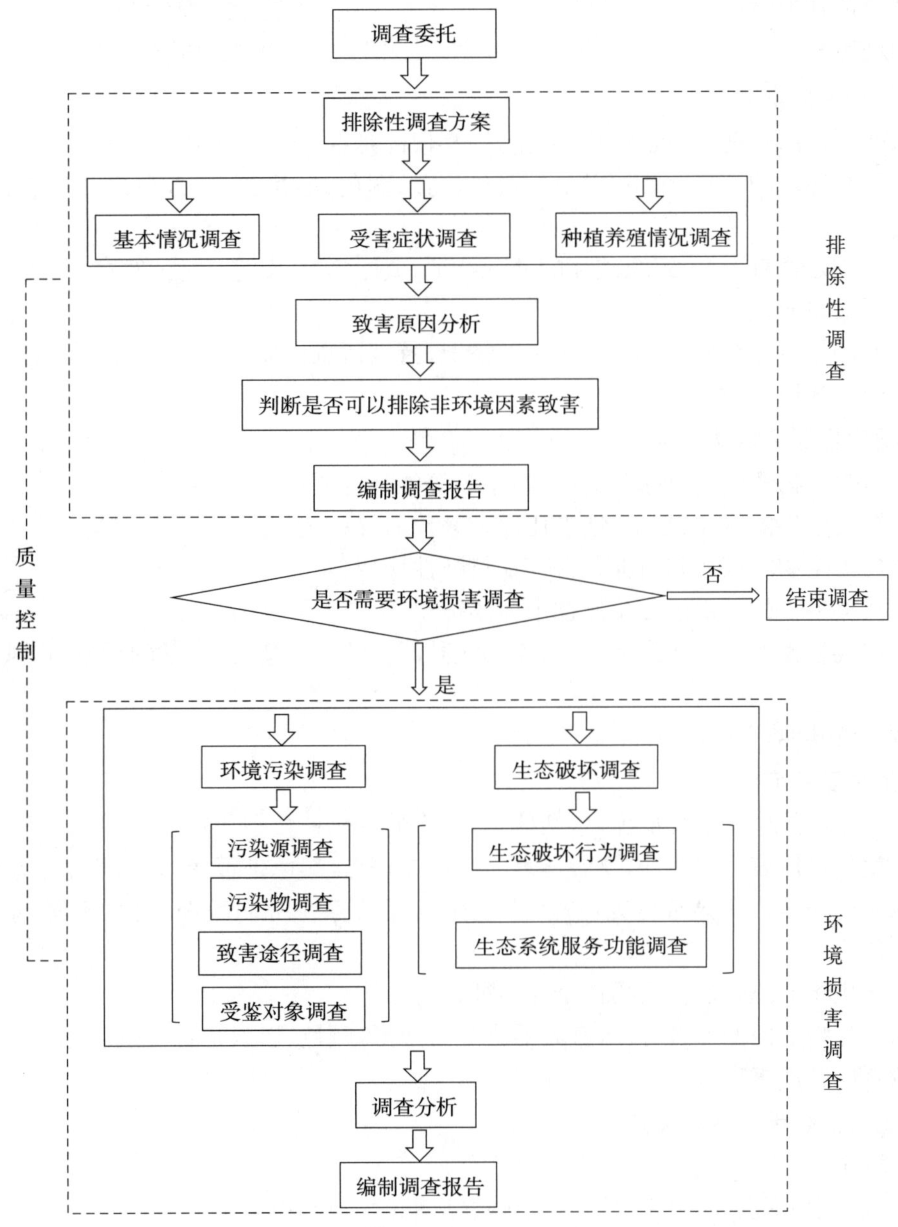

图1 农业环境损害鉴定调查工作程序

7 排除性调查

7.1 调查内容

排除性调查主要包括基本情况调查、受害症状调查和种植养殖情况调查。

7.1.1 基本情况调查

——调查受鉴区域及对照区的气候气象、自然灾害、地形地貌、水文地质等；

——调查受鉴区域的历史环境污染、生态破坏状况；
——调查受鉴区域农业生态状况的类型、成因、空间分布以及发生特点等；
调查受鉴区域农业生态系统自然状态以及受到破坏的时间、方式和过程等；
——调查受鉴区域近年来病虫害、药害、肥害发生状况、致害特征等；
——调查受鉴区域农业生物、农业环境要素以及农业生态系统受损情况；
——调查受鉴区域农区大气质量状况，包括农区大气的本底值、现状值等；
——调查受鉴区域灌溉水体的来源、利用方式、灌溉量、灌溉时间等；
——调查受鉴区域农用地土壤质量状况，包括土壤类型、土壤肥力、土壤背景值以及土壤保持量等；
——需要调查的其他事项。

7.1.2 受害症状调查

7.1.2.1 农作物受害症状调查

——调查农作物根部长度、重量、形状、颜色，观察根部是否腐烂、变质等；
——调查农作物叶片的形状、脉络，以及伤斑的位置、颜色、形状和大小，观察叶片是否卷曲、枯死、腐烂等；
——调查农作物是否有干枯、组织破坏的外观特征，查看形状、颜色、生长发育等，分析与正常情况是否存在明显差异；
——调查农产品是否存在瘪小、干枯、腐烂的情况，特别留意伤斑形状、颜色、大小及所在部位；
——需要调查的其他事项。

7.1.2.2 畜禽类生物受害症状调查

——调查畜禽类生物的牙齿、蹄脚、毛皮、眼角膜等外观特征；
——调查畜禽类生物的体长、重量、性别比以及繁殖力等；
——调查畜禽类生物的五官和内脏是否存在特征性病变；
——调查畜禽类生物的死亡过程及死亡个体体征；
——调查畜禽类生物的习性变化特点，重点关注其部位的异常情况、日常的异常行为以及后代健康情况等；
——需要调查的其他事项。

7.1.2.3 水生生物受害症状调查

——调查水生生物的生长发育情况，包括体长、体重的变化；
——调查水生生物体表外观特征，查看体表是否存在斑点，颜色是否变暗、躯体是否畸形等；
——调查水生生物是否有异常行为，查看水生生物是否存在游动缓慢，食欲下降、躯体失去平衡等状况；
——调查水生生物的死亡过程及死亡个体体征；
——调查水生生物的内部器官特征，查看器官是否畸形，颜色、形状是否发生变化；
——需要调查的其他事项。

7.1.2.4 农业生态系统受害症状调查

——调查种群个体分布方式，空间分布区域变化；
——调查种群大小、密度、出生率、死亡率、年龄结构和性别比的特征；
——调查种群形态结构的变化，包括种群个体的体型体态、保护色、警戒色等；
——调查群落水平结构、垂直结构、营养结构的受害特征；
——调查农田耕层土壤受到破坏的类型及破坏程度、农田小气候的变化；
——需要调查的其他事项。

7.1.3 种植养殖情况调查

7.1.3.1 农作物种植情况调查

——调查受鉴区域内农作物种植习惯、栽培管理模式、种植结构、灌溉用水情况等；

——调查农作物种子、幼体、种苗、成体等不同生长阶段的特征；

——调查施用农药(包括除草剂)和肥料的品种、有效成分含量、稳定性、残效期，单位施用剂量、施用方式、施用时间、施用频率，以及是否按规范施用等；

——调查农作物秸秆、农用机油渣、农用薄膜等农业废弃物的产生量与处理方式；

——调查农用机械设备等使用过程是否会造成农业生物、农业环境要素以及农业生态系统受损；

——需要调查的其他事项。

7.1.3.2 畜禽类生物养殖情况调查

——调查施用兽药和饲料的品种、施用剂量、有效成分含量、施用频率及投喂方式等；

——调查畜禽类排泄物的产生量与处置方式等；

——调查畜禽类生物养殖模式、繁育情况、养殖产量以及养殖质量等；

——调查畜禽类生物养殖条件，包括养殖设施、养殖技术水平以及养殖环境等；

——需要调查的其他事项。

7.1.3.3 水生生物养殖情况调查

——调查苗种投放密度，有效成分组成、来源以及投放量等；

——调查水生生物排泄物的产生量与处置方式等；

——调查水生生物养殖品种、养殖模式、繁育情况、养殖产量及养殖质量等；

——调查水生生物养殖条件，包括养殖设施、养殖水源及养殖技术水平等；

——需要调查的其他事项。

7.2 调查分析

——仔细观察受鉴对象的受害症状，诸如颜色、斑点形状、位置、分布、表面附着物等所有外观特征；

——与气候气象、自然灾害引起的受害症状对比，分析损害发生前后是否有导致该症状的气候因子或自然灾害，判断受害症状是否由气候气象、自然灾害因素所致；

——与病虫害(包括生理病害)致害症状对比，结合病虫害发生与流行情况、病虫害症状图谱等研究成果，判断受害症状是否由病虫害所致；

——分析受鉴对象受损前后农田灌溉水、农业投入、农业生产方式、施用药物、肥料等管理活动的差异，判断是否实施过有可能引起受害症状的管理措施；

——对比分析受鉴区域与对照区样品例行监测数据，判断损害是否由高背景值等非特定人为因素所致。

排除性调查应确定受鉴对象受害症状是否与病虫害、药害、肥害、气候气象、自然灾害相关，或是由自身管理不当等因素所致，若调查结果表明是由于上述原因所致，则停止调查，同时编制调查报告书；反之，则进入环境损害调查阶段，展开详细调查。

8 环境损害调查

8.1 调查内容

调查内容包括环境污染调查及生态破坏调查，其中环境污染调查包括污染源调查、污染物调查、致害途径调查以及受鉴对象调查；生态破坏调查包括生态破坏行为调查和生态系统服务功能调查。

8.1.1 环境污染调查

8.1.1.1 污染源调查

——调查污染源的类型、种类、数量、位置以及分布等；

——调查污染源排放污染物的时间、方式、途径、去向以及规模等；

——调查污染源排放污染物的频率、规律等；

——需要调查的其他事项。

8.1.1.2 污染物调查

a) 污染物基本情况调查

——调查污染物的种类、排放量、影响范围等；

——调查污染物的组成成分、理化性质等；

——调查污染物的处置设施、处置工艺以及处置去向等；

——调查潜在污染物的泄漏、非法倾倒、事故排放，以及由安全和交通事故、自然原因引起的污染物泄漏状况等；

——需要调查的其他事项。

b) 样品采集

——废气：固定源废气采样点布设、样品采集方法、采样时间和频次、样品保存和运输及质量控制等要求按 HJ/T 397 执行；无组织排放废气按 HJ/T 55 执行，突发事件的样品采集要求按 HJ 589 执行。

——废水：废水采样点布设、样品采集方法、采样时间和频次、保存和运输及质量控制等要求按 HJ/T 91 执行，突发事件的样品采集要求按 HJ 589 执行。

——固体废弃物：固体废弃物采样点位布设、样品采集方法、保存和运输及质量控制等要求按 HJ/T 20 执行，突发事件的样品采集要求按 HJ 589 执行。

8.1.1.3 致害途径调查

a) 选择受害较重的地块或水面，调查受鉴区域及对照区的地形、地貌、河流、水文、气候气象等环境特征，污染物进入受鉴区域的途径。水文资料应包括地表水年径流量、径流量季节变化与年际变化、主要河流走向、水质，地下水储量、水位等相关水质参数；气候气象资料应涵盖当地的风向风力风速、降水频率、降水量、温度、湿度、日照等气象要素。

b) 调查受鉴区域内农业生物的生长习性，污染物特性，环境介质条件，污染物在环境介质中的迁移、扩散、转化规律，污染物在农业生态系统中的运转规律等。

——污染物特性：获取污染物的理化性质、结构组成、粒径大小、形态特征等信息。

——环境介质条件：获取受鉴区域土壤类型、土壤渗透性、年降水量、环境介质温度等信息。

——污染物在环境介质中的迁移、扩散、转化规律：获取污染物在环境介质中的吸附、降解、分布规律等信息。

——污染物在农业生态系统中的运转规律：获取污染物在生物体内的吸收、富集、转化能力，生物信息传递规律，物质能量输入输出特点，农业生态系统的自净能力等信息。

8.1.1.4 受鉴对象调查

8.1.1.4.1 农业环境要素

a) 水环境样本采集：受鉴区域和对照区的农业环境水体水质的调查点位布设原则和方法，样品采集、运输、保存及质量控制等要求按 NY/T 396 执行；底质样品的调查点位布设原则和方法，样品采集、运输、保存及质量控制等要求按 HJ/T 91 执行；突发事件的样品采集要求按 HJ 589 执行。

b) 土壤环境样本采集：受鉴区域和对照区的农业环境土壤调查的点位布设原则和方法，样品采集、运输、保存及质量控制等要求按 NY /T 395 执行；突发事件的样品采集要求按 HJ 589 执行。

c) 环境空气样本采集：受鉴区域和对照区的农业环境空气质量调查的点位布设原则和方法，样品采集、运输、保存及质量控制等要求按 NY /T 397 执行；突发事件的样品采集要求按 HJ 589 执行。

8.1.1.4.2 农业生物

a) 农业生物受损情况

——受鉴区域总体调查：调查农业生物的类型、分布以及受害症状，受害界限明显的，根据受害程度确定地块或水面范围、面积以及分布情况。

——受害症状调查：农业生物的受害症状调查同 7.1.2。农作物要重点观察根、茎、叶、花、果等部位，禽兽类主要观察牙齿、蹄脚、毛皮等外观特征、五官和内脏部位以及习性变化特点，重点关注其部位的异常情况、日常的不正常行为以及后代健康情况等；水产品要重点查看是否有异常行为、器官是否畸形等。

——产量质量调查：调查减产农业生物种类、受污染或生态破坏前三年平均产量、种植养殖面积、对照区单位面积产量等。

b） 污染物含量调查

受鉴区域和对照区的农作物、畜禽类以及水产品的采样点布设、样品采集、采样时间和频次、保存和运输及质量控制等要求按 NY/T 398 执行。

8.1.1.4.3 农业生态系统调查

——调查农业生物多样性，包括农业生物的类型、分布、种群结构、种群频度等；
——调查植物群落建群种、分布面积、密度、生物量、植物群落的受损程度等；
——调查主要动物物种密度、出生率、死亡率、繁殖率、生境以及受损程度等；
——调查农业生态系统物质循环类型，包括水循环、气体型循环和沉积型循环；
——调查农业生态系统的初级生产力、内部结构与功能等；
——需要调查的其他事项。

8.1.2 生态破坏调查

8.1.2.1 生态破坏行为调查

——调查受鉴区域内农业生态系统中自然资源的开发利用方式、开发强度等；
——调查受鉴区域内农业生态系统功能利用方式、土地利用强度等；
——调查受鉴区域内是否存在外来物种入侵以及是否发生过自然灾害等；
——调查受鉴区域内是否存在过度垦荒、围湖造田、能源开采方式不当以及违背生态规律的生产活动等；
——需要调查的其他事项。

8.1.2.2 生态系统服务功能调查

——调查农业生态系统破坏前后的面积、生物量以及初级生产力的变化；
——调查农业生态系统破坏前后固碳量、释氧量、水源涵养量的变化等；
——调查农业资源的受破坏状态、范围、程度等；
——调查农业生态系统破坏前后供给功能、气候调节功能、支持功能的变化等；
——需要调查的其他事项。

8.2 调查分析

在排除性调查的基础上，对收集的资料和调查结果进行综合分析，围绕污染源、致害途径、生态破坏行为以及受鉴对象损害类型、受损功能等方面，明确致害成因、来源，损害范围、损害分布以及受损程度。

允许运用相关文献、相关标准、现有经验以及科研成果等对残缺性鉴材进行科学推理还原，用于调查分析。

9 质量控制

9.1 人员控制

——调查人员应当具有相关专业知识，并具有 3 年以上从业经验；
——调查人员应当保持中立，不受行政机关、司法机关、当事人等人为因素影响。

9.2 过程控制

——调查过程应详细、全面、客观，记录完整，调查记录应由记录人、调查人、见证人签字确认；
——采样监测过程应符合规范要求，采样记录应详细全面，应由采样人、记录人、见证人签字确认；
——鉴定材料应由移交方、接收方签字确认。

9.3 数据控制

——调查表（记录表）中填报的数据信息应客观、准确、完整，可溯源；
——数据信息的获取和提交应符合工作程序和相关规定；
——数据信息应严格审核，及时发现错、漏项，应及时予以改正、补充，确保数据信息符合客观实际，有关联的指标间衔接符合逻辑；

——对于搜集获得的资料，随机抽取5%～10%进行资料复核；对于人员访谈和调查表（记录表）获得的资料信息，随机抽取5%～10%进行回访复核。

10 报告书编制

10.1 农业环境损害排除性调查报告书编制

排除性调查报告书编制内容包括对现场基本情况的描述，案情摘要，调查依据、调查方法、调查内容、调查结果与分析以及调查结论。基本情况要翔实记录，应包括委托方信息、委托事项、调查资料信息以及调查范围；调查结论应提出农业环境损害事件的发生是否由非环境因素所致。

编制格式见附录A。

10.2 农业环境损害鉴定调查报告书编制

农业环境损害鉴定调查报告书编制内容包括对现场基本情况的描述，案情摘要，调查依据、调查方法、调查内容，调查结果与分析以及调查结论。基本情况要翔实记录，应包括委托方信息、委托事项、受理日期以及鉴定材料信息；调查内容应包括污染源调查、污染物调查、致害途径调查与受鉴对象调查，调查结果应客观翔实记录，调查分析应包括农业环境损害原因认定与证据阐释；调查结论应明确环境污染、生态破坏与农业环境损害事件的因果关系，说明实际调查与计划工作内容的偏差及限制条件对调查结论的影响。

编制格式见附录B。

附 录 A
（规范性附录）
农业环境损害排除性调查报告书

××农业环境损害排除性调查报告书

编制单位：××

标　　题

编号××〔××××〕×鉴字第×号

一、基本情况

委 托 人：
委托事项：
受理日期：
调查材料：
调查范围：

二、案情摘要

三、调查依据与调查方法

四、调查内容

五、调查结果与分析

六、调查结论

七、附件

附件目录

八、落款

××××年×月×日

附　录　B
（规范性附录）
农业环境损害鉴定调查报告书

××农业环境损害鉴定
调查报告书

编制单位：××

标　　题

编号××〔××××〕×鉴字第×号

一、基本情况

委 托 人：
委托事项：
受理日期：
鉴定材料：

二、案情摘要

三、调查依据与调查方法

四、调查内容

环境污染调查：
生态破坏调查：

五、调查结果与分析

六、调查结论

七、附件

附件目录

八、落款

××××年×月×日

ICS 65.020.01
B 08

中华人民共和国农业行业标准

NY/T 3666—2020

农业化学品包装物田间收集池建设技术规范

Technical specification for field collection devices construction of agricultural chemicals wrappages

2020-07-27 发布　　2020-11-01 实施

中华人民共和国农业农村部　发布

前　　言

本标准按照 GB/T 1.1—2009 给出的规则起草。

本标准由农业农村部科技教育司提出并归口。

本标准起草单位：北京市农业环境监测站、中国农业科学院农业资源与农业区划研究所。

本标准主要起草人：欧阳喜辉、刘宏斌、刘晓霞、潘君廷、周洁、翟丽梅、王鸿婷、王洪媛、习斌、庞博。

农业化学品包装物田间收集池建设技术规范

1 范围

本标准规定了农业化学品包装物田间收集池的设计与选址、建设和运行管理相关技术要求。

本标准适用于田间生产过程中使用的农药、肥料及土壤调理剂产品包装物暂存收集池的建设。

2 术语和定义

下列术语和定义适用于本文件。

2.1

农业化学品包装物 agricultural chemicals wrappages

用于储存、保护、运输和交付给购货方的农药、肥料及土壤调理剂产品的包装物。

3 设计与选址

3.1 服务区域面积

应充分考虑服务区域内作物种类、种植模式、农业化学品包装物产生量、收集与转运的便捷性等因素合理设计收集池容积和密度。每个收集池的服务面积宜为 30 hm^2～50 hm^2。

3.2 包装物产生量估算

根据当地农作物耕作制度、种植品种、农业化学品使用等具体情况,估算包装物产生量。

3.3 选址

3.3.1 应按收集池有效容积,结合当地规划、土地利用类型、农田地形、村庄分布,并充分考虑环境敏感区分布、交通便利情况选择收集池建设地址。不应在生活饮用水水源保护区、风景名胜区、自然保护区的核心区及缓冲区以及法律法规规定需特殊保护的其他区域建设收集池。

3.3.2 应与禁建区域的边界保持 500 m 以上的防护距离。

3.3.3 地方政府另有规定的,应从其规定。

4 建设

4.1 农药包装物收集池应与肥料及土壤调理剂产品包装物收集池分开建设。农药包装物收集池应在醒目位置设置有害垃圾标识并做好防护措施。

4.2 收集池宜选择可移动式成套收集池设备,也可为混凝土固定结构。收集池应做好防扬散、防流失、防渗漏、防腐蚀、防雨、防晒和密闭处理。选择可移动式成套收集池设备还应建设混凝土浇筑基座,基座面积应不少于收集池占地面积,混凝土厚度不少于 200 mm。

5 运行管理

5.1 应明确收集池管护主体、管护责任和管护义务,宜由农药生产者、经营者或相关专业机构作为收集池管护主体。管护主体应设立台账,并安排管护人员定期巡视管护收集池,及时转运。

5.2 管护人员自身应采取相应防护措施,打开农药包装物收集池后应先通风。管护人员上岗前均应进行相关法律法规、专业技术、安全防护和紧急处理等理论知识和操作技能培训,熟悉危险废物管理;发现异常情况时,应及时采取相应措施并上报有关部门。

5.3 包装物转运车辆应密闭且满足防雨、防渗漏、防遗洒要求,转运过程中不得丢弃、遗洒。农药包装废弃物与肥料及土壤调理剂的包装物转运车辆应严格区分,不应混用。

ICS 65.020.01
B 04

中华人民共和国农业行业标准

NY/T 3670—2020

密集养殖区畜禽粪便收集站建设技术规范

Technical specification for construction of manure collection stations in intensive animal farming areas

2020-07-27 发布　　　　2020-11-01 实施

中华人民共和国农业农村部 发布

前 言

本标准按照 GB/T 1.1—2009 给出的规则起草。

本标准由农业农村部科技教育司提出并归口。

本标准起草单位：中国农业科学院农业资源与农业区划研究所、农业农村部农业生态与资源保护总站、云南顺丰洱海环保科技股份有限公司、昆明理工大学和北京市农业环境监测站。

本标准主要起草人：刘宏斌、潘君廷、徐志宇、钟顺和、王洪媛、耿宇聪、瞿广飞、王春荣、黄宏坤、刘晓霞、习斌、欧阳喜辉、翟丽梅、张敬锁、周洁、王鸿婷。

密集养殖区畜禽粪便收集站建设技术规范

1 范围

本标准规定了密集养殖区畜禽粪便收集站的设计、建设和运行管理相关技术要求。

本标准适用于密集养殖区畜禽粪便收集站的建设与运行管理。

2 规范性引用文件

下列文件对于本文件的应用是必不可少的。凡是注日期的引用文件,仅注日期的版本适用于本文件。凡是不注日期的引用文件,其最新版本(包括所有的修改单)适用于本文件。

GB 18596 畜禽养殖业污染物排放标准

GB 50054 低压配电设计规范

NY/T 1168 畜禽粪便无害化处理技术规范

3 术语和定义

下列术语和定义适用于本文件。

3.1

密集养殖区 intensive livestock and poultry areas

每平方公里畜禽养殖密度大于1万头生猪当量,且各单体畜禽养殖量均不高于有关部门规定的畜禽养殖场规模标准的法定允许养殖区域。

3.2

畜禽粪便收集站 livestock and poultry manure collection stations

用于固体畜禽粪便储存、堆肥和中转的专用场所。

3.3

堆肥 composting

畜禽粪便与秸秆等辅料按一定比例混合堆放并在微生物作用下发酵腐熟的过程。

4 设计

4.1 系统构成

4.1.1 应包括畜禽粪便堆存、渗滤液收集、附属设施。有条件的还可配置堆肥辅料储存设施、堆肥场地等。

4.1.2 应配备磅秤、封闭运输车辆、铲车、装载机等。有条件的还可配备温度水分测定、翻抛机和粉碎机等仪器设备。

4.2 占地面积

4.2.1 收集站服务区域半径不宜超过5 km。

4.2.2 应按畜禽粪便堆存设施、渗滤液收集设施和附属设施占地面积确定畜禽粪便收集站占地面积。进行堆肥处理的,还应考虑辅料储存设施和堆肥场地占地面积需求。占地面积估算方法参见附录A。

4.3 选址

4.3.1 应按当地规划、土地使用类型、收集站占地面积,并充分考虑村庄、地表水体等自然要素和环境敏感区分布确定建设地址。选址应交通便利、电源及供水可靠、施工和运行管理方便并有扩建的余地。

4.3.2 不应在生活饮用水水源保护区、风景名胜区、自然保护区的核心区及缓冲区、城市和城镇居民区、县级人民政府依法划定的禁养区域以及国家或地方法律、法规规定需特殊保护的其他区域建设收集站。

4.3.3 应与本标准4.3.2所述区域至少保持500 m的防护距离,与畜禽养殖场至少保持500 m的防疫距离，与种畜禽养殖场至少保持1 000 m的防疫距离，与地表水体的至少保持400 m的安全防护距离。

4.3.4 设置在上述区域主导风向的下风向或侧风向处，地方政府另有规定的应从其规定。

4.4 平面布局

4.4.1 收集站内各设施应按畜禽粪便收集、处理、转运的程序合理布局。渗滤液收集设施应在整个收集站最低处，宜设置于收集站外。附属设施宜位于整个收集站的上风向处，其他各项设施应按照功能紧凑布局。

4.4.2 进行堆肥处理与不进行堆肥处理的两种收集站的平面布局示意图参见附录B。

5 建设

5.1 地磅秤

5.1.1 选用的地磅秤应与常用运输车辆相匹配。

5.1.2 地磅秤安装应浇筑混凝土基础，安装位置应排水良好。

5.2 堆存设施

5.2.1 堆存设施宜为地上或半地下结构。地面和墙体应采用混凝土浇筑，墙体厚度不少于240 mm，地面厚度不少于200 mm，渗透系数$\leqslant 1.0\times 10^{-5}$ mm/s。地面向渗滤液收集设施方向适当倾斜，坡底设渗滤液收集暗沟或暗管，并与渗滤液收集处理设施相连。

5.2.2 顶部应建设带阳光板屋顶的钢结构雨棚，雨棚下玄与设施地面净高不低于3.5 m。

5.2.3 地面强度应满足作业机械的荷载要求。

5.3 渗滤液收集设施

5.3.1 渗滤液收集设施有效容积应满足渗滤液在设施内的滞留时间不少于30 d。

5.3.2 应采用混凝土浇筑，进行防渗和防腐蚀处理，并配备排污泵。上部宜用混凝土预制板封闭或采用其他防雨设施。应设置围栏，围栏高度应不低于1.8 m。北方地区应建在冻土层以下，有条件的地区可采用三格式地下结构。三格式地下结构渗滤液收集设施样式参见附录C。

5.3.3 渗滤液收集设施应设通风装置。

5.4 附属设施

5.4.1 附属设施包括运输车辆清洗消毒、作业机械存放和办公等设施。有条件可建设辅料储存设施。

5.4.2 应配备除臭设备。

5.4.3 收集站周边宜建设5 m～10 m的植物缓冲带。

5.4.4 配电设施应满足GB 50054的要求。

5.4.5 应配备消防设施，消防设施应满足收集站的消防需求。

6 运行管理

6.1 应明确收集站管护主体、管护责任和义务，由管护主体对收集站进行日常检查维护。

6.2 畜禽粪便在收集站堆存设施中的储存时间宜为15 d～20 d。畜禽粪便的运输应防止遗洒、流失、渗漏，并控制臭气。

6.3 应采取严格措施防止二次污染，严格实行雨污分流措施。渗滤液不得直接向环境排放，防止雨污混合及渗滤液下渗。当次畜禽粪便转运结束后，转运车辆应进行清洗消毒。应采用不产生二次污染的消毒剂，清洗过程应节约用水，清洗废水应与渗滤液一同收集处理。经过处理的渗滤液应进行肥料化还田利用，还田应符合NY/T 1168的卫生学要求。

6.4 应做好除臭。宜在畜禽粪便堆体表面覆盖秸秆、锯末、膨润土、生物炭等吸附材料；宜喷洒双氧水、臭氧等无二次污染风险的强氧化剂，氧化臭气中的主要恶臭物质；宜添加生物提取物、酶制剂、生物菌剂等，减少臭气生成。夏季收集站内应采取灭蝇网等灭蝇措施。

6.5 水污染物、恶臭气体的最高日排放浓度应符合 GB 18596 的规定,固体废弃物、噪声及其他污染物的排放应符合相关法律法规和标准的规定。

6.6 应严禁烟火,在收集站醒目位置处设置危险警示标识。应制定全面的运行管理、维护保养制度和安全生产操作规程且张贴于醒目位置,建立明确的岗位责任机制。各类设施、设备均应严格按照设计的工艺要求及说明使用。运行管理人员上岗前均应进行相关法律法规、专业技术、安全防护、紧急处理等理论知识和操作技能培训,熟悉收集站内各项设施、设备的运行要求与技术指标。应具备应急处理能力,发现异常情况应采取相应的解决措施,并及时上报有关主管部门。

附 录 A
(资料性附录)
收集站占地面积计算方法

A.1 不同畜禽日产粪量、收集系数、固体粪便密度因畜种、饲养管理水平、气候、季节等情况会有很大差异,不同统计资料提供的数据不尽相同,缺少实际数据的可参考表 A.1。

表 A.1 不同畜禽日产粪量和收集系数

项目	单位	奶牛	肉牛	生猪	蛋鸡	肉鸡	鸭
日产粪量	kg/(只·d)	30.3	13.63	1.21	0.13	0.14	0.13
密度	kg/m^3	990	1 000	990	970	1 000	970
收集系数	—	0.95	0.95	0.95	0.95	0.95	0.90

A.2 收集站内堆存设施占地面积S_s(m^2)可按照式(A.1)确定。

$$S_s=\frac{\eta \times RT \times \sum Q_i F_i}{\rho_M \times h_s} \quad \text{(A.1)}$$

式中:

η ——收集系数;

RT ——滞留时间,单位为天(d);

Q_i ——区域内第 i 种畜禽养殖量,单位为只;

F_i ——区域内第 i 种畜禽日产粪量,单位为千克每只每天[kg/(只·d)];

ρ_M ——固体畜禽粪便密度,单位为千克每立方米(kg/m^3);

h_s ——堆存设施内畜禽粪便可堆积的最高高度,单位为米(m)。

A.3 渗滤液收集设施占地面积 S_l (m^2)可按照式(A.2)确定。

$$S_l=\frac{\alpha \times S_s \times h_s}{h_l} \quad \text{(A.2)}$$

式中:

α ——渗滤液收集设施与堆存设施的体积比;

S_s ——堆存设施占地面积,单位为平方米(m^2);

h_s ——堆存设施内畜禽粪便可堆积的高度,单位为米(m);

h_l ——渗滤液收集设施最大深度,单位为米(m)。

A.4 渗滤液收集设施体积与堆存设施的体积比宜为 5%～10%;附属设施占地面积与堆存设施的面积比应为 7%以内,面积最多不超过 1 hm^2;进行堆肥处理的收集站中,堆肥场地宜位于堆存设施内,面积宜为堆存设施的一半。

附　录　B
（资料性附录）
两种收集站平面布置样式

进行堆肥处理和不进行堆肥处理的两种收集站平面布置示意图见图 B.1 和图 B.2。

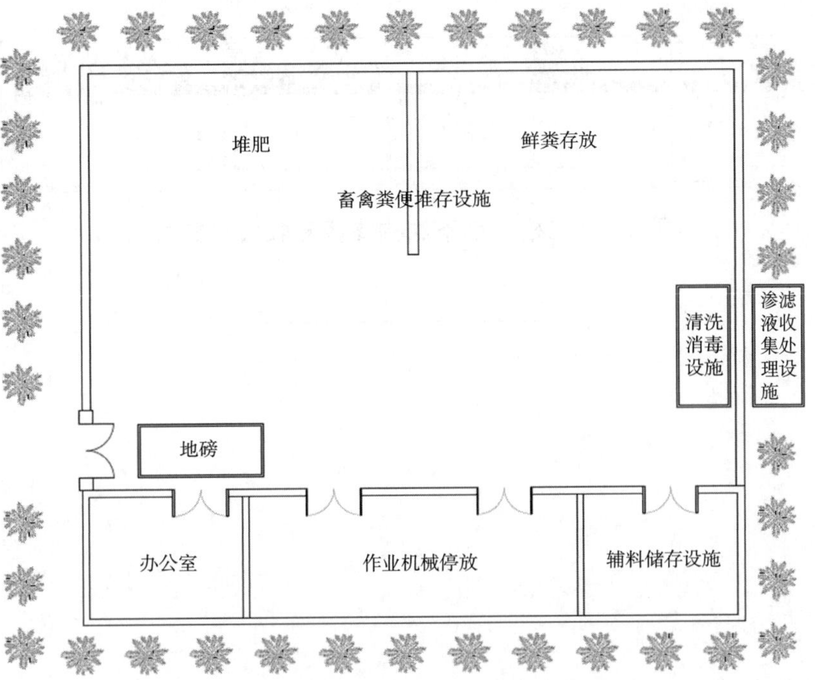

图 B.1　进行堆肥处理的收集站平面布置图

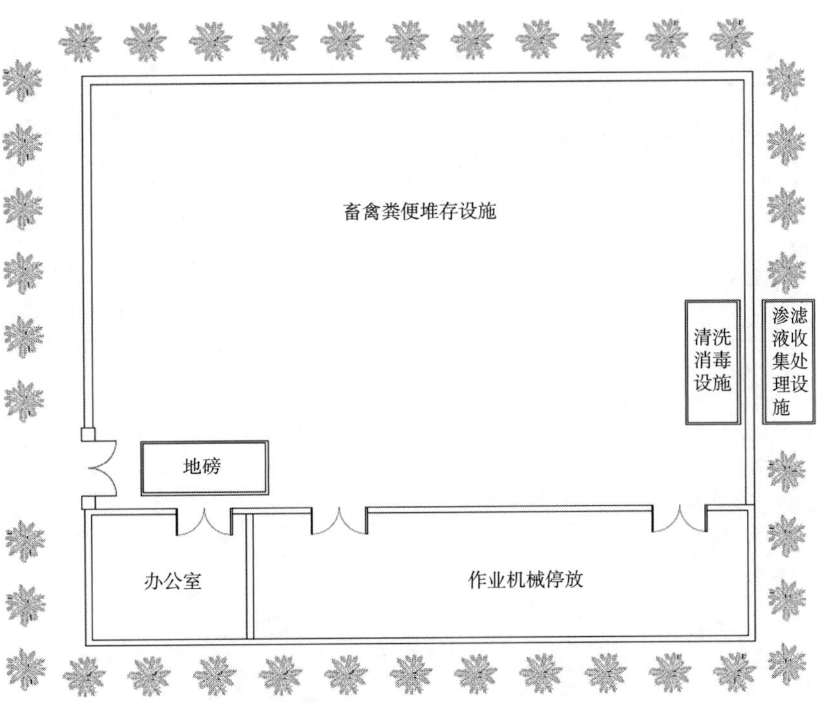

图 B.2　不进行堆肥处理的收集站平面布置图

附　录　C
（资料性附录）
三格式地下结构渗滤液收集设施样式

三格式地下结构渗滤液收集设施样式见图 C. 1。

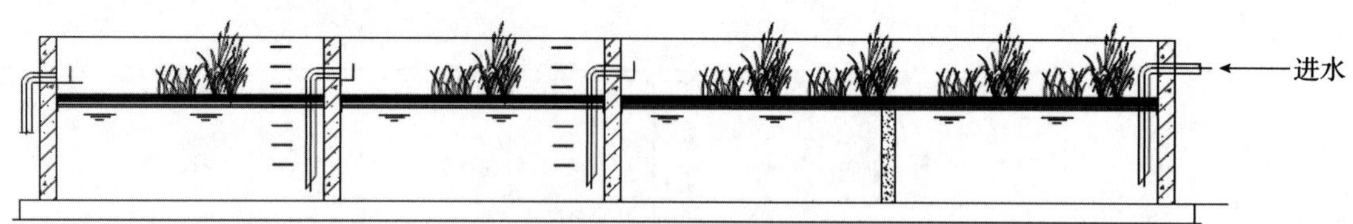

图 C. 1　三格式地下结构渗滤液收集设施样式

ICS 07.080
B 47

中华人民共和国农业行业标准

NY/T 3677—2020

家蚕微孢子虫荧光定量PCR检测方法

Real time PCR method for detection of Nosema bombycis

2020-08-26 发布 2021-01-01 实施

中华人民共和国农业农村部 发布

前　言

本标准按照 GB/T 1.1—2009 给出的规则起草。

本标准由农业农村部种植业管理司提出。

本标准由全国桑蚕业标准化技术委员会(SAC/TC 437)归口。

本标准起草单位:江苏科技大学、中国农业科学院蚕业研究所、苏州大学、西南大学、农业农村部蚕桑产业产品质量监督检验测试中心(镇江)。

本标准主要起草人:吴萍、沈中元、郭锡杰、张少伦、贡成良、潘敏慧、陈涛、商琪。

家蚕微孢子虫荧光定量 PCR 检测方法

1 范围

本标准规定了家蚕微孢子虫(*Nosema bombycis*)的实时荧光定量 PCR 检测方法。

本标准适用于家蚕蚕卵及家蚕幼虫组织中微孢子虫的检测。

2 规范性引用文件

下列文件对于本文件的应用是必不可少的。凡是注日期的引用文件,仅注日期的版本适用于本文件。凡是不注日期的引用文件,其最新版本(包括所有的修改单)适用于本文件。

GB/T 6682 分析实验室用水规格和试验方法

3 术语和定义

下列术语和定义适用于本文件

3.1

***LUS rRNA* 基因 *LUS rRNA* gene**

家蚕微孢子虫的大亚基核糖体 rRNA(Large subunit ribosomal,LUS)基因。

3.2

***Ct* 值 cycle threshold**

每个管内的荧光信号达到设定的阈值时所经历的循环数。

3.3

FTA 卡滤膜片 flinders technology associates card

弗林德斯技术联合卡滤膜片,一种特制的滤纸,可结合核酸,维持样品中 DNA 的完整性。

4 原理

根据家蚕微孢子虫的 *LUS rRNA* 基因的保守序列设计特异性引物进行 PCR 扩增反应。利用荧光信号伴随目的 PCR 产物的增加而增强的原理,收集 PCR 扩增过程的荧光信号值,根据 *Ct* 值判断供试样品是否含有家蚕微孢子虫。

5 试剂与材料

除另有规定外,所用生化试剂均为分析纯,实验用水应符合 GB/T 6682 中一级水的规定。

5.1 Tris-HCl(1 mol/L,pH 8.0):称取 12.10 g Tris 碱至烧杯中,加入 90 mL 超纯水溶解,加入适量浓 HCl 调 pH 至 8.0,定容至 100 mL,高压灭菌,室温保存。

5.2 EDTA (0.5 mol/L,pH 8.0):称取 18.61 g EDTA 溶于 90 mL 超纯水中,加入适量 NaOH 调节 pH 至 8.0,定容至 100 mL,高温灭菌后保存。

5.3 TE 缓冲液:分别量取 5.1 溶液 5.0 mL、5.2 溶液 1.0 mL 于烧杯中,加入 400 mL 超纯水均匀混合后,定容至 500 mL,高压灭菌,室温保存。

5.4 TE-1 缓冲液:分别量取 5.1 溶液 5.0 mL、5.2 溶液 0.1 mL 于烧杯中,加入 400 mL 超纯水均匀混合后,定容至 500 mL,高压灭菌,室温保存。

5.5 30%KOH 溶液:称取 30.00 g KOH 至烧杯中,缓慢加入超纯水搅拌溶解后,定容至 100 mL,高压灭菌,室温保存。

5.6 玻璃珠(直径 1.0 mm)。

5.7 FTA 卡滤膜片。

5.8 FTA 纯化试剂。

5.9 荧光定量 PCR 试剂盒。

5.10 灭菌的枪头、离心管及牙签。

6 主要仪器设备

6.1 实时荧光定量 PCR 仪。

6.2 紫外分光光度计。

6.3 小型珠磨式组织研磨器。

6.4 破碎管。

6.5 微量加样器。

6.6 微型打孔器。

6.7 −20℃及−80℃冰箱。

7 样品检测

7.1 样品微孢子虫基因组 DNA 提取

7.1.1 将待检蚕卵样品充分混匀，随机选取 200 粒蚕卵用 30%KOH 溶液在 37℃中浸没 10 min，一级水冲洗 2 次，1 mol/L HCl 中和 1 次，一级水冲洗 2 次，用灭菌牙签将蚕卵充分捣碎。称取待检蚕体组织约 200 mg，在冰上快速用灭菌剪刀将其剪碎。

7.1.2 将 7.1.1 处理过的蚕卵样品或蚕体组织样品置于 2 mL 破碎管中，加入 1/2 管体积的玻璃珠及 1 mL TE 缓冲液，使用小型珠磨式组织研磨器，4 800 *g*，室温振荡破碎 1 min，将样品置于冰上，待其冷却后再重复振荡破碎 5 次。

7.1.3 吸取 100 μL 破碎液滴加到 FTA 卡滤膜片上，室温干燥。

7.1.4 从 FTA 卡滤膜片上打孔裁取 1 个直径约 2 mm 的小圆片，用 FTA 纯化试剂洗涤 3 次，然后用 TE-1 缓冲液洗涤 2 次，56℃干燥后−20℃冷冻保存备用，作为荧光定量的模板。

7.2 实时荧光定量 PCR 检测

7.2.1 引物序列

正向引物：5′-GGATCAATAGGATGTCATAACG-3′；

反向引物：5′- TGTTCATTCGCCACTACTAA-3′。

荧光定量 PCR 产物相关信息参见附录 A。

7.2.2 对照设置

阳性对照：含有经 7.2.1 引物扩增的 LSU rRNA 基因片段的重组质粒 DNA，拷贝数为 1.0×10^4 个/μL。阳性质粒的制备参见附录 B。

阴性对照：健康家蚕幼虫基因组 DNA，浓度为 50 ng/μL。

空白对照：灭菌超纯水。

7.2.3 PCR 反应体系

实时荧光定量 PCR 反应体系见表 1。

表 1 实时荧光定量 PCR 反应体系

试剂	体积/单个反应
2×SYBR Premix ExTaq™	12.5 μL
正向引物（10 μmol/L）	0.5 μL
反向引物（10 μmol/L）	0.5 μL

表 1（续）

试剂	体积/单个反应
DNA 模板	1 个 FTA 卡滤膜片
一级水	补足至 25 μL
总体积	25 μL
注：DNA 模板若为阳性质粒与阴性对照，单个反应的体积均为 1 μL。	

反应程序：95℃预变性 2 min，95℃ 5 s，60℃ 31 s，共 40 个循环。每个样品重复 3 次。可按照其他市售商品化试剂盒说明书进行荧光定量 PCR 反应。

7.2.4 PCR 反应质量控制

扩增反应结束后，阳性对照出现典型的扩增曲线，空白对照和阴性对照的荧光曲线平直或低于阳性对照荧光值的 15%，表明反应体系工作正常。否则，表明 PCR 反应体系不正常，应重新检测。

8 结果判定

在 PCR 反应体系正常工作的前提下，根据收集的荧光曲线和 Ct 值判定结果。判定规则如下：

a） 待测样品检测 Ct 值小于或等于阳性对照的 Ct 值，判定该样品检出家蚕微孢子虫；

b） 待测样品检测 Ct 值大于或等于阴性对照的 Ct 值，判定该样品未检出家蚕微孢子虫；

c） 待测样品检测 Ct 值大于阳性对照的 Ct 值且小于阴性对照的 Ct 值，应重新做荧光定量 PCR 扩增，若重复实验结果出现典型的扩增曲线，Ct 值仍然在此范围，判定该样品疑似含有家蚕微孢子虫。

附　录　A
（资料性附录）
荧光定量 PCR 产物相关信息

A.1　检测基因

家蚕微孢子虫 LUS rRNA 基因，GenBank 登录号：AY259631(142 bp～2 648 bp)。

A.2　扩增产物大小及序列

扩增产物 160 bp。

GGATCAATAGGATGTCATAACGATGAAGAACATAAAAGAATATGATAAAACATAATCTTTGAATTCTAATTCATTTTAGGATAACCCTTTGAACTTAAGCATATCAGTAAAAGGAGGAAAAGAAACTAACAAGGATTTCTTTAGTAGTGGCGAATGAACA

注：划线部分为引物序列。

附　录　B
（资料性附录）
阳性质粒的制备

B.1　以家蚕微孢子虫的基因组DNA为模板，用LUS rRNA基因的正向引物和反向引物扩增目的基因片段，PCR反应体系25 μL：10×PCR缓冲液2.5 μL，dNTPs（各10 mmol/L）0.5 μL，正、反向引物（10 μmol/L）各0.6 μL，DNA模板（1个FTA卡滤膜片），*Taq*酶（5 U/μL）0.5 μL，灭菌水20.3 μL。反应条件为：94℃ 2 min；94℃ 30 s，55℃ 40 s，72℃ 40 s，35个循环；72℃延伸5 min。反应结束后，取5 μL PCR产物在2%的琼脂糖凝胶上进行电泳分析。

B.2　PCR产物经电泳鉴定后，按试剂盒说明书进行胶回收纯化目的片段，将目的片段与克隆载体连接，将其转化大肠杆菌感受态细胞，提取重组质粒并进行测序验证。

B.3　阳性质粒用碱裂解法进行提纯，用紫外分光光度计分别测定OD_{260}与OD_{280}的吸光值，根据OD_{260}的值计算质粒浓度，质粒拷贝数按式（B.1）计算。质粒纯度用OD_{260}/OD_{280}值表示，比值应为1.80～2.00。

$$c = N_A \times \frac{\rho}{w} \qquad \text{(B.1)}$$

式中：

c ——质粒拷贝数的数值，单位为质粒拷贝数每毫升（个/mL）；

N_A——阿伏伽德罗常数，通常表示为6.02×10^{23}，单位为物质所含的基本单元（分子或原子）的数量每摩尔（个/mol）；

ρ ——质粒浓度的数值，单位为克每毫升（g/mL）；

w ——质粒平均分子量的数值，单位为克每摩尔（g/mol）。

B.4　将阳性质粒拷贝数稀释至1.0×10^{4}个/μL，置于−20℃冰箱保存备用，保存期限宜在3个月内；长期保存应置于−80℃冰箱。

ICS 65.020.20
B 05

中华人民共和国农业行业标准

NY/T 3703—2020

柑橘无病毒容器育苗设施建设规范

Technical specification on construction of greenhouse/screenhouse for citrus virus-free container nursery

2020-08-26 发布　　　　2021-01-01 实施

中华人民共和国农业农村部　发布

前　言

本标准按照 GB/T 1.1—2009 给出的规则起草。

本标准由农业农村部种植业管理司提出并归口。

本标准起草单位:全国农业技术推广中心、湖南农业大学。

本标准主要起草人:李莉、邓子牛、李大志、龙桂友、白岩、马先锋、戴素明、李娜、盛玲。

柑橘无病毒容器育苗设施建设规范

1 范围

本标准规定了柑橘无病毒苗木繁育设施的规格、一般要求、设施单体工程和场区公用工程的建设。

本标准适用于所有柑橘产区的无病毒容器苗木繁育设施建设和验收。

2 规范性引用文件

下列文件对于本文件的应用是必不可少的。凡是注日期的引用文件，仅注日期的版本适用于本文件。凡是不注日期的引用文件，其最新版本(包括所有的修改单)适用于本文件。

GB/T 1198 铝化学分析方法

GB/T 1839 钢产品镀锌层质量试验方法

GB 5040 柑桔苗木产地检疫规程

GB/T 5237(所有部分) 铝合金建筑型材

GB/T 6723 通用冷弯开口型钢尺寸、外形、重量及允许偏差

GB/T 6725 冷弯型钢

GB/T 6728 结构用冷弯空心型钢尺寸、外形、重量及允许偏差

GB/T 9659 柑桔嫁接苗

GB/T 13793 直缝电焊钢管

GB/T 19791 温室防虫网设计安装规范

GB/T 23393 设施园艺工程术语

GB/T 51057 种植塑料大棚工程技术规范

GB/T 51183 农业温室结构荷载规范

CJ/T 204 生活饮用水紫外线消毒器

NY/T 973 柑橘无病毒苗木繁育规程

NY/T 1145 温室地基基础设计、施工与验收技术规范

NY/T 1451 温室通风设计规范

NY/T 1832 温室钢结构安装验收规范

NY/T 1966 温室透光覆盖材料安装与验收规范 塑料薄膜

3 术语和定义

GB/T 23393 界定的以及下列术语和定义适用于本文件。

3.1

无病毒容器苗木 healthy container nursery plant

按 NY/T 973 的规定全程在防虫设施内繁育的、不携带 NY/T 973 和 GB 5040 规定的病虫害及黄脉病、质量达到 GB/T 9659 规定要求的柑橘容器苗木。

3.2

无病毒容器苗木繁育设施 screen or greenhouse for propagation of healthy container nursery plant

按照 NY/T 973 的规定繁育无病毒柑橘砧木和嫁接苗木的、由固定钢架结构支撑、覆盖防虫网的、具有隔离防疫功能的单栋或连栋防虫网室或温室大棚。

4 设施规格

4.1 设施平面尺寸

4.1.1 拱顶设施跨度宜为 8 m,场地受限制的可为 6 m;开间宜为 3 m 或 4 m;长度和宽度应在遵从跨度和开间模数的基础上根据建设场地大小确定。

4.1.2 平顶网室的平面尺寸可根据建设场地大小确定。

4.2 设施高度

4.2.1 拱顶设施檐高宜按下列规定选取:

a) 单栋设施:2.0 m~3.0 m;

b) 连栋设施:3.5 m~5.0 m。

4.2.2 拱顶设施脊高应高于檐高 1.5 m~2.0 m。

4.2.3 平顶网室高度宜为 2.5 m~4.0 m。

4.3 缓冲间

4.3.1 缓冲间应依靠主入口墙面内置或外置。

4.3.2 缓冲间规格宜为 2.0 m×1.5 m×(2.0~2.5)m(长×宽×高)。

4.4 苗床

4.4.1 苗床宽度宜为 1.0 m,长度可根据设施长度确定。

4.4.2 苗床边应用砖或钢丝围出 15 cm~25 cm 高的护苗栏。

4.5 容器

4.5.1 育苗容器可用软塑或硬塑制作。

4.5.2 繁育用容器尺寸宜为直径 10 cm~12 cm 或边长 10 cm~12 cm,高度 25 cm~30 cm。

4.5.3 采穗母树容器直径宜为 30 cm~40 cm,高度 30 cm~40 cm。

4.5.4 原种母树保存用容器尺寸直径宜为 45 cm~80 cm,高度 45 cm~60 cm。

4.5.5 所有容器在底部和壁上均应开排水孔,每个容器的孔数宜为 15 个~25 个。

4.6 生产辅助设施

4.6.1 消毒间

4.6.1.1 繁育区主入口处应设立人员消毒间,平面尺寸不应小于 3 m×3 m。

4.6.1.2 人员消毒间脚底消毒池规格不应小于 40 cm×60 cm,深度 5 cm~8 cm。

4.6.2 车辆消毒棚

4.6.2.1 在繁育基地主入口处应设立车辆消毒棚,平面尺寸不应小于 6 m×3 m(长×宽),高度宜为 5 m~6 m。

4.6.2.2 车辆消毒棚内车轮消毒池规格宜为 5 m×3 m×0.3 m(长×宽×深)。

4.6.3 堆料场和配料间

堆料场和配料间面积应按育苗设施总面积的 1/20~1/10 确定,且不宜小于 200 m^2。

4.7 库房

库房面积应按育苗设施总面积的 1/30~1/20 确定,且不宜小于 100 m^2。

5 一般要求

5.1 设施选址

按照 NY/T 973 的隔离要求选址,繁育设施的建设场地应排水良好、采光充足、四周畅通。

5.2 设施主体结构设计要求

5.2.1 设施主体钢结构使用寿命不应少于 15 年。

5.2.2 设施设计荷载应符合 GB/T 51183 的要求。

5.3 繁育设施病虫预防要求

5.3.1 繁育设施应全范围覆盖防虫网,并完全密封。

5.3.2 消毒间每 9 m²应安装 1 盏 30 W 紫外灯。

5.3.3 设施主入口处应设缓冲间。

5.3.4 消毒间和缓冲间应设置脚底消毒、洗手消毒等防御措施。

6 设施单体工程

6.1 建筑工程

6.1.1 门

6.1.1.1 设施主入口处的缓冲间两端应安装两樘门,门高 2.0 m～2.2 m,宽 2.0 m～3.0 m;当设施长度超过 30 m 时,可在其他墙面设置高 1.8 m～2.0 m、宽 1.5 m 的次入口门。

6.1.1.2 门扇和门框之间要进行密封处理。

6.1.1.3 在缓冲间内门框上方应安装风幕机。

6.1.1.4 门框结构可以使用设施骨架相同的钢材或用铝合金型材。

6.1.2 裙墙

单体设施外围立柱之间应砌筑连续砖墙或钢筋混凝土板裙墙,尺寸应符合下列要求:

a) 檐高≤3 m 时,裙墙厚 13 cm、高 30 cm;

b) 檐高＞3 m 时,裙墙厚 24 cm、高 50 cm。

6.2 结构工程

主体结构用材应符合下列要求:

a) 受力构件宜采用碳素结构钢 Q235 钢材。直缝电焊钢管壁厚不得小于 1.8 mm,力学性能和规格应符合 GB/T 13793 的规定,型钢材料应符合 GB/T 6723、GB/T 6728、GB/T 6725 和 GB/T 1198 的规定。所有钢管和构件出厂前均应进行热浸镀锌处理,特殊要求时还可以进一步喷塑处理。镀层厚度不小于 0.01 mm,镀锌质量应符合 GB/T 1839 的要求。

b) 铝合金型材应符合 GB/T 5237 的规定。

c) 设施基础应按照 NY/T 1145 的要求设计、施工和验收。

d) 设施主体钢结构应按照 GB/T 51057 和 NY/T 1832 的要求进行安装和验收。

6.3 覆盖材料

6.3.1 设施用塑料薄膜应采用长寿无滴膜,厚度 0.12 mm～0.2 mm,使用寿命不得少于 3 年。薄膜纵向和横向抗拉强度均应大于 16 MPa;直角撕裂强度不小于 40 kNm;断裂伸长率应不小于 210%。

6.3.2 设施用防虫网密度应符合下列要求:

a) 繁育圃不应少于 25 目;

b) 原种保存圃和采穗圃应为 60 目。

6.3.3 防虫网安装应符合 GB/T 19791 的规定。

6.3.4 设施用 PC 板厚度宜为 0.8 mm～1.2 mm,透光率应不小于 88%,使用寿命应不小于 10 年。

6.3.5 覆盖材料安装和验收应符合 NY/T 1966 的规定。

6.4 设备配置

6.4.1 通风系统设计和安装应符合 NY/T 1451 的要求。

6.4.2 设施内至少应安装 1 个灌溉水嘴,设施长度超过 50 m 时应安装 2 个水嘴。

6.4.3 设施内苗床上面应设置用于移栽苗木时增加设施内湿度和高温季节进行短暂喷水降温的高压喷水装置。

6.4.4 设施内电控箱应防潮绝缘,拌料间应配置三相电源。

6.5 苗床

6.5.1 地面苗床的底面高度应高出设施内道路 10 cm,苗床做法可参考下列步骤施工:

a）清除地表杂草后夯实；

b）铺碎石、沙等物，厚度大于 5 cm；

c）铺地布或防草布。

6.5.2 架空苗床苗床架可用钢架或预制板等，架空高度宜在 50 cm～80 cm。

7 公用工程

7.1 水源

7.1.1 繁育基地应有可靠水源。

7.1.2 繁育基地应建设专用水池，根据育苗规模，水池容积宜在 60 m^3～150 m^3。

7.1.3 在水池进水口或出水口应按照 CJ/T 204 的要求安装紫外灯消毒器。

7.2 道路

7.2.1 繁育基地主干道宽度宜为 4 m～6 m，并与社会道路联通。

7.2.2 进入基地的主干道上应设车辆消毒池。

7.2.3 基地内部次干道宽度宜为 2.5 m～3.5 m，并与各设施相连。

7.2.4 设施内部工作道宽度宜为 1.5 m，苗床间应设作业道，宽度宜为 60 cm。

7.3 散水与沟渠

7.3.1 设施四周应设散水和排水沟渠。

7.3.2 排水沟渠尺寸应根据建设地区的暴雨强度和设施汇水面积等条件按相关规范设计。

ICS 65.020
B 01

中华人民共和国农业行业标准

NY/T 3746—2020

农村土地承包经营权信息应用平台接入技术规范

Technical specification for the access to the information application platform of the right to rural land contratctual management

2020-08-26 发布　　2021-01-01 实施

中华人民共和国农业农村部　发布

前　　言

本标准按照 GB/T 1.1—2009 和 NY/T 2081—2011 给出的规则起草。

请注意本文件的某些内容可能涉及专利。本文件的发布机构不承担识别这些专利的责任。

本标准由农业农村部政策与改革司提出并归口。

本标准起草单位:农业农村部规划设计研究院。

本标准主要起草人:裴志远、许家俊、郭琳、石智峰、张儒侠、卫炜、张寅、赵春梅、刘宇航、李晓辰、张文进。

农村土地承包经营权信息应用平台接入技术规范

1 范围

本标准规定了农村土地承包经营权信息应用平台的术语和定义、缩略语、接入业务、组织方式、业务报文、附件报文、响应报文、接入方式。

本标准适用于指导各级农村土地承包管理部门将农村土地承包经营权变化数据接入上级平台。

2 规范性引用文件

下列文件对于本文件的应用是必不可少的。凡是注日期的引用文件，仅注日期的版本适用于本文件。凡是不注日期的引用文件，其最新版本（包括所有的修改版）适用于本文件。

GB/T 35958 农村土地承包经营权要素编码规则

NY/T 2537 农村土地承包经营权调查规程

NY/T 2539—2016 农村土地承包经营权确权登记数据库规范

NY/T 3747 县级农村土地承包经营权信息系统建设技术指南

农办经〔2015〕13 号 农业部办公厅关于印发《农村土地承包经营权确权登记数据库建设技术指南（试行）》《农村土地承包经营权确权登记数据库成果汇交办法（试行）》的通知

农经发〔2014〕12 号 农村土地承包经营权登记颁证档案管理办法

农经发〔2016〕10 号 农业部关于做好农村土地承包经营权信息应用平台建设工作的通知

3 术语和定义

GB/T 35958、NY/T 2537、NY/T 2539—2016、NY/T 3747 界定的以及下列术语和定义适用于本文件。

3.1

前置机 front-end machine

一种保障农村土地承包经营权信息应用平台接入的中间设备。

3.2

接入码 access code

上级平台向下级平台分配的唯一标识密钥。

3.3

SFTP 服务器 ssh file transfer protocol server

存储和传输农村土地承包经营权信息应用平台接入附件的中间设备。

3.4

报文 message

网络中交换与传输的数据单元，即一次性要发送的数据块。

3.5

业务报文 business message

传输业务数据信息的报文。

3.6

附件报文 attachment message

传输附件数据信息的报文。

3.7

响应报文 response message

上级平台接收到业务报文或附件报文之后反馈的报文。

3.8

前置机系统　front-end machine system

部署在前置机上的系统。

4　缩略语

下列缩略语适用于本文件。

XML:可扩展标记语言,标准通用标记语言的子集,是一种用于标记电子文件使其具有结构性的标记语言(Extensible Markup Language)

GUID:全局唯一标识符,是一种由算法生成的二进制长度为 128 位的数字标识符(Globally Unique Identifier)

WKT:文本标记语言,用于表示矢量几何对象、空间参照系统及空间参照系统之间的转换(Well-Known Text)

UTF-8:可变长度字符编码,用 1 到 6 个字节(8-bit Unicode Transformation Format)

SDK:软件开发工具包,是软件工程师为特定的软件包、软件框架、硬件平台、操作系统等建立应用软件时的开发工具的集合(Software Development Kit)

HTTP:超文本传输协议,是一种用于分布式、协作式和超媒体信息系统的应用层协议(HyperText Transfer Protocol)

5　接入内容

5.1　接入业务

各级农业农村管理部门应在农村土地承包经营权确权登记数据库成果逐级汇交的基础上,建立数据库和信息应用平台;应将农村土地承包经营权业务变化数据通过接入的方式,更新到上级信息应用平台,保障国家、省、市、县各级数据库的一致性。

接入的业务类型包括合同签订、合同变更、合同注销、合同补签 4 种,详情见表 1。

表 1　接入业务

序号	业务名称			业务编码	业务事项编码	业务事项[a]
1	合同签订	家庭承包方式		111	1111	家庭承包方式
2		其他方式承包			1112	其他方式承包
3	合同变更	一般变更	发包方信息变更	121	1211	发包方信息变更(发包方代码变更除外)
4			承包主体权属变更		1212	家庭成员变更(家庭成员增加、减少、信息变更)
5					1213	承包方信息变更(承包方代表、住址等信息变更)
6			承包地块变更		1214	承包地块数量增加或减少
7					1215	承包地块空间面积增大或减小
8					1216	承包地块信息变更
9		转让		122	1221	全部地块转让(不涉及地块分割)
10					1222	部分完整地块转让(不涉及地块分割)
11					1223	地块的部分转让(地块分割后再转让)
12		互换		123	1231	整地块互换(不涉及地块分割)
13					1232	地块的部分互换(地块分割后再互换)
14		分户		124	1241	整地块分配(不涉及地块分割)
15					1242	地块的部分分配(地块分割后再分户)
16		合户		125	1251	

表 1（续）

序号	业务名称	业务编码	业务事项编码	业务事项[a]
17	合同注销	131	1311	自愿退出、整户消亡、自然灾害和国家征收征用等导致农村土地承包经营权灭失
18	合同补签	141	1411	自然灾害等导致承包合同遗失或毁损
[a] 所有业务事项都包含确权确股的情况。				

5.2 组织方式

接入业务以报文的形式进行组织，包括业务报文、附件报文和响应报文 3 种，如图 1 所示。

业务报文主要存储农村土地承包经营权业务变更产生的信息，用于将变更信息接入到上级信息应用平台。附件报文主要存储农村土地承包经营权业务变更产生的附件资料信息，用于将变更产生的附件资料接入到上级信息应用平台。响应报文主要存储上级信息应用平台对接入结果的反馈信息，用于将变更信息的接入结果反馈给下级信息应用平台。

报文以 XML 的格式进行组织。

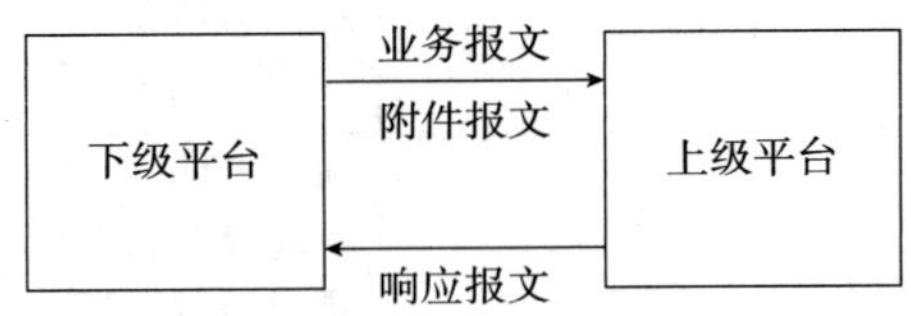

图 1 报文组织

6 业务报文

6.1 业务报文结构

业务报文包括报文头（HEAD）、标识数据（IDENTIFICATION_DATA）、原始数据（ORIGINAL_DATA）、变化数据（CHANGE_DATA）4 个部分，报文总体结构见表 2。

a） 报文头：包括报文发送时间、数据类型等信息；

b） 标识数据：包括行政区代码、业务流水号等内容；

c） 原始数据：业务变化前的原始数据；

d） 变化数据：业务发生变化的数据。

表 2 业务报文总体结构（报文名：SUBMIT）

序号	名称	代码	最多出现次数	数据类型	约束条件[a]	值域
1	报文头	HEAD	1	XML	M	见附录 A 中表 A.1
2	标识数据	IDENTIFICATION_DATA	1	XML	M	见表 A.2
3	原始数据[b]	ORIGINAL_DATA	1	XML	C	见表 A.3
4	变化数据	CHANGE_DATA	1	XML	M	见表 A.7
[a] 约束条件取值：M(必选)、O(可选)、C(条件必选)，以下含义相同。 [b] 当业务类型为一般变更、转让、互换、分户和合户时，填写。						

6.2 业务报文内容

6.2.1 合同签订(HTQD)

合同签订业务报文按表 2 规定的结构执行，报文结构如表 3 所示。

表 3 合同签订业务报文

序号	业务事项编码	业务名称	报文内容	接入数据表	接入信息	必要性约束	操作方式
1	1111/1112	合同签订	报文头	表 A.1	报文头信息	M	
2			标识数据	表 A.2	标识数据信息	M	

表 3（续）

序号	业务事项编码	业务名称	报文内容	接入数据表	接入信息	必要性约束	操作方式
3	1111/ 1112	合同签订	原始数据	表 A. 3	发包方	O	
4					承包方	O	
5					家庭成员	O	
6					承包合同	O	
7					流转合同	O	
8					承包经营权登记簿	O	
9					承包经营权证	O	
10					原承包地块	O	
11					承包地块信息	O	
12					原地块界址点	O	
13					原地块界址线	O	
14			变化数据	表 A. 7	发包方	M	无操作
15					接入承包方	M	增加
16					接入家庭成员	M	增加
17					承包合同	M	增加
18					流转合同	O	无操作
19					承包经营权登记簿	O	增加
20					承包经营权证	O	增加
21					承包地块	M	增加
22					承包地块信息	M	增加
23					地块界址点	M	增加
24					地块界址线	M	增加
25					投影坐标	M	无操作
26					承包合同补签	O	无操作

6.2.2 合同变更(HTBG)

6.2.2.1 发包方信息变更(FBFXXBG)

发包方信息变更业务报文按表 2 规定的结构执行，报文结构如表 4 所示。

表 4 发包方信息变更业务报文

序号	业务事项编码	业务名称	报文内容	接入数据表	接入信息	必要性约束	操作方式
1	1211	发包方 信息变更	报文头	表 A. 1	报文头信息	M	
2			标识数据	表 A. 2	标识数据信息	M	
3			原始数据	表 A. 3	发包方	M	
4					承包方	O	
5					家庭成员	O	
6					承包合同	O	
7					流转合同	O	
8					承包经营权登记簿	O	
9					承包经营权证	O	
10					原承包地块	O	
11					承包地块信息	O	
12					原地块界址点	O	
13					原地块界址线	O	
14			变化数据	表 A. 7	发包方	M	修改
15					接入承包方	O	无操作
16					接入家庭成员	O	无操作
17					承包合同	O	无操作
18					流转合同	O	无操作

表 4（续）

序号	业务事项编码	业务名称	报文内容	接入数据表	接入信息	必要性约束	操作方式
19	1211	发包方信息变更	变化数据	表 A.7	承包经营权登记簿	O	无操作
20					承包经营权证	O	无操作
21					承包地块	O	无操作
22					承包地块信息	O	无操作
23					地块界址点	O	无操作
24					地块界址线	O	无操作
25					投影坐标	O	无操作
26					承包合同补签	O	无操作

6.2.2.2 家庭成员变更(JTCYBG)

家庭成员变更业务报文按表 2 规定的结构执行，报文结构如表 5 所示。

表 5 家庭成员变更业务报文

序号	业务事项编码	业务名称	报文内容	接入数据表	接入信息	必要性约束	操作方式
1	1212	家庭成员变更	报文头	表 A.1	报文头信息	M	
2			标识数据	表 A.2	标识数据信息	M	
3			原始数据	表 A.3	发包方	O	
4					承包方	M	
5					家庭成员[a]	C	
6					承包合同	O	
7					流转合同	O	
8					承包经营权登记簿	O	
9					承包经营权证	O	
10					原承包地块	O	
11					承包地块信息	O	
12					原地块界址点	O	
13					原地块界址线	O	
14			变化数据	表 A.7	发包方	O	无操作
15					接入承包方	M	修改
16					接入家庭成员	M	增加、删除或修改[b]
17					承包合同	O	无操作
18					流转合同	O	无操作
19					承包经营权登记簿	O	修改
20					承包经营权证	O	修改
21					承包地块	O	无操作
22					承包地块信息	O	无操作
23					地块界址点	O	无操作
24					地块界址线	O	无操作
25					投影坐标	O	无操作
26					承包合同补签	O	无操作

[a] 当家庭成员减少或家庭成员信息变更时，填写。

[b] 当家庭成员增加时，操作方式为增加；当家庭成员减少时，操作方式为删除；当家庭成员信息变更时，操作方式为修改。

6.2.2.3 承包方信息变更(CBFXXBG)

承包方信息变更业务报文按表 2 规定的结构执行，报文结构如表 6 所示。

表 6　承包方信息变更业务报文

序号	业务事项编码	业务名称	报文内容	接入数据表	接入信息	必要性约束	操作方式
1	1213	承包方信息变更	报文头	表 A.1	报文头信息	M	
2			标识数据	表 A.2	标识数据信息	M	
3			原始数据	表 A.3	发包方	O	
4					承包方	M	
5					家庭成员	O	
6					承包合同	O	
7					流转合同	O	
8					承包经营权登记簿	O	
9					承包经营权证	O	
10					原承包地块	O	
11					承包地块信息	O	
12					原地块界址点	O	
13					原地块界址线	O	
14			变化数据	表 A.7	发包方	O	无操作
15					接入承包方	M	修改
16					接入家庭成员	O	修改
17					承包合同	O	无操作
18					流转合同	O	无操作
19					承包经营权登记簿	O	修改
20					承包经营权证	O	修改
21					承包地块	O	无操作
22					承包地块信息	O	无操作
23					地块界址点	O	无操作
24					地块界址线	O	无操作
25					投影坐标	O	无操作
26					承包合同补签	O	无操作

6.2.2.4　承包地块变更(CBDKBG)

承包地块变更业务报文按表 2 规定的结构执行，报文结构如表 7 所示。

表 7　承包地块变更业务报文

序号	业务事项编码	业务名称	报文内容	接入数据表	接入信息	必要性约束	操作方式
1	1214/1215/1216	承包地块变更	报文头	表 A.1	报文头信息	M	
2			标识数据	表 A.2	标识数据信息	M	
3			原始数据	表 A.3	发包方	O	
4					承包方	M	
5					家庭成员	O	
6					承包合同	M	
7					流转合同	O	
8					承包经营权登记簿	O	
9					承包经营权证	O	
10					原承包地块	M	
11					承包地块信息	M	
12					原地块界址点	M	
13					原地块界址线	M	
14			变化数据	表 A.7	发包方	O	无操作
15					接入承包方	M	无操作
16					接入家庭成员	O	无操作
17					承包合同	M	修改

表 7（续）

序号	业务事项编码	业务名称	报文内容	接入数据表	接入信息	必要性约束	操作方式
18	1214/1215/1216	承包地块变更	变化数据	表 A.7	流转合同	O	无操作
19					承包经营权登记簿	O	修改
20					承包经营权证	O	修改
21					承包地块	M	修改、删除、增加[a]
22					承包地块信息	M	修改、删除、增加[a]
23					地块界址点	M	删除、增加[a]
24					地块界址线	M	删除、增加[a]
25					投影坐标	M	无操作
26					承包合同补签	O	无操作

[a] 当承包地块数量增加时，操作方式为增加；当承包地块数量减少时，操作方式为删除；当承包地块信息变更时，承包地块、承包地块信息的操作方式为修改；当承包地块空间面积增大或减小时，变化前的承包地块、承包地块信息、地块界址点和地块界址线的操作方式为删除，变化后的承包地块、承包地块信息、地块界址点和地块界址线的操作方式为增加。

6.2.2.5 转让(ZR)

转让业务报文按表 2 规定的结构执行，报文结构如表 8 所示。

表 8 转让业务报文

序号	业务事项编码	业务名称	报文内容	接入数据表	接入信息	必要性约束	操作方式
1	1221/1222/1223	转让	报文头	表 A.1	报文头信息	M	
2			标识数据	表 A.2	标识数据信息	M	
3			原始数据[a]	表 A.3	发包方	O	
4					承包方	M	
5					家庭成员	O	
6					承包合同	M	
7					流转合同	O	
8					承包经营权登记簿	O	
9					承包经营权证	O	
10					原承包地块	M	
11					承包地块信息	M	
12					原地块界址点	M	
13					原地块界址线	M	
14			变化数据[a]	表 A.7	发包方	O	无操作
15					接入承包方	M	无操作
16					接入家庭成员	O	无操作
17					承包合同	M	修改
18					流转合同	O	修改
19					承包经营权登记簿	O	修改
20					承包经营权证	O	修改
21					承包地块	M	修改、增加、删除[b]
22					承包地块信息	M	修改、增加、删除[b]
23					地块界址点	M	增加、删除[b]
24					地块界址线	M	增加、删除[b]
25					投影坐标	M	无操作
26					承包合同补签	O	无操作

[a] 包括转出方和转入方的原始数据及变化数据。

[b] 当全部地块转让(不涉及地块分割)或部分完整地块转让(不涉及地块分割)时，承包地块、承包地块信息的操作方式为修改；当地块的部分转让(地块分割后再转让)时，分割前的承包地块、承包地块信息、地块界址点和地块界址线的操作方式为删除，分割后的承包地块、承包地块信息、地块界址点和地块界址线的操作方式为增加。

6.2.2.6 互换(HUH)

互换业务报文按表2规定的结构执行,报文结构如表9所示。

表9 互换业务报文

序号	业务事项编码	业务名称	报文内容	接入数据表	接入信息	必要性约束	操作方式
1	1231/1232	互换	报文头	表A.1	报文头信息	M	
2			标识数据	表A.2	标识数据信息	M	
3			原始数据[a]	表A.3	发包方	O	
4					承包方	M	
5					家庭成员	O	
6					承包合同	M	
7					流转合同	O	
8					承包经营权登记簿	O	
9					承包经营权证	O	
10					原承包地块	M	
11					承包地块信息	M	
12					原地块界址点	M	
13					原地块界址线	M	
14			变化数据[a]	表A.7	发包方	O	无操作
15					接入承包方	M	无操作
16					接入家庭成员	O	无操作
17					承包合同	M	修改
18					流转合同	O	修改
19					承包经营权登记簿	O	修改
20					承包经营权证	O	修改
21					承包地块	M	修改、删除、增加[b]
22					承包地块信息	M	修改、删除、增加[b]
23					地块界址点	M	删除、增加[b]
24					地块界址线	M	删除、增加[b]
25					投影坐标	M	无操作
26					承包合同补签	O	无操作

[a] 包括甲方和乙方的原始数据及变化数据。

[b] 当整地块互换(不涉及地块分割)时,承包地块、承包地块信息的操作方式为修改;当地块的部分互换(地块分割后再互换)时,分割前的承包地块、承包地块信息、地块界址点和地块界址线的操作方式为删除,分割后的承包地块、承包地块信息、地块界址点和地块界址线的操作方式为增加。

6.2.2.7 分户(FH)

分户业务报文按表2规定的结构执行,报文结构如表10所示。

表10 分户业务报文

序号	业务事项编码	业务名称	报文内容	接入数据表	接入信息	必要性约束	操作方式
1	1241/1242	分户	报文头	表A.1	报文头信息	M	
2			标识数据	表A.2	标识数据信息	M	
3			原始数据	表A.3	发包方	O	
4					承包方	M	
5					家庭成员	M	
6					承包合同	M	
7					流转合同	O	
8					承包经营权登记簿	O	
9					承包经营权证	O	
10					原承包地块	M	

表 10（续）

序号	业务事项编码	业务名称	报文内容	接入数据表	接入信息	必要性约束	操作方式
11	1241/1242	分户	原始数据	表 A. 3	承包地块信息	M	
12					原地块界址点	M	
13					原地块界址线	M	
14			变化数据[a]	表 A. 7	发包方	O	无操作
15					接入承包方	M	增加、删除[b]
16					接入家庭成员	M	增加、删除[b]
17					承包合同	M	增加、删除[b]
18					流转合同	O	无操作
19					承包经营权登记簿	O	增加、删除[b]
20					承包经营权证	O	增加、删除[b]
21					承包地块	M	修改、删除、增加[c]
22					承包地块信息	M	修改、删除、增加[c]
23					地块界址点	M	删除、增加[c]
24					地块界址线	M	删除、增加[c]
25					投影坐标	M	无操作
26					承包合同补签	O	无操作

[a] 包括分户后多户的变化数据。

[b] 分户前的接入承包方、接入家庭成员、承包合同、承包经营权登记簿和承包经营权证的操作方式为删除，分户后的接入承包方、接入家庭成员、承包合同、承包经营权登记簿和承包经营权证的操作方式为增加。

[c] 当分户涉及整地块分配(不涉及地块分割)时，承包地块、承包地块信息的操作方式为修改；当分户涉及地块的部分分配(地块分割后再分户)时，分割前的承包地块、承包地块信息、地块界址点和地块界址线的操作方式为删除，分割后的承包地块、承包地块信息、地块界址点和地块界址线的操作方式为增加。

6.2.2.8 合户(HEH)

合户业务报文按表 2 规定的结构执行，报文结构如表 11 所示。

表 11 合户业务报文

序号	业务事项编码	业务名称	报文内容	接入数据表	接入信息	必要性约束	操作方式
1	1251	合户	报文头	表 A. 1	报文头信息	M	
2			标识数据	表 A. 2	标识数据信息	M	
3			原始数据[a]	表 A. 3	发包方	O	
4					承包方	M	
5					家庭成员	M	
6					承包合同	M	
7					流转合同	O	
8					承包经营权登记簿	O	
9					承包经营权证	O	
10					原承包地块	M	
11					承包地块信息	M	
12					原地块界址点	M	
13					原地块界址线	M	
14			变化数据	表 A. 7	发包方	O	无操作
15					接入承包方	M	增加、删除[b]
16					接入家庭成员	M	增加、删除[b]
17					承包合同	M	增加、删除[b]
18					流转合同	O	无操作
19					承包经营权登记簿	O	增加、删除[b]
20					承包经营权证	O	增加、删除[b]
21					承包地块	M	修改

表 11（续）

序号	业务事项编码	业务名称	报文内容	接入数据表	接入信息	必要性约束	操作方式
22	1251	合户	变化数据	表 A.7	承包地块信息	M	修改
23					地块界址点	M	无操作
24					地块界址线	M	无操作
25					投影坐标	M	无操作
26					承包合同补签	O	无操作

[a] 包括合户前多户的原始数据。

[b] 合户前的接入承包方、接入家庭成员、承包合同、承包经营权登记簿和承包经营权证的操作方式为删除，合户后的接入承包方、接入家庭成员、承包合同、承包经营权登记簿、承包经营权证的操作方式为增加。

6.2.3 合同注销(HTZX)

合同注销业务报文按表 2 规定的结构执行，报文结构如表 12 所示。

表 12 合同注销业务报文

序号	业务事项编码	业务名称	报文内容	接入数据表	接入信息	必要性约束	操作方式
1	1311	合同注销	报文头	表 A.1	报文头信息	M	
2			标识数据	表 A.2	标识数据信息	M	
3			原始数据	表 A.3	发包方	O	
4					承包方	M	
5					家庭成员	M	
6					承包合同	M	
7					流转合同[a]	C	
8					承包经营权登记簿[b]	C	
9					承包经营权证[c]	C	
10					原承包地块	M	
11					承包地块信息	M	
12					原地块界址点	M	
13					原地块界址线	M	
14			变化数据	表 A.7	发包方	O	无操作
15					接入承包方	M	删除
16					接入家庭成员	M	删除
17					承包合同	M	删除
18					流转合同[a]	C	删除
19					承包经营权登记簿[b]	C	删除
20					承包经营权证[c]	C	删除
21					承包地块	M	删除
22					承包地块信息	M	删除
23					地块界址点	M	删除
24					地块界址线	M	删除
25					投影坐标	M	无操作
26					承包合同补签	O	无操作

[a] 当合同注销业务包含流转合同时，填写。

[b] 当合同注销业务包含承包经营权登记簿时，填写。

[c] 当合同注销业务包含承包经营权证时，填写。

6.2.4 合同补签(HTBQ)

合同补签业务报文按表 2 规定的结构执行,报文结构如表 13 所示。

表 13 合同补签业务报文

序号	业务事项编码	业务名称	报文内容	接入数据表	接入信息	必要性约束	操作方式
1	1411	合同补签	报文头	表 A.1	报文头信息	M	
2			标识数据	表 A.2	标识数据信息	M	
3			原始数据	表 A.3	发包方	O	
4					承包方	M	
5					家庭成员	O	
6					承包合同	M	
7					流转合同	O	
8					承包经营权登记簿	O	
9					承包经营权证	O	
10					原承包地块	O	
11					承包地块信息	O	
12					原地块界址点	O	
13					原地块界址线	O	
14			变化数据	表 A.7	发包方	O	无操作
15					接入承包方	M	无操作
16					接入家庭成员	O	无操作
17					承包合同	O	无操作
18					流转合同	O	无操作
19					承包经营权登记簿	O	无操作
20					承包经营权证	O	无操作
21					承包地块	O	无操作
22					承包地块信息	O	无操作
23					地块界址点	O	无操作
24					地块界址线	O	无操作
25					投影坐标	O	无操作
26					承包合同补签	M	增加

7 附件报文

7.1 附件报文结构

当接入业务涉及附件资料时,应填写附件报文。

附件报文包括报文头(HEAD)、附件标识数据(ATTACHMENT_IDENTIFICATION_DATA)、附件资料(ATTACHMENT_DATA)3 个部分,报文总体结构见表 14。

a) 报文头:包括报文发送时间、数据类型等信息;

b) 附件标识数据:包括行政区代码、业务流水号、附件资料发送时间等内容;

c) 附件资料:包括附件资料名称、附件资料类型、附件资料路径等。

表 14 附件报文结构(报文名:ATTACHMENT)

序号	名称	代码	最多出现次数	数据类型	约束条件	备注
1	报文头	HEAD [a]	1	XML	M	见表 A.1
2	附件标识数据	ATTACHMENT_IDENTIFICATION_DATA	1	XML	M	见表 A.15
3	附件资料数据	ATTACHMENT_DATA	N	XML	M	见表 A.16
[a] 报文头中数据类型字段默认值为 9 999。						

7.2 附件存放目录

用户登录 SFTP 服务器，将附件存放相对目录：

/6 位县级区划代码/业务流水号/FJ/文件名．文件类型。

8 响应报文

响应报文包括发送方、发送时间、状态等，报文总体结构如表 15 所示。

表 15 响应报文(报文名:RESPONSE)

序号	名称	代码	最多出现次数	数据类型	约束条件	值域
1	发送方	FSF	1	字符型	M	接入码
2	发送时间	FSSJ	1	日期型	M	YYYY-MM-DD HH:MM:SS
3	状态	ZT	1	数值型	M	按附录 B 中表 B. 1 规定执行
4	描述	MS	1	字符型	M	
5	数据标识码	SJBZM	1	字符型	M	

9 接入方式

9.1 接入模式

接入模式分为在线接入和离线接入两种。

a) 在线接入:在上下级平台互通的网络中，通过网络传输的方式将业务报文、附件报文及附件接入上级平台；

b) 离线接入:通过离线拷贝的方式将业务报文、附件报文及附件接入上级平台。

9.1.1 在线接入

下级平台向前置机发送报文时可采用主动接入和被动接入两种策略。

a) 主动接入:下级平台集成已有 SDK 组件，按照规范组织报文和附件，传输至上级平台；

b) 被动接入:下级平台按照规范组织报文和附件，传输至上级平台。

9.1.2 离线接入

下级平台用户先将业务报文、附件报文及附件摆渡至前置机，登录前置机系统后，导入业务报文、附件报文及附件。

业务报文、附件报文及附件的组织目录为：

a) 业务报文:/6 位县级区划代码/业务流水号/BW/YW＋业务流水号．xml；

b) 附件报文:/6 位县级区划代码/业务流水号/BW/FJ＋业务流水号．xml；

c) 附件:/6 位县级区划代码/业务流水号/FJ/文件名．文件类型。

9.2 接入流程

下级平台将报文提交至前置机系统，经前置机系统的初步报文质检，再将质检合格的报文转发至上级平台；上级平台接收到质检合格的报文后，完成报文解析并将数据入库。如果，下级平台提交报文包含附件，附件经前置机处理可直接存储于 SFTP 服务器或下级平台直接将附件存储于 SFTP 服务器。

当下级平台为县级时，上级平台为市级、省级或国家级；当下级平台为市级时，上级平台为省级或国家级；当下级平台为省级时，上级平台为国家级。各级接入流程如图 2 所示。

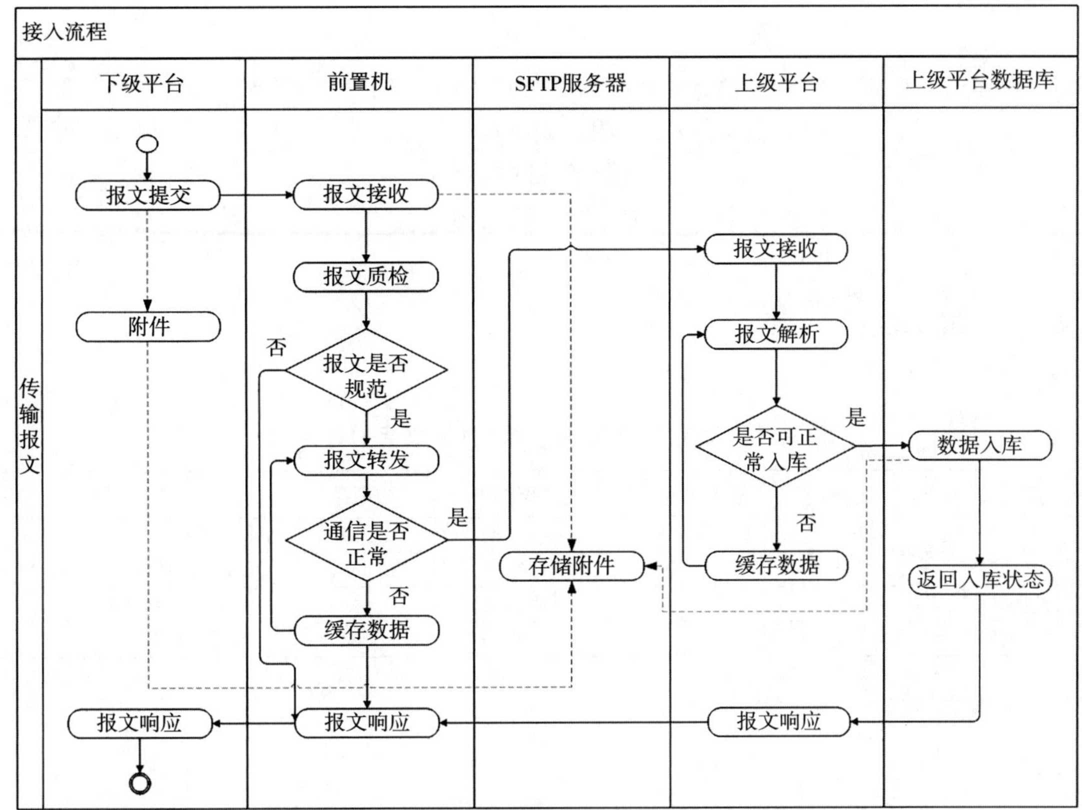

注:实线代表报文传输流程,虚线代表有附件时的传输流程。

图 2　报文接入流程

附 录 A
(规范性附录)
报 文 结 构

A.1 报文头信息报文结构

见表 A.1。

表 A.1 报文头信息报文结构(报文名:HEAD)

序号	名称	代码	最多出现次数	数据类型	约束条件	值域
1	发送方	FSF	1	字符型	M	接入码
2	发送时间	FSSJ	1	日期型	M	YYYY-MM-DD HH:MM:SS
3	数据类型	SJLX	1	数值型	M	见表 1 业务编码
4	数据标识码	SJBZM	1	字符型	M	填写 GUID

A.2 标识数据报文结构

见表 A.2。

表 A.2 标识数据报文结构(报文名:IDENTIFICATION_DATA)

序号	名称	代码	最多出现次数	数据类型	约束条件	值域
1	行政区代码[a]	XZQDM	1	字符型	M	非空
2	行政区名称[a]	XZQMC	1	字符型	M	非空
3	业务流水号[b]	YWLSH	1	字符型	M	非空
4	前业务流水号[c]	QYWLSH	1	字符型	C	
5	业务办理时间	YWBLSJ	1	日期型	M	YYYY-MM-DD HH:MM:SS
6	转出承包方代码[d]	ZCCBFBM	N	字符型	C	非空
7	转入承包方代码[d]	ZRCBFBM	N	字符型	C	非空
8	甲方承包方代码[e]	JFCBFBM	N	字符型	C	非空
9	乙方承包方代码[e]	YFCBFBM	N	字符型	C	非空
10	分户前承包方代码[f]	FHQCBFBM	N	字符型	C	非空
11	分户后承包方代码[f]	FHHCBFBM	N	字符型	C	非空
12	合户前承包方代码[g]	HHQCBFBM	N	字符型	C	非空
13	合户后承包方代码[g]	HHHCBFBM	N	字符型	C	非空
14	注销原因[h]	ZXYY	1	字符型	C	非空

a 参考 NY/T 2539—2016 表 A.2 行政区代码和行政区名称字段长度。
b 业务流水号编码规则为:6 位县级区划代码+报文生成日期+6 位自然增序排列数字。
c 当下级平台首次传输业务时,此项不填。
d 当转让业务时,填写。当转让业务办理中涉及确权确股会存在多个转出承包方代码和转入承包方代码时,出现多次。
e 当互换业务时,填写。当互换业务办理中涉及确权确股会存在多个甲方承包方代码和乙方承包方代码时,出现多次。
f 当分户业务时,填写。当分户业务中存在多个分户前承包方代码和分户后承包方代码时,出现多次。
g 当合户业务时,填写。当合户业务中存在多个合户前承包方代码和合户后承包方代码时,出现多次。
h 当合同注销业务时,填写。

A.3 原始数据报文结构

见表 A.3。

表 A.3　原始数据报文结构(报文名:ORIGINAL_DATA)

序号	名称	代码	最多出现次数	数据类型	约束条件	值域
1	发包方[a]	FBF	1	XML	C	见 NY/T 2539—2016 表 B.2
2	承包方[b]	CBF	N	XML	C	见 NY/T 2539—2016 表 B.3
3	家庭成员[c]	CBF_JTCY	N	XML	C	见 NY/T 2539—2016 表 B.4
4	承包合同[d]	CBHT	N	XML	C	见 NY/T 2539—2016 表 B.5
5	流转合同[e]	LZHT	N	XML	C	见 NY/T 2539—2016 表 B.6
6	承包经营权证登记簿	CBJYQZDJB	N	XML	O	见 NY/T 2539—2016 表 B.8
7	承包经营权证	CBJYQZ	N	XML	O	见 NY/T 2539—2016 表 B.9
8	原承包地块[f]	YCBDK	N	XML	C	见表 A.4
9	承包地块信息[g]	CBDKXX	N	XML	C	见 NY/T 2539—2016 表 B.1
10	原地块界址点[h]	YDKJZD	N	XML	O	见表 A.5
11	原地块界址线[i]	YDKJZX	N	XML	O	见表 A.6

[a] 当发包方数据变化时,填写。
[b] 当承包方数据变化时,填写。当原始数据涉及多个承包方时,出现多次。
[c] 当家庭成员数据变化时,填写。当原始数据涉及多个家庭成员时,出现多次。
[d] 当承包合同数据变化时,填写。当原始数据涉及多个承包合同时,出现多次。
[e] 当流转合同数据变化时,填写。当原始数据涉及多个流转合同时,出现多次。
[f] 当原承包地块数据变化时,填写。当原始数据涉及多个原承包地块时,出现多次。
[g] 当承包地块信息数据变化时,填写。当原始数据涉及多个承包地块信息时,出现多次。
[h] 当原始数据涉及多个原地块界址点时,出现多次。
[i] 当原始数据涉及多个原地块界址线时,出现多次。

A.4　原承包地块报文结构

见表 A.4。

表 A.4　原承包地块报文结构(报文名:YCBDK)

序号	名称	代码	最多出现次数	数据类型	约束条件	值域
1	地块	DK	1	XML	M	见 NY/T 2539—2016 表 A.10
2	地理数据[a]	SHP	1	WKT	C	

[a] 当涉及承包地块数据发生变化的业务时,填写 WKT 几何对象描述数据字符串。

A.5　原地块界址点报文结构

见表 A.5。

表 A.5　原地块界址点报文结构(报文名:YDKJZD)

序号	名称	代码	最多出现次数	数据类型	约束条件	值域
1	界址点	JZD	1	XML	M	见 NY/T 2539—2016 表 A.11
2	地理数据[a]	SHP	1	WKT	C	

[a] 当涉及界址点数据发生变化的业务时,填写 WKT 几何对象描述数据字符串。

A.6　原地块界址线报文结构

见表 A.6。

表 A.6　原地块界址线报文结构(报文名:YDKJZX)

序号	名称	代码	最多出现次数	数据类型	约束条件	值域
1	界址线	JZX	1	XML	M	见 NY/T 2539—2016 表 A.12
2	地理数据[a]	SHP	1	WKT	C	

[a] 当涉及界址线数据发生变化的业务时,填写 WKT 几何对象描述数据字符串。

A.7 变化数据信息报文结构

见表 A.7。

表 A.7 变化数据信息报文结构(报文名:CHANGE_DATA)

序号	名称	代码	最多出现次数	数据类型	约束条件	值域
1	发包方[a]	FBF	1	XML	C	见 NY/T 2539—2016 表 B.2
2	接入承包方[b]	JRCBF	N	XML	C	见表 A.8
3	接入家庭成员[c]	JRJTCY	N	XML	C	见表 A.9
4	承包合同[d]	CBHT	N	XML	C	见 NY/T 2539—2016 表 B.5
5	流转合同[e]	LZHT	N	XML	C	见 NY/T 2539—2016 表 B.6
6	承包经营权登记簿	CBJYQZDJB	N	XML	O	见 NY/T 2539—2016 表 B.8
7	承包经营权证	CBJYQZ	N	XML	O	见 NY/T 2539—2016 表 B.9
8	承包地块[f]	CBDK	N	XML	C	见表 A.10
9	承包地块信息[g]	CBDKXX	N	XML	C	见 NY/T 2539—2016 表 B.1
10	地块界址点[h]	DKJZD	N	XML	O	见表 A.11
11	地块界址线[i]	DKJZX	N	XML	O	见表 A.12
12	投影坐标[j]	TYZB	1	字符型	C	
13	承包合同补签[k]	CBHTBQ	1	XML	C	见表 A.13

[a] 当发包方数据发生变化时,填写。发包方在参考 NY/T 2539—2016 表 B.2 的基础上增加操作方式字段,操作方式字段见表 A.14。

[b] 当接入承包方数据发生变化时,填写。当变化数据涉及多个接入承包方时,出现多次。

[c] 当接入家庭成员数据发生变化时,填写。当变化数据涉及多个接入家庭成员时,出现多次。

[d] 当承包合同数据发生变化时,填写。承包合同在参考 NY/T 2539—2016 表 B.5 的基础上增加操作方式字段,操作方式字段见表 A.14。当变化数据涉及多个承包合同时,出现多次。

[e] 当流转合同数据发生变化时,填写。流转合同在参考 NY/T 2539—2016 表 B.6 的基础上增加操作方式字段,操作方式字段见表 A.14。当变化数据涉及多个流转合同时,出现多次。

[f] 当承包地块数据发生变化时,填写。当变化数据涉及多个承包地块时,出现多次。

[g] 当承包地块信息数据发生变化时,填写。承包地块信息在参考 NY/T 2539—2016 表 B.1 的基础上增加操作方式字段,操作方式字段见表 A.14。当变化数据涉及多个承包地块信息时,出现多次。

[h] 当变化数据涉及多个地块界址点时,出现多次。

[i] 当变化数据涉及多个地块界址线时,出现多次。

[j] 当涉及合同签订、合同注销和承包地块数据发生变化的业务时,填写承包地块的空间坐标系信息。

[k] 当涉及合同补签业务时,填写。

A.8 接入承包方报文结构

见表 A.8。

表 A.8 接入承包方报文结构(报文名:JRCBF)

序号	名称	代码	最多出现次数	数据类型	约束条件	值域
1	承包方	CBF	1	XML	M	见 NY/T 2539—2016 表 B.3
2	原承包方代码[a]	YCBFBM	N	字符型	C	非空
3	操作方式	CZFS	1	字符型	M	见表 A.14

[a] 当原承包方代码存在时,填写。当涉及多个原承包方代码时,出现多次。

A.9 接入家庭成员报文结构

见表 A.9。

表 A.9 接入家庭成员报文结构(报文名:JRJTCY)

序号	名称	代码	最多出现次数	数据类型	约束条件	值域
1	原成员姓名[a]	YCYXM	1	字符型	C	
2	原成员证件类型[b]	YCYZJLX	1	字符型	C	见 NY/T 2539—2016 表 C.15
3	原成员证件号码[c]	YCYZJHM	1	字符型	C	
4	家庭成员	CBF_JTCY	1	XML	M	见 NY/T 2539—2016 表 B.4
5	操作方式	CZFS	1	字符型	M	见表 A.14
[a] 当原成员姓名存在时,填写。 [b] 当原成员证件类型存在时,填写。 [c] 当原成员证件号码存在时,填写。						

A.10 承包地块报文结构

见表 A.10。

表 A.10 承包地块报文结构(报文名:CBDK)

序号	名称	代码	最多出现次数	数据类型	约束条件	值域
1	原地块代码[a]	YDKBM	N	字符型	C	非空
2	原承包方代码[b]	YCBFBM	N	字符型	C	
3	原承包方名称[c]	YCBFMC	N	字符型	C	
4	地块	DK	1	XML	M	见 NY/T 2539—2016 表 A.10
5	地理数据[d]	SHP	1	WKT	C	
6	操作方式	CZFS	1	字符型	M	见表 A.14
[a] 当原承包地块代码存在时,填写。当涉及多个原承包地块时,出现多次。 [b] 当原承包方代码存在时,填写。当涉及多个原承包方代码时,出现多次。 [c] 当原承包方名称存在时,填写。当涉及多个原承包方名称时,出现多次。 [d] 当涉及合同签订、合同注销和承包地块数据发生变化的业务时,填写 WKT 几何对象描述数据字符串。						

A.11 地块界址点报文结构

见表 A.11。

表 A.11 地块界址点报文结构(报文名:DKJZD)

序号	名称	代码	最多出现次数	数据类型	约束条件	值域
1	界址点	JZD	1	XML	M	见 NY/T 2539—2016 表 A.11
2	地理数据[a]	SHP	1	WKT	C	
3	操作方式	CZFS	1	字符型	M	见表 A.14
[a] 当涉及合同签订、合同注销和界址点数据发生变化的业务时,填写 WKT 几何对象描述数据字符串。						

A.12 地块界址线报文结构

见表 A.12。

表 A.12 地块界址线报文结构(报文名:DKJZX)

序号	名称	代码	最多出现次数	数据类型	约束条件	值域
1	界址线	JZX	1	XML	M	见 NY/T 2539—2016 表 A.12
2	地理数据[a]	SHP	1	WKT	C	
3	操作方式	CZFS	1	字符型	M	见表 A.14
[a] 当涉及合同签订、合同注销和界址线数据发生变化的业务时,填写 WKT 几何对象描述数据字符串。						

A.13 承包合同补签报文结构

见表 A.13。

表 A.13 承包合同补签报文结构(报文名:CBHTBQ)

序号	名称	代码	最多出现次数	数据类型	约束条件	值域
1	承包合同代码	CBHTBM	1	字符型	M	非空
2	合同补签原因	HTBQYY	1	字符型	M	非空
3	补签日期	BQRQ	1	日期型	M	YYYY-MM-DD HH:MM:SS
4	合同补签领取日期	HTBQLQRQ	1	日期型	M	YYYY-MM-DD HH:MM:SS
5	合同补签领取人姓名	HTBQLQRXM	1	字符型	M	非空
6	合同补签领取人证件类型	BQLQRZJLX	1	字符型	M	见 NY/T 2539—2016 表 C.15
7	合同补签领取人证件号码	BQLQRZJHM	1	字符型	M	非空
8	操作方式	CZFS	1	字符型	M	见表 A.14

A.14 操作方式说明报文结构

见表 A.14。

表 A.14 操作方式说明报文结构(报文名:CZFSSM)

序号	名称	代码	最多出现次数	数据类型	约束条件	值域
1	操作方式	CZFS	1	字符型	M	按表 B.2 中规定执行

A.15 附件资料标识数据报文结构

见表 A.15。

表 A.15 附件资料标识数据报文结构(报文名:ATTACHMENT_IDENTIFICATION_DATA)

序号	名称	代码	最多出现次数	数据类型	约束条件	值域
1	行政区代码[a]	XZQDM	1	字符型	M	非空
2	行政区名称[a]	XZQMC	1	字符型	M	非空
3	业务流水号[b]	YWLSH	1	字符型	M	非空
4	附件资料发送时间	FJZLFSSJ	1	日期型	M	YYYY-MM-DD HH:MM:SS
[a] 参考 NY/T 2539—2016 表 A.2 行政区代码和行政区名称字段长度。 [b] 该字段与业务报文中业务流水号相同。						

A.16 附件资料数据报文结构

见表 A.16。

表 A.16 附件资料数据报文结构(报文名:ATTACHMENT_DATA)

序号	名称	代码	最多出现次数	数据类型	约束条件	值域
1	附件资料名称[a]	FJZLMC	1	字符型	M	
2	附件资料类型	FJZLLX	1	字符型	M	按表 B.3 中规定执行
3	附件资料路径[b]	FJZLLJ	1	字符型	M	
[a] 附件格式为 jpg 或 pdf,分辨率不小于 300 dpi,文件大小<=2 M。附件名称命名规则为: 1.pdf 格式,"标识类型+19 位合同编码.pdf"。示例:DKSYT+19 位合同编码.pdf。 2.jpg 格式,"标识类型+19 位合同编码+顺序码.jpg"。示例:DKSYT+19 位合同编码+顺序码.jpg。 [b] 填写附件资料的相对路径。						

附　录　B
（规范性附录）
属性值代码

B.1　响应数据类型

见表 B.1。

表 B.1　响应数据类型

代码	响应数据类型
100	成功
101	格式异常
102	标识码不能识别
103	授权无效、过期
104	身份验证未通过
105	提交命令不可识别
999	未知异常

B.2　数据操作方式

见表 B.2。

表 B.2　数据操作方式

代码	响应数据类型
01	无操作
02	增加
03	修改
04	删除

B.3　附件类型代码表

见表 B.3。

表 B.3　附件类型代码表

代码	标识类型	资料附件类型
01	ZJZM	证件证明
02	DKSYT	地块示意图
03	CBHT	承包合同
04	QT	其他

附 录 C
(资料性附录)
业务报文示例


```xml
<SUBMIT>
    <HEAD>
        <FSF>fb6068584c7e48809bba4309c46ed * * * </FSF>
        <FSSJ>2018-08-12 13:30:32</FSSJ>
        <SJLX>1214</SJLX>
        <SJBZM>a6a29cdb-c2dd-4188-ab94-809d4e2e7190</SJBZM>
    </HEAD>
    <IDENTIFICATION_DATA>
        <XZQDM>511702</XZQDM>
        <XZDYMC>通川区</XZDYMC>
        <YWLSH>511702 * * * * 1010000002</YWLSH>
        <QYWLSH>511702 * * * * 1010000001</QYWLSH>
        <YWBLSJ>2018-08-12 13:21:00</YWBLSJ>
    </IDENTIFICATION_DATA>
    <ORIGINAL_DATA>
        <CBF>
            <CBFBM>511702 * * * * 01010019</CBFBM>
            <CBFLX>1</CBFLX>
            <CBFMC>张三</CBFMC>
            <CBFZJLX> * </CBFZJLX>
            <CBFZJHM>511702 * * * * 08192222</CBFZJHM>
            <CBFDZ> * * * 省 * * * 市 * * * 县 * * * 乡 * * * 村 * * * 组</CBFDZ>
            <YZBM>63 * * 26</YZBM>
            <LXDH>159 * * * * 2360</LXDH>
            <CBFCYSL>1</CBFCYSL>
            <CBFDCRQ > 2017-08-08 16:14:02</CBFDCRQ >
            <CBFDCY>李威</CBFDCY>
            <CBFDCJS>无</CBFDCJS>
            <GSJS>无</GSJS>
            <GSJSR>李威</GSJSR>
            <GSSHRQ> 2017-08-15 09:24:32</GSSHRQ>
            <GSSHR>王伟</GSSHR>
        </CBF>
        <CBHT>
            <CBHTBM>511702 * * * * 01010019J</CBHTBM>
            <YCBHTBM> * * * * * * * * * * * * * * * * * * * * </YCBHTBM>
            <FBFBM>511702 * * * * 0101</FBFBM>
            <CBFBM>511702 * * * * 01010019</CBFBM>
            <CBFS>110</CBFS>
            <CBQXQ>1998-06-30 00:00:00</CBQXQ>
            <CBQXZ>2028-12-31 00:00:00</CBQXZ>
            <HTZMJ> * * . * * </HTZMJ>
            <CBDKZS>3</CBDKZS>
            <QDSJ>2018-05-18 13:21:00</QDSJ>
```

<HTZMJM>10.43</HTZMJM>
<YHTZMJ>**.**</YHTZMJ>
<YHTZMJM>**.**</YHTZMJM>
</CBHT>
<CBJYQZDJB>
<CBJYQZBM>511702****01010019J</CBJYQZBM>
<FBFBM>511702****0101</FBFBM>
<CBFBM>511702****01010019</CBFBM>
<CBFS>110</CBFS>
<CBQX>30</CBQX>
<CBQXQ>1998-06-30 00:00:00</CBQXQ>
<CBQXZ>2028-12-31 00:00:00</CBQXZ>
<DKSYT>图件\511702****0101\DKSYT511702****01010019J.pdf</DKSYT>
<CBJYQZLSH>川(2018)通川区******</CBJYQZLSH>
<DJBFJ>******</DJBFJ>
<YCBJYQZBH>******</YCBJYQZBH>
<DBR>***</DBR>
<DJSJ>2018-08-12 13:21:00</DJSJ>
</CBJYQZDJB>
<CBJYQZ>
<CBJYQZBM>511702****01010019J</CBJYQZBM>
<FZJG>通川区人民政府</FZJG>
<FZRQ>2018-08-19 00:00:00</FZRQ>
<QZSFLQ>1</QZSFLQ>
<QZLQRQ>2018-10-09 00:00:00</QZLQRQ>
<QZLQRXM>***</QZLQRXM>
<QZLQRZJLX>1</QZLQRZJLX>
<QZLQRZJHM>513021****09240398</QZLQRZJHM>
</CBJYQZ>
<YCBDK>
<DK>
<BSM>101****17</BSM>
<YSDM>21**11</YSDM>
<DKBM>511702****010100192</DKBM>
<DKMC>**********</DKMC>
<SYQXZ>30</SYQXZ>
<DKLB>10</DKLB>
<TDLYLX>013</TDLYLX>
<DLDJ>**</DLDJ>
<TDYT>1</TDYT>
<SFJBNT>2</SFJBNT>
<SCMJ>266.67</SCMJ>
<DKDZ>李威</DKDZ>
<DKXZ>******</DKXZ>
<DKNZ>李威</DKNZ>
<DKBZ>******</DKBZ>
<DKBZXX>**********</DKBZXX>
<ZJRXM>王伟</ZJRXM>
<KJZB>T17408347/T17408348/T*******2/T17391991/T17391990/T*******9/T17391988/T17391987/T17385802/T17385801/T*******0/T17385799/T17385844/T*******9/T17408350/T*******1/T17408352/T17408353/T17408354</KJZB>
<SCMJM>0.4</SCMJM>

</DK>

< SHP > POLYGON ((447972.003906 3 * * * * * 3.035889, 447969.132507 3473034.776123, 447962.819519 3473032.040527, 4 * * * * 9.452698 3473032.987488, 4 * * * * 0.360107 3473027.56488, 447959.939087 3473024.899292, 447959.097473 3 * * * * * 0.831116, 447956.572327 3 * * * * * 6.903076, 447955.309692 3473014.939087, 447954.608276 3473013.115295, 4 * * * * 4.696716 3473010.312317, 4 * * * * 5.329895 3473010.671082, 447957.815674 3473011.736328, 447962.653931 3 * * * * * 2.357727, 447967.181274 3 * * * * * 2.091492, 447969.899475 3473018.586487, 447971.442688 3473022.233887, 4 * * * * 2.7053223473027.284302447972.7 * * * * 2 3473030.510681, 447972.003906 3473033.035889))</SHP>

</YCBDK>

<CBDKXX>

<DKBM>511702 * * * * 010100192</DKBM>

<FBFBM>511702 * * * * 0101</FBFBM>

<CBFBM>511702 * * * * 01010019</CBFBM>

<CBJYQQDFS>110</CBJYQQDFS>

<HTMJ>266.67</HTMJ>

<CBHTBM>511702 * * * * 01010019J</CBHTBM>

<LZHTBM></LZHTBM>

<CBJYQZBM>511702 * * * * 01010019J</CBJYQZBM>

<YHTMJ>66.67</YHTMJ>

<HTMJM>0.4</HTMJM>

<YHTMJM>0.1</YHTMJM>

<SFQQQG>2</SFQQQG>

</CBDKXX>

<YDKJZD>

<JZD>

<BSM>104 * * * * 36</BSM>

<YSDM>211 * * * </YSDM>

<JZDH>T140 * * * * 9</JZDH>

<JZDLX>3</JZDLX>

<JBLX>6</JBLX>

<DKBM>511702 * * * * 010100192</DKBM>

<XZBZ>591 * * * .357</XZBZ>

<YZBZ>3253 * * * .092</YZBZ>

</JZD>

<SHP>POINT (591 * * * .356689453 3253 * * * .09210205)</SHP>

</YDKJZD>

<YDKJZD>

<JZD>

<BSM>1040 * * * * 39</BSM>

<YSDM>211 * * * </YSDM>

<JZDH>T140 * * * * 0</JZDH>

<JZDLX>3</JZDLX>

<JBLX>6</JBLX>

<DKBM>511702 * * * * 010100192</DKBM>

<XZBZ>591 * * * .096</XZBZ>

<YZBZ>3253 * * * .457</YZBZ>

</JZD>

<SHP>POINT (591 * * * .096496582 3253 * * * .45690918)</SHP>

</YDKJZD>

<YDKJZD>

<JZD>

<BSM>1040 * * * * 2</BSM>

<YSDM>211* * *</YSDM>
<JZDH>T14056331</JZDH>
<JZDLX>3</JZDLX>
<JBLX>6</JBLX>
<DKBM>511702* * * *010100192</DKBM>
<XZBZ>591* * *.992</XZBZ>
<YZBZ>3253* * *.913</YZBZ>
</JZD>
<SHP>POINT (591* * * *.991882324 3253* * * *.91271973)</SHP>
</YDKJZD>
<YDKJZX>
<JZX>
<BSM>101* * * *17</BSM>
<YSDM>211* * * *</YSDM>
<JXXZ>600001</JXXZ>
<JZXLB>01</JZXLB>
<JZXWZ>2</JZXWZ>
<JZXSM>3.* *</JZXSM>
<PLDWQLR>温朝*</PLDWQLR>
<PLDWZJR>刘中*</PLDWZJR>
<JZXH>4753* * *</JZXH>
<QJZDH>T14056* * *</QJZDH>
<ZJZDH>T14056* * *</ZJZDH>
<DKBM>511702* * * *010100192</DKBM>
</JZX>
<SHP>LINESTRING (591* * * *.991882324 3253* * * *.91271973, 591* * * *.096496582 3253* * * *.45690918, 591* * * *.356689453 3253* * * *.09210205)</SHP>
</YDKJZX>
<YDKJZX>
<JZX>
<BSM>101* * * *30</BSM>
<YSDM>211* * * *</YSDM>
<JXXZ>600001</JXXZ>
<JZXLB>01</JZXLB>
<JZXWZ>2</JZXWZ>
<JZXSM>47.* *</JZXSM>
<PLDWQLR>温朝*</PLDWQLR>
<PLDWZJR>刘中*</PLDWZJR>
<JZXH>4764* * *</JZXH>
<QJZDH>T14056* * *</QJZDH>
<ZJZDH>T14094* * *</ZJZDH>
<DKBM>511702* * * *0101001929</DKBM>
</JZX>
<SHP>LINESTRING (591* *1.356689453 3* * *389.09210205, 59* * *4.933105469 325* * *5.30908203, 59* * *5.711914062 3* * *375.09429932, 59* * *5.090087891 325* * *67.89208984, 59* * *2.368103027 3* * *356.18829346, 5* * *19.926513672 3* * *348.1126709)</SHP>
</YDKJZX>
<YDKJZX>
<JZX>
<BSM>101195* * * *</BSM>
<YSDM>211* * * *</YSDM>
<JXXZ>600001</JXXZ>

<JZXLB>01</JZXLB>
<JZXWZ>2</JZXWZ>
<JZXSM>0.＊</JZXSM>
<PLDWQLR>温朝＊</PLDWQLR>
<PLDWZJR>刘中＊</PLDWZJR>
<JZXH>4764＊＊＊＊</JZXH>
<QJZDH>T14094＊＊＊＊</QJZDH>
<ZJZDH>T14056＊＊＊＊</ZJZDH>
<DKBM>511702＊＊＊＊010100192</DKBM>
</JZX>
<SHP>LINESTRING(591＊＊＊＊7.272888184 3253＊＊＊＊.55828857，591＊＊＊＊.991882324 3253＊＊＊＊.91271973)</SHP>
</YDKJZX>
</ORIGINAL_DATA>
<CHANGE_DATA>
<JRCBF>
<CBF>
<CBFBM>511702＊＊＊＊01010019</CBFBM>
<CBFLX>1</CBFLX>
<CBFMC>张三</CBFMC>
<CBFZJLX>＊</CBFZJLX>
<CBFZJHM>511702＊＊＊＊08192222</CBFZJHM>
<CBFDZ>＊＊＊省＊＊＊市＊＊＊县＊＊＊乡＊＊＊村＊＊＊组</CBFDZ>
<YZBM>63＊＊26</YZBM>
<LXDH>159＊＊＊＊1360</LXDH>
<CBFCYSL>1</CBFCYSL>
<CBFDCRQ > 2018-03-18 13:21:00</CBFDCRQ >
<CBFDCY>李威</CBFDCY>
<CBFDCJS>无</CBFDCJS>
<GSJS>无</GSJS>
<GSJSR>李威</GSJSR>
<GSSHRQ> 2018-03-28 13:21:00</GSSHRQ>
<GSSHR>王伟</GSSHR>
</CBF>
<YCBFBM></YCBFBM>
<CZFS>01</CZFS>
</JRCBF>
<CBHT>
<CBHTBM>511702＊＊＊＊01010019J</CBHTBM>
<YCBHTBM>＊＊＊＊＊＊＊＊＊＊＊＊＊＊＊＊＊＊＊</YCBHTBM>
<FBFBM>511702＊＊＊＊0101</FBFBM>
<CBFBM>511702＊＊＊＊01010019</CBFBM>
<CBFS>110</CBFS>
<CBQXQ>1998-06-30 00:00:00</CBQXQ>
<CBQXZ>2028-12-31 00:00:00</CBQXZ>
<HTZMJ>＊＊.＊＊</HTZMJ>
<CBDKZS>2</CBDKZS>
<QDSJ>2018-10-18 13:21:00</QDSJ>
<HTZMJM>10.03</HTZMJM>
<YHTZMJ>＊＊.＊＊</YHTZMJ>
<YHTZMJM>＊＊.＊＊</YHTZMJM>
<CZFS>03</CZFS>

</CBHT>
<CBJYQZDJB>
<CBJYQZBM>511702****01010019J</CBJYQZBM>
<FBFBM>511702****0101</FBFBM>
<CBFBM>511702****01010019</CBFBM>
<CBFS>110</CBFS>
<CBQX>30</CBQX>
<CBQXQ>1998-06-30 00:00:00</CBQXQ>
<CBQXZ>2028-12-31 00:00:00</CBQXZ>
<DKSYT>图件\511702****0101\DKSYT511702****01010019J.pdf</DKSYT>
<CBJYQZLSH>川(2018)通川区******</CBJYQZLSH>
<DJBFJ>******</DJBFJ>
<YCBJYQZBH>******</YCBJYQZBH>
<DBR>***</DBR>
<DJSJ>2018-08-12 13:30:00</DJSJ>
<CZFS>03</CZFS>
</CBJYQZDJB>
<CBJYQZ>
<CBJYQZBM>*******************</CBJYQZBM>
<FZJG>通川区人民政府</FZJG>
<FZRQ>2018-08-13 13:30:00</FZRQ>
<QZSFLQ>*</QZSFLQ>
<QZLQRQ>2018-09-12 13:30:00</QZLQRQ>
<QZLQRXM>***</QZLQRXM>
<QZLQRZJLX>*</QZLQRZJLX>
<QZLQRZJHM>******************</QZLQRZJHM>
<CZFS>03</CZFS>
</CBJYQZ>
<CBDK>
<YDKBM></YDKBM>
<YCBFBM></YCBFBM>
<YCBFMC></YCBFMC>
<DK>
<BSM>1010**717</BSM>
<YSDM>21**11</YSDM>
<DKBM>511702****010100192</DKBM>
<DKMC>**********</DKMC>
<SYQXZ>30</SYQXZ>
<DKLB>10</DKLB>
<TDLYLX>013</TDLYLX>
<DLDJ>**</DLDJ>
<TDYT>1</TDYT>
<SFJBNT>2</SFJBNT>
<SCMJ>266.67</SCMJ>
<DKDZ>李威</DKDZ>
<DKXZ>******</DKXZ>
<DKNZ>李威</DKNZ>
<DKBZ>******</DKBZ>
<DKBZXX>**********</DKBZXX>
<ZJRXM>王伟</ZJRXM>
<KJZB>T17408347/T17408348/T1******2/T17391991/T17391990/T1*****9/T17391988/T17391987/T17385802/T17385801/T17385800/T1******9/T17385844/T17408349/T1******0/

T17408351/T17408352/T17408353/T17408354</KJZB>
<SCMJM>0.4</SCMJM>
</DK>
<SHP>POLYGON ((447625.714905 3*****0.29071, 447623.407288 3473579.713928, 447621.965088 3473578.704285, 4****1.324524 3473575.441101, 4****3.472107 3473573.745483, 447634.733276 3473570.954285, 447641.855896 3*****1.243103, 447648.304688 3*****1.724304, 447654.945923 3473571.628113, 447654.272278 3473577.406128, 4****9.079895 3473578.992676, 4****3.887695 3473579.569702, 447637.108887 3473579.281128, 447630.618713 3******8.848511, 447625.714905 3****0.29071))</SHP>
<CZFS>04</CZFS>
</CBDK>
<CBDKXX>
<DKBM>511702****010100192</DKBM>
<FBFBM>511702****0101</FBFBM>
<CBFBM>511702****01010019</CBFBM>
<CBJYQQDFS>110</CBJYQQDFS>
<HTMJ>266.67</HTMJ>
<CBHTBM>511702****01010019J</CBHTBM>
<LZHTBM></LZHTBM>
<CBJYQZBM>511702****01010019J</CBJYQZBM>
<YHTMJ>66.67</YHTMJ>
<HTMJM>0.4</HTMJM>
<YHTMJM>0.1</YHTMJM>
<SFQQQG>2</SFQQQG>
<CZFS>04</CZFS>
</CBDKXX>
<DKJZD>
<JZD>
<BSM>104****36</BSM>
<YSDM>211***</YSDM>
<JZDH>T140****9</JZDH>
<JZDLX>3</JZDLX>
<JBLX>6</JBLX>
<DKBM>511702****010100192</DKBM>
<XZBZ>591***.357</XZBZ>
<YZBZ>3253***.092</YZBZ>
</JZD>
<SHP>POINT (591***.356689453 3253***.09210205)</SHP>
<CZFS>04</CZFS>
</DKJZD>
<DKJZD>
<JZD>
<BSM>1040****39</BSM>
<YSDM>211***</YSDM>
<JZDH>T140****0</JZDH>
<JZDLX>3</JZDLX>
<JBLX>6</JBLX>
<DKBM>511702****010100192</DKBM>
<XZBZ>591***.096</XZBZ>
<YZBZ>3253***.457</YZBZ>
</JZD>
<SHP>POINT (591***.096496582 3253***.45690918)</SHP>

<CZFS>04</CZFS>
</DKJZD>
<DKJZD>
<JZD>
<BSM>1040****2</BSM>
<YSDM>211***</YSDM>
<JZDH>T14056***</JZDH>
<JZDLX>3</JZDLX>
<JBLX>6</JBLX>
<DKBM>511702****010100192</DKBM>
<XZBZ>591***.992</XZBZ>
<YZBZ>3253***.913</YZBZ>
</JZD>
<SHP>POINT (591****.991882324 3253***.91271973)</SHP>
<CZFS>04</CZFS>
</DKJZD>
<DKJZX>
<JZX>
<BSM>101****17</BSM>
<YSDM>211****</YSDM>
<JXXZ>600001</JXXZ>
<JZXLB>01</JZXLB>
<JZXWZ>2</JZXWZ>
<JZXSM>******</JZXSM>
<PLDWQLR>温朝*</PLDWQLR>
<PLDWZJR>刘中*</PLDWZJR>
<JZXH>4753***</JZXH>
<QJZDH>T14056***</QJZDH>
<ZJZDH>T14056***</ZJZDH>
<DKBM>511702****010100192</DKBM>
</JZX>
<SHP>LINESTRING (591****.991882324 3253****.91271973, 591****.096496582 3253****.45690918, 591****.356689453 3253****.09210205)</SHP>
<CZFS>04</CZFS>
</DKJZX>
<DKJZX>
<JZX>
<BSM>101****30</BSM>
<YSDM>211****</YSDM>
<JXXZ>600001</JXXZ>
<JZXLB>01</JZXLB>
<JZXWZ>2</JZXWZ>
<JZXSM>******</JZXSM>
<PLDWQLR>温朝*</PLDWQLR>
<PLDWZJR>刘中*</PLDWZJR>
<JZXH>4764***</JZXH>
<QJZDH>T14056***</QJZDH>
<ZJZDH>T14094***</ZJZDH>
<DKBM>511702****0101001929</DKBM>
</JZX>
<SHP>LINESTRING (591**1.356689453 3***389.09210205, 59***4.933105469 325***5.30908203, 59***5.711914062 3***375.09429932, 59***5.090087891 325***67.89208984, 59***

2. 368103027 3 * * * 356. 18829346, 5 * * * 19. 926513672 3 * * * 348. 1126709)</SHP>
<CZFS>04</CZFS>
</DKJZX>
<DKJZX>
<JZX>
<BSM>101195 * * * * </BSM>
<YSDM>211 * * * * </YSDM>
<JXXZ>600001</JXXZ>
<JZXLB>01</JZXLB>
<JZXWZ>2</JZXWZ>
<JZXSM> * * * * * * </JZXSM>
<PLDWQLR>温朝 * </PLDWQLR>
<PLDWZJR>刘中 * </PLDWZJR>
<JZXH>4764 * * * * </JZXH>
<QJZDH>T14094 * * * * </QJZDH>
<ZJZDH>T14056 * * * * </ZJZDH>
<DKBM>511702 * * * * 010100192</DKBM>
</JZX>
<SHP>LINESTRING (591 * * * * 7. 272888184 3253 * * * * . 55828857, 591 * * * * . 991882324 3253 * * * * . 91271973)</SHP>
<CZFS>04</CZFS>
</DKJZX>
<TYZB>CGCS2000_3_Degree_GK_CM_111E</TYZB>
</CHANGE_DATA>
</SUBMIT>

附 录 D
(资料性附录)
附件报文示例

<ATTACHMENT>
<HEAD>
<FSF>fb6068584c7e48809bba4309c46ed***</FSF>
<FSSJ>2018-08-12 13:30:42</FSSJ>
<SJLX>9999</SJLX>
<SJBZM>a6a29cdb-c2dd-4188-ab94-809d4e2e714f</SJBZM>
</HEAD>
<ATTACHMENT_IDENTIFICATION_DATA>
<XZQDM>511702</XZQDM>
<XZQMC>通川区</XZQMC>
<YWLSH>511702***1010000002</YWLSH>
<FJZLFSSJ>2018-08-12 13:27:00</FJZLFSSJ >
</ATTACHMENT_IDENTIFICATION_DATA>
<ATTACHMENT_DATA>
<FJZLMC>ZJZM511702***01010019J0101.jpg</FJZLMC>
<FJZLLX>01</FJZLLX>
<FJZLLJ>/511702/51170220180812000003/FJ/ZJZM511702***01010019J01.jpg</FJZLLJ>
</ATTACHMENT_DATA>
<ATTACHMENT_DATA>
<FJZLMC>DKSYT511702***01010019J.pdf</FJZLMC>
<FJZLLX>02</FJZLLX>
<FJZLLJ>/511702/51170220180812000003/FJ/DKSYT511702***01010019J.pdf </FJZLLJ>
</ATTACHMENT_DATA>
</ATTACHMENT>

附 录 E
(资料性附录)
响应报文示例

```
<RESPONSE>
    <FSF>fb6068584c7e48809bba4309c46ed＊＊＊</FSF>
    <FSSJ>2018-08-12 13:24:32</FSSJ>
    <ZT>100</ZT>
    <MS>发送成功</MS>
    <SJBZM>a6a29cdb-c2dd-4188-ab94-809d4e2e7167</SJBZM>
</RESPONSE>
```

ICS 65.020
B 01

中华人民共和国农业行业标准

NY/T 3747—2020

县级农村土地承包经营权信息系统建设技术指南

Technical guideline for the construction of information system for rural land contracting and management rights at the county level

2020-08-26 发布　　　　2021-01-01 实施

中华人民共和国农业农村部　发布

前　　言

本标准按照 GB/T 1.1—2009 和 NY/T 2081—2011 给出的规则起草。

请注意本文件的某些内容可能涉及专利。本文件的发布机构不承担识别这些专利的责任。

本标准由农业农村部政策与改革司提出并归口。

本标准起草单位:农业农村部规划设计研究院。

本标准主要起草人:裴志远、张儒侠、郭琳、许家俊、石智峰、卫炜、邢雪、张艳红。

县级农村土地承包经营权信息系统建设技术指南

1 范围

本标准规定了县级农村土地承包经营权信息系统(以下简称“县级信息系统”)建设技术的术语和定义系统建设任务及原则、总体技术要求、数据库建设要求、系统功能建设要求、基础设施环境搭建技术要求、系统开发要求、信息安全要求、系统测试与运行要求。

本标准适用于指导县级农村土地承包经营权信息系统的设计、研发和部署运行。

2 规范性引用文件

下列文件对于本文件的应用是必不可少的。凡是注日期的引用文件,仅注日期的版本适用于本文件。凡是不注日期的引用文件,其最新版本(包括所有的修改版)适用于本文件。

GB/T 20271 信息安全技术 信息系统通用安全技术要求

GB/T 30273 信息安全技术 信息系统安全保障通用评估指南

GB/T 30850.2 电子政务标准化指南 第2部分:工程管理

GB/T 30850.4 电子政务标准化指南 第4部分:信息共享

GB/T 34990 信息安全技术 信息系统安全管理平台技术要求和测试评价方法

GB/T 35958 农村土地承包经营权要素编码规则

GB/T 36626 信息安全技术 信息系统安全运维管理指南

NY/T 2537 农村土地承包经营权调查规程

NY/T 2539 农村土地承包经营权确权登记数据库规范

NY/T 3746 农村土地承包经营权信息应用平台接入技术规范

农办经〔2015〕13号 农业部办公厅关于印发《农村土地承包经营权确权登记数据库建设技术指南(试行)》《农村土地承包经营权确权登记数据库成果汇交办法(试行)》的通知

农办经〔2015〕18号 关于印发农村土地(耕地)承包合同示范文本的通知

农办经〔2015〕23号 农业部办公厅关于印发《农村土地承包经营权确权登记颁证成果图制图规范(试行)》的通知

农经发〔2016〕10号 农业部关于做好农村土地承包经营权信息应用平台建设工作的通知

中华人民共和国农业部公告 第2330号 农村土地承包经营权登记簿(样式)

自然资发〔2020〕95号 进测绘地理信息管理工作国家秘密范围的规定

3 术语和定义

GB/T 35958、NY/T 2537、NY/T 2539、NY/T 3746界定的以及下列术语和定义适用于本文件。

3.1

家庭承包 family contract

本集体经济组织的农户依照法定的原则和程序,通过签订承包合同,在承包期限内承包农村土地,享有土地承包经营权。农户内家庭成员依法平等享有承包土地的各项权益。

3.2

土地承包经营权互换 exchange of land contract management right

承包方之间为方便耕种或者各自需要,可以对属于同一集体经济组织的土地承包经营权进行互换,并向发包方备案。

3.3

土地承包经营权转让　transfer of land contract management right

经发包方同意，承包方可以将全部或者部分的土地承包经营权转让给本集体经济组织的其他农户，由该农户同发包方确立新的承包关系，原承包方与发包方在该土地上的承包关系即行终止。

3.4

土地经营权流转　transfer of land operation right

在保留土地承包权的前提下，承包方可以自主决定依法采取出租(转包)、入股或者其他方式向他人流转其承包地的土地经营权，并向发包方备案。

3.5

承包地交回　return of contracted land

承包期内，承包方可以自愿将承包地交回发包方。

3.6

土地承包经营纠纷　disputes over land contract and management

当事人之间因承包土地的使用、收益、流转、调整、收回以及承包合同的履行等事项发生的争议。

4　系统建设任务及原则

4.1　建设任务

县级信息系统建设应满足农经发〔2016〕10号要求，实现县级农村土地承包经营权数据管理和相关业务管理等功能；系统应具备数据建库管理、汇交管理、合同管理、信息查询和统计等功能，对所涉及的农村土地承包经营权变更数据及时在数据库同步。有条件地区可以探索农村土地承包经营权数据在土地流转、纠纷仲裁等方面的应用，实现“以图管流转”“以图管应用”的信息化、精准化管理模式；系统稳定运行后，可根据地方实际情况探索与其他系统的互联互通、数据共享等拓展功能。

4.2　建设原则

4.2.1　立足现有基础

立足地方现有农村土地承包管理信息化基础，加强对已有系统的改造，充分发挥已有成果的作用。

4.2.2　遵循统一标准

遵照农村土地承包经营权相关工作已有技术规范，建立格式统一的数据库，在此基础上设计并开发县级信息系统。

4.2.3　确保信息安全

严格遵循国家保密相关规定和信息安全技术标准及要求，确保涉密信息不泄露，加强信息安全管理，保障权利人的权益。

4.2.4　可操作性和可扩展性

为方便系统升级，系统在建设过程中应预留接口，具备一定可扩展功能的模块。

5　总体技术要求

5.1　系统架构

县级信息系统由基础设施层、数据层、平台层、应用层及标准规范体系和安全保障体系等构成，总体技术架构如图1所示。

基础设施层主要包括服务器、存储设备、GIS平台、网络基础设施、数据库软件及其他软硬件设备，是整个县级信息系统运行的基础。根据网络、安全和功能的不同，结合地方实际情况，将县级信息系统的网络环境划分为两部分，一是数据安全区部分，二是运行网部分，具体建设情况可参考8.1有关内容。

数据层主要包括农村土地承包经营权权属及其相关空间数据、日常土地承包管理业务数据和相关变更数据，为整个县级信息系统提供数据支撑。

平台层承接数据层和应用层，为县级信息系统提供了一种用于搭建和部署应用的架构，使得系统通过接口、服务等形式访问数据层的资源。在数据量较大的情况下，建议平台层采用集群或分布式计算等技术

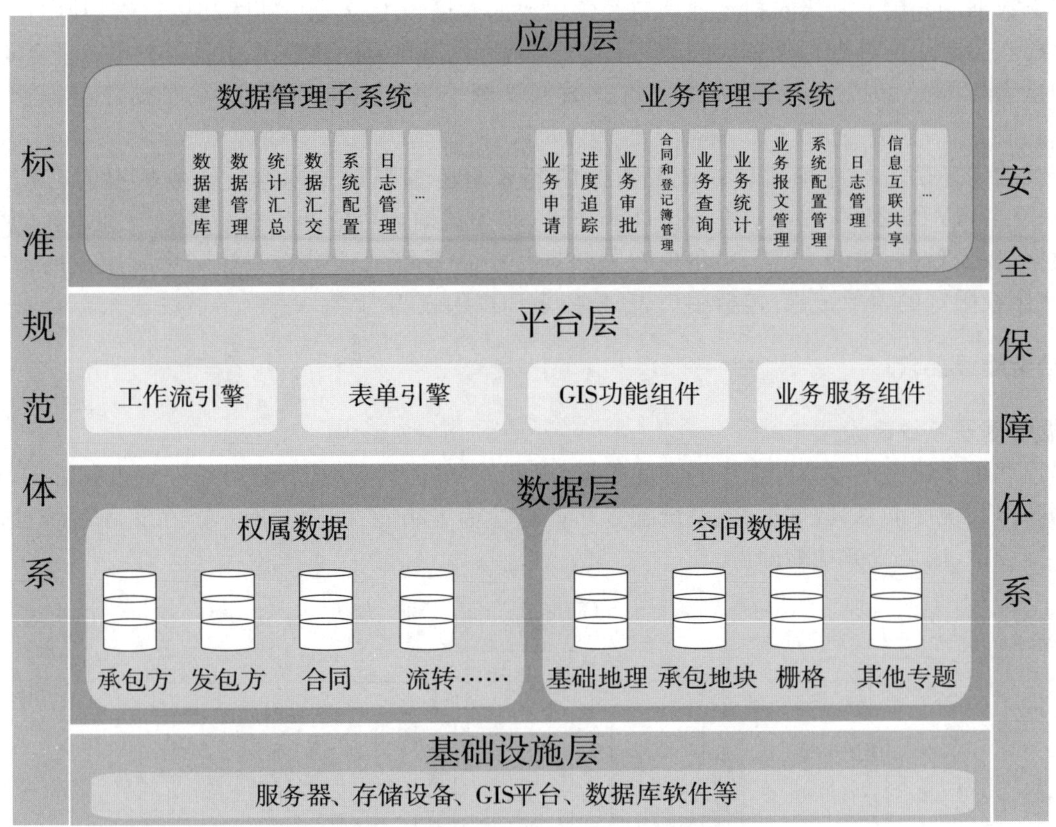

图 1　县级信息系统总体技术架构

为系统提供稳定运行的保障。

应用层包括数据管理子系统和业务管理子系统，其中数据管理子系统包括数据建库、数据管理、统计汇总、数据汇交、系统配置和日志管理等功能；业务管理子系统包括业务申请、进度追踪、业务审批、合同和登记簿管理、业务查询、业务统计、业务报文管理、系统配置管理和信息互联共享等功能，可以根据地方需求及实际工作条件扩展应用。

标准规范体系和安全保障体系应建立在国家及农业农村部门已发布的标准规范基础上，贯穿于县级信息系统建设和应用的各个层面。

5.2　部署运行

县级信息系统由县(市、区)农业农村管理部门统一部署运行，乡镇和县级业务人员通过本系统实现日常业务办理，满足承包农户和相关权利人的业务申请和信息查询需求，完成与上级确权信息应用平台的接入，实现业务增量数据的及时更新。如果县级所属上级辖域省、市已规划或建设了省(市)级信息应用平台，则可采用省(市)级信息平台部署的相关信息系统。

5.3　应用层系统构成

县级信息系统主要由数据管理子系统和业务管理子系统组成。

a)　数据管理子系统。数据管理子系统负责县域范围内的农村土地承包经营权数据成果的整合汇总，对数据进行统一组织、存储、管理、维护和更新，按照相关规范要求向上级主管部门报送有关变更或增量更新数据。

b)　业务管理子系统。业务管理子系统负责农村土地承包经营权相关业务的在线办理和信息管理，包括业务的申请、受理、审核、登簿和归档等内容。该系统是实现农村土地承包经营权常态化管理的重要支撑，是实现农村土地承包经营权信息的透明化、规范化和动态化管理的基本保障。有条件的地区，可以进一步拓展土地流转、纠纷仲裁等业务内容。

6　数据库建设要求

县级农村土地承包经营权数据库为县级信息系统运行提供基础数据保障，是县级农村土地承包经营权及其变更数据的仓储。县级农村土地承包经营权数据库逻辑上分为基础库和运行库,其中位于数据安全区的基础库主要用于数据存储和空间分析;位于运行网环境的运行库主要用于支持平台业务运行,提供数据查询检索与浏览等服务。基础库主要支撑数据管理子系统运行,运行库主要支撑业务管理子系统运行。

无论基础库还是运行库均需包括业务数据内容和角色权限数据内容。业务数据内容按照农办经〔2015〕13 号和 NY/T 2539—2016 进行设计和建设,业务数据内容应涵盖县级农村土地承包经营权相关的空间数据、权属数据、图件、文档等;角色权限数据是指在系统设计过程中控制系统用户的数据访问权限、功能使用权限等的表单记录,包括用户表、角色表和权限表等内容。

7 系统功能建设要求

7.1 数据管理子系统建设要求

数据管理子系统实现对数据库中的空间数据、属性数据、图件、文档等进行统一管理和维护,包括数据建库、数据管理、统计汇总、数据汇交、系统配置和日志管理等功能,如图 2 所示。在实际系统设计时可进行功能重排设计,满足业务功能即可。

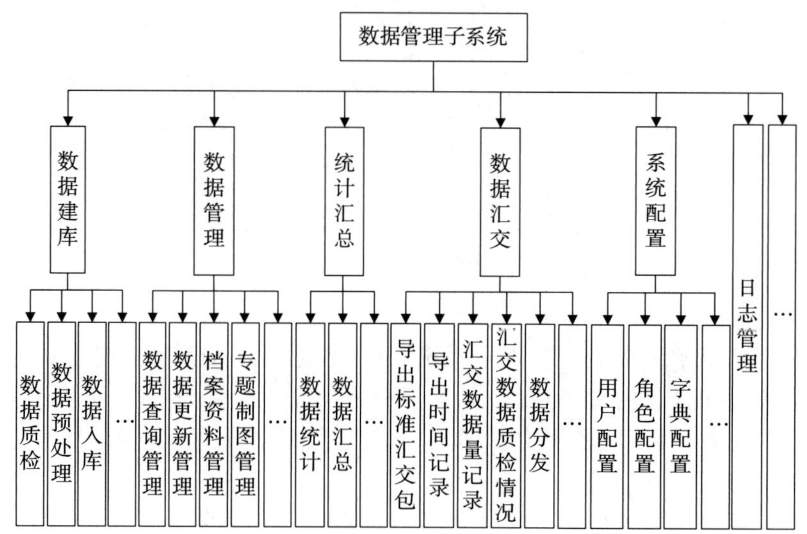

图 2　数据管理子系统功能结构

7.1.1 数据建库

数据建库功能包括数据质检、数据预处理和数据入库等。

数据质检功能实现自动检查县级农村土地承包经营权数据,检查内容包括数据格式检查、坐标系检查、字段长度检查、逻辑一致性检查等。自动检查也可直接使用农业农村部统一下发的质检软件进行,满足该软件的《农村土地承包经营权确权登记数据库成果质检规则(试用)》的条件即可。数据预处理功能实现对质检过程中所发现的数据格式、投影坐标等不符合标准要求的数据进行处理,以保障数据符合统一的入库规则。数据入库功能实现对矢量数据、权属数据、栅格数据等进行入库,支持手动、自动批量入库等多种方式,对元数据的入库及元数据的信息可以进行追加操作,建立数据与元数据之间的关联,入库完成后可以生成入库报告。

7.1.2 数据管理

数据管理功能实现对已入库数据进行管理,包括数据查询管理、数据更新管理、档案资料管理、专题制图管理等。

数据查询管理功能实现对发包方、承包方及家庭成员、承包合同、登记簿信息进行关联,支持模糊查询、高级查询、以人查地和以地查人等多种查询方式,并以专题图表形式展示查询结果。数据更新管理功能实现对已入库数据的信息进行编辑处理,包括增加、修改、保存等操作;对变更数据可以根据需要进行历史回溯、导入和导出,用于数据的同步、更新与上报。档案资料管理功能实现对农村土地承包经营权调查信息公示表、公示结果归户表等材料进行管理,可以生成并打印承包方调查表、承包地块调查表、归户表、合同、登记簿等。专题制图管理参照农办经〔2015〕23 号,根据统计信息生成统计专题图或根据地块分布情况生成地块分布专题图等,并可以对图件内容进行输出。

7.1.3 统计汇总

统计汇总功能包括数据统计和数据汇总等。

数据统计功能实现在行政区范围或自定义空间范围内,统计发包方数量、承包方数量、承包地块数量、合同数量、登记簿数量,以及承包地确权面积、实测面积、合同面积;并以图表的形式进行展示。数据汇总功能实现根据地块汇总表、承包土地用途汇总表、承包地是否基本农田汇总表、非承包地地块类别汇总表、权证信息汇总表和承包方汇总表等内容,将数据按县、乡、村、组等不同级别进行汇总,支持表格导出和在线打印的功能。

7.1.4 数据汇交

数据汇交功能实现导出符合农办经〔2015〕13 号要求的标准格式汇交数据,可以根据某个行政区范围、空间范围,提取农户、承包地块及权属等信息,在系统中记录导出时间、数据量等信息以及汇交数据质检情况。

7.1.5 系统配置

系统配置功能包括用户配置、角色配置、字典配置等。

用户配置功能实现用户账号的增加、删除或修改,包括设置用户名、密码以及确定用户角色级别等。角色配置功能实现根据数据权限、功能权限来设置系统用户的角色级别及其对应的角色权限。字典配置功能实现对系统界面中的菜单文字进行设置,包括字典编码和字典文字的添加、保存、修改、输出等。

7.1.6 日志管理

日志管理功能用于记录系统使用情况,包括日志记录保存、查询、显示、删除和导出等。

7.2 业务管理子系统建设要求

业务管理子系统以运行库为基础,实现农村土地承包经营权业务办理及有关信息记录,对农村土地承包经营权变化情况进行常态化管理,包括业务申请、进度追踪、业务审批、合同和登记簿管理、业务查询、业务统计、业务报文管理、系统配置管理、信息互联共享和日志管理等,各功能之间的信息可进行关联浏览,如图 3 所示。在实际系统设计时,可进行功能重排设计,满足业务功能即可。

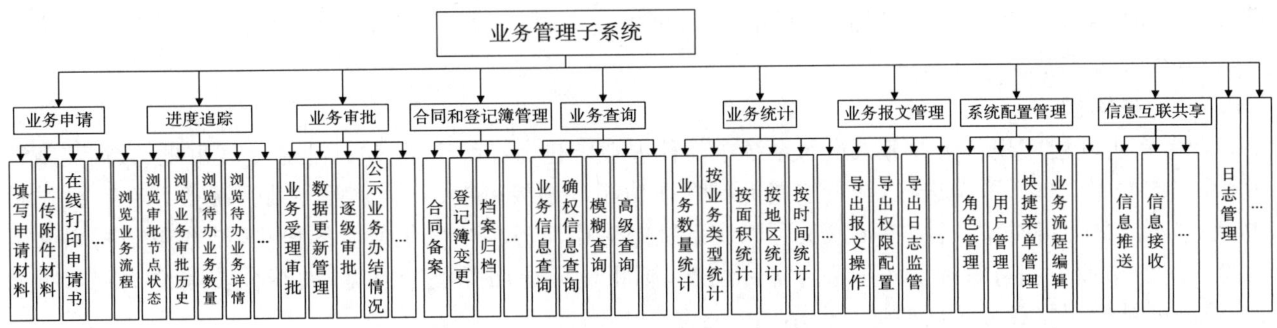

图 3 业务管理子系统功能结构图

当土地承包经营权互换、转让等情况发生时,或当承包地交回、承包地被征收、征用和占用等情况发生时,以及其他信息发生变更和更正时,可通过县级业务管理子系统进行业务办理,实现对相关信息的记录。各地可结合地方实际情况和图 3 有关内容,进一步研究土地承包经营权互换、转让的业务需求,根据本指南所述模块,进行功能拓展或另行设计功能模块。

业务办理过程中涉及的重点环节包括业务申请、业务受理、业务审批、合同办理、数据库变更、归档等内容。其中,业务申请环节涉及发包方和承包方等,业务受理审批环节涉及各级乡(镇)级农业农村部门。业务办理结束后,及时通过互联共享功能将变更信息推送至不动产统一登记部门;当不动产统一登记部门的承包地有关信息发生变更时,通过互联共享功能及时接收其对应的变更信息。

对于乡(镇)没有业务人员时,可以由县级业务人员直接审核有关材料;对于乡(镇)不具备信息化条件时，可采用线下资料审核方式代替线上资料审核，在系统中不需添加乡(镇)业务人员。业务流程可参考图4。

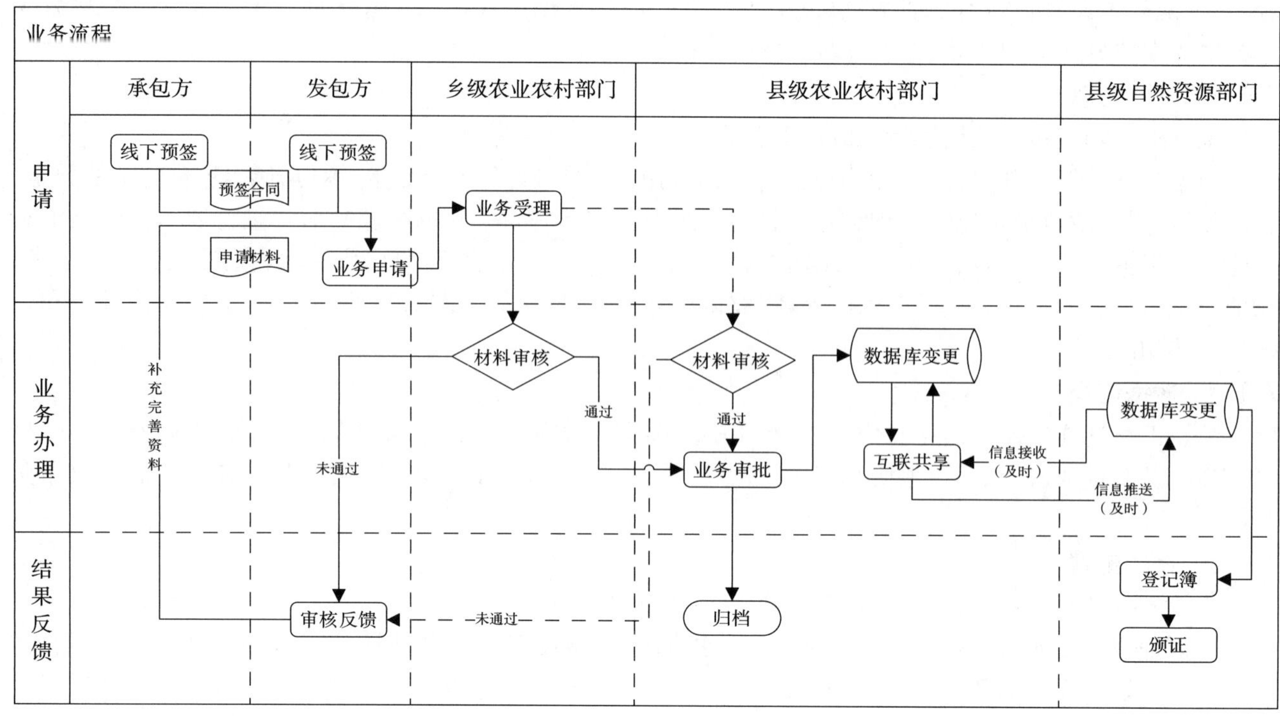

图4　业务流程图

7.2.1　业务申请

业务申请功能实现对农村土地承包经营权有关业务在线发起申请并填写完善相关信息，包括填写申请材料、上传附件材料以及在线打印申请书等功能，在业务申请过程中可创建业务名称、自动生成业务流水号等。

7.2.2　进度追踪

进度追踪功能用于掌握业务办理情况，包括浏览业务流程、浏览审批节点状态、浏览业务审批历史、浏览待办业务数量、浏览待办业务详情等。申请方可通过办理进度追踪功能查看整个业务审批流程、每个审批节点的审批结果及审批时间、当前待审批节点；审批方通过该功能可以查看待办业务总数量及列表情况、已办结业务总数量及列表情况。

7.2.3　业务审批

业务审批功能实现各级业务人员对系统中的待办业务进行在线审批，包括业务受理审批、数据更新管理(可在数据库管理子系统进行，详见数据更新管理功能)、逐级审批、公示业务办结情况等。在审批过程中，根据不同的业务类型，各级审批人员可以在系统中对比业务主体变化前后的信息，结合申请材料和附件材料对各类业务进行审批。如不符合实际情况，则将业务退回并反馈意见；如符合实际情况则审批通过，业务办结情况将在公示区域进行公示。

7.2.4　合同和登记簿管理

合同和登记簿管理功能实现对已办结且公示无异议的业务的合同、登记簿和档案等信息进行管理，包括合同备案、登记簿变更、档案归档等。相关文件样式可参考中华人民共和国农业部公告　第2330号、农办经〔2015〕18号有关要求。

7.2.5　业务查询

业务查询功能实现查询正在办理或者已办结的业务信息，包括按业务信息查询、按确权信息查询、模糊查询和高级查询等。按业务信息查询包括按业务名称查询、按业务流水号查询、按业务类型查询等；按确权信息查询包括按发包方、承包方、合同、登记簿、地块等信息进行查询；模糊查询实现输入任意查询内容进行查询；高级查询实现根据业务所在地、业务办结日期等筛选条件进行查询。查询结果可以展示业务申请和各级审批时间、相关附件资料，也可在查询结果中关联查看业务所涉及的发包方、承包方、家庭成员、承包地块、合同、登记簿等信息,对变化情况进行历史追溯和对比展示。

7.2.6 业务统计

业务统计功能包括业务数量统计、按业务类型统计、按面积统计、按地区统计、按时间统计等。

业务数量统计功能实现对正在办理业务总数量、已办结业务总数量、已退回业务数量,已办结业务所涉及承包方数量、地块数量、合同数量、登记簿数量等进行统计的功能。按业务类型统计功能实现根据业务类型划分,对业务数量进行统计。按面积统计功能实现对已办结业务所涉及确权面积和实测面积的统计。按地区统计功能实现根据县、乡、村、组不同行政级别,统计业务数量、涉及的承包方数量、确权面积和实测面积等。按时间统计功能实现在年、月、周、日等不同时间尺度下,结合业务类型统计业务办理总数量、已办结业务数量和待办业务数量。各类统计结果支持按图表等方式展示,并可以根据需要进行导出。

7.2.7 业务报文管理

业务报文管理功能实现按照 NY/T 3746 的要求生成业务报文,并按照要求的接入模式报文上报至上级平台(省级或国家级农村土地承包经营权信息应用平台)。

业务报文管理功能完成对导出情况的监管,包括导出报文操作、导出权限配置、导出日志监管等。导出报文操作支持按业务流水号顺序导出、按办结日期顺序导出,支持单笔业务报文导出、批量业务报文导出,支持手动导出业务报文和自动导出业务报文。导出权限配置功能实现限定执行导出操作设备的 IP 或 Mac 地址、设定报文导出频率。导出日志监管功能实现对报文导出情况进行日志记录并对异常导出操作进行报警。

7.2.8 系统配置管理

系统配置管理是业务管理子系统的辅助功能,包括角色管理、用户管理、快捷菜单管理、业务流程编辑等。

角色管理功能实现根据数据权限、功能权限来设置系统用户的角色级别及其对应的角色权限。用户管理功能实现系统用户账号信息的增加、删除或修改,包括设置用户名、密码以及确定用户角色级别。快捷菜单管理功能实现对系统快捷菜单内容进行增加、删除、修改图标、修改菜单名称等。业务流程编辑功能实现根据政策文件的要求对业务申请审批过程中所涉及的流程和相关申请材料的格式样式等进行编辑,包括配置流程节点、配置审批账号、定制申请材料模板、配置审批期限等功能。

7.2.9 信息互联共享

信息互联共享功能在符合 GB/T 30850.4 要求的前提下,实现将业务管理子系统中经过业务办理产生的更新数据及时与县级自然资源部门相关业务系统的数据进行互联共享的功能,以保障县级农业农村部门与县级自然资源部门所管理的农村承包地数据库现势性。该功能包括信息推送和信息接收等功能模块。信息推送是将业务管理子系统中产生变化的信息及时以报文形式推送给县级自然资源部门相关系统;信息接收是将县级自然资源部门提供的变更信息及时接收到县级业务管理子系统中。

7.2.10 日志管理

日志管理功能实现记录系统使用情况,包括日志记录保存、查询、显示、删除和导出。

7.3 数据同步更新要求

数据同步更新包括县级运行网与数据安全区的同步更新、县级运行网与上级运行网的同步更新、县级数据安全区与上级数据安全区的同步更新,用于解决因农村土地承包经营权日常业务办理而引起的数据库之间内容不一致的问题。若地方具备建设运行网与数据安全区的条件,可采用如下方式同步更新数据。

a) 县级运行网与数据安全区的同步更新可以采用离线或者在线方式。县级业务审批通过后,未涉及图形变更的,可通过业务管理子系统直接变更运行库数据,通过物理拷贝等方式将变更数据更新至基础库,保证县级运行网与数据安全区的数据一致性;涉及图形变更的,在业务数据变更基础上直接变更原始库,在确保数据安全的情况下可对数据进行安全处理,导出变更数据,通过物理拷贝同步运行库。

业务数据同步更新流程如图 5 所示。

b) 县级运行网与上级运行网的数据同步更新,参考 NY/T 3746。

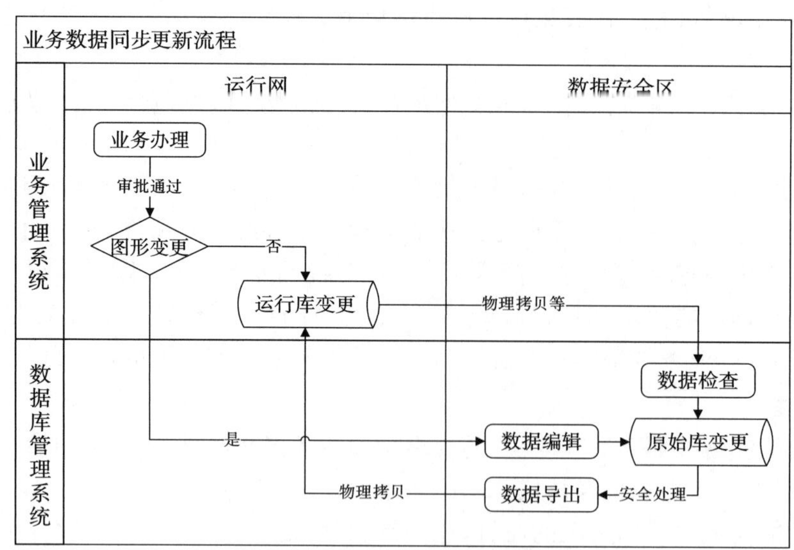

图5　业务数据同步更新流程

c)　县级数据安全区与上级数据安全区的同步更新，参考 NY/T 3746。

7.4　数据应用建设要求

数据应用主要包括经营权流转管理、纠纷仲裁管理等内容。

7.4.1　经营权流转管理

经营权流转管理主要围绕土地规模流转情况进行，乡(镇)级业务人员通过系统提交土地流转申请，县级业务人员在系统中进行审批，如审批通过，则对业务进行记录，并可以为流转双方提供流转业务有关证明；如审批不通过，则将业务退回并反馈意见。此外，系统提供对流转各方、流转合同、流转地块及流转历史信息的管理功能，可以根据行政区划、时间段等条件查询土地流转信息并关联查看相关承包方、发包方、地块、合同、登记簿等信息。针对特定时间段内的承包地流转规模、流转热点区域、流转价格情况进行统计分析，以统计图表的形式展现土地流转趋势及变化情况，为土地流转管理提供辅助决策。此处仅限农户之间经营权流转管理有关功能。

7.4.2　纠纷仲裁管理

纠纷仲裁管理主要围绕农村土地承包经营纠纷所涉及的纠纷仲裁案件开展，业务人员通过系统管理案件所涉及的承包方、发包方、承包地块以及仲裁结果和相关附件等信息，根据行政区划、时间段等条件查询纠纷仲裁案件情况并关联查看相关的承包方、发包方、地块、合同、登记簿等信息。针对特定时间段内的纠纷仲裁案件数量进行统计分析，以图表展示纠纷仲裁所涉及的地块数量、案件数量等，以专题地图的形式展现纠纷地块分布情况和纠纷热点区域，为纠纷仲裁管理提供支持。

8　基础设施环境搭建技术要求

在结合各地已有基础设施环境的基础上，可选用符合相关安全要求的网络设备、硬件设备、软件设备，可根据实际情况确定设备的具体型号等内容。

8.1　网络环境要求

根据网络、安全和功能的不同，结合地方实际情况，将县级信息系统的网络环境划分为两部分，一是数据安全区部分，主要完成数据存储、生产、处理及与运行网部分的信息交换；二是运行网部分，主要完成业务管理子系统的部署和运行、与上级平台的接入及对外信息服务。对于基础设施条件较差的地区，至少应保障数据安全区的建设。

8.2　硬件设备要求

数据安全区硬件应包括服务器、图形工作站、安全设备、存储设备、网络设备等。运行网硬件包括服务器、存储设备、安全设备、网络设备等。

8.3　软件设备要求

应用服务器操作系统应具有较强的稳定性、成熟度高，具有较强的安全性和快速修复漏洞的能力。客户端操作系统应界面友好、操作简便，具有较好的用户体验。

数据库软件应具备稳定性、可靠性和安全性，支持对空间数据的管理，在保障功能的前提下，可选用具有国内自主知识产权的数据库软件。

GIS 软件应支持多种格式的空间数据展示和编辑处理，能够在主流操作系统上部署及运行。

9 系统开发要求

a) 应用先进成熟的信息技术，在结构上基于主流的应用服务架构，支持多平台环境；支持多种模式数据管理方式，包括数据集中式管理、分布式管理等各种数据管理模式。

b) 可通过提供配置界面来实现系统管理和业务运行。

c) 可通过提供标准的身份认证接口，权限管理、日志管理、反爬虫等多种技术手段从软件层面保障系统的安全运行。

d) 应具有开放性和可扩展能力，应用简便灵活，便于理解和快速操作。

e) 承担县级信息系统的建设单位应符合 GB/T 30850.2 有关资质要求。

10 信息安全要求

信息安全参照 GB/T 20271、GB/T 30273、GB/T 34990、GB/T 36626 等相关国家标准进行设计，并满足以下内容的要求。

10.1 网络安全

应采取必要的防护措施保障网络上系统信息的安全，包括用户口令鉴别、用户存取权限控制、数据存取权限、方式控制、安全审计、安全问题跟踪、计算机病毒防治、数据加密等。

10.2 系统安全

a) 物理层安全。可通过防火墙、隔离网闸、备份设备等物理设备及相关的管理规定来保障，实现与业务系统的相对独立。

b) 系统层安全。可采用身份验证、权限管理、传输加密、日志记录等技术。

c) 应用层安全。可采用数据库访问权限设置，采用角色与群组管理来完善安全管理、操作日志、权限监控等。

10.3 数据安全

a) 针对农村土地承包经营权数据中所包含的测绘地理信息数据，要严格按照自然资发〔2020〕95 号进行保管，确保不失密、不泄密。对于存储高精度涉密测绘成果的设备不允许连接互联网，须对涉密的测绘地理信息数据进行物理隔离。参照农业农村部有关要求进行数据安全管理。

b) 对于承包方姓名、身份证号等敏感数据进行技术处理，保障其使用过程中的安全性。必要时可以采用数据加密、数字签名、数字证书及内容防篡改等技术，防止敏感数据被非法访问、修改和破坏，保证数据的完整性。

c) 应将已经产生变化的农村土地承包经营权数据及时向上级农业农村部门进行汇交、备份。

10.4 应用安全

应用安全方面，系统功能设计应符合相关安全标准，编码应符合国家安全规范，用户名和口令的设计应符合复杂性要求。严格控制远程访问权限。

10.5 制度建设

应根据实际情况建立数据管理、介质管理和人员管理制度，严格控制外部数据流入和内部数据外传，对确有数据使用需求的业务进行审批，以规范数据的存储、管理和使用，避免由于人为因素导致数据流失。

11 系统测试与运行要求

a) 系统测试。系统开发完成后，应开展第三方测试，组织土地承包管理、信息化等领域的专家，对系统进行功能、性能等方面进行测试与评估。系统功能测试的重点为系统功能的完整性测试,应满足本地区农村土地承包经营权数据管理、日常业务办理的实际工作需求,保障数据入库、更新的准确性,保障业务办理的准确性和时效性。系统性能测试的重点是大量用户并发操作时系统响应效率。有条件的地区还应对系统互联互通、上下接入的能力进行测试,具备成果应用条件的地区还应对经营权流转管理、纠纷仲裁管理等功能进行测试。参照信息系统测试相关标准规范开展,保证系统稳定运行。

b) 系统试运行。在系统试运行前应做好信息系统安全等级保护及备案工作。在系统试运行过程中,应在试点地区开展农村土地承包经营权业务全流程信息化办理工作,保障数据更新与业务办理同步进行,收集用户意见并更新完善系统功能,完成安全测试或等保测评工作。

c) 系统稳定运行。在系统稳定运行后,应将变更信息及时接入至省级或国家级农村土地承包经营权信息应用平台,并对变更数据及时备份,保障业务信息和数据更新的准确性、完整性和时效性。

ICS 35.240.68
B 07

中华人民共和国农业行业标准

NY/T 3820—2020

全国12316数据资源建设规范

Specification for national 12316 data resource construction

2020-11-12 发布 2021-04-01 实施

中华人民共和国农业农村部 发布

前 言

本标准按照 GB/T 1.1—2009 给出的规则进行起草。

本标准由农业农村部市场与信息化司提出。

本标准由农业农村部农业信息化标准化技术委员会归口。

本标准起草单位:农业农村部信息中心、北京市农林科学院农业信息与经济研究所。

本标准主要起草人:张国、王曼维、罗长寿、刘洋、于维水、余军、魏清凤、杨硕、娄晓岚、吴艳冬、于峰、林海鹏、孙素芬、龚晶、胡雁翔、曹承忠、郑亚明、王富荣、陆阳。

全国 12316 数据资源建设规范

1 范围

本标准规定了中央及地方各级(省/区/市、地、县)12316 数据资源平台的主要数据资源构成、数据资源数据元、核心元数据、数据接口、数据安全、备份与恢复及证实方法等。

本标准适用于中央及地方各级 12316 数据资源的建设及共享。

2 规范性引用文件

下列文件对于本文件的应用是必不可少的。凡是注日期的引用文件,仅注日期的版本适用于本文件。凡是不注日期的引用文件,其最新版本(包括所有的修改单)适用于本文件。

GB/T 7408　数据元和交换格式　信息交换　日期和时间表示法

GB 17859　计算机信息系统安全等级保护划分准则

GB/T 18391.1　信息技术　元数据注册系统(MDR)　第 1 部分:框架(ISO/IEC 11179—1:2004,IDT)

GB/T 20269　信息安全技术　信息系统安全管理要求

GB/T 20270　信息安全技术　网络基础安全技术要求

GB/T 20271　信息安全技术　信息系统安全通用技术要求

GB/T 22239　信息安全技术　信息系统安全等级保护基本要求

GB/T 22240　信息安全技术　信息系统安全等级保护定级指南

3 术语和定义

GB/T 18391.1 确定的以及下列术语和定义适用于本文件。

3.1

12316

12316 是全国农业系统统一的公益服务专用号码,主要用于维护农民合法权益,为农民提供农业有关政策咨询和农业技术信息服务等。

3.2

12316 数据资源　12316 data resource

与 12316 服务有关的原始性数据、生成性数据等结构化和非结构化信息资源。

3.3

基本数据　basic data

12316 为支撑服务预先储备和在服务过程中产生的共性和必需数据,主要包括工单数据、知识数据、专家数据、统计数据和案例数据等。

3.4

扩展数据　extended data

12316 根据应用及共享需求,在未来服务过程中产生的共性数据。

3.5

元数据元素　metadata element

元数据最基本的信息单元,每一个元数据元素都用一个包含若干属性的集合来描述。

3.6

数据集　dataset

由相关数据组成的可标识集合，是元数据的描述对象。

4 数据资源构成

4.1 通则

中央及地方各级 12316 数据资源平台的数据主要包括基本数据和扩展数据。

4.2 基本数据

4.2.1 工单数据

12316 人工服务的流水记录，是对咨询内容和服务情况的记录，包括工单分类、受理时间、咨询人姓名、咨询人电话、咨询人所在地、咨询人简介、受理人姓名、咨询问题、解答内容、反馈结果(满意度)等内容。

4.2.2 知识数据

12316 数据资源平台预先储备了专业的、系统的知识信息，用来培训 12316 服务人员，指导 12316 日常服务的文本、语音、图片、视频等信息，包括农业常识、农业理论、农业技术、政策法规、业务规范、办事指南等内容。

4.2.3 专家数据

12316 服务过程中与专家有关的信息，包括专家姓名、专家联系方式、专家职称、服务专长、专家简介、所在单位、专家照片等内容。

4.2.4 统计数据

12316 服务相关的统计信息，包括人工语音服务量、人工语音服务时长、自助语音服务量、专家下乡服务量、新媒体服务量、咨询的各类问题数量及统计时长等。

4.2.5 案例数据

源于 12316 咨询，是经过编辑加工后形成的具有参考性的文本、语音、图片、视频等信息，主要包括案例分类、问题描述、解答描述等内容。

4.3 扩展数据

根据应用及共享需求，在基本数据基础上进行扩展形成。扩展数据应参照 4.2 进行范围界定。

5 数据资源数据元

5.1 数据元编制规则

5.1.1 数据元属性

数据元通过 9 个属性进行描述，包括标识符、中文名称、英文名称、定义、表示形式、数据元值的数据类型、表示格式、值域及备注。数据元属性约束条件规定见表 1。

表 1 数据元属性约束条件

数据元属性	约束	最多实例数	数据类型
标识符	M	1∶1	字符型
中文名称	M	1∶1	字符型
英文名称	M	1∶1	字符型
定义	O	1∶1	字符型
表示形式	M	1∶1	字符型
数据元值的数据类型	M	1∶1	字符型
表示格式	C	1∶1	字符型
值域	O	1∶1	字符型
备注	O	0∶1	字符型

表 1（续）

数据元属性	约束	最多实例数	数据类型
注 1:约束是指一个属性是始终还是有时出现的描述符。该描述符可以有 3 个取值： ——必选(M),该属性是应描述的； ——可选(O),该属性允许但不是应描述的； ——条件选(C),该属性在特定环境和条件下是应描述的。 注 2:最多实例数是指一个属性出现几个属性值的描述符,该描述符有以下 4 种情况： ——0∶1 表示没有或最多只有一个实例； ——0∶n 表示没有或有 n 个实例； ——1∶1 表示有且仅有一个实例； ——1∶n 表示有一个或有 n 个实例。			

5.1.2 标识符

标识符用来标识一个数据元,由注册管理机构分配编码,具有唯一性的特点。本标准中标识符的编码采用分段编码,编码结构如图 1 所示：

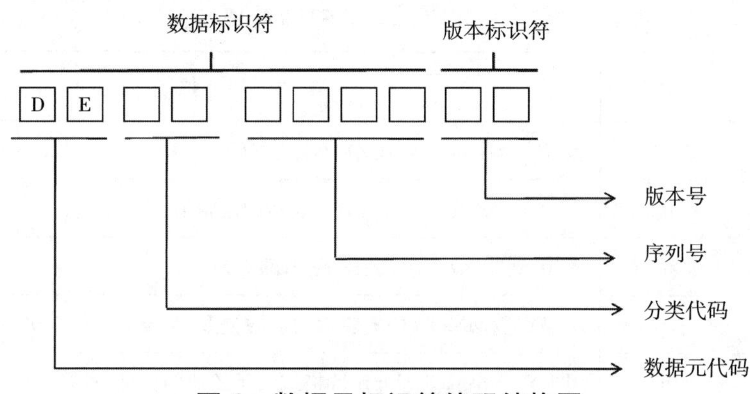

图 1　数据元标识符编码结构图

a) 从代码结构的角度,标识符结构可以分为数据元代码、分类代码、序列号和版本号 4 个部分,具体要求如下：
   1) 第一、二位为数据元代码部分,用 2 位字母字符标识。取数据元(data element)英文单词的首字母大写“DE”,作为数据元的标识。
   2) 第三、四位为数据元分类代码部分,用 2 位阿拉伯数据表示,如用“01”表示工单数据元。
   3) 第五位至第八位为数据元序列号部分,用 4 位阿拉伯数字表示。每类中的数据元由“0001”开始顺序编码。
   4) 第九、十位为版本号部分,用来标识数据元版本,用 4 位阿拉伯数字表示,从“01”开始编码。例如,工单数据元中的“工单分类”数据元当前编码为 DE01000201,若数据元的关键信息修改后,则版本号“01”更新为“02”,编码变为 DE01000202。
b) 从数据元的维护与管理的角度,标识符结构可以分为 2 个部分:数据标识符和版本标识符。第一至倒数第三位为数据标识符部分,用来唯一标识一个数据元;后两位为版本标识符部分,用来标识该数据元的版本,便于数据元的维护和管理。

5.1.3 中文名称

a) 中文名称应明确的表达数据元的含义,应避免冗余,保证精确度。
b) 在同一环境下的所有名称应该是唯一的。

5.1.4 英文简称

a) 英文简称应唯一。
b) 对存在国际或行业领域惯用英文缩写的词汇等元数据对象,采取该英文缩写为其简称。

c) 对于根据英文名称或其他自定义的简称，在保持唯一性的前提下统一取每个单词前 3 个字母作为其简称缩写标识；当如此取词不能保证唯一性时应延展取词位数，通常仅增加 1 位；如此仍不能保证唯一性时，继续延长取词，直至保证唯一性为止。

d) 英文简称可以使用英文单词的全拼、缩写词、缩略词或其他的截断表示法。

e) 所有组成词的缩写为无缝连写，不应包括任何空格、破折号、下划线或分隔符等，首词全部采用小写字母，其余每个词的缩写的首字母采用大写。

f) 英文简称不应使用复数形式的英文单词，除非该单词本身就是复数形式，如“Goods”。

g) 英文简称中的连词省略，如“and”“of”等。

5.1.5 定义

数据元的含义描述，表达一个数据元的本质特性并使其区别于所有其他数据元的陈述。

5.1.6 表示形式

数据元表示形式的名称或描述，如“数值”“代码”“文本”“图标”。

5.1.7 数据元值的数据类型

表示数据元值的不同值的集合。数据元值的数据类型如表 2 所示。

表 2 数据元值的数据类型

数据类型	表示符	描述
字符型(Character)	c	包含字母字符(a-z,A-Z)、数字字符等
布尔型(Boolean)	b	用 0(Flase)或 1(Ture)形式表示的逻辑值
数值型(Number)	n	用“0”到“9”数字形式表示的值的类型
日期型(Date)	d	用 YYYYMMDD 格式表示的值的类型，符合 GB/T 7408 的规定
日期时间型(Date time)	dt	用 YYYYMMDDhhmmss 格式表示的值的类型，符合 GB/T 7408 的规定
时间型(Time)	t	用 hhmmss 格式表示的值的类型，符合 GB/T 7408
二进制型(Binary)	by	上述无法表示的数据类型，如图像、音频、视频等二进制流文件格式

5.1.8 表示格式

用字符串表示数据元值的格式。表示格式中使用的字符含义见表 3。

表 3 表示格式中字符的含义

字符	含义
c	字符，可以包含汉字(中、国……)、字母字符(a-z,A-Z)和数字字符等
a	字母字符
n	数字字符
an	字母和数字字符
d8	采用 YYYYMMDD 的格式表示；其中，“YYYY”表示年份，“MM”表示月份，“DD”表示日期，符合 GB/T 7408
t6	采用 hhmmss 的格式表示；其中，“hh”表示小时，“mm”表示分钟，“ss”表示秒。符合 GB/T 7408
dt14	日期型，按年、月、日、时、分、秒顺序，格式为 14 位定长、全数字表示(YYYYMMDDhhmmss)。年用 4 位数字表示，月、日、时、分、秒各用 2 位数字表示，彼此之间没有分隔符

表示格式中字符长度规则见表 4。

表 4　表示格式中字符长度描述规则

类别	表示方法
固定长度	在数据类型表示符后直接给出字符长度的数目
可变长度	a)可变长度不超过定义的最大字符数 在数据类型表示符后加“..”后给出数据元最大字符数目。 b)可变长度在定义的最小和最大字符数之间。 **注**:在数据类型表示符后给出最小字符长度数后加“..”后,再给出最大字符数
有若干字符行表示的长度	按固定长度或可变长度的规定给出每行的字符长度数后,加“X”,再给出最大行数。
有小数位	按固定长度或可变长度的规定给出字符长度数后,在“,”后给出小数位数。字符长度数包含整数位数、小数点位数和小数位数。

数据元表示格式示例见表 5。

表 5　表示格式示例

数据格式	说明
c16	16 字符(即 8 汉字)固定长度的字符
c..16	最多为 16 位字符(即 8 个汉字)的长度
a4	4 位字母字符固定长度
a..4	最多为 4 位字母字符
n4	4 位数字字符,定长
n..4	最多为 4 位数字字符
n..8,2	数值型,总长度最多为 8 位数字字符,小数点后保留 2 位数字
an4	4 位字母和数字字符,定长
an4..10	最小长度为 4 位,最大长度为 10 位的不定长字母数字字符
d8	日期型,按年、月、日顺序,格式为 8 位定长、全数字表示(YYYYMMDD)。年用 4 位数字表示,月、日各用 2 位数字表示,彼此之间没有分隔符
dt14	日期时间型,按年、月、日、时、分、秒顺序,格式为 14 位定长、全数字表示(YYYYMMDDhhmmss)。年用 4 位数字表示,月、日、时、分、秒各用 2 位数字表示,彼此之间没有分隔符。例如,2017 年 6 月 5 日 7 时 48 分 43 秒,应表示为 20170605074843
t6	时间型,采用 hhmmss 格式(6 位定长)表示时、分、秒
b	布尔值
ul	长度不确定的文本
by	二进制,by 后加具体的媒体格式表示,媒体格式符合 RFC2046

5.1.9　值域

根据相应属性中所规定的表示形式、格式、数据类型、最大与最小长度而决定的数据元的允许实例表示的集合。该集合可以根据名称、引用来源、实例表达的枚举,或者根据实例生成规则来规定。

5.1.10　备注

备注是对数据元的补充描述或说明。

5.2　数据元分类

根据 12316 数据资源种类,将数据资源数据元分为工单数据元、知识数据元、专家数据元、统计数据元和案例数据元 5 类,扩展数据元依据需求确定,具体如表 6 所示。

表 6　数据资源数据元类目

数据元类别	名称	数据元标识
工单数据元		01
	工单 ID	DE01000101
	工单分类	DE01000201
	咨询问题	DE01000301
	解答内容	DE01000401
	受理时间	DE01000501
	咨询人所在地	DE01000601
	咨询人姓名	DE01000701
	咨询人电话	DE01000801
	咨询人简介	DE01000901
	受理人姓名	DE01001001
	反馈结果	DE01001101
	录入时间	DE01001201
知识数据元		02
	知识 ID	DE02000101
	知识分类	DE02000201
	标题	DE02000301
	关键词	DE02000401
	正文	DE02000501
专家数据元		03
	专家 ID	DE03000101
	专家姓名	DE03000201
	专家联系方式	DE03000301
	专家职称	DE03000401
	服务专长	DE03000501
	专家简介	DE03000601
	所在单位	DE03000701
	专家照片	DE03000801
统计数据元		04
	统计 ID	DE04000101
	人工语音服务量	DE04000201
	人工语音服务时长	DE04000301
	自助语音服务量	DE04000401
	新媒体服务量	DE04000501
	专家下乡服务量	DE04000601
	政策类咨询量	DE04000701
	生产类咨询量	DE04000801
	市场类咨询量	DE04000901
	投诉类咨询量	DE04001001
	行政类咨询量	DE04001101
	其他类咨询量	DE04001201
	统计时间	DE04001301
案例数据元		05
	案例 ID	DE05000101
	案例分类	DE05000201
	问题描述	DE05000301
	解答描述	DE05000401
扩展数据元		
	……	……

5.3 数据元UML关系图

数据元UML关系,如图2所示。

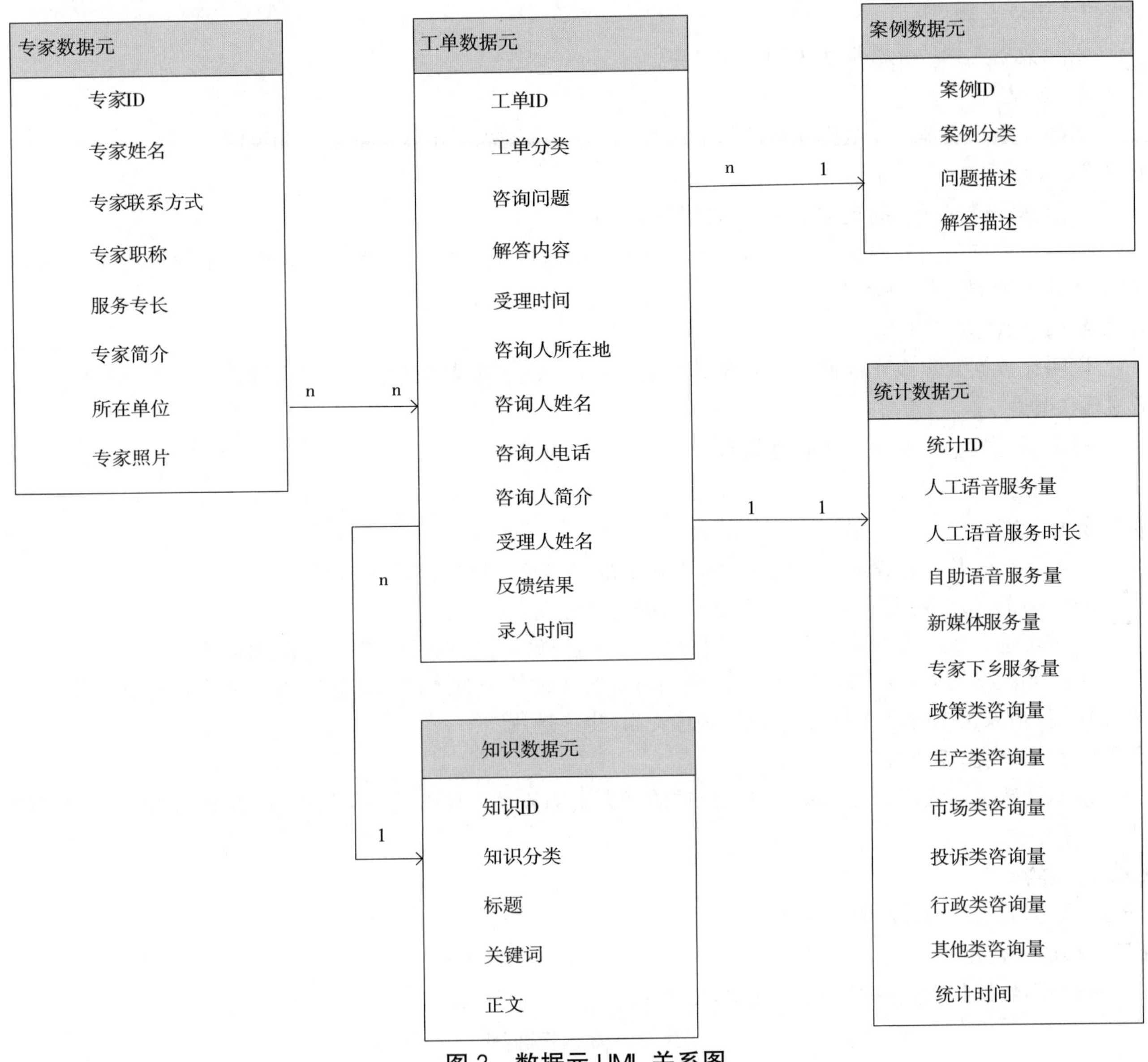

图2 数据元UML关系图

5.4 数据元集

数据元应按照5.1规定的属性信息进行描述,详细描述信息见附录A。

5.5 数据元扩展

在应用过程中,若目前定义的数据元不能满足需求,则结合中央及地方各级12316业务及管理要求,进行数据元的扩展。新定义的数据元应满足中央及地方各级12316数据资源平台应用,按照本规范中关于数据元的规则进行定义、分类整理并提交12316数据元的注册管理机构审批。

6 核心元数据

6.1 通则

12316数据资源共享前,中央12316数据资源管理部门需要对地方各级数据资源情况进行总体了解。通过核心元数据对地方各级需要共享的数据资源的基本属性进行规范化描述。

元数据元素的属性见6.2,应包含中文名称、定义、英文名称、数据类型、值域、注解(约束和最大出现次数)、注释等属性。

核心元数据定义见6.3。

6.2 元数据属性

6.2.1 中文名称

指元数据元素或元数据实体的中文名称。

6.2.2 定义

描述元数据实体或元数据元素的基本内容，给出数据资源某个特性的解释和说明。

6.2.3 英文名称

元数据实体或元素的英文名称，一般用英文全称。

所有组成词为无缝连写。元数据元素的首词全部采用小写字母，其余每个词的首字母采用大写；元数据实体的每个词的首字母大写。

6.2.4 数据类型

说明元数据元素或元数据实体的数据类型。例如，复合型、数值型、字符型、布尔型、日期型等。

6.2.5 值域

规定了元数据元素的有效取值范围。

6.2.6 注解

6.2.6.1 约束

说明一个元数据元素或元数据实体是否选取的描述符。该描述符分别为：

a) 必选(M)，表明该元数据元素或元数据实体应选择。

b) 可选(O)，根据实际应用可以选择也可以不选择的元数据元素或元数据实体。

可选元数据实体可以有必选元素，但只当可选实体被选用时才成为必选。如果一个可选元数据实体未被使用，则该实体所包含的元素(包括必选元素)也不选用。

6.2.6.2 最大出现次数

说明元数据元素或元数据实体可以出现的最大实例数目。只出现一次的用"1"表示，多次重复出现的用"N"表示。

6.2.7 注释

元数据元素的备注或补充说明。

6.3 核心元数据

核心元数据包含元数据实体或元素，见表7。

表7 核心元数据

序号	中文名称	定义	英文名称	数据类型	值域	注解		注释
						约束	最大出现次数	
1	数据集标识	数据集的唯一标识	Dataset Identification	复合型		M	1	由1.1-1.3元素构成
1.1	数据集中文名称	数据集的中文名称	datasetChineseTitle	字符型	自由文本	M	1	
1.2	数据集英文名称	数据集的英文名称	datasetEnglishTitle	字符型	自由文本	O	1	
1.3	数据集分类代码	标识数据集分类的代码	datasetClassification Code	字符型	附录B表B.1	M	1	
2	关键词	描述数据集内容的词语	keywords	字符型	自由文本	M	1	
3	摘要	数据集的简要说明	abstract	字符型	自由文本	M	1	

表 7（续）

序号	中文名称	定义	英文名称	数据类型	值域	注解		注释
						约束	最大出现次数	
4	数据集类型	对数据集中数据所属类型的说明	datasetType	字符型	附录 B 表 B. 2	M	N	
5	数据量	数据集所包含数据的记录数	dataSize	整数型	非负整数	O	1	
6	数据集提供者	提供数据集的机构或个人	datasetProvider	字符型	自由文本	M	N	
7	更新频率	描述数据集在多长时间内更新一次	updateFrequency	字符型	附录 B 表 B. 3	O	1	
8	创建时间	数据集内容的创建日期	creationTime	日期型	符合 GB/T 7408	M	1	

7 数据接口

用于数据的获取、访问和同步等。在权限范围内，接口应支持如下访问方式：

——中间件；

——Web service 标准接口；

——Restful API；

——FTP 文件；

——第三方软件，采用此种方式时，应提供具体的接口协议说明和数据格式。

数据接口的注册、发布、申请、审核、授权、调用、变更、撤销等由中央 12316 数据资源平台管理。

8 数据安全

中央及地方各级 12316 数据资源平台应符合 GB 17859、GB/T 22239、GB/T 22240、GB/T 20269、GB/T 20270、GB/T 20271 中对数据安全的要求，并建立严格的安全运行与保密管理制度。

9 备份与恢复

9.1 备份要求

包括但不限于：

a) 除对数据本身进行备份外，还应备份数据配置信息、数据维护日志、系统访问日志及数据访问日志等；

b) 应定期对数据做增量备份及全量备份，数据备份应保存 2 个以上版本，全量备份应在访问量较少的时段进行；

c) 能够支持手工备份和自动备份 2 种方式，备份策略能够灵活配置；

d) 数据应能够在线备份，在不间断服务的情况下完成备份；

e) 备份对象应能够按既定的备份策略备份到指定介质，备份介质包含磁盘、光盘、数据库等；

f) 在允许的情况下，可通过异地备份机制进一步提升不可抗力下的系统容灾能力。

9.2 恢复要求

包括但不限于：

a) 备份数据应能方便快捷地恢复到在线系统，并确保其可用；

b) 数据能够进行联机恢复，被恢复的数据应保持原数据的完整性和一致性，提供完整的系统数据安全监控、报警和故障处理；

c) 数据应提供断点恢复功能，数据能够恢复到故障前的状态；

d) 任何原因导致的系统故障和数据丢失应在 24 h 内恢复正常运行;

e) 对于数据库中数据块发生逻辑/物理损坏或单个表空间损坏的情况,能够支持通过恢复单个存储空间对数据库进行恢复;

f) 对于数据库中出现逻辑错误导致数据库无法正常使用的情况,能够采用数据库的全备份(或增量备份)结合数据库的归档日志文件进行恢复。

10 证实方法

10.1 地方各级 12316 数据资源平台,应按照本规范的要求进行数据资源的建设。地方各级 12316 数据资源平台的数据资源应包括 4.2、4.3 中要求的基础数据和扩展数据,并对所建设的数据资源的数据结构按照 5.2 和 5.4 中所定义的数据元进行统一规范。地方各级 12316 数据资源平台应按照中央 12316 数据资源主管部门的共享需求,对需要建设和共享的数据集按照 6.3 所定义的元数据进行统一描述。

10.2 中央 12316 数据资源主管部门负责对地方各级 12316 数据资源平台所提供的数据的规范性和完整性进行审核。在接收地方各级 12316 数据资源时,应核查地方各级 12316 数据资源平台所提供的数据资源是否符合 4.2、4.3 的规定,是否按照 5.2、5.3 所定义的数据元进行统一规范,是否对需要共享的数据集按照 6.3 所定义的元数据进行统一描述。

10.3 中央及地方各级 12316 数据资源平台在数据资源建设过程中应提供第 7 章中所规定的一种或几种接口方式,同时保证平台运行过程中符合第 8 和第 9 章中关于数据安全、备份与恢复的要求。

10.4 中央及地方各级 12316 数据资源管理部门作为本规范的实施主体,进行 12316 数据资源的建设及数据资源的管理。

附　录　A
（规范性附录）
数据元集

A.1　工单数据元

A.1.1　工单 ID

标识符：DE01000101
中文名称：工单 ID
英文简称：ordID
定义：唯一标识工单数据记录的代码
表示形式：代码
数据元值的数据类型：字符型
表示格式：c..50
备注：无

A.1.2　工单分类

标识符：DE01000201
中文名称：工单分类
英文简称：ordTyp
定义：工单数据的分类
表示形式：文本
数据元值的数据类型：字符型
表示格式：c..60
值域：参见附录 C 表 C.1
备注：无

A.1.3　咨询问题

标识符：DE01000301
中文名称：咨询问题
英文简称：queCon
定义：用户通过多种形式咨询的具体问题
表示形式：文本，图片，音频，视频
数据元值的数据类型：二进制型
表示格式：by
备注：无

A.1.4　解答内容

标识符：DE01000401
中文名称：解答内容
英文简称：ansCon
定义：专家对用户咨询问题的解答内容
表示形式：文本，图片，音频，视频
数据元值的数据类型：二进制型

表示格式:by

备注:无

A.1.5 受理时间

标识符:DE01000501

中文名称:受理时间

英文简称:accTim

定义:用户问题被受理的时间

表示形式:日期时间

数据元值的数据类型:日期时间型

表示格式:dt14

值域:用 YYYYMMDDhhmmss 格式表示的值的类型,符合 GB/T 7408

备注:无

A.1.6 咨询人所在地

标识符:DE01000601

中文名称:咨询人所在地

英文简称:add

定义:咨询人的地址信息

表示形式:文本

数据元值的数据类型:字符型

表示格式:c..100

备注:无

A.1.7 咨询人姓名

标识符:DE01000701

中文名称:咨询人姓名

英文简称:conNam

定义:咨询人的姓名

表示形式:文本

数据元值的数据类型:字符型

表示格式:c..30

备注:无

A.1.8 咨询人电话

标识符:DE01000801

中文名称:咨询人电话

英文简称:telNum

定义:咨询人的电话号码

表示形式:代码

数据元值的数据类型:字符型

表示格式:c7..16

备注:无

A.1.9 咨询人简介

标识符:DE01000901

中文名称:咨询人简介

英文简称:conInt

定义:咨询人信息的简单介绍,包括咨询人年龄和职业等

表示形式:文本
数据元值的数据类型:字符型
表示格式:c..500
备注:无

A.1.10 受理人姓名

标识符:DE01001001
中文名称:受理人姓名
英文简称:accNam
定义:受理人的姓名
表示形式:文本
数据元值的数据类型:字符型
表示格式:c..30
备注:无

A.1.11 反馈结果

标识符:DE01001101
中文名称:反馈结果
英文简称:fee
定义:咨询人对服务满意度等的反馈
表示形式:文本
数据元值的数据类型:字符型
表示格式:c..120
备注:无

A.1.12 录入时间

标识符:DE01001201
中文名称:录入时间
英文简称:inpTim
定义:数据资源录入系统的时间
表示形式:日期时间
数据元值的数据类型:日期时间型
表示格式:dt14
值域:用 YYYYMMDDhhmmss 格式表示的值的类型,符合 GB/T 7408
备注:无

A.2 知识数据元

A.2.1 知识 ID

标识符:DE02000101
中文名称:知识 ID
英文简称:praID
定义:唯一标识知识数据记录的代码
表示形式:代码
数据元值的数据类型:字符型
表示格式:c..50
备注:无

A.2.2 知识分类

标识符:DE02000201

中文名称:知识分类

英文简称:praTyp

定义:知识数据的分类

表示形式:文本

数据元值的数据类型:字符型

表示格式:c..60

值域:参见附录 C 表 C.1

备注:无

A.2.3 标题

标识符:DE02000301

中文名称:标题

英文简称:praTit

定义:知识的标题内容

表示形式:文本

数据元值的数据类型:字符型

表示格式:c..150

备注:无

A.2.4 关键词

标识符:DE02000401

中文名称:关键词

英文简称:keyWor

定义:能阐述知识要点或主要内容的词或词的组合

表示形式:文本

数据元值的数据类型:字符型

表示格式:c..50

备注:无

A.2.5 正文

标识符:DE02000501

中文名称:正文

英文简称:praCon

定义:知识的正文内容

表示形式:文本,图片,音频,视频

数据元值的数据类型:二进制型

表示格式:by

备注:无

A.3 专家数据元

A.3.1 专家 ID

标识符:DE03000101

中文名称:专家 ID

英文简称:expID

定义:唯一标识专家数据记录的代码

表示形式:代码

数据元值的数据类型:字符型
表示格式:c..50
备注:无

A.3.2 专家姓名

标识符:DE03000201
中文名称:专家姓名
英文简称:expNam
定义:服务专家的姓名
表示形式:文本
数据元值的数据类型:字符型
表示格式:c..30
备注:无

A.3.3 专家联系方式

标识符:DE03000301
中文名称:专家联系方式
英文简称:expConInf
定义:服务专家的联系方式,如电话、微信等
表示形式:代码
数据元值的数据类型:字符型
表示格式:c..30
备注:无

A.3.4 专家职称

标识符:DE03000401
中文名称:专家职称
英文简称:expTit
定义:服务专家的职称
表示形式:文本
数据元值的数据类型:字符型
表示格式:n3
值域:参见 GB/T 8561 专业技术职务代码
备注:无

A.3.5 服务专长

标识符:DE03000501
中文名称:服务专长
英文简称:serSpe
定义:专家所擅长服务的专业特长
表示形式:文本
数据元值的数据类型:字符型
表示格式:n6
值域:参见 GB/T 16835 高等学校本科、专科专业名称代码
备注:无

A.3.6 专家简介

标识符:DE03000601
中文名称:专家简介

英文简称:expInt
定义:专家的简单介绍
表示形式:文本
数据元值的数据类型:字符型
表示格式:c..1000
备注:无

A.3.7 所在单位

标识符:DE03000701
中文名称:所在单位
英文简称:expUni
定义:专家工作的单位
表示形式:文本
数据元值的数据类型:字符型
表示格式:c..100
备注:无

A.3.8 专家照片

标识符:DE03000801
中文名称:专家照片
英文简称:expPho
定义:用于服务展示的专家照片
表示形式:图片
数据元值的数据类型:二进制
表示格式:by
备注:无

A.4 统计数据元

A.4.1 统计 ID

标识符:DE04000101
中文名称:统计 ID
英文简称:staID
定义:唯一标识统计数据记录的代码
表示形式:代码
数据元值的数据类型:字符型
表示格式:c..50
备注:无

A.4.2 人工语音服务量

标识符:DE04000201
中文名称:人工语音服务量
英文简称:manSerQua
定义:以 12316 热线电话人工方式进行服务的通话数量
表示形式:数值
数据元值的数据类型:数值型
表示格式:n..20
备注:无

A.4.3 人工语音服务时长

标识符:DE04000301

中文名称:人工语音服务时长

英文简称:manSerTim

定义:以 12316 热线电话人工方式进行服务的通话时长(以分为单位)

表示形式:数值

数据元值的数据类型:数值型

表示格式:n..20

备注:无

A.4.4 自助语音服务量

标识符:DE04000401

中文名称:自助语音服务量

英文简称:selSerQua

定义:以 12316 热线语音自助方式进行服务的通话数量

表示形式:数值

数据元值的数据类型:数值型

表示格式:n..20

备注:无

A.4.5 新媒体服务量

标识符:DE04000501

中文名称:新媒体服务量

英文简称:newMedSerQua

定义:以微信、QQ、头条等新媒体服务的数量

表示形式:数值

数据元值的数据类型:数值型

表示格式:n..20

备注:无

A.4.6 专家下乡服务量

标识符:DE04000601

中文名称:专家下乡服务量

英文简称:expSerQua

定义:专家下乡服务的次数

表示形式:数值

数据元值的数据类型:数值型

表示格式:n..20

备注:无

A.4.7 政策类咨询量

标识符:DE04000701

中文名称:政策类咨询量

英文简称:polConQua

定义:用户咨询的政策类问题的数量

表示形式:数值

数据元值的数据类型:数值型

表示格式:n..20

备注:无

A.4.8 生产类咨询量

标识符:DE04000801

中文名称:生产类咨询量

英文简称:proConQua

定义:用户咨询的生产类问题的数量

表示形式:数值

数据元值的数据类型:数值型

表示格式:n..20

备注:无

A.4.9 市场类咨询量

标识符:DE04000901

中文名称:市场类咨询量

英文简称:marConQua

定义:用户咨询的市场类问题的数量

表示形式:数值

数据元值的数据类型:数值型

表示格式:n..20

备注:无

A.4.10 投诉类咨询量

标识符:DE04001001

中文名称:投诉类咨询量

英文简称:comConQua

定义:用户咨询的投诉类问题的数量

表示形式:数值

数据元值的数据类型:数值型

表示格式:n..20

备注:无

A.4.11 行政类咨询量

标识符:DE04001101

中文名称:行政类咨询量

英文简称:admConQua

定义:用户咨询的行政类问题的数量

表示形式:数值

数据元值的数据类型:数值型

表示格式:n..20

备注:无

A.4.12 其他类咨询量

标识符:DE04001201

中文名称:其他类咨询量

英文简称:othConQua

定义:用户咨询的其他类问题的咨询数量

表示形式:数值

数据元值的数据类型:数值型

表示格式:n..20

备注:无

A.4.13 统计时间

标识符:DE04001301

中文名称:统计时间

英文简称:staTim

定义:进行数据统计的时间

表示形式:日期时间

数据元值的数据类型:日期时间型

表示格式:dt14

值域:用 YYYYMMDDhhmmss 格式表示的值的类型,符合 GB/T 7408

备注:无

A.5 案例数据元

A.5.1 案例 ID

标识符:DE05000101

中文名称:案例 ID

英文简称:casID

定义:唯一标识案例数据记录的代码

表示形式:代码

数据元值的数据类型:字符型

表示格式:c..50

备注:无

A.5.2 案例分类

标识符:DE05000201

中文名称:案例分类

英文简称:casTyp

定义:案例数据的分类

表示形式:文本

数据元值的数据类型:字符型

表示格式:c..60

值域:参见表 C.1

备注:无

A.5.3 问题描述

标识符:DE05000301

中文名称:问题描述

英文简称:queSta

定义:案例问题的描述

表示形式:文本,图片,音频,视频

数据元值的数据类型:二进制型

表示格式:by

备注:无

A.5.4 解答描述

标识符:DE05000401

中文名称:解答描述
英文简称:ansSta
定义:案例问题的解答内容
表示形式:文本,图片,音频,视频
数据元值的数据类型:二进制型
表示格式:by
备注:无

附　录　B
（规范性附录）
元数据值域代码

B.1　数据集分类及代码

数据集分类及代码见表 B.1。

表 B.1　数据集分类及代码

名称	代码
工单数据	01
知识数据	02
专家数据	03
统计数据	04
案例数据	05

B.2　数据集类型及代码

数据集类型及代码见表 B.2。

表 B.2　数据集类型及代码

<table>
<tr><th colspan="2">名称</th><th>代码</th><th>定义</th></tr>
<tr><td colspan="2">结构化数据</td><td>001</td><td>具有明确字段结构的数据</td></tr>
<tr><td rowspan="9">非结构化数据</td><td>键值数据</td><td>002</td><td>以键值对表示的数据</td></tr>
<tr><td>文本数据</td><td>003</td><td>以文本表现的数据</td></tr>
<tr><td>图数据</td><td>004</td><td>具有明确点、边结构的数据</td></tr>
<tr><td>轨迹数据</td><td>005</td><td>以经纬度表现的数据</td></tr>
<tr><td>二进制文件</td><td>006</td><td>以二进制形式表现的数据</td></tr>
<tr><td>图像</td><td>007</td><td>以图片或影像表现的数据</td></tr>
<tr><td>音频</td><td>008</td><td>以音频表现的数据</td></tr>
<tr><td>视频</td><td>009</td><td>以视频表现的数据</td></tr>
<tr><td>其他</td><td>010</td><td>以上类型不涵盖的数据</td></tr>
</table>

B.3　数据集更新频率

数据集更新频率见表 B.3。

表 B.3　数据集更新频率

名称	代码	定义
不定期	001	不定期更新数据
每日	002	每日更新数据

表 B.3（续）

名称	代码	定义
每周	003	每周更新数据
每十天	004	每十天更新数据
半月	005	每半月更新数据
每月	006	每月更新数据
两月	007	每两月更新数据
每季度	008	每季度更新数据
每半年	009	每半年更新数据
每年	010	每年更新数据
两年	012	每两年更新数据
三年	013	每三年更新数据
按需要	014	定期但无法用上述名称描述的更新频率

附　录　C
（资料性附录）
数据元值域

工单分类、知识分类和案例分类数据元的值域参见表 C. 1。

表 C. 1　数据元的值域

数据元名称	值域	编码
工单分类	政策类	0101
	生产类	0102
	市场类	0103
	投诉类	0104
	行政类	0105
	其他	0106
知识分类	政策类	0201
	生产类	0202
	市场类	0203
	投诉类	0204
	行政类	0205
	其他	0206
案例分类	政策类	0501
	生产类	0502
	市场类	0503
	投诉类	0504
	行政类	0505
	其他	0506

参 考 文 献

[1]GB/T 21063.3—2007 政务信息资源目录体系　第3部分:核心元数据

[2]GB/T 25100—2010 信息与文献 都柏林核心元数据元素集

[3]GB/T 6864 中华人民共和国学位代码

[4]GB/T 8561 专业技术职务代码

[5]GB/T 16835 高等学校本科、专科专业名称代码

[6]DB11/T 836—2011 农业信息资源数据集核心元数据

[7]JT/T 735.2—2009 交通科技信息资源共享平台信息资源建设要求

[8]LS/T 1820—2018 粮食大数据资源池设计规范

[9]Dublin Core Metadata Element Set, Version 1.1:Reference Description. 2003-06-02, http://dublincore.org

---

ICS 13.080.01
CCS B 11

中华人民共和国农业行业标准

NY/T 3821.1—2020

农业面源污染综合防控技术规范 第1部分:平原水网区

Technical specification for integrated prevention and control of agricultural non-point source pollution—Part 1: Plain water network region

2020-11-12 发布 2021-04-01 实施

中华人民共和国农业农村部 发布

前　　言

本文件按照 GB/T 1.1—2020《标准化工作导则　第 1 部分：标准化文件的结构和起草规则》的规定起草。

本文件是 NY/T 3821《农业面源污染综合防控技术规范》的第 1 部分。NY/T 3821 已经发布了以下部分：

——第 1 部分：平原水网区；

——第 2 部分：丘陵山区；

——第 3 部分：云贵高原。

本文件由农业农村部科技教育司提出并归口。

本文件起草单位：中国农业科学院农业资源与农业区划研究所、上海交通大学、中国农业大学、湖南艾布鲁环保科技股份有限公司、云南省农业科学院农业环境资源研究所、湖北省农业科学院植保土肥研究所、北京博瑞环境工程有限公司、农业农村部环境保护科研监测所、中国科学院精密测量科学与技术创新研究院、辽宁省农业科学院植物营养与环境资源研究所、河北农业大学、农业农村部农业生态与资源保护总站、江西省农业科学院土壤肥料与资源环境研究所、江苏省耕地质量与农业环境保护站、湖南省农业环境生态研究所、四川省农业科学院土壤肥料研究所。

本文件主要起草人：刘宏斌、李旭东、段娜、潘君廷、胡万里、付斌、夏颖、翟丽梅、雷秋良、曾睿、方放、范先鹏、郑向群、张亮、牛世伟、何小娟、李文超、习斌、王洪媛、曾小宇、陈安强、张富林、陈静蕊、梁永红、李尝君、张奇。

农业面源污染综合防控技术规范　第1部分：平原水网区

1　范围

本文件规定了平原水网区农业面源污染综合防控的基本原则、防控要求与策略、基础调研、分区与协同防控、分区防控技术要求。

本文件适用于平原水网区农业面源污染的综合防控及管理。

2　规范性引用文件

下列文件中的内容通过文中的规范性引用而构成本文件必不可少的条款。其中，注日期的引用文件，仅该日期对应的版本适用于本文件；不注日期的引用文件，其最新版本（包括所有的修改单）适用于本文件。

GB 5084　农田灌溉水质标准

GB 18596　畜禽养殖业污染物排放标准

GB/T 25173　水域纳污能力计算规程

GB/T 25246　畜禽粪便还田技术规范

GB/T 26624　畜禽养殖污水储存设施设计要求

GB/T 27622　畜禽粪便储存设施设计要求

GB/T 37071　农村生活污水处理导则

GB/T 50363　节水灌溉工程技术规范

CJJ 124　镇（乡）村排水工程技术规程

HJ 574　农村生活污染控制技术规范

NY/T 393　绿色食品农药使用准则

NY/T 1220.1　沼气工程技术规范　第1部分：工艺设计

NY/T 1222　规模化畜禽养殖场沼气工程设计规范

NY/T 1935　食用菌栽培基质质量安全要求

NY/T 2374　沼气工程沼液沼渣后处理技术规范

NY/T 2596　沼肥

NY/T 2624　水肥一体化技术规范　总则

NY/T 2911　测土配方施肥技术规程

NY/T 3020　农作物秸秆综合利用技术通则

NY/T 3048　发酵床养猪技术规程

NY/T 3441　蔬菜废弃物高温堆肥无害化处理技术规程

NY/T 3442　畜禽粪便堆肥技术规范

NY/T 3666　农业化学品包装物田间收集池建设技术规范

SC/T 1135.1　稻渔综合种养技术规范　通则

SC/T 9101　淡水池塘养殖水排放要求

农业部办公厅农办牧〔2018〕1号　畜禽粪污土地承载力测算技术指南

3　术语和定义

下列术语和定义适用于本文件。

3.1

平原水网区　plain water network region

地势平坦宽广、起伏较小，降水充沛，河、湖水系密布，水流方向复杂的区域。

3.2

农业面源污染 agricultural non-point source pollution

在农业生产和农村生活区域，氮、磷等营养盐及其他污染物受水力驱动以随机、分散、无组织方式进入受纳水体引起的水质恶化。

3.3

有机垃圾 organic waste

以有机物为主要成分的生活垃圾，主要包括厨余垃圾、庭院废弃物等。

4 基本原则

4.1 总量控制，分区施策

以区域水环境纳污能力确定农业面源污染排放总量控制目标，以土地承载力确定畜禽养殖规模，控制氮磷化肥投入总量和用水总量。科学划定农业面源污染防控分区，明确各区生产、生活和生态功能定位及防控目标，制订农业面源污染综合防控方案。

4.2 多源协同，系统防控

统筹考虑种植业、养殖业和农村生活污染排放特征。依据污染治理重点和关键期，系统设计、优化布局，注重各分区间紧密衔接，以最低成本实现最佳治理效果。

4.3 资源节约，清洁生产

推动农业生产、农村生活向资源节约和高效利用方式转变，以最少的化肥、农药、能源和水资源消耗支撑农业农村可持续发展。最大限度减少污染排放，实现生产生活清洁化。

4.4 土地消纳，循环利用

充分发挥土地对农业农村废水、废弃物的消纳和净化功能，避免过度处理。加强氮磷养分资源和水资源的循环利用。

4.5 生态优先，绿色发展

践行“绿水青山就是金山银山”的理念，推行绿色生产生活方式，立足区域资源禀赋、环境要求和产业文化特色，优选经济高效的生态类技术措施，提升生态服务功能。丰富生态产业链，形成一、二、三产融合，生产、生活、生态一体的新格局。

5 防控要求与策略

5.1 防控要求

5.1.1 农业面源污染得到有效治理，水环境质量向好态势基本形成。

5.1.2 农业生产更加清洁，农业农村废弃物循环利用水平明显提高，水肥药利用更加合理高效。

5.1.3 农业生态系统更加稳定，生态服务功能明显提升。

5.1.4 社会满意度明显提高。

5.2 防控策略

5.2.1 根据水域纳污能力计算结果，确定区域农业面源污染物允许排放总量，明确各分区及各类农业源的减排目标；根据土地承载力计算结果，确定畜禽养殖总量。基于上述两方面分析结果，以废弃物资源化利用为基础，确定氮磷化肥投入总量和农业用水总量。

5.2.2 以土地消纳为核心，将农田作为农业农村废水、废弃物等的最终去向，一体化设计粪污处理、秸秆利用、化肥减施增效、节水灌溉和地力提升方案，选择经济高效处理技术，协同高效治理农业面源污染。

5.2.3 以农业废弃物增值利用为导向，根据区域资源禀赋和农耕文化特色，因地制宜创新农业农村废弃物资源化利用路径，丰富生态产业链，促进农业经济发展。

5.2.4 以控水减排为主线，实施种植、养殖、生活用水定额制度，推广节水型生产生活方式和配套技术装备；强化平原水网区沟、塘、湿地等对农田排水的调蓄作用，延长水力停留时间，提高农田排水循环利用；强化沟、塘、湿地等生态净化能力，促进面源污染减排。

5.2.5 以生态功能提升作为农业面源污染防控内生动力，通过生态沟塘、生态田埂等农田生态建设措施与品种配置、合理轮作等生态保育措施，丰富生物多样性，提高防灾能力，提升农田自净能力。

6 基础调研

6.1 资料收集

包括(但不限于)区域的气象、水文、土地利用类型，社会经济，农业生产等相关基础资料和图件。资料收集内容及要求见附录A的A.1。

6.2 污染源调查

包括(但不限于)区域农业面源污染源种类和分布，污染物产排的数量、方式及特征等。污染源调查内容见A.2。

6.3 现场查勘

包括(但不限于)种植、养殖、村庄及水域的位置、面积、地形地势、高程等，农田的沟渠类型、数量和分布等。现场查勘内容见A.3。

6.4 区域环境承载力分析

包括水域纳污能力和畜禽粪污土地承载力。其中，水域纳污能力根据GB/T 25173规定的方法计算，畜禽粪污土地承载力根据农业部办公厅农办牧〔2018〕1号规定的方法计算。

7 分区与协同防控

7.1 防控分区

基于土地利用类型、生态功能定位，结合污染源类型、污染物特征等进行防控分区，宜分为：

a) 村庄污染控制区：一般为生活聚居区，承载居民生活功能和少量生产及商业服务功能，人口居住相对集中，房屋建筑密度较大，生活污染产生强度高；

b) 畜禽污染控制区：一般为畜禽养殖场(区)，承载畜禽繁殖、生产、肉蛋奶加工等功能，粪污产生量大，污染产生强度高；

c) 农田生态保育区：一般为农作物种植区，承载粮、棉、油、蔬菜等农产品的生产功能和生态保育功能，面域广阔，径流产生量大，季节性明显；

d) 水网调蓄净化区：一般为水产养殖区和塘、浜、荡、湿地等水域，承载水产品等的生产功能和区域生态调蓄净化功能，水资源丰富，具备一定的水体自净能力和环境容量。

7.2 协同防控

根据各分区功能定位和污染特征，构建分区衔接、多源协同的平原水网区农业面源污染综合防控体系，技术路线见图1。

a) 村庄污染控制区：生活污水以农田灌溉为目标进行收集处理，有机垃圾以土地消纳为目标进行收集处理；

b) 畜禽污染控制区：畜禽粪污以土地消纳为目标进行无害化处理，进入农田生态保育区土地利用；

c) 农田生态保育区：推行清洁生产技术，强化农田生态建设，无害化处理后的废水进行农田灌溉，无害化处理后的畜禽粪便、有机垃圾等进行土地利用；

d) 水网调蓄净化区：推行水产绿色健康养殖技术，充分拦截和集蓄农田排水、水产养殖尾水等，延长水力停留时间并生态净化，强化水的循环利用，应急时外排低浓度水。

8 分区防控技术要求

8.1 村庄污染控制区

8.1.1 宜人畜分离，节约用水。

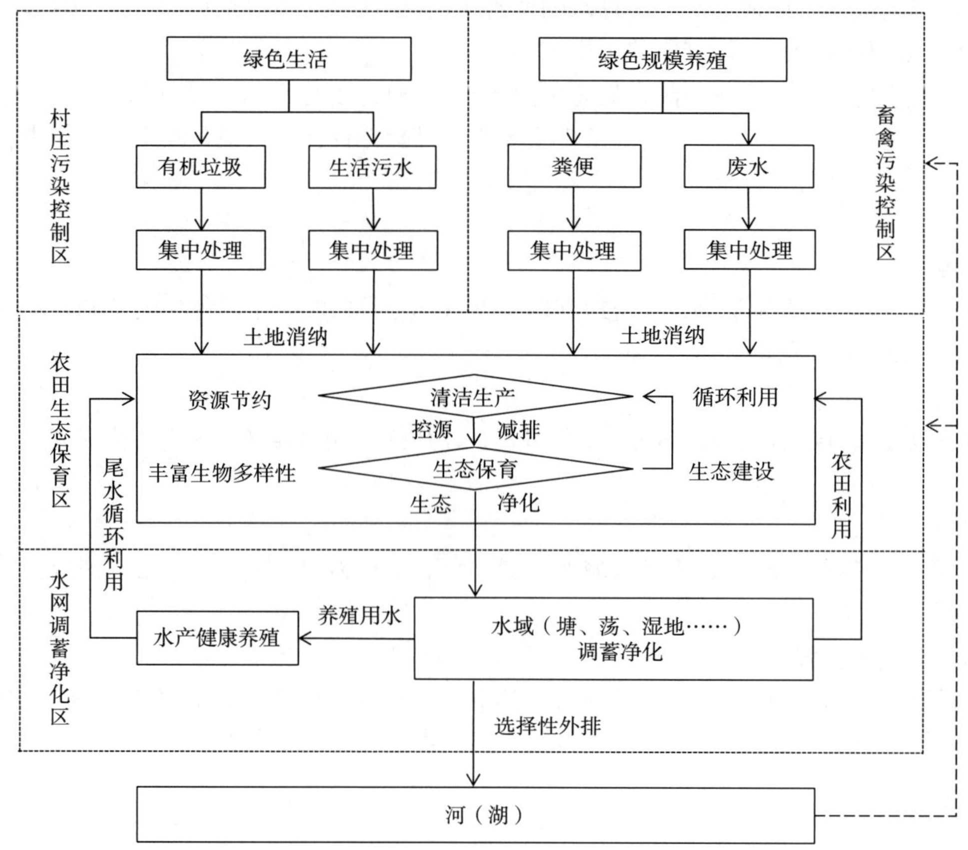

图 1　平原水网区农业面源污染综合防控技术路线

8.1.2　周边有农田的村庄，生活污水宜以农田利用为目标进行处理，水质应符合 GB 5084 的规定；周边无农田的村庄，应达到排放要求。生活污水处理可参照 GB/T 37071 的规定执行。

8.1.3　生活垃圾宜分类收集，其中有机垃圾宜无害化处理后还田利用，有条件的可采用“户分类—村收集—镇转运—县(市)处置”等模式集中处理。

8.1.4　村庄污染控制区推荐防控技术见附录 B。

8.2　畜禽污染控制区

8.2.1　区域畜禽养殖总量不应超过畜禽粪污土地承载力，养殖用水不超定额。规模化畜禽养殖应符合当地禁止养殖区、限制养殖区和允许养殖区的划分规定。

8.2.2　养殖场宜节水节饲，应源头减排，雨污分流，粪污全部收集。

8.2.3　畜禽粪污宜以土地利用为目标进行处理，用于还田的固体粪便应符合 GB/T 25246 的规定，用于农田灌溉的养殖废水水质应符合 GB 5084 的规定；排放应符合 GB 18596 的规定。

8.2.4　具备粪污自行处理能力的规模化养殖场，应建设与养殖规模相匹配的粪污收集、储存、处理设施设备；不具备粪污自行处理能力的规模化养殖场，粪污宜委托第三方处理，养殖场应配套建设粪污暂存设施，固体粪便宜采用肥料化、基质化等方式利用，废水宜无害化处理后农田灌溉，固体粪便暂存池(场)符合 GB/T 27622 的规定，废水暂存池符合 GB/T 26624 的规定。

8.2.5　畜禽污染控制区推荐防控技术见附录 C。

8.3　农田生态保育区

8.3.1　优化作物布局，合理轮作；强化生态田埂、生态沟塘、生态廊道等建设，丰富生物多样性，提升农田生态功能。

8.3.2　根据水环境敏感性，作物种类、面积及目标产量，基础地力和气候条件等，以废水、废弃物土地消纳为基础，确定氮磷化肥投入总量和农业用水总量。

8.3.3　宜选用肥料深施、水肥一体化、缓控释肥等高效施肥技术，避免撒施和暴雨前施肥。

8.3.4 宜采用绿肥、农作物秸秆、蔬菜废弃物、畜禽粪便、沼渣等有机物料还田，部分替代化肥，提升地力。农作物秸秆综合利用应符合 NY/T 3020 的规定，蔬菜废弃物堆肥处理应符合 NY/T 3441 的规定，畜禽粪便和沼渣还田应符合 GB/T 25246 的规定。

8.3.5 优化灌溉制度，优先利用沼液、符合 GB 5084 规定的废水，宜选用滴灌、喷灌、水肥一体化等节水灌溉技术，避免大水漫灌。沼液还田宜配套建设田间防渗、安全的储存设施，有条件的可配套管网。

8.3.6 优化沟塘结构及水生生物配置，通过水位管理提升沟塘的调蓄能力和净化功能；宜优先利用沟、塘存蓄的农田排水进行灌溉。

8.3.7 优先采用物理、生物、生态等绿色技术防控病虫草害；应急防治宜选择高效低毒、环境友好型农药，农药使用应符合 NY/T 393 的规定。

8.3.8 农田生态保育区推荐防控技术见附录 D。

8.4 水网调蓄净化区

8.4.1 水产养殖应符合当地禁止养殖区、限制养殖区和允许养殖区的划分规定。

8.4.2 水产养殖宜采用绿色健康养殖技术，尾水宜生态净化后循环利用；淡水池塘养殖尾水排放应符合 SC/T 9101 的规定。

8.4.3 宜利用平原水网区的塘、浜、荡、湿地等，通过水位管理和水生生物优化配置，调蓄净化农田排水、水产养殖尾水等，并优先循环利用，应急时可外排。

8.4.4 水网调蓄净化区推荐防控技术见附录 E。

附 录 A
(资料性)
基础调研资料

A.1 资料收集

资料收集内容及要求见表A.1。

表A.1 资料收集内容及要求

资料类型	资料内容	资料要求
气象	降水(日)、气温、日照、常年主导风向等	近10年
水文	主要河道和水域的水量、水质(包括总氮、总磷和COD)、泥沙等	近10年
土地利用类型	林地、草地、农业用地(包括园地、水田、旱地)、居民建设用地(包括道路)、水域(包括水产养殖)等的面积和分布	近3年
社会经济	人口数量(包括流动人口、常住人口)、农业从业人数,第一、二、三产业产值,农村人均纯收入等	近3年
农业生产	作物种类、播种面积、平均产量,农田水利条件及灌溉方式,肥料、农药投入情况等;养殖(包括水产养殖)种类、数量,养殖方式等,秸秆资源化利用现状等	近3年
基础图件	行政区划图、土地利用现状图、地形图、水系图、土壤图、发展规划图等	最新版

A.2 污染源调查

污染源调查内容见表A.2。

表A.2 污染源调查内容

污染源类型	调研内容
种植源	有机肥、化肥和农药施肥情况,耕作方式,播种方式,用水量和灌排方式等
农村生活源	生活用水量,污水排放量,污水收集、处理和利用现状;生活垃圾收集、利用和处置情况
畜禽养殖源	畜禽圈舍设施情况、养殖用水水源、用水量及用水工艺;清粪工艺,粪污产生量和排放量;粪污收集、储存、处理和利用现状
水产养殖源	水产养殖用水量、尾水排放和利用情况

A.3 现场查勘

现场查勘内容见表A.3。

表A.3 现场查勘内容

查勘类型	查勘内容
村庄	村庄面积、地形地势,道路、沟渠的分布
农业用地	耕地和园地的面积、分布、地形地势、高程;农田沟渠类型、数量、分布及径流流向
畜禽养殖场	养殖场(户)的地理坐标和高程
水域	主要水体的位置、面积、水深、高程、出入水口;水产养殖场的地理坐标和高程

附 录 B
（资料性）
村庄污染控制区推荐防控技术

B.1 农村污水收集处理再利用技术

B.1.1 农村生活污水收集技术

生活污水收集应符合 CJJ 124 的规定。

B.1.2 农村生活污水组合式复合生物滤池处理技术

B.1.2.1 组合式复合生物滤池可用于农村生活污水集中式处理。

B.1.2.2 完整处理设施宜由格栅、调节池、组合式复合生物滤池、中间池和人工湿地等单元组成。

B.1.2.3 生物滤池的平面形状宜采用矩形。填料应质坚、耐腐蚀、高强度、比表面积大、孔隙率高，适合就地取材，宜采用火山岩、汽块砖、炉渣、焦炭、碎石等无机填料。布水装置可采用固定布水器。

B.1.2.4 生物滤池水力负荷以滤池面积负荷计，宜为 4.0 $m^3/(m^2 \cdot d)$～6.0 $m^3/(m^2 \cdot d)$；五日生化需氧量容积负荷以填料体积计，宜为 0.25 $kg/(m^3 \cdot d)$～0.50 $kg/(m^3 \cdot d)$。

B.1.2.5 人工湿地水力负荷宜为 0.30 $m^3/(m^2 \cdot d)$～0.50 $m^3/(m^2 \cdot d)$。人工湿地填料可采用除磷型多孔填料，粒径 20 mm～30 mm，填充高度宜为 0.75 m～1.50 m。

B.1.3 农村生活污水资源化利用技术

B.1.3.1 污水处理可按 GB/T 37071 的规定执行，出水水质符合 GB 5084 规定的，供农田利用。

B.1.3.2 宜根据污水量和灌溉需求，配套相应容积的蓄水设施，可充分利用沟、塘、浜、荡等。

B.2 生活垃圾收集处理技术

按照有机垃圾和无机垃圾分类收集处理，具体要求按照 HJ 574 中的规定执行。

附 录 C
（资料性）
畜禽污染控制区推荐防控技术

C.1 规模化养殖粪污处理技术

C.1.1 规模化畜禽养殖场源头减排技术

C.1.1.1 养殖场应雨污分流，配套建设污水收集系统及固体粪便、污水储（暂）存设施。固体粪便储存设施建设要求按照 GB/T 27622 的规定执行，污水储存设施建设要求按照 GB/T 26624 的规定执行。

C.1.1.2 养殖场应根据养殖品种和养殖阶段进行饲料合理配置、精准饲喂，约束营养素上限水平，提高饲料利用率，避免饲料过量供给和减少污染物的排出量。

C.1.1.3 养殖场应采取节水饲养工艺及工程配套措施，实现污染源头减量。

C.1.1.4 应选择节水型饮水设备和清洗消毒设备，控制用水量。

C.1.1.5 宜采用自动降温系统控制用水，根据舍内温度及畜禽生理需求适时启动。

C.1.1.6 清粪宜采用干清粪，在确需冲洗时，宜用高压水枪进行冲洗，减少用水量。

C.1.1.7 奶牛场宜合理设计挤奶厅排水管道和路线，挤奶厅污水经适当处理后可回用。

C.1.2 规模化养殖场污水/粪污无害化处理技术

C.1.2.1 养殖污水或全量粪污宜采用氧化塘、厌氧发酵、发酵床等工艺进行无害化处理。发酵床建设应按照 NY/T 3048 的规定执行。

C.1.2.2 采用氧化塘处理时，塘容积 V 可按公式（C.1）计算，并应满足防渗要求。

$$V > Y \times T \times N \qquad \text{(C.1)}$$

式中：

V——氧化塘容积的数值，单位为立方米（m^3）；

Y——单位畜禽日粪污产生量的数值，单位为立方米每天每头[m^3/(d·头)]；

T——储存周期的数值，单位为天(d)；

N——设计存栏数的数值，单位为头。

C.1.2.3 采用厌氧发酵处理时，宜采用完全混合式厌氧反应器（CSTR）、上流式厌氧污泥床反应器（UASB）等工艺，配套调节池、厌氧发酵罐、储气设施、沼渣沼液储存池等设施设备。沼气工程相关建设要求应符合 NY/T 1222 的规定，并防火防爆。沼液应采用防渗、密封设施储存，防止泄露流失，减少氨挥发、甲烷排放；沼液储存设施应符合 NY/T 1220.1 的规定，沼液储存设施容积应充分考虑沼液产生、利用规律和安全施用储存时间。

C.1.2.4 采用异位发酵床处理时，每头存栏生猪粪污暂存池容积不小于 0.2 m^3，发酵床建设面积不小于 0.2 m^2，并有防渗防雨功能，配套搅拌设施。冬季温度较低，异位发酵床宜增加保温措施。

C.1.3 畜禽粪便无害化处理技术

规模养殖场干清粪或固液分离后的固体粪便宜采用堆肥、沤肥、垫料生产回用等方式进行处理利用。畜禽粪便堆肥应符合 NY/T 3442 的规定。

C.2 畜禽粪污利用技术

C.2.1 畜禽粪便食用菌基质化利用技术

C.2.1.1 畜禽粪便可用于双孢蘑菇、巴西蘑菇等草腐菌的基质制备。

C.2.1.2 畜禽粪便、农作物秸秆等原料应符合 NY/T 1935 的规定，用水应符合 GB 5084 的规定。

C.2.1.3 畜禽粪便应充分晾晒或干燥后粉碎；农作物秸秆宜充分晾晒，长度宜控制在 5 cm～30 cm，秸秆应充分预湿。

C.2.1.4 应根据栽培食用菌种类及畜禽粪便类型，选择适宜配方进行合理配比、充分混匀，混合原料含水量宜为 70%～75%，C/N 宜为 28～33，pH 宜为 7.5～8.5。

C.2.1.5 应根据食用菌种类、生产条件等确定原料发酵工艺，所有类型畜禽粪便类基质生产均应进行一次发酵，双孢蘑菇、巴西蘑菇和草菇基质生产宜进行二次发酵，有条件的可进行三次发酵。原料发酵应全面、均匀、彻底。

C.2.1.6 应根据食用菌种类、生产规模和条件等，配套原料储存、预处理、发酵及辅助生产设施设备。

C.2.2 粪污还田利用技术

C.2.2.1 规模化养殖场或第三方处理中心应配套足够种植土地面积进行粪污消纳，宜根据施用规律在消纳区域建设防渗安全储存设施。

C.2.2.2 粪便无害化处理后的堆肥、沤肥、沼肥、肥水等进行还田利用时，依据农业部办公厅农办牧〔2018〕1 号合理确定配套农田面积，并按 GB/T 25246 的规定执行。

C.2.2.3 沼液肥的技术指标和限量指标应符合 NY/T 2596 的规定，可通过吸污车、施肥罐车或管道将沼液输送至用肥地点。沼液还田可采用基肥或追肥形式施用，基肥宜采用农田灌溉，追肥宜采用喷施、农田灌溉、水肥一体化等。沼液用于灌溉、生产水溶肥和浓缩肥可按 NY/T 2374 的规定执行。

附 录 D
(资料性)
农田生态保育区推荐防控技术

D.1 农田清洁生产技术

D.1.1 农田氮磷控源技术

D.1.1.1 根据作物目标产量、土壤基础地力、水环境敏感性,优化氮磷施用量。各种农作物氮磷施用量可按照 NY/T 2911 规定的方法确定。

D.1.1.2 优先利用农业源及生活源有机物料,部分替代化肥。

D.1.1.3 畜禽粪便还田应符合 GB/T 25246 的规定,作物秸秆还田应符合 NY/T 3020 的规定。

D.1.1.4 绿肥宜翻压还田,品种宜选择紫云英、光叶紫花苕、苜蓿、三叶草等,还田量宜为 22.5 t/hm^2～30.0 t/hm^2(鲜重),翻压深度宜为 10 cm～20 cm。

D.1.1.5 氮/磷化肥施用量 F 按公式(D.1)计算。

$$F = B - W \times C \qquad (D.1)$$

式中:

F —— 氮/磷化肥施用量的数值,单位为千克(kg);

B —— 作物优化氮/磷施用量的数值,单位为千克(kg);

W —— 有机物料用量(干基)的数值,单位为千克(kg);

C —— 有机物料氮/磷含量的数值,单位为百分号(%)。

D.1.2 节水减排技术

用水按照灌溉定额量,采用滴灌、喷灌等灌溉工程时,技术应符合 GB/T 50363 的规定。水肥一体化技术应符合 NY/T 2624 的规定。

D.1.3 病虫草害绿色防控技术

D.1.3.1 生物防控:以虫治虫、以螨治螨、以菌治虫、以菌治菌,采用植物源农药、农用抗生素、植物诱抗剂等生物生化制剂防治农作物害虫。

D.1.3.2 物理防控:采用昆虫信息素、植物诱控、食饵诱杀、杀虫灯、诱虫板、防虫网阻隔和银灰膜驱避害虫等技术防治农作物害虫。

D.1.3.3 生态防控:推广抗病虫品种、优化作物布局、培育健康种苗、改善水肥管理等健康栽培措施,结合农田生态工程、果园生草覆盖、作物间套种、天敌诱集带等生物多样性调控与自然天敌保护利用等,增强作物抗病虫能力。

D.1.3.4 农药使用应符合 NY/T 393 的规定。

D.1.4 农药包装废弃物安全回收技术

D.1.4.1 农药包装废弃物应全部回收,不应与其他废弃物混合存放,收集储存设施建设应符合 NY/T 3666的规定。

D.1.4.2 回收的农药包装废弃物应及时处置,储存时间不宜超过 1 年。农药包装废弃物的处置应符合国家和地方环境保护要求,防止污染环境。

D.2 农田生态保育技术

D.2.1 农田生物多样性提升技术

D.2.1.1　宜对农田系统内的各生态单元(包括田埂、道路、堤岸等)植物的种类、结构及时空布局优化配置,提升农田系统的物种丰富度和生物多样性。

D.2.1.2　田埂宜为土埂,宽度大于 30 cm 的田埂宜种植具有经济及显花、蜜源等其他功能的乡土草本植物。

D.2.1.3　宽度大于 3 m 的田间道路(包括机耕路)及河道堤岸宜采取生态廊道措施,生态廊道宜乔灌草结合,且冠层交错搭配,植物优选具有景观、经济及易养护的乡土品种。

D.2.1.4　可因地制宜发展稻鱼、稻鸭、稻蟹等共生技术模式,应符合 SC/T 1135.1 的规定。

D.2.2　农田排水调蓄利用技术

D.2.2.1　整理连通农田内部沟、塘,提高沟、塘调蓄能力。沟、塘联合有效库容宜容纳所服务田块单场降雨 30 mm 时所产生的径流。

D.2.2.2　在沟、塘内配置水位调节设施、区域末端设调控站,强化农田排水的循环利用,应急时可外排。

D.2.3　农田排水生态净化技术

D.2.3.1　农田排水生态净化技术包括生态沟、生态塘和植被过滤带等,也可根据实际情况组合实施。

D.2.3.2　生态沟宜由沉淀区、水生植物段和水位控制设施等构成,可选择添加格栅和复合填料模块,边坡稳定且具透水性,总氮面积负荷不宜大于 8.0 g/(m^2·d),总磷面积负荷不宜大于 1.0 g/(m^2·d)。

D.2.3.3　生态塘宜由单个兼性塘或由兼性塘、好氧塘、水生植物塘等多类型塘串联组合而成。塘宜由护岸、导流设施、水生生物、水位控制设施等构成,边坡稳定且具透水性,兼性塘水深宜为 1.0 m～2.0 m,好氧塘、水生植物塘水深宜为 0.5 m ～1.0 m。总氮面积负荷不宜大于 8.0 g/(m^2·d),总磷面积负荷不宜大于 1.0 g/(m^2·d)。

D.2.3.4　农田植被过滤带主要为草本和灌木组成的植物带,宽度不宜小于 3.0 m。

D.2.3.5　生态净化设施水生植物宜选择具有经济性、景观性的乡土植物品种。

D.2.3.6　沟、塘应结构稳定,正常行洪、灌排水,并定期维护,及时收割植物并妥善处置。

附 录 E
(资料性)
水网调蓄净化区推荐防控技术

E.1 淡水水产健康养殖技术

E.1.1 淡水池塘循环水健康养殖净化技术

E.1.1.1 水产养殖区水面宜划分为水源池、养殖池、净化池、蓄水池等。蓄水池和养殖池间建设泵站。

E.1.1.2 养殖池塘面积根据其功能确定,可为 0.03 hm^2～13.3 hm^2,水深 1.5 m～2.5 m,长宽比宜为 5∶3。进水口设置 60 目～80 目过滤网,底部设排污口、拦鱼网,每 5 d～7 d 排放 2 min ～3 min 池塘水体底部残饵、粪便等,养殖尾水经物理-生物净化后循环利用。

E.1.1.3 一级净化由排水渠道或河道构成,植物覆盖面积宜为水面的 30%～50%。

E.1.1.4 二级净化由净水池塘构成,通过潜流坝与蓄水池塘相连,深度宜为 2.0 m,面积宜为养殖区域水面的 5%～8%。挺水植物覆盖面积宜为水面的 30%,沉水植物覆盖面积宜为水面的 20%,可配备增氧机或微孔增氧系统。

E.1.1.5 三级净化由蓄水池塘构成,深度 1.5 m～3.0 m,面积宜为养殖区域水面的 2%～5%。植物种植同净水池塘,出水水质应符合 SC/T 9101 的规定。

E.1.2 淡水工厂化循环水健康养殖技术

E.1.2.1 工厂化健康养殖宜通过物理、生物、化学等方法和设备实现养殖水的循环利用。

E.1.2.2 宜采用微滤机进行固液分离,过滤网孔径宜为 60 目～80 目,出水悬浮物宜小于 10.0 mg/L。

E.1.2.3 宜采用紫外线或微波消毒器进行消毒。

E.1.2.4 氨氮和有机物的去除宜采用生物净化,出水氨氮宜小于 0.5 mg/L,化学需氧量宜小于 5.0 mg/L。

E.1.2.5 高密度循环水养殖水中的 CO_2 宜采用脱气塔进行脱除,CO_2 脱除率不宜低于 80%。

E.1.2.6 循环水中溶解氧宜大于 10.0 mg/L,可采用罗茨鼓风机或纯氧增氧设施进行增氧。

E.2 水域生态修复技术

E.2.1 人工湿地生态修复技术

E.2.1.1 湿地一般分为沉淀区和主体区两部分,沉淀区一般占总面积 20%～30%,水深宜为 1.0 m～1.5 m,主体区一般占总面积 70%～80%,水深宜为 0.2 m～0.5 m,宜适当采取强化氮磷处理措施。总氮面积负荷不宜大于 2.4 g/(m^2·d),总磷面积负荷不宜大于 0.3 g/(m^2·d)。湿地设计应符合 HJ 2005 的规定。

E.2.1.2 湿地水生植物宜选择具有经济性、景观性的乡土植物品种。

E.2.1.3 湿地应结构稳定,并定期维护,及时收割植物并妥善处置。

E.2.2 水生植物修复技术

E.2.2.1 宜利用水生植物对污染物的吸收、降解作用,净化水质。

E.2.2.2 水生植物搭配宜丰富,避免单一种植,宜选择具有经济性、景观性的乡土植物品种。

E.2.2.3 湿生植物种植水深宜在 1 cm～10 cm;沉水植物种植水深宜在 150 cm 以内;挺水植物种植水深宜在 100 cm 以内。

E.2.2.4 浅水种植的水生植物,可用卵石覆盖植物根部土壤,避免因雨水冲刷导致土壤流失及水质污染。

ICS 13.080.01
CCS B 11

中华人民共和国农业行业标准

NY/T 3821.2—2020

农业面源污染综合防控技术规范 第2部分：丘陵山区

Technical specification for integrated prevention and control of agricultural non-point source pollution—Part 2: Hilly and mountainous area

2020-11-12 发布　　2021-04-01 实施

中华人民共和国农业农村部　发布

前　言

本文件按照 GB/T 1.1—2020《标准化工作导则　第 1 部分：标准化文件的结构和起草规则》的规定起草。

本文件是 NY/T 3821《农业面源污染综合防控技术规范》的第 2 部分。NY/T 3821 已经发布了以下部分：

——第 1 部分：平原水网区；

——第 2 部分：丘陵山区；

——第 3 部分：云贵高原。

本文件由农业农村部科技教育司提出并归口。

本文件起草单位：中国农业科学院农业资源与农业区划研究所、湖北省农业科学院植保土肥研究所、上海交通大学、云南省农业科学院农业环境资源研究所、中国科学院精密测量科学与技术创新研究院、中国农业大学、北京市农业环境监测站、湖北省农业生态环境保护站、农业农村部农业生态与资源保护总站、江苏省耕地质量与农业环境保护站、江西省农业科学院土壤肥料与资源环境研究所、四川省农业科学院土壤肥料研究所、湖南省农业环境生态研究所、重庆市农业生态与资源保护站、北京农业质量标准与检测技术研究中心、江西正合环保工程有限公司。

本文件主要起草人：刘宏斌、夏颖、范先鹏、翟丽梅、李旭东、张亮、段娜、张富林、欧阳喜辉、刘晓霞、胡万里、习斌、何玘霜、雷秋良、刘冬碧、郭树芳、吴茂前、潘君廷、甘小泽、黄宏坤、谭勇、张志毅、高尚宾、梁永红、陈静蕊、张奇、李尝君、李真熠、龚贵金、万里平。

农业面源污染综合防控技术规范　第2部分:丘陵山区

1　范围

本文件规定了丘陵山区农业面源污染综合防控的基本原则、防控要求与策略、基础调研、分区与协同防控、分区防控技术要求等。

本文件适用于丘陵山区农业面源污染的综合防控及管理。

2　规范性引用文件

下列文件中的内容通过文中的规范性引用而构成本文件必不可少的条款。其中,注日期的引用文件,仅该日期对应的版本适用于本文件;不注日期的引用文件,其最新版本(包括所有的修改单)适用于本文件。

GB/T 4750　户用沼气池设计规范

GB/T 4752　户用沼气池施工操作规程

GB 5084　农田灌溉水质标准

GB/T 15776　造林技术规程

GB/T 16453.1　水土保持综合治理　技术规范　坡耕地治理技术

GB/T 16453.4　水土保持综合治理　技术规范　小型蓄排引水工程

GB/T 25173　水域纳污能力计算规程

GB/T 25246　畜禽粪便还田技术规范

GB/T 26624　畜禽养殖污水储存设施设计要求

GB/T 27622　畜禽粪便储存设施设计要求

GB/T 38360　裸露坡面植被恢复技术规范

GB 50014　室外排水设计规范

GB 50288　灌溉与排水工程设计标准

GB/T 50363　节水灌溉工程技术规范

GB/T 50596　雨水集蓄利用工程技术规范

HJ 574　农村生活污染控制技术规范

HJ 2014　生物滤池法污水处理工程技术规范

LY/T 1914　植物篱营建技术规程

LY/T 2964　三峡库区消落带植被生态修复技术规程

NY/T 90　农村户用沼气发酵工艺规程

NY/T 393　绿色食品农药使用准则

NY/T 1220.1　沼气工程技术规范　第1部分:工艺设计

NY/T 1222　规模化畜禽养殖场沼气工程设计规范

NY/T 1935　食用菌栽培基质质量安全要求

NY/T 2065　沼肥施用技术规范

NY/T 2374　沼气工程沼液沼渣后处理技术规范

NY/T 2451　户用沼气池运行维护规范

NY/T 2596　沼肥

NY/T 2624　水肥一体化技术规范　总则

NY/T 2911　测土配方施肥技术规程

NY/T 3020　农作物秸秆综合利用技术通则

NY/T 3048　发酵床养猪技术规程

NY/T 3441 蔬菜废弃物高温堆肥无害化处理技术规程
NY/T 3442 畜禽粪便堆肥技术规范
NY/T 3666 农业化学品包装物田间收集池建设技术规范
农业部办公厅农办牧〔2018〕1号 畜禽粪污土地承载力测算技术指南

3 术语和定义

下列术语和定义适用于本文件。

3.1

丘陵山区 hilly and mountainous area

海拔高度在200 m～1 000 m、地形高低起伏,易发生水土流失的区域。

3.2

农业面源污染 agricultural non-point source pollution

在农业生产和农村生活区域,氮、磷等营养盐及其他污染物受水力驱动以随机、分散、无组织方式进入受纳水体引起的水质恶化。

3.3

流域 watershed

分水线所包围的河流集水区或汇水区。

3.4

养殖专业户 professional breeding farmers

养殖数量未达到规模化养殖标准的个体养殖单元。生猪年出栏数50头～499头,奶牛年存栏数5头～99头,肉牛年出栏数10头～99头,蛋鸡年存栏数500只～9 999只,肉鸡年出栏数2 000只～49 999只。

3.5

分散养殖 scattered livestock and poultry free-range

以庭院为单元的养殖方式。生猪年出栏数<50头,奶牛年存栏数<5头,肉牛年出栏数<10头,蛋鸡年存栏数<500只,肉鸡年出栏数<2 000只。

3.6

就地消纳 local utilization

经无害化处理后的人畜粪污、生活污水等,通过庭院或养殖区周边的土地进行资源化利用。

4 基本原则

4.1 总量控制,分区施策

以流域水环境纳污能力确定农业面源污染排放总量控制目标,以土地承载力确定畜禽养殖规模,控制氮磷化肥投入总量和用水总量。科学划定农业面源污染防控分区,明确各区生产、生活和生态功能定位及防控目标,制订农业面源污染综合防控方案。

4.2 多源协同,系统防控

以流域为单元,统筹考虑种植业、养殖业和农村生活污染排放特征。依据污染治理重点和关键期,系统设计、优化布局,注重各分区间紧密衔接,以最低成本实现最佳治理效果。

4.3 资源节约,清洁生产

推动农业生产、农村生活向资源节约和高效利用方式转变,以最少的化肥、农药、能源和水资源消耗支撑农业农村可持续发展。最大限度减少污染排放,实现生产生活清洁化。

4.4 就地消纳,梯级利用

充分利用庭院或养殖区周边土地对农业农村废水、废弃物的消纳和净化功能,避免过度处理。利用地形地势,强化氮磷养分资源和水资源的循环利用。

4.5 生态优先，绿色发展

践行“绿水青山就是金山银山”的理念，推行绿色生产生活方式。立足区域资源禀赋、环境要求和产业文化特色，优选经济高效的生态类技术措施，提升生态服务功能。丰富生态产业链，形成一、二、三产融合，生产、生活、生态一体的新格局。

5 防控要求与策略

5.1 防控要求

5.1.1 农业面源污染得到有效治理，水环境质量向好态势基本形成。

5.1.2 农业生产更加清洁，农业农村废弃物循环利用水平明显提高，水肥药利用方式更加合理高效。

5.1.3 农业生态系统更加稳定，生态服务功能明显提升。

5.1.4 社会满意度明显提高。

5.2 防控策略

5.2.1 根据水域纳污能力计算结果，确定流域农业面源污染物允许排放总量，明确各分区及各类农业源的减排目标；根据土地承载力计算结果，确定畜禽养殖总量。基于上述两方面分析结果，以废弃物资源化利用为基础，确定氮磷化肥投入总量和农业用水总量。

5.2.2 以就地消纳为核心，将坡耕地作为农业农村废水、废弃物等的最终去向，一体化设计粪污处理、秸秆利用、化肥减施增效、节水灌溉和地力提升方案，选择经济高效处理技术，系统协同治理农业面源污染。

5.2.3 以农业废弃物增值利用为导向，根据区域资源禀赋和农耕文化特色，因地制宜创新农业农村废弃物资源化利用路径，丰富生态产业链，促进农业经济发展。

5.2.4 以控水减排为主线，提高流域清水直接入河（湖、库）率，生活、生产定额用水，源头减量。农村生活和畜禽养殖废水无害化处理后资源化利用；坡耕地径流拦蓄后梯级利用；农田排水经过沟、塘调蓄后再利用或生态净化后排放。

5.2.5 以生态功能提升为农业面源污染防控内生动力，通过生态沟塘、生态田埂等农田生态建设措施，丰富生物多样性，提升流域自净能力。

6 基础调研

6.1 资料收集

包括（但不限于）流域的气象、水文、土地利用类型、社会经济、农业生产等相关基础资料和图件。资料收集内容及要求见附录 A 的 A.1。

6.2 污染源调查

包括（但不限于）流域农业面源污染源种类和分布，污染物产排的数量、方式等。污染源调查内容见 A.2。

6.3 现场查勘

包括（但不限于）村庄和养殖场的边界、面积、高程及排水沟道分布，农田沟渠类型、数量、分布及径流流向等。现场查勘内容见 A.3。

6.4 流域环境承载力分析

包括水域纳污能力和畜禽粪污土地承载力。其中，水域纳污能力根据 GB/T 25173 规定的方法计算，畜禽粪污土地承载力根据农业部办公厅农办牧〔2018〕1 号规定的方法计算。

7 分区与协同防控

7.1 防控分区

基于流域土地利用类型、生态功能定位，结合污染源类型、污染物特征等进行防控分区，宜分为：

a) 林草水源涵养区：一般为自然林/草区，人为干预少，承载水源涵养和生物多样性保护功能，植被

覆盖率较高,清水产流量大;

b) 村庄污染控制区:一般为生活区域,承载农村生活和少量农业生产功能,居住和养殖高度分散,人畜混居普遍,并存在养殖专业户(场),污染强度高;

c) 坡耕地水土保持区:一般为6°~25°的坡耕地,承载农业生产和水土保持的功能,季节性干旱现象突出、雨季水土流失严重;

d) 临水生态净化区:一般包含消落带、植被过滤带及外围耕地(包括园地),承载水质生态净化功能,人地矛盾突出,生态净化能力有待提升。

7.2 协同防控

根据各分区功能定位和污染特征,构建分区衔接、多源协同的丘陵山区农业面源污染综合防控技术体系,技术路线见图1。

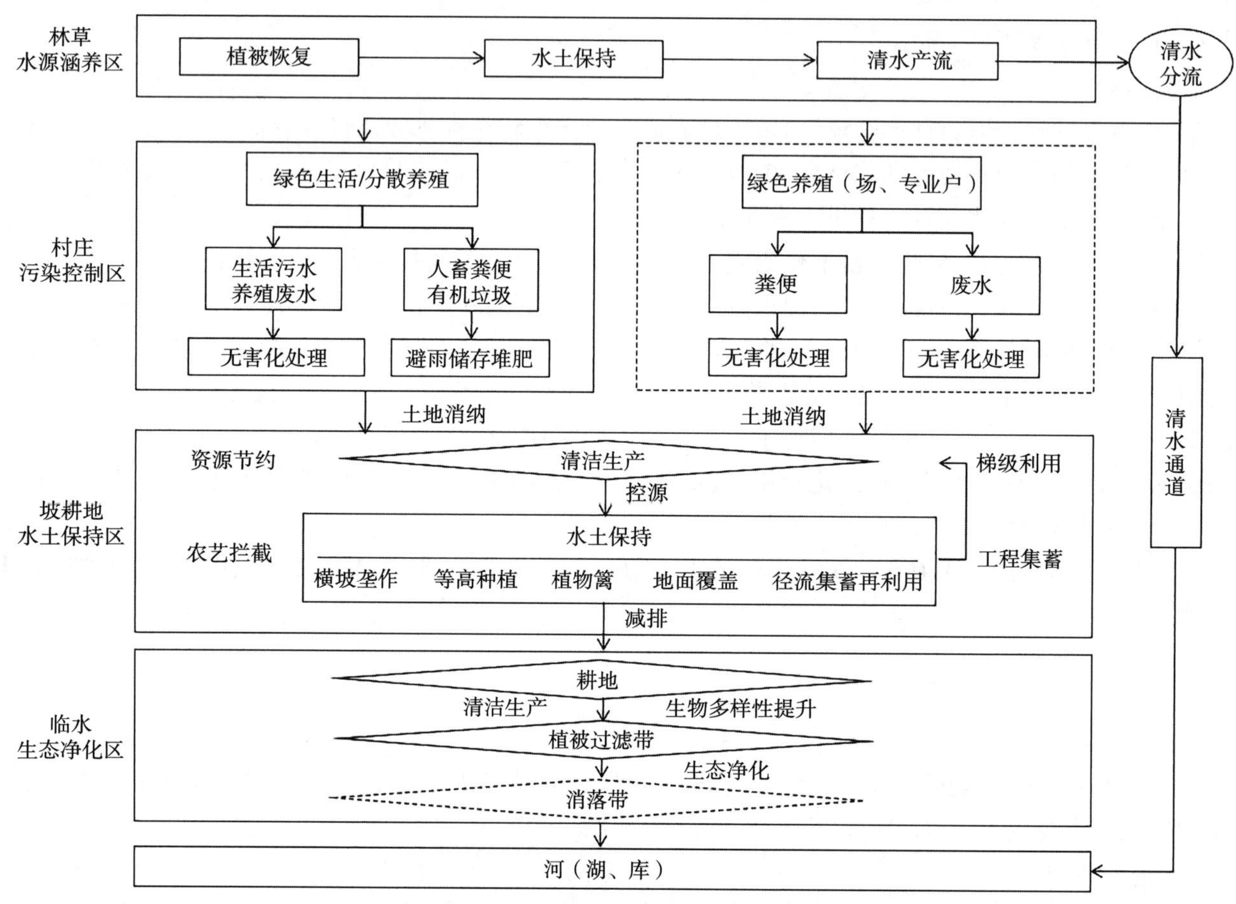

图1 丘陵山区农业面源污染综合防控技术路线

a) 林草水源涵养区:提高植被覆盖率,提升清水产流及清水直接入河(湖、库)率,为村庄污染控制区提供生活、生产用水;

b) 村庄污染控制区:推行绿色生活生产方式,将生活污水与养殖废水处理后用于农田灌溉,将人畜粪便与有机垃圾等避雨储存堆肥后就地消纳;

c) 坡耕地水土保持区:就地消纳村庄污染控制区无害化处理后的生活污水、养殖废水、人畜粪便、有机垃圾等,采用农艺和工程措施控制坡耕地氮磷流失,强化径流的集蓄和梯级利用;

d) 临水生态净化区:强化临水区外围耕地生态建设,在耕地与消落带或水体交汇处构建植被过滤带,严格保护消落带,提升流域自净能力。

8 分区防控技术要求

8.1 林草水源涵养区

8.1.1 应加强林草水源涵养区的保护与管理。

8.1.2　清水除保证流域必需的生活、生产外，宜采用清水通道直接输入河(湖、库)，提高清水直接入河(湖、库)率。

8.1.3　林草水源涵养区推荐防控技术见附录B。

8.2　村庄污染控制区

8.2.1　流域畜禽养殖总量不应超过畜禽粪污土地承载力，养殖用水不超定额。

8.2.2　分散养殖废水和生活污水宜以农田利用为目标进行处理，水质符合GB 5084规定的，宜优先就地消纳。

8.2.3　分散养殖畜禽粪便和厕所粪便等有机固体废弃物宜采用避雨堆储、户用沼气等技术进行无害化处理后就地消纳。

8.2.4　规模化养殖场、养殖专业户应源头减量、雨污分流，配套建设畜禽粪污储存、处理设施。养殖固体粪便宜采用好氧堆肥等技术处理后还田利用；养殖废水宜无害化处理后农田消纳；全量粪污可采用厌氧发酵、氧化塘等处理后还田利用。

8.2.5　生活垃圾宜分类收集，其中有机垃圾宜无害化处理后还田利用。有条件的可采用“户分类—村收集—镇转运—县(市)处置”等模式集中处理。

8.2.6　村庄污染控制区推荐防控技术见附录C。

8.3　坡耕地水土保持区

8.3.1　大于25°的坡耕地应退耕还林/草。

8.3.2　宜根据作物目标产量、基础地力和水环境敏感性，以废水、废弃物土地消纳为基础，确定氮磷化肥投入总量和农业用水总量。

8.3.3　宜选用肥料深施、水肥一体化、缓控释肥等高效施肥技术，避免撒施和暴雨前施肥。

8.3.4　农作物秸秆、蔬菜废弃物、绿肥应资源化利用，农作物秸秆综合利用应符合NY/T 3020的要求，蔬菜废弃物堆肥处理应符合NY/T 3441的规定。

8.3.5　腐熟的沼渣及无害化处理后的畜禽粪便宜还田利用，并符合GB/T 25246的规定；沼液还田宜依托地势配套建设防渗、安全的田间储存设施，有条件的可配套管网；水质符合GB 5084规定的生活污水、养殖废水宜灌溉农田。

8.3.6　坡度介于6°～15°的坡耕地宜采用等高种植、横坡垄作、植物篱、地面覆盖等农艺措施减少坡面径流；坡度介于15°～25°的坡耕地可采用等高种植、横坡垄作、植物篱、地面覆盖等农艺措施和集水池等工程措施拦蓄坡面径流。宜通过自然落差强化坡耕地径流梯级利用。

8.3.7　园地宜采用等高种植、生草覆盖、植物篱等农艺措施和集水池等工程措施拦蓄坡面径流，灌溉利用。

8.3.8　优先采用物理、生物、生态等绿色技术防控病虫草害；应急防治宜选择高效低毒、环境友好型农药，农药使用应符合NY/T 393的规定。

8.3.9　坡耕地水土保持区推荐防控技术见附录D。

8.4　临水生态净化区

8.4.1　临水生态净化区由消落带、植被过滤带及外围耕地(包括园地)组成。

8.4.2　消落带应封育管理和保护，可种植耐淹植被，耐淹植被种类的选择可按照LY/T 2964的规定。

8.4.3　在耕地与消落带或水体交汇处，宜建设植被过滤带，宽度不宜小于3.0 m。植被过滤带的植物可为农作物或具有经济景观价值的多年生草本或灌木。植被过滤带不应使用化肥、农药等化学投入品。

8.4.4　植被过滤带以外的耕地，宜强化生态田埂、生态沟塘、生态廊道等建设，丰富生物多样性，实现沟塘水系连通，延长水力停留时间，提升生态净化能力。

8.4.5　临水生态净化区推荐防控技术见附录E。

附 录 A
（资料性）
基础调研资料

A.1 资料收集

资料收集内容及要求见表 A.1。

表 A.1 资料收集内容及要求

资料类型	资料内容	资料要求
气象	降水(日)、气温、日照、常年主导风向等	10 年
水文	主要河道的水量、水质、泥沙等	10 年
土地利用类型	林地、草地、农业用地(包括园地、水田、旱地)、居民建设用地(包括道路)、水域(包括水产养殖)等的面积和分布	3 年
社会经济	人口数量(包括流动人口、常住人口)、农户数、农业从业人数,第一、二、三产业产值,农村人均纯收入等	3 年
农业生产	作物种类、播种面积、产量,农田水利条件及灌溉方式,肥料、农药投入情况等;秸秆利用现状等;养殖种类、数量,养殖方式等	3 年
基础图件	行政区划图、土地利用现状图、地形图、水系图、土壤图、发展规划图等	最新版

A.2 污染源调查

污染源调查内容见表 A.2。

表 A.2 污染源调查内容

污染源类型	调研内容
种植源	主要作物的有机肥、化肥和农药施用情况,耕作方式,播种方式,用水量和灌排方式等
农村生活源	生活用水量、排放量,污水收集、处理和利用情况,生活垃圾收集、处置情况
畜禽养殖源	分散养殖:畜禽种类和数量,养殖方式,用水量,圈舍条件,清粪方式,粪污堆储、利用现状 规模养殖场(专业户):畜禽种类和数量,用水量,清粪工艺,粪污收集、储存、处理和利用现状

A.3 现场查勘

现场查勘内容见表 A.3。

表 A.3 现场查勘内容

查勘类型	查勘内容
农业用地	主要耕地和园地面积、分布、地形地势、高程,农田沟渠类型、数量、高程、径流方向
畜禽养殖户/场	养殖户/场的位置、高程
村庄	村庄面积、地形地势,住户、道路、沟渠的位置分布
水域	主要水体的位置、面积、水深、出入水口、高程

附 录 B
（资料性）
林草水源涵养区推荐防控技术

B.1 清水通道技术

B.1.1 采用清水通道直接将清水输送到河（湖、库），提高清水直接入河（湖、库）率，避免清水在输送过程中被污染。

B.1.2 清水通道的过水能力宜满足输送 20 年一遇暴雨径流的能力，清水通道的设计应符合 GB 50014 的规定，建设应符合 GB 50288 的规定。

B.1.3 清水通道宜避开村庄、耕地等区域，过村庄时应采用封闭式暗沟或暗管，过农田时通道两岸宜建设乔-灌-草结合的隔离带。

B.2 植被恢复技术

裸露坡面植被恢复应符合 GB/T 38360 的规定，植树造林技术应符合 GB/T 15776 的规定。

附 录 C
（资料性）
村庄污染控制区推荐防控技术

C.1 农村污水收集处理再利用技术

C.1.1 污水分散式收集处理与就地消纳技术

C.1.1.1 养殖废水和生活污水宜一体化处理，就地消纳。

C.1.1.2 单户或联户的污水宜采用三格化粪池等收集处理，以庭院为单元就地处理利用；多户的污水宜经三格化粪池后通过管道收集，集中处理利用。

C.1.1.3 可选择土壤渗滤、生物滤池、人工湿地等单项或组合技术处理污水。人工湿地、土壤渗滤技术可按照 HJ 574 中的规定，生物滤池设计和建设要求可按照 HJ 2014 中的规定，组合式复合生物滤池处理技术按 C.1.2 执行。

C.1.1.4 污水经无害化处理后，水质符合 GB 5084 规定的，少量多次就地灌溉农田。

C.1.2 农村生活污水组合式复合生物滤池处理技术

C.1.2.1 组合式复合生物滤池可用于农村生活污水集中式处理。

C.1.2.2 完整的处理设施宜由格栅、调节池、组合式复合生物滤池、中间池和人工湿地等单元组成。

C.1.2.3 生物滤池的平面形状宜采用矩形。填料应质坚、耐腐蚀、高强度、比表面积大、孔隙率高，适合就地取材，宜采用火山岩、汽块砖、炉渣、焦炭、碎石等无机填料。布水装置可采用固定布水器。

C.1.2.4 生物滤池水力负荷以滤池面积负荷计，宜为 4.0 $m^3/(m^2 \cdot d)$～ 6.0 $m^3/(m^2 \cdot d)$；五日生化需氧量容积负荷以填料体积计，宜为 0.25 $kg/(m^3 \cdot d)$～0.50 $kg/(m^3 \cdot d)$。

C.1.2.5 人工湿地水力负荷宜为 0.30 $m^3/(m^2 \cdot d)$～0.50 $m^3/(m^2 \cdot d)$。人工湿地填料可采用除磷型多孔填料，粒径为 20 mm ～ 30 mm，填充高度宜为 0.75 m ～ 1.50 m。

C.2 生活垃圾分类处理资源化利用技术

按照有机垃圾和无机垃圾分类收集处理，具体要求按照 HJ 574 中的规定执行。

C.3 分散养殖畜禽粪污收集处理技术

C.3.1 分散养殖畜禽粪污干湿分离避雨堆储技术

C.3.1.1 干湿分离堆储设施包括干湿分离设施、废水收集池、堆储池、避雨棚等。

C.3.1.2 干湿分离后的废水进入废水收集池，经厌氧发酵进行无害化处理，也可结合 C.1.1 污水分散式收集处理与就地消纳技术，与生活污水一体化处理。废水收集池的容积和建设要求可按照 GB/T 26624 执行。

C.3.1.3 干湿分离后的粪便应在堆储池避雨存放和堆储。可采用避雨棚、秸秆覆盖、土壤覆盖等方式避雨；可与旱厕粪便、有机垃圾、秸秆等混匀堆储，C/N 宜为（20～40）：1，含水率宜为 45％～65％。堆储池建设要求可按照 GB/T 27622 的规定执行。

C.3.2 户用沼气技术

C.3.2.1 人畜粪污等庭院废弃物可利用户用沼气技术处理，根据畜禽最大养殖量、污水产生量和储存时间设计沼气池容积，50 m^3以下的户用沼气池发酵工艺应符合 NY/T 90 的要求。

C.3.2.2 户用沼气池的设计应符合 GB/T 4750 的规定，施工应符合 GB/T 4752 的规定，运行维护应符合 NY/T 2451 的规定。

C.3.2.3 户用沼气池沼液、沼渣理化性状要求及施用技术应符合 NY/T 2065 的规定。

C.4 规模化养殖场/专业户粪污处理技术

C.4.1 规模化养殖场/专业户源头减排技术

C.4.1.1 养殖场应雨污分流，配套建设污水收集系统及固体粪便、污水储(暂)存设施。固体粪便储存设施建设要求按照 GB/T 27622 执行，污水储存设施建设要求按照 GB/T 26624 执行。

C.4.1.2 养殖场应根据养殖品种和养殖阶段，进行饲料合理配置、精准饲喂，约束营养素上限水平，提高饲料利用率，避免饲料过量供给和减少污染物的排出量。

C.4.1.3 养殖场应采取节水饲养工艺及工程配套措施，实现污染源头减量。

C.4.1.4 应选择节水型饮水设备和清洗消毒设备，控制用水量。

C.4.1.5 宜采用自动降温系统控制用水，根据舍内温度及畜禽生理需求适时启动。

C.4.1.6 清粪宜采用干清粪，在确需冲洗时，宜用高压水枪进行冲洗，减少用水量。

C.4.2 规模化养殖场/专业户污水/粪污无害化处理技术

C.4.2.1 养殖污水或全量粪污宜采用氧化塘、厌氧发酵、发酵床等工艺进行无害化处理。

C.4.2.2 采用氧化塘处理时，塘容积 V_1 可按公式(C.1)计算，并应满足防渗要求。

$$V_1 > Y \times T \times N \qquad \text{(C.1)}$$

式中：

V_1——氧化塘容积的数值，单位为立方米(m^3)；

Y——单位畜禽日粪污产生量的数值，单位为立方米每天每头[m^3/(d·头)]；

T——储存周期的数值，单位为天(d)；

N——设计存栏数的数值，单位为头。

C.4.2.3 采用厌氧发酵处理时，宜采用完全混合式厌氧反应器(CSTR)、上流式厌氧污泥床反应器(UASB)等工艺，配套调节池、厌氧发酵罐、储气设施、沼渣沼液储存池等设施设备。沼气工程相关建设要求应符合 NY/T 1222 的规定，并防火防爆。沼液应采用防渗、密封设施储存，防止泄露流失，减少氨挥发、甲烷排放；沼液储存设施应符合 NY/T 1220.1 的规定，沼液储存设施容积应充分考虑沼液产生、利用规律和安全施用储存时间。

C.4.2.4 猪场发酵床技术可按照 NY/T 3048 的规定执行。采用异位发酵床处理时，每头存栏生猪粪污暂存池容积不小于 0.2 m^3，发酵床建设面积不小于 0.2 m^2，并有防渗防雨功能，配套搅拌设施。冬季温度较低时，异位发酵床宜增加保温措施。

C.4.3 畜禽粪便无害化处理技术

规模养殖场干清粪或固液分离后的固体粪便宜采用堆肥、沤肥等方式进行处理。畜禽粪便堆肥应符合 NY/T 3442 的规定。

C.5 畜禽粪污利用技术

C.5.1 畜禽粪便食用菌基质化利用技术

C.5.1.1 畜禽粪便可用于双孢蘑菇、巴西蘑菇等草腐菌的基质制备。

C.5.1.2 畜禽粪便、农作物秸秆等原料应符合 NY/T 1935 的规定，用水应符合 GB 5084 的规定。

C.5.1.3 畜禽粪便应充分晾晒或干燥后粉碎；农作物秸秆宜充分晾晒，长度宜控制在 5 cm～30 cm，秸秆应充分预湿。

C.5.1.4 应根据栽培食用菌种类及畜禽粪便类型，选择适宜配方进行合理配比、充分混匀，混合原料含水量宜为 70%～75%，C/N 宜为(28～33)：1，pH 宜为 7.5～8.5。

C.5.1.5 应根据食用菌种类、生产条件等确定原料发酵工艺，所有类型畜禽粪便类基质生产均应进行一次发酵，双孢蘑菇、巴西蘑菇和草菇基质生产宜进行二次发酵，有条件的可进行三次发酵。原料发酵应全面、均匀、彻底。

C.5.1.6 应根据食用菌种类、生产规模和条件等，配套原料储存、预处理、发酵及辅助生产设施设备。

C.5.2 **粪污还田利用技术**

C.5.2.1 应配套足够种植土地面积进行粪污消纳，宜根据施用规律在消纳区域建设防渗、安全的储存设施。分散养殖宜利用庭院周边的土地就地消纳，规模化养殖场或养殖专业户可利用流域内的土地就近就地消纳。

C.5.2.2 无害化处理后的堆肥、沤肥、沼肥、肥水等进行还田利用时，依据农业部办公厅农办牧〔2018〕1号合理确定配套农田面积，并按 GB/T 25246 的规定执行。

C.5.2.3 沼液肥的技术指标和限量指标应符合 NY/T 2596 的规定，可通过吸污车、施肥罐车或管道将沼液输送至用肥地点。沼液还田可采用基肥或追肥形式施用，基肥宜采用农田灌溉，追肥宜采用喷施、农田灌溉、水肥一体化等。沼液用于灌溉、生产水溶肥和浓缩肥可按照 NY/T 2374 的规定执行。

附 录 D
（资料性）
坡耕地水土保持区推荐防控技术

D.1 坡耕地清洁生产技术

D.1.1 坡耕地氮磷控源技术

D.1.1.1 根据作物目标产量、土壤基础地力、水环境敏感性，优化氮磷施用量。各种农作物氮磷施用量可按照 NY/T 2911 规定的方法确定。

D.1.1.2 优先利用农业源和生活源有机物料中的氮磷养分资源，部分替代化肥。

D.1.1.3 氮磷化肥施用量按公式(D.1)计算。

$$F = B - W \times C \tag{D.1}$$

式中：

F ——氮/磷化肥施用量的数值，单位为千克(kg)；

B ——作物优化施氮/磷施用量的数值，单位为千克(kg)；

W ——有机物料还田量(干基)的数值，单位为千克(kg)；

C ——有机物料氮/磷含量的数值，单位为百分号(%)。

D.1.1.4 畜禽粪便还田应符合 GB/T 25246 的规定。

D.1.1.5 绿肥宜翻压还田，品种宜选择紫云英、光叶紫花苕、苜蓿、三叶草等，还田量宜为 22.5 t/hm^2～30.0 t/hm^2(鲜重)，翻压深度宜为 10 cm～20 cm。

D.1.1.6 肥料宜深施，宜起垄时施基肥，施肥深度宜为 5 cm～10 cm，追肥宜条施或穴施，施肥深度为 5 cm～8 cm；园地肥料宜条施或穴施，施肥深度宜大于 10 cm。

D.1.1.7 肥料施用应避开暴雨前 7 d 内。

D.1.1.8 水肥一体化技术可按照 NY/T 2624 中的规定执行。

D.1.2 节水减排技术

用水按照灌溉定额量；采用滴灌、喷灌等灌溉工程时，技术应符合 GB/T 50363 的规定。

D.1.3 病虫草害绿色防控技术

D.1.3.1 生物防控：以虫治虫、以螨治螨、以菌治虫、以菌治菌，采用植物源农药、农用抗生素、植物诱抗剂等生物生化制剂防治农作物害虫。

D.1.3.2 物理防控：采用昆虫信息素、植物诱控、食饵诱杀、杀虫灯、诱虫板、防虫网阻隔和银灰膜驱避害虫等技术防治农作物害虫。

D.1.3.3 生态防控：推广抗病虫品种、优化作物布局、培育健康种苗、改善水肥管理等健康栽培措施，结合农田生态工程、果园生草覆盖、作物间套种、天敌诱集带等生物多样性调控与自然天敌保护利用等，增强作物抗病虫能力。

D.1.3.4 农药使用应符合 NY/T 393 的规定。

D.1.4 农药包装废弃物安全回收技术

D.1.4.1 农药包装废弃物应全部回收，不应与其他废弃物混合存放，收集储存设施建设应符合 NY/T 3666 的规定。

D.1.4.2 回收的农药包装废弃物应及时处置，储存时间不宜超过 1 年。农药包装废弃物的处置应符合国家和地方环境保护要求，防止污染环境。

D.2 径流拦蓄与再利用技术

D.2.1 径流拦截技术

D.2.1.1 横坡垄作

D.2.1.1.1 作物起垄方向与坡面方向垂直,大田作物垄高宜为 10 cm～30 cm。

D.2.1.1.2 原有顺坡沟垄改为横坡垄作时,应先翻耕,再横坡起垄种植。

D.2.1.1.3 在南方多雨且土壤黏重地区,从上向下翻土起垄,且垄的方向与等高线的比降宜为 1%～2%。横坡垄作技术应按照 GB/T 16453.1 中的规定执行。

D.2.1.2 等高种植

D.2.1.2.1 应沿等高线种植作物,作物的株距和行距可根据作物种类和地形条件确定。

D.2.1.2.2 南方多雨且土壤黏重地区种植方向宜与等高线呈 1%～2%的比降。

D.2.1.2.3 等高种植技术应按照 GB/T 16453.1 中的规定执行。

D.2.1.3 等高植物篱

D.2.1.3.1 根据气候、土壤及当地产业特点,宜选择具有一定经济、生态和景观效益的草灌植物构建植物篱。

D.2.1.3.2 植物株行距应符合 LY/T 1914 中的规定。植物篱带间距宜为 3 m～7 m。

D.2.1.3.3 植物篱宜适时修剪,缺口处应及时补种。

D.2.1.4 生草覆盖

D.2.1.4.1 生草覆盖宜采用自然或人工生草方式。

D.2.1.4.2 人工生草应选择矮秆、匍匐性强、对病虫草害有抑制作用和有固氮作用的草种类。在缺水旱地果园应种植耗水量少的豆科牧草,常见的豆科草种为红车轴草(*Trifolium pratense* L.)、白车轴草(*Trifolium repens* L.)、紫花苜蓿(*Medicago sativa* L.)、长柔毛野豌豆(*Vicia villosa* Roth)、紫云英(*Astragalus sinicus* L.)、豇豆[*Vigna unguiculata* (L.) Walp.]等。种子用量宜为 7.5 kg/hm^2～15 kg/hm^2。3 月～4 月地温稳定在 15℃以上时或 8 月～9 月时种植为宜。

D.2.1.4.3 根据草种类不同,宜 30 cm～40 cm 高度时刈割,留茬 5 cm～10 cm,刈割后的草可覆盖树盘或撒于园地上,秋季和冬季不刈割。宜 5 年～7 年后翻耕一次。

D.2.1.4.4 做好清园工作,降低病虫害基数。

D.2.2 径流集蓄技术

D.2.2.1 径流集蓄设施包括汇流面、集水沟、沉沙池、集水池与含有排水阀的灌溉系统。集水沟、沉沙池的设计和施工应符合 GB/T 16453.4 的规定。

D.2.2.2 坡面径流通过集水沟汇流,经沉沙池进入集水池集蓄、再利用。

D.2.2.3 集水池一般为圆形或矩形的柱状体,容积按公式(D.2)计算。

$$V = A \times P \times R \times 10^{-3} \qquad \text{(D.2)}$$

式中:

V ——集水池容积的数值,单位为立方米(m^3);

A ——汇流坡面面积的数值,单位为平方米(m^2);

P ——设计暴雨强度的数值,单位为毫米(mm),按 5 年一遇 24 h 最大降水量取值;

R ——坡耕地径流系数的数值,南方坡耕地宜为 0.15～0.30,北方坡耕地宜为 0.03～0.15;

10^{-3} ——常数,无量纲。

D.2.2.4 集水池设计应符合 GB/T 50596 的规定,施工应符合 GB/T 16453.4 的规定。集水池口宽宜为 40 cm～60 cm,深度宜为 30 cm～40 cm。集水池的顶部应设置进水口和溢洪口,距离集水池底部 30 cm 处设置直通排水阀。

D.2.2.5 每 1 hm^2～1.5 hm^{2}汇流面宜建设 1 套径流集蓄设施。

D.2.3 径流再利用技术

D.2.3.1 在坡耕地氮磷流失风险期，宜对径流全部收集，并及时利用该时期的径流进行农田灌溉。雨季结束前集水池宜处于蓄满状态，确保翌年春季作物的播种和保苗用水。

D.2.3.2 集水池蓄水宜通过自流方式灌溉下部农田。有条件的地区可采用滴灌、微喷灌等节水灌溉方式，微喷灌和滴灌系统首部应设置筛网式过滤器；也可通过泵站将蓄水输送至山坡坡面用于灌溉。

D.2.4 农田排水调蓄再利用技术

D.2.4.1 宜优化农田系统的沟塘比例，通过水位控制和优化配置水生动植物，强化沟塘的调蓄能力和净化功能。

D.2.4.2 塘选址应考虑地形、高程和农田分布，充分利用地势，采用上排下用的方式强化农田径流梯级利用。塘容积 V_2 按公式(D.3)计算。

$$V_2 = A_1 \times D \quad \text{(D.3)}$$

式中：

V_2——塘容积的数值，单位为立方米(m^3)；

A_1——汇水农田面积的数值，单位为公顷(hm^2)；

D ——每公顷农田排水量的数值，单位为立方米每公顷(m^3/hm^2)，D 不小于 450 m^3/hm^2。

D.2.4.3 沟进水口的前端应安装栅格对固体垃圾进行拦截。

附 录 E
（资料性）
临水生态净化区推荐防控技术

E.1 农田生物多样性提升技术

E.1.1 宜对农田系统内的各生态单元(包括田埂、道路、堤岸等)植物的种类、结构及空间布局优化配置，提升农田系统的物种丰富度和生物多样性。

E.1.2 田埂宜为土埂，宽度大于 30 cm 的田埂宜种植具有经济及显花、蜜源等其他功能的乡土草本植物。

E.1.3 宽度大于 3 m 的田间道路(包括机耕路)及河道堤岸宜采取生态廊道措施，生态廊道宜采用乔灌草结合，且冠层交错搭配，植物优选具有景观、经济及易养护的乡土品种。

E.2 农田植被过滤带技术

E.2.1 植被过滤带包括植被过滤区及出水区等。

E.2.2 从农田至水体方向，宜依次配置草本、灌木植物。

E.2.3 宽度一般以大于 3.0 m 为宜，长度根据实际情况确定。

E.2.4 植被过滤带出水宜采用横沟收集，多点外排。

E.2.5 植被过滤带坡度应在 25°以下。

ICS 13.080.01
CCS B 11

中华人民共和国农业行业标准

NY/T 3821.3—2020

农业面源污染综合防控技术规范 第3部分：云贵高原

Technical specification for integrated prevention and control of agricultural non-point source pollution—Part 3: Yunnan-Guizhou plateau

2020-11-12 发布　　2021-04-01 实施

中华人民共和国农业农村部 发布

前　　言

本文件按照 GB/T 1.1—2020《标准化工作导则　第 1 部分：标准化文件的结构和起草规则》的规定起草。

本文件是 NY/T 3821《农业面源污染综合防控技术规范》的第 3 部分。NY/T 3821 已经发布了以下部分：

——第 1 部分：平原水网区；

——第 2 部分：丘陵山区；

——第 3 部分：云贵高原。

本文件由农业农村部科技教育司提出并归口。

本文件起草单位：中国农业科学院农业资源与农业区划研究所、云南省农业科学院农业环境资源研究所、上海交通大学、农业农村部农业生态与资源保护总站、湖北省农业科学院植保土肥研究所、中国农业大学、中国科学院精密测量科学与技术创新研究院、大理白族自治州农业科学推广研究院、玉溪师范学院、北京博瑞环境工程有限公司、云南顺丰洱海环保科技股份有限公司。

本文件主要起草人：刘宏斌、胡万里、付斌、王洪媛、何小娟、习斌、李文超、段娜、夏颖、李旭东、雷秋良、方放、范先鹏、张亮、翟丽梅、李涛、陈安强、潘君廷、郭树芳、倪明、段艳涛、钟顺和。

农业面源污染综合防控技术规范　第3部分:云贵高原

1　范围

本文件规定了云贵高原农业面源污染综合防控的基本原则、防控要求与策略、基础调研、分区与协同防控、分区防控技术要求等。

本文件适用于云贵高原农业面源污染的综合防控及管理。

2　规范性引用文件

下列文件中的内容通过文中的规范性引用而构成本文件必不可少的条款。其中,注日期的引用文件,仅该日期对应的版本适用于本文件;不注日期的引用文件,其最新版本(包括所有的修改单)适用于本文件。

GB 5084　农田灌溉水质标准

GB/T 15776　造林技术规程

GB/T 16453.1　水土保持综合治理　技术规范　坡耕地治理技术

GB/T 16453.4　水土保持综合治理　技术规范　小型蓄排引水工程

GB/T 25173　水域纳污能力计算规程

GB/T 25246　畜禽粪便还田技术规范

GB/T 26624　畜禽养殖污水储存设施设计要求

GB/T 26903　水源涵养林建设规范

GB/T 27622　畜禽粪便储存设施设计要求

GB/T 37071　农村生活污水处理导则

GB/T 38360　裸露坡面植被恢复技术规范

GB 50014　室外排水设计规范

GB 50288　灌溉与排水工程设计标准

GB/T 50363　节水灌溉工程技术规范

GB/T 50596　雨水集蓄利用工程技术规范

CJJ 124　镇(乡)村排水工程技术规程

HJ 574　农村生活污染控制技术规范

HJ 2005　人工湿地污水处理工程技术规范

LY/T 1914　植物篱营建技术规程

NY/T 393　绿色食品农药使用准则

NY/T 1220.1　沼气工程技术规范　第1部分:工艺设计

NY/T 1222　规模化畜禽养殖场沼气工程设计规范

NY/T 1935　食用菌栽培基质质量安全要求

NY/T 2374　沼气工程沼液沼渣后处理技术规范

NY/T 2596　沼肥

NY/T 2624　水肥一体化技术规范　总则

NY/T 2911　测土配方施肥技术规程

NY/T 3020　农作物秸秆综合利用技术通则

NY/T 3048　发酵场床养猪技术规程

NY/T 3441　蔬菜废弃物高温堆肥无害化处理技术规程

NY/T 3442　畜禽粪便堆肥技术规范

NY/T 3666　农业化学品包装物田间收集池建设技术规范
NY/T 3670　密集养殖区畜禽粪便收集站建设技术规范
SC/T 1135.1　稻渔综合种养技术规范　通则
农业部办公厅农办牧〔2018〕1号　畜禽粪污土地承载力测算技术指南

3　术语和定义

下列术语和定义适用于本文件。

3.1

云贵高原　Yunnan-Guizhou plateau

云南、贵州全境及川西南、桂西等地区，地形地貌复杂，立体气候突出。

3.2

农业面源污染　agricultural non-point source pollution

在农业生产和农村生活区域，氮、磷等营养盐及其他污染物受水力驱动以随机、分散、无组织方式进入受纳水体引起的水质恶化。

3.3

清水通道　clean-water channel

直接将清水输送到河湖库等地表水体的专用沟渠或管道。

3.4

有机垃圾　organic waste

以有机物为主要成分的生活垃圾，主要包括厨余垃圾、庭院废弃物等。

4　基本原则

4.1　总量控制，分区施策

以流域水环境纳污能力确定农业面源污染排放总量控制目标，以土地承载力确定畜禽养殖规模，控制氮磷化肥投入总量和用水总量。科学划定农业面源污染防控分区，明确各区生产、生活和生态功能定位及防控目标，制订农业面源污染综合防控方案。

4.2　多源协同，系统防治

以流域为单元，统筹考虑种植业、养殖业和农村生活污染排放特征。依据污染治理重点和关键期，系统设计、优化布局，注重各分区间紧密衔接，以最低成本实现最佳治理效果。

4.3　资源节约，清洁生产

推动农业生产、农村生活向资源节约和高效利用方式转变，以最少的化肥、农药、能源和水资源消耗支撑农业农村可持续发展。最大限度减少污染排放，实现生产生活清洁化。

4.4　土地消纳，循环利用

充分发挥土地对农业农村废水、废弃物的消纳和净化功能，避免过度处理。强化氮磷养分资源和水资源的循环利用。

4.5　生态优先，绿色发展

践行“绿水青山就是金山银山”的理念，推行绿色生产生活方式，立足区域资源禀赋、环境要求和产业文化特色，优选经济高效的生态类技术措施，提升生态服务功能。丰富生态产业链，形成一、二、三产融合，生产、生活、生态一体的新格局。

5　防控要求与策略

5.1　防控要求

5.1.1　农业面源污染得到有效治理，水环境质量向好态势基本形成。

5.1.2　农业生产更加清洁，农业农村废弃物循环利用水平明显提高，水肥药利用更加合理高效。

5.1.3 农业生态系统更加稳定，生态服务功能明显提升。

5.1.4 社会满意度明显提高。

5.2 防控策略

5.2.1 根据水域纳污能力计算结果，确定流域农业面源污染物允许排放总量，明确各分区及各类农业源的减排目标；根据土地承载力计算结果，确定畜禽养殖总量。基于上述两方面分析结果，以废弃物资源化利用为基础，确定氮磷化肥投入总量和农业用水总量。

5.2.2 以土地消纳为核心，将农田作为农业农村废水、废弃物等的最终去向，一体化设计粪污处理、秸秆利用、化肥减施增效、节水灌溉和地力提升方案，选择经济高效处理技术，协同高效治理农业面源污染。

5.2.3 以农业废弃物增值利用为导向，根据区域资源禀赋和农耕文化特色，因地制宜创新农业农村废弃物资源化利用路径，丰富生态产业链，促进农业经济发展。

5.2.4 以控水减排为主线，提高流域清水直接入河(湖、库)率，生活、生产定额用水，源头减量。依托库、塘、坝、沟、窖等，沿地势构建废水梯级消纳体系，对农田排水拦截、调蓄、再利用及生态净化。

5.2.5 以生态功能提升为农业面源污染防控内生动力，通过生态沟塘、生态田埂等农田生态建设措施与品种配置、合理轮作等生态保育措施，丰富生物多样性，提高防灾能力，提升农田自净能力。

6 基础调研

6.1 资料收集

包括(但不限于)流域的气象、水文、土地利用类型、社会经济、农业生产等相关基础资料和图件。资料收集内容及要求见附录A的A.1。

6.2 污染源调查

包括(但不限于)流域农业面源污染源种类和分布，污染物产排的数量、方式等。污染源调查内容见A.2。

6.3 现场查勘

包括(但不限于)村庄和养殖场的边界、面积、高程及排水沟道分布，农田沟渠类型、数量、分布及径流流向等。现场查勘内容见A.3。

6.4 流域环境承载力分析

包括水域纳污能力和畜禽粪污土地承载力。其中，水域纳污能力根据GB/T 25173规定的方法计算；畜禽粪污土地承载力根据农业部办公厅农办牧〔2018〕1号规定的方法计算。

7 分区与协同防控

7.1 防控分区

基于流域土地利用类型、生态功能定位，结合径流水质、污染源类型、污染物特征等进行防控分区，宜分为：

a) 林草水源涵养区：一般为自然林/草区，人为干预少，承载涵养水源和生物多样性保护功能，林草覆盖率高，清水产流量大；

b) 坡耕地水土保持区：一般为坡度大于6°(不含6°)的农业用地，承载农产品生产和水土保持功能，季节性干旱现象突出、雨季水土流失严重；

c) 村庄污染控制区：一般为村庄或规模化养殖场，承载农民生活、养殖、少量农业生产及商业服务功能，污染物产生强度高；

d) 农田生态保育区：一般为坡度小于6°(含6°)的农业用地，承载粮、棉、油、蔬菜等农产品的生产功能和生态保育功能，农田水利设施完善、土壤肥沃、产出高效。

7.2 协同防控

根据各分区的功能定位和污染特征，构建分区间衔接、多源协同的云贵高原农业面源污染综合防控体系，技术路线见图1。

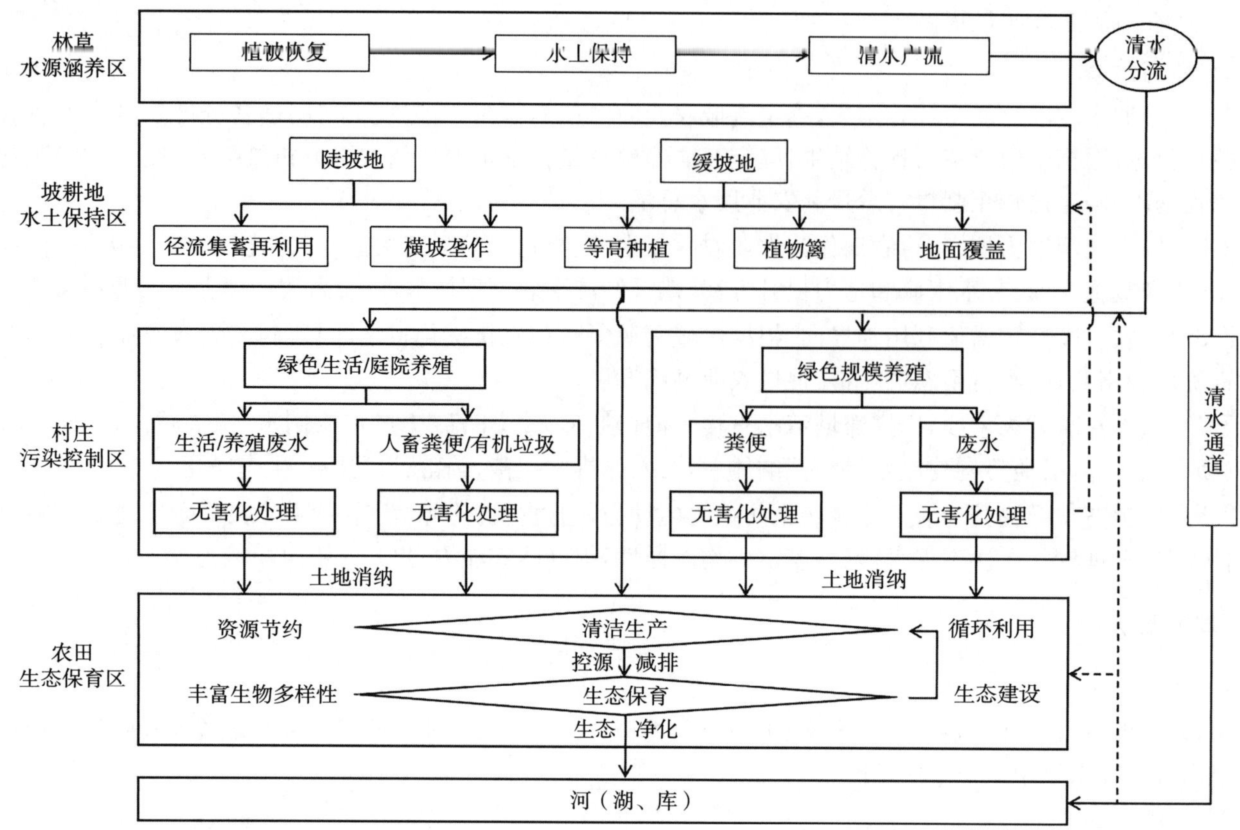

图1 云贵高原农业面源污染综合防控技术路线

a) 林草水源涵养区：提高植被覆盖率，提高清水直接入河（湖，库）率，为流域生产、生活提供水源；

b) 坡耕地水土保持区：推行农艺和工程措施，强化坡耕地径流拦截、集蓄再利用，无害化处理后的废水进行灌溉利用，无害化处理后的畜禽粪便、有机垃圾等进行土地利用；

c) 村庄污染控制区：推行绿色生产、生活方式，强化生活、养殖污染的控源减排措施，生活污水以农田灌溉为目标进行收集处理，人畜粪便、有机垃圾以农田消纳为目标进行收集处理；

d) 农田生态保育区：推行清洁生产技术，强化农田生态建设，无害化处理后的废水进行农田灌溉，无害化处理后的畜禽粪便、有机垃圾等进行土地利用，强化农田排水循环利用。

8 分区防控技术要求

8.1 林草水源涵养区

8.1.1 应限额采伐，宜植树造林、封山育林。

8.1.2 疏林地建设应符合GB/T 26903的规定，郁闭度低于0.2，年近中龄仍未郁闭且林下地表覆盖度小于30%的情况下宜开展植树造林。

8.1.3 经济林郁闭度低于0.2或林下地表覆盖度小于30%的情况下宜林下生草、套种等。

8.1.4 清水除保证流域必需的生产生活外，宜采用清水通道直接输入河（湖、库）。

8.1.5 林草水源涵养区推荐的防控技术见附录B。

8.2 坡耕地水土保持区

8.2.1 大于25°（不含25°）的坡耕地应退耕还林/草。

8.2.2 6°（不含6°）～25°（含25°）的坡耕地，宜采用少免耕、等高种植、横坡种植等农艺措施，有条件的地方可采用坡改梯、植物篱等工程措施。休闲期宜种植绿肥还田，提高植被覆盖率，提升基础地力。

8.2.3 坡耕地集中区域宜利用已有的塘、库、坝等农田水利设施，建设、完善坡耕地集雨窖，依地势进行径流集蓄、再利用。

8.2.4 坡耕地水土保持区推荐的防控技术见附录C。

8.3 村庄污染控制区

8.3.1 宜人畜分离。

8.3.2 流域畜禽养殖总量不应超过畜禽粪污土地承载力，养殖用水不超定额。规模化畜禽养殖应符合当地禁止养殖区、限制养殖区和允许养殖区的划分规定。

8.3.3 有清水流过的村庄，宜在清水入村前采取清水分流措施，提高清水直接入河(湖、库)率。

8.3.4 周边有农田的村庄，村庄污水宜以农田利用为目标进行处理，水质应符合GB 5084的规定；周边无农田的村庄，村庄污水应达到排放要求，污水处理可按照GB/T 37071的规定执行。

8.3.5 分散式人畜粪便应避雨堆储，堆肥还田，避免露天堆放。

8.3.6 规模化养殖场应源头减排，雨污分流，配套与养殖规模相匹配的粪污收集、储存及处理等设施。固体粪便宜采用肥料化、基质化等方式利用，废水宜无害化处理后农田灌溉。

8.3.7 生活垃圾应分类收集，其中有机垃圾宜堆肥后还田利用。有条件的可采用“户分类—村收集—镇转运—县(市)处置”等模式集中处理。

8.3.8 村庄污染控制区推荐的防控技术见附录D。

8.4 农田生态保育区

8.4.1 优化作物布局，合理轮作；强化生态田埂、生态沟塘、生态廊道等建设，丰富生物多样性，提升农田生态功能。

8.4.2 根据水环境敏感性，作物种类、面积及目标产量，基础地力和气候条件等，以废水、废弃物土地消纳为基础，确定氮磷化肥投入总量和农业用水总量。

8.4.3 宜选用肥料深施、水肥一体化、缓控释肥等高效施肥技术，避免撒施和暴雨前施肥。

8.4.4 宜采用绿肥、农作物秸秆、蔬菜废弃物、畜禽粪便、沼渣等有机物料还田，部分替代化肥，提升地力。农作物秸秆综合利用应符合NY/T 3020的规定，蔬菜废弃物堆肥处理应符合NY/T 3441的规定，畜禽粪便和沼渣还田应符合GB/T 25246的规定。

8.4.5 优化灌溉制度，优先利用沼液、符合GB 5084规定的废水，宜选用滴灌、喷灌、水肥一体化等节水灌溉技术，避免大水漫灌。沼液还田宜配套建设田间防渗、安全的储存设施，有条件的可配套管网。

8.4.6 优化沟塘结构及水生生物配置，通过水位管理提升沟塘的调蓄能力和净化功能；宜优先利用沟、塘存蓄的农田排水进行灌溉。

8.4.7 优先采用物理、生物、生态等绿色技术防控病虫草害；应急防治宜选择高效低毒、环境友好型农药，农药使用应符合NY/T 393的规定。

8.4.8 农田生态保育区推荐的防控技术见附录E。

附 录 A
（资料性）
基础调研资料

A.1 资料收集

资料收集内容及要求见表 A.1。

表 A.1 资料收集内容及要求

资料类型	资料内容	资料要求
气象	降水(日)、气温、日照、常年主导风向等	10 年
水文	主要河道的水量、水质、泥沙等	10 年
土地利用类型	林地、草地、农业用地(包括园地、水田、旱地)、居民建设用地(包括道路)、水域(包括水产养殖)等的面积	3 年
社会经济	人口数量(包括流动人口、常住人口)、农户数、农业从业人数，第一、二、三产业产值，农村人均纯收入等	3 年
农业生产	作物种类、播种面积、产量，农田水利条件及灌溉方式，肥料、农药投入情况等；养殖种类、数量，养殖方式等，秸秆利用现状等	3 年
基础图件	行政区划图、土地利用现状图、地形图、水系图、土壤图、发展规划图等	最新版

A.2 污染源调查

污染源调查内容清单见表 A.2。

表 A.2 污染源调查内容清单

污染源类型	调查内容
种植源	主要作物的有机肥、化肥和农药施用情况，耕作方式，播种方式，用水量和灌排方式等
农村生活源	生活用水量、排放量，污水收集、处理和利用情况，生活垃圾收集、处置情况
畜禽养殖源	散养包括畜禽种类和数量，养殖方式，用水量，圈舍条件，清粪方式，粪污堆储、利用现状等；规模养殖场(专业户)包括畜禽种类和数量，用水量，清粪工艺，粪污收集、储存、处理和利用现状等

A.3 现场查勘

现场查勘内容见表 A.3。

表 A.3 现场查勘内容清单

查勘类型	查勘内容
农业用地	主要耕地和园地位置、面积、地形地势，农田沟渠类型、数量、高程、径流方向
畜禽养殖户/场	养殖户/场的地理坐标、高程
村庄	村庄面积、地形地势，住户、道路、沟渠的位置分布
水域	主要水体的位置、面积、水深、出入水口、高程

附 录 B
(资料性)
林草水源涵养区推荐的防控技术

B.1 清水通道技术

B.1.1 采用清水通道直接将清水输送到河(湖、库),提高清水直接入河(湖、库)率,避免清水在输送过程中被污染。

B.1.2 清水通道的过水能力应满足输送 20 年一遇暴雨径流的能力,清水通道的设计应符合 GB 50014 的规定,建设应符合 GB 50288 的规定。

B.1.3 清水通道宜避开村庄、耕地等区域,过村庄时应采用封闭式暗沟或暗管,过农田时通道两岸宜建设乔-灌-草结合的隔离带。

B.2 植被恢复技术

裸露坡面植被恢复应符合 GB/T 38360 的规定,植树造林技术应符合 GB/T 15776 的规定。

附　录　C
（资料性）
坡耕地水土保持区推荐防控技术

C.1　坡耕地径流拦蓄再利用技术

C.1.1　径流拦截技术

C.1.1.1　横坡垄作

C.1.1.1.1　作物起垄方向与坡面方向垂直，大田作物垄高宜为 10 cm～30 cm。

C.1.1.1.2　原有顺坡沟垄改为横坡垄作时，应先翻耕，再横坡起垄种植。

C.1.1.1.3　在土壤黏重地区，从上向下翻土起垄，且垄的方向与等高线的比降宜为 1%～2%。等高/横坡种植技术、横坡垄作技术应按照 GB/T 16453.1 中的规定执行。

C.1.1.2　等高种植

C.1.1.2.1　应沿等高线种植作物，作物的株距和行距可根据作物种类和地形条件确定。

C.1.1.2.2　多雨且土壤黏重地区种植方向宜与等高线呈 1%～2%的比降。

C.1.1.3　等高植物篱

C.1.1.3.1　坡面上沿等高线密植乔-灌-草结合的植物篱带，通过植物篱带对泥沙进行拦截、固化，并逐步形成田坎，坡面自然梯化。

C.1.1.3.2　根据气候、土壤及当地产业特点，宜选择具有一定经济效益、生态效益和景观效益的草灌植物构建植物篱。

C.1.1.3.3　植物株行距应符合 LY/T 1914 中的规定。植物篱带间距宜为 3 m～7 m。

C.1.1.3.4　植物篱宜适时修剪，缺口处应及时补种。

C.1.2　径流集蓄技术

C.1.2.1　径流集蓄设施包括汇流面、集水沟、沉沙池、集水池与含有排水阀的灌溉系统。集水沟、沉沙池的设计和施工应符合 GB/T 16453.4 的规定。

C.1.2.2　坡面径流通过集水沟汇流，经沉沙池进入集水池集蓄、再利用。

C.1.2.3　集水池一般为圆形或矩形的柱状体，容积按公式(C.1)计算。

$$V = A \times P \times R \times 10^{-3} \quad \cdots\cdots (C.1)$$

式中：

V ——集水池容积的数值，单位为立方米(m^3)；

A ——集流坡面面积的数值，单位为平方米(m^2)；

P ——设计暴雨强度的数值，单位为毫米(mm)，按 5 年一遇 24 h 最大降水量取值；

R ——坡耕地径流系数的数值，南方坡耕地宜为 0.15～0.30，北方坡耕地宜为 0.03～0.15；

10^{-3} ——常数，无量纲。

C.1.2.4　集水池设计应符合 GB/T 50596 的规定，施工应符合 GB/T 16453.4 的规定。集水池口宽宜为 40 cm～60 cm，深度宜为 30 cm～40 cm。集水池的顶部应设置进水口和溢洪口，距离集水池底部 30 cm 处设置直通排水阀。

C.1.2.5　每 1 hm^2～1.5 hm^2 汇流面宜建设 1 套径流集蓄设施。

C.1.3　径流再利用技术

C.1.3.1　在坡耕地氮磷流失风险期，宜对径流全部收集，并及时利用该时期的径流进行农田灌溉。雨季结束前集水池宜处于蓄满状态，确保翌年春季作物的播种和保苗用水。

C.1.3.2　集水池蓄水宜通过自流方式灌溉下部农田。有条件的地区可采用滴灌、微喷灌等节水灌溉方式，微喷灌和滴灌系统首部应设置筛网式过滤器；也可通过泵站将蓄水输送至山坡坡面用于灌溉。

附 录 D
（资料性）
村庄污染控制区推荐防控技术

D.1 农村污水收集处理再利用技术

D.1.1 农村污水收集技术

D.1.1.1 纯居民村庄污水收集应符合 CJJ 124 的规定。

D.1.1.2 人畜混居村庄养殖废水和生活污水应分类收集，应符合 CJJ 124 的规定；养殖废水和生活污水难以分开，且村庄具有坡度地势、污水可自流汇集的村庄，可采用排污沟收集混合污水，节约污水收集成本。

D.1.1.3 混合污水收集村庄，在村庄排水口处采用污水分流措施，将冲圈、厨房等排污时段及单场降水小于 30 mm 的混合污水全部收集，其余径流可直接排入下游农田沟塘。

D.1.1.4 有过村清水的人畜混居村庄，宜在清水进村前采用清水分流措施进行清水分流，减少过村清水量。

D.1.2 农村污水分时均化生物处理技术

D.1.2.1 分时均化可用于农村混合污水分散式处理，出水水质符合 GB 5084 的要求。

D.1.2.2 完整处理设施宜由格栅、溢流调节池、厌氧生物滤池、均化调节池和稳定塘等单元组成。

D.1.2.3 厌氧生物滤池的平面形状宜采用矩形，下层为厌氧池，上层为生物滤层。填料应质坚、耐腐蚀、高强度、比表面积大、孔隙率高，适合就地取材，宜采用火山岩、汽块砖、炉渣、焦炭、碎石等无机填料。

D.1.2.4 厌氧生物滤池水力负荷以滤池面积负荷计，宜为 $2.0\ m^3/(m^2 \cdot d) \sim 4.0\ m^3/(m^2 \cdot d)$。

D.1.3 农村生活污水组合式复合生物滤池处理技术

D.1.3.1 组合式复合生物滤池可用于农村生活污水集中式处理。

D.1.3.2 完整处理设施宜由格栅、调节池、组合式复合生物滤池、中间池和人工湿地等单元组成。

D.1.3.3 生物滤池的平面形状宜采用矩形。填料应质坚、耐腐蚀、高强度、比表面积大、孔隙率高，适合就地取材，宜采用火山岩、汽块砖、炉渣、焦炭、碎石等无机填料。布水装置可采用固定布水器。

D.1.3.4 生物滤池水力负荷以滤池面积负荷计，宜为 $4.0\ m^3/(m^2 \cdot d) \sim 6.0\ m^3/(m^2 \cdot d)$；五日生化需氧量容积负荷以填料体积计，宜为 $0.25\ kg/(m^3 \cdot d) \sim 0.50\ kg/(m^3 \cdot d)$。

D.1.3.5 人工湿地水力负荷宜为 $0.30\ m^3/(m^2 \cdot d) \sim 0.50\ m^3/(m^2 \cdot d)$。人工湿地填料可采用除磷型多孔填料，粒径 20 mm ～ 30 mm，填充高度宜为 0.75 m ～ 1.50 m。

D.1.4 农村生活污水资源化利用技术

D.1.4.1 处理后水质符合 GB 5084 规定的污水可灌溉农田。

D.1.4.2 宜根据无害化处理后的污水量和灌溉需求，配套相应容积的储水设施，坡耕地区可结合 C.1 中的坡耕地径流拦蓄再利用技术，农田区可结合 E.2.2 中的农田排水调蓄再利用技术。

D.2 生活垃圾收集处理技术

按照有机垃圾和无机垃圾分类收集处理，具体要求按照 HJ 574 中的规定执行。

D.3 散养畜禽粪污收集处理技术

D.3.1 生态圈舍改造技术

D.3.1.1 圈舍宜增加干湿分离设施、废水收集池和粪便堆储设施，并配套避雨设施。

D.3.1.2 粪便堆储设施底部宜铺设漏缝板，与饲草联合使用，保证其透水性。

D.3.1.3 粪便堆储设施容积及建设要求可按照 GB/T 27622 的规定执行。

D.3.1.4 废水收集池容积及建设要求可按照 GB/T 26624 的规定执行。

D.3.2 分散养殖畜禽粪便收集堆储技术

D.3.2.1 散养畜禽粪便宜统一收集，收集站建设应符合 NY/T 3670 的要求。

D.3.2.2 无条件集中收集的，可利用生态圈舍堆储；无生态圈舍的，宜就近建设避雨堆储设施。

D.3.2.3 堆储过程中宜采用秸秆等有机物料调节 C/N 和含水率，C/N 宜为 20～40，含水率宜为 45%～65%；可加入适量普钙、微生物菌种等促进发酵。

D.4 规模化养殖粪污处理技术

D.4.1 规模化畜禽养殖场源头减排技术

D.4.1.1 养殖场应雨污分流，配套建设污水收集系统及固体粪便、污水储(暂)存设施，固体粪便储存设施建设要求按照 GB/T 27622 的规定执行，污水储存设施建设要求按照 GB/T 26624 的规定执行。

D.4.1.2 养殖场应根据养殖品种和养殖阶段，进行饲料合理配置、精准饲喂，约束营养素上限水平，提高饲料利用率，避免饲料过量供给和减少污染物的排出量。

D.4.1.3 养殖场应采取节水饲养工艺及工程配套措施，实现污染源头减量。

D.4.1.4 应选择节水型饮水设备和清洗消毒设备，控制用水量。

D.4.1.5 宜采用自动降温系统控制用水，根据舍内温度及畜禽生理需求适时启动。

D.4.1.6 清粪宜采用干清粪，在确需冲洗时，宜用高压水枪进行冲洗，减少用水量。

D.4.1.7 奶牛场宜合理设计挤奶厅排水管道和路线，挤奶厅污水经适当处理后可回用。

D.4.2 规模化畜禽养殖场污水/粪污无害化处理技术

D.4.2.1 养殖污水或全量粪污宜采用氧化塘、厌氧发酵、发酵床等工艺进行无害化处理。

D.4.2.2 采用氧化塘处理时，塘容积 V_1 可按公式(D.1)计算，并应满足防渗要求。

$$V_1 > Y \times T \times N \quad \text{(D.1)}$$

式中：

V_1——氧化塘容积的数值，单位为立方米(m^3)；

Y——单位畜禽日粪污产生量的数值，单位为立方米每天每头[m^3/(d·头)]；

T——储存周期的数值，单位为天(d)；

N——设计存栏数的数值，单位为头。

D.4.2.3 采用厌氧发酵处理时，宜采用完全混合式厌氧反应器(CSTR)、上流式厌氧污泥床反应器(UASB)等工艺，配套调节池、厌氧发酵罐、储气设施、沼渣沼液储存池等设施设备。沼气工程相关建设要求应符合 NY/T 1222 的规定，并防火防爆。沼液应采用防渗、密封设施储存，防止泄露流失，减少氨挥发、甲烷排放；储存设施应符合 NY/T 1220.1 的规定，沼液储存设施容积应充分考虑沼液产生、利用规律和安全施用储存时间。

D.4.2.4 猪场发酵床技术可按照 NY/T 3048 的规定执行。采用异位发酵床处理时，每头存栏生猪粪污暂存池容积不小于 0.2 m^3，发酵床建设面积不小于 0.2 m^2，并有防渗防雨功能，配套搅拌设施。冬季温度较低时，异位发酵床宜增加保温措施。

D.4.3 畜禽粪便无害化处理技术

规模养殖场干清粪或固液分离后的固体粪便宜采用堆肥、沤肥等方式进行处理。畜禽粪便堆肥应符合 NY/T 3442 的规定。

D.5 畜禽粪污利用技术

D.5.1 畜禽粪便食用菌基质化利用技术

D.5.1.1　畜禽粪便可用于双孢蘑菇、巴西蘑菇等草腐菌的基质制备。

D.5.1.2　畜禽粪便、农作物秸秆等原料应符合 NY/T 1935 的规定，用水应符合 GB 5084 的规定。

D.5.1.3　畜禽粪便应充分晾晒或干燥后粉碎；农作物秸秆宜充分晾晒，长度宜控制在 5 cm～30 cm，秸秆应充分预湿。

D.5.1.4　应根据栽培食用菌种类及畜禽粪便类型，选择适宜配方进行合理配比、充分混匀，混合原料含水量宜为 70%～75%，C/N 宜为 28～33，pH 宜为 7.5～8.5。

D.5.1.5　应根据食用菌种类、生产条件等确定原料发酵工艺，所有类型畜禽粪便类基质生产均应进行一次发酵，双孢蘑菇、巴西蘑菇和草菇基质生产宜进行二次发酵，有条件的可进行三次发酵。原料发酵应全面、均匀、彻底。

D.5.1.6　应根据食用菌种类、生产规模和条件等，配套原料储存、预处理、发酵及辅助生产设施设备。

D.5.2　粪污还田利用技术

D.5.2.1　规模化养殖场或第三方处理中心应配套足够种植土地面积进行粪污消纳，宜根据施用规律在消纳区域建设防渗安全储存设施。

D.5.2.2　粪便无害化处理后的堆肥、沤肥、沼肥、肥水等进行还田利用时，依据农业部办公厅农办牧〔2018〕1 号合理确定配套农田面积，并按 GB/T 25246 的规定执行。

D.5.2.3　沼液肥的技术指标和限量指标应符合 NY/T 2596 的规定，可通过吸污车、施肥罐车或管道将沼液输送至用肥地点。沼液还田可采用基肥或追肥形式施用，基肥宜采用农田灌溉，追肥宜采用喷施、农田灌溉、水肥一体化等。沼液用于灌溉、生产水溶肥和浓缩肥可按照 NY/T 2374 的规定执行。

附 录 E
（资料性）
农田生态保育区推荐防控技术

E.1 农田清洁生产技术

E.1.1 农田氮磷控源技术

E.1.1.1 根据作物目标产量、土壤基础地力、水环境敏感性，优化氮磷施肥量。各种农作物氮磷施肥量可按照 NY/T 2911 规定的方法确定。

E.1.1.2 优先利用农业源及生活源有机物料，部分替代化肥。

E.1.1.3 畜禽粪便还田应符合 GB/T 25246 的规定，作物秸秆还田应符合 NY/T 3020 的规定。

E.1.1.4 绿肥宜翻压还田，品种宜选择紫云英、光叶紫花苕、苜蓿、三叶草等，还田量宜为22.5 t/hm^2～30.0 t/hm^2（鲜重），翻压深度宜为 10 cm～20 cm。

E.1.1.5 氮磷化肥施用量 F 按公式（E.1）计算。

$$F = B - W \times C \tag{E.1}$$

式中：

F ——氮/磷化肥施用量的数值，单位为千克（kg）；

B ——作物优化氮/磷施用量的数值，单位为千克（kg）；

W ——有机物料用量（干基）的数值，单位为千克（kg）；

C ——有机物料氮/磷含量的数值，单位为百分号（%）。

E.1.2 节水减排技术

用水按照定额量，采用滴灌、喷灌等灌溉工程时，技术应符合 GB/T 50363 的规定。水肥一体化技术应符合 NY/T 2624 的规定。

E.1.3 病虫草害绿色防控技术

E.1.3.1 生物防控：以虫治虫、以螨治螨、以菌治虫、以菌治菌，采用植物源农药、农用抗生素、植物诱抗剂等生物生化制剂防治农作物害虫。

E.1.3.2 物理防控：采用昆虫信息素、植物诱控、食饵诱杀、杀虫灯、诱虫板、防虫网阻隔和银灰膜驱避害虫等技术防治农作物害虫。

E.1.3.3 生态防控：推广抗病虫品种、优化作物布局、培育健康种苗、改善水肥管理等健康栽培措施，结合农田生态工程、果园生草覆盖、作物间套种、天敌诱集带等生物多样性调控与自然天敌保护利用等，增强作物抗病虫能力。

E.1.3.4 农药使用应符合 NY/T 393 的规定。

E.1.4 农药包装废弃物安全回收技术

E.1.4.1 农药包装废弃物应全部回收，不应与其他废弃物混合存放，收集储存设施建设应符合 NY/T 3666 的规定。

E.1.4.2 回收的农药包装废弃物应及时处置，储存时间不宜超过 1 年。农药包装废弃物的处置应符合国家和地方环境保护要求，防止污染环境。

E.2 农田生态保育技术

E.2.1 农田生物多样性提升技术

E.2.1.1 宜对农田系统内的各生态单元(包括田埂、道路、堤岸等)植物的种类、结构及时空布局优化配置,提升农田系统的物种丰富度和生物多样性。

E.2.1.2 田埂宜为土埂,宽度大于 30 cm 的田埂宜种植具有经济及显花、蜜源等其他功能的乡土草本植物。

E.2.1.3 宽度大于 3 m 的田间道路(包括机耕路)及河道堤岸宜采取生态廊道措施,生态廊道宜采用乔灌草结合,且冠层交错搭配,植物优选具有景观、经济及易养护的乡土品种。

E.2.1.4 可因地制宜发展稻鱼、稻鸭、稻蟹等共生技术模式,应符合 SC/T 1135.1 的规定。

E.2.2 农田排水调蓄再利用技术

E.2.2.1 系统整理、连通农田内部沟、塘,提高沟塘集蓄能力,根据高差配置调蓄闸门调节,优化配置水生动植物,强化沟塘的净化能力。

E.2.2.2 塘选址宜结合地形和农田分布,充分利用地势,通过自然落差强化农田排水重复利用。塘容积 V_2按公式(E.2)计算。

$$V_2 = A_1 \times D \quad\cdots\cdots\cdots\cdots (E.2)$$

式中:

V_2——塘容积的数值,单位为立方米(m^3);

A_1——汇水农田面积的数值,单位为公顷(hm^2);

D——每公顷农田排水量的数值,单位为立方米每公顷(m^3/hm^2),D 不小于 450 m^3/hm^2。

E.2.3 农田排水生态净化技术

E.2.3.1 农田排水生态净化技术包括生态沟、生态塘、湿地和植被过滤带等,也可根据实地情况组合实施。

E.2.3.2 生态沟宜由沉淀区、水生植物段和水位控制设施等构成,可选择添加格栅和复合填料模块,边坡稳定且具透水性,总氮面积负荷不宜大于 8.0 g/(m^2·d),总磷面积负荷不宜大于 1.0 g/(m^2·d)。

E.2.3.3 生态塘宜由单个兼性塘或由兼性塘、好氧塘、水生植物塘等多类型塘串联组合而成,塘包括护岸、导流设施、水生生物配置、水位控制设施等,边坡稳定且具透水性,兼性塘水深宜为 1.0 m ~ 2.0 m,好氧塘、水生植物塘水深宜为 0.5 m~1.0 m。总氮面积负荷不宜大于 8.0 g/(m^2·d),总磷面积负荷不宜大于 1.0 g/(m^2·d)。

E.2.3.4 湿地一般分为沉淀区和主体区两部分,沉淀区一般占总面积 20%~30%,水深宜为 1 m~1.5 m,主体区一般占总面积 70%~80%,水深宜为 0.2 m~0.5 m,宜适当设置强化氮磷处理措施。总氮面积负荷不宜大于2.4 g/(m^2·d),总磷面积负荷不宜大于0.3 g/(m^2·d)。湿地设计应符合 HJ 2005 的要求。

E.2.3.5 农田植被过滤带主要为草本和灌木组成的植物带,宽度宜大于 3 m。

E.2.3.6 各生态净化设施水生植物宜选择具有经济性、景观性的乡土植物品种。

E.2.3.7 沟、塘、湿地应结构稳定,正常行洪、灌排水,并定期维护,及时收割与回用植物。

ICS 13.080.01
CCS B 11

中华人民共和国农业行业标准

NY/T 3822—2020

稻田面源污染防控技术规范 稻蟹共生

Technical specification for nonpoint source pollution control—Rice-crab co-culture

2020-11-12 发布　　　　2021-04-01 实施

中华人民共和国农业农村部　发布

前　言

本文件按照 GB/T 1.1—2020《标准化工作导则　第 1 部分：标准化文件的结构和起草规则》的规定起草。

本文件由农业农村部科技教育司提出并归口。

本文件起草单位：中国农业科学院农业资源与农业区划研究所、辽宁省农业科学院植物营养与环境资源研究所、中国农业大学水利与土木工程学院、湖北省农业科学院植保土肥研究所、长江大学农学院、中国科学院精密测量科学与技术创新研究院、上海交通大学农业与生物学院、云南省农业科学院农业环境资源研究所、辽宁省农业科学院植物保护研究所、辽宁省盘山县现代农业生产基地发展服务中心。

本文件主要起草人：刘宏斌、牛世伟、孙文涛、张鑫、徐嘉翼、王娜、王洪媛、翟丽梅、雷秋良、张富林、潘君廷、范先鹏、朱建强、宫亮、耿宇聪、段娜、张亮、李旭东、胡万里、陈安强、郭树芳、孙富余、于永清。

稻田面源污染防控技术规范　稻蟹共生

1　范围

本文件规定了稻蟹共生防控稻田面源污染的基本原则、田间工程、污染控制。

本文件适用于利用稻蟹共生防控稻田面源污染。

2　规范性引用文件

下列文件中的内容通过文中的规范性引用而构成本文件不可少的条款。其中，注日期的引用文件，仅该日期对应的版本适用于本文件；不注日期的引用文件，其最新版本（包括所有的修改单）适用于本文件。

GB 3095　环境空气质量标准

GB 5084　农田灌溉水质标准

GB/T 8321（所有部分）　农药合理使用准则

GB 15618　土壤环境质量　农用地土壤污染风险管控标准（试行）

GB/T 26435　中华绒螯蟹　亲蟹、苗种

GB 50288　灌溉与排水工程设计标准

NY/T 496　肥料合理使用准则　通则

SC/T 1078　中华绒螯蟹配合饲料

SC/T 1111　河蟹养殖质量安全管理技术规程

SC/T 1135.1　稻渔综合种养技术规范　通则

3　术语和定义

下列术语和定义适用于本文件。

3.1

稻蟹共生　Rice-crab co-culture

在水稻生长的同时，利用稻田水层放养河蟹，形成稻、蟹互惠互利的种养模式。

3.2

稻田面源污染　nonpoint source pollution from paddy fields

受水力驱动或人为排放，稻田氮、磷等污染物以随机、分散、无组织方式进入受纳水体引起的水质恶化。

4　基本原则

4.1　生态优先

基于生态学原理，增加稻田物种丰富度，绿色防控病虫草害，改善稻田土壤质量，提升稻田生态服务功能，促进农业可持续发展。

4.2　资源节约

注重节约化肥、农药、饵料等生产资料，有效利用水稻秸秆和稻田排水，实行控肥、控水、控药，达到资源节约与高效利用。

4.3　稳粮增效

保证水稻有效种植面积，保护稻田土壤耕作层，稳定水稻产量，提高水稻品质，增加稻田多元化产出，提高经济和生态等综合效益。

5 田间工程

5.1 稻田环境

土壤环境质量应符合 GB 15618 的规定，灌溉水质应符合 GB 5084 的规定，环境空气质量应符合 GB 3095 的规定。不应选用漏水漏肥的稻田。

5.2 共生单元

面积不宜小于 0.5 hm^2，宜由多个田块和多条灌排沟渠组成。可在共生单元内挖条形或环形的养殖沟，沟坑占比应符合 SC/T 1135.1 的规定。

5.3 沟渠

灌排沟渠建设应符合 GB 50288 的规定。排水沟宜采用土质明沟，沟渠内草类自然衍生，宜在灌排沟渠两侧种植低矮密生经济作物，如大豆、赤豆等。

5.4 田埂

共生单元四周田埂应夯实稳固，田埂高 50 cm～70 cm，顶宽宜大于 50 cm，内坡比为 1∶1。田块田埂高 50 cm～60 cm，底宽 80 cm～90 cm、顶宽宜大于 30 cm。

5.5 防逃设施

共生单元四周应修建高 50 cm～70 cm 防逃围墙，宜选用耐老化聚乙烯薄膜，也可选择玻璃钢板、钙塑板、雪花板等表面光滑板材。在薄膜或其他板材外侧每隔 50 cm～80 cm 用 75 cm～80 cm 竹竿或木桩作桩，围墙底部埋深 15 cm～20 cm，拐角处应成弧形，形成全封闭稍向内倾斜的防逃围墙。在进水口和排水口处包裹双层尼龙网或铁丝网，网片孔径根据放养蟹苗的规格而定，以不能出逃为宜。

6 污染控制

6.1 控肥

6.1.1 氮磷减量

与同等条件下水稻单作相比，单位面积氮磷化肥施用量宜平均减少 10%以上。

6.1.2 肥料选择与优化

肥料使用应符合 NY/T 496 的规定。不宜选用铵态氮类肥料。

宜选用秸秆还田、有机无机配施、缓控释肥料等。秸秆还田 5 年以上地块，磷肥用量宜减少 10%～15%；施用有机肥时，有机肥氮占比宜为 20%～30%；施用缓控释肥料时，氮肥用量宜减少 10%～20%。

6.1.3 耕作与施肥

宜结合翻耕秸秆还田或有机肥还田，将所有肥料一次性均匀深施 10 cm～15 cm 后旋地耙田。北方冷凉地区宜在春季土壤表层 10 cm～15 cm 冻融交替时作业。稻蟹共生期间不宜追肥。

6.2 控水

6.2.1 水位

泡田水位宜为 3 cm～5 cm。泡田 2 d～3 d 后进行水耙搅浆作业。水稻插秧 5 d～7 d 后，应保持田面水位至 5 cm～10 cm，即可投放暂养后的蟹苗，蟹苗暂养管理见附录 A。不应排放泡田水。

水稻分蘖期时，随着水温升高调整田面水位至 15 cm～20 cm。水稻黄熟期时，减少灌溉并保持水位至 5 cm～10 cm。河蟹捕获后，不再灌溉，自然落干。稻蟹共生期间，不应排水。

6.2.2 水质

田面水溶解氧宜≥3 mg/L，田面水氨浓度≤1 mg/L，pH 为 7.0～8.5。pH 小于 7.0 时，可用生石灰调节。

6.2.3 排水利用

宜优先利用沟、渠、塘、洼地等蓄存的稻田排水进行循环灌溉。

6.3 减药

水稻秧苗密度宜为每公顷16.8万穴～22.5万穴。宜采用每隔5行～12行空半行或一行比空插秧，也可采用40 cm：20 cm宽窄行插秧，增加河蟹活动空间，利用河蟹田间除草，不宜施用化学除草剂。与同等条件下水稻单作相比，单位面积农药施用量宜平均减少30%以上。

优先应用生态调控、农业措施、物理防治、生物农药、化学诱控等综合手段防治病虫害，视情况结合化学农药进行防治。化学与生物农药施用应符合GB/T 8321的规定。

6.4 合理投喂

蟹苗放养密度为每公顷6 000只～9 000只。放养初期，每日傍晚投饵，单位面积投饵量宜为河蟹总重的3%～5%；育肥期，每日早晚可各投饵1次，投饵量视前次饵料剩余情况调整，并适时捕获成蟹。河蟹养殖质量管理应符合SC/T 1111的规定。

附 录 A
（资料性）
蟹苗暂养管理

A.1 蟹苗选择

应选择规格整齐、体质健壮、附肢齐全、无病无伤、接续生长形态明显的一龄幼蟹，蟹苗规格以每千克100只～200只为宜，剔除性早熟蟹苗。蟹苗应符合GB/T 26435的规定。

A.2 暂养场地

宜选择有水源保障并靠近稻蟹共生单元且相对封闭的坑塘、湿地、稻田或沟渠等场所，防逃设施建设应符合5.5中的相关规定，并满足下列要求：

a） 暂养坑塘（湿地或沟渠）与共生单元面积比1∶（10～15），暂养密度宜为每公顷6.0万只～13.5万只，水深宜为0.6 m～1.5 m。

b） 暂养稻田与共生单元面积比1∶（8～10），暂养密度宜为每公顷5.0万只～9.0万只，水深宜为0.2 m～0.4 m。

A.3 暂养时期

2月中下旬至5月中下旬，水温达到8℃即可暂养。在暂养前，用3%～4%的食盐水浸泡蟹苗，消毒3 min～5 min 。暂养时长视稻蟹共生情况而定，应至少保证蟹苗蜕壳1次以上。

A.4 饲喂管控

每日巡查，傍晚投饲1次，投饲量以河蟹总重0.5%～3.0%为宜。饲料质量应符合SC/T 1078的规定。

ICS 13.080.01
CCS B 11

中华人民共和国农业行业标准

NY/T 3823—2020

田沟塘协同防控农田面源污染技术规范

Technical specification for prevention and control of agricultural non-point source pollution by field-ditch-pond coordinated regulation

2020-11-12 发布　　2021-04-01 实施

中华人民共和国农业农村部 发布

前　　言

本文件按照 GB/T 1.1—2020《标准化工作导则　第 1 部分:标准化文件的结构和起草规则》的规定起草。

本文件由农业农村部科技教育司提出并归口。

本文件起草单位:中国农业科学院农业资源与农业区划研究所、中国科学院精密测量科学与技术创新研究院、云南省农业科学院农业环境资源研究所、上海交通大学、辽宁省农业科学院植物营养与环境资源研究所、湖北省农业科学院植保土肥研究所、内蒙古自治区农村生态能源环保站、中国农业大学、河北农业大学、江西省农业科学院土壤肥料与资源环境研究所、四川省农业科学院土壤肥料研究所、湖南省农业环境生态研究所、巴彦淖尔市农业环境保护能源监察站、宁夏农林科学院农业资源与环境研究所。

本文件主要起草人:刘宏斌、张亮、李思思、庄艳华、翟丽梅、陈安强、潘君廷、李旭东、牛世伟、胡万里、范先鹏、张富林、王洪媛、张雷、段娜、李文超、王娜、夏颖、郭树芳、耿宇聪、付斌、何小娟、徐昌旭、张奇、李尝君、白永泉、张学军。

田沟塘协同防控农田面源污染技术规范

1 范围

本文件规定了田沟塘协同防控农田面源污染技术的总体设计、田沟塘设计、设备、运行规则与管理维护的要求。

本文件适用于利用田沟塘协同防控平原水网区及平原灌区的农田面源污染。

2 规范性引用文件

下列文件中的内容通过文中的规范性引用而构成本文件必不可少的条款。其中,注日期的引用文件,仅该日期对应的版本适用于本文件;不注日期的引用文件,其最新版本(包括所有的修改单)适用于本文件。

GB/T 30600 高标准农田建设 通则

GB 50288 灌溉与排水工程设计标准

3 术语和定义

下列术语和定义适用于本文件。

3.1

农田面源污染 agricultural non-point source pollution

农田氮、磷等营养盐及其他污染物受水力驱动以随机、分散、无组织方式进入受纳水体引起的水质恶化。

3.2

调控单元 coordinated regulation unit

由一定配比的田、沟和塘组成,可一体化实现调、蓄、灌、排,是农田面源污染协同防控的基本单位。

注:无塘区域也可由田、沟组成调控单元。

3.3

风险期 critical period

农田土壤或田面水中氮、磷含量较高且易流失的时段。

注:水田风险期通常在施肥后1周~2周内及泡田期;旱地风险期通常在施肥后1周~2周内及作物生长早期植被覆盖状况差的阶段。

4 总体设计

4.1 应掌握防控区域田、沟、塘、洼地的平面布局及结构参数,明确农作物布局、水肥管理措施、灌排设施设备及分布等。因地制宜划分调控单元,一个或多个均可。

4.2 调控单元组成如图1所示。调控单元内田、沟、塘应一体化水力连通,满足调、蓄、灌、排要求。

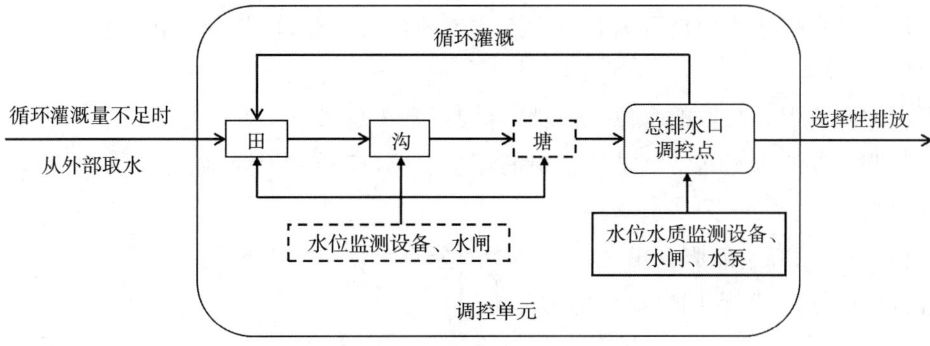

图1 典型调控单元组成示意图

4.3 可在农田排水口、沟与沟交汇处、沟与塘交汇处等安装水位监测设备和水闸。

4.4 调控点应设在总排水口处(末级塘或末级沟尾端),配置水位监测设备、水闸和水泵。可在调控点配置水质监测设备。

4.5 可在总排水口处设置应急溢流通道。

5 田沟塘设计

5.1 田

5.1.1 应具有独立的灌溉和排水系统,宜管灌沟排。

5.1.2 土地平整、农田防护与生态环境保持等应符合 GB/T 30600 的规定。

5.1.3 水田田埂高度不宜低于 25 cm。

5.2 沟、塘

5.2.1 宜利用总排水口调控点的水闸和水泵,一体化调控单元内沟、塘水位和库容。沟、塘的调蓄容积计算方法见附录 A。

5.2.2 调控单元内沟塘联合可调蓄的农田排水深按公式(1)计算,不应低于 30 mm。

$$H_F=(V_{D,T}+V_{P,T})\times 1000/S_{F,T} \qquad (1)$$

式中:

H_F ——调控单元内沟塘联合可调蓄的农田排水深的数值,单位为毫米(mm);

$V_{D,T}$ ——调控单元内沟的调蓄容积总量的数值,单位为立方米(m^3);

$V_{P,T}$ ——调控单元内塘的调蓄容积总量的数值,单位为立方米(m^3);

$S_{F,T}$ ——调控单元内农田总面积的数值,单位为平方米(m^2)。

5.2.3 沟、塘应具备的调蓄容积总量不足时,可对沟、塘面积或深度进行改造,可改造洼地为塘,也可利用水闸提高沟、塘可调节的最高安全水位。

5.2.4 沟、塘可采取适当的边坡、底部改造和植物配置等生态强化措施,但设施设备及植物等配置不应影响调蓄和行洪安全。

5.2.5 应设置安全警示设施。

6 设备

6.1 水位监测可采用水位尺或自动监测设备。

6.2 水质监测可采用自动监测设备或人工/自动取样与实验室分析相结合。

6.3 水闸可选择手动式或自动式,自动式应具备手动切换功能。

6.4 应依据取水量及取水距离选择适宜流量与扬程的水泵。

7 运行规则

7.1 调蓄规则

7.1.1 宜在农作物耐淹耐渍能力范围内充分发挥农田的蓄水功能,应按照 GB 50288 确定农作物的耐淹水深和耐淹历时。

7.1.2 可利用水闸调节田、沟、塘的水位,优化联合调蓄容积总量。

7.1.3 总排水口调控点的水闸通常宜维持在最高安全水位,充分利用沟、塘存蓄农田排水,减少外排。

7.2 循环利用规则

7.2.1 应优先利用沟、塘存水灌溉农田,实现氮、磷养分及水资源的循环利用。

7.2.2 不具备自流条件时,可利用水泵抽提循环利用。

7.3 排放规则

7.3.1 作物种类较为单一的调控单元,可按风险期判断是否选择性提前外排:

a) 风险期内,可依据预期农田排水深计算总排水口的目标水位(计算方法见附录B)。当总排水口水位高于目标水位时,宜提前外排沟、塘存水直至总排水口达到目标水位,并将调控点水闸恢复至最高安全水位处,拦蓄农田排水。沟、塘蓄满后,可从总排水口溢流外排。

注:提前外排前1周内,若发生过风险期农田排水,不宜提前外排。并且,提前外排后的1周内,若再遇农田排水,不宜再次提前外排。

b) 非风险期内,宜在农田排水蓄满沟、塘后,从总排水口溢流外排。

7.3.2 作物种类多样的调控单元,可依据总排水口水质监测结果判断是否选择性提前外排:

a) 总排水口水质相对良好时,可依据预期农田排水深计算总排水口的目标水位。当总排水口水位高于目标水位时,宜提前外排沟、塘存水直至总排水口达到目标水位,并将调控点水闸恢复至最高安全水位处,拦蓄农田排水。沟、塘蓄满后,可从总排水口溢流外排。

b) 总排水口水质相对较差时,宜在农田排水蓄满沟、塘后,从总排水口溢流外排。

7.3.3 不具备自流条件时,可利用水泵抽提排放。

8 管理维护

8.1 应建立风险预案及设施设备巡查制度,及时处理异常和故障。

8.2 应建立运行记录档案管理制度,定期采集运行效果数据,包括(但不限于)水量和水质监测。

8.3 宜适时对沟、塘进行清淤,对枯萎植物、垃圾等进行清理,对挺水植物进行刈割,并妥善处理。

附　录　A
（资料性）
沟、塘的调蓄容积计算方法

A.1　沟的调蓄容积计算方法

可将沟横截面简化为梯形，调蓄容积按公式（A.1）计算。

$$V_D = L_D \times (H_{D,\max} - H_{D,\min}) \times (W_{D,\max} + W_{D,\min}) / 2 \quad \text{(A.1)}$$

式中：

V_D ——沟调蓄容积的数值，单位为立方米（m^3）；

L_D ——沟长度的数值，单位为米（m）；

$H_{D,\max}$ ——沟可调节最高安全水位的数值，单位为米（m）；

$H_{D,\min}$ ——沟可调节最低水位的数值，单位为米（m）；

$W_{D,\max}$ ——沟最高安全水位时水面宽度的数值，单位为米（m）；

$W_{D,\min}$ ——沟最低水位时水面宽度的数值，单位为米（m）。

A.2　塘的调蓄容积计算方法

可将塘简化为梯形台，调蓄容积按公式（A.2）计算。

$$V_P = (H_{P,\max} - H_{P,\min}) \times (S_{P,\max} + S_{P,\min} + \sqrt{S_{P,\max} \times S_{P,\min}}) / 3 \quad \text{(A.2)}$$

式中：

V_P ——塘调蓄容积的数值，单位为立方米（m^3）；

$H_{P,\max}$ ——塘可调节最高安全水位的数值，单位为米（m）；

$H_{P,\min}$ ——塘可调节最低水位的数值，单位为米（m）；

$S_{P,\max}$ ——塘最高安全水位时水面面积的数值，单位为平方米（m^2）；

$S_{P,\min}$ ——塘最低水位时水面面积的数值，单位为平方米（m^2）。

附 录 B
(资料性)
目标水位计算方法

B.1 总排水口目标水位按公式(B.1)计算。

$$H = H_{min} + (H_{max} - H_{min}) \times a \qquad (B.1)$$

式中:

H ——目标水位的数值,单位为米(m);

H_{min} ——可调节最低水位的数值,单位为米(m);

H_{max} ——可调节最高安全水位的数值,单位为米(m);

a ——水位系数的数值,在 0～1 取值。

B.2 依据调控单元塘与沟的面积比(Z)查找表 B.1 中数值最接近的列,然后依据估算的预期农田排水深与沟塘联合可调蓄农田排水深的比值(D)查找数值最接近的行对应的水位系数(a)。

表 B.1 水位系数(a)速查表

D	a
0	1.00
0.10	0.92～0.94
0.20	0.84～0.88
0.30	0.76～0.81
0.40	0.67～0.74
0.50	0.58～0.66
0.60	0.49～0.58
0.70	0.37～0.48
0.80	0.26～0.38
0.90	0.13～0.23
≥1.0	0

示例:

一个沟塘联合可调蓄农田排水深为 50 mm 的调控单元,总排水口设置在末级塘,其可调节的最高安全水位为 1.50 m,可调节的最低水位为 0.10 m。估算的预期农田排水深为 30 mm,可计算 D = 30/50 = 0.60,查表 B.1 水位系数 a 在 0.49～0.58。如:水位系数 a 取值为 0.54。按公式(B.1)计算总排水口目标水位为 0.10+(1.50－0.10)×0.54＝0.86 m。则利用调控点的水闸或水泵,调节总排水口(即末级塘)水位至目标水位 0.86 m,让调控单元内其余塘和沟自流排水至相应水位。若调控前总排水口的水位已经小于或等于目标水位,则无需排水。

ICS 13.080.01
CCS B 11

中华人民共和国农业行业标准

NY/T 3824—2020

流域农业面源污染监测技术规范

Technical specification for agricultural non-point source pollution monitoring at the watershed scale

2020-11-12 发布 2021-04-01 实施

中华人民共和国农业农村部 发布

前　　言

本文件按照 GB/T 1.1—2020《标准化工作导则　第 1 部分：标准化文件的结构和起草规则》的规定起草。

本文件由农业农村部科技教育司提出并归口。

本文件起草单位：中国农业科学院农业资源与农业区划研究所、河北农业大学资源与环境科学学院、云南农业科学院农业环境资源研究所、中国科学院精密测量科学与技术创新研究院、北京农业质量标准与检测技术研究中心、中国科学院成都山地灾害与环境研究所、上海交通大学农业与生物学院、湖北省农业科学院植保土肥研究所、黑龙江省农业科学院土壤肥料与环境资源研究所、中国热带农业科学院环境与植物保护研究所、辽宁省农业科学院植物营养与环境资源研究所。

本文件主要起草人：刘宏斌、李文超、翟丽梅、雷秋良、何玘霜、闫铁柱、朱波、王玉峰、张亮、胡万里、李旭东、范先鹏、陈淼、汪涛、李思思、李影、庄艳华、习斌、秦丽欢、陈安强、夏颖、付斌、牛世伟、谷学佳。

流域农业面源污染监测技术规范

1 范围

本文件规定了流域农业面源污染监测技术的监测断面设置与采样、监测指标及方法、流域农业面源污染的结果表达与质量控制等要求。

本文件适用于分水线闭合、出水口单一、以农业生产生活为主的流域农业面源污染监测。

2 规范性引用文件

下列文件中的内容通过文中的规范性引用而构成本文件必不可少的条款。其中，注日期的引用文件，仅该日期对应的版本适用于本文件；不注日期的引用文件，其最新版本（包括所有的修改单）适用于本文件。

GB 4883 数据的统计处理和解释 正态样本离群值的判断和处理

GB 50179 河流流量测验规范

HJ/T 92 水污染物排放总量监测技术规范

HJ/T 198 水质 硝酸盐氮的测定 气相分子吸收光谱法

HJ/T 346 水质 硝酸盐氮的测定 紫外分光光度法（试行）

HJ/T 372 水质自动采样器技术要求及检测方法

HJ 493 水质采样 样品的保存和管理技术规定

HJ 494 水质 采样技术指导

HJ/T 535 水质 氨氮的测定 纳氏试剂分光光度法

HJ/T 536 水质 氨氮的测定 水杨酸分光光度法

HJ/T 537 水质 氨氮的测定 蒸馏-中和滴定法

HJ/T 636 水质 总氮的测定 碱性过硫酸钾消解紫外分光光度法

HJ/T 665 水质 氨氮的测定 连续流动-水杨酸分光光度法

HJ/T 666 水质 氨氮的测定 流动注射-水杨酸分光光度法

HJ/T 667 水质 总氮的测定 连续流动-盐酸萘乙二胺分光光度法

HJ/T 668 水质 总氮的测定 流动注射-盐酸萘乙二胺分光光度法

HJ 669 水质 磷酸盐的测定 离子色谱法

HJ 670 水质 磷酸盐和总磷的测定 连续流动-钼酸铵分光光度法

HJ/T 671 水质 总磷的测定 流动注射-钼酸铵分光光度法

SL 537 水工建筑物与堰槽测流规范

3 术语和定义

下列术语和定义适用于本文件。

3.1

流域 watershed

地表水分水线所包围的河流集水区或汇水区。

3.2

农业面源污染 agricultural non-point source pollution

在农业生产和农村生活区域，氮、磷等营养盐及其他污染物受水力驱动以随机、分散、无组织方式进入受纳水体引起的水质恶化。

3.3

监测断面　monitoring section

在流域监测时，实施流量/水质监测的河流剖面，可包括控制断面和背景断面。

3.4

控制断面　monitoring section controlling the whole watershed area

用于反映整个流域内污染物输出的总体情况及其变化的断面。

3.5

背景断面　background monitoring section

基本未受生产生活活动影响，用于反映流域内水环境背景信息的断面。

4　监测断面设置与采样

4.1　控制断面

4.1.1　断面布设

应在流域总出水口布设控制断面。控制断面应位于顺直河段、河床稳定、水流集中、无急流、无浅滩处，避开死水区、回水区、排水口处。

4.1.2　监测时期及频率

监测周期应最少包含1个完整水文年。水质监测时期、时段及采样频率见表1。

流量宜采用自动在线监测，监测频率不低于6 h 1次；如不具备在线监测条件时，可采用人工监测，但应与水质采样同步。

表1　控制断面水质监测时期、时段及采样频率

<table>
<tr><th>监测时期</th><th>监测时段</th><th>采样频率</th><th colspan="2">数据用途</th></tr>
<tr><td rowspan="3">农业面源污染剧增期</td><td rowspan="2">时段1：耕作、施肥等农事活动密集，且发生径流排水并引起控制断面水位明显变化的时段</td><td>1 d 1次
（无自动采样设备）</td><td rowspan="2">—</td><td rowspan="5">用于本文件6.1污染源输出负荷计算所需 C_i 和 Q_i</td></tr>
<tr><td>宜6 h 1次
（有自动采样设备）</td></tr>
<tr><td>时段2：人口剧增时段，如重要节假日或旅游季节</td><td>1 d 1次</td><td>用于本文件6.2.2农村源增量负荷计算所需 C_{r1} 和 Q_{r1}</td></tr>
<tr><td rowspan="2">其他时期</td><td>时段3：汛期</td><td rowspan="2">2周1次</td><td>—</td></tr>
<tr><td>时段4：非汛期</td><td>用于本文件6.1.2污染源基础负荷计算所需 C_j 和 Q_j</td></tr>
<tr><td colspan="5">注：各监测时段划分所需调查信息见附录A。</td></tr>
</table>

4.1.3　采样方法

按HJ 494的规定采样。如为自动采样，则自动采样设备应符合HJ/T 372的规定。采样位置应在监测断面的中心。水深小于或等于1 m时，在水深的1/2处采样；水深大于1 m时，应在表层下1/4水深处采样。

4.1.4　样品的保存和运输

样品的保存和运输按HJ 493的规定执行。

4.2　背景断面

4.2.1　断面布设

应在基本未受生产生活活动影响的河流源头位置布设背景断面。依据地形、水文等资料结合现场勘查确定背景断面的位置。

4.2.2　监测时期及频率

宜在汛期前、中、后期分别采样 1 次，非汛期采样 1 次。

4.2.3 采样方法

按本文件 4.1.3 的规定执行，宜采用人工采样方法。

4.2.4 样品的保存和运输

按本文件 4.1.4 的规定执行。

5 监测指标及方法

控制断面应同时监测流量和水质，背景断面可仅监测水质。监测指标及方法见表 2。

表 2 监测指标及方法

监测指标		方法	依据
流量		水位-流量关系法[a]	见附录 B
		流速面积法	
水质	总氮	碱性过硫酸钾消解紫外分光光度法	HJ/T 636
		连续流动-盐酸萘乙二胺分光光度法	HJ/T 667
		流动注射-盐酸萘乙二胺分光光度法	HJ/T 668
	硝态氮	气相分子吸收光谱法	HJ/T 198
		紫外分光光度法	HJ/T 346
	铵态氮	纳氏试剂分光光度法	HJ/T 535
		水杨酸分光光度法	HJ/T 536
		蒸馏-中和滴定法	HJ/T 537
		连续流动-水杨酸分光光度法	HJ/T 665
		流动注射-水杨酸分光光度法	HJ/T 666
	总磷	连续流动-钼酸铵分光光度法	HJ/T 670
		流动注射-钼酸铵分光光度法	HJ/T 671
	磷酸盐[b]	离子色谱法	HJ 669
		连续流动-钼酸铵分光光度法	HJ 670

[a] 当水位和流量关系呈单一线且稳定，宜选择水位-流量关系法。
[b] 选测指标。

6 流域农业面源污染的结果表达

6.1 污染源输出负荷

6.1.1 污染源总负荷

污染源总负荷为年度流域各污染源污染物输出量总和。

污染源总负荷 L，以千克(kg)计，按公式(1)计算。

$$L = \frac{\sum (C_i \times Q_i) - C_0 \times \sum Q_i}{1000} \quad \cdots\cdots (1)$$

式中：

C_i ——控制断面单次采样某一污染物浓度的数值，单位为毫克每升(mg/L)；

Q_i ——控制断面单次采样对应时段流量的数值，单位为立方米(m^3)；

C_0 ——背景断面某一污染物浓度的年度均值的数值，单位为毫克每升(mg/L)。

注：若无背景断面，C_0 为 0。

6.1.2 污染源基础负荷

污染源基础负荷包括点源负荷和农村源基础负荷。

选取监测时段 4(表 1)的污染源输出量折合为全年的污染源基础输出量，污染源基础负荷 L_j，以千克(kg)计，按公式(2)计算。

$$L_j = \frac{\sum (C_j \times Q_j) - C_0 \times \sum Q_j}{\sum t_j \times 1000} \times t \quad \cdots\cdots (2)$$

式中：

C_j ——监测时段4(表1)控制断面单次采样某一污染物浓度的数值，单位为毫克每升(mg/L)；

Q_j ——监测时段4(表1)控制断面单次采样对应时段内流量的数值，单位为立方米(m^3)；

C_0 ——背景断面某一污染物浓度的年度均值的数值，单位为毫克每升(mg/L)；

t_j ——单次取样时段对应的天数的数值，单位为天(d)；

t ——一年的天数的数值，单位为天(d)。

注：若无背景断面，C_0 为0。

6.2 农村源输出负荷

6.2.1 农村源基础负荷

农村源基础负荷为年度内污染源基础负荷中来自农村源的量。

农村源基础负荷 L_{r0}，以千克(kg)计，按公式(3)计算。

$$L_{r0} = \frac{P_{h0} + P_{l0}}{P_{h0} + P_{l0} + P_{p0} + P_{g0}} \times L_j \quad \cdots\cdots (3)$$

式中：

P_{h0} ——其他时期农村生活污染物排放量的数值，单位为千克(kg)；

P_{l0} ——其他时期分散养殖污染物排放量的数值，单位为千克(kg)；

P_{p0} ——其他时期点源污染物排放量的数值，单位为千克(kg)；

P_{g0} ——其他时期规模养殖污染物排放量的数值，单位为千克(kg)；

L_j ——污染源基础负荷的数值，单位为千克(kg)。

注：P_{h0}、P_{l0}、P_{p0} 和 P_{g0} 参照全国污染源普查排污量计算方法，并结合附录A中的调查信息进行计算。

6.2.2 农村源增量负荷

农村源增量负荷为年度内监测时段2(表1)农村源输出负荷与农村源基础负荷的差值。

农村源增量负荷 ΔL_r，以千克(kg)计，按公式(4)计算。

$$\Delta L_r = \frac{\left[\sum (C_{r1} \times Q_{r1}) - C_0 \times \sum Q_{r1}\right]/1000 - L_j \times \frac{t_{r1}}{t}}{P_{h1} + P_{l1}} \times (P_{h2} + P_{l2}) \quad \cdots\cdots (4)$$

式中：

C_{r1} ——监测时段2(表1)内非汛期时控制断面单次采样某一污染物的浓度的数值，单位为毫克每升(mg/L)；

Q_{r1} ——监测时段2(表1)内非汛期时控制断面单次采样对应时段内的流量的数值，单位为立方米(m^3)；

C_0 ——背景断面某一污染物浓度的年度均值的数值，单位为毫克每升(mg/L)；

L_j ——污染源基础负荷的数值，单位为千克(kg)；

t_{r1} ——监测时段2(表1)内非汛期的时长的数值，单位为天(d)；

t ——一年的天数的数值，单位为天(d)；

P_{h1} ——监测时段2(表1)内非汛期时生活源污染物排放量的数值，单位为千克(kg)；

P_{l1} ——监测时段2(表1)内非汛期时分散养殖污染物排放量的数值，单位为千克(kg)；

P_{h2} ——监测时段2(表1)生活源污染物排放量的数值，单位为千克(kg)；

P_{l2} ——监测时段2(表1)分散养殖污染物排放量的数值，单位为千克(kg)。

注：P_{h1}、P_{l1}、P_{h2} 和 P_{l2} 参照全国污染源普查排污量计算方法，并结合附录A中的调查信息进行计算。若无背景断面，C_0 为0。

6.3 农田面源输出负荷

农田面源输出负荷为年度内来自农田面源的污染物输出量,污染源总负荷与污染源基础负荷和农村源增量负荷的差值。

农田面源输出负荷 L_f ,以千克(kg)计,按公式(5)计算。

$$L_f = L - L_j - \Delta L_r \quad (5)$$

式中:

L ——污染源总负荷的数值,单位为千克(kg);

L_j ——污染源基础负荷的数值,单位为千克(kg);

ΔL_r ——农村源增量负荷的数值,单位为千克(kg)。

6.4 农业面源输出负荷

农业面源输出负荷为年度内来自农村源和农田面源的污染物输出量。

农业面源输出负荷 L_n ,以千克(kg)计,按公式(6)计算。

$$L_n = L_{r0} + \Delta L_r + L_f \quad (6)$$

式中:

L_{r0} ——农村源基础负荷的数值,单位为千克(kg);

ΔL_r——农村源增量负荷的数值,单位为千克(kg);

L_f ——农田面源输出负荷的数值,单位为千克(kg)。

注:农村源输出负荷包括农村源基础负荷和农村源增量负荷。

7 质量控制

7.1 应保证每次采样位置准确,断面采样点可设置标识或 GPS 定位。应定期管护监测断面及监测设备,发现问题及时维修。

7.2 水质检测质量控制应严格按照 HJ/T 92 的要求执行。

7.3 异常数据判断和处理应符合 GB 4883 的规定。

附　录　A
（资料性）
流域调查信息

流域调查信息见表 A.1。

表 A.1　流域调查信息

污染源类型	调查内容
基本情况	地形地貌，气象，水文（包括汛期/非汛期），土地利用类型的面积、分布等
农田源	种植制度，耕作方式，作物结构，主要作物的播期、播种面积、化肥用量、施肥方式及集中施肥时期；灌溉水源，主要用水时段，灌溉水量及灌溉方式等
农村源（农村生活和分散养殖）	常住人口数，重要节假日返乡人口数、旅游人数，户用厕所类型、农村人均用水量、生活污水收集处理情况及生活垃圾处置情况；畜禽种类，分散养殖数量，粪便储存及去向、污水处理及去向等
规模养殖场	规模养殖场名称，养殖场位置（经纬度），畜禽种类及数量，粪污收集、处理利用现状
工业点源	工业点源名称、工业点源位置（经纬度）、工业污水处理方式、污水处理现状等

附　录　B
（资料性）
流量监测方法

B.1　流速面积法

B.1.1　依据过水断面面积 A（m^2）与断面平均流速 V（m/s），获取控制断面流量 Q（m^3/s）。

B.1.2　流速面积法分为人工监测方法和在线监测方法。

B.1.3　人工监测流量可选用流速仪法或浮标法，应符合 GB 50179 的规定。

B.1.4　在线监测流量宜选用接触式或非接触式在线流量计。冲淤变化不大的控制断面可选择超声波时差或超声波多普勒流量计；天然场景的无压流宜采用超声波多普勒流量计，且根据断面的宽深比不同选择 1 个或 1 个以上传感器分布式布设的方式；无回水影响的断面也可选择非接触式流量计，宜选用在线电波流速仪。

B.1.5　过水断面面积根据水位和断面形状计算，水位可选用水尺或水位计测量。

B.1.6　控制断面流量 Q，以立方米每秒（m^3/s）计，按公式（B.1）计算。

$$Q = A \times V \tag{B.1}$$

式中：

A ——过水断面面积的数值，单位为平方米（m^2）；

V ——断面平均流速的数值，单位为米每秒（m/s）。

B.2　水位-流量关系法

B.2.1　根据断面流量 Q（m^3/s）与断面水位 D（m）之间的换算关系，获取控制断面流量。

B.2.2　按照本文件 B.1 的方法，通过测量控制断面固定位置不同水位下对应的流量并进行数学关系拟合获得断面流量与水位之间的换算关系。

B.2.3　形态规整且常年有水的控制断面，水位监测设备可选用压力水位计、雷达水位计、浮子式水位计等。监测断面不规整且水流较小的控制断面，可通过辅助建设量水槽或溢流堰进行测量，应符合 SL 537 的要求。

B.2.4　控制断面流量 Q，以立方米每秒（m^3/s）计，按公式（B.2）计算。

$$Q = f(D) \tag{B.2}$$

式中：

D ——断面水位的数值，单位为米（m）。

ICS 65.020
CCS B 04

中华人民共和国农业行业标准

NY/T 3825—2020

生态稻田建设技术规范

Technical specification for ecological paddy field construction

2020-11-12 发布 2021-04-01 实施

中华人民共和国农业农村部 发布

前　　言

本文件按照 GB/T 1.1—2020《标准化工作导则　第 1 部分：标准化文件的结构和起草规则》的规定起草。

本文件由农业农村部科技教育司提出并归口。

本文件起草单位：中国农业科学院农业资源与农业区划研究所、云南省农业科学院农业环境资源研究所、辽宁省农业科学院植物营养与环境资源研究所、湖北省农业科学院植保土肥研究所、中国科学院精密测量科学与技术创新研究院、上海交通大学、洱源县农业环境保护监测站。

本文件主要起草人：刘宏斌、陈安强、王娜、张富林、张亮、翟丽梅、胡万里、孙文涛、耿宇聪、牛世伟、潘君廷、付斌、郭树芳、范先鹏、李枝武、王洪媛、李旭东、武淑霞、金平忠、孙巧玉。

生态稻田建设技术规范

1 范围

本文件规定了生态稻田的建设原则、基本要求、生态建设要求、生产管理要求。

本文件适用于生态稻田的建设与管理。

2 规范性引用文件

下列文件中的内容通过文中的规范性引用而构成本文件必不可少的条款。其中，注明日期的引用文件，仅该日期对应的版本适用于本文件；不注日期的引用文件，其最新版本（包括所有的修改单）适用于本文件。

GB 15618 土壤环境质量 农用地土壤污染风险管控标准（试行）

GB/T 25246 畜禽粪便还田技术规范

GB/T 50363 节水灌溉工程技术规范

NY/T 391 绿色食品 产地环境质量

NY/T 393 绿色食品农药使用准则

NY 525 有机肥料

NY/T 2978 绿色食品 稻谷

NY/T 3020 农作物秸秆综合利用技术通则

3 术语和定义

下列术语和定义适用于本文件。

3.1

生态稻田 ecological paddy field

按照生态学和经济学原理，遵循“整体、协调、多样、循环、高效”理念，综合运用传统农耕文明和现代科技成果建成的生产性能稳定、生态功能健全、综合效益大幅提升的稻田系统。

3.2

生态田埂 ecological ridge

结构稳定、经济或景观植物覆盖良好，具有提高生物多样性、抑制杂草、减少氮磷流失等功能的田埂。

3.3

生态廊道 ecological corridor

沿田间路、堤岸两侧，搭配种植乔、灌、草植物，构建具有促进农田生态系统物种扩散与交换和景观、生态功能的植物带。

3.4

生态沟 ecological ditch

生物多样性丰富，具有水质净化和一定水量调蓄等多重功能的排水通道。

3.5

生态塘 ecological pond

生态系统稳定，生物多样性丰富，具有水量调蓄和水质净化功能的塘/库。

4 建设原则

4.1 因地制宜

根据区域的自然气候条件、稻田生态单元构成及其空间布局，采用适宜的作物（品种）、轮作（间作）模式、稻渔或稻鸭共生等技术和生态化措施，达到作物（品种）选择及布局与生态化措施的有机统一。

4.2 生物多样性丰富

稻田系统内应具备田、埂、沟、塘、路、堤、岸等多种生态单元，生态单元内选择适宜的动植物品种，优化物种结构及空间布局，增加稻田系统物种丰富度和生物多样性，恢复和提升稻田生态系统服务功能。

4.3 环境友好

通过稻田生态化建设，农药、肥料等投入品包装物全部回收，作物秸秆等废弃物综合利用，提升稻田生物多样性、净化能力和景观效果，改善稻田生态环境，促进农业的绿色发展。

4.4 资源节约

通过土壤培肥、稻田生物多样性提升、沟塘蓄水循环利用实现节肥、节药、节水，达到资源节约与高效利用。

5 基本要求

5.1 土壤应满足 GB 15618 中农用地土壤污染风险筛选值要求，大气和灌溉水应符合 NY/T 391 的规定。

5.2 生态稻田应边界清晰，集中连片，面积不宜少于 10 hm^2，稻田系统内埂、沟、塘等生态功能区总面积占比宜为 5%～8%。

5.3 动植物种宜优先选择本土物种，防止外来物种入侵。

5.4 水稻产量与当地平均水平相当，且稻谷品质应符合 NY/T 2978 的规定。

5.5 生态稻田资源利用高效，每千克氮肥（折纯）生产稻谷 40 kg 以上，秸秆综合利用率 90%以上。

5.6 生态稻田经济效益提高 10%以上。

5.7 生态稻田系统排水氮、磷浓度削减率在 20%以上，见附录 A。

6 生态建设要求

6.1 生态田埂

6.1.1 田埂宜为土埂，高度宜为 20 cm～30 cm。宽度大于 30 cm 的田埂，宜种植具有经济、显花、蜜源等功能的草本植物，见附录 B。

6.1.2 及时加固田埂，适时管护、刈割田埂植物。

6.2 生态沟塘

6.2.1 田、沟、塘应水力连通，并采用控水闸阀强化调蓄能力；沟、塘应可容纳汇水稻田 40 mm 以上的径流水量，排水设计应满足 10 年一遇暴雨径流排水需求，具备 5 d 内将 3 d 产生的暴雨径流排至作物耐淹水深。

6.2.2 排水沟宜为土质，边坡应稳固，边坡系数小于附录 C 中规定的最小边坡系数下限时，应采用多孔硬质材料护坡；主排水沟宜采取生态强化措施，沿水流方向可依次设置格栅和沉淀区段，优化配置水生植物，植物种类见附录 B。植物配置不应影响农田排水。

6.2.3 生态塘深宜为 1.0 m～2.0 m，优化配置水生植物和水生动物，动植物种类见附录 B，植物郁闭度宜保持在 20%～30%。生态塘应设安全警示设施。

6.2.4 沟塘适时打捞、清淤，水生植物适时收割。

6.3 生态廊道

6.3.1 宜在河湖堤岸及宽度大于 3 m 的田间路两侧建设乔灌草结合的生态廊道，堤岸生态廊道宽度宜为 4 m～6 m。

6.3.2 生态廊道所用植物应具有景观性和经济性（见附录 B），适时管护。

6.4 稻田

6.4.1 应选择审定的适宜水稻品种，品种数不应少于 2 个，宜镶嵌式种植，每个品种面积不应低于 15%。

6.4.2 有条件的地区可采用稻渔、稻鸭等共生模式，沟坑占比应不超过10%；可同时种植红萍等绿肥植物。

7 生产管理要求

7.1 施肥

根据基础地力、目标产量确定合理的氮、磷、钾等养分投入量，化肥优选配方肥、专用肥、缓控释肥等，配套侧深施肥、基肥追肥结合等施肥技术；宜采用秸秆还田、有机肥施用或绿肥种植等措施培肥土壤，有机肥氮替代化肥氮比例宜为20%～30%，秸秆还田应符合NY/T 3020的规定，有机肥施用应符合NY 525和GB/T 25246的规定，绿肥品种见附录B。

7.2 灌溉

水源优先利用沟塘积蓄的稻田排水，节水灌溉技术符合GB/T 50363的规定。

7.3 病虫草害防控

宜采用优选抗性品种、优化插秧密度、合理轮作等农艺措施，黄板、蓝板、防虫网、杀虫灯等物理措施，以草控草、生物除草、释放天敌、性诱剂等生物措施进行非化学防控；应急防治宜选择高效、生态友好型农药进行统防统控，农药使用应符合NY/T 393的规定。

7.4 秸秆综合利用

秸秆应综合利用并符合NY/T 3020的规定。不应田间焚烧。

7.5 包装物回收

农药、肥料等包装物应全部回收。

附 录 A
（规范性）
生态稻田系统排水氮、磷浓度削减率计算方法

生态稻田系统排水氮、磷浓度削减率可按公式（A.1）和公式（A.2）计算。

$$I_i = \frac{C_{ai} - C_{bi}}{C_{ai}} \times 100 \quad \text{(A.1)}$$

$$I = \sum_{i=1}^{n} I_i / n \quad \text{(A.2)}$$

式中：

I_i ——监测期内第 i 次生态稻田系统排水氮、磷浓度削减率的数值，单位为百分号（%）；

C_{ai}——监测期内第 i 次生态稻田田面排水氮、磷浓度的数值，单位为毫克每升（mg/L）；

C_{bi}——监测期内第 i 次生态稻田系统总出水口排水氮、磷浓度的数值，单位为毫克每升（mg/L）；

I ——监测期内生态稻田系统排水氮、磷浓度削减率的数值，单位为百分号（%）；

i ——监测次数的数值，为 1、2、3…n。

附 录 B
（资料性）
生态稻田建设措施、技术宜选择的动植物种

生态稻田建设措施、技术宜选择的动植物种见表 B.1。

表 B.1 推荐的动植物种

措施和技术	推荐的动植物种
生态田埂	大豆[*Glycine max*（L.）Merr.]、绿豆[*Vigna radiata*（L.）R. Wilczek]、赤豆[*Vigna angularis*（Willd.）Ohwi et Ohashi]、白车轴草（*Trifolium repens* L.）、红车轴草（*Trifolium pratense* L.）、黑麦草（*Lolium perenne* L.）、蚕豆（*Vicia faba* L.）、鱼腥草（*Houttuynia cordata* Thunb.）、黄花菜（*Hemerocallis citrina* Baroni）、薄荷（*Mentha canadensis* L.）、芝麻（*Sesamum indicum* L.）、秋英（*Cosmos bipinnata* Cav.）、黄秋英（*Cosmos sulphureus* Cav.）、香根草[*Chrysopogon zizanioides*（L.）Roberty]、紫苜蓿（*Medicago sativa* L.）等
生态廊道	乔木：杨属（*Populus* L.）、垂柳（*Salix babylonica* L.）、槐（*Styphnolobium japonicum* L.）、侧柏[*Platycladus orientalis*（L.）Franco]、油松（*Pinus tabuliformis* Carrière）（北方）、马尾松（*Pinus massoniana* Lamb.）（南方）、长叶女贞[*Ligustrum compactum*（Wall. ex G. Don）Hook. f.]、香樟[*Cinnamomum camphora*（L.）J. Presl]、化香树（*Platycarya strobilacea* Siebold & Zucc.）、海棠花[*Malus spectabilis*（Ait.）Borkh.]、水杉（*Metasequoia glyptostroboides* Hu & W. C. Cheng）等 灌木：忍冬（*Lonicera japonica* Thunb.）、金叶连翘（*Forsythia suspensa* cv. Aurea）、胡枝子（*Lespedeza bicolor* Turcz.）、紫穗槐（*Amorpha fruticosa* L.）、木瓜[*Chaenomeles sinensis*（Thouin）Koehne]、杜鹃（*Rhododendron simsii* Planch.）、木槿（*Hibiscus syriacus* L.）、连翘[*Forsythia suspensa*（Thunb.）Vahl]、沼柳[*Salix rosmarinifolia* var. *brachypoda*（Trautv. & C. A. Mey.）Y. L. Chou]等 草本植物：香根草、狗牙根[*Cynodon dactylon*（L.）Persoon]、白车轴草、红车轴草、黑麦草、野菊（*Chrysanthemum indicum* L.）、紫苏[*Perilla frutescens*（L.）Britton]、万寿菊（*Tagetes erecta* L.）、秋英、绣球小冠花（*Coronilla varia* L.）、长柔毛野豌豆（*Vicia villosa* Roth.）、光叶苕子（*Vicia villosa* Roth var. *glabresens* Koch）、诸葛菜[*Orychophragmus violaceus*（L.）O. E. Schulz]、驴食草（*Onobrychis viciifolia* Scop.）、绛车轴草（*Trifolium incarnatum* L.）、田菁[*Sesbania cannabina*（Retz.）Poir.]等
生态沟	沟坡草本植物：香根草、狗牙根、芦苇[*Phragmites australis*（Cav.）Trin. ex Steud.]、千屈菜（*Lythrum salicaria* L.）、菖蒲（*Acorus calamus* L.）、香蒲（*Typha orientalis* C. Presl）、美人蕉（*Canna indica* L.）、风车草（*Cyperus involucratus* Rottb.）等 沟底沉水植物：苦草[*Vallisneria natans*（Lour.）H. Hara]、菹草（*Potamogeton crispus* L.）、金鱼藻（*Ceratophyllum demersum* L.）、眼子菜（*Potamogeton distinctus* A. Benn.）、伊乐藻（*Elodea canadensis* Michx）等
生态塘	岸坡植物：乔、灌、草宜选择生态廊道推荐植物 塘内挺水植物：菰[*Zizania latifolia*（Griseb.）Turcz. ex Stapf]、华夏慈姑[*Sagittaria trifolia* subsp. *leucopetala*（Miquel）Q. F. Wang]、水芹[*Oenanthe javanica*（Blume）DC.]、鸢尾（*Iris tectorum* Maxim.）、芦苇、千屈菜、菖蒲、香蒲、水葱[*Schoenoplectus tabernaemontani*（C. C. Gmel.）Palla]、灯心草（*Juncus effusus* L.）、再力花（*Thalia dealbata* Fraser）、独角莲[*Sauromatum giganteum*（Engler）Cusimano & Hetterscheid]、泽泻（*Alisma plantago-aquatica* L.）、莲（*Nelumbo nucifera* Gaertn.）、水竹（*Phyllostachys heteroclada* Oliv.）、纸莎草（*Cyperus papyrus* L.）、美人蕉、风车草等 塘内浮水植物：睡莲（*Nymphaea tetragona* Georgi）、芡实（*Euryale ferox* Salisb. ex DC）、荇菜[*Nymphoides peltata*（S. G. Gmel.）Kuntze]、浮萍（*Lemna minor* L.）、水鳖[*Hydrocharis dubia*（Blume）Backer]、槐叶蘋[*Salvinia natans*（L.）All.]、欧菱（*Trapa bispinosa* Roxb.）等 塘内沉水植物：宜选择生态沟推荐植物 塘内水生动物：鲢鱼（*Hypophthalmichthys molitrix* Valenciennes）、鳙鱼（*Hypophthalmichthys nobilis* Richardson）、草鱼（*Ctenopharyngodon idellus* Cuvier et Valenceinnes）、鲫鱼（*Carassius auratus* Linnaeus）、鲤鱼（*Cyprinus carpio* Linnaeus）、中华绒螯蟹（*Eriocheir sinensis* H. Milne Edwards）、泥鳅（*Misgurnus anguillicaudatus* Cantor）、蚌科（Unionidae）等

表 B.1（续）

措施和技术	推荐的动植物种
绿肥品种	紫云英（*Astragalus sinicus* L.）、诸葛菜、长柔毛野豌豆、光叶苕子、肥田萝卜（*Raphanus sativus* L.）、豌豆（*Pisum sativum* L.）、蚕豆等
注：生态稻田建设措施和技术选用的动植物种包括但不限于表 B.1 中推荐的物种。	

附 录 C
（规范性）
土质排水沟最小边坡系数

不同深度和不同土质排水沟的最小边坡系数见表 C.1。

表 C.1 不同深度和不同土质排水沟的最小边坡系数

土质	排水沟深度，m			
	<1.5	1.5～3.0	3.0～4.0	>4.0
黏土、重壤土	1.0	1.25～1.5	1.5～2.0	>2.0
中壤土	1.5	2.0～2.5	2.5～3.0	>3.0
轻壤土、沙壤土	2.0	2.5～3.0	3.0～4.0	>4.0
沙土	2.5	3.0～4.0	4.0～5.0	>5.0

ICS 13.080.40
CCS B 11

中华人民共和国农业行业标准

NY/T 3826—2020

农田径流排水生态净化技术规范

Technical specification for ecological purification of farmland runoff water

2020-11-12 发布　　2021-04-01 实施

中华人民共和国农业农村部 发布

前　　言

本文件按照 GB/T 1.1—2020《标准化工作导则　第1部分：标准化文件的结构和起草规则》的规定起草。

本文件由农业农村部科技教育司提出并归口。

本文件起草单位：中国农业科学院农业资源与农业区划研究所、中国科学院精密测量科学与技术创新研究院、云南省农业科学院农业环境资源研究所、农业农村部农业生态与资源保护总站、北京市农业环境监测站、上海交通大学农业与生物学院、辽宁省农业科学院植物营养与环境资源研究所、大理白族自治州农业科学推广研究院、湖北省农业科学院植保土肥研究所、湖南艾布鲁环保科技股份有限公司。

本文件主要起草人：刘宏斌、翟丽梅、潘君廷、张亮、陈安强、郭树芳、习斌、付斌、刘晓霞、王洪媛、李旭东、牛世伟、胡万里、段艳涛、张富林、王娜、徐嘉翼、倪喜云、雷秋良、曾睿。

农田径流排水生态净化技术规范

1 范围

本文件规定了农田径流排水生态净化技术的基本原则、净化技术与要求、管护要求。

本文件适用于利用生态沟、生态塘、湿地和农田植被过滤带生态净化农田径流排水。

2 规范性引用文件

本文件没有规范性引用文件。

3 术语和定义

下列术语和定义适用于本文件。

3.1

生态净化技术 ecological purification technology

基于生态学原理,以生物多样性构建和水力调控为主要手段,削减水体氮、磷等营养盐及其他污染物的措施。

3.2

生态沟 ecological ditch

生物多样性丰富,具有水质净化和一定水量调蓄功能的排水通道。

3.3

生态塘 ecological pond

生态系统稳定,生物多样性丰富,具有水量调蓄和水质净化功能的塘/库。

3.4

湿地 wetland

利用农田与周边地表水体之间的低洼易涝地,通过生物和工程措施构建的农田径流排水净化单元。

3.5

农田植被过滤带 cropland vegetative filter zone

在农田与周边地表水体之间能够拦截、净化径流中氮、磷等营养盐及其他污染物的带状植被区域。

4 基本原则

4.1 因地制宜

优先改造农田已有沟、塘、低洼易涝地等,实施农田径流排水生态净化技术。宜根据径流排水中氮、磷等营养盐削减目标,实施单一型或组合型生态净化技术。

4.2 生态优先

优先选用生态型的材料,采用净化能力强、景观效果好且较容易管理的本土物种和近自然群落进行净化设施中的生物配置。不应采用对本地生态系统有破坏作用的植物种类。生态沟、生态塘、湿地等生态净化区域不应施用肥料、农药等投入品。

4.3 节约高效

遵循成本节约、设施结构简单、运维成本低、高效净化农田径流排水的原则。宜通过灌溉对生态净化设施中存水和氮、磷养分进行循环利用。

5 净化技术与要求

5.1 生态沟

5.1.1 组成单元

由水位控制设施和水生植物段等构成。在强化净化条件下，设置复合填料模块、沉淀区和格栅。这些单元可沿水流方向重复布设。

5.1.2 形状与规格

沟体横断面宜为倒梯形，口宽宜为 1.2 m～6.0 m，深度宜大于 0.6 m。

5.1.3 沟体材料

排水沟宜采用土质，边坡应稳固。若边坡系数小于附录 B 中最小值时，宜采用多孔硬质材料护坡。

5.1.4 水位控制及设施

在沟末端、沟与沟连接处等关键节点，宜设置闸门等水位控制设施。水田区域的生态沟常水位不宜低于沟深的 1/3。降水量大时或排水量大时，应保障沟道排水畅通。

5.1.5 植物配置

宜在沟中配置耐污能力强、根系发达、生物量大的水生植物，可一种或几种搭配栽种。常水位以上沟坡宜种植陆生或湿生草本植物。植物配置不应影响过水量。植物种类见附录 A。

5.1.6 复合填料模块

填料宜选择粒径为 10 mm～40 mm 的炉渣、沸石、气块砖碎料、陶粒等透水功能较强的无机多孔功能材料，置于喷塑铁丝笼、土工格栅网或土工布袋以及沉梢等网箱或生态袋内。模块布置于渠底，高度不宜超过沟高度的 1/2，宽度可与生态沟同宽或沟内交错布设。

5.1.7 沉淀区

在复合填料模块前宜设置泥沙沉淀区。宽度宜为生态沟的 2 倍，长宽比宜大于 2∶1，深度宜在生态沟底部以下 50 cm～100 cm。

5.1.8 格栅

在沉淀区前宜设置格栅，栅条间距宜为 10 mm～20 mm，栅高与当段生态沟齐平。

5.1.9 技术参数

a) 水力负荷宜小于 0.2 $m^3/(m^2 \cdot d)$，净化设施表面积 A_1 按公式(1)计算。

$$A_1 = \frac{Q_1}{q_{hs}} \qquad (1)$$

式中：

A_1 ——净化设施表面积的数值，单位为平方米(m^2)；

Q_1 ——设计进水流量的数值，单位为立方米每天(m^3/d)；

q_{hs} ——水力负荷的数值，单位为立方米每平方米每天[$m^3/(m^2 \cdot d)$]。

b) 总氮面积负荷宜小于 8.0 $g/(m^2 \cdot d)$，净化设施表面积 A_2 按公式(2)计算。

$$A_2 = \frac{Q_2 \times (S_{N0} - S_{N1})}{N_{A2}} \qquad (2)$$

式中：

A_2 ——净化设施表面积的数值，单位为平方米(m^2)；

Q_2 ——设计进水流量的数值，单位为立方米每天(m^3/d)；

S_{N0}——进水总氮浓度的数值，单位为毫克每升(mg/L)；

S_{N1}——出水总氮浓度的数值，单位为毫克每升(mg/L)；

N_{A2}——总氮面积负荷的数值，单位为克每平方米每天[$g/(m^2 \cdot d)$]。

c) 总磷面积负荷宜小于 1.0 $g/(m^2 \cdot d)$，净化设施表面积 A_3 按公式(3)计算。

$$A_3 = \frac{Q_3 \times (S_{P0} - S_{P1})}{N_{A3}} \qquad (3)$$

式中：

A_3 ——净化设施表面积的数值，单位为平方米(m^2)；

Q_3 ——设计进水流量的数值，单位为立方米每天(m^3/d)；

S_{P0} ——进水总磷浓度的数值，单位为毫克每升(mg/L)；

S_{P1} ——出水总磷浓度的数值，单位为毫克每升(mg/L)；

N_{A3} ——总磷面积负荷的数值，单位为克每平方米每天[$g/(m^2 \cdot d)$]。

综合设计时按 A_1、A_2 和 A_3 三个参数中需求面积最大的作为净化设施设计参数。

5.2 生态塘

5.2.1 组成单元

由兼性塘、好氧塘、水生植物塘等单个或多个塘串联组合而成，在多塘组合下，宜在前端设置兼性塘。塘建设内容包括护岸、水生生物配置、水位控制设施等。在第一个塘前端可设置格栅。

5.2.2 生物配置

塘内宜种植沉水、浮水和挺水植物，并搭配滤食性鱼类等水生动物。常水位以上塘畔宜种植陆生或湿生草本植物。生物种类见附录A。

5.2.3 护坡材料

生态塘护坡宜采用生态多孔砖等透水性的材料，如木排桩等建设护岸，应保证其稳定。塘底宜为土质。

5.2.4 水位控制及设施

兼性塘平均水深宜为1.5 m～3.0 m，好氧塘、水生植物塘平均水深宜为0.5 m～1.5 m。生态塘出水口处宜设置闸门等水位控制设施。降水量大时或排水量大时，应将水位调至要求最低水位处。

塘底宜略带坡度，坡向出水口，利用自然地形落差进水和出水。

5.2.5 技术参数

兼性塘水力负荷宜小于0.3 $m^3/(m^2 \cdot d)$，好氧塘、水生生物塘水力负荷宜小于0.2 $m^3/(m^2 \cdot d)$，净化设施表面积按4.1.9中的公式(1)计算。

兼性塘、好氧塘和水生植物塘总氮面积负荷宜小于8.0 $g/(m^2 \cdot d)$，净化设施表面积按4.1.9中的公式(2)计算。

兼性塘、好氧塘和水生植物塘总磷面积负荷宜小于1.0 $g/(m^2 \cdot d)$，净化设施表面积按4.1.9中的公式(3)计算。

综合设计时，兼性塘、好氧塘和水生植物塘分别计算 A_1、A_2 和 A_3 三个参数，按三个参数中面积最大的分别作为不同类型塘的设计参数。

5.3 湿地

5.3.1 组成单元

包括进水区、水生植物净化区、出水及水位控制区等。

5.3.2 进水区

宜采用分散式多点进水方式，利用沟或集水管将农田径流排水均匀导入湿地。

5.3.3 水生植物净化区

从岸边—边滩—浅水—深水区域，宜依次配置乔木—灌木—旱生—湿生—水生植物。宜在湿地内由浅水向深水方向，依次开展湿生—浮水—挺水—沉水植被的物种配置与优化组合。湿地内水生植物的种植密度不应小于3株/m^2。植物种类见附录A。

5.3.4 出水及水位控制区

出水可采用沟排，湿地应设置防止雨洪冲击的溢流口、排洪沟等排洪设施。

宜设置有闸门等水位调节设施，水深范围宜为0.3 m～0.5 m。

5.3.5 坡度

湿地内部水力坡度宜小于0.5%。超过坡度推荐值时，可通过闸门控制。

5.3.6 技术参数

水力负荷宜小于 0.1 $m^3/(m^2 \cdot d)$，净化设施表面积按 4.1.9 中的公式(1)计算。

总氮面积负荷宜小于 2.4 $g/(m^2 \cdot d)$，净化设施表面积按 4.1.9 中的公式(2)计算。

总磷面积负荷宜小于 0.3 $g/(m^2 \cdot d)$，净化设施表面积按 4.1.9 中的公式(3)计算。

综合设计时按 A_1、A_2 和 A_3 三个参数中需求面积最大的作为净化设施设计参数。

5.4 农田植被过滤带

5.4.1 组成单元

包括植被过滤区及出水区等。

5.4.2 植物配置

从农田至水体方向，宜依次配置草本—灌木植物。植物种类见附录 A。

5.4.3 宽度

宽度一般以大于 3.0 m 为宜，长度根据实际情况确定。

5.4.4 出水区

植被过滤带出水宜采用横沟收集，多点外排。

5.4.5 坡度

植被过滤带坡度应在 25°以下。

6 管护要求

6.1 设施内水位常年不宜低于各技术要求的最低水位，必要时可从系统外部调水。降水量大时或排水量大时，应保证排水通畅。应不影响农田正常生产。

6.2 依据所选材料对氮、磷等营养盐及其他污染物的去除能力定期更换填料，填料选择和布设宜考虑北方地区的冻胀问题。

6.3 应适时清理枯萎植物、塑料袋、农药瓶等杂物，清理设施内的淤泥，刈割挺水植物。

6.4 管护主体宜由专职人员或技术员承担，应按要求对净化设施进行日常检查和养护，保护生态系统多样性。

6.5 净化设施应分区分段进行统一编号，设立警示标志，防止事故发生。

6.6 应定期采集运行效果数据，包括但不限于水质和水量监测数据。

附 录 A
(资料性)
农田径流排水生态净化技术常用植物和水生动物种类

表 A.1 列出了生态净化技术常用植物和水生动物种类。

表 A.1 生态净化技术常用植物和水生动物种类

类型		名称
水生植物	挺水植物	芦苇[*Phragmites australis* (Cav.) Trin. ex Steud.]、香蒲(*Typha orientalis* C. Presl)、灯心草(*Juncus effusus* L.)、金钱蒲(*Acorus gramineus* Soland.)、风车草(*Cyperus involucratus* Rottb.)、美人蕉(*Canna indica* L.)、再力花(*Thalia dealbata*)、水芹[*Oenanthe javanica* (Blume) DC.]、金平灯芯草(*Juncus jinpingensis* S. Y. Bao)、南投灯芯草(*Juncus kuohii* M. J. Jung)、大理灯芯草(*Juncus petrophilus* Miyam.)、菰[*Zizania latifolia* (Griseb.) Turcz. ex Stapf]、水芹[*Oenanthe javanica* (Blume) DC.]、梭鱼草(*Pontederia cordata* L.)、野天胡荽(*Hydrocotyle vulgaris* L.)、泽泻(*Alisma plantago-aquatica* L.)、黑三棱[*Sparganium stoloniferum* (Buch.-Ham. ex Graebn.) Buch.-Ham. ex Juz.]、千屈菜(*Lythrum salicaria* L.)、华夏慈姑[*Sagittaria trifolia subsp. leucopetala* (Miquel) Q. F. Wang]、鸢尾(*Iris tectorum* Maxim.)、马蹄莲[*Zantedeschia aethiopica* (L.) Spreng.]等
	浮水植物	浮萍(*Lemna minor* L.)、睡莲(*Nymphaea tetragona* Georgi)、芡实(*Euryale ferox* Salisb. ex DC)、槐叶萍[*Salvinia natans* (L.) All.]、欧菱(*Trapa bispinosa* Roxb.)等
	沉水植物	伊乐藻(*Elodea canadensis* Michx.)、苦草[*Vallisneria natans* (Lour.) H. Hara]、菹草(*Potamogeton crispus* L.)、大茨藻(*Najas marina* L.)、石龙尾[*Limnophila sessiliflora* (Vahl) Blume]、光叶眼子菜(*Potamogeton lucens* L.)、竹叶眼子菜(*Potamogeton wrightii* Morong)、金鱼藻(*Ceratophyllum demersum* L.)、黑藻[*Hydrilla verticillata* (L. f.) Royle]等
湿生植物	草本植物	野芋(*Colocasia antiquorum* Schott)、水蓼(*Polygonum hydropiper* L.)、三白草[*Saururus chinensis* (Lour.) Baill.]、斑茅(*Saccharum arundinaceum* Retz.)、金荞麦[*Fagopyrum dibotrys* (D. Don) H. Hara]等
	木本植物	池杉[*Taxodium distichum var. imbricatum* (Nutt.) Croom]、垂柳(*Salix babylonica* L.)、中山杉(*Taxodium 'Zhongshansha'*)等
陆生植物	草本植物	拟金茅[*Eulaliopsis binata* (Retz.) C. E. Hubb.]、狗牙根[*Cynodon dactylon* (L.) Persoon]、黄花菜(*Hemerocallis citrina* Baroni)、黑麦草(*Lolium perenne* L.)等
	灌木植物	忍冬(*Lonicera japonica* Thunb.)、沙棘(*Hippophae rhamnoides* L.)、胡枝子(*Lespedeza bicolor* Turcz.)、紫穗槐(*Amorpha fruticosa* L.)、马桑(*Coriaria nepalensis* Wall.)、黄荆(*Vitex negundo* L.)、木瓜[*Chaenomeles sinensis* (Thouin) Koehne]、杜鹃(*Rhododendron simsii* Planch.)、木槿(*Hibiscus syriacus* L.)、连翘[*Forsythia suspensa* (Thunb.) Vahl]等
	乔木	杨属(*Populus* L.)、垂柳(*Salix babylonica* L.)、槐(*Styphnolobium japonicum* L.)、侧柏[*Platycladus orientalis* (L.) Franco]、油松(*Pinus tabuliformis* Carrière)(北方)、马尾松(*Pinus massoniana* Lamb.)(南方)、长叶女贞[*Ligustrum compactum* (Wall. ex G. Don) Hook. f.]、香樟[*Cinnamomum camphora* (L.) J. Presl]、化香树(*Platycarya strobilacea* Siebold & Zucc.)、海棠花[*Malus spectabilis* (Ait.) Borkh.]、水杉(*Metasequoia glyptostroboides* Hu & W. C. Cheng)等
水生动物		鲢鱼(*Hypophthalmichthys molitrix* Valenciennes)、鳙鱼(*Hypophthalmichthys nobilis* Richardson)、蚌科(Unionidae)等
注:生态净化技术选用植物和水生动物种类包括但不限于表 A.1 中推荐的物种。		

附 录 B
（规范性）
土质排水沟最小边坡系数

表 B.1 规定了不同深度和不同土质排水沟的最小边坡系数。

表 B.1 不同深度和不同土质排水沟的最小边坡系数

土质	排水沟深度，m			
	<1.5	1.5～3.0	3.0～4.0	>4.0
黏土、重壤土	1.0	1.25～1.5	1.5～2.0	>2.0
中壤土	1.5	2.0～2.5	2.5～3.0	>3.0
轻壤土、沙壤土	2.0	2.5～3.0	3.0～4.0	>4.0
沙土	2.5	3.0～4.0	4.0～5.0	>5.0

ICS 13.080.40
CCS B 11

中华人民共和国农业行业标准

NY/T 3827—2020

坡耕地径流拦蓄与再利用技术规范

Technical specification for interception, collection and reuse of runoff from sloping farmland

2020-11-12 发布　　2021-04-01 实施

中华人民共和国农业农村部　发布

前　言

本文件按照 GB/T 1.1—2020《标准化工作导则　第 1 部分:标准化文件的结构和起草规则》的规定起草。

本文件由农业农村部科技教育司提出并归口。

本文件起草单位:中国农业科学院农业资源与农业区划研究所、云南省农业科学院农业环境资源研究所、湖北省农业科学院植保土肥研究所、北京市农业环境监测站、农业农村部农业生态与资源保护总站、上海交通大学、辽宁省农业科学院植物营养与环境资源研究所、中国科学院精密测量科学与技术创新研究院、云南省农业环境保护监测站。

本文件主要起草人:刘宏斌、郭树芳、翟丽梅、夏颖、刘晓霞、木霖、胡万里、范先鹏、欧阳喜辉、付斌、习斌、潘君廷、李旭东、陈安强、张富林、王洪媛、牛世伟、张亮、王娜、耿宇聪、何小娟、武淑霞、杨波。

坡耕地径流拦蓄与再利用技术规范

1 范围

本文件规定了坡耕地径流拦蓄与再利用技术的基本原则、径流拦截、径流集蓄、径流再利用的内容。

本文件适用于坡耕地径流的拦截、集蓄与再利用。

2 规范性引用文件

下列文件中的内容通过文中的规范性引用而构成本文件必不可少的条款。其中,注日期的引用文件,仅该日期对应的版本适用于本文件;不注日期的引用文件,其最新版本(包括所有的修改单)适用于本文件。

GB/T 16453.1 水土保持综合治理 技术规范 坡耕地治理技术

GB/T 16453.4 水土保持综合治理 技术规范 小型蓄排引水工程

GB/T 30600 高标准农田建设 通则

GB/T 50596 雨水集蓄利用工程技术规范

LY/T 1914 植物篱营建技术规程

3 术语和定义

下列术语和定义适用于本文件。

3.1

坡耕地 sloping farmland

坡度在 6°～25°的耕地,包括缓坡耕地和陡坡耕地。

3.2

缓坡耕地 gently sloping farmland

坡度大于或等于 6°且小于或等于 15°的耕地。

3.3

陡坡耕地 steeply sloping farmland

坡度大于 15°且小于或等于 25°的耕地。

3.4

横坡垄作 cross ridge

在坡耕地上,沿等高线方向起垄种植农作物的一种耕作方式。

3.5

等高植物篱 contour hedgerow

沿坡面等高线种植具有一定经济或景观价值的一年生或多年生草本、灌木、灌化乔木或灌草结合的条状植物带,主要用于拦截水土流失,营造生物地埂的种植方式。

3.6

径流拦蓄 interception and collection of runoff

采取农艺、工程等措施拦截和集蓄径流的行为。

3.7

集水沟 collecting ditch

用于拦截、汇集坡面径流,并将其导流至集水池而修建的沟。

3.8

坡耕地氮磷流失风险期　risk period of nitrogen and phosphorus losses

坡耕地易发生氮、磷流失的时期，通常指翻耕至作物封垄前的时段。

4　基本原则

4.1　重点控制原则

工程集蓄技术宜优先用于陡坡耕地，重点集蓄氮磷流失风险期的径流；农艺拦截技术普遍适用于缓坡耕地和陡坡耕地。

4.2　经济实用原则

结合农艺技术与工程技术拦蓄径流，优先利用已有的塘、坝、库、沟、窖等集蓄径流；植物篱宜选用具有经济价值的本土植物；集蓄的径流宜自流灌溉。

4.3　蓄用结合原则

坡耕地氮磷流失风险期的径流宜随蓄随用，充分发挥集水池对径流的再集蓄能力；雨季后期应蓄满集水池，确保翌年春季作物的播种和保苗用水。

4.4　安全稳定原则

沉沙池和集水池的位置应避开填方或易滑坡地段，干燥少雨的地区集水池应采取防渗处理，寒冷地区冬季应采取防冻措施；建筑材料、设计和施工应符合安全性和稳定性要求。

5　径流拦截

5.1　基本要求

5.1.1　径流拦截技术包括农艺拦截技术和工程拦截技术。

5.1.2　工程拦截技术主要指坡改梯技术，适用于水土流失严重、经济条件许可的地区，梯田的建设与改造应符合 GB/T 30600 和 GB/T 16453.1 的规定。

5.1.3　因地制宜选用农艺拦截技术。

5.2　农艺拦截技术

5.2.1　横坡垄作

5.2.1.1　作物起垄方向与坡面方向垂直，垄高宜为 10 cm～30 cm。

5.2.1.2　原有顺坡沟垄改为横坡垄作时，应先翻耕，再横坡起垄种植。

5.2.1.3　在南方多雨且土壤黏重地区，从上向下翻土起垄，且垄的方向和等高线的高程差与水平距离之比（比降）宜为 1%～2%。

5.2.2　大横坡＋小顺坡

5.2.2.1　在坡面较长的坡耕地区，可采用“大横坡＋小顺坡”技术。

5.2.2.2　沿坡面从上到下，宜每隔 1.5 m～8 m 的顺坡坡长建造横坡截流沟、地埂或采用横坡种植作物的方式形成大横坡。大横坡地块内，顺坡种植作物，形成小顺坡，顺坡坡长可随坡度增大而缩短。

5.2.3　等高种植

5.2.3.1　应沿等高线种植作物，作物的株距和行距可根据作物种类和地形条件确定。

5.2.3.2　南方多雨且土壤黏重地区，种植方向宜与等高线呈 1%～2%的比降。

5.2.4　地面覆盖

5.2.4.1　秸秆覆盖

将前茬作物收获后的秸秆或异地收获的秸秆均匀覆盖在作物行间或休闲期农田。前茬作物秸秆宜全量覆盖农田；粗大秸秆宜先切段或粉碎后还田。

5.2.4.2　植物覆盖

作物行间可采用间作、套种等方式提高作物覆盖度；休闲期宜种植绿肥作物，常见的绿肥种类见附录 A。

5.2.5 等高植物篱

5.2.5.1 根据气候、土壤及当地产业特点，宜选择具有一定经济效益、生态效益和景观效益的草灌植物构建植物篱，常见的植物种类见附录 B。

5.2.5.2 植物株行距应符合 LY/T 1914 的规定。植物篱带间距计算方法见附录 C，宜为 3 m～7 m。

5.2.5.3 植物篱宜适时修剪，缺口处应及时补种。

6 径流集蓄

6.1 集蓄系统

包括汇流面、集水沟、沉沙池、集水池与含有排水阀的输水系统。

6.2 集蓄系统建设

6.2.1 汇流面

根据地形地势与已有的沟、塘、坝、库、窖分布等确定汇流面的范围和面积。单个汇流面南方宜为 0.5 hm^2～1 hm^2，北方宜为 1 hm^2～2 hm^2。

6.2.2 集水沟

汇流面内设集水沟，包括截流沟和排水沟，宜为土沟。截水沟排水一端与排水沟相接，其布局和规格应符合 GB/T 16453.4 的规定。集水沟的终端连接沉沙池。

6.2.3 沉沙池

6.2.3.1 位置

沉沙池一般布设在集水池进水口的上端。应根据安全性、适用性(如地形、土壤和工程条件等)确定具体位置，可紧靠集水池，也可与集水池保持一定距离。

6.2.3.2 设计标准

沉沙池一般为矩形的柱状体，其宽度为集水沟宽度的 2 倍，长度为池体宽度的 2 倍，池深一般为 60 cm～80 cm。沉沙池应设溢流口，宜比集水池的进水口高 10 cm。沉沙池的进水口和出水口，应做好石料(或砂浆砌砖或混凝土板)衬砌。沉沙池的设计和施工应符合 GB/T 16453.4 的规定。

6.2.4 集水池

6.2.4.1 选址

集水池一般布设在坡脚或坡面低凹处。应根据地形有利、便于利用、岩性良好(无裂缝暗穴、沙砾层等)等原则确定位置。

6.2.4.2 规格

集水池一般为圆形或矩形的柱状体，容积按公式(1)计算。

$$V = A \times P \times R \times 10^{-3} \quad \cdots\cdots (1)$$

式中：

V——集水池容积的数值，单位为立方米(m^3)；

A——集流坡面面积的数值，单位为平方米(m^2)；

P——设计暴雨强度的数值，单位为毫米(mm)，按 5 年一遇 24 h 最大降水量取值；

R——坡耕地径流系数的数值，南方坡耕地宜为 0.15～0.30，北方坡耕地宜为 0.03～0.15。

集水池的顶部应设置进水口和溢洪口，口宽宜为 40 cm～60 cm，深度宜为 30 cm～40 cm。距离集水池底部 30 cm 处设置直通排水阀。

6.3 质量与安全

6.3.1 集水池的建筑材料和施工、质量验收应符合 GB/T 50596 和 GB/T 16453.4 的规定。

6.3.2 集水池需设置护栏和步梯，并配备安全警示牌。护栏高度应不低于 1.1 m，在集水池入口处宜设置拦污栅，孔径不宜大于 10 mm×10 mm。

6.3.3 及时检查集水沟、沉沙池和集水池，发现堵塞、破损应及时疏通和修缮。集水池宜保持适量存水，防止池底裂缝。

6.3.4 应适时清理沉沙池和集水池的淤积物。

7 径流再利用

7.1 利用设施

集水池的位置宜高于灌溉农田的坡地，在集水池的排水阀处连接软管、沟等，或配套节水灌溉设施提水至田间进行灌溉。

7.2 利用时期

在坡耕地氮磷流失风险期，宜对径流全部收集，并及时利用该时期的径流进行农田灌溉。雨季结束前集水池宜处于蓄满状态，确保翌年春季作物的播种和保苗用水。

7.3 利用方法

7.3.1 集水池蓄水宜通过自流方式灌溉下部农田。

7.3.2 有条件的地区可采用微喷灌、滴灌等节水灌溉方式，微喷灌和滴灌系统首部应设置筛网式过滤器；也可通过泵站将蓄水输送至山坡坡面用于灌溉。

附 录 A
(资料性)
坡耕地常见绿肥种类

表 A.1 列出了坡耕地种植的常见绿肥种类。

表 A.1 坡耕地常见绿肥种类

类型	名称	拉丁文名称
豆科	紫云英	*Astragalus sinicus* L.
豆科	紫苜蓿	*Medicago Sativa* L.
豆科	白车轴草	*Trifolium repens* L.
豆科	草木樨	*Melilotus officinalis* (L.) Pall.
豆科	菽麻	*Crotalaria juncea* L.
豆科	田菁	Sesbania cannabina (Retz.) Poir.
豆科	蚕豆	*Vicia faba* L.
豆科	长柔毛野豌豆	*Vicia villosa* Roth
非豆科	油菜	*Brassica napus* L.
非豆科	肥田萝卜	*Raphanus sativus* L.
非豆科	荞麦	*Fagopyrum esculentum* Moench.
非豆科	黑麦草	*Lolium perenne* L.

附　录　B
（资料性）
坡耕地常见植物篱植物种类

表 B.1 列出了坡耕地种植的常见植物篱植物种类。

表 B.1　坡耕地常见植物篱植物种类

类型	名称	拉丁文名称
草本类	黄花菜	*Hemerocallis citrina* Baroni
草本类	灰毛豆	*Tephrosia purpurea*（L.）Pers.
草本类	拟金茅	*Eulaliopsis binata*（*Retz.*）C. E. Hubb.
草本类	紫苜蓿	*Medicago sativa* L.
草本类	狼尾草	*Pennisetum alopecuroides*（L.）Spreng.
草本类	黑麦草	*Lolium perenne* L.
草本类	麦冬	*Ophiopogon japonicus*（Linn. f.）Ker-Gawl.
草本类	金荞麦	*Fagopyrum dibotrys*（D. Don）H. Hara
草本类	毛秆野古草	*Arundinella hirta*（Thunb.）Tanaka
草本类	白灰毛豆	*Tephrosia candida* DC.
草本类	香根草	*Chrysopogon zizanioides*（L.）Roberty
草本类	草木樨	*Melilotus officinalis*（L.）Pall.
草本类	圆叶决明	*Chamaecrista rotundifolia*（Pers.）Greene
草本类	豇豆	*Vigna unguiculata*（L.）Walp.
灌木类	紫穗槐	*Amorpha fruticosa* L.
灌木类	忍冬	*Lonicera japonica* Thunb.
灌木类	沙棘	*Hippophae rhamnoides* L.
灌木类	柠条锦鸡儿	*Caragana korshinskii* Kom.
灌木类	胡枝子	*Lespedeza bicolor* Turcz.
灌木类	缫丝花	*Rosa roxburghii* Tratt.
灌木类	刺五加	*Eleutherococcus senticosus*（Rupr. & Maxim.）Maxim.
灌木类	小叶女贞	*Ligustrum quihoui* Carrière
灌木类	银合欢	*Leucaena leucocephala*（Lam.）de Wit
灌木类	马桑	*Coriaria nepalensis* Wall.
灌木类	黄荆	*Vitex negundo* L.
灌木类	花椒	*Zanthoxylum bungeanum* Maxim.
灌木类	香椿	*Toona sinensis*（Juss.）Roem.

附　录　C
（资料性）
坡耕地植物篱带间距

在坡面从上到下，每隔一定距离沿等高线方向种植植物篱，带间距 L 按公式(C.1)计算。

$$L=\frac{4H}{\sin 2\alpha} \tag{C.1}$$

式中：

L ——带间距的数值，单位为米(m)；

H ——坡面土层平均厚度的数值，单位为米(m)；

α ——坡度的数值，单位为度(°)。

ICS 65.020.01
CCS B 05

中华人民共和国农业行业标准

NY/T 3828—2020

畜禽粪便食用菌基质化利用技术规范

Technical specification for the edible fungi substrate production by livestock and poultry manure

2020-11-12 发布　　　　2021-04-01 实施

中华人民共和国农业农村部　发布

前　言

本文件按照 GB/T 1.1—2020《标准化工作导则　第 1 部分：标准化文件的结构和起草规则》的规定起草。

本文件由农业农村部科技教育司提出并归口。

本文件起草单位：中国农业科学院农业资源与农业区划研究所、北京市农业环境监测站、上海农业科学院食用菌研究所、中国农业大学水利与土木工程学院、大理白族自治州农业科学推广研究院、云南省农业科学院农业环境资源研究所、西北农林科技大学资源环境学院、江苏裕灌现代农业科技有限公司、新余蘑坊菌业有限公司。

本文件主要起草人：欧阳喜辉、耿宇聪、王洪媛、段娜、黄建春、刘晓霞、邹亚杰、刘宏斌、倪喜云、武淑霞、潘君廷、段艳涛、胡清秀、郭树芳、胡万里、杨献清、陈安强、翟丽梅、张增强、沈新芬、王蒙、廖金钻。

畜禽粪便食用菌基质化利用技术规范

1 范围

本文件规定了畜禽粪便食用菌基质化利用技术的场区要求，工艺流程及技术要求，设施设备，产品质量要求，成品包装、运输和储存。

本文件适用于以畜禽粪便为重要原料生产食用菌基质，用于食用菌栽培。

2 规范性引用文件

下列文件中的内容通过文中的规范性引用而构成本文件必不可少的条款。其中，注日期的引用文件，仅该日期对应的版本适用于本文件；不注日期的引用文件，其最新版本（包括所有的修改单）适用于本文件。

GB/T 191 包装储运图示标志

GB 5084 农田灌溉水质标准

GB 8978 污水综合排放标准

GB/T 12728 食用菌术语

GB/T 27622 畜禽粪便储存设施设计要求

GB/T 36195 畜禽粪便无害化处理技术规范

GH/T 1270 秸秆收储运体系建设规范

NY/T 391—2013 绿色食品 产地环境质量

NY/T 1935 食用菌栽培基质质量安全要求

NY/T 3442 畜禽粪便堆肥技术规范

3 术语和定义

GB/T 12728 界定的以及下列术语和定义适用于本文件。

3.1

畜禽粪便食用菌基质化利用 substrate production of edible fungi by livestock and poultry manure

以畜禽粪便为重要原料，根据不同种类食用菌的生产特性和需求，通过原料选择、原料预处理、原料混合、原料发酵等过程，生产制备食用菌基质。

3.2

一次发酵 fermentation phase Ⅰ

原料预湿混合均匀后，在控制条件下达到并保持一定温度以实现初步无害化、稳定化，形成初级培养料的过程。

3.3

二次发酵 fermentation phase Ⅱ

一次发酵后的培养料在控制条件下，经巴氏灭菌和有益微生物培养，形成更具稳定性、适合目标食用菌生长的培养料的过程。

3.4

三次发酵 fermentation phase Ⅲ

将接种目标菌种的二次发酵后的培养料转移至封闭式低压发酵隧道中，通过控制温度、湿度、风速等促进菌丝体繁殖，形成长满菌丝的培养料的过程。

4 场区要求

4.1 场区周边 5 000 m 以内无化学污染源；与畜禽养殖场至少保持 500 m 的防疫距离，与种畜禽养殖场至少保持 1 000 m 的防疫距离；距离功能地表水体 400 m 以上；距离水泥厂、石灰厂、木材加工厂等扬尘源 100 m 以上；距离集市、医院、学校、居民居住区和其他公共场所 300 m 以上，位于居民集中区下风口。

4.2 场区平坦，交通便利，水电配套。

4.3 生产场区应雨污分流、防渗漏，整洁卫生。

5 工艺流程及技术要求

5.1 工艺流程

畜禽粪便食用菌基质化利用工艺包括原料选择，原料预处理，原料混合，原料发酵，废水、废气处理等环节，见图 1。

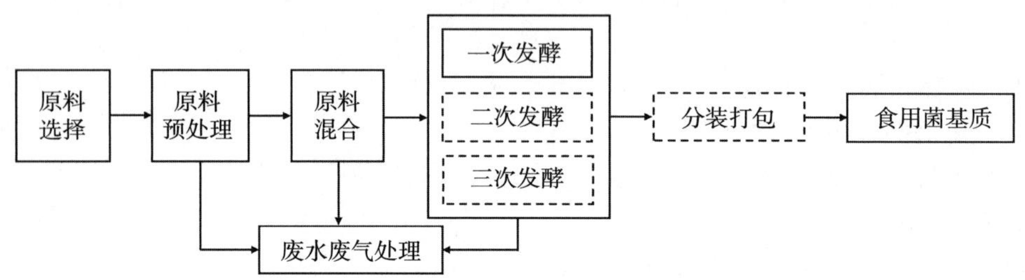

注：实线表示必需步骤，虚线表示可选步骤。

图 1 畜禽粪便食用菌基质化利用工艺流程

5.2 原料要求

畜禽粪便、农作物秸秆等应符合 NY/T 1935 的规定，生产用水应符合 GB 5084 的规定。

5.3 原料预处理

畜禽粪便应充分晾晒或干燥后粉碎。农作物秸秆宜充分晾晒，长度控制在 5 cm～30 cm，秸秆应充分预湿。

5.4 原料混合

应根据栽培食用菌种类，选择适宜配方进行合理配比、充分混匀，含水量调至 70%～75%，C/N 调至 28～33，pH 调至 7.5～8.5。

5.5 原料发酵

5.5.1 基本要求

应根据食用菌种类、生产条件等确定原料发酵工艺，所有类型畜禽粪便类基质生产均应进行一次发酵，双孢蘑菇、巴西蘑菇和草菇基质生产宜进行二次发酵，有条件的双孢蘑菇和巴西蘑菇基质生产可进行三次发酵。应使原料发酵全面、均匀、彻底。

5.5.2 一次发酵

培养料堆体的最高温度不应低于 70℃。仅进行一次发酵的，发酵时间不宜低于 20 d，翻堆次数宜为 4 次～5 次；后续进行二次发酵的，条垛式一次发酵时间宜为 14 d～16 d，槽式一次发酵时间宜为 11 d～14 d，翻堆/换仓次数不宜低于 3 次。

5.5.3 二次发酵(适用时)

包括平衡、升温、巴氏灭菌、降温、培养、降温 6 个阶段。平衡阶段保持堆体温度 48℃～50℃，维持 10 h～20 h；可通过自然升温、锅炉蒸汽等方式升温至 58℃～62℃，维持 6 h～8 h 进行巴氏灭菌；灭菌后降温至 48℃～52℃，培养 4 d～5 d；培养结束后应使堆体温度在 3 h～5 h 内降至自然温度，后续进行三次发酵的，应在 3 h 内降至 25℃。

5.5.4 三次发酵(适用时)

将二次发酵之后的培养料接种后送入三次发酵隧道中,温度宜控制在24℃~26℃,时间以16 d~18 d为宜。

5.6 分装打包(适用时)

应按照NY/T 1935的规定执行。

5.7 废水废气处理

生产过程中产生的废水应在场区内收集,经曝气处理后循环利用;多余的废水应处理后排放,符合GB 8978的规定。废气应进行收集和处理,按照NY/T 3442的规定执行;处理后的气体应符合NY/T 391—2013中表1空气质量要求的规定。

6 设施设备

6.1 原料储存设施

容积大小应依据生产规模、生产周期、原料获取情况等确定,并根据原料种类与特性等进行分类储存。畜禽粪便储存设施应符合GB/T 27622的规定,农作物秸秆储存设施应符合GH/T 1270的规定。

6.2 原料预处理设施

应具备畜禽粪便、农作物秸秆等原料的晾晒、粉碎、混合等场地及配套设施。地势应相对较高,具有防火、防雨、防降尘和防霉变等功能。

6.3 发酵设施

应根据食用菌种类和生产条件建设相应的发酵设施,包括发酵大棚、发酵槽、发酵隧道等。

6.4 辅助生产设施

应配备相应的废水、废气收集和处理系统。

6.5 生产设备

应根据生产规模与工艺配置相应的切草机、粉碎机、翻堆机、拌料抛料机、大小铲车、装载车、卸载车、分装机等设备。

7 产品质量要求

7.1 外观及理化指标

一次发酵和二次发酵后的基质应疏松、无黏滑感,颜色宜为咖啡色或棕褐色,无异味,C/N为14~18,pH为6.5~8.0,含水量为50%~75%,含N量为1.5%~2.4%。

7.2 卫生学标准

应按照GB 36195的规定执行。

7.3 重金属限量标准

畜禽粪便食用菌基质重金属限量应符合NY/T 391—2013的规定。

8 成品包装、运输和储存

8.1 包装材料应清洁、干燥、无毒、无异味,牢固无破损;包装形式可散装、袋装或按特定需求包装;包装储运标志应符合GB/T 191的规定。

8.2 运输工具应清洁、干燥、具有防雨、防晒和控温措施。不应与有毒、有害、有腐蚀性或其他有污染的物品混运。

8.3 储存场所应保持阴凉、通风、干燥。不应与有毒、有害物质混放。

附录

中华人民共和国农业农村部公告
第 281 号

《小麦孢囊线虫鉴定和监测技术规程》等 95 项标准业经专家审定通过，现批准发布为中华人民共和国农业行业标准，自 2020 年 7 月 1 日起实施。

特此公告。

附件：《小麦孢囊线虫鉴定和监测技术规程》等 95 项农业行业标准目录

农业农村部

2020 年 3 月 20 日

附件：

《小麦孢囊线虫鉴定和监测技术规程》等95项农业行业标准目录

序号	标准号	标准名称	代替标准号
1	NY/T 3533—2020	小麦孢囊线虫鉴定和监测技术规程	
2	NY/T 3534—2020	棉花抗旱性鉴定技术规程	
3	NY/T 3535—2020	棉花耐盐性鉴定技术规程	
4	NY/T 3536—2020	甘薯主要病虫害综合防控技术规程	
5	NY/T 3537—2020	甘薯脱毒种薯(苗)生产技术规程	
6	NY/T 3538—2020	老茶园改造技术规范	
7	NY/T 3539—2020	叶螨抗药性监测技术规程	
8	NY/T 3540—2020	油菜种子产地检疫规程	
9	NY/T 3541—2020	红火蚁专业化防控技术规程	
10	NY/T 3542.1—2020	释放赤眼蜂防治害虫技术规程　第1部分:水稻田	
11	NY/T 3543—2020	小麦田看麦娘属杂草抗药性监测技术规程	
12	NY/T 3544—2020	烟粉虱测报技术规范　露地蔬菜	
13	NY/T 3545—2020	棉蓟马测报技术规范	
14	NY/T 3546—2020	玉米大斑病测报技术规范	
15	NY/T 3547—2020	玉米田棉铃虫测报技术规范	
16	NY/T 3548—2020	水果中黄酮醇的测定　液相色谱-质谱联用法	
17	NY/T 3549—2020	柑橘大实蝇防控技术规程	
18	NY/T 3550—2020	浆果类水果良好农业规范	
19	NY/T 3551—2020	蝗虫孳生区数字化勘测技术规范	
20	NY/T 3552—2020	大量元素水溶肥料田间试验技术规范	
21	NY/T 3553—2020	华北平原冬小麦微喷带水肥一体化技术规程	
22	NY/T 3554—2020	春玉米滴灌水肥一体化技术规程	
23	NY/T 3555—2020	番茄溃疡病综合防控技术规程	
24	NY/T 3556—2020	粮谷中硒代半胱氨酸和硒代蛋氨酸的测定　液相色谱-电感耦合等离子体质谱法	
25	NY/T 3557—2020	畜禽中农药代谢试验准则	
26	NY/T 3558—2020	畜禽中农药残留试验准则	
27	NY/T 3559—2020	小麦孢囊线虫综合防控技术规程	
28	NY/T 3560—2020	茶树菇生产技术规程	
29	NY/T 3561—2020	东北春玉米秸秆深翻还田技术规程	
30	NY/T 523—2020	专用籽粒玉米和鲜食玉米	NY/T 524—2002、NY/T 521—2002、NY/T 597—2002、NY/T 523—2002、NY/T 520—2002、NY/T 522—2002、NY/T 690—2003

（续）

序号	标准号	标准名称	代替标准号
31	NY/T 3562—2020	藤茶生产技术规程	
32	NY/T 3563.1—2020	老果园改造技术规范　第1部分：苹果	
33	NY/T 3563.2—2020	老果园改造技术规范　第2部分：柑橘	
34	NY/T 3564—2020	水稻稻曲病菌毒素的测定　液相色谱-质谱法	
35	NY/T 3565—2020	植物源食品中有机锡残留量的检测方法　气相色谱-质谱法	
36	NY/T 3566—2020	粮食作物中脂肪酸含量的测定　气相色谱法	
37	NY/T 3567—2020	棉花耐渍涝性鉴定技术规程	
38	NY/T 3568—2020	小麦品种抗禾谷孢囊线虫鉴定技术规程	
39	NY/T 3569—2020	山药、芋头储藏保鲜技术规程	
40	NY/T 3570—2020	多年生蔬菜储藏保鲜技术规程	
41	NY/T 3263.2—2020	主要农作物蜜蜂授粉及病虫害综合防控技术规程　第2部分：大田果树（苹果、樱桃、梨、柑橘）	
42	NY/T 3263.3—2020	主要农作物蜜蜂授粉及病虫害综合防控技术规程　第3部分：油料作物（油菜、向日葵）	
43	NY/T 3571—2020	芦笋茎枯病抗性鉴定技术规程	
44	NY/T 3572—2020	右旋苯醚菊酯原药	
45	NY/T 3573—2020	棉隆原药	
46	NY/T 3574—2020	肟菌酯原药	
47	NY/T 3575—2020	肟菌酯悬浮剂	
48	NY/T 3576—2020	丙草胺原药	
49	NY/T 3577—2020	丙草胺乳油	
50	NY/T 3578—2020	除虫脲原药	
51	NY/T 3579—2020	除虫脲可湿性粉剂	
52	NY/T 3580—2020	砜嘧磺隆原药	
53	NY/T 3581—2020	砜嘧磺隆水分散粒剂	
54	NY/T 3582—2020	呋虫胺原药	
55	NY/T 3583—2020	呋虫胺悬浮剂	
56	NY/T 3584—2020	呋虫胺水分散粒剂	
57	NY/T 3585—2020	氟啶胺原药	
58	NY/T 3586—2020	氟啶胺悬浮剂	
59	NY/T 3587—2020	咯菌腈原药	
60	NY/T 3588—2020	咯菌腈种子处理悬浮剂	
61	NY/T 3589—2020	颗粒状药肥技术规范	
62	NY/T 3590—2020	棉隆颗粒剂	
63	NY/T 3591—2020	五氟磺草胺原药	
64	NY/T 3592—2020	五氟磺草胺可分散油悬浮剂	
65	NY/T 3593—2020	苄嘧磺隆·二氯喹啉酸可湿性粉剂	HG/T 3886—2006
66	NY/T 3594—2020	精喹禾灵原药	HG/T 3761—2004
67	NY/T 3595—2020	精喹禾灵乳油	HG/T 3762—2004

（续）

序号	标准号	标准名称	代替标准号
68	NY/T 3596—2020	硫磺悬浮剂	HG/T 2316—1992
69	NY/T 3597—2020	三乙膦酸铝原药	HG/T 3296—2001
70	NY/T 3598—2020	三乙膦酸铝可湿性粉剂	HG/T 3297—2001
71	NY/T 3599.1—2020	从养殖到屠宰全链条兽医卫生追溯监管体系建设技术规范　第1部分:代码规范	
72	NY/T 3599.2—2020	从养殖到屠宰全链条兽医卫生追溯监管体系建设技术规范　第2部分:数据字典	
73	NY/T 3599.3—2020	从养殖到屠宰全链条兽医卫生追溯监管体系建设技术规范　第3部分:数据集模型	
74	NY/T 3599.4—2020	从养殖到屠宰全链条兽医卫生追溯监管体系建设技术规范　第4部分:数据交换格式	
75	NY/T 3365—2020	畜禽屠宰加工设备　猪胴体输送轨道	NY/T 3365—2018 (SB/T 10495—2008)
76	NY/T 3600—2020	环氧化天然橡胶	
77	NY/T 3601—2020	火龙果等级规格	
78	NY/T 3602—2020	澳洲坚果质量控制技术规程	
79	NY/T 3603—2020	热带作物病虫害防治技术规程　咖啡黑枝小蠹	
80	NY/T 3604—2020	辣木叶粉	
81	NY/T 3605—2020	剑麻纤维制品　水溶酸和盐含量的测定	
82	NY/T 3606—2020	地理标志农产品品质鉴定与质量控制技术规范　谷物类	
83	NY/T 3607—2020	农产品中生氰糖苷的测定　液相色谱-串联质谱法	
84	NY/T 3608—2020	畜禽骨胶原蛋白含量测定方法　分光光度法	
85	NY/T 3609—2020	食用血粉	
86	NY/T 3610—2020	干红辣椒质量分级	
87	NY/T 3611—2020	甘薯全粉	
88	NY/T 3612—2020	序批式厌氧干发酵沼气工程设计规范	
89	NY/T 3613—2020	农业外来入侵物种监测评估中心建设规范	
90	NY/T 3614—2020	能源化利用秸秆收储站建设规范	
91	NY/T 3615—2020	种蜂场建设规范	
92	NY/T 3616—2020	水产养殖场建设规范	
93	NY/T 3617—2020	牧区牲畜暖棚建设规范	
94	NY/T 3618—2020	生物炭基有机肥料	
95	NY/T 3619—2020	设施蔬菜根结线虫病防治技术规程	

中华人民共和国农业农村部公告
第 282 号

《饲料中炔雌醇等 8 种雌激素类药物的测定　液相色谱-串联质谱法》等 2 项标准业经专家审定通过，现批准发布为中华人民共和国国家标准，自 2020 年 7 月 1 日起实施。

特此公告。

附件：《饲料中炔雌醇等 8 种雌激素类药物的测定　液相色谱-串联质谱法》等 2 项国家标准目录

农业农村部

2020 年 3 月 20 日

附件：

《饲料中炔雌醇等8种雌激素类药物的测定　液相色谱-串联质谱法》等2项国家标准目录

序号	标准号	标准名称	代替标准号
1	农业农村部公告第282号—1—2020	饲料中炔雌醇等8种雌激素类药物的测定　液相色谱-串联质谱法	
2	农业农村部公告第282号—2—2020	饲料中土霉素、四环素、金霉素、多西环素的测定	

中华人民共和国农业农村部公告
第 316 号

《饲料中甲丙氨酯的测定　液相色谱-串联质谱法》等 8 项标准业经专家审定通过，现批准发布为中华人民共和国国家标准，自 2020 年 11 月 1 日起实施。

特此公告。

附件：《饲料中甲丙氨酯的测定　液相色谱-串联质谱法》等 8 项国家标准目录

农业农村部

2020 年 7 月 17 日

附件：

《饲料中甲丙氨酯的测定　液相色谱-串联质谱法》等8项国家标准目录

序号	标准号	标准名称	代替标准号
1	农业农村部公告第316号—1—2020	饲料中甲丙氨酯的测定　液相色谱-串联质谱法	
2	农业农村部公告第316号—2—2020	饲料中盐酸氯苯胍的测定　高效液相色谱法	NY/T 910—2004
3	农业农村部公告第316号—3—2020	饲料中泰妙菌素的测定　高效液相色谱法	
4	农业农村部公告第316号—4—2020	饲料中克百威、杀虫脒和双甲脒的测定　液相色谱-串联质谱法	
5	农业农村部公告第316号—5—2020	饲料中17种头孢菌素类药物的测定　液相色谱-串联质谱法	
6	农业农村部公告第316号—6—2020	饲料中乙氧酰胺苯甲酯的测定　高效液相色谱法	
7	农业农村部公告第316号—7—2020	饲料中赛地卡霉素的测定　液相色谱-串联质谱法	
8	农业农村部公告第316号—8—2020	饲料中他唑巴坦的测定　液相色谱-串联质谱法	

中华人民共和国农业农村部公告
第 319 号

《绿色食品　农药使用准则》等 75 项标准业经专家审定通过，现批准发布为中华人民共和国农业行业标准，自 2020 年 11 月 1 日起实施。

特此公告。

附件：《绿色食品　农药使用准则》等 75 项农业行业标准目录

农业农村部

2020 年 7 月 27 日

附件：

《绿色食品　农药使用准则》等75项农业行业标准目录

序号	标准号	标准名称	代替标准号
1	NY/T 393—2020	绿色食品　农药使用准则	NY/T 393—2013
2	NY/T 3620—2020	农业用硫酸钾镁及使用规程	
3	NY/T 3621—2020	油菜根肿病抗性鉴定技术规程	
4	NY/T 3622—2020	马铃薯抗马铃薯Y病毒病鉴定技术规程	
5	NY/T 3623—2020	马铃薯抗南方根结线虫病鉴定技术规程	
6	NY/T 3624—2020	水稻穗腐病抗性鉴定技术规程	
7	NY/T 3625—2020	稻曲病抗性鉴定技术规程	
8	NY/T 3626—2020	西瓜抗枯萎病鉴定技术规程	
9	NY/T 3627—2020	香菇菌棒集约化生产技术规程	
10	NY/T 3628—2020	设施葡萄栽培技术规程	
11	NY/T 3629—2020	马铃薯黑胫病和软腐病菌PCR检测方法	
12	NY/T 3630.1—2020	农药利用率田间测定方法　第1部分:大田作物茎叶喷雾的农药沉积利用率测定方法　诱惑红指示剂法	
13	NY/T 3631—2020	茶叶中可可碱和茶碱含量的测定　高效液相色谱法	
14	NY/T 3632—2020	油菜农机农艺结合生产技术规程	
15	NY/T 3633—2020	双低油菜轻简化高效生产技术规程	
16	NY/T 3634—2020	春播玉米机收籽粒生产技术规程	
17	NY/T 2268—2020	农业用改性硝酸铵及使用规程	NY 2268—2012
18	NY/T 2269—2020	农业用硝酸铵钙及使用规程	NY 2269—2012
19	NY/T 2670—2020	尿素硝酸铵溶液及使用规程	NY 2670—2015
20	NY/T 1202—2020	豆类蔬菜储藏保鲜技术规程	NY/T 1202—2006
21	NY/T 1203—2020	茄果类蔬菜储藏保鲜技术规程	NY/T 1203—2006
22	NY/T 1107—2020	大量元素水溶肥料	NY 1107—2010
23	NY/T 3635—2020	释放捕食螨防治害虫(螨)技术规程　设施蔬菜	
24	NY/T 3636—2020	腐烂茎线虫疫情监测与防控技术规程	
25	NY/T 3637—2020	蔬菜蓟马类害虫综合防治技术规程	
26	NY/T 3638—2020	直播油菜生产技术规程	
27	NY/T 3639—2020	中华猕猴桃品种鉴定　SSR分子标记法	
28	NY/T 3640—2020	葡萄品种鉴定　SSR分子标记法	
29	NY/T 3641—2020	欧洲甜樱桃品种鉴定　SSR分子标记法	
30	NY/T 3642—2020	桃品种鉴定　SSR分子标记法	
31	NY/T 3643—2020	晋汾白猪	
32	NY/T 3644—2020	苏淮猪	
33	NY/T 3645—2020	黄羽肉鸡营养需要量	
34	NY/T 3646—2020	奶牛性控冻精人工授精技术规范	
35	NY/T 3647—2020	草食家畜羊单位换算	
36	NY/T 3648—2020	草地植被健康监测评价方法	

（续）

序号	标准号	标准名称	代替标准号
37	NY/T 823—2020	家禽生产性能名词术语和度量计算方法	NY/T 823—2004
38	NY/T 1170—2020	苜蓿干草捆	NY/T 1170—2006
39	NY/T 3649—2020	莆田黑鸭	
40	NY/T 3650—2020	苏尼特羊	
41	NY/T 3651—2020	肉鸽生产性能测定技术规范	
42	NY/T 3652—2020	种猪个体记录	NY/T 2—1982
43	NY/T 3653—2020	通城猪	
44	NY/T 3654—2020	鲟鱼配合饲料	
45	NY/T 3655—2020	饲料中N-羟甲基蛋氨酸钙的测定	
46	NY/T 3656—2020	饲料原料　葡萄糖胺盐酸盐	
47	SC/T 1149—2020	大水面增养殖容量计算方法	
48	SC/T 6103—2020	渔业船舶船载天通卫星终端技术规范	
49	SC/T 2031—2020	大菱鲆配合饲料	SC/T 2031—2004
50	NY/T 1144—2020	畜禽粪便干燥机　质量评价技术规范	NY/T 1144—2006
51	NY/T 1004—2020	秸秆粉碎还田机　质量评价技术规范	NY/T 1004—2006
52	NY/T 1875—2020	联合收获机报废技术条件	NY/T 1875—2010
53	NY/T 363—2020	种子除芒机　质量评价技术规范	NY/T 363—1999
54	NY/T 366—2020	种子分级机　质量评价技术规范	NY/T 366—1999
55	NY/T 375—2020	种子包衣机　质量评价技术规范	NY/T 375—1999
56	NY/T 989—2020	水稻栽植机械　作业质量	NY/T 989—2006
57	NY/T 738—2020	大豆联合收割机　作业质量	NY/T 738—2003
58	NY/T 991—2020	牧草收获机械　作业质量	NY/T 991—2006
59	NY/T 507—2020	耙浆平地机　质量评价技术规范	NY/T 507—2002
60	NY/T 3657—2020	温室植物补光灯　质量评价技术规范	
61	NY/T 3658—2020	水稻全程机械化生产技术规范	
62	NY/T 3659—2020	黄河流域棉区棉花全程机械化生产技术规范	
63	NY/T 3660—2020	花生播种机　作业质量	
64	NY/T 3661—2020	花生全程机械化生产技术规范	
65	NY/T 3662—2020	大豆全程机械化生产技术规范	
66	NY/T 3663—2020	水稻种子催芽机　质量评价技术规范	
67	NY/T 3664—2020	手扶式茎叶类蔬菜收获机　质量评价技术规范	
68	NY/T 3665—2020	农业环境损害鉴定调查技术规范	
69	NY/T 3666—2020	农业化学品包装物田间收集池建设技术规范	
70	NY/T 3667—2020	生态农场评价技术规范	
71	NY/T 3668—2020	替代控制外来入侵植物技术规范	
72	NY/T 3669—2020	外来草本植物安全性评估技术规范	
73	NY/T 3670—2020	密集养殖区畜禽粪便收集站建设技术规范	
74	NY/T 3671—2020	设施菜地敞棚休闲期硝酸盐污染防控技术规范	
75	NY/T 3672—2020	生物炭检测方法通则	

中华人民共和国农业农村部公告
第 323 号

《转基因植物及其产品成分检测　番木瓜内标准基因定性 PCR 方法》等 29 项标准业经专家审定通过，现批准发布为中华人民共和国国家标准，自 2020 年 11 月 1 日起实施。

特此公告。

附件：《转基因植物及其产品成分检测　番木瓜内标准基因定性 PCR 方法》等 29 项国家标准目录

农业农村部

2020 年 8 月 4 日

附件：

《转基因植物及其产品成分检测　番木瓜内标准基因定性 PCR 方法》等 29 项国家标准目录

序号	标准号	标准名称	代替标准号
1	农业农村部公告第 323 号—1—2020	转基因植物及其产品成分检测　番木瓜内标准基因定性 PCR 方法	
2	农业农村部公告第 323 号—2—2020	转基因植物及其产品成分检测　耐除草剂油菜MS8×RF3 及其衍生品种定性 PCR 方法	农业部 869 号公告—5—2007
3	农业农村部公告第 323 号—3—2020	转基因植物及其产品成分检测　耐除草剂玉米 CC-2 及其衍生品种定性 PCR 方法	
4	农业农村部公告第 323 号—4—2020	转基因植物及其产品成分检测　耐除草剂棉花 MON88701 及其衍生品种定性 PCR 方法	
5	农业农村部公告第 323 号—5—2020	转基因植物及其产品成分检测　抗虫大豆 MON87751 及其衍生品种定性 PCR 方法	
6	农业农村部公告第 323 号—6—2020	转基因植物及其产品成分检测　油菜标准物质原材料繁殖与鉴定技术规范	
7	农业农村部公告第 323 号—7—2020	转基因植物及其产品成分检测　大豆标准物质原材料繁殖与鉴定技术规范	
8	农业农村部公告第 323 号—8—2020	转基因植物及其产品成分检测　质粒 DNA 标准物质制备技术规范	
9	农业农村部公告第 323 号—9—2020	转基因植物及其产品成分检测　环介导等温扩增方法制定指南	
10	农业农村部公告第 323 号—10—2020	转基因植物及其产品成分检测　耐除草剂大豆 GTS40-3-2 及其衍生品种定量 PCR 方法	
11	农业农村部公告第 323 号—11—2020	转基因植物及其产品成分检测　品质改良苜蓿 KK179 及其衍生品种定性 PCR 方法	
12	农业农村部公告第 323 号—12—2020	转基因植物及其产品成分检测　耐除草剂玉米 G1105E-823C 及其衍生品种定性 PCR 方法	
13	农业农村部公告第 323 号—13—2020	转基因植物及其产品成分检测　cry1A 基因定性 PCR 方法	
14	农业农村部公告第 323 号—14—2020	转基因植物及其产品成分检测　耐除草剂玉米 C0010.1.3 及其衍生品种定性 PCR 方法	
15	农业农村部公告第 323 号—15—2020	转基因植物及其产品成分检测　耐除草剂玉米 C0010.3.1 及其衍生品种定性 PCR 方法	
16	农业农村部公告第 323 号—16—2020	转基因植物及其产品成分检测　抗虫耐除草剂玉米 GH5112E-117C 及其衍生品种定性 PCR 方法	
17	农业农村部公告第 323 号—17—2020	转基因植物及其产品成分检测　抗虫耐除草剂玉米 C0030.2.4 及其衍生品种定性 PCR 方法	
18	农业农村部公告第 323 号—18—2020	转基因植物及其产品成分检测　抗虫耐除草剂玉米 C0030.2.5 及其衍生品种定性 PCR 方法	
19	农业农村部公告第 323 号—19—2020	转基因植物及其产品成分检测　抗环斑病毒番木瓜 YK16-0-1 及其衍生品种定性 PCR 方法	
20	农业农村部公告第 323 号—20—2020	转基因植物及其产品成分检测　耐除草剂大豆 ZH10-6 及其衍生品种定性 PCR 方法	
21	农业农村部公告第 323 号—21—2020	转基因植物及其产品成分检测　数字 PCR 方法制定指南	
22	农业农村部公告第 323 号—22—2020	转基因植物及其产品成分检测　水稻标准物质原材料繁殖与鉴定技术规范	
23	农业农村部公告第 323 号—23—2020	转基因动物试验安全控制措施　第 1 部分：畜禽	

（续）

序号	标准号	标准名称	代替标准号
24	农业农村部公告第 323 号—24—2020	转基因生物良好实验室操作规范　第 3 部分:食用安全检测	
25	农业农村部公告第 323 号—25—2020	转基因植物及其产品环境安全检测　耐除草剂苜蓿　第 1 部分:除草剂耐受性	
26	农业农村部公告第 323 号—26—2020	转基因生物及其产品食用安全检测　外源蛋白质大鼠 28 d 经口毒性试验	
27	农业农村部公告第 323 号—27—2020	转基因植物及其产品食用安全检测　大鼠 90 d 喂养试验	NY/T 1102—2006
28	农业农村部公告第 323 号—28—2020	转基因生物及其产品食用安全检测　抗营养因子　马铃薯中龙葵碱检测方法　液相色谱质谱法	
29	农业农村部公告第 323 号—29—2020	转基因生物及其产品食用安全检测　抗营养因子　番木瓜中异硫氰酸苄酯和草酸的测定	

中华人民共和国农业农村部公告
第 329 号

《植物油料中角鲨烯含量的测定》等 142 项标准业经专家审定通过，现批准发布为中华人民共和国农业行业标准，自 2021 年 1 月 1 日起实施。

特此公告。

农业农村部

2020 年 8 月 26 日

附件：

《植物油料中角鲨烯含量的测定》等 142 项农业行业标准目录

序号	标准号	标准名称	代替标准号
1	NY/T 3673—2020	植物油料中角鲨烯含量的测定	
2	NY/T 3674—2020	油菜薹中莱菔硫烷含量的测定　液相色谱串联质谱法	
3	NY/T 3675—2020	红茶中茶红素和茶褐素含量的测定　分光光度法	
4	NY/T 3676—2020	灵芝中总三萜含量的测定　分光光度法	
5	NY/T 3677—2020	家蚕微孢子虫荧光定量 PCR 检测方法	
6	NY/T 3678—2020	土壤田间持水量的测定　围框淹灌仪器法	
7	NY/T 1732—2020	桑蚕品种鉴定方法	NY/T 1732—2009
8	NY/T 3679—2020	高油酸花生筛查技术规程　近红外法	
9	NY/T 3680—2020	西花蓟马抗药性监测技术规程　叶管药膜法	
10	NY/T 3681—2020	大豆麦茬免耕覆秸精量播种技术规程	
11	NY/T 3682—2020	棉花脱叶催熟剂喷施作业技术规程	
12	NY/T 3683—2020	半匍匐型花生栽培技术规程	
13	NY/T 3684—2020	矮砧苹果栽培技术规程	
14	NY/T 3685—2020	水稻稻瘟病抗性田间监测技术规程	
15	NY/T 3686—2020	昆虫性信息素防治技术规程　水稻鳞翅目害虫	
16	NY/T 3687—2020	藜麦栽培技术规程	
17	NY/T 3688—2020	小麦田阔叶杂草抗药性监测技术规程	
18	NY/T 3689—2020	苹果主要叶部病害综合防控技术规程　褐斑病	
19	NY/T 3690—2020	棉花黄萎病防治技术规程	
20	NY/T 3691—2020	粮油作物产品中黄曲霉鉴定技术规程	
21	NY/T 3692—2020	水稻耐盐性鉴定技术规程	
22	NY/T 3693—2020	百合枯萎病抗性鉴定技术规程	
23	NY/T 3694—2020	东北黑土区旱地肥沃耕层构建技术规程	
24	NY/T 3695—2020	长江流域棉花麦(油)后直播种植技术规程	
25	NY/T 3696—2020	设施蔬菜水肥一体化技术规范	
26	NY/T 3697—2020	农用诱虫灯应用技术规范	
27	NY/T 3698—2020	农作物病虫测报观测场建设规范	
28	NY/T 3699—2020	玉米蚜虫测报技术规范	
29	NY/T 3700—2020	棉花黄萎病测报技术规范	
30	NY/T 3701—2020	耕地质量长期定位监测点布设规范	
31	NY/T 3702—2020	耕地质量信息分类与编码	
32	NY/T 3703—2020	柑橘无病毒容器育苗设施建设规范	
33	NY/T 3704—2020	果园有机肥施用技术指南	
34	NY/T 3705—2020	鲜食大豆品种品质	
35	NY/T 3706—2020	百合切花等级规格	
36	NY/T 3707—2020	非洲菊切花等级规格	
37	NY/T 321—2020	月季切花等级规格	NY/T 321—1997
38	NY/T 322—2020	唐菖蒲切花等级规格	NY/T 322—1997
39	NY/T 323—2020	菊花切花等级规格	NY/T 323—1997
40	NY/T 324—2020	满天星切花等级规格	NY/T 324—1997

（续）

序号	标准号	标准名称	代替标准号
41	NY/T 325—2020	香石竹切花等级规格	NY/T 325—1997
42	NY/T 3708—2020	植物品种特异性(可区别性)、一致性和稳定性测试指南 球根鸢尾	
43	NY/T 3709—2020	植物品种特异性(可区别性)、一致性和稳定性测试指南 无髯鸢尾	
44	NY/T 3710—2020	植物品种特异性(可区别性)、一致性和稳定性测试指南 天竺葵属	
45	NY/T 3711—2020	植物品种特异性(可区别性)、一致性和稳定性测试指南 六出花	
46	NY/T 3712—2020	植物品种特异性(可区别性)、一致性和稳定性测试指南 香雪兰属	
47	NY/T 3713—2020	植物品种特异性(可区别性)、一致性和稳定性测试指南 真姬菇	
48	NY/T 3714—2020	植物品种特异性(可区别性)、一致性和稳定性测试指南 蛹虫草	
49	NY/T 3715—2020	植物品种特异性(可区别性)、一致性和稳定性测试指南 长根菇	
50	NY/T 3716—2020	植物品种特异性(可区别性)、一致性和稳定性测试指南 金针菇	
51	NY/T 3717—2020	植物品种特异性(可区别性)、一致性和稳定性测试指南 猴头菌	
52	NY/T 3718—2020	植物品种特异性(可区别性)、一致性和稳定性测试指南 糙皮侧耳	
53	NY/T 3719—2020	植物品种特异性(可区别性)、一致性和稳定性测试指南 果梅	
54	NY/T 3720—2020	植物品种特异性(可区别性)、一致性和稳定性测试指南 牛大力	
55	NY/T 3721—2020	植物品种特异性(可区别性)、一致性和稳定性测试指南 地涌金莲属	
56	NY/T 3722—2020	植物品种特异性(可区别性)、一致性和稳定性测试指南 假俭草	
57	NY/T 3723—2020	植物品种特异性(可区别性)、一致性和稳定性测试指南 姜花属	
58	NY/T 3724—2020	植物品种特异性(可区别性)、一致性和稳定性测试指南 栝楼(瓜蒌)	
59	NY/T 3725—2020	植物品种特异性(可区别性)、一致性和稳定性测试指南 砂仁	
60	NY/T 3726—2020	植物品种特异性(可区别性)、一致性和稳定性测试指南 松果菊属	
61	NY/T 3727—2020	植物品种特异性(可区别性)、一致性和稳定性测试指南 线纹香茶菜	
62	NY/T 3728—2020	植物品种特异性(可区别性)、一致性和稳定性测试指南 淫羊藿属	
63	NY/T 3729—2020	植物品种特异性(可区别性)、一致性和稳定性测试指南 毛木耳	
64	NY/T 3730—2020	植物品种特异性(可区别性)、一致性和稳定性测试指南 莲瓣兰	
65	NY/T 3731—2020	植物品种特异性(可区别性)、一致性和稳定性测试指南 长寿花	
66	NY/T 3732—2020	植物品种特异性(可区别性)、一致性和稳定性测试指南 白鹤芋	

（续）

序号	标准号	标准名称	代替标准号
67	NY/T 3733—2020	植物品种特异性(可区别性)、一致性和稳定性测试指南　香草兰	
68	NY/T 3734—2020	植物品种特异性(可区别性)、一致性和稳定性测试指南　有髯鸢尾	
69	NY/T 3735—2020	植物品种特异性(可区别性)、一致性和稳定性测试指南　芡实	
70	NY/T 3736—2020	植物品种特异性(可区别性)、一致性和稳定性测试指南　美味扇菇	
71	NY/T 3737—2020	植物品种特异性(可区别性)、一致性和稳定性测试指南　榆耳	
72	NY/T 3738—2020	植物品种特异性(可区别性)、一致性和稳定性测试指南　黄麻	
73	NY/T 3739—2020	植物品种特异性(可区别性)、一致性和稳定性测试指南　咖啡	
74	NY/T 3740—2020	植物品种特异性(可区别性)、一致性和稳定性测试指南　喜林芋属	
75	NY/T 3741—2020	畜禽屠宰操作规程　鸭	
76	NY/T 3742—2020	畜禽屠宰操作规程　鹅	
77	NY/T 3743—2020	畜禽屠宰操作规程　驴	
78	NY/T 3383—2020	畜禽产品包装与标识	NY/T 3383—2018
79	NY/T 654—2020	绿色食品　白菜类蔬菜	NY/T 654—2012
80	NY/T 655—2020	绿色食品　茄果类蔬菜	NY/T 655—2012
81	NY/T 743—2020	绿色食品　绿叶类蔬菜	NY/T 743—2012
82	NY/T 744—2020	绿色食品　葱蒜类蔬菜	NY/T 744—2012
83	NY/T 745—2020	绿色食品　根菜类蔬菜	NY/T 745—2012
84	NY/T 746—2020	绿色食品　甘蓝类蔬菜	NY/T 746—2012
85	NY/T 747—2020	绿色食品　瓜类蔬菜	NY/T 747—2012
86	NY/T 748—2020	绿色食品　豆类蔬菜	NY/T 748—2012
87	NY/T 750—2020	绿色食品　热带、亚热带水果	NY/T 750—2011
88	NY/T 752—2020	绿色食品　蜂产品	NY/T 752—2012
89	NY/T 840—2020	绿色食品　虾	NY/T 840—2012
90	NY/T 1044—2020	绿色食品　藕及其制品	NY/T 1044—2007
91	NY/T 1514—2020	绿色食品　海参及制品	NY/T 1514—2007
92	NY/T 1515—2020	绿色食品　海蜇制品	NY/T 1515—2007
93	NY/T 1516—2020	绿色食品　蛙类及制品	NY/T 1516—2007
94	NY/T 1710—2020	绿色食品　水产调味品	NY/T 1710—2009
95	NY/T 1711—2020	绿色食品　辣椒制品	NY/T 1711—2009
96	SC/T 1135.4—2020	稻渔综合种养技术规范　第4部分:稻虾(克氏原螯虾)	
97	SC/T 1135.5—2020	稻渔综合种养技术规范　第5部分:稻鳖	
98	SC/T 1135.6—2020	稻渔综合种养技术规范　第6部分:稻鳅	
99	SC/T 1138—2020	水产新品种生长性能测试　虾类	
100	SC/T 1144—2020	克氏原螯虾	

（续）

序号	标准号	标准名称	代替标准号
101	SC/T 1145—2020	赤眼鳟	
102	SC/T 1146—2020	江鳕	
103	SC/T 1147—2020	大鲵　亲本和苗种	
104	SC/T 1148—2020	哲罗鱼　亲本和苗种	
105	SC/T 1150—2020	陆基推水集装箱式水产养殖技术规范　通则	
106	SC/T 2085—2020	海蜇	
107	SC/T 2090—2020	棘头梅童鱼	
108	SC/T 2091—2020	棘头梅童鱼　亲鱼和苗种	
109	SC/T 2094—2020	中间球海胆	
110	SC/T 2100—2020	菊黄东方鲀	
111	SC/T 2101—2020	曼氏无针乌贼	
112	SC/T 3054—2020	冷冻水产品冰衣限量	
113	SC/T 3312—2020	调味鱿鱼制品	
114	SC/T 3506—2020	磷虾油	
115	SC/T 3902—2020	海胆制品	SC/T 3902—2001
116	SC/T 4017—2020	塑胶渔排通用技术要求	
117	SC/T 4048.2—2020	深水网箱通用技术要求　第 2 部分：网衣	
118	SC/T 4048.3—2020	深水网箱通用技术要求　第 3 部分：纲索	
119	SC/T 6101—2020	淡水池塘养殖小区建设通用要求	
120	SC/T 6102—2020	淡水池塘养殖清洁生产技术规范	
121	SC/T 7021—2020	鱼类免疫接种技术规程	
122	SC/T 7022—2020	对虾体内的病毒扩增和保存方法	
123	SC/T 7204.5—2020	对虾桃拉综合征诊断规程　第 5 部分：逆转录环介导核酸等温扩增检测法	
124	SC/T 7232—2020	虾肝肠胞虫病诊断规程	
125	SC/T 7233—2020	急性肝胰腺坏死病诊断规程	
126	SC/T 7234—2020	白斑综合征病毒（WSSV）环介导等温扩增检测方法	
127	SC/T 7235—2020	罗非鱼链球菌病诊断规程	
128	SC/T 7236—2020	对虾黄头病诊断规程	
129	SC/T 7237—2020	虾虹彩病毒病诊断规程	
130	SC/T 7238—2020	对虾偷死野田村病毒（CMNV）检测方法	
131	SC/T 7239—2020	三疣梭子蟹肌孢虫病诊断规程	
132	SC/T 7240—2020	牡蛎疱疹病毒 1 型感染诊断规程	
133	SC/T 7241—2020	鲍脓疱病诊断规程	
134	SC/T 9436—2020	水产养殖环境（水体、底泥）中磺胺类药物的测定　液相色谱-串联质谱法	
135	SC/T 9437—2020	水生生物增殖放流技术规范　名词术语	
136	SC/T 9438—2020	淡水鱼类增殖放流效果评估技术规范	
137	SC/T 9439—2020	水生生物增殖放流技术规范　兰州鲶	

（续）

序号	标准号	标准名称	代替标准号
138	SC/T 9609—2020	长江江豚迁地保护技术规范	
139	NY/T 3744—2020	日光温室全产业链管理技术规范　番茄	
140	NY/T 3745—2020	日光温室全产业链管理技术规范　黄瓜	
141	NY/T 3746—2020	农村土地承包经营权信息应用平台接入技术规范	
142	NY/T 3747—2020	县级农村土地承包经营权信息系统建设技术指南	

中华人民共和国农业农村部公告
第357号

《水稻品种纯度鉴定　SSR分子标记法》等107项标准业经专家审定通过，现批准发布为中华人民共和国农业行业标准，自2021年4月1日起实施。

特此公告。

附件：《水稻品种纯度鉴定　SSR分子标记法》等107项农业行业标准目录

农业农村部

2020年11月12日

附件：

《水稻品种纯度鉴定　SSR 分子标记法》等 107 项农业行业标准目录

序号	标准号	标准名称	代替标准号
1	NY/T 3748—2020	水稻品种纯度鉴定　SSR 分子标记法	
2	NY/T 3749—2020	普通小麦品种纯度鉴定　SSR 分子标记法	
3	NY/T 3750—2020	玉米品种纯度鉴定　SSR 分子标记法	
4	NY/T 3751—2020	高粱品种纯度鉴定　SSR 分子标记法	
5	NY/T 3752—2020	向日葵品种真实性鉴定　SSR 分子标记法	
6	NY/T 3753—2020	甘薯品种真实性鉴定　SSR 分子标记法	
7	NY/T 3754—2020	甘蔗品种真实性鉴定　SSR 分子标记法	
8	NY/T 3755—2020	豌豆品种真实性鉴定　SSR 分子标记法	
9	NY/T 3756—2020	蚕豆品种真实性鉴定　SSR 分子标记法	
10	NY/T 3757—2020	农作物种质资源调查收集技术规范	
11	NY/T 3758—2020	花生种质资源保存和鉴定技术规程	
12	NY/T 3759—2020	农作物优异种质资源评价规范　亚麻	
13	NY/T 1209—2020	农作物品种试验与信息化技术规程　玉米	NY/T 1209—2006
14	NY/T 3760—2020	棉花品种纯度田间小区种植鉴定技术规程	
15	NY/T 3761—2020	马铃薯组培苗	
16	NY/T 3762—2020	猕猴桃苗木繁育技术规程	
17	NY/T 3763—2020	桃苗木生产技术规程	
18	NY/T 3764—2020	甜樱桃大苗繁育技术规程	
19	NY/T 3765—2020	芝麻种子生产技术规程	
20	NY/T 3766—2020	玉米种子活力测定　冷浸发芽法	
21	NY/T 3767—2020	杂交水稻机械化制种技术规程	
22	NY/T 3768—2020	杂交水稻种子机械干燥技术规程	
23	NY/T 3769—2020	氰霜唑原药	
24	NY/T 3770—2020	吡氟酰草胺水分散粒剂	
25	NY/T 3771—2020	吡氟酰草胺悬浮剂	
26	NY/T 3772—2020	吡氟酰草胺原药	
27	NY/T 3773—2020	甲氨基阿维菌素苯甲酸盐微乳剂	
28	NY/T 3774—2020	氟硅唑原药	
29	NY/T 3775—2020	硫双威可湿性粉剂	
30	NY/T 3776—2020	硫双威原药	
31	NY/T 3777—2020	嘧啶肟草醚乳油	
32	NY/T 3778—2020	嘧啶肟草醚原药	
33	NY/T 3779—2020	烯酰吗啉可湿性粉剂	
34	NY/T 3780—2020	烯酰吗啉原药	
35	NY/T 3781—2020	唑嘧磺草胺水分散粒剂	
36	NY/T 3782—2020	唑嘧磺草胺悬浮剂	
37	NY/T 3783—2020	唑嘧磺草胺原药	
38	NY/T 3784—2020	农药热安全性检测方法　绝热量热法	
39	NY/T 3785—2020	葡萄扇叶病毒的定性检测　实时荧光 PCR 法	
40	NY/T 3786—2020	高油酸油菜籽	

（续）

序号	标准号	标准名称	代替标准号
41	NY/T 3787—2020	土壤中四环素类、氟喹诺酮类、磺胺类、大环内酯类和氯霉素类抗生素含量同步检测方法　高效液相色谱法	
42	NY/T 3788—2020	农田土壤中汞的测定　催化热解-原子荧光法	
43	NY/T 3789—2020	农田灌溉水中汞的测定　催化热解-原子荧光法	
44	NY/T 3790—2020	塞内卡病毒感染诊断技术	
45	NY/T 556—2020	鸡传染性喉气管炎诊断技术	NY/T 556—2002
46	NY/T 3791—2020	鸡心包积液综合征诊断技术	
47	NY/T 3792—2020	九龙牦牛	
48	NY/T 3793—2020	中国环颈雉	
49	NY/T 3794—2020	安庆六白猪	
50	NY/T 3795—2020	撒坝猪	
51	NY/T 3796—2020	马和驴冷冻精液	
52	NY/T 3797—2020	牦牛人工授精技术规程	
53	NY/T 3798—2020	荷斯坦牛公犊育肥技术规程	
54	NY/T 3799—2020	生乳及其制品中碱性磷酸酶活性的测定　发光法	
55	NY/T 3800—2020	草种质资源数码图像采集技术规范	
56	NY/T 3801—2020	饲料原料中酸溶蛋白的测定	
57	NY/T 3802—2020	饲料添加剂　氨基酸锌及蛋白锌　络(螯)合强度的测定	
58	NY/T 911—2020	饲料添加剂　β-葡聚糖酶活力的测定　分光光度法	NY/T 911—2004
59	NY/T 912—2020	饲料添加剂　纤维素酶活力的测定　分光光度法	NY/T 912—2004
60	NY/T 919—2020	饲料中苯并(a)芘的测定	NY/T 919—2004
61	NY/T 3803—2020	饲料中 37 种霉菌毒素的测定　液相色谱-串联质谱法	
62	NY/T 3804—2020	油脂类饲料原料中不皂化物的测定　正己烷提取法	
63	NY/T 453—2020	红江橙	NY/T 453—2001
64	NY/T 604—2020	生咖啡	NY/T 604—2006
65	NY/T 692—2020	黄皮	NY/T 692—2003
66	NY/T 693—2020	澳洲坚果　果仁	NY/T 693—2003
67	NY/T 234—2020	生咖啡和带种皮咖啡豆取样器	NY/T 234—1994
68	NY/T 246—2020	剑麻纱线　线密度的测定	NY/T 246—1995
69	NY/T 249—2020	剑麻织物　物理性能试样的选取和裁剪	NY/T 249—1995
70	NY/T 880—2020	芒果栽培技术规程	NY/T 880—2004
71	NY/T 1088—2020	橡胶树割胶技术规程	NY/T 1088—2006
72	NY/T 3805—2020	香草兰扦插苗繁育技术规程	
73	NY/T 3806—2020	天然生胶、浓缩天然胶乳及其制品中镁含量的测定　原子吸收光谱法	
74	NY/T 1404—2020	天然橡胶初加工企业安全技术规范	NY/T 1404—2007
75	NY/T 263—2020	天然橡胶初加工机械　锤磨机	NY/T 263—2003
76	NY/T 1558—2020	天然橡胶初加工机械　干燥设备	NY/T 1558—2007
77	NY/T 3807—2020	香蕉茎秆破片机　质量评价技术规范	

（续）

序号	标准号	标准名称	代替标准号
78	NY/T 3808—2020	牛大力　种苗	
79	NY/T 2667.14—2020	热带作物品种审定规范　第14部分:剑麻	
80	NY/T 2667.15—2020	热带作物品种审定规范　第15部分:槟榔	
81	NY/T 2667.16—2020	热带作物品种审定规范　第16部分:橄榄	
82	NY/T 2667.17—2020	热带作物品种审定规范　第17部分:毛叶枣	
83	NY/T 2668.15—2020	热带作物品种试验技术规程　第15部分:槟榔	
84	NY/T 2668.16—2020	热带作物品种试验技术规程　第16部分：橄榄	
85	NY/T 2668.17—2020	热带作物品种试验技术规程　第17部分:毛叶枣	
86	NY/T 3809—2020	热带作物种质资源描述规范　番木瓜	
87	NY/T 3810—2020	热带作物种质资源描述规范　莲雾	
88	NY/T 3811—2020	热带作物种质资源描述规范　杨桃	
89	NY/T 3812—2020	热带作物种质资源描述规范　番石榴	
90	NY/T 3813—2020	橡胶树种质资源收集、整理与保存技术规程	
91	NY/T 3814—2020	热带作物主要病虫害防治技术规程　毛叶枣	
92	NY/T 3815—2020	热带作物病虫害监测技术规程　槟榔黄化病	
93	NY/T 3816—2020	热带作物病虫害监测技术规程　胡椒瘟病	
94	NY/T 3817—2020	农产品质量安全追溯操作规程　蛋与蛋制品	
95	NY/T 3818—2020	农产品质量安全追溯操作规程　乳与乳制品	
96	NY/T 3819—2020	农产品质量安全追溯操作规程　食用菌	
97	NY/T 3820—2020	全国12316数据资源建设规范	
98	NY/T 3821.1—2020	农业面源污染综合防控技术规范　第1部分:平原水网区	
99	NY/T 3821.2—2020	农业面源污染综合防控技术规范　第2部分:丘陵山区	
100	NY/T 3821.3—2020	农业面源污染综合防控技术规范　第3部分:云贵高原	
101	NY/T 3822—2020	稻田面源污染防控技术规范　稻蟹共生	
102	NY/T 3823—2020	田沟塘协同防控农田面源污染技术规范	
103	NY/T 3824—2020	流域农业面源污染监测技术规范	
104	NY/T 3825—2020	生态稻田建设技术规范	
105	NY/T 3826—2020	农田径流排水生态净化技术规范	
106	NY/T 3827—2020	坡耕地径流拦蓄与再利用技术规范	
107	NY/T 3828—2020	畜禽粪便食用菌基质化利用技术规范	

中华人民共和国农业农村部公告
第 358 号

《饲料中氨苯砜的测定　液相色谱-串联质谱法》等 4 项标准业经专家审定通过，现批准发布为中华人民共和国国家标准，自 2021 年 3 月 1 日起实施。

特此公告。

附件：《饲料中氨苯砜的测定　液相色谱-串联质谱法》等 4 项国家标准目录

农业农村部

2020 年 11 月 12 日

附件：

《饲料中氨苯砜的测定　液相色谱-串联质谱法》等 4 项国家标准目录

序号	标准号	标准名称	代替标准号
1	农业农村部公告第 358 号—1—2020	饲料中氨苯砜的测定　液相色谱-串联质谱法	
2	农业农村部公告第 358 号—2—2020	饲料中苯硫胍和硫菌灵的测定　液相色谱-串联质谱法	
3	农业农村部公告第 358 号—3—2020	饲料中 7 种青霉素类药物含量的测定	
4	农业农村部公告第 358 号—4—2020	饲料中交沙霉素和麦迪霉素的测定　液相色谱-串联质谱法	

图书在版编目（CIP）数据

中国农业行业标准汇编．2022．综合分册/标准质量出版分社编．—北京：中国农业出版社，2022.1
（中国农业标准经典收藏系列）
ISBN 978-7-109-28708-2

Ⅰ．①中…　Ⅱ．①标…　Ⅲ．①农业—行业标准—汇编—中国　Ⅳ．①S-65

中国版本图书馆 CIP 数据核字（2021）第 164645 号

中国农业行业标准汇编（2022）　综合分册
ZHONGGUO NONGYE HANGYE BIAOZHUN HUIBIAN（2022）ZONGHE FENCE

中国农业出版社出版
地址：北京市朝阳区麦子店街 18 号楼
邮编：100125
责任编辑：刘　伟　　文字编辑：冯英华
版式设计：杜　然　　责任校对：吴丽婷
印刷：北京印刷一厂
版次：2022 年 1 月第 1 版
印次：2022 年 1 月北京第 1 次印刷
发行：新华书店北京发行所
开本：880mm×1230mm　1/16
印张：62.75
字数：2000 千字
定价：630.00 元
